中国科学院科学出版基金资助出版

《现代化学基础丛书》编委会

现代化学基础丛书　34

多酸化学

陈维林　王恩波　编著

科学出版社

北　京

内 容 简 介

本书是根据作者几十年从事多酸化学教学的经验和科研经历，并结合国内外知名多酸化学研究组的研究心得及重要成果写成的。本书不仅涵盖了多酸化学的基础知识（包含多酸的命名、化学式及分类、结构测定方法与合成方法等），以及近代多酸化学的基本特征（包括多酸化学的前沿和热点，对多酸在磁性、催化、手性与仿生、孔材料、太阳能电池、光催化、绿色化学等方面的发展进行了综述），而且详细、全面、系统地论述了近代多酸的基本结构——Keggin 型、Dawson 型、Silverton 型、Anderson 型、Waugh 型、Standberg 型、Weakley 型和 Finke 型杂多酸及其衍生物化学和同多酸及其衍生物化学，囊括取代型、1∶11 双系列、2∶17 双系列、夹心型多酸，杂多蓝，反 Keggin 型杂多酸等，重点阐述它们的结构、详细的合成方法、各种相关表征及性质应用等。本书内容丰富，由浅入深，重点突出，既是一本多酸化学的基础与合成方法大全（书后列有各类基本多酸化合物的合成索引），又是一本多酸化学研究的指导书，更是一本提升创新研究的书籍。

本书可供从事多酸化学相关工作的学生及研究人员，从事交叉学科研究的工作者以及无机化学、物理化学、分析化学、结构化学、生物化学、环境化学、材料化学等诸多相关专业的研究生阅读参考。

图书在版编目(CIP)数据

多酸化学/陈维林，王恩波编著. —北京：科学出版社，2013
（现代化学基础丛书：34）

ISBN 978-7-03-037936-8

Ⅰ.①多…　Ⅱ.①陈…②王…　Ⅲ.①多酸-络合物化学-研究　Ⅳ.①O641.4

中国版本图书馆 CIP 数据核字(2013)第 134891 号

责任编辑：周巧龙　孙　艳 / 责任校对：刘小梅
责任印制：徐晓晨　封面设计：陈　敬

科学出版社出版
北京东黄城根北街 16 号
邮政编码：100717
http://www.sciencep.com

北京凌奇印刷有限责任公司印刷
科学出版社发行　各地新华书店经销

*

2013年7月第　一　版　开本：B5(720×1000)
2017年1月第三次印刷　印张：34 1/2
字数：668 000

POD定价：　190.00元
（如有印装质量问题，我社负责调换）

《现代化学基础丛书》序

如果把牛顿发表"自然哲学的数学原理"的1687年作为近代科学的诞生日，仅300多年中，知识以正反馈效应快速增长：知识产生更多的知识，力量导致更大的力量。特别是20世纪的科学技术对自然界的改造特别强劲，发展的速度空前迅速。

在科学技术的各个领域中，化学与人类的日常生活关系最为密切，对人类社会的发展产生的影响也特别巨大。从合成DDT开始的化学农药和从合成氨开始的化学肥料，把农业生产推到了前所未有的高度，以致人们把20世纪称为"化学农业时代"。不断发明出的种类繁多的化学材料极大地改善了人类的生活，使材料科学成为了20世纪的一个主流科技领域。化学家们对在分子层次上的物质结构和"态-态化学"、单分子化学等基元化学过程的认识也随着可利用的技术工具的迅速增多而快速深入。

也应看到，化学虽然创造了大量人类需要的新物质，但是在许多场合中却未有效地利用资源，而且产生了大量排放物造成严重的环境污染。以至于目前有不少人把化学化工与环境污染联系在一起。

在21世纪开始之时，化学正在两个方向上迅速发展。一是在20世纪迅速发展的惯性驱动下继续沿各个有强大生命力的方向发展；二是全方位的"绿色化"，即使整个化学从"粗放型"向"集约型"转变，既满足人们的需求，又维持生态平衡和保护环境。

为了在一定程度上帮助读者熟悉现代化学一些重要领域的现状，科学出版社组织编辑出版了这套《现代化学基础丛书》。丛书以无机化学、分析化学、物理化学、有机化学和高分子化学五个二级学科为主，介绍这些学科领域目前发展的重点和热点，并兼顾学科覆盖的全面性。丛书计划为有关的科技人员、教育工作者和高等院校研究生、高年级学生提供一套较高水平的读物，希望能为化学在21世纪的发展起积极的推动作用。

朱清时

前　言

多金属氧酸盐(polyoxometalates,POMs),简称多酸,又称金属-氧簇(metal-oxygen clusters),是一类多核配合物,是无机化学的重要分支。多酸化学的发展历程已有200多年,近代多酸化学仍处于蓬勃发展中。但迄今国外除1990年M. T. Pope教授的经典著作*Heteropoly and Isopoly Oxometalates*(《杂多和同多金属氧酸盐》)(该书已由王恩波教授等翻译,于1991年由吉林大学出版社出版),2001年M. T. Pope和A. Müller教授的*Polyoxometalate Chemistry from Topology via Self-Assembly to Applications*外,鲜有多酸化学基础书籍问世。1998年,王恩波、胡长文、许林教授编著,并由化学工业出版社出版了《多酸化学导论》,但目前内容已显陈旧。2000年牛景杨等出版了《杂多化合物概论》,2006年王秀丽、赵岷等出版了《多酸电化学导论》,2010年李阳光、王永慧、王恩波等出版了《高核簇的合成与性质研究》,都介绍了多酸化学的部分内容。2009年王恩波、李阳光、鹿颖、王新龙等出版了《多酸化学概论》,主要针对的是多酸化学的研究进展。作者为研究生讲授多酸化学十余年,认为一本好的多酸化学基础书籍,至少应包括三部分内容,一是多酸化学的基础知识;二是多酸化学的研究心得,当然包括同行的研究心得;三是国内外新文献和新进展。

此外,从事多酸化学的研究生和交叉学科的研究者,经常来电来函诉说多酸化合物合成方法的查找占据了他们大量的时间。鉴于此,本书在介绍基础研究(包括结构、表征和应用研究)的同时,介绍了大量各类化合物的合成,这种写作方法会使相关领域的研究者,尤其是相关专业的研究生在阅读基础知识后,能立即看到这一领域的出色工作,这会增加他们的求知欲,扩大知识面,也为实验奠定基础。因此本书又是一本多酸化合物的合成大全(书后列有各类基本多酸化合物的合成索引),深信一定会受到读者广泛欢迎的,但应明确的是本书所收录的文献,作者未全部通过实验来进行核实,不过这些文献中的一部分是作者本人及多酸化学研究所全体老师、全体研究生近半个世纪所接触过的。

多酸化学正在经历一个新的发展期,至少有五个方面的问题需要我们重新认识和关注。一是对不少多酸化合物是纳米级尺寸的认识和开拓仍要加强;二是不少多酸化合物具有和金属氧化物相似的能带结构,是一类分子型无机半导体,它必将在光电效应、催化等方面有所创新;三是有一大类多酸化合物是属于D-A型分子,意义重大,亟待开拓;四是由于多酸化合物的端、桥氧难于活化,因而一类夹心型多酸化合物的发展日新月异；五是不少多酸化合物是合成生物学的优秀建筑块，令人振奋。

我们欣喜地看到，我国从事多酸的研究队伍日益壮大，他们对多酸化学的基础知识和合成、表征及在相关领域中的应用十分关注。鉴于此我们编写了本书，尽管我们十分努力，但由于水平所限，疏漏不足之处在所难免，敬请读者指正。

感谢中国科学院科学出版基金的资助，感谢东北师范大学研究生教育教学改革研究与建设基金的资助。感谢东北师范大学多酸化学的开拓者郑汝骊教授。感谢东北师范大学研究生院、化学学院、多酸化学研究所和多酸科学教育部重点实验室全体师生的支持。感谢课题组师生在文献调研方面给予的帮助和支持。我们相信，多酸化学一定会在基础研究和为国民经济发展提供重要科学支撑方面作出重要贡献，一定会展示出它的新面貌。

作 者
东北师范大学化学学院多酸化学研究所
多酸科学教育部重点实验室
2013 年 5 月 16 日于长春

缩写符号表

A

acac	乙酰丙酮
APS	3-氨基丙基三乙氧基硅烷
arg	精氨酸

B

bbi	1,1′-(1,4-叔丁基)双咪唑
BBTZ	1,4-双(1,2,4-三唑-1-甲基)苯
BMIM	1-丁基-3-甲基咪唑阳离子
bpca	双(2-吡啶羰基胺)
BTC	均苯三甲酸
n-Bu	正丁基
t-Bu	叔丁基
BVS	价键计算

C

CB	导带
CD	圆二色谱
CPE	碳糊电极
CSI-MS	冷喷雾质谱

D

DBU	1,8-二氮杂双环[5.4.0]十一碳-7-烯
DCC	*N*,*N*′-二环己基二亚胺
DCE	二氯乙烷
DFT	密度泛函理论
DLS	动态光散射
DMF	*N*,*N*-二甲基甲酰胺
$dmgH^-$	二甲基丁二酮肟单阴离子
DMSO	二甲基亚砜
DODA	双十八烷基二甲基铵
DPP	微分脉冲极谱
DRES	漫反射电子光谱
DSC	差示扫描量热
DSSC	染料敏化太阳能电池

E

EDC	1-乙基-3-(3-二-甲氨基丙基)碳二亚胺
EDX	能量色散 X 射线
EELS	电子能量损失谱
EMIM	1-乙基-3-甲基咪唑阳离子
en	乙二胺
enMe	1,2-二氨基丙烷
EPR	电子顺磁共振
ESI-MS	电喷雾质谱
ESR	电子自旋共振

F

Fc	二茂铁
Fo	甲酸根
FTO 导电玻璃	掺氟的 SnO_2 透明导电玻璃

H

1,3-H_2BDC	1,3-间苯二甲酸
H_2bim	四甲基二咪唑
1,2,4-Hbtc	1,2,4-苯三甲酸
$HDBU^+$	1,8-二氮杂双环[5.4.0]十一碳-7-烯阳离子
Himi	咪唑阳离子
HOBt	1-羟基苯并三唑
HOMO	最高占有轨道

I

IR	红外
IVCT	价间电荷转移

L

LMCT	配体-金属荷移跃迁
LUMO	最低非占有轨道

M

MAS NMR	魔角旋转核磁共振
MB	亚甲基蓝
MCD	磁圆二色谱
MOF	金属有机骨架

O

Ox	氧化态

P

PAH	聚烯丙基胺盐酸盐

PDF 对密度分布函数
PDDA 邻苯二甲酸二乙二醇二丙烯酸酯
PEI 聚乙烯亚胺
PEO 聚环氧乙烷
phen 邻二氮杂菲
Ph_4P 四苯基膦离子
POM 多酸
PPN 二(三苯基膦)氮离子
i-PrOH 异丙醇
PSS 聚苯乙烯磺酸盐
py 吡啶

R

Red 还原态
R_h 流体动力学半径
RhB 罗丹明 B

S

Salen N,N'-二水杨酰胺基乙烯
SCE 饱和甘汞电极
SEM 扫描电子显微镜(简称为扫描电镜)
SLS 静态光散射

T

TBA $(n\text{-}C_4H_9)_4N^+$(四丁基铵阳离子)
TEA 三乙醇胺
TEOS 正硅酸乙酯
TG-DTA 热重-差热
THF 四氢呋喃
TIPT 四异丙基钛
TM 过渡金属离子
TMA Me_4N^+(四甲基铵离子)
TON 转换数
TPA 四丙基铵离子
tpyrpyz 四-4-吡啶基吡嗪
tpyryz (四-2-吡啶)并吡嗪
tren 三(2-氨基乙基)胺
Tris 三羟甲基氨基甲烷

U

UV-Vis 紫外-可见吸收

V

Vis-NIR	可见-近红外

X

XANES	X 射线近边吸收谱
XPS	光电子能谱
XRD	X 射线衍射

目　　录

第 1 章　多酸化学简介

多金属氧酸盐化学(polyoxometalate chemistry)，简称多酸化学，又称金属-氧簇化学(metal-oxygen cluster chemistry)。早期多酸化学可分为同多酸化学和杂多酸化学两大类，当时认为由同种无机含氧酸根离子缩合得到的是同多阴离子，如$[W_6O_{19}]^{2-}$等；由不同种类的无机含氧酸根离子缩合得到的是杂多阴离子，如$[PW_{12}O_{40}]^{3-}$等，其中 P 为杂原子，又称中心原子，W 为配原子，又称多原子。从 1826 年 Berzelius 报道的第一个多酸化合物开始[1]，迄今为止已有近 200 多年的历史，随着合成技术和表征手段的不断发展，层出不穷的多酸化合物被报道，但是无论多酸化合物拥有多么新颖的结构，在它们的结构中均可以找到不同种类的多酸基本建筑单元。因此，多酸的基本结构仍然是多酸化学研究的基础和重点。1934 年，英国的 Keggin 通过 X 射线粉末衍射实验提出了著名的 Keggin 结构模型[2]，1937 年 Anderson 提出了 1∶6 系列 Anderson 型多酸化合物[3]，1953 年 Dawson 测定了 2∶18 系列 Dawson 型多酸化合物的结构[4]，随后又陆续发现了 Waugh[5]、Silverton[6]、Lindqvist[7]、Standberg[8]、Finke[9] 和 Weakley[10] 等杂多化合物的基本结构类型，同时还有大量的同多阴离子被相继报道。随着时代的发展，多酸化学工作者对多酸基本结构的研究也日益丰满，而不仅局限于 70 多年前的简单结构测定。本章将详细介绍多酸化学的基础知识，包括多酸化合物的命名、多酸的化学式及分类、多酸的结构测定方法和多酸的合成方法等，同时将综述多酸化学的特征与发展趋势等。而且在接下来的几章中，将陆续介绍多酸的几种经典与非经典基本结构类型的晶体结构、详细的合成方法、表征与应用研究等，特别是重视各类多酸化合物的合成，使从事多酸研究的工作者能方便地找到所需要的化合物，因此本书也起到多酸基础合成大全的作用。当然本书十分重视对多酸化学的基础研究内容和研究方法的总结，旨在使读者系统深入地掌握多酸化学的基础知识，为今后的学习与科研打下良好的基础，同时希望多酸化学能够与多学科交叉融合，为其他相关学科的科研工作者提供新的研究思路。

今天的多酸化学不仅在合成化学上一枝独秀，各类新颖的多酸化合物层出不穷，为多酸化合物的结构多样性奠定了坚实基础，也为多酸化合物新功能特性研究开阔了视野。多酸化学正经历着由基础合成研究向科学技术高精尖，向为各国国民经济发展作出贡献迈进。

1.1 多酸化学的基础知识

1.1.1 多酸的命名

在多酸化学中,多酸的命名是准确地、详细地沟通和交换信息的重要方式[11]。多酸的命名包括元素的名称、语法、连接词和组合方法等。多酸化合物总的常用命名原则遵循配位化合物的命名原则。

下面介绍一种最简单的常用命名法。对于一个多酸化合物来说,如果含有结晶水要先命名结晶水,结晶水个数用中文数字表示,然后命名多阴离子,二者之间用“合”字连接,多阴离子的命名要先命名配原子,配原子个数用阿拉伯数字表示,配原子数目与配原子要用短横线连接,再命名杂原子,杂原子的个数用中文数字表示,但不用短横线连接,最后命名反荷离子(过去有人称为抗衡离子或阳离子),反荷离子的个数用中文数字表示。表 1.1 中列举了几个具有代表性的多酸化合物及其命名。

表 1.1 几种常见的多酸化合物的命名

多酸	命名
$(NH_4)_8[CeMo_{12}O_{42}]\cdot 7H_2O$	七水合 12-钼铈酸八铵
$Na_3[PW_{12}O_{40}]\cdot 7H_2O$	七水合 12-钨磷酸三钠
$H_4[SiW_{12}O_{40}]$	12-钨硅酸
$K_6[MnMo_9O_{32}]$	9-钼锰酸六钾
$H_6[P_2W_{18}O_{62}]\cdot 8H_2O$	八水合 18-钨二磷酸
$[Mo_8O_{26}]^{4-}$	8-钼酸阴离子
$Na_5[IMo_6O_{24}]\cdot 3H_2O$	三水合 6-钼碘酸五钠
$(NH_4)_6[P_2Mo_5O_{23}]$	5-钼二磷酸六铵
$(NH_4)_{14}[NaP_5W_{30}O_{110}]\cdot 31H_2O$	三十一水合 30-钨五磷酸钠十四铵

在一些英文文献中,通常需要翻译一些多酸的英文命名,在这些英文命名中,常会出现一些数字前缀,这些英文数字前缀对应的数字列于表 1.2 中供初学者参考[11]。

上面介绍的命名法虽然简单,但是并不能完整地表达多阴离子尤其是异构体的结构信息。因此,如果要在多酸的命名中详细而完整地表示出多酸的结构信息,则要采用由 Jeanin 和 Fournier 提出的多阴离子的系统命名法[12],这种方法非常复杂,尤其是对于结构复杂的多阴离子,一般情况下是不常使用的。这种系统命名法需要将多阴离子结构的所有顶点进行编号,在命名的过程中要体现氧原子的不同种类，下面以比较简单的 Anderson 多阴离子$[H_6CrMo_6O_{24}]^{3-}$为例，介绍该系统命名法。

表 1.2　一些英文数字前缀对应的数字[11]

英文数字前缀	对应的数字	英文数字前缀	对应的数字
Mono-	1	Icosa-	20
Di-	2	Henicosa-	21
Tri-	3	Docosa-	22
Tetra-	4	Tricosa-	23
Penta-	5	Tetracosa-	24
Hexa-	6	Triaconta-	30
Hepta-	7	Hentriaconta-	31
Octa-	8	Dotriaconta-	32
Nona-	9	Tritriaconta-	33
Deca-	10	Tetratriaconta-	34
Undeca-	11	Tetraconta-	40
Dodeca-	12	Pentaconta-	50
Trideca-	13	Hexaconta-	60
Tetradeca-	14	Heptaconta-	70
Pentadeca-	15	Octaconta-	80
Hexadeca-	16	Nonaconta-	90
Heptadeca-	17	Hecta-	100
Octadeca-	18	Dotriacontahecta-	132
Nonadeca-	19		

以$[H_6CrMo_6O_{24}]^{3-}$为例，多阴离子的命名步骤如下[12]：

(1) 为所有配原子和杂原子标号，顺序为 1，2，3…，先为配原子标号，再为杂原子标号(图 1.1)。

(2) 为多面体的每一个顶点设置一个字母，八面体为 a，b，c，d，e，f；若含有四面体则标为 a，b，c，d。为多面体的顶点标字母的顺序是以多面体的对称轴为轴，从顶点开始顺时针方向命名，命名后的每个多面体的顶点 a 与 f、b 与 e、c 与 d 为对角顶点(图 1.2)，每个顶点可以用特定的数字和字母表示(图 1.2)。

(3) 确定多阴离子中桥氧的种类和个数，$[H_6CrMo_6O_{24}]^{3-}$中的氧共有 24 个，分为 3 种，包括单桥氧 μ-O，三桥氧 μ_3-O 和端氧 O_t，单桥氧 μ-O 的个数为 6 个，三桥氧 μ_3-O 的个数为 6 个，端氧的个数为 12 个且两两一组位于一个八面体中，因此端氧的数目为 6 组。命名的顺序是：首先氢离子，然后不同类型的桥氧原子，再杂原子，要标明杂原子的标号，同时要注明杂原子的氧化态用括号隔开，接着命名端氧原子，最后命名配原子，并加括号表示，在命名过程中氧的个数用中文数字，最后多阴离子所带的电荷数要用括号加在最后。按照以上的规则，$[H_6CrMo_6O_{24}]^{3-}$可命名为：六氢六-μ-氧六-μ_3-氧-7-铬(Ⅲ)-六双(二氧钼酸盐)(3−)。

图 1.1 $[H_6CrMo_6O_{24}]^{3-}$的配原子和杂原子的标号

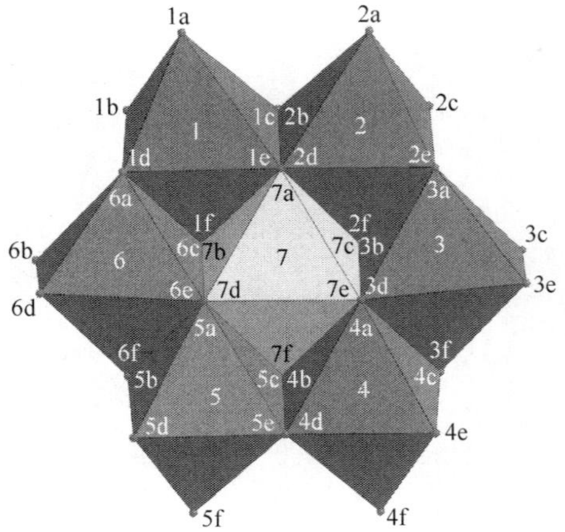

图 1.2 $[H_6CrMo_6O_{24}]^{3-}$每个顶点的标号

按照以上的命名规则，可以对一些结构不是很复杂的多阴离子进行命名。表 1.3中列出了采用系统命名法对几种多阴离子的命名。

表 1.3 几种多阴离子的系统命名[12]

多阴离子	命 名
$[Ta_6O_{19}]^{8-}$	十二-μ-氧-μ_6-氧-六(钽氧酸盐)(8−)
$[(C_6H_5AsO_3)_2Mo_6O_{18}]^{4-}$	双-μ_6-(三氧苯基胂-O,O',O'')-六-μ-氧六双(二氧钼酸盐)(4−)
$[\alpha\text{-}GeW_{11}O_{39}]^{8-}$	1c. 2b，1d. 4a，1e. 5a，2d. 6a，2e. 7a，3c. 4b，3d. 8e，3f. 9b，4e. 5d，4f. 9c，5c. 6b，5f. 10b，6e. 7d，6f. 10c，7c. 8b，7f. 11b，8f. 11c，9f. 10d，9d. 11f，10f. 11d-二十-μ-氧-十五-氧-μ_{11}-(四氧锗-$O^{1.4.5}$，$O^{2.6.7}$，$O^{3.8}$，$O^{9.10.11}$)-十一钨酸盐(8−)
$[B\text{-}\alpha\text{-}AsW_9O_{33}]^{9-}$	1c. 2b，1b. 3c，1e. 4a，1d. 9a，2c. 3b，2d. 5a，2e. 6a，3d. 7a，3e. 8a，4c. 5b，4d. 9e，5e. 6d，6c. 7b，7e. 8d，8c. 9b-五-十-μ-氧-十五氧-μ_9-(三氧砷(Ⅲ)-$O^{1.4.9}$，$O^{5.2.6}$，$O^{3.7.8}$)-九钨酸盐(9−)
$[A\text{-}\beta\text{-}SiW_9O_{34}]^{10-}$	1c. 2b，1a. 3c，1f. 4a，1e. 9a，2c. 3a，2e. 5a，2f. 6a，3e. 7a，3f. 8a，4e. 5d，4b. 9c，5c. 6b，6e. 7d，7c. 8b，8e. 9d-五-十-μ-氧-十五氧-μ_9-(四氧硅-$O^{1.2.3}$，$O^{4.9}$，$O^{5.6}$，$O^{7.8}$)-九钨酸盐(10−)

续表

多阴离子	命　名
$[\alpha\text{-}SiW_{12}O_{40}]^{4-}$	1. 4，1. 9，2. 5，2. 6，3. 7，3. 8，4. 10，5. 10，6. 11，7. 11，8. 12，9. 12-十二-μ-氧-μ_{12}-(四氧硅-$O^{1.4.9}$，$O^{2.5.6}$，$O^{3.7.8}$，$O^{10.11.12}$)-四双[三-μ-氧-三(钨氧酸盐)](4−)
$[\beta\text{-}(H_2)W_{12}O_{40}]^{4-}$	双-μ_3-羟-1. 4，1. 9，2. 5，2. 6，3. 7，3. 8，4. 10，5. 11，7. 12，8. 12，9. 10-十二-μ-氧二-μ_3-氧-四双[三-μ-氧-三(钨氧酸盐)](6−)
[顺-$V_2W_4O_{19}]^{4-}$	十二-μ-氧-μ_6-氧-六氧四钨-5,6-二钒酸盐(4−)

1.1.2　多酸的化学式及分类

多酸的化学式的书写方法经历了几个重要的发展阶段[13]。第一个阶段是多酸发现初期的一种表达方法，为氧化物式，即多酸化合物是由不同比例的氧化物表示，不同的氧化物用圆点隔开，氧化物的顺序是先反荷离子对应的氧化物，杂原子的氧化物，再配原子的氧化物，最后是结晶水，从这种氧化物式中可以得出的信息是多酸的组成元素，元素的氧化态和原子的个数比。例如，$ZnO \cdot 12WO_3 \cdot 29H_2O$ 为二十九水合 12-钨锌酸，这种分子式虽然不能准确地表达多酸的结构组成，但是在当时的条件下，这种方法也可以满足当时人们对多酸结构的要求。

第二个阶段是 Miolati 和 Rosenheim 于 1908 年提出的 Miolati-Rosenheim 式，这种表达式是将反荷离子写在前面，接着写多阴离子，最后写结晶水，其中多阴离子的表达式要首先写杂原子，接着写配原子和氧组成的氧化物形式，多阴离子与反荷离子用中括号隔开，结晶水与多阴离子用圆点隔开。以三水合 12-钨磷酸为例，它的Miolati-Rosenheim 式为 $H_7[P(W_2O_7)_6] \cdot 3H_2O$，这种表达式其实与它的实际结构是不相符的，与正确的多酸表达式相比，多了 3 个 H^+ 和 2 个 O，$\{W_2O_7\}$ 片段在实际中并不存在。由于这种表达式的不准确性，目前已经不再使用。

第三个阶段是目前广泛采用的表达式。这种写法是先写反荷离子，接着写多阴离子，最后写结晶水，其中多阴离子部分要先写杂原子，再写配原子，最后写氧原子，多阴离子与反荷离子用中括号隔开，结晶水与多阴离子用圆点隔开。如上面提到的三水合 12-钨磷酸，它的正确表达式为 $H_3[PW_{12}O_{40}] \cdot 3H_2O$，这种表达式能够准确地表达多阴离子的结构，与已测定的多阴离子结构是完全一致的，所以一直沿用至今。

多酸的分类原则上有三种方法：

第一，按有无杂原子分类，有杂原子如 P、Si、Ge 等称为杂多酸，无杂原子称为同多酸。

第二，按杂原子与配原子的比值分类，如 1∶12，1∶6，1∶9，1∶10，1∶11，

2∶18,2∶17,2∶16,2∶15,2∶12 等。

第三,按杂原子的结构类型分类,杂原子为四面体结构类型的包括 1∶12 和 2∶18系列;杂原子为八面体结构类型的包括 1∶6 和 1∶9 系列;杂原子为二十面体结构类型的包括 1∶12B 系列,如$[X^{n+}Mo_{12}O_{42}]^{(12-n)-}$等。

1.1.3 多酸的结构测定方法

随着科技水平的不断提高,多酸化合物的结构测定方法不断创新和发展。目前主要有三种常用的结构测定方法:单晶 X 射线衍射法、高能 X 射线散射实验分析法和电喷雾质谱法。最经典的方法是单晶 X 射线衍射法,这种方法要求培养多酸化合物的高质量的单晶,然后采用适宜的方法将单晶置于毛细管或者玻璃丝上,在单晶 X 射线衍射仪上进行测试,收集晶体数据,并进行数据还原得到晶体数据,用晶体解析软件解析出晶体的结构,最后结合元素分析、热重等测试,确定出多酸化合物的分子式。在这种结构测试过程中,测试前安装单晶的方法是得到高质量数据的前提,不同的晶体要用不同的方法来处理,对于离开母液极易变化的晶体,最好用管径合适的毛细管来安装,必要时要在装晶体的同时装入母液来保证晶体的稳定性。而对于水热得到的单晶,如果非常稳定,可以采用玻璃丝来安装,如果不是很稳定,可以将晶体用胶水包裹起来,然后再安装在玻璃丝上。

另一种多酸结构的测定方法是高能 X 射线散射实验分析法,这种方法用于测定一些得不到单晶的多酸化合物,这种方法要采用对密度分布函数(pair distribution function,PDF)分析法对粉末衍射数据中与结构相关的信息进行提取,PDF 法可以同时给出宽范围的(>100Å)和很窄(纳米级)的原子排布信息[14]。2007 年,Michel 等在国际著名杂志 *Science* 上报道了采用高能 X 射线散射实验分析法测定水铁矿的结构,该研究成果的发表为结构测定技术开辟了一条新的途径,具有非常重要的历史意义[15]。水铁矿是一种结晶很差的暗红棕色微晶质氧化铁矿物,它在煤的液化、废水处理等方面有重要的应用,在废水处理过程中,它可以吸收重金属和砷等对环境有害的化学物质,同时它可以作为无机核形成一种铁储蛋白,对控制动植物和微生物的铁含量起着至关重要的作用,水铁矿还可通过吸收和共沉积作用对地下水和溪流中的污染物进行螯合反应[15]。尽管在以前的研究中注重对水铁矿的物理和化学性质的研究,而且这一直是近几年来各大科技论文的主要课题,但是对于水铁矿人们只知道它是一种纳米尺寸的矿物质,而它的组成和确定的晶体结构以及化学性质仍然是个谜。这就阻碍了人们进一步研究它的反应活性、磁性及化学组成。因此确定水铁矿的晶体结构是很多领域研究者的一个梦想。研究水铁矿的结构非常困难,主要原因在于它是无定形的且尺寸小于 10nm 的纳米晶,这就意味着以实验为基础的单晶 X 射线衍射仪很难确定它的结构。在实验室难以合成或在自然界难以找到它的结晶类似物，因此寻找水铁矿的结构模型极具挑战性[15]。Michel 等通过高能 X 射线散射实验，并应用对密度分布函数分析法对得到的数据进行分析最终确定了水铁矿的结构。研究表明由于水铁矿的散射范围与 2～6nm 的纳米晶水合铁一致，且二者具有相似的成分，所以他们选择 2nm、3nm 和 6nm 的水合铁化合物作为结构模型[15]。三种不同尺寸的纳米晶的合成方法是使三价铁在不同温度下水解得到具有相应纳米尺寸的沉淀颗粒。高倍透射电镜显示这三个样品的粒径尺寸分别为 2～3nm、3～4nm、5～7nm，三个样品的 PDF 谱图显示三个样品内部原子的分布情况是相同的，因此可以确定它们的结构是相同的，且为单相。之后要对这三个样品进行高能 X 射线粉末衍射实验测试并对数据进行处理。在数据处理的过程中首先要采用 RAD 程序（它是一种专门分析无定形材料衍射数据的应用程序）将衍射数据进行校正，经傅里叶变换得到 PDF，然后再使用 PDFFIT 程序对结构数据文件和宏文件进行精修，得到新的包括空间群、晶胞参数等详细结构数据的精修文件（表 1.4），进而得到相应的结构模型[15]。同时，热重分析表明该晶体结构中仍然有表面键连水分子的存在，从 PDF 谱图可以确定水铁矿的结构是由 13 个铁原子和 40 个氧原子组成的，其中含有 20%的$\{FeO_4\}$四面体和 80%的$\{FeO_6\}$八面体，因此它的结构是一种类 δ-Keggin 型结构（图 1.3）[15]。

表 1.4　PDF 法得到的精修的晶体数据

参 数	6nm 水铁矿	3nm 水铁矿	2nm 水铁矿
a/Å	5.928(9)	5.953(7)	5.958(7)
c/Å	9.126(7)	9.096(7)	8.965(7)
σ_Q/Å^{-1}	0.137(8)	0.157(8)	0.217(9)
δ	0.400(7)	0.406(1)	0.336(9)
R_w/%	26.7	24.9	26.2
尺寸/%	86.3	94.9	124.1

注：σ_Q为分辨率阻尼；δ 为单位少峰锐化因子；R_w为加权残差。

对于四配位铁的存在一直颇受争议，Michel 等通过电子能量损失谱（EELS）发现水铁矿中存在着三价铁到二价铁的还原以及铁从八面体到四面体的转变，EELS 是利用入射电子引起材料表面原子芯级电子电离、价带电子激发、价带电子集体振荡及电子振荡激发等，发生非弹性散射而损失的能量来获取表面原子的物理和化学信息的一种分析方法，水铁矿的 Mössbauer 谱的研究也表明，虽然存在着游离的铁离子，但是仍有四配位铁的存在。该研究涉及化学、物理、地理、数学等多学科的交叉，具有重要意义[15]。

电喷雾质谱法和冷喷雾质谱法是一种新型的结构测定方法，它是通过测定分

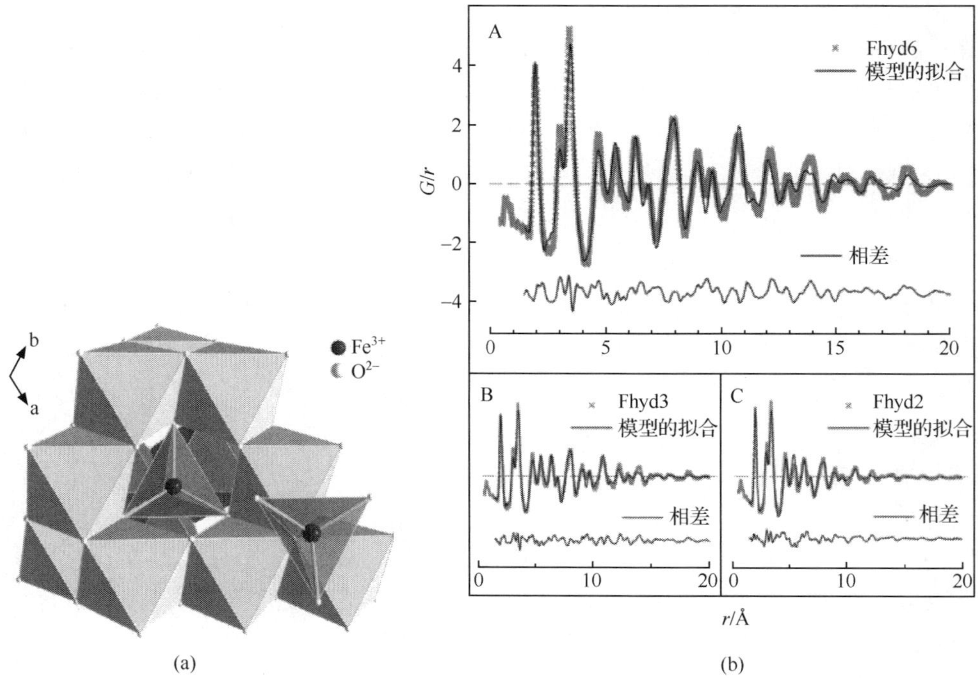

图 1.3　粒径为 6nm 的 $Fe_{13}O_{40}$ 的结构图(a)和 Fhyd6、Fhyd3、Fhyd2 的 PDF 谱图(b)
(Fhyd6 为 6nm 水铁矿,Fhyd3 为 3nm 水铁矿,Fhyd2 为 2nm 水铁矿)[15]

子或离子的质荷比来确定多阴离子在溶液中存在的一种方法[16]。电喷雾质谱在多酸化学的研究中占有重要地位,主要应用在两个方面,一方面是确定多阴离子在水溶液中的稳定性,另一个方面是确定多阴离子的组成,当采用单晶 X 射线衍射测试得到的晶体数据并不能解析出确定的结构时,如杂原子的位置不能确定存在、严重的无序或者杂原子的元素名称不能确定等,可以通过测定其电喷雾质谱,通过计算质荷比得到多阴离子的相对分子质量 ,进而确定元素的具体名称。英国的 Cronin 和龙德良等在这方面做出了非常出色的工作,并且将电喷雾质谱法非常灵活的应用于多酸的研究中,为多酸化学的发展作出了重要的贡献。2008 年,Cronin 和龙德良等采用电喷雾质谱法确定了杂原子 P 在无序的$[H_mP_nW_{18}O_{62}]^{y-}$结构中的位置(图 1.4 和图 1.5)[16]。研究表明不同的 m/z 值对应不同相对分子质量的多阴离子(表 1.5)[16]。

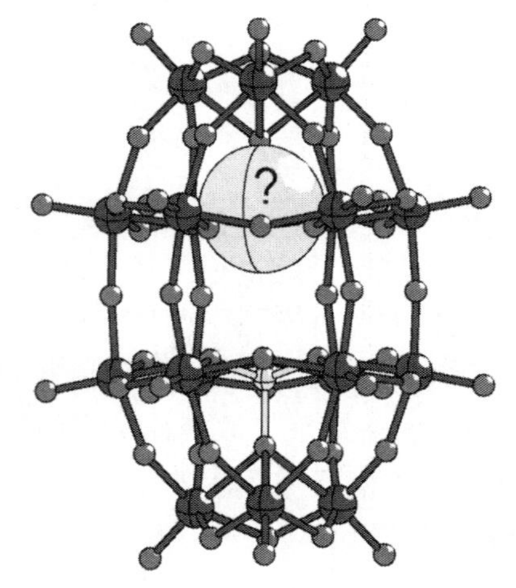

图 1.4　$[H_mP_nW_{18}O_{62}]^{y-}$ 的结构图[16]

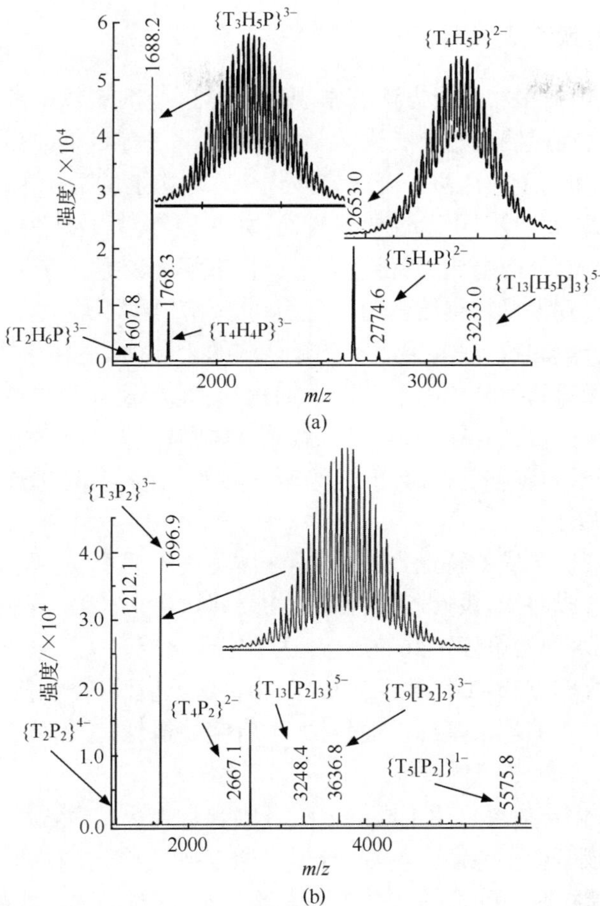

图 1.5　$(TBA)_y[H_xP_1W_{18}O_{62}]^{(11-(x+y))-}$(a)和$(TBA)_y[P_2W_{18}O_{62}]^{(6-y)-}$(b)的电喷雾质谱图(T≡TBA,P≡$P_1W_{18}O_{62}$,$P_2$≡$P_2W_{18}O_{62}$)[16]

表 1.5　不同 *m/z* 对应的多阴离子[16]

m/z	多阴离子	*m/z*	多阴离子
1205.4	$\{(TBA)_2[H_5PW_{18}O_{62}]\}^{4-}$	1265.9	$\{(TBA)_3[H_4PW_{18}O_{62}]\}^{4-}$
1607.8	$\{(TBA)_2[H_6PW_{18}O_{62}]\}^{3-}$	1688.3	$\{(TBA)_3[H_5PW_{18}O_{62}]\}^{3-}$
1768.3	$\{(TBA)_4[H_4PW_{18}O_{62}]\}^{3-}$	2653.0	$\{(TBA)_4[H_5PW_{18}O_{62}]\}^{2-}$
2713.8	$\{(TBA)_9[H_4PW_{18}O_{62}][H_5PW_{18}O_{62}]\}^{4-}$	2774.6	$\{(TBA)_5[H_4PW_{18}O_{62}]\}^{2-}$
3232.0	$\{(TBA)_{13}[H_5PW_{18}O_{62}]_3\}^{5-}$	3618.49	$\{(TBA)_9[H_5PW_{18}O_{62}]_2\}^{3-}$
3138.5	$\{(TBA)_8[H_5PW_{18}O_{62}]\}^{2+}$		
1212.1	$\{(TBA)_2[P_2W_{18}O_{62}]\}^{4-}$	1696.9	$\{(TBA)_3[P_2W_{18}O_{62}]\}^{3-}$
2667.1	$\{(TBA)_4[P_2W_{18}O_{62}]\}^{2-}$	3248.4	$\{(TBA)_{13}[P_2W_{18}O_{62}]_3\}^{5-}$
3636.8	$\{(TBA)_9[P_2W_{18}O_{62}]_2\}^{3-}$	5575.8	$\{(TBA)_5[P_2W_{18}O_{62}]\}^{1-}$

1.1.4 多酸的合成方法

目前比较成熟的多酸合成方法有常规法、水热(溶剂热)法、离子液体法、固相反应法、液相接触反应法、微波法、光化学法、电化学法等。下面指出采用常规法、水热(溶剂热)法和离子液体法等合成多酸化合物原则上的适用范围。

第一,若合成的多酸对可溶性要求较高,如医药等对可溶性要求较高的领域,则适用于常规合成,常规合成的特点是:①产物溶解度较好;②产物产率较高;③容易重复;④可以得到大量新奇结构的化合物;⑤反应温度不能太高。

第二,水热合成的特点是:①适于新奇结构的化合物特别是不稳定中间态的合成;②适于做分子筛和类分子筛以及纳米结构的物质;③有些很难重复;④有的产率极低,有的甚至只得到几粒晶体产品,做完晶体测定,做不了性质测试;⑤所得产物大多极难溶于水和各种有机溶剂;⑥溶剂热较难控制,容易爆炸;⑦水热合成温度可大于 150℃以上。

第三,离子液体合成的特点是:①离子液体蒸气压近于零,不挥发,可作溶剂使用,被称为绿色合成路线,没有乙醚等有机物质释放出来;②常规和水热都适用,特别适用于原料在水中溶解度不好的反应,适于定向合成。

第四,其他合成方法,如固相反应法、液相接触反应法、微波法、光化学法、电化学法等,它们所涉及的理论基础机理包括:①自组装机理;②晶体工程原理,如建筑块方法等。

不同的多酸化合物要采用不同的方法合成。常规法是最常用的一种多酸合成方法,最适宜合成多核多酸簇合物等,合成产物受到反应物的物质的量比、溶液的 pH、反应温度、搅拌时间和搅拌速度等因素的影响,同时晶体产物的质量受到溶剂种类、溶液浓度、环境温度甚至湿度等因素的影响。而水热(溶剂热)法则可为反应提供更多的能量,适用于合成多种有机无机杂化的多酸化合物或者具有高负电荷的多阴离子等,因为这些反应需要很高的能量才能发生,反应受到溶剂种类、反应温度、反应时间、体系的 pH 和降温方法等因素的影响。离子液体合成多酸化合物是一种新兴的合成方法,离子液体的零蒸气压、低挥发性、适宜的黏度、良好的溶解性、可控的 pH 等诸多优势使其成为一种非常优异的反应溶液来制备多酸化合物,2012 年,傅海、秦超、王恩波等首次采用离子热合成方法得到一系列多酸基 MOF 结构(图 1.6)[17]。

固相反应法是将几种固体反应物在室温下不断研磨,使得反应物在研磨的过程中充分反应,进而得到新型多酸化合物,这种方法使用不多,有人认为它受到很多限制,并不是所有的化合物都能用这种方法得到,而且得到的产物表征存在一定的困难,因为它仍然是部分反应物和产物的混合物,为提纯产物带来了诸多困难。液相接触反应法是由 Cronin 和龙德良等报道的一种合成新型高核钼簇的创新合

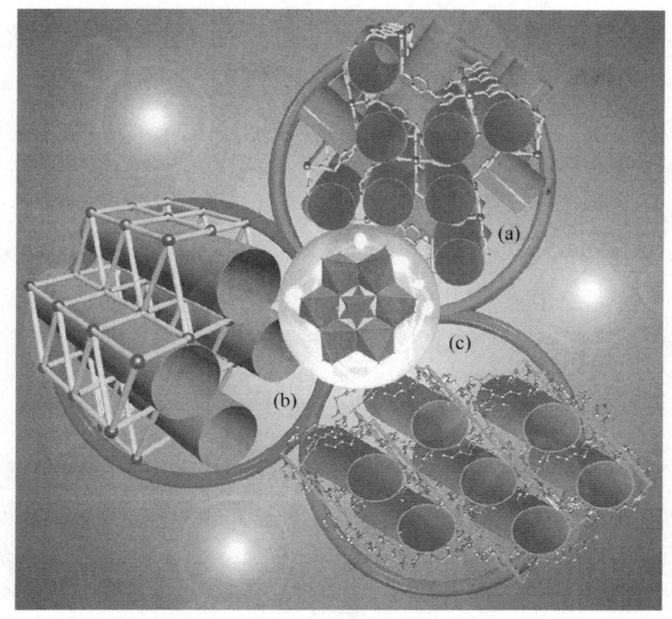

图 1.6　离子热方法得到的基于$[Mo_8O_{26}]^{4-}$的三种 MOF 结构。
(a)为$(TBA)_2[Cu^{II}(BBTZ)_2(\beta\text{-}Mo_8O_{26})]$的结构图；(b)和(c) 分别为$(TBA)_2[Cu^{II}(BBTZ)_2(\alpha\text{-}Mo_8O_{26})]$的同分异构体的结构图[17]

成方法，他们将两种反应溶液分别缓慢注入反应器中，使两种反应溶液缓慢接触，在溶液的交界面缓慢发生反应，他们通过这种方法得到了一种高核钼簇$\{Mo^{VI}_{36}\}\subset\{Mo^{VI}_{130}Mo^{V}_{20}\}$(图 1.7)[18]。

图 1.7　$\{Mo^{VI}_{36}\}\subset\{Mo^{VI}_{130}Mo^{V}_{20}\}$的合成反应装置图[18]

1.2 近代多酸化学的特征

从第一个多酸化合物发现至今，多酸化学经历了200多年漫长的发展变化，经过几代多酸化学家的共同努力，近代多酸化学的发展呈现出如下几个基本特征：第一，从单一的多酸合成方法到可控分子设计合成的发展；第二，从简单多酸单体到高核超大轮型簇合物的发展；第三，从单纯的结构合成到应用领域的发展；第四，从多酸的基础研究到与国民经济发展紧密相连的领域的过渡。下面将详细介绍多酸化学的这几种特征，让读者了解多酸的发展历程。

1.2.1 从单一的多酸合成方法到可控分子设计合成的发展

最初多酸的合成只是反应物之间的简单混合，是非常单一的合成方法，随着科技手段的不断发展，多酸的合成方法经历了由乙醚萃取到水热（溶剂热）合成，再到离子热合成，由非水溶剂到离子交换，由控制电位电解再到光化学还原等方法的发展历程。但在合成之初人们并不能预期得到哪种结构的产物，随着测试手段和合成技术的不断发展，多酸化学工作者尝试采用可控的分子设计思想得到预期的多酸化合物的结构。可控分子设计是人们不断追求和探索创新合成方法的必然产物，在合成之前，根据预期的多酸化合物的种类，设计合理的合成路线，选择合适的合成方法及合成的影响因素，通过这种预期的设计来指导合成，最终得到预期的合成产物，这是多酸化合物发展中的一个最基本特征，也是多酸化学发展的必然趋势。可控分子设计要深刻地理解自组装原理、晶体工程与分子设计等基本理论和方法。

以多酸基单分子磁体的研究为例，这个领域的研究是非常困难的，因为我们单从得到的多酸结构是无法判断它是否具有单分子磁体行为，因此这个课题的研究是最需要可控分子设计思想来指导的，在合成之初，要找到单分子磁体的结构模型，从这个模型出发，合成具有类似结构的多酸化合物，并通过必要的修饰使之拥有预期的结构与性能。2008年，Coronado等报道了首例多酸型单分子磁体$Na_9[ErW_{10}O_{36}]\cdot 35H_2O$，磁性研究表明它呈现出单分子磁体行为，它的合成体现了分子设计思想（图1.8和图1.9）[19]。

在合成之初，他们经过文献调研发现一些夹心型酞菁类染料化合物具有单分子磁体行为，如2003年报道的（TBA）$[Pc_2Ln]$（Ln＝Tb和Dy；Pc为二价阴离子酞菁；TBA为$(n\text{-}C_4H_9)_4N^+$）是一种酞菁类染料，具有类似夹心型结构，夹心部分为稀土离子［图1.10(a)］，磁性研究表明由于稀土离子与酞菁阳离子的相互作用使得它呈现出很好的单分子磁体行为［图1.10(b)］[20]。同时，2006年Ferbintea-nu等报道的$[Fe(bpca)(\mu\text{-}bpca)Dy(NO_3)_4]$（bpca为双（2-吡啶羰基胺））也是类似夹心型结构，夹心部分为 Fe^{3+} 和 Dy^{3+}[图 1.11(a)]，磁性研究表明该化合物也呈现单分子磁体行为[图 1.11(b)][21]。

根据已报道的这些结构模型，Coronado 等用这个模型对多酸化合物进行分子设计，Weakley 结构是和这种结构模型最相近的结构模型，如果能够得到与该结构模型类似的 Weakley 结构，得到的化合物很可能具有单分子磁体行为，因此对合

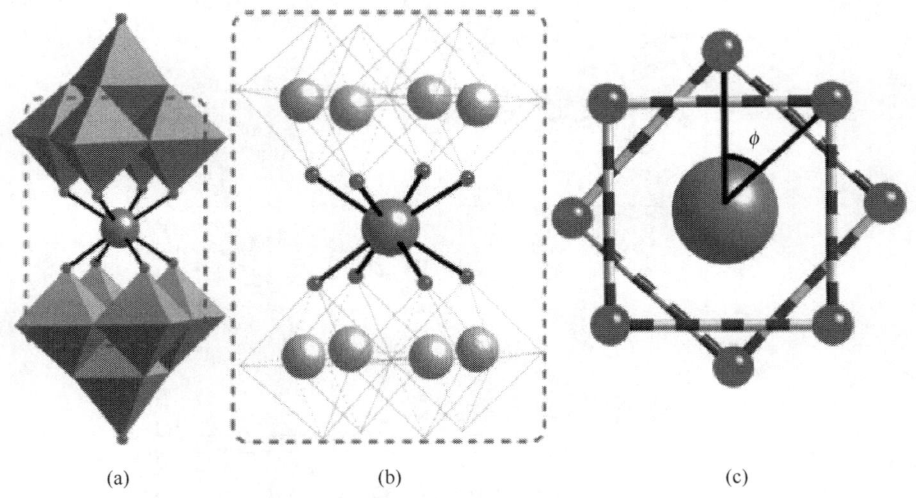

图 1.8　$Na_9[ErW_{10}O_{36}]\cdot 35H_2O$ 的结构图(a)，Er^{3+} 与邻近的 8 个 W^{6+} 间的配位结构图(b)及 Er^{3+} 与邻近的 8 个 W^{6+} 相互作用的示意图(c)[19]

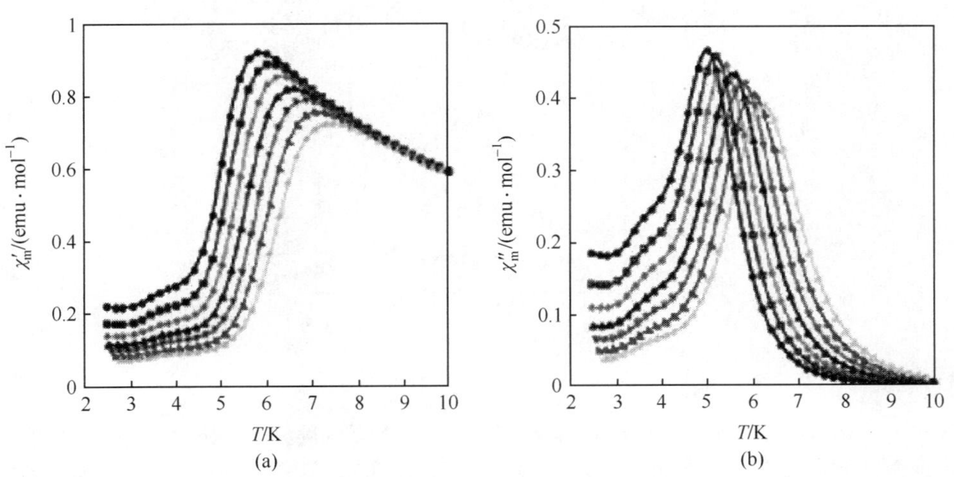

图 1.9　$Na_9[ErW_{10}O_{36}]\cdot 35H_2O$ 的磁化率曲线。(a)为交流场中实部 χ'_m 值随温度变化曲线；(b) 为交流场中虚部 χ''_m 值随温度变化曲线。(a)(b)曲线中从左到右的频率分别为：1000Hz，1500Hz，2200Hz，3200Hz，4600Hz，6800Hz 和 10 000Hz[19]

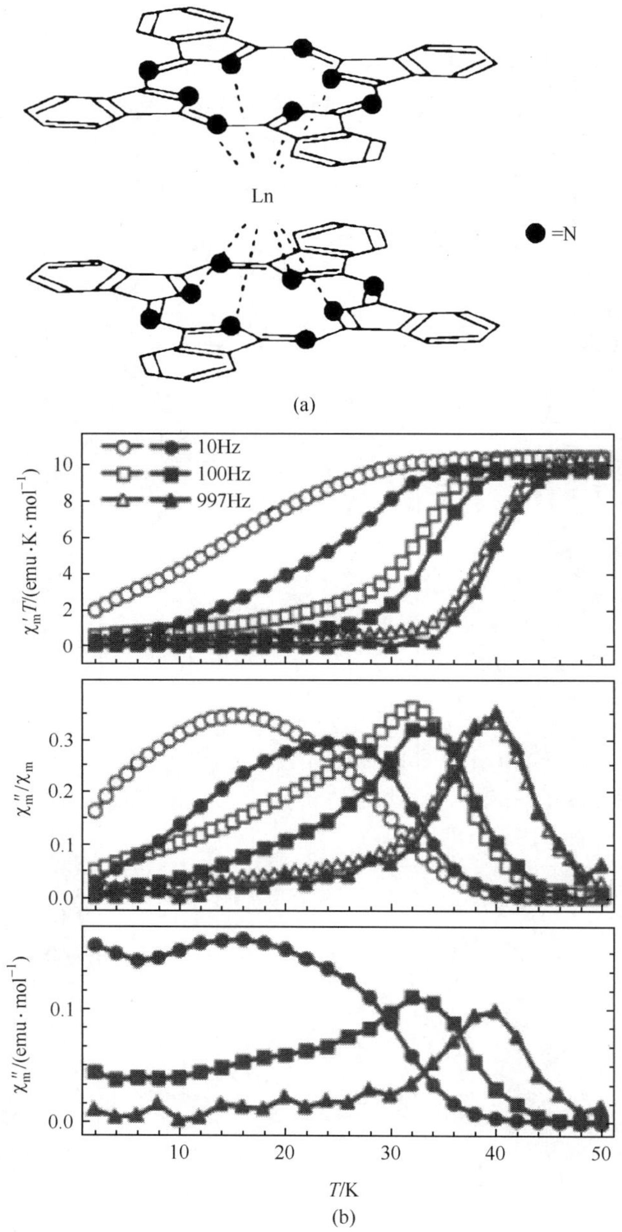

图 1.10 (a)(TBA)[Pc_2Ln]的结构图;(b)上图为 $\chi_m'T$ 值随温度变化曲线,中图为 χ_m''/χ_m 值随温度变化曲线,下图为 χ_m'' 值随温度变化曲线(χ_m'为交流场中摩尔磁化率的实部,χ_m''为交流场中摩尔磁化率的虚部,χ_m为直流场的摩尔磁化率,图中所有空心标记均为(TBA)[Pc_2Tb]粉末样品的磁性曲线,所有实心标记为(TBA)[Pc_2Tb]稀释在(TBA)[Pc_2Y]中 3.5G 交流场中测定的磁化率曲线。emu 为磁矩的单位,属于 CGS 电磁制单位,电磁学 CGS 单位制是以力学单位 cm、g 和 s 为基本单位的三个基本量的非有理单位制,系数 k_1、k_2和 k_3均选取为 1,CGS 即为三个基本单位的英文缩写)[20]

成出的一系列含有稀土的 Weakley 结构，经过磁性测试与筛选，最终发现含有 Er^{3+} 的 $Na_9[ErW_{10}O_{36}]\cdot 35H_2O$ 具有单分子磁体行为，这不是简单的模拟，而是分子设计思想在该类化合物的合成中的完美体现。因此，可控的分子设计思想在多酸化学的发展中具有举足轻重的地位。

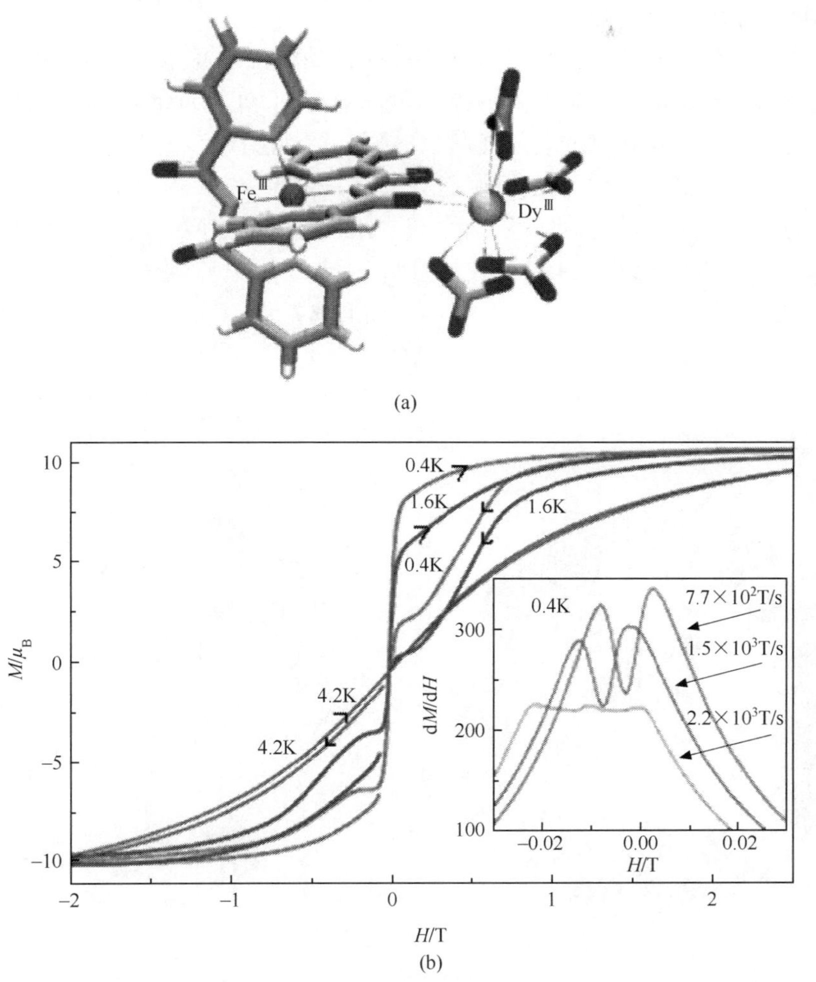

图 1.11　(a)$[Fe(bpca)(\mu\text{-}bpca)Dy(NO_3)_4]$的结构图；(b)不同温度下磁化强度 M 随磁场强度 H 的变化曲线(插图为 0.4K 下 H 接近 0T 范围内不同扫描速率下 dM/dH 对 H 的变化曲线)[21]

1.2.2　从简单多酸单体到高核超大轮型簇合物的发展

最初多酸化合物的合成主要集中在一些多酸的单体结构的合成上，随着合成方法和合成技术的不断完善，人们所能得到的多酸的核数也不断增大，由简单的

$\{Mo_2\}$、$\{Mo_6\}$、$\{Mo_{36}\}$到$\{Mo_{72}\}$、$\{Mo_{132}\}$、$\{Mo_{154}\}$，再到目前最大的轮型钼簇$\{Mo_{368}\}$；从$\{W_6\}$、$\{W_{12}\}$到$\{W_{36}\}$、$\{W_{72}\}$，再到$\{W_{224}\}$。因此，从简单多酸单体到高核超大轮型簇合物的发展是多酸化学的又一重要特征，多酸化学家常把高核超大轮型簇合物称为多酸化学通往合成生物学的桥梁。因此，高核簇合物的合成一直是多酸化学的前沿与热点之一。

国内外的诸多课题组为高核簇合物的发展作出了重要贡献，包括 Müller、Pope、Cronin、Kortz、Nyman、Hussain、Kögerler、Cadot、Yamase、Krebs、Mialane、龙德良、王恩波、牛景杨、杨国昱、龙腊生、郑智平、苏忠民、刘术侠、李阳光、王新龙、周云山和张志明等。高核簇合物的发展已经有多部专著对其进行了详细报道[14,22]，这里，我们介绍几例最新的研究报道。2011 年，Müller 等报道了一例胶囊型的高核钼簇$[(CH_3)_4N]_7Na_{25}[\{W_6^{VI}O_{21}(H_2O)_6\}_{12}\{Mo_2^{V}O_2S_2(CH_3COO)\}_{20}\{Mo_2^{V}O_2S_2(H_2O)_2\}_{10}]\cdot$ ca. $\{8Na^+ + 8CH_3COO^- + 300H_2O\} = \{(W^{VI})W_5^{VI}\}_{12}\{Mo_2^{V}O_2(\mu\text{-}S)_2\}_{30}$，它是由 12 个五角形$\{(W^{VI})W_5^{VI}\}$单元通过 20 个$\{Mo_2^{V}O_2S_2(CH_3COO)\}$单元和 10 个$\{Mo_2^{V}O_2S_2(H_2O)_2\}$单元构筑的开普勒球形轮簇(图 1.12)[23]。

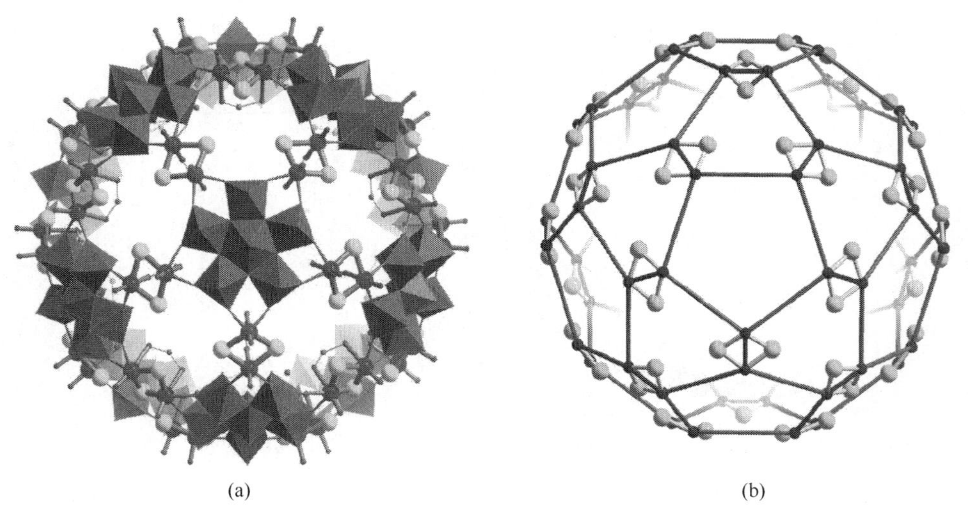

(a) (b)

图 1.12 $\{(W^{VI})W_5^{VI}\}_{12}\{Mo_2^{V}O_2(\mu\text{-}S)_2\}_{30}$的结构图(a)和$\{Mo_2^{V}O_2(\mu\text{-}S)_2\}_{30}$的结构图(b)[23]

2011 年，Nyman 等报道了新颖的$[SiNb_{18}O_{54}]^{14-}$的结构，它是由两个$\{Nb_6O_{19}\}$单元通过一个$\{SiNb_6O_{26}\}$单元桥连构筑的多核铌簇[图 1.13(a)]，而且作者通过电喷雾质谱(ESI-MS)证明了多阴离子在溶液中的稳定性[图 1.13(b)][24a]。2007 年，牛景杨等报道了 Cu-有机胺修饰的超大铌簇$[Cu(en)_2]_3[Cu(en)_2(H_2O)]_9[\{H_2Nb_6O_{19}\}\subset\{[(\{KNb_{24}O_{72}H_{10.25}\}\{Cu(en)_2\})_2\{Cu_3(en)_3(H_2O)_3\}\{Na_{1.5}Cu_{1.5}(H_2O)_8\}\{Cu(en)_2\}_4]_6\}]\cdot 144H_2O$ (en 为乙二胺)，它是由轮型铌簇

中嵌入一个$[H_2Nb_6O_{19}]^{6-}$构筑的巨大胶囊型结构(图 1.14)[24b]。

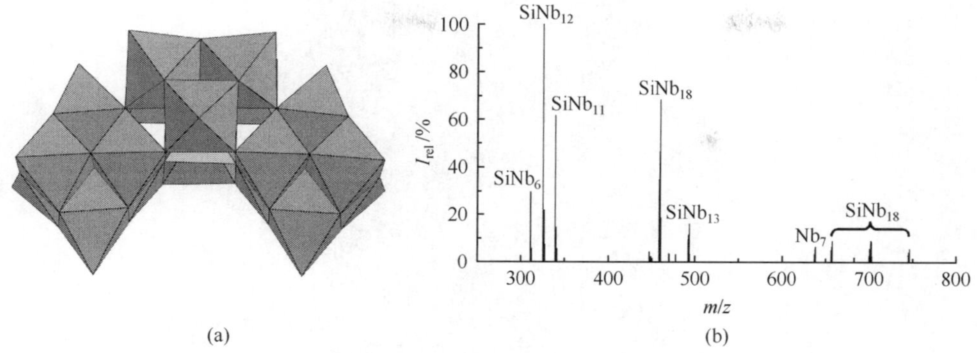

图 1.13　$[SiNb_{18}O_{54}]^{14-}$的结构图(a)和$[SiNb_{18}O_{54}]^{14-}$的电喷雾质谱图(b)[24a]

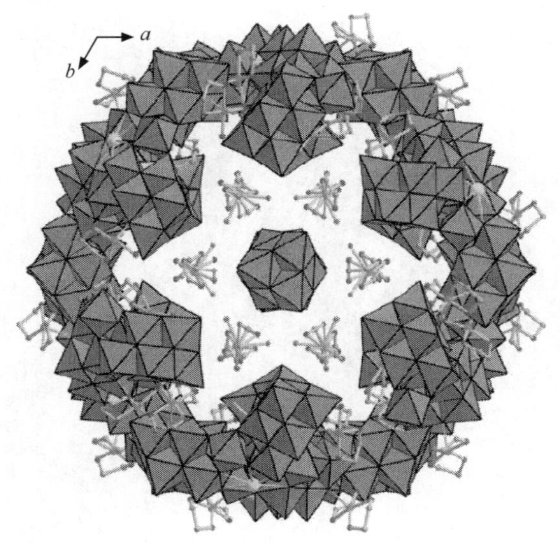

图 1.14　$[Cu(en)_2]_3[Cu(en)_2(H_2O)]_9[\{H_2Nb_6O_{19}\}\subset\{[(\{KNb_{24}O_{72}H_{10.25}\}\{Cu(en)_2\})_2\{Cu_3(en)_3(H_2O)_3\}\{Na_{1.5}Cu_{1.5}(H_2O)_8\}\{Cu(en)_2\}_4]_6\}]\cdot 144H_2O$的结构图[24b]

2010 年,Reinoso 等报道了含有稀土的高核钨簇$[K\subset K_7Ce_{24}Ge_{12}W_{120}O_{456}(OH)_{12}(H_2O)_{64}]^{52-}$(图 1.15),它是由 12 个$\{Ce_2GeW_{10}\}$片段构筑的。根据 Ce 的二取代位置不同,$\{Ce_2GeW_{10}\}$可分为 β(1, 8)、β(1, 5)、γ(3, 4)三种结构类型[25]。

2011 年,Kögerler 等报道了超大型高核钨簇$K_{56}Li_{74}H_{14}[Mn^{III}_{40}P_{32}W^{VI}_{224}O_{888}]\cdot$ ca. $680H_2O$,它是由 1 个$\{P_8W_{48}O_{184}\}$单元和 4 个$\{(P_2W_{14}Mn_4O_{60})(P_2W_{15}Mn_3O_{58})_2\}$片段构筑的超大核壳类多酸结构,其中$\{(P_2W_{14}Mn_4O_{60})(P_2W_{15}Mn_3O_{58})_2\}$片段是由 1 个$\{P_2W_{14}Mn_4O_{60}\}$单元和 2 个三取代的$\{P_2W_{15}Mn_3O_{58}\}$单元构筑的(图 1.16)[26]。

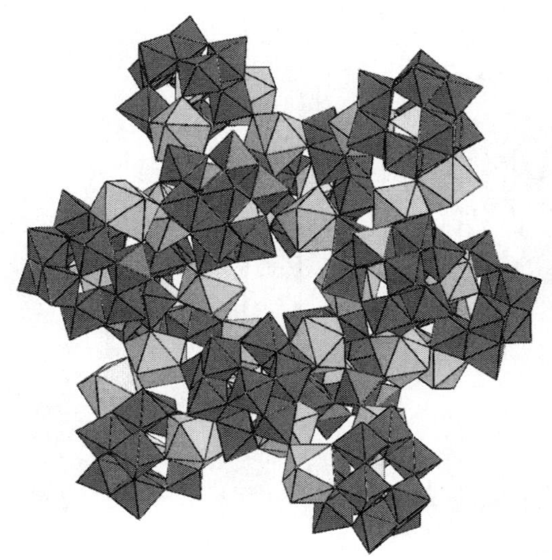

图 1.15　$[K \subset K_7Ce_{24}Ge_{12}W_{120}O_{456}(OH)_{12}(H_2O)_{64}]^{52-}$的多面体结构图[25]

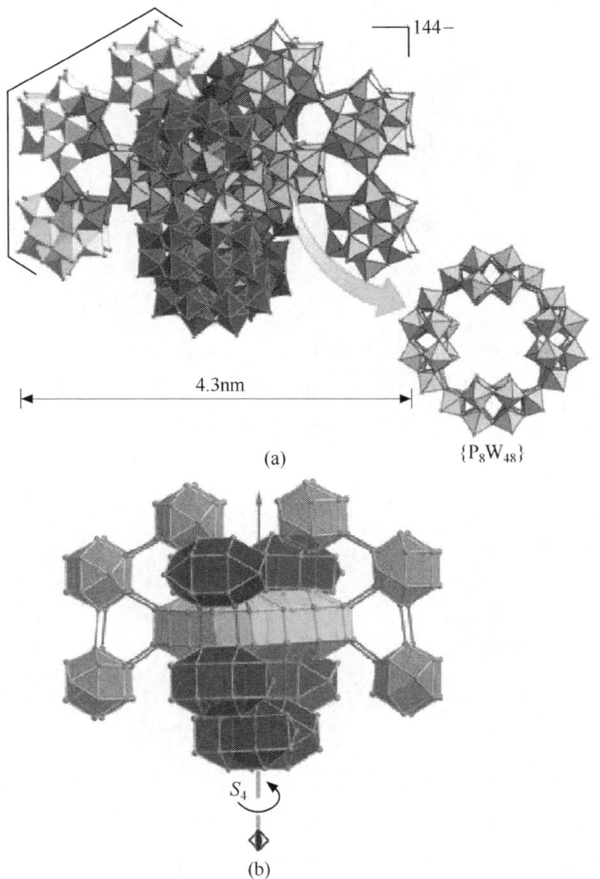

图 1.16　$[Mn^{III}_{40}P_{32}W^{VI}_{224}O_{888}]^{144-}$的多面体结构图(a)和$[Mn^{III}_{40}P_{32}W^{VI}_{224}O_{888}]^{144-}$的结构示意图(b)[26]

2010年，Cronin和龙德良等报道了一种超大的纯无机轮簇{$[Mn_8(H_2O)_{48}P_8W_{48}O_{184}]^{24-}$}$_n$，该簇进一步连接形成具有孔道的无限延展的三维纳米立方骨架结构(图1.17)[27]。

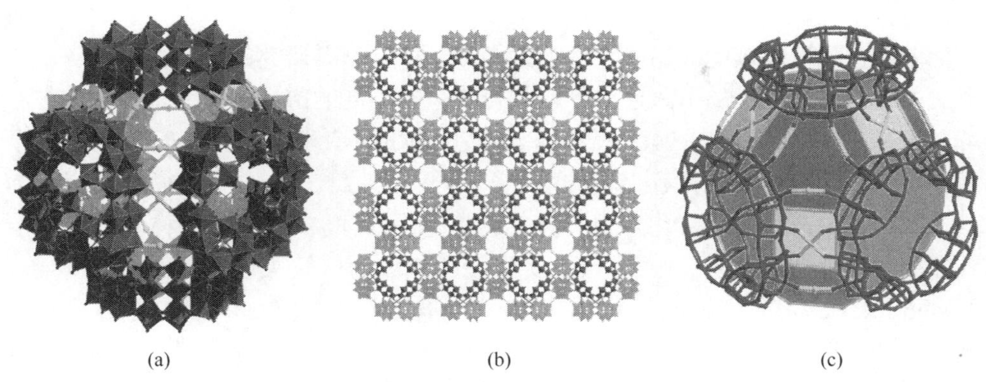
(a)　(b)　(c)

图1.17　{$[Mn_8(H_2O)_{48}P_8W_{48}O_{184}]^{24-}$}$_n$的多面体结构图(a)、三维堆积结构图(b)和结构示意图(c)[27]

2012年，Cadot等报道了由{$Mo_2O_2S_2$}连接构筑的新型高核钨簇$K_{3.5}Na_{32.5}[(AsW_9O_{33})_6(Mo_2O_2S_2)_9]\cdot 120H_2O$，它是由6个{$AsW_9O_{33}$}通过9个{$Mo_2O_2S_2$}单元构筑的六聚簇合物(图1.18)[28]。

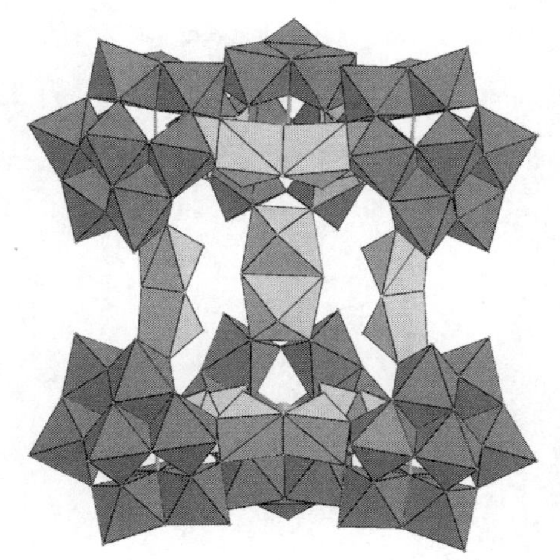

图1.18　$[(AsW_9O_{33})_6(Mo_2O_2S_2)_9]^{36-}$的结构图[28]

1.2.3　从单纯的结构合成到应用领域的发展

随着科学技术的飞速发展，多酸化学从最初单纯的结构合成向应用研究领域不断发展，这是多酸化学发展的必然趋势，目前多酸化学已经在磁性、催化、手性仿生、孔材料等领域有重要应用。下面结合多酸的最新研究实例介绍多酸在几个领域的发展历程。

1.2.3.1 多酸在磁性领域的应用

多酸在磁性领域的应用研究一直是多酸化学工作者研究的热点内容之一。在合成中不同磁性中心的引入使得多酸化合物呈现不同的磁性行为。这些磁性中心可以是过渡金属、稀土、3d-4f 混金属簇和已报道的具有单分子磁体行为的杂化金属簇等。磁性材料在信息存储、量子计算、分子器件材料等领域有很好的应用前景，因此，人们对磁性多酸化合物的研究越来越深入，其中单分子磁体的研究由于其在分子水平上呈现出的磁体行为受到各国学者的广泛关注，Kortz、Coronado、Powell、Clérac、高松、陈小明、杨国昱、姜建壮、宋友、童明良、郑丽敏、张献明等在该领域均有重要工作。2011 年，Powell 和 Kortz 等报道了含有十六核钴的多酸基单分子磁体，$Na_{22}Rb_6[\{Co_4(OH)_3PO_4\}_4(A\text{-}\alpha\text{-}PW_9O_{34})_4]\cdot 76H_2O$，它是由 4 个 $\{A\text{-}\alpha\text{-}PW_9O_{34}\}$ 与十六核钴簇 $\{Co_{16}(OH)_{12}(PO_4)_4\}^{8+}$ 构筑的（图 1.19），$\chi_m T$ 对 T 曲线表明化合物呈现铁磁性相互作用（图 1.20），交流场中磁化率的实部 χ' 和虚部 χ'' 对不同温度和频率的关系曲线表明化合物呈现单分子磁体行为[29]。2009 年，吴

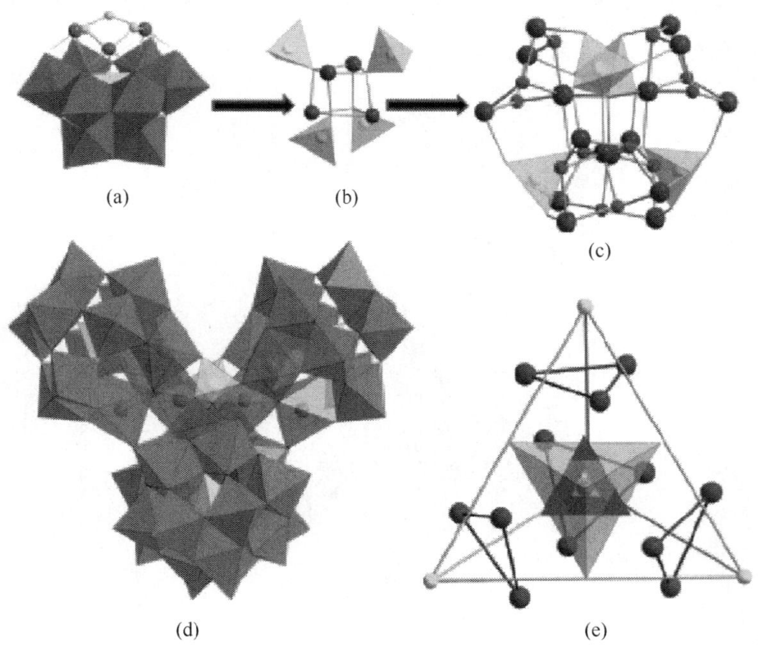

图 1.19 三取代的 $[\{Co(OH)\}_3(A\text{-}\alpha\text{-}PW_9O_{34})]^{6-}$ 的结构图(a)，$\{Co_4(PO_4)_4\}$ 单元的结构图(b)，$\{Co_{16}(OH)_{12}(PO_4)_4\}$ 单元的结构图(c)，$[\{Co_4(OH)_3PO_4\}_4(A\text{-}\alpha\text{-}PW_9O_{34})_4]^{28-}$ 的多面体结构图(d)以及 $[\{Co_4(OH)_3PO_4\}_4(A\text{-}\alpha\text{-}PW_9O_{34})_4]^{28-}$ 的结构简图(e)[29]

琼、李阳光和王恩波等首次将{Mn_2^{III}}席夫碱类化合物引入 $Na_3[XMo_6(OH)_6O_{18}]$(X=Al 和 Cr)体系中，得到{Mn_2^{III}}多酸复合材料，磁性研究表明其呈现单分子磁体行为[30]。

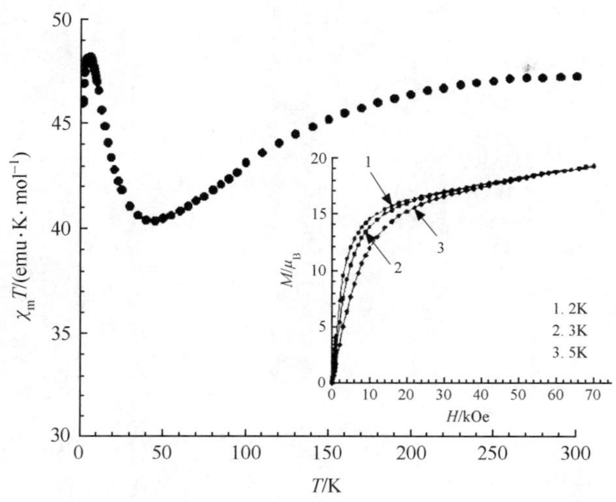

图 1.20　$[\{Co_4(OH)_3PO_4\}_4(PW_9O_{34})_4]^{28-}$ 的 $\chi_m T$ 随温度变化曲线(插图为磁化强度 M 随磁场强度 H 的变化曲线，μ_B 为原子磁矩的单位玻尔磁子，Oe 为磁场强度单位奥斯特)[29]

1.2.3.2　多酸在催化领域的应用

设计与合成具有高活性、高选择性、高稳定性、可循环利用的多酸催化剂是多酸化学家一直不懈努力的目标。自从 1972 年以多酸为催化剂催化丙烯水合制取异丙醇反应在日本实现工业化以后，越来越多的科研工作者投入到多酸催化领域的研究工作中，Mizuno、Hill、李灿、奚祖威、高爽、胡长文、罗三中、郭伊荇、吴传德、薛岗林、刘术侠、王晓红等在该领域均有出色工作。2009 年，刘术侠和苏忠民等合成了一系列多酸基金属有机框架结构化合物$[Cu_2(BTC)_{4/3}(H_2O)_2]_6[H_nXM_{12}O_{40}]\cdot(C_4H_{12}N)_2$(X=Si, Ge, P, As; M=W, Mo; BTC 为均苯三甲酸)(图 1.21)，并将其应用于乙酸乙酯水解反应中，研究表明化合物呈现出非常优异的催化活性和选择性，并可以重复利用，而且活性没有损失[31]。表 1.6 列出了一系列催化剂对乙酸乙酯水解反应的催化活性[31]。

2012 年，Mizuno 等研究了 $Pd(Ac)_2$ 与$(TBA)_4[\gamma\text{-}SiW_{10}O_{34}(H_2O)_2]$(简写为 TBA-$SiW_{10}$，TBA 为$[(n\text{-}C_4H_9)_4N]^+$)的混合物对各种不同结构，包括水合、芳族、脂族、杂芳环，并含有双键的腈类化合物的水合反应表现出很高的催化活性[32]。该多酸作为苯甲腈水合反应催化剂的循环频率为 $860h^{-1}$，循环次数达到 670，反应方程式如式(1-1)所示，表 1.7 中列出了一系列多酸催化剂对该反应的催化反应活性对比[32]。

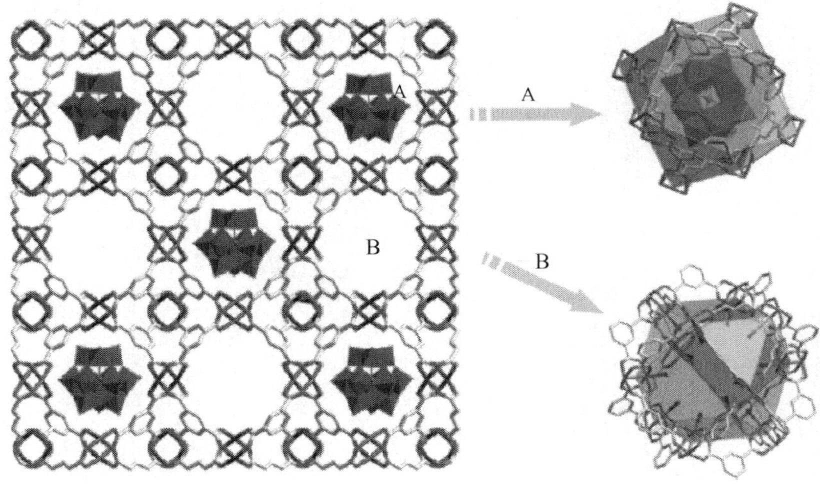

图 1.21 $[Cu_2(BTC)_{4/3}(H_2O)_2]_6[H_nXM_{12}O_{40}]\cdot(C_4H_{12}N)_2$(X=Si,Ge,P,As;M=W,Mo)的结构图(图中 A 和 B 为结构中两种不同的孔道结构)[31]

表 1.6 一系列催化剂对乙酸乙酯水解反应的催化活性[31]

催化剂	含量/(mmol·g^{-1})	催化剂活性/(μmol·g$_{cat}^{-1}$·min^{-1})	每摩尔酸含量/(mmol·mol$_{acid}^{-1}$·min^{-1})
$[Cu_{12}(BTC)_8][H_3PW_{12}O_{40}]$①	0.57②	178.9	313.8
$[Cu_2(BTC)_{4/3}(H_2O)_2]_6[HPW_{12}O_{40}]\cdot(C_4H_{12}N)_2$①	0.18②	49.3	273.9
$Cs_{2.5}[H_{0.5}PW_{12}O_{40}]$	0.15	30.1	200.6
$Cs_3[PW_{12}O_{40}]$	0.0	0.0	0.0
SO_4^{2-}/ZrO_2	0.20	25.5	127.5
Nb_2O_5	0.31	4.0	12.9
$H_3[PW_{12}O_{40}]$	1.0	70.4	70.4
H_2SO_4	19.8	911.9	46.1

①反应条件:60℃,30mL 质量分数为 5%(16.9mmol)的乙酸乙酯水溶液,催化剂质量为 0.20g,2h 后 $[Cu_{12}(BTC)_8][H_3PW_{12}O_{40}]$的转化率为 25.4%,$[Cu_2(BTC)_{4/3}(H_2O)_2]_6[HPW_{12}O_{40}]\cdot(C_4H_{12}N)_2$的转化率为 7.0%。

②通过酸碱滴定测试。

$$\underset{\mathbf{1a}}{C_6H_5CN} + H_2O \xrightarrow[\text{DMF,363K,9h}]{\text{催化剂}} \underset{\mathbf{2a}}{C_6H_5CONH_2} \tag{1-1}$$

表 1.7　一系列多酸催化剂对苯甲腈的水合反应的催化反应活性对比[32]

编号	催化剂	产量/%
1	$TBA\text{-}SiW_{10}+Pd(Ac)_2$	>99
2	$TBA\text{-}SiW_{10}+Ni(Ac)_2\cdot 4H_2O$	9
3	$TBA\text{-}SiW_{10}+Ag(Ac)$	9
4	$TBA\text{-}SiW_{10}+Co(Ac)_2\cdot 4H_2O$	<1
5	$TBA\text{-}SiW_{10}+Cu(Ac)_2\cdot H_2O$	2
6	$TBA\text{-}SiW_{10}+Rh(Ac)_2\cdot H_2O$	18
7	$TBA\text{-}SiW_{10}+Zn(Ac)_2\cdot 2H_2O$	<1
8	$TBA\text{-}SiW_{10}+Mn(Ac)_2\cdot 4H_2O$	<1
9	$TBA\text{-}SiW_{10}+Fe(Ac)_2$	5
10	$TBA\text{-}SiW_{10}+Pt(Ac)_2\cdot 2AcOH$	19
11	$TBA\text{-}SiW_{10}+[Ru_3(\mu_3\text{-}O)(Ac)_6(H_2O)_3](Ac)$	23
12	$TBA\text{-}SiW_{10}+RuCl_3$	31
13	$TBA\text{-}SiW_{10}+IrCl_3$	31
14	$TBA\text{-}SiW_{10}+RhCl_3$	40
15	$Pd(Ac)_2$	4
16	$TBA\text{-}SiW_{10}$	10
17	$(TBA)_4[\alpha\text{-}SiW_{12}O_{40}]+Pd(Ac)_2$	5
18	$(TBA)_4[\alpha\text{-}H_4SiW_{11}O_{39}]+Pd(Ac)_2$	57

注：反应条件为多酸(12.5μmol)，金属添加剂(25μmol)，**1a**(0.5mmol)，DMF(1.0mL)，水(10mmol)，363K，9h。产量/%=$\frac{\mathbf{2a}(\text{mol})}{\text{初始 }\mathbf{1a}(\text{mol})}\times 100$。需要指出的是在无机化学中，$Ac^-$一般指乙酸根(acetate)，因此乙酸和乙酸钠用 HAc 和 NaAc 来表示。但在有机化学中，CH_3COO—一般被称为乙酰氧基。由于乙酰基(Acetyl)是以简写 Ac 来表示，乙酰氧基则为 AcO—。本书中所有的乙酸根均采用无机化学表示方法，余同。

1.2.3.3　多酸的手性与仿生领域的应用

手性是生命的基本特征，人们希望合成的多酸化合物可以打破原来的对称性进而实现在不对称催化、医药、化学传感和生物仿生学领域的重要应用。多酸在该领域的应用研究经历了艰辛的研究过程，因为大多数的多酸本身具有很高的对称性，要打破这种对称性是比较困难的，而且手性多酸化合物一旦形成，在溶液中又会经常发生外消旋化，随着研究的不断深入，这些问题被多酸化学工作者逐个击破，已经有越来越多稳定的手性多酸化合物被报道，Hill、方喜奎、魏永革、杨国昱、鲁晓明、崔勇、卜显和、王恩波和李阳光等在该领域均有重要工作，这方面的研究已由王恩波等在《多酸化学概论》一书中进行了详细综述[14]，近几年，一系列具有代表性的手性多酸化合物被报道(图 1.22)[33-39]。

图 1.22 一系列的手性多酸化合物的结构图[40]

2008 年，杨国昱等报道的$\{[Ni_6(OH)_3(H_2O)_5(PW_9O_{34})](1,2,4\text{-}Hbtc)\}\cdot H_2enMe\cdot H_2O$（1,2,4-Hbtc 为 1,2,4-苯三甲酸，enMe 为 1,2-二氨基丙烷）是由$\{Ni_6(PW_9O_{34})\}$单元与 1,2,4-苯三甲酸构筑的手性螺旋结构(图 1.23)[35b]。2010 年，魏永革等报道了有机胺修饰的纯手性多酸化合物 $[Mo_6O_{18}NC(OCH_2)_3MMo_6O_{18}(OCH_2)_3CNMo_6O_{18}]^{7-}$（$M=Mn^{Ⅲ}$ 或 $Fe^{Ⅲ}$），它们分别结晶于手性空间群 $P3_121$ 和 $P3_221$[36a]，是由 Anderson 型多阴离子和两个 Lindqvist 型六钼酸盐通过两个二酰亚胺配体构筑的手性纳米棒结构(图 1.24)[36a]。

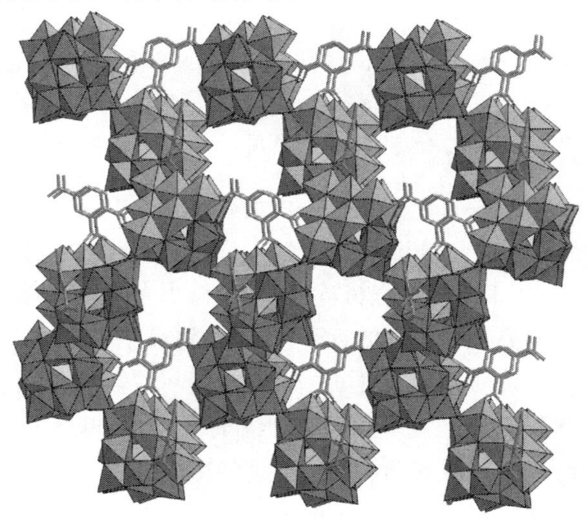

图 1.23 $\{[Ni_6(OH)_3(H_2O)_5(PW_9O_{34})](1,2,4\text{-}Hbtc)\}\cdot H_2enMe\cdot H_2O$ 的结构图[35b]

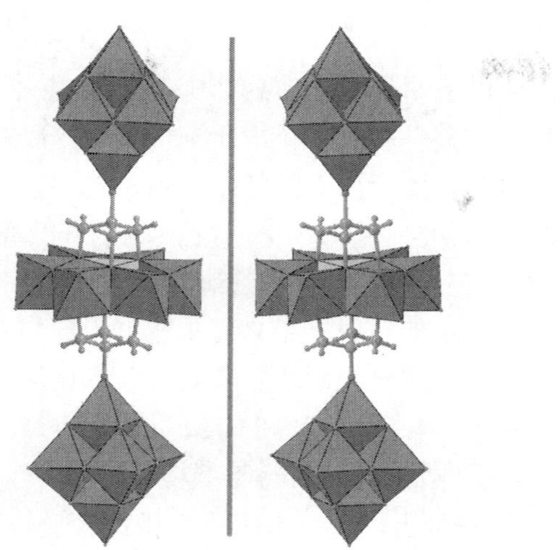

图 1.24　手性多阴离子$[Mo_6O_{18}NC(OCH_2)_3MMo_6O_{18}(OCH_2)_3CNMo_6O_{18}]^{7-}$ ($M=Mn^{III}$ 或 Fe^{III})的结构图[36a]

2012 年,谭华桥、李阳光和王恩波等报道了一系列基于 Waugh 型杂多阴离子的多酸化合物 $Na_4Mn[MnMo_9O_{32}]\cdot 11.5H_2O$、$KNa_3Mn[MnMo_9O_{32}]\cdot 9H_2O$、$Na_2Ni_2[MnMo_9O_{32}]\cdot 12H_2O$、$Mn_3[L\text{-}MnMo_9O_{32}]\cdot 13H_2O$、$Mn_3[D\text{-}MnMo_9O_{32}]\cdot 13H_2O$ 和 $Ni_3[L\text{-}MnMo_9O_{32}]\cdot 11.5H_2O$,在这些化合物中,通过改变 Na^+ 与 TM (TM=Mn^{2+},Ni^{2+},TM 为过渡金属离子的简称)的比例,同手性的相互作用延伸到一维、二维和三维体系中(表 1.8)[41]。

表 1.8　基于 Waugh 型杂多阴离子的结构与同手性之间的关系[41]

	$Na_4Mn[MnMo_9O_{32}]\cdot 11.5H_2O$	$KNa_3Mn[MnMo_9O_{32}]\cdot 9H_2O$	$Na_2Ni_2[MnMo_9O_{32}]\cdot 12H_2O$	$Mn_3[L/D\text{-}MnMo_9O_{32}]\cdot 13H_2O$ 和 $Ni_3[L\text{-}MnMo_9O_{32}]\cdot 11.5H_2O$
Na^+/Mn^{2+}	4 : 1	3 : 1	1 : 1	0 : 1
同手性相互作用传递的尺寸				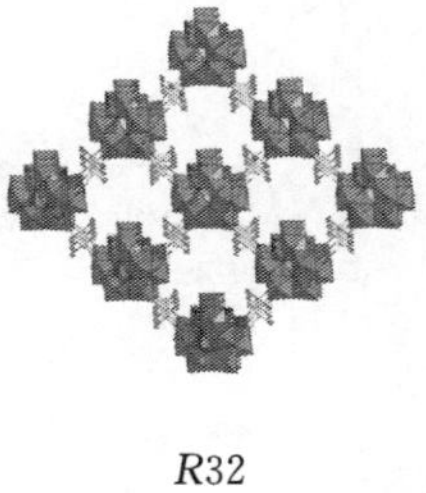
空间群	$P\bar{1}$	$P2_1/n$	$C2/c$	$R32$

1.2.3.4 多酸孔材料的应用

自从美国的 Yaghi 等报道了一系列咪唑基沸石材料以来，孔材料的发展进入了一个崭新的时代。多酸基多孔材料由于在吸附、分子选择、离子交换、选择性传感材料与催化等领域的重要应用受到各国学者的高度重视，随着测试手段的不断发展，人们对该领域的研究也越来越深入，越来越多的多酸化学工作者致力于实现多酸基多孔材料的可控分子设计，期望通过分子设计来控制孔道的尺寸，因此多酸孔材料的合成在多酸化学的发展中是具有里程碑意义的研究领域，可以说多酸孔材料的合成将是一个永恒的研究课题，是需要多酸化学工作者不断创新不懈努力奋斗的，冯守华、裘式纶、段春迎、刘术侠、朱广山、于吉红、彭军、孙为银、许岩、姜春杰、黄如丹、王新龙、兰亚乾等在孔材料领域均有出色工作。

2012 年，傅海、秦超和王恩波等采用离子热合成得到了多酸基孔材料$(TBA)_2[Cu^{II}(BBTZ)_2(\alpha\text{-}Mo_8O_{26})]$（TBA 为$(n\text{-}C_4H_9)_4N^+$，BBTZ 为 1,4-双(1,2,4-三唑-1-甲基)-苯)，并对其进行了吸附实验，研究表明它对 N_2、H_2和 CO_2均具有很好的吸附性质(图 1.25)，同时它对 Co^{2+} 具有很好的离子交换性质(图 1.26)[17]。2011 年，刘术侠和苏忠民等报道了基于 Keggin 型多阴离子的多孔多酸化合物 $H_3[(Cu_4Cl)_3(BTC)_8]_2[PW_{12}O_{40}]_3(C_4H_{12}N)_6\cdot 3H_2O$[图 1.27(a)]，研究表明它对 N_2具有很好的吸附性能[图 1.27(b)][42]。2010 年，Cronin 等报道了含有纯无机孔道的$\{[Mn_8(H_2O)_{48}P_8W_{48}O_{184}]^{24-}\}_n$对 Cu^{2+} 表现出很强的吸附性能(图 1.28)[43a]。

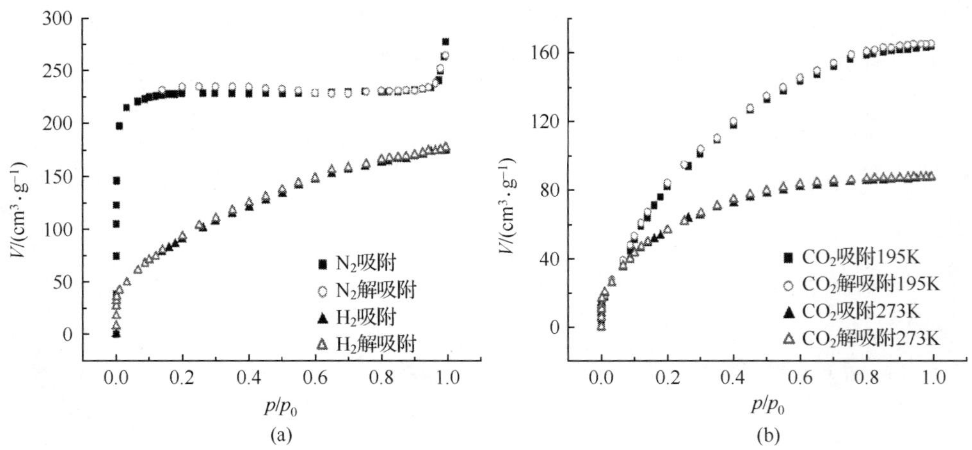

图 1.25 $(TBA)_2[Cu^{II}(BBTZ)_2(\alpha\text{-}Mo_8O_{26})]$的吸附与解吸附曲线：(a)77K 下 N_2和 H_2；(b)195K 和 273K 下 CO_2[17]

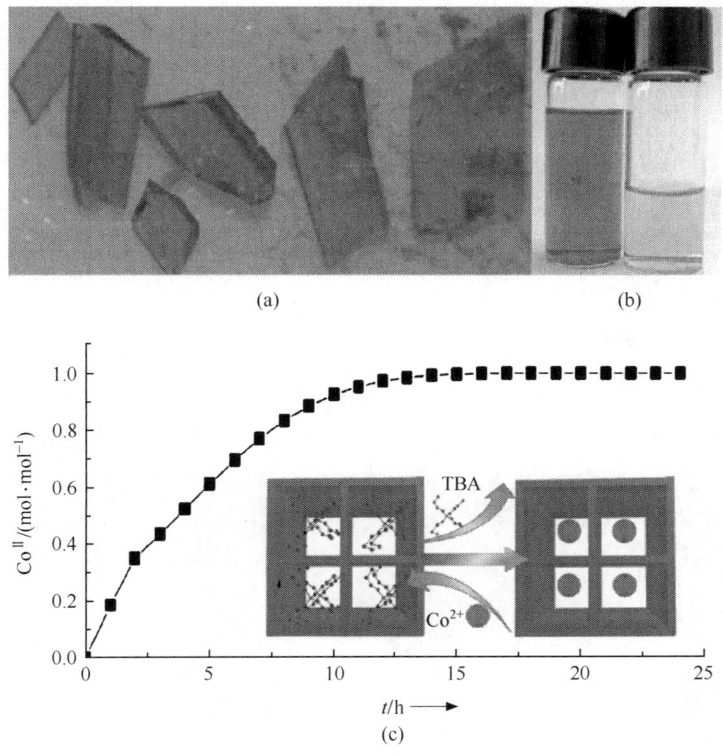

图 1.26 (a) $(TBA)_2[Cu^{II}(BBTZ)_2(\alpha\text{-}Mo_8O_{26})]$的晶体在显微镜下拍摄的照片；(b) 对 Co^{2+} 的离子交换实验结果；(c)交换的 Co^{2+} 的量与时间关系曲线(插图为 $(TBA)_2[Cu^{II}(BBTZ)_2(\alpha\text{-}Mo_8O_{26})]$结构中 TBA 与 Co^{2+} 的交换过程示意图)[17]

1.2.3.5 多酸在纳米材料与表面化学领域的应用

多酸具有纳米尺寸、结构多样性和结构稳定性等优势，使得它们在溶液中展示出与其他化合物不一样的特性，在溶液中部分多酸会组装成不同尺寸和形貌的纳米结构，多酸的这个优异特性使得它们在材料化学与表面化学领域有重要的应用，美国的刘天波、吴立新、王训、王维、严纯华、李彦、岳斌、苏成勇、廖伍平、宋宇飞、胡长文、曹荣、谢兆雄、卜伟峰、刘绍琴、康振辉和李昊龙等在这方面都有出色的研究工作。2006 年，刘天波等研究了$\{Mo_{72}Fe_{30}\}$簇在溶液中的行为，包括 pH 控制的质子化行为[43b]。在溶液中$\{Mo_{72}Fe_{30}\}$簇是独立的，在 $pH < 2.9$ 的水溶液中，它们被质子化，自组装成单层的黑草莓结构，黑草莓的尺寸可以通过 pH 来调节，研究表明 pH 为 3.0，黑草莓的平均流体动力学半径约为 45nm，pH 达到 6.6，黑草莓的平均流体动力学半径达到 15nm(图 1.29) [43b]。

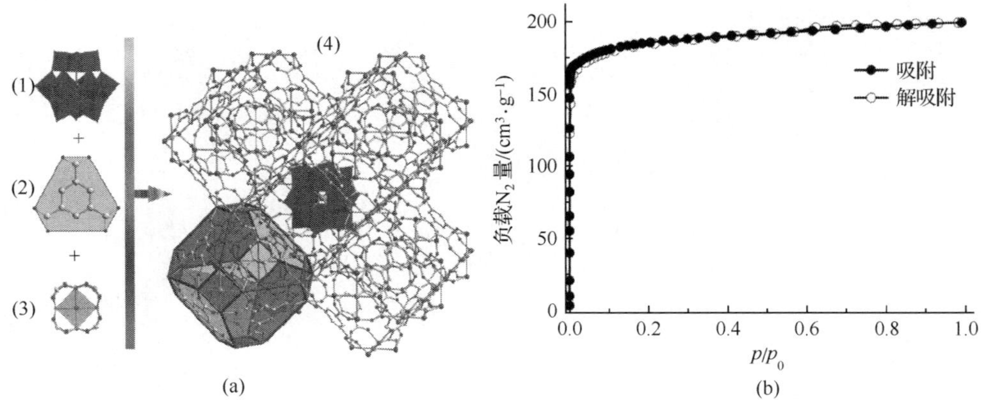

图 1.27 (a) $H_3[(Cu_4Cl)_3(BTC)_8]_2[PW_{12}O_{40}]_3(C_4H_{12}N)_6 \cdot 3H_2O$ 的结构图(其中(1)为 Keggin 型阴离子的结构;(2)为均苯三甲酸的结构并作为三连接节点;(3)为由四个 Cu^{2+} 固定的亚单元结构;(4)为 $H_3[(Cu_4Cl)_3(BTC)_8]_2[PW_{12}O_{40}]_3(C_4H_{12}N)_6 \cdot 3H_2O$ 中的立方体笼形结构(由 8 个方钠石构筑的八面体笼));(b)77K 下的 N_2 吸附与解吸附曲线[42]

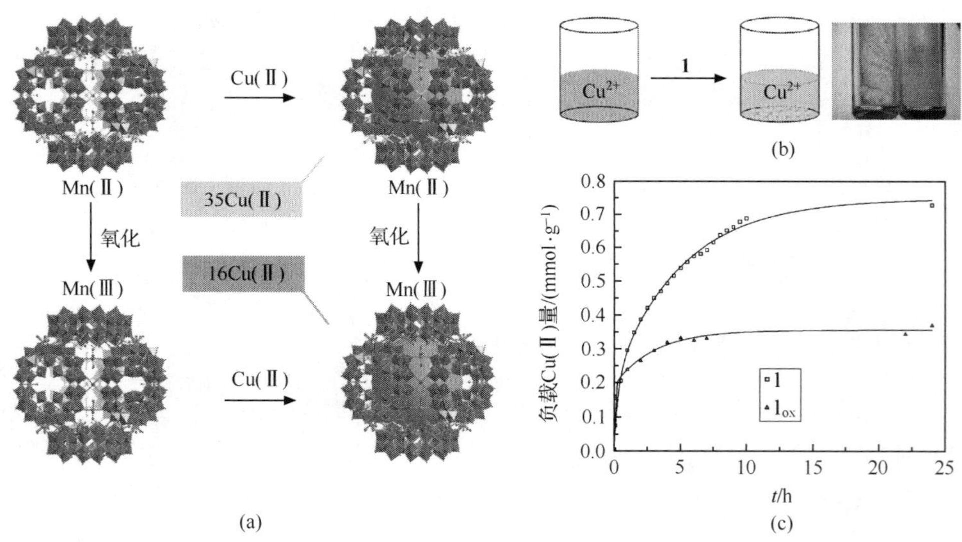

图 1.28 (a)还原态与氧化态{$[Mn_8(H_2O)_{48}P_8W_{48}O_{184}]^{24-}$}$_n$(图中用 **1** 表示其还原态,用 $\mathbf{1}_{ox}$表示其氧化态) 对 Cu^{2+} 的交换实验原理图;(b)交换实验流程示意图及实验后 Cu^{2+} 进入 **1** 和 $\mathbf{1}_{ox}$的晶体照片;(c)Cu^{2+} 进入 **1** 和 $\mathbf{1}_{ox}$孔道的量(mmol · g^{-1})随时间变化的关系曲线[43a]

2005 年,吴立新等将$[Eu(H_2O)_2SiW_{11}O_{39}]^{5-}$ 与 DODA(双十八烷基二甲基铵)结合形成有机/无机杂化超分子结构$(DODA)_4H[Eu(H_2O)_2SiW_{11}O_{39}]$,在氯仿溶液中它会聚集成囊泡结构,这种多酸基囊泡结构可以转变成三维有序的具有微米尺寸的层结构,这种多酸基囊泡和蜂窝结构为半导体器件和分离膜等新材料

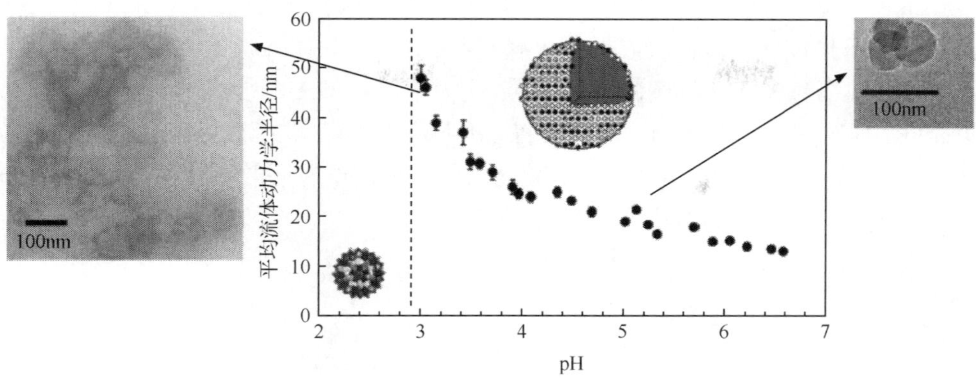

图 1.29　$\{Mo_{72}Fe_{30}\}$簇的溶液平均流体动力学半径随 pH 的变化曲线(左插图为 pH 为 3.0 下黑草莓结构的透射电镜照片,右插图为 pH 为 6.6 下黑草莓结构的透射电镜照片[43b]

的发展提供了新的契机(图 1.30)[43c]。

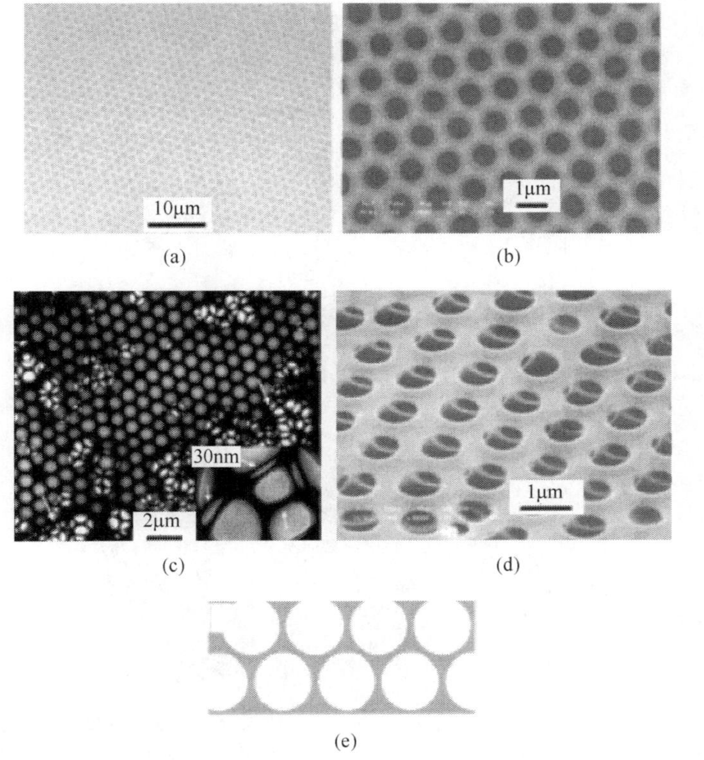

图 1.30　$(DODA)_4H[Eu(H_2O)_2SiW_{11}O_{39}]$的蜂窝层结构:(a)光学显微镜照片;(b)SEM 照片;(c)TEM 照片;(d)样品在角度为 50°的选择性光束下的 SEM 照片;(e)规则微孔膜的横截面示意图[43c]

2010 年，王训等将 $H_3[PW_{12}O_{40}]$或 $H_3[PMo_{12}O_{40}]$与 DODA·Br(双十八烷基二甲基溴化铵)结合，构筑成具有玫瑰花状、雪花状和冰球形纳米结构。不同的形状展示出有趣的亲水和疏水表面性质，这为发展新型多功能材料提供新的研究思路(图 1.31)[43d]。2010 年，王维等将$\{MnMo_6O_{18}[(OCH_2)_3CNH_2]_2\}^{3-}$与树枝状分子聚(苯乙醚)共价结合，这些杂化物自组装成高度有序的层结构，通过调控树枝状分子的结构调控其有序的层结构(图 1.32)[43e]。

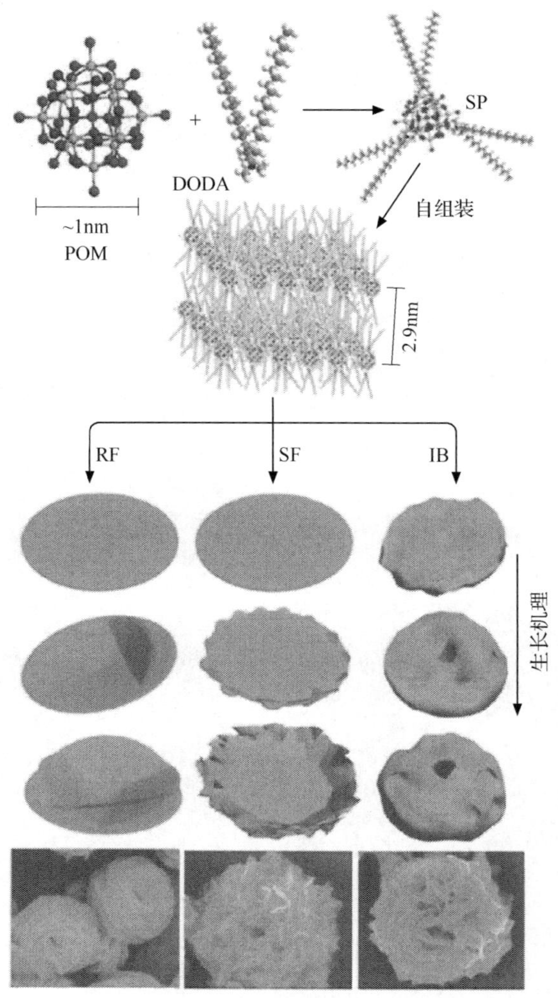

图 1.31 $H_3[PW_{12}O_{40}]$或 $H_3[PMo_{12}O_{40}]$与 DODA·Br 构筑的玫瑰花状、雪花状和冰球形纳米结构及相应的生长机理(POM 为多酸，DODA 为双十八烷基二甲基铵，SP 表示簇合物与表面阳离子结合形成多酸超分子纳米建筑单元，RF 表示在一定的纳米环境下自组装成玫瑰花，SF 表示雪花，IB 表示雪球)[43d]

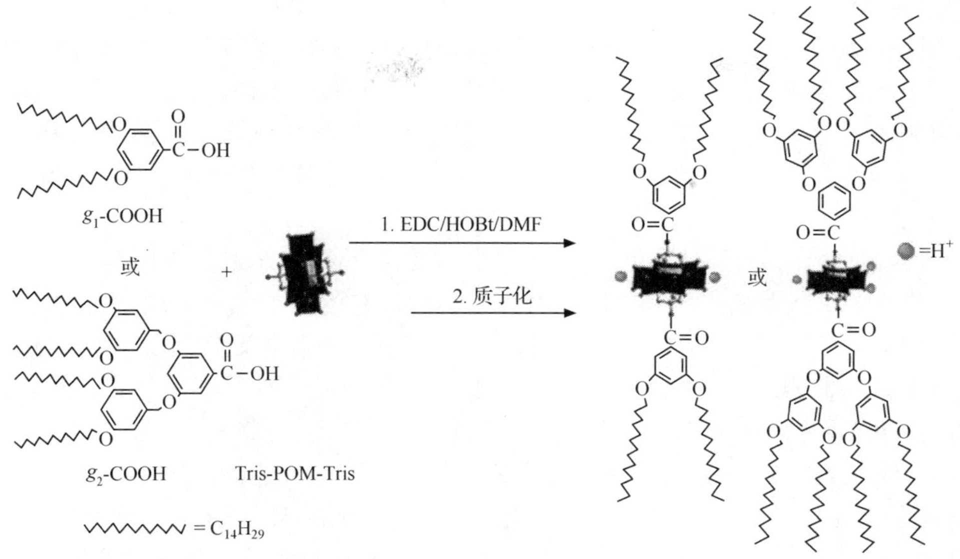

图 1.32　$\{MnMo_6O_{18}[(OCH_2)_3CNH_2]_2\}^{3-}$ 的聚(苯乙醚)杂化物的合成路线。Tris-POM-Tris 表示$(TBA)_3\{MnMo_6O_{18}[(OCH_2)_3CNH_2]_2\}$（TBA 为$(n\text{-}C_4H_9)_4N^+$）；$g_1$-COOH 和 g_2-COOH 分别为第一和第二代树枝状分子的聚(苄基醚)；EDC 为 1-乙基-3-(3-二-甲氨基丙基)碳二亚胺；HOBt 为 1-羟基苯并三唑；DMF 为 *N*,*N*-二甲基甲酰胺[43e]

1.2.4　从多酸化合物的基础研究到与国民经济发展紧密相连领域的过渡

多酸化学发展至今，逐渐由基础研究延伸至与国民经济发展紧密相连的诸多领域。其中最重要的研究领域是能源与环境，因为能源与环境是人们赖以生存的基本条件，世界上的矿物能源储备是有限的，人类每天都在消耗各类矿物能源，同时，过度地依赖煤炭，煤废料的处理导致的一系列环境污染问题将会越来越严重，这样下去在不久的将来我们即将面临一场前所未有的能源危机，因此，能源与环境问题是人们亟待解决的问题。在多酸化学的研究中，与能源环境相关的研究方向包括太阳能电池、光催化与绿色化学等领域。下面我们结合目前的研究进展对这些新兴领域的研究作简要的介绍。

1.2.4.1　多酸在太阳能电池领域的应用

推动能源生产和利用方式变革是具有重大战略意义的课题之一。开发新型替代能源是一项极为艰巨的研究任务。太阳能作为矿物能源的替代能源，是人类取之不尽用之不竭的可再生清洁能源，太阳能的开发与利用具有很好的应用前景。研制太阳能电池是太阳能的有效利用方式之一，在太阳能电池的研究中，染料敏化太阳能电池(DSSC)因其成本低廉、制作简单、光电转换效率较高等优点备受瞩目，制造成本仅是硅太阳能电池的 1/5～1/10，寿命可长达 20 年，受到各国学者的高度重视。瑞士的 Grätzel 是世界 DSSC 领域的领军人物。我国多家科研院所正致力于 DSSC 领域的研究，王鹏、马廷丽、戴松元、邹德春、吴季怀、花建丽等在该领域均有重要成果。另外，黄春辉和洪茂椿等在光电材料领域作出了重要贡献，为 DSSC 的发展奠定了基础。DSSC 是由染料敏化的半导体光阳极、电解质和光阴极组成的。

最为经典的 DSSC 是由 Grätzel 开发的，是以 TiO_2 纳米晶为光阳极，Pt 为阴极，羧酸吡啶钌为敏化剂，I_3^-/I^- 电对为电解质。它的基本工作原理示意图如图 1.33 所示。具体的工作原理是①染料分子受光激发由基态跃迁到激发态：Dye＋$h\nu$→Dye^*；②激发态染料分子将电子注入 TiO_2 的导带：Dye^*-e^-→Dye^+；③电子穿过 TiO_2 进入外电路；④染料与电解质反应，染料被还原：Dye^+＋还原态(I^-)→Dye＋氧化态(I_3^-)；⑤从外电路流回的电子将氧化态(I_3^-)还原：e^-＋氧化态(I_3^-)→还原态(I^-)；⑥TiO_2 导带电子与染料之间存在不利的电子复合：e^-(导带中)＋Dye^+→Dye；⑦TiO_2 导带电子与电解质之间存在不利的电子复合：e^-(导带中)＋氧化态(I_3^-)→还原态。

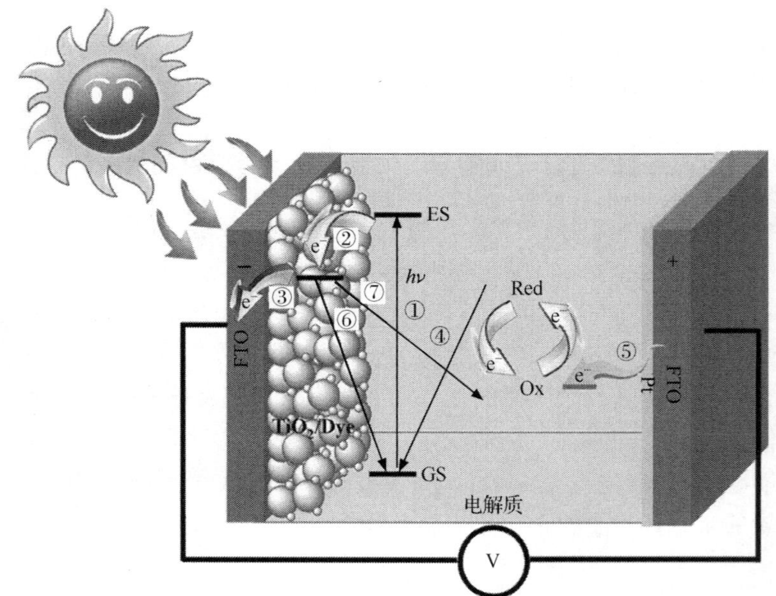

图 1.33 DSSC 的原理示意图(FTO 为导电玻璃，是掺杂氟的 SnO_2 透明导电玻璃，简称为 FTO；TiO_2/Dye 表示吸附染料的 TiO_2，Dye 为染料；GS 为基态；ES 为激发态；Red 为还原态；Ox 为氧化态)

多酸具有多样的结构类型、很好的热稳定性、优异的氧化还原特性、适当的氧化/还原电势，它完全可以用来组装新型 DSSC。我们课题组多年来一直致力于多酸基 DSSC 的研究，在 DSSC 中，理想的对电极必须对氧化还原反应具有很高的电催化活性、低的过电位、小的电荷传递阻抗及长期稳定性。目前，广泛采用的对电极是在导电玻璃上包裹一层 Pt，虽然可以采用不同的方法来修饰 Pt 对电极，但是如何改善 Pt 对电极的电催化活性并获得 Pt 与电解质之间较低的阻抗仍然是亟待解决的问题。2012 年，秦超和王恩波等首次将多酸引入光阴极的研究中提高了 DSSC 的光电转换效率。他们采用电化学沉积法将{SiW_9Al_3}基多层膜修饰到 Pt 对电极上，制备成 DSSC，与裸电极相比，它的短路电流提高到 18.5mA · cm^{-2}，开路电压为 595mV，光电转换效率提高到 6.76%[44]。多酸修饰电极展示出出色的催化活性，同时多酸在一些溶剂中很稳定，这就使多酸修饰电极即使暴露在电解质中仍保持长期稳定性。研究表明由三层{SiW_9Al_3}膜修饰的 Pt 对电极的阻抗是最低的，光电转换效率是最高的(图 1.34)[44]。

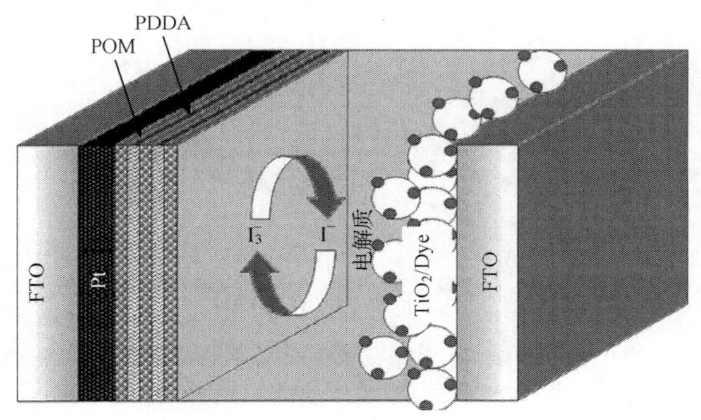

图 1.34　由{SiW_9Al_3}基多层膜修饰的 Pt 对电极组装的 DSSC 的示意图 (POM 为多酸；PDDA 为邻苯二甲酸二乙二醇二丙烯酸酯)[44]

2008 年，Yang 等以 I_3^-/I^- 为氧化还原电对，制备了由杂多酸和聚乙烯氧化物复合物构筑的 DSSC(杂多酸 HPA 为添加剂)。采用氯仿和甲醇混合溶剂处理 HPA-PEO 复合物(PEO 为聚环氧乙烷)，DSSC 具有较高的光电转换效率约为 3.1%，开路电压为 524mV，短路电流为 9.7mA · cm^{-2}，HPA 在复合物中充当电子受体，阻止 I^- 的光还原，提高光电流密度[45]。2010 年，许林等将多酸引入到酞菁敏化电极中提高了其光伏响应。研究表明 P_2Mo_{18}/CoTAPc(钴四氨基酞菁)复合膜电极与 CoTAPc 电极相比展示出更高的光电流和光电转化效率(图 1.35)[46]。2012 年，他们又采用 Dawson 型多酸和金纳米粒子修饰 TiO_2 光阳极提高了其光伏响应(图 1.36 和图 1.37)[47]。

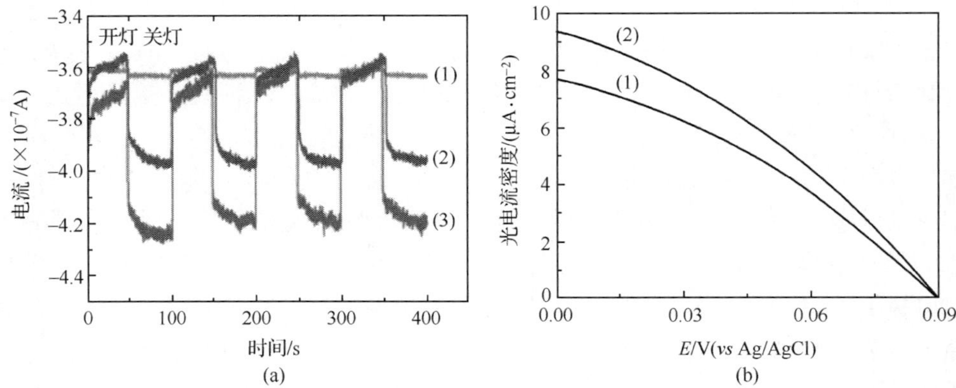

图 1.35 (a)开-关紫外灯照射下的光伏响应：(1)$(P_2Mo_{18}/PAH)_5$膜电极；(2)$(CoTAPc/PSS)_5$膜电极；(3)$(P_2Mo_{18}/CoTAPc/PSS/PAH)_5$膜电极。(b)$I$-$E$ 曲线：(1)$(CoTAPc/PSS)_5$膜电极；(2)$(P_2Mo_{18}/CoTAPc/PSS/PAH)_5$膜电极[46]

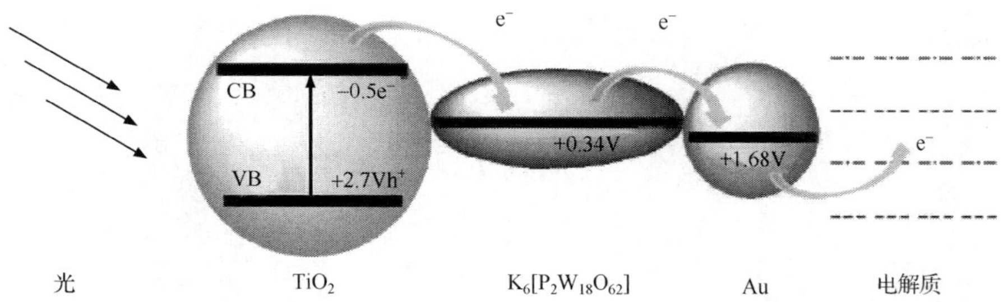

图 1.36 Dawson 型多酸和金纳米粒子修饰 TiO_2 光阳极的电子传递过程[47]

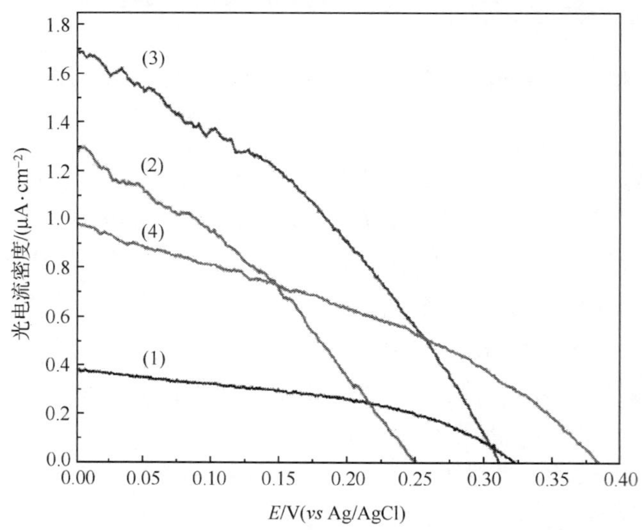

图 1.37 I-E 曲线。(1)$(PSS/TiO_2)_2$膜电极；(2)$(P_2W_{18}/TiO_2)_2$膜电极；(3)$(P_2W_{18}/TiO_2/P_2W_{18}/Au)_2$膜电极；(4)$(PSS/TiO_2/PSS/Au)_2$膜电极[47]

1.2.4.2　多酸在光催化领域的应用

近年来，在太阳光照射下，以多酸为催化剂光解水制氢气和氧气是多酸化学工作者研究的热点内容之一，因为它的研究是与国民经济发展紧密相连的。光解水的原理是在太阳光的照射下，光催化剂首先吸收能量产生光生电子和空穴，然后，光生载流子向光催化剂表面迁移，迁移到表面的电子和空穴使水分子发生分解生成氢气和氧气。多酸具有优异的氧化还原活性、良好的热稳定性和溶解性，可以成为一种非常优异的光催化剂，为了提高多酸光催化剂的性能，可以在光催化体系中引入牺牲剂和助催化剂。牺牲剂可以是电子给体也可以是电子受体，光解水产氢的反应通常引入的牺牲剂为电子给体，这样可以还原光生空穴，使光生电子得到富集，有利于产氢反应的增强。光解水产氧反应通常引入的牺牲剂为电子受体，这样可以还原光生电子，使光生空穴得到富集，有利于产氧反应的增强。助催化剂不仅能够促进光催化剂体内光生电子和光生空穴的分离，而且也会导致生成的氢气和氧气在催化剂表面的复合，从而提高光催化活性，因此在光解水反应中要选择合适的助催化剂。我国学者付宏刚、林碧洲、由万胜等在光催化领域均有相关工作。

2010年，Hill等报道了以四夹心多阴离子$[Co_4(H_2O)_2(PW_9O_{34})_2]^{10-}$为光解水反应的催化剂，以$[Ru(bpy)_3]^{3+}$为氧化剂，在pH=8时，产氧转换数$\geqslant 5s^{-1}$，这是目前在分子催化水氧化领域中发现的最快的速率，与含钌的催化剂相比不仅大大降低了成本，而且TON值增加了20倍。该催化剂综合了目前已报道的最好的异相和均相催化剂的特点，同时弥补了它们自身许多的缺点。Hill等还研究了其他七种含钴的具有不同钴核结构的多酸作为潜在的光解水催化剂，但是实验结果并不理想，这表明钴核的排列在水氧化中起着至关重要的作用(表1.9)[48a]。

表1.9　不同催化剂体系下的光解水结果[48a]

多阴离子	多阴离子的浓度/(mmol·L^{-1})	2,2′-联吡啶/(mmol·L^{-1})	TON/s^{-1}	氧气产量/%
$[Co_4(H_2O)_2(PW_9O_{34})_2]^{10-}$	0.0032	0.06	75	64
$[Co_4(H_2O)_2(P_2W_{15}O_{56})_2]^{10-}$	0.0064	0.06	0	0
$[Co(H_2O)PW_{11}O_{39}]^{5-}$	0.0064	0.06	0	0
$[Co(H_2O)SiW_{11}O_{39}]^{6-}$	0.0064	0.06	0	0
$[Co_3(H_2O)_3(PW_9O_{34})_2]^{12-}$	0.0064	0.06	0	0
$[Co_3(H_2O)_3SiW_{11}O_{37}]^{10-}$	0.0064	0.06	0	0
$[WCo_3(H_2O)_2(CoW_9O_{34})_2]^{12-}$	0.0064	0.06	0	0
$[Co_7(H_2O)_2(OH)_2P_2W_{25}O_{94}]^{16-}$	0.0064	0.06	0	0

注：TON为转换数，是指在单位时间（或者一段时间内）生成的产物的物质的量与催化剂的物质的量之比，用来衡量催化效率的高低，表示催化剂可以周转的最大圈数。

2011 年,他们对光催化反应条件进行了优化,与$[\{Ru_4O_4(OH)_2(H_2O)_4\}(\gamma\text{-}SiW_{10}O_{36})_2]^{10-}$进行了比较,研究表明$[Co_4(H_2O)_2(PW_9O_{34})_2]^{10-}$的光催化活性仍然优于$[\{Ru_4O_4(OH)_2(H_2O)_4\}(\gamma\text{-}SiW_{10}O_{36})_2]^{10-}$。在可见光(420～470nm)照射下,甚至 0.5μmol · L^{-1}的$[Co_4(H_2O)_2(PW_9O_{34})_2]^{10-}$(硼酸钠缓冲液,初始 pH=8.0) 就能催化水分子迅速生成氧。一系列对照实验证明,O_2的迅速产生需要光催化体系中同时存在光子、$[Ru(bpy)_3]^{2+}$、过二硫酸钠和$[Co_4(H_2O)_2(PW_9O_{34})_2]^{10-}$等组分,在 pH=8 时,使用电子牺牲受体和光敏剂时,该催化剂表现出很高的产 O_2效率(30%)和很大的转换数 (>220s^{-1})(图 1.38)[48b]。

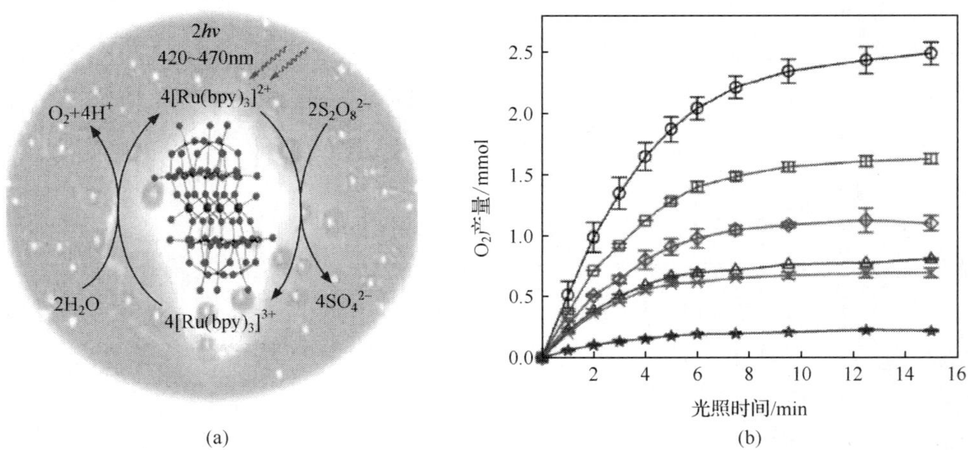

图 1.38 (a) 光催化反应示意图;(b) $[Co_4(H_2O)_2(PW_9O_{34})_2]^{10-}$催化剂在浓度不同的体系中,$O_2$产量与光照时间的关系曲线:自下而上曲线对应的浓度为 0μmol · L^{-1}(☆),1.5μmol · L^{-1}(×),2μmol · L^{-1}(△),3μmol · L^{-1}(◇),4μmol · L^{-1}(□),5μmol · L^{-1}(○)。反应条件为 Xe 灯,420～470nm,直径 0.75cm 的 16.8mW 光束聚集在反应溶液中;1.0mmol · L^{-1} $[Ru(bpy)_3]^{2+}$,5.0mmol · L^{-1} $Na_2S_2O_8$,80mmol · L^{-1}硼酸钠缓冲液 (初始 pH 8.0);反应总体积 2mL($[Ru(bpy)_3]^{2+}$为联吡啶钌阳离子) [48b]

2010 年,Prato 和 Bonchio 等报道了一种稳定的纳米结构,它可通过$\{Ru_4(SiW_{10})_2\}$自组装到一个由多壁碳纳米管组成的导电载体上得到。该碳纳米管提高了氧化还原活性中心与电极表面之间的电接触。由该多壁碳纳米管和$\{Ru_4(SiW_{10})_2\}$共同修饰的碳糊电极能在很低的超电压下高效地电催化水分解反应[48c]。2012 年,苏忠民、王新龙和王恩波等报道了三种新型同多铌酸盐 $KNa_2[Nb_{24}O_{72}H_{21}]$ · $38H_2O$、$K_2Na_2[Nb_{32}O_{96}H_{28}]$ · $80H_2O$ 和 $K_{12}[Nb_{24}O_{72}H_{21}]_4$ · $107H_2O$ 的结构,同时以 $Co^{III}(dmgH)_2pyCl$ (钴肟,$dmgH^-$为二甲基丁二酮肟单阴离子,py 为吡啶) 为助催化剂,TEA(三乙醇胺)为电子牺牲剂,研究了它们优异的光解水产氢活性(第 7 章有详细的阐述)(图 1.39～图 1.41)[49]。

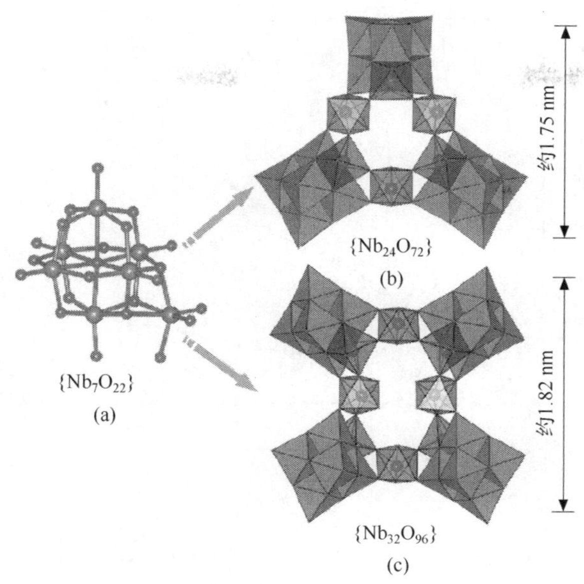

图 1.39　$\{Nb_7O_{22}\}$(a)、$\{Nb_{24}O_{72}\}$(b)和$\{Nb_{32}O_{96}\}$(c)的结构图[49]

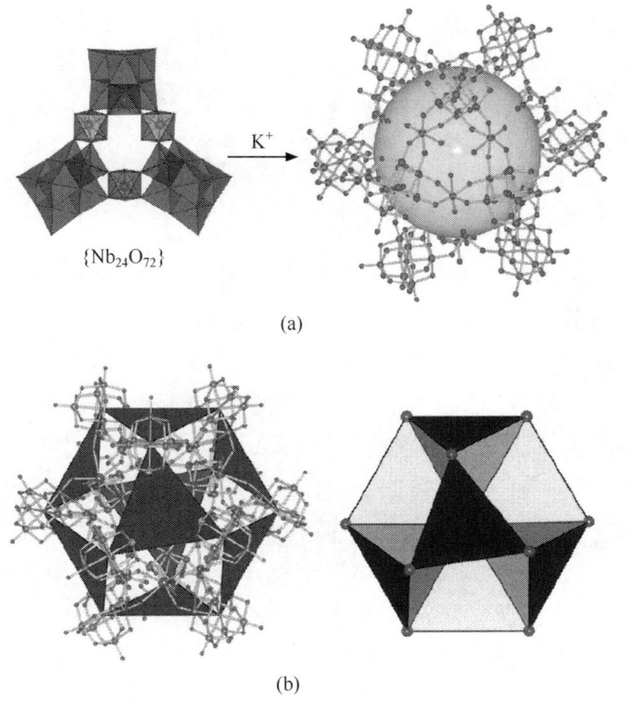

图 1.40　$\{Nb_{24}O_{72}\}$通过 K^+ 构筑的$\{[Nb_{24}O_{72}H_{21}]_4\}$的球棍结构图(a)
和$\{[Nb_{24}O_{72}H_{21}]_4\}$的结构示意图(b)[49]

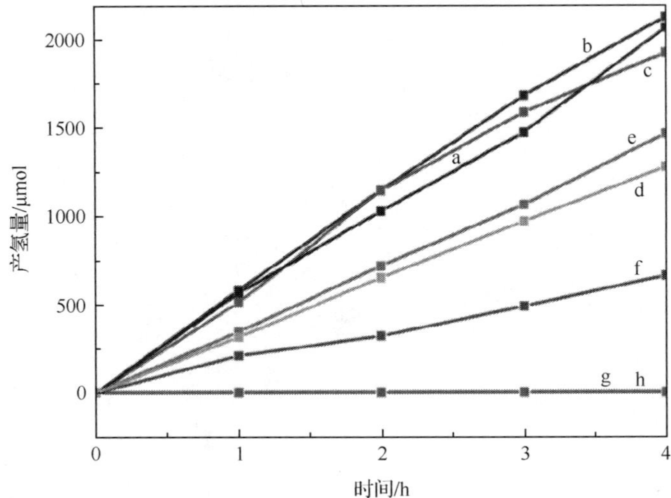

图 1.41 $KNa_2[Nb_{24}O_{72}H_{21}]\cdot 38H_2O$ (**1**)、$K_2Na_2[Nb_{32}O_{96}H_{28}]\cdot 80H_2O$ (**2**)和 $K_{12}[Nb_{24}O_{72}H_{21}]_4\cdot 107H_2O$ (**3**)的光解水产氢量与时间的关系曲线:(a~c)三个多酸化合物 **1**~**3** 分别作为光催化剂;(d~f)不存在助催化剂钴肟;(g)不存在 TEA;(h)不存在多酸化合物 **1**~**3**[49]

2012 年,刘术侠等报道了含有$\{Ta_{12}\}/\{Ta_{16}\}$簇的新型多酸化合物 $K_5Na_4[P_2W_{15}O_{59}(TaO_2)_3]\cdot 17H_2O$、$K_8Na_8H_4[P_8W_{60}Ta_{12}(H_2O)_4(OH)_8O_{236}]\cdot 42H_2O$、$Cs_3K_{3.5}H_{0.5}[SiW_9(TaO_2)_3O_{37}]\cdot 9H_2O$ 和 $Cs_{10.5}K_4H_{5.5}[Ta_4O_6(SiW_9Ta_3O_{40})_4]\cdot 30H_2O$,该系列化合物展示出非常优异的光催化产氢活性(图 1.42 和图 1.43)[50]。

1.2.4.3 多酸在绿色化学领域的应用

自从 1991 年美国化学会提出绿色化学这一概念,世界各国的化学工作者为如何减少污染,如何节能减排、节省原料、使用无毒无害溶剂,如何开发原子经济型反应而不懈努力着,期望从源头上减少和消除工业生产对环境的污染,以达到反应物的原子完全转化为最终产物的目的。多酸化学的研究也一直是以绿色化学的基本要求为宗旨,多酸化学工作者不断地开发与采用新型无毒、无害、无污染的反应溶剂,近年来,离子液体是一种优秀的反应溶剂,它是一种环境友好的新型反应溶剂,许多化学工作者已经以离子液体为反应溶剂得到了多种类型的多酸化合物,这一领域的研究内容在《多酸化学概论》一书中有详细的介绍。下面我们列举两例最新的研究成果来介绍多酸化学在绿色化学领域的应用。

CO_2是导致全球变暖的温室气体之一,人们正在寻找经济的方法来减少 CO_2 的排放。2008 年,许林等采用化学反应方法将 CO_2 固定在多酸的结构中,得到化合物$(C_3H_5N_2)_3(C_3H_4N_2)[PMo_{11}CoO_{38}(CO_2)]\cdot 4H_2O$(图 1.44),从而为 CO_2 的低排放提供了一条新途径[51]。

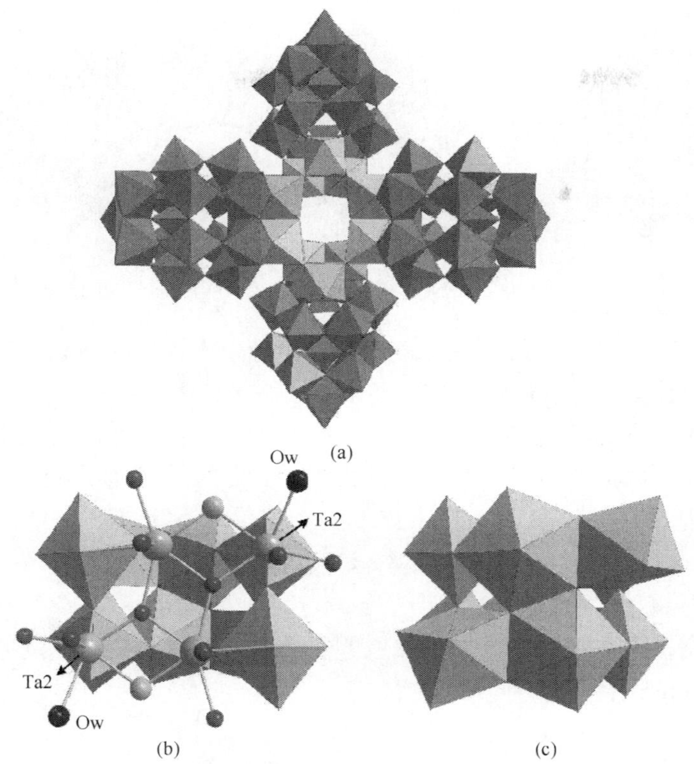

图 1.42　(a) $K_8Na_8H_4[P_8W_{60}Ta_{12}(H_2O)_4(OH)_8O_{236}]\cdot 42H_2O$ 的结构图；(b)和(c)为$\{Ta_{12}\}$簇在不同方向上的多面体结构图[50]

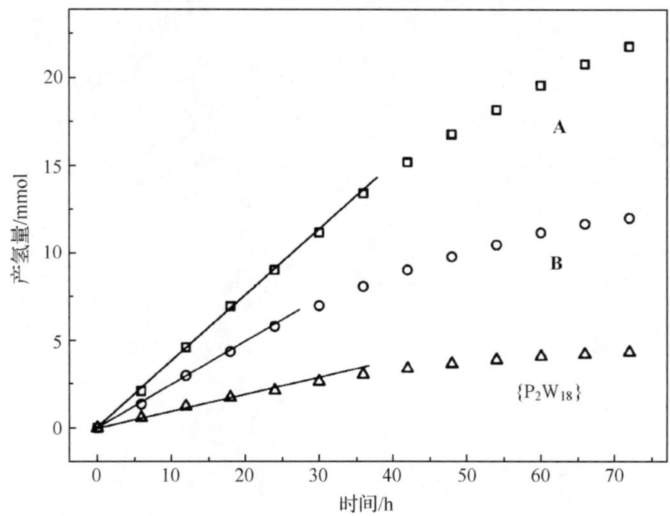

图 1.43　$Cs_{10.5}K_4H_{5.5}[Ta_4O_6(SiW_9Ta_3O_{40})_4]\cdot 30H_2O$(**A**)，$K_8Na_8H_4[P_8W_{60}Ta_{12}(H_2O)_4(OH)_8O_{236}]\cdot 42H_2O$ (**B**)和$\{P_2W_{18}\}$的光解水产氢量与时间的关系曲线[50]

图 1.44　$(C_3H_5N_2)_3(C_3H_4N_2)[PMo_{11}CoO_{38}(CO_2)]\cdot 4H_2O$ 的结构图[51]

另外，一些贵金属或放射性元素对环境也会产生不同程度的危害，在多酸化学领域中可通过化学反应将这些元素固定在多酸的结构中，这些化合物有些不但不会对环境产生污染，而且会在催化或者材料领域发挥重要的作用，从而降低它们对环境和人类生活的危害。Pope 等一直致力于该方面的研究，他们已经合成出一系列含 U 的多阴离子$[Na_2(U^{VI}O_2)(GeW_9O_{34})_2]^{14-}$、$[(Na(H_2O))_4(U^{VI}O_2)_4(SiW_{10}O_{34})_4]^{22-}$[52a]、$[(U^{VI}O_2)_3(H_2O)_6As_3W_{30}O_{105}]^{15-}$[52b]和$[(U^{VI}O_2)_{12}(\mu_3\text{-}O)_4(\mu_2\text{-}H_2O)_{12}(P_2W_{15}O_{56})_4]^{32-}$[52c]等。2012 年，Cramer 等报道了 $Na_6Li_{24}\{[W_5O_{21}]_3[(U^{VI}O_2)_2(\mu\text{-}O_2)]_3\}$(图 1.45)，将放射性元素 U 稳定在多酸结构中，为绿色化学的发展提供了一条新的途径[53]。

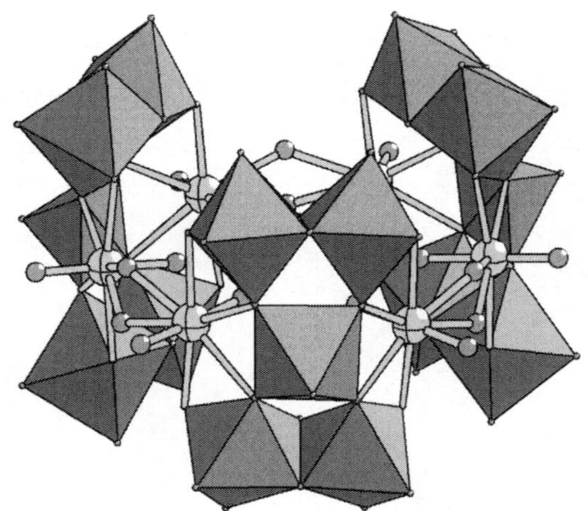

图 1.45　$Na_6Li_{24}\{[W_5O_{21}]_3[(U^{VI}O_2)_2(\mu\text{-}O_2)]_3\}$的结构图[53]

参考文献

[1] Berzelius J. The preparation of the phosphomolybdate ion $[PMo_{12}O_{40}]^{3-}$. Pogg Ann, 1826, 6: 369-371.

[2] Keggin J F. The structure and formula of 12-phosphotungstic acid. Proc R Soc, 1934, 144A: 75-100.

[3] Anderson J S. Constitution of the poly-acids. Nature, 1937, 140: 850-850.

[4] Dawson B. The structure of the 9(18)-heteropoly anion in potassium 9(18)-tungstophosphate, $K_6(P_2$

$W_{18}O_{62}$) · $14H_2O$. Acta Cryst, 1953, 6: 113-126.

[5] Waugh J L T, Shoemarker D P, Pauling L. On the structure of the heteropoly anion in ammonium 9-molybdomanganate, $(NH_4)_6MnMo_9O_{32}\cdot 6H_2O$. Acta Cryst, 1954, 7: 438-441.

[6] Bentrude W G, Darnall K R. A new structural type for heteropoly anions. The crystal structure of $(NH_4)_2H_6(CeMo_{12}O_{42})\cdot 12H_2O$. J Am Chem Soc, 1968, 90: 3589-3590.

[7] Che M, Fournier M, Launay J P. The analog of surface molybdenyl ion in Mo/SiO_2 supported catalysts: the isopolyanion $Mo_6O_{19}^{3-}$ studied by EPR and UV-visible spectroscopy. Comparison with other molybdenyl compounds. J Chem Phys, 1979, 71: 1954-1960.

[8] Matsumoto K Y, Kato M, Sasaki Y. The crystal structure of ammonnium pentamolybdodisulfate(Ⅳ)(4−) trihydrate $(NH_4)[S_2^{IV}Mo_5O_{21}]\cdot 3H_2O$. Bull Chem Soc Jpn, 1976, 49: 106-110.

[9] Finke R G, Droeg M. Trivacant heteropolytungstate derivatives: the rational synthesis, characterization, and tungsten-183 NMR spectra of $P_2W_{18}M_4(H_2O)_2O_{68}^{10-}$ (M=cobalt, copper, zinc). J Am Chem Soc, 1981, 103: 1587-1589.

[10] (a) Ripan R, Todorut I. Octatungstocerites(Ⅲ). A new class of heteropoly compounds. Roczniki Chem, 1964, 38: 1587-1592.
(b) Peakcock R D, Weakley T J R. Heteropolytungstate complexes of the lanthanide elements. Part I. Preparation and reactions. J Chem Soc (A), 1971:1836-1839.
(c) Golubev A M, Kazanskii L P, Torchenkova E A, et al. Averaging of partial differential equations with rapidly oscillating coefficients. Dokl Akad Nauk SSSR, 1975, 221: 351-355.

[11] Jeannin Y P. The nomenclature of polyoxometalates: how to connect a name and a structure. Chem Rev, 1998, 98: 51-76.

[12] 迈克尔·波普. 杂多和同多金属氧酸盐. 王恩波,沈恩洪,黄如丹,等,译. 长春:吉林大学出版社, 1991.

[13] 王恩波, 胡长文, 许林. 多酸化学导论. 北京:化学工业出版社, 1998.

[14] 王恩波,李阳光,鹿颖,等. 多酸化学概论. 长春:东北师范大学出版社, 2009.

[15] Michel F M, Ehm L, Antao S M, et al. The structure of ferrihydrite, a nanocrystalline material. Science, 2007, 316: 1726-1729.

[16] Long D L, Streb C, Song Y F, et al. Unravelling the complexities of polyoxometalates in solution using Mass spectrometry: protonation versus heteroatom inclusion. J Am Chem Soc, 2008, 130: 1830-1832.

[17] Fu H, Qin C, Lu Y, et al. An ionothermal synthetic approach to porous polyoxometalate-based metal-organic frameworks. Angew Chem Int Ed, 2012, 51: 7985-7989.

[18] Miras H N, Cooper G J T, Long D L, et al. Unveiling the transient template in the self-assembly of a molecular oxide nanowheel. Science,2010, 327: 72-74.

[19] AlDamen M A, Clemente-Juan J M, Coronado E, et al. Mononuclear lanthanide single-molecule magnets based on polyoxometalates. J Am Chem Soc, 2008, 130: 8874-8875.

[20] Ishikawa N, Sugita M, Ishikawa T, et al. Lanthanide double-decker complexes functioning as magnets at the single-molecular level. J Am Chem Soc, 2003, 125: 8694-8695.

[21] Ferbinteanu M, Kajiwara T, Choi K Y, et al. Mononuclear lanthanide single-molecule magnets based on polyoxometalates. J Am Chem Soc, 2008, 130: 8874-8875.

[22] (a)李阳光, 王永慧, 王恩波. 高核簇的合成与性质研究. 长春:东北师范大学出版社, 2010.
(b)杨国昱. 氧基簇合物化学. 北京:科学出版社, 2012.

[23] Schäffer C, Todea A M, Bögge H, et al. Softening of pore and interior properties of a metal-oxide-

based capsule: substituting 60 oxide by 60 sulfide. Angew Chem Int Ed, 2011, 50: 12326-12329.

[24] (a) Hou Y, Nyman M, Rodriguez M A. Soluble heteropolyniobates from the bottom. Angew Chem Int Ed, 2011, 50: 12514-12517.

(b) Niu J Y, Ma P T, Niu H Y, et al. Giant polyniobate clusters based on $[Nb_7O_{22}]^{9-}$ units derived from a Nb_6O_{19} precursor. Chem Eur J, 2007, 13: 8739-8748.

[25] Reinoso S, Giménez-Marqués M, Galán-Mascarós J R, et al. Molecular growth of a core-shell polyoxometalate. Angew Chem Int Ed, 2010, 49: 8384-8388.

[26] Fang X K, Kögerler P, Furukawa Y, et al. Giant crown-shaped polytungstate formed by self-assembly of Ce^{III} stabilized dilacunary Keggin fragments. Angew Chem Int Ed, 2011, 50: 5212-5216.

[27] Mitchell S G, Streb C, Miras H N, et al. Face-directed self-assembly of an electronically active archimedean polyoxometalate architecture. Nature Chem, 2010, 2: 308-312.

[28] Marrot J, Pilette M A, Haouas M, et al. Polyoxometalates paneling through $\{Mo_2O_2S_2\}$ coordination: cation-directed conformations and chemistry of a supramolecular hexameric scaffold. J Am Chem Soc, 2012, 134: 1724-1737.

[29] Ibrahim M, Lan Y H, Bassil B S, et al. Hexadecacobalt(Ⅱ)-containing polyoxometalate-based single-molecule magnet. Angew Chem Int Ed, 2011, 50: 4708-4711.

[30] Wu Q, Li Y G, Wang Y H, et al. Polyoxometalate-based $\{Mn_2^{III}\}$-schiff base composite materials exhibiting single-molecule magnet behaviour. Chem Commun, 2009:5743-5745.

[31] Sun C Y, Liu S X, Liang D D, et al. Highly stable crystalline catalysts based on a microporous metal-organic framework and polyoxometalates. J Am Chem Soc, 2009, 131: 1883-1888.

[32] Hirano T, Uehara K, Kamata K, et al. Palladium(Ⅱ) containing γ-Keggin silicodecatungstate that efficiently catalyzes hydration of nitriles. J Am Chem Soc, 2012, 134: 6425-6433.

[33] Boglio C, Hasenknopf B, Lenoble G, et al. Sensing the chirality of Dawson lanthanide polyoxometalates $[\alpha_1\text{-}LnP_2W_{17}O_{61}]^{7-}$ by multinuclear NMR spectroscopy. Chem Eur J, 2008, 14: 1532-1540.

[34] (a) Kortz U, Matta S. Novel, trimeric Mn-substituted undecatungstosilicate, $[(\beta_2\text{-}SiW_{11}MnO_{38}OH)_3]^{15-}$. Inorg Chem, 2001, 40: 815-817.

(b) Xue G L, Liu X M, Xu H S, et al. An unusual asymmetric polyoxomolybdate containing mixed-valence antimony and its derivatives: $[Sb_4^{V}Sb_2^{III}Mo_{18}O_{73}(H_2O)_2]^{12-}$ and $\{M(H_2O)_2[Sb_4^{V}Sb_2^{III}Mo_{18}O_{73}(H_2O)_2]_2\}^{22-}$ (M=Mn^{II}, Fe^{II}, Cu^{II} or Co^{II}). Inorg Chem, 2008, 47: 2011-2016.

[35] (a) Streb C, Long D L, Cronin L. Engineering porosity in a chiral heteropolyoxometalate-based framework: the supramolecular effect of benzenetricarboxylic acid. Chem Commun, 2007:471-473.

(b) Zheng S T, Zhang J, Yang G Y. Designed synthesis of POM-organic frameworks by $\{Ni_6PW_9\}$ building blocks under hydrothermal conditions. Angew Chem Int Ed, 2008, 47: 3909-3913.

(c) Lan Y Q, Li S L, Su Z M, et al. Spontaneous resolution of a 3D chiral polyoxometalate-based polythreaded framework consisting of an achiral ligand. Chem Commun, 2008:58-60.

(d) Qin C, Wang X L, Yuan L, et al. Chiral self-threading frameworks based on polyoxometalate building blocks comprising unprecedented tri-flexure helix. Cryst Growth Des, 2008, 8: 2093-2095.

(e) Zhang Y, Zhang L, Hao Z M, et al. Controlling the synthesis of novel chiral polyoxometalate-based compounds and racemic compounds from the same system. Dalton Trans, 2010, 39: 7012-7016.

(f) Fu H, Li Y G, Wang Y H, et al. Racemic twin crystals containing left- and right-handed polyoxometalate chains induced by the asymmetric coordination of metal-organic units. Inorg Chim Acta, 2009,

362：3231-3237.

(g) Sokolov M N, Izarova N V, Peresypkina E V, et al. Zirconium and hafnium aqua complexes [$(H_2O)_3M(P_2W_{17}O_{61})]^{6-}$：synthesis, characterization and substitution of water by chiral ligand. Inorg Chim Acta, 2009, 362：3756-3762.

[36] (a) Zhang J, Hao J, Wei Y G, et al. Nanoscale chiral rod-like molecular triads assembled from achiral polyoxometalates. J Am Chem Soc, 2010, 132：14-15.

(b) Xiao F P, Hao J, Zhang J, et al. Polyoxometalatocyclophanes：controlled assembly of polyoxometalate-based chiral metallamacrocycles from achiral building blocks. J Am Chem Soc, 2010, 132：5956-5957.

[37] Fang X K, Anderson T M, Hou Y, et al. Stereoisomerism in polyoxometalates：structural and spectroscopic studies of bis(malate)-functionalized cluster systems. Chem Commun, 2005：5044-5046.

[38] (a)Zhang Z M, Li Y G, Yao S, et al. Enantiomerically pure chiral {Fe_{28}} Wheels. Angew Chem Int Ed, 2009, 48：1581-1584.

(b)Zhang Z M, Yao S, Li Y G, et al. Protein-sized chiral Fe_{168} cages with NbO-type topology. J Am Chem Soc, 2009, 131：14600-14601.

[39] (a)Hou Y, Fang X K, Hill C L. Breaking symmetry：spontaneous resolution of a polyoxometalate. Chem Eur J, 2007, 13：9442-9447.

(b)Lan Y Q, Li S L, Wang X L, et al. Spontaneous resolution of chiral polyoxometalate-based compounds consisting of 3D chiral inorganic skeletons assembled from different helical units. Chem Eur J, 2008, 14：9999-10006.

(d)Tan H Q, Li Y G, Chen W L, et al. From racemic compound to spontaneous resolution：a linker-imposed evolution of chiral [$MnMo_9O_{32}]^{6-}$-based polyoxometalate compounds. Chem Eur J, 2009, 15：10940-10947.

(e)Tan H Q, Chen W L, Liu D, et al. Spontaneous resolution of a new diphosphonate-functionalized polyoxomolybdate. Cryst Eng Comm, 2010, 12：4017-4019.

(f)An H Y, Wang E B, Xiao D R, et al. Chiral 3D architectures with helical channels constructed from polyoxometalate clusters and copper-amino acid complexes. Angew Chem Int Ed, 2006, 45：904-908.

[40] Chen W L, Tan H Q, Wang E B, The chirality and bionic studies of polyoxometalates：the synthetic strategy and structural chemistry. J Coord Chem, 2012, 65：1-18.

[41] Tan H Q, Li Y G, Chen W L, et al. A series of [$MnMo_9O_{32}]^{6-}$ based solids：homochiral transferred from adjacent polyoxoanions to one-, two-, and three-dimensional frameworks. Cryst Growth Des, 2012, 12：1111-1117.

[42] Ma F J, Liu S X, Sun C Y, et al. A sodalite-type porous metal-organic framework with polyoxometalate templates：adsorption and decomposition of dimethyl methylphosphonate. J Am Chem Soc, 2011, 133：4178-4181.

[43] (a) Mitchell S G, Streb C, Miras H N, et al. Face-directed self-assembly of an electronically active archimedean polyoxometalate architecture. Nature Chem, 2010, 2：308-312.

(b) Liu T B, Imber B, Diemann E, et al. Deprotonations and charges of well-defined {$Mo_{72}Fe_{30}$} nanoacids simply stepwise tuned by pH allow control/variation of related self-assembly processes. J Am Chem Soc, 2006, 128：15914-15920.

(c) Bu W F, Li H L, Sun H, et al. Polyoxometalate-based vesicle and its honeycomb architectures on solid surfaces. J Am Chem Soc, 2005, 127: 8016-8017.

(d) Nisar A, Lu Y, Wang X. Assembling polyoxometalate clusters into advanced nanoarchitectures. Chem Mater, 2010, 22: 3511-3518.

(e) Wang Y L, Wang X L, Zhang X J, et al. Manipulation of ordered nanostructures of protonated polyoxometalate through covalently bonded modification. Chem Eur J, 2010, 16: 12545-12548.

[44] Guo S S, Qin C, Li Y G, et al. A long-term stable Pt counter electrode modified by POM-based multilayer film for high conversion efficiency dye-sensitized solar cells. Dalton Trans, 2012, 41: 2227-2230.

[45] Akhtar M S, Cheralathan K K, Chun J M, et al. Composite electrolyte of heteropolyacid (HPA) and polyethylene oxide (PEO) for solid-state dye-sensitized solar cell. Electrochim Acta, 2008, 53: 6623-6628.

[46] Yang Y B, Xu L, Li F Y, et al. Enhanced photovoltaic response by incorporating polyoxometalate into a phthalocyanine-sensitized electrode. J Mater Chem, 2010, 20: 10835-10840.

[47] Wang L H, Xu L, Mu Z C, et al. Synergistic enhancement of photovoltaic performance for TiO_2 photoanode by incorporating with Dawson-type polyoxometalate and gold nanoparticles. J Mater Chem, 2012, 22: 23627-23632.

[48] (a) Yin Q S, Tan J M, Besson C, et al. A fast soluble carbon-free molecular water oxidation catalyst based on abundant metals. Science, 2010, 328: 342-345.

(b) Huang Z Q, Luo Z, Geletii Y V, et al. Efficient light-driven carbon-free cobalt-based molecular catalyst for water oxidation. J Am Chem Soc, 2011, 133: 2068-2071.

(c) Toma F M, Sartorel A, Iurlo M, et al. Efficient water oxidation at carbonnanotube-polyoxometalate electrocatalytic interfaces. Nature Chem, 2010, 2: 826-831.

[49] Huang P, Qin C, Su Z M, et al. Self-assembly and photocatalytic properties of polyoxoniobates: $\{Nb_{24}O_{72}\}$, $\{Nb_{32}O_{96}\}$ and $\{K_{12}Nb_{96}O_{288}\}$ clusters. J Am Chem Soc, 2012, 134: 14004-14010.

[50] Li S J, Liu S M, Liu S X, et al. $\{Ta_{12}\}/\{Ta_{16}\}$ cluster-containing polytantalotungstates with remarkable photocatalytic H_2 evolution activity. J Am Chem Soc, 2012, 134: 19716-19721.

[51] Gao G G, Li F Y, Xu L, et al. CO_2 coordination by inorganic polyoxoanion in water. J Am Chem Soc, 2008, 130: 10838-10839.

[52] (a) Kim K C, Gaunt A, Pope M T. New heteropolytungstates incorporating dioxouranium(Ⅵ). Derivatives of α-$[SiW_9O_{34}]^{10-}$, α-$[AsW_9O_{33}]^{9-}$, γ-$[SiW_{10}O_{36}]^{8-}$, and $[As_4W_{40}O_{140}]^{28-}$. J Cluster Sci, 2002, 13: 423-436.

(b) Gaunt A J, May I, Copping R, et al. A new structural family of heteropolytungstate lacunary complexes with the uranyl, $UO_2{}^{2+}$, cation. Dalton Trans, 2003: 3009-3014.

(c) Khoshnavazi R, Eshtiagh-Hossieni H, Alizadeh M H, et al. Syntheses and structures determination of new polytungstoarsenates $[Na_2As_2W_{18}U_2O_{72}]^{12-}$ and $[MAs_2W_{18}U_2O_{72}]^{13-}$ ($M=NH_4^+$ and K^+). Polyhedron, 2006, 25: 1921-1926.

[53] Miró P, Ling J, Qiu J, et al. Experimental and computational study of a new wheel-shaped $\{[W_5O_{21}]_3[(U^{VI}O_2)_2(\mu\text{-}O_2)]_3\}^{30-}$ polyoxometalate. Inorg Chem, 2012, 51: 8784-8790.

第 2 章　Keggin 型(1∶12A 系列)杂多化合物及其衍生物化学

Keggin 型杂多化合物(1∶12A 系列)是多酸的六大基本结构之一,是多酸结构中最典型的代表, Keggin 型杂多化合物是目前合成最多、研究最充分、应用前景最突出的一类杂多化合物[1]。很多学者认识多酸的研究都是从 Keggin 型杂多化合物开始的。目前,它已经在催化、磁性、光电材料等领域展示出尤为出色的应用前景,以 Keggin 型杂多阴离子为基本建筑基元的高核、高维、缠绕、多孔等有机-无机杂化材料的报道层出不穷。本章以最经典的 12-钨磷酸为例详细论述其发展简史、合成、结构、表征及性质等,同时对 Keggin 型杂多阴离子的异构体,其他主族 Keggin 型杂多阴离子及其衍生物的结构特别是化合物的合成给予全面的综述。另外,总结 Keggin 型杂多化合物的经典合成方法,如何活化 Keggin 型杂多阴离子的桥氧和端氧,以及 Keggin 型杂多阴离子的量子化学研究等。

2.1 研 究 简 史

Keggin 型杂多化合物是 Berzerius 于 1826 年发现的,Berzerius 在实验过程中发现钼酸铵溶液加入磷酸中会出现黄色沉淀,但由于当时测试条件的限制并没有指出该黄色沉淀的组成和结构,后来陆续的研究才发现它的分子式为 $(NH_4)_3PMo_{12}O_{40}\cdot nH_2O$[2]。1864 年,Marignac 合成并确定了 12-钨硅酸的组成中 SiO_2 与 WO_3 的比例为 1∶12,此时人们认为多酸是由不同比例的氧化物组成的,后来进一步研究才发现它的分子式为 $H_4SiW_{12}\cdot nH_2O$。12-钨磷酸是由 Scheibler 于 1872 年合成得到的,当时他并没有确定它的最终组成,12-钨磷酸的组成是由 Gibbs 和 Copaux 于 1909～1910 年确定的。

多酸的结构化学发展有两个重要的发展时期:一个是 Miolati-Rosenheim 学说时期,另一个是 Pauling 提出的多酸“花篮”式结构时期。1908 年,Miolati 通过电导滴定确定钼磷杂多酸中含有 7 个质子,分子式为 $H_7P(Mo_2O_7)_6$,随后 Rosenheim 则认为其化学式为 $H_7[P(Mo_2O_7)_6]$,这一理论当时被人们称为 Miolati-Rosenheim 学说,该学说认为多酸均可形成 $M_2O_7^{2-}$,杂原子通常是六配位的。另一个重要的结构化学发展时期是 Pauling 的多酸“花篮”式构想,是 Pauling 于 1929 年提出的,该构想认为多酸中心杂原子是四配位的四面体,而配原子为六配位的八面体,这样的八面体通过共角氧原子连接起来,环绕在中心杂原子的周围形成类似花篮的结构。这样，钨磷酸可写成 $H_3[PO_4W_{12}O_{18}(OH)_{36}]$[3]。

随着实验手段和测试手段的不断发展，1934 年英国的物理学者 Keggin 通过 X 射线粉末衍射实验提出了著名的 Keggin 结构模型，他通过测试 $H_3PW_{12}O_{40} \cdot 5H_2O$ 的 X 射线粉末衍射谱得到 32 条衍射线，与计算值对比确定了它的结构(图 2.1)[4]。该结构具有 T_d对称性，符合 Pauling 的多酸“花篮”式构想，更进一步的是每三个八面体为一组共边连接形成三金属簇{M_3O_{10}}，四组三金属簇将四面体包围在中心，这就是著名的 Keggin 结构。直到 1974 年，Keggin 结构的晶体数据才被确定(图 2.1)。

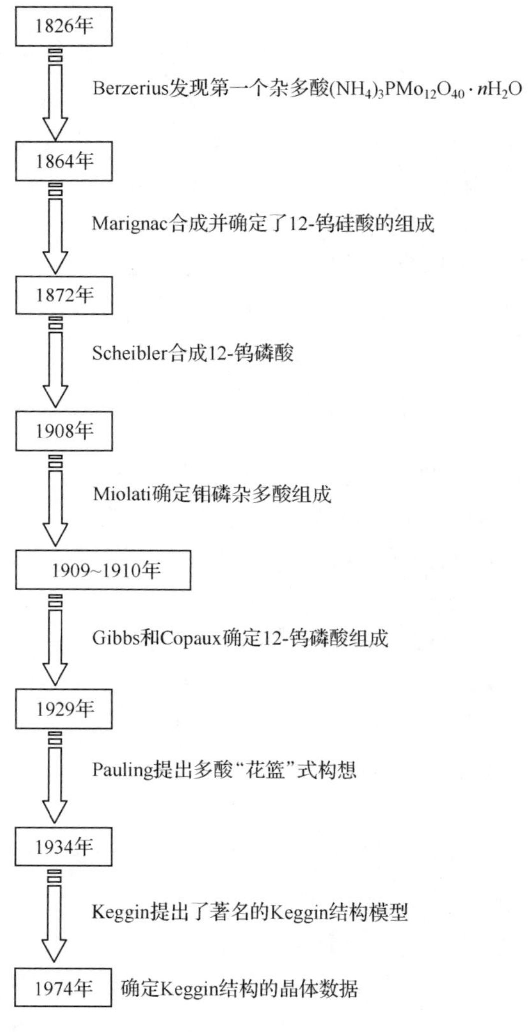

图 2.1　Keggin 型多酸的发展历程简图

2.2 $[PW_{12}O_{40}]^{3-}$的研究简介

在 Keggin 型杂多化合物这个大家族中,研究最为广泛、最经典的是 12-钨磷酸,本节以 12-钨磷酸为例,系统介绍 12-钨磷酸及其衍生物的发展历程,包括它们的结构、合成、表征及性质等。

2.2.1 结构概述

1∶12A 系列 Keggin 型杂多化合物的通式是 $Y_n[XM_{12}O_{40}] \cdot mH_2O$(X=Si, P^V, B, Ge, As^V, Al, Fe, Co, Ni,…; M=W, Mo, Nb),X 称为杂原子(又称中心原子),M 称为配原子(又称多原子),Y 称为反荷离子,H_2O 为结晶水,n 为多阴离子所带的电荷数目,m 为结晶水的数目(图 2.2)。

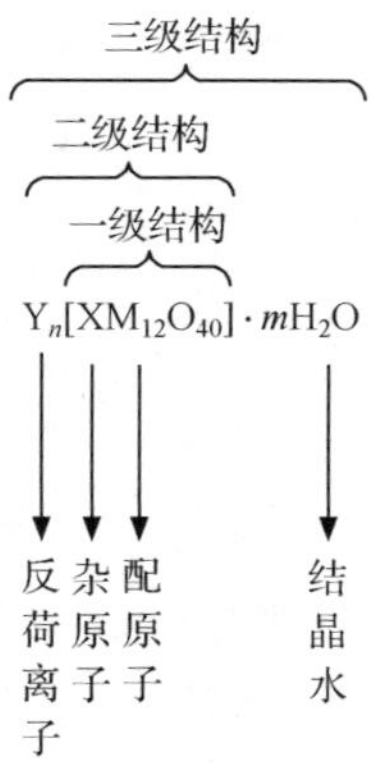

图 2.2 Keggin 型杂多化合物 $Y_n[XM_{12}O_{40}] \cdot mH_2O$ 的各部分命名示意图

多酸化合物的一个重要特征是它包含一级结构、二级结构和三级结构。多酸的一级结构是指多阴离子的结构,在 Keggin 结构中,$[XM_{12}O_{40}]^{n-}$部分为一级结构;多酸的二级结构是由多阴离子与反荷离子组成的,$Y_n[XM_{12}O_{40}]$部分为二级结构;多酸的三级结构是由反荷离子、多阴离子和结晶水组成的,$Y_n[XM_{12}O_{40}] \cdot mH_2O$ 部分为三级结构(图 2.2)。

另外,多酸结构中的水可以分为结晶水、结合水和结构水三类。多酸分子式中圆点后面的水分子大多为结晶水,它是结晶在多酸化合物晶体结构中的水分子,可以自由进出,Keggin 结构通式 $Y_n[XM_{12}O_{40}] \cdot mH_2O$ 中的 H_2O 大多为结晶水。多酸的结合水是指以水合氢离子形式存在的水,而多酸的结构水是指多阴离子骨架中的氢和氧。

具有不同三级结构的 Keggin 型杂多化合物的部分晶体数据如表 2.1 所示,可见,虽然 $H_3[PW_{12}O_{40}]$ 和 $H_3[PW_{12}O_{40}] \cdot 6H_2O$ 的一级和二级结构均相同,但是它们的三级结构不同，导致晶胞参数不同，主要原因是结晶水的引入导致 $H_3[PW_{12}O_{40}]\cdot 6H_2O$ 结构的晶格排列有所差别；另外，$NaH_2[PW_{12}O_{40}]\cdot 12H_2O$ 的二级和三级结构与 $H_3[PW_{12}O_{40}]$ 和 $H_3[PW_{12}O_{40}]\cdot 6H_2O$ 均不同，导致 $NaH_2[PW_{12}O_{40}]\cdot 12H_2O$ 晶胞参数、空间群和晶系均不同，因此，多酸的二级和三级结构对多酸的晶系、空间群，甚至性质均有非常重要的影响。

表 2.1 具有不同三级结构的$[PW_{12}O_{40}]^{3-}$的部分晶体数据

	$H_3[PW_{12}O_{40}]$[4]	$H_3[PW_{12}O_{40}]\cdot 6H_2O$[5]	$NaH_2[PW_{12}O_{40}]\cdot 12H_2O$[6]
晶胞参数	a=12.141(5)Å	a=12.506(5)Å	a=14.06(1)Å
	b=12.141(5)Å	b=12.506(5)Å	b=14.07(1)Å
	c=12.141(5)Å	c=12.506(5)Å	c=14.03(1)Å
	α=90°	α=90°	α=93.2(1)°
	β=90°	β=90°	β=112.7(3)°
	γ=90°	γ=90°	γ=118.1(3)°
	V= 1789.63Å^3	V=1955.94Å^3	V=2160.27Å^3
空间群	$Pn\bar{3}m$	$Pn\bar{3}m$	$P\bar{1}$
晶 系	立方	立方	三斜
Z值	2	2	2

Keggin 型多酸化合物按照结构类型可分为 α 型、β 型、γ 型、δ 型和 ε 型，称为 Keggin 结构的 5 种 Baker-Figgis 异构体[1]。这几种结构类型的共同特点包括以下几个方面。

第一，Keggin 结构中均含有杂原子和配原子，杂原子呈四面体构型（如$\{SiO_4\}$、$\{PO_4\}$、$\{GeO_4\}$等），配原子呈八面体构型（如$\{WO_6\}$和$\{MoO_6\}$等），每 3 个八面体共边相连形成三金属簇$\{M_3O_{10}\}$，Keggin 结构中含有 4 个三金属簇，这些三金属簇与杂原子和氧形成的四面体之间共角相连，即 12 个八面体与 1 个四面体共角相连构成了 Keggin 型多酸化合物的结构，该结构为紧密堆积的笼型结构（图 2.3）。

第二，Keggin 结构中的 40 个氧原子可以分为四类：第一类用 O_a 表示，是与杂原子配位的四面体氧（$X-O_a$），这类氧共有 4 个；第二类用 O_b 表示，是不同三金属簇角顶共用氧，即桥氧（$M-O_b$），这类氧共有 12 个；第三类用 O_c 表示，是同一三金属簇共用氧，即桥氧（$M-O_c$），这类氧共有 12 个；第四类用 O_d 表示，是每个八面体上的非共用氧，即端氧（$M=O_d$），这类氧共有 12 个（图 2.4）。

第三，Keggin 型多酸化合物同样具有多酸的三级结构及结晶水特征。根据结晶水个数的不同，质子的存在形式有 3 种：①结晶水数目较多时，质子在结晶水间

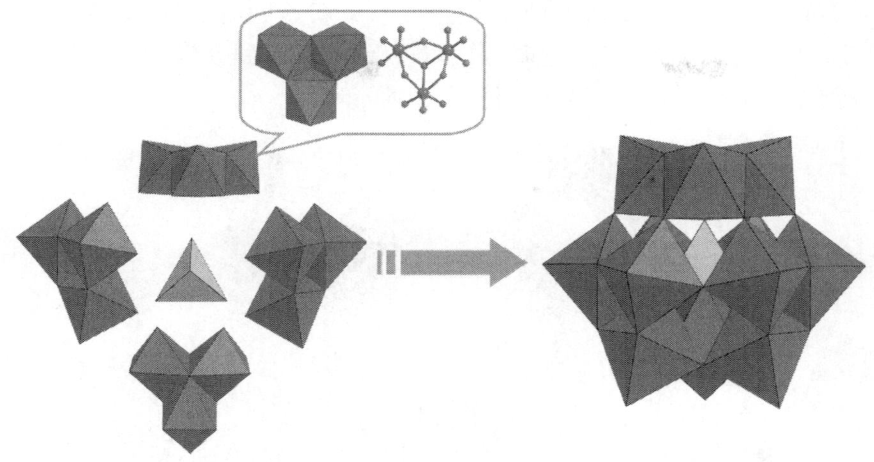

图 2.3　Keggin 型 12-钨磷酸的拆解结构示意图(其中插图为三金属簇的多面体和球棍结构)

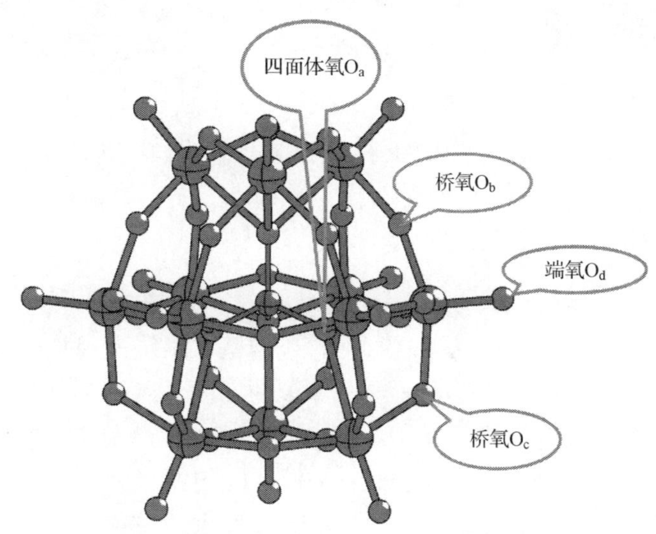

图 2.4　Keggin 型 12-钨磷酸的球棍结构及四类氧原子的示意图

流动,是不定域的;②当结晶水数目为 6 时,质子以水合质子$[H_5O_2]^+$的形式存在,通过氢键与邻近端氧相连;③当没有结晶水存在时,质子则定域到桥氧上。

Keggin 结构的 5 种 Baker-Figgis 异构体(α、β、γ、δ 和 ε 体)是根据其一级结构中三金属簇的旋转方向及角度的不同定义的。α-Keggin 型多酸化合物的结构是由杂原子组成的四面体被 4 个三金属簇围绕形成的笼型结构,称为 Keggin 结构的 α 体,它具有 T_d对称性(图 2.5)。如果将 α 体的 1 个共边的三金属簇绕着 C_3轴旋转 60°则得到 β 体,β-Keggin 型多酸化合物的对称性由 T_d降到 C_{3v}(图 2.5)。β 体是不稳定的,所有的氧化型 β 体都可自发地转变成 α 体,只是不同异构体的异构化速度是不同的。如果将 α 体的两个相邻的三金属簇同时旋转 60°则得到 γ 体(图 2.5)。如果将其中的 3 个三金属簇同时旋转 60°则得到 δ 体(图 2.5)。如果将 4 组三金属簇同时旋转 60°则得到 ε 体(图 2.5)。

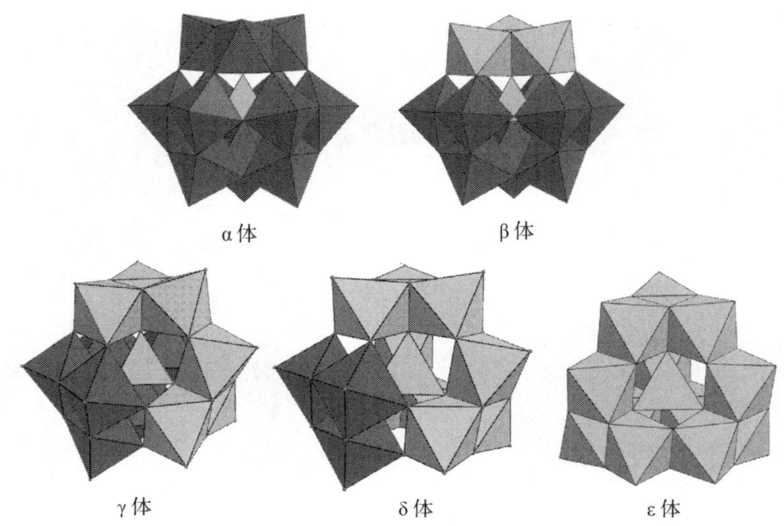

图 2.5 Keggin 型杂多化合物的五种异构体的多面体结构图

2.2.2 合成方法

$H_3[\alpha\text{-}PW_{12}O_{40}]$的合成

$H_3[\alpha\text{-}PW_{12}O_{40}]$的合成有两种经典的方法,基本路线是用盐酸酸化钨酸钠和磷酸或磷酸氢二钠的混合溶液,然后采用萃取的方法得到 $H_3[\alpha\text{-}PW_{12}O_{40}]$。

方法 1[7]:合成反应方程式为

$$12Na_2WO_4 \cdot 2H_2O + H_3PO_4 + 24HCl \longrightarrow H_3[\alpha\text{-}PW_{12}O_{40}] + 24NaCl + 36H_2O$$

将 100g $Na_2WO_4 \cdot 2H_2O$ 溶于 100mL 水中,加热至沸直到溶液澄清,加入 10mL 85%的 H_3PO_4,然后再逐滴加入 80mL 浓 HCl 溶液,加入速度不宜太快,冷却,得到晶体产物,但其中含有少量钨酸。4h 后,减压过滤至尽可能干,将产物重新溶解于 120mL 水中,将溶液置于分液漏斗中,加入 70mL 乙醚,然后再加入 40mL 浓 HCl 溶液,边加边振荡,几分钟后,混合物分层,将底层的多酸醚合物转移至另一个分液漏斗中,加入 120mL 水,振荡,再加 30mL 乙醚及 40mL HCl 溶液振荡,静置片刻,溶液分三层,上层透明溶液为过量的乙醚,中层为杂质 NaCl 及 H_2WO_4的水溶液,下层无色稠状液体为 $H_3[PW_{12}O_{40}]$的乙醚复合物。将底层醚合物转移至另一个烧杯,加入 10mL 水,分两层,水浴加热有气泡产生,并有刺激气味,同时底层溶液逐渐减少至消失,有 $H_3[\alpha\text{-}PW_{12}O_{40}]$晶体产生,产量为 29g[7]。

方法 2[8]：将 1000g $Na_2WO_4 \cdot 2H_2O$ 与 160g $Na_2HPO_4 \cdot 2H_2O$ 溶解在 1500mL 沸水中，搅拌下逐滴加入 800mL 浓 HCl 溶液，当加入一半时开始有钨磷酸沉淀生成，滴加完 800mL 浓盐酸后，将溶液冷却，加入 600mL 无水乙醚，振荡摇匀后混合物分三层，底层为 12-钨磷酸-乙醚混合物，放出醚合物用水洗涤数次。放出醚合物后的母液每次(约 3 次)加入足够量的乙醚和盐酸仍形成三层溶液，收集醚合物，将总的醚合物置于烧杯中，水浴加热蒸发使之结晶，产率为 80％[8]。

方法 3：方法 3 与方法 2 类似，只是在原料用量与合成细节稍有差别。具体方法为：取 25g $Na_2WO_4 \cdot 2H_2O$ 和 4g $Na_2HPO_4 \cdot 2H_2O$ 溶于 150mL 80～90℃热水中，溶液稍浑浊。搅拌下向溶液中逐滴加入 25mL 浓盐酸，溶液澄清，继续加热半分钟。若溶液呈蓝色，是由于钨被还原的结果，需向溶液中滴加 1～2 滴 3％的过氧化氢或溴水至蓝色褪去，冷却至室温，将烧杯中的溶液和析出的少量固体一并转移至分液漏斗中。向分液漏斗中加入 35mL 乙醚，再加入 10mL 6mol · L^{-1} HCl，振荡，注意要及时排气，静置，溶液分三层，上层为醚，中间为氯化钠、盐酸和其他物质的水溶液，下层为油状的 12-钨磷酸醚合物，收集下层溶液，置于蒸发皿中，水浴加热蒸发乙醚，直至液体表面出现晶膜，然后将蒸发皿放在通风橱中，使乙醚在空气中挥发掉，得到 12-钨磷酸。

方法 1 中需要注意的问题是：$H_3[PW_{12}O_{40}]$本身为无色晶体，但第一次制取的 $H_3[PW_{12}O_{40}]$可能为淡黄色，主要是由于加入 HCl 的速度过快，过量 H^+ 与 WO_4^{2-} 作用得到黄色 H_2WO_4 晶体[7]。

方法 2 和方法 3 中要注意的问题是：加热蒸发醚合物过程中，可能会导致 $H_3[PW_{12}O_{40}]$被还原，如果蒸发过程中，液体变蓝，需要滴加少许 3％过氧化氢，至蓝色褪去[8]。

为了研究需要，12-钨磷酸通常要转变成相应的盐，遵循的基本原理是采用较大的阳离子将$[PW_{12}O_{40}]^{3-}$ 从溶液中沉淀出来减压过滤得到。已报道的$[PW_{12}O_{40}]^{3-}$ 盐类的具体合成方法如下。

$[(n\text{-}C_4H_9)_4N]_3[\alpha\text{-}PW_{12}O_{40}]$的合成

将 0.5g $Na_2WO_4 \cdot 2H_2O$ 溶于 1.0mL H_2O 中，在 25℃下保存 12h，加入 0.2mL 85％ H_3PO_4溶液和 0.5mL 12mol · L^{-1} HCl 溶液，最终的溶液在 25℃下保存 12h，加入 3mL 水得到澄清溶液，再加入 0.14g $(n\text{-}C_4H_9)_4NBr$，搅拌 15min 后，将最终的沉淀过滤，依次用水、乙醇和乙醚洗涤，真空干燥，在 80℃饱和 CH_3CN 溶液中重结晶，冷却至 25℃，得到 0.24g 晶体产物。$[(n\text{-}C_4H_9)_4N]_3[\alpha\text{-}PW_{12}O_{40}]$的元素分析理论值(％)：C 16.00、H 3.02、N 1.17、P 0.86、W 61.21；实验值(％)：C 16.18、H 3.05、N 1.20、P 0.90、W 61.06[9]。

$(n\text{-}Bu_4N)_3[\beta\text{-}PW_{12}O_{40}]$的合成

将 8.2g $Na_2WO_4 \cdot 2H_2O$ 溶于 335mL 蒸馏水中，然后加入 100mL CH_3CN，再加入 0.39g $NaH_2PO_4 \cdot 2H_2O$ 和 65mL 浓盐酸溶液，搅拌，对该澄清溶液进行 ^{31}P-NMR测试，核磁谱中在－14.53ppm* 和－13.68ppm 处分别出现两个峰，峰强度比为 5∶6。这两个信号归属于$[\alpha\text{-}PW_{12}O_{40}]^{3-}$和$[\beta\text{-}PW_{12}O_{40}]^{3-}$。之后将此溶液在 70℃下搅拌 6h，加入 12g NH_4Cl 产生白色沉淀，在室温下搅拌 18h 后过滤，除去白色沉淀。滤液的^{31}P-NMR 谱中在－13.68ppm 处产生一个峰，这是因为$[\alpha\text{-}PW_{12}O_{40}]^{3-}$的铵盐被沉淀，滤液中存在的是$[\beta\text{-}PW_{12}O_{40}]^{3-}$。再向滤液中加入 250mL CH_3CN 和 50mL 浓盐酸的混合溶液，然后加入 0.2g $n\text{-}Bu_4NBr$，过滤得到白色沉淀，用水和乙醇清洗，在空气中晾干，产量为 0.6g [10]。

为了进一步提纯 $(n\text{-}Bu_4N)_3[\beta\text{-}PW_{12}O_{40}]$，将得到的 0.6g 白色沉淀在 25mL 乙腈溶液中重结晶两次，几天后即可获得无色$(n\text{-}Bu_4N)_3[\beta\text{-}PW_{12}O_{40}]$晶体。$(n\text{-}Bu_4N)_3[\beta\text{-}PW_{12}O_{40}]$的元素分析理论值(%)：P 0.86、W 61.2；实验值(%)：P 0.89、W 61.1[10]。

2.2.3 结构表征

随着实验手段和分析测试手段的飞速发展，人们不仅用单晶 X 射线衍射仪来确定 12-钨磷酸的结构，同时也用红外光谱、紫外-可见吸收光谱、拉曼光谱、热重-差热分析、核磁共振谱及穆斯堡尔谱等对其进行表征。

2.2.3.1 红外光谱

红外(IR)光谱是表征多酸化合物最基本的方法之一，不同类型的多酸化合物都有它特有的 IR 吸收峰。$[PW_{12}O_{40}]^{3-}$ 的 IR 光谱吸收峰一般出现在 700～1100cm^{-1}范围内，需要指出的是反荷离子的不同，多阴离子的峰位会有不同程度的位移，但 IR 光谱主要是由杂多化合物的一级结构决定的。$H_3[PW_{12}O_{40}] \cdot 21H_2O$ 的 IR 光谱中，$[\alpha\text{-}PW_{12}O_{40}]^{3-}$ 的四个吸收峰分别出现在 1080cm^{-1}、984cm^{-1}、890cm^{-1} 和 798cm^{-1}，分别对应于 ν_{P-O_a}、ν_{W-O_d}、ν_{W-O_c-W} 和 ν_{W-O_d-W} [图 2.9(a)]，而在 $(n\text{-}Bu_4N)_3[\alpha\text{-}PW_{12}O_{40}]$ 的 IR 谱图中，$[\alpha\text{-}PW_{12}O_{40}]^{3-}$ 在 1080cm^{-1}、976cm^{-1}、896cm^{-1}和 814cm^{-1}处出现四个吸收峰[图 2.6(a)][10]，可见峰位稍有位移。

另外，多阴离子的构型不同，导致其吸收峰也会产生不同程度的位移，如$(n\text{-}Bu_4N)_3[\beta\text{-}PW_{12}O_{40}]$ (n-Bu 为正丁基) 的 IR 谱图[图 2.6(b)]，$[\beta\text{-}PW_{12}O_{40}]^{3-}$的

---

* ppm 为非法定量级，其量级为 1×10^{-6}。

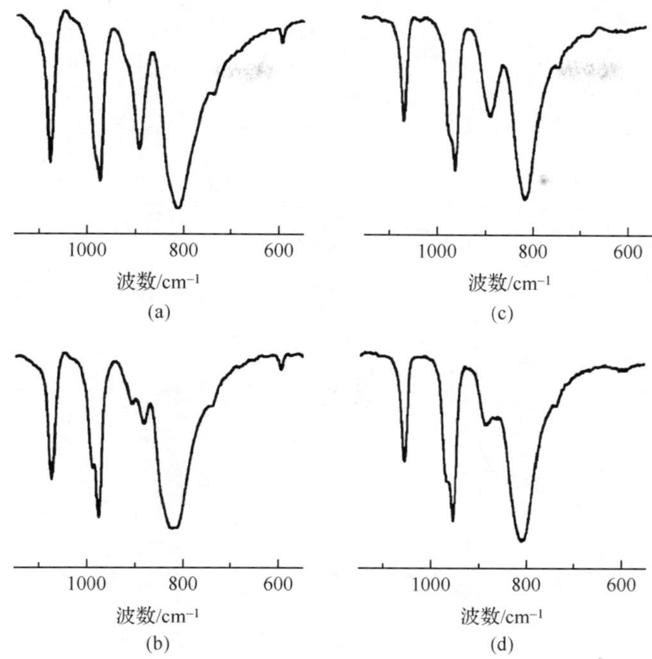

图 2.6　$(n\text{-}Bu_4N)_3[\alpha\text{-}PW_{12}O_{40}]$ (a)、$(n\text{-}Bu_4N)_3[\beta\text{-}PW_{12}O_{40}]$(b)、$(n\text{-}Bu_4N)_3[\alpha\text{-}PMo_{12}O_{40}]$(c)和$(n\text{-}Bu_4N)_3[\beta\text{-}PMo_{12}O_{40}]$(d)的多阴离子在 700～1100$cm^{-1}$范围内的 IR 光谱[10]

峰位分别是 1073cm^{-1}、974cm^{-1}、905cm^{-1}、881cm^{-1}和 818cm^{-1}，与$[\alpha\text{-}PW_{12}O_{40}]^{3-}$的 IR 谱图非常类似，$[\beta\text{-}PW_{12}O_{40}]^{3-}$的谱图中 818$cm^{-1}$处的 ν_{W-O_c-W} 峰劈裂成 905cm^{-1}和 881cm^{-1}处的两个峰，峰强度降低，由这一结果可以区分$[PW_{12}O_{40}]^{3-}$的 α 体和 β 体[11]。$[PMo_{12}O_{40}]^{3-}$的 α 体和 β 体也有类似的 IR 光谱特征[图 2.6(c)和图 2.6(d)][10]。

与$[PW_{12}O_{40}]^{3-}$相比，$[SiW_{12}O_{40}]^{4-}$的三种异构体 α 体、β 体和 γ 体的 IR 光谱的特征峰可归属于$\{W_3O_{13}\}$三金属簇和 Si—O 键等基团之间的振动。可以预期多阴离子的对称性逐渐降低，结构类型由 α→β→γ，对称性由 $T_d \to C_{3v} \to C_{2v}$，最终导致峰的分裂，红外光谱变得更加复杂[12]。表征并区分 α 体和 β 体的最合适的范围是低频范围 (红外是 420cm^{-1}以下，拉曼是 250cm^{-1}以下)，从 α 体到 γ 体的吸收峰数目逐渐增加，α 体、β 体和 γ 体的最低频率的峰位分别是 288cm^{-1}、280cm^{-1}、277cm^{-1}，在拉曼光谱中也发现了相同的现象，250cm^{-1}以下的谱线的数目逐渐增加，α 体、β 体和 γ 体的最低频率的峰位分别是 90cm^{-1}、73cm^{-1}、64cm^{-1}，这些转变与基团之间的相互连接与修饰有关(图 2.7)[12]。常见 Keggin 型杂多化合物的 IR 光谱吸收峰列于表 2.2 中[1]。

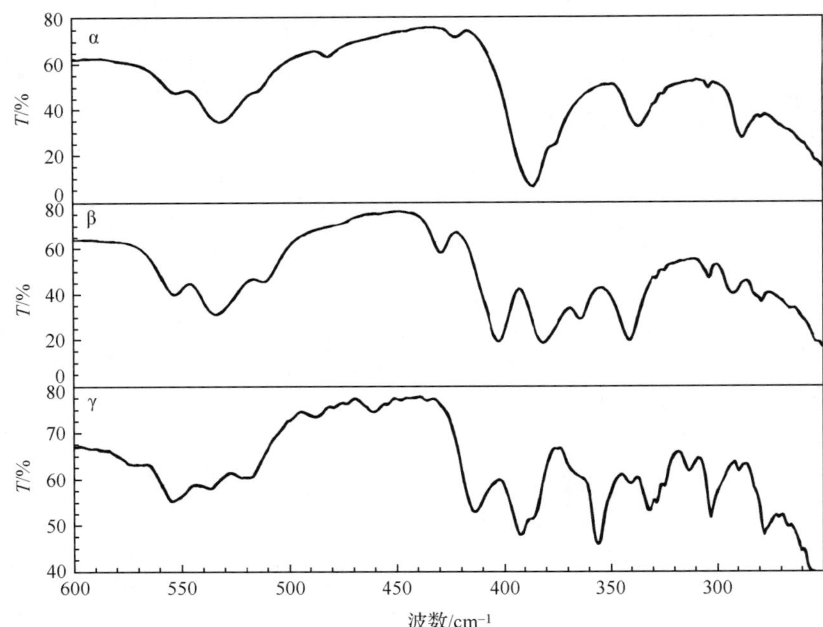

图 2.7 $(n\text{-}Bu_4N)_4[SiW_{12}O_{40}]$的三种异构体 α 体、β 体和 γ 体的 IR 光谱（600cm^{-1}以下，测试溶液为乙腈溶液）[12]

表 2.2 常见 Keggin 型杂多化合物在 1100～600cm^{-1}的 IR 光谱吸收峰[1,13]

Keggin 型杂多化合物	IR 光谱吸收峰/cm^{-1}	Keggin 型杂多化合物	IR 光谱吸收峰/cm^{-1}
$H_3[\alpha\text{-}PW_{12}O_{40}]$	1080,984,890,798	$H_4[\alpha\text{-}GeW_{12}O_{40}]$	980,903,883,818,760
$(n\text{-}Bu_4N)_3[\alpha\text{-}PW_{12}O_{40}]$	1080,976,896,814	$K_4[\alpha\text{-}GeW_{12}O_{40}]$	979,880,823,769
$(n\text{-}Bu_4N)_3[\beta\text{-}PW_{12}O_{40}]$	1073,974,905,881,818	$Na_3[\alpha\text{-}AsW_{12}O_{40}]$	987,911,872,781
$(n\text{-}Bu_4N)_3[\alpha\text{-}PMo_{12}O_{40}]$	988,965,894,602	$(n\text{-}Bu_4N)_3[\alpha\text{-}AsMo_{12}O_{40}]$	984,961,879,603
$H_4[\alpha\text{-}SiW_{12}O_{40}]$	1019,982,924,782	$K_5[\alpha\text{-}BW_{12}O_{40}]$	1003,960,910,807
$H_4[\beta\text{-}SiW_{12}O_{40}]$	1018,980,920,790	$Na_5[\alpha\text{-}AlW_{12}O_{40}]$	955,883,799,758

2.2.3.2 紫外-可见吸收光谱

紫外-可见吸收(UV-Vis)光谱也是多酸表征测试中一个非常重要的手段，不同的多阴离子均拥有其特征峰位。Keggin 型多阴离子的 UV-Vis 光谱的特征峰一般出现在 200～350nm，$[\alpha\text{-}PW_{12}O_{40}]^{3-}$和$[\beta\text{-}PW_{12}O_{40}]^{3-}$的 UV-Vis 光谱分别在 206nm 和 205nm 处出现一个吸收峰，对应于 $O_d \rightarrow W$ 的荷移跃迁，此外 α 体在 265nm 处出现了另一个特征峰，$[\beta\text{-}PW_{12}O_{40}]^{3-}$在 267nm 处出现另一个特征峰，可归属于多阴离子结构中 O_b，$O_c \rightarrow W$ 的荷移跃迁[图 2.8(a)][10]。

与$[PW_{12}O_{40}]^{3-}$相比,$[SiW_{12}O_{40}]^{4-}$的 α 体、β 体和 γ 体三种异构体的四丁基铵盐在乙腈中的紫外光谱均在 260nm 处出现特征吸收峰,可归属于多阴离子结构中 O→W 的荷移跃迁[图 2.8(b)]。实际上,在 α 体的紫外光谱中,262nm 处出现的狭窄谱线($\varepsilon=4.2\times10^4 mol \cdot L^{-1} \cdot cm^{-1}$),在 β 体的紫外光谱中分裂成两个宽峰(264nm 和 236nm),而在 γ 体的紫外光谱中变成了更宽的肩峰,这一事实充分证明三种异构体的对称性按照 α 体、β 体和 γ 体顺序逐渐降低[12]。

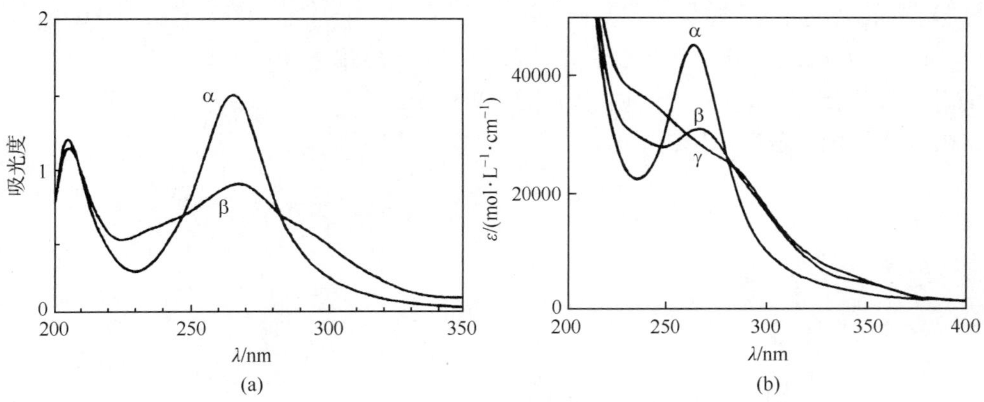

图 2.8　(a) $[PW_{12}O_{40}]^{3-}$的 α 体和 β 体的 UV-Vis 光谱;
(b) $[SiW_{12}O_{40}]^{4-}$的 α 体、β 体和 γ 体的 UV-Vis 光谱[10,12]

2.2.3.3　拉曼光谱

拉曼(Raman)光谱与红外光谱是两种互补的测试手段,拉曼光谱越来越受到多酸化学工作者的青睐。$H_3[\alpha\text{-}PW_{12}O_{40}] \cdot 21H_2O$ 的 IR 光谱和拉曼光谱对比图如图 2.9 所示,$[\alpha\text{-}PW_{12}O_{40}]^{3-}$ 的 IR 光谱的四个吸收峰分别出现在 $1080cm^{-1}$、

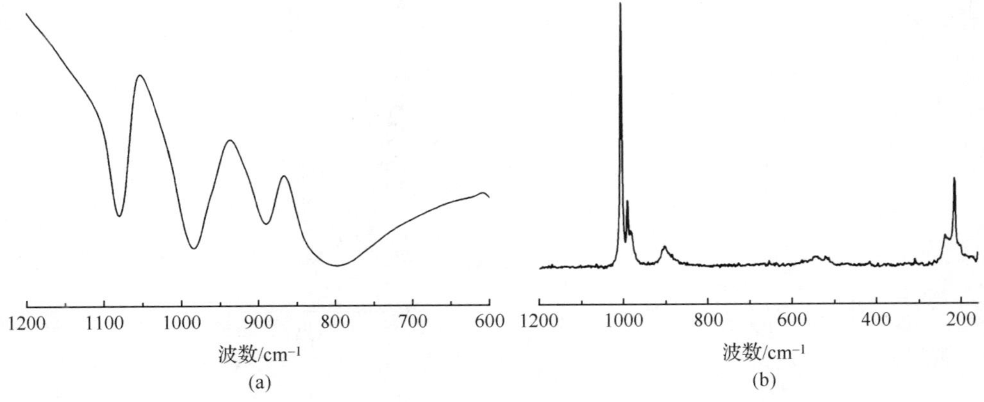

图 2.9　$H_3[\alpha\text{-}PW_{12}O_{40}] \cdot 21H_2O$ 的 IR 光谱(a)和拉曼光谱(b)

984cm^{-1}、890cm^{-1} 和 798cm^{-1}[图 2.9(a)]，而其拉曼光谱的吸收峰出现在 1005cm^{-1}、991cm^{-1}、983cm^{-1}、903cm^{-1}、544cm^{-1}、236cm^{-1}和 215cm^{-1}[图 2.9(b)]。

$H_4[\alpha\text{-}SiW_{12}O_{40}]\cdot 21H_2O$ 的 IR 光谱和拉曼光谱对比图如图 2.10 所示，$[\alpha\text{-}SiW_{12}O_{40}]^{4-}$ 的 IR 光谱在 1019cm^{-1}、982cm^{-1}、924cm^{-1}和 782cm^{-1}出现四个吸收峰[图 2.10(a)]，而其拉曼光谱的吸收峰出现在 1001cm^{-1}、977cm^{-1}、925cm^{-1}、549cm^{-1}、226cm^{-1}和 152cm^{-1}[图 2.10(b)]。$K_7[\alpha\text{-}PW_{11}O_{39}]\cdot 21H_2O$ 的 IR 光谱和拉曼光谱对比图如图 2.11 所示，$[\alpha\text{-}PW_{11}O_{39}]^{7-}$ 在 1089cm^{-1}、1041cm^{-1}、949cm^{-1}、900cm^{-1}、857cm^{-1}、806cm^{-1}和 728cm^{-1}出现七个吸收峰[图 2.11(a)]，而其拉曼光谱的吸收峰出现在 1054cm^{-1}、985cm^{-1}、965cm^{-1}、906cm^{-1}、520cm^{-1}、380cm^{-1}和 216cm^{-1}[图 2.11(b)]。

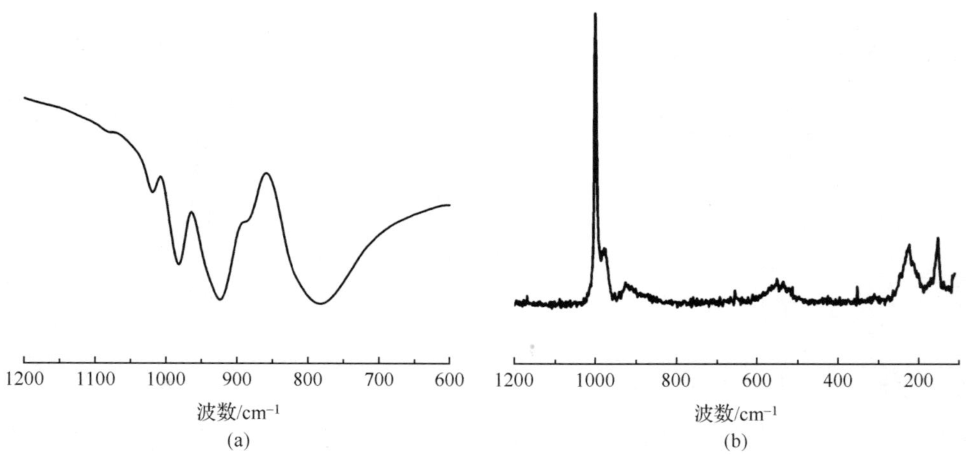

图 2.10 $H_4[\alpha\text{-}SiW_{12}O_{40}]\cdot 21H_2O$ 的 IR 光谱(a)和拉曼光谱(b)

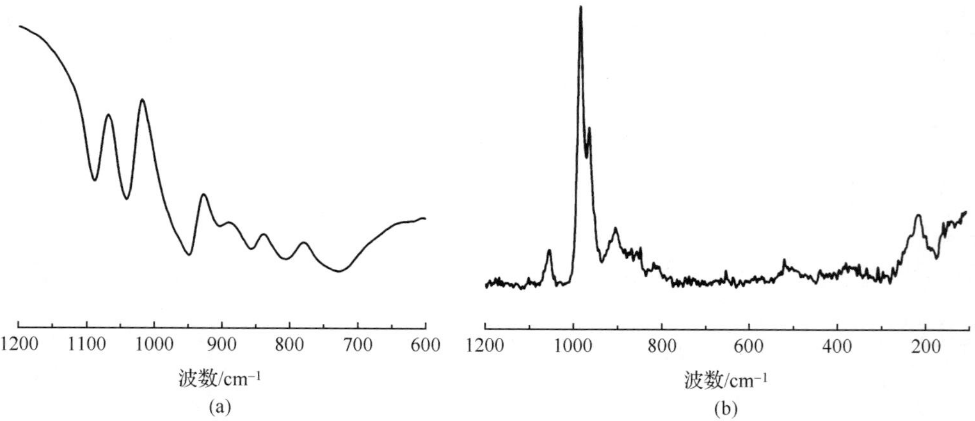

图 2.11 $K_7[\alpha\text{-}PW_{11}O_{39}]\cdot 21H_2O$ 的 IR 光谱(a)和拉曼光谱(b)

$(n\text{-}Bu_4N)_3[PMo_{12}O_{40}]$的拉曼光谱的峰位分别为 $988cm^{-1}$、$965cm^{-1}$、$894cm^{-1}$和 $602cm^{-1}$[图 2.12(a)]；$(n\text{-}Bu_4N)_4[PMo_{11}O_{39}H_3]$的拉曼光谱的峰位分别为 $974cm^{-1}$、$969cm^{-1}$、$957cm^{-1}$、$875cm^{-1}$和 $763cm^{-1}$[图 2.12(b)]；$Na_3[PMo_9O_{34}H_6]\cdot 12H_2O$ 的拉曼光谱的峰位分别为 $968cm^{-1}$、$854cm^{-1}$、$716cm^{-1}$和 $641cm^{-1}$[图 2.12(c)]；$(n\text{-}Bu_4N)_{5.5}H_{0.5}[P_2Mo_{18}O_{62}]$的拉曼光谱的峰位分别为 $971cm^{-1}$、$962cm^{-1}$和 $707cm^{-1}$[图 2.12(d)][14]。

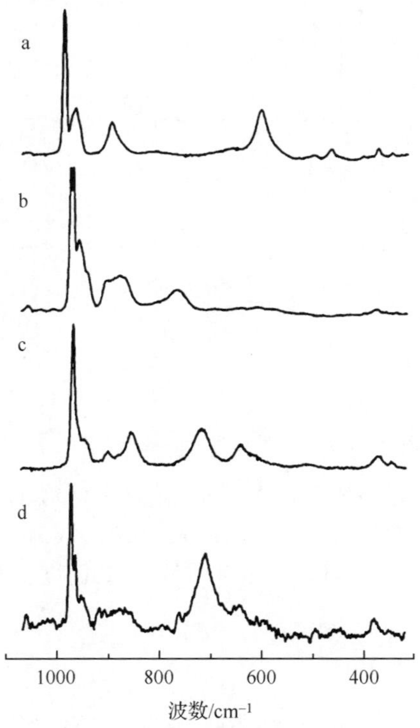

图 2.12　$(n\text{-}Bu_4N)_3[PMo_{12}O_{40}]$(a)、$(n\text{-}Bu_4N)_4[PMo_{11}O_{39}H_3]$(b)、$Na_3[PMo_9O_{34}H_6]\cdot 12H_2O$(c)和$(n\text{-}Bu_4N)_{5.5}H_{0.5}[P_2Mo_{18}O_{62}]$(d)的拉曼光谱[14]

$(n\text{-}Bu_4N)_3[AsMo_{12}O_{40}]$的拉曼光谱的峰位分别为 $984cm^{-1}$、$961cm^{-1}$、$879cm^{-1}$、$603cm^{-1}$[图 2.13(a)]；$(n\text{-}Bu_4N)_4[AsMo_{10}O_{37}H_5]$的拉曼光谱的峰位分别为 $971cm^{-1}$、$952cm^{-1}$、$879cm^{-1}$、$755cm^{-1}$[图 2.13(b)]；$(Me_4N)_2Na_2[As_2Mo_6O_{26}H_2]\cdot 8H_2O$ 的拉曼光谱的峰位分别为 $956cm^{-1}$、$948cm^{-1}$、$917cm^{-1}$和 $911cm^{-1}$[图 2.13(c)]；$(n\text{-}Bu_4N)_5H[As_2Mo_{18}O_{62}]$的拉曼光谱的峰位分别为 $971cm^{-1}$、$944cm^{-1}$和 $708cm^{-1}$[图 2.13(d)]；$(NH_4)_4[As_4Mo_{12}O_{50}H_4]\cdot 6H_2O$ 的拉曼光谱的峰位分别为 $973cm^{-1}$、$928cm^{-1}$和 $865cm^{-1}$[图 2.13(e)][14]。

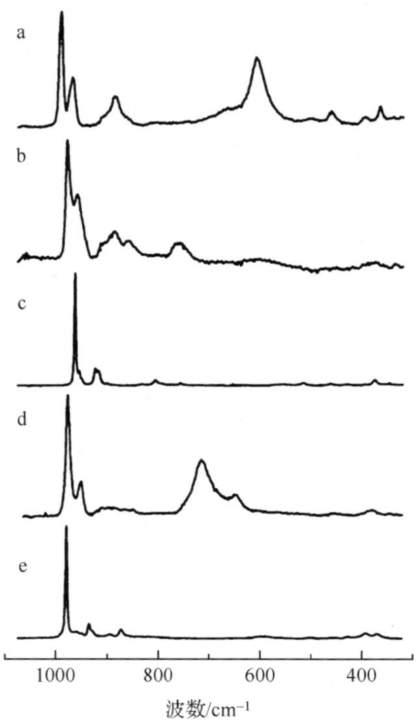

图 2.13 $(n\text{-}Bu_4N)_3[AsMo_{12}O_{40}]$ (a)、$(n\text{-}Bu_4N)_4[AsMo_{10}O_{37}H_5]$ (b)、$(Me_4N)_2Na_2[As_2Mo_6O_{26}H_2]\cdot 8H_2O$(c)、$(n\text{-}Bu_4N)_5H[As_2Mo_{18}O_{62}]$ (d)和 $(NH_4)_4[As_4Mo_{12}O_{50}H_4]\cdot 6H_2O$ (e)的拉曼光谱[14]

2.2.3.4 热重-差热分析

热重-差热(TG-DTA)分析测试是测定多酸化合物热稳定性的一个重要手段,它的测试需要在氮气保护下,防止还原型物质被空气中的氧气氧化以影响测试结果。确定多酸化合物的热稳定性,对它的结构、组成、催化剂设计和选择等方面尤为重要。多酸结构中的三种水分子(包括结晶水、结合水和结构水)在 TG-DTA 分析中的分解温度是不同的。结晶水在空气中很容易失去,分解温度较低。结合水和结构水配位于整个晶体结构中,分解温度相对较高。DTA 曲线上第一个放热峰可作为多酸的分解标志,但有人认为上述温度偏高,应配合变温 IR 和溶解度实验来确定。

$H_3[PW_{12}O_{40}]\cdot 21H_2O$ 的 TG 曲线中出现三步质量损失过程(图 2.14),第一步质量损失发生在 40～61.6℃范围内,质量损失为 3.29%,对应于结晶水的失去;第二步质量损失在 61.6～187.6℃范围内,质量损失为 4.32%,对应于结合水的失去;第三步质量损失为 187.6～450℃范围内,质量损失为 1.56%,对应于结构水的失去；$H_3[PW_{12}O_{40}]\cdot 21H_2O$ 的总质量损失为 9.17%，与理论值相吻合，此过程中多阴离子并未分解，文献报道 $H_3[PW_{12}O_{40}]$的分解温度可达 628℃，DTA 曲线上的第一个放热峰可作为多酸的分解标志。表 2.3 列出了部分 Keggin 型杂多化合物的失水分解温度。

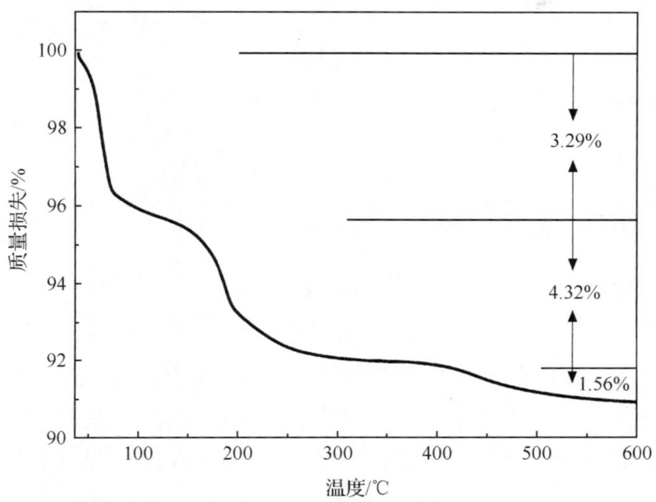

图 2.14　$H_3[PW_{12}O_{40}]\cdot 21H_2O$ 的 TG 曲线

表 2.3　部分 Keggin 型杂多化合物的失水分解温度

化合物	失水Ⅰ		失水Ⅱ		失水Ⅲ	
	温度/℃	数量/个	温度/℃	数量/个	温度/℃	数量/个
$H_4[SiMo_{12}O_{40}]\cdot 26H_2O$	70	18	112	8	340	2
$H_4[SiMo_{12}O_{40}]\cdot 23H_2O$	61	15	198	8	468	2
$H_3[PMo_{12}O_{40}]\cdot 22H_2O$	60	16	112	6	404	1.5

2.2.3.5　核磁共振谱

核磁共振(NMR)谱表征是证明多阴离子在溶液中稳定存在的一种重要手段，在大多数情况下，多酸只有在溶液中保持其稳定性才能进一步研究它的性质。α-Keggin 型杂多钨酸盐化合物在 D_2O 溶液中的 ^{183}W NMR 谱中只出现一种独立的尖锐吸收峰，原因是由于 α-Keggin 型多阴离子的结构中，12 个 W 的化学环境是一样的。表 2.4 中列出了含有不同杂原子的 α-Keggin 型多钨酸盐的化学位移($X^{n+}=Zn^{2+}$，H_2^{2+}，D_2^{2+}，B^{3+}，Si^{4+}，Ge^{4+}和 P^{5+})[11]，虽然各 α-Keggin 型杂多钨酸盐化合物的杂原子不同，但是结构中 W 的化学环境是相同的，因此，表中所有化合物的 ^{183}W NMR 谱均出现一条谱线。

表 2.4 α-Keggin 型多钨酸盐在 D_2O 中[183]W NMR 谱的化学位移和紫外吸收峰[11]

化合物	摩尔浓度/(mol·L^{-1})	pD	化学位移 δ/ppm	紫外吸收峰 λ_{max}/nm
$H_4[\alpha\text{-}GeW_{12}O_{40}]$	0.3	1.6	−81.9	267.5
$H_6[\alpha\text{-}ZnW_{12}O_{40}]$	0.3	1.4	−95.8	265.2
$H_3[\alpha\text{-}PW_{12}O_{40}]$	0.4	1.5	−99.4	264.5
$H_4[\alpha\text{-}SiW_{12}O_{40}]$	0.35	1.5	−103.8	262.9
$Na_6[\alpha\text{-}H_2W_{12}O_{40}]$	0.15	0.4	−113.0	261.1
$Na_6[\alpha\text{-}D_2W_{12}O_{40}]$	0.15	5.4	−120.0	259.6
$H_5[\alpha\text{-}BW_{12}O_{40}]$	0.1	1.5	−130.8	257.1

注：pD 值是采用 DCl 调节溶液测定的。

以$[\alpha\text{-}PW_{12}O_{40}]^{3-}$为例，12 个 W 的化学环境相同，在 D_2O 中的^{183}W NMR 谱中出现一条谱线，化学位移为−99.4ppm，但是对于单缺位的$[\alpha\text{-}PW_{11}O_{39}]^{7-}$来说，结构中有 6 种不同化学环境的 W，相应的^{183}W NMR 谱中有 6 条谱线，峰强度分别为 2∶2∶1∶2∶2∶2。而对于单取代的$[\alpha\text{-}PW_{11}CoO_{39}]^{5-}$来说，结构中仍然存在 6 种具有不同化学环境的 W，相应的^{183}W NMR 谱中有 6 条谱线，峰强度分别为 2∶2∶2∶1∶2∶2。表 2.5 中列出了部分 Keggin 型杂多阴离子的异构体及其衍生物的^{183}W NMR 谱的化学位移[1]。表 2.6 中列出了部分 Keggin 型杂多阴离子的^{31}P NMR谱的化学位移[1]。

表 2.5 部分 Keggin 型杂多阴离子的异构体及其衍生物[183]W NMR 谱的化学位移[1,13]

多阴离子	溶剂	化学位移 δ/ppm	强度比
$[\beta\text{-}SiW_{12}O_{40}]^{4-}$	D_2O	−109.7，−114.7，−129.8	1∶2∶1
$[\beta\text{-}SiW_{12}O_{40}]^{4-}$	DMF	−103.5，−104.0，−120.5	1∶2∶1
$[\beta\text{-}H_2W_{12}O_{40}]^{6-}$	D_2O	−107.2，−120.9，−130.6	1∶2∶1
$[\alpha\text{-}Co^{II}W_{12}O_{40}]^{6-}$	D_2O	−882	
$[\alpha\text{-}Co^{III}W_{12}O_{40}]^{5-}$	D_2O	−1955	

表 2.6 部分 Keggin 型杂多阴离子(H_2O 溶液)的[31]P NMR 谱的化学位移[1]

化合物	化学位移 δ/ppm
$H_3[\alpha\text{-}PW_{12}O_{40}]$	−14.9
$H_3[\alpha\text{-}PMo_{12}^{VI}O_{40}]$	−3.9
$H_5[\alpha\text{-}PMo_{12}^{V/VI}O_{40}]$	−6
$H_5[\beta\text{-}PMo_{12}^{V/VI}O_{40}]$	−13

$[\gamma\text{-}SiW_{12}O_{40}]^{4-}$ 的 DMF 溶液的 ^{183}W NMR 谱中出现四条谱线(图 2.15)，从低到高标记为 A、B、C、D，峰强度比分别为 2∶1∶2∶1，化学位移 δ 和耦合常数 J 分别是：(A) －104.7ppm($^2J_{W-W}$＝22Hz，6Hz)；(B)－116.8ppm($^2J_{W-W}$＝22Hz，7Hz)；(C)－127.4ppm ($^2J_{W-W}$＝21Hz，7Hz)；(D)－160.1ppm ($^2J_{W-W}$＝7Hz)[12]。$[SiW_{12}O_{40}]^{4-}$ 的 α 体在－92.1ppm 出现一条谱线，β 体在－103.5ppm、－104.0ppm、－120.5ppm 出现三条谱线，峰强度比为 1∶2∶1。$[\gamma\text{-}SiW_{12}O_{40}]^{6-}$ 在水溶液中的 ^{183}W NMR 谱出现四条谱线 E、F、G 和 H，峰强度比为 2∶2∶1∶1 (图 2.16)[12]。$H_5[\beta\text{-}AlW_{12}O_{40}]$ 的 ^{183}W NMR 谱的化学位移分别为－110.8ppm、－118.7ppm 和－136.8ppm(图 2.17)。

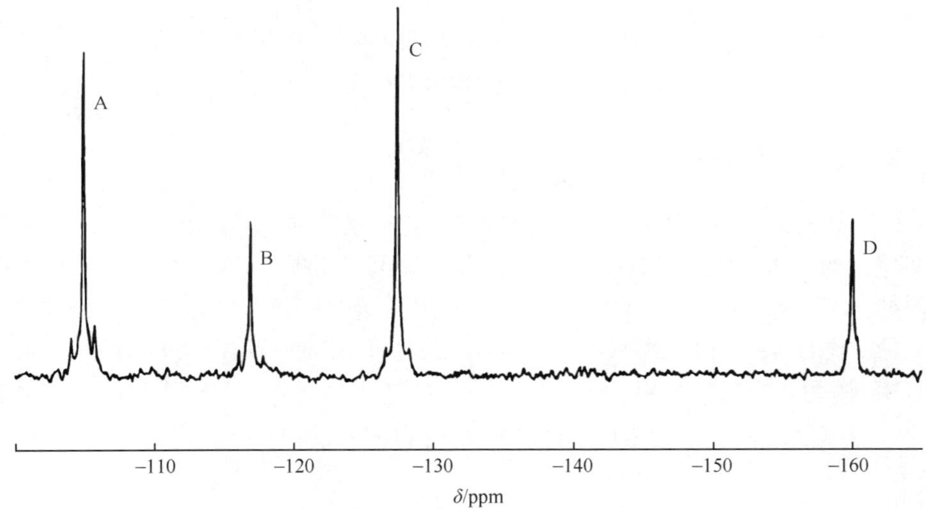

图 2.15　$[\gamma\text{-}SiW_{12}O_{40}]^{4-}$ 的 DMF 溶液的 ^{183}W NMR 谱[12]

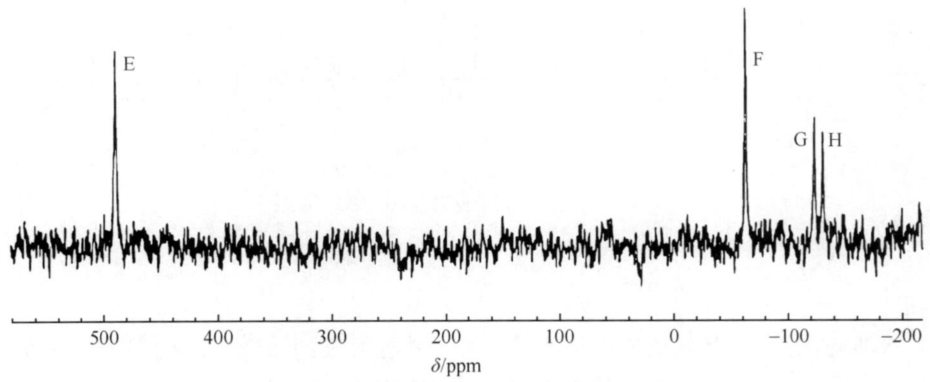

图 2.16　$[\gamma\text{-}SiW_{12}O_{40}]^{6-}$ 在水溶液中的 ^{183}W NMR 谱[12]

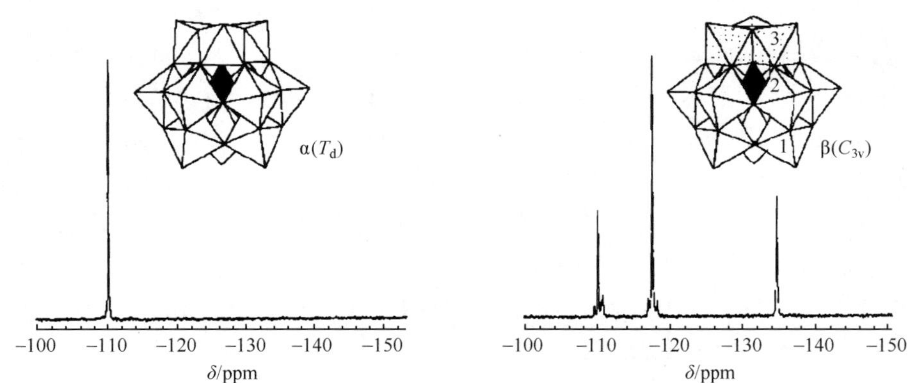

图 2.17　$H_5[\alpha\text{-}Al^{III}W_{12}O_{40}]$(左图,具有 T_d 对称性)和 $H_5[\beta\text{-}Al^{III}W_{12}O_{40}]$(右图,具有 C_{3v} 对称性)的 ^{183}W NMR 谱[11]

2.2.3.6　X 射线粉末衍射

X 射线粉末衍射(XRD)是用来测试多酸化合物是否为纯相的一种有力手段,证明化合物是否为纯相是进一步研究其性质的重要前提。12-钨磷酸的模拟 XRD 谱图如图 2.18 所示,实验所得的 XRD 与模拟谱图峰位相对应可证明它的样品是纯相的。图 2.19 是化合物 $Na_{16}[GeNb_{12}O_{40}]\cdot 4H_2O$ 和 $Na_{16}[SiNb_{12}O_{40}]\cdot 4H_2O$ 的 XRD 谱图,与其模拟 XRD 谱图对比,峰位基本没有变化,证明化合物是纯相的[15]。但需要注意的是多酸化合物的 XRD 是由多酸化合物的二级结构决定的。

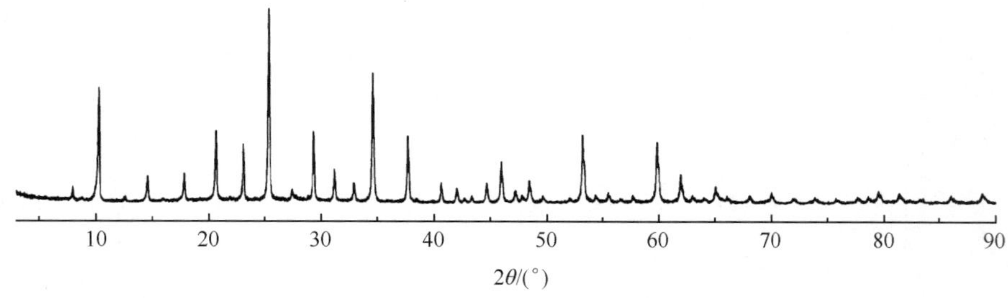

图 2.18　12-钨磷酸的模拟 XRD 谱图

2.2.3.7　X 射线光电子能谱

X 射线光电子能谱(XPS)可以用来确定多酸中元素的价态,同时可以确定元素在样品中的含量。12-钨磷酸中 W 的 XPS 谱图如图 2.20 所示,谱图中在 36.8eV 和 34.9eV 处出现两个吸收峰,对应的能级区域为 $W_{4f_{5/2}}$ 和 $W_{4f_{7/2}}$,对应于

W 的氧化态为+6。

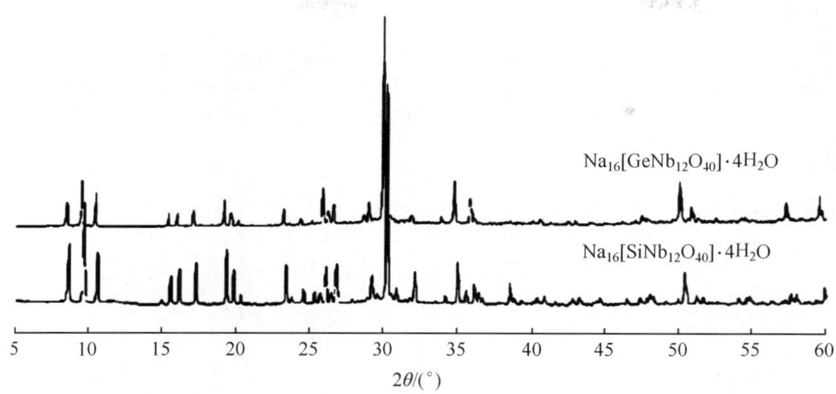

图 2.19　$Na_{16}[SiNb_{12}O_{40}]·4H_2O$ 和 $Na_{16}[GeNb_{12}O_{40}]·4H_2O$ 的 XRD 谱图[15]

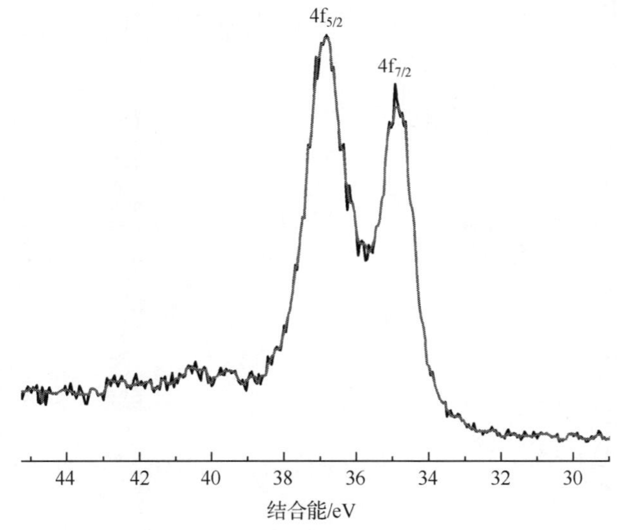

图 2.20　12-钨磷酸中 W 的 XPS 谱图

2.2.3.8　穆斯堡尔谱

穆斯堡尔谱(Mössbauer spectrum)是目前表征多酸的又一重要手段,不同的多酸具有其特征的不对称参数、四极耦合值和线宽值。表 2.7 列出了一系列 Keggin型多酸的穆斯堡尔谱数据,12-钨磷酸($-16mm·s^{-1}$)显示出最大的耦合值[16]。对于杂原子是金属阳离子的体系,随着中心原子的电负性下降,耦合值降至大约 $6mm·s^{-1}$并存在稳定的下滑,导致了穆斯堡尔谱中出现稍宽的谱线,因此这种耦合不是很精确。对于 10mm · s^{-1}或更高的耦合，谱峰很好地分离，而且可能精度很高（图 2.21）[16]。

表 2.7 Keggin 型多酸的穆斯堡尔谱数据[16]

样 品	四极耦合 e^2qQ/(mm · s^{-1})	不对称参数 η	线宽 Γ/(mm · s^{-1})
$H_3[PW_{12}O_{40}] \cdot 9H_2O$	−16.6	0.29	2.4
$Cs_3[PW_{12}O_{40}] \cdot 6H_2O$	−16.4	0.20	2.2
$(TBA)_3[PW_{12}O_{40}]$	−16.6	0.29	2.2
$Na_3[PW_{12}O_{40}] \cdot 9H_2O$	−16.3	0.29	2.5
$Cs_3[AsW_{12}O_{40}] \cdot 10H_2O$	−13.5	3.0	0.42
$(TBA)_3[AsW_{12}O_{40}]$	−13.7	0.40	2.4
$H_4[SiW_{12}O_{40}] \cdot 8H_2O$	−12.7	0.41	3.0
$K_4[SiW_{12}O_{40}] \cdot 10H_2O$	−12.0	0.22	3.0
$(TBA)_4[SiW_{12}O_{40}]$	−12.8	0.39	2.4
$(TBA)_4[GeW_{12}O_{40}]$	−10.0	0.58	2.3
$K_5[BW_{12}O_{40}] \cdot 11H_2O$	−13.1	0.33	2.8
$H_5[BW_{12}O_{40}] \cdot 15H_2O$	−12.5	0.41	2.5
$Cs_4H[AlW_{12}O_{40}] \cdot 6H_2O$	−6.5	0.59	3.0
$(TBA)_4H[AlW_{12}O_{40}] \cdot 3H_2O$	−7.5	0.90	2.5
$K_5[AlW_{12}O_{40}] \cdot 15H_2O$	−7.4	0.51	2.7
$(TBA)_4H[FeW_{12}O_{40}] \cdot 4H_2O$	−5.8	0.84	3.0
$K_5[CoW_{12}O_{40}] \cdot 11H_2O$	−6.2	0.80	2.4
$(TBA)_4H_2[CoW_{12}O_{40}] \cdot 6H_2O$	−6.7	0.69	2.8
$K_4H_2[CoW_{12}O_{40}] \cdot 6H_2O$	6.1	0.76	2.5
$(TBA)_4H_2[ZnW_{12}O_{40}] \cdot 6H_2O$	−6.6	0.89	3.3
$K_6[H_2W_{12}O_{40}] \cdot 2H_2O$	6.4	1.0	3.1
$(TBA)_2[W_6O_{19}]$	−9.4	0	2.3

注：TBA ＝$(n\text{-}C_4H_9)_4N^+$（四丁基铵阳离子），估计误差，四极耦合为± 0.5mm · s^{-1}，不对称参数为±0.1。

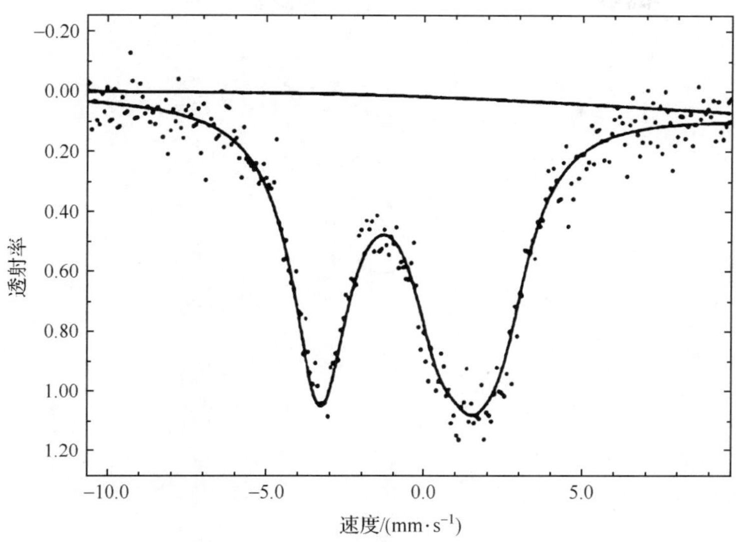

图2.21 $K_4[SiW_{12}O_{40}]\cdot 10H_2O$的穆斯堡尔谱[16]

2.2.4 性质研究

2.2.4.1 电化学性质研究

图2.22(b)所示为$[\alpha\text{-}PW_{12}O_{40}]^{3-}$的电化学谱图。图中出现三对氧化还原峰，分别对应一电子、一电子和两电子三个转移过程，每一对氧化还原峰的峰间距分别为60mV、60mV和47mV。$[\beta\text{-}PW_{12}O_{40}]^{3-}$的电化学谱图如图2.22(a)所示，该电化学曲线中出现三对氧化还原峰，峰电流强度比为1∶1∶2，表明三对氧化还原峰存在一电子、一电子和两电子三个转移过程，每一对氧化还原峰的峰间距分别为60mV、60mV和45mV[10]。研究表明α体和β体的一电子还原都是可逆的氧化还原过程，但是它们的氧化还原峰位发生一定的位移。与之相比，$[\gamma\text{-}SiW_{12}O_{40}]^{4-}$的四丁基铵盐的电化学谱图是在乙腈溶液中测试的，在半波电位$E_{1/2}=-0.58V$(*vs* SCE)处出现了可逆的单电子波，在相同的条件下，α体和β体分别在−0.73V和−0.62V处也展示出单电子波，因此，异构体的还原性增加的顺序是α体<β体<γ体，还原性的物质比氧化性的物质具有更高的电荷，在水溶液中更稳定。因此，$[\gamma\text{-}SiW_{12}O_{40}]^{4-}$的还原衍生物可以在水溶液中制备。

由于$[SiW_{12}O_{40}]^{4-}$的还原态多酸具有特征的蓝色，可以通过UV-Vis光谱观测杂多蓝的形成(表2.8)[12]。当将含钨的盐酸溶液加入到$[\gamma\text{-}HSiW_{10}O_{36}]^{7-}$的水溶液时，得到两电子还原的$[\gamma\text{-}SiW^{VI}_{10}W^{V}_{2}O_{40}]^{6-}$。$[\gamma\text{-}SiW^{VI}_{10}W^{V}_{2}O_{40}]^{6-}$在HAc/

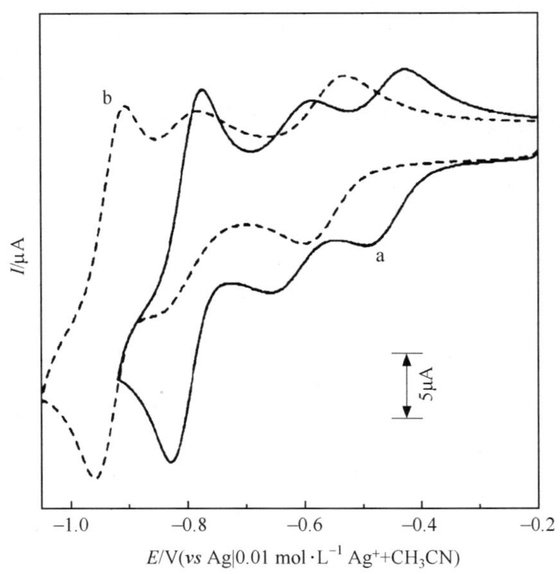

图 2.22 $(n\text{-}Bu_4N)_3[\beta\text{-}PW_{12}O_{40}]$ (a)、$(n\text{-}Bu_4N)_3[\alpha\text{-}PW_{12}O_{40}]$(b)的循环伏安曲线。测试条件是将其溶于体积比为 95%的 CH_3CN 水溶液中，同时溶液中含有 0.1mol·L^{-1} $n\text{-}Bu_4NClO_4$ + 3mmol·L^{-1} CF_3SO_3H，$(n\text{-}Bu_4N)_3[\beta\text{-}PW_{12}O_{40}]$在溶液中的浓度是 0.3mmol·L^{-1}[10]

NaAc 缓冲溶液(pH 4.6)中测定的循环伏安曲线，在 −0.08V 和 −0.33V(*vs* SCE)处展示出两个一电子的阳极波，在−0.75V 和−0.98V(*vs* SCE)处出现了两个两电子的阴极波。第一个阳极波的电势比相同介质中 α 体(−0.24V、−0.48V)和 β 体(−0.14V、−0.42V)的电势更负。表 2.9 和表 2.10 中列出了不同 Keggin 型杂多阴离子在不同 pH 溶液中的电化学峰和半波电位[1, 17, 18]。

表 2.8 $[SiW_{12}O_{40}]^{4-}$ 的三种异构体的还原态衍生物的 UV-Vis 吸收峰[12]

异构体	$[SiW_{12}O_{40}]^{5-}$	$[SiW_{12}O_{40}]^{6-}$
α	510, 740, 1290	515, 635, 1030
β	510, 700*, 855, 1295	490, 670, 1220
γ	640*, 745, 840*, 1580	610, 890, 1280

注：pH=4.7；谱峰的单位是 nm。

* 代表肩峰。

表 2.9　一系列多阴离子的电化学峰[17]

多阴离子	介质	E_{pa}/V	E_{pc}/V
$[PW_{12}O_{40}]^{3-}$	1mol·L^{-1} H_2SO_4	−0.04	−0.10
		−0.30	−0.36
$[SiW_{12}O_{40}]^{4-}$	1mol·L^{-1} H_2SO_4	−0.24	−0.30
		−0.46	−0.52
$[GeW_{12}O_{40}]^{4-}$	1mol·L^{-1} H_2SO_4	−0.21	−0.27
		−0.40	−0.46
$[BW_{12}O_{40}]^{5-}$	1mol·L^{-1} H_2SO_4	−0.55	−0.61
		−0.66	−0.73
$[H_2W_{12}O_{40}]^{6-}$	pH 8	−0.58	−0.66
		−0.75	−0.85

注：E_{pa}为阳极峰电势；E_{pc}为阴极峰电势。

表 2.10　缺位 Keggin 型杂多阴离子在不同 pH 的溶液中的半波电位 $E_{1/2}$ 及转移电子数 n[18]

	pH 4.7		pH 8.5	
	$E_{1/2}$/V	n	$E_{1/2}$/V	n
$[\alpha\text{-}SiW_9O_{34}]^{10-}$	−0.78	4	−1.12	2
			−1.20	2
			−1.27	4
$[\beta\text{-}SiW_9O_{34}]^{10-}$	−0.80	2	−1.12	2
	−0.90	2	−1.22	2
			−1.37	4
$[\alpha\text{-}GeW_9O_{34}]^{10-}$	−0.78	2	−1.13	2
	−0.86	2	−1.25	2
			−1.38	4
$[\beta\text{-}GeW_9O_{34}]^{10-}$	−0.80	2	−1.13	2
	−0.90	2	−1.25	2
			−1.42	4

2.2.4.2　极谱研究

在辅助电解质中，$[PW_{12}O_{40}]^{3-}$、$[SiW_{12}O_{40}]^{4-}$和$[CoW_{12}O_{40}]^{6-}$的极谱显示出清晰的极谱峰(表 2.11 和图 2.23)[19]，与电位滴定结果一致。

表 2.11　Keggin 型多阴离子在 30℃ 1mol · L^{-1}硫酸中的极谱数据[19]

多阴离子	$E_{1/2}$(阴极)/V	$E_{1/2}$(阳极)/V	电子数 n
$[PW_{12}O_{40}]^{3-}$	−0.095	−0.035	1
	−0.343	−0.296	1
	−0.62		2
$[SiW_{12}O_{40}]^{4-}$	−0.245	−0.270	1
	−0.440	−0.440	1
	−0.63		2
$[CoW_{12}O_{40}]^{6-}$	−0.282	−0.275	2
	−0.395	−0.390	2

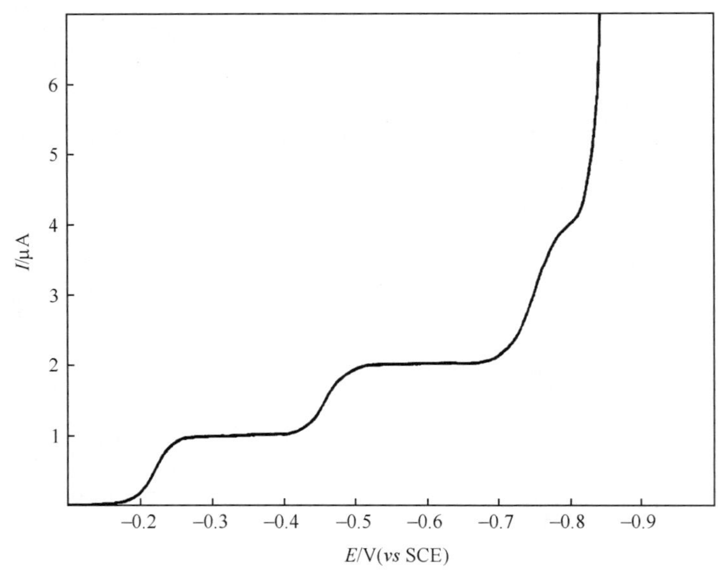

图 2.23　$K_4[SiW_{12}O_{40}]$的极谱(测试条件为 1mol · L^{-1} H_2SO_4，30℃，多阴离子浓度 5×10^{-4} mol · L^{-1})[19]

$K_5H[CoW_{12}O_{40}]$和 $K_6[H_2W_{12}O_{40}]$溶解在 0.9mol · L^{-1} Na_2SO_4/0.1mol · L^{-1} H_2SO_4的缓冲溶液中，由于杂多阴离子溶解于更高 pH 的溶液中，可以被氢氧根离子分解，所以极谱的研究要在较低的 pH 下以保证多阴离子的稳定。$[PW_{12}O_{40}]^{3-}$的极谱测定的 pH 达到 1.3，$[SiW_{12}O_{40}]^{4-}$的极谱测定的 pH 达到 5.0。在这个 pH 范围内，$[PW_{12}O_{40}]^{3-}$的极谱中第一和第二个波的半波电位本质上没有变化，第三个两电子波在 pH 为 1.3 时是不可逆的，但是它的半波电位仍然接近于 −0.62V。$[SiW_{12}O_{40}]^{4-}$的极谱以 80mV/pH 为单位向更负的电势方向移动，在

pH 为 5 时这些波合并,可能是由于 Keggin 结构的分解。$[FeW_{12}O_{40}]^{5-}$ 的极谱测定的 pH 达到 6.95,在 pH 为 1.67 时,在−0.349V、−0.464V 和−0.543V 处出现三个波,分别对应于一电子、一电子和三电子还原。从 pH 1.67 到 4.00,第一个波的半波电位不随 pH 而改变,而第二和第三个波的电势随着 pH(分别以 80mV/pH 和 90mV/pH)的增加而变得更负,第二个波在 pH>4 时不随 pH 变化($E_{1/2}$ = −0.580V)。但是从 pH 4.00 到 5.88,第三个波逐渐减小,是一电子波。在 pH 3.0 到 4.0,出现第四个波,是一个两电子波,它在 pH 为 3.00 时的半波电位是−0.957V, pH 为 4.00 时的半波电位是−1.031V。$K_5H[CoW_{12}O_{40}]$和 $K_6[H_2W_{12}O_{40}]$的极谱非常相似(图 2.24)[19],这两个化合物的两个两电子波随着 pH 的增加,极谱波变成不可逆的。在 pH>3 时,第一个波逐渐劈裂成两个一电子波,在 pH>4.5 时,$K_5H[CoW_{12}O_{40}]$和 $K_6[H_2W_{12}O_{40}]$的极谱中的第二个两电子波开始减小,到 pH 为 5.5 时,两电子波完全消失。在 pH 为 4 时,$K_6[H_2W_{12}O_{40}]$的极谱中出现第三个两电子波($E_{1/2}$=−1.03V)。一系列一电子波的半波电位列于表 2.12 [19]。

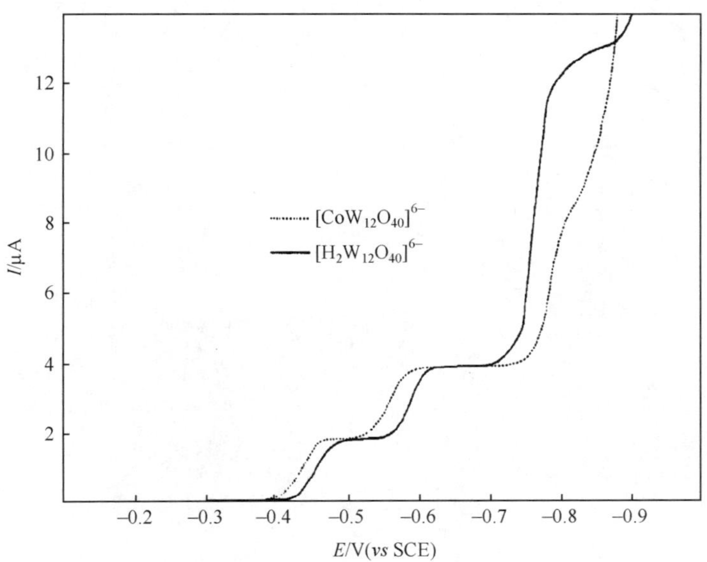

图 2.24　$K_5H[CoW_{12}O_{40}]$和 $K_6[H_2W_{12}O_{40}]$的极谱(测试条件:25℃ 0.1mol · L^{-1} H_2SO_4, 0.9mol · L^{-1} Na_2SO_4,多阴离子浓度为 5×10^{-4}mol · L^{-1})[19]

$K_4[SiW_{12}O_{40}]\cdot10H_2O$ 的微分脉冲极谱 (DPP) 更好地确定了样品的纯度,值得一提的是这些峰对体系的 pH 非常敏感。图 2.25 显示了极谱峰随 pH 的变化,可以描绘成盖斯曲线。$[PW_{12}O_{40}]^{3-}$ 的极谱研究表明随着 pH 降至 3,极谱峰消失[16]。

表 2.12 多阴离子的极谱波的一电子还原半波电位($E_{1/2}$)[19]

多阴离子	$E_{1/2}$/V	pH 依赖性
$[PW_{12}O_{40}]^{3-}$	−0.023	—
	−0.266	—
$[SiW_{12}O_{40}]^{4-}$	−0.187	—
	−0.445	—
$[FeW_{12}O_{40}]^{5-}$	−0.349	—
	−0.577	<4.0
$[CoW_{12}O_{40}]^{6-}$	−0.510	<4.9
	−0.714	<5.4
$[H_2W_{12}O_{40}]^{6-}$	−0.581	<4.9
	−0.730	< 5.4

注:测试条件为 25℃,1mol · L^{-1}硫酸。

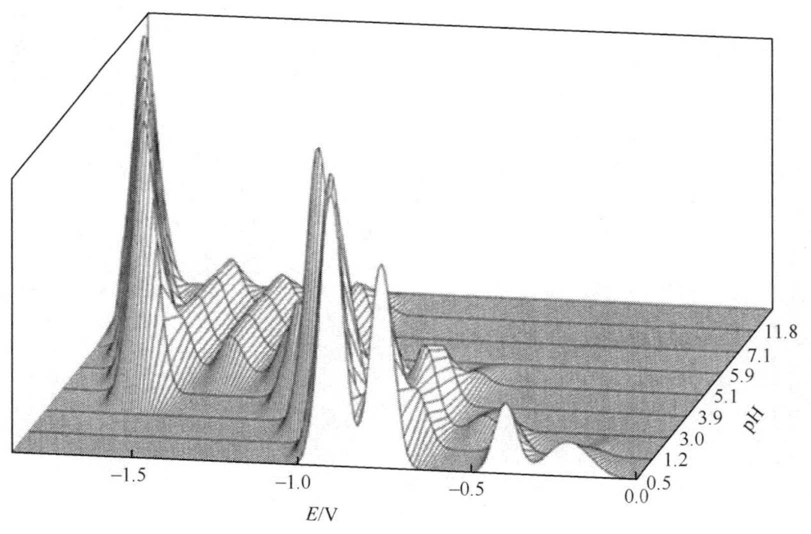

图 2.25 $K_4[SiW_{12}O_{40}]\cdot 10H_2O$ 的微分脉冲极谱[16]

2.2.4.3 光电性质研究

多酸的光电活性研究是目前的一个重要研究热点,尤其是在染料敏化太阳能电池(DSSC)中的应用。DSSC 是由染料敏化的半导体光阳极、电解质和光阴极组成的,其中光阳极是影响光电转化效率的一个主要因素之一,因为它影响着染料的吸附量及电子的传递,改善光阳极的一个重要方法是引入界面层。DSSC 中有三种暗电流:TiO_2导带电子与氧化态染料复合,TiO_2导带电子与电解质复合,FTO

电子与电解质的复合，严重限制开路电压和光电转化效率的提高。进一步优化光阳极，与多种电解质匹配并减少暗电流的重要方法之一是引入界面层，它是在 FTO 与电解质之间加一个障碍来阻碍电子复合的有效手段，有利于提高 DSSC 的光电转化效率。多阴离子结构中有空的 d 轨道可接受来自 TiO_2 导带的电子，进而减少束缚在 TiO_2 中的电子并且提高电子传递，而且大多数多酸有高的热稳定性和结构稳定性，500℃仍保持其骨架结构，由于 $H_3[PW_{12}O_{40}]$ 的氧化还原电势低于 TiO_2 导带，可以选用它作为界面层来提高 DSSC 的光电转化效率。图 2.26 为利用层接层技术制备 $(PW_{12}/TiO_2)_3$ 界面层修饰的光阳极的过程，将其组装成 DSSC 后，对其光电性能进行测试，同时将具有不同层数界面层组装的 DSSC，与未引入多酸界面层的 DSSC，以聚苯乙烯磺酸盐(PSS)为界面层的 DSSC 及经过四氯化钛处理的 DSSC 等的光电性能进行比较，$(PW_{12}/TiO_2)_3$-DSSC 的光电转化效率达到 8.31%，与未处理的 DSSC 相比，性能提高了 53%(表 2.13 和图 2.27)[20]。

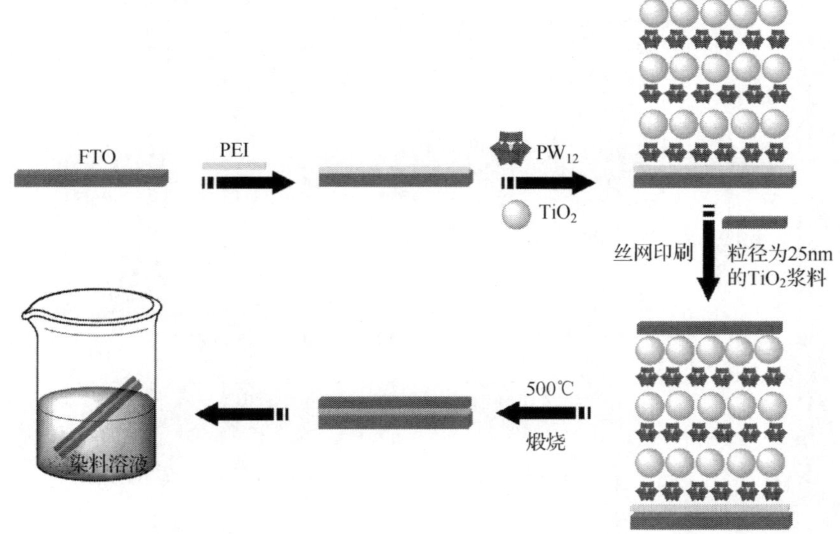

图 2.26　$(PW_{12}/TiO_2)_3$ 界面层修饰的光阳极的制备方法示意图(FTO 是掺杂氟的 SnO_2 透明导电玻璃，简称为 FTO，PEI 为聚乙烯亚胺)[20]

图 2.28 为 12-钨磷酸在 DSSC 中的电子传递过程，12-钨磷酸出色的氧化还原活性减少了不利的电子复合。在此过程中，①$[PW_{12}O_{40}]^{3-}$ 首先接受 TiO_2 导带的电子；②$[PW_{12}O_{40}]^{3-}$ 被还原成 $[PW_{12}O_{40}]^{4-}$ 或 $[PW_{12}O_{40}]^{5-}$，③然后再将电子传到 FTO，④进而将电子传递到外电路，从而实现电子的传递过程。这样，由于 $[PW_{12}O_{40}]^{3-}$ 较强的吸电子能力，阻碍了⑤电解质和 TiO_2 导带的电子复合，界面层的屏障作用同时也阻碍了⑥电解质和 FTO 间的电子复合[20]。

表 2.13 引入不同界面层的一系列 DSSC 的光电性能参数[20]

界面层	开路电压 V_{oc}/V	光电流密度 J_{sc}/(mA·cm^{-2})	填充因子 FF	光电转化效率 η/%
未处理的	0.71	11.70	0.65	5.43
$(PW_{12}/TiO_2)_1$	0.73	13.26	0.63	6.16
$(PW_{12}/TiO_2)_2$	0.75	16.10	0.63	7.51
$(PW_{12}/TiO_2)_3$	0.76	16.79	0.65	8.31
$(PW_{12}/TiO_2)_4$	0.75	14.75	0.66	7.39
$(PW_{12}/TiO_2)_5$	0.74	13.89	0.65	6.76
$(PSS/TiO_2)_3$	0.74	13.92	0.62	6.26

注：$FF=[J_{max}\cdot V_{max}]/[J_{sc}\cdot V_{oc}]$；$\eta=[FF\cdot J_{sc}\cdot V_{oc}]/P_{in}$（$P_{in}$指输入功率）。

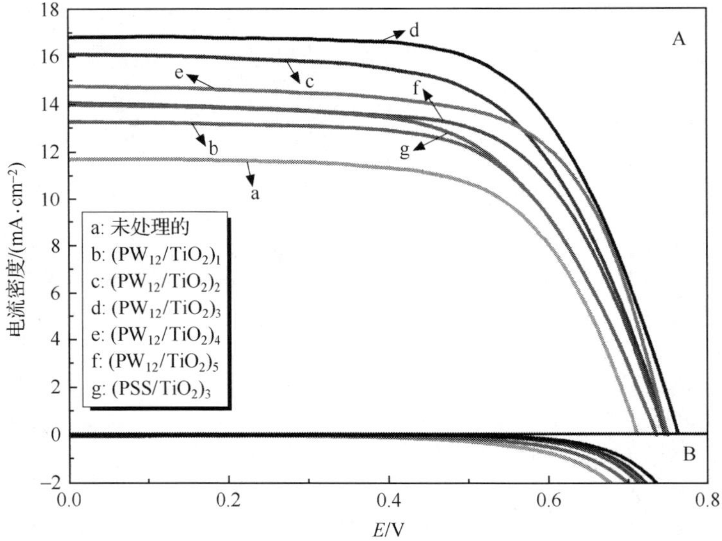

图 2.27 (A)引入不同界面层的一系列 DSSC 的 I-E 曲线；(B)暗电流曲线[20]

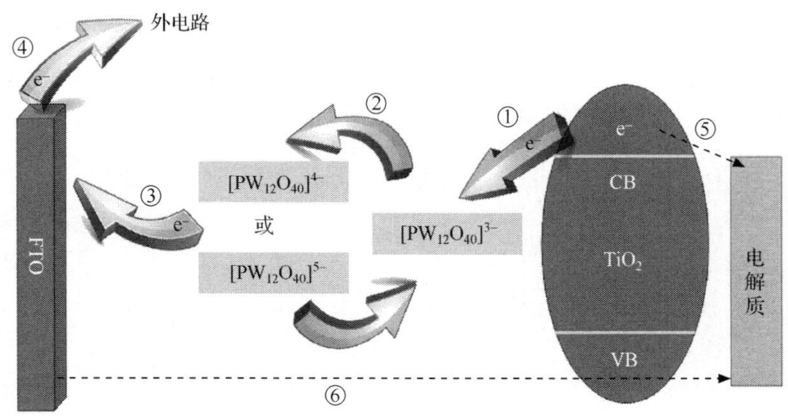

图 2.28 $(PW_{12}/TiO_2)_3$-DSSC 中电子传递过程示意图[20]

2.2.4.4　催化活性研究

随着表面表征技术、分子模拟及先进合成技术的发展,固体催化剂的制备已经从一门技术发展成为一门学科。在此过程中催化剂的制备从依靠化学知识、以往经验及常识来不断进行反复试验的方法发展成为能够实现定向设计固体催化剂的交叉学科。催化是多酸化学重要的应用领域之一,与其他无机酸相比,多酸作催化剂具备诸多特殊优势:第一,多酸本身具有优异的氧化还原活性,同时具有可测定并可控的酸性,在催化反应中可以体现其双功能特性;第二,大多数多阴离子可溶于含氧有机溶剂,这就解决了催化剂溶解性的一大难题;第三,多酸具有确定的结构和尺寸,这就有利于人们对催化剂进行修饰和设计以适应反应体系的需要;第四,以多酸作为催化剂选择性较高,几乎不腐蚀设备,副反应少。

Keggin 型杂多化合物可作均相体系的酸催化剂,可以应用在诸多反应体系中,如水合、分解、酯交换、聚合、酯化、乙酸酸解和烷基化反应等。早在 1972 年,以 12-钨硅酸为催化剂的丙烯水合工业化在日本获得成功。1982 年,12-钼磷酸作为催化剂,气相氧化甲基丙烯醛制备甲基丙烯酸实现工业化。1984 年,12-钼磷酸成功催化异丁烯水合反应制备叔丁醇。1986 年,12-钨磷酸为催化剂成功实现了 THF(四氢呋喃)制备聚氧基四次甲基乙二醇的工业化。

以 12-钨磷酸为例,它是许多反应的重要催化剂,表 2.14 列出了 12-钨磷酸在不同的均相酸催化体系中的催化反应结果,并与硫酸的催化活性进行了对比。Keggin 型杂多化合物的催化活性与酸性强弱顺序一致,多酸的酸性越强,催化活性越强。与杂多钼酸盐相比,杂多钨酸盐氧化性相对较弱,反应中不易被还原,酸性较强,活性较高。Misono 的研究表明多酸在酯化反应中的催化活性是 H_2SO_4 和苯基磺酸的 60～100 倍。酯化反应中,常用多酸催化剂的活性顺序为 $H_3[PW_{12}O_{40}]$＞$H_4[SiW_{12}O_{40}]$＝$H_4[GeW_{12}O_{40}]$＞$H_5[BW_{12}O_{40}]$＞$H_6[P_2W_{18}O_{62}]$＞$H_6[CoW_{12}O_{40}]$。

表 2.14　$[PW_{12}O_{40}]^{3-}$ 在不同均相酸催化体系中的催化反应数据

反应类型	反应方程式	反应温度/℃	选择性/%	是硫酸催化剂活性的倍数
烷基化	抗氧化剂 264 ⟶ 异丁烯＋2-异丁基-4-甲基苯酚	118	97	＞100
酯化	$RCH=CH_2+R'COOH \longrightarrow RCH(OOCR')CH_3$	20～140	100	30～90
水合	$RH=CH_2+H_2O \longrightarrow RCH(OH)CH_3$	170～350	95～99	2～4
酯交换	乙酸正丁酯＋乙醇⟶乙酸乙酯＋n-丁醇	110	—	4～10
乙酸酸解	$THF+Ac_2O \longrightarrow (AcOCH_2CH_2CH_2CH_2)_2O$	50	89～95	＞1000

另外,Keggin 型杂多化合物在光催化领域也有重要应用。以$[EMIM]_4[SiW_{12}O_{40}]$(EMIM 为 1-乙基-3-甲基咪唑阳离子)为催化剂光降解罗丹明 B (RhB),在 300min 的紫外光照时间内(λ＝554nm),RhB 的 UV-Vis 吸收强度由 1.23 降到

0.62,表明$[EMIM]_4[SiW_{12}O_{40}]$对 RhB 的降解具有很好的光催化活性(图 2.29)[21]。

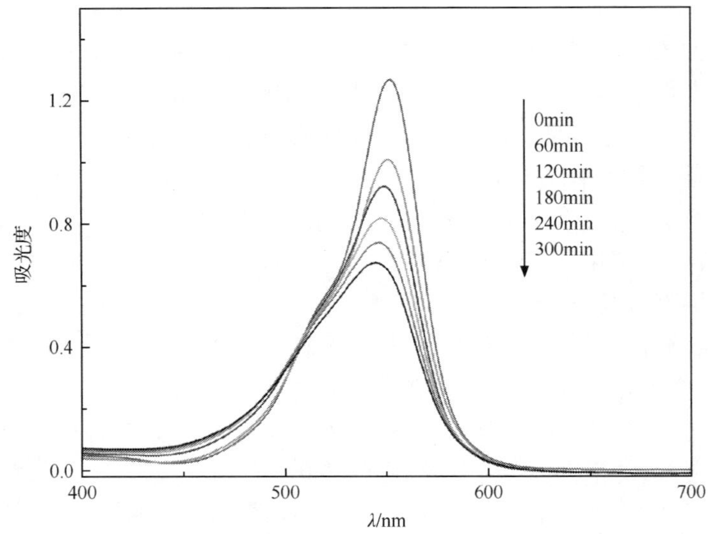

图 2.29 在 13.3mg$[EMIM]_4[SiW_{12}O_{40}]$存在下的 $2\times10^{-5}mol\cdot L^{-1}$的 RhB 溶液中测定的 UV-Vis 光谱的变化曲线[21]

Keggin 型杂多化合物也可作为催化剂应用在电催化领域,王秀丽、王恩波等报道了杂多钼酸盐$[PMo_{12}O_{40}]^{3-}$对亚硝酸根表现出优秀的电催化还原活性,随着亚硝酸根离子的加入,三个还原峰电流均急剧增大,相应的氧化峰电流减小,这表明PMo_{12}-CPE(CPE 为碳糊电极)对亚硝酸根具有较强的电催化还原活性(图 2.30)[22]。

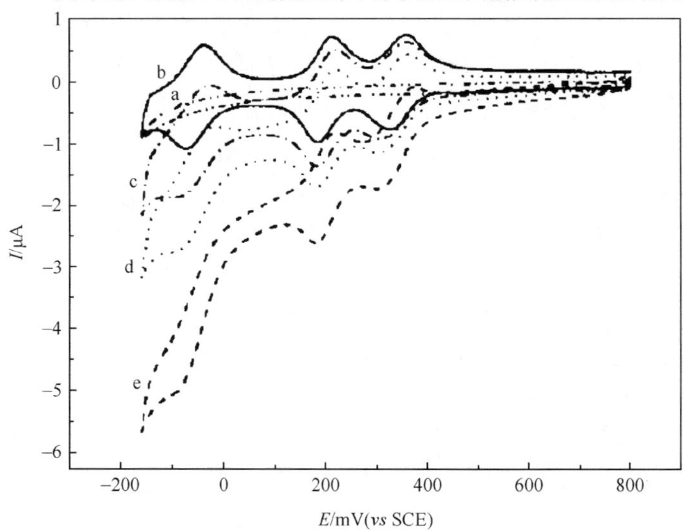

图 2.30 空白 CPE 在 $5mmol\cdot L^{-1}$ $NaNO_2$、$1mol\cdot L^{-1}$ H_2SO_4溶液中的循环伏安曲线(a);PMo_{12}-CPE 在 $1mol\cdot L^{-1}$ H_2SO_4含有 NO_2^- 浓度为 $0.0mmol\cdot L^{-1}$(b),$1.25mmol\cdot L^{-1}$(c),$2.5mmol\cdot L^{-1}$(d),$5mmol\cdot L^{-1}$(e)的溶液中的循环伏安曲线(扫描速率为 $50mV\cdot s^{-1}$)[22]

2.2.4.5　电位滴定研究

电位滴定是测定多酸电位的一个重要手段,表 2.15 为通过电位滴定得到的多阴离子的表观电势。图 2.31 和图 2.32 为 $Na_3[PW_{12}O_{40}]$、$K_4[SiW_{12}O_{40}]$ 和 $K_5H[CoW_{12}O_{40}]$的电位滴定曲线(杂多化合物的浓度为 $3\times10^{-3}mol\cdot L^{-1}$,测试条件为 30℃,$CrSO_4$浓度为 $0.1918mol\cdot L^{-1}$的 $1mol\cdot L^{-1}$ H_2SO_4溶液)[19]。

表 2.15　多阴离子在 $1mol\cdot L^{-1}$硫酸溶液中的表观还原电势 E[19]

多阴离子	E/V	电子数
$[PW_{12}O_{40}]^{3-}$	−0.023	1
	−0.280	1
$[SiW_{12}O_{40}]^{4-}$	−0.228	1
	−0.433	1
$[CoW_{12}O_{40}]^{6-}$	−0.287	2

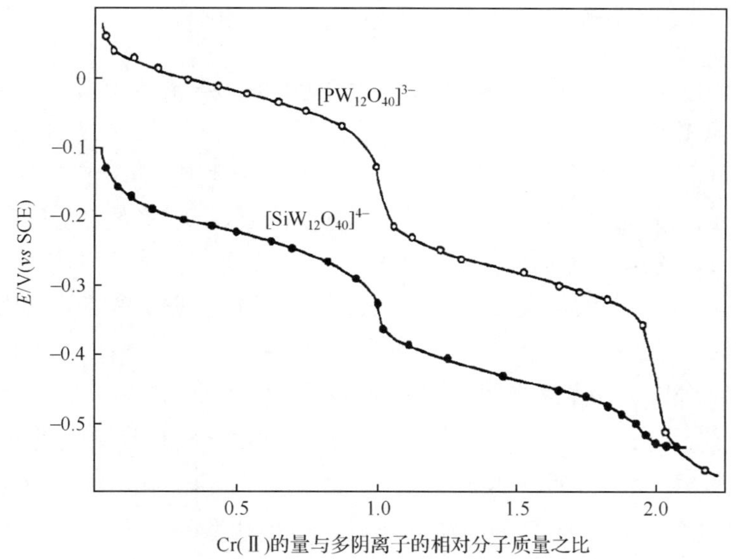

图 2.31　$Na_3[PW_{12}O_{40}]$和 $K_4[SiW_{12}O_{40}]$ 的电位滴定曲线[19]

2.2.4.6　药物活性研究

多酸展示出非常优异的药物活性,多酸化学工作者研究多酸药物化学的最终目的是实现多酸药物在临床上的应用。多酸在药物化学中的应用,首先是在合成中具有极大的优势:多酸分子可通过改变其极性、氧化还原电势、表面电荷分布、形

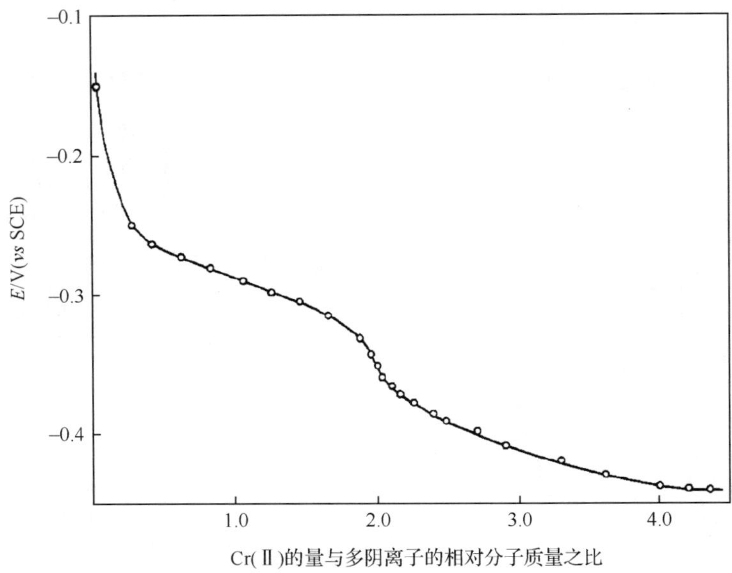

图 2.32　$K_5H[CoW_{12}O_{40}]$的电位滴定曲线[19]

状、酸性等来替代生物高分子的活性靶点；而且多酸的合成方法具有简单、利于分子设计和可重现性的特点，可与有机基团在接近生理条件下(水或 pH 7 的缓冲溶液中)共价键合；多酸是非核苷类药物，有可能最大程度避免病毒产生抗药性，这就使得多酸可以有效负载活性药物，体内输送过程中保持零释放，防止活性分子聚集、分解、还原或被氧化，对体内、外部条件具有敏感性，定点控制释放，从而实现药物智能控制释放。王恩波、曲晓刚、刘术侠、李娟、韩正波等在多酸药物化学领域均有重要工作。

2009 年，孙国英和王恩波等采用 Keggin 型杂多化合物 $K_8H_2[\alpha\text{-}\{Ti(H_2O)\}_3SiW_9O_{34}]$ (简写为$\{Ti_3SiW_9\}$) 作为多酸药物通过化学键将其载入到介孔二氧化硅材料中，在 pH 为 6.5 时，MMSN(MCM-41 型介孔 SiO_2)和 BMSM(中空 SiO_2)中的负载率达到 23.72％和 28.69％，构建了一个新型的 pH 响应口服给药体系(图 2.33)。解决了多酸药物生物相容性差的特点，使得药物能够在胃部和小肠环境下保持零释放，而在结肠环境下选择性释放，避免了药物对上消化系统的刺激，从而降低了药物的毒副作用。尽管选择的多酸药物模型展现了中等的抗肿瘤活性，但当前体系为进一步发展有效的过渡金属取代多金属氧酸盐载药体系奠定了基础。这种智能控制释放体系的机理是在温和的碱性条件下打破钛和氨基的配位键(图 2.34)。基于 pH 响应的控制释放机理也可能应用于其他含过渡金属的抗肿瘤药物，如顺铂等。

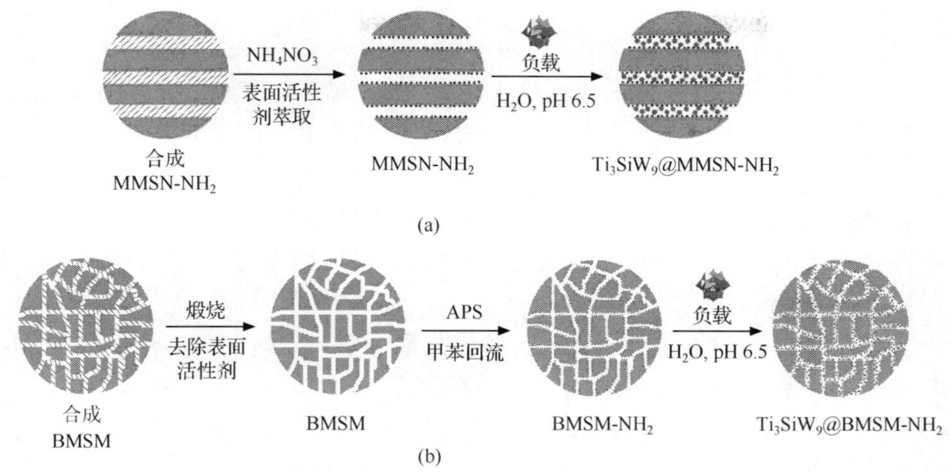

图 2.33　(a)Ti_3SiW_9@MMSN-NH_2(MMSN-NH_2为胺修饰的 MCM-41 型介孔 SiO_2)和(b)Ti_3SiW_9@BMSM-NH_2(BMSM-NH_2为胺修饰的中空 SiO_2)的制备过程示意图[23]

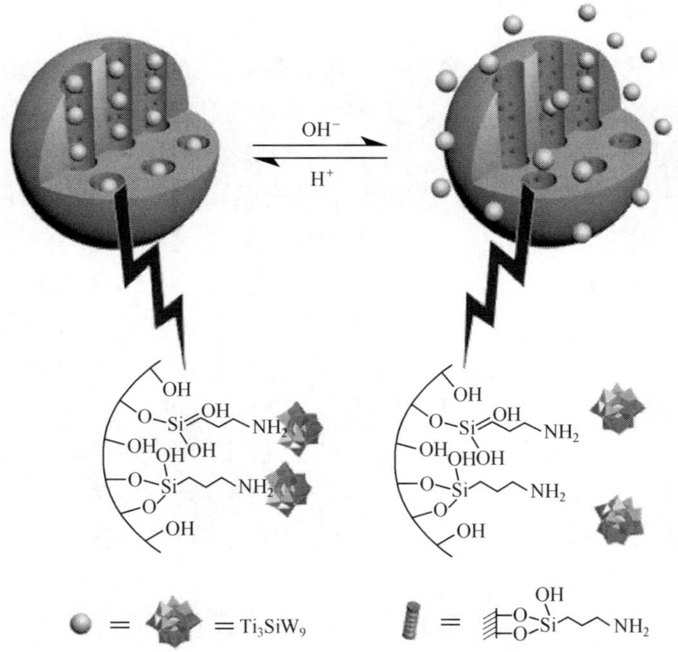

图 2.34　pH 响应控制释放多孔二氧化硅体系的机理示意图[23]

2.2.4.7 高质子导体研究

高质子导体是指在室温或稍高温度下，电导率大于 $10^{-2}\Omega^{-1}\cdot cm^{-1}$，活化能小于 0.5eV 的具有高导电性的固体电解质。自从 1979 年人们发现 12-钼磷酸具有质子导电性之后，质子导体的研究开始成为多酸化学的研究热点之一，尤其是在燃料电池方面。如果电导率 $<10^{-4}\Omega^{-1}\cdot cm^{-1}$，用作 H_2-O_2 燃料电池的固体电解质时，不能产生足够的电流强度，$K_3[PW_{12}O_{40}]\cdot 29H_2O$ 和 $K_3[PMo_{12}O_{40}]\cdot 29H_2O$ 具有高导电性，是非常优秀的多酸高质子导体。浙江大学的吴庆银等对多酸高质子导体进行了系统研究。

影响多酸质子导电性的因素包括：①结晶水个数。结晶水数目多会增强多酸的导电性。②阴离子组成的影响。③反荷离子。在结晶水个数基本一致（$n=11\sim12$）时，如反荷阳离子为较大阳离子（NH_4^+、K^+、Rb^+、Cs^+ 等），导电性能较好。如果反荷阳离子为小阳离子（H^+、Li^+、Na^+ 等），导电性能较差。④温度。当多酸的结晶水个数确定，电导率随温度的升高而增大，但温度不能过高，否则多酸的结晶水会失去。

2.2.4.8 酸碱及溶解特性研究

Keggin 型杂多化合物的酸碱特性是多阴离子特有的一类基本特征，包括合成反应的 pH、稳定 pH 范围、酸性、碱解、在水和有机溶剂中的溶解行为及溶液稳定性等方面，这里我们以 12-钨磷酸为例介绍其酸碱特性。

杂多化合物的合成对 pH 非常敏感，有的时候 pH 相差 0.01，都有可能导致反应产物的结构发生很大变化。而 12-钨磷酸的制备是在强酸性条件下制备的，$H_3[\alpha\text{-}PW_{12}O_{40}]$ 的稳定 pH 是 0～1.5，$H_4[\alpha\text{-}SiW_{12}O_{40}]$ 和 $H_4[\beta\text{-}SiW_{12}O_{40}]$ 在 pH$<$4.5 的溶液中可以稳定存在，$H_4[GeW_{12}O_{40}]$ 的稳定 pH 是 0～5.0 [24]。

杂多化合物大多数为强酸，在有机溶剂中的酸强度是简单无机含氧酸（硫酸、硝酸、盐酸等）酸强度的 100～1000 倍[25]。12-钨磷酸可溶于水中，由于反荷离子是 H^+，它在大多数有机溶剂（如甲醇、乙醇、乙腈、DMF 等）中也有很好的溶解度；但如果反荷离子为 K^+ 或者 Na^+，它可以溶于水溶液中，但是不能溶于有机溶剂中；如果反荷离子为有机阳离子（如四丁基铵阳离子等），它同样会溶于大多数有机溶剂中，但不溶于水溶液中[25]。

另外，其他 Keggin 型多阴离子在溶液中也有各自不同的稳定 pH 范围，而且有些异构体极容易发生结构转变。多阴离子 $[\alpha\text{-}SiW_{12}O_{40}]^{4-}$ 和 $[\beta\text{-}SiW_{12}O_{40}]^{4-}$ 在 pH$<$4.5 的溶液中可以稳定存在。$[\alpha\text{-}SiW_{11}O_{39}]^{8-}$ 在 pH=4.5～7 的水溶液内稳定。$[\beta_1\text{-}SiW_{11}O_{39}]^{8-}$ 在溶液中会缓慢转变成其 β_2 异构体，$[\beta_2\text{-}SiW_{11}O_{39}]^{8-}$ 在溶液中会缓慢转变成其 β_3 异构体，$[\beta_3\text{-}SiW_{11}O_{39}]^{8-}$ 在溶液中会缓慢转变成其 α 异构

体。$[\gamma\text{-}SiW_{10}O_{36}]^{8-}$在$1<pH<8$稳定,在$pH<1$的酸溶液中缓慢转变成$[\beta\text{-}SiW_{12}O_{40}]^{4-}$。$[\gamma\text{-}PV_2W_{10}O_{40}]^{5-}$在过量钒的存在下,在pH=2的溶液中是非常稳定的。但是,在$[VO_2]^+$的存在下,$[\gamma\text{-}PV_2W_{10}O_{40}]^{5-}$转变成深黄色的$[\beta\text{-}PV_2W_{10}O_{40}]^{5-}$[26]。

2.3　其他主族Keggin型杂多化合物及其异构体的合成

随着测试手段的不断发展和深入,越来越多的其他主族Keggin型杂多化合物及其异构体相继被报道。Keggin型杂多化合物中杂原子可以是P,Si,B,Ge,As^V,Al,Fe,Co,Ni等主族元素,而配原子为W和Mo等。这里详细介绍其他主族Keggin型杂多化合物及其异构体的合成。

2.3.1　Keggin型钨系杂多化合物及其异构体的合成

$H_4[\alpha\text{-}SiW_{12}O_{40}]\cdot nH_2O$和$K_4[\alpha\text{-}SiW_{12}O_{40}]\cdot 17H_2O$的合成

离子反应方程式为

$$12WO_4^{2-}+SiO_3^{2-}+22H^+\longrightarrow[\alpha\text{-}SiW_{12}O_{40}]^{4-}+11H_2O$$

具体的合成步骤如下[25, 26]:室温下,将11g Na_2SiO_3(50mmol)溶于100mL蒸馏水中,磁力搅拌使其溶解,如果不能全部溶解,将溶液过滤,得到溶液A。在另一容器中,将182g $Na_2WO_4\cdot 2H_2O$(0.55mol)溶于300mL沸腾的蒸馏水中,得到溶液B。在5min内向沸腾的溶液B中逐滴加入165mL 4mol·L^{-1}的HCl溶液,边滴加边搅拌。然后将溶液A加入到该混合物中,紧接着加入50mL 4mol·L^{-1}的HCl溶液,此时溶液的pH是5~6,将该溶液在100℃下保持1h,再先后加入50mL 1mol·L^{-1}的$Na_2WO_4\cdot 2H_2O$(50mmol)和80mL 4mol·L^{-1}的HCl溶液,冷却至室温后,过滤出不溶物,这时溶液体积大约为450~500mL。

如果要得到酸($H_4[\alpha\text{-}SiW_{12}O_{40}]\cdot nH_2O$),则将上述溶液转移到1L分液漏斗中,用120mL 1∶1的乙醚和浓盐酸混合溶液萃取,收集下层溶液,混合物中的乙醚在真空下蒸发掉,剩余的水溶液缓慢蒸发得到$H_4[\alpha\text{-}SiW_{12}O_{40}]\cdot nH_2O$的无色晶体。

如果要得到钾盐($K_4[\alpha\text{-}SiW_{12}O_{40}]\cdot 17H_2O$),则将上述溶液的pH用1mol·$L^{-1}$ KOH溶液调到2.0,加入50g固体KCl,搅拌下产生白色沉淀,将溶液抽滤,得到白色固体,它是钾盐的粗产品,将白色固体溶解在50℃,pH为2(用浓盐酸调节pH)的水溶液中重结晶,可得到$K_4[\alpha\text{-}SiW_{12}O_{40}]\cdot 17H_2O$的无色晶体,产量为130g,产率为75%[25]。

$H_4[\alpha\text{-}SiW_{12}O_{40}]\cdot nH_2O$和$K_4[\alpha\text{-}SiW_{12}O_{40}]\cdot 17H_2O$均溶于水。$[\alpha\text{-}SiW_{12}O_{40}]^{4-}$在$pH<4.5$的溶液中可以稳定存在,其水溶液的极谱是在1mol·L^{-1} HAc/NaAc

的缓冲溶液中测定的，在－0.24V、－0.48V、－0.95V(*vs* SCE)处出现两个一电子波和一个两电子波。$H_4[\alpha\text{-}SiW_{12}O_{40}]\cdot nH_2O$ 的 IR(KBr 压片，cm^{-1})：1020、981、928、880、785、552(sh)、540、475、415、373、332；$K_4[\alpha\text{-}SiW_{12}O_{40}]\cdot 17H_2O$ 的 IR(KBr 压片，cm^{-1})：1020、999、980、940(sh)、925、894、878、780、550(sh)、530、474、413、373、333[26]。

$[(n\text{-}C_4H_9)_4N]_4[\alpha\text{-}SiW_{12}O_{40}]$的合成

方法 1 [9]：将 0.06g $Na_2SiO_3\cdot 9H_2O$ 和 0.80g $Na_2WO_4\cdot 2H_2O$ 溶于 1.4mL H_2O中，在 25℃下保存 12h，将溶液加热至 60℃，搅拌下逐滴加入 0.25mL 12mol · L^{-1} 盐酸，溶液加热至 80℃搅拌半小时，用 12mol · L^{-1}盐酸将溶液的 pH 调至<1，将反应混合物回流 4h 后，溶液冷却至 25℃，加入 0.33g $(n\text{-}C_4H_9)_4NBr$，搅拌 15min 后，将最终的沉淀过滤，依次用水、乙醇和乙醚洗涤沉淀，真空干燥，在 80℃的饱和乙腈中重结晶，溶液冷却至 25℃得到 0.25g 晶体产物。$[(n\text{-}C_4H_9)_4N]_4[\alpha\text{-}SiW_{12}O_{40}]$的元素分析理论值(%)：C 20.00、H 3.78、N 1.46、Si 0.73、W 57.39；实验值(%)：C 20.21、H 3.88、N 1.54、Si 0.74、W 57.35[9]。

方法 2 [25]：将 3.48g$(n\text{-}C_4H_9)_4NBr$(11mmol)加入到 3.0g $K_4[\alpha\text{-}SiW_{12}O_{40}]\cdot 17H_2O$ (0.9mmol)的饱和溶液中，得到白色沉淀$[(n\text{-}C_4H_9)_4N]_4[\alpha\text{-}SiW_{12}O_{40}]$。IR(KBr 压片，$cm^{-1}$)：967(s)、920(s)、884(s)、801(s, br)[25]。

$[EMIM]_4[SiW_{12}O_{40}]$的离子热合成

将 1g $Na_2WO_4\cdot 2H_2O$ (3.0mmol)、0.42g $Na_2SiO_3\cdot 9H_2O$(1.5mmol)、2.0g [EMIM]Br(溴化 1-乙基-3-甲基咪唑)以及 0.5mL 冰醋酸混合加入 20mL 的反应釜中，在 150℃下加热 3 天，缓慢冷却至室温，得到黄色晶体，产率为 48%。$[EMIM]_4[SiW_{12}O_{40}]$的元素分析理论值(%)：W 66.47、N 3.37、C 8.69、H 1.34；实验值(%)：W 66.15、N 3.52、C 8.28、H 1.13[21]。

$H_4[\beta\text{-}SiW_{12}O_{40}]\cdot nH_2O$ 和 $K_4[\beta\text{-}SiW_{12}O_{40}]\cdot 9H_2O$ 的合成

离子反应方程式为

$$12WO_4^{2-} + SiO_3^{2-} + 22H^+ \longrightarrow [\beta\text{-}SiW_{12}O_{40}]^{4-} + 11H_2O$$

具体的合成步骤如下[25, 26]：将 198g $Na_2WO_4\cdot 12H_2O$ (0.6mol) 溶于 50℃的 250mL 蒸馏水中，在强烈搅拌下加入 240mL 3mol · L^{-1}的 HCl 溶液以溶解快速生成的钨酸沉淀，再快速地加入 11g Na_2SiO_3(0.05mol) 的 100mL 水溶液和 56mL 6mol · L^{-1}的 HCl 溶液，此时溶液的 pH 大约为 1，加热溶液至 80℃，使溶液体积浓缩至大约 400mL 时，过滤除去不溶物，保留滤液。

如果要得到酸($H_4[\beta\text{-}SiW_{12}O_{40}]\cdot nH_2O$)，将上述溶液转移至 750mL 的分液漏斗中，用 120mL 1∶1 的乙醚和浓盐酸混合溶液萃取。收集下层溶液，混合物中的乙醚在真空下蒸发掉，剩余的水溶液缓慢蒸发得到 $H_4[\beta\text{-}SiW_{12}O_{40}]\cdot nH_2O$ 的黄色晶体[26]。

如果要得到钾盐($K_4[\beta\text{-}SiW_{12}O_{40}]\cdot 9H_2O$),则将上述溶液的 pH 用 1 mol·$L^{-1}$ KOH 溶液调到 2,加入 50g 固体 KCl,搅拌下产生黄色沉淀,将溶液抽滤,得到黄色固体,它是钾盐的粗产品,将黄色固体溶解在 50℃,pH 为 2(用浓盐酸调节 pH)的水溶液中重结晶,可得到 $K_4[\beta\text{-}SiW_{12}O_{40}]\cdot 17H_2O$ 的黄色晶体,产量为 130g,产率为 75%。

$H_4[\beta\text{-}SiW_{12}O_{40}]\cdot nH_2O$ 和 $K_4[\beta\text{-}SiW_{12}O_{40}]\cdot 17H_2O$ 是灰黄色固体,均溶于水。Keggin 型多阴离子$[\beta\text{-}SiW_{12}O_{40}]^{4-}$在 pH<4.5 的溶液中可以稳定存在。其水溶液的极谱是在 1mol·L^{-1} HAc/NaAc 的缓冲溶液中测定的,在 −0.14V、−0.42V、−0.78V(*vs* SCE)处出现两个一电子波和一个两电子波。$H_4[\beta\text{-}SiW_{12}O_{40}]\cdot nH_2O$ 的 IR(KBr 压片,cm^{-1}):1018、980、920、790、550(sh)、530、510(sh)、427、395(sh)、372(sh)、360、335;$K_4[\beta\text{-}SiW_{12}O_{40}]\cdot 17H_2O$ 的 IR(KBr 压片,cm^{-1}):1018、984、917、865、791、550(sh)、530、510(sh)、427、395(sh)、372(sh)、360、335[25]。

$[(n\text{-}C_4H_9)_4N]_4[\gamma\text{-}SiW_{12}O_{40}]$的合成

第一步是合成 $K_8[\beta_2\text{-}SiW_{11}O_{39}]\cdot 14H_2O$,离子反应方程式为

$$11WO_4^{2-} + SiO_3^{2-} + 16H^+ + 8K^+ + 6H_2O \longrightarrow K_8[\beta_2\text{-}SiW_{11}O_{39}]\cdot 14H_2O$$

将 11g Na_2SiO_3(50mmol)溶解在 100mL 蒸馏水中得到溶液 A。再将 182g $Na_2WO_4\cdot 2H_2O$ (0.55mmol)溶于 300mL 蒸馏水中,在 10min 内以每次 1mL 的速度向此溶液中加入 165mL 4 mol·L^{-1}的 HCl 水溶液,边加边剧烈搅拌。然后将溶液 A 注入此溶液中,用 4mol·L^{-1} HCl 溶液将溶液 pH 调至 5~6 (大约需 HCl 溶液 40mL),通过加入少量 4mol·L^{-1} HCl 溶液使该溶液在 pH 为 5~6 下保持大约 100min。然后加入 90g KCl,轻轻搅拌得到白色沉淀,15min 后,抽滤得到白色沉淀。为了进一步纯化,将其溶解在 850mL 蒸馏水中,不溶物质抽滤除去,向溶液中加入 80g KCl,得到白色沉淀,用两份 50mL 2mol·L^{-1} KCl 溶液洗涤,室温下晾干即得到白色固体 $K_8[\beta_2\text{-}SiW_{11}O_{39}]\cdot 14H_2O$,产量为 60~80g,产率为 37%~50% [25]。

第二步是合成 $K_8[\gamma\text{-}SiW_{10}O_{36}]\cdot 12H_2O$,其离子反应方程式为

$$[\beta_2\text{-}SiW_{11}O_{39}]^{8-} + 2CO_3^{2-} + 8K^+ + 13H_2O \longrightarrow K_8[\gamma\text{-}SiW_{10}O_{36}]\cdot 12H_2O + 2HCO_3^- + WO_4^{2-}$$

将第一步得到的 15g $K_8[\beta_2\text{-}SiW_{11}O_{39}]\cdot 14H_2O$(5mmol) 溶解在 25℃ 150mL 蒸馏水中,过滤除去不溶物,用 2mol·L^{-1}的 K_2CO_3 水溶液将溶液的 pH 快速调至 9.1,通过加入少量 K_2CO_3 溶液将该溶液在此 pH 下保持 16min,然后加入 40g KCl,在加入 KCl 的过程中,仍要通过加入少量 K_2CO_3 溶液保持溶液的 pH 为 9.1。搅拌下有白色沉淀产生,抽滤得到沉淀,用 1mol·L^{-1} KCl 溶液洗涤沉淀,

在室温下晾干，即得到 $K_8[\gamma\text{-}SiW_{10}O_{36}]\cdot 12H_2O$，产量约为 10g，产率为 70%[25]。

第三步是合成$[(n\text{-}C_4H_9)_4N]_4[\gamma\text{-}SiW_{12}O_{40}]$，其离子反应方程式为

$$[\gamma\text{-}SiW_{10}O_{36}]^{8-}+2WO_4^{2-}+8H^++4[(n\text{-}C_4H_9)_4N]^+\longrightarrow [(n\text{-}C_4H_9)_4N]_4[\gamma\text{-}SiW_{12}O_{40}]+4H_2O$$

将第二步得到的 7.5g $K_8[\gamma\text{-}SiW_{10}O_{36}]\cdot 12H_2O$ (2.5mmol) 溶于 50mL 蒸馏水中，加入 20mL $1mol\cdot L^{-1}$高氯酸 (20mmol)溶液，将上述溶液搅拌 20min 后过滤除去生成的高氯酸钾沉淀，再向滤液中逐滴加入 5mL $1mol\cdot L^{-1}$ HCl 溶液和 75mL 乙醇。再逐滴缓慢加入 5mL $1mol\cdot L^{-1}$ Na_2WO_4 水溶液(5mmol)，此滴加过程要控制在 2min 以上，滴加完大约 30min 后过滤除去不溶物，再加入 4g 四丁基溴化铵，得到白色沉淀，将沉淀过滤，并分别用两份 25mL 乙醇和 20mL 乙醚清洗，再将沉淀溶于 25mL 乙腈中，过滤得滤液，向滤液中加入 250mL 乙醚并剧烈搅拌，再过滤得到沉淀，用两份 25mL 乙醚清洗，即得到$[(n\text{-}C_4H_9)_4N]_4[\gamma\text{-}SiW_{12}O_{40}]$，产量约为 5g，产率为 50%。$[(n\text{-}C_4H_9)_4N]_4[\gamma\text{-}SiW_{12}O_{40}]$溶于大多数有机溶剂，如 DMF、DMSO 和乙腈等，并在有机溶剂中可以稳定存在。

$[(n\text{-}C_4H_9)_4N]_4[\gamma\text{-}SiW_{12}O_{40}]$的$^{183}W$ NMR 谱是在 DMF 溶液中测定的，谱图中有四条谱线，峰面积比为 2∶1∶2∶1，四个峰分别位于－102ppm、－115ppm、－125ppm和－157ppm。IR(KBr 压片，cm^{-1})：1010、973、912、882(sh)、873、840、791、775(sh)、700(sh)、552、538、520、488、460、445、411、390、351、330、310[25]。

$K_5[\alpha\text{-}BW_{12}O_{40}]\cdot 11.4H_2O$ 的合成

将 100g $Na_2WO_4\cdot 2H_2O$ 和 5g H_3BO_3依次溶解在 100mL 水中，强烈搅拌，再加入 60mL 6 $mol\cdot L^{-1}$HCl 溶液，混合溶液的 pH＝6，煮沸几个小时并不断补充水，将固体 $Na_{10}W_{12}O_{41}\cdot xH_2O$ (大约 17g)过滤掉，滤液用 $6mol\cdot L^{-1}$ HCl 溶液酸化至 pH 为 2，并煮沸半小时，加入 20g 固体 KCl 得到白色沉淀，过滤，用乙醚洗涤，得到 71g 粗产品，在 50mL 60℃水溶液中重结晶，产量为 57g[26]。

极谱表征：滴汞电极，$1mol\cdot L^{-1}$ HAc/$1mol\cdot L^{-1}$ NaAc 缓冲溶液，吸收峰为－0.50V 和－0.72V。IR(KBr 压片，cm^{-1})：1003(w)、960(s)、910(s)、807(vs)、610(vw)、585(sh)、505(m)、470(sh)、425(w)、379(s)、335(s)、285(w)；Raman (cm^{-1})：981.5(vs)、961.5(m)、912(m)、844(w)、772(w)、610(vw)、536(w)、474(vw)、401(w)、343(w)、296(w)、240(m)、212(s)、193(w)、153(s)、91(sh)、82(s)[26]。

$(n\text{-}Bu_4N)_4H[\alpha\text{-}BW_{12}O_{40}]\cdot 4.5H_2O$ 的合成

向 $0.02mol\cdot L^{-1}$的 $K_5[\alpha\text{-}BW_{12}O_{40}]\cdot xH_2O$ 水溶液中，加入饱和(TBA)Br (四丁基溴化铵)水溶液得到白色固体，并分别用水、乙醇和乙醚洗涤，粗产品反复在热水中处理，少量 $K_5[\alpha\text{-}BW_{12}O_{40}]\cdot 11.4H_2O$ 溶解，将沉淀过滤，溶解在乙腈中，并用乙醚再沉淀[26]。IR (KBr 压片，cm^{-1})：990(vw)、985(vw)、950(s)、

900(s)、817(vs)、750(sh)、610(vw)、530(m)、508(m)、475(sh)、421(w)、384(s)、340(m)、287(w);Raman(cm^{-1}):971(vs)、951(m)、942(sh)、908(m)、775(w)、538(w)、477(vw)、383(vw)、372(vw)、341(vw)、293(w)、243(m)、210(s)、197(w)、185(w)、152(sh)、148(s)、92(s)、80(m)[26]。

$H_4[\alpha\text{-}GeW_{12}O_{40}]\cdot 14H_2O$ 的合成

锗酸盐备用溶液的合成:将 10.5g Ge 金属粉末(99.999%)分散在 60mL 6.25mol · L^{-1} NaOH 溶液中,搅拌下缓慢加入 50mL 10mol · L^{-1} H_2O_2 水溶液,大约需要 1h,为了得到过氧化物,将混合物在 80℃的水浴中加热,直到没有氧气逸出为止,冷却和过滤后,得到的黏性溶液大约 50mL 稀释到 400mL,之后采用滴定法确定该溶液为[Ge]=0.37mol · L^{-1},[OH^-]=0.52mol · L^{-1} 的锗酸盐备用溶液[26]。

向 250mL 1.25mol · L^{-1}钨酸钠水溶液中加入 70mL 锗酸盐备用溶液,将混合物加热至 80℃,逐滴加入 45mL 13mol · L^{-1}浓硝酸,搅拌直到 pH=0.5(溶液开始出现浑浊,在 pH=5 时溶液变清),混合物在 80℃储存 1h 完成 β 体到 α 体的构型转变,溶液冷却至室温,加入 10mL 13mol · L^{-1} HNO_3用乙醚萃取,将下层的乙醚层分离,加入其体积一半的水,放入真空干燥器中,用浓硫酸吸水,之后放到冰箱中冷却,直到有无色晶体生成,产量为 66g[26]。

极谱表征:滴汞电极,1mol · L^{-1} HAc/1mol · L^{-1}NaAc 缓冲溶液,吸收峰为 −0.200V(1F)、−0.460V(1F)、−0.890V (2F)。IR (KBr 压片,cm^{-1}):980(s)、903(sh)、883(s)、818(sh)、760(vs)、645(sh)、529(m)、461(m)、369(s)、347(m)、323(m)、265(sh)、247(w);Raman (cm^{-1}):1001(vs)、974.5(m)、911(w)、888(w)、571(sh)、548(w)、453(vw)、321(vw)、244(m)、238(m)、226(s)、205.5(m)、190(w)、170(m)、156(s)、115(sh)、108(s)、89(s)、76(w)、64(w)[26]。

$K_4[\alpha\text{-}GeW_{12}O_{40}]\cdot 7H_2O$ 的合成

向 $H_4[\alpha\text{-}GeW_{12}O_{40}]\cdot 14H_2O$ 的饱和水溶液中加入 1mol · L^{-1} K_2CO_3水溶液得到 $K_4[\alpha\text{-}GeW_{12}O_{40}]\cdot 7H_2O$ 白色粉末微晶。IR(KBr 压片,cm^{-1}):979(s)、880(s)、823(sh)、769(vs)、527(m)、462(m)、372(s)、347(m)、323(m);Raman (cm^{-1}):991.5(vs)、971(s)、908(w)、887(m)、834(vw)、550(w)、450(vw)、440(vw)、397(w)、361(w)、245(m)、221.5(s)、205(s)、155(s)、115(sh)、105(s)、89(s)、75(sh)[26]。

$(n\text{-}Bu_4N)_4[\alpha\text{-}GeW_{12}O_{40}]$的合成

向 0.02mol · L^{-1}的 $K_4[\alpha\text{-}GeW_{12}O_{40}]\cdot 7H_2O$ 水溶液中加入饱和(TBA)Br 水溶液得到白色固体,并分别用水、乙醇和乙醚洗涤,粗产品反复在热水中处理,少量 $K_4[\alpha\text{-}GeW_{12}O_{40}]\cdot 7H_2O$ 溶解,将沉淀过滤,溶解在乙腈中,并用乙醚再沉淀[27]。IR (KBr 压片,cm^{-1}):965(s)、895(sh)、885(vs)、830(vs)、780(vs)、535(m)、465 (s)、412(w)、380(s)、358(sh)、325(w);Raman(cm^{-1}):986(vs)、964(m)、895(m)、567(m)、538(m)、521(sh)、359(w)、242(s)、235(s)、221(s)、208(s)、172(w)、159(sh)、152(s)、106(s)、90(s)[26]。

$K_4[\beta\text{-}GeW_{12}O_{40}]\cdot 9.4H_2O$ 的合成

向 30mL 2mol・L^{-1}钨酸钠水溶液中加入 12mL 6 mol・L^{-1} HCl 溶液酸化,盐酸要缓慢加入,并剧烈搅拌以溶解生成的钨酸沉淀,得到溶液 A,将 10mL 新鲜制备的锗酸盐备用溶液([Ge]=0.5mol・L^{-1},制备方法见 83 页 $H_4[\alpha\text{-}GeW_{12}O_{40}]\cdot 14H_2O$ 的合成)用 2mL 6 mol・L^{-1} HCl 溶液酸化得到白色胶状物 B,将 B 快速注入溶液 A 中(最终的 pH=6.5),并用 6mL 6mol・L^{-1} HCl 溶液洗涤装 B 的烧杯,将烧杯中的固体物质溶解,将这个溶液直接倒入 A 溶液中(最终的 pH=1),再向混合物中加入 15g 固体 KCl,得到白色沉淀,过滤,用乙醚洗涤,空气中干燥,产量为 6.5g[26]。

极谱表征:滴汞电极,1mol・L^{-1} HAc/1mol・L^{-1} NaAc 缓冲溶液,吸收峰为 −0.110V(1F)、−0.350V(1F)、−0.700V(2F)。IR(KBr 压片,cm^{-1}):980(s)、895(s)、828(vs)、775(vs)、530(m)、463(s)、425(w)、390(sh)、380(sh)、360(s)、320(w);Raman(cm^{-1}):999(vs)、982(m)、905(w)、862(w)、546(w)、249(m)、230(m)、217(s)、211(m)、190(sh)、162(w)、144(m)、123(m)、107(s)、87(w)、75(m)[26]。

$H_4[\beta\text{-}GeW_{12}O_{40}]\cdot 22H_2O$ 的合成

将 $K_4[\beta\text{-}GeW_{12}O_{40}]\cdot 9.4H_2O$ 的饱和溶液,用 60mL 浓 HCl 溶液酸化,再加入 80mL 乙醚萃取,收集下层乙醚层,加入其体积一半的水,在真空干燥箱中干燥,用浓硫酸吸水,直到有无色八面体晶体生成[26]。IR (KBr 压片,cm^{-1}):980(s)、922(sh)、895(s)、825(s)、775(vs)、530(m)、455(m)、425(w)、380(sh)、355(s)、335(sh);Raman(cm^{-1}):999(vs)、979(m)、902(w)、866(w)、549(w)、450(vw)、319(vw)、241(sh)、218(s)、195(m)、166(m)、157.5(m)、140(m)、116(m)、105.5(s)、83(sh)、74.5(s)[26]。

$(n\text{-}Bu_4N)_4[\beta\text{-}GeW_{12}O_{40}]$的合成

将 0.01mol・L^{-1} $K_4[\beta\text{-}GeW_{12}O_{40}]\cdot 9.4H_2O$ 的水溶液加入到饱和(TBA)Br 溶液中,得到白色沉淀,再加入少量(TBA)Br 溶液,将混合物过滤,这个操作反复进行几次,直到完全除去钾盐,吸附的水用无水乙醇和乙醚洗涤,在乙腈和乙醚的混合物中重结晶[26]。IR(KBr 压片,cm^{-1}):967(s)、890(s)、875(sh)、830(vs)、780(vs)、610(w)、538(m)、462(s)、420(w)、391(s)、380(s)、362(s)、335(sh);Raman(cm^{-1}):986.5(vs)、964.5(m)、906(sh)、895(w)、864(w)[26]。

$Na_3[\alpha\text{-}AsW_{12}O_{40}]$的合成

将 20mL 2mol・L^{-1}砷酸钠溶液(由 5.42g $As_2O_5\cdot 5H_2O$ 和 3.3g NaOH 反

应制备)加入到含 165g $Na_2WO_4 \cdot 2H_2O$(0.5mol)的 100mL 水溶液中,加入 100mL 1,4-二氧六环,获得黏胶混合物并用 25mL 12mol·L^{-1}浓盐酸酸化,将得到的混合物剧烈搅拌捣碎,向其中分批加入 150mL 浓盐酸使之变成白色固体悬浮物,继续搅拌半小时,将沉淀过滤,用 1,4-二氧六环和乙醚洗涤并在空气中干燥,产量为 120g[26]。

极谱表征:滴汞电极,0.5mol·L^{-1} HCl 溶液,体积比为 1∶1 的水和乙醇溶液中测定,在−0.270V、−0.420V 和−0.580V 出现三个峰。IR (KBr 压片,cm^{-1}):987(s)、911(s)、872(m)、781(vs)、611(w)、522(m)、469(m)、376(s)、349(sh)、329(m);Raman(cm^{-1}):1004(vs)、989(m)、915(w)、853(vw)、838(w)、535(w)、490(vw)、348(vw)、317(vw)、251(vw)、233.5(m)、220(s)、203.5(s)、194(vw)、177(w)、161(m)、152(m)、146(s)、103(s)、89.5(s)[26]。

$(n\text{-}Bu_4N)_3[\alpha\text{-}AsW_{12}O_{40}]$的合成

在 0.01mol·L^{-1} $Na_3[\alpha\text{-}AsW_{12}O_{40}]$的水溶液中,加入饱和(TBA)Br 溶液,得到白色沉淀,将其悬浮在温水中,再加入少量(TBA)Br 溶液,将混合物过滤,这个操作反复进行几次,直到完全除去钠盐,吸附的水用无水乙醇和乙醚洗涤,在乙腈和乙醚的混合物中重结晶[26]。IR(KBr 压片,cm^{-1}):983(s)、912(s)、873(m)、793(vs)、735(sh)、620(vw)、525(m)、470(m)、420(w)、381(s)、358(sh)、325(w);Raman(cm^{-1}):1000.5(vs)、984(m)、919(w)、905(w)、877(w)、525(w)、360(w)、328(w)、267(w)、252(w)、220.5(s)、206(s)、180(w)、161.5(m)、156(m)、147(s)、104.5(s)、90(s)[26]。

$Na_6[Al(AlOH_2)W_{11}O_{39}]$的合成

将 10.0g $Na_2WO_4 \cdot 2H_2O$ (0.030mol)溶于 200mL 水溶液中,逐滴加入大约 4mL 6mol·L^{-1} HCl 溶液,使不溶的钨酸沉淀溶解,直到溶液的 pH 达到 7.7,在两周的时间内,将 1.33g $AlCl_3 \cdot 6H_2O$ (0.005mol)的 40mL 水溶液逐滴加入上述剧烈搅拌的钨酸盐溶液中,当加入几滴 $AlCl_3$溶液以后,溶液变浑浊,搅拌直至浑浊消失,当接近两周时,在搅拌下加入几滴 $AlCl_3$溶液,经过 30min 至 1h 的搅拌,已沉淀的 Al(Ⅲ)盐随着反应的进行而逐渐溶解,最终需要搅拌几个小时。在加入大约一半的 $AlCl_3$以后,仍有未溶解的 Al(Ⅲ)盐,这时不再加入 $AlCl_3$。将混合物过滤,在真空干燥箱(30~35℃)中浓缩至 50mL,将大约 50mL 丙酮与上述溶液混合于分液漏斗中,振荡,溶液分两层。底层含有 $Na_6[Al(AlOH_2)W_{11}O_{39}]$、钨酸盐和仲钨酸盐,收集下层溶液,在真空干燥箱(30~35℃)中蒸发至油状物。^{183}W NMR 谱表明混合物中含有$[Al(AlOH_2)W_{11}O_{39}]^{6-}$的 α 体和 β 体[28]。

$Na_6[\alpha/\beta\text{-}Al(AlOH_2)W_{11}O_{39}]$的合成

将 100g $Na_2WO_4 \cdot 2H_2O$(0.304mol)溶于 400mL 水中,用 23mL 12mol·L^{-1}

HCl溶液(每次加入1～2mL)将其酸化至pH＝7.7,随着反应的进行生成的钨酸盐沉淀逐渐溶解,将酸化的溶液加热至沸,采用漏斗缓慢滴加入13.32g $AlCl_3 \cdot 6H_2O$(0.0552mol)的80mL水溶液 ,大约需要90min,滴加的过程足够缓慢可以保持混合物澄清,将混合物加热回流1h,冷却,过滤,滤液中包含 $[Al(AlOH_2)W_{11}O_{39}]^{6-}$ [29]。

$H_5[\alpha/\beta\text{-}AlW_{12}O_{40}] \cdot 15H_2O$ 的合成

制备含有 $Na_6[Al(AlOH_2)W_{11}O_{39}]$ 的溶液,用于化合物 $H_5[AlW_{12}O_{40}]$ 的制备中(由于化合物 $Na_6[Al(AlOH_2)W_{11}O_{39}]$ 的高稳定性,以及它的高溶解性与NaCl相似,导致 $Na_6[Al(AlOH_2)W_{11}O_{39}]$ 的结晶或沉淀很困难)。将20mL浓 H_2SO_4 加入到大约500mL $Na_6[Al(AlOH_2)W_{11}O_{39}]$ 的溶液中,将溶液的pH调至0。加入3mL浓 H_2SO_4,将溶液加热回流,直至 ^{27}Al NMR表明 $H_5[\alpha/\beta\text{-}AlW_{12}O_{40}]$ 的转化过程已经完成,大约需要5～7天,采用乙醚萃取得到 $H_5[\alpha/\beta\text{-}AlW_{12}O_{40}]$。将147mL浓 H_2SO_4 加入到含有 $H_5[AlW_{12}O_{40}]$、$[Al(H_2O)_6]Cl_3$、NaCl和 H_2SO_4 的混合物中,冷却,加入500mL乙醚,振荡,静置混合物分三层,收集底层溶液,上述操作反复进行直到没有第三层溶液形成。混合醚层在热水浴中干燥,得到高水溶性的产物69.5g,产率是95%,^{27}Al NMR表明没有副产物出现,将该产物在少量80℃水中重新沉淀,得到50.46g分析纯的 $H_5[\alpha/\beta\text{-}AlW_{12}O_{40}]$,产率为64% [29]。IR(KBr压片,$cm^{-1}$):972、899、795(br)、747(br)、538、477。$H_5[\alpha/\beta\text{-}AlW_{12}O_{40}] \cdot 15H_2O$ 元素分析理论值(%):H 1.15、W 70.23、Al 0.89;实验值(%):H 1.12、W 70.07、Al 0.86[29]。

$Na_5[\alpha\text{-}AlW_{12}O_{40}] \cdot 13H_2O$ 的合成

将101.34g $H_5[\alpha/\beta\text{-}AlW_{12}O_{40}]$ 溶于125mL水中,过滤,用150mL 0.2mol・L^{-1} NaOH溶液将pH调至6,加热回流3天,溶液包含大约95%的 $[\alpha\text{-}AlW_{12}O_{40}]^{5-}$ 和5%的 $[\beta\text{-}AlW_{12}O_{40}]^{5-}$ (^{27}Al NMR),冷却至室温,溶液用旋转蒸发仪浓缩至有沉淀形成,然后在5℃下冷却过夜,得到白色晶体 $Na_5[\alpha\text{-}AlW_{12}O_{40}]$ (^{27}Al NMR测得含有100% 的α体),收集晶体并在空气中干燥。产量为86.51g,产率为82.3% [30]。

IR (KBr压片, cm^{-1}): 955(m)、883(s)、799(s)、758(s)、534(w)、498(w)、468(m)、471(m); UV-Vis (nm): 262; $Na_5[\alpha\text{-}AlW_{12}O_{40}] \cdot 13H_2O$ 的元素分析理论值(%): H 0.78、W 68.22、Al 0.88、Na 3.39;实验值(%):H 0.81、W 68.47、Al 0.84、Na 3.57[29]。

$H_5[\alpha\text{-}AlW_{12}O_{40}] \cdot 12H_2O$ 的合成

将15g $Na_5[\alpha\text{-}AlW_{12}O_{40}]$ (4.66mmol)溶于20mL水中,并加入7mL浓硫酸,溶液在冰浴中冷却,将酸化的溶液转移至分液漏斗中,加入25mL乙醚,混合物振荡放气，静置得到三层溶液，收集下层溶液，在热水浴中干燥。收集得到白色沉淀为无定形 $H_5[\alpha\text{-}AlW_{12}O_{40}]$，将其重新溶解在少量水中，在 5℃下冷却过夜，得到产物 10.54g (产率为 72.7%)。$H_5[\alpha\text{-}AlW_{12}O_{40}]\cdot 12H_2O$ 的元素分析理论值(%)：H 0.90、W 70.85、Al 0.91；实验值(%)：H 0.94、W 71.30、Al 0.87[29]。

$K_5[\alpha\text{-}AlW_{12}O_{40}]\cdot 17H_2O$ 的合成

将 5.0g $H_5[\alpha/\beta\text{-}AlW_{12}O_{40}]$溶于 5mL 水中，并加入 10mL 饱和 KCl 的水溶液，将溶液装入小瓶中，盖上盖子，室温下在黑暗中储存几个星期，缓慢形成 $K_5[\alpha\text{-}AlW_{12}O_{40}]$无色晶体。$K_5[\alpha\text{-}AlW_{12}O_{40}]\cdot 17H_2O$ 的元素分析理论值(%)：H 1.07、W 64.76、Al 0.78、K 5.68；实验值(%)：H 1.02、W 65.37、Al 0.80、K 5.79[29]。

$Na_5[\beta\text{-}AlW_{12}O_{40}]\cdot 13H_2O$ 的合成

将 73.9g 灰黄色 $H_5[AlW_{12}O_{40}]$ (0.0237mol，含有 18.8% α 体和 81.2% β 体) 溶于 150mL 水中，过滤，将 141mL 0.75mol · L^{-1} Na_2CO_3(0.106mol)溶液逐滴加入上述溶液中，溶液的 pH 为 2.4。溶液用旋转蒸发仪浓缩直到沉淀开始形成，将其在 5℃冷却，收集灰黄色固体产品，真空干燥。第一次旋转蒸发的产量为 3.0g，包含 71.1%的 β 体，28.9%的 α 体；第二次旋转蒸发的产量为 17.6g，包含 92.6%的 β 体，7.4%的 α 体；第三次旋转蒸发的产量是 27.42g，包含 89.7%的 β 体，10.3%的 α 体。将第三次得到的产品再次在热水中重结晶得到产量为 13.17g，包含 97.5%的 β 体，2.5%的 α 体。收集得到的沉淀，真空干燥过夜[29]。

IR (KBr 压片，cm^{-1})：966(m)、893(m)、799(s)、757(s)、545(w)、481(w)；UV-Vis(nm)：266；$Na_5[\beta\text{-}AlW_{12}O_{40}]\cdot 13H_2O$ 的元素分析理论值(%)：H 0.80、W 68.12、Al 0.91、Na 3.77；实验值(%)：H 0.81、W 68.47、Al 0.84、Na 3.57[29]。

$H_5[\beta\text{-}AlW_{12}O_{40}]\cdot 13H_2O$ 的合成

将 7.5g $Na_5[\beta\text{-}AlW_{12}O_{40}]$ (97.5%的 β 体和 2.5%的 α 体)溶于 20mL 水中，加入 5.0mL 18.0 mol · L^{-1}浓硫酸，最终的溶液在冰浴中冷却至 15℃，并将溶液转移至 60mL 分液漏斗中，加入 15mL 乙醚，将混合物小心振荡，放气形成三层溶液，收集最下层溶液，干燥，将其重新溶解在少量热水中，在 5℃下冷却，过滤得到无定形黄色产物，室温真空干燥。产量为 5.35g，产率为 73.9% (含有 97.5%的 α 体和 2.5%的 β 体)。将得到的上述产物重结晶可得到纯的 β 异构体。$H_5[\beta\text{-}AlW_{12}O_{40}]\cdot 13H_2O$ 的元素分析理论值(%)：H 0.88、W 71.02、Al 0.83；实验值(%)：H 1.00、W 70.88、Al 0.87[29]。

$K_5[Fe^{III}W_{12}O_{40}]\cdot 10H_2O$ 的合成

将 8.6g 硝酸铁溶于 100mL 水中，并加入 15mL 饱和 NaAc 溶液，然后逐滴加入 56.0 g 钨酸钠溶于 250mL 1mol · L^{-1} 硝酸的 60～70℃热溶液，混合物回流

16h，乙酸盐阻止了氢氧化铁的沉淀，加入饱和 KCl 溶液得到白色沉淀，过滤，在酸化的水溶液中重结晶三次。$K_5[Fe^{III}W_{12}O_{40}]\cdot 10H_2O$ 的元素分析理论值(%)：K 5.97、Fe 1.70、W 67.33；实验值(%)：K 6.08、Fe 1.69、W 67.33[19]。

$(NH_4)_4Co^{II}[Co^{II}W_{12}O_{40}]\cdot 20H_2O$ 的合成

将 198g $Na_2WO_4\cdot 2H_2O$ (0.6mol)溶于 400mL 水中，用 40mL 冰醋酸将溶液的 pH 调至 6.5～7.5 得到溶液 A。将 24.9g $Co(CH_3COO)_2\cdot 4H_2O$(0.1mol)溶于 125mL 热水中，并加入几滴冰醋酸得到溶液 B。将溶液 A 加热至沸，搅拌下，将溶液 B 缓慢加入其中，在此过程中产生少量粉红色沉淀并快速溶解，得到深绿色溶液，当溶液 B 全部加入其中后，将混合物溶液回流 10min，热过滤，除去少量不溶物，将滤液加热至沸，加入 135g NH_4Ac 的少量沸水溶液，冷却，过滤，将晶体产物在热的稀乙酸溶液中重结晶 (0.5mL 冰醋酸溶于 100mL 水中)，五次重结晶后得到纯的深绿色块状晶体[31]。

$K_4Co^{II}[Co^{II}W_{12}O_{40}]\cdot 15H_2O$ 的合成

将 130g KCl 溶于热水中得到饱和溶液，加入到$(NH_4)_4Co^{II}[Co^{II}W_{12}O_{40}]\cdot 20H_2O$ 的沸水溶液中，搅拌，冷却得到绿色晶体。溶液在 400mL 含有 2mL 冰醋酸的水溶液中重结晶，将热饱和溶液热过滤，冷却，重结晶五次，得到晶体产物，在空气中干燥[31]。

$(NH_4)_3Co^{II}[Co^{III}W_{12}O_{40}]\cdot 19H_2O$ 的合成

方法 1：将$(NH_4)_4Co^{II}[Co^{II}W_{12}O_{40}]\cdot 20H_2O$ 溶于 80℃水中，并加入 15g 过二硫酸铵，将溶液加热至沸腾，几分钟后，溶液颜色由绿色变成橄榄绿再变成深棕色。煮沸 5min 后，将溶液过滤，加入硝酸铵的 250mL 热饱和溶液，搅拌，冷却，得到深棕色晶体[31]。晶体产物在加入两滴浓硫酸(每 100mL 水中加入两滴浓硫酸)的热水中重结晶，产率为 55%[31]。

方法 2：将$(NH_4)_4Co^{II}[Co^{II}W_{12}O_{40}]\cdot 20H_2O$ 溶于 100℃ 75mL 水和 50mL 冰醋酸中，形成饱和溶液，搅拌下，将溶液煮沸，加入 40g 二氧化铅，煮沸 10min，热过滤，冷却至 0℃，冷过滤，滤液再加热煮沸，加入 125mL 溶有 190g NH_4Ac 的沸腾溶液，最终的溶液放入 50℃的烘箱中，放置几个小时，缓慢冷却至室温得到深色晶体，并于稀乙酸中重结晶，产率为 40%[31]。

方法 3：将 25g $Na_2WO_4\cdot 2H_2O$ 溶于 75mL 水中，并加入硝酸使溶液变成中性，再加入 0.5g PtO_2，将溶液煮沸得到溶液 A，再将 5g $[Co(NH_3)_4CO_3]NO_3\cdot 1/2H_2O$溶于 40 mL 水中加热至 40℃，将该溶液用分液漏斗逐滴加入沸腾的溶液 A 中，回流 3h，将混合溶液冷却，过滤，并重新加热，加入过量的浓缩的硝酸铵热溶液，冷却，静置得到黑色晶体，产率为 9%[31]。

$K_3Co^{II}[Co^{III}W_{12}O_{42}]\cdot 16H_2O$ 的合成

将$(NH_4)_4Co^{II}[Co^{II}W_{12}O_{40}]\cdot 20H_2O$ 溶于 80℃水中，并加入 13g 过二硫酸

钾,将溶液加热至沸腾,几分钟后,溶液颜色由绿色变成橄榄绿再变成深棕色。煮沸5min后,将溶液过滤,加入250mL硝酸钾的沸腾的饱和溶液,搅拌,冷却,得到深棕色晶体。晶体产物在加入两滴浓硫酸(每100mL水中加入两滴浓硫酸)的热水中重结晶四次,产率为70%[31]。

$Rb_3Co^{II}[Co^{III}W_{12}O_{40}]\cdot 17H_2O$的合成

将过二硫酸钠溶液通过装有15g过二硫酸铵的200mL水溶液的离子交换柱得到备用的过二硫酸钠溶液,$(NH_4)_4Co^{II}[Co^{II}W_{12}O_{40}]\cdot 20H_2O$溶于80℃水中,加入1.5倍计量的上述过二硫酸钠氧化,将溶液加热至沸腾,几分钟后,溶液颜色由绿色变成橄榄绿再变成深棕色。煮沸5min后,将溶液过滤,每150mL滤液中加入9g硫酸铷的热饱和溶液,搅拌,冷却,得到深棕色晶体。晶体产物在稀HAc溶液中重结晶,产率为70%[31]。

$Cs_2HCo^{II}[Co^{III}W_{12}O_{40}]\cdot 13H_2O$的合成

将过二硫酸钠溶液通过装有15g过二硫酸铵的200mL水溶液的离子交换柱得到备用的过二硫酸钠溶液,$(NH_4)_4Co^{II}[Co^{II}W_{12}O_{40}]\cdot 20H_2O$溶于80℃水中,加入1.5倍计量的上述过二硫酸钠氧化,将溶液加热至沸腾,几分钟后,溶液颜色由绿色变成橄榄绿再变成深棕色。煮沸5min后,将溶液过滤,每30mL棕色溶液加入2g硫酸铯的5mL热水溶液,室温蒸发得到深棕色晶体,产率为85%,在稀HAc溶液中重结晶两次[31]。

$K_2H_4[Co^{II}W_{12}O_{40}]\cdot 16H_2O$的合成

将20g重结晶的$K_4Co^{II}[Co^{II}W_{12}O_{40}]\cdot 15H_2O$溶于100mL 1mol·L^{-1} HCl溶液中,溶液在蒸气浴上蒸发直到出现绿色针状晶体,将溶液热过滤,在冰箱中冷却,将绿色针状晶体过滤,将剩余的滤液缓慢蒸发掉三分之一,得到另一部分绿色晶体产物,产率为70%。

$KH_4[Co^{III}W_{12}O_{40}]\cdot 18H_2O$的合成

将75g $K_4Co^{II}[Co^{II}W_{12}O_{40}]\cdot 15H_2O$溶于80 mL 2mol·L^{-1}硫酸溶液中,将溶液煮沸,加入少量过二硫酸钾,绿色溶液变成鲜绿色再变成淡褐黄色,在氧化过程中,没有黑色出现,溶液冷却,得到淡黄色针状晶体,过滤,滤液中加入KCl搅拌,得到含有少量杂质的二次产物,产率为90%,产物在水中重结晶两次,用95%的乙醇洗涤,干燥[31]。

$H_6[ZnW_{12}O_{40}]\cdot 26H_2O$和$Na_6[ZnW_{12}O_{40}]\cdot 26H_2O$的合成

方法1:将56.2g $Na_2WO_4\cdot 2H_2O$溶于400mL水中,加入198.6mL硝酸,并将混合物煮沸,在20h内向溶液中加入10g硝酸锌的700mL水溶液,搅拌,溶液温度保持在80～90℃,温度过高将会引起产物的部分水解[32]。

方法2:将56.2g $Na_2WO_4\cdot 2H_2O$溶于400mL水中,加入255.4mL硝酸,并

将混合物煮沸，在 5 天内向溶液中加入 10g 氧化锌，搅拌，溶液温度保持在 80～90℃。

采用上述两种方法均可得到 12-钨锌酸盐溶液，并将溶液热过滤，缓慢浓缩至 150mL，静置，得到白色晶体，在水中重结晶，得到的化合物是 12-钨锌酸钠。向母液中加入 $12mol \cdot L^{-1}$ 硫酸、乙醚和水萃取，将醚合物分离，在蒸气浴中蒸发至干，过滤，重复上述过程直到沉淀完全，最终的混合物先在蒸气浴上浓缩然后在真空下浓硫酸中浓缩，得到黄色晶体 12-钨锌酸[32]。

$(NH_4)_6[ZnW_{12}O_{40}] \cdot 15H_2O$ 的合成

将浓缩的氯化铵热溶液加入到上述浓缩的 12-钨锌酸的热溶液中，过滤，冷却混合物，得到无色晶体，在热水中重结晶[32]。

$Ba_3[ZnW_{12}O_{40}] \cdot 28H_2O$ 的合成

该化合物的制备采用 $BaCO_3$ 中和 12-钨锌酸的热水溶液，过滤，冷却混合物，得到无色晶体，在水中重结晶[32]。

$(CH_6N_3)_6[ZnW_{12}O_{40}] \cdot 6H_2O$ 的合成

该化合物的制备是将 5％的盐酸胍加入 12-钨锌酸的热水溶液中，过滤，冷却，得到白色晶体，在水中重结晶[32]。

2.3.2 Keggin 型钼系杂多化合物及其异构体的合成

$H_3[PMo_{12}O_{40}]$的合成

反应方程式为

$$12Na_2MoO_4 \cdot 2H_2O + H_3PO_4 + 24HCl \longrightarrow H_3[PMo_{12}O_{40}] + 24NaCl + 36H_2O$$

将 100g $Na_2MoO_4 \cdot 2H_2O$ 溶于 200mL 水中，待 $Na_2MoO_4 \cdot 2H_2O$ 完全溶于水，加入 10mL 85％H_3PO_4，然后再逐滴地加入 100mL 浓 HCl 溶液，溶液由无色透明转为黄色透明，说明已产生了 $H_3[PMo_{12}O_{40}]$，将混合物转移至 1000mL 分液漏斗中，加入 150mL 乙醚，振荡，冷却放置 15min，出现三层液，上层为无色透明过量的乙醚液，将底层醚合物转移至另一分液漏斗中，加入 100mL 水，振荡，再加入 50mL 浓 HCl 溶液，然后加入 80mL 乙醚，振荡，静置，冷却，将底层醚合物转移至烧杯中，加入 25mL 或 15mL 水，如果在水洗过程中，出现了蓝色，这是由于 $H_3[PMo_{12}O_{40}]$被溶液中还原性杂质还原产生了钼蓝，向溶液中加入几滴浓 HNO_3后蓝色又转为黄色，钼蓝又被氧化成 $H_3[PMo_{12}O_{40}]$，水浴蒸发除去乙醚和大部分水后，得到黄色晶体，产品为 $H_3[PMo_{12}O_{40}]$，产量是 44.5g[7]。

$Na_2H[\alpha\text{-}PMo_{12}O_{40}] \cdot 14H_2O$ 的合成

向 420mL $2.85mol \cdot L^{-1}$ 钼酸钠水溶液中，分别加入 6.8mL $14.7mol \cdot L^{-1}$(85％)H_3PO_4 和 284mL $11.7mol \cdot L^{-1}$(70％)$HClO_4$ 溶液，得到 $Na_2H[\alpha\text{-}PMo_{12}$

O_{40}]·$14H_2O$,混合物冷却到室温,将微晶粉末过滤干燥,产量为 250g。将粗产品溶解在 40mL 乙醚和 200mL 水的混合物中重结晶,得到 180g 绿色微晶[26]。

极谱表征:玻碳电极,$0.5mol \cdot L^{-1}$ $HClO_4$,体积比为 1∶1 的水和 1,4-二氧六环的溶液中测定,在+0.310V、+0.175V、-0.065V、-0.210V、-0.300V 处出现五个吸收峰。IR (KBr 压片,cm^{-1}):1068(s)、978(sh)、962(vs)、869(s)、785(vs)、593(w)、495(vw)、455(sh)、400(sh)、377(s)、339(s)、305(vw)、275(w)、260(w);Raman (cm^{-1}): 995.5(vs)、979(w)、966.5(m)、905.5(m)、875(sh)、802(w)、665(sh)、604(m)、502(w)、465(w)、367(w)、343(vw)、307(vw)、251.5(s)、218(w)、207(w)[26]。

$(n\text{-}Bu_4N)_3[\alpha\text{-}PMo_{12}O_{40}]$的合成

方法 1:将 10mL $1mol \cdot L^{-1}$ H_3PO_4 加入 120mL $1mol \cdot L^{-1}$ 的钼酸钠、18mL $13mol \cdot L^{-1}$ HNO_3 及 100mL 1,4-二氧六环的混合溶液中,在黄色溶液中加入 12g $n\text{-}Bu_4NBr$ 的 10mL 水溶液,过滤,黄色固体用 100mL 沸水处理,再次过滤,用水、乙醇和乙醚洗涤,产量为 20g,在丙酮中重结晶[33]。IR(KBr 压片,cm^{-1}): 1063(s)、1030(vw)、965(sh)、955(vs)、880(s)、805(vs)、738(vw)、612(w)、505(m)、464(w)、386(s)、340(m)[33]。

方法 2:将 0.07g PCl_5 溶于 0.1mL H_2O 中,将 0.5g $Na_2MoO_4 \cdot 2H_2O$ 溶于 1.5mL H_2O 中,并保存 4h,然后将两种溶液混合,用 0.25mL 浓盐酸溶液酸化,加入 0.3g $n\text{-}Bu_4NBr$,将混合物搅拌 15min 后,将沉淀过滤,用水和乙醚洗涤,真空干燥,粗产品在 80℃的饱和 CH_3CN 溶液中重结晶,冷却至 25℃得到 0.22g 晶体产物。$(n\text{-}Bu_4N)_3[\alpha\text{-}PMo^{VI}_{12}O_{40}]$的元素分析理论值(%):H 4.27、N 1.65、P 1.22、Mo 45.16;实验值(%):H 4.33、N 1.77、P 1.22、Mo 45.09[9]。

方法 3:向 2.42g $Na_2MoO_4 \cdot 2H_2O$ 和 0.16g $NaH_2PO_4 \cdot 2H_2O$ 的 95mL 水溶液中,加入 4.35mL 浓 HCl 溶液,再加入 0.8g $n\text{-}Bu_4NBr$,得到黄色沉淀。过滤,用水和乙醇洗涤,在乙腈中重结晶。$(n\text{-}Bu_4N)_3[\alpha\text{-}PMo_{12}O_{40}]$的元素分析理论值(%): Mo 45.15、P 1.21;实验值(%):Mo 45.00、P 1.16。IR(KBr 压片,cm^{-1}): 1062、954、878、804、616、504、464;Raman(cm^{-1}):988、965、894、602[14]。

$H_4[SiMo_{12}O_{40}]$的合成

反应方程式为

$$12Na_2MoO_4 + Na_2SiO_3 + 26HCl \longrightarrow H_4[SiMo_{12}O_{40}] + 26NaCl + 11H_2O$$

将 50g $Na_2MoO_4 \cdot 2H_2O$ 溶解在 200mL 水中,并将溶液加热至 60℃,向这个溶液中加入 20mL 浓盐酸(相对密度为 1.18),用磁力搅拌器猛烈地搅拌此混合物,同时加入 5g Na_2SiO_3 的 50mL 水溶液,继续搅拌。并用分液漏斗逐滴地加入 60mL 浓盐酸,将少许硅酸沉淀通过一玻璃石棉滤器过滤掉。将滤液冷却并用略过量的乙醚萃取(50~60mL)[26]。

为了纯化，将产物溶解在 50mL 水与 15mL 浓盐酸的混合物中，并用乙醚萃取。将乙醚除尽，并在 40℃时将黄色液体浓缩，小心防止产物被尘埃还原。这样形成的晶体结晶水数目约为 29，将该钼硅酸在 40℃时加热 3 或 4 天，或放在干燥器中进行干燥，可将大部分的结晶水去除，此时产物中的结晶水数目为 5 或 6[26]。

$(n\text{-}Bu_4N)_4[\alpha\text{-}SiMo_{12}O_{40}]$的合成

方法 1：将 37mL 12mol · L^{-1}浓 HNO_3，加入到 120mL 1mol · L^{-1}的钼酸钠溶液中，然后逐滴加入 0.2mol · L^{-1} 120mL 硅酸钠溶液中，最终溶液变黄，生成了$[\beta\text{-}SiMo_{12}O_{40}]^{4-}$。在 80℃ 加热 30min 后，$[\beta\text{-}SiMo_{12}O_{40}]^{4-}$ 转变成$[\alpha\text{-}SiMo_{12}O_{40}]^{4-}$，加入 12g (TBA)Br，$[\alpha\text{-}SiMo_{12}O_{40}]^{4-}$被沉淀，将黄色沉淀过滤，用水、乙醇和乙醚洗涤，在丙酮中重结晶得到黄色针状晶体，产量是 20g[33]。IR (KBr 压片，cm^{-1})：985(w)、945(sh)、940(s)、899(vs)、868(sh)、795(vs)、735(sh)、635(w)、600(sh)、532(w)、509(w)、463(m)、452(w)、397(sh)、380(s)、340(m)[33]。

方法 2：将 0.04g $Na_2SiO_3 \cdot 9H_2O$ 和 0.40g $Na_2WO_4 \cdot 2H_2O$ 溶于 1.3mL H_2O中，在 25℃下保存 12h，搅拌下逐滴加入 6mol · L^{-1} HCl 溶液直到溶液的 pH <2，将酸化后的溶液加热至 80℃并保持 20min，冷却至 25℃，加入 0.19g(TBA) Br，搅拌 15min 后，将最终的沉淀过滤，依次用水、乙醇和乙醚洗涤，真空干燥，在 80℃ CH_3CN 溶液中重结晶，冷却至 25℃得到 0.20g 晶体产物[9]。

$(n\text{-}Bu_4N)_4[\beta\text{-}SiMo_{12}O_{40}]$的合成

向 120mL 1mol · L^{-1} Na_2MoO_4 水溶液中加入 37mL 浓 HNO_3，然后加入 200mL 1,4-二氧六环，再加入 50mL 0.2mol · L^{-1} Na_2SiO_3 水溶液，溶液变成深黄色，在室温下放置 15h，再加入 20mL 1.9mol · L^{-1} (TBA)Br 的 1,4-二氧六环溶液，形成油状物，分离出油状物，用 1,4-二氧六环和乙醚萃取，得到 25g 黄橙色粉末。在无水丙酮中重结晶，过滤，除去不溶物，蒸发溶剂得到大块橙色晶体。极谱表征：+0.390V、+0.295V、−0.010V (Pt 电极，0.5mol · L^{-1} $HClO$，体积比为 1∶1的水和 1,4-二氧六环混合溶液中测定)；IR(KBr 压片，cm^{-1})：982(w)、945(s)、895(vs)、857(sh)、800(vs)、737(w)、627(w)、537(w)、497(w)、415(sh)、392(sh)、377(m)、365(m)、340(m)、288(w)；Raman(cm^{-1})：970.5(vs)、953(sh)、943.5(m)、895(w)、874(w)、677(w)、628(m)、399(vw)、344(vw)、303(vw)、273(vw)、245(s)、214(w)、198(w)、188(w)、157(w)、144(w)、88(w)[26]。

$H_4[\alpha\text{-}GeMo_{12}O_{40}] \cdot 14H_2O$ 的合成

向 40mL 13mol · L^{-1} HNO_3溶液中，加入 120mL 1mol · L^{-1} Na_2MoO_4水溶液，然后逐滴加入 27mL 碱性锗酸盐备用溶液(制法见 83 页 $H_4[\alpha\text{-}GeW_{12}O_{40}] \cdot 14H_2O$ 的合成)，溶液变黄并在 80℃下保存 30min 完成多阴离子 β 体到 α 体的构型转换，向混合物中加入 15mL 12mol · L^{-1} HCl 溶液，再加入 30mL 乙醚，萃取得

到醚合物，水浴加热蒸发除醚得到晶体产物。IR(KBr压片，cm^{-1})：973(sh)、951(s)、870(vs)、790(vs)、760(vs)、510(w)、455(m)、435(sh)、362(s)、323(m)；Raman(cm^{-1})：986(vs)、960(m)、895(w)、624(m)、250(s)[26]。

$(n\text{-}Bu_4N)_4[\alpha\text{-}GeMo_{12}O_{40}]$的合成

将40mL 13mol·L^{-1}浓HNO_3加入到120mL 1mol·L^{-1}的钼酸钠溶液中，然后逐滴加入含有0.38mol·L^{-1} Na_2GeO_3的27mL 0.52mol·L^{-1}的NaOH溶液中，最终的溶液变黄，生成了$[\beta\text{-}GeMo_{12}O_{40}]^{4-}$。在80℃下加热30min后，$[\beta\text{-}GeMo_{12}O_{40}]^{4-}$转变成$[\alpha\text{-}GeMo_{12}O_{40}]^{4-}$，加入12g (TBA)Br的10mL水溶液得到$(n\text{-}Bu_4N)_4[\alpha\text{-}GeMo_{12}O_{40}]$沉淀，将黄色沉淀过滤，用水、乙醇和乙醚洗涤，在丙酮中重结晶得到黄色针状晶体，产量是20g[33]。IR (KBr压片，cm^{-1})：960(sh)、939(s)、880(sh)、873(vs)、812(vs)、778(vs)、735(sh)、635(w)、605(sh)、507(m)、465(m)、449(m)、377(s)、360(sh)、330(m)[33]。

$(n\text{-}Bu_4N)_4[\beta\text{-}GeMo_{12}O_{40}]$的合成

将40mL 13mol·L^{-1}的HNO_3水溶液和400mL 1,4-二氧六环，加入到120mL 1mol·L^{-1}的Na_2MoO_4水溶液中，然后再将27mL锗酸盐备用溶液(制法见83页$H_4[\alpha\text{-}GeW_{12}O_{40}]\cdot 14H_2O$的合成)逐滴加入其中，溶液变黄并在室温下保存1h。将10g (TBA)Br(0.62mol·L^{-1})的50mL 1,4-二氧六环溶液加入上述混合溶液中，将最终的油状物分离，并用1,4-二氧六环和乙醚洗涤几次，得到的粉末在空气中干燥，得粗产品大约16g。产品在无水丙酮中重结晶，将不溶物过滤除去，最终得到橙色晶体[26]。极谱表征：Pt电极，0.5mol·L^{-1} $HClO_4$，体积比为1∶1的水和1,4-二氧六环中测定，极谱峰分别为+0.410V、+0.330V、−0.040V；IR(KBr压片，cm^{-1})：970(sh)、960(sh)、945(s)、883(sh)、875(s)、812(vs)、773(s)、630(w)、500(m)、455(m)、371(m)、360(sh)、328(vw)；Raman(cm^{-1})：970(vs)、942(m)、907(w)、628(m)、246(s)、213(m)、158(w)、107(w)[26]。

$(n\text{-}Bu_4N)_3[AsMo_{12}O_{40}]$的合成

将2.42g $Na_2MoO_4\cdot 2H_2O$和0.31g $Na_2HAsO_4\cdot 7H_2O$溶于45mL水中，加入4.35mL浓HCl溶液，再加入50mL CH_3CN，然后加入0.8g $n\text{-}Bu_4NBr$，得到黄色沉淀。收集沉淀，用水和乙醇洗涤，在乙腈中重结晶。$(n\text{-}Bu_4N)_3[AsMo_{12}O_{40}]$的元素分析理论值(%)：Mo 44.39、As 2.89；实验值(%)：Mo 44.44、As 2.88。IR(KBr压片，cm^{-1})：962、896、856、792、614、500、470、456；Raman(cm^{-1})：984、961、879、603[14]。

$H_7[\beta\text{-}AsMo_2^{V}Mo_{10}^{VI}O_{40}]$的合成

在通氮气的条件下，将50mL 0.5mol·L^{-1}砷酸钠溶液加入到300mL 0.35mol·L^{-1}五价钼溶液中，然后将100mL 2mol·L^{-1}的钼酸钠水溶液逐滴加入其中，溶液变蓝，加入 160mL 12mol · L^{-1}浓盐酸，混合物放入冰箱中保存过夜，使 α 体向 β 体转化，得到蓝色沉淀，将其过滤，用少量浓盐酸快速洗涤多次以除去吸附的五价钼。在真空下 NaOH 和 P_2O_5中干燥得到 $H_7[\beta\text{-}AsMo_2^{IV}Mo_{10}^{VI}O_{40}]$，产量为 17g[26]。

$(n\text{-}Bu_4N)_3[\beta\text{-}AsMo_{12}^{VI}O_{40}]$的合成

在通氮气条件下，将 7g 还原态 $H_7[\beta\text{-}AsMo_2^{IV}Mo_{10}^{VI}O_{40}]$分批加入到 60mL CH_3CN和 2mL 13mol · L^{-1}浓硝酸的混合溶液中，蓝色溶液变成黄色，将未溶解的白色不溶物过滤除去，滤液加入 10g (TBA)Br 固体得到橙黄色固体产物，固体产物用无水乙醚洗涤几次，产量为 7.4g[26]。

极谱表征：玻碳电极，0.5mol · L^{-1} HCl 溶液，体积比为 40∶60 的水和 1,4-二氧六环的溶液中测定，在＋0.430V、＋0.370V 和－0.030V 处出现三个吸收峰。IR(KBr 压片，cm^{-1})：980(sh)、965(s)、890(vs)、788(vs)、740(sh)、610(vw)、495(w)、462(w)、442(sh)、375(m)、361(m)、335(vw)、325(vw)；Raman (cm^{-1})：987(s)、965(m)、959(sh)、893(w)、862(w)、821(w)、675(w)、608(m)、392(vw)、244.5(m)、201(vw)、154(w)[26]。

$H_{10}[NiMo_{12}^{V}O_{40}\{Ni(H_2O)_3\}_4]$的合成

将 0.618g(0.5mmol)$(NH_4)_6Mo_7O_{24}$ · H_2O，0.527g(1.5mmol)$Na_2B_4O_7$ · $10H_2O$，0.357g(1.5mm)$NiCl_2$ · H_2O，0.2mL 乙二胺，5mL H_2O，在室温下混合均匀，用盐酸调节 pH 约为 8.5，将其封入 25mL 聚四氟乙烯内衬的不锈钢反应釜中，在 180℃的烘箱内恒温晶化 3 天后，以 4℃ · h^{-1}的速率缓慢降温到 100℃，切断电源，使之自然冷却至室温，将产物抽滤，得到黑色晶体产物[34]。

2.3.3 Keggin 型铌系杂多化合物及其异构体的合成

$Na_{16}[SiNb_{12}O_{40}]$ · $4H_2O$ 的合成

将 0.26g NaOH (6.5mmol)溶于 8mL 水中，搅拌，再加入 0.35g Nb_2O_5 · xH_2O (2mmol)和 0.27g TEOS (正硅酸乙酯) (1.3mmol)，搅拌大约半小时，溶液的 pH 大约为 12.7，然后装入 23mL 不锈钢反应釜中，在 190℃下加热 12～24h。白色微晶产品过滤收集，产量为 0.27g，产率为 73% (基于 Nb)[15]。

$K_{12}[Ti_2O_2][SiNb_{12}O_{40}]$ · $16H_2O$ 的合成

将 0.364g KOH (6.5 mmol)溶于 8mL H_2O 中，然后将 0.35g Nb_2O_5 (2.6mmol Nb)、0.18g TEOS(0.9mmol)、0.13g TIPT(四异丙基钛，0.45mmol)依次加入混合物中，室温下搅拌 30min，将其装入 23mL 不锈钢反应釜中，在 220℃下加热 20h。白色微晶产品过滤收集，用去离子水洗涤。产量为 0.45g，产率为 78%(基于 Nb)[27a]。

2.4　Keggin 型杂多化合物的衍生物及其异构体化学

在饱和的 Keggin 结构中移去不同数目的{MO_6}八面体而得到其衍生结构，Keggin 型多酸的衍生结构包括 1∶11 系列、1∶10 系列、1∶9 系列及混配型杂多阴离子。

2.4.1　Keggin 型杂多化合物的衍生物及其异构体的结构

1∶11 系列 Keggin 型多酸的衍生结构主要是基于 α 体和 β 体。α-Keggin 的衍生结构只有一种即{α-XM_{11}}，即从饱和的 α-Keggin 结构中，移去一个{MO_6}八面体得到的[图 2.35(a)]。从饱和 β-Keggin 结构中，移去一个{MO_6}八面体可以分别得到 $β_1$、$β_2$ 和 $β_3$ 三种异构体。由于 β 体是将 α 体的 1 个共边的三金属簇绕着 C_3 轴旋转 60°得到的，当移去 β-Keggin 结构中距离绕 C_3 轴旋转 60°的三金属簇最远的 1 个{MO_6}八面体时，得到{$β_1$-XM_{11}}异构体[图 2.35(b)]；当移去 β-Keggin 结构中与绕 C_3 轴旋转 60°的三金属簇相邻的 1 个{MO_6}八面体时，得到{$β_2$-XM_{11}}异构体[图 2.35(c)]；当移去 β-Keggin 结构中绕 C_3 轴旋转 60°的三金属簇之内的 1 个{MO_6}八面体时，得到{$β_3$-XM_{11}}异构体[图 2.35(d)]。

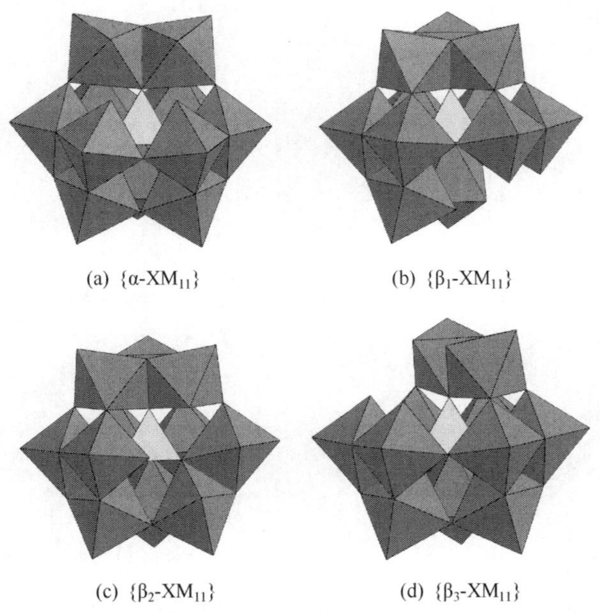

(a) {α-XM_{11}}　(b) {$β_1$-XM_{11}}　(c) {$β_2$-XM_{11}}　(d) {$β_3$-XM_{11}}

图 2.35　1∶11 系列 Keggin 型杂多化合物的四种衍生结构图

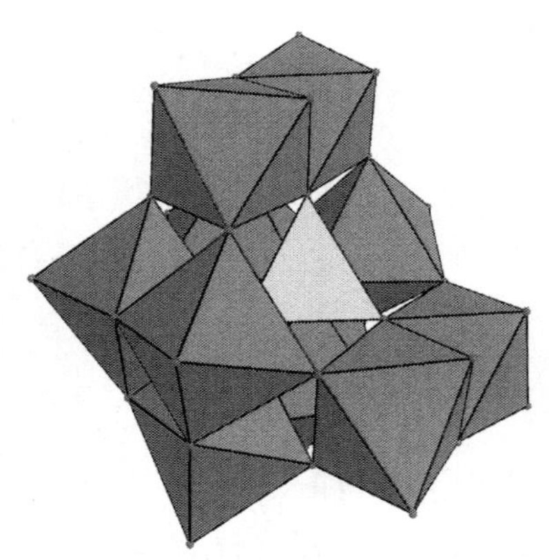
图 2.36　1∶10 系列 Keggin 型多酸 {γ-XM_{10}}的结构图

1∶10 系列 Keggin 型多酸的衍生结构主要是基于 γ 体。γ-Keggin 衍生结构只有一种即{γ-XM_{10}}，它是从{γ-XM_{12}}异构体中移去相邻三金属簇的两个共边相连的{MO_6}八面体得到的(图 2.36)。

1∶9 系列 Keggin 型多酸的衍生结构主要是基于 Keggin 结构的 α 体和 β 体，而且有 A 型和 B 型之分。1∶9 系列 Keggin 型多酸的衍生结构包括 4 种异构体，即 α-A、α-B、β-A 和 β-B 型 1∶9 系列 Keggin 型多酸化合物。{α-A-XM_9}型结构是从{α-XM_{12}}的三个相邻的三金属簇中各移去一个八面体得到的[图 2.37(a)]；而{α-B-XM_9}型结构是移去{α-XM_{12}}的一个三金属簇，即三个共边的八面体得到的[图 2.37(b)]；{β-A-XM_9}型结构是从{β-XM_{12}}的三个相邻的三金属簇中各移去一个八面体得到的[图 2.37(c)]；{β-B-XM_9}型结构是移去{β-XM_{12}}的一个三金属簇，即三个共边的八面体得到的[图 2.37(d)]。

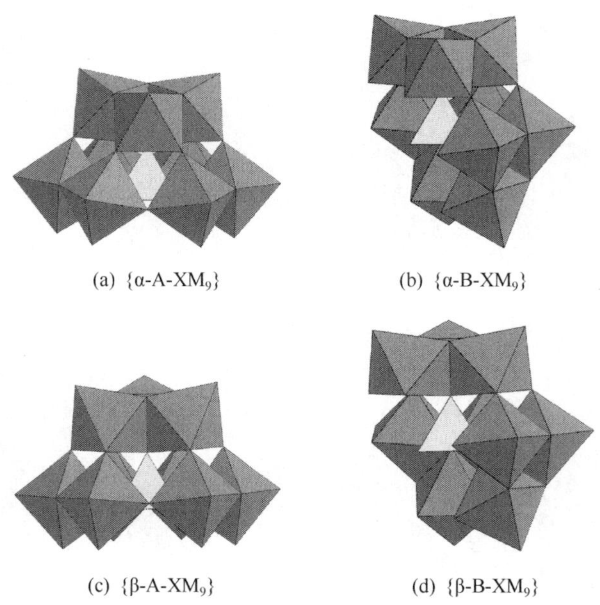

图 2.37　1∶9 系列 Keggin 型多酸的四种衍生结构图

2.4.2　Keggin 型杂多化合物的衍生物及其异构体的合成

2.4.2.1　Keggin 型钨系杂多化合物的衍生物及其异构体的合成

$Na_7[PW_{11}O_{39}]$的合成

离子反应方程式为

$$11WO_4^{2-} + HPO_4^{2-} + 17H^+ \longrightarrow [PW_{11}O_{39}]^{7-} + 9H_2O$$

将 72.5g $Na_2WO_4 \cdot 2H_2O$(0.22mol)和 2.84g Na_2HPO_4(0.02mol)溶于 150～200mL 水中,溶液加热至 80～90℃,剧烈搅拌下用浓硝酸将溶液的 pH 调至 4.8,然后将溶液的体积蒸发一半,向溶液中加入 80～100mL 丙酮,萃取,收集底层溶液,多次重复萃取,直到没有硝酸根离子,最终得到的 $Na_7[PW_{11}O_{39}]$含有的结晶水数目为 15～20[35]。

$[PW_{11}O_{39}]^{7-}$ 的锂盐的制备是将$[PW_{11}O_{39}]^{7-}$ 的钾盐在 Li^+ 树脂(Amberlite IR 120)中进行离子交换,将溶液蒸发至干,得到$[PW_{11}O_{39}]^{7-}$ 的锂盐。

$K_7[PW_{11}O_{39}] \cdot 12H_2O$ 的合成

将 20g $H_3[PW_{12}O_{40}]$溶于 100mL 热水中,加入 1g KCl,剧烈搅拌下,逐滴加入 $1mol \cdot L^{-1}$ $KHCO_3$溶液,使溶液的 pH 达到 5.0,过滤,将滤液浓缩,室温下缓慢蒸发,得到白色晶体,并于热水中重结晶。$K_7[PW_{11}O_{39}] \cdot 12H_2O$ 的元素分析理论值(%):K 8.64、P 0.98、W 63.85、H 0.77;实验值(%):K 8.7、P 0.96、W 64.0、H 0.74[36]。

$[(CH_3)_4N]_4Na_2H[\alpha\text{-}PW_{11}O_{39}] \cdot 8H_2O$ 的合成

将 5.00g $Na_2WO_4 \cdot 2H_2O$ 和 0.90g NaH_2PO_4溶于 20mL H_2O 中,用盐酸将 pH 调至 6.0,然后加入 0.15mL $TiCl_4$,混合物回流 1h,冷却至室温后,将溶液过滤加入 1.00g$(CH_3)_4NCl$,溶液室温下缓慢蒸发得到无色薄盘状晶体。IR (KBr 压片,cm^{-1}):1078(m)、1042(m)、947(vs)、892(sh)、858(s)、803(vs)、762(vs)、515(w)[37]。经过实验发现不加入 $TiCl_4$也能够得到该化合物[37]。

$(n\text{-}Bu_4N)_4H_3[PW_{11}O_{39}]$的合成

将 20.0g $Na_2WO_4 \cdot 2H_2O$ (60.6mmol)和 1.48g $Na_2HPO_4 \cdot 7H_2O$ (5.5mmol)溶解在 40mL 水中,搅拌,逐滴加入 4mL $12mol \cdot L^{-1}$浓 HCl 溶液,控制好速度,所需的时间大约在 15min 以上。随着盐酸的加入,生成的白色絮状沉淀逐渐溶解,将溶液在室温下搅拌 1h,生成少量白色沉淀,再加入大约 4mL 浓 HCl 溶液,直到溶液的 pH 达到 5.5,此时生成的白色沉淀完全溶解。搅拌 30min,用稀盐酸调节使溶液的 pH 保持在 5.0～5.5,加入 8.0g $n\text{-}Bu_4NBr$ (25mmol) 的 60mL 水溶液,马上生成沉淀,逐滴加入大约 6mL $3mol \cdot L^{-1}$ HCl 溶液,剧烈搅拌 5min,直到溶液的 pH 为 1.1～1.2。将产品过滤,用大量水洗涤,产品在 60℃下真空干燥 24 h,产量为 20.0g,产率为 99%[38,39]。IR(KBr 压片, cm^{-1}):1107(m)、

1054(m)、957(vs)、886(vs)、808(vs)、754(m)、596(vw)、519(w)[38, 39]。

$Na_9[A\text{-}PW_9O_{34}]\cdot 7H_2O$ 和 $Na_{9-x}H_x[A\text{-}PW_9O_{34}]$的合成

将 120g $Na_2WO_4\cdot 2H_2O$(0.36mol)溶解于 150mL 水中，搅拌，直到固体完全溶解，然后逐滴加入 4.0mL 0.06mol(85%)的磷酸，测得 pH 为 8.9～9.0。剧烈搅拌下，将 22.5mL 0.40mol 冰醋酸逐滴加入其中，产生大量白色沉淀，最终溶液的 pH 是 7.5±0.3，溶液搅拌 1h，抽滤得到沉淀，干燥，产量为 90g，产率为 85%～90%。如果用 35mL 12mol · L^{-1} HCl 溶液(0.42mol)代替冰醋酸，并将搅拌时间延长至 4h，得到的产品是 $Na_{9-x}H_x[A\text{-}PW_9O_{34}]$[30]。$Na_9[A\text{-}PW_9O_{34}]\cdot 7H_2O$ 的元素分析理论值(%)：Na 8.44、P 1.20、W 63.8、H 0.54、Cl 0.71；实验值(%)：Na 8.10、P 1.20、W 62.9、H 0.50、Cl 0.71。将样品在 120℃下加热，$[A\text{-}PW_9O_{34}]^{9-}$会转变成$[B\text{-}PW_9O_{34}]^{9-}$。$Na_{9-x}H_x[A\text{-}PW_9O_{34}]$的 IR(KBr 压片，$cm^{-1}$)：1052(s)、1017(m)、941(s)、886(m)、836(s)、740～760(s)；$Na_{9-x}H_x[B\text{-}PW_9O_{34}]$的 IR(KBr 压片，$cm^{-1}$)：1174(m)、1062(m)、1018(w)、995(m)、897(s)、823(s)、739(s)[30]。

$Na_8[\beta\text{-}HPW_9O_{34}]\cdot 24H_2O$ 的合成

将 120g $Na_2WO_4\cdot 2H_2O$ 溶于 150mL 水中，然后向溶液中依次加入 3mL H_3PO_4和 22mL 冰醋酸，剧烈搅拌，抽滤，得到白色晶体沉淀 $Na_8[\beta\text{-}HPW_9O_{34}]\cdot 24H_2O$[40]。

$K_7[\alpha\text{-}PW_9Mo_2O_{39}]\cdot 19H_2O$ 的合成

将 11g $Na_8[\beta\text{-}HPW_9O_{34}]\cdot 24H_2O$ 溶于 20mL 1mol · L^{-1} 钼酸钠溶液和 16mL 1mol · L^{-1} HCl 溶液组成的混合物中，逐滴加入 12mL 1mol · L^{-1} HCl 溶液直到溶液的 pH 为 6～6.5。加入固体 KCl，搅拌，抽滤，得到 $K_7[\alpha\text{-}PW_9Mo_2O_{39}]\cdot 19H_2O$[40]。

$K_3[\alpha\text{-}PW_9Mo_3O_{40}]\cdot 25H_2O$ 的合成

将 20mL 二氧六环和 30mL 5.45mol · L^{-1}HCl 溶液以及 10mL 1mol · L^{-1}的钼酸钠溶液混合，向溶液中加入 10g $K_7[\alpha\text{-}PW_9Mo_2O_{39}]\cdot 19H_2O$，得到黄色 $K_3[\alpha\text{-}PW_9Mo_3O_{40}]\cdot 25H_2O$ 沉淀，该化合物在水溶液中不稳定，在等体积的水和二氧六环的混合溶剂中稳定[40]。

$Cs_6[P_2W_5O_{23}]\cdot H_2O$ 的合成

将 60g H_2WO_4(0.24 mol)溶解在 400mL 水中，剧烈搅拌，逐滴加入约 110mL 50% CsOH 水溶液，然后将此浑浊溶液过滤得到清澈的无色溶液，再将 85% H_3PO_4逐滴加入其中调节 pH 至 7.0(大约需要 21mL)，再将溶液搅拌 1h，过滤，得到 10g 产品，滤液在 0℃的冰箱中冷却 24h，再过滤得到大约 90g 白色晶体产物 $Cs_6[P_2W_5O_{23}]\cdot H_2O$[30]。$Cs_6[P_2W_5O_{23}]\cdot H_2O$ 的 IR (KBr 压片，cm^{-1})：1180 (m)、1153(m)、1048(s)、986(w)、893(vs)、801(w)、686(s)。^{31}P NMR(pH 6, ppm):−2.13[30]。

$K_4[\alpha\text{-}PV^{V}W_{11}O_{40}]\cdot 2H_2O$ 的合成

将59g $H_3[PW_{12}O_{40}]\cdot nH_2O$(0.02mol)溶于50mL水中,搅拌,然后将5g固体Li_2CO_3(0.07mol)分小份加入其中,并剧烈搅拌使溶液的pH达到4.8得到溶液A,这时溶液中的多阴离子只有$[PW_{11}O_{39}]^{7-}$。将3.1g $NaVO_3$(0.025 mol)溶于100mL水中并加热至80℃,冷却,搅拌,用2mL 6mol·L^{-1} HCl溶液将溶液的pH调节为4.8,过滤,搅拌得到溶液B,将溶液B加入溶液A中,用7mL 6mol·L^{-1} HCl溶液将混合物的pH调至2.0,混合物溶液在60℃下加热10min,冷却至25℃,用2mL 6mol·L^{-1} HCl溶液将溶液重新调节至2.0,再将溶液重新加热至60℃,这个过程反复进行直到冷却的溶液pH是2.0±0.1(共加入盐酸大约1mL),将溶液重新加热至60℃,加入20g固体KCl(0.27mol),溶液在60℃下保存15min,搅拌下将溶液再冷却至25℃,得到亮黄色沉淀,抽滤,用两份50mL pH 2的水溶液洗涤,干燥,产量为28g,产率为48%[30]。

$K_4[\alpha\text{-}PV^{V}W_{11}O_{40}]\cdot 2H_2O$的元素分析理论值(%):K 5.33、P 1.05、V 1.73、W 68.9;实验值(%):K 5.06、P 1.03、V 1.52、W 70.4。$K_4[\alpha\text{-}PV^{V}W_{11}O_{40}]\cdot 2H_2O$是一种亮黄色沉淀,干燥时间过长样品将会发生轻微的变色,可能是由于光致还原导致的。pH 2,30℃下,^{31}P和^{51}V NMR谱分别在−14.19ppm和−557.3ppm出现一条谱线。IR(KBr压片,cm^{-1}):1101(m)、1077(s)、1065(sh)、982(s)、881(s)[30]。

$Cs_6[\alpha\text{-}1,2,3\text{-}PV_3W_9O_{40}]$的合成

将8.2g NaAc(100mmol)溶解在100mL水中,搅拌直到固体全部溶解,加入大约6mL HAc直到pH为4.8。向溶液中加入3.05g $NaVO_3$(25mmol)和20g $Na_{9-x}H_x[A\text{-}PW_9O_{34}]$(8.2mmol),溶液在25℃搅拌48h,将得到的酒红色溶液过滤,向滤液中加入8g CsCl(48mmol),混合物搅拌30min得到19g淡橙色沉淀,过滤,用两份50mL水洗涤并真空干燥,产量为15g,产率为56%。$Cs_6[\alpha\text{-}1,2,3\text{-}PV_3W_9O_{40}]$的元素分析理论值(%):Cs 24.32、V 4.67、W 50.04、P 1.01;实验值(%):Cs 24.05、V 4.36、W 49.07、P 0.91。IR(KBr压片,cm^{-1}):1085(s)、1053(m)、953(vs,sh)、863(m)、789(vs,br)。^{51}V NMR(pH 1.8, 30℃, ppm):−566.1[30]。

$Cs_5[\gamma\text{-}PV_2W_{10}O_{40}]$和$Cs_5[\beta\text{-}PV_2W_{10}O_{40}]$的合成

$Cs_5[\gamma\text{-}PV_2W_{10}O_{40}]$的合成:将1g $NaVO_3$(8.2mmol)溶解于40mL水中,并将其加热至70℃,再将溶液冷却至25℃,逐滴加入3mol·L^{-1} HCl溶液将溶液的pH调到0.8,剧烈搅拌,溶液是灰黄色的,表明有VO_2^+的存在,不溶物过滤除去,将12.5g $Cs_7[PW_{10}O_{36}]\cdot H_2O$(3.6mmol)缓慢分批加入滤液中(大约需要

30min)，溶液再搅拌 30min，得到灰黄色沉淀，过滤得到 10.9g 粗产品 $Cs_5[\gamma\text{-}PV_2W_{10}O_{40}]$，产率为 90%。

产物的纯化：将 0.1g $NaVO_3$(0.8 mmol)溶解在 100mL 水中，逐滴加入 3mol · L^{-1} HCl 溶液将 pH 降至 2.0，然后将 5g 粗产品 $Cs_5[\gamma\text{-}PV_2W_{10}O_{40}]$(1.5mmol) 加入其中，混合物在 25℃下搅拌 30min，溶液过滤，在 0℃下冷却 12h，得到 2.4g 晶体产物 $Cs_5[\gamma\text{-}PV_2W_{10}O_{40}]\cdot 6H_2O$ (0.7mmol)[30]。$Cs_5[\gamma\text{-}PV_2W_{10}O_{40}]\cdot 6H_2O$ 的元素分析结果理论值(%)：Cs 19.6、P 0.92、V 3.01、W 54.3、H 0.36；实验值(%)：Cs 19.0、P 0.72、V 3.27、W 54.1、H 0.44。在过量钒的存在下，这种灰黄色异构体在 pH 为 2 的溶液中是非常稳定的。但是，在$[VO_2]^+$的存在下，$[\gamma\text{-}PV_2W_{10}O_{40}]^{5-}$会转变成深黄色$[\beta\text{-}PV_2W_{10}O_{40}]^{5-}$。$^{31}P$ NMR(pH 4，ppm)：−14.55；^{51}V NMR(pH 2.5，ppm)：−547.1；IR (KBr 压片，cm^{-1})：1096(m)、1060(m)、1040(m)、1007(sh)、985(sh)、954(s)、766(vs, br)[30]。

$Cs_5[\beta\text{-}PV_2W_{10}O_{40}]$的合成：将 10g $Cs_5[\gamma\text{-}PV_2W_{10}O_{40}]$ (3mmol)溶于 300mL 水中，搅拌 60h，溶液冷却至 0℃，过滤，用旋转蒸发仪将溶液体积缩小至大约 75mL，然后再将溶液在 0℃冷却 1h，过滤得到 $Cs_5[\beta\text{-}PV_2W_{10}O_{40}]$固体产品 8.5g，产率为 70%。25℃下将产品溶解在 200mL 水中，过滤，滤液缓慢蒸发至干，产量为 7g，产率为 60%[30]。$Cs_5[\beta\text{-}PV_2W_{10}O_{40}]\cdot 10H_2O$ 的元素分析理论值(%)：Cs 19.2、P 0.90、V 2.95、W 53.2；实验值(%)：Cs 18.9、P 0.84、V 2.99、W 51.7。^{31}P NMR (pH 4，30℃，ppm)：−12.85；^{51}V NMR(pH 3.5，30℃，ppm)：−544.2、−555.2；IR(KBr 压片，cm^{-1})：1090(m)、1068(m)、1058(m)、976(s,sh)、960(s)、890(m)、794(vs, br)[30]。

$(n\text{-}Bu_4N)_4[PVW_{11}O_{40}]$和$(n\text{-}Bu_4N)_5[PV_2W_{10}O_{40}]$的合成

将 0.39g $NaH_2PO_4\cdot 2H_2O$ 加入 8.25g $Na_2WO_4\cdot 2H_2O$ 的 400mL 水溶液中，然后再加入 21.7mL 浓盐酸，搅拌，分别向溶液中加入 5.0mL 或 20mL V^V 的原溶液(将 29.245g NH_4VO_3和 20.0g NaOH 溶解于 500mL 水中制得)，再加水使溶液体积达到 500mL，加入 $n\text{-}Bu_4NBr$ 分别得到沉淀$(n\text{-}Bu_4N)_4[PVW_{11}O_{40}]$或$(n\text{-}Bu_4N)_5[PV_2W_{10}O_{40}]$，过滤，室温下用乙醇和水洗涤，在乙腈中重结晶[41a]。

$K_4[\alpha\text{-}PVW_{11}O_{40}]\cdot 2H_2O$ 的合成

将 54g $H_3[PW_{12}O_{40}]$溶于 50mL 水中，搅拌下缓慢加入约 2.6g 固体Li_2CO_3，使溶液的 pH 调至 4.9，溶液的体积达到 75mL，然后再加入 100mL 0.2mol · L^{-1} $NaVO_3$，搅拌，将 6mol · L^{-1} HCl 溶液逐滴加入混合物中使 pH 达到 2，溶液加热到 60℃，保持大约 10min，冷却至室温，再加入 6mol · L^{-1} HCl 溶液使 pH 调至 2，溶液再加热至 60℃，加入 20g 固体 KCl，溶液在 60℃下保存 10min，冷却至 30℃得到淡黄色沉淀，产量为 40g[42]。元素分析的理论值(%)：K 5.33、V 1.73、P 1.05、W 68.87；实验值(%)：K 5.06、V 1.52、P 1.03、W 70.37。^{31}P NMR (ppm)：

−14.19；^{51}V NMR(ppm)：−557.3 [42]。

$K_5[PV^{IV}W_{11}O_{40}]\cdot 8H_2O$ 的合成

将 29g $H_3[PW_{12}O_{40}]$(10mmol) 溶解在 20mL 水中，缓慢加入大约 2.6g 固体 Li_2CO_3，使溶液的 pH 达到 4.8，2min 内逐滴加入 1.6g $VOSO_4$ 的 5mL 水溶液得到深墨水颜色的混合溶液，最终的 pH 为 1.9。再加入 10g KCl 的 30mL 水溶液，溶液在 60℃加热 15min，使溶液的体积减少一半，冷却至 0℃，产品沉淀下来，过滤，干燥，产量为 7.8g，滤液在 60℃加热 15min，其体积减少一半，冷却至 0℃，得到产物大约 13.8g[42]。

$K_5[PV^{IV}W_{11}O_{40}]\cdot 6H_2O$ 的合成

将 30g $Na_3[PW_{12}O_{40}]$溶于 25mL 0.1mol · L^{-1} pH 4.5 的 HAc/NaAc 缓冲溶液中，向溶液中加入等物质的量的 1mol · L^{-1} $VOSO_4$ 水溶液，最终的溶液加热接近沸腾，向热溶液中加入固体 KAc，最终没有更多的白色沉淀生成为止。将溶液快速过滤，再加入 1g KAc，溶液在冰箱中放置过夜，将得到的晶体产物过滤，并在 pH 4.5 的沸腾的 KAc/HAc 缓冲溶液中重结晶[43]。

$K_5[\alpha\text{-}1,2\text{-}PV_2W_{10}O_{40}]\cdot 3H_2O$ 的合成

将 30g $Na_8H[PW_9O_{34}]$ (12.5mmol) 溶解于 60mL 20℃水中，剧烈搅拌，1min 后，逐滴加入 4.2g $VOSO_4$(26mmol) 的 17mL 水溶液，大约需要 10min，20℃下将混合物再搅拌 30min，然后再将混合物在 60℃下加热 1h，加入几滴 Br_2 水直到溶液变成透明的橙色，加入 25g KCl，搅拌，混合物加热至 80℃，热过滤，得到 28.3g 橙色晶体产物，NMR 表明其中 85%的成分是$[\alpha\text{-}1,2\text{-}PV_2W_{10}O_{40}]^{5-}$，将产物在 80℃，pH 2 的水溶液中重结晶，得到分析纯的化合物。若将 5×10^{-3} mol · L^{-1} $[\alpha\text{-}1,2\text{-}PV_2W_{10}O_{40}]^{5-}$ 的水溶液与 0.5mol · L^{-1} KCl/HCl 溶液混合，在 pH 2，80℃的条件下保存 16h 可得到其他异构体[42]。

$K_6[\alpha\text{-}1,2,3\text{-}PV_3W_9O_{40}]\cdot 4H_2O$ 和 $Cs_6[\alpha\text{-}1,2,3\text{-}PV_3W_9O_{40}]$的合成

将 6.1g $NaVO_3$(50mmol)溶于 200mL 1.0mol · L^{-1}的 HAc/NaAc (pH 4.8) 缓冲溶液中，加入 40g $Na_8H[PW_9O_{34}]$ (15mmol)，将溶液在 25℃下搅拌 48h，然后将溶液分成等体积的两份，第一份溶液中加入 15g KCl，搅拌 30min，加入 250mL 甲醇，过滤得到 22g 橙色粉末 $K_6[\alpha\text{-}1,2,3\text{-}PV_3W_9O_{40}]\cdot 4H_2O$，$^{31}P$ NMR(pH 1.8，ppm)：−13.41；^{51}V NMR(pH 1.8，30℃，ppm)：−566.1。另一份溶液中逐滴加入 CsCl 的饱和溶液直到不再有沉淀生成为止，将产物过滤，用 2×100mL 25℃蒸馏水洗涤，将产物在 80℃的水中重结晶得到 $Cs_6[\alpha\text{-}1,2,3\text{-}PV_3W_9O_{40}]$ [42]。

$(n\text{-}Bu_4N)_4[PVW_{11}O_{40}]$的合成

在室温氩气存在下，将 0.240g $VOCl_3$(1.4mmol)加入到 5.00g$(n\text{-}Bu_4N)_4H_3[PW_{11}O_{39}]$ (1.4mmol)的 25mL 吡啶溶液中，反应混合物在 80℃下 Schlenk 管中

加热 1h，然后冷却至室温，搅拌下将 300mL 乙醚加入此棕色溶液中，得到黄色沉淀，用乙醚洗涤真空干燥。产量为 4.81g，产率为 94%。产物在热的乙腈溶液中重结晶[38]。IR（KBr 压片，cm^{-1}）：1097（s）、1070（s）、995（w）、962（vs）、890（vs）、809（vs）、597（vw）、520（w）、505（w）[38]。

$(n\text{-}Bu_4N)_4[PNbW_{11}O_{40}]$的合成

在惰性气体的氛围下，将 0.225g 六甲基二硅氧烷（1.4mmol）的 2mL 乙腈溶液加入到 0.375g $NbCl_5$（1.4mmol）的 2.5mL 乙腈溶液中，得到原位合成的 $NbOCl_3 \cdot 2MeCN$，室温下再搅拌 2h，然后将上述溶液快速加入到 5.00g $(n\text{-}Bu_4N)_4H_3[PW_{11}O_{39}]$（1.4mmol）的 40mL 乙腈溶液中，混合物在圆底烧瓶中回流 3h，要装上冷凝管和干燥管，溶液冷却至室温后，将其加入到 300mL 乙醚中，得到沉淀，产量为 4.36g，产率为 85%[38]。分析纯的产物在乙腈中重结晶，IR（KBr 压片，cm^{-1}）：1083（s）、1070（s）、965（vs）、941（w）、889（vs）、808（vs）、595（vw）、518（w）、505（w）[38]。

$(n\text{-}Bu_4N)_4[PTaW_{11}O_{40}]$的合成

在惰性气体氛围中，将 0.495g $TaCl_5$（1.4mmol）溶解于 25mL 吡啶溶液中，然后将 5.00g $(n\text{-}Bu_4N)_4H_3[PW_{11}O_{39}]$（1.4mmol）和 0.025g 水（1.4mmol）以及 4g 无水 Na_2CO_3（38mmol）的 25mL 水溶液加入其中，反应混合物在室温下搅拌 24h，接下来的处理都是在空气中进行的，将不溶物过滤出来，得到的溶液在 Schlenk 管中 80℃加热 1h，然后冷却至室温，搅拌下将 300mL 乙醚加入此棕色溶液中，得到黄色沉淀，用乙醚洗涤，真空干燥，产量为 4.73g，产率为 90%[38]。IR（KBr 压片，cm^{-1}）：1072（vs）、966（vs）、941（w）、892（vs）、808（vs）、595（vw）、518（w）、508（w）[38]。

$Na_3[PMoW_{11}O_{40}] \cdot 13H_2O$ 的合成

方法 1：将物质的量比为 11∶1 的 $Na_3[PW_{12}O_{40}]$和 $Na_3[PMo_{12}O_{40}]$的混合物溶于水中，将混合物加热浓缩至 0.1mol·L^{-1}，沉淀在浓硫酸中重结晶[44]。

方法 2：将 10g $Na_3[PW_{12}O_{40}]$溶于 100mL 1mol·L^{-1}二氯乙酸缓冲溶液（pH 2.3），向溶液中通入氮气，在这个 pH 下多阴离子主要是以 $[PW_{11}O_{39}]^{7-}$ 形式存在，将 7.83g $Na_2MoO_4 \cdot 2H_2O$ 溶于 100mL 40%的 HCl 溶液中，加入 20mL Hg 振荡 15min，最终的红棕色溶液过滤，将 10mL 滤液加入$[PW_{11}O_{39}]^{7-}$ 的溶液中，15min 后得到红紫色溶液，缓慢蒸发得到晶体产物[44]。

$[Co_4(dpdo)_{12}][H(H_2O)_{27}(CH_3CN)_{12}][PW_{12}O_{40}]_3$（dpdo 指 4,4′-联吡啶-*N*,*N*′-二氧化物）的合成

将 90mg $H_3[\alpha\text{-}PW_{12}O_{40}] \cdot 6H_2O$（0.03mmol）和 7.5mg $CoCl_2 \cdot 6H_2O$（0.03mmol）溶于 1.5mL 水中，溶液在 80℃水浴加热至干，采用分层方法制备晶

体,10mL 体积比为 3∶2 的乙腈/水和 22mg 4,4′-联吡啶-N,N'-二氧化物水合物(0.1mmol)作为缓冲层,然后将 $CoH[PW_{12}O_{40}]\cdot nH_2O$ 的 4mL 乙腈/水混合物(体积比为 6∶2)小心置于缓冲层之上,两周后得到黑色晶体,产率为 83%。$[Co_4(dpdo)_{12}][H(H_2O)_{27}(CH_3CN)_{12}][PW_{12}O_{40}]_3$ 的元素分析理论值(%):C 14.29、H 1.56、N 4.17;实验值(%):C 13.81、H 1.43、N 3.82[41b]。

$K_8[\alpha\text{-}SiW_{11}O_{39}]\cdot 13H_2O$ 的合成

离子反应方程式为

$$11WO_4^{2-} + SiO_3^{2-} + 16H^+ \longrightarrow [\alpha\text{-}SiW_{11}O_{39}]^{8-} + 8H_2O$$

室温下,将 11g Na_2SiO_3(50mmol)在磁力搅拌下溶解在 100mL 水中(如果溶液没有完全变清,过滤得清澈溶液)为溶液 A,磁力搅拌下将 182g $Na_2WO_4\cdot 2H_2O$(0.55mol) 溶解在 300mL 沸水中得到溶液 B,并向溶液 B 中逐滴加入 165mL 4mol·L^{-1} HCl 溶液(大约需要 30min),并剧烈搅拌以溶解少量的钨酸沉淀,将溶液 A 加入到溶液 B 中,接着快速将 50mL 4mol·L^{-1} HCl 溶液加入混合物中,pH 是 5～6,溶液煮沸 1h,冷却至室温后,过滤得到清液。向溶液中加入 150g 固体 KCl,搅拌,得到白色固体,抽滤,用 50mL 冷水洗涤白色固体,在空气中干燥,产量为 145g,产率为 90%[25]。

$K_8[\alpha\text{-}SiW_{11}O_{39}]\cdot 13H_2O$ 可溶于水(饱和溶液的物质的量浓度是 20mmol·L^{-1}),其水溶液在 pH 4.5～7 范围内稳定。溶液极谱表征:在 −0.76V 和 −0.93V(*vs* SCE) 出现两个两电子波,测试介质是 1mol·L^{-1} NaAc/HAc 缓冲溶液。IR(KBr 压片,cm^{-1}):1000、952、885、870(sh)、797、725、625(sh)、540、520、472(sh)、430(sh)、368、332[25]。

$K_6Na_2[SiW_{11}O_{39}]\cdot 13H_2O$ 的合成

将 90.7g $Na_2WO_4\cdot 2H_2O$ 溶于 150mL 水中,加入 3.05g Na_2SiO_3,剧烈搅拌下向该热溶液中逐滴加入 100mL 4mol·L^{-1} HCl 溶液,溶液煮沸大约 1h,冷却至室温, 加入 37.5g KCl 得到白色沉淀,过滤收集,在热水中重结晶。$K_6Na_2[SiW_{11}O_{39}]\cdot 13H_2O$ 的元素分析理论值(%):K 7.36、Na 1.44、Si 0.88、W 63.41、H 0.82;实验值(%):K 7.4、Na 1.4、Si 0.92、W 63、H 0.82 [36]。

$(CN_3H_6)_7Na[SiW_{11}O_{39}]\cdot (CH_3)_2CO\cdot 8H_2O$ 的合成

将 2.84g $Na_2SiO_3\cdot 9H_2O$(10mmol)溶解于 50mL 水中,加入 11.24g H_2WO_4(45mmol)粉末,剧烈搅拌下回流 48h,将胶状不溶物过滤掉,得到 43～46mL 含有 $[\alpha\text{-}SiW_{12}O_{40}]^{4-}$ 的淡紫色溶液。取出 16mL 上述滤液,将 0.04g 盐酸胍的 4mL 水溶液逐滴加入其中,用 0.01g 碳酸钠的 1mL 水溶液将上述混合物的 pH 调至大约 5.5,在 15℃用丙酮扩散法得到无色晶体 $(CN_3H_6)_7Na[SiW_{11}O_{39}]\cdot (CH_3)_2CO\cdot 8H_2O$,产量为 0.036g。IR(KBr 压片,$cm^{-1}$):992(s)、943(s)、880(m)、795(s)、

732(m)、540(m)[45a]。

$(CN_3H_6)K_6Na[SiW_{11}O_{39}]\cdot 11.5H_2O$ 的合成

将 1.5g KCl 的 20mL 水溶液加入到含有$[\alpha\text{-}SiW_{12}O_{40}]^{4-}$的 9mL 水溶液中(制备方法与上述实验相同),得到白色沉淀,过滤,真空干燥。取 0.25g 粉末溶于 6mL 水中,这时逐滴加入 0.004g 盐酸胍的 1mL 水溶液,混合物的 pH 是 6,在 15℃用丙酮扩散法得到无色晶体$(CN_3H_6)K_6Na[SiW_{11}O_{39}]\cdot 11.5H_2O$。IR (KBr 压片,$cm^{-1}$):994(s)、947(s)、882(m)、797(s)、729(m)、519(m)[45a]。

$Na_8[\beta_1\text{-}SiW_{11}O_{39}]$的合成

离子反应方程式为

$$Na_9[\beta\text{-}HSiW_9O_{34}]\cdot 23H_2O + 2WO_4^{2-} + 4H^+ \longrightarrow Na_8[\beta_1\text{-}SiW_{11}O_{39}] + 25H_2O + NaOH$$

将 5.8g $Na_9[\beta\text{-}HSiW_9O_{34}]\cdot 23H_2O$(2mmol)和 1.42g 钨酸钠(4mmol)溶于 40mL 水溶液中,搅拌,向混合物中逐滴加入 5mL HCl 溶液(大约需要 5min),溶液的 pH 达到 6.0,加入 50mL 乙醇得到油状物,将上层清液轻轻倒出,油状物分别用 5×25mL 的乙醇溶液洗涤五次获得粉末状物质,抽滤,在空气中干燥,产量为 5g,产率为 85%[25]。$Na_8[\beta_1\text{-}SiW_{11}O_{39}]$是一种白色溶于水的固体物质,在溶液中会缓慢转变成其 β_2 异构体,溶液极谱表征:在−0.63V 和−0.83V(*vs* SCE)出现两个两电子波,测试介质是 $1mol\cdot L^{-1}$ NaAc/HAc 缓冲溶液。IR(KBr 压片,cm^{-1}):990、950、900(sh)、865、780、725、620、535、460、360、320[25]。

$K_8[\beta_2\text{-}SiW_{11}O_{39}]\cdot 14H_2O$ 的合成

离子反应方程式为

$$11WO_4^{2-} + SiO_3^{2-} + 16H^+ + 8K^+ + 6H_2O \longrightarrow K_8[\beta_2\text{-}SiW_{11}O_{39}]\cdot 14H_2O$$

将 11g Na_2SiO_3(50mmol)溶解在 100mL 蒸馏水中得到溶液 A,182g $Na_2WO_4\cdot 2H_2O$(0.55mmol)溶于 300mL 蒸馏水中,10min 内以每次 1mL 的速度向此溶液中加入 165mL $4mol\cdot L^{-1}$的 HCl 溶液,边加边剧烈搅拌。然后将溶液 A 加入此溶液中,用 $4mol\cdot L^{-1}$ HCl 溶液将溶液 pH 调至 5~6 (大约需 HCl 溶液 40mL),通过加入少量 $4mol\cdot L^{-1}$ HCl 溶液,使该溶液的 pH 在 5~6 保持大约 100min,然后加入 90g KCl,轻轻搅拌得到白色沉淀,15min 后,抽滤得到白色沉淀。为了进一步纯化,将其溶解在 850mL 蒸馏水中,将不溶物抽滤除去,向溶液中加入 80g KCl,得到白色沉淀,用两份 50mL $2mol\cdot L^{-1}$KCl 溶液洗涤,室温下晾干即得到白色固体 $K_8[\beta_2\text{-}SiW_{11}O_{39}]\cdot 14H_2O$,产量为 60~80g,产率为 37%~50%[25]。$K_8[\beta_2\text{-}SiW_{11}O_{39}]\cdot 14H_2O$ 是一种白色固体,溶于水,在溶液中缓慢转变成其 β_3 异构体,溶液极谱表征:在−0.63V 和−0.77V(*vs* SCE)出现两个两电子波,测试介质是 $1mol\cdot L^{-1}$ NaAc/HAc 缓冲溶液。IR(KBr 压片,cm^{-1}):988、945、875、855、

805、730、610(sh)、530、460(sh)、395(sh)、360、325[25]。

$K_8[\beta_3\text{-}SiW_{11}O_{39}]\cdot 14H_2O$ 的合成

将 30g $K_8[\beta_2\text{-}SiW_{11}O_{39}]\cdot 14H_2O$(9.4mmol)溶解于 300mL 水中,如有不溶物,则过滤除去,溶液的 pH 溶液用 5mL 4mol · L^{-1} HCl 溶液调节至 5.0,并在室温下保存 44h,加入 60g 固体 KCl 得到白色沉淀,混合物搅拌 2h,抽滤得固体产物(为 β_3 体和 α 体的混合物),将固体混合物溶解于 200mL 水中,不溶物几乎都是 α 体,过滤除去,向滤液中加入 40g 固体 KCl,抽滤得到白色固体物质,用两份 20mL 1mol · L^{-1} KCl 洗涤,在空气中干燥。产量为 13.5g,产率为 45%[25]。$K_8[\beta_3\text{-}SiW_{11}O_{39}]\cdot 14H_2O$ 是一种白色固体,可溶于水,在溶液中会缓慢转变成其 α 异构体,溶液极谱表征:在−0.69V 和−0.89V(*vs* SCE)出现两个两电子波,测试介质是 1mol · L^{-1} NaAc/HAc 缓冲溶液。IR(KBr 压片,cm^{-1}):985、945、878、790、742、665、615(sh)、540、510、450、390、365、330[25]。

$K_8[\gamma\text{-}SiW_{10}O_{36}]\cdot 12H_2O$ 的合成

离子反应方程式为

$$[\beta_2\text{-}SiW_{11}O_{39}]^{8-} + 2CO_3^{2-} + 8K^+ + 13H_2O \longrightarrow K_8[\gamma\text{-}SiW_{10}O_{36}]\cdot 12H_2O + 2HCO_3^- + WO_4^{2-}$$

将 15g $K_8[\beta_2\text{-}SiW_{11}O_{39}]\cdot 14H_2O$(5mmol)溶解在 25℃ 150mL 蒸馏水中,过滤除去不溶物,用 2mol · L^{-1}的 K_2CO_3水溶液将溶液的 pH 快速调至 9.1,通过加入少量 K_2CO_3溶液将该混合物在此 pH 下保持 16min,然后加入 40g KCl,在加入 KCl 的过程中,仍要通过加入少量 K_2CO_3溶液保持溶液的 pH 为 9.1。搅拌下有白色沉淀产生,抽滤得到沉淀,用 1mol · L^{-1} KCl 溶液洗涤沉淀,在室温下晾干,即得到 $K_8[\gamma\text{-}SiW_{10}O_{36}]\cdot 12H_2O$,产量约为 10g,产率为 70%[25]。

$K_8[\gamma\text{-}SiW_{10}O_{36}]\cdot 12H_2O$ 溶于水中,在 1<pH<8 范围内稳定,在 pH<1 的酸溶液中$[\gamma\text{-}SiW_{10}O_{36}]^{8-}$会缓慢转变成$[\beta\text{-}SiW_{12}O_{40}]^{4-}$。它的极谱显示了两个可逆的两电子波,半波电位是−0.75V 和−0.84V(*vs* SCE),介质是 1mol · L^{-1} HAc/NaAc 的缓冲溶液,pH 4.7。^{183}W NMR (ppm):−96.4、−137.2、−158.2;IR (KBr 压片,cm^{-1}):989(m)、941(s)、905(s)、865(vs)、818(vs)、740(vs)、655(sh)、553(w)、528(m)、478(sh)、390(sh)、360(s)、328(sh)、318(m)、303(sh)[45b]。

$Na_{10}[\alpha\text{-}SiW_9O_{34}]\cdot 18H_2O$ 的合成

离子反应方程式为

$$9WO_4^{2-} + SiO_3^{2-} + 10H^+ + 10Na^+ \longrightarrow Na_{10}[\alpha\text{-}SiW_9O_{34}] + 5H_2O$$

将 182g $Na_2WO_4\cdot 2H_2O$(0.55mol)和 11g Na_2SiO_3(50mmol)溶于 200mL 水中,搅拌下将 130mL 6mol · L^{-1}HCl 溶液加入其中,溶液煮沸 1h,浓缩至 300mL。最终将残留的硅过滤掉,加入 50g 无水碳酸钠的 50mL 水溶液,然后稍加热溶液缓

慢搅拌得到 $Na_{10}[\alpha\text{-}SiW_9O_{34}]\cdot 18H_2O$ 沉淀。产量为 110g，产率为 85%[18]。

$Na_9[\beta\text{-}HSiW_9O_{34}]\cdot 23H_2O$ 的合成

离子反应方程式为

$$9WO_4^{2-} + SiO_3^{2-} + 11H^+ + 9Na^+ + 18H_2O \longrightarrow Na_9[\beta\text{-}HSiW_9O_{34}]\cdot 23H_2O$$

将 12g Na_2SiO_3(57mmol)溶解在 250mL 冷水中，加入 150g $Na_2WO_4\cdot 2H_2O$(455mmol)，并将 95mL 6 mol·L^{-1}的 HCl 溶液缓慢加入并剧烈搅拌，过滤，滤液室温下缓慢蒸发，几小时后得到钠盐的晶体。产量为 50g，产率为 35%[18,25]。$Na_9[\beta\text{-}HSiW_9O_{34}]\cdot 23H_2O$ 是一种白色固体，溶于水，多阴离子不稳定结构会缓慢发生转变，极谱表征在 1mol·L^{-1} HAc/NaAc 的缓冲溶液中，在−0.82V 和−0.93V(*vs* SCE)处出现两个波，IR(KBr 压片，cm^{-1})：990(m)、935(m)、865(vs)、800(s)、745(s)、535(m)、315(s)[18,25]。

$Li_5[SiVW_{11}O_{40}]\cdot 4H_2O$ 的合成

将 41.4g $H_4[SiW_{12}O_{40}]$(14.5mmol) 溶于 25mL H_2O 中，加热至 80℃，向溶液中加入大约 13.8g $NaHCO_3$，冷却至室温，过滤，滤液的 pH 为 8.2，^{183}W NMR 显示出$[SiW_{11}O_{39}]^{8-}$的吸收峰。向混合物中加入 4.9g $NaVO_3$(40 mmol)，并逐滴加入 6mol·L^{-1} HCl 溶液，溶液煮沸 1min。冷却，溶液的 pH 为 5.5，过滤除去生成的V_2O_5杂质，溶液重新加热至 80℃，加入 6.5g KCl，混合物冷却至室温收集黄色沉淀，产物在 20mL 80℃ pH 6 的水溶液中重结晶，之后在冰浴中冷却，产量为 14.3g。再次重结晶产量为 13.5g。该酸的钾盐通过 20g 锂离子交换柱，产量为 12g[42]。$Li_5[SiVW_{11}O_{40}]\cdot 4H_2O$ 的元素分析理论值(%)：Li 1.19、Si 0.96、V 1.74、W 69.3；实验值(%)：Li 1.19、Si 0.95、V 1.85、W 68.1。^{29}Si NMR(30℃，pH 2，ppm)：−84.84；^{51}V NMR (30℃，pH 2，ppm)：−550.8[42]。

$K_6[SiV^{IV}W_{11}O_{40}]\cdot 2H_2O$ 的合成

将 28.8g $H_4[SiW_{11}O_{40}]$(10mmol)溶于 25mL 水中，加热至 40℃，缓慢加入 7.2g $NaHCO_3$，使溶液的 pH 达到 7.9，加入 3g $VOSO_4$(18mmol)的 5mL 水溶液，溶液在 60℃下加热 30min，缓慢加入 10g KCl 固体，溶液在 60℃下保存 15min，再冷却至 0℃保存大约 15min，过滤收集得到 23g 黑色晶体。

$K_6H[\alpha\text{-}1,2,3\text{-}SiV_3W_9O_{40}]\cdot 3H_2O$ 和 $K_6[\alpha\text{-}1,2\text{-}SiV_2W_{10}O_{40}]\cdot 4.5H_2O$ 的合成

室温下，将 5.5g$NaVO_3$ (45mmol)和 40g $Na_{10}[\alpha\text{-}SiW_9O_{34}]$ (165mmol)溶于 400mL 水中，溶液剧烈搅拌，逐滴加入 6mol·L^{-1} HCl 使溶液的 pH 达到 1.5，得到清澈的酒红色溶液，加入 50g KCl 固体得到澄清溶液，然后加入 1.5L 甲醇，溶液静置 60h，得到橙色沉淀，将固体溶解在 65℃水中，过滤，滤液冷却至 0℃，得到 2.3g 橙褐色粉末 $K_6H[\alpha\text{-}1,2,3\text{-}SiV_3W_9O_{40}]\cdot 3H_2O$。元素分析理论值(%)：K 8.48、Si 1.02、V 5.53、W 59.84；实验值(%)：K 8.24、Si 1.01、V 5.50、W 59.3；

^{29}Si NMR(30℃,pH 1.5,ppm):−84.38;^{51}V NMR(30℃,pH 1.5,ppm):−573.1[42]。

缩小上述滤液的体积,得到 1.3g 产品,其中含有 1.1g $K_6[SiV_2W_{10}O_{40}]$,将最终的滤液洗提至干,得到 14.0g 淡橙色粉末,用 20mL 40℃的水洗涤,得到 3.6g 固体产品,滤液冷却至 0℃得到 3.9g 橙色晶体。晶体在 8mL 水中重结晶,缓慢冷却至室温,得到 1.8g 黑红色晶体 $K_6[\alpha\text{-}1,2\text{-}SiV_2W_{10}O_{40}]\cdot 4.5H_2O$。元素分析理论值(%):K 8.03、Si 0.96、V 3.48、W 62.9;实验值(%):K 8.03、Si 0.94、V 3.38、W 62.2。^{29}Si NMR (30℃, pH 1.5, ppm):−84.28;^{51}V NMR (30℃, pH 1.5, ppm):−550.2 [42]。

$K_5[SiV^{V}W_{11}O_{40}]\cdot nH_2O$ 的合成

将 2.5g $VOSO_4\cdot 5H_2O$ (9.8mmol)溶解在 30mL 1mol·L^{-1} pH 约 4.7 的 HAc/NaAc 缓冲溶液中,室温快速搅拌下,加入 24.0g $K_8[SiW_{11}O_{39}]\cdot 13H_2O$ (7.45mmol)。溶液加热至 60℃,3min 内慢慢加入 7.5g 固体 KCl,在 5℃下将混合物放置过夜,形成紫黑色固体, 过滤除去,重结晶,溶解固体于 80～85℃水中 (10g/12mL), 不溶的深绿色固体要趁热快速过滤,紫色滤液置于冰水浴中 2h, 真空下过滤蒸干得到固体,产率为 70%[46]。

$(n\text{-}Bu_4N)_4[\gamma\text{-}SiW_{10}Mo_2O_{40}]$的合成

将 0.50g $(n\text{-}Bu_4N)_2Mo_2O_7$ (0.63mmol) 和 2g $(n\text{-}Bu_4N)_4H_4[\gamma\text{-}SiW_{10}O_{36}]$ (0.6mmol) 溶于 5mL 乙腈中,用 5mL 2mol·L^{-1} HCl 溶液酸化,将浑浊物过滤掉,将滤液冰冻,然后向冰冻的滤液中加入 200mL 乙醇,得到灰黄色沉淀,过滤,用乙醚洗涤。IR (KBr 压片,cm^{-1}): 1006(w)、968(s)、916(vs)、875(m)、791(vs)、556(w)、537(w)、415(w)、388(m)、334(w)、305(w)、282(m)。$(n\text{-}Bu_4N)_4[\gamma\text{-}SiW_{10}Mo_2O_{40}]$的元素分析理论值(%):C 20.94、H 3.92、N 1.53、Si 0.79、W 50.13、Mo 5.23;实验值(%):C 19.90、H 3.85、N 1.41、Si 1.02、W 50.82、Mo 4.95[47]。

$Cs_6[\gamma\text{-}SiW_{10}Mo_2O_{40}]\cdot 8H_2O$ 的合成

将 6g $K_8[\gamma\text{-}SiW_{10}O_{36}]\cdot 12H_2O$ (2.0mmol) 加入 50mL 4.8×10^{-2}mol·L^{-1} 的$[Mo_2O_4]^{2+}$二聚体溶液中,溶液由棕黄色变成深红棕色,然后向溶液中加入 3.5g CsCl (20mmol),得到沉淀 $Cs_6[\gamma\text{-}SiW_{10}Mo_2O_{40}]\cdot 8H_2O$,过滤并收集沉淀,产率为 90%。IR (KBr 压片,cm^{-1}): 957(s)、897(s)、790(vs)、728(m)、687(m)、624(w)、555(m)、491(vw)、459(vw)、377(w)、356(m)、339(w)、330(w)、305(m)、279(m)。$Cs_6[\gamma\text{-}SiW_{10}Mo_2O_{40}]\cdot 8H_2O$ 的元素分析理论值(%):Cs 21.91、Si 0.77、W 50.49、Mo 5.27;实验值(%):Cs 21.18、Si 0.82、W 51.12、Mo 4.96[47]。

$(n\text{-}Bu_4N)_4[\alpha\text{-}SiMoW_{11}O_{40}]$的合成

将 10mL 1mol·L^{-1} Na_2MoO_4溶液滴加到 6mL 13mol·L^{-1} HNO_3溶液中,

然后分次加入 10g $K_8[SiW_{11}O_{39}]\cdot 12H_2O$ 固体，得到 $K_4[\alpha\text{-}SiMoW_{11}O_{40}]$黄色沉淀，几小时后，过滤得到黄色固体，用饱和 KCl 溶液、乙醇和乙醚洗涤。室温下将得到的产品在水中重结晶，过滤掉 $K_8[SiW_{11}O_{39}]$白色固体，滤液在 0℃保存，一天后得到黄色针状晶体，10g 该晶体产物溶解在 30mL 水中，并用 10g $n\text{-}Bu_4NBr$ 沉淀，最终得到的黄色盐用水、乙醇和乙醚洗涤。IR(KBr 压片，cm^{-1})：1009(m)、985(sh)、967(s)、918(s)、881(s)、793(vs)、735(sh)、545(sh)、530(m)、478(vw)、415(vw)、384(s)、335(m)[33]。

$K_4[\beta\text{-}SiMo_3W_9O_{40}]$、$(n\text{-}Bu_4N)_4[\beta\text{-}SiMo_3W_9O_{40}]$和 $H_4[\beta\text{-}SiMo_3W_9O_{40}]\cdot 30H_2O$ 的合成

将 40mL $1mol\cdot L^{-1}$ Na_2MoO_4溶液用 60mL $12mol\cdot L^{-1}$ HCl 溶液酸化，然后将 27g $Na_9[\beta\text{-}HSiW_9O_{34}]\cdot 23H_2O$ 缓慢加入其中，30min 后，加入 KCl 固体得到灰黄色沉淀 $K_4[\beta\text{-}SiMo_3W_9O_{40}]$，将沉淀过滤，分别用 KCl 饱和溶液、乙醇和乙醚洗涤，得到产量为 25g 的粗产品 $K_4[\beta\text{-}SiMo_3W_9O_{40}]$。该粗产品通过极谱法在 $0.1mol\cdot L^{-1}$ HClO，$0.9mol\cdot L^{-1}$ NaClO 溶液中测定，在＋0.380V、＋0.160V、－0.220V、－0.450V(*vs* SCE)处出现四个吸收峰[33]。

若得到$(n\text{-}Bu_4N)_4[\beta\text{-}SiMo_3W_9O_{40}]$，将 25g 粗产品 $K_4[\beta\text{-}SiMo_3W_9O_{40}]$溶解在 50mL 水中，加入 20g $n\text{-}Bu_4NBr$ 的 20mL 水溶液得到黄色沉淀，过滤，分别用水、乙醇和乙醚洗涤，并在丙酮中重结晶。IR (KBr 压片，cm^{-1})：1005(w)、983(sh)、967(sh)、960(s)、910(vs)、875(sh)、865(sh)、810(vs)、794(sh)、740(sh)、610(w)、543(sh)、530(m)、515(m)、465(sh)、421(w)、400(w)、381(sh)、376(m)、361(w)、340(m)。若得到 $H_4[\beta\text{-}SiMo_3W_9O_{40}]\cdot 30H_2O$，将 25g 粗产品 $K_4[\beta\text{-}SiMo_3W_9O_{40}]$ 溶解在 50mL 水中，用 20mL 盐酸和乙醚萃取得到 $H_4[\beta\text{-}SiMo_3W_9O_{40}]\cdot 30H_2O$[33]。

$K_6H[A\text{-}\beta\text{-}SiW_9V_3O_{40}]\cdot 3H_2O$ 的合成

离子反应方程式为

$$SiO_3^{2-} + 9WO_4^{2-} + 11H^+ \longrightarrow \{H[A\text{-}\beta\text{-}SiW_9O_{34}]\}^{9-} + 5H_2O$$

$$3VO_3^- + 6H^+ \longrightarrow 3VO_2^+ + 3H_2O$$

$$\{H[A\text{-}\beta\text{-}SiW_9O_{34}]\}^{9-} + 3VO_2^+ \longrightarrow \{H[A\text{-}\beta\text{-}SiW_9V_3O_{40}]\}^{6-}$$

总：$$SiO_3^{2-} + 9WO_4^{2-} + 3VO_3^- + 17H^+ \longrightarrow \{H[A\text{-}\beta\text{-}SiW_9V_3O_{40}]\}^{6-} + 8H_2O$$

将 60g $Na_2SiO_3\cdot 9H_2O$ (0.21mol，稍过量是因为酸化过程中可能会产生硅胶沉淀)溶解在 500mL 蒸馏水中，再将 362g $Na_2WO_4\cdot 2H_2O$(1.1mol)溶解在其中，然后在 1～2min 内，剧烈搅拌下加入 200mL $6mol\cdot L^{-1}$ HCl(1.2 mol)溶液，在此过程中有白色胶状沉淀生成，再快速搅拌 10min，过滤，滤液放在 4℃的冰箱中保存 2～3 天，过滤得到白色晶体沉淀，室温下在空气中干燥 1～2 天得到粗产品

$Na_9H[A\text{-}\beta\text{-}SiW_9O_{34}]\cdot 23H_2O$,产量为 71g,产率为 21%[48]。

将 6.4g $NaVO_3$(52 mmol)溶解于 900mL 85℃热水中,然后将溶液冷却至 20℃,加入 22.6mL 6 mol · L^{-1} HCl(136 mmol)溶液,将灰黄色溶液(pH<1.5)搅拌 15min,将 48g(17mmol)粗产品 $Na_9H[A\text{-}\beta\text{-}SiW_9O_{34}]\cdot 23H_2O$ 加入其中,剧烈搅拌,得到樱桃红色溶液,搅拌 15min 后,加入 60g KCl,溶液仍是均相的而且是樱桃红色,然后再加入 900mL 甲醇,得到橙红色沉淀,过滤,室温下干燥 12～24 h,产量为 34.5g,产率为 74%。55℃下,将 30g 粗产品溶解在 100mL 0.03mol · L^{-1} HCl 和 50mL 甲醇溶液中重结晶,溶液缓慢冷却至 4℃,6h 后,收集得到的晶体在空气中干燥,产量为 22.0g,产率为 73%[48]。$H[A\text{-}\beta\text{-}SiW_9V_3O_{40}]^{6-}$ 在水中是可溶的,微溶于 DMSO、DMF 和甲醇中,室温下在 pH=1.5 的溶液中是稳定的[48]。

$[(C_4H_9)_4N]_4H_3[A\text{-}\beta\text{-}SiW_9V_3O_{40}]$的合成

离子反应方程式为

$$\{H[A\text{-}\beta\text{-}SiW_9V_3O_{40}]\}^{6-} + 4(C_4H_9)_4N^+ + 2H^+ \longrightarrow [(C_4H_9)_4N]_4H_3[A\text{-}\beta\text{-}SiW_9V_3O_{40}]$$

将 30g $K_6H[A\text{-}\beta\text{-}SiW_9V_3O_{40}]\cdot 3H_2O$ (10mmol)溶解在 150mL 0.03mol · L^{-1} HCl 溶液中得到溶液 A,然后将 15g 四丁基溴化铵(46mmol)在搅拌下溶解于 75mL 0.03mol · L^{-1} HCl 溶液中得到溶液 B,在 5～10min 内将溶液 A 加入到溶液 B 中,立刻形成橙色沉淀。用 6mol · L^{-1} HCl 溶液将混合物的 pH 调至 1.5,将沉淀过滤,并用 20mL 0.03mol · L^{-1} HCl(pH 1.5) 洗涤四次,在空气中过滤器中干燥4～6h,然后在 50～60℃下干燥过夜,产量为 34.5g,产率为 67%。将 20g 样品溶解在 30mL 热乙腈(55℃)溶液中重结晶,加入 75mL 热氯仿(55℃),然后将烧杯放在盛装 100mL 热氯仿溶液的带盖容器中。在 40～45℃下保存一周后,将混合物冷却至冰点,得到红色晶体,过滤,在空气中干燥最终得到的样品 $[(C_4H_9)_4N]_4H_3[A\text{-}\beta\text{-}SiW_9V_3O_{40}]$为橙红色,产量为 15.0g,产率为 75%[48]。$[(C_4H_9)_4N]_4H_3[A\text{-}\beta\text{-}SiW_9V_3O_{40}]$可溶于乙腈、DMF 和 DMSO,微溶于氯仿、二氯甲烷、乙醇、芳香烃、脂肪烃和水中[48]。

$[(C_4H_9)_4N]_4[A\text{-}\beta\text{-}(\eta^5\text{-}C_5H_5)TiSiW_9V_3O_{40}]$的合成

离子反应方程式为

$$[(C_4H_9)_4N]_4H_3[A\text{-}\beta\text{-}SiW_9V_3O_{40}] + 3(C_4H_9)_4NOH \longrightarrow [(C_4H_9)_4N]_7[A\text{-}\beta\text{-}SiW_9V_3O_{40}] + 3H_2O$$

$$(\eta^5\text{-}C_5H_5)TiCl_3 + 3Ag^+ \longrightarrow [(\eta^5\text{-}C_5H_5)Ti]^{3+} + 3AgCl$$

$$[(\eta^5\text{-}C_5H_5)Ti]^{3+} + [(C_4H_9)_4N]_7[A\text{-}\beta\text{-}SiW_9V_3O_{40}] \longrightarrow [(C_4H_9)_4N]_4[A\text{-}\beta\text{-}(\eta^5\text{-}C_5H_5)TiSiW_9V_3O_{40}] + 3(C_4H_9)_4N^+$$

总:$[(C_4H_9)_4N]_4H_3[A\text{-}\beta\text{-}SiW_9V_3O_{40}] + 3(C_4H_9)_4NOH + (\eta^5\text{-}C_5H_5)TiCl_3 + 3Ag^+ \longrightarrow [(C_4H_9)_4N]_4[A\text{-}\beta\text{-}(\eta^5\text{-}C_5H_5)TiSiW_9V_3O_{40}] + 3(C_4H_9)_4N^+ + 3AgCl + 3H_2O$

将 15.0g $[(C_4H_9)_4N]_4H_3[A\text{-}\beta\text{-}SiW_9V_3O_{40}]$(4.4mmol)溶解在 150mL 乙腈中，快速搅拌，将 13.1mL 1.0mol·L^{-1} $(C_4H_9)_4NOH$ (13.1mmol)的甲醇溶液加入其中，最终的溶液搅拌 15min，室温下真空干燥除去溶剂（大约需要 12～16h），得到淡棕色粉末粗产品$[(C_4H_9)_4N]_7[A\text{-}\beta\text{-}SiW_9V_3O_{40}]$，其中包含少量分解产物$[(C_4H_9)_4N]_6H[A\text{-}\beta\text{-}SiW_9V_3O_{40}]$(通过$^{29}Si$ 和^{51}V NMR 表征)[48]。

接下来的所有实验都要在真空通氮气的环境下操作，并进一步通过 4Å 分子筛及还原的 Cu 催化剂。使用的所有玻璃仪器都要在 150℃烘箱中加热过夜，并在真空干燥箱中冷却。乙腈要在氮气下通过 CaH_2 蒸馏干燥，然后通过 3Å 分子筛(使用之前要在 170℃真空下激活)后保存至少 48h[48]。

将 0.79g$(\eta^5\text{-}C_5H_5)TiCl_3$(3.6mmol)溶解在 30mL 干燥的乙腈中，逐滴加入 1.83g $AgNO_3$(10.8mmol)的 20mL 干燥乙腈溶液，将最终的混合物搅拌 15min，过滤除去 AgCl 沉淀，得到含有$[(\eta^5\text{-}C_5H_5)Ti]^{3+}$的黄色滤液 A。将 15.0g $[(C_4H_9)_4N]_7[A\text{-}\beta\text{-}SiW_9V_3O_{40}]$ (3.6mmol)溶解在 50mL 干燥乙腈溶液中，过滤除去白色不溶沉淀物，得到含有$[A\text{-}\beta\text{-}SiW_9V_3O_{40}]^{7-}$的水溶液 B，将黄色滤液 A 直接加入 B 中，得到深橙色溶液，缓慢加热回流 1h，旋转蒸发除去溶液中的溶剂，将反应产物从容器中移出，残渣在 150mL 氯仿中搅拌 15min，过滤得到粗产品，粗产品溶解在 20mL 乙腈中纯化，过滤，将滤液加入 200～250mL 氯仿中将产品沉淀，过滤，得到淡棕色到深红棕色沉淀。然后将其悬浮在 100mL 乙醇中，过滤，再将其溶解在 15mL 乙腈中，缓慢加入 150mL 氯仿(大约 1h 以上)再次得到沉淀，用乙醇洗涤，纯化过程重复 1～2 次，产品在 25℃真空干燥过夜，产量为 7.6g，产率为 59%[48]。$[(C_4H_9)_4N]_4[A\text{-}\beta\text{-}(\eta^5\text{-}C_5H_5)TiSiW_9V_3O_{40}]$可溶于乙腈、DMSO 和 DMF 中，微溶于丙酮和甲醇中，虽然$[(\eta^5\text{-}C_5H_5)Ti]^{3+}$在空气中非常敏感，但是$[A\text{-}\beta\text{-}(\eta^5\text{-}C_5H_5)TiSiW_9V_3O_{40}]^{4-}$在空气中可以稳定存在，以固态形式或者在乙腈中存在都是稳定的[48]。

$Cs_6H[A\text{-}\alpha\text{-}Si(NbO_2)_3W_9O_{37}]\cdot 8H_2O$ 的合成

将 1.91g $K_7H[Nb_6O_{19}]\cdot 13H_2O$ (1.39mmol) 溶于 250mL 0.5mol·L^{-1} H_2O_2水溶液中，搅拌，逐滴加入 20mL 1.0mol·L^{-1} HCl 溶液中得到淡黄色溶液，再加入 7.82g $Na_{10}[A\text{-}\alpha\text{-}SiW_9O_{34}]\cdot 23H_2O$ (2.72mmol)，待固体全部溶解后，加入 25.0g CsCl(46.5mmol)得到$[A\text{-}\alpha\text{-}Si(NbO_2)_3W_9O_{37}]^{7-}$的铯盐，将沉淀过滤，用两份 20mL 乙醚洗涤，并在空气中进行干燥得到产物，产量为 9.11g，产率为 86.9%。IR (KBr 压片，cm^{-1})：994(w)、957(m)、903(vs)、868(sh)、789(vs)、673(vw)、592(w)、534(w)、482(vw)；^{183}W NMR(0.1mol·$L^{-1}$$D_2O$, ppm)：−111.4、−138.4 [49]。

$Cs_7[A\text{-}\alpha\text{-}SiNb_3W_9O_{40}]\cdot 10H_2O$ 的合成

方法 1：将 4.50g $Cs_6H[A\text{-}\alpha\text{-}Si(NbO_2)_3W_9O_{37}]\cdot 8H_2O$(1.25mmol) 溶于

150mL 0.5mol · L^{-1} HCl 溶液，将黄色溶液回流 2.5h 得到无色溶液，逐滴加入 6.0mol · L^{-1} CsOH 溶液将溶液的 pH 调至 5，过滤出白色沉淀，滤液缓慢蒸发，9 天后得到晶体产物，产量为 0.70g，产率为 15%。IR(KBr, cm^{-1})：1003(w)、963(m)、905(s)、778(vs)、538(m)。^{183}W NMR(ppm)：−106.8、−148.7[49]。

方法 2：在 8.3mL 1.0mol · L^{-1} CsOH(8.3mmol)溶液中，逐滴加入 6.82g $(TBA)_6H_2[A\text{-}\alpha\text{-}Si_2Nb_6W_{18}O_{77}]$ · Et_2O (1.03mmol)的 60mL 乙腈溶液，剧烈搅拌，在这段时间，产生白色沉淀，混合物再搅拌 30 min，将白色固体过滤，用 2×20mL 甲醇洗涤，再用 50mL 二乙醚洗涤，将白色粉末干燥 3 天，产量为 5.54g，产率为 73.5%[49]。

$(n\text{-}Bu_4N)_7[SiW_9Nb_3O_{40}]$的合成

将 5.0g $(n\text{-}Bu_4N)_6H_2[Si_2W_{18}Nb_6O_{77}]$(0.75mmol)(由 $K_7H[Nb_6O_{19}]$ · $13H_2O$, $Na_9H[A\text{-}\beta\text{-}SiW_9O_{34}]$ · $23H_2O$ 及盐酸，并加入少量 H_2O_2 反应得到的)和 3.71mL 1.63mol · L^{-1} $n\text{-}Bu_4N^+OH^-/H_2O$(6.05mmol) 溶于 50mL CH_3N 中，真空除去乙腈，剩余的油状物在 80℃干燥 2～3h 得到产物[50]。

$Cs_3K_{3.5}H_{0.5}[SiW_9(TaO_2)_3O_{37}]$ · $9H_2O$ 的合成

将 3.15g $K_8[Ta_6O_{19}]$ · $17H_2O$ (1.57mmol)、30mL 30% H_2O_2 溶于 190mL 水中，加入 24mL 1.0mol · L^{-1} HCl 溶液，剧烈搅拌，加入 8.73g $Na_{10}[A\text{-}\alpha\text{-}SiW_9O_{34}]$ · $18H_2O$(3.14mmol)，最终的混合物在 45℃下搅拌 30min，得到黄色溶液，加入 30g CsCl (179mmol)(注意：使用 KCl 不会导致产物大量沉淀)，混合物搅拌 30min，过滤，将黄色沉淀用 15mL 乙醚洗涤，干燥 (产率为 40%)。$Cs_3K_{3.5}H_{0.5}[SiW_9(TaO_2)_3O_{37}]$ · $9H_2O$ 的元素分析理论值(%)：Si 0.78、K 3.79、Cs 11.04、Ta 15.03、W 45.81；实验值(%)：Si 0.82、K 3.90、Cs 11.25、Ta 14.78、W 45.43。IR(KBr 压片, cm^{-1})：998(sh)、962(w)、916(s)、848(sh)、790(vs)、668(w)、616(w)、577(vw)、535(w)、492(w)[41c]。

$Cs_{10.5}K_4H_{5.5}[Ta_4O_6(SiW_9Ta_3O_{40})_4]$ · $30H_2O$ 的合成

将 0.80g $Cs_3K_{3.5}H_{0.5}[SiW_9(TaO_2)_3O_{37}]$ · $9H_2O$ (0.22mmol)溶于 30mL 0.5 mol · L^{-1} HCl 溶液中得到黄色溶液，并将混合物回流 2h，将溶液冷却至室温，过滤得到白色沉淀，滤液室温下缓慢蒸发得到无色晶体(产率为 34%)。$Cs_{10.5}K_4H_{5.5}[Ta_4O_6(SiW_9Ta_3O_{40})_4]$ · $30H_2O$ 的元素分析理论值(%)：Si 0.77、K 1.08、Cs 10.53、Ta 19.95、W 45.61；实验值(%)：Si 0.83、K 1.24、Cs 10.77、Ta 19.56、W 46.04。IR(KBr 压片, cm^{-1})：1062(w)、987(w)、915(s)、782(s)、688(vs)、521(w)[41c]。

$Na_{10}[\alpha\text{-}GeW_9O_{34}]$ · $18H_2O$ 的合成

合成方法与 $Na_{10}[\alpha\text{-}SiW_9O_{34}]$ · $18H_2O$ 类似，将 11g Na_2SiO_3 换成 15g

Na_2GeO_3。$Na_{10}[\alpha\text{-}GeW_9O_{34}]\cdot18H_2O$是白色固体，溶于水中，溶液在所有的 pH 范围内都是亚稳态的，但是它可以缓慢转变。最好的表征方法是极谱法，在 1mol·L^{-1} HAc/NaAc 的缓冲溶液中测定极谱，极谱中在 $E_{1/2}=-0.80V$(vs SCE)处出现了一个四电子波。IR(KBr 压片，cm^{-1})：985、940(sh)、930、865、848(sh)、808、712、552、530、490(sh)、435、373、335[50]。

$Na_9[\beta\text{-}HGeW_9O_{34}]\cdot23H_2O$ 的合成

合成方法与 $Na_9[\beta\text{-}HSiW_9O_{34}]\cdot23H_2O$ 类似，将 12g Na_2SiO_3 换成 16.4g Na_2GeO_3[18, 25]。

$K_8[\beta_2\text{-}GeW_{11}O_{39}]\cdot14H_2O$ 的合成

将 5.4g GeO_2 (0.052mol) 溶解在 100mL 水中得到溶液 A，然后将 182g $Na_2WO_4\cdot2H_2O$(0.552mol) 溶解在 300mL 水中得到溶液 B，接着搅拌下将 165mL 4mol·L^{-1} HCl 溶液分批加入溶液 B 中时间要超过 15min，然后将溶液 A 注入溶液 B 中，混合溶液的 pH 用 4mol·L^{-1} HCl(大约 40mL)溶液调至 5.2～5.8，通过加入盐酸溶液将混合溶液的 pH 在这个范围内保持 100min，之后加入 90g 固体 KCl 并缓慢搅拌得到白色沉淀，15min 后，将白色沉淀抽滤，产量为 112.1g，产率为 68%。IR(KBr 压片，cm^{-1})：946(s)、872(sh)、840(s)、811(s)、777(sh)、719(s)、618(w)、521(m)、473(m)、437(m)。^{183}W NMR(D_2O，293K，ppm)：−72.6、−81.1、−85.4、−91.7、−97.3、−108.8、−120.7、−125.9、−143.3、−163.8、−180.0[45b]。

$K_8[\gamma\text{-}GeW_{10}O_{36}]\cdot6H_2O$ 的合成

将 15.2g $K_8[\beta_2\text{-}GeW_{11}O_{39}]\cdot14H_2O$(4.63mmol)溶解在 150mL 水中，过滤除去少量不溶物，溶液的 pH 用 2mol·L^{-1} K_2CO_3 水溶液快速调节至 8.7～8.9，并将溶液的 pH 在此范围内保持 16min，加入 40g KCl 固体得到白色沉淀，将白色沉淀过滤，在空气中干燥，产量为 12.4g，产率为 92%[45b]。

IR(KBr 压片，cm^{-1})：936(m)、889(sh)、827(s)、805(s)、727(s)、531(m)、478(m)、419(w)；^{183}W NMR (D_2O，293K，ppm)：−80.0、−115.9、−144.9[45b]。

$K_6Na_2[GeW_{11}O_{39}]\cdot13H_2O$ 的合成

将 2.092g GeO_2 溶于 40mL 1mol·L^{-1} NaOH 水溶液中，并加入含 72.6g $Na_2WO_4\cdot2H_2O$ 的 120mL 水溶液，将混合物搅拌加热。剧烈搅拌下向该热溶液中逐滴加入 80mL 4mol·L^{-1} HCl 溶液，溶液煮沸 1h，冷却至室温，加入 30g KCl 得到白色沉淀，过滤收集，在热水中重结晶。$K_6Na_2[GeW_{11}O_{39}]\cdot13H_2O$ 的元素分析理论值(%)：K 7.25、Na 1.42、Ge 2.25、W 62.54；实验值(%)：K 7.4、Na 1.4、Ge 2.0、W 63 [36]。

$K_7Na[HBW_{11}O_{39}]\cdot13H_2O$ 和 $K_8[HBW_{11}O_{39}]\cdot13H_2O$ 的合成

将 72.5g $Na_2WO_4\cdot2H_2O$ 溶于 300mL 水中，并加入 5g H_3BO_3，用盐酸将溶

液的pH调至6.1,溶液煮沸1h,向热溶液中加入40g固体KCl,将溶液冷却至室温得到白色晶体,过滤,在热水中重结晶。$K_7Na[HBW_{11}O_{39}]\cdot 13H_2O$的元素分析理论值(%):K 8.58、Na 0.72、B 0.34、W 63.41;实验值(%):K 8.1、Na 0.75、B 0.32、W 65[36]。

将300g $Na_2WO_4\cdot 2H_2O$和20g H_3BO_3溶于500mL沸水中,逐滴加入190mL 6mol·L^{-1} HCl溶液(大约需要20min),剧烈搅拌以溶解产生的钨酸沉淀直到pH为6,溶液煮沸1h,冷却至室温在4℃下保存24h,将溶液中的少量固体过滤掉,向滤液中加入大约100g固体KCl得到白色钾盐沉淀,将该粗产品溶解在1L温水中,除去少量不溶物,再加入大约100g固体KCl得到$K_8[HBW_{11}O_{39}]\cdot 13H_2O$。产率大约是25%。元素分析理论值(%):K 9.76、B 0.34、W 63.10;实验值(%):K 9.87、B 0.31、W 62.91[51]。

$K_6[\alpha\text{-}BVW_{11}O_{40}]\cdot 3H_2O$的合成

将36.3g $Na_2WO_4\cdot 2H_2O$ (0.11mol) 溶于75mL水中,稍微加热,溶液冷却至室温,逐滴加入冰醋酸使溶液的pH从9.4调至6.3。最终的体积大约是90mL,缓慢加入2.47g H_3BO_3(0.04 mol),搅拌,仍有不溶物,然后将溶液加热至80℃溶液变澄清,逐滴加入1.8g $VOSO_4$的3mL水溶液,混合物变成深蓝黑色。缓慢加入20g KCl,在80℃下搅拌5min,将溶液冷却至0℃保存30min,将沉淀溶解于60mL水中,加入几滴HAc使溶液的pH降至5。溶液加热至90℃,热过滤除去淡粉色的固体,滤液重新煮沸,冷却过夜,得到15～20g黑色针状晶体。将0.5g产物溶于50mL水中,加热至50℃,加入纯液态Br_2直到溶液变成柠檬黄色,溶液热过滤除去白色晶体物质,滤液的体积降至15～20mL,冷却至0℃,得到12～15g黄色晶体。$K_6[\alpha\text{-}BVW_{11}O_{40}]\cdot 3H_2O$的元素分析理论值(%):K 7.79、B 0.36、V 1.69、W 67.1;实验值(%):K 7.52、B 0.35、V 1.66、W 66.2。^{51}V NMR (ppm):−576.4[42]。

$H_5[AlW_{11}O_{37}]\cdot 22H_2O$的合成

将56.12g $Na_2WO_4\cdot 2H_2O$溶于400mL水中,加入194.4mL HNO_3得到仲钨酸溶液,将溶液煮沸并剧烈搅拌,在20～24h内,逐滴加入10g $Al(NO_3)_3\cdot 9H_2O$的500mL水溶液,随着硝酸铝溶液的加入,生成的沉淀立刻重新溶解,冷却之后溶液的pH<4。然后将溶液浓缩至大约200mL,冷却,在6℃保存20～24h使未反应的仲钨酸分离,过滤,在冰浴中冷却,搅拌,加入300～400mL无水乙醚,用400mL 6mol·L^{-1}硫酸酸化,混合物转移到单独的漏斗中,形成三层溶液,收集最下层无色溶液,将溶液蒸发至干,得到固体产物[52]。$H_5[AlW_{11}O_{37}]\cdot 22H_2O$是无色固体,易溶于水[52]。

$(NH_4)_4H[AlW_{11}O_{37}]\cdot 17.5H_2O$的合成

在$H_5[AlW_{11}O_{37}]\cdot 22H_2O$溶液中,加入硝酸铵饱和溶液,可制得$(NH_4)_4H$

$[AlW_{11}O_{37}]\cdot 17.5H_2O$，它是透明的晶体，而且易溶于水[52]。

$(CN_3H_6)_5[AlW_{11}O_{37}]\cdot 5.5H_2O$ 的合成

将盐酸胍溶液加入到 $H_5[AlW_{11}O_{37}]\cdot 22H_2O$ 溶液中得到 $(CN_3H_6)_5[AlW_{11}O_{37}]\cdot 5.5H_2O$[52]。

$K_5[AlW_{11}O_{37}]\cdot 22H_2O$ 的合成

将 $H_5[AlW_{11}O_{37}]\cdot 22H_2O$ 溶解在饱和硝酸钾溶液中制得无色晶体 $K_5[AlW_{11}O_{37}]\cdot 22H_2O$，易溶于水，但是溶液受热后非常容易水解，晶体风化，暴露在空气中会很快分解成白色粉末[52]。

$Na_9[\alpha\text{-}AlW_{11}O_{39}]\cdot 15H_2O$ 的合成

2.95g $Na_5[\alpha\text{-}AlW_{12}O_{40}]$(0.92mmol)溶于 2.0mL D_2O 中，并在 4℃下冷却(重水中 α 体到 β 体的转变比在水中有更高的比例)，搅拌下，将 0.22g NaOH 的 2.0mL 重水溶液(4℃下冷却)缓慢加入其中，使溶液的 pH 保持在 9.5 以下。当加入大约三分之一的 NaOH 重水溶液时，开始有沉淀生成，混合物开始变稠类似凝胶状，再加入 2mL D_2O，继续加入碱，反应混合物放置 15min，收集得到沉淀，真空下干燥过夜。产量为 1.76 g，产率为 62%，含有 82% α 体和 18% 的 β 体。IR(KBr 压片，cm^{-1})：935(m)、870(s)、843(sh)、795(s)、756(sh)、697(m)[29]。

$Na_9[\beta\text{-}AlW_{11}O_{39}]\cdot 12H_2O$ 的合成

将 1.11g NaOH(0.029mol) 溶于 6mL 冷水中，缓慢加入 15.0g $Na_5[\beta\text{-}AlW_{12}O_{40}]$ (0.0047mol，90% 的 β 体和 10% 的 α 体)，溶于 9.0mL 水中，4℃下剧烈搅拌，在加入 NaOH 溶液的过程中，要保证溶液的 pH 不超过 9.5，最终反应混合物中产生大量沉淀，室温下，真空干燥过夜，产量为 8.93g，产率为 61%，含有 92%的 β 体和 8%的 α 体。IR(KBr 压片，cm^{-1})：939(m)、861(sh)、836(sh)、800(s)、746(sh)、699(m)[29]。

$K_9[\alpha\text{-}AlW_{11}O_{39}]\cdot 13H_2O$ 的合成

将 43.76g $H_5[\alpha/\beta\text{-}AlW_{12}O_{40}]$ (14.1mmol) 溶于 100mL 水中，加热至 60℃。持续搅拌，特别缓慢地加入 6.97g 固体 $K_2CO_3\cdot 1.5H_2O$ (42.3mmol)，有 CO_2 气体生成。逐滴加入 11.62g $K_2CO_3\cdot 1.5H_2O$(70.5mmol)的 20mL 水溶液，加入至少 75%的碳酸钾溶液时使溶液的 pH 保持在 8 以下，开始形成白色粉末。加入剩余的 25%的碳酸钾溶液，溶液的 pH 增加到 8.5，最终溶液的 pH 为 8～8.25。混合物 5℃冷却几小时，收集白色沉淀，用三份 20mL 水洗涤。产量为 41.8g，产率为 92%。IR(KBr 压片，cm^{-1})：937、868、789、756(sh)、704、524、493[29]。

$K_6[\alpha\text{-}AlV^{V}W_{11}O_{40}]\cdot 13H_2O$ 的合成

将 20g $K_9[AlW_{11}O_{39}]$ (6.1mmol) 溶于 50mL 水中，逐滴加入 12.20mL 0.5mol·L^{-1} 的 $VOSO_4\cdot 3H_2O$ (6.1mmol)，得到粉色 $K_7[AlV^{IV}W_{11}O_{40}]$ (约

0.1mol)溶液，加入 4mL 3mol · L^{-1} HCl 溶液，并向溶液中通入臭氧直到溶液的颜色变成亮黄色，再通入氧气来除掉未反应的臭氧，溶液用旋转蒸发仪蒸发掉一半体积的溶液，在 5℃下冷却过夜，得到黄色晶体，过滤收集，在少量 80℃热水中重结晶，产量为 12.95g，产率为 66%。IR (KBr 压片，cm^{-1})：950(m)、878(s)、794(s)、756(s)、542(w)、487(w)[29]。

$H_5[Cr^{III}W_{11}O_{37}]\cdot 22H_2O$ 的合成

将 56.12g $Na_2WO_4\cdot 2H_2O$ 溶于 400mL 水中，加入 194.4mL HNO_3 得到仲钨酸溶液，将溶液煮沸，剧烈搅拌下，在 20～24h 内，逐滴加入 8.1g $Cr(NO_3)_3$ 的 500mL 水溶液(也可以用 $K_3Cr(CN)_6$ 和 K_3CrF_6 代替，但是这些盐在反应过程中水解不完全，得不到满意的实验结果)，开始产生灰绿色沉淀，之后生成的沉淀部分溶解，后来沉淀不再溶解，比仲钨酸的碱性更强，冷却之后溶液的 pH>5，表明有未反应的仲钨酸存在，为了除去仲钨酸向热溶液中缓慢加入 50mL 4mol · L^{-1} 硝酸，最终溶液的 pH<4，然后将溶液浓缩至大约 200mL，冷却，在 6℃保存 20～24h 使未反应的仲钨酸分离，过滤，在冰浴中冷却，搅拌，加入 300～400mL 无水乙醚，溶液缓慢用 400mL 6mol · L^{-1} 硫酸酸化，混合物转移到单独的漏斗中，形成三层溶液，收集最下层灰绿色溶液，将溶液蒸发至干，得到的灰绿色固体产物在 120～130℃下干燥(值得注意的是 $H_5[Cr^{III}W_{12}O_{40}]$ 经常发生乳化)[52]。

$(NH_4)_4H[Cr^{III}W_{11}O_{37}]\cdot 21H_2O$ 的合成

在 $H_5[Cr^{III}W_{11}O_{37}]\cdot 22H_2O$ 水溶液中，加入硝酸铵或者氯化铵的饱和溶液，制得绿色晶体 $(NH_4)_4H[Cr^{III}W_{11}O_{37}]\cdot 21H_2O$，它易溶于水，在空气中很稳定[52]。

$Ba_{2.5}[Cr^{III}W_{11}O_{37}]\cdot 21.5H_2O$ 的合成

在 $H_5[Cr^{III}W_{11}O_{37}]\cdot 22H_2O$ 水溶液中，加入氯化钡的浓溶液，或者加入碳酸钡制得绿色晶体 $Ba_{2.5}[Cr^{III}W_{11}O_{37}]\cdot 21.5H_2O$ [52]。

$(CN_3H_6)_5[Cr^{III}W_{11}O_{37}]\cdot 5.5H_2O$ 的合成

将盐酸胍溶液加入到 $H_5[Cr^{III}W_{11}O_{37}]\cdot 22H_2O$ 溶液中，得到灰绿色晶体 $(CN_3H_6)_5[Cr^{III}W_{11}O_{37}]\cdot 5.5H_2O$[52]。

$K_5[Cr^{III}W_{11}O_{37}]\cdot 22H_2O$ 的合成

将 $H_5[Cr^{III}W_{11}O_{37}]\cdot 22H_2O$ 溶解在饱和 KNO_3 或 KCl 溶液中制得灰绿色晶体 $K_5[Cr^{III}W_{11}O_{37}]\cdot 22H_2O$，易溶于水，但是溶液非常容易水解[52]。

$H_5[Mn^{III}W_{11}O_{37}]\cdot 22H_2O$ 的合成

方法 1[52]：将 56.12g $Na_2WO_4\cdot 2H_2O$ 溶于 400mL 水中，加入 194.4mL HNO_3 得到仲钨酸溶液，将溶液煮沸，剧烈搅拌下，加入 10g 新鲜制备的 $Mn(OH)_2$[53]，然后在 20～24h 内加入 67mL 硝酸使溶液达到 500mL，三价锰的深红色逐渐加深，在制备过程的一半时间里突然发生水解，三价锰开始沉淀，得到淡黄色溶液[52]。

方法 2:将 56.12g $Na_2WO_4 \cdot 2H_2O$ 溶于 400mL 水中,加入 194.4mL HNO_3 得到仲钨酸溶液,将溶液煮沸,剧烈搅拌下,加入 8g $K_3Mn(CN)_6$,同时加入 120mL 硝酸,$K_3Mn(CN)_6$很快水解,溶液底部得到一定量 H_2MnO_3沉淀[52]。

方法 3:将 56.12g $Na_2WO_4 \cdot 2H_2O$ 溶于 400mL 水中,加入 194.4mL HNO_3 得到仲钨酸溶液,将溶液煮沸,剧烈搅拌下,加入 7g $MnSO_4 \cdot 4H_2O$ 和 9g 过二硫酸钾,含有三价锰的深红色溶液逐渐加深,溶液中不会有 H_2MnO_3沉淀生成,最终溶液的 pH<4,不必酸化[52]。

综上所述,方法 3 是最好的,然后将上述溶液浓缩至大约 200mL,冷却,在 6℃保存 20～24h 使未反应的仲钨酸分离,过滤,在冰浴中冷却,搅拌,加入 300～400mL 无水乙醚,溶液缓慢用 400mL 6mol · L^{-1}硫酸酸化,将混合物转移到单独的漏斗中,形成三层溶液,收集最下层深红色溶液,蒸发得固体产物 $H_5[Mn^{III}W_{11}O_{37}] \cdot 22H_2O$。该固体产物是不稳定的,但是它的水溶液是相对稳定的[52]。

$(NH_4)_4H[Mn^{III}W_{11}O_{37}] \cdot 24H_2O$ 的合成

将 $H_5[Mn^{III}W_{11}O_{37}] \cdot 22H_2O$ 水溶液加入到硝酸铵饱和溶液中制得深红色晶体$(NH_4)_4H[Mn^{III}W_{11}O_{37}] \cdot 24H_2O$,它易溶于水,在空气中稳定[52]。

$Ba_{2.5}[Mn^{III}W_{11}O_{37}] \cdot 10H_2O$ 的合成

在 $H_5[Mn^{III}W_{11}O_{37}] \cdot 22H_2O$ 水溶液中,加入氯化钡的浓溶液或者加入碳酸钡,制得绿色晶体 $Ba_{2.5}[Mn^{III}W_{11}O_{37}] \cdot 10H_2O$[52]。

$(CN_3H_6)_5[Mn^{III}W_{11}O_{37}] \cdot 8.5H_2O$ 的合成

将盐酸胍溶液加入到 $H_5[Mn^{III}W_{11}O_{37}] \cdot 22H_2O$ 溶液中,得到红棕色晶体$(CN_3H_6)_5[Mn^{III}W_{11}O_{37}] \cdot 8.5H_2O$[52]。

$K_5[Mn^{III}W_{11}O_{37}] \cdot 22H_2O$ 的合成

将 $H_5[Mn^{III}W_{11}O_{37}] \cdot 22H_2O$ 溶解在饱和硝酸钾溶液中,制得深红色晶体 $K_5[Mn^{III}W_{11}O_{37}] \cdot 22H_2O$,易溶于水,在溶液煮沸条件下非常容易水解,并且它的晶体在空气中容易风化变成红棕色粉末[52]。

$K_{10}[Co^{II}W_{11}O_{35}(O_2)_4] \cdot 7H_2O$ 的合成

将 6.0g $K_9[Co^{III}W_{11}O_{39}] \cdot 12H_2O$(1.8mmol)(制备方法是:20g $K_5[\alpha\text{-}Co^{III}W_{12}O_{40}] \cdot 20H_2O$ 溶于 50mL 80℃热水中,加入饱和 KAc 溶液,得到橙色沉淀,重结晶两次得到产物)溶于少量 1mol · L^{-1} pH 为 5 的 HAc/NaAc 缓冲溶液,加入 6mL 30% H_2O_2(59mmol)溶液变成蓝色,然后缓慢加入固体 KCl 直到出现少量浑浊,过滤,在冰箱中缓慢冷却,得到亮黄色晶体,在 45℃ pH 为 5 的 HAc/NaAc 缓冲溶液中重结晶。$K_{10}[CoW_{11}O_{35}(O_2)_4] \cdot 7H_2O$ 的元素分析理论值(%):K 11.90、Co 1.79、W 61.54;实验值(%):K 10.60、Co 1.92、W 61.06 [54]。

$Na_9[GaW_{11}O_{39}]$的合成

将 36.3g $Na_2WO_4 \cdot 2H_2O$ (0.11mol) 溶于 60mL 水和 6g 0.10mol HAc 溶液中，剧烈搅拌，将混合溶液煮沸，然后向混合物中逐滴加入 10mL 1mol · L^{-1} 的硝酸镓溶液，最终溶液的 pH 为 8.5，向该热溶液中加入 20g NaAc 得到 $Na_9[GaW_{11}O_{39}]$沉淀，冷却至室温，过滤，用甲醇洗涤，在空气中干燥。若要得到$[GaW_{11}O_{39}]^{9-}$的钾盐可将加入的 NaAc 改成 KAc[35]。

$Na_8[A\text{-}HAsW_9O_{34}] \cdot 11H_2O$ 的合成

将 30g $Na_2WO_4 \cdot 2H_2O$(91mmol) 和 1.18g As_2O_5(5.1mmol)溶于 40mL 水中，用冰醋酸将溶液的 pH 调至 8.4，几分钟后溶液变浑浊，2min 后沉淀开始形成，溶液再搅拌 30min，抽滤得到产品，用乙醇洗涤 3 次，干燥。IR(KBr 压片，cm^{-1})：937(m)、884(m)、851(m)、765(s)、672(m)、518(w)、472(w)、444(w)[55]。

$Na_8[B\text{-}HAsW_9O_{34}] \cdot 11H_2O$ 的合成

将 30.0g $Na_2WO_4 \cdot 2H_2O$ 溶于 37mL 水中，搅拌，加入 0.8mL H_3AsO_4，接着再加入 5mL 冰醋酸，几分钟后，溶液变浑浊，1min 后得到大量白色沉淀，抽滤，室温干燥 24h，产量为 25g，产率为 83%[56]。

$Na_8[TeW_9O_{33}] \cdot 19.5H_2O$ 的合成

将 40g $Na_2WO_4 \cdot 2H_2O$(121mmol) 溶于 80mL 沸水中，逐滴加入 2.14g TeO_2(13.44mmol)的 10mL 浓盐酸溶液，混合物回流 1h，冷却至室温，室温下缓慢蒸发，几天后得到无色晶体，产量为 25.39g，产率为 66%[57]。

$Na_9[SbW_9O_{33}] \cdot 19.5H_2O$ 的合成

将 40g $Na_2WO_4 \cdot 2H_2O$ (121mmol) 溶于 80mL 沸水中，逐滴加入 1.96g Sb_2O_3 (6.72mmol)的 10mL 浓盐酸溶液，混合物回流 1h，冷却至室温，室温下缓慢蒸发，几天后得到无色晶体，产量为 28.0g，产率为 72%[58]。

$(n\text{-}Bu_4N)_4[AsVW_{11}O_{40}]$和$(n\text{-}Bu_4N)_4[HAsV_2W_{10}O_{40}]$的合成

将 29.245g NH_4VO_3和 20.0g NaOH 溶解于 500mL 水中制得含有 V^V 的原溶液。

将 0.780g $Na_2HAsO_4 \cdot 7H_2O$ 加入到 8.25g $Na_2WO_4 \cdot 2H_2O$ 的 200mL 水溶液中，然后依次加入 21.7mL 浓盐酸和 250mL CH_3CN，要得到$(n\text{-}Bu_4N)_4[AsVW_{11}O_{40}]$和$(n\text{-}Bu_4N)_4[HAsV_2W_{10}O_{40}]$，则分别加入 5.0mL 或者 20mL 含有 $V^{(V)}$ 的原溶液，搅拌，补充水使溶液体积达到 500mL，混合溶液在 80℃下加热 3h，然后加入 $n\text{-}Bu_4NBr$，将得到的沉淀过滤，用水、乙醇洗涤，并且在室温下干燥[41a]。化合物在乙腈中重结晶。$(n\text{-}Bu_4N)_4[AsVW_{11}O_{40}]$的元素分析理论值(%)：W 53.81、As 1.99、V 1.36、C 20.46、H 3.86、N 1.49；实验值(%)：W 53.99、As 1.93、V 1.30、C 20.51、H 3.97、N 1.51；$(n\text{-}Bu_4N)_4[HAsV_2W_{10}O_{40}]$的元素分析理论值(%)：W

50.70、As 2.07、V 2.81、C 21.20、H 4.03、N 1.55；实验值(%)：W 50.52、As 2.17、V 2.61、C 20.98、H 4.14、N 1.52[41a]。

2.4.2.2 Keggin 型钼系杂多化合物的衍生物及其异构体的合成

$(n\text{-}Bu_4N)_4[H_5AsMo_{10}O_{37}]$的合成

将 2.42g $Na_2MoO_4\cdot 2H_2O$ 和 0.31g $Na_2HAsO_4\cdot 7H_2O$ 溶于 100mL 水中，用盐酸将溶液的 pH 调至 2.0，加入 1.3g $n\text{-}Bu_4NBr$，得到灰黄色沉淀，过滤，用水和乙醇洗涤沉淀，在丙酮中重结晶。IR(KBr 压片，cm^{-1})：950、880、810、752、524、468；Raman(cm^{-1})：971、952、879、755[59]。

$(n\text{-}Bu_4N)_4[AsMo_{11}VO_{40}]$的合成

将 29.245gNH_4VO_3 和 20.0g NaOH 溶解于 500mL 水中，制得含有 V^V 的原溶液。

将 0.78g $Na_2HAsO_4\cdot 7H_2O$(2.5mmol)加入到 6.05g(25mmol)$Na_2MoO_4\cdot 2H_2O$ 的 220mL 水溶液中，再加入 21.7mL (0.25mol)浓盐酸、250mL CH_3CN，搅拌，形成$[AsMo_{12}O_{40}]^{3-}$，溶液变黄，加入 5.0mL (2.5mmol)含有 V^V 的原溶液，混合溶液在室温下放置 2h，加入 6g $n\text{-}Bu_4NBr$ 得到黄色沉淀，将沉淀过滤，用水、乙醇和丙酮洗涤，室温干燥，产量为 4.3g。元素分析理论值(%)：Mo 37.81、As 2.68、V 1.83、C 27.54、H 5.20、N 2.01；实验值(%)：Mo 37.33、As 2.69、V 1.53、C 27.57、H 5.35、N 2.06[60]。

$(n\text{-}Bu_4N)_4[HAsMo_{10}V_2O_{40}]$的合成

将 0.78g $Na_2HAsO_4\cdot 7H_2O$ 加入到 6.05g $Na_2MoO_4\cdot 2H_2O$ 的 200mL 水溶液中，然后依次加入 21.7mL 浓盐酸、250mL CH_3CN。搅拌，向该橙色溶液中加入 25.0mL(12.5 mmol)含有 V(V)的原溶液(将 29.245g NH_4VO_3 和 20.0g NaOH 溶解于 500mL 水中制得)，溶液在室温下保存 2h，加入 8g $n\text{-}Bu_4NBr$ 得到沉淀，将沉淀过滤，用水、乙醇和丙酮洗涤，室温干燥，产量为 5.1g。元素分析理论值(%)：Mo 34.92、As 2.73、V 3.71、C 27.98、H 5.32、N 2.04；实验值(%)：Mo 35.21、As 2.77、V 3.90、C 27.95、H 5.40、N 2.05[60]。

$(n\text{-}Bu_4N)_4[H_4GeMo_{11}O_{39}]$的合成

将 0.9g GeO_2溶解在含有 7.2g $Na_2MoO_4\cdot 2H_2O$ 的 200 mL 水溶液中得到悬浊液，将悬浊液加热至 80℃，并加入一定量浓盐酸直至悬浊液澄清。冷却后将溶液稀释至 300mL，并用 Li_2CO_3溶液将混合物的 pH 调至 4～6。溶液于 4℃保持一天，然后在剧烈搅拌下向溶液加入 3.5g $n\text{-}Bu_4NBr$ 得到淡黄色沉淀，过滤收集沉淀，用水、乙醇洗涤并于 50℃干燥。$(n\text{-}Bu_4N)_4[H_4GeMo_{11}O_{39}]$的元素分析理论值(%)：Mo 38.79、Ge 2.67、C 28.92、H 5.56、N 2.05；实验值(%)：Mo 38.72、Ge

2.66、C 28.20、H 5.47、N 2.05[61]。

$H_5[GeMo_{11}VO_{40}]\cdot 24H_2O$ 的合成

将 0.8g GeO_2溶于 20mL 5%的氢氧化钠溶液中,将溶有 1.4g 钒酸钠的 30mL 溶液逐滴滴加到上述溶液中并不断搅拌。反应 30min,加入溶有 20g 钼酸钠的 50mL 溶液。用 1∶1 硫酸调节 pH 为 1.0~1.5,90℃下搅拌 2h,冷却,在硫酸介质中用乙醚提取,醚合物溶于少量水中,放在真空干燥箱。得到橘黄色多面体晶体,产率约为 60%[62]。

$(n\text{-}Bu_4N)_4[H_3PMo_{11}O_{39}]$的合成

方法 1:将 6.05g $Na_2MoO_4\cdot 2H_2O$ 和 0.39g $NaH_2PO_4\cdot 2H_2O$ 溶于 500 mL 水中,用盐酸将溶液的 pH 调至 4.0,加入 2.9g n-Bu_4NBr 得到黄色沉淀,过滤,用水和丙酮洗涤,干燥。IR (KBr 压片,cm^{-1}):1082、1042、936、902、864、822、754、530; Raman(cm^{-1}): 974、969、957、875、763[14]。

方法 2:将 7.3g $H_3[PMo_{12}O_{40}]$(4.0mmol)溶解于 40mL 水中,并用 Li_2CO_3溶液将反应混合物的 pH 调至 4.3,然后在剧烈搅拌下向溶液加入 18g n-Bu_4NBr (56mmol),得到黄绿色沉淀,过滤,收集沉淀并用水洗涤,真空干燥得到$(n\text{-}Bu_4N)_4[H_3PMo_{11}O_{39}]$[63]。

$Na_3[H_6PMo_9O_{34}]\cdot 13H_2O$ 的合成

方法 1:将 9.70g $Na_2MoO_4\cdot 2H_2O$ 和 0.69g $NaH_2PO_4\cdot 2H_2O$ 溶于 200 mL 水中,用盐酸将溶液的 pH 调至 1.0,室温下缓慢蒸发,几周后得到灰黄色晶体,过滤,用乙醇洗涤,在空气中干燥。元素分析理论值(%): Mo 49.92、P 1.79、Na 3.99;实验值(%): Mo 49.47、P 1.68、Na 4.14。IR(KBr 压片,cm^{-1}):1064、1010、962、942、926、908、856、778、720、596; Raman(cm^{-1}):968、854、716、641[64]。

$Na_3H_6[A\text{-}\alpha\text{-}PMo_9O_{34}]\cdot 13H_2O$ 的合成

方法 2:将 18g $Na_2HPO_4\cdot 12H_2O$ 溶于 73mL 11.7mol·L^{-1}高氯酸和 20mL 水的混合物中,溶液冷却至−10℃,然后逐滴加入含 108g $Na_2MoO_4\cdot 2H_2O$ 的 200mL 水溶液,温度保持在−10℃。由于有少量$[PMo_{12}O_{40}]^{3-}$的存在,最终的溶液是灰黄色的。溶液在 0℃下保存过夜,得到 $Na_3H_6[A\text{-}\alpha\text{-}PMo_9O_{34}]\cdot 13H_2O$ 的晶体产物[40]。

$K_3[PMo_9W_3O_{40}]\cdot 5H_2O$ 的合成

将 10g $Na_3H_6[A\text{-}\alpha\text{-}PMo_9O_{34}]\cdot 13H_2O$ 溶于 18mL 1mol·L^{-1} 钨酸钠和 20mL 1mol·L^{-1} HCl 溶液组成的混合液中,2h 后,加入固体 KCl 得到黄色沉淀,沉淀溶于少量水中(20℃),在 0℃重结晶[40]。

$H_4[PMo_{11}VO_{40}]\cdot 32.5H_2O$ 的合成

将 7.1g Na_2HPO_4溶于 100mL 水中,加入到 6.1g 偏钒酸钠的 100mL 沸水溶

液中，将混合物冷却，加入 5mL 浓硫酸酸化，溶液变成红色，向混合物中加入含 133g $Na_2MoO_4 \cdot 2H_2O$ 的 200mL 水溶液，最终剧烈搅拌下缓慢加入 85mL 浓硫酸，随着硫酸的加入溶液由深红色变成淡红色，将溶液冷却，加入 400mL 乙醚萃取，静置分三层，杂多化合物的醚合物为中间一层，底层溶液是黄色的可能是含钒的物质，收集杂多化合物的醚合层，向其中通入空气驱走乙醚，得到橙红色固体，将橙红色固体溶解在 50mL 水中，在真空干燥器中浓硫酸作干燥剂条件下浓缩至刚有晶体出现，然后再进一步结晶，将橙红色晶体过滤，干燥，产量为 28g。$H_4[PMo_{11}VO_{40}] \cdot 32.5H_2O$ 的元素分析理论值(%)：P 1.31、Mo 44.60、V 2.15；实验值(%)：P 1.31、Mo 44.54、V 2.68[65]。

$H_5[PMo_{10}V_2O_{40}] \cdot 34.5H_2O$ 和 $H_5[PMo_{10}V_2O_{40}] \cdot 32.5H_2O$ 的合成

将 24.4g 偏钒酸钠溶于 100mL 沸水中，再加入 7.1g Na_2HPO_4 的 100mL 水溶液，溶液冷却后，加入 5mL 浓硫酸，溶液变成红色，加入 121g $Na_2MoO_4 \cdot 2H_2O$ 的 200mL 水溶液，剧烈搅拌，缓慢加入 85mL 浓硫酸，将热的混合溶液冷却至室温，加入 500mL 乙醚萃取，收集杂多化合物的醚合层，向其中通入空气驱走乙醚，得到红色固体，将红色固体溶解在 50mL 水中，在真空干燥器中浓硫酸作干燥剂条件下浓缩至刚有晶体出现，然后再进一步结晶，将红色晶体过滤，干燥，产量为 35g。$H_5[PMo_{10}V_2O_{40}] \cdot 34.5H_2O$ 的元素分析理论值(%)：P 1.31、Mo 40.69、V 4.32；实验值(%)：P 1.34、Mo 40.69、V 4.77[65]。

将 30.0g 偏钒酸钠、3.4mL 85% H_3PO_4、74.0g MoO_3 在 800mL 水中回流 8h，加入 145mL 浓盐酸酸化，然后加入 200mL 乙醚萃取，收集醚合物，蒸发至干得到晶体产物，然后在水中重结晶。$H_5[PMo_{10}V_2O_{40}] \cdot 32.5H_2O$ 的元素分析理论值(%)：P 1.33、Mo 40.68、V 4.32；实验值(%)：P 1.34、Mo 41.34、V 5.15[65]。

$H_6[PMo_9V_3O_{40}] \cdot 34H_2O$ 的合成

将 7.1g Na_2HPO_4 溶于 50mL 水溶液中，加入 36.6g 偏钒酸钠的 200mL 热溶液，冷却，加入 5mL 浓硫酸，溶液变成橙红色，加入含 54.5g $Na_2MoO_4 \cdot 2H_2O$ 的 150mL 水溶液，剧烈搅拌，缓慢加入 85mL 浓硫酸，热溶液冷却至室温，用 400mL 乙醚萃取，收集中间层醚合物，向其中通入空气驱走乙醚，得到红色固体，将红色固体溶解在 40mL 水中，在真空干燥器中浓硫酸作干燥剂条件下浓缩至刚有晶体出现，然后再进一步结晶，将红色晶体过滤，干燥，产量为 7.2g。$H_6[PMo_9V_3O_{40}] \cdot 34H_2O$ 的元素分析理论值(%)：P 1.35、Mo 38.76、V 6.71；实验值(%)：P 1.38、Mo 38.78、V 6.89[65]。

$(NH_4)_3H[PMo_{11}VO_{40}] \cdot 3.5H_2O$ 和 $(NH_4)_3H_2[PMo_{10}V_2O_{40}] \cdot 7.5H_2O$ 的合成

将氯化铵溶液加入到 $H_4[PMo_{11}VO_{40}] \cdot 32.5H_2O$ 或 $H_5[PMo_{10}V_2O_{40}] \cdot 34.5H_2O$ 的溶液中，将得到的橙色固体过滤，用水洗涤，在真空干燥箱中用浓硫酸

干燥。$(NH_4)_3H[PMo_{11}VO_{40}]\cdot3.5H_2O$ 的元素分析理论值(%):N 2.21、P 1.63、Mo 55.68、V 2.69;实验值(%):N 2.37、P 1.66、Mo 55.61、V 2.88。$(NH_4)_3H_2[PMo_{10}V_2O_{40}]\cdot7.5H_2O$ 的元素分析理论值(%):N 2.18、P 1.61、Mo 49.88、V 5.30;实验值(%):N 2.48、P 1.65、Mo 49.90、V 5.85[65]。

$(C_3H_5N_2)_3(C_3H_4N_2)[PMo_{11}CoO_{38}(CO_2)]\cdot4H_2O$ 的合成

将 0.4mmol $Co(CH_3COO)_2\cdot4H_2O$、4.4mmol $Na_2MoO_4\cdot2H_2O$、0.4mmol $Na_2HPO_4\cdot12H_2O$ 和 1.8mmol $C_3H_4N_2$ 溶于 20mL 水中,用 4mol · L^{-1} HCl 溶液将溶液的 pH 调至 3.5,溶液变为红色,不断搅拌下通入过量的 CO_2 4h,最终的溶液转移至 50mL 烧杯中,在室温下缓慢蒸发,得到晶体产物 (产率为 33%)[66a]。

$[Cu_2(BTC)_{4/3}(H_2O)_2]_6[POM]\cdot(C_4H_{12}N)_2\cdot xH_2O$ 的合成($POM=[H_2SiW_{12}O_{40}]^{2-}$、$[H_2GeW_{12}O_{40}]^{2-}$、$[HPW_{12}O_{40}]^{2-}$、$[H_2SiMo_{12}O_{40}]^{2-}$、$[HPMo_{12}O_{40}]^{2-}$、$[HAsMo_{12}O_{40}]^{2-}$;$x=25\sim30$)

将 0.24g $Cu(NO_3)_2\cdot3H_2O$(1mmol)和 0.2g Keggin 型杂多化合物($H_4[SiW_{12}O_{40}]\cdot nH_2O$、$H_4[GeW_{12}O_{40}]\cdot nH_2O$、$H_3[PW_{12}O_{40}]\cdot nH_2O$、$H_4[SiMo_{12}O_{40}]\cdot nH_2O$、$H_3[PMo_{12}O_{40}]\cdot nH_2O$、$H_3[AsMo_{12}O_{40}]\cdot nH_2O$) 溶于 10mL 水中,搅拌 20min,然后依次加入 0.21g H_3BTC(1mmol)和 0.09g$(CH_3)_4NOH$(1mmol),室温下持续搅拌 30min,最终混合物的 pH 为 2～3,将混合物封入反应釜中,180℃下加热 24h,冷却至室温,得到蓝色或绿色块状晶体[66b]。

$[\{Na(dibenzo\text{-}18\text{-}crown\text{-}6)(MeCN)\}_3\{PMo_{12}O_{40}\}]$的固相合成

将 0.36g 二苯并-18-冠-6 (dibenzo-18-crown-6)、0.058g NaCl 和 0.6g $H_3[PMo_{12}O_{40}]\cdot24H_2O$ 在玛瑙研钵中研磨 30min,然后加入 20mL 乙腈,混合物超声振荡,在试管中保存 5 天,得到橙色块状晶体,元素分析理论值(%):C 25.58、H 2.62、N 1.36、Na 2.23、P 1.00、Mo 37.19;实验值(%):C 25.67、H 2.82、N 1.41、Na 2.15、P 0.98、Mo 37.08。IR(KBr 压片,cm^{-1}):2929(w)、1503(m)、1454(m)、1252(m)、1213(sh)、1126(m)、1061(s)、958(s)、880(m)、806(s)。^1H NMR(ppm):6.94(4H)、6.86(4H)、4.05(8H)、3.34(8H)、2.07(3H)[66c]。

2.4.2.3　Keggin 型铌系杂多化合物的衍生物及其异构体的合成

$Na_{14}[H_2Si_4Nb_{16}O_{56}]\cdot45.5H_2O$ 的合成

将 0.96g NaOH (24mmol)溶于 50mL H_2O 中,分别加入 1.62g 正硅酸乙酯(7.79 mmol)和 2.1g Nb_2O_5(15.8mmol Nb),将混合物加入 100mL 高压釜中,放在 220℃烘箱中 5～8h,冷却,得到大块无色晶体及少量粉末。产率很难确定,因为母液蒸干晶体很快失水。晶体从母液分离后用 NaOH 溶液(pH 13.5)冲洗,并放入冰箱中保存。为了得到更纯的晶体,可以将晶体产物溶解在去离子水中重结晶,并且过滤除去不溶物，重结晶后的产率可以达到40%～50%[27a]。

$[Cu(en)_2]_{3.5}[Cu(en)_2(H_2O)]\{[VNb_{12}O_{40}(VO)_2][Cu(en)_2]\}\cdot 17H_2O$ 的合成

将0.15g $K_7H[Nb_6O_{19}]\cdot 13H_2O$、0.05g $NaVO_3$和0.1g $CuSO_4\cdot H_2O$加入到8mL水中，然后加入10滴乙二胺，持续搅拌，溶液的pH约为12.3，混合物转移至23mL反应釜中，110℃加热90h，冷却至室温，得到粉色块状晶体，产量为26mg，产率为14.5%[27b]。

2.4.3 Keggin型杂多化合物的衍生物及其异构体的表征及性质研究

2.4.3.1 红外和拉曼光谱

在1∶11系列Keggin型杂多化合物 $K_{10}[\beta_3\text{-}CoW_{11}O_{35}(O_2)_4]$ 的红外谱图中，在 $928cm^{-1}$、$885cm^{-1}$、$848cm^{-1}$ 和 $760cm^{-1}$ 处出现四个吸收峰，可归属于W—O、W—O—W和O—O(过氧)振动，$885cm^{-1}$ 出现的吸收峰可能对应于 ν_{O-O}[54]。

表2.16列出了 $\{As_xW_{12-x}\}$、$\{PV_xW_{12-x}\}$ 和 $\{As_2W_{21}\}$ 的IR和拉曼光谱的振动峰，随着V的增加，IR峰发生红移，$970cm^{-1}$ 处出现的峰对应于W—O_d振动，$\{As_xW_{12-x}\}$、$\{PV_xW_{12-x}\}$ 和 $\{As_2W_{21}\}$ 的IR谱在形状上非常类似，表明所有的化合物保持着Keggin的结构特征，它们的拉曼光谱归属于W—O_d键的不对称伸缩振动，与相应的不被V取代的Keggin结构相比具有更低的波数[54]。

表2.16 $\{As_xW_{12-x}\}$、$\{PV_xW_{12-x}\}$ 和 $\{As_2W_{21}\}$ 的IR和拉曼光谱的振动峰(cm^{-1})[54]

化合物	IR				拉曼
	ν_{W-O_d}	ν_{W-O_b-W}	ν_{W-O_c-W}	ν_{X-O_a}	ν_{W-O_d}
$\{AsW_{12}\}$	984	875	796	914	1001①
$\{AsVW_{11}\}$	971	870	792	906	991②
$\{AsV_2W_{10}\}$	969	870	790	905	992③
$\{As_2W_{21}\}$	969	842	775	890	991
$\{\alpha\text{-}PW_{12}\}$	976	896	814	1080	1007①
$\{PVW_{11}\}$	963	889	810	1096 1070	998②
$\{PV_2W_{10}\}$	960	889	807	1095 1078 1062	999③

注：O_a为与As或P原子键连的氧；O_b为八面体共角氧；O_c为八面体共边氧；O_d为端氧。

①钠盐；②钾盐；③Me_4N^+盐。

$(n\text{-}Bu_4N)_4[H_4GeMo_{11}O_{39}]$的 IR 谱图如图 2.38(a)所示,吸收峰为 939cm^{-1}、878cm^{-1}、812cm^{-1}、775cm^{-1}、737cm^{-1}、505cm^{-1}、458cm^{-1},与$(n\text{-}Bu_4N)_4[GeMo_{12}O_{40}]$的 IR 谱图相比[图 2.38(b)],单缺位离子除了在 737cm^{-1}处存在吸收峰外,其他吸收峰均与饱和 Keggin 离子类似[61]。

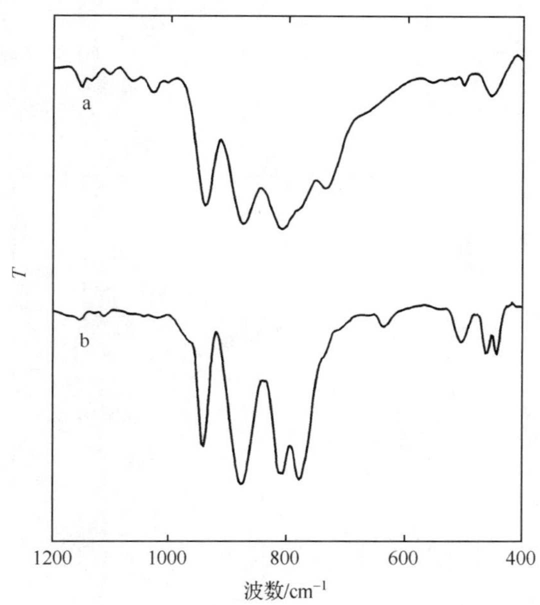

图 2.38　$(n\text{-}Bu_4N)_4[H_4GeMo_{11}O_{39}]$(a)和$(n\text{-}Bu_4N)_4[GeMo_{12}O_{40}]$(b)的 IR 谱图[61]

表 2.17 为{$AsVMo_{11}$}、{AsV_2Mo_{10}}和{$AsMo_{12}$}的 IR 和拉曼光谱振动频率。随着五价 V 原子数目的增加,Mo—O_d振动峰向更低的频率移动,它们的 IR 谱形状非常相似,表明这些化合物仍然保持着 Keggin 的结构特征。{AsV_2Mo_{10}}和{$AsMo_{12}$}在乙腈中的拉曼谱峰分别为 989cm^{-1}和 980cm^{-1}[60]。

表 2.17　{$AsVMo_{11}$}、{AsV_2Mo_{10}}和{$AsMo_{12}$}的 IR 和拉曼光谱振动频率(cm^{-1})[60]

化合物	IR				拉曼
	ν_{Mo-O_d}	ν_{Mo-O_b-Mo}	ν_{Mo-O_c-Mo}	ν_{As-O_a}	ν_{Mo-O_d}
{$AsMo_{12}$}	962	856	792	896	984
{$AsVMo_{11}$}	951	852	789	891	989
{AsV_2Mo_{10}}	948	851	785	890	980

注:O_a为与 As 原子键连的氧;O_b为八面体共角的氧;O_c为八面体共边的氧;O_d为端氧。

2.4.3.2　紫外-可见吸收光谱

图 2.39 所示为 2×10^{-5}mol · L^{-1} {AsV_xW_{12-x}}(x=0～2)乙腈溶液的 UV-

Vis 光谱。$\{AsW_{12}\}$、$\{AsVW_{11}\}$和$\{AsV_2W_{10}\}$的最大吸收波长分别为 269nm、265nm 和 259nm，摩尔吸光系数分别为 $4.69\times10^4 L\cdot mol^{-1}\cdot cm^{-1}$、$3.99\times10^4 L\cdot mol^{-1}\cdot cm^{-1}$和 $3.58\times10^4 L\cdot mol^{-1}\cdot cm^{-1}$[41a]。随着多阴离子中 V 数目的增加，吸收峰的波长向更短的波长移动。$\{PV_xW_{12-x}\}(x=0\sim2)$的吸收光谱与对应的$\{AsV_xW_{12-x}\}$非常相似，$\{PW_{12}\}$、$\{PVW_{11}\}$和$\{PV_2W_{10}\}$的最大吸收波长是 267nm、261nm 和 247nm，摩尔吸收系数分别是 $5.10\times10^4 L\cdot mol^{-1}\cdot cm^{-1}$、$4.04\times10^4 L\cdot mol^{-1}\cdot cm^{-1}$和 $3.86\times10^4 L\cdot mol^{-1}\cdot cm^{-1}$[41a]。

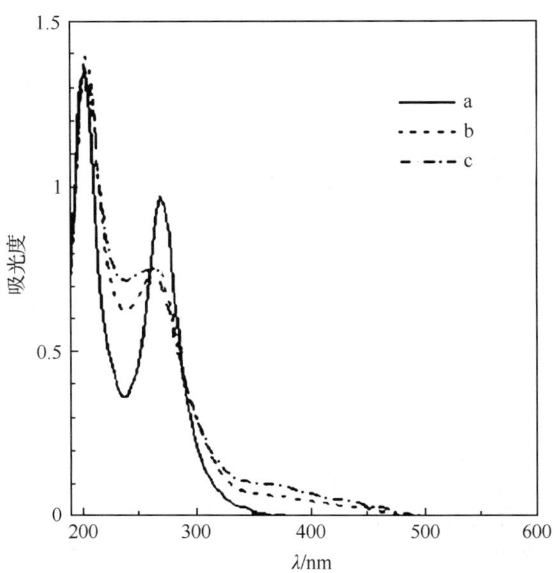

图 2.39 $\{AsW_{12}\}$(a)、$\{AsVW_{11}\}$(b)和$\{AsV_2W_{10}\}$(c)在乙腈中的 UV-Vis 光谱[41a]

图 2.40 所示为$\{AsV_2Mo_{10}\}$和$\{AsMo_{12}\}$的乙腈溶液(多阴离子的浓度为 $2\times10^{-5} mol\cdot L^{-1}$)的 UV-Vis 光谱，一般说来，Keggin 型阴离子最大的吸收峰在 310nm 附近，但是被 V 取代以后谱图发生变化，随着多阴离子中 V 原子的增加，400nm 左右吸收峰的吸光度也随之增加[60]。

2.4.3.3 热重-差热分析

Keggin 型杂多化合物及其衍生物的热稳定性研究是它们的一个重要特性，只有了解其热稳定性才能实现它们在多个领域的重要应用。一些常见 Keggin 型杂多化合物的衍生物的分解温度列于表 2.18 中[67-69]。

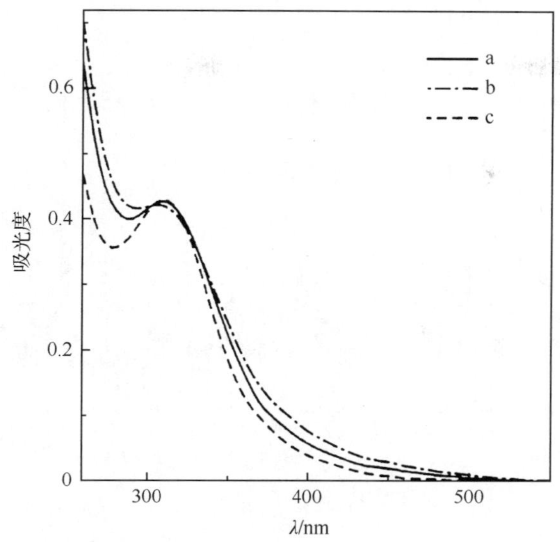

图 2.40 $[AsVMo_{11}O_{40}]^{4-}$(a)、$[AsV_2Mo_{10}O_{40}]^{5-}$(b)和$[AsMo_{12}O_{40}]^{3-}$(c)的乙腈溶液的 UV-Vis 光谱[60]

表 2.18 常见 Keggin 型杂多化合物的衍生物的分解温度[67-69]

化合物	分解温度/℃	化合物	分解温度/℃
$\{PWMo_{11}\}$	428	$\{PW_{11}Mo\}$	552
$\{PW_2Mo_{10}\}$	442	$\{SiW_9Mo_3\}$	486
$\{PW_3Mo_9\}$	456	$\{SiW_6Mo_6\}$	450
$\{PW_4Mo_8\}$	468	$\{SiW_3Mo_9\}$	410
$\{PW_5Mo_7\}$	481	$\{PMo_{10}V_2\}$	414
$\{PW_6Mo_6\}$	494	$\{PMo_8V_4\}$	418
$\{PW_7Mo_5\}$	507	$\{PW_{10}Nb_2\}$	568
$\{PW_8Mo_4\}$	520	$\{PW_8Mo_2Nb_2\}$	568
$\{PW_9Mo_3\}$	533	$\{PW_6Mo_4Nb_2\}$	568
$\{PW_{10}Mo_2\}$	546	$\{PW_4Mo_6Nb_2\}$	568

2.4.3.4 核磁共振谱

$K_8[\beta_2\text{-}GeW_{11}O_{39}]\cdot 14H_2O$ 在 D_2O 中的 ^{183}W NMR 谱表明在 −72.6ppm、−81.1ppm、−85.4ppm、−91.7ppm、−97.3ppm、−108.8ppm、−120.7ppm、−125.9ppm、−143.3ppm、−163.8ppm 和 −180.0ppm 处出现 11 个吸收峰(图 2.41)[45b],这一结果充分解释了$[\beta_2\text{-}GeW_{11}O_{39}]^{8-}$具有手性 Keggin 结构。

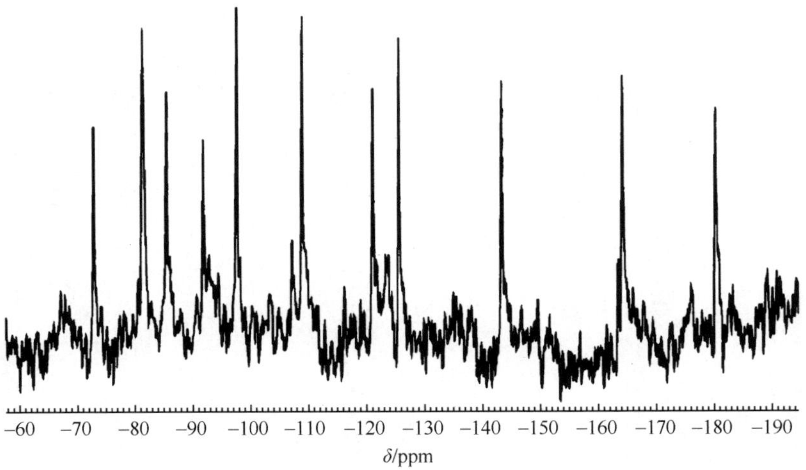

图 2.41 $K_8[\beta_2\text{-}GeW_{11}O_{39}]\cdot 14H_2O$ 在 293K 下 D_2O 中测定的^{183}W NMR 谱[45b]

$K_8[\gamma\text{-}GeW_{10}O_{36}]\cdot 6H_2O$ 的^{183}W NMR 谱表明在－80.0ppm、－115.9ppm、－144.9ppm 处出现 3 个吸收峰，峰强度之比为 2∶2∶1(图 2.42)[45b]，与$[\gamma\text{-}SiW_{10}O_{36}]^{8-}$的$^{183}W$ NMR 谱(吸收峰分别为－96.4ppm、－137.2ppm、－158.2ppm)相比，这些吸收峰向低磁场方向移动大约 15～20ppm。表 2.19 中列出了 $Na_7[PW_{11}O_{39}]$、$Li_7[PW_{11}O_{39}]$、$Na_8[SiW_{11}O_{39}]$、$Na_5[PPbW_{11}O_{39}]$和 $Na_9[GaW_{11}O_{39}]$的^{183}W NMR 谱的吸收峰[45b]。

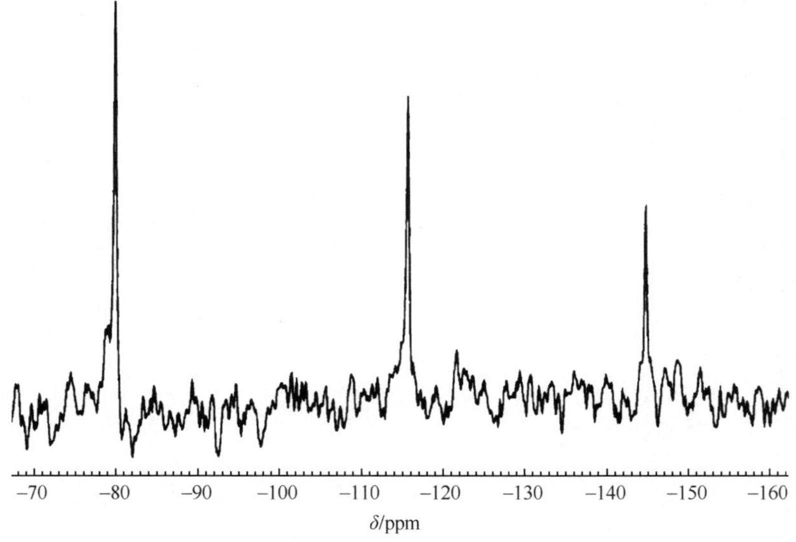

图 2.42 $K_8[\gamma\text{-}GeW_{10}O_{36}]\cdot 6H_2O$ 在 293K 下 D_2O 中测定的^{183}W NMR 谱[45b]

表 2.19　部分 Keggin 型多酸及其衍生物的 ^{183}W NMR 谱的化学位移[35]

化合物①(摩尔浓度,温度,D_2O)	δ/ppm
$Na_7[PW_{11}O_{39}]$(1mol·L^{-1}, 303K)	−97.3, −102, −108.9, −116.6, −132, −152.1
$Li_7[PW_{11}O_{39}]$(1.3mol·L^{-1}, 308K)	−98.1, −98.8, −103.6, −121.4, −132.4, −152.2
$Na_8[SiW_{11}O_{39}]$(0.8mol·L^{-1}, 303K)	−100.8, −116.1, −121.3, −127.9, −143.2, −176.1
$Na_5[PPbW_{11}O_{39}]$(0.8mol·L^{-1}, 333K)	−74.4, −82.7, −102.8, −111.5, −127.4, −146.3
$Na_9[GaW_{11}O_{39}]$(0.6mol·L^{-1}, 303K)	−16.2, −101.2, −126.9, −133.8, −137.3, −155.9

①多酸化合物均溶于含有 1mol·L^{-1} WO_4^{2-} 的 D_2O 溶液中再进行 NMR 测试。

一系列 $[\gamma\text{-}SiW_{10}M_2E_2O_{38}]^{n-}$ 化合物的 ^{183}W NMR 数据列于表 2.20 [47],氧化态$[NBu_4]_4[\gamma\text{-}SiW_{10}Mo_2^{VI}O_{40}]$溶于 CD_3CN 溶液中得到的 NMR 谱展示出三个信号峰,峰位分别是−130.0ppm、−113.0ppm 和−103.2ppm,相对强度比是 2∶1∶2[图 2.43(a)][47]。$[\gamma\text{-}SiW_{10}Mo_2^{V}O_{40}]^{6-}$ 的 ^{183}W NMR 谱在−120.9ppm、−138.8ppm

表 2.20　$[\gamma\text{-}SiW_{10}M_2E_2O_{38}]^{n-}$ 的 ^{183}W NMR 数据[47]

多阴离子	化学位移/ppm			
	$M_1(M_2)$	$W_7(W_8)$	$W_3(W_4,W_5,W_6)$	$W_9(W_{10},W_{11},W_{12})$
$[SiW_{10}Mo_2O_{40}]^{4-}$		−113.0	−103.2	−130.0
$[SiW_{10}Mo_2O_{40}]^{6-}$		−194.5	−120.9	−138.8
$[SiW_{10}Mo_2S_2O_{40}]^{6-}$		−177.0	−122.9	−145.5
$[SiW_{12}O_{40}]^{4-}$	−160.1	−116.8	−104.7	−127.4
$[SiW_{12}S_2O_{40}]^{6-}$	+1041	−184.4	−121.3	−144.6
$[SiW_{12}O_{40}]^{6-}$	−131.0	−124.0	−63.0	+489.0

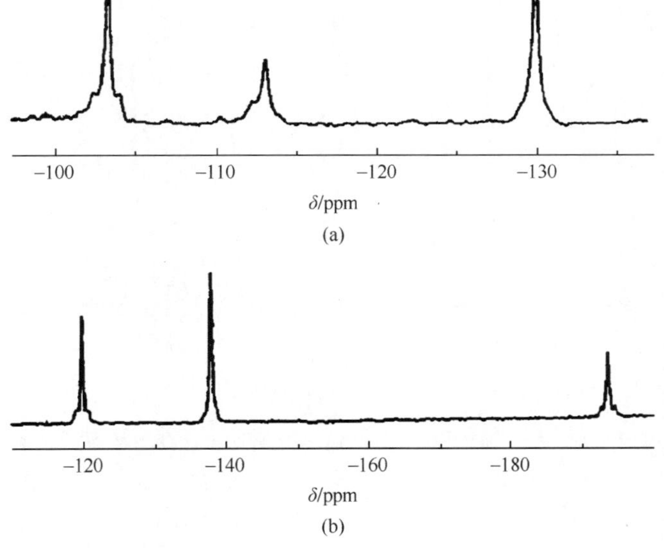

图 2.43　$[\gamma\text{-}SiW_{10}Mo_2^{VI}O_{40}]^{4-}$(a)和 $[\gamma\text{-}SiW_{10}Mo_2^{V}O_{40}]^{6-}$(b)的 ^{183}W NMR 谱[47]

和－194.5ppm 出现三个信号峰，相对强度比是 2∶2∶1[图 2.43(b)][47]。

图 2.44 所示为$[BVW_{11}O_{40}]^{6-}$、$[SiVW_{11}O_{40}]^{5-}$和$[PVW_{11}O_{40}]^{4-}$的^{183}W NMR 谱[42]，^{51}V的去耦合作用使得与 V 相邻的 W 的吸收峰更加尖锐，与单取代 α-Keggin 型多酸化合物的结构特征一致。在^{51}V去耦合^{183}W NMR 谱中(图 2.45)[42]，最高频率的钨信号峰来自于与^{51}V邻近的钨位置。$[SiVW_{11}O_{40}]^{5-}$和$[BVW_{11}O_{40}]^{6-}$的最低频率信号峰更宽，这些不同的信号峰形取决于 V 和 W 的不

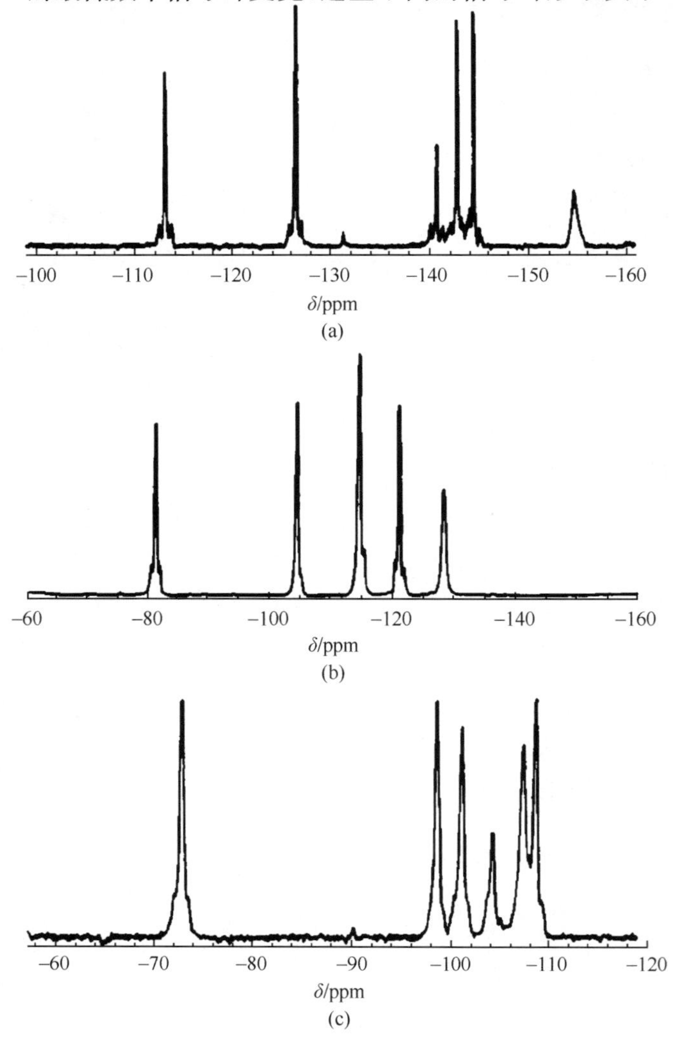

图 2.44　$Li_6[BVW_{11}O_{40}]$、$Li_5[SiVW_{11}O_{40}]$和$Li_4[PVW_{11}O_{40}]$的^{183}W NMR 谱。(a) 40℃，5mL 0.6mol·L^{-1} $Li_6[BVW_{11}O_{40}]$溶于D_2O中测定的 NMR 谱；(b) 40℃，5mL 0.6mol·L^{-1} $Li_5[SiVW_{11}O_{40}]$溶于D_2O中测定的 NMR 谱；(c) 25℃，5mL 0.6mol·L^{-1} $Li_4[PVW_{11}O_{40}]$溶于D_2O中测定的 NMR 谱[42]

同连接方式。将 NMR 谱线性拟合来测试 V－W 耦合的幅度$^{2}J_{V-O-W}$。表 2.21 列出了多阴离子$[XVW_{11}O_{40}]^{n-}$（X=B，Si，P；n=6，5，4）的^{51}V NMR 谱的弛豫时间 T_1值与温度的函数，以及^{183}W NMR 谱线性拟合的$^{2}J_{V-O-W}$值，在实验误差允许的范围内，$T_1=T_2$表明四极弛豫占主导，弛豫时间与多阴离子浓度、pH、VO_2^+和磁场强度无关。表 2.21 中总结了化合物的$^{2}J_{V-O-W}$值，这些数据取决于 V—O—W 键角的大小[42]。表 2.22 列出了多钨酸盐的^{183}W NMR 谱的化学位移，信号强度比为 2∶2∶2∶2∶2∶1[42]。

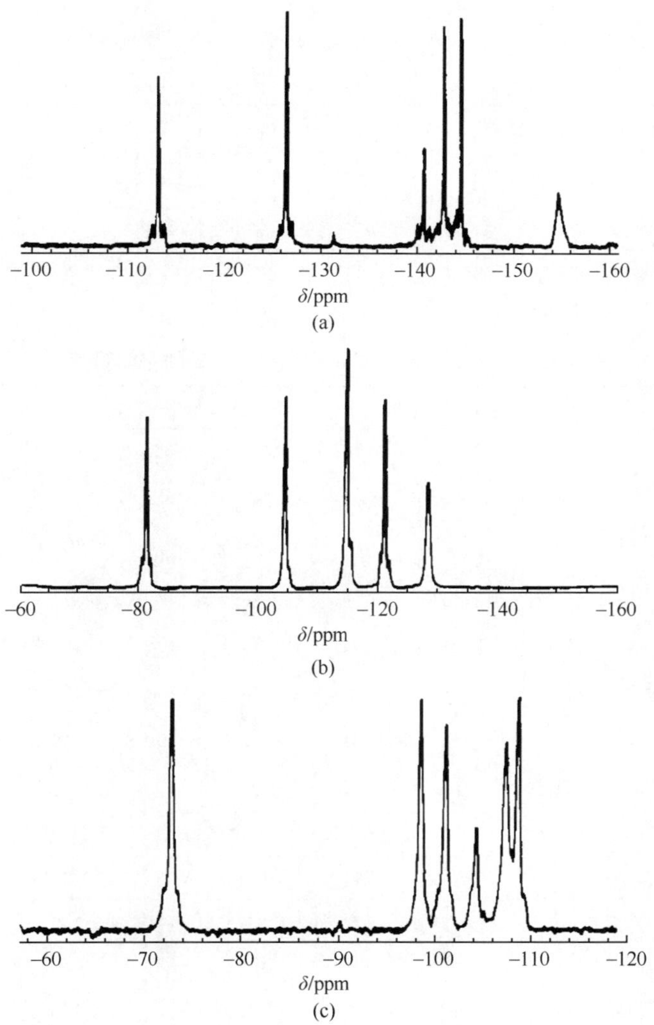

图 2.45　^{51}V 去耦合^{183}W NMR 谱：(a) 30℃，0.6mol · L^{-1} $Li_6[BVW_{11}O_{40}]$；(b) 30℃，0.6mol · L^{-1} $Li_5[SiVW_{11}O_{40}]$；(c) 30℃，0.6 mol · L^{-1} $Li_4[PVW_{11}O_{40}]$[42]

表 2.21 多阴离子$[XVW_{11}O_{40}]^{n-}$（X=B,Si,P;n=6，5，4）的^{51}V NMR 谱的 T_1 和^{183}W NMR 谱线性拟合的$^2J_{V-O-W}$值[42]

温度/℃	T_1/ms		
	$[BVW_{11}O_{40}]^{6-}$	$[SiVW_{11}O_{40}]^{5-}$	$[PVW_{11}O_{40}]^{4-}$
20	9.4	2.9	4.2
40	13.8	4.3	
60	19.9	6.7	8.0
80	26.3	9.6	11.4
100	33.1	11.8	
^{183}W NMR 谱线性拟合的$^2J_{V-O-W}$值	$[BVW_{11}O_{40}]^{6-}$	$[SiVW_{11}O_{40}]^{5-}$	$[PVW_{11}O_{40}]^{4-}$
$^2J_{V-O-W}$(共边)	9±1	11.5±1	15.5±1
$^2J_{V-O-W}$(共角)	26±2	25±5	25±5

注：T_1值为弛豫时间；$^2J_{V-O-W}$值为^{183}W线性拟合值；多阴离子的^{183}W NMR 测试溶液为 25℃相应锂盐的 0.6～0.8mol·L^{-1}饱和溶液。

表 2.22 一系列多钨酸盐的^{183}W NMR 谱的化学位移[42]

化合物	δ/ppm						重心
	W2(2)	W4(2)	W5(2)	W6(2)	W10(2)	W11(1)	
$Li_6[BVW_{11}O_{40}]$ (D_2O，30℃)	−154.8	−113.2	−142.8	−126.4	−144.5	−140.7	−136.7
$Li_5[SiVW_{11}O_{40}]$ (D_2O，30℃)	−128.0	−81.1	−114.6	−104.3	−121.0	−114.6	−110.2
$Li_4[PVW_{11}O_{40}]$ (D_2O，30℃)	−106.7	−72.2	−101.2	−98.6	−108.7	−103.7	−98.1
$Li_7[PW_{11}O_{39}]$ (D_2O，35℃)	−98.8	−98.1	−132.4	−103.6	−152.2	−121.4	
$Na_8[SiW_{11}O_{39}]$ (D_2O，30℃)	−127.9	−116.1	−143.2	−100.8	−176.1	−121.3	
$Na_5[PPbW_{11}O_{40}]$ (D_2O)	−82.7	−74.4	−127.4	−102.8	−146.3	−111.5	−107.2
$(TBA)_5[PTiW_{11}O_{40}]$ (CD_3CN)	−109.2	−57.2	−106.7	−92.6	−118.0	−101.9	−97.2
化合物	δ/ppm						重心
	W3(1)	W4(2)	W6(2)	W7(2)	W10(1)	W11(2)	
$Li_6[\alpha\text{-}1,2\text{-}SiV_2W_{10}O_{40}]$ (D_2O，30℃)	−111.7	−86.0	−83.5	−111.7	−142.5	−122.7	−106.2
$Li_5[\alpha\text{-}1,2\text{-}PV_2W_{10}O_{40}]$ (D_2O，30℃)	−91.9	−80.8	−82.2	−106.7	−128.8	−116.7	−99.4

续表

化合物	δ/ppm		重心
	W4(6)	W10(3)	
$Li_7[\alpha\text{-}1,2,3\text{-}SiV_3W_9O_{40}]$ (D_2O, 30℃)	−91.5	−136.7	−106.6
$Li_7[\alpha\text{-}1,2,3\text{-}PV_3W_9O_{40}]$ (D_2O, 30℃)	−86.6	−130.1	−101.1
$[(n\text{-}C_4H_9)_4N]_3[VW_5O_{19}]$ (CD_3CN, 25℃)	+76.4(4)	+75.9(1)	76.3
$Li_4[V_2W_4O_{19}]$ (D_2O, 30℃)	+70.3(2)	+69.4(2)	69.9

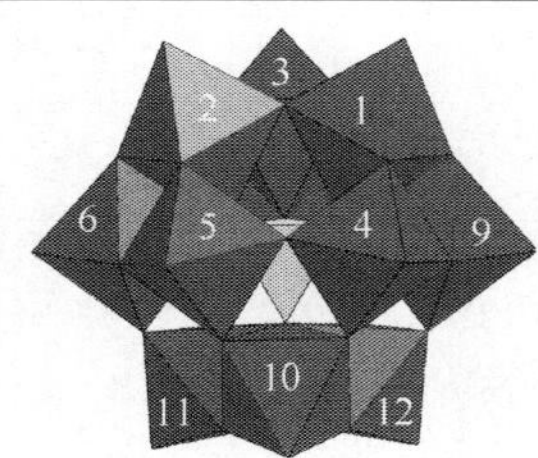

$[\alpha\text{-}SiW_{11}O_{39}]^{8-}$ 的 ^{183}W NMR 谱中，出现了六条独立的谱线，这充分证明了 $[\alpha\text{-}SiW_{11}O_{39}]^{8-}$ 的结构是从 Keggin 结构中移去一个钨原子和它周围的未共用的氧原子得到的。$[PW_{11}O_{39}]^{7-}$ 的 ^{183}W NMR 谱与 $[\alpha\text{-}SiW_{11}O_{39}]^{8-}$ 非常相似，只是 $^2J_{P-O-W}$ 的耦合作用使得每一条线都变成了双重线。表 2.23 总结了一系列杂多钨酸盐化合物在 D_2O 溶液中的 ^{183}W NMR 谱数据[11]。

表 2.23　一系列杂多钨酸盐在 D_2O 溶液中的 ^{183}W NMR 谱的化学位移[11]

化合物	反荷离子	浓度/(mol·L⁻¹)	分辨率/Hz	δ/ppm
$[SiW_{11}O_{39}]^{8-}$	Na^+	0.72	0.15	−176.2，−143.2，−127.9，−121.3，−116.1，−100.9
$[\alpha\text{-}P_2W_{18}O_{62}]^{6-}$	Na^+	0.4	0.15	−173.8，−128.1
$[\beta\text{-}P_2W_{18}O_{62}]^{6-}$	Na^+	0.36	0.15	−191.2，−171.1，−131.1，−111.6
$[\alpha_2\text{-}P_2W_{17}O_{61}]^{10-}$	Na^+	0.6	0.07	−242.3，−225.0，−222.7，−218.9，−179.6，−175.8，−159.6，−140.8，−127.9
$[\alpha_2\text{-}P_2W_{17}VO_{62}]^{7-}$	Li^+	0.46	0.15	−244.8，−225.4，−221.6，−220.0，−184.4，−182.5，−142.0
$[PW_{11}O_{39}]^{7-}$	Li^+	0.51	0.29	−153.5，−133.6，−122.9，−105.1，−100.9
$[PW_{11}O_{39}]^{7-}$	Li^+	0.51①	0.15	−154.5，−134.5，−124.2，−106.3，−102.4，−102.0

①0.5mol·L^{-1} $LiClO_4$ 溶液。

$(n\text{-}Bu_4N)_4[PMW_{11}O_{40}]$（M＝V，Nb，Ta）的^{31}P 和^{183}W NMR 谱列于表 2.24[38]，所有的^{31}P NMR 谱均展示出尖锐的单线峰，$(n\text{-}Bu_4N)_4[PVW_{11}O_{40}]$在 0.1mol·L^{-1} DMF 溶液测定的^{51}V NMR 谱在 547ppm 处展示出一个独立的信号峰。$(n\text{-}Bu_4N)_4[PMW_{11}O_{40}]$结构的 C_s对称性表明它的结构中包含五个不等当量的磁性钨原子对和一个独立的钨原子，这就表明在它的^{183}W NMR 谱中一共有六个信号峰[38]。$(n\text{-}Bu_4N)_4[PMW_{11}O_{40}]$（M＝Nb，Ta）的^{183}W NMR 符合对称性结论，但$(n\text{-}Bu_4N)_4(PVW_{11}O_{40})$不符合对称性结论，只出现五个信号峰。

表 2.24 $(n\text{-}Bu_4N)_4[PMW_{11}O_{40}]$的^{31}P 和^{183}W NMR 谱[38]

	化学位移 δ/ppm		
	M＝V	M＝Nb	M＝Ta
^{31}P NMR①	−13.7	−12.7	−13.4
^{183}W NMR②	−60.0(2W)	−62.1(2W)	−62.5(2W)
	−86.0(2W)	−82.9(2W)	−81.6(2W)
	−87.7(2W)	−87.8(2W)	−88.0(2W)
	−91.7(1W)	−92.7(1W)	−93.2(1W)
	−96.8(2W)	−93.8(2W)	−95.7(2W)
		−101.3(2W)	−100.6(2W)

① 0.1mol·L^{-1} DMF；

② 0.1mol·L^{-1} DMSO。

2.4.3.5 电子顺磁共振谱

电子顺磁共振（简写为 EPR），也称为电子自旋共振（简写为 ESR）。$(n\text{-}Bu_4N)_4[\alpha\text{-}SiMoW_{11}O_{40}]$在 DMF 中的 EPR 谱表明，该化合物在室温和冷冻条件下具有一种很好的超精细结构，谱线宽度不随温度而改变[33]，表 2.25 列出了一系列多阴离子的 EPR 谱参数[33]。

表 2.25 一电子还原的多阴离子的各向异性 EPR 参数[33]

多阴离子	$g_{\parallel}(g_z)$	$g_{\perp}(g_x, g_y)$	$A_{\parallel}$/cm^{-1}	$A_{\perp}$/cm^{-1}
$[\alpha\text{-}SiMoW_{11}O_{40}]^{5-}$	1.914	1.931	82.5	35.6
$[\alpha\text{-}PMo_{12}O_{40}]^{4-}$	1.938	1.949	60.7	27.2
$[\alpha\text{-}AsMo_{12}O_{40}]^{4-}$	1.935	1.948	64.4	28.2
$[\alpha\text{-}SiMo_{12}O_{40}]^{5-}$	1.931	1.944	65.5	32.0
$[\alpha\text{-}GeMo_{12}O_{40}]^{5-}$	1.935	1.951	68.5	33.6
$[\beta\text{-}SiMo_3W_9O_{40}]^{5-}$	1.921	1.950，1.935	63.5	30.8

2.0mmol · L^{-1} $[PVW_{11}O_{40}]^{5-}$ 的 1.0mol · L^{-1} 硫酸钠溶液(pH=2)的 EPR 谱中出现八条特征谱线,比相同条件下硫酸氧钒的谱线更宽一些,可以采用轴自旋哈密顿算符计算来解释,计算公式如式(2-1)～式(2-5)。表 2.26 列出了 $[PVW_{11}O_{40}]^{5-}$ 的 EPR 参数[43]。

$$H = g_{\parallel}\beta H_z S_z + g_{\perp}\beta(H_x S_x + H_y S_y) + A S_z I_z + B(S_x I_x + S_y I_y) \tag{2-1}$$

波动理论给出了清楚的解释:

$$h\nu = g\beta H + Km + \frac{B^2}{4(h\nu)}\left(\frac{A^2+K^2}{K^2}\right)\{I(I+1)-m^2\} + \frac{1}{2(h\nu)}\left(\frac{A^2-B^2}{K}\right)\left(\frac{g_{\parallel}^2 g_{\perp}^2}{g^4}\right)\sin^2\theta\cos^2\theta m^2 \tag{2-2}$$

其中,θ 是对称轴和磁场之间的夹角。

$$g^2 = g_{\parallel}^2\cos^2\theta + g_{\perp}^2\sin^2\theta \tag{2-3}$$

$$K^2 g^2 = A^2 g_{\parallel}^2\cos^2\theta + B^2 g_{\perp}^2\sin^2\theta \tag{2-4}$$

上面的方程式用于分析上述晶体的多晶和室温溶液的 EPR 谱。通过公式计算的参数列在表 2.26 中。

$$h\nu = g\beta H + am + \frac{a^2}{2(h\nu)}[I(I+1)-m^2] \tag{2-5}$$

表 2.26　$[PVW_{11}O_{40}]^{5-}$ 的 EPR 参数[43]

	298K	71K
$g_{\parallel}$	1.9104	1.9232
$g_{\perp}$	1.9655	1.968
A/cm^{-1}	−167.0	−169.3
B/cm^{-1}	−59.3	−59.6

注:g 值的误差是±0.001,超精细参数 A 和 B 的误差是 $\pm0.5\times10^{-4}cm^{-1}$。

$[PMo^{V}W_{11}O_{40}]^{4-}$ 溶液的 EPR 谱可以用轴自旋哈密顿算符来解释,计算公式如式(2-6)所示[44]。一系列含钒的多酸化合物的 EPR 数据列于表 2.27 中[44]。

$$H = g_{\parallel}\beta H S_z + g_{\perp}\beta H(S_x + S_y) + A S_z I_z + B(S_z I_z + S_y I_y) \tag{2-6}$$

其中,$g_{\parallel} = 1.9138 \pm 0.001$;$|A| = (73.1 \pm 0.5) \times 10^{-4} cm^{-1}$;

$|B| = (34.3 \pm 1.0) \times 10^{-4} cm^{-1}$,采用 Bleaney 波动公式计算得到。

2.4.3.6　电化学性质研究

$\{AsVW_{11}\}$的循环伏安曲线展示出三对氧化还原峰,半波电位 $E_{1/2}$ 分别是 469mV、−372mV 和−509mV[图 2.46(b)][41a],$\{AsW_{12}\}$和$\{AsV_2W_{10}\}$的循环伏安曲线均展示出三对准可逆的氧化还原峰,半波电位分别为−189mV、−387mV

表 2.27 77K 下含有四价钒的多阴离子的 EPR 参数[44]

多阴离子	$g_{\parallel}$	$g_{\perp}$	$A_{\parallel}/cm^{-1}$	$A_{\perp}/cm^{-1}$
$[PVW_{11}O_{40}]^{5-}$	1.915	1.970	167.2	59.7
$[SiVW_{11}O_{40}]^{6-}$	1.918	1.969	164.8	57.6
$[GeVW_{11}O_{40}]^{6-}$	1.918	1.967	166.9	59.7
$[BVW_{11}O_{40}]^{7-}$	1.918	1.967	167.3	59.4
$[H_2VW_{11}O_{40}]^{8-}$	1.922	1.966	164.9	57.6
$[ZnVW_{11}O_{40}]^{8-}$	1.921	1.967	164.8	58.5
VO^{2+}	1.938	1.978	172.5	63.6
$[PVMo_{11}O_{40}]^{5-}$	1.939	1.974	151.2	53.4
$[SiVMo_{11}O_{40}]^{6-}$	1.936	1.975	149.5	54.2

注：g 值的估计误差是±0.001，超精细参数 A 的误差是$\pm 0.5\times10^{-4}cm^{-1}$。

和－488mV，以及 486mV、－395mV 和－513mV[图 2.46(a)和图 2.46(c)][41a]，库仑电量分析表明{$AsVW_{11}$}的三对还原波对应于一电子和两个两电子还原，{AsV_2W_{10}}对应于三个两电子还原，{AsW_{12}}对应于两个一电子和两电子还原。图 2.46(b)和图 2.46(c)的第一个波均归属于五价 V 到四价 V 的还原[41a]。

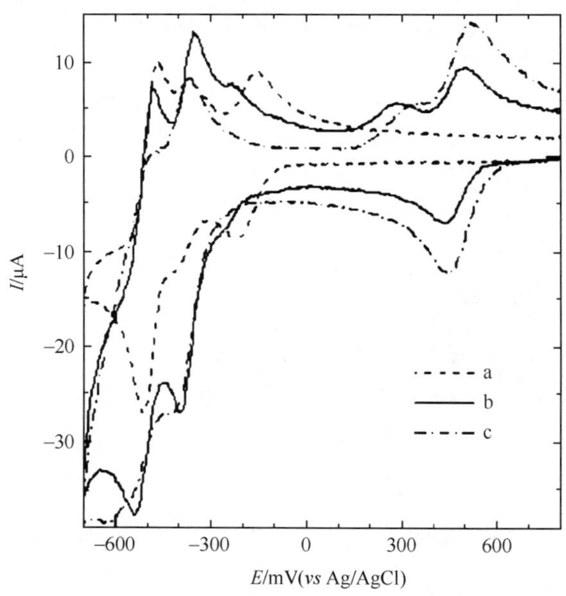

图 2.46 {AsW_{12}}(a)、{$AsVW_{11}$}(b)和{AsV_2W_{10}}(c)的循环伏安曲线(测试条件：阴离子浓度为 $0.5mmol\cdot L^{-1}$，介质为含有 $0.1mol\cdot L^{-1}$ n-Bu_4NClO_4 和 $5mmol\cdot L^{-1}$ CF_3SO_3H 的 95%的乙腈水溶液)[41a]

$\{PVW_{11}\}$和$\{PV_2W_{10}\}$在CH_3CN溶液中也有相似的电化学行为[41a]，$\{PVW_{11}\}$的半波电位分别是378mV、−439mV和−595mV，$\{PV_2W_{10}\}$的半波电位分别是398mV和−474mV。虽然$\{AsV_xW_{12-x}\}$和$\{PV_xW_{12-x}\}$的电化学行为相似，但是$\{AsV_xW_{12-x}\}$的半波电位比$\{PV_xW_{12-x}\}$的更负。

图2.47所示为$\{AsVMo_{11}\}$、$\{AsV_2Mo_{10}\}$和$\{AsMo_{12}\}$的循环伏安曲线[60]。$\{AsVMo_{11}\}$的循环伏安曲线展示出四对氧化还原峰，半波电位分别是610mV、347mV、262mV和0mV(*vs* Ag/AgCl)，电流强度比为1∶2∶2∶2($E_{1/2}=(E_{pc}+E_{pa})/2$)，$E_{pc}$是阴极峰电势，$E_{pa}$是阳极峰电势。库仑电量分析表明四对氧化还原峰分别对应一电子、两电子、两电子和两电子还原。$\{AsV_2Mo_{10}\}$的循环伏安曲线展示出四个准可逆的氧化还原峰，半波电位分别是594mV、332mV、252mV和17mV，电流强度比为1∶1∶1∶1，对应于四个两电子还原，V的电势比W和Mo更正，图2.47中600mV附近的还原峰表明在$\{AsVMo_{11}\}$和$\{AsV_2Mo_{10}\}$中存在V^{V}到V^{IV}的还原。在酸性CH_3CN溶液中测定的$\{AsVMo_{11}\}$和$\{AsV_2Mo_{10}\}$的循环伏安曲线中，展示出与Keggin型多阴离子类似的钼的两电子氧化还原波[60]。

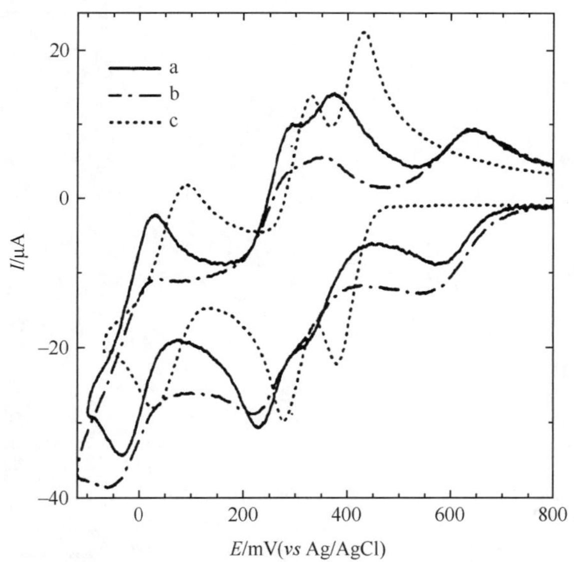

图2.47 $[AsVMo_{11}O_{40}]^{4-}$(a)、$[AsV_2Mo_{10}O_{40}]^{5-}$(b)和$[AsMo_{12}O_{40}]^{3-}$(c)的循环伏安曲线
(测试条件：阴离子浓度为0.5mmol·L^{-1}，介质为含有0.1mol·L^{-1} n-Bu_4NClO_4和5mmol·L^{-1} CF_3SO_3H的95%的乙腈水溶液)[60]

2.4.3.7 电位滴定

$H_4[PMo_{11}VO_{40}]$、$H_5[PMo_{10}V_2O_{40}]$和$H_6[PMo_9V_3O_{40}]$的电位滴定曲线显示出两个拐点[65,70]，第一个拐点是多酸中氢离子的中和，第二个拐点是杂多阴离

子与碱的完全降解，主要归属于含钒物质在这个 pH 下聚合的程度和性质。第二个拐点中心在 pH 为 8 左右，在这个 pH 下，钼酸盐和磷酸盐分别以 MoO_4^{2-} 和 HPO_4^{2-} 存在，钒酸盐以 HVO_4^{2-} 存在[65,70]（图 2.48）。对于 $H_4[PMo_{11}VO_{40}]$来说，在第一个拐点处，每摩尔杂多化合物与 4.1mol 碱发生反应，这就证明了理论上有四个可置换的氢离子存在。第二个拐点处发生的反应是每摩尔杂多化合物与 26mol 碱（pH 8.5）发生反应，离子反应方程式为$[PMo_{11}VO_{40}]^{4-} + 22OH^- \longrightarrow HPO_4^{2-} + 11MoO_4^{2-} + HVO_4^{2-} + 10H_2O$ [65,70]。$H_5[PMo_{10}V_2O_{40}]$和 $H_6[PMo_9V_3O_{40}]$的电位滴定表明它们分别是五质子的和六质子的[65,70]（图 2.48）。由于 25℃下阴离子的降解非常缓慢，滴定测试是在 80℃下进行的。与$[PMo_{12}O_{40}]^{3-}$相比，钼钒磷酸盐阴离子是不容易水解的，在酸性溶液中$[PMo_{12}O_{40}]^{3-}$倾向于分解成更简单的片段。$H_4[PMo_{11}VO_{40}]$的电位滴定（采用 0.1mol · L^{-1} $NaOCH_3$ 在乙醇溶液中测定的）出现一个独立的拐点，每摩尔多阴离子与 4mol $NaOCH_3$ 反应，表明多阴离子在这个介质中具有四元碱性，尽管甲醇具有更低的介电常数，这四个氢离子的酸度并没有差异[65,70]。

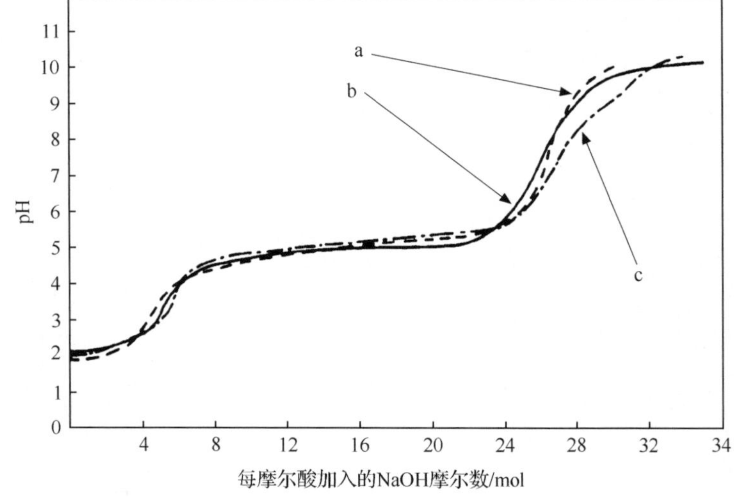

图 2.48　$H_4[PMo_{11}VO_{40}]$ (a)、$H_5[PMo_{10}V_2O_{40}]$(b)和 $H_6[PMo_9V_3O_{40}]$(c)的电位滴定曲线（100mL 2×10^{-3}mol · L^{-1}各多阴离子溶液用 0.1000mol · L^{-1} NaOH 溶液滴定）[65,70]

2.5　Keggin 型杂多化合物的经典合成方法

Keggin 型杂多化合物的经典合成方法是在室温下酸化简单无机含氧酸根离子，反应介质可以是水、有机溶剂或者离子液体等。例如，$[PMo_{12}O_{40}]^{3-}$的合成反应是在水溶液中进行的，离子反应方程式为

$$HPO_4^{2-} + MoO_4^{2-} + 23H^+ \longrightarrow [PMo_{12}O_{40}]^{3-}$$

在酸化简单无机含氧酸根离子的过程中，需要注意的重要影响因素包括：第一，要控制好溶液的温度，Keggin 型杂多化合物制备所需要的温度为 70℃以下，但如果将溶液煮沸回流得到的产物则变成 2∶18 系列 Dawson 型杂多化合物。第二，要控制好 pH，$[PW_{12}O_{40}]^{3-}$合成的 pH 为 1～2.5，而当 pH>3 时，加热条件下会转变为$[P_2W_{18}O_{62}]^{8-}$。第三，要注意加料的顺序，如制备$[SiW_{12}O_{40}]^{4-}$时，加入原料的顺序直接影响最终产物的构型。如果加料顺序是先加 SiO_3^{2-} 和 WO_4^{2-}，然后再加入 H^+，得到的产物是$[\alpha\text{-}SiW_{12}O_{40}]^{4-}$；如果加料顺序是先加 WO_4^{2-} 和 H^+，然后再加入 SiO_3^{2-} 和 H^+，则得到$[\beta\text{-}SiW_{12}O_{40}]^{4-}$。第四，溶液中得到的 Keggin 型杂多阴离子如何从溶液中析出是非常重要的，可以采用无机阳离子如 K^+、Cs^+ 生成的化合物溶解度小，可以从溶液中析出，同时可以加入有机阳离子如胍盐、烷基铵盐等使多阴离子析出。第五，对于游离酸的析出，最经典的方法是乙醚萃取法，基本原理是在水溶液中不加入抗衡阳离子，加入过量的乙醚，与多阴离子溶液形成醚合物，除去乙醚即得到杂多化合物。

目前，一个很有前景的制备方法是以离子液体为反应溶剂合成新型多酸化合物。离子液体是完全由阴阳离子组成的新型溶剂，它具有 pH 可控、溶解性好、零蒸气压、不易挥发等优势，Keggin 型杂多化合物可以采用该方法合成，主要优势在于钨酸钠和钼酸钠在离子液体中的溶解性好，而且离子液体的阳离子在多阴离子析出的过程中直接充当反荷离子。

2.6　如何活化 Keggin 型杂多化合物的桥氧和端氧

活化 Keggin 型杂多化合物的桥氧和端氧是其参加各类化学反应的前提和基础。在 Keggin 型杂多化合物的结构部分详细介绍了桥氧(O_b和 O_c)及端氧 O_d的位置(图 2.4)，在 Keggin 型多阴离子的结构中 O_b、O_c和 O_d分别有 12 个。它们的平均键长分布情况如表 2.28 所示。活化 Keggin 型杂多化合物的桥氧和端氧的重要策略是通过调节配原子的组成及氧化态的变化来改善富氧的多金属氧酸盐，使表面氧原子活化，易于被其他金属及金属配合物修饰。

表 2.28　Keggin 型多阴离子中 M—O 的平均键长数据

杂原子 X	配原子 M	$M-O_{b,c}$平均键长/Å	$M=O_d$平均键长/Å
P	W	2.44	1.70
Si	W	2.38	1.68
P	Mo	2.34	1.66
Si	Mo	2.35	1.67
Ge	Mo	2.29	1.69

2.7 Keggin 型杂多化合物的量子化学研究

随着结构测试表征手段的不断进步，人们不满足于只合成多酸的晶体结构，期望能够通过一种方法实现多酸结构的可控合成，多酸的量子化学研究方法可以系统分析多酸的电子结构、稳定性、反应活性、催化及氧化反应机理，同时研究结构与性质之间的关系等。以最初的半经验计算方法为基础，目前人们常用密度泛函理论(DFT)讨论多酸的电子性质。近年来，Keggin 型杂多化合物化学的理论研究备受关注，主要集中在 Keggin 型杂多阴离子及其异构体的基本性质的理论研究，包括它们的电子性质、氧化还原性质、稳定性、成键性质以及质子化作用机理研究等；更重要的方面是 Keggin 型杂多化合物的应用理论研究，包括磁性理论研究、催化反应机理、非线性光学性质及抗病毒药物方面的理论研究。

Keggin 型杂多阴离子及其异构体基本性质包括它们的电子性质、氧化还原性质、稳定性、成键性质等诸多方面，深入研究这些基本性质对进一步设计与合成拥有特殊功能特性基于 Keggin 型杂多阴离子的新型多酸材料具有非常重要的理论指导意义。Poblet 等研究了 Keggin 型杂多阴离子的杂原子对能级及电子性质的影响，他们采用 DFT 方法研究发现 Keggin 型多阴离子的杂原子不同，直接影响它的 LUMO 与 HOMO (LUMO 为最低非占有轨道，HOMO 为最高占有轨道) 的能量差(图 2.49 和表 2.29)[71]。2008 年，颜力楷和 López 等采用 DFT 理论研究表明化学键长短交替扭曲可以导致 Keggin 型杂多阴离子手性的产生[72]。

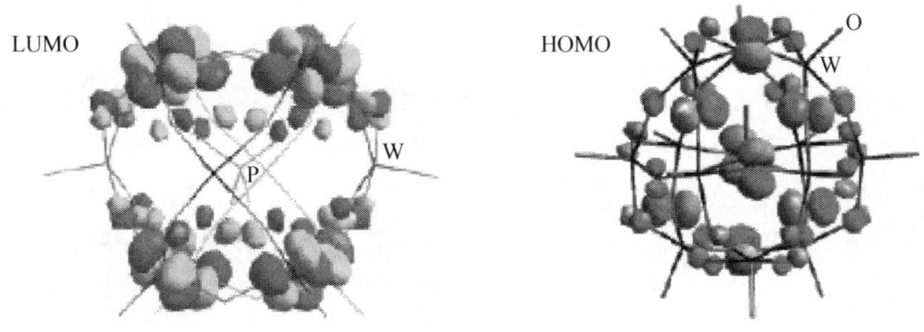

图 2.49　Keggin 型多阴离子的 LUMO 与 HOMO 的轨道能级分布图[71]

表 2.29　含有不同杂原子的 Keggin 型杂多阴离子的 HOMO-LUMO 能级差[71]

杂多阴离子	HOMO-LUMO 能级差/eV	杂多阴离子	HOMO-LUMO 能级差/eV	杂多阴离子	HOMO-LUMO 能级差/eV
$\{PW_{12}\}$	2.80	$\{AlW_{12}\}$	2.81	$\{SiMo_{12}\}$	2.06
$\{SiW_{12}\}$	2.84	$\{PMo_{12}\}$	2.03	$\{AlMo_{12}\}$	2.04

2004 年,Poblet 等研究了[$PW_{12}O_{40}$]$^{3-}$的五种异构体的稳定性,DFT 方法研究表明这五种异构体的能量高低顺序为 α<β<γ<δ<ε 体,但是还原态的 Keggin 型多阴离子的 δ 体和 ε 体是最不稳定的,β 体是最稳定的。图 2.50 和表 2.30 列出了[$PW_{12}O_{40}$]$^{3-}$的异构体的 HOMO-LUMO 能级数据[73]。2005 年,苏忠民等采用 DFT 方法证实了二钛取代的α-Keggin 型多阴离子的五种同分异构体(图 2.51)的稳定性顺序分别为[α-1,4-$PTi_2W_{10}O_{40}$]$^{7-}$>[α-1,5-$PTi_2W_{10}O_{40}$]$^{7-}$>[α-1,11-$PTi_2W_{10}O_{40}$]$^{7-}$>[α-1,2-$PTi_2W_{10}O_{40}$]$^{7-}$>[α-1,6-$PTi_2W_{10}O_{40}$]$^{7-}$。[α-1,6-$PTi_2W_{10}O_{40}$]$^{7-}$前线分子轨道能级图的计算结构如图 2.52 所示[74]。

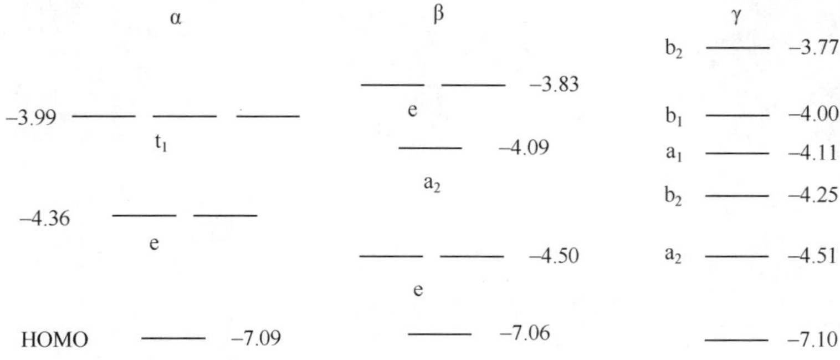

图 2.50　[$PW_{12}O_{40}$]$^{3-}$的 α 体、β 体和 γ 体的能级图[73]

(图中的符号 t_1,e,a_1,a_2,b_1,b_2 为相应能级的不可约表示,能量单位为 eV)

表 2.30　[$XW_{12}O_{40}$]$^{3-}$(X=P,Si,Al)的五种异构体的 HOMO-LUMO 能级数据[73]

异构体	相对能量/(kcal · mol^{-1})			HOMO-LUMO 能级差/eV		
	P	Si	Al	P	Si	Al
α	0.0	0.0	0.0	2.73	2.76	2.79
β	4.57	3.82	2.37	2.56	2.60	2.62
γ	13.9	13.8	13.3	2.59	2.64	2.63
δ	30.7			2.83		
ε	55.9			2.73		

Keggin 型杂多化合物在磁性、催化、非线性光学及抗病毒药物等方面展示出很好的应用前景,但是人们真正关心的问题是它们在这些领域是如何应用的,它的作用原理和机制是什么,理论计算就能很好地解决这些问题。Musaev 等采用 DFT 方法研究了缺位多酸[γ-(SiO_4)$W_{10}O_{32}H_4$]$^{4-}$在催化环氧化反应的反应机制,反应过程中首先形成 W—OOH 基片段中间体,随着反应的进行,该片段中的 O—O 键断裂,生成环氧化物。苏忠民等采用 DFT 理论研究方法证明中心杂原子和配原子均影响缺位 α-Keggin 型杂多化合物及其衍生物的非线性光学性质。同时,他们

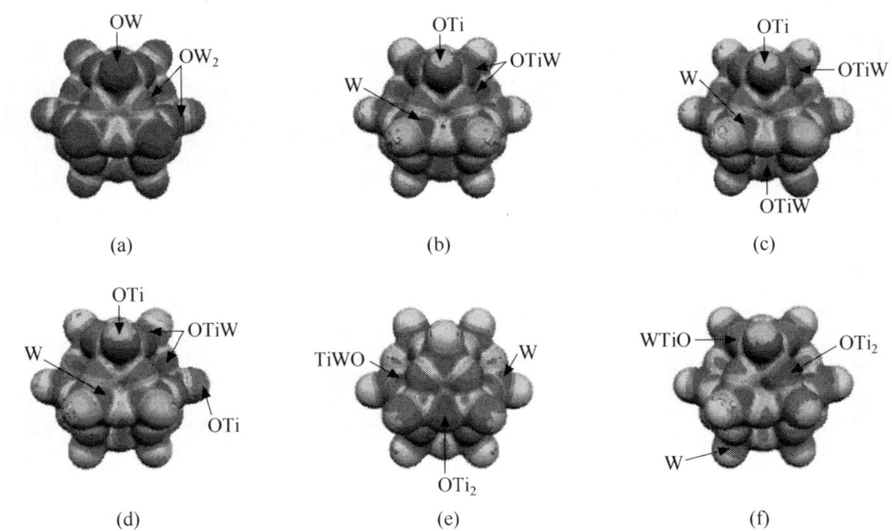

图 2.51　(a) [α-$PW_{12}O_{40}$]$^{3-}$的静电势图;(b)～(f)[α-$PTi_2W_{10}O_{40}$]$^{7-}$的五种异构体的静电势图[74]

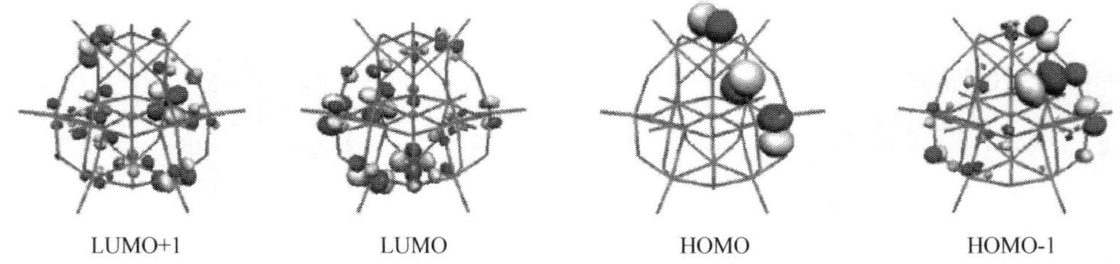

图 2.52　[α-1,6-$PTi_2W_{10}O_{40}$]$^{7-}$前线分子轨道能级图的计算结构[74]

结合 DFT 方法,以[α-$PTi_2W_{10}O_{40}$]$^{7-}$为多酸抑制剂模型应用在多酸抗病毒药物领域,在理论研究过程中成功实现多酸分子与 SARS 冠状病毒 3CL 蛋白水解酶分子的对接[75]。

参考文献

[1] 王恩波,胡长文,许林. 多酸化学导论. 北京:化学工业出版社,1998.

[2] Berzerius J. The preparation of the phosphomolybdate ion [$PMo_{12}O_{40}$]$^{3-}$. Pogg Ann, 1826, 6: 369-371.

[3] Pauling L. The molecular structure of the tungstosilicates and related compounds. J Am Chem Soc, 1929, 5: 2868-2880.

[4] Keggin J F. The structure and formula of 12-phosphotungstic acid, proceedings of the royal society of London, Series A: mathematical and physical sciences. Ser A: Math and Phy Sci, 1934, 144: 75-100.

[5] Brown G M, Noe-Spirlet M R, Busing W R, et al. Dodecatungstophosphoric acid hexahydrate, $(H_5O_2)_3$

($PW_{12}O_{40}$), the true structure of Keggin's "pentahydrate" from single crystal X-ray and neutron diffraction data. Acta Cryst B, 1977, 33: 1038-1046.

[6] Allmann R, D'Amour H. Die struktur des Keggin complexes ($PW_{12}O_{40}$)(Ⅲ) am Beispiel des, trikline $NaH_2(PW_{12}O_{40})(H_2O)_x$ (x=12～14). Reference Zeitschrift fuer Kristallographie, Kristallgeometrie, Kristallphysik, Kristallchemie, 1975, 141: 161-173.

[7] Wu H. Contribution to the chemistry of phosphomolybdic acids, phosphotungstic acids, and allied substances. J Biol Chem, 1920, 43: 189-220.

[8] Bailar J C, Booth H S, Booth G M, et al. Phosphotungstic acid. Inorg Synth, 1939, 1: 132-133.

[9] Filowitz M, Ho R K C, Klemperer W G, et al. ^{17}O Nuclear magnetic resonance spectroscopy of polyoxometalates. 1. Sensitivity and resolution. Inorg Chem, 1979, 18: 93-103.

[10] Himeno S, Takamoto M, Ueda T. Synthesis, characterisation and voltammetric study of a β-Keggin-type $[PW_{12}O_{40}]^{3-}$ complex. J Electroanalytical Chem, 1999, 465: 129-135.

[11] Acerete R, Hammer C F, Baker L C W. ^{183}W NMR of heteropoly- and isopolytungstates explanations of chemical shifts and band assignments and theoretical considerations. J Am Chem Soc, 1982, 104: 5384-5390.

[12] Tézé A, Canny J, Gurban L, et al. Synthesis, structural characterization, and oxidation-reduction behavior of the γ-Isomer, of the dodecatungstosilicate anion. Inorg Chem, 1996, 35: 1001-1005.

[13] 迈克尔・波普. 杂多和同多金属氧酸盐. 王恩波,沈思洪,黄如丹,等,译. 长春: 吉林大学出版社, 1991.

[14] Himenoa S, Hashimoto M, Ueda T. Formation and conversion of molybdophosphate and -arsenate complexes in aqueous solution. Inorg Chim Acta, 1999, 284: 237-245.

[15] Nyman M, Bonhomme F, Alam T M, et al. $[SiNb_{12}O_{40}]^{16-}$ and $[GeNb_{12}O_{40}]^{16-}$: highly charged Keggin ions with sticky surfaces. Angew Chem Int Ed, 2004, 43: 2787-2792.

[16] Bochet C G, Draper T, Bocquet B, et al. ^{182}Tungsten mössbauer spectroscopy of heteropolytungstates. Dalton Trans, 2009:5127-5131.

[17] Prados R A, Pope M T. Low-temperature electron spin resonance spectra of heteropoly blues derived from some 1∶12 and 2∶18 molybdates and tungstates. Inorg Chem, 1976, 15: 2547-2553.

[18] Hervé G, Tézé A. Study of α- and β-enneatungstosilicates and germanates. Inorg Chem, 1977, 16: 2115-2117.

[19] Pope M T, Varga G M. Heteropoly blues. I. Reduction stoichiometries and reduction potentials of some 12-tungstates. Inorg Chem, 1966, 5: 1249-1254.

[20] Wang S M, Liu L, Chen W L, et al. A new polyoxometalates/TiO_2 interfacial layer with the function of accelerating electron transfer and retarding recombination for high-efficiency dye-sensitized solar cells. Ind Eng Chem Res, 2013. submitted.

[21] Liu W L, Tan H Q, Chen W L, et al. Ionothermal synthesis and characterization of two new heteropolytungstates with 1-ethyl-3-methylimidazolium bromide ionic liquid as solvent. J Coord Chem, 2010, 63: 1833-1843.

[22] (a)王秀丽. 多金属氧酸盐的复合材料修饰电极电化学及电催化研究. 长春: 东北师范大学, 2003.
(b)王秀丽,赵岷. 多酸电化学导论. 北京:中国环境科学出版社,2006.

[23] Sun G Y, Chang Y P, Li S H, et al. pH-Responsive controlled release of antitumour-active polyoxometalate from mesoporous silica materials. Dalton Trans, 2009:4481-4487.

[24] 柳士忠,王恩波,许林. 稀土元素 1∶12 系列杂多配合物的氧化还原性稳定性质研究. 无机化学学报,

1994, 10: 40-46.

[25] Téazéa A, Hervéa G, Finke R G, et al. α-, β-, and γ-Dodecatungstosilicic acids: isomers and related lacunary compounds. Inorg Synth, 1990, 27: 85-96.

[26] Deltcheff C R, Fournier M, Franck R, et al. Vibrational investigations of polyoxometalates. 2. Evidence for anion-anion interactions in molybdenum(Ⅵ) and tungsten(Ⅵ) compounds related to the Keggin structure. Inorg Chem, 1983, 22: 207-216.

[27] (a) Nyman M, Bonhomme F, Alam T M, et al. A general synthetic procedure for heteropolyniobates. Science, 2002, 297: 996-998.
(b)Guo G L, Xu Y Q, Cao J, et al. An unprecedented vanadoniobate cluster with "trans-vanadium" bicapped Keggin-type $\{VNb_{12}O_{40}(VO)_2\}$. Chem Commun, 2011, 47: 9411-9413.

[28] Cowan J J, Bailey A J, Heintz R A, et al. Formation, isomerization, and derivatization of Keggin tungstoaluminates. Inorg Chem, 2001, 40: 6666-6675.

[29] Weinstock I A, Cowan J J, Barbuzzi E M G, et al. Equilibria between α and β isomers of Keggin heteropolytungstates. J Am Chem Soc, 1999, 121: 4608-4617.

[30] Domaille P J, Hervéa G, Téazéa A. Vanadium(V) substituted dodecatungstophosphates. Inorg Synth, 1990, 27 : 96-104.

[31] Baker L W, Mccutcheon T P. Heteropoly salts containing cobalt and hexavalent tungsten in the anion. J Am Chem Soc, 1956, 78: 4503-4510.

[32] Brown D, Mair J A. Heteropolytungstic acids and heteropolytungstates. Part Ⅲ. 12-Tungstozincic acid and its salts, and some 12-tungsto-3-zincates. J Chem Soc,1958:2597-2599.

[33] Sanchez C, Livage J, Launay J P, et al. Electron delocalization in mixed-valence molybdenum polyanions. J Am Chem Soc, 1982, 104: 3194-3202.

[34] 林志华，张汉辉，黄长沧，等. $H_{10}[NiMo^{V}_{12}O_{40}\{Ni(H_2O)_3\}_4]$的水热合成和晶体结构. 结构化学，2003, 22: 207-210.

[35] Brevard C, Schimpf R, Tourne G, et al. Tungsten-183 NMR: a complete and unequivocal assignment of the tungsten-tungsten connectivities in heteropolytungstates via two-dimensional ^{183}W NMR techniques. J Am Chem Soc, 1983, 105: 7059-7063.

[36] Haraguchi N, Okaue Y, Isobe T, et al. Stabilization of tetravalent cerium upon coordination of unsaturated heteropolytungstate anions. Inorg Chem, 1994, 33: 1015-1020.

[37] Honma N, Kusaka K, Ozeki T, et al. Self-assembly of a lacunary α-Keggin undecatungstophosphate into a three-dimensional network linked by *s*-block cations. Chem Commun, 2002:2896-2897.

[38] Radkov E, Beer R H. High yield synthesis of mixed-metal Keggin polyoxoanions in non-aqueous solvents: preparation of $(n\text{-}Bu_4N)_4[PMW_{11}O_{40}]$ (M = V, Nb, Ta). Polyhedron, 1995, 14: 2139-2143.

[39] Pope M T, Müller A. Polyoxometalate chemistry: from topology via self-assembly to applications. The Netherlands: Kluwer Academic Publisher, 2001.

[40] Massart R, Contant R, Fruchart J M, et al. ^{31}P NMR studies on molybdic and tungstic heteropolyanions. Correlation between structure and chemical shift. Inorg Chem, 1977, 16: 2916-2921.

[41] (a) Ueda T, Komatsu M, Hojo M. Spectroscopic and voltammetric studies on the formation of Keggin-type V(V)-substituted tungstoarsenate(V) and -phosphate(V) complexes in aqueous and aqueous-organic solutions. Inorg Chim Acta, 2003, 344: 77-84.

(b)Wei M L, He C, Hua W J, et al. A large protonated water cluster $H^+(H_2O)_{27}$ in a 3D metal-organic framework. J Am Chem Soc, 2006, 128: 13318-13319.

(c) Li S J, Liu S M, Liu S X, et al. {Ta_{12}}/{Ta_{16}} Cluster-containing polytantalotungstates with remarkable photocatalytic H_2 evolution activity. J Am Chem Soc, 2012, 134: 19716-19721.

[42] Domaille P J. 1- and 2-Dimensional tungsten-183 and vanadium-51 NMR characterization of isopoly-metalates and heteropolymetalates. J Am Chem Soc, 1984, 106: 7677-7687.

[43] Smith D P, So H, Bender J, et al. Optical and electron spin resonance spectra of the 11-tungstovanado(Ⅳ) phosphate anion. Heteropoly blue analog. Inorg Chem, 1973, 12: 685-688.

[44] Altenau J J, Pope M T, Prados R A, et al. Models for heteropoly blues. degrees of valence trapping in vanadium(Ⅳ)- and molybdenum(Ⅴ)-substituted Keggin anions. Inorg Chem, 1975, 14: 417-421.

[45] (a)Chiba H, Wada A, Ozeki T. Cation-controlled assembly of Na^+-linked lacunary α-Keggin tungstosilicates. Dalton Trans, 2006, 1213-1217.

(b) Nsouli N H, Bassil B S, Dickman M H, et al. Synthesis and structure of dilacunary decatungstogermanate, $[\gamma\text{-}GeW_{10}O_{36}]^{8-}$. Inorg Chem, 2006, 45: 3858-3860.

[46] Gamelas J A F, Evtuguin D V. Oxidation of phenols employing polyoxometalates as biomimetic models of the activity of phenoloxidase enzymes carlo galli, patrizia gentili, ana sofia nunes pontes. New J Chem, 2007, 31: 1461-1467.

[47] Tézé A, Cadot E, Béreau V, et al. About the Keggin isomers: crystal structure of $[N(C_4H_9)_4]_4$-γ-$[SiW_{10}Mo_2O_{40}]$, the γ-isomer of the Keggin ion. Synthesis and ^{183}W NMR characterization of the mixed γ-$[SiMo_2W_{10}O_{40}]^{n-}$ (n=4 or 6). Inorg Chem, 2001, 40: 2000-2004.

[48] Finke R G, Green C A, Rapko B, et al. Tetrakis(tetrabutylammonium)μ_3-[η^5-cyclopentadienyl trioxotitanate(Ⅳ)]-a-β-1,2,3-trivanadononatungstosilicate(4−), $[(C_4H_9)_4N]_4[A\text{-}\beta\text{-}(\mu^5\text{-}C_5H_5)TiSiW_9V_3O_{40}]$. InorgSynth, 1990, 27: 128-135.

[49] Kim G S, Zeng H D, Neiwert W A, et al. Dimerization of a-α-$[SiNb_3W_9O_{40}]^{7-}$ by pH-controlled formation of individual Nb-μ-O-Nb linkages. Inorg Chem, 2003, 42: 5537-5544.

[50] Finke R G, Droege M W. Trisubstituted heteropolytungstates as soluble metal oxide analogues. 1. The preparation, characterization, and reactions of organic solvent soluble forms of $Si_2W_{18}Nb_6O_{77}^{8-}$, $SiW_9Nb_3O_{40}^{7-}$, and the $SiW_9Nb_3O_{40}^{7-}$ upported organometallic complex $[(C_5Me_5)Rh \cdot SiW_9Nb_3O_{40}]^{5-}$. J Am Chem Soc, 1984, 106: 7274-7277.

[51] Tézé A, Michelon M, Hervé G. Syntheses and structures of the tungstoborate anions. Inorg Chem, 1997, 36: 505-509.

[52] Mair J A, Waugh J L T. Heteropoly-tungstic acids and heteropoly-tungstates. Part Ⅱ. 11-Tungstoaluminic, -chromic(Ⅲ), and -manganic(Ⅲ) acids and their salts. J Chem Soc, 1950, 2372-2376.

[53] Herz W. Atomanzahl und physikalisches verhalten organischer flüssigkeiten. Z Anorg Allg Chem, 1921, 116: 250-254.

[54] Carrió J S, Serra J B, González-Núñez M E, et al. Synthesis, characterization, and catalysis of β_3-$[(Co^{II}O_4)W_{11}O_{31}(O_2)_4]^{10-}$ the first Keggin-based true heteropoly dioxygen (Peroxo) anion. Spectroscopic (ESR, IR) evidence for the formation of superoxo polytungstates. J Am Chem Soc, 1999, 121: 977-984.

[55] Hussain F, Bi L H, Rauwald U, et al. Structure and solution properties of the cadmium(II)-substituted tungstoarsenate $[Cd_4Cl_2(B\text{-}\alpha\text{-}AsW_9O_{34})_2]^{12-}$. Polyhedron, 2005, 24: 847-852.

[56] Bi L H, Huang R D, Peng J, et al. Rational syntheses, characterization, crystal structure, and replacement reactions of coordinated water molecules of $[As_2W_{18}M_4(H_2O)_2O_{68}]^{10-}$ (M=Cd, Co, Cu, Fe, Mn, Ni or Zn). J Chem Soc Dalton Trans, 2001:121-129.

[57] Gaunt A J, May I, Copping R, et al. A new structural family of heteropolytungstate lacunary complexes with the uranyl, UO_2^{2-}, cation. Dalton Trans, 2003:3009-3014.

[58] Bosing M, Loose I, Pohlmann H, et al. New strategies for the generation of large heteropolymetalate clusters: the β-*B*-SbW_9 fragment as a multifunctional unit. Chem Eur J, 1997, 3: 1232-1237.

[59] Strandberg R. Multicomponent polyanions. Ⅷ. On the crystal structure of $Na_3H_6Mo_9PO_{34}(H_2O)_x$, a compound containing protonized enneamolybdomonophosphate anions. Acta Chem Scand Ser A, 1974, 28: 217-225.

[60] Ueda T, Wada K, Hojo M. Voltammetric and Raman spectroscopic study on the formation of Keggin-type V(Ⅴ)-substituted molybdoarsenate complexes in aqueous and aqueous-organic solution. Polyhedron, 2001, 20: 83-89.

[61] Katano H, Osakai T, Himeno S, et al. Preparation of the 11-molybdogermanate(Ⅳ)complex. Chem Lett, 1994, 23: 1471-1474.

[62] Wu Q Y, Meng G Y. Preparation and conductibility of solid high-proton conductor molybdovanadogermanic heteropoly acid. Mater Res Bull, 2000, 35: 85-91.

[63] Combs-Walker L A, Hill C L. Stabilization of the defect ("lacunary") complex polymolybdophosphate, $PMo_{11}O_{39}^{7-}$. Isolation, purification, stability characteristics, and metalation chemistry. Inorg Chem, 1991, 30: 4016-4026.

[64] Osakai T, Himeno S, Saito A. Electrochemical formation of 11-molybdophosphate anion at the nitrobenzene/water interface and its applicability to the determination of orthophosphate ion. Bull Chem Soc Jpn, 1991, 64: 1313-1317.

[65] Tsigdinos G A, Hallada C J. Molybdovanadophosphoric acids and their salts. I. Investigation of methods of preparation and characterization. Inorg Chem, 1968, 7: 437-441.

[66] (a) Gao G G, Li F Y, Xu L, et al. CO_2 coordination by inorganic polyoxoanion in water. J Am Chem Soc, 2008, 130: 10838-10839.

(b) Sun C Y, Liu S X, Liang D D, et al. Highly stable crystalline catalysts based on a microporous metal-organic framework and polyoxometalates. J Am Chem Soc, 2009, 131: 1883-1888.

(c) You W S, Wang E B, Xu Y, et al. An alkali metal-crown ether complex supported by a Keggin anion through the three terminal oxygen atoms in a single M_3O_{13} triplet: synthesis and characterization of $[\{Na(dibenzo\text{-}18\text{-}crown\text{-}6)(MeCN)\}_3\{PMo_{12}O_{40}\}]$. Inorg Chem, 2001, 40: 5468-5471.

[67] 牛景杨,王敬平. 杂多化合物概论. 河南:河南大学出版社, 2000.

[68] 王作屏,牛景杨,王恩波, 等. 化学学报,1995, 53: 757-764.

[69] 牛景杨. 杂多化合物热性质研究. 长春: 东北师范大学, 1989.

[70] Kurt Schiller, Erich Thilo. Spektrophotometrische Untersuchung von Vanadatgleichgewichten in verdünnten wäßrigen Lösungen. Z Anorg Allnem Chem,1961,310:261-285.

[71] Maestre J M, López X, Bo C, et al. Electronic and magnetic properties of α-Keggin anions: a DFT study of $[XM_{12}O_{40}]^{n-}$ (M=W, Mo; X=$Al^{Ⅲ}$, $Si^{Ⅳ}$, $P^{Ⅴ}$, $Fe^{Ⅲ}$, $Co^{Ⅱ}$, $Co^{Ⅲ}$) and $[SiM_{11}VO_{40}]^{m-}$ (M=Mo and W). J Am Chem Soc, 2001, 123: 3749-3758.

[72] Yan L K, López X, Carbó J J, et al. On the origin of alternating bond distortions and the emergence of

chirality in polyoxometalate anions. J Am Chem Soc，2008，130：8223-8233.

[73] López X，Poblet J M. DFT study on the five isomers of $PW_{12}O_{40}^{3-}$：relative stabilization upon reduction. Inorg Chem，2004，43：6863-6865.

[74] Guan W，Yan L K，Su Z M，et al. Electronic properties and stability of dititanium^{IV} substituted α-Keggin polyoxotungstate with heteroatom phosphorus by DFT. Inorg Chem，2005，44：100-107.

[75] Hu D H，Shao C，Guan W，et al. Self-assembly and cytotoxicity study of waterwheel-like dinuclear metal complexes：the first metal complexes appended with multiple free hydroxamic acid groups. J Inorg Biochem，2007，101：89-94.

第 3 章　Dawson 型(2∶18 系列)杂多化合物及其衍生物化学

Dawson 型杂多化合物为 2∶18 系列，是除了 Keggin 结构以外，研究颇为广泛的一类多酸化合物。以 Dawson 型杂多化合物及其衍生物为反应前驱体构筑的一系列高核和多孔多酸化合物已经在催化、磁性、生物医药等领域有着重要的应用前景。在这一章里，我们以经典的$[P_2W_{18}O_{62}]^{6-}$（简写为$\{P_2W_{18}\}$）为例详细介绍其发展简史、合成方法、结构、表征及性质研究等，同时详细介绍 Dawson 型杂多阴离子的异构体，其他主族 Dawson 型杂多阴离子及其衍生物的结构与合成等。

3.1　研究简史

在 Keggin 结构发展的基础上，第一个 Dawson 型杂多化合物最早是由 Rosenheim 和 Traube 等在 1915 年通过 9-钼磷酸铵二聚反应制得的，即$(NH_4)_6[P_2Mo_{18}O_{62}]\cdot nH_2O$[1]，但当时并没有确定它的晶体结构，由此开始了 Dawson 型多酸化合物的研究历程。我国学者吴宪在 1920 年通过实验得到了$[P_2W_{18}O_{62}]^{6-}$的两种同分异构体 α 体和 β 体[2]，但也没有测定具体的晶体结构，1945 年，Wells 通过计算提出了$[P_2W_{18}O_{62}]^{6-}$的结构[3]。1952 年，Tsigdinos 确定了$[P_2Mo_{18}O_{62}]^{6-}$的分子式，但是仍然没有 Dawson 型杂多阴离子的结构被报道。直到 1953 年，Dawson 通过单晶 X 射线粉末衍射测定了$[P_2W_{18}O_{62}]^{6-}$的结构，恰好与 Wells 计算的结果一致，因此该类结构被称为 Wells-Dawson 结构，现在大多数情况下简称为 Dawson 结构[4]。随后随着科学技术的逐渐发展，直到 1975 年，Strandberg 测定了$[\alpha\text{-}P_2Mo_{18}O_{62}]^{6-}$的晶体结构[5]，1976 年，D'Amour 报道了$[\alpha\text{-}P_2W_{18}O_{62}]^{6-}$的完整的 X 射线晶体结构[6]。由此开始了 Dawson 型杂多化合物研究的新篇章，一系列由不同杂原子的和不同配原子构筑的 Dawson 型杂多化合物及其衍生物被先后合成出来。上述 Dawson 型杂多化合物的发展历程如图 3.1 所示。

3.2　$[P_2W_{18}O_{62}]^{6-}$的研究简介

Dawson 型杂多化合物中，$[P_2W_{18}O_{62}]^{6-}$是目前研究最广泛的一类多阴离子，本节以$[P_2W_{18}O_{62}]^{6-}$为例，详细介绍 Dawson 型杂多化合物的结构化学、合成方法、表征和性质应用等。

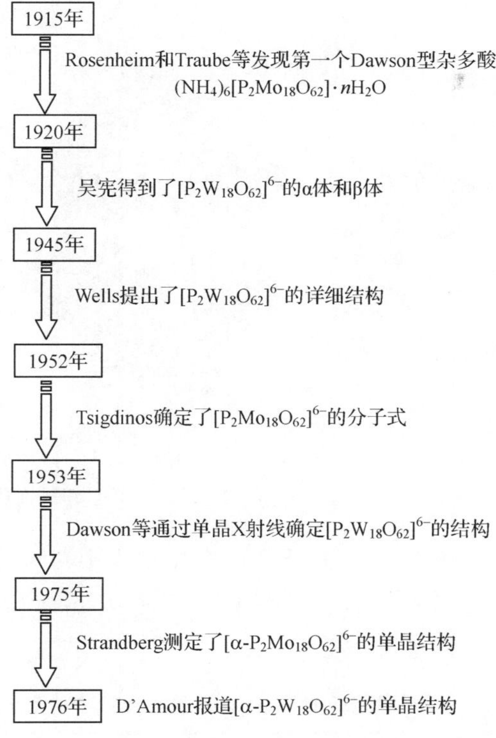

图 3.1　Dawson 型多酸的发展历程简图

3.2.1　结构概述

3.2.1.1　2∶18 系列经典 Dawson 型杂多化合物的结构

经典 Dawson 结构的多阴离子的通式是 $Y_n[X_2M_{18}O_{62}]\cdot mH_2O$(X=P,As,S,V,…;M=W,Mo),X 为杂原子,M 为配原子,Y 为反荷离子,n 为多阴离子所带的电荷数目,m 为结晶水的数目。经典 Dawson 结构中杂原子与配位原子的比为 2∶18,其 α 构型的$[P_2W_{18}O_{62}]^{6-}$ 结构如图 3.2 所示。该多阴离子是由二聚的{A-α-PW_9}单元构筑的,整个多阴离子呈现 D_{3h}对称性。经典 Dawson 结构的中心杂原子为{XO_4}正四面体构型,配原子为{MO_6}八面体构型。中心的{XO_4}四面体与 18 个{MO_6}八面体通过共边或共角的方式连接构成了经典的 Dawson 结构。

与 Keggin 结构相比,Dawson 结构同时具备如下的结构特点:

(1) 它们的结构中均含有三金属簇,而且在结构中均含有四种氧原子,即四面体氧 O_a、桥氧 O_b和 O_c及端氧 O_d。

(2) 与 Keggin 结构不同的是,Dawson 结构中的 18 个{MO_6}八面体不是完全等价的,它们可分为两类:上下两组三金属簇统称为“极位”,中间的 12 个{MO_6}八面体称为“赤道位”(图 3.2)。

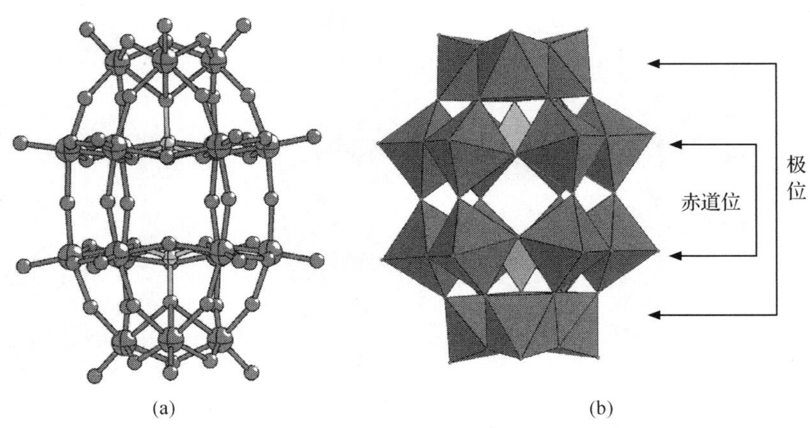

图 3.2 经典 α-Dawson 型多阴离子的球棍结构图(a)和多面体结构图(b)

(3) 与 Keggin 结构的晶胞参数(第 2 章表 2.1)[7]不同的是,Dawson 结构的晶胞参数的晶轴明显增长,体积更大。具有不同三级结构的 Dawson 型杂多化合物的部分晶体数据如表 3.1 所示。

表 3.1 具有不同三级结构的 Dawson 型杂多化合物的部分晶体数据

	$(NH_4)_6[P_2W_{18}O_{62}]\cdot 9H_2O$[6]	$K_6[P_2W_{18}O_{62}]\cdot 14H_2O$[8]
晶胞参数	a=20.09(1)Å	a=12.86(12)Å
	b=14.70(1)Å	b=14.83(15)Å
	c=12.83(1)Å	c=22.34(22)Å
	α=116.9(1)°	α=94.40(33)°
	β=98.3(1)°	β=116.87(33)°
	γ=71.5(1)°	γ=115.60(33)°
	V=3204.4Å^3	V=3225.6Å^3
空间群	$P\bar{1}$	$P\bar{1}$
晶 系	三斜	三斜
Z值	2	2

Dawson 结构有三种异构体,即 α 体、β 体和 γ 体(图 3.3 和图 3.4)。其中 α 体是由两个$[A\text{-}\alpha\text{-}XM_9O_{34}]^{n-}$单元二聚而成,具有 D_{3h}对称性,对于钨系 Dawson 型杂多化合物来说,W—O 键键长的长短是均匀的,但是对于钼系 Dawson 型杂多化合物来说,由于赤道位 Mo—O 键键长的长短交替不一,使得赤道位的$\{MoO_6\}$八面体不在同一个平面上,导致钼系 Dawson 型杂多化合物具有很明显的手性结构(图 3.3)。Dawson 型杂多阴离子的 β 体是由 α 体极位上的一个$\{M_3O_{13}\}$三金属簇

旋转 60°得到的(图 3.4),而 γ 体则由 α 体极位的上下两个{M_3O_{13}}三金属簇都旋转 60°得到的(图 3.4)。

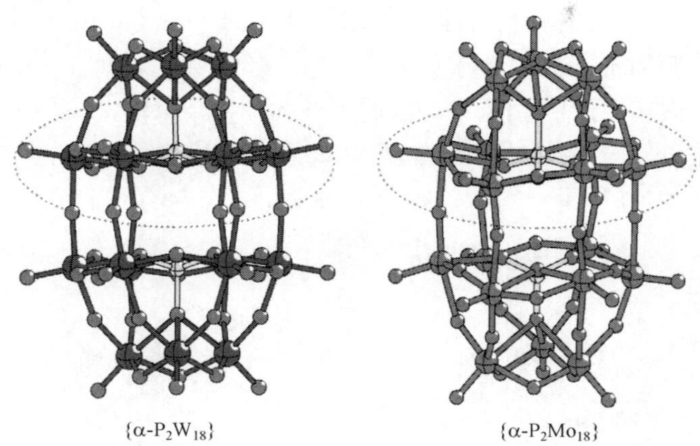

图 3.3　[α-$P_2W_{18}O_{62}$]$^{6-}$和[α-$P_2Mo_{18}O_{62}$]$^{6-}$的球棍结构图
(虚框所示为不同的赤道位结构)

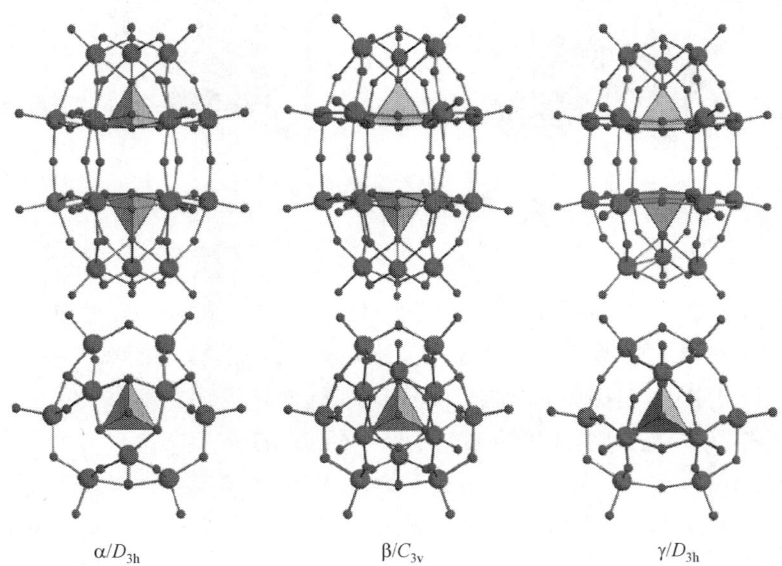

图 3.4　Dawson 结构的 α 体、β 体和 γ 体的球棍结构图
(上图和下图分别为每种 Dawson 异构体的仰视图和俯视图)

3.2.1.2　2∶18 系列非经典 Dawson 型杂多化合物的结构

随着现代合成技术的飞速发展,一系列非经典的 Wells-Dawson 结构被陆续报道。Pope、Cronin、Wedd、龙德良、刘术侠和牛景杨等在这方面都有工作。目前,

所报道的 2∶18 系列非经典 Dawson 型多阴离子主要有四类。

1）中心的两个{XO_4}四面体被{XO_3}三角锥取代的 Dawson 型杂多化合物

2005 年，Cronin 和龙德良等报道了这类非经典 Dawson 型多阴离子的结构，这类多阴离子结构的通式为$[M_{18}O_{54}(SO_3)_2]^{4-}$（M＝W，Mo），其结构如图 3.5 所示[9]。在该类多阴离子中，由于中心杂原子 S 为＋4 价，因此 S 原子上含有一对孤对电子，S 原子分别与 3 个三金属簇的 μ_3 氧原子连接构成三角锥形{SO_3}单元。两个三角锥形{SO_3}单元分别取代经典 Dawson 结构中的两个{XO_4}四面体的位置，每个 S 原子上的孤对电子指向中心平面[9]。

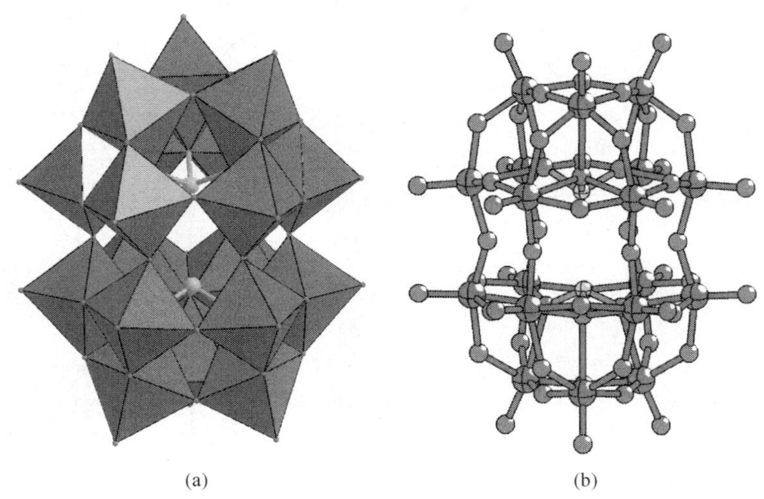

图 3.5 $[M_{18}O_{54}(SO_3)_2]^{4-}$（M＝W，Mo）的多面体结构图(a)和球棍结构图(b)[9]

2）含有一个{XO_4}四面体构型的杂原子的 Dawson 型杂多化合物

这类 Dawson 型多阴离子主要有$[H_4PW_{18}O_{62}]^{7-}$，在该多阴离子中{W_{18}}壳层中仅包含 1 个{PO_4}四面体，其结构如图 3.6 所示[10]。

3）含有一个{XO_3}三角锥构型的杂原子的 Dawson 型杂多化合物

在第二类非经典 Dawson 型多阴离子的基础上，如果其中心四面体配位的 P 原子被同族＋3 价的含有孤对电子的 As、Sb、Bi 等原子取代得到$[H_2(XO_3)W_{18}O_{57}]^{7-}$，{$W_{18}$}壳层中仅含有一个{$XO_3$}三角锥，其中杂原子 X 上的孤对电子也指向中心平面(图 3.7)[11]。

4）含有一个八面体或更高配位的重原子的 Dawson 型杂多化合物

最近，Cronin 和龙德良等通过单晶 X 射线衍射与质谱相结合的手段证实了一类{W_{18}}壳层中心含有重原子 W 和 I 等非经典 Dawson 结构，它们的结构如图 3.8所示[12,13]，在 Dawson 结构的中心平面位置被一个 W 或者 I 原子占据，被{W_{18}}壳层包围在内腔中，与赤道面上下两个{W_6}环共边的 μ_2 氧原子连接，形成

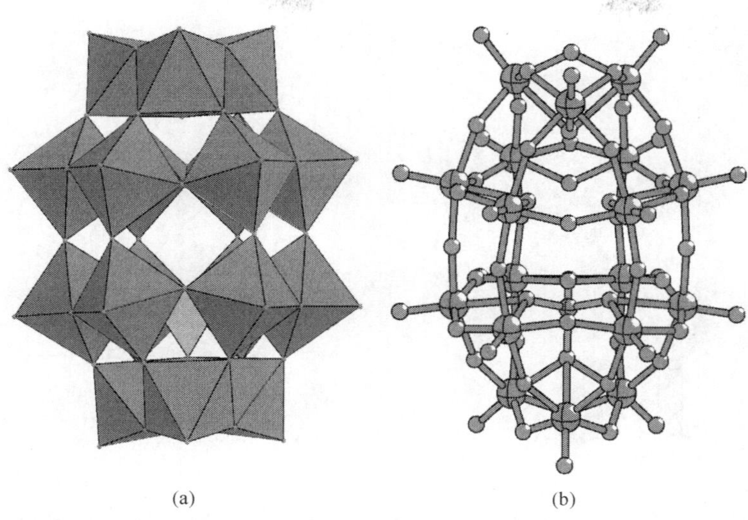
(a)　　(b)

图 3.6　$[H_4PW_{18}O_{62}]^{7-}$ 的多面体结构图(a)和球棍结构图(b)[10]

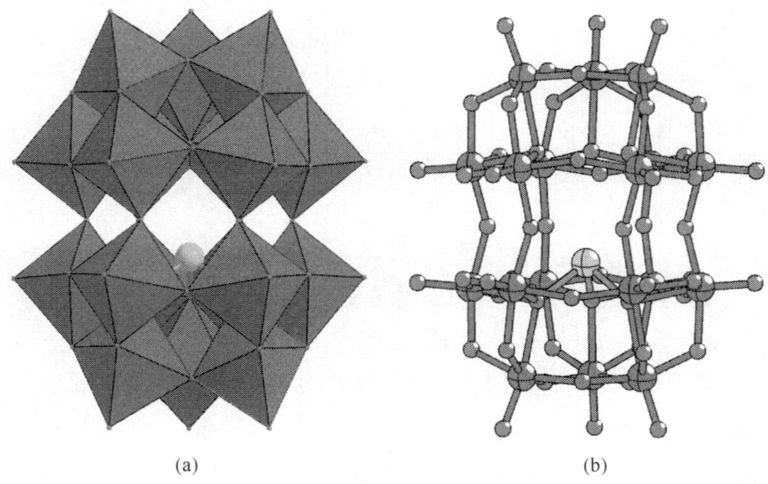
(a)　　(b)

图 3.7　$[H_2(XO_3)W_{18}O_{57}]^{7-}$ 的多面体结构图(a)和球棍结构图(b)[11]

八面体配位或更高配位的几何构型。

3.2.2　合成方法

$K_6[\alpha\text{-}P_2W_{18}O_{62}]\cdot 14H_2O$ 和 $K_6[\beta\text{-}P_2W_{18}O_{62}]\cdot 19H_2O$ 的合成

方法 1[14-16]:该方法除了可以得到 $K_6[\alpha\text{-}P_2W_{18}O_{62}]\cdot 14H_2O$、$K_6[\beta\text{-}P_2W_{18}O_{62}]\cdot 19H_2O$ 或 $K_6[\alpha/\beta\text{-}P_2W_{18}O_{62}]\cdot 19H_2O$,同时也会得到几种多阴离子副产物,包括 $(NH_4)_6[\beta\text{-}P_2W_{18}O_{62}]\cdot xH_2O$ 和 $K_{14}NaP_5W_{30}O_{110}\cdot xH_2O$ 等,因此在合成中需要

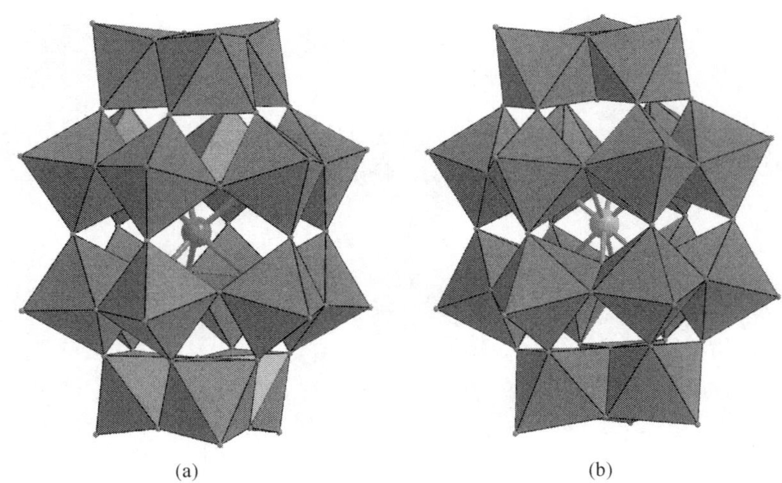

图 3.8　$[H_4W_{19}O_{62}]^{6-}$的多面体结构图(a)和$[H_3W_{18}O_{56}(IO_6)]^{6-}$的多面体结构图(b)[12,13]

严格按照操作步骤,控制好反应温度、反应时间、重结晶溶液的温度和 pH 等[14-16]。

$K_6[\alpha\text{-}P_2W_{18}O_{62}]\cdot 14H_2O$ 的合成:离子反应方程式为

$$18WO_4^{2-}+32H_3PO_4 \longrightarrow [P_2W_{18}O_{62}]^{6-}+30H_2PO_4^{-}+18H_2O$$

将 250g $Na_2WO_4\cdot 2H_2O$(0.76mol)溶于 500mL 水中,加入 210mL 85%的磷酸(3.09mol),溶液加热回流 4h,向热溶液中加入溴水可以除去溶液的浅绿色。冷却后,加入 100g 氯化铵,将溶液搅拌 10min,抽滤得到淡黄色粉末,将淡黄色粉末溶于 600mL 水中,再加入 100g 氯化铵,搅拌 10min 后,得到沉淀,抽滤,干燥,将沉淀溶解在 250mL 约 45℃的热水中,如果溶液不是很透明,再进行过滤,滤液在室温下蒸发,5 天后得到$(NH_4)_6[\beta\text{-}P_2W_{18}O_{62}]\cdot xH_2O$ 晶体的粗产品,产量为 21g,产率为 10%,将晶体产物过滤,向滤液中加入 40g KCl(0.54mol)得到大量沉淀,过滤,收集沉淀,并将沉淀完全溶解在约 80℃的热水中,慢慢冷却至 20℃,4~5h 后,得到少量 $K_{14}NaP_5W_{30}O_{110}\cdot xH_2O$ 晶体产物,将 $K_{14}NaP_5W_{30}O_{110}\cdot xH_2O$ 过滤除去,将滤液加热至沸腾,如果有浑浊,冷却,再次过滤,加入 25g KCl,得到 $K_6[\alpha\text{-}P_2W_{18}O_{62}]$的粗产品,过滤,收集,在空气中干燥 2 天,产量为 140g,产率为 68%,进一步纯化,将其溶于 200mL 约 40℃的热水中,用盐酸将溶液 pH 调至 2,室温蒸发,几天后,得到 123g 黄色晶体 $K_6[\alpha\text{-}P_2W_{18}O_{62}]\cdot 14H_2O$,产率为 60%。$K_6[\alpha\text{-}P_2W_{18}O_{62}]\cdot 14H_2O$ 的元素分析理论值(%):P 1.28、W 68.2、K 4.84; 实验值(%):P 1.29、W 68.3、K 4.84[14-16]。

$K_6[\beta\text{-}P_2W_{18}O_{62}]\cdot 19H_2O$ 的合成:将铵盐粗产品$(NH_4)_6[\beta\text{-}P_2W_{18}O_{62}]\cdot xH_2O$ 溶解到 40mL 45℃水中,用盐酸将溶液的 pH 调至 2,溶液在室温下缓慢蒸发,收集晶体,将晶体溶于 40mL 水中,加入 6g KCl,过滤收集钾盐,45℃时将该钾

盐溶于 30mL pH 2 的水溶液中进行重结晶得到 $K_6[\beta\text{-}P_2W_{18}O_{62}]\cdot 19H_2O$,产量为 8g,产率为 4%。$K_6[\beta\text{-}P_2W_{18}O_{62}]\cdot 19H_2O$ 的元素分析的理论值(%):P 1.25、W 67.0、K 4.75;实验值(%):P 1.27、W 67.3、K 4.74[14-16]。

$K_6[\alpha/\beta\text{-}P_2W_{18}O_{62}]\cdot xH_2O$ 的合成:如果$[P_2W_{18}O_{62}]^{6-}$的 α 体和 β 体不需要分离,则将上述合成中得到的铵盐粗产品$(NH_4)_6[\beta\text{-}P_2W_{18}O_{62}]\cdot xH_2O$ 溶于 25g 氯化铵的 100mL 水溶液中,搅拌 10min,将沉淀过滤,再将沉淀溶于 250mL 45℃热水中,加入 40g KCl,抽滤,得到沉淀,然后将沉淀溶解到 250mL 约 80℃热水中,冷却到 15℃时,抽滤将 $K_{14}NaP_5W_{30}O_{110}\cdot xH_2O$ 移除,滤液可以直接用 25g KCl 处理,得到$\{\alpha\text{-}P_2W_{18}\}$和$\{\beta\text{-}P_2W_{18}\}$的混合物,或者可以通过回流 6h 得到纯净的$\{\alpha\text{-}P_2W_{18}\}$溶液,加入 25g KCl 得到沉淀,抽滤,干燥,产量为 165g,产率为 80%[14-16]。

所得的$\{\alpha\text{-}P_2W_{18}\}$和$\{\beta\text{-}P_2W_{18}\}$的钾盐容易在干燥的空气中失水,$\{\beta\text{-}P_2W_{18}\}$的黄色更深一些,光照下,由于生成了少量的还原性物质而变绿。事实上,$\{\beta\text{-}P_2W_{18}\}$比$\{\alpha\text{-}P_2W_{18}\}$易被还原。在 HAc/NaAc 的缓冲溶液中,$\{\alpha\text{-}P_2W_{18}\}$的半波电位(V, *vs* SCE)为+0.02(1e)、−0.15(1e)、−0.52(1e)、−0.67(1e)、−0.90(2e);$\{\beta\text{-}P_2W_{18}\}$的半波电位(V. *vs* SCE)为 0.05(1e)、−0.12(1e)、−0.49(1e)、−0.64(1e)、−0.88(2e);$\{\alpha\text{-}P_2W_{18}\}$和$\{\beta\text{-}P_2W_{18}\}$的 IR 光谱的 P—O 振动峰为 1090cm^{-1}和 1012cm^{-1},可以作为特征峰来区分$\{P_2W_{18}\}$的 α 体和 β 体;$\{\alpha\text{-}P_2W_{18}\}$的^{31}P NMR 谱的吸收峰为−12.5ppm,$\{\beta\text{-}P_2W_{18}\}$的^{31}P NMR 谱的吸收峰为−11.0ppm 和−11.7ppm。在 pH 为 2 的稀溶液中,$\{\beta\text{-}P_2W_{18}\}$会转变为$\{\alpha\text{-}P_2W_{18}\}$,$\{\alpha\text{-}P_2W_{18}\}$的稀溶液在 pH 小于 4.5 的溶液中是稳定的[14-16]。

方法 2[17,18]:该方法是目前已报道的产率最高,副产物最少的合成方法(表 3.2)[17,18]。

将 300g $Na_2WO_4\cdot 2H_2O$(0.91mol)缓慢加入 300mL 水中,时间控制在 10～20s,剧烈搅拌,当 $Na_2WO_4\cdot 2H_2O$ 完全溶解后(大约需要 5～10min)得到无色溶液,剧烈搅拌下,以 2 滴·s^{-1}的速度用滴液漏斗将 250mL 4mol·L^{-1} HCl 溶液(1.00mmol)滴入钨酸钠水溶液中,加入的时间大约需要 30min。在滴加 HCl 溶液的过程中会有 3.5g 白色牛奶状沉淀产生,经 10min 的剧烈搅拌,这些沉淀会完全溶解,当加完 HCl 溶液后,反应混合物的 pH 变为 6～7,当稀溶液澄清后,立即用 250mL滴液漏斗以 4 滴·s^{-1}的速度将 250mL 4mol·L^{-1} H_3PO_4(1mol)滴加到反应混合物中,H_3PO_4 的加入时间为 20～25min,加完 H_3PO_4 后,溶液是淡黄色的澄清溶液,pH 降为 1～2,溶液回流 24h,在回流后溶液的颜色变为亮黄色,将溶液移至 1.5L 广口瓶中,冷却至室温放置 3～4h,黄色有些褪去,此时室温剧烈搅拌下缓慢加入 150g(2.01mol)KCl,加入的时间应超过 30s,得到黄色沉淀,溶液搅拌 10min,过滤,空气中干燥 2h。将粗产品移到 1L 广口瓶中,溶于 650mL 水,搅拌,如果溶液的颜色是淡绿色的,说明 W 被还原了,向溶液中滴加 2～3 滴溴水,使溶液变为亮黄色，过滤除去其中的不溶物，将溶液移到 1L 广口瓶中，上面盖一个玻璃片，将溶液加热到 80℃，加热 72h，在开始的 60h 中，玻璃片要盖好，之后的 12h 移走玻璃片，加速蒸发，在加热完成后，最后溶液的体积应该是 100～150mL，并且在广口瓶底部生成一些小的黄色晶体，然后将溶液冷却至室温，冷却时间为 2～3h，一旦冷却，更多的晶体会析出，将溶液放在冰箱中，4℃恒温，在冰箱中放置 3 天，将溶液过滤得到黄色晶体 $K_6[\alpha\text{-}P_2W_{18}O_{62}]\cdot 14H_2O$，产量为 232.5g，产率为 95%。$K_6[\alpha\text{-}P_2W_{18}O_{62}]\cdot 14H_2O$ 的 IR（KBr 压片，cm^{-1}）：1091(s)、1021(w)、961(s)、913(s)、783(vs)、598(w)、565(vw)、528(w)、475(vw)[17,18]。

方法 3[19]：将 100g $Na_2WO_4\cdot 2H_2O$ 溶于 350mL 水中，溶液加热至沸，然后缓慢加入 150mL 85% H_3PO_4，最终的黄绿色溶液回流 5～13h，冷却，加入 100g KCl 得到沉淀，收集淡绿色沉淀，将其重新溶于少量热水中，5℃放置过夜，结晶，80℃下干燥，产量为 70g，得到的产物为 $K_6[\alpha/\beta\text{-}P_2W_{18}O_{62}]$（α 体和 β 体的混合物），$^{31}P$ NMR(ppm)：－12.7、－11 和－11.6；^{183}W NMR(ppm)：－125、－170、－112、－131、－171、－191。将 70g $K_6[\alpha/\beta\text{-}P_2W_{18}O_{62}]$溶于 250mL 水中，加热，加入几滴溴水，绿色溶液转变成淡黄色，将溶液冷却至室温，向其中缓慢加入 250mL 10% $KHCO_3$ 溶液，得到白色沉淀 $K_{10}[P_2W_{17}O_{61}]$，再持续加入 $KHCO_3$ 溶液直到溶液变为无色，没有沉淀生成为止，最终的 $KHCO_3$ 用量为 400mL，向混合物中加入 110mL 6mol·L^{-1} HCl 溶液得到亮黄色 $K_6[\alpha\text{-}P_2W_{18}O_{62}]$溶液，溶液煮沸 1h，体积减少至 1000mL，除去不溶物，加入 100g KCl，混合物冷却至 5℃过夜，得到晶体产量为50～60g，产率为 70%～85%[19]。

$[(n\text{-}C_4H_9)_4N]_{11}H[\alpha\text{-}P_2W_{18}O_{62}]_2$ 和 $[(n\text{-}C_4H_9)_4N]_{11}H[\beta\text{-}P_2W_{18}O_{62}]_2$ 的合成

将 2.0g $Na_2WO_4\cdot 2H_2O$ 溶于 4mL H_2O 中，25℃下保存 12h，溶液加热至沸，逐滴加入 2mL 85%的 H_3PO_4 水溶液，将反应混合物回流 20h，加入 2 滴溴水，溶液冷却至 25℃，加入 2.0g NH_4Cl，得到沉淀，过滤，真空干燥，将沉淀重新溶于 50℃ 7mL 水中，迅速加入 2.0g NH_4Cl 得到沉淀，过滤，干燥，得到 1.44g 粗产品 $(NH_4)_6[\alpha\text{-}P_2W_{18}O_{62}]\cdot nH_2O$ 和 $(NH_4)_6[\beta\text{-}P_2W_{18}O_{62}]\cdot nH_2O$ 的混合物。将粗产品溶于 3.0mL H_2O 中，置于盛有浓硫酸的干燥器中干燥，20h 后得到四批晶体产物，第一批产物为 0.27g $(NH_4)_6[\beta\text{-}P_2W_{18}O_{62}]\cdot nH_2O$，干燥后变成蓝绿色；第二批产物为 $(NH_4)_6[\alpha\text{-}P_2W_{18}O_{62}]\cdot nH_2O$ 和 $(NH_4)_6[\beta\text{-}P_2W_{18}O_{62}]\cdot nH_2O$ 的混合物；第三批和第四批产物分别为 0.29g 和 0.48g 纯的 $(NH_4)_6[\alpha\text{-}P_2W_{18}O_{62}]\cdot nH_2O$。将纯的 0.27g $(NH_4)_6[\beta\text{-}P_2W_{18}O_{62}]\cdot nH_2O$ 溶于 3mL 水中，加入 1 滴溴水，然后立即加入 0.12g $(n\text{-}C_4H_9)_4NBr$，得到大量沉淀，过滤，用水和乙醚洗涤，真空干燥，粗产品在丙酮和 CCl_4 的混合溶液中重结晶，在 25℃缓慢蒸发得到黄色晶体 $[(n\text{-}C_4H_9)_4N]_{11}H[\beta\text{-}P_2W_{18}O_{62}]_2\cdot nH_2O$，产量为 0.21g。$[(n\text{-}C_4H_9)_4N]_{11}H[\beta\text{-}P_2W_{18}O_{62}]_2\cdot nH_2O$ 的元素分析理论值(%)：C 18.55、H 3.51、N 1.35、P

1.09、W 58.09;实验值(%):C 18.33、H 3.56、N 1.39、P 1.05、W 58.59。

$[(n\text{-}C_4H_9)_4N]_{11}H[\alpha\text{-}P_2W_{18}O_{62}]_2 \cdot nH_2O$ 是通过 0.40g $(NH_4)_6[\alpha\text{-}P_2W_{18}O_{62}] \cdot nH_2O$ 与 0.18g $(n\text{-}C_4H_9)_4NBr$ 反应制备的,但是不加入溴水,产量为 0.33g。$[(n\text{-}C_4H_9)_4N]_{11}H[\alpha\text{-}P_2W_{18}O_{62}]_2 \cdot nH_2O$ 的元素分析理论值(%):C 18.55、H 3.51、N 1.35、P 1.09、W 58.09;实验值(%):C 18.79、H 3.54、N 1.40、P 1.01、W 58.77[20]。

$H_6[P_2W_{18}O_{62}]$的合成

将 200g $Na_2WO_4 \cdot 2H_2O$ 溶于 1000mL 水中,搅拌,加热溶解后,缓慢滴入 80g 85%的磷酸,将此混合物回流 8h,溶液沸腾,回流结束时溶液仍为 1000mL。如果溶液变蓝,需要滴入几滴溴水,溶液变为纯黄色,冷却,搅拌下向其中加入 200g NH_4Cl,溶液变为乳白色,有晶体析出,沉淀完全后,减压过滤沉淀。干燥,称重,按 10g 样品用 25mL 水、15mL 浓盐酸、10mL 乙醚的比例进行萃取操作。静置分层,下层液体用烧杯接收,按 10g 产品 10mL 水的比例加水,在磁力搅拌器上加热搅拌,直到边缘有晶体析出[21]。

经典合成方法总结

$[\alpha\text{-}P_2W_{18}O_{62}]^{6-}$ 的合成方法一直是多酸化学工作者研究的重点,尤其是如何提高产量、产率和纯度。随着合成技术的不断发展,$[\alpha\text{-}P_2W_{18}O_{62}]^{6-}$ 的多种合成方法被报道,使得$[\alpha\text{-}P_2W_{18}O_{62}]^{6-}$ 的合成方法不断完善,产率不断提高,表 3.2 中列出了一些文献中报道的$[\alpha\text{-}P_2W_{18}O_{62}]^{6-}$ 的合成方法对比,具体的反应物用量列于表 3.3 中[18]。研究发现,第一,Nadjo 的合成方法与之前报道的合成方法有所改进,在节约原子、缩短合成时间、减少合成步骤及提高产量等方面均有所改进。第二,Droege/Randall/Fineke 合成方法中的白色沉淀副产物是未反应的 $K_{10}[\alpha_2\text{-}P_2W_{17}O_{61}]$,它不能进一步与钨酸钠反应生成$[\alpha\text{-}P_2W_{18}O_{62}]^{6-}$,这主要是由于反应遵循的 pH 是《无机合成》中报道的 3~4,而不是直接加入 210mL 盐酸。第三,Droege/Randall/Fineke 合成方法中有 Preyssler 型多酸副产物 $K_{14}[NaP_5W_{30}O_{110}]$ 生成(产量<10g)。$K_{14}[NaP_5W_{30}O_{110}]$的生成可归因于在 Wu、Souchay、Contant、Droege 和 Droege/Randall/Fineke 合成方法中 H_3PO_4 的过量。但 Nadjo 的合成方法已经暗示了 H_3PO_4 的用量要≤1%。可见 Nadjo 等报道的合成方法是目前比较好的一种合成方法,它是以$[W_7O_{24}]^{6-}$ 为建筑块的一种新型合成方法,$[W_7O_{24}]^{6-}$是一个非常关键的反应中间体,极大地提高了产量,可得到超过 200g 的 $K_6[\alpha\text{-}P_2W_{18}O_{62}] \cdot 14H_2O$ 及 95%的产率,除了≤5%的$[\beta\text{-}P_2W_{18}O_{62}]^{6-}$ 生成,没有其他副产物生成,而且重结晶后 $K_6[\alpha\text{-}P_2W_{18}O_{62}] \cdot 14H_2O$ 的纯度达到 99%[18]。

表 3.2　文献中报道的$[\alpha\text{-}P_2W_{18}O_{62}]^{6-}$的合成方法对比[18]

时间	作者①	反应原理	产量和产率
1920	Wu[2]	$18WO_4^{2-}+32H_3PO_4+6NH_4^+ \longrightarrow (NH_4)_6[\alpha/\beta\text{-}P_2W_{18}O_{62}]+30H_2PO_4^-+18H_2O$	30g,20%
1945,1969	Souchay[22,23]	$18WO_4^{2-}+32H_3PO_4+6NH_4^+ \longrightarrow (NH_4)_6[\alpha/\beta\text{-}P_2W_{18}O_{62}]+30H_2PO_4^-+18H_2O$	—
1984	Droege[19,24,25a]	$18WO_4^{2-}+32H_3PO_4+6K^+ \longrightarrow K_6[\alpha/\beta\text{-}P_2W_{18}O_{62}]+30H_2PO_4^-+18H_2O$	60g,85%
1990	Contant[16]	$18WO_4^{2-}+32H_3PO_4+6K^+ \longrightarrow K_6[\alpha/\beta\text{-}P_2W_{18}O_{62}]+30H_2PO_4^-+18H_2O$	165g,80%
1997	Droege/Randall/Fineke[15,25b]	$18WO_4^{2-}+32H_3PO_4+6K^+ \longrightarrow K_6[\alpha/\beta\text{-}P_2W_{18}O_{62}]+30H_2PO_4^-+18H_2O$	186g,76%
2004	Nadjo[17]	$7WO_4^{2-}+8H^+ \longrightarrow [W_7O_{24}]^{6-}+4H_2O$ $80H_3PO_4+18[W_7O_{24}]^{6-}+42K^+ \longrightarrow 7K_6[\alpha\text{-}P_2W_{18}O_{62}]+66H_2PO_4^-+54H_2O$	232.5g,95%

为使表格简单明了,只给出了主要作者。

表 3.3　$[\alpha\text{-}P_2W_{18}O_{62}]^{6-}$的合成中反应物的具体用量(mol)[18]

文献	$Na_2WO_4\cdot 2H_2O$	H_3PO_4	HCl	NH_4Cl	KCl	$KHCO_3$	$[P_2W_{18}O_{62}]^{6-}$
反应方程式的理论比例①	0.91	0.10	1.52	0.30	0.30	0.00	0.05
Wu	0.91	3.64	0.00	14.96	0.00	0.00	0.01
Souchay	0.91	6.64	0.00	11.22	0.00	0.00	—
Droege	0.91	6.64	1.98	0.0	8.05	1.95	0.04
Contant	0.91	3.70	0.00	2.80	1.04	0.00	0.04
Droege/Randall/Fineke	0.91	6.64	1.26	0.00	7.71	1.10	0.04
Nadjo	0.91	1.00	1.00	0.00	2.00	0.00	0.05

① $18WO_4^{2-}+32H_3PO_4+30H^++6NH_4^+ \longrightarrow (NH_4)_6[\alpha/\beta\text{-}P_2W_{18}O_{62}]+18H_2O$。

3.2.3 结构表征

3.2.3.1 红外光谱

2∶18 系列 Dawson 型杂多化合物的红外(IR)光谱中在 700～1100cm^{-1}出现四个吸收峰,可归属于ν_{W-O_d}、ν_{X-O_a}、ν_{W-O_b-W}、ν_{W-O_c-W},即多阴离子骨架的伸缩振动

和中心杂原子的振动[26]。Dawson 型多酸的反荷离子不同,它的 IR 光谱中的吸收峰会发生位移。对$[P_2W_{18}O_{62}]^{6-}$来说,它的 ν_{P-O_a} 峰基本不受反荷离子的影响,而对于 ν_{W-O_d},反荷离子的体积越小,ν_{W-O_d} 峰的振动频率越高,但对于 ν_{W-O_b-W},反荷离子的电荷越高,半径越小,对 ν_{W-O_b-W} 影响越大。具有不同反荷离子的 Dawson 型杂多阴离子的 IR 光谱吸收峰见表 3.4[26]。图 3.9 为$[\alpha\text{-}P_2W_{18}O_{62}]^{6-}$和$[\beta_2\text{-}P_2W_{17}O_{61}]^{10-}$的 IR 光谱[18]。

表 3.4　具有不同反荷离子的 Dawson 型多阴离子的 IR 光谱吸收峰(cm^{-1})[26]

多阴离子	反荷离子	ν_{X-O_a}	ν_{W-O_d}	ν_{W-O_b-W}	ν_{W-O_c-W}
$[P_2W_{18}O_{62}]^{6-}$	H^+	1091.65	996.35	916.13	796.55
$[P_2W_{18}O_{62}]^{6-}$	Li^+	1092.61	963.39	917.10	798.98
$[P_2W_{18}O_{62}]^{6-}$	Ag^+	1092.61	964.35	914.20	788.84
$[P_2W_{18}O_{62}]^{6-}$	Cu^+	1093.57	964.35	919.89	790.77
$[H_4PW_{18}O_{62}]^{7-}$	K^+	1066,1032	979,949	891	763
$[As_2Mo_{18}O_{62}]^{6-}$	H^+	852	950	874	756
$[As_2Mo_{18}O_{62}]^{6-}$	Li^+	854	931	886	763
$[As_2Mo_{18}O_{62}]^{6-}$	Na^+	843	949	888	843
$[As_2Mo_{18}O_{62}]^{6-}$	K^+	850,825	951	879	766
$[As_2Mo_{18}O_{62}]^{6-}$	NH_4^+	846,826	948	877	761
$[As_2Mo_{18}O_{62}]^{6-}$	Mg^{2+}	847,823	949	888	757
$[As_2Mo_{18}O_{62}]^{6-}$	Ca^{2+}	846,822	950	887	753
$[As_2Mo_{18}O_{62}]^{6-}$	Sr^{2+}	853	950	890	772
$[As_2Mo_{18}O_{62}]^{6-}$	Co^{2+}	860	954	879	762
$[As_2Mo_{18}O_{62}]^{6-}$	Ni^{2+}	849	953	888	775
$[As_2Mo_{18}O_{62}]^{6-}$	Zn^{2+}	851,829	954	890	775
$[As_2Mo_{18}O_{62}]^{6-}$	La^{3+}	848	947	868	762
$[As_2Mo_{18}O_{62}]^{6-}$	Pr^{3+}	849	950	885	764
$[As_2Mo_{18}O_{62}]^{6-}$	Al^{3+}	846	948	890	763
$[As_2W_{18}O_{62}]^{6-}$	NH_4^+	865	970	892	767

3.2.3.2　紫外-可见吸收光谱

2∶18 系列 Dawson 型杂多阴离子的紫外-可见吸收(UV-Vis)光谱中一般存在两个吸收峰,$K_6[\alpha\text{-}P_2W_{18}O_{62}]$在水溶液中的 UV-Vis 光谱出现在 236nm 和 297nm 附近。236nm 处的吸收强度较强,可归属于 $O_d \rightarrow M$ 的荷移跃迁,而 297nm

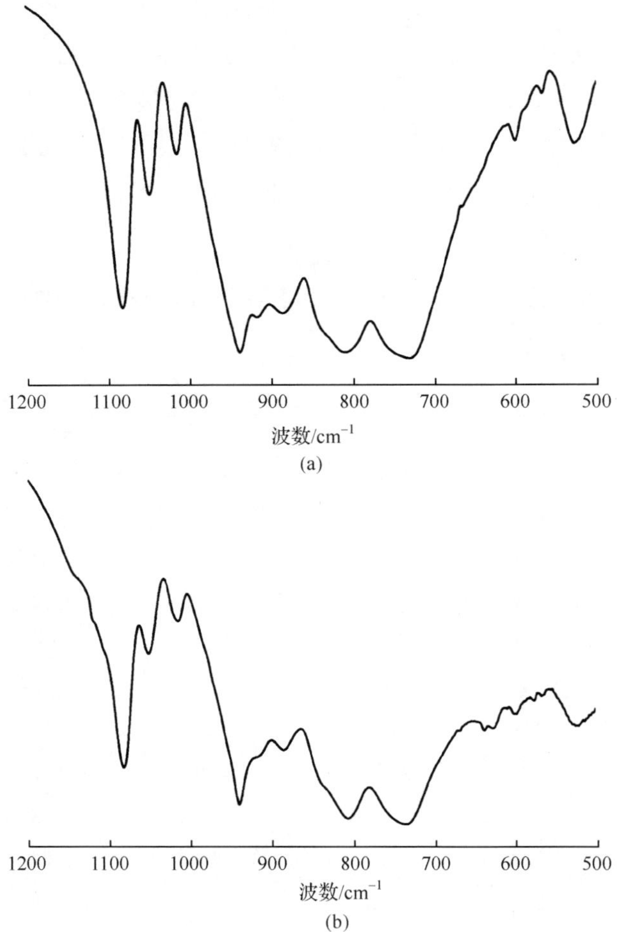

图 3.9 $[\alpha\text{-}P_2W_{18}O_{62}]^{6-}$(a)和$[\beta_2\text{-}P_2W_{17}O_{61}]^{10-}$(b)的 IR 光谱[18]

处的吸收强度则相对较弱，通常是以肩峰的形式出现，可归属于 $O_{b,c}$→M 的荷移跃迁(图 3.10)[26]。

$[\alpha\text{-}Mo_{18}O_{54}(SO_3)_2]^{4-}$和$[\beta\text{-}Mo_{18}O_{54}(SO_3)_2]^{4-}$的 UV-Vis 光谱是类似的，吸收峰主要出现在 250～450nm 范围内，$[\alpha\text{-}Mo_{18}O_{54}(SO_3)_2]^{4-}$的 UV-Vis 光谱的吸收峰出现在 301nm 处，而$[\beta\text{-}Mo_{18}O_{54}(SO_3)_2]^{4-}$的 UV-Vis 光谱的吸收峰出现在 308nm 处，可归属于 O→Mo 的荷移跃迁[27]。

3.2.3.3 电子顺磁共振谱

一电子还原的$[Mo_{18}O_{54}(SO_3)_2]^{5-}$的电子顺磁共振(EPR)谱在 $g=1.940$ (±0.002)出现一个吸收峰，峰宽从 295K 的(75±2)G 减少到 200K 的(58±1)G。

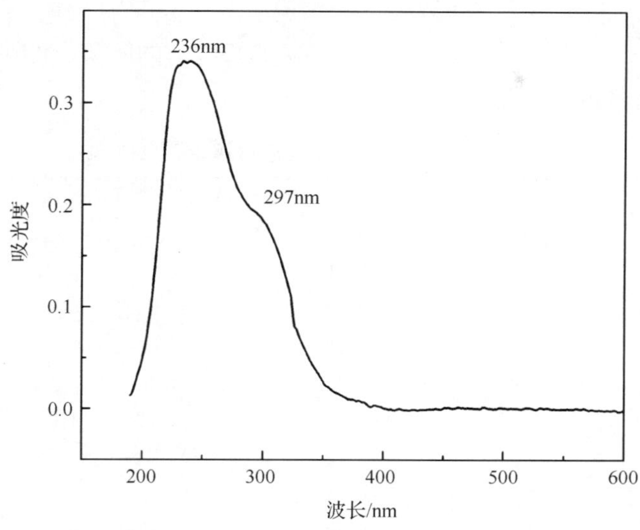

图 3.10　$K_6[\alpha\text{-}P_2W_{18}O_{62}]$在水溶液中的 UV-Vis 光谱

170K 下，EPR 谱逐渐变成轴向对称。130K 下，$[\alpha\text{-}Mo_{18}O_{54}(SO_3)_2]^{5-}$和$[\beta\text{-}Mo_{18}O_{54}(SO_3)_2]^{5-}$异构体的 EPR 谱是不同的，表明在冷冻的溶液中没有相互转变。在 4K 及 4K 以下微波条件下，$[\alpha\text{-}Mo_{18}O_{54}(SO_3)_2]^{5-}$和$[\beta\text{-}Mo_{18}O_{54}(SO_3)_2]^{5-}$的 EPR 谱很容易区分，吸收峰的 g 值列在表 3.5 中[27]。

表 3.5　还原态$[Mo_{18}O_{54}(SO_3)_2]^{5-}$异构体的 EPR 谱中 Mo 的自旋哈密顿参数[27]

	$[\alpha\text{-}Mo_{18}O_{54}(SO_3)_2]^{5-}$			$[\beta\text{-}Mo_{18}O_{54}(SO_3)_2]^{5-}$		
	$g(\pm0.0003)$	$A(\pm0.5)$	$\sigma(\pm0.5)$	$g(\pm0.001)$	A	$\sigma(\pm1)$
x	1.9175	8.0	5.0	1.920	6(±2)	6
y	1.9440	7.5	5.0	1.941	6(±2)	7
z	1.9585	7.5	5.0	1.956	14(±1)	8

注：A 与 σ 的单位为 cm^{-1}，括号内的值为误差。

3.2.3.4　极谱

极谱表征是研究多阴离子在溶液中的化学行为的一个重要测试手段。通过极谱数据，可区分同种多阴离子的异构体，还可鉴定多阴离子的组成。Dawson 型多阴离子的极谱行为与 Keggin 结构相似，见表 3.6。Dawson 型多阴离子的 β 体的 $E_{1/2}$值比 α 体的 $E_{1/2}$值更正，但与 Keggin 结构比较，其 Dawson 型多阴离子的 $E_{1/2}$值比相应的 Keggin 结构的 $E_{1/2}$值更正，说明 Dawson 型多阴离子的氧化还原活性比 Keggin 型多阴离子更强。$\{\alpha\text{-}P_2W_{18}\}$的半波电位为+0.06V，它的 $W-O_b$的 IR

光谱振动峰为 916cm^{-1}，而{α-PW_{12}}的半波电位为−0.02V，它的 W—O_b的 IR 光谱振动峰为 893cm^{-1}，表明 W—O_b的振动频率越高，它的阴离子的半波电位越正，{α-P_2W_{18}}的氧化还原活性更高。

表 3.6 {XMo_{12}}与{X_2Mo_{18}}的极谱半波电位 $E_{1/2}$

阴离子	$E_{1/2}$/V			
{α-P_2Mo_{18}}	+0.46	+0.34	+0.16	−0.14
{β-P_2Mo_{18}}	+0.53	+0.41	+0.22	−0.07
{α-As_2Mo_{18}}	+0.48	+0.36	+0.19	−0.17
{β-As_2Mo_{18}}	+0.55	+0.43	+0.25	−0.10
{α-PMo_{12}}	+0.36	+0.22	−0.01	−0.15
{β-PMo_{12}}	+0.55	+0.37	−0.07	
{α-$AsMo_{12}$}	+0.36	+0.24	+0.02	−0.13，−0.23
{β-$AsMo_{12}$}	+0.58	+0.41	+0.10	−0.18
{α-$SiMo_{12}$}	+0.25	+0.13	−0.06	
{β-$SiMo_{12}$}	+0.35	+0.27	−0.13	
{α-$GeMo_{12}$}	+0.36	+0.24	+0.06	
{β-$GeMo_{12}$}	+0.50	+0.40	0.00	

3.2.3.5 电喷雾质谱和冷喷雾质谱

Cronin 和龙德良等在这方面做出了出色的工作。通过电喷雾质谱(ESI-MS)研究发现了一系列非经典的 Dawson 型多阴离子，如$[Mo_{18}O_{54}(SO_3)_2]^{4-}$、$[H_4PW_{18}O_{62}]^{7-}$、$[H_2SbW_{18}O_{60}]^{7-}$、$[H_3W_{18}O_{56}(IO_6)]^{6-}$等。电喷雾质谱在确认 Dawson 型多阴离子结构和分子式等方面具有重要的作用。例如，在$[H_2SbW_{18}O_{60}]^{7-}$的晶体结构解析中，Sb 原子在经典 Dawson 型多阴离子的两个杂原子的位置存在严重无序，通过晶体解析无法确定{W_{18}}壳层中包含几个 Sb 原子，而采用电喷雾质谱的测试根据相应的质荷比可准确地确认壳层中 Sb 原子的数目(图 3.11)[11]。

在$[H_3W_{18}O_{56}(IO_6)]^{6-}$的冷喷雾质谱(CSI-MS)中(图 3.12)[13]，根据不同的质荷比 m/z 可以确定$[H_3W_{18}O_{56}(IO_6)]^{6-}$的稳定存在，$m/z$=2588.1，对应的多阴离子是$\{(TPA)_4[H_3IW_{18}O_{62}]\}^{2-}$(TPA 为四丙基铵离子)；$m/z$=2607.1，对应的多阴离子是$\{(TPA)_4K[H_2IW_{18}O_{62}]\}^{2-}$；$m/z$=2680.7，对应的多阴离子是$\{(TPA)_5[H_2IW_{18}O_{62}]\}^{2-}$。与之相比，$[H_4W_{19}O_{62}]^{6-}$在乙腈中的冷喷雾质谱中(图 3.13)[13]，$m/z$=1682.48，对应的多阴离子是$\{(TPA)_3[H_4W_{19}O_{62}]\}^{3-}$；$m/z$=1744.56，对应的多阴离子是$\{(TPA)_4[H_3W_{19}O_{62}]\}^{3-}$；$m/z$=2617.40，对应的多阴离子是$\{(TPA)_4[H_4W_{19}O_{62}]\}^{2-}$；$m/z$=2709.54，对应的多阴离子是{$(TPA)_5$

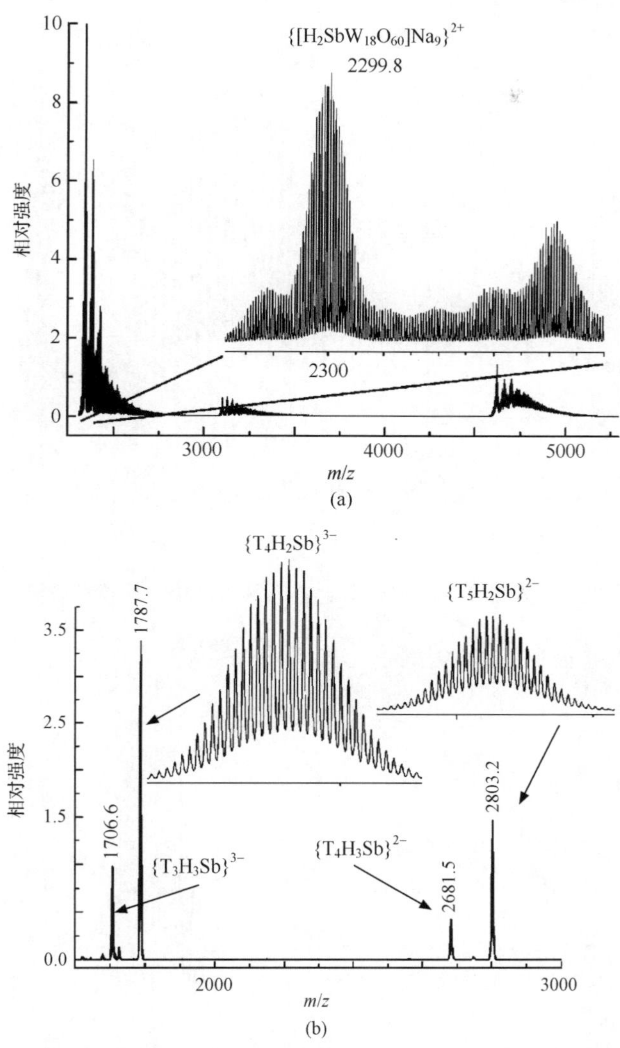

图 3.11　$(TBA)_y[H_xSb_1W_{18}O_{60}]^{(9-(x+y))-}$ 电喷雾质谱。(a),(b)的 m/z 范围不同(图(b)中 T≡TBA,Sb≡$Sb_1W_{18}O_{60}$)[11]

$[H_3W_{19}O_{62}]\}^{2-}$[13]。

3.2.4　性质研究

3.2.4.1　光催化性质研究

2006 年,Cronin 和龙德良等报道的[α-$Mo_{18}O_{54}(SO_3)_2]^{4-}$ 和[β-$Mo_{18}O_{54}(SO_3)_2]^{4-}$ 展示出很好的光催化活性,在苯甲醇存在下,暴露在空气中,[α-$Mo_{18}O_{54}(SO_3)_2]^{4-}$ 和[β-$Mo_{18}O_{54}(SO_3)_2]^{4-}$ 在乙腈溶液中被还原成$[Mo_{18}O_{54}(SO_3)_2]^{5-}$,

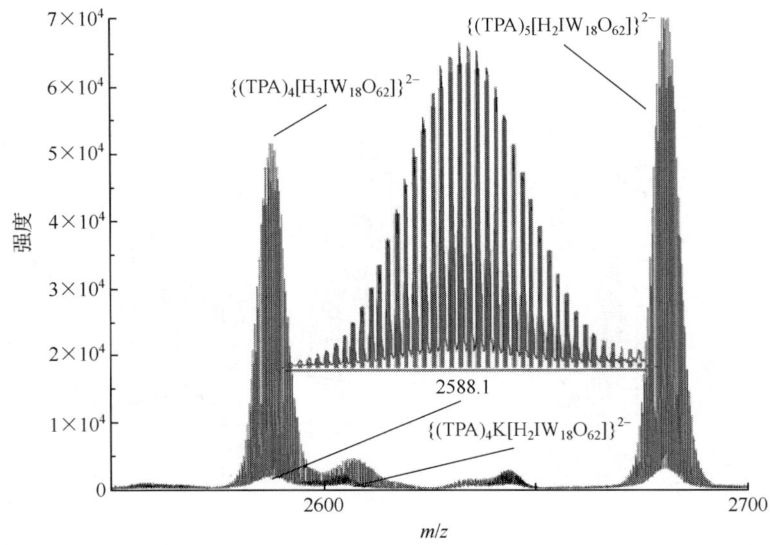

图 3.12　$(TPA)_6[H_3IW_{18}O_{62}]$在乙腈溶液中的冷喷雾质谱[13]

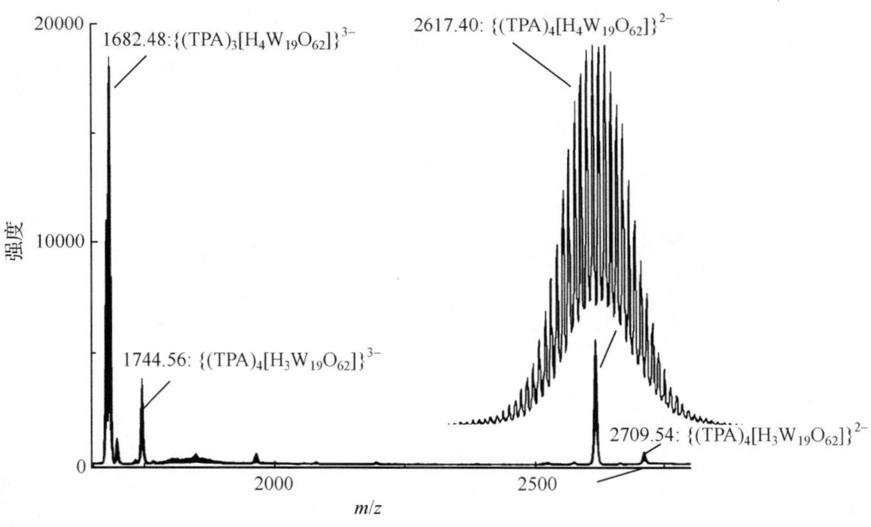

图 3.13　$(TPA)_6[H_4W_{19}O_{62}]$在乙腈溶液中的冷喷雾质谱[13]

可以观测到溶液颜色由黄色变成绿色[27]。延长曝光时间，得到两电子还原产物$[Mo_{18}O_{54}(SO_3)_2]^{6-}$，可观测到溶液颜色由绿色变成蓝色，EPR 谱信号的强度减弱。还原型$[Mo_{18}O_{54}(SO_3)_2]^{5-}$在溶液中是长期稳定存在的，将电化学还原和光化学还原得到的$[\alpha\text{-}Mo_{18}O_{54}(SO_3)_2]^{5-}$和$[\beta\text{-}Mo_{18}O_{54}(SO_3)_2]^{5-}$的乙腈溶液储存在室温下，在黑暗中或暴露在空气中，监测 37 天它们的 EPR 谱没有变化，证明还原态$[Mo_{18}O_{54}(SO_3)_2]^{5-}$在溶液中是稳定存在的[27]。

3.2.4.2 光敏性质研究

在合适的电子给体存在下，许多多酸都具有光敏性质。例如，$[M_{18}O_{54}(SO_4)_2]^{4-}$(M=Mo，W)在白光存在的条件下，展示出很强的氧化能力，因此，苯甲醇被光氧化成苯甲醛，$[M_{18}O_{54}(SO_4)_2]^{4-}$的乙腈溶液在白光照射下，$[M_{18}O_{54}(SO_4)_2]^{4-}$被还原，并且以DMF为溶剂和电子供体时，$[Bu_4N]_4[M_{18}O_{54}(SO_4)_2]$的光电化学反应如式(3-1)～式(3-3)所示(ED为电子给体)[28]。

$$C_6H_5CH_2OH + [M_{18}O_{54}(SO_4)_2]^{4-} \xrightarrow{h\nu} C_6H_5CHO + [H_2M_{18}O_{54}(SO_4)_2]^{4-} \tag{3-1}$$

$$[M_{18}O_{54}(SO_4)_2]^{4-} \xrightarrow{h\nu} \{[M_{18}O_{54}(SO_4)_2]^{4-}\}^* + ED \longrightarrow [M_{18}O_{54}(SO_4)_2]^{5-} + ED^+ \longrightarrow \text{产物} \tag{3-2}$$

$$[M_{18}O_{54}(SO_4)_2]^{5-} \xrightarrow{h\nu} \{[M_{18}O_{54}(SO_4)_2]^{5-}\}^* + ED \longrightarrow [M_{18}O_{54}(SO_4)_2]^{6-} + ED^+ + \text{产物} \tag{3-3}$$

$[\alpha\text{-}W_{18}O_{54}(SO_3)_2]^{4-}$的DMF溶液在白光照射下，可以检测到很大的光电流，表明多酸具有很高的光活性(图3.14)[28]。研究表明，白光照射下$[W_{18}O_{54}(SO_3)_2]^{5-}$的DMF水溶液是具有光敏活性的。光照下可以监测到光电化学电池中溶液的颜色由绿变蓝。光照停止几分钟后，蓝色溶液变成了绿色，表明反应是可逆的[28]。

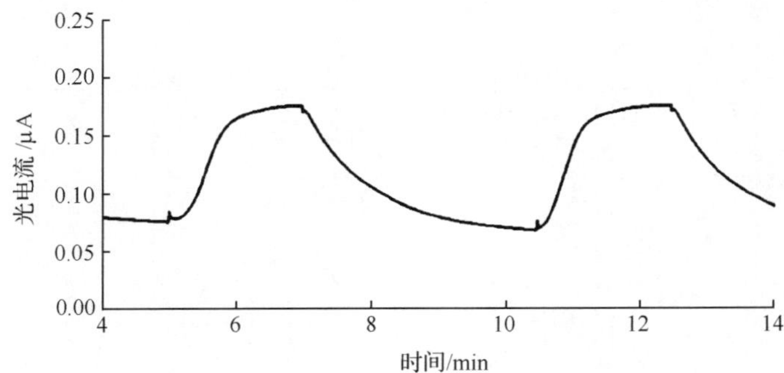

图3.14 白光照射下，$(Pr_4N)_4\{\alpha\text{-}[W_{18}O_{54}(SO_3)_2]\}\cdot 2CH_3CN$(多阴离子浓度为$1\times10^{-4}mol\cdot L^{-1}$)的DMF(含有$0.1mol\cdot L^{-1}$ Bu_4NPF_6)溶液的光电流与时间关系曲线。电势为+400mV(*vs* Fc/Fc^+)[28]

3.2.4.3 电化学和电催化性质研究

Dawson型多阴离子随中心杂原子及其配位方式的不同，其电化学性质存在很大差异。$[P_2W_{18}O_{62}]^{6-}$与$[H_4PW_{18}O_{62}]^{7-}$的电化学是在pH为3的$0.2mol\cdot L^{-1}$ Na_2SO_4/H_2SO_4的缓冲溶液中测定的，$[P_2W_{18}O_{62}]^{6-}$的循环伏安曲线中出现三对氧化还原峰，而$[H_4PW_{18}O_{62}]^{7-}$中由于缺少一个杂原子，它的电化学却发生了两对峰的合并，出现两对氧化还原峰[图 3.15(a)]，半波电位 $E_{1/2}$ 分别为 0.174V 和 0.144V，而在 pH 为 5 的 0.2mol · L^{-1} Na_2SO_4/H_2SO_4 的缓冲溶液中测定$[H_4PW_{18}O_{62}]^{7-}$的半波电位 $E_{1/2}$ 分别为 0.294V 和 0.266V[10]。在 pH 为 0.3 和 4 下，$[H_4PW_{18}O_{62}]^{7-}$的电化学行为随着 pH 的增加，两电子波合并成一电子过程[图 3.15(b)][10]。同时，$[H_4PW_{18}O_{62}]^{7-}$对 NO_2^- 表现出很好的电催化活性，随着 NO_2^- 浓度的增加，峰电流逐渐增加(图 3.16)[10]。表 3.7 列出了一系列 Dawson 型多阴离子的氧化还原峰电势[29]。

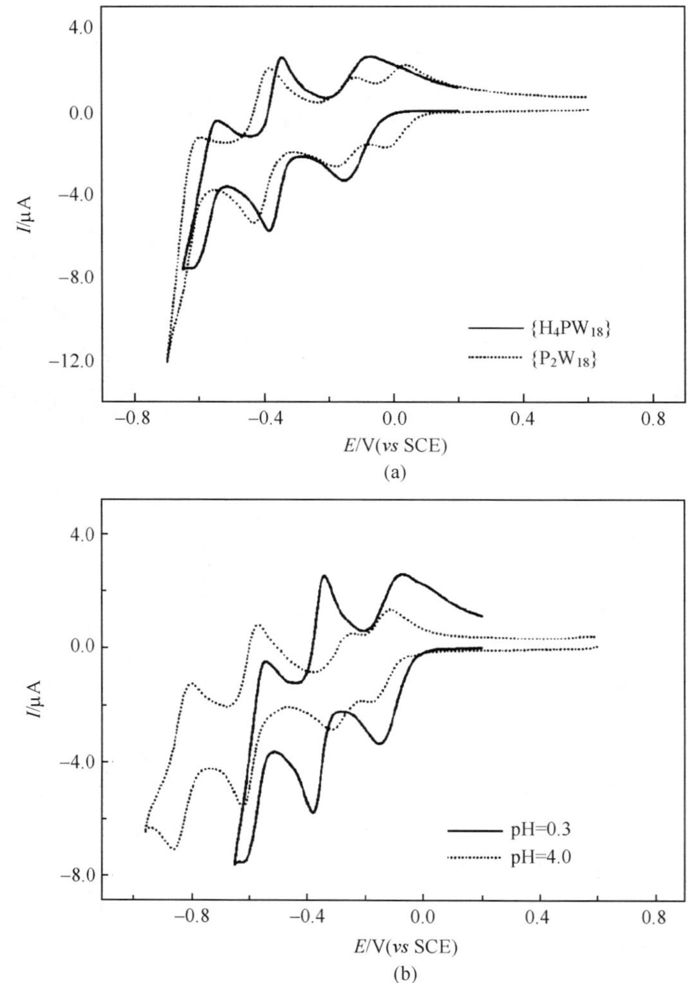

图 3.15　(a)$[P_2W_{18}O_{62}]^{6-}$与$[H_4PW_{18}O_{62}]^{7-}$的循环伏安曲线(在 pH=3 的 0.2mol · L^{-1} Na_2SO_4/H_2SO_4 的缓冲溶液，阴离子浓度为 5×10^{-4}mol · L^{-1}，扫描速率为 10mV · s^{-1}，工作电极为玻碳电极，参比电极为 SCE)；(b)$[H_4PW_{18}O_{62}]^{7-}$的循环伏安曲线随 pH 的变化[10]

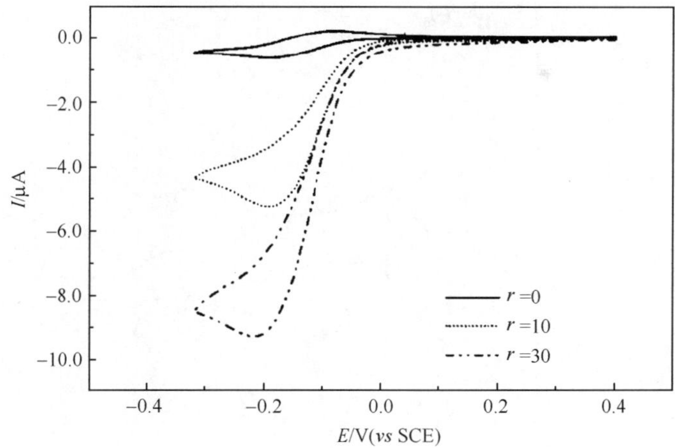

图 3.16 $[H_4PW_{18}O_{62}]^{7-}$ 催化 NO_2^- 过程测定的循环伏安曲线(r 为$\{H_4PW_{18}\}/NO_2^-$ 的浓度比)[10]

表 3.7 一系列 Dawson 型多阴离子的氧化还原峰电势[29]

多阴离子	E_{pa}/V	E_{pc}/V
$[\alpha\text{-}P_2W_{18}O_{62}]^{6-}$	0.02	−0.05
	−0.16	−0.22
	−0.55	−0.61
	−0.68	−0.75
$[\beta\text{-}P_2W_{18}O_{62}]^{6-}$	0.05	−0.01
	−0.13	−0.20
	−0.51	−0.58
	−0.65	−0.71
$[As_2W_{18}O_{62}]^{6-}$	0.06	−0.02
	−0.13	−0.19
	−0.51	−0.59
	−0.64	−0.69

注:E_{pa}为阳极峰电势,E_{pc}为阴极峰电势,介质为 pH=5、0.2mol · L^{-1} Na_2SO_4/H_2SO_4 缓冲溶液。

$[S_2W_{18}O_{62}]^{4-}$在 0.1mol · L^{-1} Bu_4NClO_4 的 MeCN/水溶液中测定的循环伏安曲线表明在 0~−1.8V 出现四对可逆的氧化还原峰(图 3.17)[30]。$(Bu_4N)_4[S_2W_{18}O_{62}]$的氧化还原反应过程如方程式(3-4)所示[30]。

$$[S_2W_{18}O_{62}]^{4-} \underset{\text{I}}{\overset{e^-}{\rightleftharpoons}} [S_2W_{18}O_{62}]^{5-} \underset{\text{II}}{\overset{e^-}{\rightleftharpoons}} [S_2W_{18}O_{62}]^{6-} \underset{\text{III}}{\overset{e^-}{\rightleftharpoons}}$$

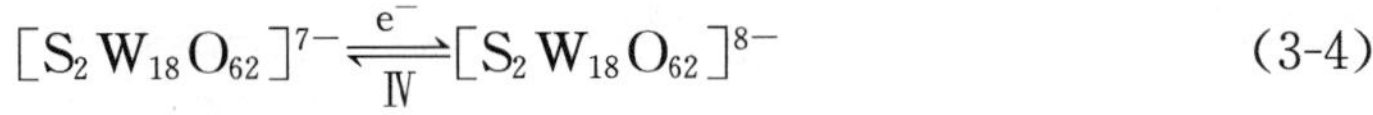

$$[S_2W_{18}O_{62}]^{7-} \underset{\text{IV}}{\overset{e^-}{\rightleftharpoons}} [S_2W_{18}O_{62}]^{8-} \tag{3-4}$$

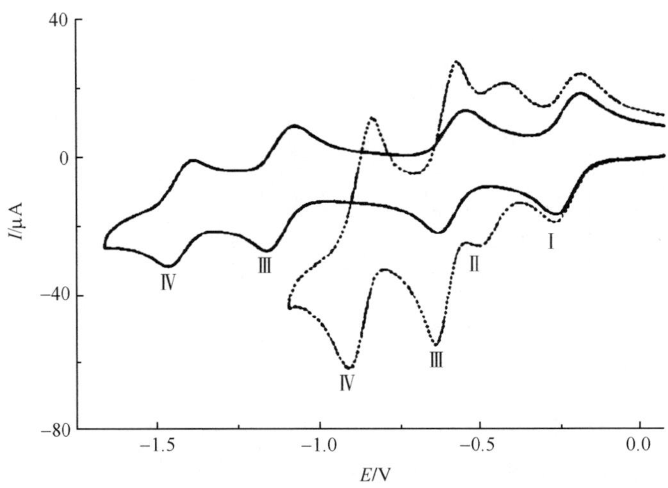

图 3.17 $(Bu_4N)_4[S_2W_{18}O_{62}]$的乙腈/水溶液的循环伏安曲线(体积比为 95∶5,Bu_4NClO_4浓度为 0.1mol·L^{-1},阴离子浓度为 1.0×10^{-3}mol·L^{-1},扫描速率为 0.100V·s^{-1}。实线为不加酸;虚线为加入 4 当量的 $HClO_4$)(Ⅰ～Ⅳ的氧化还原峰分别对应式(3-4)的四个氧化还原反应过程)[30]

$[\alpha\text{-}W_{18}O_{54}(SO_3)_2]^{4-}$和$[\alpha\text{-}W_{18}O_{54}(SO_3)_2]^{5-}$不溶于常用的含有 0.1mol·$L^{-1}$ Bu_4NPF_6 的乙腈溶液中,因此,采用含有 0.1mol·$L^{-1}$$(C_6H_{13})_4NClO_4$ 的乙腈溶液,$[\alpha\text{-}W_{18}O_{54}(SO_3)_2]^{4-}$ 在该溶液中测定的循环伏安曲线表明$[\alpha\text{-}W_{18}O_{54}(SO_3)_2]^{4-}$存在五个还原过程(图 3.18),结果列于表 3.8 中[28],过程Ⅰ和Ⅱ是一电子过程,峰强度与浓度和扫描速率的平方根成正比,表明理想的扩散控制行为。过程Ⅰ和Ⅱ的半波电位为 63mV 和 64mV,扫描速率为 100mV·s^{-1},更负的氧化还原过程Ⅲ～Ⅴ在更高的扫描速率和浓度下是化学可逆的,但是受到更低的扫描速率和酸或质子存在的影响。$[\alpha\text{-}W_{18}O_{54}(SO_3)_2]^{4-}$ 的氧化还原过程如方程式(3-5)[28]:

$$[\alpha\text{-}W_{18}O_{54}(SO_3)_2]^{4-} \xrightarrow[\text{I}]{+e^-} [\alpha\text{-}W_{18}O_{54}(SO_3)_2]^{5-} \xrightarrow[\text{II}]{+e^-} [\alpha\text{-}W_{18}O_{54}(SO_3)_2]^{6-} \xrightarrow[\text{III}]{+e^-}$$

$$[\alpha\text{-}W_{18}O_{54}(SO_3)_2]^{7-} \xrightarrow[\text{IV}]{+e^-} [\alpha\text{-}W_{18}O_{54}(SO_3)_2]^{8-} \xrightarrow[\text{V}]{+e^-} [\alpha\text{-}W_{18}O_{54}(SO_3)_2]^{9-} \tag{3-5}$$

$[H_3W_{18}O_{56}(IO_6)]^{6-}$表现出不同寻常的电化学性质,因为高碘酸盐化合物具有较高的氧化性。循环伏安曲线在低电势处出现两个可逆的氧化还原峰(Ⅰ/Ⅰ′和Ⅱ/Ⅱ′),分别是 −1.57V 和 −2.02V(*vs* Fc/Fc^+)(图 3.19),比$[W_{18}O_{54}(PO_4)_2]^{6-}$(−0.77V,−1.13V)、$[W_{18}O_{54}(SO_4)_2]^{4-}$(−0.24V,−0.62V)和[$W_{18}$

$O_{54}(SO_3)_2]^{4-}$(−0.36V,−0.76V)更负。

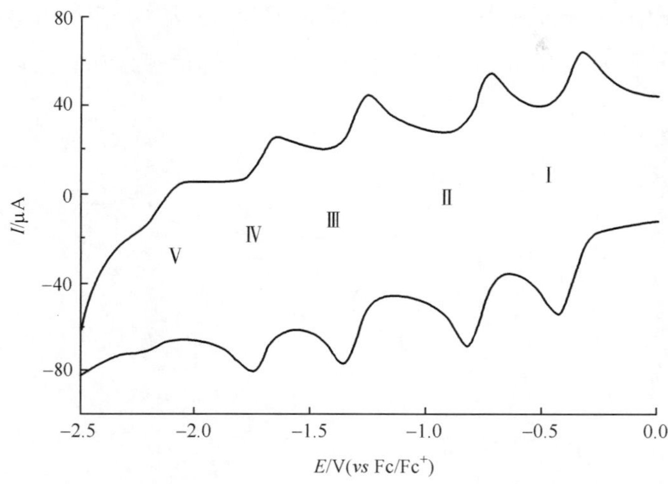

图 3.18　$[\alpha\text{-}W_{18}O_{54}(SO_3)_2]^{4-}$的 CH_3CN 溶液的(含有 $0.1mol \cdot L^{-1}$ $(C_6H_{13})_4NClO_4$)循环伏安曲线(Ⅰ～Ⅴ对应$[\alpha\text{-}W_{18}O_{54}(SO_3)_2]^{4-}$的氧化还原反应过程)(阴离子浓度为 $1\times10^{-3}mol \cdot L^{-1}$;扫描速率为 $100mV \cdot s^{-1}$)[28]

表 3.8　$[\alpha\text{-}W_{18}O_{54}(SO_3)_2]^{5-}$和$[\alpha\text{-}W_{18}O_{54}(SO_3)_2]^{4-}$的电化学数据[28]

多阴离子	氧化还原过程Ⅰ～Ⅳ	E_f°/V (vs Fc/Fc+)	ΔE_p/mV
$[W_{18}O_{54}(SO_3)_2]^{5-}$	$[W_{18}O_{54}(SO_3)_2]^{5-/4-}$	−0.357	59
	$[W_{18}O_{54}(SO_3)_2]^{5-/6-}$	−0.762	59
	$[W_{18}O_{54}(SO_3)_2]^{6-/7-}$	−1.303	74
	$[W_{18}O_{54}(SO_3)_2]^{7-/8-}$	−1.691	68
	$[W_{18}O_{54}(SO_3)_2]^{8-/9-}$	−2.143	129
$[W_{18}O_{54}(SO_3)_2]^{4-}$	$[W_{18}O_{54}(SO_3)_2]^{4-/5-}$	−0.357	63
	$[W_{18}O_{54}(SO_3)_2]^{5-/6-}$	−0.760	64
	$[W_{18}O_{54}(SO_3)_2]^{6-/7-}$	−1.295	79
	$[W_{18}O_{54}(SO_3)_2]^{7-/8-}$	−1.693	67
	$[W_{18}O_{54}(SO_3)_2]^{8-/9-}$	−2.131	86

注:E_f°为可逆电势,$E_f^\circ=(E_p^{ox}+E_p^{red})/2$;$\Delta E_p$为电势差;阴离子浓度为 $1mmol \cdot L^{-1}$,介质为 $0.1mol \cdot L^{-1}$ $(C_6H_{13})_4NClO_4$ 的乙腈溶液,扫描速率为 $100mV \cdot s^{-1}$。

如图 3.19 所示,当从正电势向负电势扫描时出现过程 1 和过程 2,但进一步扫描后消失,当经过过程Ⅰ′后电势转变的时候出现一个小的氧化过程 3′

(图 3.19)。$[H_3W_{18}O_{56}(IO_6)]^{6-}$ 在氧化苯甲醇方面具有较强的催化活性(图 3.19)[13]。中心杂原子的化合价、配位环境以及构型不同的$[\beta\text{-}Mo_{18}O_{54}(SO_3)_2]^{4-}$和$[\alpha\text{-}Mo_{18}O_{54}(SO_3)_2]^{4-}$的循环伏安曲线峰值也存在一定区别,如表 3.9 所示[27]。

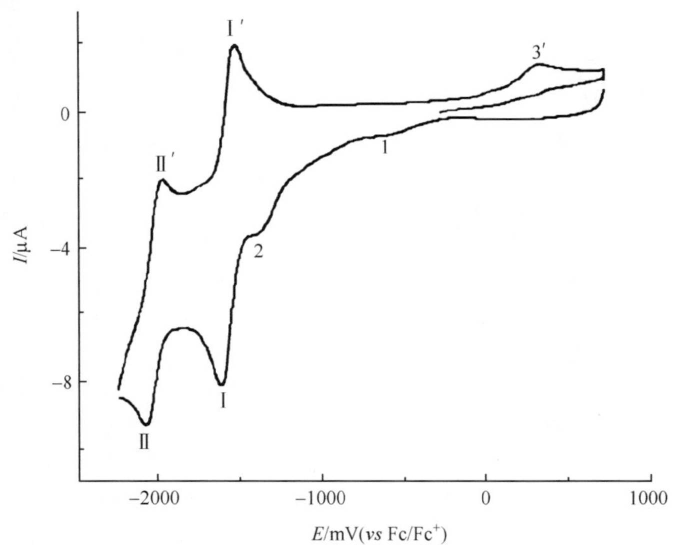

图 3.19 $(TBA)_6[H_3W_{18}O_{56}(IO_6)]$在 CH_3CN 溶液中的循环伏安曲线
(阴离子浓度为 $1mmol \cdot L^{-1}$,工作电极为玻碳电极,扫描速率为 $100mV \cdot s^{-1}$)[13]

表 3.9 不同 Dawson 型多阴离子的电化学还原 E_f° 值[27]

氧化还原过程	$[\beta\text{-}Mo_{18}O_{54}(SO_3)_2]^{4-}$	$[\alpha\text{-}Mo_{18}O_{54}(SO_3)_2]^{4-}$	$[Mo_{18}O_{54}(SO_4)_2]^{4-}$
Ⅰ(Ⅰ′)	−0.030	−0.005	0.100
Ⅱ(Ⅱ′)	−0.310	−0.265	−0.140
Ⅲ(Ⅲ′)	−0.880	−0.885	−0.800
Ⅳ(Ⅳ′)	−1.180	−1.195	−1.070
Ⅴ(Ⅴ′)	−1.660	−1.695	−1.670
Ⅵ(Ⅵ′)	−2.030	−2.075	−1.920

注:$[\beta\text{-}Mo_{18}O_{54}(SO_3)_2]^{4-}$和$[\alpha\text{-}Mo_{18}O_{54}(SO_3)_2]^{4-}$是在 $0.1mol \cdot L^{-1}$ $(C_6H_{13})_4NClO_4$ 的乙腈溶液中测定的电化学还原 E_f°值,单位:V(vs Fc/Fc$^+$),扫描速率为 $20mV \cdot s^{-1}$,而$[Mo_{18}O_{54}(SO_4)_2]^{4-}$的电化学还原 E_f°值是在 $0.1mol \cdot L^{-1}$ Bu_4NClO_4 乙腈溶液中测定的,扫描速率为 $100mV \cdot s^{-1}$。

3.2.4.4 热致变色性质研究

含有两个 SO_3^{2-} 模板的 Dawson 型多阴离子$[\alpha\text{-}Mo_{18}O_{54}(SO_3)_2]^{4-}$在一个很宽的温度范围内显现出热致变色性质。如图 3.20 所示[31],在 77K、300K 及 500K

时,$[\alpha\text{-}Mo_{18}O_{54}(SO_3)_2]^{4-}$ 随温度升高逐渐从黄色变为橙色最终变为橘红色。$[\alpha\text{-}Mo_{18}O_{54}(SO_3)_2]^{4-}$ 的这一热致变色现象与 100～293K 下中心吸收带移动了大约 8nm 有关(图 3.21)[31]。

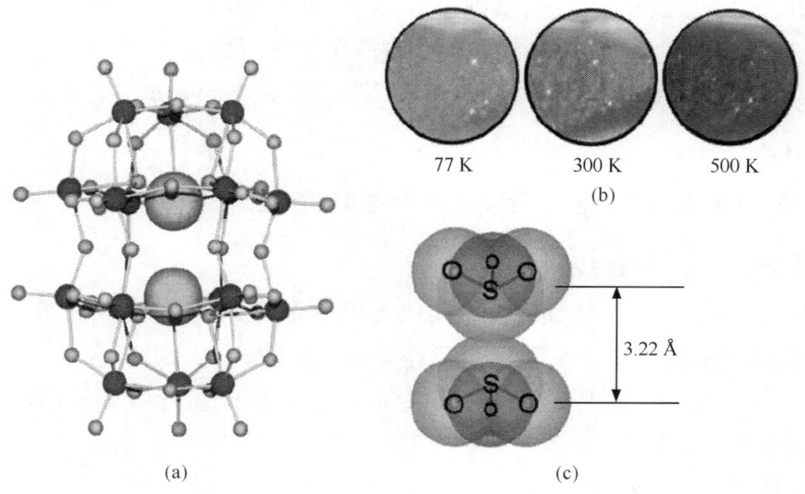

图 3.20 (a)$[\alpha\text{-}Mo_{18}O_{54}(SO_3)_2]^{4-}$ 的球棍结构图;(b)$[\alpha\text{-}Mo_{18}O_{54}(SO_3)_2]^{4-}$ 在 77K、300K 和 500K 的晶体图片;(c)$[\alpha\text{-}Mo_{18}O_{54}(SO_3)_2]^{4-}$ 中两个 SO_3^{2-} 之间的范德华半径[31]

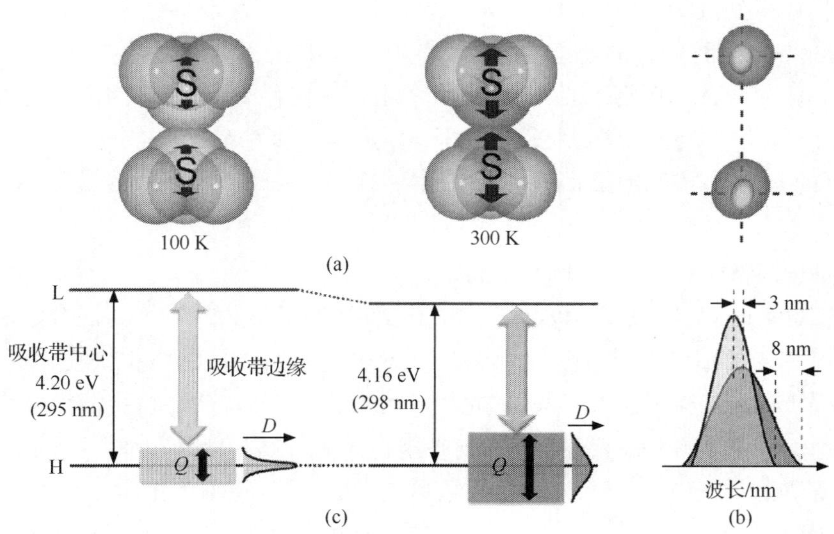

图 3.21 (a)不同温度下{SO_3^{2-}}片段的范德华作用力模型;(b){SO_3^{2-}}片段的各向异性椭球图(99%的概率);(c)接近于 HOMO(H)和 LUMO(L)能级的前线轨道的定性能级图,显示最高占有轨道的能级分裂,硫中心的分子轨道的分裂效应与振动幅度增加能量图[31]

3.3 其他主族 Dawson 型杂多化合物及其异构体的合成

随着实验手段的不断完善，其他主族 Dawson 型杂多化合物的经典及非经典化合物被陆续报道，Dawson 型杂多化合物的杂原子可以是 P、Si、As^{V}、I 等主族元素，而配原子为 W、Mo 等。本节详细介绍其他主族 Dawson 型杂多化合物及其异构体的合成[32-44]。

3.3.1 Dawson 型钨系杂多化合物及其异构体的合成

$K_{16}[\alpha\text{-}Si_2W_{18}O_{66}]\cdot 25H_2O$ 的合成

将 7.2g $K_{10}[A\text{-}\alpha\text{-}SiW_9O_{34}]\cdot 13H_2O$ 溶于 100mL 水中，加入 5mL 1mol · L^{-1} HCl 溶液，溶液的 pH 约为 5.7，两天后得到无色晶体 $K_{16}[\alpha\text{-}Si_2W_{18}O_{66}]\cdot 25H_2O$，产率为 40%。$K_{16}[\alpha\text{-}Si_2W_{18}O_{66}]\cdot 25H_2O$ 的元素分析理论值(%)：W 60.2、K 11.4；实验值(%)：W 58.9、K 10.0[32]。

$K_6[\alpha\text{-}As_2W_{18}O_{62}]\cdot 14H_2O$ 的合成

将 220g $Na_2WO_4\cdot 2H_2O$ 溶于 300 mL 水中，缓慢加入 150mL 11mol · L^{-1} 浓砷酸，然后再加入 100mL 4mol · L^{-1} HCl 溶液，溶液加热 4h，冷却至室温，加入 50g 氯化铵得到沉淀 A 为 $(NH_4)_6[\alpha\text{-}As_2W_{18}O_{62}]$（产量为 38g，产率为 20%），过滤除去沉淀 A，向滤液中加入 50g 氯化钾得到沉淀 B 为 $K_6[\alpha\text{-}As_2W_{18}O_{62}]$（产量为 114g，产率为 63%），沉淀 B 溶于 200mL 水中，5℃保存 1 天，最终的沉淀溶解在水中，加入 32g KCl，形成新的沉淀，在 125mL 热水中重结晶。$K_6[\alpha\text{-}As_2W_{18}O_{62}]\cdot 14H_2O$ 的元素分析理论值(%)：K 4.75、W 67.01、As 3.04；实验值(%)：K 4.78、W 66.82、As 3.02[33-35]。

$(NH_4)_6[\alpha\text{-}As_2W_{18}O_{62}]\cdot 15H_2O$ 的合成

将 100g $Na_2WO_4\cdot 2H_2O$ 溶于 600mL 水中，加入 140g As_2O_5，混合溶液回流煮沸 8h，由于溶液中少量杂多阴离子被还原为杂多蓝，因此溶液很快变为深蓝色。在反应完成后，向反应液中加入少量溴水，溶液再次变为柠檬黄色，溶液煮沸浓缩至 300mL，在冰水浴中冷却至 10℃，搅拌下将 100g 固体 NH_4Cl 加入溶液中，通过同离子效应使产物沉淀出来，过滤，收集黄色微晶产物，室温下重新溶于少量水中，向溶液中加入 3 倍体积的 1,4-二氧六环使产物沉淀，这一过程是为了除去在水和 1,4-二氧六环中溶解的过量 NH_4Cl，将产物过滤，用体积比为 3∶1 的 1,4-二氧六环与水的混合溶液洗涤，产物再溶于水中重结晶，产品中的少量橙色晶体 $(NH_4)_6[\gamma\text{-}As_2W_{18}O_{62}]\cdot nH_2O$ 可以通过过滤除去，得到初产品。溶液缓慢蒸发，得到溶解性较好的大量柠檬黄色 $(NH_4)_6[\alpha\text{-}As_2W_{18}O_{62}]\cdot 15H_2O$。

$(Bu_4N)_4[W^{VI}_{18}O_{54}(SO_3)_2]$的合成

将 6.6g $Na_2WO_4 \cdot 2H_2O$(20mmol)和 2.4g Na_2SO_3(19mmol)溶于 25mL 水中,加入 5mL 浓盐酸,搅拌下,再用稀盐酸将溶液的 pH 调至 1.9,混合溶液回流 72h,冷却,加入溶有 6.0g 四丁基溴化铵(18.6mmol)的 200mL 水溶液,得到白色沉淀,用水和乙醇洗涤,真空干燥,将所得固体在乙腈中重结晶,得到黄色晶体 2.3g(产率为 39%)。IR(KBr 压片,cm^{-1}):3434、2961、2873、1625、1482、1379、1151、1105、993、915、877、779;$C_{64}H_{144}W_{18}N_4O_{60}S_2$ 的元素分析理论值(%):C 14.5、H 2.7、N 1.1、W 62.4;实验值(%):C 14.2、H 2.6、N 1.2、W 63.0[9]。

$[BMIM]_4[\alpha\text{-}S_2W_{18}O_{62}]$的合成

将 11.25g $Na_2WO_4 \cdot 2H_2O$(31.4mmol)溶于 335mL 水中,搅拌下加入 275mL CH_3CN,逐滴加入 75mL 18mol · L^{-1}浓硫酸,溶液在 70℃反应 14 天,反应后溶液冷却至室温,加入 200mL 乙腈,溶液分成两层,除去下层溶液,收集上层浅绿色溶液。将溶有 1.50g[BMIM]Cl(8.5mmol)的 3mL CH_3CN 溶液逐滴加入绿色溶液中,旋转蒸发除去溶剂,得到绿色固体,用水和乙醇洗涤,在体积比为 1：1 的乙醇和水混合溶剂中重结晶,过滤,干燥得到产品 4.33g(产率为 46%)[37]。$C_{32}H_{60}N_8O_{62}S_2W_{18}$的元素分析理论值(%):C 7.81、H 1.23、N 2.28、S 1.30;实验值(%):C 8.30、H 1.25、N 2.15、S 1.28;IR(KBr 压片,cm^{-1}):3141、3109、2958、2872、1561、1468、1179、1075、987、968、906、795、620、511、487;^1H NMR(CH_3CN-d_3,ppm):8.42(s)、7.40(d)、4.19(t)、3.87(s)、1.84(m)、1.36(m)、0.96(t);^{13}C NMR(CH_3CN-d_3,ppm):136.8、124.8、123.4、50.5、37.0、32.7、20.1、13.8[37]。

$K_7[H_4PW_{18}O_{62}] \cdot 18H_2O$ 的合成

方法 1:将 240g $Na_2WO_4 \cdot 2H_2O$(0.73mol)溶于 300mL 水中,剧烈搅拌下,将 38mL 1mol · L^{-1} H_3PO_4 溶液与 100mL 4mol · L^{-1} HCl 溶液组成的混合物加入上述溶液中,保证溶液的 pH 略小于 2,将溶液加热回流至少 96h,冷却后,向溶液中加入 100g KCl,所得沉淀加入到 150mL 水中,加热到 80℃,时间不少于 48h,冷却后,向透明的溶液中加入 30g KCl,得到较好的黄色晶状沉淀[10],$K_7[H_4PW_{18}O_{62}] \cdot 18H_2O$ 的元素分析理论值(%):K 5.55、P 0.63、W 67.07;实验值(%):K 5.96、P 0.63、W 66.62;IR(KBr 压片,cm^{-1}):1066(vs)、1032(s)、979(w)、949(w)、891(s)、763(w)、587(w)、522(s)、423(w);^{31}P NMR(δ,ppm):−6.54[10]。

方法 2:将 198 g $Na_2WO_4 \cdot 2H_2O$(0.6mol)溶于 250 mL 水中,用 150mL 4mol · L^{-1} HCl 溶液酸化该溶液,然后加入 85mL 4mol · L^{-1} HCl 溶液和 30mL 1mol · L^{-1} H_3PO_4 组成的混合物,将溶液的 pH 调至 2,溶液加热回流 60h,冷却,加入 70g KCl,抽滤得到沉淀,将其溶于 150 mL 水中重结晶,产率为 60%[38]。

$(NH_4)_7[H_2AsW_{18}O_{60}]\cdot 16H_2O$ 的合成

将 330g $Na_2WO_4\cdot 2H_2O$ 和 5.5g As_2O_3 溶于 350mL 沸水中，当其完全溶解时，搅拌下加入 140mL 浓盐酸，溶液煮沸 15min，静置 15h 后得到黄色晶体。为了制得更适合单晶衍射的铵盐晶体，可以将 130g 钠盐溶于 150mL 热水中，加入 100mL 13% NH_4Cl 溶液，缓慢蒸发得黄色晶体 $(NH_4)_7[H_2AsW_{18}O_{60}]\cdot 16H_2O$[39]。

$Na_7[H_2SbW_{18}O_{60}]\cdot 7H_2O$ 的合成

将 13.2g $Na_2WO_4\cdot 2H_2O$(40mmol)溶解到 50mL 水中，加热到 90℃，把 0.5g 的 $SbCl_3$(2.2mmol)溶解到 10mL 4mol · L^{-1} HCl 溶液中，然后滴加到钨酸钠溶液中，用时要多于 2min，用 4mol · L^{-1} HCl 溶液将溶液的 pH 控制在 3.6，同时将溶液的温度在 90℃保持 10min，将溶液冷却到室温，然后缓慢蒸发，一周内得到浅绿色块状晶体 $Na_7[H_2SbW_{18}O_{60}]\cdot 7H_2O$，产量为 3.3g，产率为 29.1%[11]。IR(KBr 压片，cm^{-1})：3463、2361、1626、969、916、786[11]。

$(TBA)_7[H_2SbW_{18}O_{60}]$的合成

将 2.0g $Na_7[H_2SbW_{18}O_{60}]\cdot 7H_2O$(0.43mmol)溶解到 50mL 水中，强烈搅拌下，将 1.8g 四丁基溴化铵(5.6mmol)的 20mL 水溶液滴加到上述溶液中，所得沉淀离心后，用水和乙醇洗涤，并于真空中干燥，在乙腈和二乙醚中重结晶，使化合物得到进一步纯化，产量为 2.2g(0.36mmol)，产率为 83.7%[11]。IR(KBr 压片，cm^{-1})：3446、2958、2871、1635、1482、1379、1346、1281、1252、1152、1106、1027、956、892、754[11]。

$(TEAH)_6[H_4W_{19}O_{62}]\cdot 6H_2O$ 的合成

将 14.0g 三乙醇胺盐酸盐和 13.0g $Na_2WO_4\cdot 2H_2O$ 溶解到 80mL 水中，搅拌下，加入 6mol · L^{-1} HCl 溶液，将溶液的 pH 调节至 1.2 左右，加热且搅拌下回流 3 天，待溶液冷却到室温，两天后得到淡绿色针状晶体，过滤并用乙醇洗涤，真空干燥，产量为 3.8g，产率为 34%[12]。IR(KBr 压片，cm^{-1})：3434、1631、1446、1400、1258、1202、1091、1060、1027、961、767、614；元素分析理论值(%)：C 8.02、H 1.87、N 1.56、W 64.8；实验值(%)：C 8.04、H 1.84、N 1.54、W 64.5；$[H_4W_{19}O_{62}]^{6-}$ 的 ^{183}W NMR(16.668MHz，D_2O，Na_2WO_4，ppm)：−115、−143、−165[12]。

$K_6[H_3W_{18}O_{56}(IO_6)]\cdot 9H_2O$ 的合成

将 20.0g $Na_2WO_4\cdot 2H_2O$(60.6mmol)溶于 50mL 水中，然后将 1.0g H_5IO_6(4.4mmol)的 10mL 水溶液加入上述溶液中，用 6mol · L^{-1} HCl 溶液将溶液的 pH 调至 1，加热回流 1h，当溶液冷却到约 80℃，边搅拌边加入 15g KCl，冷却，有白色粉末生成，抽滤。几小时后得到浅绿色晶体。用母液洗涤晶体除去白色粉末，用少许水将晶体重结晶，得到大尺寸晶体，产量为 3.4g，产率为 20.9%[13]。

$(TPA)_6[H_3W_{18}O_{56}(IO_6)]$的合成

将 $K_6[H_3W_{18}O_{56}(IO_6)]\cdot 9H_2O$ 溶于 50mL 水中，然后加入 2.5g 四丙基溴化

铵(TPA·Br)的10mL水溶液,离心分离得到沉淀,并用水和乙醇洗涤,置于干燥器中干燥,用乙腈重结晶得到较纯的产物,产量为2.6g。若制备$(TBA)_6[H_3W_{18}O_{56}(IO_6)]$可将TPA换成TBA得到[13]。

$(TEAH)_6[H_3W_{18}O_{56}(IO_6)]\cdot 2H_2O$的合成

将10.0g $Na_2WO_4\cdot 2H_2O$(30.3mmol)和7.0g三乙醇胺盐酸盐(37.7mmol)溶于20mL水中,然后将0.5g H_5IO_6(2.2mmol)的5mL水溶液加入到上述溶液中,用6mol·L^{-1} HCl溶液将溶液的pH调到1.3,加热回流0.5h。蒸发掉一半体积的溶液后将反应液冷却到室温,3天后析出浅绿色晶体,用少量水重结晶得到较纯的晶体。产量为5.2g[13]。

3.3.2　Dawson型钼系杂多化合物及其异构体的合成

$(NH_4)_6[P_2Mo_{18}O_{62}]\cdot 14.2H_2O$的合成

将100g $Na_2MoO_4\cdot 2H_2O$溶于450mL水中,加入15mL 85%的H_3PO_4,用80mL浓盐酸酸化,煮沸回流8h,加几滴溴水。搅拌下加入100g固体NH_4Cl,得到黄色沉淀,在水中重结晶两次即得到$(NH_4)_6[P_2Mo_{18}O_{62}]\cdot 14.2H_2O$晶体。$(NH_4)_6[P_2Mo_{18}O_{62}]\cdot 14.2H_2O$的元素分析理论值(%):P 1.97、Mo 54.90;计算值(%):P 2.01、Mo 55.00[40]。

$H_6[P_2Mo_{18}O_{62}]\cdot 23.4H_2O$的合成

取50g$(NH_4)_6[P_2Mo_{18}O_{62}]\cdot 14.2H_2O$溶于100 mL水中,加入60mL浓盐酸和60mL乙醚萃取,向醚合物中加入1/4体积的水反萃取,冷风除醚后,在水中进行两次重结晶得到$H_6[P_2Mo_{18}O_{62}]\cdot 23.4H_2O$[40]。

$[(CH_3)_3CNH_3]_6[P_2Mo_{18}O_{62}]\cdot 6H_2O$的合成

方法1:将0.91g $Na_2MoO_4\cdot 2H_2O$(4.5mmol)和0.07g Na_2HPO_4(4.8mmol)溶于50mL水中,用1mol·L^{-1}HCl酸化至pH=1得到溶液A,另外,将0.5mL叔丁胺(4.7mmol)溶于50mL水中,并用盐酸酸化至相同的pH得到溶液B,溶液A和B混合,加入二乙醚,四个月后,得到黄色晶体[41]。

方法2:将0.36g Na_2HPO_4(2.77mmol)溶于3.65mL $HClO_4$的1mL蒸馏水中得到溶液A,将5.43g $Na_2MoO_4\cdot 2H_2O$(22.5mmol)溶于10mL水中得到溶液B,将溶液B逐滴加入溶液A中,得到黄色沉淀,将黄色沉淀溶于水中,然后加入0.43g叔丁基氯化铵的(4.0 mmol)3mL水溶液,过滤,得到pH=3的柠檬黄色溶液,两个星期后,得到黄色晶体,暴露在空气中颜色变绿[41]。

$H_6[As_2Mo_{18}O_{62}]\cdot 28.4H_2O$的合成

将85g $Na_2MoO_4\cdot 2H_2O$(0.35mol)和7.0g As_2O_5溶于350mL水中,加热搅拌,待固体完全溶解,溶液透明澄清后,持续搅拌下加入浓硝酸使溶液的pH接近零，80℃回流6h，冷却，用与溶液等体积的乙醚萃取(用1∶1 H_2SO_4 水溶液酸化)，得到酸的醚合物，再用与醚合物等体积的二次蒸馏水反萃取，使酸转入水相，放置或冷风除醚后，将酸溶液置于存放 P_2O_5 或硅胶的真空干燥器内，抽真空，3天后得到橘红色晶体，温水重结晶后约得到43g立方针状的橘红色晶体。$H_6[As_2Mo_{18}O_{62}]\cdot 28.4H_2O$ 的元素分析理论值(%)：As 4.43、Mo 51.00；实验值(%)：As 4.60、Mo 51.04[42]。

$[BMIM]_4[\alpha\text{-}S_2Mo_{18}O_{62}]$的合成

将6.23g $Na_2MoO_4\cdot 2H_2O$(25.7 mmol)溶于20 mL水中，然后逐滴加入4.96mL 18mol·L^{-1}浓硫酸，再加入100mL CH_3CN，搅拌下，混合溶液回流1h，冷却至室温，收集上层深橙色溶液，过滤，将1.00g[BMIM]Cl(5.73mmol)的5mL CH_3CN 溶液逐滴加入橙色溶液中，旋转蒸发除去溶剂，得到橙色固体，用水和乙醇洗涤，在体积比为1∶1的乙醇和水混合溶剂中重结晶，过滤干燥得产品0.83g，产率为17%[37]。IR(KBr压片，cm^{-1})：3141、3109、2958、2872、1561、1468、1168、1069、965、786、618、420；^1H NMR(δ，ppm)：8.42(s)、7.39(d)、4.18(t)、3.86(s)、1.83(m)、1.35(m)、0.96(t)；^{13}C NMR(δ，ppm)：136.8、124.8、123.5、50.5、37.0、32.7、20.1、13.8[37]。

$(TEAH)_6[\alpha\text{-}Mo_{18}O_{54}(SO_3)_2]\cdot 4H_2O$的合成

将11.0g三乙醇胺(TEA)(73.8mmol)溶于100mL水中，搅拌下加入10mL浓盐酸，随后加入10.0g $Na_2MoO_4\cdot 2H_2O$(41.6mmol)，1.10g(6.3 mmol) $Na_2S_2O_4$，用盐酸将溶液的pH调至4.0，搅拌1h，过滤，滤液在冰箱中保存3天，得到深蓝色晶体2.90g，产率为33.9%。IR(KBr压片，cm^{-1})：3355、1619、1446、1377、1251、1188、1093、1046、965、928、875、735[43]。

$(n\text{-}Bu_4N)_4[Mo_{18}O_{54}(SO_3)_2]\cdot C_2H_3N$的合成

将4.8g $Na_2MoO_4\cdot 2H_2O$(20mmol)和0.30g Na_2SO_3(2.4mmol)溶于20mL水和80mL乙腈的混合溶液中，加入10mL浓盐酸，混合溶液回流2h，冷却，将下层水层丢弃，上层用2.5g n-Bu_4NBr 的50 mL水溶液处理，得到黄色黏稠固体和浅黄色粉末，用水洗涤，干燥[43]。产物在乙腈中重结晶得到黄色晶体$(n\text{-}Bu_4N)_4[Mo_{18}O_{54}(SO_3)_2]\cdot C_2H_3N$。IR(KBr压片，$cm^{-1}$)：3440、1479、969、904、786[43]。

$(TEAH)_6[V_2Mo_{18}O_{62}]\cdot 3H_2O$的合成

将1.5g $Na_2MoO_4\cdot 2H_2O$(6.2mmol)、1.5g三乙醇胺(TEA)(10.1mmol)、0.08g NH_4VO_3(0.69mmol)溶解到25mL热水中，搅拌下，向溶液中加入37%的盐酸，将溶液的pH调到1，在加热条件下，将溶液回流2h，几天后得到蓝色晶体，产量为0.9g，产率为70%。IR(KBr，cm^{-1})：953和890～700[44]。

3.4　Dawson 型杂多化合物的衍生物及其异构体化学

将饱和 Dawson 结构中移去不同数目的{MO_6}八面体而得到其衍生结构，Dawson 型多酸的衍生结构包括 2∶17 系列、2∶15 系列和 2∶12 系列杂多阴离子。同时还包括其他衍生结构如 2∶19 系列、2∶20 系列、2∶21 系列、4∶40 系列、5∶30 系列(Pressler 型杂多化合物)和 8∶48 系列杂多化合物等。

3.4.1　Dawson 型杂多化合物的衍生物及其异构体的结构

2∶17 系列 Dawson 型杂多化合物的结构有两种异构体 α_1 体和 α_2 体，α_1-异构体是从{α-$X_2M_{18}O_{62}$}(X＝P，As，Si，Ge 等；M＝Mo，W 等)的赤道位上移去一个{MO_6}八面体形成一个对称性为 C_1 的单缺位{α_1-$X_2M_{17}O_{61}$}，α_2-异构体是从{α-$X_2M_{18}O_{62}$}的极位上移去一个{MO_6}八面体形成一个对称性为 C_s 的单缺位{α_2-$X_2M_{17}O_{61}$}。图 3.22 为 2∶17 系列 Dawson 型杂多化合物的 α_1 和 α_2 异构体的结构。

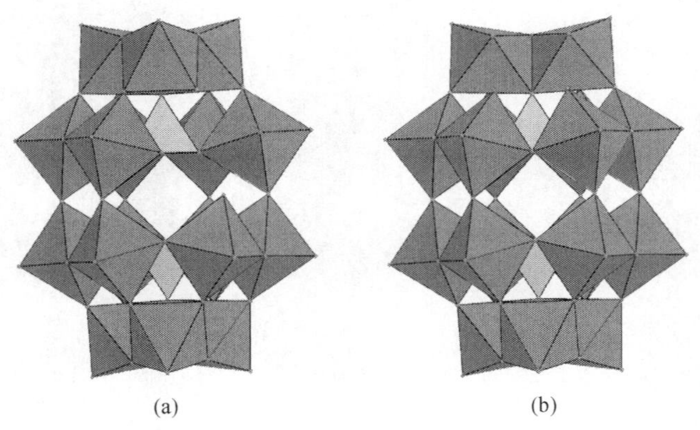

图 3.22　{α_1-$X_2M_{17}O_{61}$}(a)和{α_2-$X_2M_{17}O_{61}$}(b)的多面体结构图

Dawson 型结构的多缺位衍生结构是非常重要的一类化合物，由于多缺位结构的形成会使多个缺位氧原子暴露在结构外面，造成其结构有很强的配位能力。2∶15系列 Dawson 型杂多化合物的结构是从经典{α-$X_2M_{18}O_{62}$}(X＝P，As 等；M＝Mo，W 等)的结构中移去极位上的一组三金属簇形成三缺位的多阴离子{$X_2M_{15}O_{56}$}[图 3.23(a)]。2∶12 系列 Dawson 型杂多化合物的结构是从{α-$X_2M_{18}O_{62}$}的结构中先移去赤道位上面和下面的四个相邻的共顶点的{MO_6}八面体，再分别移去两个位于极位上下两侧三金属簇中与这四个共顶点的{MO_6}八面体配位的{MO_6}八面体，最终形成六缺位的{$X_2M_{12}O_{48}$}[图 3.23(b)]。2∶19 系列、2∶20 系列和 2∶21 系列 Dawson 型杂多化合物衍生物可看成是由两个三缺位的

Keggin 型衍生结构{XW_9O_{34}}单元构筑的一夹心、二夹心和三夹心结构(图 3.24)。

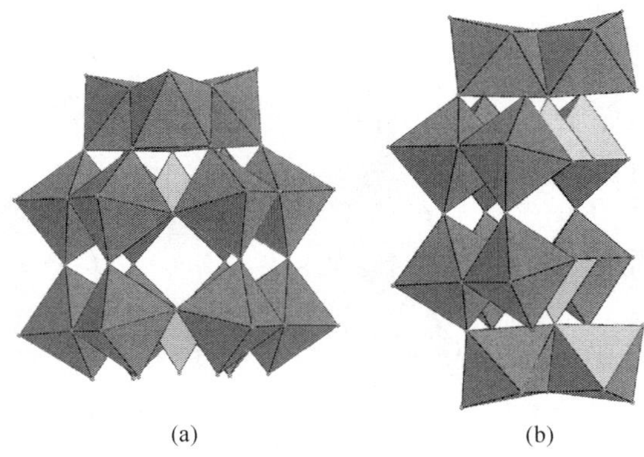

(a) (b)

图 3.23 {$X_2M_{15}O_{56}$}(a)和{$X_2M_{12}O_{48}$}(b)的多面体结构图

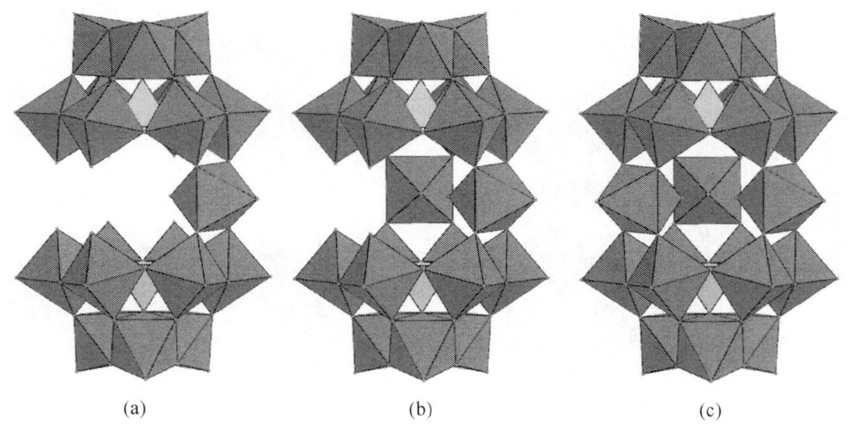

(a) (b) (c)

图 3.24 {X_2W_{19}}(a)、{X_2W_{20}}(b)和{X_2W_{21}}(c)的多面体结构图

另外,Dawson 型杂多化合物其他衍生结构还包括 4∶40 系列、5∶30 系列和 8∶48系列杂多化合物,这些结构在多酸化学中占有举足轻重的地位,很多新颖的高核簇合物结构都是以这些结构作为基础的。4∶40 系列衍生物主要以[$(B\text{-}\alpha\text{-}AsW_9O_{33})_4(WO_2)_4]^{28-}$={$As_4W_{40}$}为代表,它是由 4 个{B-α-$AsW_9O_{33}$}通过 4 个{$WO_6$}八面体构筑的四聚穴状结构(图 3.25)。5∶30 系列衍生物主要以[$P_5W_{30}O_{110}]^{15-}$={P_5W_{30}}为代表,它是由 2 个{P_2W_{12}}单元和 1 个{PW_6}片段构筑的环形穴状结构,在结构的中心存在一个空腔,空腔里一般有游离的水分子或反荷离子的存在(图 3.26)。而 8∶48 系列衍生物中最常见的是[$P_8W_{48}O_{184}]^{40-}$={P_8W_{48}}是由 4 个{P_2W_{12}}单元构筑的四聚环形穴状结构(图 3.27)。

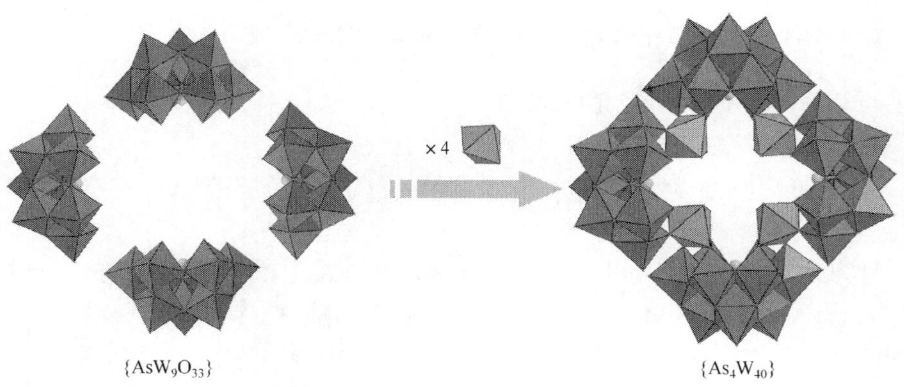

图 3.25　{As_4W_{40}}的构筑图

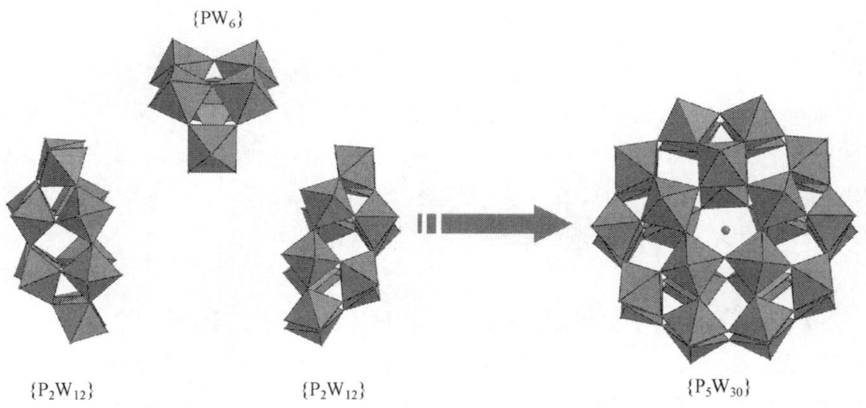

图 3.26　{P_5W_{30}}的构筑图

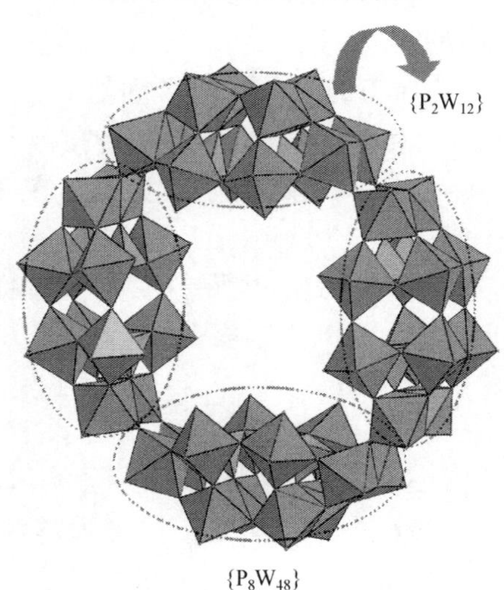

图 3.27　{P_8W_{48}}的构筑图

3.4.2 Dawson型杂多化合物的衍生物及其异构体的合成

$K_{10}[\alpha_2\text{-}P_2W_{17}O_{61}]\cdot 20H_2O$ 的合成

离子反应方程式为

$[P_2W_{18}O_{62}]^{6-}+34/7HCO_3^{-}\longrightarrow[P_2W_{17}O_{61}]^{10-}+1/7[W_7O_{24}]^{6-}+34/7CO_2+34/14H_2O$

将80g(1.15×10^{-2} mol)的 $K_6[\alpha$-或$\beta\text{-}P_2W_{18}O_{62}]\cdot xH_2O$ 溶解在200mL水中，然后加入20g $KHCO_3$(0.2mol)的200mL水溶液，搅拌，1h后反应完全，抽滤得到白色沉淀，将白色沉淀重新溶解在500mL热水(95℃)中，冷却到室温后有白色雪花状晶体析出，3h后过滤并在空气中干燥2～3天，产量为57g，产率为70%。$K_{10}[\alpha_2\text{-}P_2W_{17}O_{61}]\cdot 20H_2O$ 的元素分析理论值(%)：P 1.26、W 63.6、K 7.95；实验值(%)：P 1.27、W 63.8、K 7.93[16]。

$K_{10}[\alpha_2\text{-}P_2W_{17}O_{61}]\cdot 20H_2O$ 的性质：在水溶液中的稳定pH是2～6。在HAc/NaAc缓冲溶液中的半波电位(V，*vs* SCE)为：－0.44(2e)、－0.59(2e)和－0.85(2e)。^{31}P NMR谱在－7.1ppm和－13.6ppm处展示出两个强峰(85% H_3PO_4 作为参比)。它的IR光谱吸收峰为1084cm^{-1}、1050cm^{-1}和1012cm^{-1}[16]。

$K_9[\alpha_1\text{-}LiP_2W_{17}O_{61}]\cdot 20H_2O$ 的合成

离子反应方程式为

$[H_2P_2W_{12}O_{48}]^{12-}+5WO_4^{2-}+Li^{+}+12H_3O^{+}\longrightarrow[\alpha_1\text{-}P_2W_{17}O_{61}]^{9-}+19H_2O$

将21.2g氯化锂(0.50mol)溶解在500mL蒸馏水中，并加入10mL 1mol·L^{-1} HCl溶液，溶液在室温下保存10min后，加入40g $K_{12}[H_2P_2W_{12}O_{48}]\cdot 24H_2O$(0.01mol)，剧烈搅拌，2～3min后溶液澄清，其后，20s内加入50mL 1mol·L^{-1}钨酸锂溶液(1mol·L^{-1}钨酸锂溶液是将8.4g LiOH(0.2mol)和23.2g WO_3(0.1mol)溶于100mL热水中制备的，少量不溶物过滤除去)。当完全溶解后，滴加110mL 1mol·L^{-1} HCl溶液，使整个溶液的pH保持在4～5，然后加入200mL饱和KCl溶液，大量白色固体产生，3～5min内抽滤收集，在空气中干燥4h，随后将样品加入250mL乙醇中搅拌洗涤15min，最后过滤出沉淀，在空气中干燥2～3天，产量为38g，产率为77%。$K_9[\alpha_1\text{-}LiP_2W_{17}O_{61}]\cdot 20H_2O$ 的元素分析理论值(%)：P 1.27、W 64.0、K 7.21、Li 0.14；实验值(%)：P 1.27、W 63.5、K 7.18、Li 0.14[16]。

$K_9[\alpha_1\text{-}LiP_2W_{17}O_{61}]\cdot 20H_2O$ 的性质：白色晶状沉淀，溶于水中，$[\alpha_1\text{-}P_2W_{17}O_{61}]^{9-}$ 在水溶液中是不稳定的，容易转变成它的 α_2 异构体，如果溶液中有 Li^{+} 的存在，这种异构化会显著减慢。在HAc/LiAc的缓冲溶液中的半波电位(V，*vs* SCE)是－0.48(2e)、－0.60(2e)和－0.99(2e)。^{31}P NMR在－9.0ppm和－13.1ppm处出现两个吸收峰。IR光谱的P－O振动吸收峰为1121cm^{-1}、

$1084cm^{-1}$和 $1012cm^{-1}$[16]。

$(n\text{-}Bu_4N)_6H_4[\alpha_1\text{-}P_2W_{17}O_{61}]$的合成

室温下,将 1.0g $K_9Li[\alpha_1\text{-}P_2W_{17}O_{61}]$(0.2mmol)溶于 25mL 水中,得到澄清溶液后,加入 750mg(TBA)Br(2.3mmol)的 10mL 水溶液。反应完全后加入 0.1mL $1mol\cdot L^{-1}$ HAc,将白色沉淀过滤出来,产量为 1.05g,产率为 93%[45a]。

$K_{10}[\alpha_2\text{-}P_2Mo_{17}O_{61}]\cdot 20H_2O$ 的合成

将 40~50g $K_6[\alpha/\beta\text{-}P_2Mo_{18}O_{62}]\cdot xH_2O$ 溶于 100mL 水中,用 NaAc 溶液将溶液 pH 调至 4,搅拌 90min,控制溶液的 pH=3.8~4.0,向溶液中加入 25g KCl 饱和溶液,得到浅黄色沉淀,用 pH 为 3.8 的水溶液洗涤 5 次,再用蒸馏水洗涤 2 次,真空干燥[45b]。

$Na_{12}[\alpha\text{-}P_2W_{15}O_{56}]\cdot 24H_2O$ 的合成

方法 1:离子反应方程式为

$$[P_2W_{18}O_{62}]^{6-}+12CO_3{}^{2-}\longrightarrow[P_2W_{15}O_{56}]^{12-}+3WO_4{}^{2-}+12HCO_3^-$$

将 38.5g $K_6[\alpha\text{-}P_2W_{18}O_{62}]\cdot xH_2O$($8\times10^{-3}$mol)溶解在 125mL 水中,然后加入 35g $NaClO_4\cdot H_2O$(0.25mol),剧烈搅拌 20min,混合物在冰浴中冷却,3h 后抽滤除去 $KClO_4$ 白色沉淀,向滤液中加入 10.6g Na_2CO_3(0.1mol)的 100mL 水溶液,立即生成白色沉淀,抽滤,自然干燥 3h,用 4g NaCl 的 25mL 水溶液洗涤该白色沉淀 1~2min,干燥 3h 后,再用 25mL 乙醇洗涤 2~3min,干燥 3h 后,再用乙醇洗涤,空气中干燥 3 天,最终产量为 22g,产率为 62%。$Na_{12}[\alpha\text{-}P_2W_{15}O_{56}]\cdot 24H_2O$ 的元素分析理论值(%):P 1.40、W 62.3、Na 6.24;实验值(%):P 1.39、W 62.8、Na 6.20[16]。

$Na_{12}[\alpha\text{-}P_2W_{15}O_{56}]\cdot 24H_2O$ 的性质:白色粉末,几乎不溶于纯水中,但是可溶于含有锂离子的水溶液中,溶液不稳定,几个小时后完全转变成$[\alpha_2\text{-}P_2W_{17}O_{61}]^{10-}$。在 HAc/LiAc 的缓冲溶液中的半波电位(V,*vs* SCE)为:-0.52(4e)和-0.78(2e)。在 HAc/LiAc 的缓冲溶液中测定的^{31}P NMR 谱在+0.1ppm 和-13.3ppm处产生两个吸收峰。IR(KBr 压片,cm^{-1})光谱在 $1130cm^{-1}$、$1075cm^{-1}$和 $1008cm^{-1}$处出现三个 P—O 振动吸收峰[16]。

方法 2:将 200g $K_6[P_2W_{18}O_{62}]\cdot 14H_2O$ 溶于 50mL 热水中,冷却至室温,加入 15g $NaClO_4$,立即得到 $KClO_4$ 白色沉淀,混合物搅拌 1h,过滤除去 $KClO_4$,逐滴加入 $1mol\cdot L^{-1}$ Na_2CO_3 溶液,当 pH=8.5 时白色沉淀开始形成,再加入 $1mol\cdot L^{-1}$ Na_2CO_3 溶液直到溶液 pH=9,并保持 pH=9 大约 1h,得到白色沉淀,收集 $Na_{12}[P_2W_{15}O_{56}]$,依次用 75mL 饱和 NaCl 溶液、75mL 95%乙醇和 75mL 乙醚洗涤,干燥,产量为 15.2g,产率为 85%[19]。

$K_8H[P_2W_{15}V_3O_{62}]\cdot 9H_2O$ 的合成

将 4g 偏钒酸钠(32.8mmol)溶于 700mL 热水中,冷却至室温,加入 16mL

6mol · L^{-1} HCl(96mmol)溶液，快速搅拌该灰黄色溶液，缓慢加入 46g $Na_{12}[P_2W_{15}O_{56}]\cdot 18H_2O$(10.7mmol)，几分钟后溶液变成红橙色，持续搅拌 10min，加入 100g KCl(1350mmol)，将最终的沉淀过滤，溶于 pH 1.5 的 75mL 热水(pH 用 6mol · L^{-1} HCl 溶液调节)中重结晶，过夜得到晶体，晶体在 60℃ 干燥，产量为 38g，产率为 80%。IR(KBr 压片，cm^{-1})：1075(s)、1045(m)、1010(sh)、935(m)、875(w)、765(s，br)[46]。

$(TMA)_6H_3[P_2W_{15}V_3O_{62}]\cdot 6H_2O$ 的合成

将 0.95g 偏钒酸钠(7.8mmol)溶于 175mL 水中，冷却至室温，加入 4mL 6mol · L^{-1}(24mmol)HCl 溶液，快速搅拌溶液，缓慢加入 11g $Na_{12}[\alpha\text{-}P_2W_{15}O_{56}]\cdot 18H_2O$(2.55mmol)，再搅拌 10min，加入 8g 固体 Me_4NCl(TMACl)(73mmol)，将最终的沉淀过滤，在 pH = 1.5 的 400mL 热饱和溶液中重结晶，产量为 9g，产率为 78%[46]。

$(n\text{-}Bu_4N)_5H_4[P_2W_{15}V_3O_{62}]$的合成

将 35g $K_8H[P_2W_{15}V_3O_{62}]\cdot 9H_2O$(7.6mmol)溶于 200mL pH 1.5 的水中，然后将该溶液逐滴加入 25g $n\text{-}Bu_4NBr$(78mmol)的 200mL pH 1.5 的水溶液中，在此过程中加入 6mol · L^{-1} HCl 溶液保持溶液的 pH 为 1.4～1.6。最终得到白色沉淀，用 200mL pH 1.5 的水溶液洗涤，样品溶于 200mL 热的 DMF 溶液中，将溶液通过 100mL 1.8mg · mL^{-1}的 Amberlyst15 $n\text{-}Bu_4N^+$ 阳离子交换树脂，收集溶液，并通过旋转蒸发将总体积减少至约 50mL。最终的杂多化合物溶液逐滴加入 1L pH 1.5 的水溶液(pH 用 6mol · L^{-1}HCl 溶液调节)中，剧烈搅拌，通过加入 6mol · L^{-1} HCl 溶液使溶液的 pH 保持在 1.5～1.6，最终的悬浊液再搅拌 1h，50℃干燥 5 天，产量为 42g，产率为 98%[46]。

$K_{12}[\alpha\text{-}H_2P_2W_{12}O_{48}]\cdot 24H_2O$ 的合成

离子反应方程式为

$$[P_2W_{18}O_{62}]^{6-} + 18(CH_2OH)_3-C-NH_2 + 10H_2O \longrightarrow [H_2P_2W_{12}O_{48}]^{12-} + 6WO_4{}^{2-} + 18(CH_2OH)_3-C-NH_3{}^+$$

将 83g $K_6[\alpha$-或 $\beta\text{-}P_2W_{18}O_{62}]\cdot xH_2O$(0.017mol)溶解在 300mL 水中，然后加入 48.4g 三羟甲基氨基甲烷(Tris)(0.4mol)的 200mL 水溶液，溶液在室温下保存半小时，然后加入 80g KCl，完全溶解后，加入 55.3g K_2CO_3(0.4mol)，溶液剧烈搅拌 15min，几分钟后出现白色沉淀，抽滤，干燥 12h，用 50mL 乙醇洗涤 2～3min，空气中干燥 3h，再用乙醇洗涤，空气中干燥 3 天，得到产量为 60g，产率为 89%。$K_{12}[\alpha\text{-}H_2P_2W_{12}O_{48}]\cdot 24H_2O$ 的元素分析理论值(%)：P 1.57、W 56.0、K 11.91；实验值(%)：P 1.53、W 55.6、K 11.90[16]。

$K_{12}[\alpha\text{-}H_2P_2W_{12}O_{48}]\cdot 24H_2O$ 的性质：白色晶状粉末，在含有锂离子的水溶

液中溶解度比纯水更大,它在水溶液中是不稳定的,适当的酸性条件下,会转变成$[\alpha_1\text{-}P_2W_{17}O_{61}]^{10-}$和$[P_8W_{48}O_{84}]^{40-}$。在 HAc/LiAc 缓冲溶液中的半波电位(V,*vs* SCE)为:－0.59(2e)和－0.69(2e)。在氯化锂溶液中测定的^{31}P NMR 谱在－8.6ppm展示出吸收峰。IR 光谱(KBr 压片,cm^{-1})的 P—O 振动吸收峰为 1130、1075 和 1012[16]。

$Li_{5.5}K_3H_{3.5}[P_2W_{12}(NbO_2)_6O_{56}]\cdot H_2O$ 的合成

将 12.15g $K_{12}H_2[\alpha\text{-}P_2W_{12}O_{48}]$(3.5mmol)加入 450mL 含有 6.7mmol · L^{-1} $K_7H[Nb_6O_{19}]$、0.5mol · L^{-1} H_2O_2、1mol · L^{-1} LiCl 和 4mol · L^{-1} HCl 的混合溶液中,固体溶解后,加入 15mL 4mol · L^{-1} HCl 溶液,最终溶液的 pH 为 0.85,然后加入 15g KCl(0.201mol),混合物搅拌 5min,然后加入 5mL 11.6mol · L^{-1} H_2O_2,溶液过滤,加入 3g CsCl(0.0178mol),得到黄色沉淀,浓缩冷冻反应物最终得到产物,产量为 11.08g,产率为 84%[47]。

$K_{11}[H_4PW_{17}O_{61}]\cdot 18H_2O$ 的合成

将 8g $K_7[H_4PW_{18}O_{62}]\cdot 18H_2O$ 溶于 20mL 水中,向溶液中加入 17mL 1mol · L^{-1} $KHCO_3$,搅拌半小时,抽滤得到沉淀,干燥。$K_{11}[H_4PW_{17}O_{61}]\cdot 18H_2O$ 的元素分析理论值(%):K 8.69、P 0.63、W 63.9;实验值(%):K 8.23、P 0.61、W 63.7[38]。

$K_{28}Li_5H_7[P_8W_{48}O_{184}]\cdot 92H_2O$ 的合成

离子反应方程式为

$$4[H_2P_2W_{12}O_{48}]^{12-}+15H_3O^+ \longrightarrow [H_7P_8W_{48}O_{184}]^{33-}+23H_2O$$

将 60g 冰醋酸(1mol)、21g LiOH(0.5mol)、21g LiCl(0.5mol)和 28g $K_{12}[H_2P_2W_{12}O_{48}]\cdot 24H_2O$(0.07mol)依次溶于 950mL 水中,溶液置于密封烧瓶中,一天后,出现白色针状晶体,持续结晶几天,一周后,晶体过滤收集,空气中干燥 3 天,产量为 9g,产率为 34%。$K_{28}Li_5H_7[P_8W_{48}O_{184}]\cdot 92H_2O$ 的元素分析理论值(%):P 1.67、W 59.6、K 7.39、Li 0.23;实验值(%):P 1.66、W 59.4、K 7.26、Li 0.25[16]。

$K_{28}Li_5H_7[P_8W_{48}O_{184}]\cdot 92H_2O$ 的性质:白色针状晶体,$[P_8W_{48}O_{184}]^{40-}$在水溶液中的稳定 pH 是 1～8。在 LiCl 溶液中测定的^{31}P NMR 在－6.6ppm出现一个吸收峰。IR 光谱(KBr 压片,cm^{-1})的 P—O 振动吸收峰为 1140、1090 和 1020[16]。

$(NH_4)_{14}[NaP_5W_{30}O_{110}]\cdot 31H_2O$ 的合成

离子反应方程式为

$$5PO_4^{3-}+30WO_4^{2-}+Na^++60H^+ \longrightarrow [NaP_5W_{30}O_{110}]^{14-}+30H_2O$$

将 50g $Na_2WO_4\cdot 2H_2O$(0.15mol)溶于 60mL 沸水中,向沸水溶液中小心加入 80g 浓磷酸(d=1.7g · mL^{-1}),溶液立即变黄,混合物加热回流 5h,这段时间溶液由于被还原可能变绿,可以通过加入 1mL 硝酸(d=1.33g · mL^{-1})来重新氧化使溶液变黄，溶液冷却至60℃，向溶液中加入50g NH_4Cl，溶液冷却后抽滤，得到白色沉淀，将沉淀溶于150mL沸水中，如果仍有白色沉淀不溶，则过滤除去，向溶液中加入40g NH_4Cl，冷却后过滤得到白色沉淀，将沉淀重新溶于140mL沸水中，过滤，滤液在室温下缓慢蒸发，几天后，在黄色晶体$(NH_4)_6[P_2W_{18}O_{62}]$形成之前，得到无色晶体$(NH_4)_{14}[NaP_5W_{30}O_{110}]\cdot 31H_2O$，室温下干燥，产量为4～6g，产率为9%～14%。$(NH_4)_{14}[NaP_5W_{30}O_{110}]\cdot 31H_2O$的元素分析理论值(%)：P 1.87、W 65.7、N 2.37；实验值(%)：P 1.77、W 65.7、N 2.22[48a]。

$(NH_4)_{14}[NaP_5W_{30}O_{110}]\cdot 31H_2O$的性质：容易风化，可溶于水，还原剂如$TiCl_3$可使晶体变蓝。在1mol L^{-1} HCl溶液中的循环伏安曲线在－0.22V、－0.35V和－0.56V(*vs* SCE)出现吸收峰。^{31}P NMR谱在－10.4ppm展示出一个吸收峰[48a]。

$Na_9[KS_5W_{30}O_{110}]\cdot 24H_2O$的合成

将3.0g $Na_2WO_4\cdot 2H_2O$(9.1mmol)溶于50mL 1mol·L^{-1} H_2SO_4溶液中，然后依次加入1.0g H_2WO_4(4.0mmol)、1.0g $Ce(NO_3)_3\cdot 6H_2O$(2.3mmol)、0.6g KCl(8.1mmol)，混合物剧烈搅拌，再搅拌10min，混合物加热回流3h，最终的溶液过滤，滤液室温保存，缓慢蒸发两个月后得到黄色块状晶体(产率为18%)。$Na_9[KS_5W_{30}O_{110}]\cdot 24H_2O$的元素分析理论值(%)：K 0.48、Na 2.55、W 68.0；实验值(%)：K 0.53、Na 2.36、W 67.8；IR(KBr压片，cm^{-1})：1423(w)、1241(m)、1144(m)、1057(m)、960(s)、754(s)、511(w)、476(w)[48b]。

$K_5Na_4[P_2W_{15}O_{59}(TaO_2)_3]\cdot 17H_2O$的合成

将2.20g $K_8[Ta_6O_{19}]\cdot 17H_2O$(1.10mmol)溶于含有12mL 30% H_2O_2的160mL水中，剧烈搅拌，加入14mL 1.0mol·L^{-1} HCl溶液，立即加入9.50g $Na_{12}[\alpha\text{-}P_2W_{15}O_{56}]\cdot 18H_2O$(2.20mmol)，最终的混合物45℃下搅拌1h，冷却至室温，过滤除去白色沉淀，向滤液中加入7.0g KCl，混合物搅拌40min，过滤除去少量白色沉淀，向黄色滤液中加入25g KCl，混合物再搅拌40min，过滤收集得到黄色沉淀，用12mL乙醇洗涤，再用12mL乙醚洗涤，室温下干燥得到黄色粉末5.9g，产率为53%。$K_5Na_4[P_2W_{15}O_{59}(TaO_2)_3]\cdot 17H_2O$的元素分析理论值(%)：Na 1.84、P 1.24、K 3.91、Ta 10.87、W 55.20；实验值(%)：Na 1.80、P 1.28、K 3.83、Ta 10.96、W 54.88。IR(KBr压片，cm^{-1})：1089(s)、952(s)、916(sh)、854(sh)、772(vs)、559(vw)、526(w)；^{31}P NMR(δ，ppm)：－10.5、－14.5；^{183}W NMR(δ，ppm)：－150.2、－187.0、－216.4[48c]。

$K_8Na_8H_4[P_8W_{60}Ta_{12}(H_2O)_4(OH)_8O_{236}]\cdot 42H_2O$的合成

将1.0g $K_5Na_4[P_2W_{15}O_{59}(TaO_2)_3]\cdot 17H_2O$溶于20mL 0.5mol·$L^{-1}$ HCl中，回流5h，得到无色溶液，过滤，室温下缓慢蒸发，得到晶体产物，产率为76%。

$K_8Na_8H_4[P_8W_{60}Ta_{12}(H_2O)_4(OH)_8O_{236}]\cdot 42H_2O$ 的元素分析理论值(%)：Na 0.98、P 1.33、K 1.67、Ta 11.62、W 59.01；实验值(%)：Na 1.05、P 1.27、K 1.74、Ta 11.24、W 58.67；IR(KBr 压片，cm^{-1})：1092(s)、960(s)、919(sh)、768(s)、557(vw)、523(w)；^{31}P NMR(δ，ppm)：−11.4、−14.4[48c]。

$Na_{12}[\alpha\text{-}As_2W_{15}O_{56}]\cdot 21H_2O$ 的合成

将 50g $K_6[\alpha\text{-}As_2W_{18}O_{62}]\cdot 14H_2O$ 溶于 180mL 温水中，冷却至室温后，加入 45g $NaClO_4$ 得到 $KClO_4$ 白色沉淀，混合物搅拌 1h，抽滤除去 $KClO_4$ 白色沉淀。向滤液中逐滴加入 1mol · L^{-1} Na_2CO_3，pH＝8.5 时生成白色沉淀，再加入 Na_2CO_3 使溶液在 pH＝9 保持 1h，收集固体 $Na_{12}[As_2W_{15}O_{56}]$，依次用饱和 NaCl 溶液、95%甲醇和乙醚洗涤，干燥 2 天，产量为 39.6g，产率为 79.2%[19,33]。$Na_{12}[\alpha\text{-}As_2W_{15}O_{56}]\cdot 21H_2O$ 的元素分析理论值(%)：Na 6.19、W 61.90、As 3.36；实验值(%)：Na 6.21、W 62.32、As 3.28[19,33]。

$K_{14}[As_2W_{19}O_{67}(H_2O)]$的合成

将 0.89g As_2O_3(4.5mmol)、18.8g $Na_2WO_4\cdot 2H_2O$(57mmol)和 0.67g KCl(9.0mmol)溶解于 50mL 80℃水中，搅拌，逐滴加入 12mol · L^{-1} HCl 溶液将溶液的 pH 调至 6.3，溶液在 80℃下保存 10min，过滤，加入 15g KCl，溶液再搅拌 15min，得到白色沉淀，过滤，80℃下干燥，产量为 15.4g，产率为 95%[49a]。IR(KBr 压片，cm^{-1})：941、892、803、742、629、504、462、442[49a]。

$(NH_4)_7[H_2AsW_{18}O_{60}]\cdot 16H_2O$ 的合成

将 330g $Na_2WO_4\cdot 2H_2O$ 和 5.5g As_2O_3 溶于 350mL 水中并煮沸，待混合物完全溶解后，搅拌下，加入 140mL 浓盐酸(d＝1.19g · mL^{-1})，溶液持续煮沸 15min，15h 后得到黄色晶体，反荷离子为钠离子[49b]，但是铵根离子为反荷离子的晶体化合物更适合单晶测试，制备方法如下，将 130g 钠盐溶于 150mL 热水中，加入 100mL 13% NH_4Cl 的水溶液，缓慢蒸发得到黄色晶体 $(NH_4)_7[H_2AsW_{18}O_{60}]\cdot 16H_2O$[49b]。

$K_{10}[As_2W_{20}O_{68}(H_2O)]\cdot nH_2O(21\leqslant n\leqslant 23)$的合成

将 60g $Na_9[AsW_9O_{33}]\cdot 12H_2O$ 搅拌下溶于 400mL 水中，加入 10mL 12mol · L^{-1} HCl 溶液，溶液煮沸 15min，加入 $KHCO_3$ 使溶液的 pH 调至 2，沉淀开始形成，溶液室温保存两天，过滤出晶体产物[50]。

$H_6[As_2W_{21}O_{69}(H_2O)]\cdot nH_2O$ 的合成

将 66g $Na_2WO_4\cdot 2H_2O$(0.2mol)和 1.9g As_2O_3 溶于 70mL 沸水中，然后将 32mL 浓 HCl 溶液小心加入沸腾的溶液中，溶液立即变黄，加到最后有时溶液会变浑浊(盐酸的加入必须多加小心，因为反应非常剧烈，事实上，最初反应的 pH 为 10，盐酸是浓的，可能会发生喷溅，必须戴手套)，溶液冷却，蒸发溶剂，开始产生白色沉淀，一天后得到黄色晶体，轻微搅拌使沉淀悬浮，然后将晶体与溶液分离，最终的滤液用来洗涤晶体几次，黄色晶体的产量为 25～28g[51]。25～28g 黄色晶体产物溶于 20mL 水中，用 5mL 盐酸和 10mL 乙醚混合物萃取杂多酸，收集下层醚合物，溶于 20mL 水中，采用同样的方法再次萃取，最终，将下层醚合物再次溶于水中，加热除去乙醚，蒸发水溶液，得到 15g 黄色晶体产物[51]。

$H_2Rb_4[As_2W_{21}O_{69}(H_2O)]\cdot 34H_2O$ 的合成

方法 1：将 5g $H_6[As_2W_{21}O_{69}(H_2O)]\cdot nH_2O$ 溶于 2mL 温水中，1g RbCl 溶于 2mL 水中，将这两种水溶液在室温下混合，得到黄色沉淀，将它在 40mL HCl (0.25mol L^{-1}，60℃)溶液中重结晶。冷却后，形成微晶产品，将其分离并重新溶解在 100mL 1mol·L^{-1} HCl 溶液中(60℃)，室温下两天后黄色针状晶体缓慢形成。6 天后，晶体产量为 2.2g，产率为 42%[51]。$H_2Rb_4[As_2W_{21}O_{69}(H_2O)]\cdot 34H_2O$ 的元素分析理论值(%)：As 2.46、W 63.4、Rb 5.62；实验值(%)：As 2.48、W 64.1、Rb 5.26。

$H_2Rb_4[As_2W_{21}O_{69}(H_2O)]\cdot 34H_2O$ 的性质：黄色，溶于水。在 0.5mol·L^{-1} HCl 溶液(水-甲醇体积比为 1∶1)中测定的循环伏安曲线出现两个两电子波，$E_{1/2}=-0.42V$ 和 $-0.57V$(*vs* SCE)[51]。

方法 2：将 1mol $Na_2WO_4\cdot 2H_2O$ 和 1/21mol As_2O_3 溶于 350 mL 沸水中，搅拌，加入 2mol 浓盐酸，蒸发溶剂，24h 得到黄色晶体同时伴有白色粉末，在 3mol·L^{-1} HCl 溶液中重结晶几次，最终得到的滤液用盐酸和二甲醚进行萃取，收集下层溶液，用水和二甲醚处理，蒸发溶剂得到 $H_6[As_2W_{21}O_{69}(H_2O)]$ 的晶体。$H_2Rb_4[As_2W_{21}O_{69}(H_2O)]\cdot 34H_2O$ 是在 $H_6[As_2W_{21}O_{69}(H_2O)]$ 溶液中加入 RbCl 得到的，在 1mol·L^{-1} HCl 溶液中经过几次重结晶之后得到黄色针状晶体[52]。

$Na_{27}[NaAs_4W_{40}O_{140}]\cdot 60H_2O$ 的合成

离子反应方程式为

$$40WO_4^{2-}+4[H_2AsO_3]^-+28Na^++56H^++28H_2O \longrightarrow Na_{27}[NaAs_4W_{40}O_{140}]\cdot 60H_2O$$

将 132g $Na_2WO_4\cdot 2H_2O$(0.4mol) 和 5.2g $NaAsO_2$(40mmol) 溶于 200mL (80℃)蒸馏水中，缓慢加入 82mL 6mol·L^{-1} HCl 溶液，剧烈搅拌，最终溶液的 pH 达到 4 左右，在 0℃下，1 天后缓慢得到产物，抽滤得到白色固体，产量为 80g，产率为 69%。$Na_{27}[NaAs_4W_{40}O_{140}]\cdot 60H_2O$ 的元素分析理论值(%)：Na 5.54、W 63.3、As 2.58；实验值(%)：Na 5.65、W 62.5、As 2.49。$[KAs_4W_{40}O_{140}]^{27-}$ 的钾盐可使用 K_2WO_4 溶液制备，K_2WO_4 溶液是由 0.2mol KOH 和 0.1mol WO_3 溶于 100mL 热水中制备的，少量不溶物过滤除去[53]。

$Na_{27}[NaAs_4W_{40}O_{140}]\cdot 60H_2O$ 的性质：白色晶状固体，在空气中稳定，可溶于水。$[As_4W_{40}O_{140}]^{28-}$ 在水溶液中的稳定 pH 是 4～7.5。在 0.5mol·L^{-1} 三羟甲

基氨基甲烷和 0.5mol · L^{-1} pH=7.5 的 NaCl 缓冲溶液中测试的极谱表明，半波电位出现在 −1.06V 和 −1.16V(*vs* SCE)。UV-Vis 光谱的吸收峰出现在 240nm，在 H_2O-D_2O(90∶10)中测定的 ^{183}W NMR 谱(250MHz，ppm)在 −93.8、−103.7、104.8、−118.6、−189.8 和 −196.8 出现 6 个吸收峰，相对强度为 2∶1∶2∶2∶2∶1(参比为 2mol · L^{-1} Na_2WO_4 在碱性 D_2O 中)。IR(KBr 压片，cm^{-1})：945、875、795、700、620、470、360 和 330[53]。

$(NH_4)_{23}[NH_4As_4W_{40}O_{140}(Co(H_2O))_2]\cdot 19H_2O$ 的合成

离子反应方程式为

$$[NaAs_4W_{40}O_{140}]^{27-}+2Co^{2+}+24NH_4^{+}+21H_2O\longrightarrow (NH_4)_{23}[NH_4As_4W_{40}O_{140}(Co(H_2O))_2]\cdot 19H_2O+Na^{+}$$

将 30g $Na_{27}[NaAs_4W_{40}O_{140}]\cdot 60H_2O$(2.5mmol)溶于 200mL 水中，加入 5mL 1mol · L^{-1} $Co(NO_3)_3$(5mmol)溶液，10min 后，加入 10g NH_4Cl，抽滤收集沉淀，将沉淀重新溶解于 200mL 水中，再加入 10g NH_4Cl 得到产品，在 60mL 热水中重结晶，产量为 19g，产率为 70%。$(NH_4)_{23}[NH_4As_4W_{40}O_{140}(Co(H_2O))_2]\cdot 19H_2O$ 的元素分析理论值(%)：W 67.8、Co 1.09、As 2.76；实验值(%)：W 66.7、Co 1.15、As 2.84[53]。

$(NH_4)_{23}[NH_4As_4W_{40}O_{140}(Co(H_2O))_2]\cdot 19H_2O$ 的性质：深绿色晶状固体，溶于水中，$[NH_4As_4W_{40}O_{140}(Co(H_2O))_2]^{23-}$ 在水溶液中的稳定 pH 是 4～7[53]。

$(NH_4)_{18}[NaSb_9W_{21}O_{86}]\cdot 24H_2O$ 的合成

离子反应方程式为

$$21WO_4^{2-}+9/2Sb_2O_3+Na^{+}+41H^{+}+18NH_3+12.5H_2O\longrightarrow (NH_4)_{18}[NaSb_9W_{21}O_{86}]\cdot 24H_2O$$

将 18.7g Sb_2O_3(64mmol)溶于 50mL 浓盐酸中得到溶液 A，再将 99g $Na_2WO_4\cdot 2H_2O$(0.3mol)溶于 120mL 80℃蒸馏水中并搅拌得到溶液 B，将溶液 A 缓慢加入溶液 B 中剧烈搅拌，混合物呈现黄色，每加 3mL 溶液 A，要加入 3mL 浓氨水(d=0.91g · mL^{-1})，直到溶液 A 全部加完，大约需要 25mL 氨水，最终的溶液是无色的，而且 pH 接近 8，得到白色沉淀，抽滤，用 2mol · L^{-1} 氯化铵溶液洗涤，并将沉淀溶于 200mL 水中得到溶液 C。制备 60mL 饱和氯化铵溶液并用少量浓氨水调节 pH 至 8 左右，然后将 60mL 该溶液加入溶液 C 中，缓慢搅拌，得到白色沉淀，抽滤，这个过程要重复两次，干燥，得到产品的产量为 90g，产率为 89%。$(NH_4)_{18}[NaSb_9W_{21}O_{86}]\cdot 24H_2O$ 的元素分析理论值(%)：Sb 15.4、W 54.3；实验值(%)：Sb 15.7、W 55.0[53]。

$(NH_4)_{18}[NaSb_9W_{21}O_{86}]\cdot 24H_2O$ 的性质：化合物是在空气中稳定的白色晶状固体，可溶于水，$[NaSb_9W_{21}O_{86}]^{18-}$ 在水中的稳定 pH 是 7～8.5。在 0.5mol · L^{-1} 三羟甲基氨基甲烷和 0.5mol · L^{-1} NaCl 缓冲溶液(pH=8.1，$[NaSb_9W_{21}O_{86}]^{18-}$ 的

浓度为 6×10^{-5} mol · L^{-1})中的极谱测试表明,半波电位出现在 −1.15V 和 −1.26V(*vs* SCE),在 H_2O-D_2O(体积比为 90∶10,40℃)中测定的 ^{183}W NMR 谱(250MHz,ppm)在 −16.8、−68.5、−129.4 和 −224.6 显示了 4 个吸收峰,相对强度为 1∶2∶2∶2。IR(KBr 压片,cm^{-1}):结晶水的峰位为 3400～3420 和 1630;铵离子的吸收峰为 3160、3000、2820、1405;多阴离子的吸收峰为 925、865(sh)、825、770、730、680、560、480、410、350、320[53]。

$Na_4(NH_4)_2[\alpha\text{-}H_2VW_{17}O_{54}(VO_4)_2]$的合成

将 1.36g $Na_2WO_4\cdot2H_2O$(4.1mmol)和 1.3g $NH_2OH\cdot HCl$(18.8mmol)溶于 10mL 水中,立即产生白色沉淀,溶液搅拌 2min,加入 0.2g NH_4VO_3(1.7mmol),搅拌,用 3mL 37%的盐酸将溶液的 pH 调至 3.8,混合物在反应釜中,160℃反应 3 天,冷却,过滤,滤液室温下缓慢蒸发 5 天,得到深紫色块状晶体,产量为 0.99g,产率为 89%[54]。IR(KBr 压片,cm^{-1}):3434、1625、957、915、891、856、760。UV-Vis(H_2O,nm):247、312、554[54]。

$(TEAH)_6[\alpha\text{-}H_2VMo_{17}O_{54}(VO_4)_2]$的合成

将 1.3g $Na_2MoO_4\cdot2H_2O$(4.1mmol)和 1.6g 三乙醇胺(TEA,8.6mmol)溶于 12mL 水中,得到白色沉淀,沉淀会慢慢重新溶解,再搅拌 2min,加入 0.2g NH_4VO_3(1.7mmol),加入 3mL 37%的盐酸将溶液的 pH 调至 1.2,混合物回流 10h,缓慢冷却,得到深绿色块状晶体。过滤,用乙醇洗涤,空气中干燥,产量为 0.80g,产率为 91%[54]。IR(KBr 压片,cm^{-1}):3439、1621、969、939、897、861、758。UV-Vis(H_2O,nm):240、309 和 591[54]。

3.4.3 Dawson 型杂多化合物的衍生物及其异构体的表征及性质研究

3.4.3.1 红外光谱

缺位 Dawson 型杂多化合物及其异构体的 IR 光谱与饱和 Dawson 型杂多化合物的 IR 光谱相比,它的吸收峰会发生不同程度的红移,而且桥氧的振动强度减弱,桥氧的反对称伸缩振动会发生分裂[45b]。$H_6[As_2Mo_{18}O_{62}]$的 IR 光谱吸收峰为 $950cm^{-1}$、$874cm^{-1}$、$852cm^{-1}$、$842cm^{-1}$、$756cm^{-1}$,而 $K_{10}[As_2Mo_{17}O_{61}]$的 IR 光谱吸收峰为 $935cm^{-1}$、$863cm^{-1}$、$854cm^{-1}$、$839cm^{-1}$、$748cm^{-1}$、$732cm^{-1}$,可见,二者的 IR 光谱的峰位发生了红移,$\{As_2Mo_{18}\}$的 Mo—O_c—Mo 键的反对称伸缩振动为 $756cm^{-1}$,但在$\{As_2Mo_{17}\}$的红外光谱中,Mo—O_c—Mo 键的反对称伸缩振动分裂成 $748cm^{-1}$ 和 $732cm^{-1}$。$[\alpha_1\text{-}P_2W_{17}O_{61}]^{10-}$ 的 IR 光谱吸收峰为 $1077cm^{-1}$、$941cm^{-1}$、$889cm^{-1}$和 $717cm^{-1}$,分别归属于 ν_{P-O}、ν_{W-O_t}、ν_{W-O_a-W}和 ν_{W-O_b-W},而$[\alpha_2\text{-}P_2W_{17}O_{61}]^{10-}$ 的 IR 光谱吸收峰为 $1085cm^{-1}$、$943cm^{-1}$、$884cm^{-1}$ 和 $774cm^{-1}$。$K_{10}[P_2Mo_{17}O_{61}]\cdot15.9H_2O$ 的 IR 光谱吸收峰为 $1074.6cm^{-1}$、$1041.4cm^{-1}$、

1003. 0cm^{-1}、923. 1cm^{-1}、901. 4cm^{-1}、875cm^{-1}、815. 9cm^{-1}、759cm^{-1}[45b]。

$H_2Rb_4[As_2W_{21}O_{69}(H_2O)]\cdot 34H_2O$ 和 $(NH_4)_{14}[NaP_5W_{30}O_{110}]\cdot 31H_2O$ 的 IR 光谱如图 3. 28 和图 3. 29 所示。$H_2Rb_4[As_2W_{21}O_{69}(H_2O)]\cdot 34H_2O$ 的 IR 光谱在 500～1100cm^{-1}出现多阴离子的四个吸收峰(图 3. 28)[51]，$(NH_4)_{14}[NaP_5W_{30}O_{110}]\cdot 31H_2O$ 的 IR 光谱在 1100～1600cm^{-1} 出现了 N－H 键的吸收峰(图 3. 29)[48a]。$Na_{12}[As_2W_{15}O_{56}]$和 $K_6[As_2W_{18}O_{62}]$的 IR 光谱如图 3. 30 所示[33]。

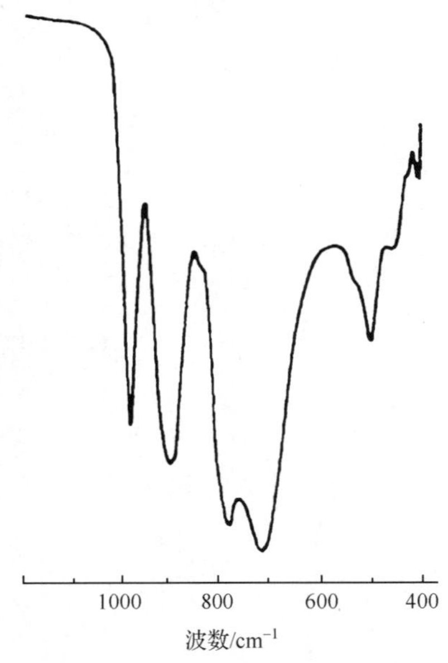

图 3. 28　$H_2Rb_4[As_2W_{21}O_{69}(H_2O)]\cdot 34H_2O$ 的 IR 光谱[51]

3. 4. 3. 2　紫外-可见吸收光谱

饱和型 Dawson 型杂多化合物与其缺位结构的 UV-Vis 光谱有较大的差别，如 $K_6[P_2Mo_{18}O_{62}]$在 216. 2nm 和 315. 0nm 处出现两个吸收峰，但其单缺位 Dawson 型杂多化合物 $K_{10}[P_2Mo_{17}O_{61}]$只在 214. 6nm 处出现一个吸收峰[45b]。$H_6[P_2Mo_{18}O_{62}]$的 UV-Vis 光谱吸收峰出现在 210. 8nm 和 320. 5nm，而 $K_{10}[P_2Mo_{17}O_{61}]$的 UV-Vis 光谱吸收峰只在 209. 8nm 处出现一个吸收峰，没有 320nm 的吸收峰存在。饱和型 Dawson 结构中的紫外荷移跃迁可认为是 $e\rightarrow e^*$ 和 $e\rightarrow b_2$ 跃迁，$e\rightarrow b_2$ 跃迁为对称性禁阻跃迁。在缺位 Dawson 结构中，由于缺位的存在使$\{MoO_6\}$八面体更接近于 C_{4v}对称性，导致 $e\rightarrow b_2$ 跃迁消失，因此缺位 Dawson 型杂多化合物的 UV-Vis 光谱只有一个特征跃迁[45b]。

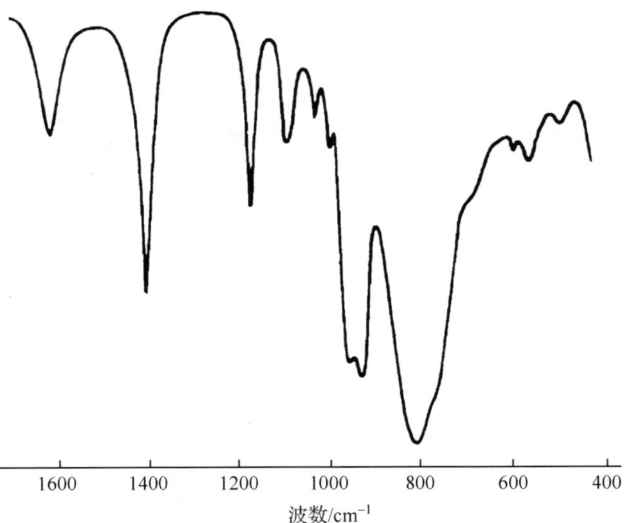

图 3.29　$(NH_4)_{14}[NaP_5W_{30}O_{110}]\cdot 31H_2O$ 的 IR 光谱[48a]

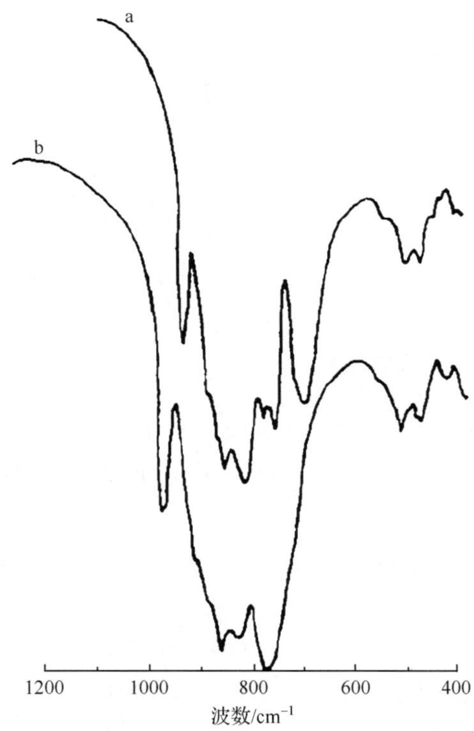

图 3.30　$Na_{12}[As_2W_{15}O_{56}]$(a)和 $K_6[As_2W_{18}O_{62}]$(b)的 IR 光谱[33]

UV-Vis 光谱还可用来测定多阴离子在溶液中的稳定性，24h 内{α_1-P_2W_{17}}的

UV-Vis 光谱的吸收峰基本没有发生变化，可以证明多阴离子在溶液中是稳定存在的(图 3.31)[55]。

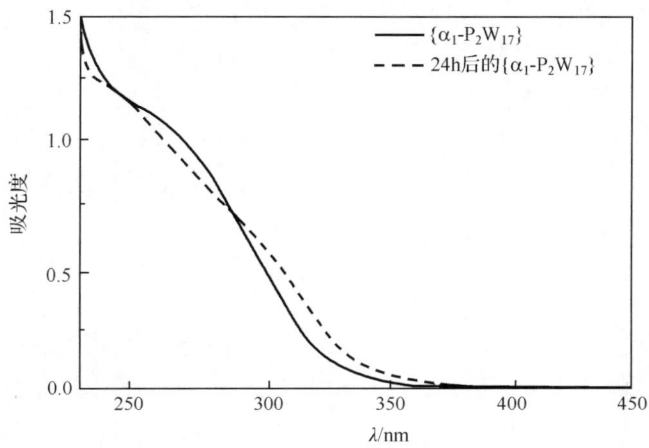

图 3.31　24h 内{α_1-P_2W_{17}}的 UV-Vis 光谱的演变[55]

3.4.3.3　热重-差热分析

以 $K_{10}[P_2Mo_{17}O_{61}]\cdot 15.9H_2O$ 为例来讨论 Dawson 型杂多化合物衍生物的 TG-DTA 分析，$K_{10}[P_2Mo_{17}O_{61}]\cdot 15.9H_2O$ 的热重分为两步质量损失，第一步是 80～220℃的质量损失，对应于结晶水的失去，质量损失为 8.8%，对应 DTA 曲线的最大吸热峰为 195℃；第二步质量损失对应的 DTA 曲线上的两个放热峰 318℃和 389℃，表明多阴离子开始分解，537℃和 585℃的两个吸热峰可归因于多阴离子的分解产物的晶相转化(图 3.32)[45b]。

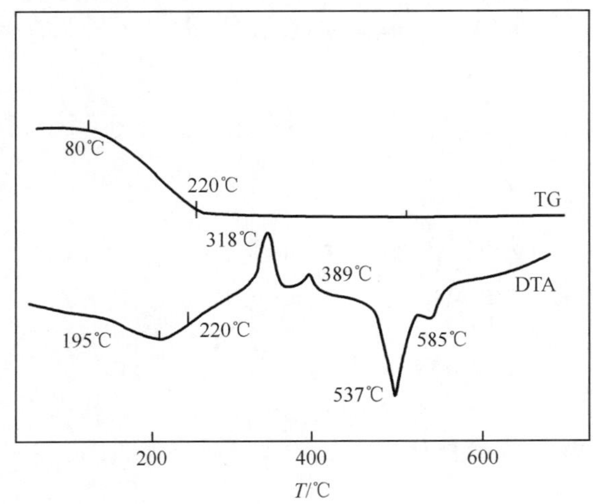

图 3.32　$K_{10}[P_2Mo_{17}O_{61}]\cdot 15.9H_2O$ 的 TG 和 DTA 曲线[45b]

3.4.3.4 核磁共振谱

Dawson 型杂多化合物的衍生物及其异构体的 NMR 研究比较广泛。$[\alpha_1\text{-}P_2W_{17}O_{61}]^{10-}$ 的锂盐在 D_2O 溶液中的 ^{183}W NMR 谱表明该阴离子结构具有 C_1 对称性(图 3.33)[56],它的 ^{31}P NMR 的化学位移为 −9.0ppm 和 −13.1ppm。$[\alpha_2\text{-}P_2W_{17}O_{61}]^{10-}$ 的锂盐在 D_2O 溶液中的 ^{183}W NMR 谱出现有 9 条谱线,表明有 9 种不同对称性的钨原子组成(图 3.34),^{31}P NMR 谱出现两条谱线,化学位移为 −7.1ppm和 −13.6ppm[56]。

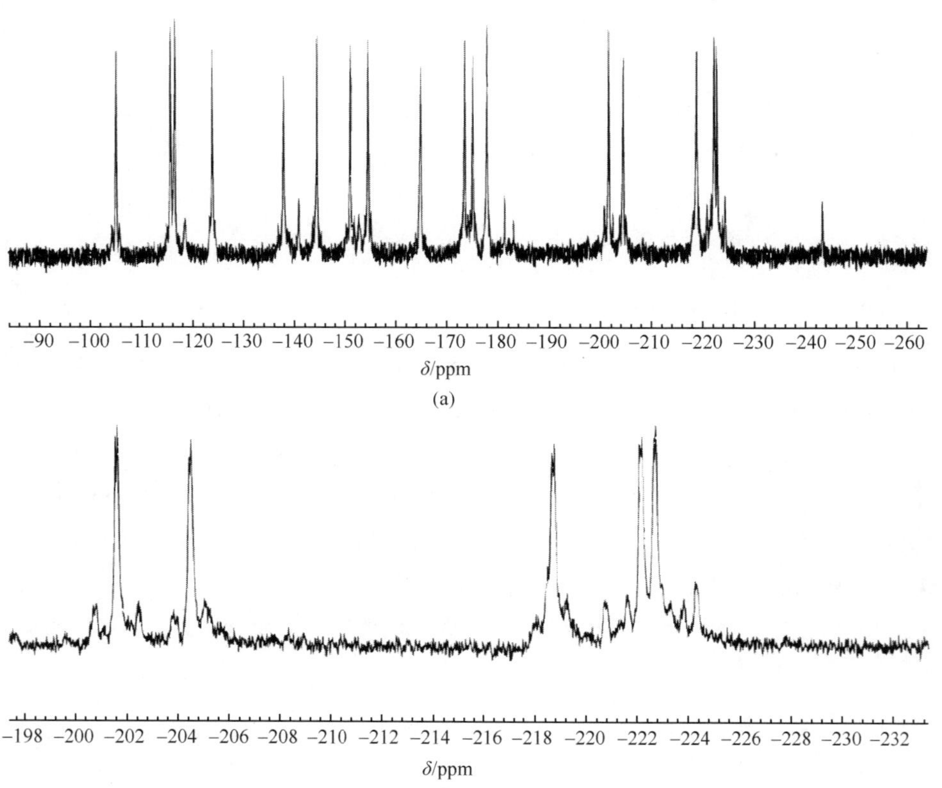

图 3.33 (a)$[\alpha_1\text{-}LiP_2W_{17}O_{61}]^{9-}$ 的 ^{183}W NMR 谱图(在 0.2mol · L^{-1} 重水中测定,pH 5.8,35℃);(b)−200nm～−230nm 的放大图[56]

表 3.10 列出了 $[H_4PW_{18}O_{62}]^{7-}$ 和 $[P_2W_{18}O_{62}]^{6-}$ 的 ^{183}W NMR 谱的化学位移[38],表 3.11 列出了 $Li_9[\alpha_1\text{-}LiP_2W_{17}O_{61}]$ 的 ^{31}P NMR 谱和 ^{183}W NMR 谱的化学位移[56],$Li_9[\alpha_1\text{-}LiP_2W_{17}O_{61}]$ 的 ^{31}P NMR 谱出现两个吸收峰,表明结构中存在两种不同的 P(图 3.35)[56]。

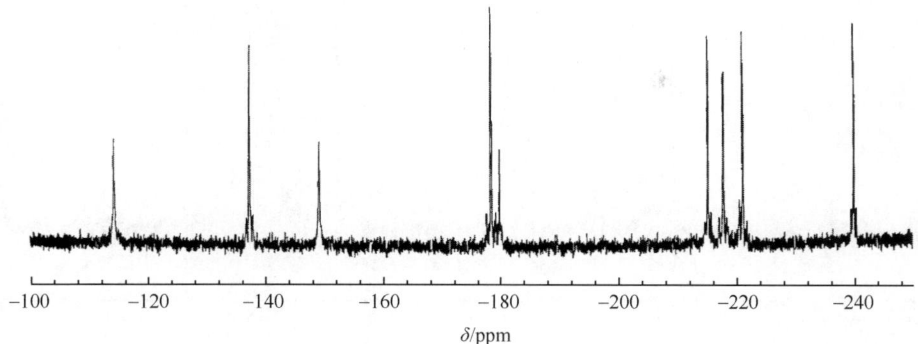

图 3.34　$[\alpha_2\text{-Li}\,P_2W_{17}O_{61}]^{9-}$ 的 ^{183}W NMR 谱图(在 0.2mol·L^{-1} 重水中,pH 5.8,35℃)[56]

表 3.10　$[H_4PW_{18}O_{62}]^{7-}$ 和 $[P_2W_{18}O_{62}]^{6-}$ 的 ^{183}W NMR 谱的 δ 与 J_{W-O-P}[38]

	$[H_4PW_{18}O_{62}]^{7-}$				$[P_2W_{18}O_{62}]^{6-}$	
δ/ppm	−127.8	−135.7	−144.9	−181.3	−126.5	−172
J_{W-O-P}/Hz	21.7	21.7	1.26	1.46	1.2	1.6
J_{W-O-P}/Hz	26.8	—	19.9	20.1 26.8	21.1	21.1

表 3.11　$Li_9[\alpha_1\text{-LiP}_2W_{17}O_{61}]$ 的 ^{31}P NMR 谱和 ^{183}W NMR 谱的化学位移 δ[56]

	化学位移 δ/ppm
^{31}P NMR	−13.48,−9.16
^{183}W NMR	−104.24(1),−115.23(2),−122.96(1),−136.45(1),−143.56(1),−150.09(1),−153.61(1),−163.50(1),−172.37(1),−174.02(1),−177.06(1),−200.77(1),−203.52(1),−217.74(1),−221.12(1),−221.85(1)

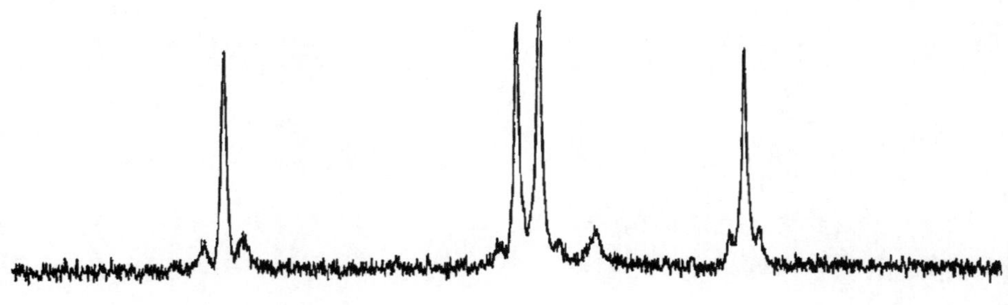

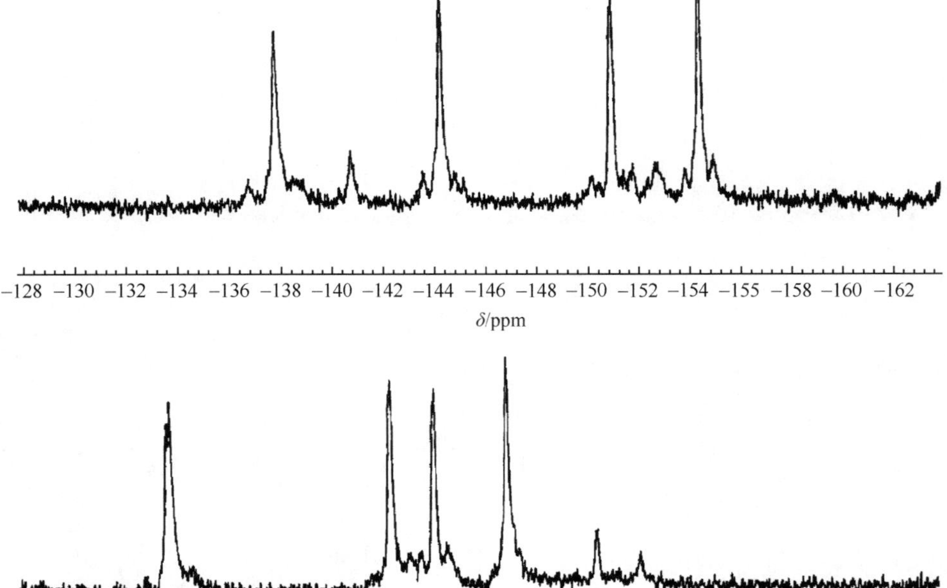

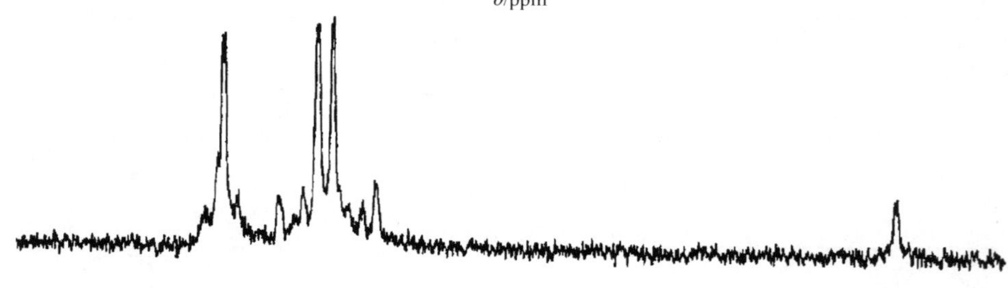

图 3.35 $Li_9[\alpha_1\text{-}LiP_2W_{17}O_{61}]$的$^{183}W$ NMR 谱图[56]

Dawson 型多酸的衍生结构$[As_2W_{21}O_{69}(H_2O)]^{6-}$在二甲亚砜中测定的$^{183}W$ NMR 谱中出现 7 个吸收峰,峰面积比为 1∶2∶4∶4∶4∶4∶2(图 3.36)[52]。$(NH_4)_7[H_2AsW_{18}O_{60}]\cdot 16H_2O$ 在二甲亚砜中测定的^{183}W NMR 谱出现三个信号峰,峰位移分别为 1.0ppm、2.7ppm 和 4.5ppm(图 3.37)[39]。

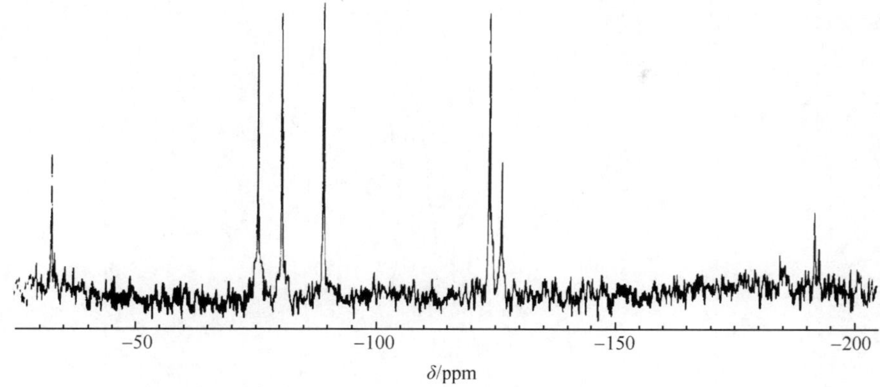

图 3.36　$[As_2W_{21}O_{69}(H_2O)]^{6-}$ 在二甲亚砜中的^{183}W NMR 谱图[52]

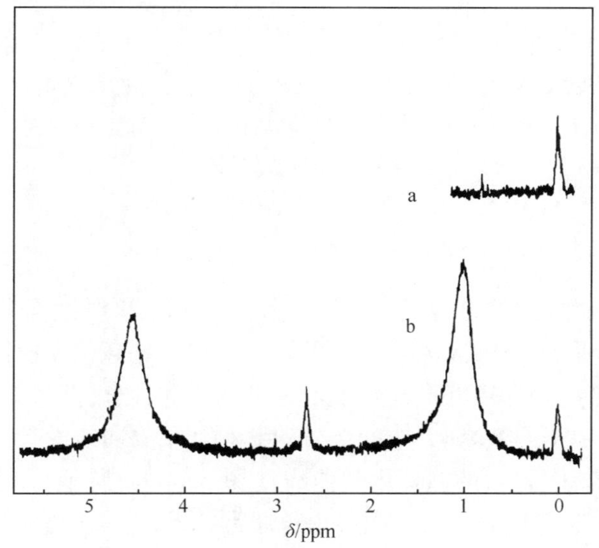

图 3.37　$(NH_4)_7[H_2AsW_{18}O_{60}]\cdot 16H_2O$ 的^{183}W NMR 谱图：(a)只有二甲亚砜；(b)$(NH_4)_7[H_2AsW_{18}O_{60}]\cdot 16H_2O$ 溶解在二甲亚砜中[39]

3.4.3.5　X 射线光电子能谱

X 射线光电子能谱(XPS)测试可以证明多阴离子中各元素的价态。Dawson 型多酸的衍生结构$[SbW_4^{V}W_{14}^{VI}O_{60}]^{13-}$中 W_{4f}的 XPS 谱如图 3.38 所示[57]，$W_{4f_{7/2}}$在 35.40eV 和 37.76eV 出现两个吸收峰，对应 W^{V} 和 W^{VI} 的能级，进一步证实了多阴离子$[SbW_4^{V}W_{14}^{VI}O_{60}]^{13-}$中的 W 是五价和六价混价的[57]。

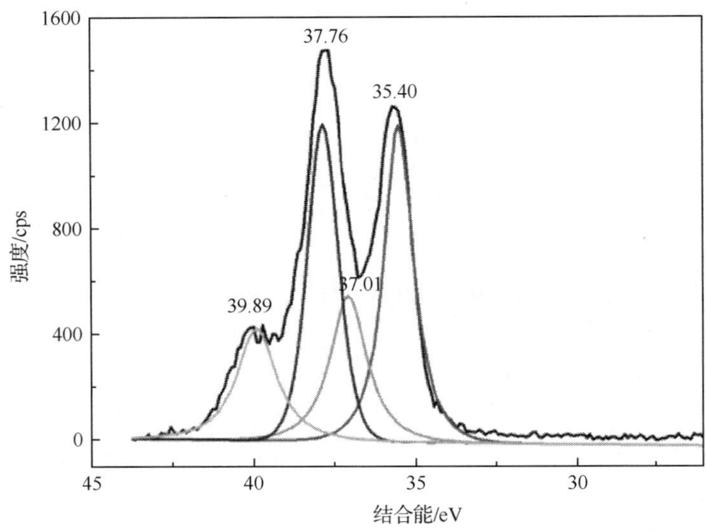

图 3.38 $[SbW_4^V W_{14}^{VI} O_{60}]^{13-}$ 中 W_{4f} 的 XPS 谱(最外层的曲线为混价 W 的 XPS 谱图,内层的几条曲线为对 W^V 和 W^{VI} 分峰后得到的 XPS 谱图;cps 为单位时间内测得的光电子数目)[57]

3.4.3.6 电化学性质研究

Dawson 型杂多阴离子衍生物的电化学随 pH 和时间会发生演变。{α_1-P_2W_{17}}的电化学是在 pH=3 的溶液中测定的,2h 后,循环伏安曲线发生了重要转变:第一个阴极峰电流的密度降低至原来的 75%,同时出现两个新的氧化还原峰,电势比之前的第一个阴极峰电势更正,26h 后,循环伏安曲线没有变化。

{α-P_2W_{18}}和{P_2W_{12}}的循环伏安曲线如图 3.39(a)所示[55],{P_2W_{12}}的第一组还原峰电势与{α-P_2W_{18}}的第三对峰电势非常接近,当二者混合测试的循环伏安曲线中第三组波应该是宽的而且是复合的,并且与只有{α-P_2W_{18}}的电化学中出现的第三组波是不同的。{α_1-P_2W_{17}}的循环伏安曲线如图 3.39(b)所示[55],pH=5 的 NaAc/HAc 缓冲溶液中,三对氧化还原峰出现在+0.6~-1.1V,最后的两个波是复合的,开始的和最后的峰电势值列于表 3.12 中[55]。电化学测试表明几分钟后可以检测到{α-P_2W_{18}}的前两个波的形成,但是放置 72h 后,{α-P_2W_{18}}的波完全消失,得到一个新的循环伏安特征,可归因于新的电活性物种的生成。电化学研究表明{α_1-P_2W_{17}}在 pH=3 溶液中的构型转变比 pH=5 更缓慢。表 3.13 列出 $K_{10}[P_2Mo_{17}O_{61}]$在不同 pH 下的电化学氧化还原峰的半波电位[55]。

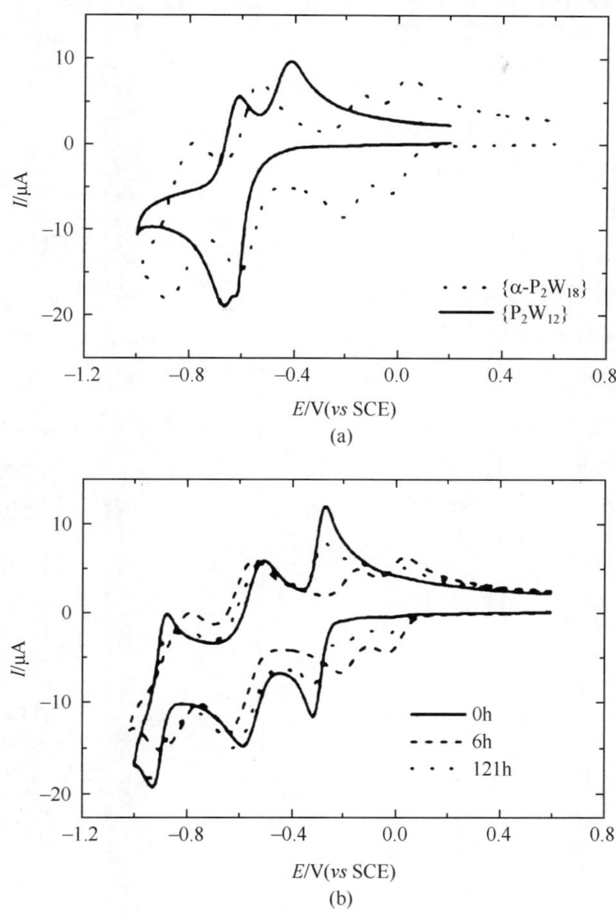

图 3.39　(a){α-P_2W_{18}}和{P_2W_{12}}的循环伏安曲线；(b){α_1-P_2W_{17}}的循环伏安曲线随时间的变化[55](测试条件：pH=3，0.2mol · L^{-1}的 Na_2SO_4/H_2SO_4 溶液)

表 3.12　{α_1-P_2W_{17}}的循环伏安曲线的还原峰电势随 pH 和时间的演变[55]

时间/h	pH 3		
	$-E_{p_1}$/mV	$-E_{p_2}$/mV	$-E_{p_3}$/mV
0	310	580	925
168	30,210	635	902
	pH 5		
0	500	656	1042
72	530	658	922

表 3.13 $K_{10}P_2Mo_{17}O_{61}$在不同 pH 下的氧化还原峰的半波电位 $E_{1/2}$(V)[55]

pH	第 1 组峰	第 2 组峰	第 3 组峰
3.0	+0.272	+0.166	−0.011
4.0	+0.235	+0.124	−0.068
5.0	+0.188	+0.060	−0.124

$[NaP_5W_{30}O_{110}]^{14-}$的循环伏安曲线是分别在 1mol·$L^{-1}$ HCl(pH=0)溶液和硼酸盐缓冲溶液(pH=10)中测定的，由于溶液的 pH 不同，导致$[NaP_5W_{30}O_{110}]^{14-}$的氧化还原峰发生很大变化，在 1mol·$L^{-1}$ HCl(pH=0)溶液中测定的循环伏安曲线中在−0.31V 和−0.51V(*vs* SCE)出现Ⅰ和Ⅱ两个还原过程，分别对应四电子的还原过程(图 3.40 和表 3.14)[58]。在硼酸盐缓冲溶液中(pH=10)测定的电化学还原过程劈裂成一组一电子还原过程，电势分别为−0.39V、−0.52V、−0.62V 和−0.73V(图 3.40 和表 3.14)[58]。表 3.14 列出了$[NaP_5W_{30}O_{110}]^{14-}$在不同 pH 的循环伏安曲线的阴极峰电势[58]。

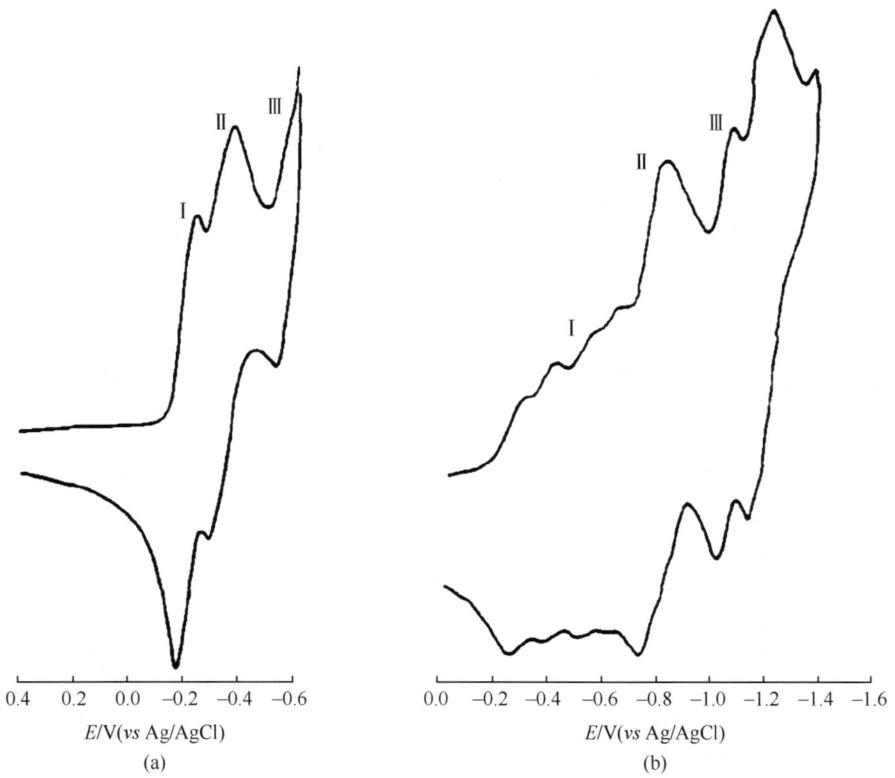

图 3.40 $[NaP_5W_{30}O_{110}]^{14-}$的循环伏安曲线(扫描速率为 33.3mV·$s^{-1}$)：(a)1mol·$L^{-1}$ HCl 溶液，pH 0；(b)硼酸盐缓冲溶液，pH 10。Ⅰ～Ⅲ所示为三个 W 的氧化还原过程[58]

表 3.14　$[NaP_5W_{30}O_{110}]^{14-}$ 在不同 pH 下的循环伏安曲线的阴极峰电势[58]

pH	阴极峰电势/V(*vs* Ag/AgCl)
0①	−0.22,−0.35,−0.56
1.5②	−0.25,−0.37,−0.58
2.5②	−0.37,−0.50,−0.65
3.5③	−0.39,−0.47,−0.55,−0.60,−0.76,−0.95
4.7③	−0.40,−0.51,−0.59,−0.65,−0.81,−0.97
5.9③	−0.38,−0.48,−0.57,−0.69,−0.90,−1.02,−1.17
7.0④	−0.37,−0.49,−0.57,−0.86,−1.10,−1.18,−1.26
8.0④	−0.37,−0.50,−0.62,−0.90,−1.15,−1.20,−1.27
9.0⑤	−0.39,−0.50,−0.64,−0.93,−1.15,−1.20,−1.28
10.0⑤	−0.35,−0.45,−0.58,−0.70,−0.90,−1.12,−1.24,−1.29
10.8⑤	−0.35,−0.46,−0.60,−0.70,−0.91,−1.14,−1.26,−1.32
12.0⑥	−0.38,−0.49,−0.60,−0.69,−0.85,−1.04,−1.23

①1mol · L^{-1} HCl 溶液；②HCl/NaCl；③HAc/NaAc 缓冲溶液；④Tris/HCl(Tris 为三羟甲基氨基甲烷)；⑤硼酸盐缓冲溶液；⑥10.01mol · L^{-1} NaOH 溶液。

2011 年,Cronin 等研究了 $Na_4(NH_4)_2[\alpha\text{-}H_2VW_{17}O_{54}(VO_4)_2]$[图 3.41(a)]和$(TEAH)_6[\alpha\text{-}H_2VMo_{17}O_{54}(VO_4)_2]$[图 3.41(b)]的电化学行为(在 pH 为 3 的水溶液中测定的)[54],$Na_4(NH_4)_2[\alpha\text{-}H_2VW_{17}O_{54}(VO_4)_2]$的循环伏安曲线中的正向出现一个氧化峰 E_{av}=0.690V(*vs* Ag/AgCl),ΔE_p=0.085V,对应 V^{IV} 中心的准可逆的一电子还原过程(可逆电子传递过程的理论 ΔE_p=0.059V)。$(TEAH)_6[\alpha\text{-}H_2VMo_{17}O_{54}(VO_4)_2]$中也有相似的电化学行为,在+0.610V 出现 V 中心的氧化峰,也是一电子的还原过程。在$\{V^{IV}W_{17}(VO_4)_2\}$和$\{V^{IV}Mo_{17}(VO_4)_2\}$的循环伏安曲线的负向分别出现了四个和三个准可逆的氧化还原过程,$\{V^{IV}W_{17}(VO_4)_2\}$的峰电势分别为−0.200V、−0.363V、−0.480V 和+0.003V;$\{V^{IV}Mo_{17}(VO_4)_2\}$的峰电势分别为−0.213V、−0.349V 和−0.565V[54]。

$(n\text{-}Bu_4N)_6[\alpha\text{-}H_2VW_{17}O_{54}(VO_4)_2]$[图 3.42(a)]和$(n\text{-}Bu_4N)_6[\alpha\text{-}H_2VMo_{17}O_{54}(VO_4)_2]$[图 3.42(b)]也有类似的电化学行为(在乙腈溶液中测定),在循环伏安曲线的正向分别在 E_{av}=0.496V 和 E_{av}=0.477V(*vs* Ag/AgCl)出现两个峰。负向出现的氧化还原峰对应 W 和 Mo 的氧化还原过程,$(n\text{-}Bu_4N)_6[\alpha\text{-}H_2VW_{17}O_{54}(VO_4)_2]$的峰位分别为−0.615V、−1.065V 和−1.408V;$(n\text{-}Bu_4N)_6[\alpha\text{-}H_2VMo_{17}O_{54}(VO_4)_2]$的峰位分别为−0.090V、−0.359V 和−0.741V[54]。

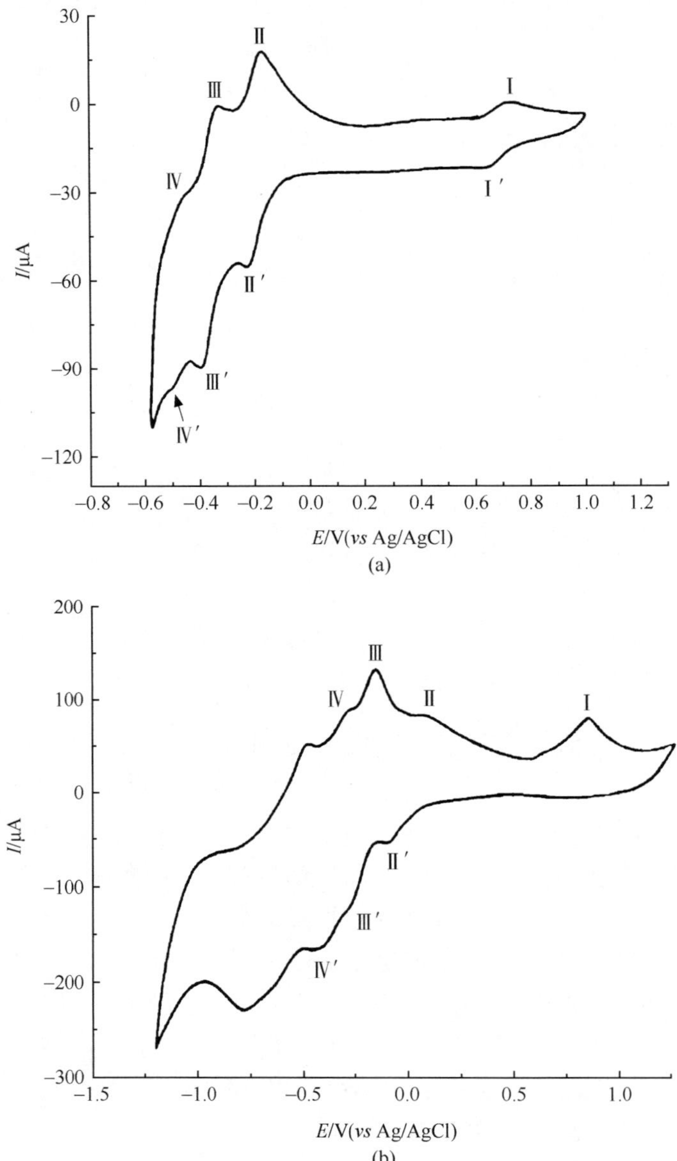

图 3.41　$Na_4(NH_4)_2[\alpha\text{-}H_2VW_{17}O_{54}(VO_4)_2]$(a)和$(TEAH)_6[\alpha\text{-}H_2VMo_{17}O_{54}(VO_4)_2]$(b)的循环伏安曲线(测试条件:阴离子浓度 $4\times10^{-5}mol\cdot L^{-1}$,pH=3,$0.5mol\cdot L^{-1}$ Na_2SO_4/H^+,工作电极为玻碳电极,参比电极为 Ag/AgCl,扫描速率为 $100mV\cdot s^{-1}$。Ⅰ-Ⅰ′,Ⅱ-Ⅱ′,Ⅲ-Ⅲ′,Ⅳ-Ⅳ′分别对应四个氧化还原过程)[54]

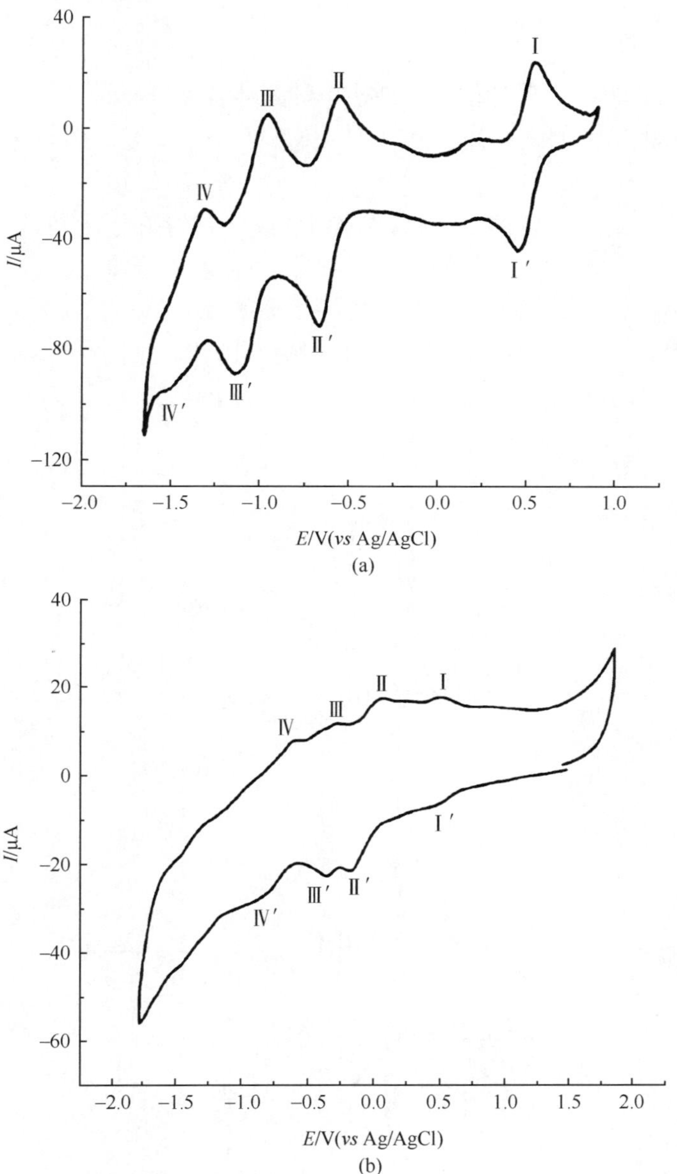

图3.42　$(n\text{-}Bu_4N)_6[\alpha\text{-}H_2VW_{17}O_{54}(VO_4)_2]$(a)和$(n\text{-}Bu_4N)_6[\alpha\text{-}H_2VMo_{17}O_{54}(VO_4)_2]$(b)的循环伏安曲线(测试条件:阴离子浓度为$4\times10^{-5}mol\cdot L^{-1}$,介质为$0.1mol\cdot L^{-1}$ $(TBA)PF_6$的CH_3CN溶液,工作电极为玻碳电极,参比电极为Ag/AgCl,扫描速率为$100mV\cdot s^{-1}$。Ⅰ-Ⅰ′,Ⅱ-Ⅱ′,Ⅲ-Ⅲ′,Ⅳ-Ⅳ′分别对应四个氧化还原过程)[54]

3.4.3.7 电子顺磁共振谱

EPR 谱可以确定顺磁性离子在结构中的具体位置，$(n\text{-}Bu_4N)_6[\alpha\text{-}H_2VW_{17}O_{54}(VO_4)_2]$[图 3.43(a)]和$(n\text{-}Bu_4N)_6[\alpha\text{-}H_2VMo_{17}O_{54}(VO_4)_2]$[图 3.43(b)]的 EPR 测试表明：$\{V^{IV}W_{17}(V^{V}O_4)_2\}$的 V^{IV} 中心对应 $g_1=1.972$、$g_2=1.977$、$g_3=1.923$，$A_1=A_2=60G$、$A_3=120G$ 的一组值，结构中的 V^{IV} 只存在于极位的一个位点[54]。$\{V^{IV}Mo_{17}(V^{V}O_4)_2\}$的 EPR 测试表明：$V^{IV}$ 对应 $g_1=1.958$、$g_2=1.962$、$g_3=1.893$，$A_1=A_2=64G$、$A_3=186G$，以及 $g_1=1.968$、$g_2=1.973$、$g_3=1.913$，$A_1=A_2=70G$、$A_3=192G$ 的两组值，二者的相对比例为 2∶1，表明$\{V^{IV}Mo_{17}(V^{V}O_4)_2\}$的两个 V^{IV} 是无序的，分别存在于极位和赤道位的两个位点[54]。

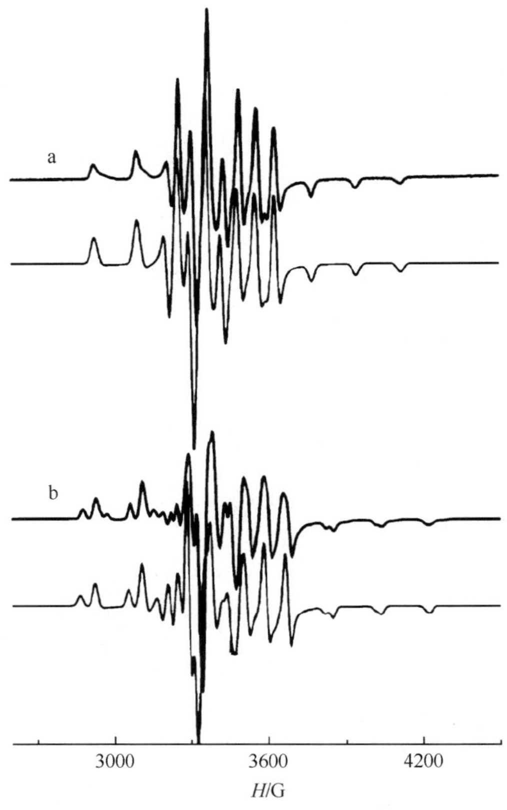

图 3.43 $(n\text{-}Bu_4N)_6[\alpha\text{-}H_2VW_{17}O_{54}(VO_4)_2]$(a)和$(n\text{-}Bu_4N)_6[\alpha\text{-}H_2VMo_{17}O_{54}(VO_4)_2]$(b)的 EPR 谱

(每个 EPR 谱中上线为实验值，下线为模拟值)[54]

3.4.3.8 电喷雾质谱

近几年,电喷雾质谱(ESI-MS)应用于多酸的研究中,可以证明多阴离子在溶液中的稳定性。2011 年,Cronin 等研究了$(n\text{-}Bu_4N)_6[\alpha\text{-}H_2VW_{17}O_{54}(VO_4)_2]$和$(n\text{-}Bu_4N)_6[\alpha\text{-}H_2VMo_{17}O_{54}(VO_4)_2]$的 ESI-MS,在$(n\text{-}Bu_4N)_6[\alpha\text{-}H_2VW_{17}O_{54}(VO_4)_2]$质谱中出现的吸收峰可归因于$[Na_2W_2O_9H_3]^-$、$[Na_9W_3O_{14}(H_2O)]^-$、$[(TBA)W_4O_{13}]^-$、$[W_5O_{14}(VO_4)]^-$、$[(TBA)_3W_{14}O_{44}(VO_4)_2H_4]^{3-}$、$[(TBA)_3W_{15}O_{48}(VO_4)H_3]^{3-}$、$[(TBA)_3W_9O_{30}(VO_4)H_4]^{2-}$、$[(TBA)_3V^VW_{15}O_{49}(VO_4)H_3]^{3-}$、$[(TBA)_3W_{15}O_{52}(VO_4)_2NaH_8]^{3-}$、$[(TBA)_3W_{16}O_{52}(VO_4)_2H_8]^{3-}$、$[(TBA)_4V^VW_{15}O_{50}(VO_4)_2H_4]^{3-}$和$[(TBA)_3VW_{17}O_{54}(VO_4)_2H]^{3-}$的存在(表 3.15和图 3.44)[54],而$(n\text{-}Bu_4N)_6[\alpha\text{-}H_2VMo_{17}O_{54}(VO_4)_2]$的 ESI-MS 中出现的吸收峰可归因于$[(TBA)_2Mo_2^VMo_3^{VI}O_{15}(VO_4)H_2]^-$、$[(TBA)_2V^{IV}Mo_5^{VI}O_{17}(VO_4)]^-$、$[(TBA)VMo_2^VMo_6^{VI}O_{25}(VO_4)H]^-$、$[(TBA)Mo_6^VMo_3^{VI}O_{25}(VO_4)H_3]^-$、$[(TBA)V^{IV}Mo_7^VMo_2^{VI}O_{25}(VO_4)]^-$、$[(TBA)_4V^{IV}Mo_4^{VI}O_{14}(VO_4)H_2]^-$、$[(TBA)_4V^VMo_{17}O_{54}(VO_4)_2H]^{2-}$和$[(TBA)_2Mo_9^{VI}O_{27}(VO_4)]^-$的存在(表 3.16和图 3.45)[55]。

表 3.15 $(n\text{-}Bu_4N)_6[\alpha\text{-}H_2VW_{17}O_{54}(VO_4)_2]$的 ESI-MS 峰对应的 m/z[54]

m/z		峰的指认
实验值	理论值	
560.80	560.86	$[Na_2W_2O_9H_3]^-$
1000.70	1000.77	$[Na_9W_3O_{14}(H_2O)]^-$
1186.01	1186.02	$[(TBA)W_4O_{13}]^-$
1258.59	1258.60	$[W_5O_{14}(VO_4)]^-$
1413.00	1412.94	$[(TBA)_3W_{14}O_{44}(VO_4)_2H_4]^{3-}$
1457.10	1456.94	$[(TBA)_3W_{15}O_{48}(VO_4)H_3]^{3-}$
1490.66	1490.61	$[(TBA)_3W_9O_{30}(VO_4)H_4]^{2-}$
1517.63	1517.56	$[(TBA)_3V^VW_{15}O_{49}(VO_4)H_3]^{3-}$
1543.05	1542.90	$[(TBA)_3W_{15}O_{52}(VO_4)_2NaH_8]^{3-}$
1579.47	1579.57	$[(TBA)_3W_{16}O_{52}(VO_4)_2H_8]^{3-}$
1604.07	1603.99	$[(TBA)_4V^VW_{15}O_{50}(VO_4)_2H_4]^{3-}$
1666.17	1666.18	$[(TBA)_3VW_{17}O_{54}(VO_4)_2H]^{3-}$

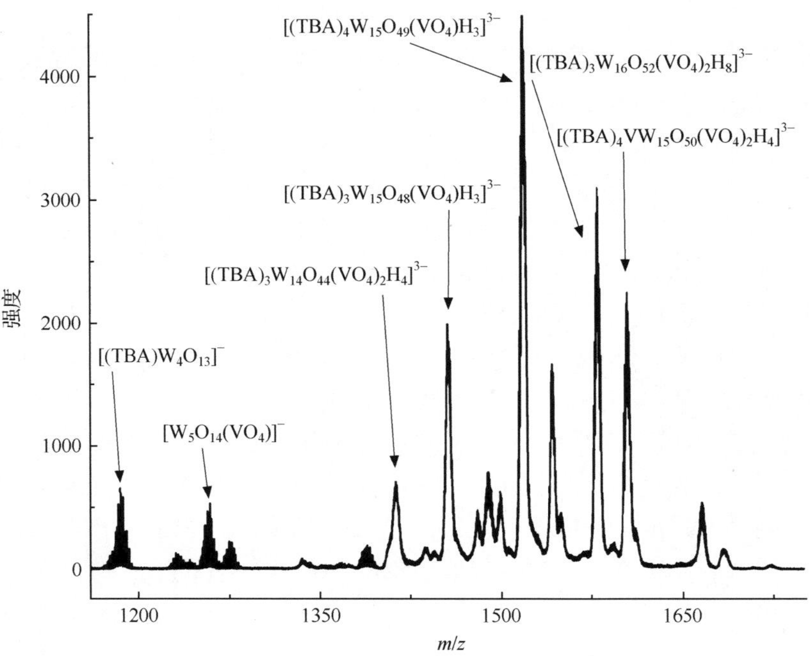

图 3.44　$(n\text{-}Bu_4N)_6[\alpha\text{-}H_2VW_{17}O_{54}(VO_4)_2]$的 ESI-MS 谱及部分峰的指认[54]

表 3.16　$(n\text{-}Bu_4N)_6[\alpha\text{-}H_2VMo_{17}O_{54}(VO_4)_2]$的 ESI-MS 峰对应的 m/z[54]

m/z		峰的指认
实验值	理论值	
1320.95	1320.96	$[(TBA)_2Mo_2^{V}Mo_3^{VI}O_{15}(VO_4)H_2]^-$
1401.88	1401.88	$[(TBA)_2V^{IV}Mo_5^{VI}O_{17}(VO_4)]^-$
1593.28	1593.27	$[(TBA)VMo_2^{V}Mo_6^{VI}O_{25}(VO_4)H]^-$
1624.21	1624.25	$[(TBA)Mo_6^{V}Mo_3^{VI}O_{25}(VO_4)H_3]^-$
1672.21	1672.17	$[(TBA)V^{IV}Mo_7^{V}Mo_2^{VI}O_{25}(VO_4)]^-$
1695.66	1695.63	$[(TBA)_4V^{IV}Mo_4^{VI}O_{14}(VO_4)H_2]^-$
1874.04	1874.03	$[(TBA)_4V^{V}Mo_{17}O_{54}(VO_4)_2H]^{2-}$
1977.65	1977.56	$[(TBA)_2Mo_9^{VI}O_{27}(VO_4)]^-$

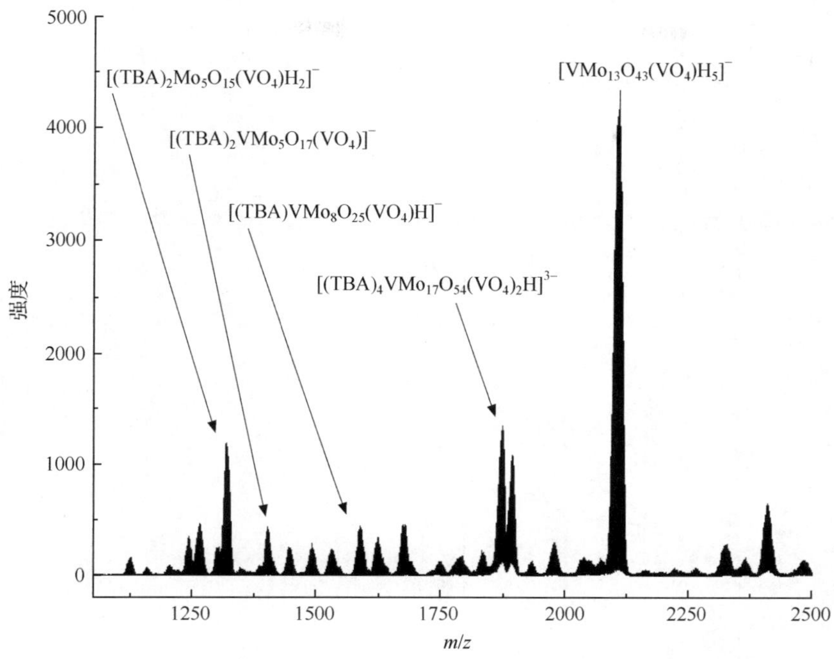

图 3.45　$(n\text{-}Bu_4N)_6[\alpha\text{-}H_2VMo_{17}O_{54}(VO_4)_2]$的 ESI-MS 谱及部分峰的指认[54]

3.5　Dawson 型杂多化合物及其衍生物的经典合成方法

Dawson 型杂多化合物及其衍生物的合成与 Keggin 型杂多化合物相比有很大的不同,Dawson 型杂多化合物及其衍生物的合成需要很高的能量,必须要煮沸反应混合物才能得到。同时控制溶液的酸度,可以使 Dawson 型多阴离子降解进而得到其一系列衍生结构,同时这些衍生结构可以在不同条件下相互转化。图 3.46列出了一系列 Dawson 型杂多化合物及其衍生物的转化过程[25b],主要是通过逐级碱解得到 Dawson 型杂多化合物的单缺位、二缺位、三缺位等衍生结构,在合成中要注意控制碱的用量、溶液的 pH、反应物料比、反应温度等。

以$[\alpha\text{-}P_2W_{15}O_{56}]^{12-}$的合成为例,详细讨论其合成方法。合成过程中的重要因素是:第一,$Na_{12}[\alpha\text{-}P_2W_{15}O_{56}]\cdot 18H_2O$ 的合成中最关键的因素是 1.0mol · L^{-1} Na_2CO_3 的用量,要采用 1.0mol · L^{-1} Na_2CO_3 溶液将 pH 调至 9。第二,$[\alpha\text{-}P_2W_{15}O_{56}]^{12-}$ 在合成过程中比较重要的因素还包括加入碱的速度,反应溶液的温度,产量,干燥方法(图 3.47)[25b]。表 3.17 列出了已报道的 $Na_{12}[\alpha\text{-}P_2W_{15}O_{56}]$的合成方法对比[25b]。

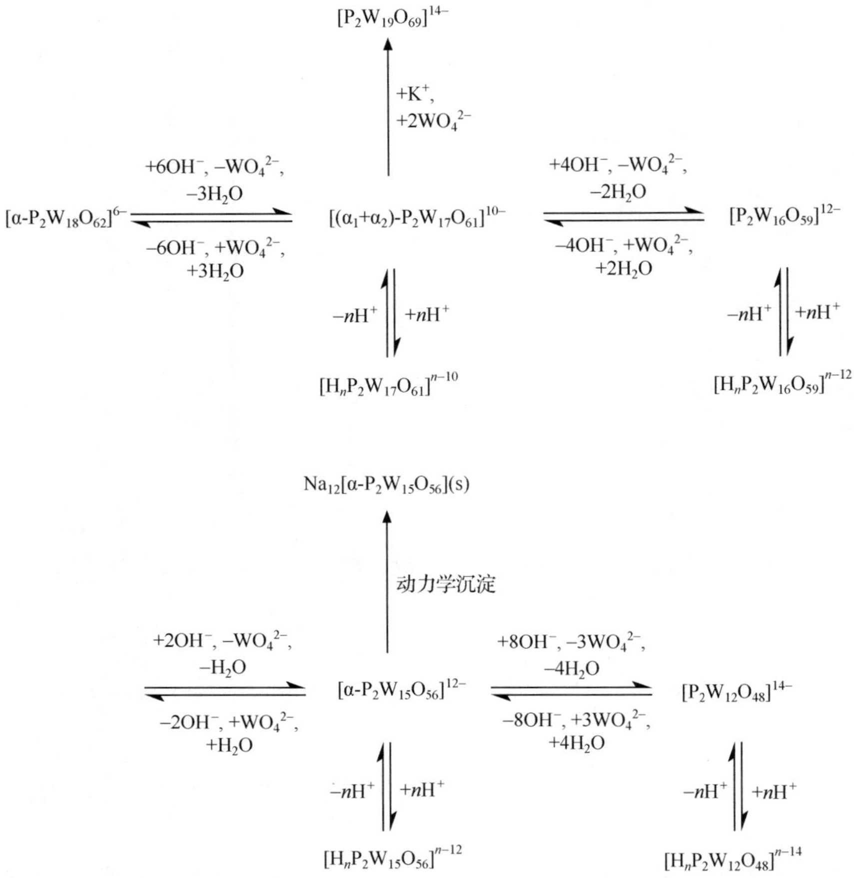

$[P_2W_{19}O_{69}]^{14-}$

$+K^+$, $+2WO_4^{2-}$

$[\alpha\text{-}P_2W_{18}O_{62}]^{6-}$ ⇌ ($+6OH^-$, $-WO_4^{2-}$, $-3H_2O$ / $-6OH^-$, $+WO_4^{2-}$, $+3H_2O$) $[(\alpha_1+\alpha_2)\text{-}P_2W_{17}O_{61}]^{10-}$ ⇌ ($+4OH^-$, $-WO_4^{2-}$, $-2H_2O$ / $-4OH^-$, $+WO_4^{2-}$, $+2H_2O$) $[P_2W_{16}O_{59}]^{12-}$

$-nH^+$ / $+nH^+$

$[H_nP_2W_{17}O_{61}]^{n-10}$　　$[H_nP_2W_{16}O_{59}]^{n-12}$

$Na_{12}[\alpha\text{-}P_2W_{15}O_{56}](s)$

动力学沉淀

⇌ ($+2OH^-$, $-WO_4^{2-}$, $-H_2O$ / $-2OH^-$, $+WO_4^{2-}$, $+H_2O$) $[\alpha\text{-}P_2W_{15}O_{56}]^{12-}$ ⇌ ($+8OH^-$, $-3WO_4^{2-}$, $-4H_2O$ / $-8OH^-$, $+3WO_4^{2-}$, $+4H_2O$) $[P_2W_{12}O_{48}]^{14-}$

$-nH^+$ / $+nH^+$

$[H_nP_2W_{15}O_{56}]^{n-12}$　　$[H_nP_2W_{12}O_{48}]^{n-14}$

图 3.46　一系列 Dawson 型杂多化合物及其缺位结构的转化过程[25b]

表 3.17　$Na_{12}[\alpha\text{-}P_2W_{15}O_{56}]$的合成方法对比[25b]

方法	介质	CO_3^{2-}/$[P_2W_{18}O_{62}]^{6-}$的物质的量比	Na_2CO_3加入速度	$[\alpha\text{-}P_2W_{18}O_{62}]^{6-}$溶液温度	$K_6[\alpha\text{-}P_2W_{18}O_{62}]$的用量/g	干燥方法	$Na_{12}[\alpha\text{-}P_2W_{15}O_{56}]$的产率/%	纯度/%
1[59]	pH=9		快 10min	室温	400	硫酸	60	—
2[19]	pH=9		慢>1h	室温	20	硫酸	85	—
3[25a]	pH=9	>12.9/1	>1h	室温	75	60℃烘干	83	>90
4[60]	100mL $1mol\cdot L^{-1}$ Na_2CO_3	>12.6/1	快 10min	冰浴	38.5	空气干燥 3 天	62	—
5[15]	pH=9	>44.3/1	>1h	冰浴	186	50℃烘干	78	—

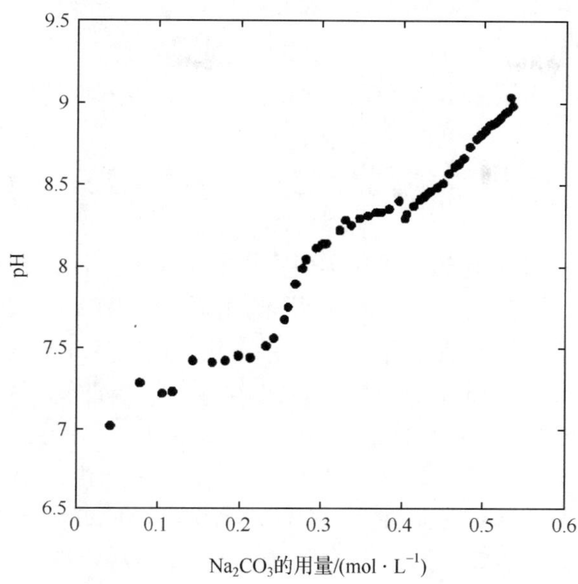

图 3.47　$[\alpha\text{-}P_2W_{18}O_{62}]^{6-}$ 降解成$[\beta\text{-}P_2W_{15}O_{56}]^{12-}$时,溶液中加入 Na_2CO_3 的量与 pH 的关系曲线(反应过程:将 18.6g $K_6[\alpha\text{-}P_2W_{18}O_{62}]$溶于 62mL 水中,45min 内加入 70.6mL 1.0mol · L^{-1} Na_2CO_3 溶液)[25b]

3.6　Dawson 型杂多化合物及其衍生物的酸碱特性

Dawson 型杂多化合物及其衍生物的酸碱特性中很重要的一点是多阴离子在溶液中的稳定 pH 范围及在水或有机溶剂中的溶解行为等方面,有利于指导多酸在诸多领域的应用。$\{\alpha\text{-}P_2W_{18}\}$和$\{\beta\text{-}P_2W_{18}\}$的钾盐,容易在干燥的空气中失水,$\{\beta\text{-}P_2W_{18}\}$比$\{\alpha\text{-}P_2W_{18}\}$更容易被还原。$[\alpha_1\text{-}P_2W_{17}O_{61}]^{10-}$在水溶液中是不稳定的,容易转变成它的 α_2 异构体,如果溶液中有 Li^+ 的存在,这种异构化会显著减慢,$[\alpha_2\text{-}P_2W_{17}O_{61}]^{10-}$在水溶液中的稳定 pH 是 2～6。$Na_{12}[\alpha\text{-}P_2W_{15}O_{56}] \cdot 24H_2O$ 是白色粉末,几乎不溶于纯水中,但是可溶于含有锂离子的水溶液中,$[\alpha\text{-}P_2W_{15}O_{56}]^{12-}$的溶液是不稳定的,几个小时后完全转变成$[\alpha_2\text{-}P_2W_{17}O_{61}]^{10-}$。$K_{12}[\alpha\text{-}H_2P_2W_{12}O_{48}] \cdot 24H_2O$ 也是白色晶状粉末,在含有锂离子的水溶液中的溶解度比在纯水中更大,$[\alpha\text{-}H_2P_2W_{12}O_{48}]^{12-}$在水溶液中是不稳定的,适当的酸性条件下,会转变成$[\alpha_1\text{-}P_2W_{17}O_{61}]^{10-}$和$[P_8W_{48}O_{84}]^{40-}$。$K_{28}Li_5H_7[P_8W_{48}O_{184}] \cdot 92H_2O$ 是白色针状晶体,$[P_8W_{48}O_{184}]^{40-}$在水溶液中具有很宽的稳定 pH 范围,在 pH＝1～8 的水溶液中都是稳定存在的。

另外,其他类型的 Dawson 型衍生物$(NH_4)_{14}[NaP_5W_{30}O_{110}] \cdot 31H_2O$ 容易风化,可溶于水,遇还原剂可使晶体变蓝,而 $Na_{27}[NaAs_4W_{40}O_{140}] \cdot 60H_2O$ 在空气

中很稳定，可溶于水，$[As_4W_{40}O_{140}]^{28-}$ 在水溶液中的稳定 pH 是 4～7.5。$(NH_4)_{18}[NaSb_9W_{21}O_{86}]\cdot 24H_2O$ 在空气中是稳定的，可溶于水，$[NaSb_9W_{21}O_{86}]^{18-}$ 在弱碱性的水溶液中可以稳定存在，$[NaSb_9W_{21}O_{86}]^{18-}$ 在水中的稳定 pH 是7～8.5。

3.7 Dawson 型杂多化合物及其衍生物的量子化学研究

Dawson 型杂多化合物的量子化学研究主要集中在多阴离子的多种不同异构体的结构稳定性上。2003 年，Poblet 等采用 DFT 方法研究发现 2∶18 系列 Wells-Dawson 型杂多钨酸盐和 2∶3∶15 杂多钨钒酸盐的 α 异构体比相应的 β 异构体更加稳定。与 Keggin 型多阴离子相比，α 体与 β 体的转变导致对称性降低，并没有引起在最低非占有轨道能级的降低(图 3.48)[36]。因此，在这两种异构体中，电子离域在金属中心的赤道位轨道上。如果$\{P_2W_{18}\}$中的 W 被 V 取代，并没有改变 α/β 异构体的相对稳定性，计算表明$\{\beta\text{-}P_2Mo_{18}\}$拥有更高的稳定型。表 3.18 列出了几种杂多阴离子的还原电势和计算的相对稳定性[36]。

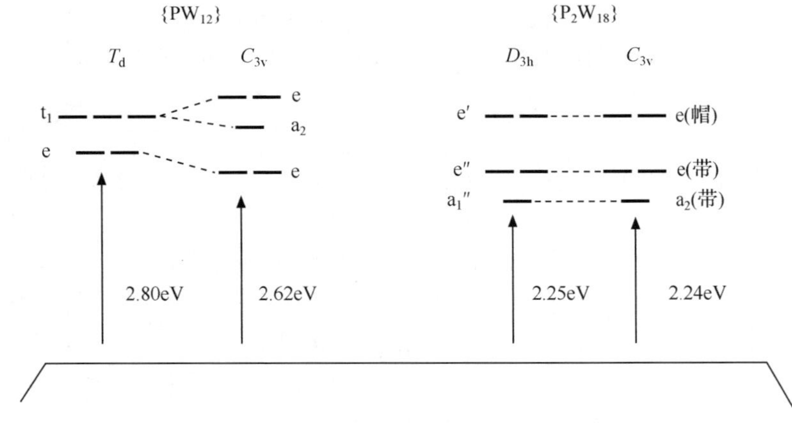

图 3.48　$\{PW_{12}\}$和$\{P_2W_{18}\}$的异构体的能级图[36]

表 3.18　几种杂多阴离子的还原电势和计算的相对稳定性[36]

杂多阴离子	还原电势/V		$\Delta E_{\beta\text{-}\alpha}$(电势差)/V
	α 体	β 体	
Keggin			
$\{AlW_{12}\}$	−0.62	−0.45	−0.17
$\{SiW_{12}\}$	−0.26	−0.14	−0.12
$\{PMo_{12}\}$	+0.36	+0.55	−0.19
Wells-Dawson			
$\{P_2W_{18}\}$	+0.045	+0.059	−0.014
$\{P_2Mo_{18}\}$	+0.46	+0.53	−0.07

续表

杂多阴离子	$\Delta E_{\beta\text{-}\alpha}$/(kcal · mol^{-1})		
	n=0	n=1	n=2
Keggin			
$\{PW_{12}\}$	+6.46	+3.00	+0.92
$\{SiW_{12}\}$	+6.00	+2.54	−3.30
$\{PMo_{12}\}$	+4.84	+1.49	−2.59
Wells-Dawson			
$\{P_2W_{18}\}$	+1.83	+1.70	+1.11
$\{P_2Mo_{18}\}$	+2.92	+0.60	
$\{P_2W_{15}V_3\}$	+2.54	+2.03	+2.31

注：n 表示还原所加的电子数。n=0 表示未还原的体系，n=1 表示加入 1 个电子的还原体系，n=2 表示加入 2 个电子的还原体系(金属轨道处于 LUMO 轨道，所以还原时需向 LUMO 上加电子，一次还原加 1 个电子，二次还原再加 1 个电子)。

2011 年，苏忠民等报道了 Dawson 型杂多阴离子$[(PO_4)_2W_{18}O_{54}]^{6-}$的不同异构体的结构稳定性。采用密度泛函理论(DFT)计算$[(PO_4)_2W_{18}O_{54}]^{6-}$的异构体的稳定性顺序是 $\alpha>\beta>\gamma>\gamma^*>\beta^*>\alpha^*$，这些异构体的区别是 α 体、β 体和 γ 体的结构是重叠的，α 体具有 D_{3h}对称性，β 体具有 C_{3v}对称性，γ 体具有 D_{3h}对称性；而 α^* 体、β^* 体和 γ^* 体的结构不是重叠的，是错位的，α^* 体具有 D_{3d}对称性，β^* 体具有 C_{3v}对称性，γ^* 体具有 D_{3d}对称性，α 体、β 体和 γ 体是实验可以得到的，α^* 体、β^* 体和 γ^* 体是 Contant 和 Thouvenot 的假想结构(图 3.49)[61]。

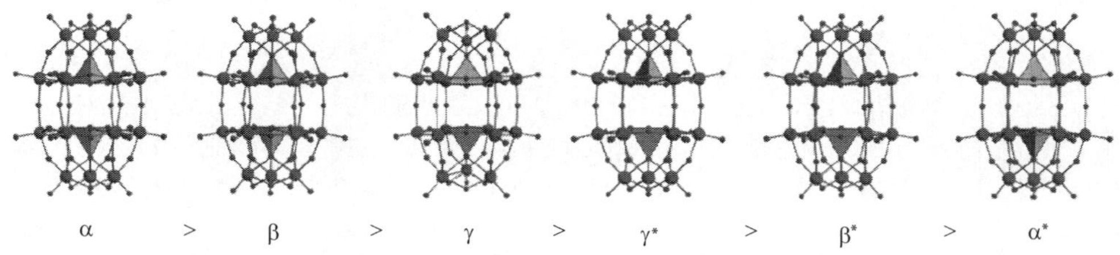

图 3.49 $[(PO_4)_2W_{18}O_{54}]^{6-}$的异构体的稳定性顺序[61]

研究得到的结论如下：

第一，结构参数分析表明$[(PO_4)_2W_{18}O_{54}]^{6-}$的错位结构 α^* 体、β^* 体、γ^* 体与重叠结构 α 体、β 体和 γ 体是不同的，表 3.19 列出了六种$[(PO_4)_2W_{18}O_{54}]^{6-}$异构体的 LUMO 能级和合理键长[61]。

表 3.19　六种$[(PO_4)_2W_{18}O_{54}]^{6-}$异构体的 LUMO 能级和合理键长[61]

	P—O_i/Å	W—O_i/Å	W—O_t/Å	W—O_b/Å	P—P/Å	W—O_e—W_b/(°)	LUMO/eV
α	1.544～1.589	2.345～2.355	1.721～1.722	1.895～1.92	3.981	161.2	−4.19(−6.46)
α 实验值	1.531～1.569	2.306～2.408	1.679～1.743	1.863～1.940	3.986	159.7～163.4	
β	1.545～1.592	2.352～2.362	1.721	1.894～1.924	3.975	165.1	−4.24(−6.52)
γ	1.547～1.592	2.362～2.369	1.721	1.888～1.924	3.986	171.3	−4.31(−6.57)
α*	1.547～1.598	2.355～2.388	1.721～1.722	1.884～1.921	3.915	171.5	−4.28(−6.50)
β*	1.545～1.594	2.354～2.388	1.721	1.887～1.920	3.955	169.5	−4.24(−6.51)
γ*	1.547～1.591	2.377～2.685	1.721	1.884～1.923	3.972	177.0	−4.23(−6.55)

注：LUMO 这一列中括号内的数值为客体笼的 LUMO 能级。

第二，能量分解研究表明，影响 Dawson 型结构稳定性的两个重要因素是多阴离子的主体$\{W_{18}O_{54}\}$笼的空间排列和由于嵌入的客体阴离子导致的结构扭曲，但是主客体相互作用和客体阴离子的扭曲的影响是比较小的（图 3.50 和表 3.20）[61]。

表 3.20　$[(PO_4)_2W_{18}O_{54}]^{6-}$异构体的相对能级（kcal · mol^{-1}）[61]

	ΔG	ΔE_t	ΔFIE	ΔE_{free}	ΔDE($\Delta DE_{guest}/\Delta DE_{host}$)	ΔE_{host}
α	0.0	0.0	0.0(0.0)	0.0	0.0(0.0/0.0)	0.0
β	−4.8	−5.1(−6.1)	−0.6	−3.9	−0.5(0.7/−1.2)	−4.5
γ	−6.8	−6.3(−8.8)	0.5	0.0	−0.5(1.1/−7.9)	−6.8
α*	−22.7	−23.6(−25.5)	−0.1	−3.9	−19.6(0.9/−20.4)	23.5
β*	−12.8	−13.6(−16.0)	0.7	0.0	−14.3(0.6/−14.9)	−14.3
γ*	−9.5	−9.4(−13.1)	1.6	−3.9	−7.0(0.9/−7.9)	−11.0

注：ΔG 为吉布斯自由能变，ΔE_t为相对稳定性差值，ΔFIE 为主客体相互作用差值，ΔE_{free}为客体能量差，ΔDE 为结构中不同的变形程度差值，$\Delta DE_{guest}/\Delta DE_{host}$为客体变形程度与主体变形程度的比，$\Delta E_{host}$为 ΔE_{free}与 ΔDE_{host}的加和。ΔE_t 列括号内数值表示在 COMSO 存在下得到的数值(COMSO 为类导电体屏蔽模型)。

第三，建筑块分解方法对解释结构扭曲和能量之间的关系是一种非常有效的方法，研究发现在显著扭曲的 Dawson 结构中存在重叠带及特别的交错带。

第四，计算表明还原态物种的还原电势与氧化态的$[(PO_4)_2W_{18}O_{54}]^{6-}$的 LUMO能级轨道相近，并且依赖于客体笼的 LUMO 能级[61]。

第五，研究表明$[(XO_4)_2W_{18}O_{54}]^{n-}$(X=Si,Ge,Al,Ga)是热力学不稳定的，主要是因为两个$\{XW_9\}$单元由于高电荷的客体阴离子的诱导存在很强的电子排斥作用（表 3.21）[61]。

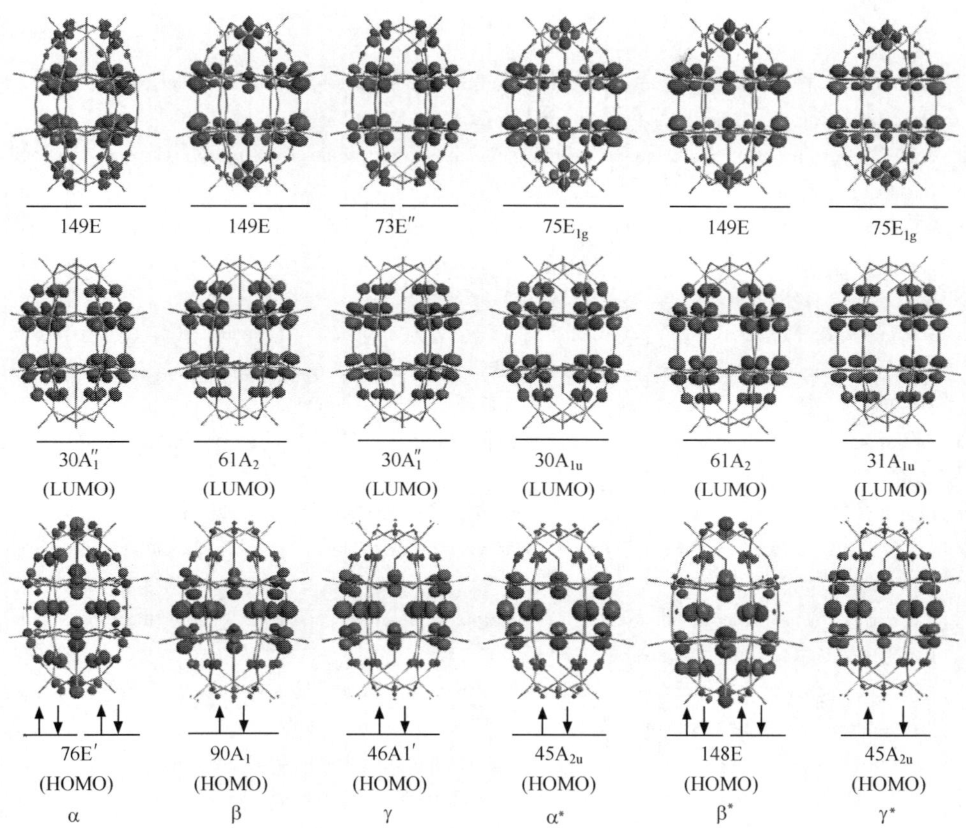

图 3.50 $[(PO_4)_2W_{18}O_{54}]^{6-}$的异构体的前线分子轨道能级图[61]

表 3.21 $[\alpha\text{-}(XO_4)_2W_{18}O_{54}]^{n-}$ (X=S,Se,P,As,Si,Ge,Al,Ga)的相对键能(eV)[61]

异构体	ΔE_P	ΔE_E	ΔE_O	ΔE_B
S	0.00	0.00	0.00	0.00
Se	0.08	0.04	−0.20	−0.07
P	−1.45	−7.13	−0.48	−9.06
As	−1.74	−6.68	−0.53	−8.95
Si	−3.67	−17.37	−0.46	−21.49
Ge	−3.56	−17.10	−0.64	−21.31
Al	−5.67	−28.27	−0.26	−37.07
Ga	−5.57	−28.32	−0.33	−37.00

注：ΔE_P为泡利排斥能级差，ΔE_E为静电相互作用能级差，ΔE_O为轨道混合物能级差，ΔE_B为键能差。

参考文献

[1] Resenhein A, Traube A. Über ungesttigte molybdnsurearsenate und-phosphate(zur kenntnis der iso- und heteropolysuren. XI. Mitteilung). Z Anorg Allg Chem, 1915, 91: 75-106.

[2] Wu H. Contribution to the chemistry of phosphomolybdic acids, phosphotungstic acids, and allied substances. J Biol Chem, 1920, 43: 189-220.

[3] Wells A F. Structural Inorganic Chemistry. 1st ed. Cambridge: Oxford University Press, 1945.

[4] Dawson B. The structure of the 9(18)-heteropoly anion in potassium 9(18)-tungstophosphate, $K_6(P_2W_{18}O_{62})\cdot 14H_2O$. Acta Cryst, 1953, 6: 113-126.

[5] Strandberg R. Multicomponent polyanions. 12. the crystal structure of $Na_6Mo_{18}P_2O_{62}(H_2O)_{24}$, a compound containing sodiumcoordinated 18-molybdodiphoshate anions. Acta Chem Scand Sect A, 1975, 29: 350-358.

[6] D'Amour H. Vergleich der heteropolyanionen $[PMo_9O_{31}(H_2O)_3]^{3-}$, $[P_2Mo_{18}O_{62}]^{6-}$ and $[P_2W_{18}O_{62}]^{6-}$. Acta Cryst Sect B, 1976, B32: 729-740.

[7] Brown G M, Noe-Spirlet M R, Busing W R, et al. Dodecatungstophosphoric acid hexahydrate, $(H_5O_2)_3(PW_{12}O_{40})$, the true structure of Keggin's "pentahydrate" from single crystal X-ray and neutron diffraction data. Acta Cryst B, 1977, 33: 1038-1046.

[8] Dawson B. The Structure of the 9(18)- heteropoly anion in potassium 9(18)-tungstophosphate, $K_6(P_2W_{18}O_{62})(H_2O)_{14}$. Acta Cryst, 1953, 6: 113-126.

[9] Long D L, Abbas H, Kögerler P, et al. Confined electron-transfer reactions within a molecular metal oxide "trojan horse". Angew Chem Int Ed, 2005, 44: 3415-3419.

[10] Mbomekalle I M, Keita B, Lu Y W, et al. Synthesis, characterization and electrochemistry of the novel Dawson-type tungstophosphate $[H_4PW_{18}O_{62}]^{7-}$ and first transition metal ions derivatives. Eur J Inorg Chem, 2004:276-285.

[11] Long D L, Streb C, Song Y F, et al. Unravelling the complexities of polyoxometalates in solution using mass spectrometry: protonation versus heteroatom inclusion. J Am Chem Soc, 2008, 130: 1830-1832.

[12] Long D L, Kögerler P, Parenty A D C, et al. Discovery of a family of isopolyoxotungstates $[H_4W_{19}O_{62}]^{6-}$ encapsulating a $\{WO_6\}$ moiety within a $\{W_{18}\}$ Dawson-like cluster cage. Angew Chem Int Ed, 2006, 45: 4798-4803.

[13] Long D L, Song Y F, Wilson E F, et al. Capture of periodate in a $\{W_{18}O_{54}\}$ cluster cage yielding a catalytically active polyoxometalate $[H_3W_{18}O_{56}(IO_6)]^{6-}$ embedded with high-valent iodine. Angew Chem Int Ed, 2008, 47: 4384-4387.

[14] Randall W J, Lyon D K, Domaille P J, et al. Potassium octadecatungstodiphosphates α isomer: $K_6[\alpha\text{-}P_2W_{18}O_{62}]\cdot 14H_2O$; β isomer $K_6[P_2W_{18}O_{62}]\cdot 19H_2O$. Inorg Synth, 1998, 32: 242-268.

[15] Randall W J, Droege M W, Mizuno N, et al. Metal complexes of the lacunary heteropolytungstates $[B\text{-}\alpha\text{-}PW_9O_{34}]^{9-}$ and $[\alpha\text{-}P_2W_{15}O_{56}]^{12-}$. Inorg Synth, 1997, 31: 167-185.

[16] Contant R, Klemperer W G, Yaghi O. Potassium octadecatungstodiphosphates(V) and related lacunary compounds. Inorg Synth, 1990, 27: 104-111.

[17] Mbomekalle I M, Lu Y W, Keita B, et al. Simple, high yield and reagent-saving synthesis of pure $\alpha\text{-}K_6P_2W_{18}O_{62}\cdot 14H_2O$. Inorg Chem Commun, 2004, 7: 86-90.

[18] Graham C R, Finke R G. The classic Wells-Dawson polyoxometalate, $K_6[\alpha\text{-}P_2W_{18}O_{62}]\cdot 14H_2O$.

Answering an 88 year-old question：what is its preferred，optimum synthesis? Inorg Chem，2008，47：3679-3686.

[19] Finke R G，Droege M W，Domaille P J. Trivacant heteropolytungstate derivatives. Rational syntheses，characterization，two-dimensional ^{183}W NMR，and properties of $P_2W_{18}M_4(H_2O)_2O_{68}{}^{10-}$ and $P_4W_{30}M_4(H_2O)_2O_{112}$ (M=Co，Cu，Zn). Inorg Chem，1987，26：3886-3896.

[20] Filowitz M，Ho R K C，Klemperer W G，et al. ^{17}O nuclear magnetic resonance spectroscopy of polyoxometalates. 1. Sensitivity and resolution. Inorg Chem，1979，18：93-103.

[21] Bailar J C，Booth H S，Grennert M. Phosphotungstic acid. Inorg Synth，1939，1：132-133.

[22] Souchay P. Contribution a12 Étude des hétéropolyacides tungstiques. Paris：Université De Paris，1945.

[23] Souchay P. Ions Minéraux Condensés. Paris：Masson，1969：106.

[24] Droege M W. The Synthesis of $K_6[\alpha/\beta\text{-}P_2W_{18}O_{62}]$. Dissertation，University of Oregon，1984.

[25] (a) Edlund D J，Saxton R J，Lyon D K，et al. Trisubstituted heteropolytungstates as soluble metal oxide analogues. 4. The synthesis and characterization of organic solvent-soluble $(Bu_4N)_{12}H_4P_4W_{30}Nb_6O_{123}$ and $(Bu_4N)_9P_2W_{15}Nb_3O_{62}$ and solution spectroscopic and other evidence for the supported organometallic derivatives $(Bu_4N)_7[(C_5Me_5)Rh$. cntdot. $P_2W_{15}Nb_3O_{62}]$ and $(Bu_4N)_7[(C_6H_6)Ru$. cntdot. $P_2W_{15}Nb_3O_{62}]$. Organometallics，1988，7：1692-1704.

(b) Hornstein B J，Finke R G. The lacunary polyoxoanion synthon $[\alpha\text{-}P_2W_{15}O_{56}]^{12-}$：an investigation of the key variables in its synthesis plus multiple control reactions leading to a reliable synthesis. Inorg Chem，2002，41：2720-2730.

[26] 王恩波，胡长文，许林. 多酸化学导论. 北京：化学工业出版社，1998.

[27] Baffert C，Boas J F，Bond A M，et al. Experimental and theoretical investigations of the sulfite-based polyoxometalate cluster redox series：α- and β-$[Mo_{18}O_{54}(SO_3)_2]^{4-/5-/6-}$. Chem Eur J，2006，12：8472-8483.

[28] Fay N，Bond A M，Baffert C，et al. Structural，electrochemical，and spectroscopic characterization of a redox pair of sulfite-based polyoxotungstates：α-$[W_{18}O_{54}(SO_3)_2]^{4-}$ and α-$[W_{18}O_{54}(SO_3)_2]^{5-}$. Inorg Chem，2007，46：3502-3510.

[29] Prados R A，Pope M T. Low-temperature electron spin resonance spectra of heteropoly blues derived from some 1：12 and 2：18 molybdates and tungstates. Inorg Chem，1976，15：2547-2553.

[30] Richardt P J S，Gable R W，Bond A M，et al. Synthesis and redox characterization of the polyoxo anion，γ*-$[S_2W_{18}O_{62}]^{4-}$：a unique fast oxidation pathway determines the characteristic reversible electrochemical behavior of polyoxometalate anions in acidic media. Inorg Chem，2001，40：703-709.

[31] Tsunashima R，Long D L，Endo T，et al. Exploring the thermochromism of sulfite-embedded polyoxometalate capsules. Phys Chem Chem Phys，2011，13：7295-7297.

[32] Laronze N，Marrot J，Hervé G. Synthesis，molecular structure and chemical properties of a new tungstosilicate with an open Wells-Dawson structure，α-$[Si_2W_{18}O_{66}]^{16-}$. Chem Commun，2003：2360-2361.

[33] Bi L H，Wang E B，Peng J，et al. Crystal structure and replacement reaction of coordinated water molecules of the heteropoly compounds of sandwich-type tungstoarsenates. Inorg Chem，2000，39：671-679.

[34] Contant R，Thouvenot R. Hétéropolyanions de type Dawson. 2. Synthèses de polyoxotungstoarsénates lacunaires dérivant de l'octadécatungstodiarsénate. Étude structurale par RMN du tungstène-183 des octadéca(molybdotungstovanado)diarsénates apparentés. Can J Chem，1991，69：1498-1506.

[35] Contant R，Thouvenot R. A reinvestigation of isomerism in the Dawson structure：syntheses and ^{183}W

NMR structural characterization of three new polyoxotungstates $[X_2W_{18}O_{62}]^{6-}$ (X=P^V, As^V). Inorg Chim Acta, 1993, 212: 41-50.

[36] López X, Bo C, Poblet J M. Relative stability in α- and β-Wells-Dawson heteropolyanions: a DFT study of $[P_2M_{18}O_{62}]^{n-}$ (M=W and Mo) and $[P_2W_{15}V_3O_{62}]^{n-}$. Inorg Chem, 2003, 42: 2634-2638.

[37] Mariptti A W A, Xie J L, Abrahams B F, et al. Synthesis and voltammetry of $[BMIM]_4[\alpha\text{-}S_2W_{18}O_{62}]$ and related compounds: rapid precipitation and dissolution of reduced surface films. Inorg Chem, 2007, 46: 2530-2540.

[38] Contant R, Piro-Sellem S, Canny J, et al. Synthèse et étude structurale par RMN ^{31}P et ^{183}W d'un octadé catungstomonophosphate de type Dawson $[H_4PW_{18}O_{62}]^{7-}$ et de deux de ses dérivés, $[H_4PW_{17}O_{61}]^{11-}$ et $[Zn(H_2O)(H_4PW_{17}O_{61})]^{9-}$. C R Acad Sci Paris, Série IIc, Chimie: Chemistry, 2000, 3: 157-161.

[39] Jeannin Y, Martin-Frère J. X-ray study of $(NH_4)_7[H_2AsW_{18}O_{60}]\cdot 16H_2O$: first example of a heteropolyanion containing protons and arsenic(Ⅲ). Inorg Chem, 1979, 18: 3010-3014.

[40] 周端文,高丽娟,王恩波. Dawson结构碱土、过渡元素钼磷杂多配合物的合成与性质研究. 东北师范大学学报自然科学版,1994:145-148.

[41] Róman P. Synthesis, crystal structure, thermal behaviour and electrochemical properties. Polyhedron, 1997, 16: 2589-2597.

[42] 王恩波,胡长文,周延修,等. Dawson 结构相砷杂多酸(盐)的合成与性质研究. 化学学报,1990,49: 790-796.

[43] Long D L, Kögerler P, Cronin L. Old clusters with new tricks: engineering S⋯S interactions and novel physical properties in sulfite-based Dawson clusters. Angew Chem Int Ed, 2004, 43: 1817-1820.

[44] Liang D D, Liu S X, Ren Y H, et al. $[Mo_{18}O_{54}(VO_4)_2]^{6-}$: A conventional Dawson structure with unpredicted transition metal hetero-atoms based on V^VO_4 tetrahedra. Inorg Chem Commun, 2007, 10: 933-935.

[45] (a) Francesconi L C. Production and reactions of organic-soluble lanthanide complexes of the monolacunary Dawson $[\alpha_1\text{-}P_2W_{17}O_{61}]^{10-}$ polyoxotungstate. Inorg Chem, 2006, 45: 1389-1398.

(b) 王恩波,由万胜,刘景福,等. $K_{10}P_2Mo_{17}O_{61}\cdot 16H_2O$ 的合成及性质研究. 高等学校化学学报, 1991, 12: 711-714.

[46] Fide R G, Rapko B, Saxton R J, et al. Trisubstituted heteropolytungstates as soluble metal oxide analogues. 3. Synthesis, characterization, ^{31}P, ^{29}Si, ^{51}V, and 1-and 2-D^{183}W NMR, deprotonation, and H^+ mobility studies of organic solvent soluble forms of $H_xSiW_9V_3O_{40}{}^{x-7}$ and $H_xP_2W_{15}V_3O_{62}{}^{x-9}$. J Am Chem Soc, 1986, 108: 2947-2960.

[47] Judd D A, Chen Q, Campana C F, et al. Synthesis, solution and solid state structures, and aqueous chemistry of an unstable polyperoxo polyoxometalate: $[P_2W_{12}(NbO_2)_6O_{56}]^{12-}$. J Am Chem Soc, 1997, 119: 5461-5462.

[48] (a) Jeannin Y, Martin-Frere J, Choi D J, et al. The sodium pentaphosphato(Ⅴ)-triacontatungstate anion isolated as the ammonium salt. Inorg Synth, 1990, 27: 115-118.

(b) Zhang Z M, Yao S, Li Y G, et al. Inorganic crown ethers: sulfate-based Preyssler polyoxometalates. Chem Eur J, 2012, 18: 9184-9188.

(c) Li S J, Liu S M, Liu S X, et al. $\{Ta_{12}\}/\{Ta_{16}\}$ Cluster-containing polytantalotungstates with remarkable photocatalytic H_2 evolution activity. J Am Chem Soc, 2012, 134: 19716-19721.

[49] (a) Kortz U, Savelieff M G, Bassil B S, et al. A large, novel polyoxotungstate: $[As^{III}_6W_{65}O_{217}$

$(H_2O)_7]^{26-}$. Angew Chem Int Ed,2001,40: 3384-3386.

(b)Jeannin Y,Martin-Frère J. X-ray study of$(NH_4)_7[H_2AsW_{18}O_{60}]\cdot 16H_2O$ first example of a heteropolyanion containing protons and arsenic(Ⅲ). Inorg Chem,1979,18: 3010-3014.

[50] Lefebvre F,Leyrie M,Herve G. Square pyramidal complexes of divalent cations of the first transition row with the 20-tungsto-2-arsenate(Ⅲ): synthesis,visible and ESR. spectra. Inorg Chim Acta,1983,73: 173-178.

[51] Jeannin Y,Martin-Frere J,Liu J F,et al. The aquatrihexacontaoxobis[trioxoarsenato(Ⅲ)]henicosatungstate(6−)anion isolated as the acid or as the Rubidium salt. Inorg Synth,1990,27: 111-115.

[52] Jeannin Y,Martin-Fère J. Tungsten-183 NMR and X-ray study of a heteropolyanion $[As_2W_{21}O_{69}(H_2O)]^{6-}$,exhibiting a rare square-pyramidal environment for some tungsten(Ⅵ). J Am Chem Soc,1981,103: 1664-1667.

[53] Hervéa G,Téazéa A,Liu J F,et al. Tetracontatungstotetraarsenate(Ⅲ)and its cobalt(Ⅱ)complex. Inorg Synth,1990,27: 118-120.

[54] Miras H N,Stone D,Long D L,et al. Exploring the structure and properties of transition metal templated $\{VM_{17}(VO_4)_2\}$ Dawson-like capsules. Inorg Chem,2011,50: 8384-8391.

[55] Contant R,Richet M,Lu Y W,et al. Isomerically pure α_1-monosubstituted tungstodiphosphates: synthesis,characterization and stability in aqueous solutions. Eur J Inorg Chem,2002: 2587-2593.

[56] Bartis J. Preparation and tungsten-183 NMR characterization of $[\alpha\text{-}1\text{-}P_2W_{17}O_{61}]^{10-}$,$[\alpha\text{-}1\text{-}Zn(H_2O)P_2W_{17}O_{61}]^{8-}$,and $[\alpha\text{-}2\text{-}Zn(H_2O)P_2W_{17}O_{61}]^{8-}$. Inorg Chem,1996,35: 1497-1501.

[57] Wang J P,Ma P T,Zhao J W,et al. A new Dawson-like polyoxotungstate $\{SbW_{18}O_{60}\}$ encapsulating a pyramidal SbO_3 group within a $\{W_{18}\}$ cluster cage. Inorg Chem Commun,2007,10: 523-526.

[58] Alizadeh M H,Harmalker S P,Jeannin Y,et al. A heteropolyanion with fivefold molecular symmetry that contains a nonlabile encapsulated sodium ion. The structure and chemistry of $[NaP_5W_{30}O110]^{14-}$. J Am Chem Soc,1985,107: 2662-2669.

[59] Contant R,Ciabrini J P. Preparations and solution properties of some 'defect' heteropolyanions related to 18-tungsto-2-phosphates(α-and β-isomers). J Chem Res Synop,1977:222; J Chem Res,Miniprint,1977:2601.

[60] Contant R,Klemperer W G,Yaghi O. Potassium octadecatungstodiphosphates(Ⅴ)and related lacunary compounds. Inorg Synth,1990,27: 104-111.

[61] Zhang F Q,Guan W,Yan L K,et al. On the origin of the relative stability of Wells-Dawson isomers: a DFT study of α-, β-, γ-, γ*-, β*-, and γ*-$[(PO_4)_2W_{18}O_{54}]^{6-}$ anions. Inorg Chem, 2011, 50: 4967-4977.

第 4 章　Silverton 型(1∶12B 系列)和 Anderson 型(1∶6 系列)杂多化合物及其衍生物化学

4.1　Silverton 型(1∶12B 系列)杂多化合物及其衍生物化学

4.1.1　研究简史

1974 年,Barbiar 首次报道了 Silverton 型杂多化合物,而在 1986 年 Siverton 首次确定了该类化合物的结构。这类杂多阴离子的中心原子的配位数为 12,具有二十面体几何构型,通式为$[XM_{12}O_{42}]^{n-}$,为了与 Keggin 结构有所区别,称该系列为 1∶12B 系列,能形成该类结构的中心原子主要有 Ce^{4+},Th^{4+},Np^{4+},U^{4+},Gd^{4+}等,结构如图 4.1 所示。从那以后 Silverton 型杂多化合物报道得并不是很多,2002 年,卢灿忠等在很低的 pH 条件下,采用水热方法得到新型 Silverton 型多阴离子$[GdMo_{12}O_{42}]^{9-}$,同时该多阴离子通过 Gd^{3+} 连接成三维结构[1a],磁性研究表明 Gd^{3+}之间存在弱的反铁磁性相互作用。

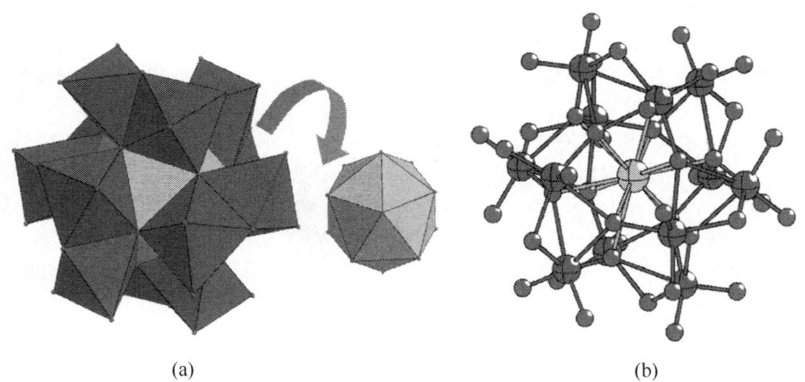

图 4.1　Silverton 型多阴离子的多面体及中心二十面体的结构图(a)和 Silverton 型多阴离子的球棍图(b)

4.1.2　Silverton 型杂多化合物的结构描述

Silverton 型杂多阴离子是一类含有高配位数中心原子的杂多阴离子,是由 12 个$\{MO_6\}$八面体两两一组共面连接,然后围绕着中心$\{XO_{12}\}$二十面体共顶点连接构筑的。$[Ce^{IV}Mo_{12}O_{42}]^{9-}$ 含有 6 个$\{Mo_2O_9\}$单元,每个$\{Mo_2O_9\}$单元是由 2 个

$\{MoO_6\}$八面体共面连接构筑的,3 个$\{Mo_2O_9\}$单元共角相连得到$\{Mo_2O_{24}\}$单元,2 个$\{Mo_6O_{24}\}$单元共角相连与$\{XO_{12}\}$构筑成 Silverton 结构。中心的杂原子为二十面体(图 4.2)[1b]。

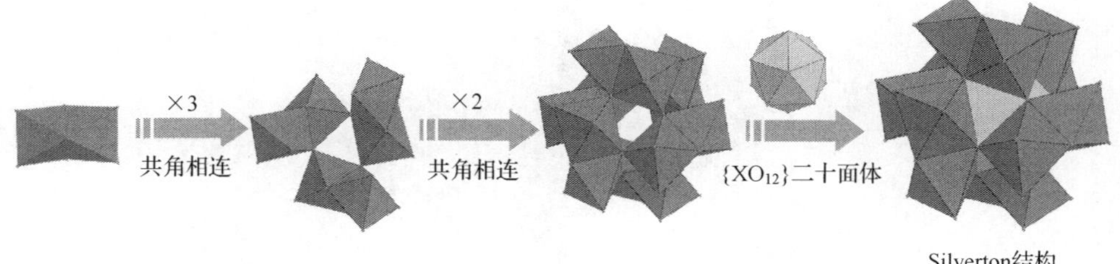

图 4.2　Silverton 型多阴离子多面体结构的拆解图

表 4.1 列出具有不同三级结构的 Siverton 型杂多化合物的部分晶体数据。Mo—O 键可分为三类:非共用氧原子,Mo—O 键平均键长为 1.68Å;共面且共角的氧原子,Mo—O 键平均键长为 2.28Å;共面非共角氧,但内部共角氧原子,Mo—O 键平均键长为 1.98Å。中心铈原子为 12 配位,形成的二十面体和规则二十面体有着微小的差别[1b]。

表 4.1　具有不同三级结构的 Siverton 型杂多化合物的部分晶体数据

	$H_8[CeMo_{12}O_{42}]\cdot 18H_2O$[2]	$(NH_4)_2H_6[CeMo_{12}O_{42}]\cdot 12H_2O$[3]	$[Gd(H_2O)_3]_3[GdMo_{12}O_{42}]\cdot 3H_2O$[1]
晶胞参数	a=10.774(7)Å	a=13.34Å	a=17.263(1)Å
	b=10.774(7)Å	b=13.34Å	b=17.263(1)Å
	c=10.774(7)Å	c=21.7999Å	c=25.614(1)Å
	α=81.11(5)°	α=90°	α=90°
	β=81.11(5)°	β=90°	β=90°
	γ=81.11(5)°	γ=120°	γ=120°
	V=1209.78Å^3	V=3359.69Å^3	V=6610.3(3)Å^3
空间群	$R\bar{3}$	$R\bar{3}$	$R\bar{3}c$
晶系	三方	三方	三方
Z值	1	3	6

2002 年,卢灿忠等报道的$[Gd(H_2O)_3]_3[GdMo_{12}O_{42}]\cdot 3H_2O$是由 Silverton 型杂多阴离子和稀土离子构筑的,它的多阴离子呈D_{3d}对称性,是由 6 个$\{Mo_2O_9\}$单元和具有 12 配位数的中心 Gd^{Ⅲ} 原子构成的(图 4.1～图 4.3)[1a]。这是第一例将顺磁性镧系阳离子引入到 Silverton 型多酸中心的化合物,该化合物扩展结构中含有小的孔道,被结晶水占据,计算结果表明每个晶胞中孔道的有效容积约

为 1368Å^3[1a]。

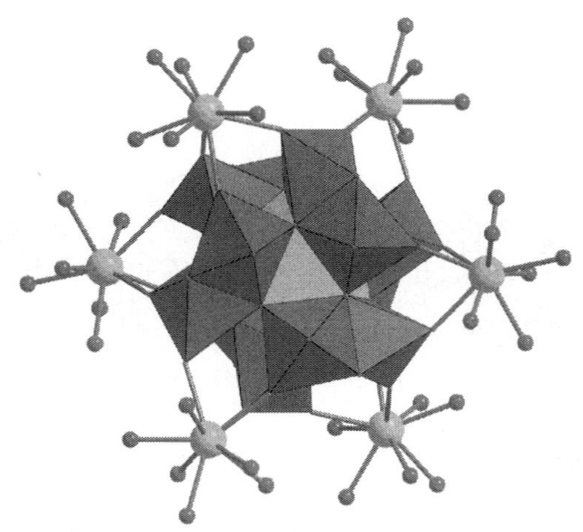

图 4.3 $[Gd(H_2O)_3]_3[GdMo_{12}O_{42}]\cdot 3H_2O$ 结构中 $[GdMo_{12}O_{42}]^{9-}$ 与稀土离子配位的结构图[1a]

4.1.3 Silverton 型杂多化合物及其异构体的合成方法

$[Gd(H_2O)_3]_3[GdMo_{12}O_{42}]\cdot 3H_2O$ 的合成

将 $GdCl_3$(0.55mmol,由 Gd_2O_3 溶于 35% HCl 溶液制得)和 0.18g$(NH_4)_6Mo_7O_{24}\cdot 4H_2O$(0.146mmol)溶解于 18mL 水中,水溶液的 pH 很低约为 0.8,混合液通过水热合成方法加热到 170℃,5 天后得到无色晶体[1a]。IR 光谱在 966cm^{-1}和 931cm^{-1}处出现两个强吸收峰,归属于 $\nu_{Mo=O}$,在 908～409cm^{-1}的吸收峰可归属于 Mo—O—Mo(Gd)桥连基团[1a]。

$(NH_4)_6[H_2CeMo_{12}O_{42}]\cdot 9H_2O$ 的合成

方法 1:将 5%的硝酸铈铵溶液加入到 0.25mol·L^{-1}煮沸的$(NH_4)_6Mo_7O_{24}\cdot 4H_2O$ 溶液中,滴加稀硫酸使溶液在 65℃下饱和,冷却,再加入饱和 NH_4NO_3 溶液,蒸发结晶得到浅黄色晶体,过滤得到的产物用甲醇洗涤几次,溶于热水中重结晶,再用甲醇洗涤得到产物,通过离子交换的方法可以将铵盐转换为杂多酸[4]。

方法 2:将 6g$(NH_4)_6Mo_7O_{24}\cdot 4H_2O$(4.85mmol)溶于 20mL 水中,加热至全部溶解,再将 0.391g $Ce(SO_4)_2\cdot 3H_2O$(0.94mmol)加入溶液中,煮沸 15min,在通风橱中冷却至室温,加入 0.8g NH_4NO_3,将沉淀过滤,用饱和 NH_4NO_3 溶液洗涤,再用甲醇溶液洗涤两次,得到 1.653g 粗产品。将粗产品溶于 30mL 0.2mol·L^{-1} H_2SO_4 得到黄色澄清溶液,溶液立即过滤到 20g NH_4NO_3 和 10mL 水的混合液中不需搅拌,两种溶液的界面处缓慢析出晶体$(NH_4)_6[H_2CeMo_{12}O_{42}]\cdot 9H_2O$,约 48h 后得到产物 1.059g,产率约为 50%[5]。

$[Li(H_2O)_4]_2Co(H_2O)_4Ce(H_2O)_3[CeMo_{12}O_{42}]\cdot 3H_2O$ 的合成

将1.854g$(NH_4)_6Mo_7O_{24}\cdot 4H_2O$(1.5mmol)溶解于40mL水中,搅拌,溶液加热到90℃,然后将0.5480g$(NH_4)_2Ce(NO_3)_6$(1mmol)的20mL水溶液逐滴加入到上述溶液中,将混合液冷却到65℃,随后加入3mL 6mol·L^{-1} H_2SO_4,在这个温度下维持30min,随后分别加入1.1897g $CoCl_2\cdot 6H_2O$(5mmol)和0.6398g $Li_2SO_4\cdot H_2O$(5mmol),最终溶液在80℃下反应2h,反应结束后将溶液过滤,缓慢降至室温,一周后析出黄色块状晶体(产率为40%)[6]。$[Li(H_2O)_4]_2Co(H_2O)_4Ce(H_2O)_3[CeMo_{12}O_{42}]\cdot 3H_2O$ 的元素分析理论值(%):Li 0.55、Co 2.36、Ce 11.21、Mo 46.04;实验值(%):Li 0.61、Co 2.44、Ce 11.13、Mo 45.98[6]。

$H_{0.5}[Li(H_2O)_4]_{2.5}[Ni(H_2O)_4]_{0.5}Ce(H_2O)_3[CeMo_{12}O_{42}]\cdot 3H_2O$ 的合成

与$[Li(H_2O)_4]_2Co(H_2O)_4Ce(H_2O)_3[CeMo_{12}O_{42}]\cdot 3H_2O$的合成方法相同,只是将$CoCl_2\cdot 6H_2O$(1.1897g,5mmol)替换为$NiCl_2\cdot 6H_2O$(1.1885g,5mmol),两周后得到黄绿色块状晶体,产率为60%[6]。$H_{0.5}[Li(H_2O)_4]_{2.5}[Ni(H_2O)_4]_{0.5}Ce(H_2O)_3[CeMo_{12}O_{42}]\cdot 3H_2O$ 的元素分析理论值(%):Li 0.70、Ni 1.19、Ce 11.32、Mo 46.51;实验值(%):Li 0.75、Ni 1.23、Ce 11.29、Mo 46.45。

$H[Li(H_2O)_4]_3Ce(H_2O)_3[CeMo_{12}O_{42}]\cdot 3H_2O$ 的合成

与$[Li(H_2O)_4]_2Co(H_2O)_4Ce(H_2O)_3[CeMo_{12}O_{42}]\cdot 3H_2O$的合成方法相同,只是没有加入$CoCl_2\cdot 6H_2O$,两周后得到黄色块状晶体(产率为75%)。$H[Li(H_2O)_4]_3Ce(H_2O)_3[CeMo_{12}O_{42}]\cdot 3H_2O$ 的元素分析理论值(%):Li 0.85、Ce 11.44、Mo 47.00;实验值(%):Li 0.91、Ce 11.38、Mo 46.98[6]。

4.1.4 Silverton型杂多化合物及其异构体的结构表征

4.1.4.1 红外光谱

化合物$H_8[CeMo_{12}O_{42}]\cdot 7H_2O$的红外(IR)光谱,在1620$cm^{-1}$、1395$cm^{-1}$、964$cm^{-1}$、720$cm^{-1}$、640$cm^{-1}$和400$cm^{-1}$处出现6个吸收峰,1620$cm^{-1}$和1395$cm^{-1}$处出现的吸收峰归属于结晶水的振动,在964$cm^{-1}$、720$cm^{-1}$、640$cm^{-1}$和400$cm^{-1}$处出现的吸收峰归属于 $\nu_{Mo=O_t}$、$\nu_{Mo-O-Mo}$、$\nu_{Mo-O-Ce/Mo}$ 和 ν_{Ce-O}[7]。化合物$[Li(H_2O)_4]_2Co(H_2O)_4Ce(H_2O)_3[CeMo_{12}O_{42}]\cdot 3H_2O$的IR谱图中(图4.4),在3153$cm^{-1}$和1616$cm^{-1}$处出现的吸收峰归属于—OH的伸缩和弯曲振动。在958cm^{-1}、823cm^{-1}、593cm^{-1}和409cm^{-1}处出现的吸收峰分别归属于$\nu_{Mo=O_t}$、$\nu_{Mo-O-Mo}$、$\nu_{Mo-O-Ce/Mo}$和ν_{Ce-O}[6]。

4.1.4.2 紫外-可见吸收光谱和磁圆二色谱

在不同pH为0.0~3.0监测$(NH_4)_6H_2[CeMo_{12}O_{42}]\cdot 9H_2O$的UV-Vis光

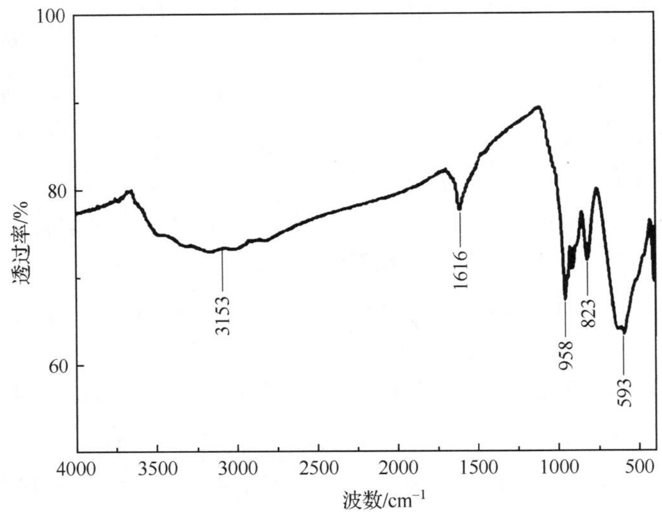

图 4.4 $[Li(H_2O)_4]_2Co(H_2O)_4Ce(H_2O)_3[CeMo_{12}O_{42}]\cdot 3H_2O$ 的 IR 谱图[6]

谱来确定其氧化态的稳定性，$(NH_4)_6H_2[CeMo_{12}O_{42}]\cdot 9H_2O$ 在 $10^{-5}mol\cdot L^{-1}$ pH 为 0.0(用 HCl 溶液调节)的溶液中测定的 UV-Vis 光谱表明在 $\lambda_{max}=322nm$ 出现一个宽峰($\varepsilon=0.304\times10^4 L\cdot mol^{-1}\cdot cm^{-1}$)，233nm 处出现一个肩峰($\varepsilon=3.877\times10^4 L\cdot mol^{-1}\cdot cm^{-1}$)，207nm 处出现一个吸收峰($\varepsilon=3.456\times10^4 L\cdot mol^{-1}\cdot cm^{-1}$)。在 pH 为 0.0 的介质中，$[CeMo_{12}O_{42}]^{8-}$ 至少在 27h 内保持稳定[5]。$[Ce^{IV}Mo_{12}O_{42}]^{8-}$ 的 UV-Vis 光谱表明在 41 000cm^{-1}(ε=40 000 $L\cdot mol^{-1}\cdot cm^{-1}$)附近有强的吸收峰，在 30 000$cm^{-1}$($\varepsilon$=3000 $L\cdot mol^{-1}\cdot cm^{-1}$)附近有宽的带状吸收峰。磁圆二色谱(MCD)表明在 41 000cm^{-1}和 27 000 cm^{-1}处存在正的强带状吸收峰，在34 000cm^{-1}附近出现负的较弱的带状吸收峰，这是由于阴离子内的荷移跃迁导致的(图 4.5)[8]。

$[Li(H_2O)_4]_2Co(H_2O)_4Ce(H_2O)_3[CeMo_{12}O_{42}]\cdot 3H_2O$ 的 UV-Vis 光谱在 240nm、300nm 和 362nm 处出现三个吸收峰[图 4.6(a)][6]，$H_{0.5}[Li(H_2O)_4]_{2.5}[Ni(H_2O)_4]_{0.5}Ce(H_2O)_3[CeMo_{12}O_{42}]\cdot 3H_2O$ 的 UV-Vis 光谱在 239nm 和 345nm 处出现两个吸收峰[图 4.6(b)][6]，$H[Li(H_2O)_4]_3Ce(H_2O)_3[CeMo_{12}O_{42}]\cdot 3H_2O$ 的 UV-Vis 光谱在 240nm 和 345nm 处出现两个吸收峰，可归属于多阴离子中 O→Mo 的荷移跃迁[6]。

4.1.4.3 热重-差热分析

$[Li(H_2O)_4]_2Co(H_2O)_4Ce(H_2O)_3[CeMo_{12}O_{42}]\cdot 3H_2O$、$H_{0.5}[Li(H_2O)_4]_{2.5}[Ni(H_2O)_4]_{0.5}Ce(H_2O)_3[CeMo_{12}O_{42}]\cdot 3H_2O$ 和 $H[Li(H_2O)_4]_3Ce(H_2O)_3$

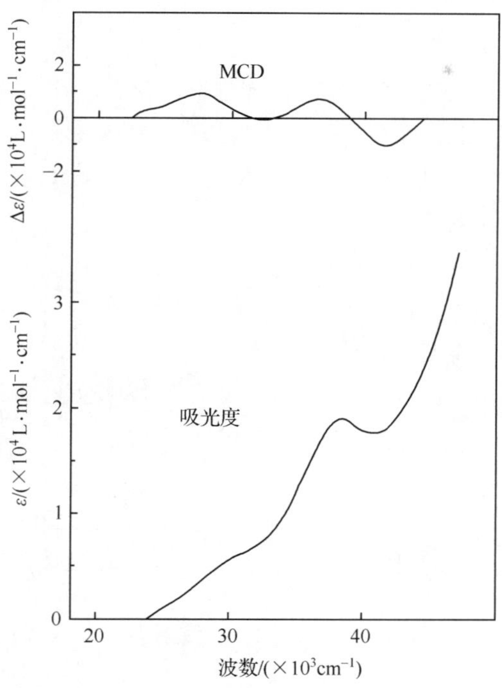

图4.5 $[Ce^{IV}Mo_{12}O_{42}]^{8-}$的溶液MCD谱(上线)和UV-Vis谱(下线)[8]

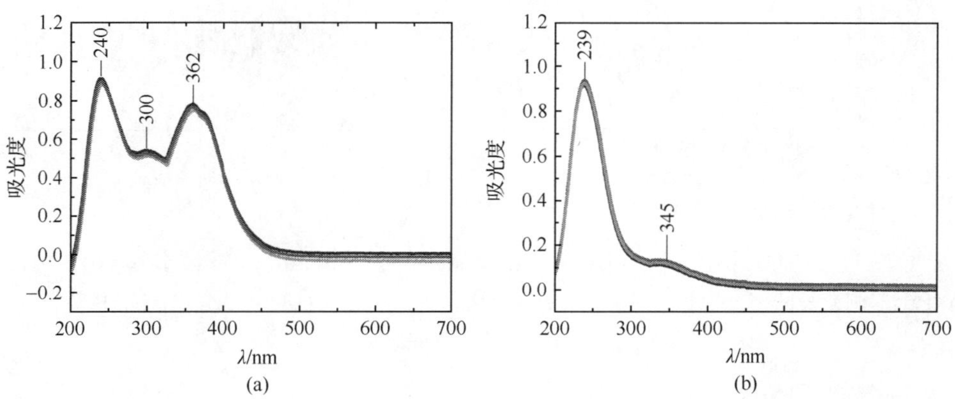

图4.6 $[Li(H_2O)_4]_2Co(H_2O)_4Ce(H_2O)_3[CeMo_{12}O_{42}]\cdot 3H_2O$的UV-Vis光谱图(a)和 $H_{0.5}[Li(H_2O)_4]_{2.5}[Ni(H_2O)_4]_{0.5}Ce(H_2O)_3[CeMo_{12}O_{42}]\cdot 3H_2O$的UV-Vis光谱图(b)[6]

$[CeMo_{12}O_{42}]\cdot 3H_2O$具有相似的热稳定性,它们的TG-DTA曲线分别存在两步质量损失,第一步质量损失分别为12.83%、12.97%和13.44%,开始失水温度均约为100℃,失水终了温度分别为366℃、371℃和358℃[7]。

4.1.4.4 X射线光电子能谱

X射线光电子能谱(XPS)测试可以用来测定化合物中元素的价态或者含量，化合物$[Li(H_2O)_4]_2Co(H_2O)_4Ce(H_2O)_3[CeMo_{12}O_{42}]\cdot 3H_2O$和$H_{0.5}[Li(H_2O)_4]_{2.5}[Ni(H_2O)_4]_{0.5}Ce(H_2O)_3[CeMo_{12}O_{42}]\cdot 3H_2O$的光电子能谱确定了化合物中Ce、Co和Ni的价态(图4.7)[6]。

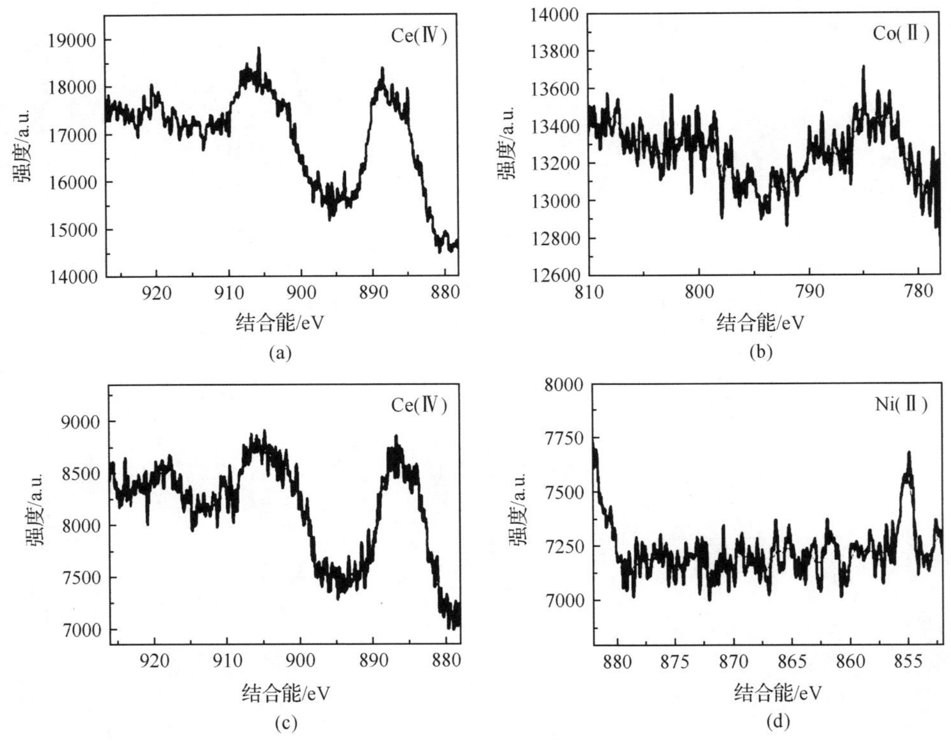

图4.7 $[Li(H_2O)_4]_2Co(H_2O)_4Ce(H_2O)_3[CeMo_{12}O_{42}]\cdot 3H_2O$中$Ce^{4+}$(a)和$Co^{2+}$(b)的XPS谱图以及$H_{0.5}[Li(H_2O)_4]_{2.5}[Ni(H_2O)_4]_{0.5}Ce(H_2O)_3[CeMo_{12}O_{42}]\cdot 3H_2O$中$Ce^{4+}$(c)和$Ni^{2+}$(d)的XPS谱图[6]

在$[Li(H_2O)_4]_2Co(H_2O)_4Ce(H_2O)_3[CeMo_{12}O_{42}]\cdot 3H_2O$的光电子能谱中，在905.2eV和888.4eV处出现的吸收峰对应于Ce_{3d}的能量区域，可归属于Ce^{4+}，在784.9eV处出现的吸收峰处对应于Co_{2p}的能量区域，可归属于Co^{2+}。$H_{0.5}[Li(H_2O)_4]_{2.5}[Ni(H_2O)_4]_{0.5}Ce(H_2O)_3[CeMo_{12}O_{42}]\cdot 3H_2O$的光电子能谱在905.5eV和886.7eV处出现的吸收峰对应于Ce_{3d}的能量区域，可归属于Ce^{4+}，在855.1eV处出现的吸收峰可归属于Ni^{2+}(图4.7)[6]。

4.1.4.5　^{17}O 核磁共振谱

$[CeMo_{12}O_{42}]^{8-}$ 的 ^{17}O NMR 谱如图 4.8 所示，在 898ppm 和 214ppm 处出现的化学位移分别归属于桥氧或端氧原子(图 4.8)[9]。

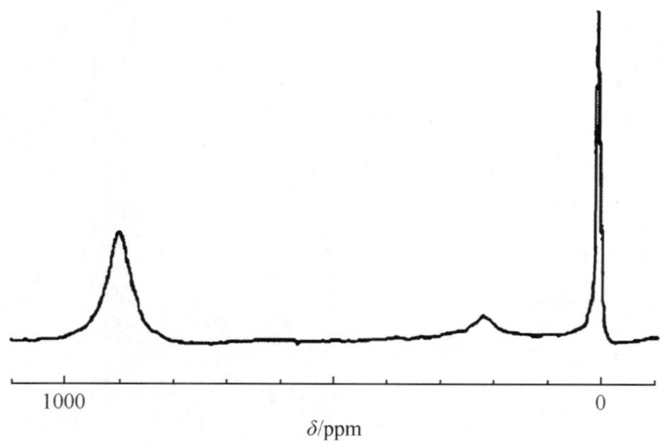

图 4.8　$[CeMo_{12}O_{42}]^{8-}$ 的 ^{17}O NMR 谱[9]

4.1.5　Silverton 型杂多化合物及其异构体的性质研究

4.1.5.1　磁性研究

化合物 $[Gd(H_2O)_3]_3[GdMo_{12}O_{42}]\cdot 3H_2O$ 在温度为 300～5.0K 的磁性研究表明，在室温条件下 $\chi_m T$ 值为 15.82emu · K · mol^{-1}，与两个非相互作用的 $S=7/2$ 的 Gd^{III} 中心(15.75emu · K · mol^{-1})的磁性贡献一致，温度降低到 5.0K 时 $\chi_m T$ 值为 14.51emu · K · mol^{-1}[1a]。所有的数据都遵循 Curie-Weiss 定律，居里常数 $C=15.77$(1)emu · K · mol^{-1}，$\theta=-1.82(1)$K，这种磁性行为说明化合物中主要存在着 Gd^{III} 离子之间弱的反铁磁性相互作用。化合物 $[Gd(H_2O)_3]_3[GdMo_{12}O_{42}]\cdot 3H_2O$ 的 EPR 谱显示室温下具有宽的信号峰($g=1.9915$，$\Delta H=1541$G)，而在 77K 时 $g=1.9958$，$\Delta H=1458$G。结果与磁化率测试结果一致，表明顺磁性的 Gd^{III} 通过 O—Mo—O 单元传递至整个相互作用的体系中(图 4.9)[1a]。

4.1.5.2　荧光性质研究

化合物 $(NH_4)_6H_2[CeMo_{12}O_{42}]\cdot 9H_2O$ 的荧光光谱是在 pH=0.0 的 HCl 溶液中测定的，$[CeMo_{12}O_{42}]^{8-}$ 的浓度为 10^{-5}mol · L^{-1}[图 4.10(a)][5]，Ce^{3+}(由 $Ce(NO_3)_3$ 制备)的浓度为 0.5×10^{-5}mol · L^{-1}[图 4.10(b)][5]。激发波长为 354nm，发射波长为 254nm，测定两种溶液的荧光寿命为 41ns[5]。

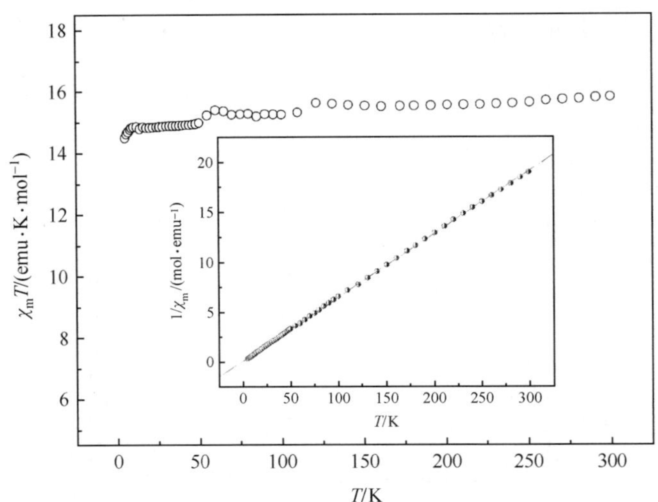

图 4.9　$[Gd(H_2O)_3]_3[GdMo_{12}O_{42}]\cdot 3H_2O$ 的 $\chi_m T$ 值随温度变化曲线（χ_m为摩尔磁化率，emu 为磁矩的单位，插图为 $1/\chi_m$值随温度变化曲线）[1a]

4.1.5.3　电化学性质研究

化合物$[Li(H_2O)_4]_2Co(H_2O)_4Ce(H_2O)_3[CeMo_{12}O_{42}]\cdot 3H_2O$、$H_{0.5}[Li(H_2O)_4]_{2.5}[Ni(H_2O)_4]_{0.5}Ce(H_2O)_3[CeMo_{12}O_{42}]\cdot 3H_2O$ 和 $H[Li(H_2O)_4]_3Ce(H_2O)_3[CeMo_{12}O_{42}]\cdot 3H_2O$ 的电化学性质是在 pH 为 2 的 $1mol\cdot L^{-1}$ H_2SO_4/Na_2SO_4 缓冲溶液中测定的，扫描速率为 $25mV\cdot s^{-1}$，这三个化合物显示出相似的电化学行为（图 4.11）。

图 4.11(a)表明化合物$[Li(H_2O)_4]_2Co(H_2O)_4Ce(H_2O)_3[CeMo_{12}O_{42}]\cdot 3H_2O$ 的电化学曲线在 $E_{1/2}=+0.015V$ 和$+0.146V$（$E_{1/2}=(E_{pa}+E_{pc})/2$）处出现两个不可逆的氧化还原峰，对应于 Mo^{VI} 的氧化还原过程，在$+1.093V$ 出现的另一个不可逆峰归属于 Ce(Ⅳ)/Ce(Ⅲ)的氧化还原过程[6]。图 4.11(b)表明化合物 $H_{0.5}[Li(H_2O)_4]_{2.5}[Ni(H_2O)_4]_{0.5}Ce(H_2O)_3[CeMo_{12}O_{42}]\cdot 3H_2O$ 的循环伏安曲线在 $E_{1/2}=+0.015V$、$+0.245V$ 和$+0.480V$ 处出现三个不可逆的氧化还原峰，对应于多酸阴离子的氧化还原过程，在$+1.113V$ 处出现的不可逆峰归属于 Ce(Ⅳ)/Ce(Ⅲ)的氧化还原过程[6]。图 4.11(c)表明化合物 $H[Li(H_2O)_4]_3Ce(H_2O)_3[CeMo_{12}O_{42}]\cdot 3H_2O$ 的电化学曲线在 $E_{1/2}=+0.012V$、$+0.159V$ 和$+0.378V$处出现三个不可逆的氧化还原峰，对应于 Mo^{VI} 的氧化还原过程，在$+1.109V$出现的不可逆峰可归属于 Ce(Ⅳ)/Ce(Ⅲ)的氧化还原过程[6]。

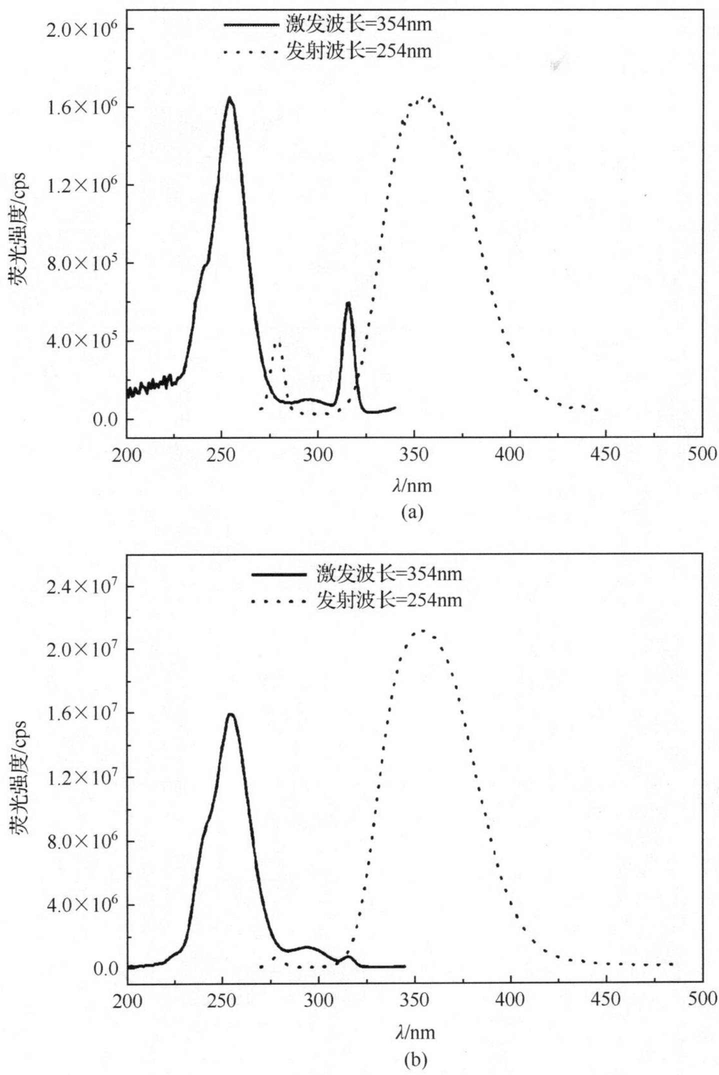

图 4.10 $[CeMo_{12}O_{42}]^{8-}$ 的浓度为 10^{-5} mol · L^{-1} 的 $(NH_4)_6H_2(CeMo_{12}O_{42})\cdot 9H_2O$ 的荧光光谱(a)和 Ce^{3+} 浓度为 0.5×10^{-5} mol · L^{-1} 的 $(NH_4)_6H_2(CeMo_{12}O_{42})\cdot 9H_2O$ 的荧光光谱(b)

化合物 $(NH_4)_6H_2[CeMo_{12}O_{42}]\cdot 9H_2O$ 的电化学行为是在 pH 为 0.0 的盐酸溶液中测定的，$(NH_4)_6H_2[CeMo_{12}O_{42}]\cdot 9H_2O$ 的浓度为 2×10^{-4} mol · L^{-1}，扫描速率为 10mV · s^{-1}，工作电极为玻璃碳糊电极，参比电极为 SCE。化合物 $(NH_4)_6H_2[CeMo_{12}O_{42}]\cdot 9H_2O$ 的循环伏安曲线在 $E_{1/2}=+0.538$V(*vs* SCE)处出现一对可逆的氧化还原峰，对应于 Ce 的氧化还原过程(图 4.12)[5]。

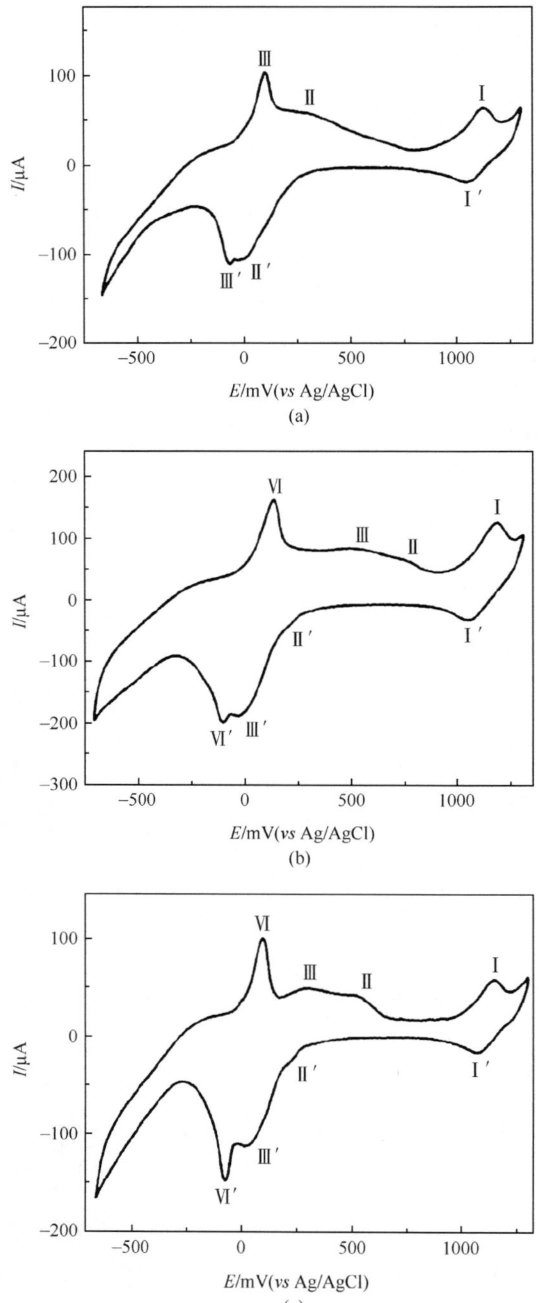

图 4.11 $[Li(H_2O)_4]_2Co(H_2O)_4Ce(H_2O)_3[CeMo_{12}O_{42}]\cdot 3H_2O$(a)、$H_{0.5}[Li(H_2O)_4]_{2.5}[Ni(H_2O)_4]_{0.5}Ce(H_2O)_3[CeMo_{12}O_{42}]\cdot 3H_2O$(b)和 $H[Li(H_2O)_4]_3Ce(H_2O)_3[CeMo_{12}O_{42}]\cdot 3H_2O$(c)的循环伏安曲线(介质为 $1mol\cdot L^{-1}$ H_2SO_4/Na_2SO_4 缓冲溶液，扫描速率为 $25mV\cdot s^{-1}$，Ⅰ-Ⅰ′、Ⅱ-Ⅱ′、Ⅲ-Ⅲ′、Ⅳ-Ⅳ′分别对应不同的氧化还原过程)[6]

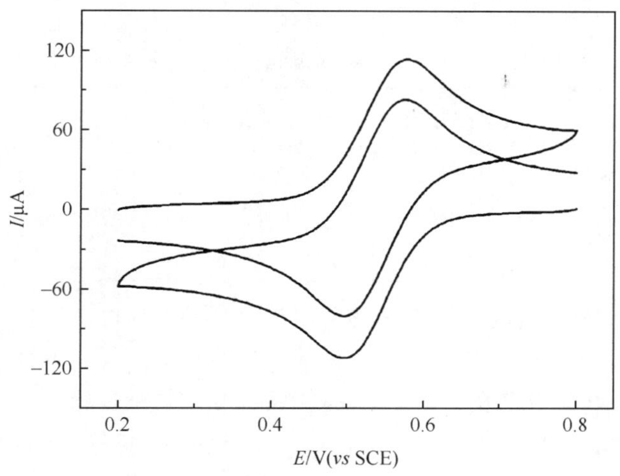

图 4.12　化合物$(NH_4)_6H_2[CeMo_{12}O_{42}]\cdot 9H_2O$的循环伏安曲线[5]

4.2　Anderson 型(1∶6 系列)杂多化合物及其衍生物化学

4.2.1　研究简史

1937 年,Anderson 提出了 1∶6 系列杂多阴离子的结构如$[Mo_7O_{24}]^{6-}$可能是由 7 个共边连接的八面体平面排布而成[10],随后,Lindqvist 提出$[Mo_7O_{24}]^{6-}$具有弯曲结构。直到 1948 年,Evans 报道了第一个具有 Anderson 结构的杂多阴离子$[TeMo_6O_{24}]^{6-}$的制备方法,并确定了阴离子的中心原子和钼原子的位置[11],并在 1974 年通过 X 射线衍射确定了$[TeMo_6O_{24}]^{6-}$的晶体结构[12],其结构是由六个共边的$\{MO_6\}$八面体围绕着中心的$\{XO_6\}$八面体构成的,整个结构具有D_{3d}对称性。因此,把这类结构称为“Anderson-Evans”结构,简称为 Anderson 结构。

4.2.2　Anderson 型杂多化合物及其异构体的结构描述

Anderson 结构阴离子通式为$[XM_6O_{24}]^{n-}$或$[X(OH)_6M_6O_{18}]^{n-}$,中心原子的配位数为 6,具有八面体构型。中心原子与配原子个数比为 1∶6,因此,该系列化合物又称 1∶6 系列。目前已经报道的 Anderson 结构的杂多化合物中,可以作中心原子的元素种类较多,主要有第一过渡系以及第二过渡系的锆、铑和第三过渡系的铂;另外主族元素 Al^{3+}、Ga^{3+}、Te^{6+}、I^{7+} 等也可作为中心原子参与 Anderson 型杂多阴离子的形成;配原子主要为钼和钨,也有少量钒作为配原子。除了单一以钼或钨作配原子的杂多阴离子以外,含有两种配原子的杂多阴离子也有报道,如$[TeVMo_5O_{24}]^{7-}$及$[Ni^{II}Mo_{6-x}W_xO_{24}H_6]^{4-}$($x$=0～6)等。现将具有 Anderson 结构的杂多钼酸盐和杂多钨酸盐列在表 4.2 中[1b,13-16]。

表 4.2　具有不同 Anderson 结构的多阴离子[1b,13-16]

多阴离子	中心原子
$[X(OH)_6Mo_6O_{18}]^{n-}$	X=Al^{3+},Ga^{3+},Cr^{3+},Mn^{2+},Fe^{2+},Fe^{3+},Co^{2+},Co^{3+},Ni^{2+},Cu^{2+},Zn^{2+},Th^{3+}
$[XO_6Mo_6O_{18}]^{n-}$	X=Te^{6+},I^{7+}
$[X(OH)_6W_6O_{18}]^{n-}$	X=Ni^{2+}
$[XO_6W_6O_{18}]^{n-}$	X=Mn^{4+},Ni^{4+},Te^{4+},I^{7+}

Anderson 结构的异构体包括 α 体和 β 体。$[\alpha\text{-}XM_6O_{24}]^{n-}$是由处于一个平面上的 7 个八面体构成的,6 个$\{MO_6\}$八面体围绕着中心$\{XO_6\}$八面体形成一个环,每个$\{MO_6\}$八面体同相邻的$\{MO_6\}$八面体共边相连(图 4.13),是 Anderson 多阴离子的 α-异构体的结构。1984 年,Lee 和 Sasaki 第一次报道了 Anderson 结构 β-异构体的存在(图 4.14)。Anderson 结构的 α 体和 β 体都含有 7 个共边的八面体,与 α 体不同的是,β 体中 6 个配原子八面体不在一个平面上,呈现非平面的弯曲结构,八面体之间不仅共边连接,也通过共顶点连接,其中 α 异构体是比较常见的,即通常所说的 Anderson 型结构[1b]。

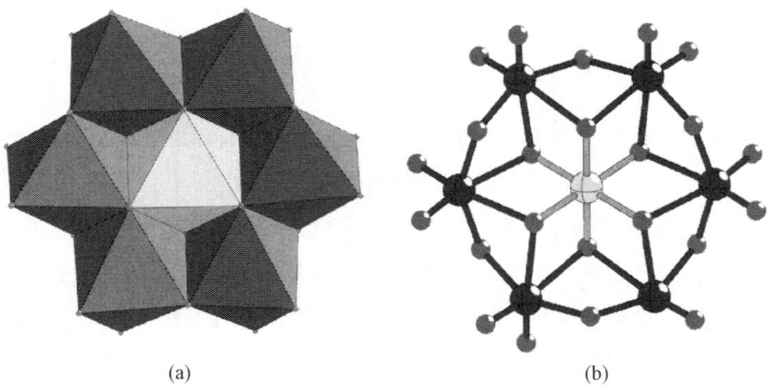

图 4.13　α-Anderson 型多阴离子的多面体图(a)和球棍图(b)

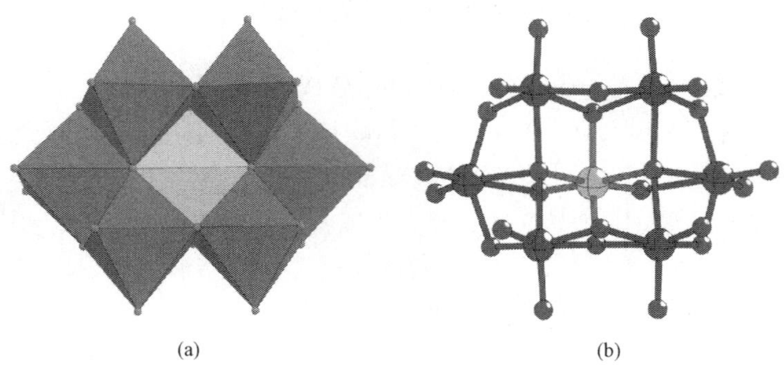

图 4.14　β-Anderson 型多阴离子的多面体图(a)和球棍图(b)

α-型 Anderson 结构又分为 A、B 两种类型,即 A 系列和 B 系列[1b]。Anderson 结构的 A 系列和 B 系列结构的区别可简单概括如下:A 系列是非质子化的,中心原子为高氧化态时(+4 或更高),中心原子上的氧不连氢(不被质子化)(图 4.13);B 系列结构中含有六个质子,中心原子为低价离子时(+3 或更低),六个非酸性的质子通常位于与中心原子连接的六个氧原子上,但也有个别多阴离子是介于二者之间的,在这些多阴离子中,并非每一个与中心原子相连的桥氧上都连有质子,而是部分连接有质子,如$[H_4PtMo_6O_{24}]^{4-}$[16]。A 系列 Anderson 结构中每个中心原子和六个氧原子形成八面体化合物,如$[IMo_6O_{24}]^{5-}$和$[TeMo_6O_{24}]^{6-}$。而 Anderson 结构的 B 系列中每个中心原子与 6 个—OH 基形成八面体结构,如$[NiMo_6O_{24}H_6]^{4-}$、$[CrMo_6O_{24}H_6]^{3-}$和$[CoMo_6O_{24}H_6]^{3-}$,以及中心原子为 Fe^{3+}、Ga^{3+}等的多阴离子。$[X^{III}Mo_6O_{24}H_6]^{3-}$(X=Al,Cr,Fe)的粉末样品的$^1H$ NMR 谱表明,这些 Anderson 型多阴离子所形成的盐中存在着—OH 基,并且这个—OH 基与盐中的 H_2O 分子有直接的联系,从而协调多阴离子电荷在 24 个氧原子上的合理分布,以保持 Anderson 型多阴离子结构的稳定性[1b]。表 4.3 列出了含有不同杂原子的 Anderson型多酸三级结构的部分晶体数据。

表 4.3 含有不同杂原子的 Anderson 型多酸三级结构的部分晶体数据

	$Na_3[CrMo_6O_{24}H_6]\cdot 8H_2O$[16]	$Na_3(H_2O)_6[Al(OH)_6Mo_6O_{18}]\cdot 2H_2O$[17]
晶胞参数	a=10.9080(4)Å	a=12.0618(3)Å
	b=10.9807(4)Å	b=13.1570(4)Å
	c=6.4679(2)Å	c=14.1563(4)Å
	α=107.594(2)°	α=80×7850(10)°
	β=84.438(2)°	β=75.2660(10)°
	γ=112.465(3)°	γ=68.9210(10)°
	V=1209.78Å^3	V=2021.43(10)Å^3
空间群	$P\bar{1}$	$P\bar{1}$
晶系	三斜	三斜
Z值	1	3

$[IMo_6O_{24}]^{5-}$具有 D_{3d}对称性,与$[TeMo_6O_{24}]^{6-}$和$[CrMo_6O_{24}H_6]^{3-}$的对称性一致。$[IMo_6O_{24}]^{5-}$是由七个共边的八面体构成,六个$\{MoO_6\}$八面体以平面六边形的方式围绕在中心$\{IO_6\}$八面体周围[1b]。与$[TeMo_6O_{24}]^{6-}$中 Te^{6+} 相比较,$[IMo_6O_{24}]^{5-}$中的 I^{7+}具有较小的离子半径(0.67Å)和较高的氧化态,因而 $I-O_c$ 的键级要高于 $Te-O_c$,$[IMo_6O_{24}]^{5-}$中的 $Mo-O_c$键更松散一些(表 4.4)[1b]。

表 4.4 $[IMo_6O_{24}]^{5-}$ 和 $[TeMo_6O_{24}]^{6-}$ 的多阴离子键长的比较

	$[IMo_6O_{24}]^{5-}$		$[TeMo_6O_{24}]^{6-}$	
	平均键长/Å	键长范围/Å	平均键长/Å	键长范围/Å
X—Mo	3.307	3.296～3.322	3.291	3.282～3.300
Mo—Mo	3.307	3.287～3.327	3.291	3.275～3.312
X—O_c	1.887	1.877～1.893	1.934	1.930～1.938
Mo—O_c	2.338	2.314～2.369	2.294	2.282～2.316
Mo—O_b	1.923	1.894～1.955	1.939	1.913～1.957
Mo—O_d	1.713	1.702～1.724	1.711	1.693～1.723

注：X=I 或 Te。

4.2.3 Anderson 型杂多化合物及其异构体的合成

$(NH_4)_3[X^{III}Mo_6O_{24}H_6]\cdot 7H_2O$（X=Cr(Ⅲ)，Al(Ⅲ)，Fe(Ⅲ)）的合成

将 5g $(NH_4)_6Mo_7O_{24}\cdot 4H_2O$(4.2mmol)的 80mL 水溶液加热至沸腾，向其中分别加入溶有 Cr(Ⅲ)，Al(Ⅲ)，Fe(Ⅲ)的金属硫酸盐(3.1mmol)的 20mL 水溶液，混合液在蒸气浴上蒸发，过滤热溶液，冷却至室温得到产物[13a]。

$(NH_4)_3[X^{III}Mo_6O_{24}H_6]\cdot 7H_2O$（X=Co(Ⅲ)）的合成

将 30.9g $(NH_4)_6Mo_7O_{24}\cdot 4H_2O$(2.5mmol)的 260mL 水溶液加热至沸腾，4.2g $CoSO_4\cdot 7H_2O$(0.015mol)和 2g H_2O_2 溶于 30mL 水中，将硫酸钴溶液加入沸腾的钼酸盐溶液中，混合液在蒸气浴上蒸发，过滤热溶液，冷却至室温得到产物[13a]。

$(NH_4)_4[X^{II}Mo_6O_{24}H_6]\cdot 5H_2O$（X=Ni(Ⅱ)和 Zn(Ⅱ)）的合成

将 5g $(NH_4)_6Mo_7O_{24}\cdot 4H_2O$(4.2mmol)溶于 80mL 沸水中，向其中加入 $ZnSO_4\cdot 5H_2O$(3mmol)或者 $NiSO_4\cdot 5H_2O$(3mmol)的 20mL 水溶液，在水中重结晶两次，得到无色晶体[13a]。

$(NH_4)_4[X^{II}Mo_6O_{24}H_6]\cdot 5H_2O$（X=Cu(Ⅱ)）的合成

将 0.75g $CuSO_4$(3mol)溶于 20mL 水中，加入到 5g $(NH_4)_6Mo_7O_{24}\cdot 4H_2O$(4.2mmol)的 80mL 沸腾溶液中，将黄色不溶沉淀过滤，加入过量乙腈，从而得到淡蓝色固体[13a]。

$(NH_4)_4[X^{II}Mo_6O_{24}H_6]\cdot 5H_2O$（X=Co(Ⅱ)和 Mn(Ⅱ)）的合成

合成方法与上述化合物类似，但是含有 Co(Ⅱ)和 Mn(Ⅱ)的 Anderson 型多酸不需要将水加热至沸腾得到，化合物不溶于水且受热易分解，因而钼酸铵和金属硫酸盐的混合溶液不能加热，通过加入过量乙腈的方法浓缩得到[13a]。

$(NH_4)_4[Ni^{II}Mo_{6-x}W_xO_{24}H_6]\cdot 5H_2O$ 的合成

将 $NiSO_4\cdot 5H_2O$ 水溶液逐滴加入到适宜比例的含有钼或钨的沸水中，当溶有 $(NH_4)_6Mo_7O_{24}\cdot 4H_2O$ 时，$x=0$；当溶有 $Na_2MoO_4\cdot 2H_2O$ 时，$x=1$；当溶有 MoO_3 时，$x=2\sim5$；当溶有 $Na_2WO_4\cdot 2H_2O$ 时，$x=0\sim5$[13a]。

$(NH_4)_6[TeMo_6O_{24}]\cdot 7H_2O$ 的合成

方法1：$(NH_4)_6Mo_7O_{24}\cdot 4H_2O$ 和 H_6TeO_6 按化学计量比溶于水中，溶液蒸发过程中有两种无色晶体析出：$(NH_4)_6[TeMo_6O_{24}]\cdot 7H_2O$ 和 $(NH_4)_6[TeMo_6O_{24}]\cdot Te(OH)_6\cdot 7H_2O$。$K_6[TeMo_6O_{24}]\cdot 7H_2O$ 按照类似的方法得到[12]。

方法2：将21.59g MoO_3 和5.74g $Te(OH)_6$ 溶于HCl浓度为1mol·L^{-1}的150mL水溶液中，混合液加热到85℃保持1h，将得到的无色澄清pH约为5.8的溶液加热煮沸至体积约为75mL，反应结束后将溶液冷却至室温25℃左右，得到片状无色晶体，过滤干燥得到25.2g粗产品。将粗产物的饱和溶液从85℃冷却至25℃，这一过程重复8次，得到的晶体用无水乙醇洗涤，干燥得到产物。$(NH_4)_6[TeMo_6O_{24}]\cdot 7H_2O$ 的元素分析理论值(%)：Te 10.12、Mo 45.64；实验值(%)：Te 9.96、Mo 45.79[9]。

$(H_3O)Cs_2K_8Na[AsMo_6O_{15}(OH)_3(SO_4)_3]_2\cdot 12H_2O$ 的合成

将6g $Na_2MoO_4\cdot 2H_2O$(0.025mol)溶于20mL 2mol·L^{-1}硫酸溶液中得到溶液A；将80mL 2mol·L^{-1}硫酸溶液加入1mL质量分数为35%的肼溶液(0.011mol)，硫酸肼立即沉淀下来，反应过程中会重新溶解得到溶液B；在2～3h内，将溶液A逐滴加入60℃溶液B中，加热使溶液保持在60℃，溶液颜色逐渐由黄色变成橙色。这一过程可以避免杂多蓝阴离子的生成。向混合溶液中加入0.65g $NaAsO_2$(0.005mol)，然后加入KOH，溶液的pH逐渐增加，随着pH的增加，溶液颜色加深，最终溶液的pH为2，溶液为深红色。向溶液中加入1g CsCl(0.06mol)，几小时后得到晶体产物。IR(KBr压片，cm^{-1})：3420(s)、3220(s)、1635(s)、1230(s)、1140(s)、1030(s)、994(s)、950(s)、775(m)、728(s)、648(m)、605(s)、550(m)、490；$(H_3O)Cs_2K_8Na[AsMo_6O_{15}(OH)_3(SO_4)_3]_2\cdot 12H_2O$ 的元素分析理论值(%)：As 4.5、Mo 34.9、S 5.8、Cs 8.1、K 9.5、Na 0.7；实验值(%)：As 4.4、Mo 34.2、S 5.3、Cs 14.3、K 9.1、Na 0.8[18]。

$Na_5[IMo_6O_{24}]\cdot 3H_2O$ 的合成

将1.35g $Na_2MoO_4\cdot 2H_2O$ 溶于1.0mL水中，0.2g $NaIO_4$ 溶于1.0mL水中，分别加热到95℃保持1h，向热的钼酸钠溶液中缓慢加入0.62mL 12mol·L^{-1} HCl溶液，然后将热的高碘酸盐逐滴加入到上述溶液中，无色澄清溶液煮沸蒸发至体积为1.3mL，溶液温度在85℃维持12h，然后冷却至25℃得到片状晶体，过滤,用乙醇洗涤,在空气中干燥得到白色粉末状产物。$Na_5[IMo_6O_{24}]\cdot 3H_2O$ 的元素分析理论值(%):I 10.11、Mo 45.85;实验值(%):I 10.07、Mo 45.85[9]。

$Na_3[CrMo_6O_{24}H_6]\cdot 8H_2O$ 的合成

将 145g $Na_2MoO_4\cdot 4H_2O$ 溶于 300mL 水中,溶液的 pH 用浓 HNO_3 调至 4.5,然后将 40.0g $Cr(NO_3)_3\cdot 9H_2O$ 溶于 40mL 水中,两种溶液混合,得到的混合液加热至沸腾 1min,过滤静置,将滤液置于 1500mL 烧杯中,约 1h 后开始析出晶体,滤液放置两周,滤出产物并用冷水洗涤几遍,得到大量紫色产物[16]。

$[(H_2O)_4Ag_3][Cr(OH)_6Mo_6O_{18}]\cdot 3H_2O$ 的合成

将 1mmol $Na_3[CrMo_6H_6O_{24}]\cdot 8H_2O$ 溶于 20mL 水中,加入 1mmol L-天门冬氨酸和 1mmol $AgNO_3$ 的 20mL 热水溶液,得到的混合物加热至 80℃,反应 2h,冷却,过滤,滤液室温缓慢挥发,三周得到紫色晶体[19]。

$Na_3(H_2O)_6[AlMo_6O_{24}H_6]\cdot 2H_2O$ 的合成

将 1.5g $AlCl_3\cdot 2H_2O$(6.21mmol)溶于用 10mL 100% HAc 酸化的 25mL 蒸馏水中,然后在剧烈搅拌下向溶液中加入 3.5g $Na_2MoO_4\cdot 4H_2O$(14.46mmol),逐滴加入 35%的 HCl 溶液将溶液的 pH 调至 1.8,混合液温度保持在 20~22℃,一周后将形成的白色晶体过滤,然后水洗、干燥,得到约 2.0g 产品(产率为 68%)[17]。$Na_3(H_2O)_6[AlMo_6O_{24}H_6]\cdot 2H_2O$ 的 IR(KBr 压片,cm^{-1}):1620(m){$\delta(H_2O)$}、947(s)/920(s){$\nu(Mo=O)$}、845(w)、650(s)、574(m)、530(w)、447(w)、390(w);Raman(cm^{-1}):958(s)、890(m)、568(w)、362(m)、224(s)[17]。

$Na_4(H_2O)_7[FeMo_6O_{24}H_6]\cdot 2H_2O$ 的合成

室温下将 12g $Na_2MoO_4\cdot 4H_2O$(49.6mmol)溶于 40mL 水中,溶液的 pH 用 10%的 HCl 调至 1.84,然后向溶液中加入 0.604g 铁粉(10.8mmol),溶液颜色变为深蓝,继而将溶液在室温下静置约一个月,得到棕色晶体,用 EtOH 和 Et_2O 洗涤,干燥,产率为 25%[20]。$Na_4(H_2O)_7[FeMo_6O_{24}H_6]\cdot 2H_2O$ 的元素分析理论值(%):Na 7.35、Fe 4.47、Mo 46.9;实验值(%):Na 7.31、Fe 4.37、Mo 47.8。IR(KBr 压片,cm^{-1}):958(m)、935(m)、858(w)、790(m)、667(w)、935(s)、462(s)、364(s)、217(vs)、169(vs)[20]。

$(H_3O)_3[Co(OH)_6Mo_6O_{18}]\cdot 7H_2O$ 的合成

室温下将 0.90g H_2MoO_4(5.58 mmol)和 0.13g $Co(Ac)_2\cdot 7H_2O$(0.52mmol)溶于 20mL 水中,然后加入 0.5mL H_2O_2,混合溶液加热至沸腾保持几分钟,然后在室温下静置,三周后得到绿色晶体。IR(KBr 压片,cm^{-1}):3460(s)、3160(s)、941(s)(Mo=O 的伸缩振动)、895(s)、656(s)、584(m)、449(m)(Mo—O—Mo 或 Mo—O—Co 的伸缩振动)[21]。

$(NH_4)_4[CoMo_6O_{24}H_6]\cdot 7H_2O$ 的合成

方法 1:将 24.72g$(NH_4)_6Mo_7O_{24}\cdot 4H_2O$(0.020mol)溶于 150mL 水中,逐滴

加入4.76g $CoCl_2 \cdot 6H_2O$(0.020 mol)的100mL水溶液，随后加入2g NH_4Cl使得溶液的pH为4.0～4.5，得到的红色溶液在冰箱中放置过夜，逐渐加热至室温得到淡橙色微晶，八天后得到大量细小的淡黄色产物晶体，产量为14.03g，产率为60%[22]。$(NH_4)_4[CoMo_6O_{24}H_6] \cdot 7H_2O$的IR(KBr压片，$cm^{-1}$)：929(s)、906(m，sh)、899(m)、876(s)、811(m，sh)(Mo—O和Co—O伸缩振动)、692(m，sh)、639(s)、579(m)、561(m，sh)、475(w)(Mo—O—Mo和Mo—O—Co伸缩振动)。$(NH_4)_4[CoMo_6O_{24}H_6] \cdot 7H_2O$的UV-Vis(pH为4.8的水溶液，$\lambda_{max}$，nm)：599和406；$(NH_4)_4[CoMo_6O_{24}H_6] \cdot 7H_2O$的IR(KBr压片，$cm^{-1}$)：948(s)、916(s)(Mo—O和Co—O伸缩振动)、652(s)、572(s)、539(sh)、447(s)(Mo—O—Mo和Mo—O—Co伸缩振动)[22]。

方法2：将6.5g $CoSO_4 \cdot 7H_2O$(0.023mol)溶于30mL水中，再加入2g H_2O_2 30%的溶液，制成溶液A；再将30g $(NH_4)_6Mo_7O_{24} \cdot 4H_2O$(0.023mol)溶于260mL水中(浓度为0.09mol·L^{-1})，制成溶液B。将溶液B加热至沸腾，再将溶液A滴入正在沸腾的溶液B中，经蒸发、浓缩、冷却得到蓝绿色晶体，最后用80℃蒸馏水重结晶[23]。

$(H_3O)(C_3H_5N_2)[Mn(OH)_6Mo_6O_{18}] \cdot 3.5H_2O$的合成

室温下将1.20g H_2MoO_4(7.45mmol)、0.86g咪唑(12.64mmol)和0.36g $MnSO_4 \cdot H_2O$(2.13 mmol)溶于20mL水中，然后加入0.3mL H_2O_2，混合溶液加热至80℃保持半小时，然后保持在室温下静置，三周后得到紫色晶体[21]。元素分析理论值(%)：C 3.07、H 1.79、N 2.39；实验值(%)：C 3.11、H 1.65、N 2.26。IR(KBr压片，cm^{-1})：3450(s)、3180(s)、1587(m)、1412(s)、947(s)(Mo═O伸缩振动)、893(s)、652(s)、577(m)、542(m)、415(m)(Mo—O—Mo或Mo—O—Mn伸缩振动)[21]。

$(Na/K)_8[Ni^{IV}W_6O_{24}] \cdot nH_2O$的合成

将20g $Na_2WO_4 \cdot 2H_2O$(0.06 mol)溶于100mL水中，加热至沸腾，缓慢加入2.6g $NiSO_4 \cdot 6H_2O$(0.01mol)的10mL水溶液，然后向混合液中加入5.4g $K_2S_2O_8$(0.02mol)细粉末，混合液保持沸腾15min，不时的添加些水，待反应结束后，向反应混合液中倒入同等体积的热水，蒸气浴上维持反应温度为80℃保持30min。得到黑色晶体，过滤，用水洗涤，干燥，得到2.5g产物，化合物微溶于水，在其他溶液中的溶解性也不好[13a]。

$(NH_4)_3[GaMo_6(OH)_6O_{18}] \cdot 7H_2O$的合成

将0.25g $(NH_4)_6Mo_7O_{24}$(0.2mmol)和0.7g $Ga(NO_3)_3$(1.92mmol)溶于10mL 1∶1 H_2O/MeOH混合物中，混合物稍加热，溶液中仍有少量浑浊，加入0.45g 0.5mL *N*-亚硝基-二-*N*-丁胺(2.8mmol)，混合物没有完全混溶，加入2mL

甲醇,混合物过滤,最终的溶液蒸发,9 天后得到无色块状晶体,产率为 90%[13b]。

4.2.4 Anderson 型杂多化合物及其异构体的结构表征

4.2.4.1 红外光谱

从$[X^{III}Mo_6O_{24}H_6]^{3-}$和$[X^{II}Mo_6O_{24}H_6]^{4-}$的 IR 光谱图中可看出,450$cm^{-1}$以下区域的振动峰归属于中心杂原子 X—O 振动,950～900cm^{-1}及 650～550cm^{-1}的振动峰可以属于 B 系列 Anderson 型多酸的振动峰模式(图 4.15)[13a]。

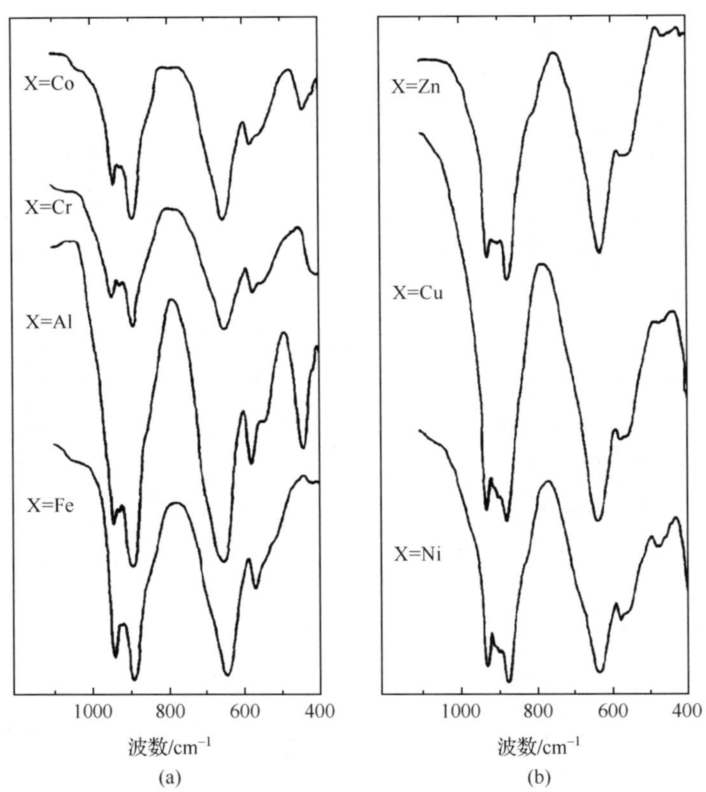

图 4.15 $[X^{III}Mo_6O_{24}H_6]^{3-}$[X= Co,Cr,Fe 和 Al](a)和 $[X^{II}Mo_6O_{24}H_6]^{4-}$[X=Ni,Zn 和 Cu](b)的 IR 光谱图[13a]

混配型$[Ni^{II}Mo_{6-x}W_xO_{24}]^{4-}$的 IR 光谱吸收峰范围与其类似,图 4.16 中曲线 a 为$[Ni^{II}W_6O_{24}]^{4-}$的 IR 光谱图,曲线 b 为$[Ni^{II}Mo_6O_{24}]^{4-}$的 IR 光谱图,曲线 c 为两者等量混合物的 IR 光谱图;曲线 d 为$[Ni^{II}Mo_3W_3O_{24}]^{4-}$的 IR 光谱[13a]。表 4.5中列出一系列 Anderson 型多钼酸盐的 IR 光谱数据[17,20-22]。

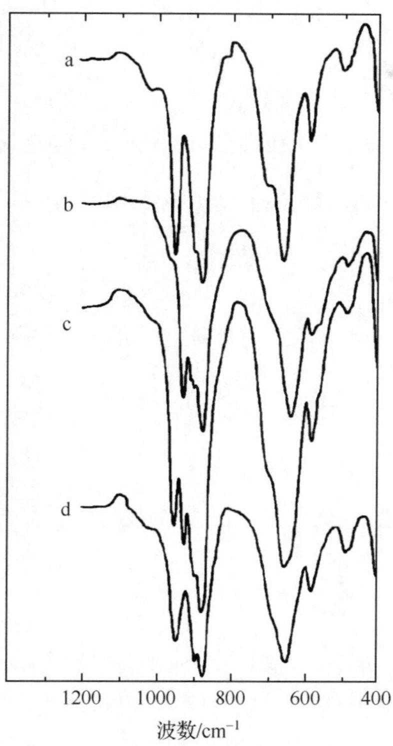

图 4.16 混配型[$Ni^{II}Mo_{6-x}W_xO_{24}$]$^{4-}$ 的 IR 光谱图[13a]:(a) [$Ni^{II}W_6O_{24}$]$^{4-}$;(b)[$Ni^{II}Mo_6O_{24}$]$^{4-}$;(c) a 和 b 的等量混合物;(d) [$Ni^{II}Mo_3W_3O_{24}$]$^{4-}$

表 4.5 一系列 Anderson 型多钼酸盐的 IR 光谱数据(cm^{-1})

化合物	红外吸收峰
$Na_3(H_2O)_6[Al^{III}Mo_6O_{24}H_6]\cdot 2H_2O$[17]	1620(m),947(s),845(w),650(s),574(m),530(w),447(w),390(w)
$Na_4(H_2O)_7[Fe^{II}Mo_6O_{24}H_6]\cdot 2H_2O$[20]	958(m),935(m),858(w),790(m),667(w),935(s),462(s),364(s),217(vs),169(vs)
$(H_3O)_3[Co^{III}(OH)_6Mo_6O_{18}]\cdot 7H_2O$[21]	3460(s),3160(s),941(s),895(s),656(s),584(m),449(m)
$(NH_4)_3[Co^{III}Mo_6O_{24}H_6]\cdot 7H_2O$[22]	929(s),906(m,sh),899(m),876(s),811(m,sh),692(m,sh),639(s),579(m),561(m,sh),475(w)
$Na_3[H_6Co^{III}Mo_6O_{24}]\cdot 8H_2O$[22]	948s,916s,652s,572s,539s,447s
$(H_3O)(C_3H_5N_2)[Mn^{III}(OH)_6Mo_6O_{18}]\cdot 3.5H_2O$[21]	3450(s),3180(s),1587(m),1412(s),947(s),893(s),652(s),577(m),542(m),415(m)

表 4.6 中列出了 $Ln[CoMo_6O_{24}H_6] \cdot xH_2O$ 的 IR 数据[22]，{$CoMo_6$}的钠盐的吸收振动频率为 $944cm^{-1}$、$908cm^{-1}$ 和 $657cm^{-1}$，与含有稀土的{$CoMo_6$}的红外吸收峰接近。从表中数据还可看出，稀土盐较铵盐的 ν_{Mo-O_d} 略有增加，原因可能是由于 Ln^{3+} 有空的 4f 和 5d 轨道，使其能与端氧(O_d)形成配位键所致[22]。

表 4.6　$Ln[CoMo_6O_{24}H_6] \cdot xH_2O$ 化合物的 IR 数据(cm^{-1})[22]

	ν_{Mo-O_d}	ν_{Mo-O_b-Mo}	ν_{Mo-O_a-X}
$La[CoMo_6O_{24}H_6] \cdot xH_2O$	942.17	897.81	651.90
$Ce[CoMo_6O_{24}H_6] \cdot xH_2O$	940.24	895.88	649.97
$Pr[CoMo_6O_{24}H_6] \cdot xH_2O$	940.28	892.99	650.94
$Nd[CoMo_6O_{24}H_6] \cdot xH_2O$	940.26	896.85	652.87
$Gd[CoMo_6O_{24}H_6] \cdot xH_2O$	943.14	897.81	654.79
$(NH_4)_3[CoMo_6O_{24}H_6] \cdot xH_2O$	934.46	893.95	651.90

4.2.4.2　紫外-可见吸收光谱

$Na_3[CoMo_6O_{24}H_6] \cdot 8H_2O$ 的 UV-Vis 光谱是在 pH 为 4.8 的水溶液中测定的，在 599nm 和 406nm 处出现两个吸收峰[22]。多酸由于存在 M—O 键的 p^{π}-d^{π} 电子跃迁，因此，紫外区大多具有较强的吸收谱带。{$Na[(CH_3)_3N(CH_2)_2OH]_2$}$[Cr(OH)_6Mo_6O_{18}] \cdot 2(NH_2CONH_2) \cdot 6H_2O$ 的 UV-Vis 光谱在 208nm 和 243nm 处出现两个吸收峰(图 4.17)[23]。

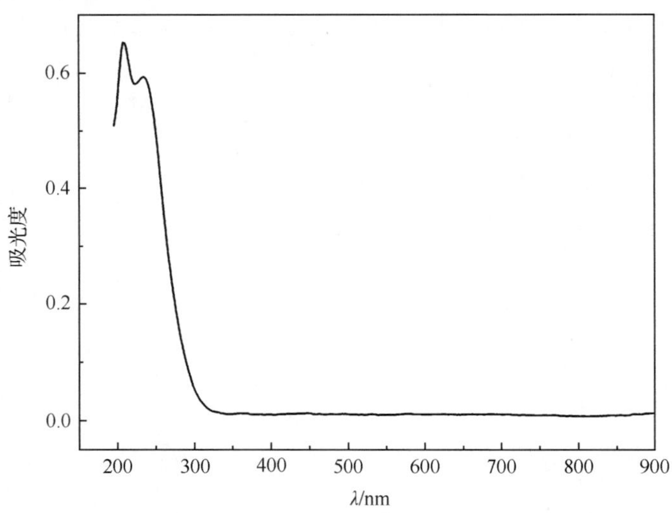

图 4.17　{$Na[(CH_3)_3N(CH_2)_2OH]_2$}$[Cr(OH)_6Mo_6O_{18}] \cdot 2(NH_2CONH_2) \cdot 6H_2O$ 的 UV-Vis 光谱图[23]

4.2.4.3　拉曼光谱

将化合物$(C_6H_5NO_2)_2[Ln(H_2O)_5(CrMo_6H_6O_{24})]\cdot 0.5H_2O$(Ln＝La 和 Ce)进行拉曼光谱测试得到 Andson 型多阴离子的吸收峰，如图 4.18 所示。$(C_6H_5NO_2)_2[Ce(H_2O)_5(CrMo_6H_6O_{24})]\cdot 0.5H_2O$ 在 $993cm^{-1}$、$942cm^{-1}$、$821cm^{-1}$、$713cm^{-1}$、$449cm^{-1}$、$337cm^{-1}$ 和 $286cm^{-1}$ 处出现的吸收峰可归属于$[CrMo_6H_6O_{24}]^{3-}$的振动，$(C_6H_5NO_2)_2[La(H_2O)_5(CrMo_6H_6O_{24})]\cdot 0.5H_2O$ 在 $993cm^{-1}$、$929cm^{-1}$、$908cm^{-1}$、$850cm^{-1}$、$823cm^{-1}$、$550cm^{-1}$、$333cm^{-1}$ 和 $250cm^{-1}$ 处出现多阴离子的吸收峰(图 4.18)[24]。

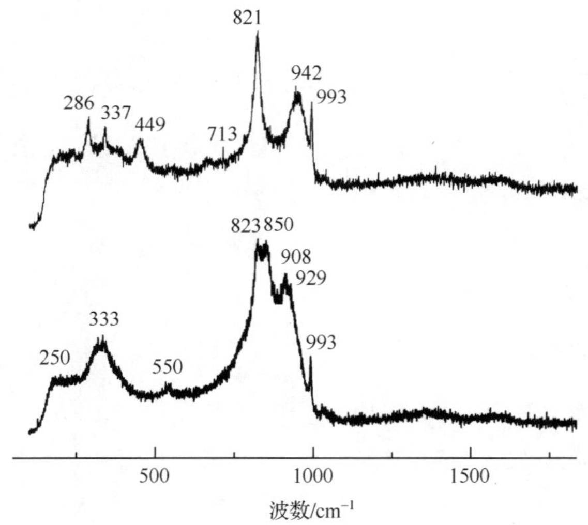

图 4.18　$(C_6H_5NO_2)_2[Ln(H_2O)_5(CrMo_6H_6O_{24})]\cdot 0.5H_2O$ 的拉曼光谱(Ln=Ce(上图)和 La(下图))[24]

4.2.4.4　热重-差热分析

化合物$(NH_4)_4[NiMo_6O_{24}H_6]\cdot 5H_2O$ 的热重曲线表明，在 423K 之前的质量损失是结晶水的失去，423～650K 的质量损失是配位水分子(连接中心 Ni 原子氧上的六个 H 原子)和 NH_3 的失去，873K 的最终产物是 $NiMoO_4$ 和 MoO_3。DTA 曲线上有三个明显的吸热峰，对应 TG 曲线上三处质量损失，在 693K 和 723K 处的放热峰可能是由于 $NiMoO_4$ 和 MoO_3 的形成(图 4.19)[25]。

$Na_3(H_2O)_6[Al(OH)_6Mo_6O_{18}]\cdot 2H_2O$ 的 TGA 表明在 50℃附近有一处明显的质量损失，对应化合物中结晶水分子的失去(质量损失为 8.5%)，在 180～300℃出现第二步质量损失对应配位水分子的失去(质量损失为 7.46%)，第三步质量损失是 Anderson 型多阴离子中连接中心铝原子的六个 OH^- 的失去。TGA 曲线表

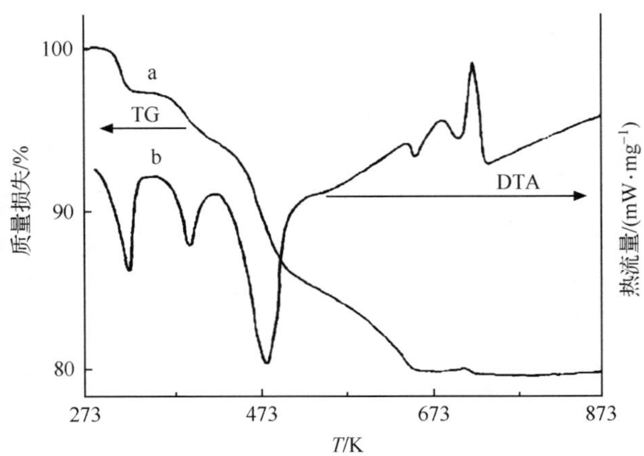

图 4.19 $(NH_4)_4[NiMo_6O_{24}H_6]\cdot 5H_2O$ 的 TG 曲线(a)和 DTA 曲线(b)[25]

明一共失掉 11 个水分子(总质量损失 16.55%,理论值为 16.42%)[17]。$[(H_2O)_4Ag_3][Cr(OH)_6Mo_6O_{18}]\cdot 3H_2O$ 的热重曲线在 35～415℃出现两步质量损失,分别对应于结晶水和配位水的失去,总质量损失为 11.35%,与理论质量损失 12.27%一致[19]。

4.2.4.5 X 射线光电子能谱

$(NH_4)_4[NiMo_6O_{24}H_6]\cdot 5H_2O$ 的光电子能谱中,Ni $2p_{3/2}$ 和 Mo $3d_{5/2}$ 的结合能分别为 856.1eV 和 232.6eV。$(NH_4)_4[NiW_6O_{24}H_6]\cdot 5H_2O$ 的光电子能谱中,Ni $2p_{3/2}$[图 4.20(A)]和 W $4f_{7/2}$ 的结合能分别为 857.6eV 和 36.7eV[25]。$[(H_2O)_4Ag_3][Cr(OH)_6Mo_6O_{18}]\cdot 3H_2O$ 中 Mo 的 XPS 谱图在 232.3eV 出现的吸收峰在 Mo 3d 的能量区域内,证明化合物中 Mo 的价态为+6[图 4.20(B)][19]。

4.2.4.6 漫反射电子光谱

在化合物 $(NH_4)_4[NiMo_6O_{24}H_6]\cdot 5H_2O$ 和 $(NH_4)_4[NiW_6O_{24}H_6]\cdot 5H_2O$ 中,Ni^{2+} 的价电子排布为 $3d^8$,而 Mo 和 W 的价电子排布为 d^0,在八面体配位场中 Ni^{2+} 主要表现为 d-d 跃迁,电子可以从基态 $^3A_{2g}$ 跃迁到更高的激发态 $^3T_{2g}$、$^3T_{1g}$,在正八面体体系中其吸收能量分别为 7000～13 000cm^{-1}、11 000～20 000cm^{-1} 和 19 000～27 000cm^{-1}。Mo^{6+} 和 W^{6+} 由于没有 d 电子,吸收峰只能由 $O^{2-}\rightarrow Mo^{6+}$ 或 $O^{2-}\rightarrow W^{6+}$ 配体-金属荷移跃迁(LMCT)产生,其吸收能量更高。漫反射电子光谱(DRES)谱图中 Mo^{6+} 电荷转移的最高能量区域为 25 000～50 000cm^{-1},因此,与 Ni^{2+} 的 d-d 跃迁吸收峰没有重叠[25]。

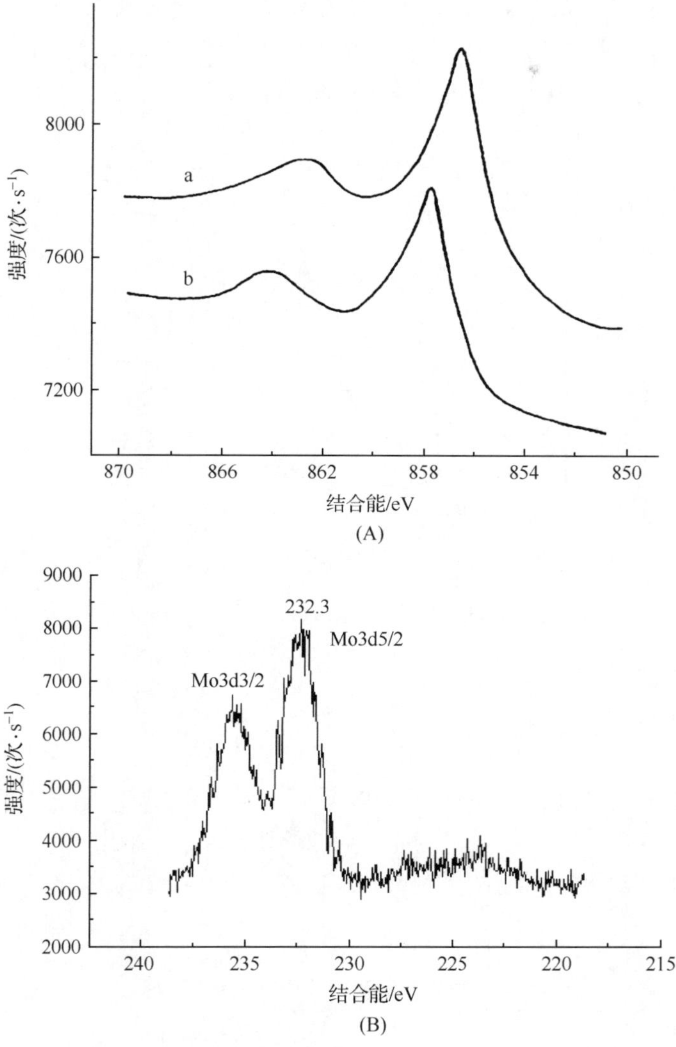

图 4.20　(A)Ni $2p_{3/2}$ XPS 谱图:(a)$(NH_4)_4[NiMo_6O_{24}H_6]\cdot 5H_2O$;(b)$(NH_4)_4[NiW_6O_{24}H_6]\cdot 5H_2O$[25];(B)$[(H_2O)_4Ag_3][Cr(OH)_6Mo_6O_{18}]\cdot 3H_2O$ 中 Mo 的 XPS 谱图[19]

$(NH_4)_4[NiMo_6O_{24}H_6]\cdot 5H_2O$ 和 $(NH_4)_4[NiW_6O_{24}H_6]\cdot 5H_2O$ 的 DRES(图 4.21)[25],与 Mo—W 混配型化合物的 DRES 类似,6000cm^{-1} 的弱吸收峰归属于表面水的吸收。$(NH_4)_4[NiMo_6O_{24}H_6]\cdot 5H_2O$ 在 9500cm^{-1} 和 16 000cm^{-1} 的吸收峰归属于 Ni^{2+}—O 的 d-d 跃迁,23 000cm^{-1} 开始的强吸收峰归属于 $O^{2-}\rightarrow Mo^{6+}$ 的 LMCT,在这个范围内也存在 Ni^{2+} 的第三个自旋允许跃迁,但被 $O^{2-}\rightarrow Mo^{6+}$ 的 LMCT 跃迁掩蔽了。从 $(NH_4)_4[NiW_6O_{24}H_6]\cdot 5H_2O$ 的漫反射电子光

谱图来看，$O^{2-}\rightarrow W^{6+}$ 的 LMCT 跃迁出现在能量更高的区域，从 31 000cm^{-1}开始。因此，在$(NH_4)_4[NiW_6O_{24}H_6]\cdot 5H_2O$ 的谱图中在 26 000cm^{-1}就出现了八面体配位的 Ni^{2+} 的第三个自旋允许跃迁吸收峰(图 4.21)[25]。

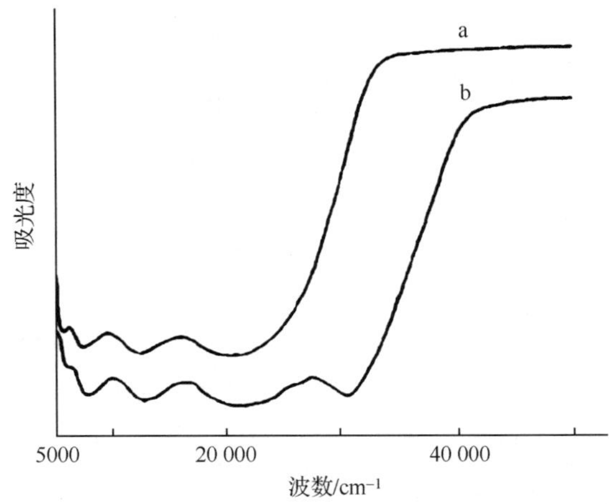

图 4.21 $(NH_4)_4[NiMo_6O_{24}H_6]\cdot 5H_2O$(a)和$(NH_4)_4[NiW_6O_{24}H_6]\cdot 5H_2O$(b)的漫反射电子光谱[25]

4.2.4.7 ^{17}O 核磁共振谱

表 4.7 列出了部分 Anderson 型多阴离子的^{17}O NMR 谱的化学位移值[9]，$[IMo_6O_{24}]^{3-}$ 和 $[TeMo_6O_{24}]^{3-}$ 的^{17}O NMR 谱分别出现 3 条谱线，而 $[Al(OH)_6Mo_6O_{18}]^{3-}$ 和 $[Co(OH)_6Mo_6O_{18}]^{3-}$ 的^{17}O NMR 谱分别出现 2 条谱线[9]。

表 4.7 部分 Anderson 型多阴离子的^{17}O NMR 谱的化学位移[9]

多阴离子	化学位移/ppm[谱线宽度/Hz]		
$[IMo_6O_{24}]^{3-}$	825[50]	387[90]	255[540]
$[TeMo_6O_{24}]^{3-}$	807[170]	383[170]	180[480]
$[Al(OH)_6Mo_6O_{18}]^{3-}$	833[100]	378[50]	
$[Co(OH)_6Mo_6O_{18}]^{3-}$	838[60]	382[90]	

4.2.4.8 X 射线衍射

我们采用熔融盐为反应溶剂合成了 Anderson 型多酸化合物$\{Na[(CH_3)_3N(CH_2)_2OH]_2\}[Al(OH)_6Mo_6O_{18}]\cdot 2(NH_2CONH_2)\cdot 6H_2O$ 和$\{Na[(CH_3)_3N(CH_2)_2OH]_2\}[Cr(OH)_6Mo_6O_{18}]\cdot 2(NH_2CONH_2)\cdot 6H_2O$，它们的模拟和实验

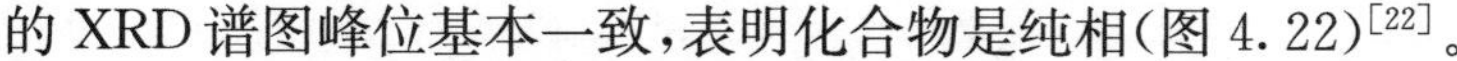

的 XRD 谱图峰位基本一致,表明化合物是纯相(图 4.22)[22]。

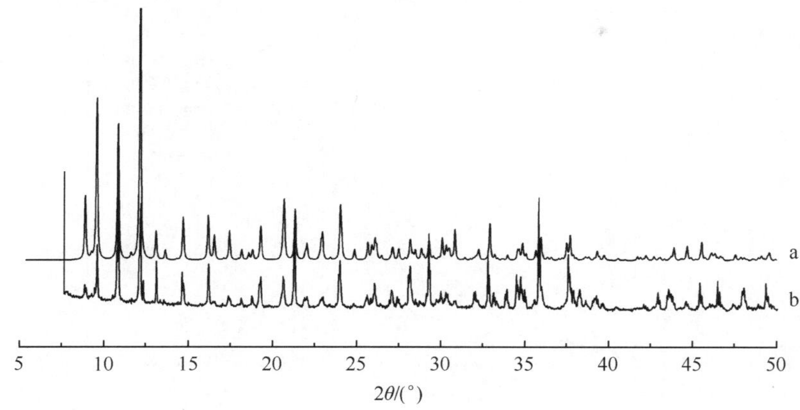

图 4.22　$\{Na[(CH_3)_3N(CH_2)_2OH]_2\}[Al(OH)_6Mo_6O_{18}]\cdot 2(NH_2CONH_2)\cdot 6H_2O$ 的模拟(a)和实验(b)XRD 谱图[23]

4.2.5　Anderson 型杂多化合物及其异构体的性质研究

4.2.5.1　光催化性质研究

2011 年,吴琼、李阳光和王恩波等报道了 Anderson 型多酸化合物$\{Mn(salen)_2(H_2O)_2[XMo_6(OH)_6O_{18}]\}[arg]\cdot 16H_2O$(X=Al 和 Cr,salen 为 N,N'-二水杨酰胺基乙烯,arg 为精氨酸),并研究了它们在紫外光下降解罗丹明 B 的光催化活性。光催化测试是首先配制罗丹明 B 的水溶液,浓度为 $2.0\times 10^{-5}mol\cdot L^{-1}$,用 NaOH 溶液或 $HClO_4$ 调节其 pH 至 3.5,将多酸化合物溶解于该水溶液中,搅拌 10min,溶液在 125W UV 汞灯照射下,保持溶液和灯的距离在 4~5cm,持续搅拌,每隔 30min,从烧杯中取 3mL 进行紫外光谱的监测,罗丹明 B 的浓度变化情况可以用 $K=(C_0-C_t)/C_0$ 表示,其中 C_0 代表紫外光照开始前罗丹明 B 的浓度,计算结果表明化合物$\{Mn(salen)_2(H_2O)_2[XMo_6(OH)_6O_{18}]\}[arg]\cdot 16H_2O$(X=Al 和 Cr)对罗丹明 B 光催化的转化率分别为 100%和 99.6%,多次重复实验表明化合物的催化活性并无明显的降低(图 4.23)[26,27]。

4.2.5.2　磁性研究

设计和合成新型单分子磁体成为当前研究热点,主要是源于单分子磁体在高密度信息存储和量子计算等方面的潜在应用。在这一领域,通常的合成方法是采用多齿有机含 O—或 N—配体与自旋载体结合构筑具有单分子磁体行为的高核簇[27,28]。2009 年,吴琼、李阳光和王恩波等向 Anderson 型多酸体系中引入

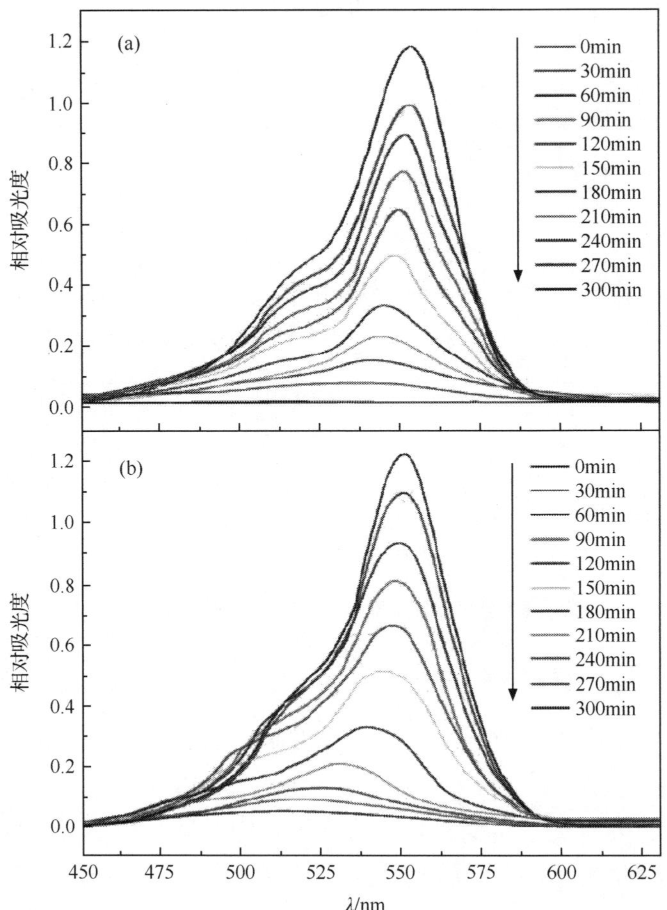

图 4.23　300min 内罗丹明 B 溶液的紫外-可见吸收光谱的演变：(a)$\{Mn(salen)_2(H_2O)_2[AlMo_6(OH)_6O_{18}]\}[arg]\cdot 16H_2O$；(b)$\{Mn(salen)_2(H_2O)_2[CrMo_6(OH)_6O_{18}]\}[arg]\cdot 16H_2O$[26,27]

$\{Mn_2^{III}\}$-席夫碱配合物，得到基于 Anderson 型多酸的$\{Mn_2^{III}\}$-席夫碱类杂化材料$[Mn(salen)(H_2O)]_2Na[XMo_6(OH)_6O_{18}]\cdot 20H_2O$(X=Al 和 Cr，salen 为 N,N'-二水杨酰胺基乙烯)。多酸框架的屏蔽效应降低了化合物分子间的反铁磁相互作用。化合物$[Mn(salen)(H_2O)]_2Na[XMo_6(OH)_6O_{18}]\cdot 20H_2O$ 的 χ'和 χ''的交流磁化系数随温度的变化磁性研究表明化合物具有单分子磁体行为[27,28]。$(NH_4)_4[NiMo_{6-x}W_xO_{24}H_6]\cdot 5H_2O(x=3)$的 χ_m^{-1} 实验数据如图 4.24 所示($x=0,2,4,6$ 时的化合物显示相同的斜线)，其中曲线 a 表示仅是自旋近似拟合，实验数据点和曲线 b(二阶近似拟合)的一致性非常好[25]。

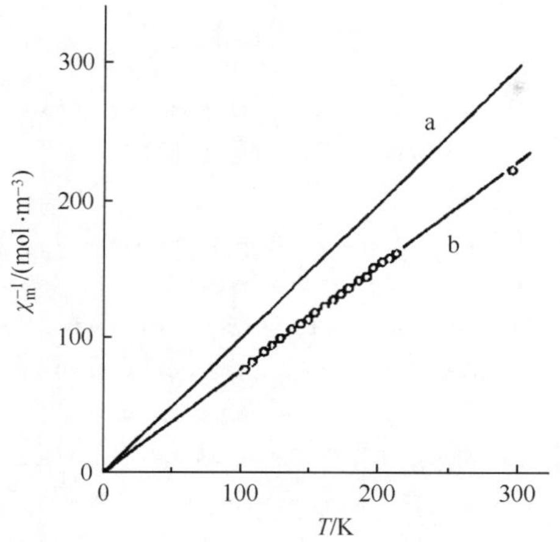

图 4.24　$(NH_4)_4[NiMo_3W_3O_{24}H_6]\cdot 5H_2O$ 的 χ_m^{-1} 随温度 T 的变化曲线[25]

4.2.5.3　电化学性质研究

$Ce[CoMo_6O_{24}H_6]\cdot xH_2O$ 的循环伏安曲线如图 4.25 所示，测试条件是以玻碳电极为工作电极、Ag/AgCl 电极为参比电极、铂丝为对电极，以 pH＝3.4 的 HAc/NaAc 缓冲溶液与二氧六环的混合液为介质(体积比 1∶1)，扫描速率为 $0.3V\cdot s^{-1}$。循环伏安曲线中出现两个阴极峰(0.015mV，0.159mV)和两个阳极峰(0.087mV，0.223mV)，电势差 ΔE_p 分别为 72mV 和 64mV，由循环伏安曲线可逆性判据可推断，$Ce[CoMo_6O_{24}H_6]\cdot xH_2O$ 所经历的两步还原均为单电子不可逆还原[23]。

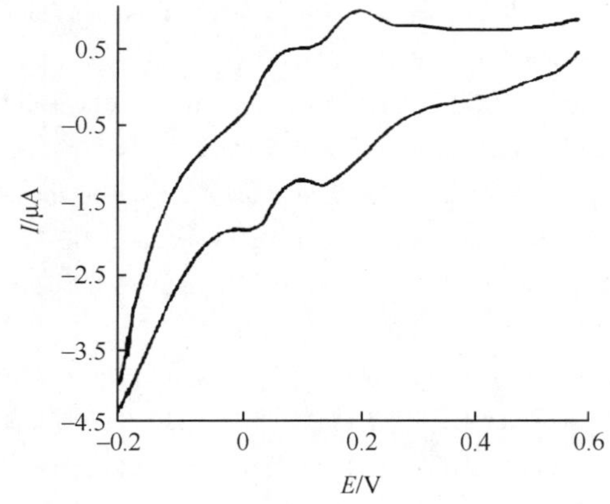

图 4.25　$Ce[CoMo_6O_{24}H_6]\cdot xH_2O$ 的循环伏安曲线[23]

参考文献

[1] (a)Wu C D, Lu C Z, Zhuang H H, et al. Hydrothermal assembly of a novel three-dimensional framework formed by [$GdMo_{12}O_{42}$]$^{9-}$ anions and nine coordinated Gd^{III} cations. J Am Chem Soc, 2002, 124: 3836-3837.

(b)王恩波,胡长文,许林. 多酸化学导论. 北京:化学工业出版社,1998.

[2] Tat'yanina I V, Molchanov V N, Ionov V M, et al. Crystal structure of molybdoceric and molybdouranic heteropoly acids. Izvestiya Akademii Nauk SSSR, Seriya Khimicheskaya, 1982: 803-807.

[3] Dexter D D, Silverton J V A. Silverton, new struture type for heteropolyanions. The crystal structure of $(NH_4)_2H_6(CeMo_{12}O_{42})(H_2O)_{12}$. J Am Chem Soc, 1968, 90: 3589-3590.

[4] Baker L C W, Gallagher G A, Mccutcheon T P. Determination of the valence of a heteropoly anion: dodecamolybdoceric(Ⅳ) acid and its salts. Structural considerations. J Am Chem Soc, 1953, 75: 2493-2495.

[5] Lu Y W, Keita B, Nadjo L, et al. Excited state behaviors of the dodecamolybdocerate(Ⅳ) anion: $(NH_4)_6H_2(CeMo_{12}O_{42})9H_2O$. J Phys Chem B, 2006, 110: 15633-15639.

[6] Tan H Q, Chen W L, Li Y G, et al. A series of pure inorganic eight-connected self-catenated network based on Silverton-type polyoxometalate. J Solid State Chem, 2009, 182: 465-470.

[7] 王恩波,赵世良,周延修,等. 钨铈杂多酸及其盐的研究(1)—离子交换法制备钨铈杂多酸. 高等学校化学学报, 1982, 3: 155-160.

[8] Nomiya K, Murasaki H, Miwa M. Spectrochemical properties of molybdo- and tungsto-heteropolyanions containing Ce(Ⅳ) or Ce(Ⅲ) as a heteroatom. Polyhedron, 1985, 4: 1793-1795.

[9] Filowitz M, Ho R K C, Klemperer W G, et al. ^{17}O nuclear magnetic resonance spectroscopy of polyoxometalates. 1. sensitivity and resolution. Inorg Chem, 1979, 18: 93-103.

[10] Anderson J S. Constitution of the poly-acids. Nature, 1937, 140: 850.

[11] Evans H T. The crystal structure of ammonium and potassium molybdotellurates. J Am Chem Soc, 1948, 70: 1291-1292.

[12] Evans H T. The Molecular structure of the hexamolybdotellurate ion in the crystal complex with telluric acid, $(NH_4)_6[TeMo_6O_{24}] \cdot Te(OH)_6 \cdot 7H_2O$. Acta Cryst Sect B, 1974, 30: 2095-2100.

[13] (a)Nomiya K, Takahashi T, Shirai T, et al. Anderson-type heteropolyanions of molybdenum(Ⅵ) and tungsten(Ⅵ). Polyhedron, 1987, 6: 213-218.

(b)Mensinger Z L, Zakharov L N, Johnsona D W. Triammonium hexa-hydroxidoocta-deca-oxidohexamolybdogallate(Ⅲ) hepta-hydrate. Acta Cryst Sect E, 2008, 64: i8-i9.

[14] Baker L C W, Foster G, Tan W, et al. Some Heteropoly 6-molybdate anions: their formulas, strengths of their free acids, and structural considerations. J Am Chem Soc, 1955, 77: 2136-2142.

[15] Kondo H, Kobayashi A, Sasaki Y. The structure of the hexamolybdoperiodate anion in its potassium salt. Acta Cryst Sect B, 1980, 36: 661-664.

[16] Lee V, Sasaki Y. Isomerism of the hexamolybdo-platinate(Ⅳ) polynion. Crystal structures of $K_{3.5}[\alpha\text{-}H_{4.5}PtMo_6O_{24}] \cdot 3H_2O$ and $(NH_4)_4[\beta\text{-}H_4PtMo_6O_{24}] \cdot 1.5H_2O$. Chem Lett, 1984: 1297-1300.

[17] Shivaiah V, Das S K. Supramolecular assembly based on a heteropolyanion: Synthesis and crystal structure of $Na_3(H_2O)_6[AlMo_6O_{24}H_6] \cdot 2H_2O$. J Chem Sci, 2005, 117: 227-233.

[18] Livage C, Dumas E, Marchal-Roch C, et al. Synthesis and structure of the novel anion [$AsMo_6O_{15}(OH)_3(SO_4)_3$]$^{6-}$, first example of a reduced molybdo-sulphate cluster. C R Acad Sci Paris, Série IIc,

Chimie/Chemistry,2000,3: 95-100.

[19] An H Y,Li Y G,Xiao D R,et al. Self-assembly of extended high-dimensional architectures from Anderson-type polyoxometalate clusters. Cryst Growth Des,2006,6: 1107-1112.

[20] Wu C D,Lin X,Yu R M,et al. $[Na_4(H_2O)_7][Fe(OH)_6Mo_6O_{18}]$: a new [12] metallacrown-6 structure with an octahedrally coordinated iron at the center. Science in China,2001,44: 49-54.

[21] Zhang Q Z, Yu Y Q, Chen S M, et al. Syntheses and crystal structures of $(H_3O)(C_3H_5N_2)[Mn(OH)_6Mo_6O_{18}]\cdot 3.5H_2O$ and $(H_3O)_3[Co(OH)_6Mo_6O_{18}]\cdot 7H_2O$. Chinese J Struct Chem,2004,11: 1269-1273.

[22] Nolan A L,Burns R C,Lawrance G A. Reaction kinetics and mechanism of formation of $[H_4Co_2Mo_{10}O_{38}]^{6-}$ by peroxomonosulfate oxidation of Co^{II} in the presence of molybdate. J Chem Soc Dalton Trans, 1996:2629-2636.

[23] Wang S M,Chen W L,Wang E B. Two chain like B-type-Anderson-based hybrids synthesized in choline chloride/urea eutectic mixture. J Clust Sci,2010,21:133-145.

[24] An H Y,Xiao D R,Wang E B,et al. Open-framework polar compounds: synthesis and characterization of rare-earth polyoxometalates$(C_6NO_2H_5)_2[Ln(H_2O)_5(CrMo_6H_6O_{24})]\cdot 0.5H_2O$(Ln=Ce 和 La). Eur J Inorg Chem,2005:854-859.

[25] Porta P,Minelli G,Moretti G,et al. Anderson-type ammonium hexamolybdotungstonickelates. J Mater Chem,1994,4: 541-545.

[26] Wu Q,Chen W L,Liu D,et al. New class of organic-inorganic hybrid aggregates based on polyoxometalates and Metal-Schiff-base. Dalton Trans,2011,40: 56-61.

[27] 吴琼,王恩波. 含 Mn^{III} 分子基材料的设计、合成及性质研究. 长春: 东北师范大学,2011.

[28] Wu Q,Li Y G,Wang Y H,et al. Polyoxometalate-based $\{Mn_2^{III}\}$-Schiff base composite materials exhibiting single-molecule magnet behaviour. Chem Commun,2009:5743-5745.

第 5 章　Waugh 型(1∶9 系列)和 Standberg 型(2∶5 系列)杂多化合物及其衍生物化学

5.1　Waugh 型(1∶9 系列)杂多化合物及其衍生物化学

5.1.1　研究简史

1907 年，Hall 等发现了第一例$[MnMo_9O_{32}]^{6-}$的钾盐和钡盐。1953 年，Waugh 等第一次合成出结构通式为$(NH_4)_6[XMo_9O_{32}]$的杂多化合物，后来人们将结构通式为$[XMo_9O_{32}]^{6-}$的多阴离子结构称为 Waugh 型结构。

5.1.2　Waugh 型杂多化合物及其衍生物的结构描述

$[MnMo_9O_{32}]^{6-}$是一种典型的 Waugh 结构，该多阴离子是由 9 个$\{MoO_6\}$八面体和中心的 1 个$\{MnO_6\}$八面体构筑的，其中 3 个$\{MoO_6\}$八面体与中心$\{MnO_6\}$八面体通过共边的方式共平面连接呈等边三角形排列，另外两组$\{Mo_3O_{13}\}$三金属簇分别位于上述四个八面体$\{MnMo_3\}$组成的平面的上方和下方，从而形成了具有 D_3 对称性的手性多阴离子$[MnMo_9O_{32}]^{6-}$(图 5.1 和图 5.2)。这种手性的多阴离子有两种异构体，一个左旋体和一个右旋体。

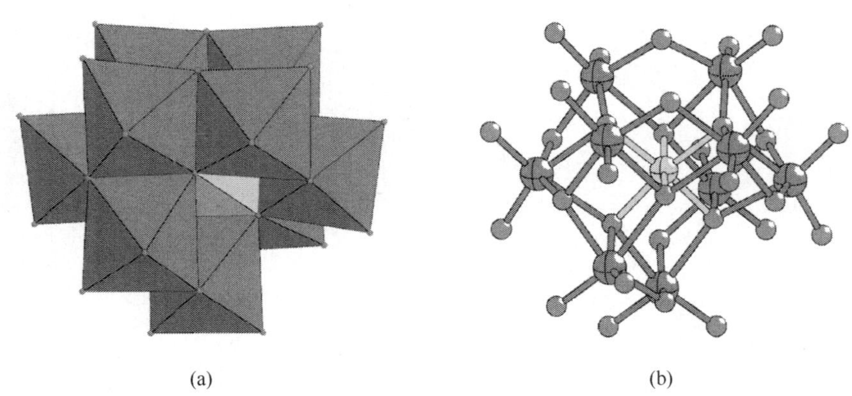

(a)　　(b)

图 5.1　Waugh 型多阴离子的多面体图(a)和球棍图(b)

Pope 和 Müller 提出，$[XMo_9O_{32}]^{6-}$也可以看成母体$\{XM_{12}O_{38}\}$的衍生结构，如图 5.2 所示，通过从母体上采用不同方式移除两组不同的 3 个$\{MoO_6\}$八面体，在等边三角形的顶点上造成空缺，就得到了$[MnMo_9O_{32}]^{6-}$的 L-异构体和 D-异构体。单晶 X 射线衍射数据显示 Mo－O 键键长为 1.882(6)～1.887(6)Å，O—Mn—O的键角为 86.2(4)°～169.6(3)°(图 5.2)。表 5.1 列出了具有不同三级结构的 Waugh 型多阴离子的部分晶体数据。

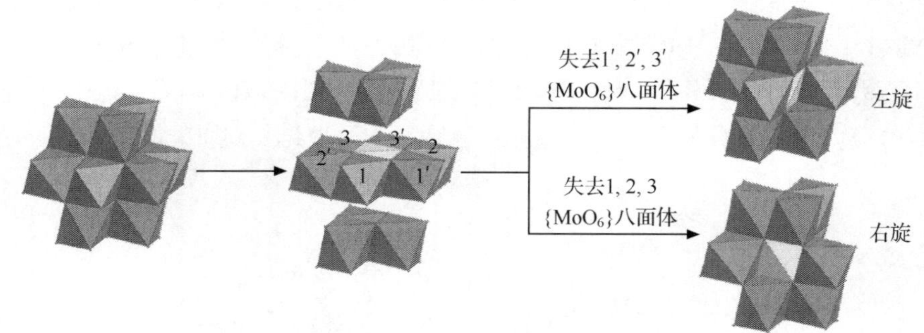

图 5.2　$[L\text{-}MnMo_9O_{32}]^{6-}$和$[D\text{-}MnMo_9O_{32}]^{6-}$异构体的结构示意图

表 5.1　具有不同三级结构的 Waugh 结构多阴离子的部分晶体数据

	$K_6[MnMo_9O_{32}]\cdot 6H_2O$[1]	$(L\text{-}Zn(H_2O)_3)_3[MnMo_9O_{32}]\cdot 4H_2O$[2]
晶胞参数	a=15.59(2)Å	a=15.6460(4)Å
	b=15.59(2)Å	b=15.6460(4)Å
	c=12.44(2)Å	c=12.5656(7)Å
	α=90°	α=90°
	β=90°	β=90°
	γ=120°	γ=120°
	V=2618Å^3	V=2633.91(18)Å^3
空间群	$R3$	$R32$
晶系	三方	三方
Z值	3	3

2007 年，谭华桥和王恩波等报道的$(Zn(H_2O)_3)_3[L/D\text{-}MnMo_9O_{32}]\cdot 4H_2O$是由$Zn^{2+}$与$[MnMo_9O_{32}]^{6-}$构筑的三维孔道结构，$Zn^{2+}$具有变形的四方锥配位构型，沿[0,1,1]方向孔道的大小约为 12.3Å×9.3Å(图 5.3)[2,3]。2009 年，谭华桥、李阳光和王恩波等报道了一系列基于 Waugh 型杂多阴离子和不同连接单元的化合物，研究了化合物从外消旋到自发拆分的形成过程。化合物$(Himi)_6[MnMo_9O_{32}]$是由交错排列的不同手性的$[L\text{-}MnMo_9O_{32}]^{6-}$和$[D\text{-}MnMo_9O_{32}]^{6-}$，与质子化的咪唑构筑的三维超分子结构，质子化的咪唑游离在多阴离子形成的空穴中，相邻的咪唑离子间存在 π-π 相互作用，由于不同手性的$[MnMo_9O_{32}]^{6-}$等量

存在于单个晶体中，因此，整个晶体不具有手性的结构特征(图 5.4)[3,4]。而在化合物 $Na_2(Himi)_4[MnMo_9O_{32}]\cdot 2H_2O$ 中，两个 Na^+ 取代了 $(Himi)_6[MnMo_9O_{32}]$ 中的咪唑阳离子，Na^+ 的取代使得化合物的手性选择性显著增强，虽然整个化合物不具有手性，但是在晶体中存在左旋和右旋的手性层结构[图 5.5(a)][3,4]。进一步调控 Na^+ 与咪唑的比例，得到化合物 $Na_3(Himi)_3[MnMo_9O_{32}]$，它是由 $[MnMo_9O_{32}]^{6-}$ 与 Na^+ 连接构筑的具有 α-Po 拓扑的三维结构，但它仍是一种外消旋混合物[图 5.5(b)]。化合物 $NH_4Mn_{2.5}[MnMo_9O_{32}]\cdot 11H_2O$ 是由 $[MnMo_9O_{32}]^{6-}$ 与 $\{Mn^{II}(H_2O)_4\}$ 构筑的手性三维开放结构(图 5.6)[3,4]。

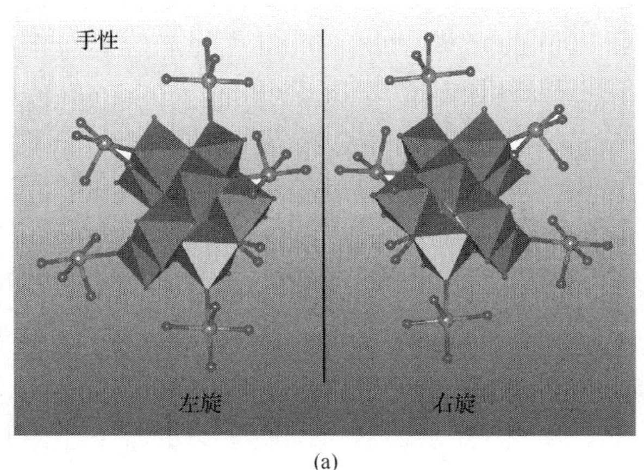

(a)

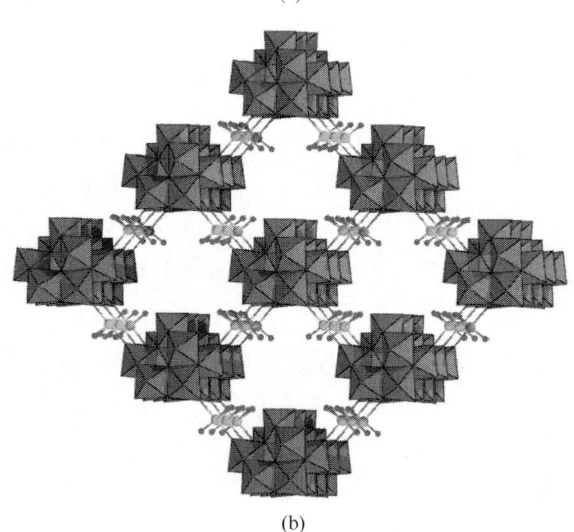

(b)

图 5.3 (a)$(Zn(H_2O)_3)_3[L/D\text{-}MnMo_9O_{32}]\cdot 4H_2O$ 的结构单元；(b)沿[0,1,1]方向的三维孔道结构[2,3]

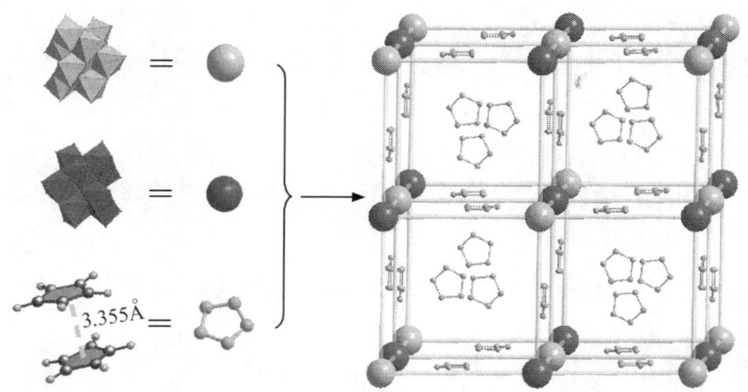

图 5.4　$(Himi)_6[MnMo_9O_{32}]$的三维结构示意图[3,4]

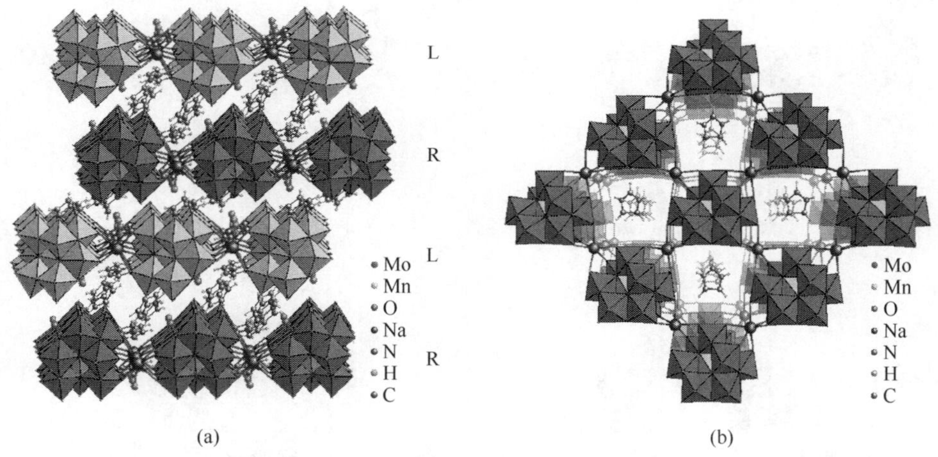

图 5.5　(a)$Na_2(Himi)_4[MnMo_9O_{32}]\cdot 2H_2O$的二维层结构；
(b)$Na_3(Himi)_3[MnMo_9O_{32}]$的三维结构(L 为左旋,R 为右旋)[3,4]

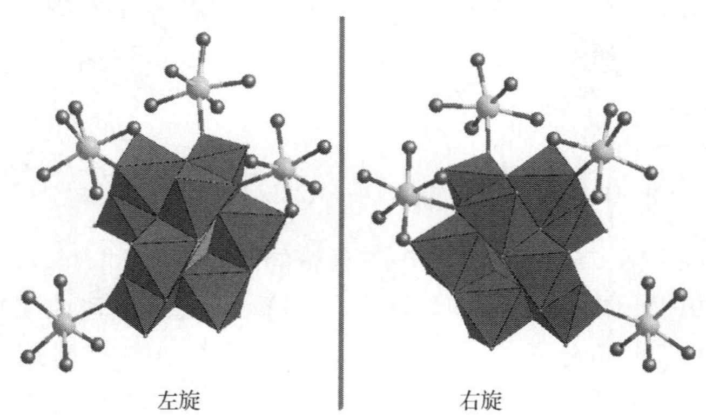

图 5.6　手性化合物 $NH_4Mn_{2.5}[MnMo_9O_{32}]\cdot 11H_2O$ 中$[MnMo_9O_{32}]^{6-}$的配位模式[3,4]

2012 年,谭华桥、李阳光和王恩波等报道了一系列基于 Waugh 型杂多阴离子的不同维数的多酸化合物。化合物 $Na_4Mn[MnMo_9O_{32}]\cdot 11.5H_2O$ 中 $[MnMo_9O_{32}]^{6-}$ 被 Mn^{2+} 连接成具有孔道的三维框架结构。在 $KNa_3Mn[MnMo_9O_{32}]\cdot 9H_2O$ 的结构中,手性 $[MnMo_9O_{32}]^{6-}$ 被 $\{Mn(H_2O)_4\}^{2+}$ 单元连接构成“之”字形链 $[\{Mn(H_2O)_4\}(MnMo_9O_{32})]_n^{4n-}$(图 5.7)[3,5]。在 $Na_2Ni_2[MnMo_9O_{32}]\cdot 12H_2O$ 中,每个 $[MnMo_9O_{32}]^{6-}$ 与 2 个 Ni^{2+} 和 2 个 Na^+ 连接形成同手性的二维格子层 $[\{Na(H_2O)_2\}_2\{Ni(H_2O)_4\}_2(MnMo_9O_{32})]_n$(图 5.8)[3,5]。

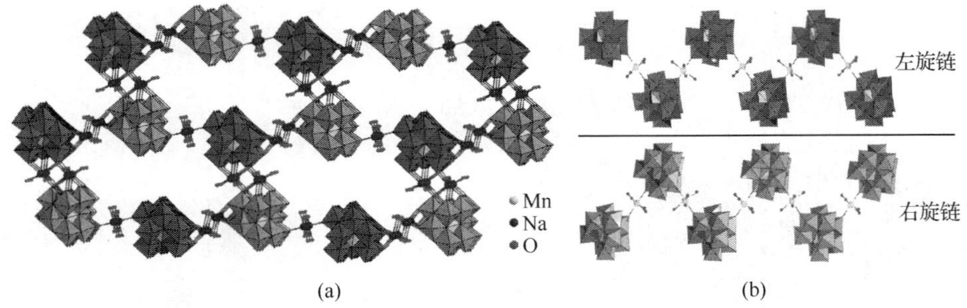

图 5.7 $Na_4Mn[MnMo_9O_{32}]\cdot 11.5H_2O$ 的三维结构图(a)
和 $KNa_3Mn[MnMo_9O_{32}]\cdot 9H_2O$ 的之字形链结构图(b)[3,5]

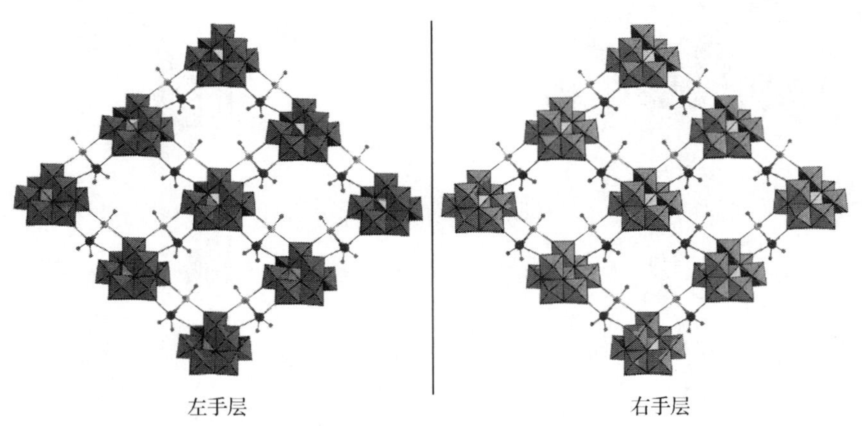

图 5.8 $Na_2Ni_2[MnMo_9O_{32}]\cdot 12H_2O$ 的二维层结构[3,5]

2010 年,谭华桥、李阳光和王恩波等报道的 $[(CH_3)_4N]_2Nd[HMnMo_9O_{32}]\cdot 6H_2O$ 是由 $[Mn^{IV}Mo_9O_{32}]^{6-}$ 与 $\{Nd(H_2O)_6\}^{3+}$ 单元连接,并以四甲基铵离子为反荷离子构筑的三维超分子结构。四甲基铵离子通过氢键作用填充在 $[Mn^{IV}Mo_9O_{32}]^{6-}$ 与 $\{Nd(H_2O)_6\}^{3+}$ 单元所构筑的空隙中(图 5.9)[3,6]。

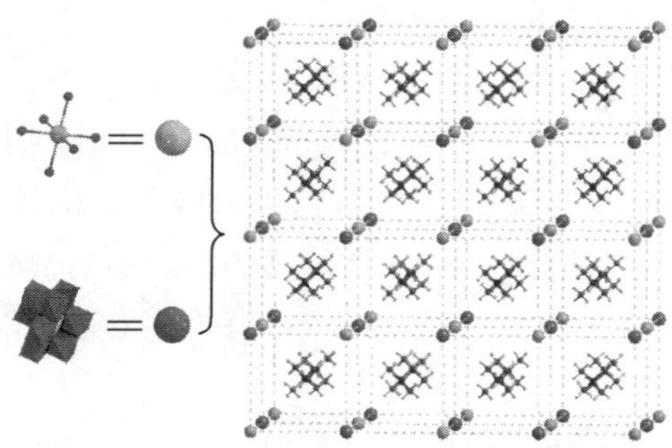

图5.9 $[(CH_3)_4N]_2Nd[HMnMo_9O_{32}]\cdot 6H_2O$ 的三维结构示意图[3,6]

5.1.3 Waugh型杂多化合物及其异构体的合成方法

在合成Waugh型多酸时，对酸度和氧化剂的选择较为严格，比较常见的合成方法总结如式(5-1)所示，具体合成要遵循下面介绍的详细合成步骤。

$$MoO_4^{2-} \xrightarrow[(2)Mn^{2+},S_2O_8^{2-},\text{加热}]{(1)H^+,pH=4.5} [Mn(\text{IV})Mo_9O_{32}]^{6-} \quad (5\text{-}1)$$

另一种Waugh结构杂多化合物的制备方法，如式(5-2)所示。

$$[Mo_7O_{24}]^{6-} \xrightarrow[(2)Mn^{2+},MnO_4^-/S_2O_8^{2-},\text{加热}]{(1)H^+,pH=4\sim6} [Mn(\text{IV})Mo_9O_{32}]^{6-} \quad (5\text{-}2)$$

$H_6[MnMo_9O_{32}]$的合成

在95℃下将$MnSO_4$和过硫酸铵加入到稍过量的10%$(NH_4)_6Mo_7O_{24}$溶液中，将混合液回流反应5min，并迅速冷却、过滤，并于70℃的热水中重结晶，得到橘红色$H_6[MnMo_9O_{32}]$晶体[7]。

$Na_6[MnMo_9O_{32}]$和$(NH_4)_6[MnMo_9O_{32}]$的合成

通过上述方法制备得到$H_6[MnMo_9O_{32}]$后，可以采用离子交换法得到$Na_6[MnMo_9O_{32}]$，$(NH_4)_6[MnMo_9O_{32}]$是将$Na_6[MnMo_9O_{32}]$置于饱和硝酸铵溶液中滴加稀氨水调节pH约为4.5得到的[7]。

$K_6[MnMo_9O_{32}]\cdot 6H_2O$的合成

向pH=4.5的HAc/KOH缓冲溶液中加入$0.5mol\cdot L^{-1}$的过硫酸钾溶液，然后将其加入物质的量比为1∶12的$0.01mol\cdot L^{-1}$ $MnSO_4$和Na_2MoO_4的混合溶液(40℃)中，4h后，冷却红色反应液，3天后有晶体析出，产率为60%。$K_6[MnMo_9O_{32}]\cdot 6H_2O$的元素分析实验值(%)：Mn 2.65、Mo 46.6；理论值(%)：Mn 2.98、Mo 46.8。UV-Vis(pH 4.5，nm)：470；IR(KBr压片，cm^{-1})：875(sh)、896、917、931[8]。

$(NH_4)_4Na_2[MnMo_9O_{32}]\cdot 6H_2O$ 的合成

将 0.823g$(NH_4)_6[MnMo_9O_{32}]\cdot 6H_2O$(0.5mmol)溶于 25mL 饱和 Na_2SO_4 水溶液中，用 0.5mol · L^{-1} H_2SO_4 将溶液的 pH 调至 4，橘黄色混合液于 80℃下搅拌 2h，过滤，滤液在室温下放置约 2 周后，析出橙色块状晶体。元素分析理论值(%)：Na 2.78、Mn 3.32、Mo 52.12；计算值(%)：Na 2.64、Mn 3.49、Mo 52.48；IR (KBr 压片，cm^{-1})：928(w)、889(m)、659(w)、578(m)、531(w)、496(w)、427 (w)[9]。

$K_3(NH_4)_3[MnMo_9O_{32}]$和 $K_{0.5}(NH_4)_{5.5}[MnMo_9O_{32}]\cdot 6H_2O$ 的合成

方法 1：将 0.6132 g$(NH_4)_6Mo_7O_{24}\cdot 4H_2O$(0.50 mmol)溶于 50 mL 蒸馏水中，剧烈搅拌下依次加入 10mL 冰醋酸、0.5014g(3.00mmol) $MnSO_4\cdot H_2O$ 和 0.5790g(2.14mmol)$K_2S_2O_8$ 固体，然后剧烈搅拌，并将混合物加热至沸，保持溶液沸腾约 30min，溶液由无色变为橙红色，过滤，冷却至室温，静置 1 夜，得橙红色晶体(产率为 40%)。$K_3(NH_4)_3[MnMo_9O_{32}]$的元素分析理论值(%)：K 6.63、Mn 3.11、Mo 48.94；实验值(%)：K 6.50、Mn 2.99、Mo 49.02[2,3]。

方法 2：将 $KMnO_4$(2.5mmol)和$(NH_4)_6Mo_7O_{24}\cdot 4H_2O$(3.2mmol)分别溶于水溶液中，然后将两种溶液相互混合，用 2mol · L^{-1} HNO_3 溶液或者饱和 NH_4Ac 溶液调节溶液的 pH 至 4.0，将混合液置于 55℃恒温浴中 4h，然后过滤，滤液中会缓慢析出红色晶体。$K_{0.5}(NH_4)_{5.5}[MnMo_9O_{32}]\cdot 6H_2O$ 的元素分析理论值(%)：K 1.18、Mn 3.32、Mo 52.10、N 5.99；实验值(%)：K 1.12、Mn 3.30、Mo 51.97、N 5.70[10]。

$(NH_4)_6[MnMo_9O_{32}]\cdot 8H_2O$ 的合成

反应方程式为

$$9(NH_4)_6Mo_7O_{24}+7MnSO_4+7(NH_4)_2S_2O_8 \longrightarrow 7(NH_4)_6[MnMo_9O_{32}]+8H_2SO_4+13(NH_4)_2SO_4$$

具体步骤如下：将 12.4g$(NH_4)_6Mo_7O_{24}\cdot 4H_2O$ 溶于定量的蒸馏水中，用冰醋酸调节溶液的 pH 为 4～6，加热至沸腾。将 11.8g $MnSO_4\cdot H_2O$ 溶于热水中，与上述溶液混合，搅拌加热至沸腾，得到黄色沉淀；再加入 4.56g$(NH_4)_2S_2O_8$ 的水溶液，加热至 80℃得到橘红色透明溶液，80℃保持半小时，室温下放置缓慢蒸发，得到橘红色晶体，抽滤，洗涤[11,12]。

$(NH_4)_2Na_2[\{Cu(H_2O)_4\}(MnMo_9O_{32})]\cdot 5H_2O$ 的合成

将 0.823g$(NH_4)_6[MnMo_9O_{32}]\cdot 6H_2O$(0.5mmol)溶于 25mL 饱和 Na_2SO_4 水溶液中，用 0.5mol · L^{-1}的 H_2SO_4 溶液调节 pH 到 4，然后向混合液中滴加 5mL 0.170g $CuCl_2\cdot 2H_2O$(1mmol)水溶液，橘黄色的混合液于 80℃下搅拌 2h，过滤，滤液在室温下放置约 2 周后，析出橙色块状晶体。元素分析理论值(%)：Cu 3.66、

Na 2.65、Mn 3.16、Mo 49.68;计算值(%):Cu 3.82、Na 2.55、Mn 3.31、Mo 49.83。IR(KBr 压片,cm^{-1}):936(w)、897(m)、671(w)、591(m)、536(w)、488(w)、420(w)[9]。

手性$(Zn(H_2O)_3)_3[L/D\text{-}MnMo_9O_{32}]\cdot 4H_2O$的合成

将 0.5g $K_3(NH_4)_3[MnMo_9O_{32}]$(0.3 mmol)溶于 40mL 80℃的蒸馏水中,用 1mol · L^{-1} HCl 溶液调节溶液的 pH 至 3.00,将含有 2.7310g $ZnCl_2\cdot 2H_2O$(0.02mol)的 10mL 水溶液边搅拌边加入到上述溶液中,加热到 80℃搅拌 1h,冷却至室温,缓慢蒸发,两天后得到红色晶体。得到的红色晶体为$(Zn(H_2O)_3)_3[MnMo_9O_{32}]\cdot 4H_2O$的 L-型和 D-型异构体的外消旋混合物,其中 L-型约占 70%,D-型约占 30%,L-型和 D-型异构体是在偏光显微镜下采用机械拆分得到的(产率为 75%)。$(Zn(H_2O)_3)_3[L/D\text{-}MnMo_9O_{32}]\cdot 4H_2O$的元素分析的理论值(%):Zn 10.48、H 1.30、Mn 2.90、Mo 46.55;实验值(%):Zn 10.54、H 1.40、Mn 2.95、Mo 46.40;IR(KBr 压片,cm^{-1}):1483(w)、946(s)、906(s)、847(w)、684(m)、591(m)、539(m)、496(m)、427(m)[2,3]。

$K_2[(C_4H_9)_4N]_4[MnMo_9O_{32}]\cdot 13H_2O$的合成

将 5g$(NH_4)_6[MnMo_9O_{32}]\cdot 8H_2O$通过 H 型阳离子交换柱(Dowex-50W)转换成钼锰杂多化合物的酸,该酸的水溶液在短时间内比较稳定,将 9.75g 四丁基溴化铵和 2.25g KCl 加入到酸溶液中,得到淡红色的块状晶体,收集、洗涤、风干[13]。

$[H_3NNH_3]_2K_2[MnMo_9O_{32}]\cdot(NH_3)\cdot 3H_2O$的合成

将 2.5g$(NH_4)_6Mo_7O_{24}$溶于适量的水中,当$(NH_4)_6Mo_7O_{24}$完全溶解后,加入 0.4g MnO_2 和适量的盐酸肼使得溶液的 pH 为 6.0,回流反应几小时后,溶液变成亮黄色,在冷却过程中缓慢地生成大量的橘色晶状沉淀。$[H_3NNH_3]_2K_2[MnMo_9O_{32}]\cdot(NH_3)\cdot 3H_2O$的元素分析理论值(%):N 4.24、H 1.26、Mo 52.1、Mn 3.3、K 4.7;实验值(%):N 4.10、H 0.96、Mo 50.0、Mn 4.6、K 4.1[14]。

$(Himi)_6[MnMo_9O_{32}]$的合成

将 0.5311g $K_3(NH_4)_3[MnMo_9O_{32}]$(0.3mmol)溶于 80℃ 50mL 水中,持续搅拌下,加入 0.6803g 咪唑(10mmol),用 2mol · L^{-1}稀 HCl 溶液将溶液的 pH 调至 3.0,然后反应混合物在 80℃下加热回流约 2h,冷却,过滤,室温缓慢蒸发得到红色晶体,产率约 80%[3,4]。元素分析理论值(%):C 11.72、N 9.11、H 1.64、Mn 2.98、Mo 46.80;实验值(%):C 11.80、N 9.06、H 1.58、Mn 2.94、Mo 46.89。IR(KBr 压片,cm^{-1}):3135(s)、2970(s)、2839(s)、2616(m)、1825(w)、1576(s)、1442(m)、1418(m)、1308(w)、1195(w)、1164(w)、1093(w)、1048(w)、937(s)、661(s)、586(s)、536(s)、492(m)[3,4]。

$Na_2(Himi)_4[MnMo_9O_{32}]\cdot 2H_2O$ 的合成

将 0.5306g $K_3(NH_4)_3[MnMo_9O_{32}]$(0.3mmol)溶于 50mL 0.5mol·$L^{-1}$ Na_2SO_4 溶液中，持续搅拌，加入 0.6801g 咪唑(10mmol)，用 2mol·L^{-1}的稀 HCl 溶液将溶液的 pH 调至 3.0，然后将反应混合物加热至 80℃，并持续搅拌 2h，过滤，冷却至室温，室温缓慢挥发，2 周后得到红色晶体(产率为 75%)[3,4]。元素分析理论值(%)：C 8.06、N 6.27、H 1.35、Na 2.57、Mn 3.07、Mo 48.27；实验值(%)：C 8.10、N 6.22、H 1.31、Na 2.54、Mn 3.12、Mo 48.33。IR(KBr 压片，cm^{-1})：3135(s)、2970(s)、2839(s)、2616(m)、1825(w)、1635(w)、1577(s)、1443(m)、1309(w)、1195(w)、1165(w)、1093(m)、1048(m)、936(s)、662(s)、587(s)、537(s)、493(m)[3,4]。

手性多酸 $NH_4Mn_{2.5}[L/D\text{-}MnMo_9O_{32}]\cdot 11H_2O$ 的合成

将 0.5336g $K_3(NH_4)_3[MnMo_9O_{32}]$(0.3mmol)溶于 50mL 80℃水中，持续搅拌下，加入 1.000g $MnCl_2\cdot 4H_2O$(5mmol)的 5mL 溶液，用 2mol·L^{-1}的稀硫酸将溶液的 pH 调至 3.0，然后将反应混合物加热至 80℃，并持续搅拌 2h，过滤，冷却，室温缓慢蒸发，3 周后得到红色晶体，该红色晶体为 $NH_4Mn_{2.5}[MnMo_9O_{32}]\cdot 11H_2O$ 的 L 型(70%)和 D 型(30%)异构体的外消旋混合物，在偏光显微镜下采用机械拆分可得到 $NH_4Mn_{2.5}[L\text{-}MnMo_9O_{32}]\cdot 11H_2O$ 和 $NH_4Mn_{2.5}[D\text{-}MnMo_9O_{32}]\cdot 11H_2O$ 的晶体(产率为 60%)。元素分析理论值(%)：N 0.79、Mn 10.78、Mo 48.40；实验值(%)：N 0.82、Mn 10.81、Mo 48.48。IR(KBr 压片，cm^{-1})：3390(m)、2926(m)、2854(m)、1630(m)、1419(w)、1163(w)、1114(w)、941(s)、905(s)、654(m)、591(s)、538(m)、494(m)[3,4]。

$Na_4Mn[MnMo_9O_{32}]\cdot 11.5H_2O$ 的合成

将 2.0012g $Na_2MoO_4\cdot 2H_2O$(8.27mmol)溶于 20mL 水中，强烈搅拌，然后依次加入 10mL 冰醋酸、1.5004g $Mn(CH_3COO)_2\cdot 4H_2O$(6.12mmol)和 0.0785g $KMnO_4$(0.50mmol)，将最终的反应混合物加热至 40℃，搅拌 2h，冷却至室温，过滤，缓慢蒸发滤液，2 周后得到橘红色晶体(产率约为 35%)[3,5]。元素分析理论值(%)：Na 5.16、Mn 6.16、Mo 48.39；计算值(%)：Na 5.28、Mn 5.99、Mo 48.51。IR(KBr 压片，cm^{-1})：3422(m)、1616(w)、940(m)、903(s)、670(m)、592(s)、536(s)、493(s)[3,5]。

$Na_2Ni_2[MnMo_9O_{32}]\cdot 12H_2O$ 的合成

将 0.5267g $K_3(NH_4)_3[MnMo_9O_{32}]$(0.3mmol)溶于 25mL 0.5mol·$L^{-1}$ Na_2SO_4 溶液中，持续搅拌，然后加入 5mL 1mol·L^{-1} $NiCl_2$(5mmol)溶液，用 2mol·L^{-1}稀硫酸将溶液的 pH 调至 3.0，反应混合物加热至 80℃，在该温度下回流搅拌 2h，过滤，冷却，滤液在室温下缓慢蒸发，2 周后得红色晶体，产率为 45%。元素分析理论值

(%)：Na 2.54、Ni 6.48、Mn 3.04、Mo 47.71；实验值(%)：Na 2.66、Ni 6.33、Mn 2.88、Mo 47.62。IR(KBr压片，cm^{-1})：3444(m)、1644(w)、1515(w)、1399(w)，936(m)、901(s)、678(m)、592(s)、538(s)、495(m)[3,5]。

$Mn_3[L/D\text{-}MnMo_9O_{32}]\cdot 13H_2O$ 的合成

将0.5168g $K_3(NH_4)_3[MnMo_9O_{32}]$(0.3mmol)溶于50mL 80℃热水中，持续搅拌，加入10mL 1mol·L^{-1} $MnCl_2$(10mmol)溶液，用2mol·L^{-1}稀硫酸将溶液的pH调至2.0，将反应混合物加热至70℃，并在70℃持续回流搅拌2h，过滤，冷却，室温下缓慢蒸发，1周后得到红色晶体，产率为60%。元素分析理论值(%)：Mn 12.02、Mo 47.20；实验值(%)：Mn 11.87、Mo 47.32。IR(KBr压片，cm^{-1})：3442(m)、1646(w)、1550(w)、941(m)、904(s)、650(m)、589(s)、535(s)、494(s)[3,5]。

$Ni_3[L/D\text{-}MnMo_9O_{32}]\cdot 11.5H_2O$ 的合成

与化合物 $Mn_3[L/D\text{-}MnMo_9O_{32}]\cdot 13H_2O$ 的合成基本相似，不同的是10mL 1mol·L^{-1} $MnCl_2$ 换成了7mL 1mol·L^{-1} $NiCl_2$ 溶液，滤液室温下缓慢蒸发5天后得到黄色晶体，产率为40%。元素分析理论值(%)：Ni 9.57、Mn 3.20、Mo 47.46；实验值(%)：Ni 9.71、Mn 3.03、Mo 47.61。IR(KBr压片，cm^{-1})：3428(m)、1640(w)、951(s)、904(s)、660(m)、595(s)、541(s)、494(s)[3,5]。

$Co_3[MnMo_9O_{32}]\cdot 15H_2O$ 的合成

将0.5234g $K_3(NH_4)_3[MnMo_9O_{32}]$(0.3mmol)溶于50mL 80℃的热水中，持续搅拌，将6mL 1mol·L^{-1}的 $CoCl_2$(6.0mmol)溶液加入上述溶液中，用2mol·L^{-1}稀硫酸将溶液的pH调至2.0，反应混合物加热至70℃搅拌2h，过滤，冷却，室温缓慢蒸发，5天后得到红色晶体，产率为55%。元素分析理论值(%)：Co 9.42、Mn 2.93、Mo 45.99；实验值(%)：Co 9.28、Mn 3.02、Mo 46.10。IR(KBr压片，cm^{-1})：3430(s)、1630(m)、1470(w)、1399(w)、949(s)、907(s)、647(m)、588(s)、540(s)、493(s)[3,15]。

$Cu_3[MnMo_9O_{32}]\cdot 15H_2O$ 的合成

与 $Co_3[MnMo_9O_{32}]\cdot 15H_2O$ 的合成基本相似，不同的是将6mL 1mol·L^{-1} $CoCl_2$ 换成了8mL 1mol·L^{-1} $CuCl_2$ 溶液，滤液室温缓慢蒸发1周后得到黄色晶体，产率为66%。元素分析理论值(%)：Cu 9.97、Mn 2.81、Mo 45.80；实验值(%)：Cu 10.08、Mn 2.90、Mo 45.66。IR(KBr压片，cm^{-1})：3429(m)、1637(w)、1549(w)、1460(w)、944(s)、908(s)、653(m)、594(s)、534(s)、487(s)[3,15]。

$[(CH_3)_4N]_2Nd[HMnMo_9O_{32}]\cdot 6H_2O$ 的合成

将0.5012g $K_3(NH_4)_3[MnMo_9O_{32}]$(0.3mmol)溶于50mL水中，持续搅拌下，向溶液中加入0.1132g $NdCl_3$(0.45mmol)，用1mol·L^{-1} H_2SO_4 将溶液的pH调至2.0，然后加入0.2193g $(CH_3)_4NCl$(2mmol)，将溶液加热至70～80℃，并保

持1h,冷却,过滤,滤液室温下缓慢挥发,10天后得到块状红色晶体,产率为65%[3,6]。元素分析理论值(%):C 5.26、N 1.53、Nd 7.90、Mn 3.00、Mo 47.29;实验值(%):C 5.19、N 1.51、Nd 7.86、Mn 3.06、Mo 47.34。IR(KBr压片,cm^{-1}):3406(s)、3034(w)、1635(s)、1479(m)、1284(m)、949(s)、935(s)、685(m)、592(s)、539(m)、492(w)[3,6]。

$(NH_4)_6[NiMo_9O_{32}]\cdot 6H_2O$的合成

方法1:将0.01mol·L^{-1}氯化镍和0.1mol·L^{-1}钼酸钠的10mL水溶液加热到70℃,然后加入0.010mol·L^{-1}的10mL过硫酸氢铵溶液,用0.10 mol·L^{-1} H_2SO_4溶液调节混合液的pH至4.44,加热反应约30min,然后将混合液冷却静置过夜,得到暗红色晶体,产率为65%[16]。元素分析实验值(%):Ni 3.5、Mo 52.7;理论值(%):Ni 3.6、Mo 52.3。UV-Vis光谱(pH 4.5,nm):565。IR(KBr压片,cm^{-1}):544(m)、600(m)、685(mw)、897(s)、920(sh)、929(s)[16]。

方法2:将一定量的$(NH_4)_6Mo_7O_{24}\cdot 4H_2O$溶于一定量的蒸馏水中,用4mol·$L^{-1}$ H_2SO_4溶液调节pH为4~6,加入硫酸镍溶液,搅拌加热至沸腾,有浅绿色沉淀出现,然后再加入$(NH_4)_2S_2O_8$溶液,加热至溶液沸腾,此时溶液变为红色,溶液保持沸腾30min,然后在室温下放置过夜,析出黑红色晶体,抽滤、洗涤、风干,得到粗产品,用$(NH_4)_2SO_4$溶液重结晶3次,抽滤,在70~80℃下烘干得到黑红色晶体$(NH_4)_6[NiMo_9O_{32}]\cdot 6H_2O$[17,18]。元素分析理论值(%):N 5.09、Ni 3.56、Mo 52.32;实验值(%):N 4.98、Ni 3.49、Mo 52.46[17,18]。

5.1.4 Waugh型杂多化合物及其异构体的结构表征

5.1.4.1 红外光谱

$(NH_4)_6[MnMo_9O_{32}]\cdot 8H_2O$的红外光谱表明在940$cm^{-1}$和900$cm^{-1}$处出现Mo═O的伸缩振动峰,在680$cm^{-1}$、590$cm^{-1}$和540$cm^{-1}$出现的吸收峰可归属于Mo—O—Mo的弯曲振动,500cm^{-1}处出现的吸收峰归属于Mo—O—Mo的弯曲振动,该吸收峰掩盖了Mn—O的伸缩振动峰,在3159cm^{-1}、1390cm^{-1}、3420cm^{-1}、1600cm^{-1}处出现的四个吸收峰可归属于NH_4^+和H_2O的振动[12]。$K_3Na_3[MnMo_9O_{32}]\cdot 6H_2O$的IR光谱中,在3535$cm^{-1}$和1610$cm^{-1}$处出现的吸收峰应归属于水分子中O—H的伸缩振动和弯曲振动,在933cm^{-1}、919cm^{-1}、900cm^{-1}、887cm^{-1}处出现很强的吸收峰,归属为Mo—O键的伸缩振动[19]。$K_{0.5}(NH_4)_{5.5}[MnMo_9O_{32}]\cdot 6H_2O$的IR光谱中,在3159$cm^{-1}$和1402$cm^{-1}$处出现的吸收峰归属于$NH_4^+$的$\nu_{N-H}$和$\delta_{H-N-H}$,在3520$cm^{-1}$和1612$cm^{-1}$处出现的吸收峰可归属于$H_3O^+$中的$\nu_{O-H}$和$\delta_{H-O-H}$,在936$cm^{-1}$和903$cm^{-1}$处出现的强吸收峰归属为$\nu_{Mo-O}$,在686$cm^{-1}$、591$cm^{-1}$和543$cm^{-1}$处出现的吸收峰归属为$\delta_{Mo-O-Mo}$[10]。

$(NH_4)_4Na_2[MnMo_9O_{32}]\cdot 6H_2O$ 的 IR 光谱中[图 5.10(a)][9],多阴离子的吸收峰出现在 928(w)cm^{-1}、889(m)cm^{-1}、659(w)cm^{-1}、578(m)cm^{-1}、531(w)cm^{-1}、496(w)cm^{-1}、427(w)cm^{-1};$(NH_4)_2Na_2[\{Cu(H_2O)_4\}(MnMo_9O_{32})]\cdot 5H_2O$ 的 IR 光谱中[图 5.10(b)][9],多阴离子的吸收峰出现在 936(w)cm^{-1}、897(m)cm^{-1}、671(w)cm^{-1}、591(m)cm^{-1}、536(w)cm^{-1}、488(w)cm^{-1}、420(w)cm^{-1}[9]。

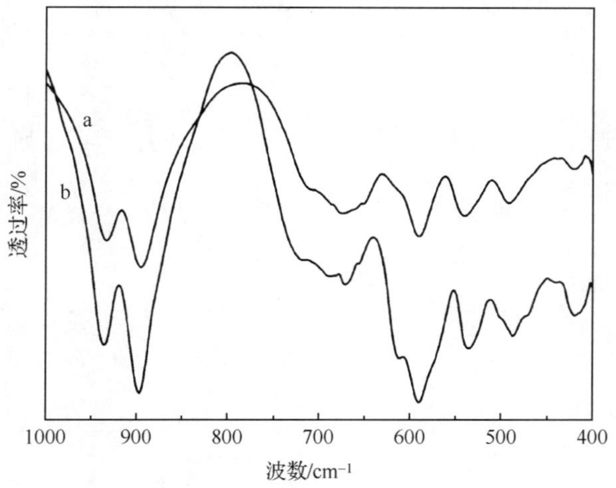

图 5.10 $(NH_4)_4Na_2[MnMo_9O_{32}]\cdot 6H_2O$(a)和 $(NH_4)_2Na_2[\{Cu(H_2O)_4\}(MnMo_9O_{32})]\cdot 5H_2O$(b)的 IR 谱图[9]

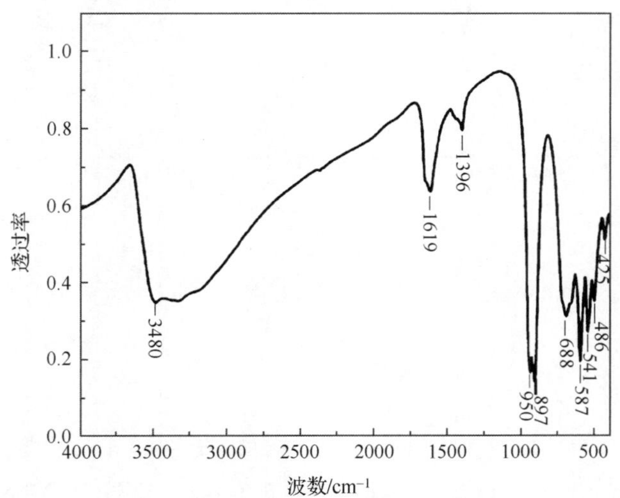

图 5.11 $(Zn(H_2O)_3)_3[L/D\text{-}MnMo_9O_{32}]\cdot 4H_2O$ 的 IR 光谱[2,3]

$(Zn(H_2O)_3)_3$[L/D-$MnMo_9O_{32}$]·$4H_2O$ 的 IR 光谱中(图 5.11),[$MnMo_9O_{32}$]$^{6-}$的吸收峰为 950cm^{-1}、897cm^{-1}、688cm^{-1} 和 587cm^{-1}[2,3]。化合物 Co_3[$MnMo_9O_{32}$]·$15H_2O$ 和 Cu_3[$MnMo_9O_{32}$]·$15H_2O$ 的 IR 光谱中(图 5.12),487~949cm^{-1}出现的吸收峰可归属于[$MnMo_9O_{32}$]$^{6-}$的吸收[3,15]。

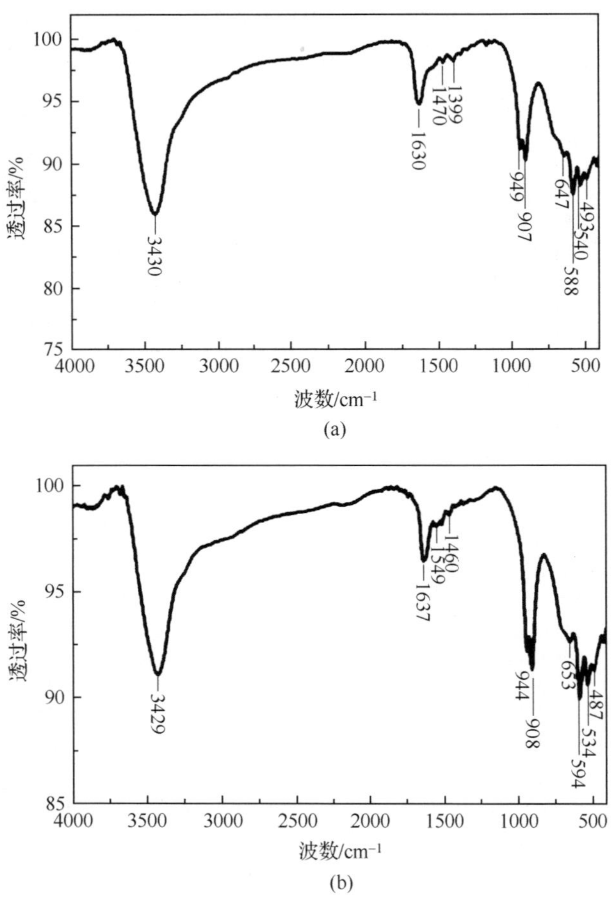

图 5.12 Co_3[$MnMo_9O_{32}$]·$15H_2O$(a)和 Cu_3[$MnMo_9O_{32}$]·$15H_2O$(b)的 IR 光谱[3,15]

5.1.4.2 紫外-可见吸收光谱

$(NH_4)_6$[$MnMo_9O_{32}$]·$8H_2O$ 的 UV-Vis 光谱在 227nm 处出现的吸收峰可归属于[$MnMo_9O_{32}$]$^{6-}$中 Mo—O 键上电荷由氧向钼的转移,$(NH_4)_6$[$MnMo_9O_{32}$]·$8H_2O$ 在可见区 490nm 出现吸收峰,可归属于{MnO_6}八面体中 Mn 的 t_{2g}轨道中的电子向 e_g轨道中跃迁产生的[12]。$K_3(NH_4)_3$[$MnMo_9O_{32}$]的 UV-Vis 光谱中(图 5.13)[2,3],在 175~225nm 处出现四个吸收峰,在$(Zn(H_2O)_3)_3$[L-$MnMo_9O_{32}$]·$4H_2O$ 和

$(Zn(H_2O)_3)_3[D\text{-}MnMo_9O_{32}]\cdot 4H_2O$ 溶液的UV-Vis光谱中，保留了$[MnMo_9O_{32}]^{6-}$的吸收峰(图5.14)[2,3]，并且化合物的溶液UV-Vis光谱几乎不随时间而变化，证明化合物在溶液中可以稳定存在[2,3]。

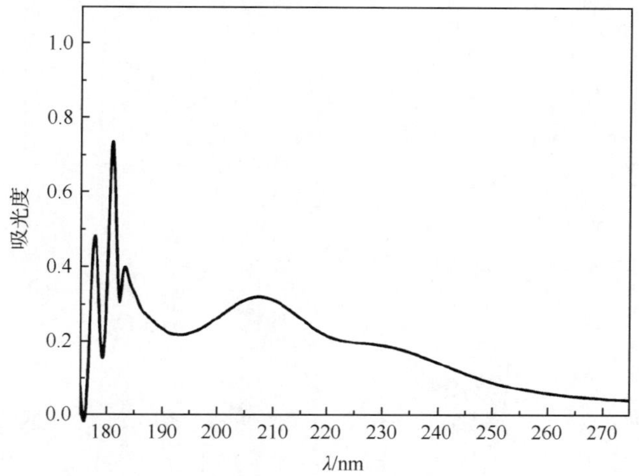

图5.13 $K_3(NH_4)_3[MnMo_9O_{32}]$的UV-Vis光谱[2,3]

化合物$Na_4Mn[MnMo_9O_{32}]\cdot 11.5H_2O$、$KNa_3Mn[MnMo_9O_{32}]\cdot 9H_2O$、$Na_2Ni_2[MnMo_9O_{32}]\cdot 12H_2O$、$Mn_3[L/D\text{-}MnMo_9O_{32}]\cdot 13H_2O$和$Ni_3[L/D\text{-}MnMo_9O_{32}]\cdot 11.5H_2O$溶液的UV-Vis光谱的吸收峰非常相似[3,5]，在260nm附近出现的吸收峰是$O_{b,c}\rightarrow Mo$的荷移跃迁产生的，而在370～400nm出现的吸收峰可归结为四价锰的八面体配位场中自旋允许的过渡$^4A_{2g}\rightarrow{}^4T_{2g}$产生的特征吸收[3,5]。

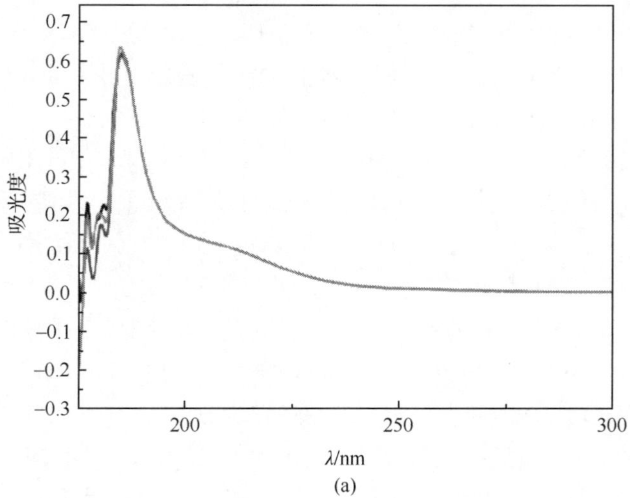

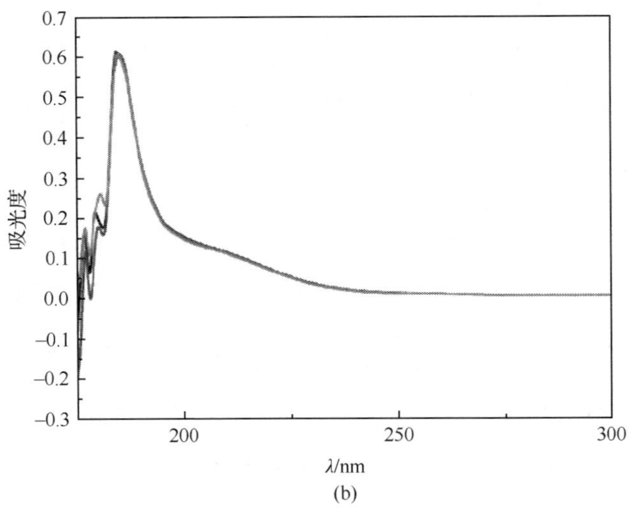

(b)

图 5.14 $(Zn(H_2O)_3)_3[L\text{-}MnMo_9O_{32}]\cdot 4H_2O$(a)和$(Zn(H_2O)_3)_3[D\text{-}MnMo_9O_{32}]\cdot 4H_2O$(b)的 UV-Vis 光谱(图中不同曲线表示溶液在放置不同时间后测定的 UV-Vis 光谱)[2,3]

5.1.4.3 热重-差热分析

$(NH_4)_6[MnMo_9O_{32}]\cdot 8H_2O$ 的 TG-DTA 曲线表明,在 73.6℃出现的吸热峰可归属于$(NH_4)_6[MnMo_9O_{32}]\cdot 8H_2O$ 表面湿存水的失去,在 319.8℃出现的吸热峰对应于该化合物中结晶水的失去,在 698.2℃出现的峰对应于铵根离子的失去;720.1℃出现的峰对应于杂多阴离子骨架的塌裂,TG-DTA 曲线表明化合物$(NH_4)_6[MnMo_9O_{32}]\cdot 8H_2O$ 具有较高的热稳定性(图略)[12]。$(Zn(H_2O)_3)_3[L/D\text{-}MnMo_9O_{32}]\cdot 4H_2O$ 的热重曲线(图 5.15)中[2,3],在 20～600℃出现两步质量损失,分别归属于化合物中结晶水和配位水的失去,总质量损失为 12.24%,理论值为 12.58%,两者相一致[2,3]。

$(Himi)_6[MnMo_9O_{32}]$、$Na_2(Himi)_4[MnMo_9O_{32}]\cdot 2H_2O$、$Na_3(Himi)_3[MnMo_9O_{32}]$和 $NH_4Mn_{2.5}[MnMo_9O_{32}]\cdot 11H_2O$(Himi 为咪唑阳离子)的 TG-DTA 曲线如图 5.16 所示[3,4]。$(Himi)_6[MnMo_9O_{32}]$的 TG 曲线在 20～343℃出现一步质量损失,可归属于咪唑分子的失去,质量损失为 22.54%;$Na_2(Himi)_4[MnMo_9O_{32}]\cdot 2H_2O$ 的 TG 曲线在 20～200℃及 200～340℃出现两步质量损失,可归属于结晶水和咪唑分子的失去,质量损失分别为 1.97%和 17.43%;$Na_3(Himi)_3[MnMo_9O_{32}]$的热重曲线在 20～345℃出现一步质量损失,可归属于结晶水和咪唑分子的失去,质量损失分别为 12.06%;$NH_4Mn_{2.5}[MnMo_9O_{32}]\cdot 11H_2O$ 的热重曲线在 20～343℃出现一步质量损失,可归属于结晶水和配位水的失去,质量损失为 12.02%。在这几种化合物的差热曲线中,在 340℃左右均出现较强的放

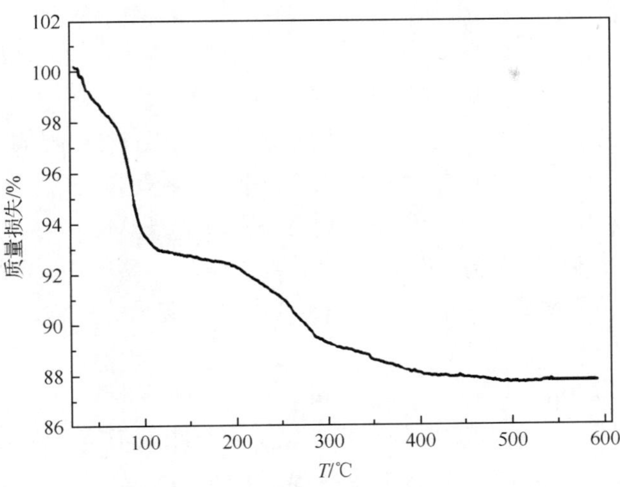

图 5.15 $(Zn(H_2O)_3)_3[L/D\text{-}MnMo_9O_{32}]\cdot 4H_2O$ 的 TG 曲线[2,3]

热峰,表明$[MnMo_9O_{32}]^{6-}$骨架开始坍塌[3,4]。

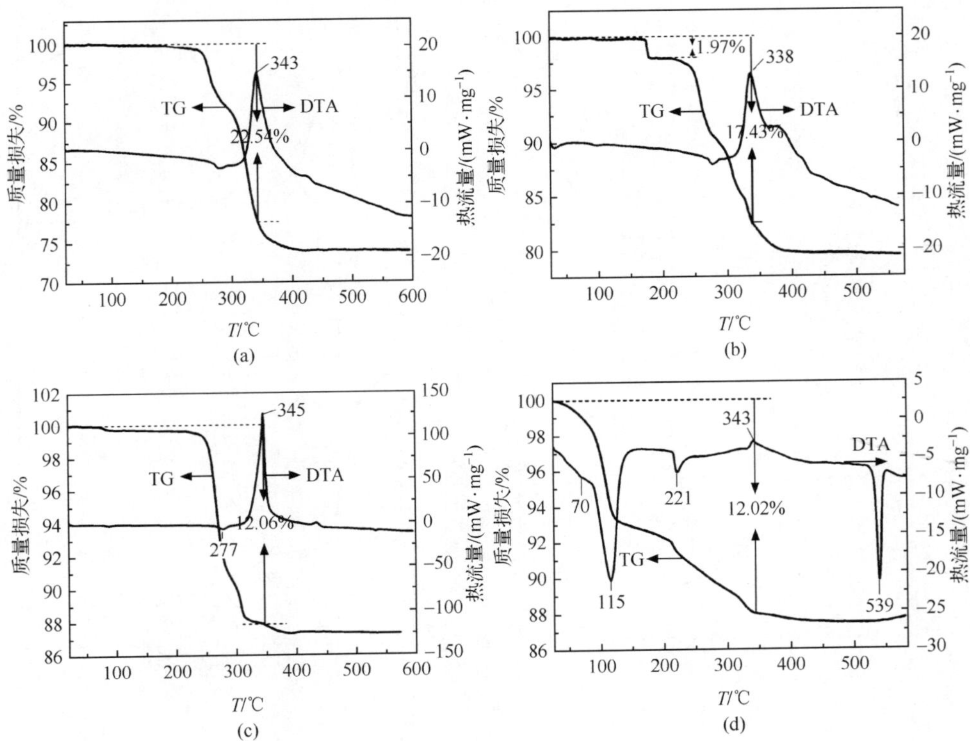

图 5.16 $(Himi)_6[MnMo_9O_{32}]$(a)、$Na_2(Himi)_4[MnMo_9O_{32}]\cdot 2H_2O$(b)、$Na_3(Himi)_3[MnMo_9O_{32}]$(c)和 $NH_4Mn_{2.5}[MnMo_9O_{32}]\cdot 11H_2O$(d)的 TG-DTA 曲线[3,4]

化合物 $Na_4Mn[MnMo_9O_{32}]\cdot 11.5H_2O$、$KNa_3Mn[MnMo_9O_{32}]\cdot 9H_2O$、$Na_2Ni_2[MnMo_9O_{32}]\cdot 12H_2O$、$Mn_3[L/D\text{-}MnMo_9O_{32}]\cdot 13H_2O$ 和 $Ni_3[L/D\text{-}MnMo_9O_{32}]\cdot 11.5H_2O$ 的热重曲线非常相似(图 5.17)[3,5],只是多阴离子的分解温度有所不同。在 20～340℃内均存在两步质量损失,分别对应于结晶水和配位水分子的失去,而在 340℃以后,化合物的多阴离子骨架开始坍塌,$Na_4Mn[MnMo_9O_{32}]\cdot 11.5H_2O$、$KNa_3Mn[MnMo_9O_{32}]\cdot 9H_2O$ 和 $Na_2Ni_2[MnMo_9O_{32}]\cdot 12H_2O$ 中多阴离子的分解温度分别约为 361℃、377℃ 和 394℃。$Mn_3[L/D\text{-}MnMo_9O_{32}]\cdot 13H_2O$ 和 $Ni_3[L/D\text{-}MnMo_9O_{32}]\cdot 11.5H_2O$ 中多阴离子的分解温度分别为 370℃ 和 346℃[3,5]。

化合物 $Co_3[MnMo_9O_{32}]\cdot 15H_2O$ 和 $Cu_3[MnMo_9O_{32}]\cdot 15H_2O$ 的热重曲线存在两步质量损失,20～384℃内的两步质量损失可归属于结晶水和配位水分子的失去。差热曲线表明两种化合物中多阴离子的分解温度分别为 350℃ 和 384℃(图 5.18)[3,15]。

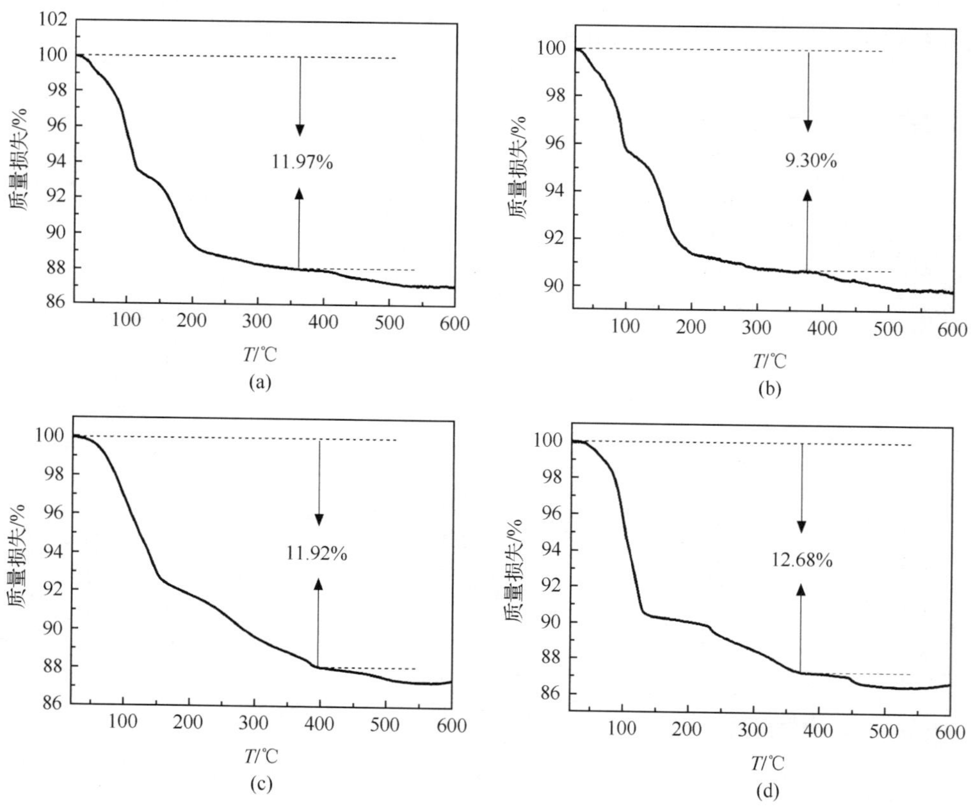

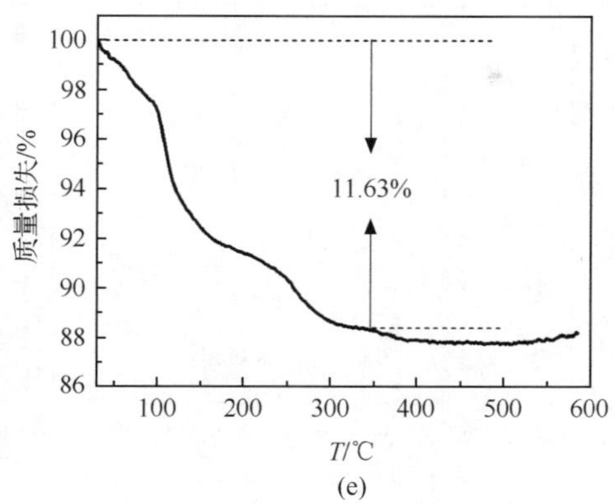

图 5.17 $Na_4Mn[MnMo_9O_{32}]\cdot 11.5H_2O$(a)、$KNa_3Mn[MnMo_9O_{32}]\cdot 9H_2O$(b)、$Na_2Ni_2[MnMo_9O_{32}]\cdot 12H_2O$(c)、$Mn_3[L/D\text{-}MnMo_9O_{32}]\cdot 13H_2O$(d)和 $Ni_3[L/D\text{-}MnMo_9O_{32}]\cdot 11.5H_2O$(e)的热重曲线[3,5]

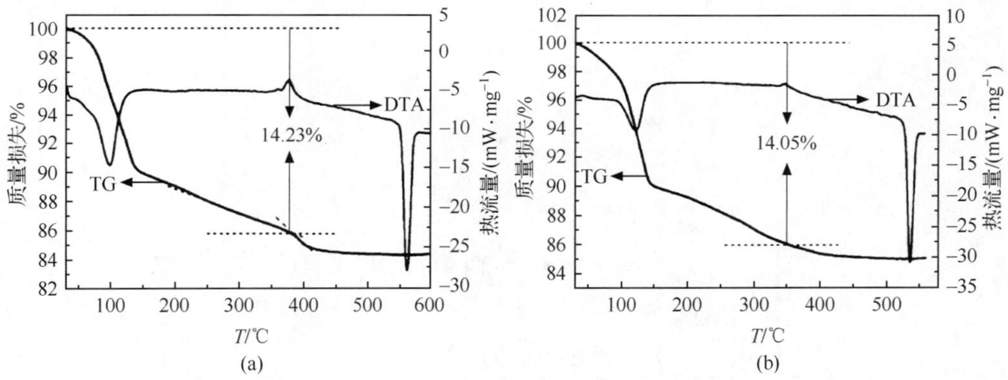

图 5.18 $Co_3[MnMo_9O_{32}]\cdot 15H_2O$(a)和 $Cu_3[MnMo_9O_{32}]\cdot 15H_2O$(b)的热重-差热曲线[3,15]

5.1.4.4 X 射线粉末衍射

$(Zn(H_2O)_3)_3[L/D\text{-}MnMo_9O_{32}]\cdot 4H_2O$ 的变温 XRD 表明(图 5.19)[2,3],在 25℃、50℃和 80℃化合物仍然保持晶相,在 100℃和 200℃的 XRD 发生明显变化,化合物开始粉化[2,3]。化合物 $Cu_3[MnMo_9O_{32}]\cdot 15H_2O$ 的变温 XRD 曲线表明(图 5.20)[3,15],20~50℃ XRD 曲线的衍射峰基本没有变化,但 75℃时,XRD 曲线的衍射峰发生细微变化,表明化合物在 75℃开始发生分解,100℃和 150℃时,曲线中大部分衍射峰消失,表明化合物孔道结构的塌陷[3,15]。

5.1.4.5 固体漫反射光谱

$(NH_4)_2Na_2[\{Cu(H_2O)_4\}(MnMo_9O_{32})]\cdot 5H_2O$ 的固体漫反射光谱表明

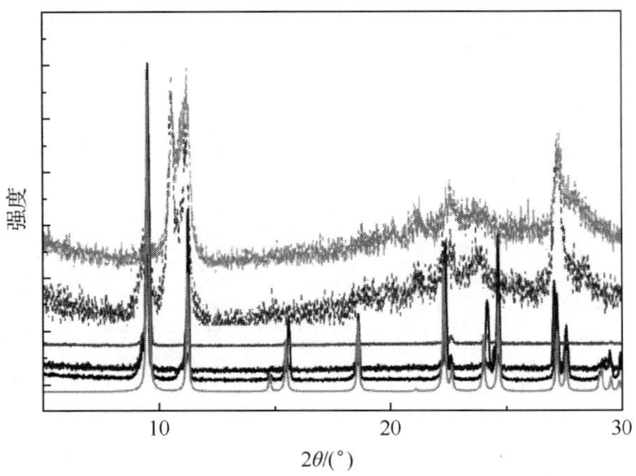

图 5.19 $(Zn(H_2O)_3)_3[L/D\text{-}MnMo_9O_{32}]\cdot 4H_2O$ 的变温 XRD 曲线。各条曲线自下而上分别为模拟、25℃、50℃、80℃、100℃和 200℃对应的 XRD 曲线[2,3]

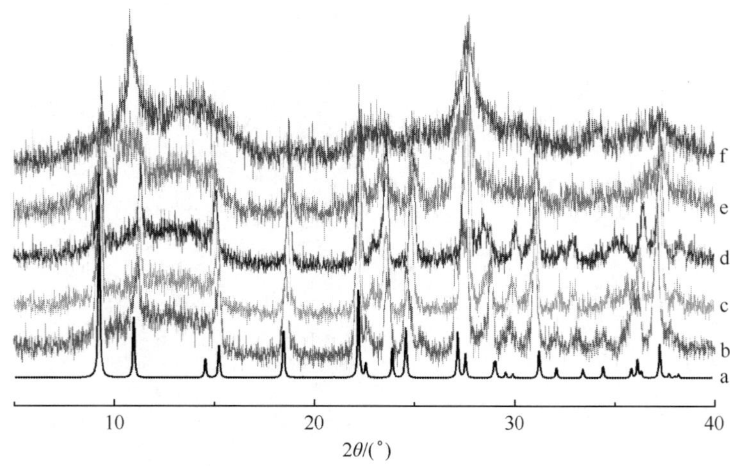

图 5.20 $Cu_3[MnMo_9O_{32}]\cdot 15H_2O$ 的变温 XRD 曲线：
a. 模拟；b. 室温；c. 50℃；d. 75℃；e. 100℃；f. 150℃[3,15]

(图 5.21)[9]，该化合物在 253nm 和 286nm 处出现的吸收峰分别对应于 $O_{b,c}$—Mo、O_d—Mo 的荷移跃迁，在 469nm 处出现的吸收峰对应于 Mn^{IV} 的 d^3 电子的自旋峰，在 664nm 处出现的吸收峰对应于铜配体中 d-d 电子的转移，在 694nm 处出现的吸收峰可能是 Mn^{IV} 的 d^3 电子的自旋禁阻峰[9]。

化合物$(Himi)_6[MnMo_9O_{32}]$、$Na_2(Himi)_4[MnMo_9O_{32}]\cdot 2H_2O$、$Na_3(Himi)_3[MnMo_9O_{32}]$和 $NH_4Mn_{2.5}[MnMo_9O_{32}]\cdot 11H_2O$ 的固体漫反射光谱非常相似[3,4]，在约 290nm 处出现的吸收峰可归属于 O→Mo 的荷移跃迁；在 480nm 处出

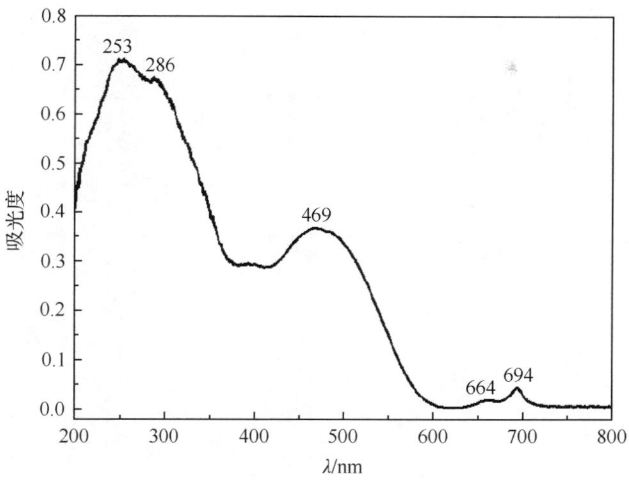

图 5.21　$(NH_4)_2Na_2[\{Cu(H_2O)_4\}(MnMo_9O_{32})]\cdot 5H_2O$ 的漫反射光谱[9]

现的吸收峰可归属于四价锰的八面体配位场中第一个自旋允许的过渡$^4A_{2g}\rightarrow {}^4T_{2g}$产生的吸收峰;而 700 nm 处出现的吸收峰可归属于四价锰八面体配位场中自旋禁阻的过渡$^4A_{2g}\rightarrow {}^2E_g$产生的吸收峰[3,4]。

5.1.4.6　圆二色谱

$(Zn(H_2O)_3)_3[L/D\text{-}MnMo_9O_{32}]\cdot 4H_2O$ 的圆二色谱(CD)表明在 170～200nm 展示出与 $K_3(NH_4)_3[MnMo_9O_{32}]$不同的科顿效应,$K_3(NH_4)_3[MnMo_9O_{32}]$在 174～200nm 表现出弱的科顿效应,而$(Zn(H_2O)_3)_3[L/D\text{-}MnMo_9O_{32}]\cdot 4H_2O$ 在 187nm、177nm、172nm、186nm、183nm、177nm、172nm 处分别出现强的科顿效应。CD 谱图呈镜像关系,表明这两种化合物互为对映异构体(图 5.22)[2,3]。化合物 $NH_4Mn_{2.5}[MnMo_9O_{32}]\cdot 11H_2O$ 的固态 CD 谱在 175nm、181nm、183nm、196nm 和 203nm 处呈现强的科顿效应,而在 171nm、187nm、191nm、208nm 处呈现相反的科顿效应,该 CD 谱呈近似的镜面关系,表明该化合物是一对对映异构体(图 5.23)[3,4]。

5.1.4.7　电子顺磁共振谱

在不同温度下,$K_3Na_3[MnMo_9O_{32}]\cdot 6H_2O$ 的 EPR 谱中出现两组吸收峰。在 77K 下,第一组吸收峰的 $g_{\parallel}$ 和 $g_{\perp}$ 值分别为 4.243 和 3.507,第二组吸收峰的 $g_{\parallel}$ 和 $g_{\perp}$ 值分别为 1.892 和 2.039;291K 下,第一组吸收峰的 $g_{\parallel}$ 和 $g_{\perp}$ 值分别为 4.243 和 3.594,第二组吸收峰的 $g_{\parallel}$ 和 $g_{\perp}$ 值分别为 1.923 和 2.064[19]。

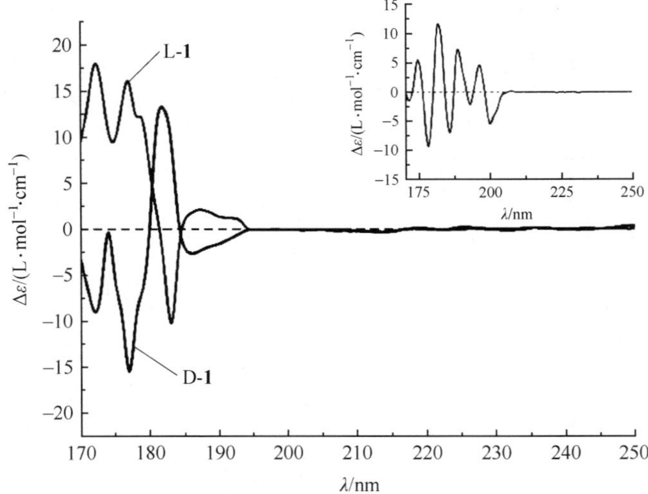

图 5.22 $(Zn(H_2O)_3)_3[L\text{-}MnMo_9O_{32}]\cdot 4H_2O$(L-**1**)和$(Zn(H_2O)_3)_3[D\text{-}MnMo_9O_{32}]\cdot 4H_2O$(D-**1**)的 CD 谱(插图为前驱体 $K_3(NH_4)_3[MnMo_9O_{32}]$的 CD 谱图)[2,3]

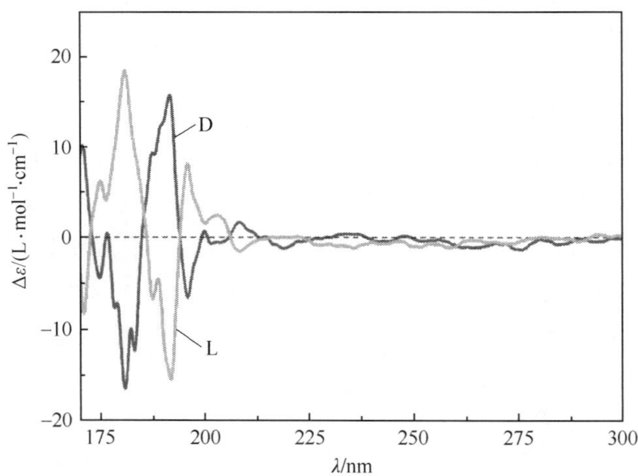

图 5.23 $NH_4Mn_{2.5}[L\text{-}MnMo_9O_{32}]\cdot 11H_2O$ 和 $NH_4Mn_{2.5}[D\text{-}MnMo_9O_{32}]\cdot 11H_2O$ 的固态 CD 谱[3,4]

5.1.5 Waugh 型杂多化合物及其异构体的性质研究

5.1.5.1 光催化和光致变色性质研究

在紫外光照射下,$Co_3[MnMo_9O_{32}]\cdot 15H_2O$ 和 $Cu_3[MnMo_9O_{32}]\cdot 15H_2O$ 对罗丹明 B 具有明显的降解作用[3,15],光催化测试是将 5.0mg $Co_3[MnMo_9O_{32}]\cdot$

$15H_2O$ 和 $Cu_3[MnMo_9O_{32}]\cdot15H_2O$ 溶解于 $2.0\times10^{-5}mol\cdot L^{-1}$，pH为2.0的罗丹明B溶液中测定的。在300min的光照时间内，以 $Co_3[MnMo_9O_{32}]\cdot15H_2O$ 为催化剂，UV-Vis光谱测试表明罗丹明B在550nm处的吸收强度从1.2932下降至0.3491，c/c_0(罗丹明B的浓度改变量)在300 min内从1下降至0.27；而以 $Cu_3[MnMo_9O_{32}]\cdot15H_2O$ 为催化剂，罗丹明B的吸收强度则从1.2052下降至0.3939，c/c_0 在300min内从1降至0.32，研究表明 $Co_3[MnMo_9O_{32}]\cdot15H_2O$ 和 $Cu_3[MnMo_9O_{32}]\cdot15H_2O$ 在紫外光照下对降解罗丹明B具有较好的催化活性[3,16]。

此外，谭华桥和王恩波等还研究了化合物 $Co_3[MnMo_9O_{32}]\cdot15H_2O$ 和 $Cu_3[MnMo_9O_{32}]\cdot15H_2O$ 在 H_2S 气体下的气致变色性质。在1标准大气压的 H_2S 中，$Co_3[MnMo_9O_{32}]\cdot15H_2O$ 和 $Cu_3[MnMo_9O_{32}]\cdot15H_2O$ 从红色转变为黑褐色所需要的时间分别为24s和5s，研究表明化合物是一种潜在的气致变色材料(图5.24)[3,15]。

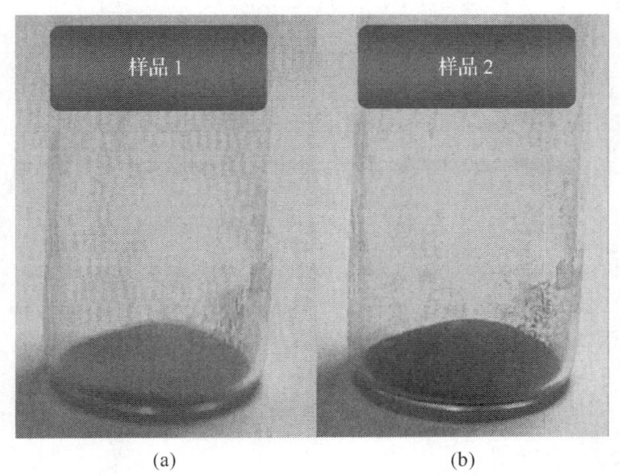

图5.24 样品1($Co_3[MnMo_9O_{32}]\cdot15H_2O$)(a)和样品2($Cu_3[MnMo_9O_{32}]\cdot15H_2O$)(b)在 H_2S 气体下的气致变色照片[3,15]

5.1.5.2 电化学性质研究

$(NH_4)_6[MnMo_9O_{32}]\cdot8H_2O$ 的电化学测试的工作电极为玻碳电极，对电极为铂，参比电极为饱和甘汞电极，介质为 $0.001mol\cdot L^{-1}$ $MnSO_4$ 溶液(辅助电解质 KNO_3 的浓度为 $0.05mol\cdot L^{-1}$)，用 H_2SO_4 调整其 H^+ 浓度为 $6mol\cdot L^{-1}$[12]。$(NH_4)_6[MnMo_9O_{32}]\cdot8H_2O$ 的循环伏安曲线在1.65V处出现一个氧化峰，可归属于Mn(Ⅳ)被还原，发生的反应为 $MnO_2+4H^++2e^-\longrightarrow Mn^{2+}+2H_2O$。在不同扫描速率下，在0～－1.0V内出现一个氧化峰和两个还原峰，可归属为多阴离子中钼(Ⅵ)的氧化还原峰。随着扫描速率的增大，阴极峰向更负的方向移动，阳极峰位基本不变。随着 pH 的增加阴极峰有较大的阴极化程度，而阳极峰的阴极化程度较小。pH 为 1 的溶液中，$[MnMo_9O_{32}]^{6-}$ 的峰电位与峰电流的关系、$[MnMo_9O_{32}]^{6-}$ 扫描速率与峰电流的关系和扫描速率平方根与峰电位的关系均呈近似的线性关系[12]。

5.2 Standberg 型(2∶5 系列)杂多化合物及其衍生物化学

5.2.1 研究简史

Standberg 型多酸化合物是 2∶5 系列多酸化合物。1853 年，Zenker 制备出第一个含有$[P_2Mo_5O_{23}]^{6-}$的化合物，它的反荷离子是 NH_4^+，但是由于条件限制，人们没有确定得到它的晶体结构。Standberg 结构是在 1973 年由 Standberg 提出的，目前已报道的可作为该类阴离子中心原子的有 P，S 和 Se 等[20-30]。

5.2.2 Standberg 型杂多化合物及其异构体的结构描述

Standberg 型多酸化合物的结构通式为$[X_2M_5O_{(21\sim23)}]^{n-}$，它的配原子是六配位的，具有八面体几何构型，五个八面体通过共边或共顶点相连成环形结构，两个中心原子的配位数可以是 3(三角锥构型)或 4(四面体构型)。如果忽略氧原子的存在，中心原子和配原子可以直接连接成具有五元环结构的五边形，两个中心原子位于五元环的中央(图 5.25)。表 5.2 列出了具有不同三级结构的 Standberg 结构多阴离子的部分晶体数据。

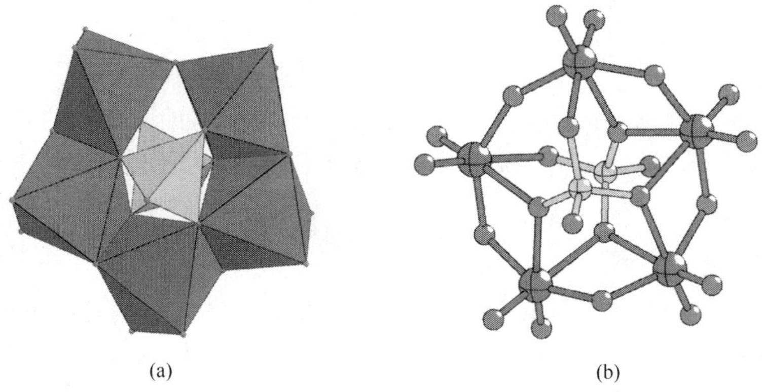

(a) (b)

图 5.25 Standberg 结构的多面体图(a)和球棍图(b)

表 5.2　具有不同三级结构的 Standberg 型杂多化合物的部分晶体数据

	$Rb_4[Se_2Mo_5O_{21}]\cdot 2H_2O$[21]	$(NH_4)[S_2^{IV}Mo_5O_{21}]\cdot 3H_2O$[22]
晶胞参数	a=19.701(3)Å b=10.296(2)Å c=12.134(4)Å α=90° β=106.96(2)° γ=90° V=2354.2(10)Å³	a=15.096(9)Å b=13.375(8)Å c=23.734(7)Å α=90° β=90° γ=90° V=4792.1Å³
空间群	$C2$	$P6cn$
晶系	单斜	六方
Z 值	4	8

5.2.3　Standberg 型杂多化合物及其异构体的合成

$(NH_4)_6[P_2Mo_5O_{23}]$的合成

将 13.7g 30%亚磷酸(0.05mol)和 7mL 15mol · L^{-1}氨水(0.1mol)溶于 70mL 水中,并将溶液煮沸,在沸腾条件下向溶液中加入 14.4g $Na_2MoO_4 \cdot 2H_2O$ (0.1mol),30min 后 $Na_2MoO_4 \cdot 2H_2O$ 基本溶解,将溶液过滤,加热浓缩至 30mL,浓缩过程中加入 5 滴 15mol · L^{-1} 氨水,冷却溶液得到晶体产物,过滤,用冷水洗涤[22]。

$[K_3Ca(H_2O)_4(HP_2Mo_5O_{23})]\cdot 6H_2O$ 的合成

将 6.73g $Na_2MoO_4 \cdot 2H_2O$(27.82mmol)、5.32g $Na_2HPO_4 \cdot 12H_2O$(14.86mmol)和 1.52g $CaCl_2$(13.65mmol)溶于 70mL 水中,搅拌,用 0.1mol · L^{-1} HCl 溶液将溶液的 pH 调至 4.50,最终的混合物在 80～90℃加热半小时,冷却,过滤,最终加入 1.0g KCl(13.41mmol),溶液在室温下缓慢蒸发,两周后,得到无色晶体,产率约为 40%。$[K_3Ca(H_2O)_4(HP_2Mo_5O_{23})]\cdot 6H_2O$ 的元素分析理论值(%):Ca 3.38、Mo 39.09、P 6.52、K 9.77; 实验值(%):Ca 3.26、Mo 39.37、P 5.93、K 8.94。IR (KBr 压片,cm^{-1}): 1613(s)、1138(s)、1098(s)、1044(s)、1003(s)、902(s)、667(s)、1068(m)[23]。

$Na_n[(RPO_3)_2Mo_5O_{15}]$($R=CH_3CH(NH_3)-$、$CH_3CH(CH_3)CH(NH_3)-$、$NH_3CH_2CH_2-$ ($n=2$);CH_3CH_2-($n=4$))的合成

将 0.33mmol 的烷基膦酸(H_2O_3PR)溶于 5mL 水中,然后再加入 0.20g $Na_2MoO_4 \cdot 2H_2O$(0.83mmol),滴加 4mol · L^{-1} HCl 溶液将溶液的 pH 调至 3～3.5,加热至沸腾约 1h,然后慢慢冷却到室温,再加入稍过量的 20mL 乙醇生成无

色沉淀，这是一种烷基膦酸铵凝胶，经过离心和乙醇清洗得到白色固体，产量为60％，该物质可以溶于水、DMSO 和 DMF[24]。

$Rb_4KNa[(O_2CCH_2PO_3)_2Mo_5O_{15}]\cdot H_2O$ 和 $Rb_4KNa[(O_2CC_2H_4PO_3)_2Mo_5O_{15}]$的合成

将 0.14g $H_2O_3PCH_2COOH$(1mmol)溶于 30mL 水中，搅拌，然后分别加入 0.605g $Na_2MoO_4\cdot 2H_2O$(2.5mmol)和 0.224g KCl(3mmol)，得到无色透明溶液，用 12mol · L^{-1} HCl 溶液将溶液的 pH 调节至 3.0，溶液回流 1h，其中回流 20min 时溶液变为蓝色。回流后溶液冷却至室温，搅拌下加入 2g RbCl。溶液过滤后与乙醇一起密封存放，约 2 周后得小块无色晶体，产量为 0.29g，产率为 41％。$Rb_4KNa[(O_2CCH_2PO_3)_2Mo_5O_{15}]\cdot H_2O$ 的 IR(KBr 压片，cm^{-1})：1717(s)、1636(m)、1390(w)、1274(m)、1240(m)、1213(m)、1159(s)、1136(s)、1113(s)、1049(s)、1025(m)、983(s)、928(vs)、907(vs)、807(w)、683(vs)、614(w)、596(w)、537(m)、504(w)、491(w)、415(w)、377(w)、351(w)、321(w)。$Rb_4KNa[(O_2CCH_2PO_3)_2Mo_5O_{15}]\cdot H_2O$ 的元素分析理论值(％)：P 4.4、Mo 33.9、C 3.4、H 0.4、Rb 24.2、K 2.8、Na 1.6；实验值(％)：P 4.6、Mo 34.3、C 3.7、H 0.3、Rb 24.3、K 2.7、Na 1.7[25]。

$Rb_4KNa[(O_2CC_2H_4PO_3)_2Mo_5O_{15}]$的制备方法与上述一致，用 0.154g $H_2O_3PC_2H_4COOH$(1mmol)替换 0.14g $H_2O_3PCH_2COOH$(1mmol)。$Rb_4KNa[(O_2CC_2H_4PO_3)_2Mo_5O_{15}]$的 IR(KBr 压片，$cm^{-1}$)：1609(s)、1546(m)、1498(m)、1451(m)、1416(s)、1347(m)、1327(m)、1220(w)、1151(w)、1110(w)、1061(s)、1050(s)、993(s)、931(vs)、899(vs)、875(vs)、789(m)、776(m)、676(vs)、535(m)、444(w)、377(w)、338(w)。$Rb_4KNa[(O_2CC_2H_4PO_3)_2Mo_5O_{15}]$的元素分析理论值(％)：P 4.3、Mo 33.6、C 5.1、H 0.6、Rb 24.0、K 2.7、Na 1.6；实验值(％)：P 4.5、Mo 33.3、C 4.9、H 0.4、Rb 23.6、K 2.8、Na 1.9[25]。

$(NH_4)_4[(HPO_3)_2Mo_5O_{15}]\cdot 4H_2O$ 的合成

将 4.1g 亚磷酸(50mmol)溶于 70mL 水中，然后加入 7mL 15mol · L^{-1}氨水(105mmol)，将溶液加热至沸，向溶液中分少量多次加入 14.4g MoO_3(100mmol)，40～45min 后粉末溶解，将溶液过滤，滤液煮沸蒸发将体积减少至 20～25mL，然后冷却至室温，过滤收集晶状粉末，用 7mL 冰水洗涤，空气中干燥，产量为 16.4g，产率为 78％。UV-Vis(0.7mmol · L^{-1}，pH 4.9，nm)：245、213[26]。

$(NH_4)_4[(CH_3PO_3)_2Mo_5O_{15}]\cdot 2H_2O$ 的合成

加热条件下，将 7.2g MoO_3(50mmol)溶于 30mL 含有 2.7mL 15mol · L^{-1}氨水(40mmol)的水溶液中，然后将 1.92g 甲基膦酸(20mmol)加入其中，煮沸 15～20min，将热溶液过滤，滤液室温下缓慢蒸发，几天后得到晶体，用 4mL 冷水洗涤两次，干燥，产量为 7.7g，产率为 75％。UV-Vis(0.7mmol · L^{-1}，pH 4.3，nm)：

251、211[26]。

$[(CH_3)_4N]_2Na_2[(CH_3PO_3)_2Mo_5O_{15}]\cdot 3H_2O$ 的合成

加热条件下，将 7.2g MoO_3(50mmol)溶于 20mL 含有 1.6g NaOH(40mmol)的水溶液中，然后将 1.92g 甲基膦酸(20mmol)加入其中，煮沸 15～20min，加入 4.4g 四甲基氯化铵(40mmol)的 6mL 热水溶液，反应溶液再加热 10～15min，过滤，滤液空气中保存过夜，得到无色晶体，用冷水洗涤两次，干燥，产量为 6.5g，产率为 56%[26]。

$(NH_4)_4[(C_2H_5PO_3)_2Mo_5O_{15}]$的合成

将 0.88g 乙基膦酸(8mmol)溶于 25mL 含有 4.83g $Na_2MoO_4\cdot 2H_2O$(20mmol)的水溶液中，用 4mL 6mol・L^{-1} HCl(24mmol)溶液酸化上述溶液，煮沸 15～20min。向溶液中加入 0.86g 氯化铵(16mmol)的 3 mL 热水溶液，加热使溶液体积减少至 15～20mL，最终的溶液热过滤，滤液在室温下重结晶，几天后得到晶体产物，收集晶体，用 2mL 冷水洗涤，干燥，产量为 3.7g，产率为 92%。UV-Vis(0.7mmol・L^{-1}，pH 4.5，nm)：252、210[26]。

$(NH_4)_4[(C_6H_5PO_3)_2Mo_5O_{15}]$的合成

将 10g$(NH_4)_4Mo_7O_{24}\cdot 4H_2O$(8.1mmol)溶于 60mL 水中，加入 3mL 15mol・L^{-1} 氨水(45mmol)，向溶液中加入 4.2g 苯基膦酸(26.6mmol)，粉末溶解，用几滴 6mol・L^{-1} HCl 溶液将溶液酸化至 pH 为 4.6～5.0，然后加热直到体积浓缩至 40～45mL。冷却至室温后，过滤，室温缓慢蒸发得到晶体，收集晶体，分别用 5mL 水快速洗涤两次，室温下干燥，产量为 12.1g，产率为 89%。UV-Vis(0.7mmol・L^{-1}，pH 4.5，nm)：248、208[26]。

$[(CH_3)_4N]_3[(C_6H_5PO_3)_2Mo_5O_{15}]\cdot 6H_2O$ 的合成

将 6.05g $Na_2MoO_4\cdot 2H_2O$(20mmol)和 1.58g 苯基膦酸(10mmol)溶于 30mL 水中，混合物用 5mL 6mol・L^{-1} HCl(30mmol)溶液酸化，煮沸 15～20min，向反应体系中加入 2.2g 四甲基氯化铵(20mmol)的 3mL 水溶液，过滤，然后加热直到体积浓缩至 40～45mL，将 0.44g 四甲基氯化铵(4mmol)的 3mL 水溶液加入滤液中，生成白色粉末，搅拌 5～10min，过滤出白色粉末，用 2mL 冰水洗涤，干燥，产量为 1.21g，产率为 92%。UV-Vis(0.7mmol・L^{-1}，pH 4.9，nm)：245、210[26]。

$[(C_4H_9)_3NH]_4[(C_6H_5PO_3)_2W_5O_{15}]$的合成

将 3.3g $Na_2WO_4\cdot 2H_2O$(10mmol)溶于 30mL 水中，加入 1.6g(10mmol)苯基膦酸，混合物搅拌 15min，用 HAc 将溶液的 pH 调至 5.0，然后再加入 5g 三丁胺的 3mL 冰醋酸溶液，多酸很快沉淀，过滤，用水洗几次，在 30mL 体积比为 1∶1 的丙酮-苯溶液中重结晶，产量为 3.8g，产率为 85%。$[(C_4H_9)_3NH]_4[(C_6H_5PO_3)_2W_5O_{15}]$的性质：不溶于水和甲醇，但是溶于乙腈、DMF、二甲亚砜和二氯甲烷[26]。

$[(CH_3)_4N]Na[(NH_3C_2H_4PO_3)_2Mo_5O_{15}]\cdot 5H_2O$ 的合成

将 2.42g $Na_2MoO_4\cdot 2H_2O$(10mmol)和 0.50g 2-氨基乙基膦酸(4mmol)溶于 20mL 水中，向这个溶液中加入 2.7mL 6mol·L^{-1} HCl(16mmol)溶液，搅拌，溶液煮沸 15～20min，过滤，加入 0.88g 四甲基氯化铵(8mmol)的 4mL 水溶液，溶液煮沸浓缩至 20～25mL，冷却至室温，得到晶体产物，过滤，用 2～3mL 冷水洗涤，干燥，产量为 2.0～2.1g，产率为 86%～91%。UV-Vis(0.7mmol·L^{-1}，pH 4.9，nm)：252、213[26]。

$(NH_4)[(NH_3C_6H_4CH_2PO_3)_2Mo_5O_{15}]\cdot 5H_2O$ 的合成

将 1.21g $Na_2MoO_4\cdot 2H_2O$(5mmol)和 0.37g *p*-氨基苄基膦酸(2mmol)溶于 70mL 水中，加入 2.0mL 3mol·L^{-1} HCl(6mmol)溶液，溶液煮沸 30min，过滤，向滤液中加入 0.22g 氯化铵(4.2mmol)的 2mL 水溶液，混合物缓慢蒸发得到灰黄色晶体，收集过滤，用 1mL 冷水洗涤两次，干燥，产量为 1.15g，产率为 94%。$(NH_4)[(NH_3C_6H_4CH_2PO_3)_2Mo_5O_{15}]\cdot 5H_2O$ 的元素分析理论值(%)：C 13.80、H 2.98、N 4.60、P 5.09；实验值(%)：C 13.45、H 3.11、N 4.99、P 4.99[26]。

$Rb_4[Se_2Mo_5O_{21}]\cdot 2H_2O$ 的合成

将 Rb_2CO_3(99%)、$(NH_4)_6Mo_7O_{24}\cdot 4H_2O$(99%)和 SeO_2(98%)按物质的量比 Rb∶Mo∶Se=4∶3∶5 配成水溶液，搅拌，用冰醋酸调节 pH 为 3.5，室温下放置 2 周后得三角形无色晶体 $Rb_4[Se_2Mo_5O_{21}]\cdot 2H_2O$[20]。

$(NH_4)_4[S_2^{IV}Mo_5O_{21}]\cdot 3H_2O$ 的合成

离子反应方程式为

$$5Mo_7O_{24}^{6-}+14SO_2+2H^+\longrightarrow 5MoO_4^{2-}+2SO_2+6H^+\longrightarrow [S_2Mo_5O_{21}]^{4-}+3H_2O$$

将 9g 钼酸铵溶于 30mL 水中，并向该溶液中通入 SO_2，在该过程中，溶液逐渐变为黄色，当 SO_2 在溶液中饱和时，迅速将溶液在冰水浴中冷却，得到淡黄色针状化合物 $(NH_4)_4[S_2^{IV}Mo_5O_{21}]\cdot 3H_2O$，若将溶液置于干燥器中保存就会得到 $(NH_4)_4[S_2^{IV}Mo_5O_{21}]\cdot 3H_2O$ 的晶体。$(NH_4)_4[S_2^{IV}Mo_5O_{21}]\cdot 3H_2O$ 的元素分析实验值(%)：Mo 47.3、S 6.4、N 5.55、H 1.91；理论值(%)：Mo 47.6、S 6.4、N 5.51、H 2.18[21]。

$[NMe_4]_4[S_2Mo_5O_{23}]$的合成

将 4.8g $Na_2MoO_4\cdot 2H_2O$(19.83mmol)溶于 80mL 水中，用 5.6mL 浓 H_2SO_4 酸化，再向溶液中加入 120mL 丙酮，随后再加入 11.2g 四甲基氯化铵(102.2mmol)，溶液变成淡黄色，在 5℃下保存 3～4h，得到透明无色晶体，过滤，用乙醇洗涤。在密封的样品瓶中于低温下保存该化合物，产量为 2.58g，产率为

54%。$[NMe_4]_4[S_2Mo_5O_{23}]$的元素分析理论值(%)：C 15.90、H 4.00、N 4.63、S 5.31；实验值(%)：C 15.81、H 4.05、N 4.59、S 5.28。IR(KBr 压片，cm^{-1})：3493(b)、3032(s)、1639(s)、1487(s)、1452(w)、1240(s)、1118(s)、1028(m)、916(b)、696(b)、605(m)[27]。

$Cs_6[P_2W_5O_{23}]\cdot 7.5H_2O$ 的合成

将 15g 钨酸溶于 100mL 水中，并加入氢氧化铯直到 pH 为 13，然后通过滴加磷酸使得溶液的 pH 降到 7，并冷藏该混合液，得到 $Cs_6[P_2W_5O_{23}]\cdot 7.5H_2O$ 晶体，产量为 60%[28]。

5.2.4 Standberg 型杂多化合物及其异构体的结构表征

5.2.4.1 红外光谱

$[H_2P_2Mo_5O_{23}]^{4-}$ 的红外吸收峰出现在 666cm^{-1}、907cm^{-1}、560cm^{-1} 和 590cm^{-1}。666cm^{-1}和 907cm^{-1}处出现的吸收峰分别对应于 $\nu_{Mo=O}$，在 560cm^{-1}和 590cm^{-1}处出现的中强峰对应于 $\nu_{Mo-O-Mo}$[29]。$Rb_4[Se_2Mo_5O_{21}]\cdot 2H_2O$ 的 IR 光谱在 904cm^{-1} 处出现的强峰归属为 $Mo-O_t$ 的对称伸缩振动，在 842cm^{-1} 和 649cm^{-1}出现的吸收峰归属为 $\nu_{Mo-\mu O}$和 $\nu_{Mo-O-Mo}$，在 773cm^{-1}和 498cm^{-1}处出现的吸收峰归属为亚硒酸盐的伸缩振动峰(图 5.26)[20]。

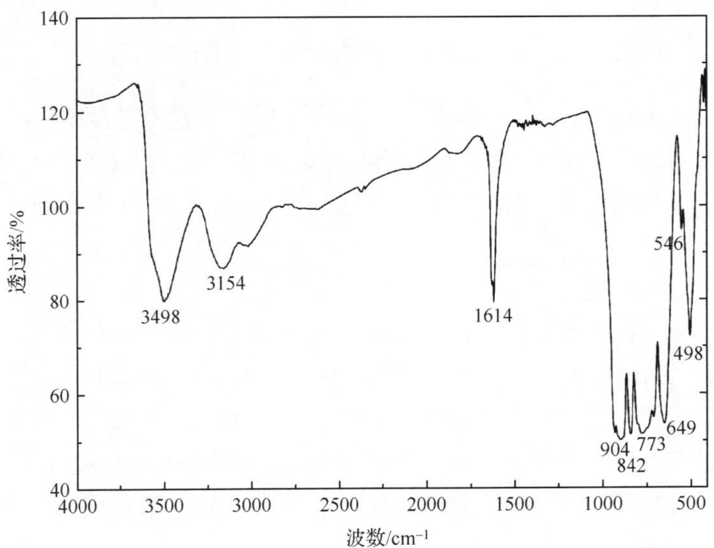

图 5.26　$Rb_4[Se_2Mo_5O_{21}]\cdot 2H_2O$ 的 IR 光谱[20]

5.2.4.2 紫外-可见吸收光谱

$[Se_2Mo_5O_{21}]^{4-}$的 UV-Vis 光谱在 206nm 和 236nm 处存在两个峰，分别对应于杂多阴离子中端氧与钼原子之间的荷移跃迁（$O_t \rightarrow Mo$）以及桥氧与钼原子之间的荷移跃迁 $O_b \rightarrow Mo$ 的振动（图 5.27）[20]。

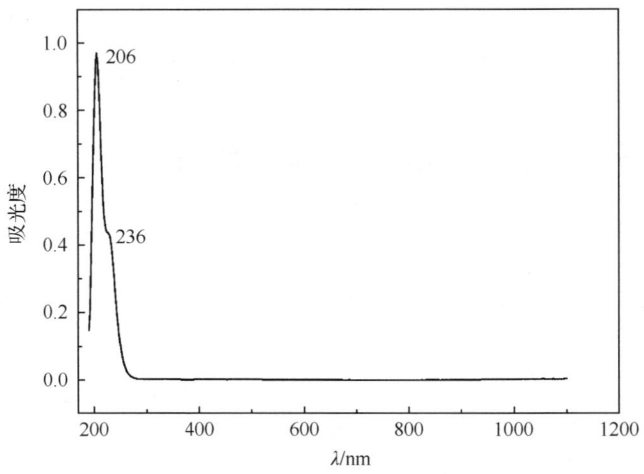

图 5.27 $Rb_4[Se_2Mo_5O_{21}] \cdot 2H_2O$ 的 UV-Vis 光谱[20]

5.2.4.3 扫描电子显微镜、XRD 与能量色散 X 射线光谱

将 $Rb_4[Se_2Mo_5O_{21}] \cdot 2H_2O$ 晶体的形态进行扫描电子显微镜（SEM）测试，结果如图 5.28 所示[20]。产物的 X 射线衍射（XRD）和能量色散 X 射线光谱（EDX）进一步证明了 $Rb_4[Se_2Mo_5O_{21}] \cdot 2H_2O$ 是纯相的（图 5.29 和图 5.30）[20]。

5.2.4.4 电化学性质研究

$Rb_4[Se_2Mo_5O_{21}] \cdot 2H_2O$ 的电化学行为是在 $1mol \cdot L^{-1}$ H_2SO_4 溶液（$5 \times 10^{-5} mol \cdot L^{-1}$）中测定的，图 5.31 表现了$[Se_2Mo_5O_{21}]^{4-}$典型的循环伏安行为，扫描速率为 $100mV \cdot s^{-1}$，在 1300～200mV 出现了一个氧化还原峰，半波电位 $E_{1/2} = 0.77V$，I-I′的氧化峰可归属于多阴离子中 $Mo^{VI/V}$ 的氧化还原过程，$[Se_2Mo_5O_{21}]^{4-}$的峰电流与扫描速率的平方根呈线性关系，表明该氧化还原过程为扩散控制[20]。

图 5.28　$Rb_4[Se_2Mo_5O_{21}]\cdot 2H_2O$ 的 SEM 照片[20]

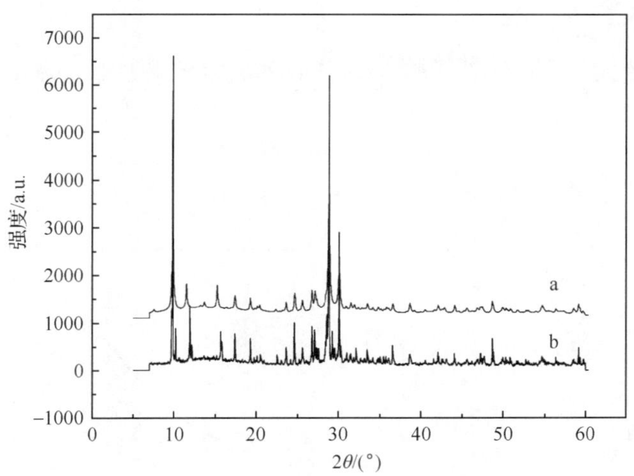

图 5.29　$Rb_4[Se_2Mo_5O_{21}]\cdot 2H_2O$ 的实验(a)和模拟(b)XRD 谱图[20]

5.2.4.5　荧光光谱

在 330nm 的激发波长下，对$(H_2en)_2[Se_2Mo_5O_{21}]\cdot 2H_2O$ 进行荧光光谱测试，400～600nm 出现一个宽的荧光发射峰，可归属于由 O→Mo 的荷移跃迁(图 5.32)[30]。

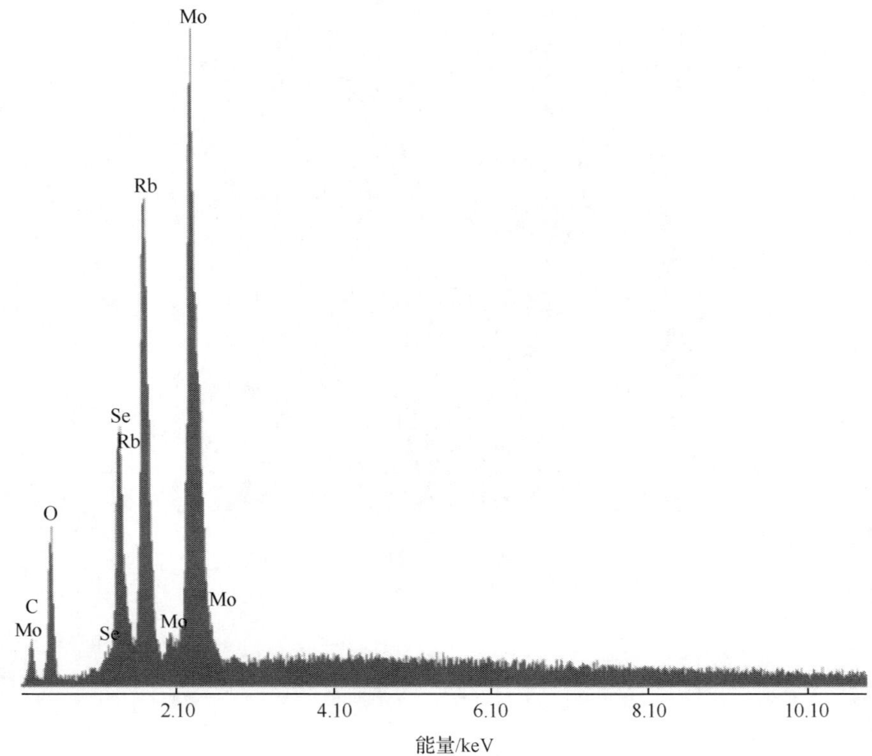

图 5.30 $Rb_4[Se_2Mo_5O_{21}]\cdot 2H_2O$ 的 EDX 谱图[20]

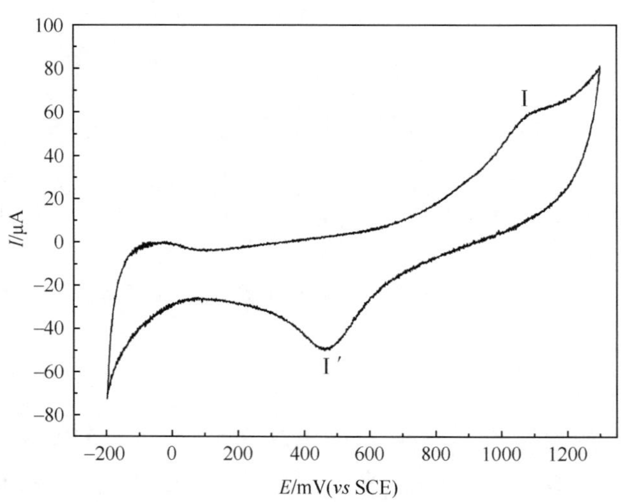

图 5.31 $Rb_4[Se_2Mo_5O_{21}]\cdot 2H_2O$ 在
扫描速率为 $100mV\cdot s^{-1}$ 下的循环伏安曲线[20]

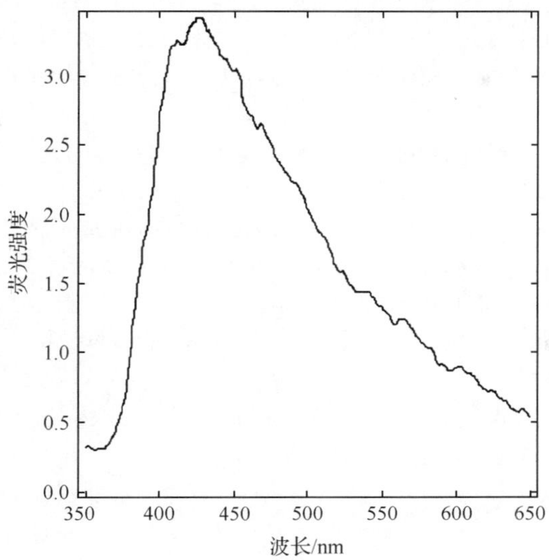

图 5.32　$(H_2en)_2[Se_2Mo_5O_{21}]\cdot 2H_2O$ 的荧光光谱[30]

参考文献

[1] Weakley T J R. The crystal structure of potassium, nonamolydomanganate(Ⅳ) hexahydrate, $K_6[MnMo_9O_{32}]\cdot 6H_2O$. J Less-Common Metals, 1977, 54: 289-296.

[2] Tan H Q, Li Y G, Zhang Z M, et al. Chiral polyoxometalate-induced enantiomerically 3D architectures: a new route for synthesis of high-dimensional chiral compounds. J Am Chem Soc, 2007, 129: 10066-10067.

[3] 谭华桥. 新型手性多金属氧酸盐的设计合成及其性质研究. 长春: 东北师范大学, 2012.

[4] Tan H Q, Li Y G, Chen W L, et al. From racemic compound to spontaneous resolution: a linker-imposed evolution of chiral $[MnMo_9O_{32}]^{6-}$ based polyoxometalate compounds. Chem Eur J, 2009, 15: 10940-10947.

[5] Tan H Q, Li Y G, Chen W L, et al. A series of $[MnMo_9O_{32}]^{6-}$ based solids: homochiral transferred from adjacent polyoxoanions to one-, two-, and three-dimensional frameworks. Cryst Growth Des, 2012, 12: 1111-1117.

[6] 谭华桥, 王恩波. 一个由 Waugh-型多阴离子与稀土离子构筑的超分子化合物的结构及表征. 中国科技论文在线, 2010, 5: 233-237.

[7] Baker L C W, Weakley T J R. The stabilities of the 9-molybdomanganate(Ⅳ) and 9-molybdonickelate(Ⅳ) ions. J Inorg Nucl Chem, 1966, 28: 447-454.

[8] Dunne S J, Burns R C, Hambley T W, et al. Oxidation of manganese(Ⅱ) by peroxornonosulfuric acid in aqueous solution in the presence of molybdate. Crystal structure of the $K_6[MnMo_9O_{32}]\cdot 6H_2O$ product. Aust J Chem, 1992, 45: 685-693.

[9] Cheng H Y, Ren Y H, Liu S X, et al. Structures and spectroscopic characterization of extended Waugh-type polyoxometalates with metal ions as linkers. Z Anorg Allg Chem, 2008, 634: 977-980.

[10] Lin S, Zhen Y, Wang S M, et al. Catalytic activity of $K_{0.5}(NH_4)_{5.5}[MnMo_9O_{32}]\cdot 6H_2O$ in phenol hydroxylation with hydrogen peroxide. J Mole Cata A: Chem, 2000, 156: 113-120.

[11] 袁华，刘伟，霍国燕，等. Waugh结构的钼锰杂多酸盐的合成及表征. 河北师范大学学报(自然科学版)，2001，25：490-492.

[12] 霍国燕，袁华，刘伟，等. Waugh结构$(NH_4)_6[MnMo_9O_{32}]\cdot 8H_2O$的合成. 河北师范大学学报(自然科学版)，2002，22：19-27.

[13] Nomiya K, Kobayashi R, Miwa M. Chirality of Waugh-type enneamolybdomanganate(Ⅳ) heteropolyanion. Observation of Pfeiffer effect. Bull Chem Soc Jpn, 1983, 56: 3505-3506.

[14] Shi F N, Xu Y, Bai J F, et al. $[H_3NNH_3]_2K_2MnMo_9O_{32}\cdot(NH_3)\cdot 3H_2O$: synthesis and crystal structure determination of a novel heteropolyoxometallate related to the Waugh structure. Inorg Chem Commun, 1999, 2: 572-575.

[15] Tan H Q, Chen W L, Liu D, et al. Two new compounds with microporous constructed by Waugh-type polyoxoanion and transition metal ions. Sci China Chem, 2011, 54: 1418-1422.

[16] Dunne S J, Burns R C, Lawrance G A. Oxidation of nickel(Ⅱ) and manganese(Ⅱ) by peroxodisulfate in aqueous solution in the presence of molybdate. Crystal structure of the $(NH_4)_6[NiMo_9O_{32}]\cdot 6H_2O$ Product. Aust J Chem, 1992, 45: 1943-1952.

[17] 霍国燕，霍国堂，王玉平. Waugh结构$(NH_4)_6[NiMo_9O_{32}]\cdot 6H_2O$的合成与表征. 河北大学学报(自然科学版)，2003，23：19-27.

[18] 袁华，刘伟，张文育，等. Waugh结构$(NH_4)_6[NiMo_9O_{32}]\cdot 8H_2O$的合成及表征. 河北师范大学学报(自然科学版)，2006，30：443-445.

[19] 杨喜平，胡乐乾，刘建平，等. Waugh型锰钼杂多化合物的合成、表征和量子化学研究. 河南科学，2006，24：828-830.

[20] Nagazi I, Haddad A. Synthesis, characterization and crystal structure of a novel Strandberg-type polyoxoselenomolybdate $Rb_4[Se_2Mo_5O_{21}]\cdot 2H_2O$. Mater Res Bull, 2012, 47: 356-361.

[21] Matsumoto K Y, Kato M, Sasaki Y. The crystal structure of ammonnium pentamolybdodisulfate(Ⅳ)(4-)trihydrate$(NH_4)[S_2^{\mathrm{IV}}Mo_5O_{21}]\cdot 3H_2O$. Bull Chem Soc Jpn, 1976, 49: 106-110.

[22] Kwak W, Pope M T, Scully T F. Stable organic derivatives of heteropoly anions, pentamolybdobisphosphonates. J Am Chem Soc, 1975, 97: 5735-5738.

[23] Niu J Y, Ma J C, Zhao J W, et al. A new 2D network polyoxometalate constructed from Strandberg-type phosphomolybdates linked through binuclear Ca(Ⅱ) clusters. Inorg Chem Commun, 2011, 14: 474-477.

[24] Carraro M, Sartorel A, Scorrano G, et al. Chiral Strandberg-type molybdates $[(RPO_3)_2Mo_5O_{15}]^{2-}$ as molecular gelators: self-assembled fibrillar nano-structures with enhanced optical activity. Angew Chem Int Ed, 2008, 47: 7275-7279.

[25] Kortz U, Marquer C, Thouvenot R, et al. Polyoxomolybdates functionalized with phosphonocarboxylates. Inorg Chem 2003, 42: 1158-1162.

[26] Kwak W S, Pope M T, Sethuraman P R, et al. Bis(μ_5-organophosphonato-O,O',O'')-penta-μ-oxo-pentakis (dioxomolybdates, -tungstates)-(4-) (pentametallobisphosphonates). Inorg Synth, 1990, 27: 123-128.

[27] Shivaiah V, Arumuganathan T, Das S K. Chirality of a Strandberg-type heteropolyanion $[S_2Mo_5O_{23}]^{4-}$. Inorg Chem Commun, 2004, 7: 367-369.

[28] Knoth W H, Harlow R L. New Tungstophosphates: $Cs_6W_5P_2O_{23}$, $Cs_7W_{10}O_{36}PO_{36}$, and $Cs_7Na_2W_{10}PO_3$. J

Am Chem Soc, 1981, 103: 1865-1867.

[29] Meng J X, Li Y G, Wang X L, et al. Synthesis, crystal structure, and characterization of a new high-dimensional phosphomolybdate architecture built from silver-complex fragments and hexa-connected P_2Mo_5 clusters. J Coord Chem, 2009, 62: 2283-2289.

[30] 连照勋，黄长沧，张汉辉，等. $(H_2en)_2[Se_2Mo_5O_{21}]\cdot 2H_2O$ 的水热合成、晶体结构与光谱研究. 结构化学，2004，23：605-611.

第 6 章　Weakley 型(1∶10 系列)和 Finke 型杂多化合物及其衍生物化学

6.1　Weakley 型(1∶10 系列)杂多化合物及其衍生物化学

6.1.1　研究简史

Weakley 结构是 1∶10 系列杂多化合物，它是 Weakley 等于 1971 年首次报道的，并于 1974 年确定了该系列化合物的精确结构。

6.1.2　Weakley 型杂多化合物及其衍生物的结构描述

1∶10 系列 Weakley 型多阴离子的通式是$[Ln^{n+}W_{10}O_{36}]^{(12-n)-}$，它可以看成是由两个$[W_5O_{18}]^{6-}$单元和一个稀土离子构筑的夹心型结构。$[W_5O_{18}]^{6-}$单元是由 Lindqvist 型同多阴离子$[W_6O_{19}]^{2-}$失去一个钨原子及其未共用氧形成的$[W_5O_{18}]^{6-}$片段，两个$[W_5O_{18}]^{6-}$片段与一个 Ln^{n+} 结合，形成夹心型$[Ln^{n+}W_{10}O_{36}]^{(12-n)-}$(图 6.1)。表 6.1 列出了 Weakley 型多阴离子的部分晶体数据。

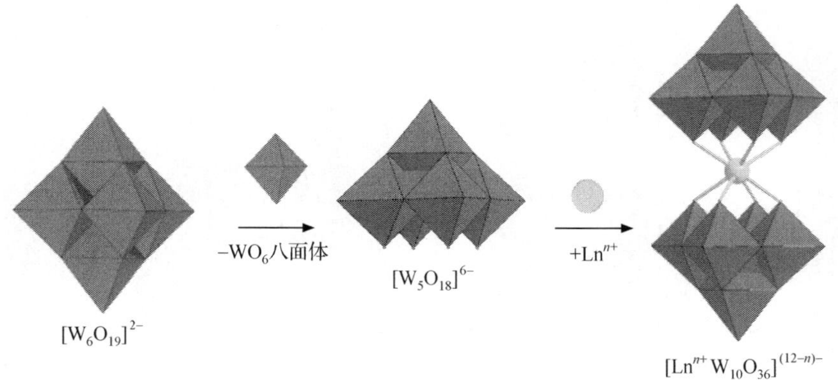

图 6.1　1∶10 系列 Weakley 型杂多阴离子的拆解结构图

表 6.1　Weakley 结构多阴离子的部分晶体数据

	$Na_6[CeW_{10}O_{36}H_2]\cdot 30H_2O$[1]
晶胞参数	a=18.14(1)Å b=18.62(1)Å c=18.51(1)Å α=90°；β=95.9(5)° γ=90°；V=6214Å^3
空间群	$C2/c$
晶系	单斜
Z 值	4

6.1.3　Weakley 型杂多化合物及其异构体的合成方法

$Na_9[Ln(W_5O_{18})_2]\cdot xH_2O$(Ln=Tb,Dy,Ho,Er)的合成

将 8.3g $Na_2WO_4\cdot 2H_2O$(25mmol)溶于 20mL 水中,用 HAc 将溶液的 pH 调至 7.4~7.5,然后将 0.921g $TbCl_3\cdot 6H_2O$(2.5mmol)的 2mL 水溶液逐滴加入上述溶液中,搅拌,加热至 85℃,冷却,过滤,滤液室温下缓慢挥发,得到晶体产物 $Na_9[Tb(W_5O_{18})_2]\cdot xH_2O$。IR(KBr 压片,$cm^{-1}$):935(s)、845(s)、798(m)、706(m)、586(w)、545(m)、490(w)[2]。

$Na_9[Dy(W_5O_{18})_2]\cdot xH_2O$ 的合成与 $Na_9[Tb(W_5O_{18})_2]\cdot xH_2O$ 相似,$TbCl_3\cdot 6H_2O$ 换成 0.930g $DyCl_3\cdot 6H_2O$(2.5mmol)。IR(KBr 压片,cm^{-1}):933(s)、847(s)、804(m)、705(m)、584(w)、549(m)、490(w)[2]。

$Na_9[Ho(W_5O_{18})_2]\cdot xH_2O$ 的合成与 $Na_9[Tb(W_5O_{18})_2]\cdot xH_2O$ 相似,$TbCl_3\cdot 6H_2O$ 换成 0.940 g $HoCl_3\cdot 6H_2O$(2.5mmol)。IR(KBr 压片,cm^{-1}):933(s)、847(s)、804(m)、708(m)、596(w)、546(m)、422(w)[2]。

$Na_9[Er(W_5O_{18})_2]\cdot xH_2O$ 的合成:将 2.180g $Er_2(CO_3)_3\cdot xH_2O$(3.8mmol)溶解在 30mL 0.1mol·L^{-1} HCl 溶液中,加热到 80℃并保持 30min,得到无色溶液 A。同时,将 50g $Na_2WO_4\cdot 2H_2O$(152mmol)溶解在 100mL 蒸馏水中持续搅拌,用无水 HAc 调节溶液的 pH 到 7.2,并加热到 90℃得到溶液 B。将溶液 A 逐滴加入钨酸盐的热溶液 B 中,剧烈搅拌 1h 后,快速过滤,室温下蒸发。三周后,得到针状紫色晶体。IR(KBr 压片,cm^{-1}):935(s)、845(s)、798(m)、706(m)、586(w)、545(m)、490(w)[2]。

$Na_7[Ln^{III}W_{10}O_{35}]$(Ln=La,Ce,Nd,Sm,Ho,Yb 和 Y)的合成

将钨酸钠制备成 pH 为 6.5~7.5(该溶液的 pH 用 4mol·L^{-1}盐酸调节)的热水溶液(pH 正好超过 7 时得到最高产率),然后逐滴向该热溶液中加入稀土

(Ln＝La,Ce,Nd,Sm,Ho,Yb 和 Y)的氯化物或硝酸盐的溶液，过滤，5℃下从滤液中分离出 $Na_7[Ln^{III}W_{10}O_{35}]$晶体[3]。

$Na_7[Pr^{III}W_{10}O_{35}]$的合成

将 50g $Na_2WO_4 \cdot 2H_2O$(0.15mol)溶于 100mL 水中，用冰醋酸将溶液的 pH 调至 7.2，并将溶液加热至 90℃，将 $Pr(NO_3)_3$ 的热的中性水溶液(由 2.6g Pr_6O_{11} 制备的)逐滴加入上述热溶液中，每加入一滴即生成绿色沉淀，混合物过滤，冷却至 5℃，得到灰绿色晶体，将晶体过滤，重新溶解于热水中，通过加入 KCl 和 CsCl 的浓溶液，过滤，冷却至 5℃，得到$[Pr^{III}W_{10}O_{35}]^{7-}$的钾盐和铯盐[3]。

$Na_9[ErW_{10}O_{36}] \cdot 35H_2O$ 的合成

将 2.180g $Er_2(CO_3)_3 \cdot xH_2O$(3.8mmol)溶于 30mL 0.1mol·L^{-1} HCl 溶液中，30min 内加热至 80℃得到无色溶液 A，同时，将 50g $Na_2WO_4 \cdot 2H_2O$ (152mmol)溶于 100mL 水中持续搅拌，用乙酸酐将溶液的 pH 调至 7.2，溶液加热至 90℃ 得到溶液 B，然后将溶液 A 逐滴加入 B 的热溶液中，剧烈搅拌 1h，将混合物快速过滤，室温下缓慢蒸发，三周后得到针状晶体。IR(KBr 压片，cm^{-1})：937(s)、849(s)、787(m)、706(m)、588(w)、548(m)、490(w)[4]。

$K_7H_8[LnMo_4V_6O_{36}] \cdot xH_2O$(Ln ＝ La,Ce,Pr,Nd)的合成

将 4.05g(0.025mol)H_2MoO_4溶于 50mL 0.5mol·L^{-1}热的氢氧化钾溶液中得到溶液 A，再将 5.85g NH_4VO_3(0.05mol)溶于 60mL 热水中得到溶液 B，混合溶液 A 和 B，用 2mol·L^{-1}HCl 溶液将混合液的 pH 调至 4.6～6.5，将混合溶液保持在 50℃下，搅拌，加入 1.8g 稀土硝酸盐，然后用 KAc/HAc 缓冲溶液(pH 4.3)，调节溶液的 pH 至 4.6～4.7，保温 10min 后，过滤，滤液于 0～3℃放置 6h 后，得到橙黄色针状晶体(但 Ce 的晶体为褐色)[5]。

6.1.4 Weakley 型杂多化合物及其异构体的结构表征

6.1.4.1 红外光谱

以 Weakley 型杂多化合物$[Ln(W_5O_{18})_2]^{9-}$的 IR 光谱为例，$[Tb(W_5O_{18})_2]^{9-}$的 IR 光谱吸收峰为 935(s)cm^{-1}、845(s)cm^{-1}、798(m)cm^{-1}、706(m)cm^{-1}、586(w)cm^{-1}、545(m)cm^{-1}、490(w)cm^{-1}；$[DyW_{10}O_{36}]^{9-}$的 IR 光谱吸收峰为 933(s)cm^{-1}、847(s)cm^{-1}、804(m)cm^{-1}、705(m)cm^{-1}、584(w)cm^{-1}、549(m)cm^{-1}、490(w)cm^{-1}；$[HoW_{10}O_{36}]^{9-}$的 IR 光谱吸收峰为 933(s)cm^{-1}、847(s)cm^{-1}、804(m)cm^{-1}、708(m)cm^{-1}、596(w)cm^{-1}、546(m)cm^{-1}、422(w)cm^{-1}(图 6.2)[2]。

6.1.4.2 紫外-可见吸收光谱和拉曼光谱

$K_7H_8[LnMo_4V_6O_{36}] \cdot xH_2O$(Ln＝La,Ce,Pr,Nd)的 UV-Vis 光谱是在 pH

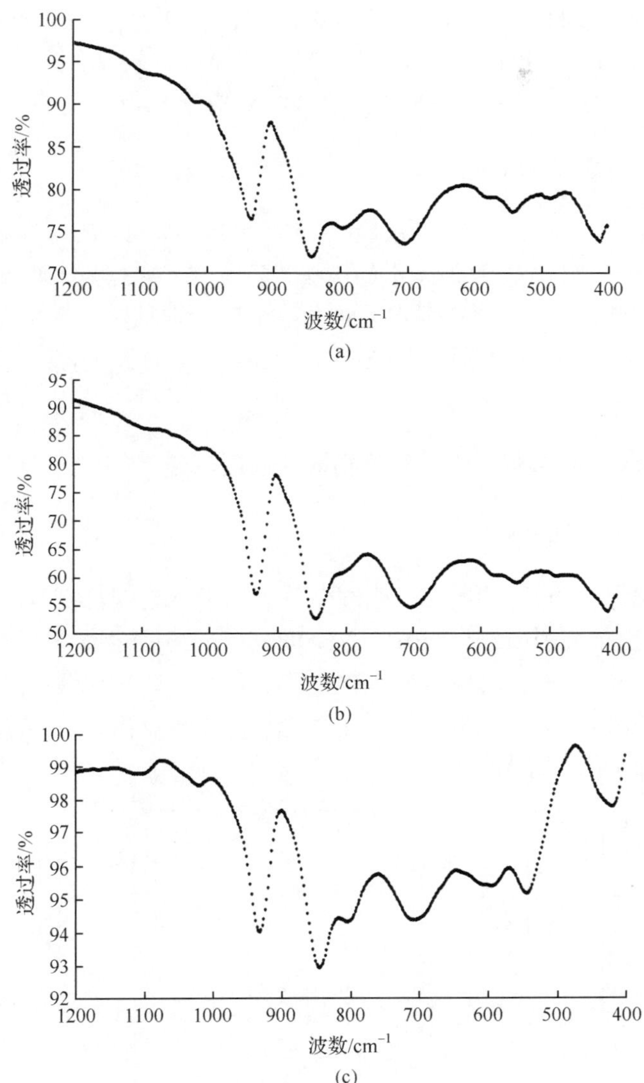

图 6.2　$[Tb(W_5O_{18})_2]^{9-}$(a)、$[DyW_{10}O_{36}]^{9-}$(b)和$[HoW_{10}O_{36}]^{9-}$(c)的 IR 光谱[2]

为 4.6～4.7 的 HAc 溶液中测定的，多阴离子的吸收峰出现在 190～400nm，可归属于 O_d→M(M=Mo，V)的荷移跃迁。含有 Pr^{3+} 和 Nd^{3+} 的 $K_7H_8[LnMo_4V_6O_{36}]\cdot xH_2O$ 的UV-Vis光谱在 400～900nm 出现吸收峰，Pr^{3+} 的吸收峰出现在 450nm、474nm、489nm 和 590nm，而 Nd^{3+} 的吸收峰出现在 505nm、515nm、525nm、584nm、676nm、685nm、739nm、746nm、803nm、809nm 和 870nm 处，但含有 La^{3+} 和 Ce^{3+} 的 $K_7H_8[LnMo_4V_6O_{36}]\cdot xH_2O$ 在 400～900nm 均无吸收谱带[5]。$K_7H_8[LnMo_4V_6O_{36}]\cdot xH_2O$ 的 Raman 光谱有 12 个吸收峰，在 $963cm^{-1}$、$947cm^{-1}$ 和

934cm^{-1}处出现的吸收峰可归属于 M—O_d振动；在 862cm^{-1}、830cm^{-1}、605cm^{-1}、265cm^{-1}和 246cm^{-1}处出现的吸收峰可归属于 M—O—M 振动；在 337cm^{-1}、328cm^{-1}、133cm^{-1}和 179cm^{-1}处出现的吸收峰对应于 Ln—O 振动[5]。

6.1.4.3 热重-差热分析

$K_7H_8[LnMo_4V_6O_{36}]\cdot xH_2O$(Ln = La,Ce,Pr,Nd)的 TG-DTA 曲线中，35～65℃对应的质量损失为游离水的失去，DTA 曲线在 38℃出现一个吸热峰；65～150℃的质量损失对应的是结晶水的失去，DTA 曲线在 73℃出现一个较强的吸热峰；在 283℃出现一个很强的吸热峰，表明结构水的失去，此时多阴离子的结构开始分解[5]。

6.1.5 Weakley 型杂多化合物及其异构体的性质研究

6.1.5.1 荧光性质研究

$[EuW_{10}O_{36}]^{9-}$中由于含有 Eu^{3+}，在紫外光照射下表现出很强的荧光活性，宋宇飞等对此作了深入的研究。$(EuW_{10}/LDH)_n$(n=3～18)多层膜随着层数的增加，在紫外光激发下，展示出均一的亮红色荧光活性。稳态激发光谱中出现 Eu^{3+}的特征跃迁 $5D_0\rightarrow 7F_j$(j=0,1,2,3,4)，强的红色荧光是由多酸到 Eu^{3+}内部分子能量传递导致的(图 6.3)[6]。

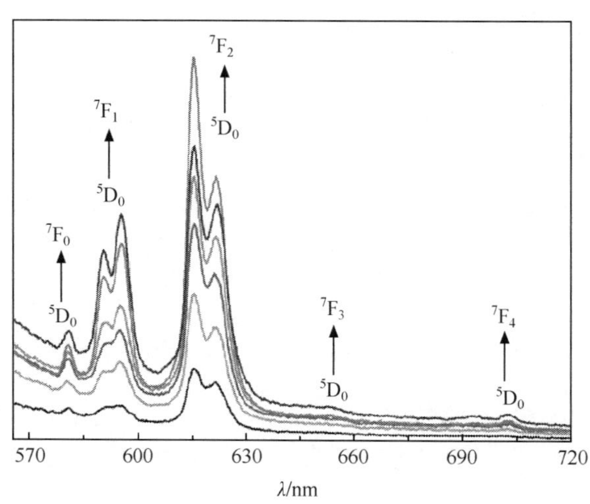

图 6.3 $(EuW_{10}/LDH)_n$(n=3～18)多层膜的荧光光谱[6]

2003 年，张洪杰等通过自组装方法制得 $Na_9[LnW_{10}O_{36}]$($Ln=Eu^{3+},Dy^{3+}$)薄膜，研究了这种薄膜在紫外光照射下的可见荧光活性。这种通过自组装制得的含有稀土离子的薄膜材料的荧光性质与相关的固体材料做了对比实验，研究表明自

组装膜中 Eu^{3+} 的 $^5D_0 \rightarrow {}^7F_2$ 和 $^5D_0 \rightarrow {}^7F_1$ 的强度比(图 6.4 和图 6.5)[7] 以及 Dy^{3+} 的 $^4F_{9/2} \rightarrow {}^6H_{13/2}$ 和 $^4F_{9/2} \rightarrow {}^6H_{15/2}$ 的强度比(图 6.6 和图 6.7)[7] 是与其固体材料不同的,而且讨论了含有稀土离子的薄膜材料比相应的固体材料具有更短的荧光寿命[7]。

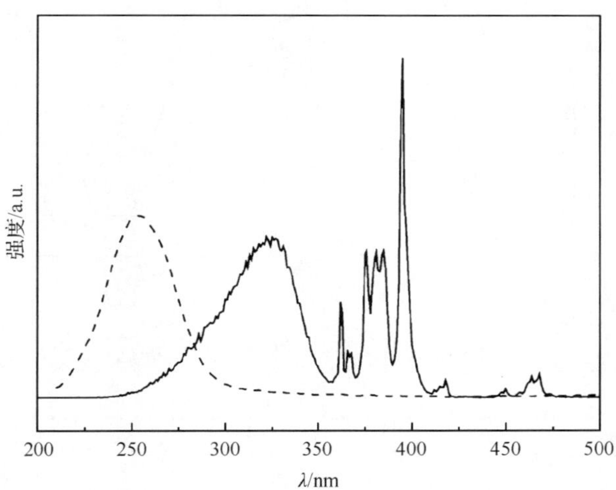

图 6.4　APS/{EuW_{10}}薄膜(虚线)和 $Na_9[EuW_{10}O_{36}]$固体(实线)的激发光谱[7]

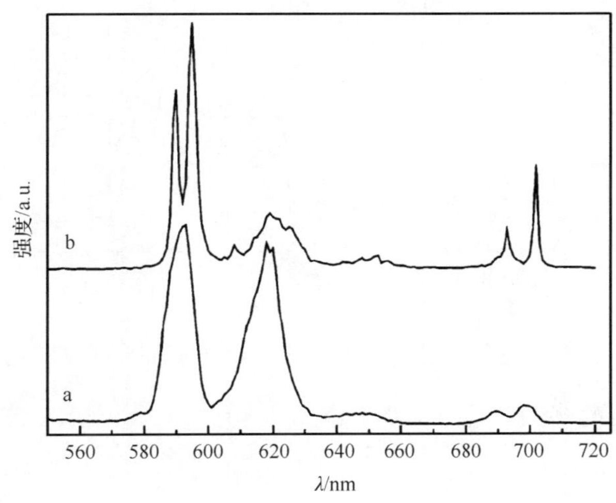

图 6.5　APS/{EuW_{10}}薄膜(a)和 $Na_9[EuW_{10}O_{36}]$固体(b)的发射光谱[7]

6.1.5.2　*磁性研究*

2008 年,Coronado 等对单核稀土多酸$[ErW_{10}O_{36}]^{9-}$的磁性进行研究,$[ErW_{10}O_{36}]^{9-}$的变温磁化率曲线展示出出色的单分子磁体行为,它是第一例报道的具有

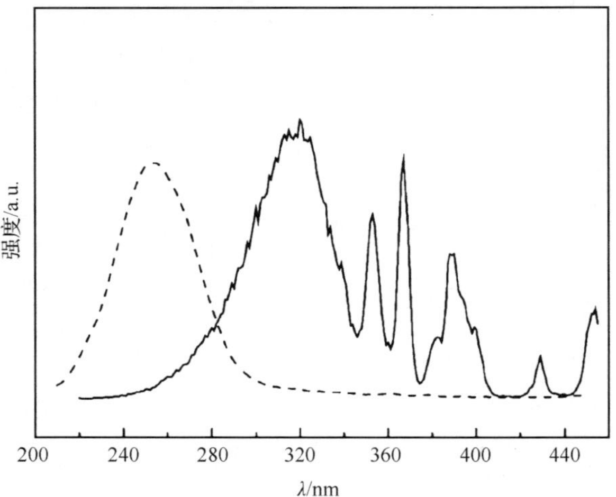

图 6.6　APS/{DyW_{10}}薄膜(虚线)和 $Na_9[DyW_{10}O_{36}]$固体(实线)的激发光谱[7]

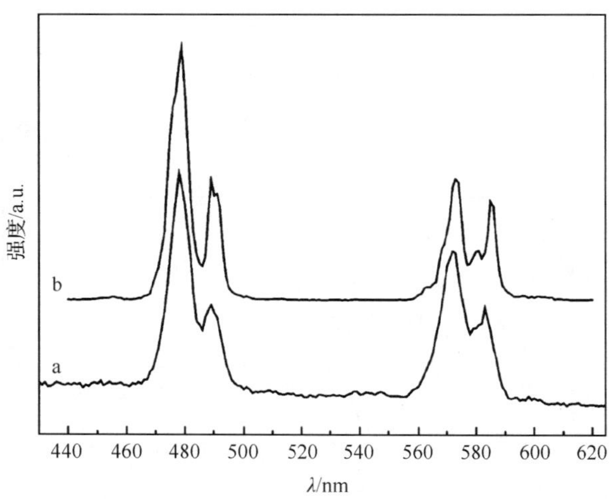

图 6.7　APS/{DyW_{10}}薄膜(a)和 $Na_9[DyW_{10}O_{36}]$固体(b)的发射光谱[7]

单分子磁体行为的多酸化合物(第 1 章图 1.9)[4]。2009 年,Coronado 等研究了 $[Ln(W_5O_{18})_2]^{9-}$(Ln=Tb,Dy,Ho,Er)的磁性(图 6.8)[2],$\chi_m T$-T 的磁性曲线表明含有不同稀土离子的多阴离子的 $\chi_m T$ 值与理论值接近:Tb^{3+},$\chi_m T$=11.92emu·K·mol^{-1};Dy^{3+},$\chi_m T$=13.31emu·K·mol^{-1};Ho^{3+},$\chi_m T$=14.05emu·K·mol^{-1};Er^{3+},$\chi_m T$=10.85emu·K·mol^{-1}[2]。

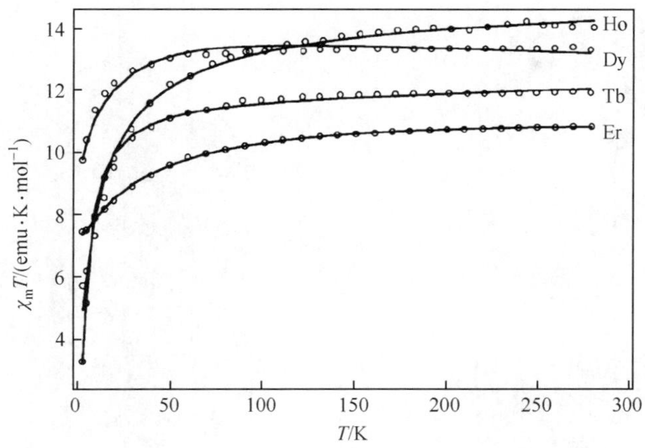

图 6.8　$[Ln(W_5O_{18})_2]^{9-}$(Ln=Tb,Dy,Ho,Er)的 $\chi_m T$-T 曲线[2]

6.2　Finke 型杂多化合物及其衍生物化学

6.2.1　研究简史

Finke 型杂多化合物是由两个 Keggin 型或 Dawson 型多阴离子的三缺位衍生物与四核过渡金属簇构筑的夹心型结构。1973 年,Weakley 等报道了由三缺位的 Keggin 型多阴离子构筑的四核夹心型多阴离子$[P_2W_{18}Co_4(H_2O)_2O_{68}]^{10-}$;1981 年,Finke 等报道了由三缺位的 Keggin 型多阴离子构筑的一系列四核夹心型多阴离子$[M_4(H_2O)_2(PW_9O_{34})_2]^{10-}$($M=Co^{2+},Zn^{2+},Cu^{2+}$)的合成及晶体结构;1983 年,由三缺位的 Dawson 型多阴离子构筑的一系列四核夹心型多阴离子$[M_4(H_2O)_2(P_2W_{15}O_{56})_2]^{16-}$($M=Co^{2+},Zn^{2+},Cu^{2+}$)的合成及晶体结构被报道。

6.2.2　Finke 型杂多化合物及其异构体的结构描述

Finke 型多酸化合物的结构是由两个三缺位的 Keggin 型阴离子或 Dawson 型阴离子,与$\{M_4O_{16}\}$簇所构筑的夹心型结构(图 6.9),它的结构通式是$[M_4(XW_9)_2]^{n-}$或$[M_4(X_2W_{15})_2]^{n-}$,这里列举几例 Finke 结构。2011 年,Reinoso、Galán-Mascarós 等报道了 $Cs_3K_4Na_4[\{Ce^{IV}(C_2H_3O_2)\}Cu_3^{II}(H_2O)(B\text{-}\alpha\text{-}GeW_9O_{34})_2]\cdot 20H_2O$,它是由一个$\{Ce(Ac)\}^{3+}$单元取代$[Cu_4^{II}(H_2O)_2(B\text{-}\alpha\text{-}GeW_9O_{34})_2]^{12-}$中的一个$\{Cu(H_2O)\}^{2+}$片段构筑的四核夹心型结构(图 6.10)[8]。表 6.2 列出不同 Finke 型杂多化合物的部分晶体数据。

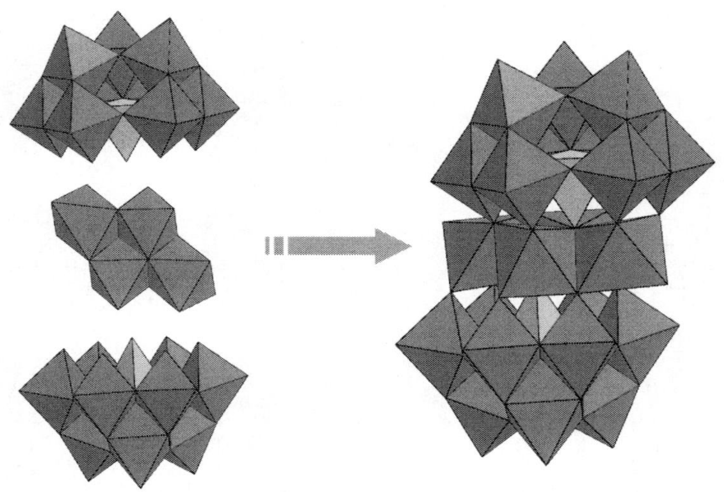

图 6.9 由两个三缺位的 Keggin 型阴离子构筑的 Finke 型多酸化合物的拆解结构图

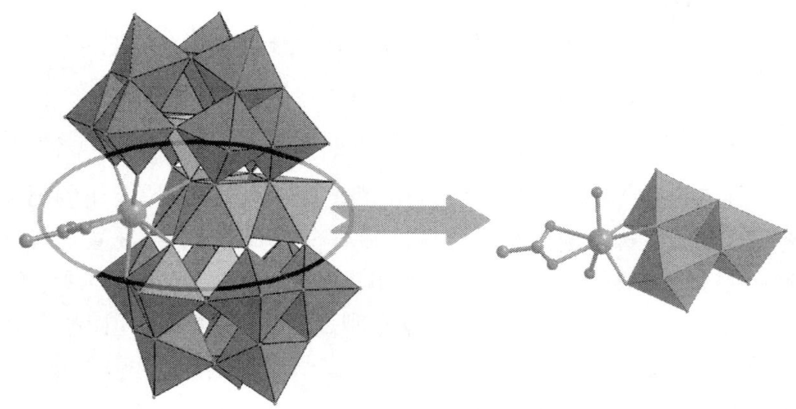

图 6.10 $Cs_3K_4Na_4[\{Ce^{IV}(C_2H_3O_2)\}Cu_3^{II}(H_2O)(B\text{-}\alpha\text{-}GeW_9O_{34})_2]\cdot 20H_2O$ 的结构图[8]

表 6.2 Finke 型杂多化合物的部分晶体数据

	$Na_{13}[H_3Cu_4(H_2O)_2(CuW_9O_{34})_2]\cdot 39H_2O$[9]	$Na_{16}[Mn_4(H_2O)_2(P_2W_{15}O_{56})_2]\cdot 53H_2O$[10]
晶胞参数	a=13.054(3)Å	a=14.31(3)Å
	b=17.729(4)Å	b=14.675(3)Å
	c=20.998(4)Å	c=20.363(9)Å
	α=90°	α=83.44(3)°
	β=93.50(3)°	β=80.61(7)°
	γ=90°	γ=73.85(6)°
	V=4851(2)Å^3	V=4042(8)Å^3
空间群	$P2_1/n$	$P\bar{1}$
晶系	单斜	三斜
Z值	2	1

1998 年,Krebs 等报道了$[(Mn^{II}(H_2O)_3)_2(Mn^{II}(H_2O)_2)_2(TeW_9O_{33})_2]^{8-}$的结构,它是由两个三缺位的$[TeW_9O_{33}]^{8-}$片段与四核锰簇构筑的夹心型 Finke 结构(图 6.11)[11]。1994 年,Coronado 等报道的多阴离子$[M_4(H_2O)_2(P_2W_{15}O_{56}]^{16-}$是由两个三缺位的$[P_2W_{15}O_{56}]^{6-}$与四核过渡金属簇构筑的夹心型 Finke 结构(图 6.12)[10]。

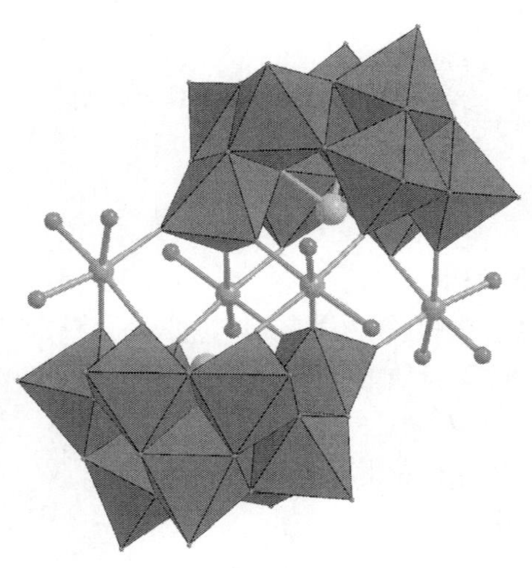

图 6.11　$[(Mn^{II}(H_2O)_3)_2(Mn^{II}(H_2O)_2)_2(TeW_9O_{33})_2]^{8-}$的结构图[11]

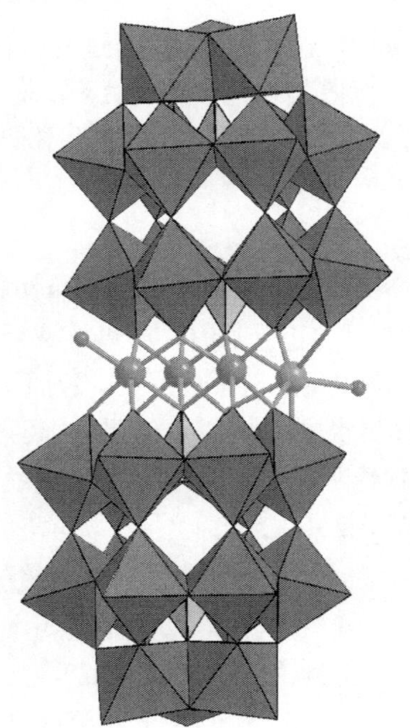

图 6.12　$[M_4(H_2O)_2(P_2W_{15}O_{56})]^{16-}$的结构图[10]

6.2.3 Finke 型杂多化合物及其异构体的合成

Finke 型杂多化合物的合成方法主要是采用三缺位的多阴离子为前驱体，为了防止多阴离子与金属离子的沉淀，需要选用缓冲溶液来溶解多阴离子，然后加入金属离子，加热反应，冷却，在溶液中加入 KCl 固体或溶液得到晶体产物，KCl 有利于晶体产物从溶液中析出。

6.2.3.1 由 Keggin 结构衍生的 Finke 结构$[M_4(H_2O)_2(XW_9O_{34})_2]^{10-}$(M=Cu,Co,Zn,Mn; X = P,As)的合成

$K_{10}[Mn_4(H_2O)_2(PW_9O_{34})_2]\cdot 20H_2O$ 的合成

将 2g $Na_8H[PW_9O_{34}]\cdot 19H_2O$(140℃干燥 1h)缓慢加入含有 0.2366g $MnSO_4\cdot H_2O$ 的 15mL 橘黄色水溶液中，缓慢加热，热过滤除去不溶物质，向滤液中加入 5g 过量的 KCl，立即得到橘黄色固体。经过几次重结晶得到约 0.1064g 晶态粉末，将产品重新溶解在 20mL H_2O 中，3 个月后得到琥珀色单晶。$K_{10}[Mn_4(H_2O)_2(PW_9O_{34})_2]\cdot 20H_2O$ 的元素分析理论值(%)：K 7.1、W 60.5、Mn 4.0；实验值(%)：K 7.0、W 60.0、Mn 3.9[12]。

$K_{10}[Zn_4(H_2O)_2(PW_9O_{34})_2]\cdot 20H_2O$ 的合成

将 0.19g $ZnCl_2$(1.4mmol)溶解在 15mL H_2O 中，向此溶液中加入 2.0g $Na_8H[PW_9O_{34}]\cdot 19H_2O$，将溶液加热至接近均匀相，过滤，将过量 KCl(4～6g)加入滤液中，立即得到白色沉淀，过滤收集白色固体，抽滤干燥。将固体粉末重新溶解在 5～10mL 热水中，在 5℃重结晶，收集得到的白色晶体在 80℃真空干燥箱里干燥 2h，得到约 1.47g 白色固体，产率为 77%[13]。

$K_{10}[Co_4(H_2O)_2(PW_9O_{34})_2]\cdot 20H_2O$ 的合成

将 0.41g $Co(NO_3)_2\cdot 6H_2O$(1.4mmol)溶解在 15mL H_2O 中，搅拌下向紫色溶液中加入 2.0g $Na_8H[PW_9O_{34}]\cdot 19H_2O$，加热溶液至呈均相的酒红色，将过量的 KCl(4～6g)加入上述溶液中生成蓝紫色沉淀，冷却到室温后抽滤干燥。将固体粉末重新溶解在 5～10mL 热水中，在 5℃重结晶，收集得到的蓝紫色晶体在 80℃真空干燥箱里干燥 2h，得到约 1.37g 蓝紫色固体，产率为 71%[13]。

$K_{10}[Cu_4(H_2O)_2(PW_9O_{34})_2]\cdot 20H_2O$ 合成

将 0.62g $CuCl_2\cdot H_2O$(3.6mmol)溶解在 12mL 水中，在蓝色溶液中加入 5.0g $Na_8H[PWO_{34}]\cdot 19H_2O$(1.8mmol)，室温下搅拌溶解，将 0.66g KCl(8.8mmol)加入绿色溶液中，得到浅绿色固体，搅拌 10min，将混合物在蒸气浴加热 1～5min，直到绝大部分沉淀溶解为止，不透明溶液离心分离 5min，除去蓝色悬浮物，清澈溶液室温下缓慢挥发，得到浅绿色立方晶体，收集产物，干燥，约 1.3g，

产率为 27%[13]。

$[(n\text{-}C_4H_9)_4N]_6[Fe_4^{II}(H_2O)_2(PW_9O_{34})_2]$的合成

向 0.48g $FeCl_2 \cdot 4H_2O$ 的 25mL 水溶液中加入 3.0g $Na_8H[PW_9O_{34}]$，剧烈搅拌，溶液加热至 60℃，并保持 10min，热过滤，加入 3.6g KCl，收集沉淀，真空干燥 1h，将 3g 固体产物溶于 100mL 水中，将 2.4g (TBA)Cl 的 300mL CH_2Cl_2 溶液加入其中，旋转蒸发得到黄色沉淀和深棕色有机层，收集下层有机层，敞口放置 24h，溶液颜色由黑棕色变成淡棕色，采用旋转蒸发仪将溶液浓缩至油状，用 150mL 水洗涤，黑色油状物变成黄绿色粉末，收集粉末，用过量的水洗涤，真空干燥，粉末溶解于 3～5mL CH_3CN 中，得到深棕绿色溶液，向该溶液中加入 150mL 乙醚，得到淡黄色粉末，真空干燥，产量为 1.2g，产率为 30%[14]。IR(KBr 压片，cm^{-1})：1066(m)、1014(w)、970(m)、950(m，sh)、932(m，sh)、868(s)、823(s)、769(s)、702(s)、625(w)、589(w，sh)、521(w)、496(w，sh)、455(w)；UV-Vis(CH_3CN，nm)：485.8。元素分析理论值(%)：C 18.68、H 3.59、Fe 3.62、N 1.36、P 1.00、W 53.60；实验值(%)：C 18.73、H 3.55、Fe 3.35、N 1.33、P 0.89、W 53.24[14]。

$K_5Cs_5[(Hg_2)_2WO(H_2O)(AsW_9O_{33})_2]$的合成

将 66g 钨酸钠和 2.2g As_2O_3 溶于 200mL 水中，混合物煮沸，待反应物完全溶解时，缓慢加入 17mL 浓硝酸(d=1.38g · mL^{-1})，搅拌，使溶液的 pH 降到 5，然后将 6g 硝酸汞溶于 20mL 水中，并用 0.5mL 浓硝酸酸化，将该溶液加入上述混合物中，将混合溶液煮沸，pH 降至 4，加入 25g 硝酸钾，冷却，2～3 天得到透明晶体，为了更适合单晶测试制备 Cs 和 K 的混合盐，将 3g 样品溶于 75mL 热水中，加入 5mL 10%的硝酸铯溶液，缓慢蒸发溶液得到晶体。元素分析理论值(%)：W 50.26、Hg 11.18、As 1.91、Cs 7.56、K 1.62；实验值(%)：W 51.41、Hg 10.08、As 2.00、Cs 9.54、K 3.06[15]。

$K_{10}[Mn_4(H_2O)_2(AsW_9O_{34})_2] \cdot 18H_2O$ 的合成

将 0.4g $MnCl_2$ 溶于 5mL 水中，再加入 2.0g $Na_8H[AsW_9O_{34}] \cdot 11H_2O$，室温搅拌，直到 $Na_8H[AsW_9O_{34}] \cdot 11H_2O$ 完全溶解，溶液由浅粉色变成橙色，过滤除去少量不溶物，将 4.5g KCl 加入橙色溶液中，搅拌生成橙色沉淀，收集橙色沉淀并在 5～10mL 热水中重结晶，产率为 78%[16]。

$Na_6[Fe_4(H_2O)_{10}(\beta\text{-}AsW_9O_{33})_2] \cdot 32H_2O$ 的合成

将 0.97g $FeCl_3 \cdot 6H_2O$(3.6mmol)溶于 40mL 水中，然后加入 4.0g $Na_9[\alpha\text{-}AsW_9O_{33}]$(1.6mmol)，用 4mol · L^{-1} HCl 溶液将溶液的 pH 调至 3.0，然后将溶液在 90℃加热 1h，过滤，冷却，缓慢蒸发，1～2 周后得到黄色晶体，产量为 4.4 g，产率为 92%。IR(KBr 压片，cm^{-1})：959、901、823、782、723、694、642、504、474、429[17]。

$RbNa_3[In_4(H_2O)_{10}(\beta\text{-}AsW_9O_{32}OH)_2] \cdot 36H_2O$ 的合成

将 0.39g $InCl_3$ (1.76mmol)溶解在 40mL H_2O 中，再加入 2.00g $Na_9[\alpha\text{-}$

AsW_9O_{33}](0.80 mmol),用 4mol · L^{-1} HCl 溶液调节 pH 到 2,80℃加热 1h,冷却到室温后,过滤,在 0.1mol · L^{-1} $RbNO_3$ 溶液中分层,室温缓慢蒸发,1～2 天后得到白色晶体(产量为 1.7g,产率为 72%)[18]。

$K_4Na_2[In_4(H_2O)_{10}(\beta\text{-}SbW_9O_{33})_2]\cdot 30H_2O$ 的合成

合成方法类似于 $RbNa_3[In_4(H_2O)_{10}(\beta\text{-}AsW_9O_{32}OH)_2]\cdot 36H_2O$ 的合成,只是将 $Na_9[\alpha\text{-}AsW_9O_{33}]$换成 2.00g(0.80mmol) $Na_9[\alpha\text{-}SbW_9O_{33}]$, $RbNO_3$ 换成 0.1mol · L^{-1}KCl,产量为 2.0g,产率为 82%[18]。

$Na_6[Fe_4(H_2O)_{10}(\beta\text{-}SbW_9O_{33})_2]\cdot 32H_2O$ 的合成

将 0.97g $FeCl_3\cdot 6H_2O$(3.6mmol)溶于 40 mL 水中,然后加入 4.0g $Na_9[\alpha\text{-}SbW_9O_{33}]$(1.6mmol),用 4mol · L^{-1} HCl 溶液将溶液的 pH 调至 3.0,然后将溶液在 90℃加热 1h,过滤,冷却,缓慢蒸发,1～2 周后得到黄色晶体。产量为 4.1g,产率为 87%。IR(KBr 压片,cm^{-1}):948、883、807、773、678、628、512、473、425[17]。

$Cs_4K_3Na_5[Cd_4Cl_2(B\text{-}\alpha\text{-}AsW_9O_{34})_2]\cdot 20H_2O$ 的合成

将 0.33g $CdCl_2\cdot H_2O$(1.66mmol)溶于 20mL 0.5mol · L^{-1} NaAc/HAc 缓冲溶液(pH 4.8),然后加入 2.00g(0.75mmol) $Na_8[A\text{-}HAsW_9O_{34}]\cdot 11H_2O$(反应过程中发生了异构化),溶液 80℃加热 1h,冷却后过滤,向滤液中加入 0.5mL 1.0mol · L^{-1} CsCl 及 0.5mL 1.0mol · L^{-1} KCl 溶液,溶液缓慢蒸发得到白色晶体,产量为 1.8g,产率为 78%。IR(KBr 压片,cm^{-1}):951(s)、882(s)、835(s)、784(s)、746(sh)、724(s)、480(w)、442(w)。元素分析理论值(%):Cs 8.6、K 1.9、Na 1.9、W 53.4、Cd 7.3、As 2.4、Cl 1.2;实验值(%):Cs 8.3、K 2.1、Na 1.9、W 53.9、Cd 7.1、As 2.4、Cl 1.3[19]。

$Cs_{3.8}K_{0.2}[Fe_4(H_2O)_{10}(\beta\text{-}TeW_9O_{33})_2]$的合成

将 4.4g $Na_2WO_4\cdot 2H_2O$(13.4mmol)溶于 40mL 水中,加热至 50℃,然后加入 0.82g $FeCl_3\cdot 6H_2O$(3.0mmol)和 0.41g K_2TeO_3(1.34mmol),用 4 mol · L^{-1} HCl 溶液将溶液的 pH 调至 1.0,然后溶液在 90℃加热 1h,过滤,冷却,加入 4g CsCl,得到黄色晶体,产量为 2.1g,产率为 57%。IR(KBr 压片,cm^{-1}):967、883、817、783、741、694、656、565[17]。

$Na_8[(Mn^{II}(H_2O)_3)_2(Mn^{II}(H_2O)_2)_2(TeW_9O_{34})_2]\cdot 34H_2O$ 的合成

将 0.22g TeO_2(1.34mmol)溶解在 1mL 10mol · L^{-1} NaOH 溶液和 10mL 蒸馏水组成的混合物中得到溶液 A,将 3.96g $Na_2WO_4\cdot 2H_2O$(12.01mmol)溶解在 20mL 水和 0.7mL 浓 HNO_3(12mol · L^{-1})组成的混合液中,加热到 75℃得到溶液 B。将溶液 A 逐滴加入溶液 B 中,加入 0.4g Na_2CO_3(4.8mmol)避免 pH 骤然下降,向浅黄色溶液中加入含 0.532g $MnCl_2\cdot 2H_2O$(2.68mmol)的 10mL 溶液,加入浓 HNO_3 调节 pH 为 3,80℃加热 1h 后过滤,冷却到室温,几天后得到黄色晶体

(产量为 1.8g,产率为 47%)[11]。

$Na_{12}[Mn_4(H_2O)_2(GeW_9O_{34})_2]\cdot 38H_2O$ 的合成

将 0.388g $MnCl_2\cdot 4H_2O$(1.96mmol)、0.0928g GeO_2(0.888mmol)和 2.64g $Na_2WO_4\cdot 2H_2O$(8.00mmol)依次溶于 40mL 0.5mol · L^{-1} pH 为 4.8 的 NaAc/HAc 缓冲溶液中,溶液加热至 90℃并保持 1h,然后过滤,缓慢蒸发得到晶体产物,产量为 1.8g,产率为 69%。IR(KBr 压片,cm^{-1}):942(s)、875(s)、767(vs)、709(s)、510(w)、463(w)、444(w)[20]。

$Na_{11}Cs_2[Cu_4(H_2O)_2(GeW_9O_{34})_2]Cl\cdot 31H_2O$ 的合成

合成方法同 $Na_{12}[Mn_4(H_2O)_2(GeW_9O_{34})_2]\cdot 38H_2O$,用 0.334g(1.96mmol) $CuCl_2\cdot 2H_2O$ 代替 $MnCl_2\cdot 4H_2O$。滤液中加入稀释 CsCl 溶液,缓慢蒸发得到晶体产物,产量为 1.8g,产率为 71%。IR(KBr 压片,cm^{-1}):941(s)、890(s)、846(w)、775(vs)、734(s)、718(s)、509(w)、469(w)、438(w)[20]。

$Na_{12}[Zn_4(H_2O)_2(GeW_9O_{34})_2]\cdot 32H_2O$ 的合成

合成方法同 $Na_{12}[Mn_4(H_2O)_2(GeW_9O_{34})_2]\cdot 38H_2O$,用 0.267g $ZnCl_2$(1.96mmol)代替 $MnCl_2\cdot 4H_2O$。缓慢蒸发得到晶体产物,产量为 1.9g,产率为 75%。IR(KBr 压片,cm^{-1}):946(s)、888(s)、837(w)、772(vs)、705(s)、511(w)、454(w)[20]。

$Na_{12}[Cd_4(H_2O)_2(GeW_9O_{34})_2]\cdot 32.2H_2O$ 的合成

合成方法同 $Na_{12}[Mn_4(H_2O)_2(GeW_9O_{34})_2]\cdot 38H_2O$,用 0.359g $CdCl_2$(1.96mmol)代替 $MnCl_2\cdot 4H_2O$。缓慢蒸发得到晶体产物,产量为 1.8g,产率为 70%。IR(KBr 压片,cm^{-1}):937(s)、881(s)、837(w)、760(vs)、708(s)、511(w)、460(w)、443(w)[20]。

$Cs_3K_4Na_4[\{Ce^{IV}(C_2H_3O_2)\}Cu_3^{II}(H_2O)(B\text{-}\alpha\text{-}GeW_9O_{34})_2]\cdot 20H_2O$ 的合成

将 1mL 0.1mol · L^{-1} $Ce(NH_4)_2(NO_3)_6$ 水溶液加入含有 0.55g $K_{12}[Cu_4(H_2O)_2(B\text{-}\alpha\text{-}GeW_9O_{34})_2]$(0.10mmol)的 0.5mol · L^{-1} 20mL HAc/NaAc 缓冲溶液中,反应混合物室温下搅拌 30min,过滤除去不溶物后,加入 0.5mL 1mol · L^{-1} CsCl 溶液,一天后除去浅绿色粉末,室温下缓慢蒸发,约两个月后得到黄色晶体,产量为 0.17g,产率为 29%[8]。

$K_{10}[Co_4(H_2O)_2(B\text{-}\alpha\text{-}SiW_9O_{34}H)_2]\cdot 21H_2O$ 的合成

将 0.048g $CoCl_2\cdot 6H_2O$(0.2mmol)和 0.28g $Na_9[\beta\text{-}SiW_9O_{34}H]\cdot 23H_2O$(0.1mmol)溶于 10mL KAc/HAc(pH 4.8)缓冲溶液中,80℃反应 1h,缓慢蒸发得到红色晶体。产量为 0.15g,产率为 54%[21]。

$K_4Na_6Mn[\{SiMn_2W_9O_{34}(H_2O)\}_2]\cdot 33H_2O$ 的合成

将 2.23g $K_8[\gamma\text{-}SiW_{10}O_{36}]$(0.75mmol)加入含 0.36g $MnCl_2\cdot 2H_2O$

(2.25mmol)的 100mL 1.0mol · L^{-1}(pH 4.8)NaAc/HAc 缓冲溶液中，溶液在 90℃加热 40min，冷却至室温，加入 10g KCl，得到黄色沉淀，过滤，干燥，产量为 0.39g，产率为 20%。IR(KBr 压片，cm^{-1})：984(w)、948(s)、904(vs)、876(vs)、849(sh)、758(vs)、720(vs)、535(w)、509(w)、485(w)[22]。

$Na_9K[Fe_4(H_2O)_2(FeW_9O_{34})_2]\cdot 32H_2O$ 的合成

将 5g $Na_2WO_4\cdot 2H_2O$(15.16mmol)溶解在 15mL 75℃的热水中，逐滴加入含 7.86g $Fe(NO_3)_3\cdot H_2O$(3.94mmol)的 10mL 水溶液，保持溶液 pH 为 3～4，75℃加热 60min，溶液冷却到室温后，过滤，在滤液中加入 1mL 1mol · L^{-1} KCl 溶液，几天后得到棕色 $Na_9K[Fe_4(H_2O)_2(FeW_9O_{34})_2]\cdot 32H_2O$ 晶体[9]。

$Na_{14}(C_4H_{12}N)_5[(Fe_4W_9O_{34}(H_2O))_2(FeW_6O_{26})]\cdot 50H_2O$ 和 $Na_6(C_4H_{12}N)_4[Fe_4(H_2O)_2(FeW_9O_{34})_2]\cdot 45H_2O$ 的合成

将 0.800g $Na_2WO_4\cdot 2H_2O$(2.43mmol)、0.340g $FeCl_3\cdot 6H_2O$(1.26mmol)和 0.400g 四甲基溴化铵(2.6mmol)溶于 5mL 水中，搅拌，用 2mol · L^{-1} NaOH 溶液将溶液的 pH 调至 7.0，溶液密封在 23mL 不锈钢反应釜中，160℃加热 1h，在这个温度保持 44h，44h 后冷却至室温，最终的反应混合物过滤，缓慢蒸发，两天后得到橙色晶体 $Na_{14}(C_4H_{12}N)_5[(Fe_4W_9O_{34}(H_2O))_2(FeW_6O_{26})]\cdot 50H_2O$，过滤，产量为 70mg，产率为 9%。进一步缓慢蒸发，几天后得到黄色晶体 $Na_6(C_4H_{12}N)_4[Fe_4(H_2O)_2(FeW_9O_{34})_2]\cdot 45H_2O$，产量为 100 mg，产率为 12%[23]。

$Na_6H_{14}Cl_4[Ni_4(H_2O)_2(\alpha\text{-}NiW_9O_{34})_2]\cdot 28H_2O$ 的合成

将 0.35g $Na_{12}[P_2W_{15}O_{56}]\cdot 18H_2O$(0.08mmol)和 0.16g $NiSO_4\cdot 6H_2O$(0.6mmol)按照物质的量比为 2 ∶ 15 溶于 15mL 水中，用盐酸将混合物的 pH 调至 4.0，置于反应釜中，160℃反应 10 天，通过程序降温将反应釜冷却至室温，得到绿色晶体过滤，用蒸馏水洗涤，产率为 29%。IR(KBr 压片，cm^{-1})：940(s)、865(s)、728(s)、686(s)、669(s)、541(w)、446(s)[24]。

$Na_{13}[H_3Cu_4(H_2O)_2(CuW_9O_{34})_2]\cdot 39H_2O$ 的合成

将 5g $Na_2WO_4\cdot 2H_2O$(15.16mmol)溶解在 15mL 75℃的热水中，逐滴加入含 7.86g 乙酸铜(3.94mmol)的 10mL 水溶液，保持 pH 为 3～4，并将混合溶液在 75℃加热 60min，溶液冷却至室温后，过滤绿色残渣，一周后得到蓝绿色晶体，产量为 1.33g，产率为 14%[9]。

6.2.3.2 由 Dawson 结构衍生的 Finke 型结构 $[M_4(H_2O)_2(P_2W_{15}O_{56})_2]^{16-}$ (M＝Zn，Co，Cu)的合成

$Na_{16}[Zn_4(H_2O)_2(P_2W_{15}O_{56})_2]\cdot xH_2O$ 的合成

将 $ZnBr_2$(0.56g，2.5mmol)溶解在 50mL 1mol · L^{-1} NaCl 溶液中，不断搅拌

加热下，加入 5.0g $Na_{12}[P_2W_{15}O_{56}]$(1.25mmol)，过滤除去不溶物，清澈溶液冷却到 5℃隔夜，收集得到白色晶体并在 80℃真空干燥约 0.5h，得到约 4.44g 白色晶体，产率为 88%[13]。

$Na_{16}[Co_4(H_2O)_2(P_2W_{15}O_{56})_2]\cdot xH_2O$ 的合成

将 0.73g $Co(NO_3)_2\cdot 6H_2O$(2.5mmol)溶解在 50mL 1mol · L^{-1} NaCl 溶液中，不断搅拌加热，加入 5.0g $Na_{12}[P_2W_{15}O_{56}]$(1.25mmol)，紫色溶液变成均匀的泛绿的红棕色溶液，清澈溶液冷却到 5℃，放置过夜，得到绿褐色片状晶体。当收集起来时，产物失去了晶态结构，转变成非晶态绿褐色固体，收集得到产物并在 80℃真空干燥约 0.5h，得到约 4.2g 绿褐色粉末，产率为 83%[13]。

$Na_{16}[Cu_4(H_2O)_2(P_2W_{15}O_{56})_2]\cdot xH_2O$ 的合成

将 0.43g $CuCl_2\cdot 2H_2O$(2.5mmol)溶解在 50mL 1mol · L^{-1} NaCl 溶液中，不断搅拌加热下，加入 5.0g $Na_{12}[P_2W_{15}O_{56}]$(1.25mmol)，浅蓝色溶液变成绿色溶液。热过滤除去绿色悬浮不溶物，清澈的绿色滤液冷却到 5℃，放置过夜，收集得到的产物在 80℃真空干燥约 0.5h，产量约 3.92g，产率为 77%[13]。

$Na_{14}[(NaOH_2)(FeOH_2)Fe_2(P_2W_{15}O_{56})_2]\cdot 20H_2O$ 的合成

将 5g $Na_{12}[\alpha\text{-}P_2W_{15}O_{56}]$(1.25mmol)缓慢加入含 0.49g $FeCl_3\cdot 4H_2O$(2.46mmol)的 30mL 1mol · L^{-1} NaCl 溶液中，将溶液于 65℃缓慢加热 5～10min，热过滤，滤液冷却至 10℃，得到深绿色晶体，将晶体重新溶解于 30mL 水中，在空气中氧化 5 天，过滤除去 Fe_2O_3 固体，加入 1.5g NaCl，将溶液搅拌 10～15min，过滤除去黄棕色沉淀，滤液于室温下缓慢蒸发，1～2 天后，得到淡黄色晶体[25]。

$Na_{14}[(NiOH_2)_2Fe_2(P_2W_{15}O_{56})_2]\cdot 24H_2O$ 的合成

将 0.750g $Na_{14}[(NaOH_2)(FeOH_2)Fe_2(P_2W_{15}O_{56})_2]\cdot 20H_2O$(0.0825mmol)溶于少量的 0.5mol · L^{-1} NaCl 溶液中，用盐酸将溶液的 pH 调节至 2，将 0.320g $NiCl_2\cdot 6H_2O$(0.825mmol)缓慢加入其中，将溶液于 60℃加热 10min，溶液颜色从黄绿色变成黑黄色，7 天以后，得到黄色沉淀，并在 0.25mol · L^{-1} NaCl 溶液中重结晶(产量为 0.46g，产率为 66%)[25]。

$Na_{16}[Ni_4(H_2O)_2(P_2W_{15}O_{56})]\cdot nH_2O$ 和 $Na_{16}[Mn_4(H_2O)_2(P_2W_{15}O_{56})]\cdot nH_2O$ 的合成

将 2.5mmol $NiCl_2\cdot 6H_2O$(0.5943g)溶于 50mL 1mol · L^{-1} NaCl 溶液中，然后向绿色溶液中缓慢加入 4g $Na_{12}[P_2W_{15}O_{56}]\cdot 18H_2O$，将溶液加热至 60℃，几分钟后溶液变成透明，缓慢冷却该溶液，得到灰绿色晶体。$Na_{16}[Mn_4(H_2O)_2(P_2W_{15}O_{56})]\cdot nH_2O$ 的合成方法与之类似，$MnCl_2\cdot 4H_2O$ 的用量为 0.4948g，温度低于 50℃，最后将溶液热过滤得到橙色晶体[10]。

6.2.4 Finke 型杂多化合物及其异构体的结构表征

6.2.4.1 红外光谱

由三缺位 Keggin 型多阴离子构筑的 Finke 型多阴离子$[Zn_4(H_2O)_2(PW_9O_{34})_2]^{10-}$和$[Co_4(H_2O)_2(PW_9O_{34})_2]^{10-}$的 IR 谱图如图 6.13 所示(作为对比,图 6.13(c)给出了 $H_3[PW_{12}O_{40}]\cdot xH_2O$ 的 IR 谱图)[13],在 600～1200cm^{-1}处出现很明显的四个吸收峰,而由三缺位的 Dawson 型多阴离子构筑的 Finke 型多阴离子$[Zn_4(H_2O)_2(P_2W_{15}O_{56})_2]^{16-}$、$[Co_4(H_2O)_2(P_2W_{15}O_{56})_2]^{16-}$和$[Cu_4(H_2O)_2(P_2W_{15}O_{56})_2]^{16-}$的 IR 谱图在 600～1200$cm^{-1}$处也出现四个多阴离子的吸收峰,但是均出现了肩峰[13]。

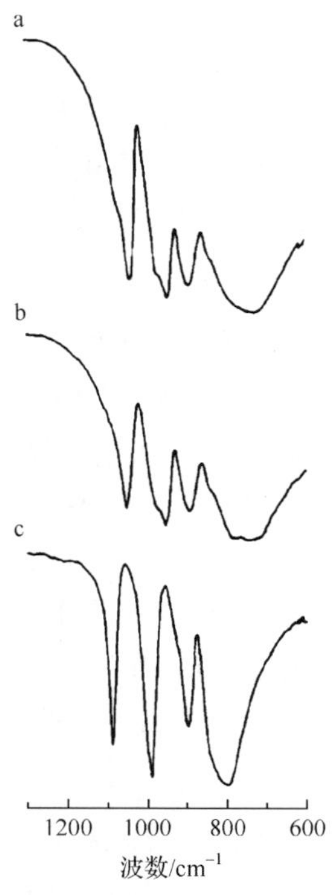

图 6.13　$[Zn_4(H_2O)_2(PW_9O_{34})_2]^{10-}$(a)、$[Co_4(H_2O)_2(PW_9O_{34})_2]^{10-}$(b)、$H_3[PW_{12}O_{40}]\cdot xH_2O$(c)的 IR 谱图[13]

6.2.4.2 紫外-可见吸收光谱

大多数$\{M_4As_2W_{18}\}$的 UV-Vis 光谱均有两个吸收峰。例如,$\{Co_4As_2W_{18}\}$(图 6.14)[26]在 202nm 处出现的吸收峰可归属于多阴离子中 $O_d\rightarrow W$ 的荷移跃迁,在 260nm 处出现的吸收峰可归属于多阴离子中 $O_c/O_b\rightarrow W$ 的荷移跃迁[26]。

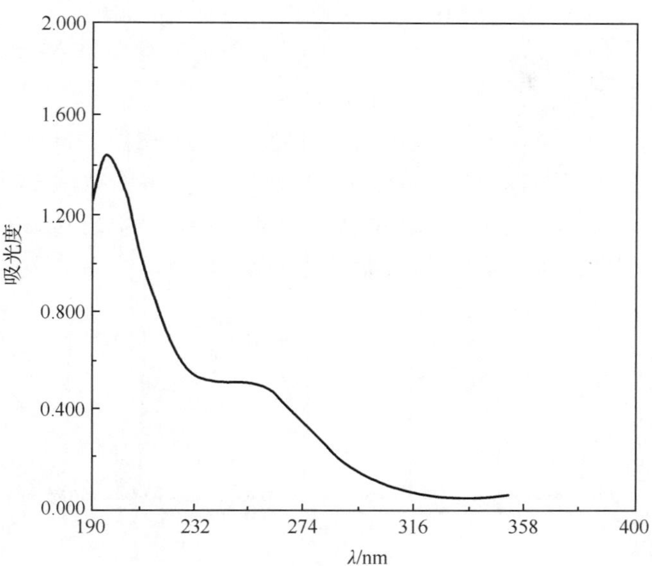

图6.14 $\{Co_4As_2W_{18}\}$的UV-Vis谱图[26]

6.2.4.3 核磁共振谱

$Na_{16}M_4(H_2O)_2[P_2W_{15}O_{56}]_2$(M=Zn,Co,Cu)的$^{183}W$ NMR谱是在40℃ 0.1mol·L^{-1} D_2O溶液中测定的,谱图中出现8个吸收峰(图6.15)[13],分别为−150.4ppm、−160.5ppm、−162.0ppm、−180.0ppm、−185.0ppm、−238.4ppm、−243.4ppm和−244.7ppm,峰强度比为1∶2∶2∶2∶2∶2∶2∶2[13]。

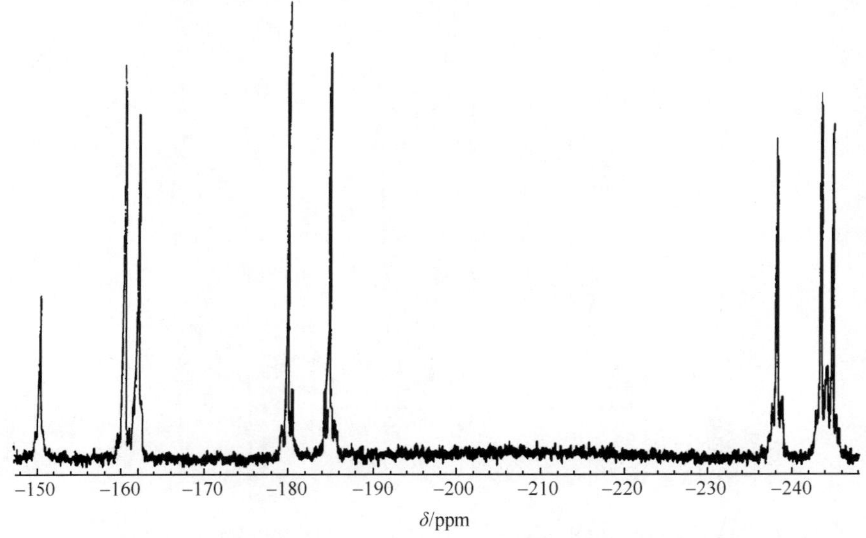

图6.15 $Na_{16}M_4(H_2O)_2[P_2W_{15}O_{56}]_2$的$^{183}W$ NMR谱图[13]

{$Cu_4As_2W_{18}$}的^{183}W NMR 谱在−85.3ppm、−100.1ppm、−109.2ppm、−123.6ppm和−130.2ppm处出现5个吸收峰，室温下分别对应多阴离子结构中5种不同的W原子(图6.16)[26]。$[Cd_4Cl_2(B\text{-}\alpha\text{-}AsW_9O_{34})_2]^{12-}$的^{183}W NMR谱中在−75.9ppm、−92.0ppm、−94.2ppm、−109.8ppm、−121.8ppm出现5个吸收峰[图6.17(a)]，$[Cd_4(H_2O)_2(B\text{-}\alpha\text{-}AsW_9O_{34})_2]^{10-}$的^{183}W NMR谱中也出现5个吸收峰，分别位于−75.9ppm、−92.6ppm、−94.3ppm、−107.9ppm、−119.9ppm[图6.17(b)]，可见，Cd^{2+}的配原子不同并不影响W的化学位移[19]。

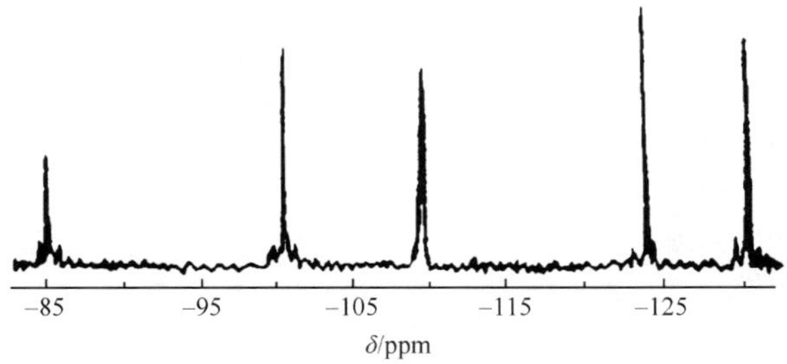

图6.16　{$Cu_4As_2W_{18}$}的^{183}W NMR谱图[26]

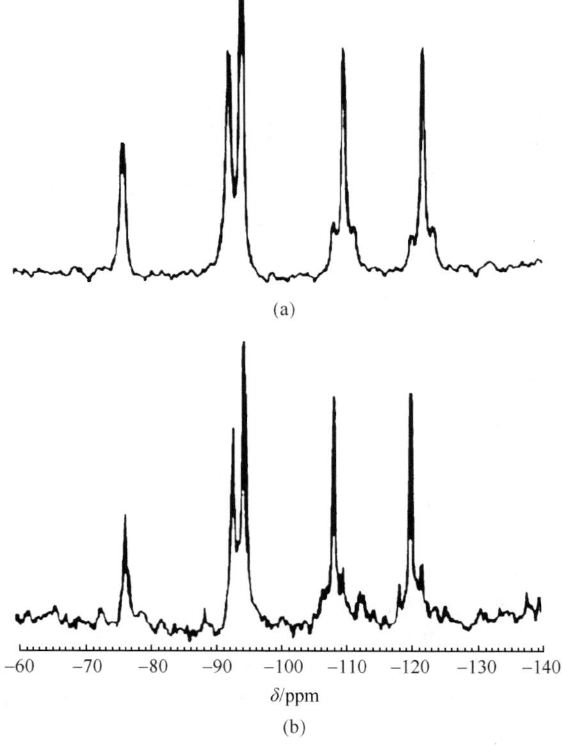

图6.17　$[Cd_4Cl_2(B\text{-}\alpha\text{-}AsW_9O_{34})_2]^{12-}$(a)和$[Cd_4(H_2O)_2(B\text{-}\alpha\text{-}AsW_9O_{34})_2]^{10-}$(b)的^{183}W NMR谱图[19]

2004 年,Kortz 等报道的 $Na_{12}[Zn_4(H_2O)_2(GeW_9O_{34})_2]\cdot 32H_2O$ 和 $Na_{12}[Cd_4(H_2O)_2(GeW_9O_{34})_2]\cdot 32.2H_2O$ 的 ^{183}W NMR 谱如图 6.18 所示[20],$Na_{12}[Zn_4(H_2O)_2(GeW_9O_{34})_2]\cdot 32H_2O$ 的 ^{183}W NMR 谱在 −85.5ppm、−103.9ppm、−107.8ppm、−137.2ppm、−140.1ppm 出现 5 条谱线,峰强度比为 1∶2∶2∶2∶2[图 6.18(a)],$Na_{12}[Cd_4(H_2O)_2(GeW_9O_{34})_2]\cdot 32.2H_2O$ 的 ^{183}W NMR 谱在 −80.5ppm、−100.1ppm、−104.2ppm、−118.6ppm、−124.4ppm 出现 5 条谱线,峰强度比为 1∶2∶2∶2∶2[图 6.18(b)],表明该夹心型多阴离子具有 C_{2h} 对称性,多阴离子在溶液中是稳定的[20]。

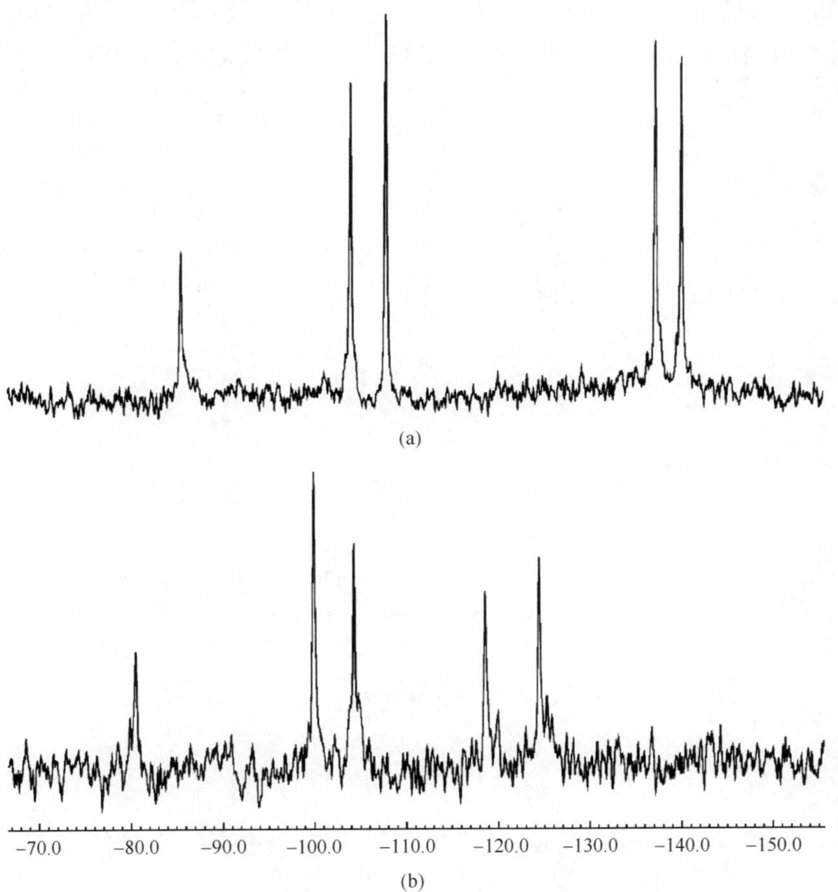

图 6.18　$Na_{12}[Zn_4(H_2O)_2(GeW_9O_{34})_2]\cdot 32H_2O$(293K)(a)和 $Na_{12}[Cd_4(H_2O)_2(GeW_9O_{34})_2]\cdot 32.2H_2O$(313K)(b)的 ^{183}W NMR 谱图[20]

6.2.4.4　电子顺磁共振谱

$Na_6H_{14}Cl_4[Ni_4(H_2O)_2(\alpha\text{-}NiW_9O_{34})_2]\cdot 28H_2O$ 在 110K 和室温下的 EPR 谱中出现四个吸收峰，g 值分别为 9.271、4.189、2.202 和 1.918。在 $g\approx 4$ 和 $g\approx 2$ 的吸收峰可分别指认成 $\Delta M_S=\pm 2$ 跃迁和双量子跃迁。除了光谱的主要部分被 S=1 的第一激发态控制，在较低磁场的信号是由于 S=2 基态所导致的，因此，在 800G 出现的吸收峰可指认成 S=2 的轴向自旋体系，零场分裂 D 值将 m_s 能级分裂成两个双线态 $m_s=|\pm 2\rangle$ 和 $|\pm 1\rangle$ 和一个 $m_s=|0\rangle$ 的单线态。同时，E 值分裂成 $m_s=|\pm 2\rangle$ 和 $|\pm 1\rangle$ 的 Kramer 双线态。g 值为 4.189 的信号强度较低，可能是由于快速的自旋点阵弛豫过程以及四线态中存在的零场分裂导致的谱线变宽(图 6.19)[24]。

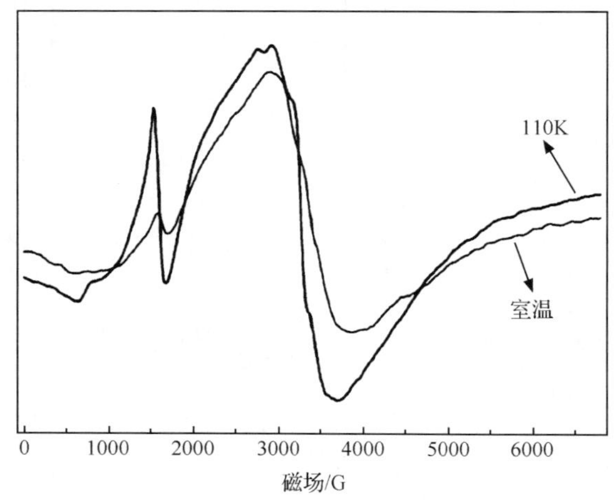

图 6.19　$Na_6H_{14}Cl_4[Ni_4(H_2O)_2(\alpha\text{-}NiW_9O_{34})_2]\cdot 28H_2O$ 在 110K 和室温下的 EPR 谱[24]

6.2.5　Finke 型杂多化合物及其异构体的性质研究

6.2.5.1　磁性研究

由于四核过渡金属簇的引入，Finke 型多酸化合物的磁性研究吸引了人们的广泛关注。2002 年，毕立华和王恩波等合成了含有四金属簇的 Finke 结构多阴离子$[Mn_4(H_2O)_2(AsW_9O_{34})_2]^{10-}$，并对其磁性进行了研究。$\{Mn_4O_{16}\}$簇的 $\chi_m T$ 值随温度变化的曲线表明，0～30K，$\chi_m T$ 值随温度升高快速增加至 30K 时的 2emu · K · mol^{-1}，30～100K 随着温度的升高，$\chi_m T$ 值逐渐增加至 14.5emu · K · mol^{-1}，100K 以后，$\chi_m T$ 值不随温度变化而趋于稳定，表明$\{Mn_4O_{16}\}$簇存在反铁磁性相互作用(图 6.20)[16]。

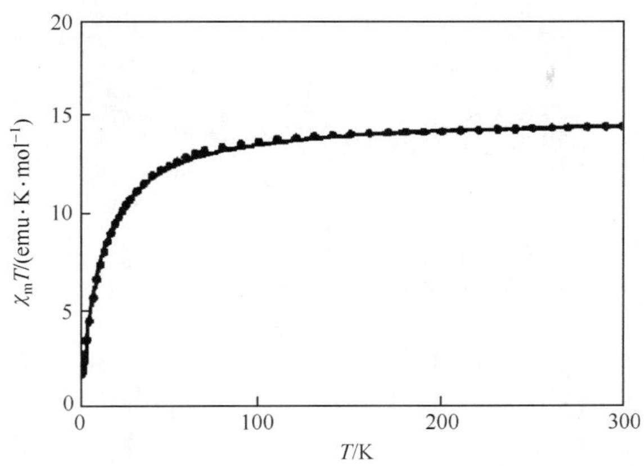

图6.20 $[Mn_4(H_2O)_2(AsW_9O_{34})_2]^{10-}$的$\chi_m T$-$T$曲线($\chi_m$为摩尔磁化率)[16]

$K_{10}[Co_4(H_2O)_2(B\text{-}\alpha\text{-}SiW_9O_{34}H)_2] \cdot 21H_2O$在2～300K的变温磁化率研究表明,室温下的$\mu_{eff}$值(有效磁矩)是10.36B.M.,比自旋值7.74B.M.大,这主要是由于Co^{2+}的自旋轨道耦合和$\{CoO_6\}$八面体的扭曲。当温度降低时,μ_{eff}值降低,达到30K时的9.43B.M.。在30K以下,μ_{eff}值显著增加,9K时达到最大值9.81B.M.。达到该最大值后,μ_{eff}值迅速降低,达到2K时的8.52B.M.。所有的数据均满足Curie-Weiss定律[21]。2009年,Wernsdorfer等报道的$Na_6(C_4H_{12}N)_4[Fe_4(H_2O)_2(FeW_9O_{34})_2] \cdot 45H_2O$的磁性研究表明化合物呈现单分子磁体行为[23]。

6.2.5.2 电化学性质研究

Finke型多阴离子的电化学,不仅包含W的氧化还原特征峰,而且包含过渡金属离子的氧化还原行为。以$[Fe_4(H_2O)_{10}(\beta\text{-}AsW_9O_{33})_2]^{6-}$的电化学行为为例(图6.21)[17],在pH=3的溶液中测定的循环伏安曲线出现一个强的还原峰,对应于4个Fe^{3+}中心的一电子还原过程。另外,还出现W的两电子还原过程对应峰位(−0.126V)。而在pH=5的溶液中测定的循环伏安曲线,对应的氧化还原电势向负电势方向发生位移,W的两电子还原过程对应峰位为−0.406V(*vs* SCE),峰位随pH的位移为0.140V/pH。在pH=5的溶液中,W波混合,两电子波被一个单个的四电子波取代[17]。

6.2.5.3 催化活性研究

Finke型多阴离子的外围共有18个活泼的端基氧原子,可与金属离子配位得到多酸孔材料,表面积大,具有潜在的催化活性。2010年,吴传德等以$[Co(H_2O)_6]_2\{[Co(H_2O)_4]_2[Co(H_2O)_5]_2WZn[Co(H_2O)]_2(ZnW_9O_{34})_2\} \cdot 10H_2O$(**1**)为催化剂催化氧化苯乙烯反应,具有很高的转化率和选择性,具体的催化反应

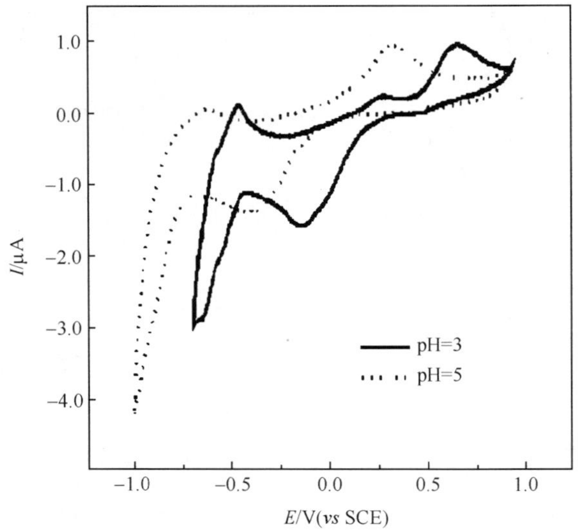

图 6.21 $[Fe_4(H_2O)_{10}(\beta\text{-}AsW_9O_{33})_2]^{6-}$
在 pH=3(实线)和 pH=5(虚线)的溶液中的循环伏安曲线[17]

方程式见式(6-1)。表 6.3 列出了以 **1** 为催化剂的催化反应结果[27]。

$$\xrightarrow[H_2O_2]{\mathbf{1}} \quad \text{O} \qquad (6\text{-}1)$$

表 6.3 以 1 为催化剂的催化反应结果[27]

反应	负载量/%	H_2O_2 与底物的物质的量比	T/℃	t/h	转化率/%	选择性/%
1	2	4	50	3	77	99
2	2	4	50	6	93	99
3	2	4	50	12	98	94
4	2	4	50	24	97	94
5	2	4	20	12	8	99
6	2	4	30	12	31	99
7	2	4	40	12	61	99
8	2	4	60	12	89	91
9	0.5	4	50	12	70	91
10	1	4	50	12	70	83①
11	2	4	50	12	96	99

续表

反应	负载量/%	H_2O_2 与底物的物质的量比	T/℃	t/h	转化率/%	选择性/%
12	2	1	50	12	29	99
13	2	1.5	50	12	39	99
14	2	2	50	12	89	99
15	2	4	50	12	47	99②
16	2	4	50	12	4	99③
17	2	4	50	12	40	99④
18	2	4	50	12	7	99⑤
19	2	4	50	12	23	86⑥
20	2	4	50	12	11	72⑦
21	2	4	50	12	0	—⑧
22	2	4	50	12	<1	—⑨
23	2	4	50	12	<1	—⑩

①反应的主要副产物为苯甲酸；②反应介质为 CH_3CN；③反应介质为 1,2-二氯乙烷；④第六轮反应；⑤被$Co(NO_3)_2$ 催化；⑥被 $CoCl_2$ 催化；⑦被 $MnCl_2$ 催化；⑧被 Co_2O_3 或 $CoCO_3$ 催化；⑨被{$Na_{12}Co_2Zn_3W_{19}$}或{$Na_{12}Mn_2Zn_3W_{19}$}催化；⑩在四丁基溴化铵存在下，被{$Na_{12}Co_2Zn_3W_{19}$}或{$Na_{12}Mn_2Zn_3W_{19}$}的混合物催化。

2002 年，Neumann 等对以$[Mn_2^{III}ZnW(ZnW_9O_{34})_2]^{10-}$为催化剂，对烯烃环氧化反应进行了较深入的研究，该催化剂对烯烃环氧化反应仍然具有很高的选择性和转化率(表 6.4)[28]。

表 6.4　$[Mn_2^{III}ZnW(ZnW_9O_{34})_2]^{10-}$ 催化烯烃环氧化反应[28]

底物	产物	TTON/s^{-1}
1-辛烯	1-辛烯氧化物	10
反-2-辛烯	反-2-辛烯	14
环辛烯	环辛烯氧化物	19
1-癸烯	1-癸烯氧化物	8
环己烯	环己烯氧化物	9
顺-2-己烯醛-1-醇	2-己烯醛氧化物-1-醇	21
反-2-己烯醛-1-醇	2-己烯醛氧化物-1-醇	19
顺-二苯乙烯	顺-二苯乙烯氧化物	15
反-二苯乙烯	反-二苯乙烯氧化物	25

注：反应条件为 1mmol 底物，0.01mmol 多酸化合物，1mL 氟苯，1 标准大气压 N_2O，150℃，18h。TTON 为总转化数(是指在单位时间(或者一段时间内)生成的产物的总的物质的量与催化剂的总物质的量之比，用来衡量催化效率的高低，表示催化剂可以周转的最大圈数)。环氧化合物的形成选择性大于 99.9%的，反应混合物的酸化补充反应表明不存在 C—C 键裂解产物(如庚酸等)。

参 考 文 献

[1] Iball J, Low J N, Weakley T J R. Heteropolytungstate complexes of the lanthanoid elements. Part Ⅲ. Crystal structure of sodium decatungstocerate(Ⅳ)-water(1/30). J C S Dalton, 1974: 2021-2024.

[2] AlDamen M A, Cardona-Serra S, Clemente-Juan J M, et al. Mononuclear lanthanide single molecule magnets based on the polyoxometalates $[Ln(W_5O_{18})_2]^{9-}$ and $[Ln(\beta_2\text{-}SiW_{11}O_{39})_2]^{13-}$ (Ln^{III} = Tb, Dy, Ho, Er, Tm, and Yb). Inorg Chem, 2009, 48: 3467-3479.

[3] Peacock R D, Weakley T J R. Heteropolytungstate complexes of the lanthanide elements. Part I. Preparation and reactions. J Chem Soc(A), 1971: 1836-1839.

[4] AlDamen M A, Clemente-Juan J M, Coronado E, et al. Mononuclear lanthanide single-molecule magnets based on polyoxometalates. J Am Chem Soc, 2008, 130: 8874-8875.

[5] 黄沛力，赵儒铭，周宏立，等. 镧系 1∶10 系列钼钒杂多配合物的合成与性质. 中国稀土学报，1996，14：83-86.

[6] Xu J H, Zhao S, Han Z Z, et al. Layer-by-layer assembly of $Na_9[EuW_{10}O_{36}]\cdot 32H_2O$ and layered double hydroxides leading to ordered ultra-thin films: cooperative effect and orientation effect. Chem Eur J, 2011, 17: 10365-10371.

[7] Wang J, Wang H S, Liu F Y, et al. Luminescent self-assembled thin films based on rare earth-heteropolytungstate. Mater Let, 2003, 57: 1210-1214.

[8] Reinoso S, Galán-Mascarós J R, Lezama L. New type of heterometallic 3d-4f rhomblike core in Weakley-like polyoxometalates. Inorg Chem, 2011, 50: 9587-9593.

[9] Limanski E M, Piepenbrink M, Droste E, et al. Syntheses and X-ray characterization of novel $[M_4(H_2O)_2(XW_9O_{34})_2]^{n-}$ ($M=Cu^{II}, X=Cu^{II}$; $M=Fe^{III}, X=Fe^{III}$) polyoxotungstates. J Clust Sci, 2002, 13: 369-379.

[10] Cómez-Garcla C J, Borrás-Almenar J J, Coronado E, et al. Single-crystal X-ray structure and magnetic properties of the polyoxotungstate complexes $Na_{16}[M_4(H_2O)_2(P_2W_{15}O_{56}]\cdot nH_2O$ ($M=Mn^{II}, n=53$; $M=Ni^{II}, n=52$): an antiferromagnetic Mn^{II} tetramer and a ferromagnetic Nixx tetramer. Inorg Chem, 1994, 33: 4016-4022.

[11] Bösing M, Nöh A, Loose I, et al. Highly efficient catalysts in directed oxygen-transfer processes: synthesis, structures of novel manganese-containing heteropolyanions, and applications in regioselective epoxidation of dienes with hydrogen peroxide. J Am Chem Soc, 1998, 120: 7252-7259.

[12] Gómz-García C J, Coronado E, Góhez-Romero P, et al. A tetranuclear rhomblike cluster of manganese (Ⅱ). Crystal structure and magnetic properties of the heteropoly complex $K_{10}[Mn_4(H_2O)_2(PW_9O_{34})]_2\cdot 2H_2O$. Inorg Chem, 1993, 32: 3378-3381.

[13] Finke R G, Droege M W, Domaille P J. Trivacant heteropolytungstate derivatives. 3. Rational syntheses, characterization, two-dimensional ^{183}W NMR, and properties of $P_2W_{18}M_4(H_2O)_2O_{68}{}^{10-}$ and $P_4W_{30}M_4(H_2O)_2O_{112}$ (M = Co, Cu, Zn). Inorg Chem, 1987, 26: 3886-3896.

[14] Zhang X, Chen Q, Duncan D C, et al. Multiiron polyoxoanions. Synthesis, characterization, X-ray crystal structure, and catalytic H_2O_2-based alkene oxidation by $[(n\text{-}C_4H_9)_4N]_6[Fe_4^{III}(H_2O)_2(PW_9O_{34})_2]$. Inorg Chem, 1997, 36: 4381-4386.

[15] Martin-Frgre J, Jeannin Y. Synthesis and X-ray structure of the first mercury(Ⅰ)-containing polytungstate, $[(Hg_2)_2WO(H_2O)(AsW_9O_{33})_2]^{10-}$, with odd open-shell structure. Inorg Chem, 1984, 23: 3394-

3398.

[16] 毕立华,黄如丹,彭军,等. 四金属簇钨砷夹心型化合物$[M_4(H_2O)_2(AsW_9O_{34})_2]^{10-}$ $(M=Cu^{II},Co^{II},Mn^{II},Ni^{II},Zn^{II})$的合成,结构和磁性研究. 高等化学学报, 2002,23: 789-791.

[17] Kortz U, Savelieff M G, Bassil B S, et al. Synthesis and characterization of iron(Ⅲ)-substituted, dimeric polyoxotungstates, $[Fe_4(H_2O)_{10}(\beta\text{-}XW_9O_{33})_2]^{n-}$ $(n=6, X=As^{III}, Sb^{III}; n=4, X=Se^{IV}, Te^{IV})$. Inorg Chem, 2002, 41: 783-789.

[18] Hussain F, Reicke M, Janowski V, et al. Some indium(Ⅲ)-substituted polyoxotungstates of the Keggin and Dawson types. C R Chimie, 2005, 8: 1045-1056.

[19] Hussain F, Bi L H, Rauwald U, et al. Structure and solution properties of the cadmium(Ⅱ)-substituted tungstoarsenate $[Cd_4Cl_2(B\text{-}\alpha\text{-}AsW_9O_{34})_2]^{12-}$. Polyhedron, 2005, 24: 847-852.

[20] Kortz U, Nellutla S, Stowe A C, et al. Sandwich-type germanotungstates: structure and magnetic properties of the dimeric polyoxoanions $[M_4(H_2O)_2(GeW_9O_{34})_2]^{12-}$ $(M=Mn^{2+}, Cu^{2+}, Zn^{2+}, Cd^{2+})$. Inorg Chem, 2004, 43: 2308-2317.

[21] Zhang L Z, Gu W, Liu X, et al. $K_{10}[Co_4(H_2O)_2(B\text{-}\alpha\text{-}SiW_9O_{34}H)_2]\cdot 21H_2O$: a sandwich polyoxometalate based on the magnetically interesting element cobalt. Inorg Chem Commun, 2007, 10: 1378-1380.

[22] Kortz U, Isber S, Dickman M H, et al. Sandwich-type silicotungstates: structure and magnetic properties of the dimeric polyoxoanions $[\{SiM_2W_9O_{34}(H_2O)\}_2]^{12-}$ $(M=Mn^{2+}, Cu^{2+}, Zn^{2+})$. Inorg Chem, 2000, 39: 2915-2922.

[23] Compain J D, Mialane P, Dolbecq A, et al. Iron polyoxometalate single-molecule magnets. Angew Chem Int Ed, 2009, 48: 3077-3081.

[24] Wang J P, Ma P T, Shen Y, et al. A novel polyoxotungstate $[Ni_4(H_2O)_2(\alpha\text{-}NiW_9O_{34})_2]^{16-}$ based on an old structure with a new component. Cryst Growth Des, 2007, 7: 603-605.

[25] Anderson T M, Zhang X, Hardcastle K I, et al. Reactions of trivacant Wells-Dawson heteropolytungstates. Ionic strength and Jahn-Teller effects on formation in multi-iron complexes. Inorg Chem, 2002, 41: 2477-2488.

[26] Bi L H, Huang R D, Peng J, et al. Rational syntheses, characterization, crystal structure, and replacement reactions of coordinated water molecules of $[As_2W_{18}M_4(H_2O)_2O_{68}]^{10-}$ (M=Cd, Co, Cu, Fe, Mn, Ni or Zn). J Chem Soc Dalton Trans, 2001, 121-129.

[27] Tang J, Yang X L, Zhang X W, et al. A functionalized polyoxometalate solid for selective oxidation of styrene to benzaldehyde. Dalton Trans, 2010, 39: 3396-3399.

[28] Daniel R B, Weiner L, Neumann R. Activation of nitrous oxide and selective epoxidation of alkenes catalyzed by the manganese-substituted polyoxometalate, $[Mn_2^{III}ZnW(Zn_2W_9O_{34})_2]^{10-}$. J Am Chem Soc, 2002, 124: 8788-8789.

第 7 章　同多化合物及其衍生物化学

同多化合物化学是多酸化学的重要组成部分之一，具有代表性的同多化合物包括同多钒酸盐、同多铌酸盐、同多钽酸盐、同多钼酸盐、同多钨酸盐及混配型同多化合物等，本章将详细阐述这几类同多化合物的结构、合成、表征及性质研究。

7.1　研究简史

1937 年，Sturdivant 用 X 射线粉末衍射确定了$[Mo_7O_{24}]^{5-}$的结构。1950 年，Lindqvist 报道了$(NH_4)_6[Mo_7O_{24}]\cdot 4H_2O$和$(NH_4)_4[Mo_8O_{26}]\cdot 5H_2O$的结构。1953 年，Lindqvist 报道了同多阴离子$[Nb_6O_{19}]^{8-}$和$[Ta_6O_{19}]^{8-}$的结构。此后，一系列同多阴离子$[M_6O_{19}]^{n-}$及其衍生物被陆续报道，人们将同多阴离子$[M_6O_{19}]^{n-}$(M＝Nb，Ta，W，Mo 等)的结构称为经典的 Lindqvist 结构，其结构具有 O_h 对称性。1956 年，Rossotti 等提出了十钒酸盐的结构，它是由 VO_2^+ 水解得到的，由此揭开了同多化合物的研究篇章。此后，人们发现对钨酸根离子(WO_4^{2-})、黄钨酸($WO_3\cdot H_2O$)或白钨酸($WO_3\cdot 1.2H_2O$)等进行不同程度的酸化可以得到仲钨酸盐A ($[W_7O_{24}]^{6-}$)、仲钨酸盐B ($[W_{12}O_{42}H_2]^{10-}$)以及偏钨酸盐($[H_2W_{12}O_{40}]^{6-}$)等，复旦大学顾翼东等在同多钨酸盐，尤其是偏钨酸盐和十钨酸盐的研究方面做出了开创性的工作。

7.2　同多钒酸盐及其衍生物化学

7.2.1　同多钒酸盐及其衍生物的结构

同多钒酸盐的结构多种多样，主要归功于钒的配位方式和配位数不同。我们按照钒数目的不同，选出其中几例具有代表性的同多钒酸盐介绍其多阴离子的结构。最简单的$[V_2O_6]^{2-}$是由{VO_4}四面体共边连接构成的，其中 V 是四配位的[1]。$[V_5O_{14}]^{3-}$是由 5 个共顶点的{VO_4}四面体构筑的[图 7.1(a)][2]，而多阴离子$[V_5O_9Cl(Ac)_4]^{2-}$是由 5 个{VO_5}四方锥共边相连构筑的，5 个 V 均为五价的[图 7.1(b)][3]。多阴离子$[V_9O_{19}(Ac)_5]^{3-}$是$[V_5O_9Cl(Ac)_4]^{2-}$的衍生物，呈现出近半球形碗状结构[图 7.1(c)][3]。

2007 年，Kortz 等报道了一种新型钒酸盐多阴离子$[H_2Pt^{IV}V_9O_{28}]^{5-}$，它具有

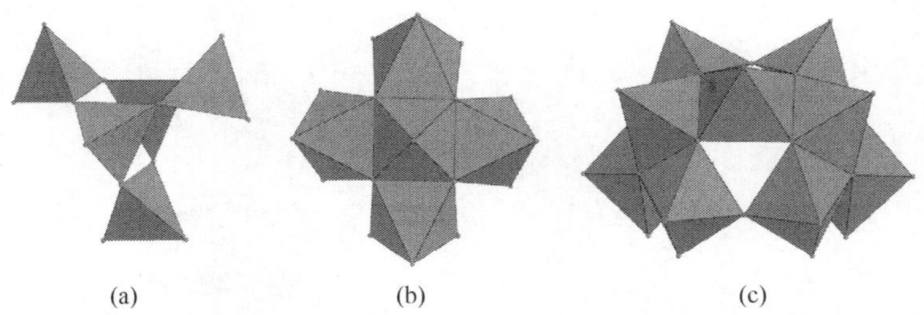

图 7.1　$[V_5O_{14}]^{3-}$(a)[2]、$[V_5O_9Cl(Ac)_4]^{2-}$[3](b)和$[V_9O_{19}(Ac)_5]^{3-}$(c)的结构图[3]

类似十钒酸盐多阴离子的结构，多阴离子的一个缺位位置被 Pt(Ⅳ)占据，它是第一例过渡金属取代的十钒酸盐衍生物(图 7.2)[4]。十钒酸盐多阴离子$[V_{10}O_{28}]^{6-}$是由 10 个$\{VO_6\}$八面体构筑的[图 7.3(a)][5]，而$[V_{13}O_{34}]^{3-}$是由 13 个$\{VO_6\}$八面体构筑的[图 7.3(b)][6]。

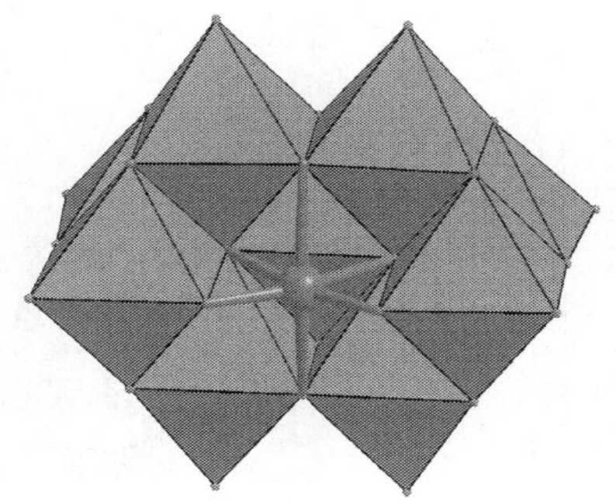

图 7.2　$[H_2Pt^{IV}V_9O_{28}]^{5-}$的结构图[4]

图 7.3　$[V_{10}O_{28}]^{6-}$(a)[5]和$[V_{13}O_{34}]^{3-}$(b)的结构图[6]

2002 年，Müller 等报道了十二核钒簇$[V_8^{IV}V_4^{V}As_8O_{40}(H_2O)]^{4-}$的结构，该多阴离子具有类似 D_{4h}对称性，它是由 12 个$\{VO_4\}$四方锥和 4 个$\{As_2O\}$单元构筑的

十二核钒簇[图 7.4(a)][7]。2007 年，Bensch 等报道的多阴离子$[V_{15}As_6O_{42}(H_2O)]^{6-}$是由 15 个$\{VO_5\}$四方锥通过共边连接构筑的球形外壳，在多阴离子的赤道位存在三个$\{As_2O_5\}$基团[图 7.4(b)][8]。

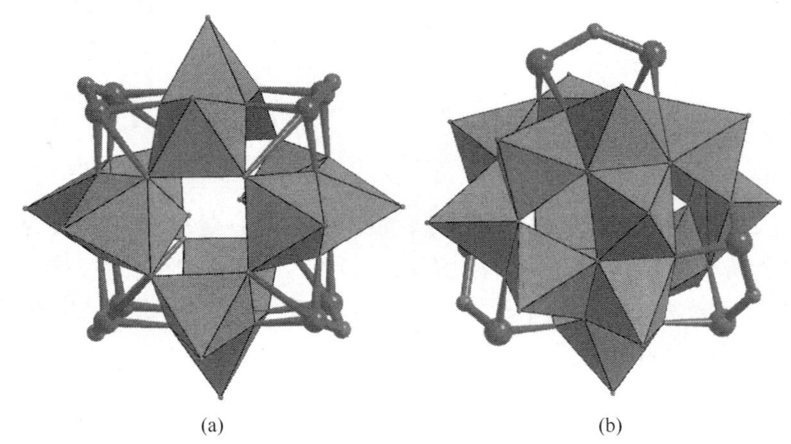

(a) (b)

图 7.4 $[V_8^{IV}V_4^{V}As_8O_{40}(H_2O)]^{4-}$(a)[7]和$[V_{15}As_6O_{42}(H_2O)]^{6-}$(b)的结构图[8]

2005 年，洪茂椿等报道的十四钒酸盐$[Et_4N]_5[V_{14}O_{36}Cl]$是由$\{V_{14}O_{36}\}$笼和一个游离的氯离子构筑的，四个游离的$[Et_4N]^+$为反荷离子。$\{V_{14}O_{36}\}$笼是由 14 个$\{VO_5\}$四方锥构筑的，所有的钒原子都是五配位的，这些扭曲的$\{VO_5\}$四方锥通过共边和共顶点形成了新颖的半张开式$\{V_{14}O_{36}\}$笼结构，这个$\{V_{14}O_{36}\}$笼的表面有两个大的开口，类似于花篮式结构[图 7.5(a)][9]。1990 年，Müller 等报道的多阴离子$[V_{15}O_{36}]^{7-}$具有 D_{3h}对称性，是由 15 个$\{VO_5\}$四方锥构筑的笼形结构，8 个 V 中心为四价，7 个 V 中心为五价[图 7.5(b)][10]。

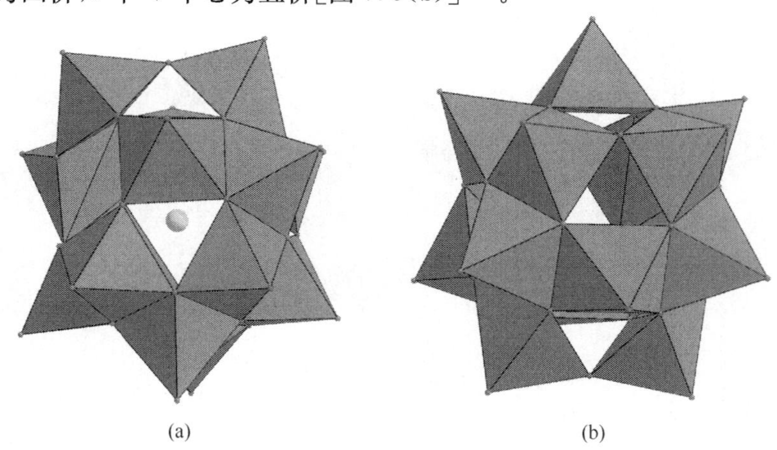

(a) (b)

图 7.5 $[V_{14}O_{36}Cl]^{5-}$(a)[9]和$[V_{15}O_{36}]^{7-}$(b)的结构图[10]

2003 年，Cronin 等报道的$[H_2V_{16}O_{38}]^{10-}$是由 16 个$\{VO_5\}$四方锥构成的[图 7.6(a)][11]。而$[V_{18}O_{42}(SO_4)]^{11-}$是由 18 个$\{VO_5\}$四方锥构筑的笼形簇结构，簇的中心嵌入一个无序的四面体结构的SO_4^{2-}，没有与笼形结构配位[图 7.6(b)][11]。

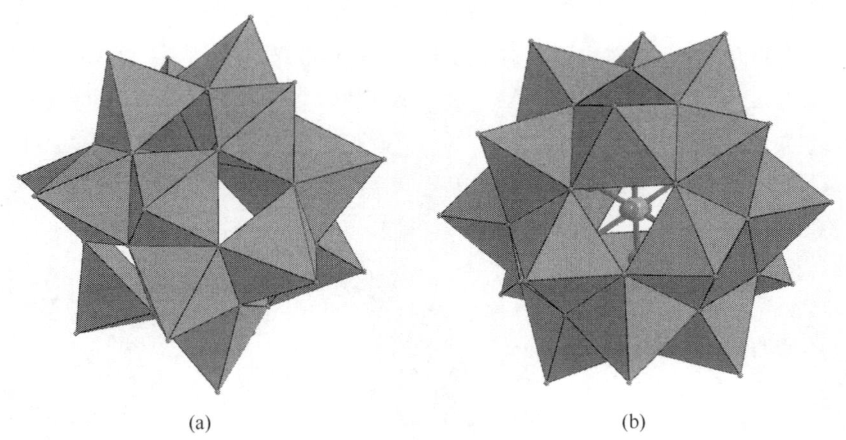

(a)　(b)

图 7.6　$[H_2V_{16}O_{38}]^{10-}$(a)和$[V_{18}O_{42}(SO_4)]^{11-}$(b)的结构图[11]

2011 年，Schmitt 等报道的$[(V^{IV}O)_{16}(OH)_8(O_4AsC_6H_5)_2(O_3AsC_6H_5)_8]=\{V_{16}As_{10}\}$，是由 16 个$\{VO_5\}$四方锥构筑的，10 个质子化的苯胂酸为配体。它的笼状结构可以描述为两个$\{V_4^{IV}O_5(O_3AsC_6H_5)\}$片段与 8 个胂酸盐连接，并以$\{(V^{IV}O)_8(\mu_2\text{-}OH)_8\}$为中心构筑的环形结构[图 7.7(a)][12]。另外，他们还报道了

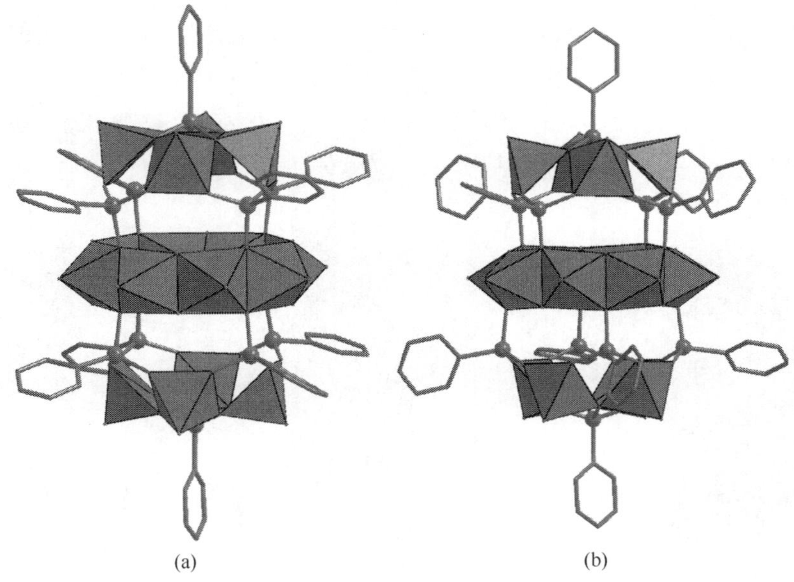

(a)　(b)

图 7.7　$\{V_{16}As_{10}\}$的两种同分异构体的结构图(a)和(b)[12]

$\{V_{16}As_{10}\}$的另一同分异构体，在其结构中两个$\{V_4^{IV}O_5(O_3AsC_6H_5)\}$片段互相旋转 45°，形成了交错排列的不对称结构[图 7.7(b)][12]。

$[(V^{V}O)_{16}(O_3AsC_6H_5)_8]=\{V_{16}As_8\}$是由四个$\{V_4O_8\}$单元与 8 个胂酸盐构筑的环形结构[图 7.8(a)]，所有 V^{V} 原子均为$\{VO_5\}$四方锥结构，每个$\{VO_5\}$四方锥体与相邻的两个四方锥共顶点连接，形成$\{V_4O_8\}$单元[12]。$[(V^{V}O)_{16}(V^{IV}O)_4O_{16}(OH)_4(O_3AsC_6H_5)_8]=\{V_{20}As_8\}$是由两个线性$\{V_2O_4\}$单元连接到$\{V_{16}As_8\}$的环形结构上构筑的[图 7.8(b)][12]。而$[(V^{V}O)_{16}(V^{IV}O)_8O_{24}(O_3AsC_6H_5)_8]=\{V_{24}As_8\}$是由两个正方形的$\{V_4O_8\}$单元连接到$\{V_{16}As_8\}$的环形结构上构筑的[图 7.8(c)][12]。

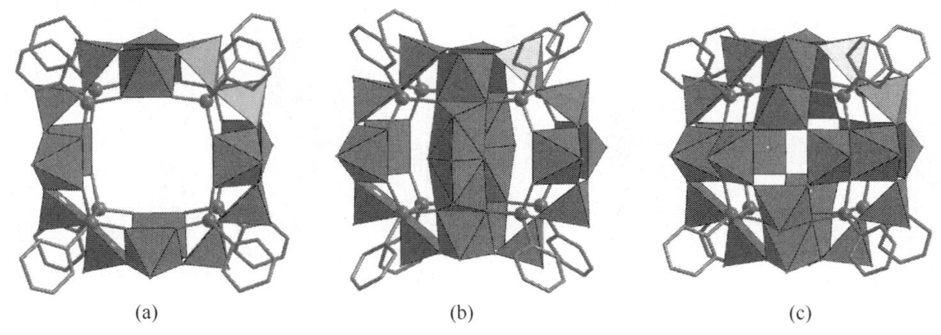

(a) (b) (c)

图 7.8 $\{V_{16}As_8\}$(a)、$\{V_{20}As_8\}$(b)和$\{V_{24}As_8\}$(c)的结构图[12]

1997 年，Suber 等报道的$[VO_4(V_{18}O_{45})]^{9-}$笼具有 O_h对称性，$\{V_{18}O_{42}(VO_4)\}$笼是由 18 个$\{VO_5\}$四方锥通过 24 个三桥氧原子共边连接构筑的，簇的中心被 VO_4^{3-} 占据[图 7.9(a)][13]。1991 年，Müller 等报道的多阴离子$[V_{16}^{IV}V_{18}^{V}O_{82}]^{10-}$具有近似 D_{2d}对称性，它是由一个椭圆形的$\{V_{30}O_{74}\}$外壳(由包含 30 个四边形的$\{VO_5\}$四方锥)和一个核心的$\{(V_4O_4)O_4\}$立方体组成[图 7.9(b)][14]。

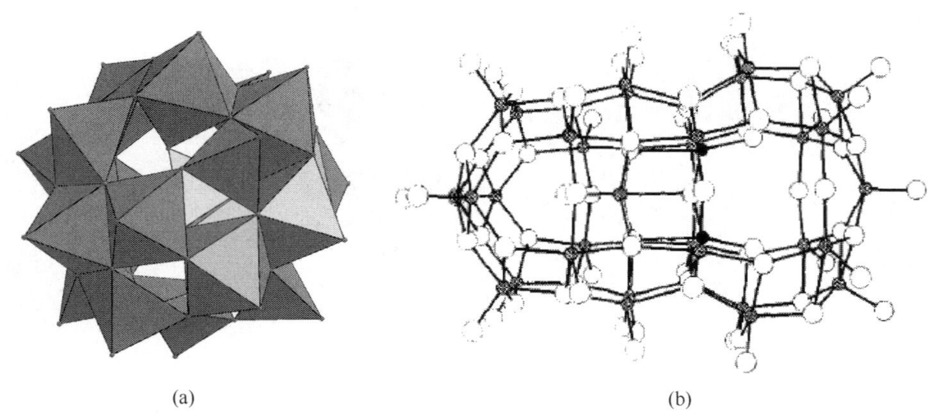

(a) (b)

图 7.9 $\{V_{18}O_{42}(VO_4)\}$笼(a)[13]和$[V_{16}^{IV}V_{18}^{V}O_{82}]^{10-}$(b)的结构图[14]

7.2.2 同多钒酸盐及其衍生物的合成

7.2.2.1 二钒酸盐{V_2}的合成

水热合成偏钒酸盐的复盐 NaK[V_2O_6]

将1.1g NaOH溶于27mL水中，加入2.5g NH_4VO_3，将溶液加热至70～80℃并不断搅拌，使NH_4VO_3全部溶解，冷却至室温，再加入3.6g KI，搅拌30min，将反应混合溶液封入不锈钢反应釜中，在96～100℃下反应12～15天，得到的晶体产物用去离子水洗至中性，干燥，得到浅黄色晶体[1]。

[(CsCl)Mn_2(V_2O_7)]的合成

将MnO和V_2O_5按1∶1混合(大约3g)，溶于3倍质量的CsCl/NaCl共融混合物中，650℃下加热4天，缓慢降到450℃，然后炉内降温得到产物[15]。

7.2.2.2 五钒酸盐{V_5}的合成

[(n-C_4H_9)$_4$N]$_3$[V_5O_{14}]的合成

向4.5mL 0.41mol·L^{-1}[(n-C_4H_9)$_4$N]OH的CH_3CN溶液中加入含0.97g [(n-C_4H_9)N]$_3$[$H_3V_{10}O_{28}$](0.58mmol)的25mL CH_3CN溶液，过滤除去少量不溶物，将滤液煮沸15～20min，并将溶液浓缩至15～20mL，深橘黄色溶液转化成近无色且只含有一种钒酸盐的溶液，室温下搅拌，向反应液中加入30～40mL乙醚，再向此溶液加入15mL丙酮，之后再加入2～3mL乙酸乙酯，冷却至－7℃并在－7℃保存12h，结晶得到白色晶体[2]。

[NEt_4]$_2$[V_5O_9Cl(Ac)$_4$]·MeCN的合成

在氮气条件下，将物质的量比为1∶2的[NEt_4]$_2$[$VOCl_4$]/NaAc溶于MeCN中，将溶液短暂暴露在空气中得到深绿色溶液，缓慢挥发溶液最终得到[NEt_4]$_2$[V_5O_9Cl(Ac)$_4$]·MeCN。用AgAc代替NaAc，并且省略氧化的步骤，同样也可以得到[NEt_4]$_2$[V_5O_9Cl(Ac)$_4$]·MeCN ($4V^{IV}$,V^{V})[3]。

7.2.2.3 九钒酸盐{V_9}的合成

Na_5[$H_2PtV_9O_{28}$]·21H_2O的合成

将0.2g H_2[Pt(OH)$_6$] (0.67mmol)溶于pH为11的NaOH水溶液中，加入含0.73g $NaVO_3$(6mmol)的20mL水溶液，将混合液加热至沸30min，冷却至室温，用3mol·L^{-1} HNO_3调节pH至4.3，水浴下将溶液蒸发浓缩至15mL。一天后，析出红棕色六边形棱柱状晶体[4]。

[NEt_4]$_3$[V_9O_{19}(Ac)$_5$]·2MeCN的合成

在氮气条件下，将物质的量比为1∶3的[NEt_4]$_2$[$VOCl_4$]/NaAc溶于MeCN

中，将溶液短暂暴露在空气中得到蓝色溶液，当溶液体积的 50%在真空中被还原后，过滤，缓慢蒸发得到深蓝黑色晶体$[NEt_4]_3[V_9O_{19}(Ac)_5]\cdot 2MeCN$($5V^{IV}$，$4V^{V}$)[3]。

7.2.2.4 十钒酸盐{V_{10}}及其衍生物的合成

$[(n\text{-}C_4H_9)_4N]_3[V_{10}O_{28}H_3]$的合成

反应方程式为

$$10Na_3VO_4 + 27HCl + 3(n\text{-}C_4H_9)_4NBr \longrightarrow [(n\text{-}C_4H_9)_4N]_3[V_{10}O_{28}H_3] + 27NaCl + 3NaBr + 12H_2O$$

将 15.00g Na_3VO_4(81.6mmol)溶于 110mL 水中，以每秒两滴的速度向其中滴加 71mL 3mol·L^{-1} HCl (213mmol)溶液，快速搅拌，随着酸的加入，溶液颜色由无色变成橙色，之后以每次 2mL 加入含 60g 四丁基溴化铵(186mmol)的 60mL 水溶液，再搅拌 15min，过滤得到橙黄色沉淀，依次用 60mL 水、60mL 乙醇和 300mL 乙醚洗涤，干燥 12h，粗产品(17g)溶于 150mL 乙腈中，再搅拌 10min，过滤，加入 300mL 无水乙醚后，缓慢蒸发得到深橙色沉淀，收集沉淀，用 100mL 无水乙醚洗涤，真空干燥 1h，得到 12.3g 黄橙色固体。将产品溶于 50mL 乙腈中，采用乙醚扩散法 3 天后得到黄橙色晶体，用 100mL 乙醚洗涤，干燥 12h，产量为 1.8g (7.00mmol)，产率为 86%[16]。$[(n\text{-}C_4H_9)_4N]_3[V_{10}O_{28}H_3]$的元素分析理论值(%)：C 34.16、H 6.63、N 2.49、V 30.18；实验值(%)：C 34.16、H 6.65、N 2.58、V 30.14。IR(KBr 压片，cm^{-1})：739(m，sh)、770(m)、803(m)、840(m)、880(w)、940(m)、968(s)、985(sh)[16]。

$K_2Zn_2[V_{10}O_{28}]\cdot 16H_2O$ 的合成

将相同质量的 KVO_3和 $Zn(Ac)_2$溶于水中，用 HAc 将溶液的 pH 调至 5，溶液缓慢蒸发，得到橘黄色晶体 $K_2Zn_2[V_{10}O_{28}]\cdot 16H_2O$[5]。

$Na_6[V_{10}O_{28}]\cdot 12H_2O$ 的合成

将 1.5g NaOH 溶于 15mL 水中，然后将 0.77g V_2O_5和 0.66g H_2MoO_4加入上述 NaOH 水溶液中，接着将反应混合物加热至 50～70℃，不断搅拌至 V_2O_5和 H_2MoO_4全部溶解，混合物冷却至室温，用 6mol·L^{-1} HCl 溶液将溶液的 pH 调至 6，溶液变成橙红色。之后将反应混合物装入反应釜中，150℃下加热 2 天，过滤，将滤液转入小烧杯中，室温下缓慢蒸发，1～2 周后析出橙红色晶体[17]。

$K_6[V_{10}O_{28}]\cdot 9H_2O$ 的合成

将 1.8g KOH 溶于 21mL 水中，然后加入 2.3g V_2O_5，将反应混合物加热至 60～80℃，不断搅拌下使 V_2O_5全部溶解，将反应混合物冷却至室温，搅拌下加入 0.5mL 85%H_3PO_4，溶液变成橙红色，此时溶液的 pH 约为 6.0，再搅拌 30min，然后将反应混合物装入反应釜中，150℃下加热 2 天，冷却至室温，过滤，滤液转移至小烧杯中，室温下缓慢蒸发，几天后得到橙红色晶体[18]。

$[H_4bim]_2[H_2V_{10}O_{28}]\cdot 4H_2O$ 的合成

将 1.085g $VOSO_4\cdot nH_2O$ (6.657mmol)溶于 150mL 水中，加入 0.42g 氢氧化锂(17.53mmol)，调节溶液的 pH 为 6，将 0.950g H_2bim (四甲基二咪唑)(4.993mmol)溶于 350mL 乙醇中，将其缓慢滴入先前的溶液中，将混合液搅拌 24h，除去灰色的沉淀得到黄色溶液，密封在试管中，1 个月后得到黄棕色晶体[19]。

$(C_4N_2S_2H_{14})_2[H_2V_{10}O_{28}]\cdot 4H_2O$ 的合成

将 0.4547g V_2O_5 (2.5mmol)、1.2g NaOH (30mmol) 和 0.3857g 半胱胺(5mmol)溶解在 40mL 水中，用稀 HCl 溶液调节 pH 至 3.0，橘黄色溶液室温下保存，几周后出现橘黄色片状晶体[20a]。

$[Cu(bbi)_2V_{10}O_{26}][Cu(bbi)]_2\cdot H_2O$ 的合成

将 0.117g NH_4VO_3 (1mmol)、0.095g 1,1′-(1,4-叔丁基)双咪唑(bbi)(0.5mmol)、0.121g $Cu(NO_3)_2\cdot 3H_2O$ (0.5mmol)溶于 10mL H_2O 中，用稀释的 Et_3N 和盐酸溶液将其 pH 调至 5 左右，搅拌 1h，然后转移至 25mL 反应釜中，150℃反应 72h，以每小时 10℃冷却至室温，得到黑色晶体，产率为 42.6%。IR (KBr 压片，cm^{-1})：3121(w)、1635(m)、1522(m)、1450(w)、1278(w)、1233(w)、1104(m)、890(s)、828(s)、655(s)[20b]。

7.2.2.5 十一钒酸盐{V_{11}}的合成

$K_5[MnV_{11}O_{32}]\cdot(10\sim12)H_2O$ 的合成

将 7.6g (55mmol) KVO_3溶于 200mL 热水中，加入 5mL 1mol·L^{-1} HNO_3，再加入 5mL 1mol·L^{-1} $MnSO_4$和 2.7g $K_2S_2O_8$(10mmol)的混合液，在 70～90℃下搅拌，过滤，滤液静置，10min 后出现棕色沉淀(可能是 $MnV_2O_6\cdot 4H_2O$)，在 0.5～1h 时又会溶解，深红色溶液再加热 4～6h，然后蒸发浓缩至 30～50mL。在最后的 2h 内，过滤除出一些红棕色沉淀(可能是 V_2O_5)，滤液冷却，一天后得到混有少量氧化物的黑红色晶体，将此粗产品用 0.3mol·L^{-1} K_2SO_4和 0.2mol·L^{-1} $KHSO_4$溶液重结晶，得到黑红色晶体[21]。

$(NH_4)_{4.5}H_{0.5}[MnV_{11}O_{32}]\cdot 12H_2O$ 的合成

合成方法与 $K_5[MnV_{11}O_{32}]\cdot(10\sim12)H_2O$ 类似，只是将对应的钾盐的化合物换成氨的化合物。产品通过 0.6mol·L^{-1} $(NH_4)_2SO_4$溶液和 0.4mol·L^{-1} NH_4HSO_4溶液重结晶，室温蒸发得到黑红色棱柱状晶体[21]。

$Cs_{4.5}H_{0.5}[MnV_{11}O_{32}]\cdot 7H_2O$ 的合成

将 1.5g $K_5[MnV_{11}O_{32}]\cdot(10\sim12)H_2O$ (1mmol) 溶于 10mL 热水和 1mL

$0.3mol \cdot L^{-1}$ K_2SO_4/$0.2mol \cdot L^{-1}$ $KHSO_4$ 的混合溶液中，加入 1.3g CsCl (7.5mmol)，出现橘黄色沉淀，冷却后分离出固态物质，按以下方法重结晶，把固态产物溶于 200mL 含有 0.8g CsCl (5mmol)和 2mL $0.3mol \cdot L^{-1}$ K_2SO_4/$0.2mol \cdot L^{-1}$ $KHSO_4$的热水中，用硫酸将溶液调至 2～3，室温下缓慢蒸发得到少量晶体。大约 1 周后，得到橘红色晶体[21]。

7.2.2.6 十二钒酸盐{V_{12}}的合成

$[(n\text{-}C_4H_9)_4]_4[CH_3CN\subset(V_{12}O_{34})]$的合成

将$[(n\text{-}C_4H_9)_4]_4[V_{10}O_{28}H_2]$溶解在乙腈中，回流 1～2min，加入足量的乙醚，得到沉淀，用体积比为 1∶2 的乙腈和乙酸乙酯混合液将沉淀重结晶，得到黑红色晶体[22]。

$Na_4[V_8^{IV}V_4^{V}As_8O_{40}(H_2O)]\cdot 23H_2O$ 的合成

将 2.93g $NaVO_3$ (24.0mmol) 和 1.58g As_2O_3 (8.00mmol) 先后溶于 90℃ 75mL 氮气饱和的水中，黄色澄清溶液冷却至 80℃，缓慢加入 0.493g $N_2H_4\cdot H_2SO_4$，搅拌 30min，80℃静置 2h 后，再冷却至室温，得到的绿色溶液静置 16h，出现少量无色沉淀，过滤，用 $1mol \cdot L^{-1}$ HCl 溶液调节滤液的 pH 至 6 (在此过程中有绿色沉淀出现，但在搅拌下沉淀迅速消失)，保持 pH＝6 半小时，将溶液在 4℃时密封于锥形瓶中，2～3 天后得到黑蓝色的晶体[7]。

$[NH(C_2H_5)_3]_4[V_8^{IV}V_4^{V}As_8O_{40}(H_2O)]\cdot H_2O$ 的合成

将 2.93g $NaVO_3$(24.0mmol)、1.58g As_2O_3(8.00mmol)和 1.50g $NH(C_2H_5)_3Cl$ (10.9mmol)先后溶于 90℃ 50mL 氮气饱和的水中，黄色澄清溶液冷却至 80℃，缓慢加入 205mg $N_2H_4\cdot HCl$，搅拌 30min，在 80℃静置 2h 后，再冷却至室温，将得到的绿色溶液静置 16h，出现少量无色沉淀，过滤，用 $1mol \cdot L^{-1}$ HCl 溶液调节滤液的 pH 至 6 (在此过程中有绿色沉淀出现，但在搅拌下沉淀迅速消失)，保持 pH＝6 半小时，溶液在 4℃时密封于锥形瓶中，2～3 天后得到黑蓝色晶体[7]。

$K_6[H_3KV_{12}As_3O_{39}(AsO_4)]\cdot 8H_2O$ 的合成

将 1.66g KVO_3(12mmol) 溶于 50mL 水(90℃)中，加入 0.52g $As_2O_5\cdot 5H_2O$ (4mmol)，得到黄色澄清溶液 (pH 5)，90℃ 搅拌 10min，加入 8.70g KSCN (89.5mmol)，用 5mL $0.5mol \cdot L^{-1}$ H_2SO_4将溶液的 pH 调至 2，得到黑绿色溶液。溶液 90℃保持 45min，溶液颜色变成深黑色，pH 变为 3。冷却后，锥形瓶室温下放置，1 天后得到黑灰色晶体[23]。IR(KBr 压片，cm^{-1})：3700～3200(vs，br)、963(s)、898(m)、856(s)、835(s)、720(m)、662(m)[23]。

7.2.2.7 十三钒酸盐{V_{13}}的合成

$(n\text{-}Bu_4N)_3[V_{13}O_{34}]$的合成

将$(n\text{-}Bu_4N)_3[H_3V_{10}O_{28}]$溶于乙腈中，得到阴离子浓度为 $26mmol \cdot L^{-1}$的乙

腈溶液，在干燥氮气中回流 7h，得到$(n\text{-}Bu_4N)_3[V_{13}O_{34}]$[6]。

7.2.2.8　十四钒酸盐$\{V_{14}\}$的合成

$[N(Me)_4]_4[As_8^{III}V_{14}^{IV}O_{42}(0.5H_2O)]$的合成

将 0.791g As_2O_3、0.910g V_2O_5、2.0g $(Me)_4NOH$ 装入 23mL 反应釜中，加入蒸馏水至反应釜体积的 60%，然后将反应釜在 200℃ 加热 48h，得到黑棕色菱形晶体[24]。

$[Et_4N]_5[V_{14}O_{36}Cl]$的合成

将 273mg $VO_2(acac)$（1.5mmol）（acac 为乙酰丙酮）和 99mg Et_4NCl（0.6mmol）溶于 50mL 乙腈中，室温搅拌，将 0.11mL Et_3N（0.8mmol）缓慢加入上述混合溶液中，得到红棕色溶液，6h 后，在减压条件下，将溶剂从反应混合溶液中除掉，然后将残留物溶在 DMF 中，过滤，滤液缓慢蒸发，几天后得到黑色晶体，结晶产物收集，用乙醚洗涤，真空干燥，产量为 161mg，产率为 76%[9]。元素分析理论值(%)：V 36.09、Cl 1.79、C 24.32、H 5.10、N 3.54；实验值(%)：V 35.77、Cl 2.02、C 24.16、H 5.39、N 3.37。IR(KBr 压片，cm^{-1})：2924、2853、1482、1456、1396、1384、1099、1031、979、838、605[9]。

7.2.2.9　十五钒酸盐$\{V_{15}\}$的合成

$(C_4N_2S_2H_{14})_5[H_4V_{15}O_{42}]\cdot 10H_2O$ 的合成

将 0.4547g V_2O_5（2.5mmol）、1.2g NaOH（30mmol）和 0.3857g 半胱胺（5mmol）溶解在 40mL 水中，用稀 HCl 溶液调节 pH 至 6.0，得到绿色块状晶体[20a]。

$(NMe_4)_6[V_{15}O_{36}Br]\cdot 4H_2O$ 的合成

将 5.0g $(NMe_4)Br$（32.5mmol）溶于 75mL 水中，在 60℃ 时加入 1.0g $(NH_4)_3[VS_4]$（4.3mmol），混合液在 60～65℃加热 16h。溶液的颜色由红紫色变成黑棕色。过滤，滤液在 60～65℃放置 5 天，得到黑色晶体[10]。

$Li_7[V_{15}O_{36}(CO_3)]\cdot ca.\ 39H_2O$ 的合成

将 5.88g Li_2CO_3（79.6mmol）溶于 150mL 水中，搅拌下分多次加入 12g V_2O_5（66mmol），再搅拌 5min。过滤，滤液加热至 90℃，向滤液中分多次加入 1.5g 硫酸肼（11.5mmol），90℃下静置 1h，重新过滤，黑绿色滤液密封在锥形瓶中冷却至 20℃，在 50mL 2-丙醇中振荡。在 5～7℃下放置，2～3 天后得到黑色晶体[10]。

$[NEt_4]_5[V_{15}O_{36}]\cdot 1.28MeCN$ 的合成

在氮气条件下，将物质的量比为 1∶4 的$[NEt_4]_2[VOCl_4]$/NaAc 溶于 MeCN 中，将溶液短暂暴露在空气中得到紫红色溶液，溶液体积的 50%在真空中被还原后，过滤，缓慢蒸发，得到深紫色晶体$[NEt_4]_5[V_{15}O_{36}]\cdot 1.28MeCN$（$8V^{IV}$，$7V^{V}$）。

用 AgAc 来代替 NaAc，并且省略氧化的步骤，同样也可以得到产物[3]。

$(trenH_3)_2[V_{15}Sb_6O_{42}]\cdot 0.33(tren)\cdot nH_2O$ ($n=3\sim5$)的合成

将 600mg NH_4VO_3(5mmol)、600mg Sb_2O_3(2mmol)、4mL 50%的三(2-氨基乙基)胺(tren)的水溶液置于 30mL 反应釜中，在 150℃加热 7 天，得到深绿色晶体。将晶体过滤，用丙酮和水超声清洗[8]。

7.2.2.10 十六钒酸盐$\{V_{16}\}$的合成

$K_{10}[H_2V_{16}O_{38}]\cdot 13H_2O$ 的合成

将 1.00g $VOSO_4\cdot 5H_2O$ (4.00mmol)溶于 60mL 水中，加入 95%的 KOH (1.38g，23.3mmol)溶液，溶液变为黑红色。然后再加入 1.09g N,N,N',N'-四(2-羟乙基)乙二胺(4.62mmol)，把锥形瓶密封，静置，几天后出现的浅红色片状晶体为 $K_{10}[H_2V_{16}O_{38}]\cdot 13H_2O$，红色正方形片状晶体为 $K_{11}[V_{18}O_{42}(SO_4)]\cdot 20H_2O$[11]。

$[V^{V}_{13}V^{IV}_{3}O_{42}(Cl)]\cdot 8C_5H_5NH\cdot 4H_2O$ 的合成

将 1,3-二[三(羟甲基)甲氨基]丙烷 (2.3mmol)、6mL H_2O(333.34mmol)、1.13mL 吡啶(13.97mmol)、2.42mL 碳酰氯(4.57mmol，质量分数为 20%的碳酰氯/甲苯溶液)、0.29g NH_4VO_3(2.5mmol)装入 23mL 反应釜中，混合物搅拌 30s，pH 5.1、90℃下加热 19h，缓慢冷却至室温，得到黑绿色晶体，在空气中干燥[25]。

$(HNEt_3)_2[\{Br_2(H_2O)_4\}C(V^{IV}O)_{16}(OH)_8(O_4AsC_6H_5)_2(O_3AsC_6H_5)_8]\cdot 6CH_3CN$、$(HNEt_3)_2[\{Cl_2(H_2O)_4\}C(V^{IV}O)_{16}(OH)_8(O_4AsC_6H_5)_2(O_3AsC_6H_5)_8]\cdot 6CH_3CN$ 和 $H_5[\{Cl_4(H_2O)_2\}C(V^{V}O)_{16}(O_3AsC_6H_5)_8]Cl\cdot 4H_2O\cdot 3CH_3CN$ 的合成

将 0.290g VBr_3 (1.0mmol)、0.103g 苯胂酸(0.5mmol)、0.08mL NEt_3 和 25mL CH_3CN 在 80℃搅拌 30min，最终的溶液冷却至室温，再搅拌 1h，过滤，将滤液室温静置，得到蓝色晶体产物$(HNEt_3)_2[\{Br_2(H_2O)_4\}C(V^{IV}O)_{16}(OH)_8(O_4AsC_6H_5)_2(O_3AsC_6H_5)_8]\cdot 6CH_3CN$。若把 VBr_3 换成 0.155g VCl_3 (1.0mmol)，一周后出现蓝色晶体$(HNEt_3)_2[\{Cl_2(H_2O)_4\}C(V^{IV}O)_{16}(OH)_8(O_4AsC_6H_5)_2(O_3AsC_6H_5)_8]\cdot 6CH_3CN$。若反应开始时，再加入 0.149g $Dy(NO_3)_3\cdot xH_2O$，3 周后得到绿色晶体 $H_5[\{Cl_4(H_2O)_2\}C(V^{V}O)_{16}(O_3AsC_6H_5)_8]Cl\cdot 4H_2O\cdot 3CH_3CN$[12]。

7.2.2.11 十八钒酸盐$\{V_{18}\}$的合成

$Cs_9[H_{14}V_{18}O_{42}Br]\cdot 12H_2O$ 的合成

将 1.16g $CsVO_3$(5.0mmol)溶解于 90℃ 100mL 水中，加入 180μL(3.7mmol)水合联肼(100%)，搅拌 1min，然后将反应混合物置于油浴中在 90～95℃下加热 1h，溶液为黑棕色溶液(pH 约为 8.2)，用 47% HBr 调节 pH 至 7.9～8.0，并保持

pH不变。然后将反应混合物继续放到油浴中在90～95℃下加热1.5h，停止加热后，大约5h后溶液缓慢冷却至20℃，出现黑色晶体[10]。

$Cs_9[H_{14}V_{18}O_{42}I]\cdot 12H_2O$ 的合成

与 $Cs_9[H_{14}V_{18}O_{42}Br]\cdot 12H_2O$ 的合成相似，只是将47%的HBr换成57%的HI水溶液[10]。

$(NEt_4)_5[H_2V_{18}O_{44}(N_3)]$的合成

将4.0g NEt_4BF_4（18.43mmol）溶于200mL H_2O 中，加入1.65g新制的 $(NH_4)_8[H_9V_{19}O_{50}]\cdot 11H_2O$（0.78mmol）和1.0g NaN_3（15.38mmol），转移到300mL的锥形瓶中，混合物在75℃下加热16h，得到黑色晶体，保存在惰性气体气氛中。IR（KBr压片，cm^{-1}）：2019(s)、2006(w)、995(vs)、809(sh)、785(m)、698(s)、618(m)[26]。

$[M_3V_{18}O_{42}(H_2O)_{12}(XO_4)]\cdot 24H_2O$（$M=Fe^{II}$；$M=Co^{II}$；X=V，S）的合成

将 V_2O_5（2.5mmol）溶于10mL H_2O 中，84～86℃下搅拌加入3mL $LiOH\cdot H_2O$ 水溶液（5mmol）、2.5mmol硫酸肼，反应溶液再加热10min。将此黑色溶液稀释至25mL（pH 4.6），然后加入 $FeCl_2\cdot 4H_2O$（1.25mmol），再加热3～7h，得到的溶液室温下保存12h。过滤，滤液中析出黑色棱柱状晶体 $[Fe_3V_{18}O_{42}(H_2O)_{12}(VO_4)]\cdot 24H_2O$。IR（KBr压片，$cm^{-1}$）：1131(m)、990(s)、807(m)、689(m)、631(m)。其他化合物的合成与此相似，将 $FeCl_2\cdot 4H_2O$ 换成等量的 $CoSO_4\cdot 6H_2O$ 得到 $[Co_3V_{18}O_{42}(H_2O)_{12}(SO_4)]\cdot 24H_2O$[27]。

7.2.2.12　十九钒酸盐{V_{19}}的合成

$(n\text{-}C_4H_9NH_3)_9[V_{19}O_{49}]\cdot 7H_2O$ 的合成

将1.4mol·L^{-1}丁胺水溶液加入0.66mol·L^{-1} V_2O_5 的水溶液中，混合液加热回流3h，过滤，滤液旋转蒸发至出现白色晶体产物 $(n\text{-}C_4H_9)NH_3VO_3$。将375mg $(n\text{-}C_4H_9)NH_3VO_3$（2.16mmol）、253mg $VOSO_4\cdot 5H_2O$（1.1mmol）、0.2mL $n\text{-}C_4H_9NH_2$（2.02mmol）和5mL H_2O 放在锥形瓶中加热回流3h，混合液静置缓慢冷却过夜，过滤得到黑棕色晶体[13]。

$[H_6Mn_3V_{15}V_4O_{46}(H_2O)_{12}]\cdot 30H_2O$ 的合成

将3mL $LiOH\cdot H_2O$（5mmol）水溶液加入10mL V_2O_5（2.5mmol）水溶液中，温度保持在90℃，加入固态硫酸肼（2.5mmol），将反应液搅拌5～10min，黑色溶液稀释至25mL，然后加入 $KMnO_4$（1.25mmol），加热1.5h，溶液过滤，室温下保存12h，从滤液中析出深黑色柱状晶体[28]。

$(NH_4)_8[V_{19}O_{41}(OH)_9]\cdot 11H_2O$ 的合成

将8.0g NH_4VO_3（68.4mmol）溶于250mL 75℃的水溶液（该水溶液之前用

10%的 H_2SO_4 调节 pH 至 5.8）中，溶液冷却至 70℃，加入 1.37g 硫酸肼(10.5mmol)，溶液颜色由黄色变成橄榄绿、紫罗兰色，最终变成黑棕色，将反应混合物在室温下搅拌 5min，溶液的 pH 增加到 7.3，用 10%的 H_2SO_4 将溶液的 pH 调至 5.3～5.4，随后将溶液在 65～70℃的油浴中放置 5h(不搅拌)，热溶液中形成黑色块状晶体，过滤黑色晶体，用 2-丙醇和乙醚洗涤，在氩气中干燥，储存在氩气中，产量为 5.0g (2.36mmol)，产率为 65.5%。IR(CsI 压片，cm^{-1})：970(s)、810(s)、720(s)、525(m)[29]。

7.2.2.13 二十钒酸盐{V_{20}}的合成

$[\{Cl_4(H_2O)_2\}\subset(V^{V}O)_{16}(V^{IV}O)_4O_{16}(OH)_4(O_3AsC_6H_5)_8]\cdot 7H_2O\cdot 3CH_3CN$ 的合成

将 0.120g $Dy(NO_3)_3\cdot xH_2O$、0.155g VCl_3 (1.0mmol)、0.103g 苯胂酸(0.5mmol)、0.08mL NEt_3 和 25mL CH_3CN 在 80℃搅拌 30min，最终的溶液冷却至室温，再搅拌 1h，过滤，滤液室温静置，2 周后得到绿色晶体[12]。

7.2.2.14 二十二钒酸盐{V_{22}}的合成

$(NEt_4)_6[HV_{22}O_{54}(ClO_4)]$的合成

将 16.0g NEt_4ClO_4(69.65mmol) 溶于 250mL H_2O 中，向该溶液中加入新制的 6.6g $(NH_4)_8[H_9V_{19}O_{50}]\cdot 11H_2O$ (3.11mmol)，混合物在 75℃下加热 60h，热过滤得到黑色晶体。IR(KBr 压片，cm^{-1})：1090(m)、992(vs)、825(m)、783(m)、720(s)、625(s)、614(sh)[26]。

7.2.2.15 二十四钒酸盐{V_{24}}的合成

$H_{10}[\{Cl_6\}(V^{V}O)_{16}(V^{IV}O)_8O_{24}(O_3AsC_6H_5)_8]Cl_4\cdot 10H_2O\cdot 2CH_3CN$ 的合成

将 0.111g $Dy(NO_3)_3\cdot xH_2O$、0.155g VCl_3 (1.0mmol)、0.103g 苯胂酸(0.5mmol)、0.08mL NEt_3 和 25mL CH_3CN 在 80℃搅拌 30min，最终的溶液冷却至室温，再搅拌 1h，过滤，滤液室温静置，2 周后得到绿色晶体[12]。

7.2.2.16 三十四钒酸盐{V_{34}}的合成

$K_{10}[V^{IV}_{16}V^{V}_{18}]\cdot 20H_2O$ 的合成

将 3.45g KVO_3 (25.0mmol) 溶于 50mL 水中，加入 182μL 液肼(100%，3.75mmol)，90℃保持 1h，将此深黑色溶液用冰醋酸调节 pH 至 3.8，2h 后，热过滤，滤液 90℃保持 3h，冷却至室温，一天后出现黑色条状晶体。IR(KBr 压片，cm^{-1})：990、890、745、615[14]。

7.2.3　光诱导合成同多钒酸盐

光诱导合成 $Na_{12}H_2[V_{18}O_{44}(N_3)] \cdot 30H_2O$

在 20mL Pyrex 管(高硼硅耐热玻璃管)中,将 0.4g $[t\text{-}BuNH_3]_4[V_4O_{12}]$(0.6mmol) 和 0.8g NaN_3(12mmol)溶于 20mL 水中,接着用 KOH 溶液将溶液 pH 调至 9.4,接着加入 2mL MeOH,将得到的溶液在氮气气氛中用 500W 高压汞灯光照 6.5h,过滤,1 天后形成黑棕色菱形晶体,产量为 0.1g[30]。

光诱导合成 $K_{8.5}H_{2.5}[V_{18}O_{42}(PO_4)] \cdot 19H_2O$

将 0.4g $[t\text{-}BuNH_3]_4[V_4O_{12}]$ (0.6mmol)和 0.25g KH_2PO_4(1.8mmol)溶于 20mL 水中,用 KOH 溶液调至 pH 为 9.4,然后加入 2mL MeOH,将得到的溶液在氮气气氛中用 500W 高压汞灯光解 18h,得到黑棕色菱形晶体,产量为 0.2g[30]。

光诱导合成 $H_{15}[V_{12}B_{32}O_{84}Na_4] \cdot 13H_2O$

将 1.0g Na_3VO_4(5.5 mmol)溶于 20mL 水中,用 28g H_3BO_3(45.3mmol)将溶液的 pH 调至 7.0,然后加入 2mL MeOH,得到的溶液在氮气气氛中用 500W 高压汞灯光解 3 天,得到绿色六边形晶体,产量为 0.3g[30]。

光诱导合成 $K_5H_2[V_{15}O_{36}(CO_3)] \cdot 14.5H_2O$

在一个 50mL Pyrex 管中,将 1.6g $[t\text{-}BuNH_3]_4[V_4O_{12}]$ (2.3mmol)溶于 40mL 水中,此时溶液 pH 为 6.8,用 K_2CO_3 溶液调 pH 至 9.4,加入 4mL MeOH,得到的溶液在氮气气氛中用 500W 高压汞灯光照 2 天,然后在深绿色光解物中加入 4mL 饱和 KCl 溶液,1 天后过滤得到深绿色光还原产物[31]。

光诱导合成 $K_{9.5}[H_{3.5}V_{18}O_{42}Cl] \cdot 11.5H_2O$

在一个 20mL Pyrex 管中,将 0.4g $[t\text{-}BuNH_3]_4[V_4O_{12}]$ (0.6mmol)溶于 20mL 水中,此时溶液 pH 为 6.8,用 K_2CO_3 溶液将 pH 调至 9.5,加入 2mL MeOH,得到的溶液在氮气气氛中用 500W 高压汞灯光照 9h,然后在深棕色光解物中加入 2mL 饱和 KCl 溶液,1 天后过滤得到深棕色光还原产物[32]。

光诱导合成 $K_{10}[H_2V_{18}O_{42}(H_2O)] \cdot 16H_2O$

将 0.5g $[t\text{-}BuNH_3]_4[V_4O_{12}]$ (0.7mmol)溶于 20mL 水中,用 K_2CO_3 将溶液 pH 调至 9.5,加入 2mL MeOH,在氮气气氛中用 500W 高压汞灯光照 1 天,得到 0.2g 棕色棒状晶体[32]。

7.2.4　同多钒酸盐及其衍生物的结构表征

7.2.4.1　红外光谱

$[H_2PtV_9O_{28}]^{5-}$ 的红外光谱在 988cm^{-1}、976cm^{-1}、846cm^{-1}和 750cm^{-1}处出现

的四个吸收峰可归属于 V—O_t和 V—O_b—V 振动峰(O_t代表端氧,O_b代表桥氧)(图 7.10)[4]。光诱导合成的化合物 $Na_{12}H_2[V_{18}O_{44}(N_3)]\cdot 30H_2O$、$K_{8.5}H_{2.5}[V_{18}O_{42}(PO_4)]\cdot 19H_2O$ 和 $H_{15}[V_{12}B_{32}O_{84}Na_4]\cdot 13H_2O$ 的红外光谱如图 7.11 所示[30],$[V_{18}O_{44}(N_3)]^{14-}$ 的红外吸收峰为 $1630cm^{-1}$、$959cm^{-1}$、$692cm^{-1}$;$[V_{18}O_{42}(PO_4)]^{11-}$ 的红外吸收峰为 $1630cm^{-1}$、$944cm^{-1}$、$700cm^{-1}$;$[V_{12}B_{32}O_{84}Na_4]^{15-}$ 的红外吸收峰为 $1638cm^{-1}$、$981cm^{-1}$、$658cm^{-1}$(图 7.11)[30]。

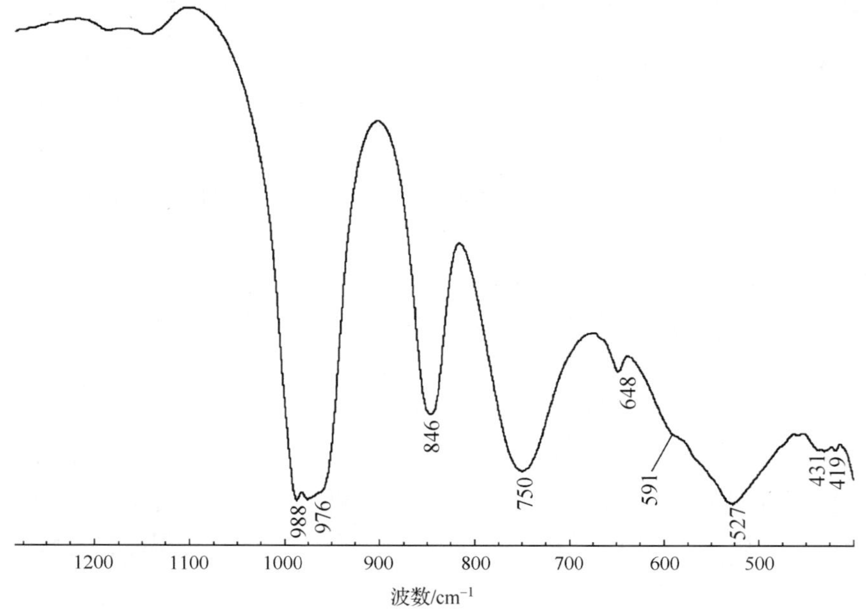

图 7.10 $[H_2PtV_9O_{28}]^{5-}$ 的红外光谱[4]

光诱导合成的化合物 $K_5H_2[V_{15}O_{36}(CO_3)]\cdot 14.5H_2O$ 的红外光谱在 $1630cm^{-1}$、$1460cm^{-1}$、$953cm^{-1}$、$845cm^{-1}$、$739cm^{-1}$和 $623cm^{-1}$处出现六个吸收峰,由于光诱导作用在这个多钒酸盐体系中固定了一些 CO_2,另外,通过加入 HBr、HNO_3或 H_3PO_3,这个体系也可以固定 Cl^-、Br^-、NO_3^- 或 PO_3^{3-}。含有 NO_3^- 的复合物在 $1386cm^{-1}$处有强烈的峰带,在 $950cm^{-1}$处出现的峰可归属于表面 V—O 键的伸缩振动,$845\sim623cm^{-1}$的振动归属于 V—O—V 的伸缩振动(图 7.12)[31]。

7.2.4.2 X 射线衍射

X 射线衍射表征可以证明化合物是否为纯相,它是化合物其他表征及应用研究的前提。2008 年,Hwu 等报道的$[(CsCl)_2Mn(VO_3)_2]$、$[(RbCl)_2Mn(VO_3)_2]$和$[(CsCl)_2Cu(VO_3)_2]$的 XRD 谱图分别与模拟的 XRD 谱图基本一致,证明这些化合物样品都为均相的(图 7.13 和图 7.14)[15]。

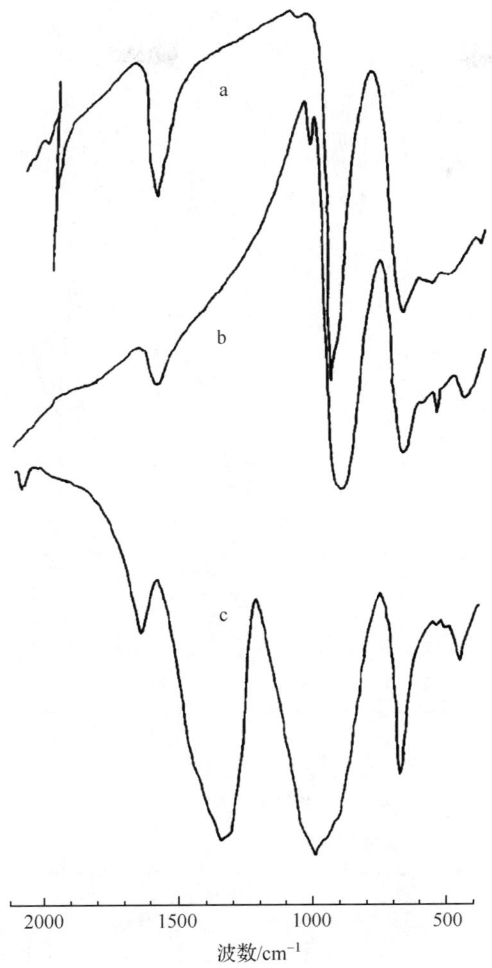

图 7.11　$Na_{12}H_2[V_{18}O_{44}(N_3)]\cdot 30H_2O$(a)、$K_{8.5}H_{2.5}[V_{18}O_{42}(PO_4)]\cdot 19H_2O$(b) 和 $H_{15}[V_{12}B_{32}O_{84}Na_4]\cdot 13H_2O$(c)的红外光谱[30]

7.2.4.3　紫外-可见吸收光谱

$[Et_4N]_5[V_{14}O_{36}Cl]$的 0.4mmol · L^{-1}水溶液的紫外-可见吸收(UV-Vis)光谱在 500～200nm 出现三个主要的肩峰,分别为 205nm、258nm 和 314nm,对应氧到钒的电荷转移(LMCT)。当浓度增加到 10mmol · L^{-1},在 900nm 处出现一个弱的吸收带,这可以被指认为价间电荷转移(IVCT,$V^{4+}\rightarrow V^{5+}$)[33]。

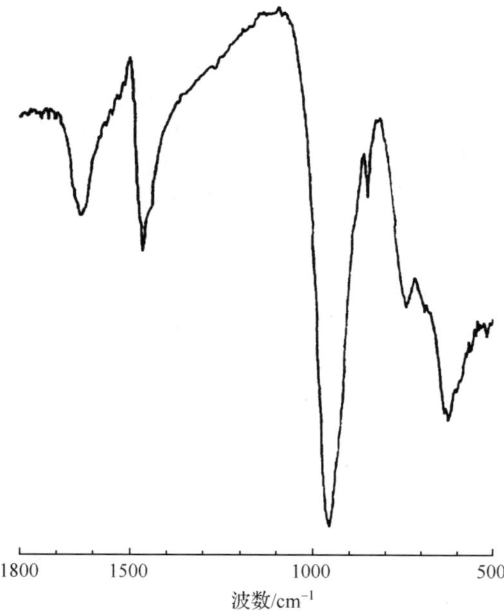

图 7.12 $K_5H_2[V_{15}O_{36}(CO_3)]\cdot14.5H_2O$ 的红外光谱[31]

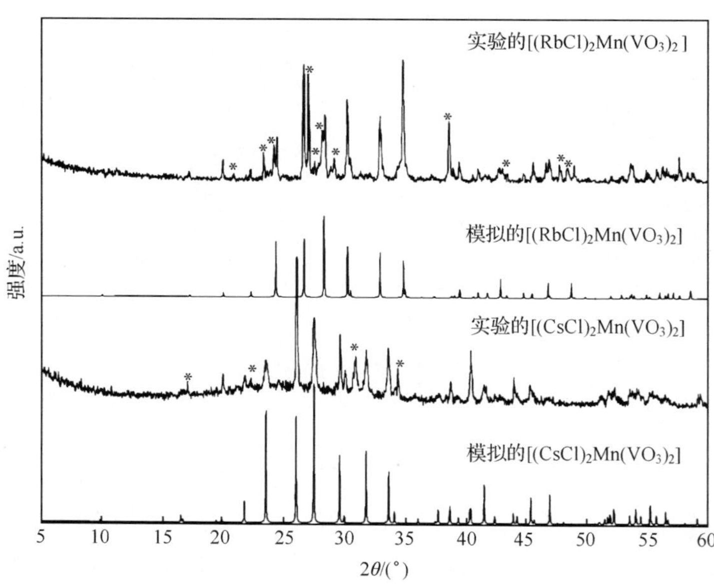

图 7.13 $[(CsCl)_2Mn(VO_3)_2]$和$[(RbCl)_2Mn(VO_3)_2]$的 XRD 谱图[15]

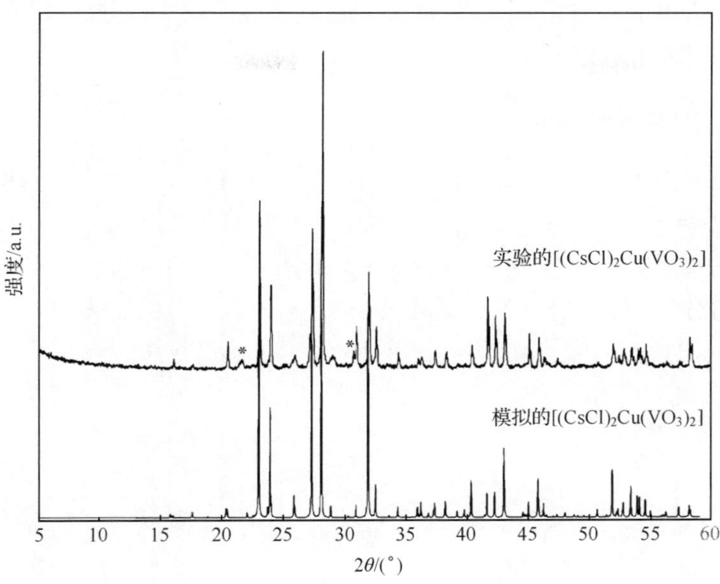

图 7.14　[$(CsCl)_2Cu(VO_3)_2$]的 XRD 谱图[15]

7.2.4.4　热重分析

$Na_5[H_2PtV_9O_{28}]\cdot 21H_2O$ 的热重(TG)曲线如图 7.15 所示[4]，在 20～900℃出现两步质量损失，20～138.63℃的质量损失为 20.80%，对应结晶水的质量损

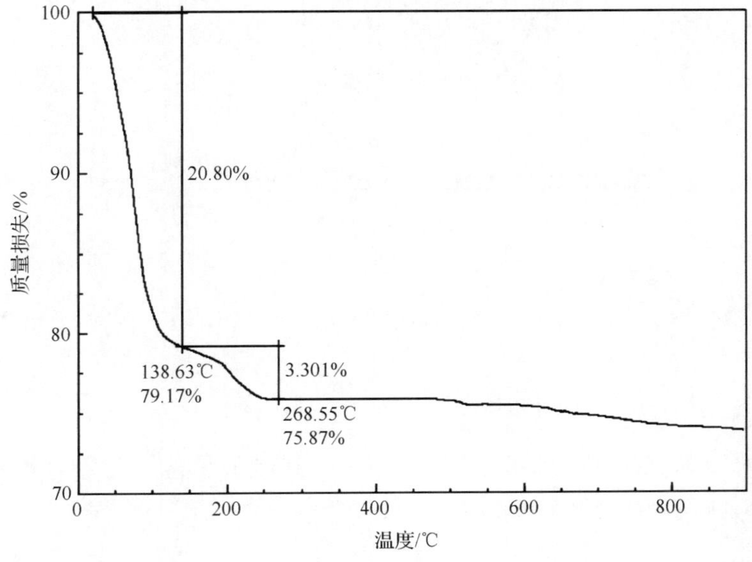

图 7.15　$Na_5[H_2PtV_9O_{28}]\cdot 21H_2O$ 的热重曲线

失；138.63～268.55℃的质量损失为3.301%，对应配位水的质量损失，这两步质量损失分别与理论值相一致[4]。

7.2.4.5　核磁共振谱

$Na_5[H_2PtV_9O_{28}]\cdot 21H_2O$ 的 ^{51}V NMR是在 H_2O/D_2O 混合溶液中测定的，共振频率为105.155MHz，^{51}V NMR谱在－371.4ppm、－450.3ppm和－475.1ppm处出现三个宽峰，峰强比为1∶6∶2，但是，当溶液加热至60℃可观测到中心峰的分裂，最终的NMR谱在－368.3ppm、－443.0ppm、－446.9ppm和－471.5ppm出现四个吸收峰，峰强比为1∶2∶4∶2(图7.16)[4]。

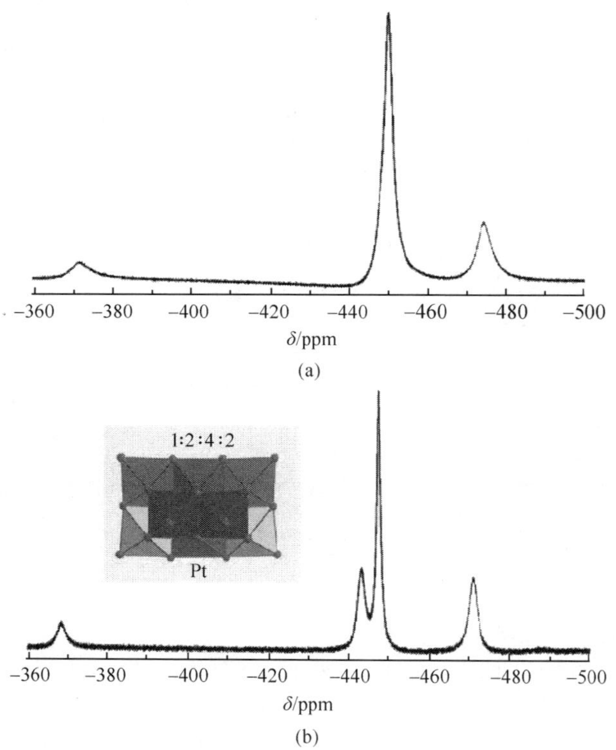

图7.16　$Na_5[H_2PtV_9O_{28}]\cdot 21H_2O$ 在293K(a)和333K(b)下的 ^{51}V NMR谱[4]

7.2.4.6　电子顺磁共振谱

$[Et_4N]_5[V_{14}O_{36}Cl]$ 中钒为混合氧化态，固体在室温下表现为顺磁性(g＝1.9549)，在水溶液中 g＝1.9566 (图7.17)[9]。

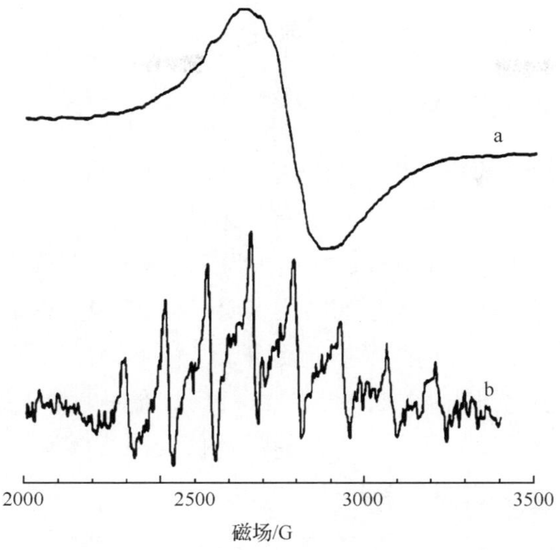

图7.17 $[Et_4N]_5[V_{14}O_{36}Cl]$的固态(a)和溶液(b)的EPR谱[9]

7.2.4.7 拉曼光谱

$[V^{IV}_{15}Sb^{III}_6O_{42}]^{6-}$ 的拉曼(Raman)光谱在 $257cm^{-1}$、$394cm^{-1}$、$960cm^{-1}$、$991cm^{-1}$和 $1056cm^{-1}$处出现五个吸收峰,可分别归属于V—O—V和Sb—O—V的振动(图7.18)[8]。

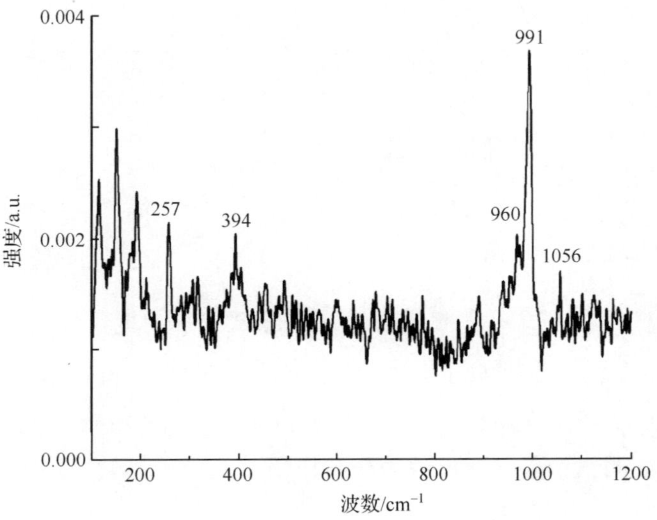

图7.18 $[V^{IV}_{15}Sb^{III}_6O_{42}]^{6-}$的拉曼光谱[8]

7.2.5 同多钒酸盐及其衍生物的性质研究

7.2.5.1 电化学性质研究

$[H_2Pt^{IV}V_9O_{28}]^{5-}$ 的循环伏安曲线是在 0.4mol·L^{-1}，pH=5 的 NaAc/HAc 缓冲溶液中测定的，多阴离子的浓度为 2×10^{-4}mol·L^{-1}，工作电极是玻碳电极，参比电极是饱和甘汞电极(SCE)，扫描速率为 10mV·s^{-1}(图 7.19)[4]。第二圈曲线表明开始阶段电流值增加，第三圈曲线表明 Pt 的沉积过程。从第二圈和第三圈来看，电流沿着扫描速率方向从负方向到正方向持续增加，在第三圈出现交叉循环，这种特征在$\{V_{10}\}$的循环伏安曲线中没有出现，即使电势扩展到−1.0V 也没有这种特征曲线出现。$[H_2Pt^{IV}V_9O_{28}]^{5-}$ 的循环伏安曲线表明，在 Pt 膜生长的过程中，Pt^{IV} 与 Pt^{II} 的电还原变得更容易(图 7.19)[4]。

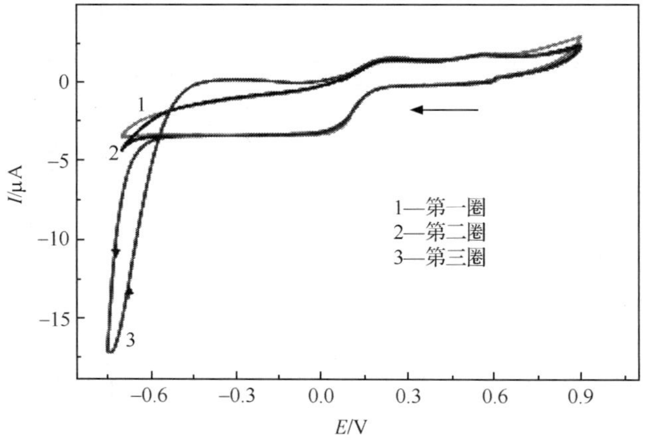

图 7.19 $[H_2Pt^{IV}V_9O_{28}]^{5-}$ 的循环伏安曲线[4]

7.2.5.2 磁性研究

$[V_{19}O_{49}]^{9-}$ 在 2～330K 的固态变温磁化率曲线如图 7.20 所示[13]。根据 Curie-Weiss定律提出的磁相互作用，在这种情况下，$\chi_m T$ 值可以通过磁矩和温度变化计算得到，T=292K 时，$\chi_m T$=2.78emu·K·mol^{-1}，随着温度的降低，$\chi_m T$ 值不断下降，表明钒中心存在反铁磁相互作用[13]。

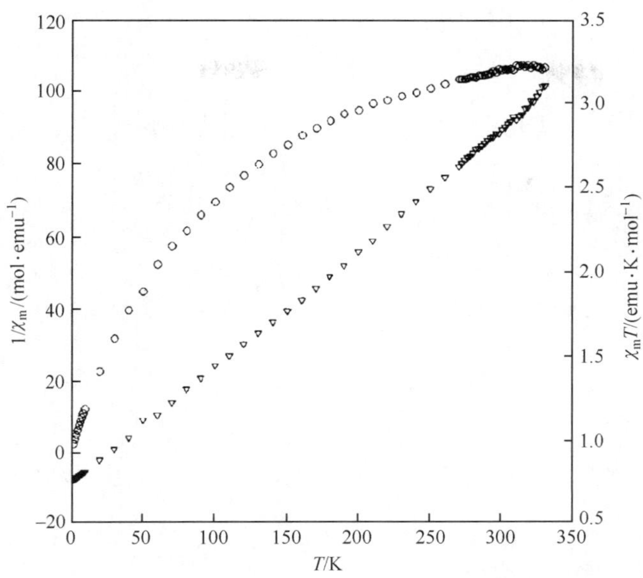

图 7.20　$[V_{19}O_{49}]^{9-}$ 的 $\chi_m T$-T 曲线(○)和 $1/\chi_m$-T 曲线(△)[13]

7.3　同多铌酸盐及其衍生物化学

7.3.1　同多铌酸盐及其衍生物的结构

$[Nb_6O_{19}]^{8-}$ 的结构是典型的 Lindqvist 结构，6 个 Nb 均为八配位的，形成 6 个$\{NbO_6\}$八面体，它们通过共边和共顶点形成具有 O_h 对称性的空间结构，在 $[Nb_6O_{19}]^{8-}$ 中含有三类氧原子：6 个端氧 O_t，12 个 μ_2 桥氧和一个中心的 μ_6 桥氧，所有的 Nb 均为 +5 价[图 7.21(a)]。$[Nb_{10}O_{28}]^{6-}$ 是由 10 个$\{NbO_6\}$八面体构筑的，可看成 2 个$[Nb_6O_{19}]^{8-}$各失去 1 个$\{NbO_6\}$八面体后连接构筑的[图 7.21(b)]。

2006 年，Yagasaki 等报道的$[Nb_{20}O_{54}]^{8-}$是由 2 个$\{Nb_{10}O_{26}\}$单元二聚构筑的高核铌簇[图 7.22(a)][34]。同年，Nyman 等报道的$[Nb_{24}O_{72}H_9]^{15-}$是由 3 个$\{Nb_7O_{22}\}$建筑块通过 3 个$\{NbO_6\}$八面体桥连片段连接形成的环状结构[图 7.22(b)][35]。2010 年，Cronin 等报道的$[HNb_{27}O_{76}]^{16-}$中包含 3 个五边形的$\{(Nb)Nb_5\}$，每个五边形中间的 Nb 是七配位的[图 7.22(c)][36]。$[H_{10}Nb_{31}O_{93}(CO_3)]^{23-}$中含有 2 个五边形的$\{(Nb)Nb_5\}$单元和 1 个$\{Nb(CO_3)(Nb_5)_2\}$单元，由于其中有二齿配体 CO_3^{2-}，因此这个分子具有手性，两种对映体同时存在，所以是外消旋化合物[图 7.22(d)][36]。

2012 年，苏忠民等报道了三种新型同多铌酸盐多阴离子$[Nb_{24}O_{72}H_{21}]^{3-}$、

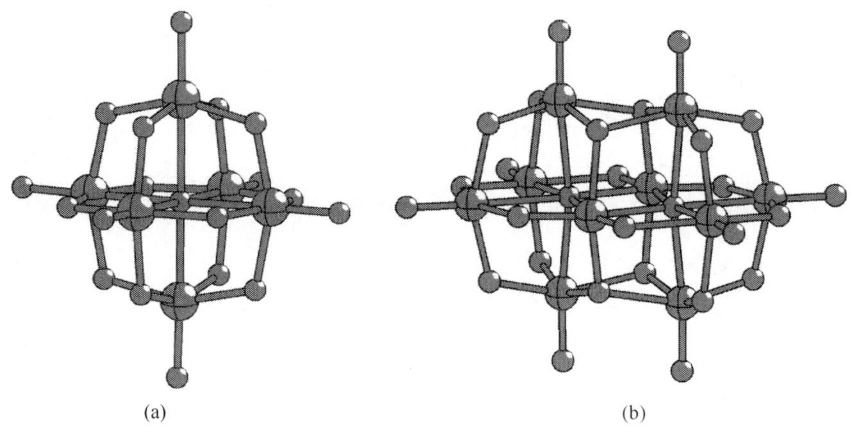

图 7.21　$[Nb_6O_{19}]^{8-}$的结构图(a)和$[Nb_{10}O_{28}]^{6-}$的结构图(b)

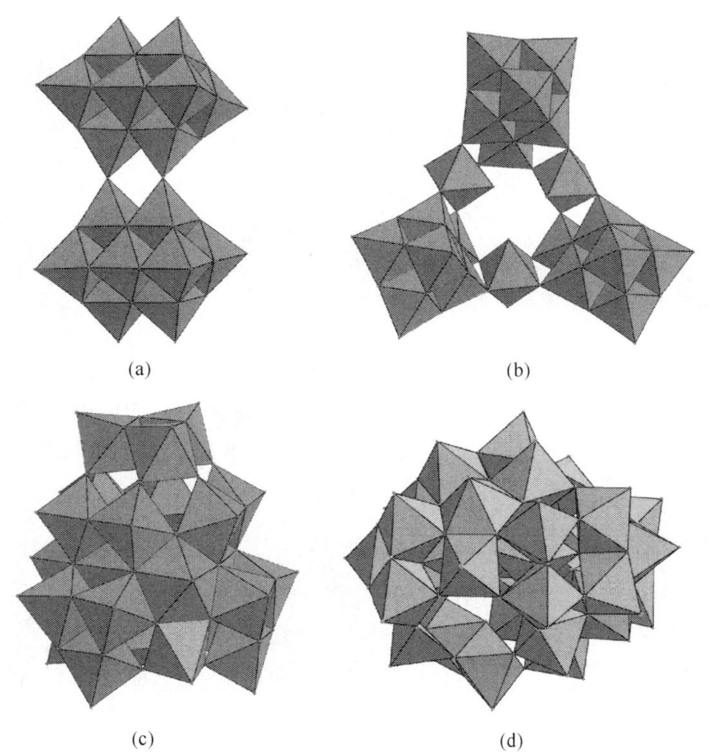

图 7.22　$[Nb_{20}O_{54}]^{8-}$(a)[34]、$[Nb_{24}O_{72}H_9]^{15-}$(b)[35]、$[HNb_{27}O_{76}]^{16-}$(c)[36]和$[H_{10}Nb_{31}O_{93}(CO_3)]^{23-}$(d)[36]的结构图

$[Nb_{32}O_{96}H_{28}]^{4-}$和$[\{Nb_{24}O_{72}H_{21}\}_4]^{12-}$的结构(图 7.23)[37a]。$[Nb_{24}O_{72}H_{21}]^{3-}$是由 3 个$[Nb_6O_{19}]^{8-}$单元通过$\{NbO_6\}$片段桥连构筑的三聚簇合物[图 7.23

(a)][37a]；而$[Nb_{32}O_{96}H_{28}]^{4-}$是由3个$[Nb_7O_{22}]^{9-}$单元通过$\{NbO_6\}$片段桥连构筑的三聚簇合物[图7.23(b)][37a]；$[\{Nb_{24}O_{72}H_{21}\}_4]^{12-}$是由4个$\{KNb_{24}O_{72}\}$亚单元通过$K^+$连接构筑的高核簇合物，$\{KNb_{24}O_{72}\}$亚单元是由4个$[Nb_6O_{19}]^{8-}$单元构筑的[图7.23(c)][37a]。

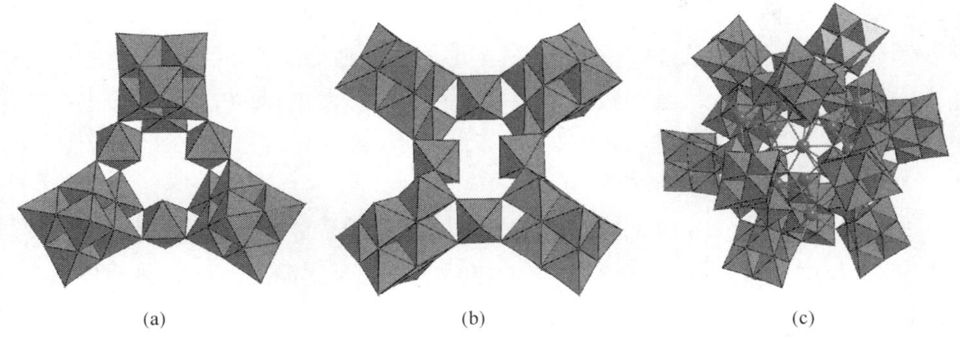

图7.23　$[Nb_{24}O_{72}H_{21}]^{3-}$(a)、$[Nb_{32}O_{96}H_{28}]^{4-}$(b)和$[\{Nb_{24}O_{72}H_{21}\}_4]^{12-}$(c)的结构图[37a]

7.3.2　同多铌酸盐及其衍生物的合成

7.3.2.1　六铌酸盐$\{Nb_6\}$的合成

$K_7[HNb_6O_{19}]\cdot 13H_2O$的合成

方法1：将13.3g Nb_2O_5缓慢加入盛有26g熔融KOH的镍坩埚中，加热30min后，冷却到室温，溶解到100mL除氧的水中，蒸发过滤，使溶液的体积减小到50mL，0℃下，12h后，形成针状晶体，过滤，用甲醇、无水乙醇依次洗涤，真空干燥12h，产量为12.4g。$K_7[HNb_6O_{19}]\cdot 13H_2O$的元素分析理论值(%)：K 19.97、Nb 40.68；实验值(%)：K 20.13、Nb 40.55[38a]。

方法2：在镍坩埚中，加热条件下，将Nb_2O_5融于85%的KOH溶液中(物质的量比为1∶8)，反应混合物最终呈熔融态，反应产物用乙醇-水萃取除去多余的KOH，向混合物中加入乙醇使铌酸盐从水中重结晶，然后用95%的乙醇清洗，在空气中干燥，得到$K_7[HNb_6O_{19}]\cdot 13H_2O$。元素分析理论值(%)：Nb 40.7、H 1.98；实验值(%)：Nb 40.2、H 2.01。若反应过程相同，但是反应产物用水萃取，用热的NaAc水溶液进行重结晶，得到$Na_7[HNb_6O_{19}]\cdot 15H_2O$[39]。

$Li_7K[Nb_6O_{19}]\cdot 15H_2O$的合成

将679mL 1mol·L^{-1} LiOH溶液，加热到90℃，再将2.00g $K_8[Nb_6O_{19}]\cdot 14H_2O$的10mL水溶液滴入其中，澄清溶液冷却至室温，几小时后出现白色晶体，但是溶液还要在空气中再放置3天以期得到更高的产率。抽滤得到晶体产物，用50mL乙醇清洗，在室温中干燥。IR(KBr压片，cm^{-1})：849(s)、679(s)、534(s)。

$Li_7K[Nb_6O_{19}]\cdot15H_2O$ 的元素分析理论值(%)：K 3.2、Li 4.0、Nb 46；实验值(%)：K 2.8、Li 4.3、Nb 45.9[40]。

$K_8[Nb_6O_{19}]\cdot16H_2O$ 的合成

将 75mL 3mol · L^{-1}的 KOH (9.4g)溶液加热搅拌至出蒸气(~90℃)，然后将 16g 含水的非晶体 $Nb_2O_5\cdot xH_2O$ 分几次等量(每次 0.5g)加入其中，每次加入时都要等前一次加入的 $Nb_2O_5\cdot xH_2O$ 完全溶解后再加入，当 $Nb_2O_5\cdot xH_2O$ 全部加入后，将澄清溶液冷却至室温，12~48h 后，会形成无色、形状完整的晶体，移除母液后，晶体会变成粉末状，这是由于失去部分水，而得到的粉末易溶于水中[41]。

$Rb_8[Nb_6O_{19}]\cdot14H_2O$ 的合成

合成方法与 $K_8[Nb_6O_{19}]\cdot16H_2O$ 类似，将 KOH 改成 50g 质量分数为 50% 的 RbOH 溶液(~10mol · L^{-1})，加热搅拌至 90℃左右出蒸气，然后缓慢加入 21g 含水的非晶体 $Nb_2O_5\cdot xH_2O$[41]。

$Cs_8[Nb_6O_{19}]\cdot14H_2O$ 的合成

合成方法与 $K_8[Nb_6O_{19}]\cdot16H_2O$ 类似，将 KOH 改成 14.6g 质量分数为 50%的 CsOH 溶液(~6.7mol · L^{-1})，加热搅拌至 90℃左右，冒蒸气，然后缓慢加入 5g 含水的非晶体 $Nb_2O_5\cdot xH_2O$[41]。

$Rb_6[H_2Nb_6O_{19}]\cdot19H_2O$ 的合成

合成方法与 $K_8[Nb_6O_{19}]\cdot16H_2O$ 类似，将 KOH 改成 2.0g 质量分数为 50% 的 RbOH 溶液，加入 8mL 水稀释后，得到约为 2mol · L^{-1}的溶液，在搅拌条件下加热至约 90℃，慢慢加入 2g $Nb_2O_5\cdot xH_2O$ 粉末，得到的澄清溶液冷却至室温[41]。

$Cs_6[H_2Nb_6O_{19}]\cdot19H_2O$ 的合成

合成方法与 $K_8[Nb_6O_{19}]\cdot16H_2O$ 类似，将 KOH 改成 4.5g 质量分数为 50% 的 CsOH 溶液，加入 15mL 水稀释后，得到约为 1mol · L^{-1}的 CsOH 溶液，在搅拌条件下加热至约 90℃，慢慢加入 0.7g $Nb_2O_5\cdot xH_2O$ 粉末，得到的澄清溶液冷却至室温[41]。

$K_7[HNb_6O_{19}]\cdot10H_2O$ 的合成

合成方法与 $K_8[Nb_6O_{19}]\cdot16H_2O$ 类似，取 10mL 1mol · L^{-1} KOH 溶液，向其中缓慢加入 1.0g $Nb_2O_5\cdot xH_2O$ 粉末，加热近沸[41]。

$Rb_6[H_2Nb_6O_{19}]\cdot19H_2O$、$Cs_6[H_2Nb_6O_{19}]\cdot19H_2O$ 和 $K_7[HNb_6O_{19}]\cdot10H_2O$ 是通过从澄清的前驱体溶液慢慢向小极性溶液中扩散结晶的。这种方法是把之前得到的水溶液放到一个宽口的容器中，半满无盖，再将这个容器放入比它大的另一个容器中，盖上盖子，这个大的容器中要加入比水易挥发、低极性的约 100mL 溶液，如丙酮、甲醇、乙醇、*n*-丙醇和 *i*-丙醇。当这种低极性的溶液向水溶液中扩散时，晶体慢慢在母液表面生长[41]。

$[Na_6(H_2O)_{13}][Li(H_2O)_2][H(Nb_6O_{19})]$的合成

将114mg $K_7[HNb_6O_{19}]\cdot 13H_2O$ (0.083mmol)、58mg NaCl (1mmol)和42mg LiCl (1mmol)溶于4mL水中，搅拌，再加入4mL *n*-丁醇，剧烈搅拌，在80℃下加热回馏30min，冷却至室温，过滤，在室温下静置几天，得到无色透明的块状晶体[42]。

7.3.2.2　十铌酸盐$\{Nb_{10}\}$的合成

$[N(CH_3)_4]_6[Nb_{10}O_{28}]\cdot 6H_2O$及$[N(CH_3)_4]_4Na_2[Nb_{10}O_{28}]\cdot 8H_2O\cdot \frac{1}{2}CH_3OH$的合成

方法1：将178.2g $Nb(OC_2H_5)_5$和127.5g$[N(CH_3)_4]OH$溶于200mL甲醇和25mL水溶液中，取一半溶液盖上盖子，静置24h后，将得到的产物过滤，用乙醇倾析法清洗，空气中干燥，得到$[N(CH_3)_4]_6[Nb_{10}O_{28}]\cdot 6H_2O$，在干燥器中保存[43]。

向上述另一半溶液中加入5mL NaOH/甲醇溶液后，再盖上盖子，24h后，将得到的产物过滤，过滤后用乙醇倾析法清洗，空气中干燥，得到$[N(CH_3)_4]_4Na_2[Nb_{10}O_{28}]\cdot 8H_2O\cdot \frac{1}{2}CH_3OH$，在干燥器中保存[43]。

方法2：向5.3mL乙醇中加入1.00g $Nb_2O_5\cdot nH_2O$ (2.1mmol，水的质量分数为43%)和0.60g $[N(CH_3)_4]OH\cdot 5H_2O$ (3.3mmol)，装入反应釜中，120℃加热18h，然后冷却至室温。过滤，室温缓慢蒸发，上层黄色清液中得到无色晶体状沉淀$[N(CH_3)_4]_6[Nb_{10}O_{28}]\cdot 6H_2O$，在空气中干燥会变成白色不透明[44]。

7.3.2.3　$\{Nb_{20}\}$、$\{Nb_{24}\}$、$\{Nb_{27}\}$、$\{Nb_{31}\}$、$\{Nb_{32}\}$、$\{Nb_{96}\}$和$\{Nb_{147}\}$的合成

$(TBA)_8[Nb_{20}O_{54}]\cdot H_2O$的合成

前驱体$(TBA)_4H_4[Nb_6O_{19}]\cdot 7H_2O$的合成：将1.0g $K_7[HNb_6O_{19}]\cdot 13H_2O$ (7.3×10^{-4} mol)溶于10mL水中，过滤除去不溶物，向滤液中加入7mL 1.0mol·L^{-1} HCl溶液，过滤收集沉淀，用120mL水分三次清洗，在真空中用P_2O_5干燥后，与2.7mL 0.4 mol·L^{-1}(TBA)OH (1.1×10^{-3}mol)溶液在80℃下反应24h，过滤除去不溶物后蒸发干燥，得到无色固体，在真空中用P_2O_5干燥24h，得到粗产品$(TBA)_4H_4[Nb_6O_{19}]\cdot 7H_2O$。IR(KBr压片，cm^{-1})：425(s)、498(s)、526(s)、548(sh)、580(w)、697(sh)、730(vs)、784(s)、885 (vs)[34]。

将1.0g $(TBA)_4H_4[Nb_6O_{19}]\cdot 7H_2O$ (5.1×10^{-4}mol)溶于20mL四氢呋喃(THF)，向其中通入NO气体，约每分钟100mL，通入6min后，过滤出少量不溶固体，然后以每1mL滤液加入0.8mL乙酸乙酯，过夜后产生晶体，用倾析法收集，用

1.5mL 乙酸乙酯分三次清洗，真空中用 P_2O_5 干燥 1h，得到$(TBA)_8[Nb_{20}O_{54}]\cdot H_2O$[34]。IR(KBr 压片，$cm^{-1}$)：431(s)、478(w)、505(s)、533(vs)、540(sh)、579(m)、608(m)、633(sh)、644(vs)、745(s)、802(vs)、884(sh)、909(vs)、924(w)、930(w)。

$[Cu(en)_2(H_2O)_2]_3[(\{Nb_{24}O_{72}H_9\}\{Cu(en)_2(H_2O)\}_2\{Cu(en)_2\})_2]\cdot 66H_2O$ 的合成

将 0.95g $Rb_8[Nb_6O_{19}]\cdot 14H_2O$ (0.5mmol)、0.48g $Cu(NO_3)_2\cdot 2.5H_2O$ (2.0mmol)、10g 乙二胺 (167mmol)溶于 10mL 水中，在 60℃下搅拌 30min 后，用石蜡膜将烧杯盖住，置于室温下，3 天后在杯底形成棱形深紫色晶体[35]。

$(K_{13}Na_3)[HNb_{27}O_{76}]\cdot 25H_2O$ 和 $(K_{19}Na_4)[H_{10}Nb_{31}O_{93}(CO_3)]\cdot 35H_2O$ 的合成

将 1.0g $K_7[HNb_6O_{19}]\cdot 13H_2O$ (0.73mmol)和 0.4g 二苄基二硫代氨基甲酸钠(1.4mmol)溶于 8mL 水中，然后倒入反应釜中，在烘箱中 200℃加热 3 天(注意：二苄基二硫代氨基甲酸钠分解会产生有毒有腐蚀性的气体，可能是因为产生了 CS_2 和 S_8，要非常小心)，冷却至室温后，过滤除去白色非晶态物质(约 0.7g)。若母液在甲醇中缓慢扩散，一周后产生约 0.2～0.3g $(K_{13}Na_3)[HNb_{27}O_{76}]\cdot 25H_2O$；若母液在空气中缓慢蒸发，一周后产生 0.2～0.3g $(K_{19}Na_4)[H_{10}Nb_{31}O_{93}(CO_3)]\cdot 35H_2O$[36]。

$KNa_2[Nb_{24}O_{72}H_{21}]\cdot 38H_2O$ 的合成

将 0.176g 1,4-二氨基丁烷 (2mmol) 加入 0.2g $Cu(Ac)_2\cdot H_2O$ (1.0mmol) 的 10mL 水溶液中搅拌，将最终的紫色溶液逐滴加入 0.685g $K_7[HNb_6O_{19}]\cdot 13H_2O$ (0.5mmol)的 50mL 水溶液中，用 $1mol\cdot L^{-1}$ NaOH 溶液将混合物的 pH 调至 10.5～11.2，50～60℃加热 5h 将溶液浓缩至 35mL，过滤，转移至 50mL 烧杯中，两天后，蓝色沉淀生成，过滤除去，无色滤液在敞口烧杯中 15℃缓慢蒸发，3 周后，得到无色晶体 $KNa_2[Nb_{24}O_{72}H_{21}]\cdot 38H_2O$，产量为 0.3g[37a](产率为 57.53%，基于 $K_7[HNb_6O_{19}]\cdot 13H_2O$)。元素分析理论值(%)：Nb 53.44、K 0.94、Na 1.10；实验值(%)：Nb 53.86、K 0.89、Na 1.28。IR(KBr 压片，cm^{-1})：843、772、688、537[37a]。

$K_2Na_2[Nb_{32}O_{96}H_{28}]\cdot 80H_2O$ 的合成

将 0.246g 异烟酸 (2mmol) 加入 0.2g $Cu(Ac)_2\cdot H_2O$ (1.0mmol)的 20mL 水溶液中，搅拌，将此蓝色溶液加入含 0.685g $K_7[HNb_6O_{19}]\cdot 13H_2O$ (0.5mmol) 的 50mL 水溶液中，55～60℃下，用 $1mol\cdot L^{-1}$ NaOH 溶液将混合物的 pH 调至 10.6～11.5，然后，快速过滤得到无色溶液，滤液在 15℃下缓慢蒸发，4 周后，得到无色块状晶体 $K_2Na_2[Nb_{32}O_{96}H_{28}]\cdot 80H_2O$，产量为 0.23g[37a](产率为 41%，基于 $K_7[HNb_6O_{19}]\cdot 13H_2O$)。元素分析理论值(%)：Nb 48.72、K 1.28、Na 0.75；实验值(%)：Nb 48.47、K 1.13、Na 0.84。IR(KBr 压片，cm^{-1})：873、771、677、529[37a]。

$K_{12}[Nb_{24}O_{72}H_{21}]_4 \cdot 107H_2O$ 的合成

将 10%的 HAc 溶液逐滴加入含 0.685g $K_7[HNb_6O_{19}] \cdot 13H_2O$ (0.5mmol) 的 50mL 水溶液中，直到溶液的 pH 为 9，然后，逐滴加入 0.148g 1,3-二氨基丙烷 (2mmol)，同时，用 1mol · L^{-1} NaOH 溶液将混合物的 pH 调至 10～11.5，50～60℃加热 5h 将溶液浓缩至 35mL，过滤，转移至 50mL 烧杯中，两天后，蓝色沉淀生成，过滤除去，无色滤液在敞口烧杯中 15℃缓慢蒸发，3 周后得到无色块状晶体，用冷水洗涤，干燥得到 0.29g $K_{12}[Nb_{24}O_{72}H_{21}]_4 \cdot 107H_2O$[37a]（产率为 58%，基于 $K_7[HNb_6O_{19}] \cdot 13H_2O$）。元素分析理论值(%)：Nb 55.71、K 2.93；实验值(%)：Nb 55.45、K 3.28。IR(KBr 压片，cm^{-1})：888、651[37a]。

$[Cu(en)_2]_3[Cu(en)_2(H_2O)]_9[\{H_2Nb_6O_{19}\}\{[(\{KNb_{24}O_{72}H_{10.25}\}\{Cu(en)_2\})_2\{Cu_3(en)_3(H_2O)_3\}\{Na_{1.5}Cu_{1.5}(H_2O)_8\}\{Cu(en)_2\}_4]_6\}] \cdot 144H_2O$ 的合成

将 0.6g $Cu(Ac)_2 \cdot H_2O$ (3.0mmol)溶于 25mL 水中，搅拌下逐滴加入乙二胺直到溶液的 pH 为 10～11，然后将该蓝紫色溶液逐滴加入含有 1.37g $K_7[HNb_6O_{19}] \cdot 13H_2O$ (1.0mmol) 和 0.58g NaAc(7.0mmol)的 50mL 水溶液，最终混合物在 50～60℃下搅拌 7h，然后过滤，室温下缓慢蒸发，一周后得到蓝紫色晶体，产量为 0.63g，产率为 53%。IR(KBr 压片，cm^{-1})：869(s)、724(w)、646(s)、524(s)、487(m)；Raman (cm^{-1})：156(s)、213(s)、285(s)、477(m)、534(s)、556(s)、777(m)、813(m)、863(m)、898(vs)。元素分析理论值(%)：C 4.74、H 2.57、N 5.52、K 0.81、Na 0.36、Cu 8.24、Nb 47.25；实验值(%)：C 4.69、H 2.61、N 5.49、K 0.84、Na 0.32、Cu 8.43、Nb 47.69[37b]。

7.3.3 同多铌酸盐的表征

7.3.3.1 红外光谱和拉曼光谱

$[Na_6(H_2O)_{13}][Li(H_2O)_2][HNb_6O_{19}]$的红外谱图如图 7.24(a)所示[42]，在 852cm^{-1}、773cm^{-1}、514cm^{-1}、419cm^{-1}处出现了 Lindqvist 型多阴离子$[Nb_6O_{19}]^{8-}$的 4 个吸收峰。吸收峰 852cm^{-1}和 773cm^{-1}归属于 $Nb-O_t$ 振动，而吸收峰 514cm^{-1}和 419cm^{-1}可归属于 $Nb-O_b-Nb$ 振动，而它的结构类似物$[Na_6(H_2O)_{13}][Li(H_2O)(H_3O)][Ta_6O_{19}]$的红外谱图中[图 7.24(b)][42]，在 858cm^{-1}、831cm^{-1}、699cm^{-1}、537cm^{-1}同样出现 4 个 Lindqvist 型多阴离子$[Ta_6O_{19}]^{8-}$的 4 个吸收峰[42]。$[Nb_{24}O_{72}H_9]^{15-}$的红外谱图中的多酸吸收峰为 530cm^{-1}、704cm^{-1}、751cm^{-1}、848cm^{-1}；$[Nb_6O_{19}H_2]^{6-}$的红外吸收峰为 531cm^{-1}、969cm^{-1}、749cm^{-1}、867cm^{-1}[35]。$[HNb_{27}O_{76}]^{16-}$、$[H_{10}Nb_{31}O_{93}(CO_3)]^{23-}$和$[Nb_6O_{19}]^{8-}$的红外谱图如图 7.25 所示[36]，$[H_{10}Nb_{31}O_{93}(CO_3)]^{23-}$中 1430$cm^{-1}$处的吸收峰是由于碳酸根的存在。多阴离子$[Nb_6O_{19}]^{8-}$的拉曼光谱的吸收峰为

$463cm^{-1}$、$536cm^{-1}$、$828cm^{-1}$、$876cm^{-1}$；而多阴离子$[Nb_6O_{19}H_2]^{6-}$的拉曼光谱在$474cm^{-1}$、$536cm^{-1}$、$556cm^{-1}$、$820cm^{-1}$、$848cm^{-1}$、$892cm^{-1}$处出现6个吸收峰；多阴离子$[Nb_{24}O_{72}H_9]^{15-}$的拉曼光谱的吸收峰为$480cm^{-1}$、$533cm^{-1}$、$561cm^{-1}$、$816cm^{-1}$、$856cm^{-1}$、$897cm^{-1}$[35]。

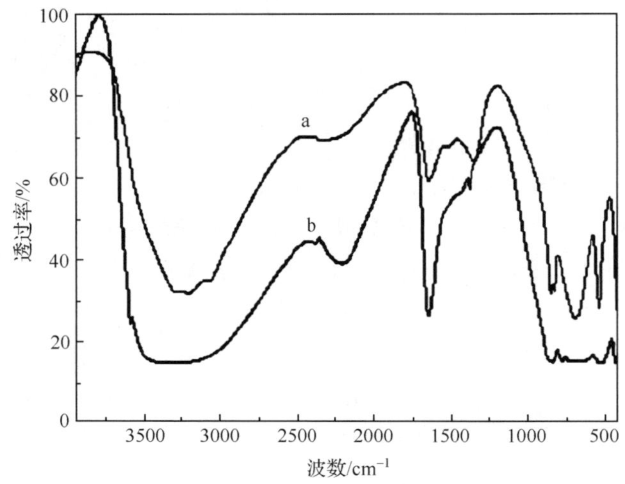

图 7.24 $[Na_6(H_2O)_{13}][Li(H_2O)_2][HNb_6O_{19}]$ (a)和$[Na_6(H_2O)_{13})][Li(H_2O)(H_3O)][Ta_6O_{19}]$ (b)的红外光谱[42]

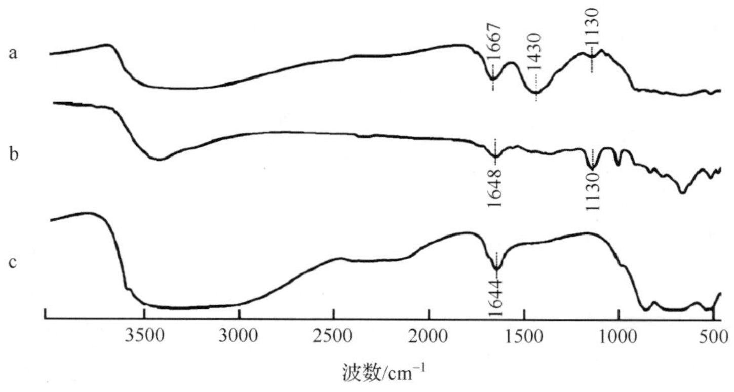

图 7.25 $[H_{10}Nb_{31}O_{93}(CO_3)]^{23-}$(a)、$[HNb_{27}O_{76}]^{16-}$(b)和$[Nb_6O_{19}]^{8-}$(c)的红外谱图[36]

7.3.3.2 能量色散X射线光谱与扫描电镜

2010年，Cronin等采用EDX-SEM表征进一步确定了$[HNb_{27}O_{76}]^{16-}$和$[H_{10}Nb_{31}O_{93}(CO_3)]^{23-}$的组成，通过EDX谱图可以大致确定$\{Nb_{27}\}$和$\{Nb_{31}\}$中Nb、K、Na的比例约为8.6∶4.8∶1($\{Nb_{27}\}$)和8.3∶4.0∶1 ($\{Nb_{31}\}$)，综合结构

数据、BVS（价键计算）和 EDX 结果最终确定{Nb_{27}}和{Nb_{31}}的分子式分别为 $K_{13}Na_3HNb_{27}O_{76}\cdot 25H_2O$（Nb∶K∶Na＝9∶4.3∶1）和 $K_{19}Na_4H_6Nb_{31}O_{91}(CO_3)\cdot 35H_2O$（Nb∶K∶Na＝7.8∶4.8∶1）（图 7.26）[36]。

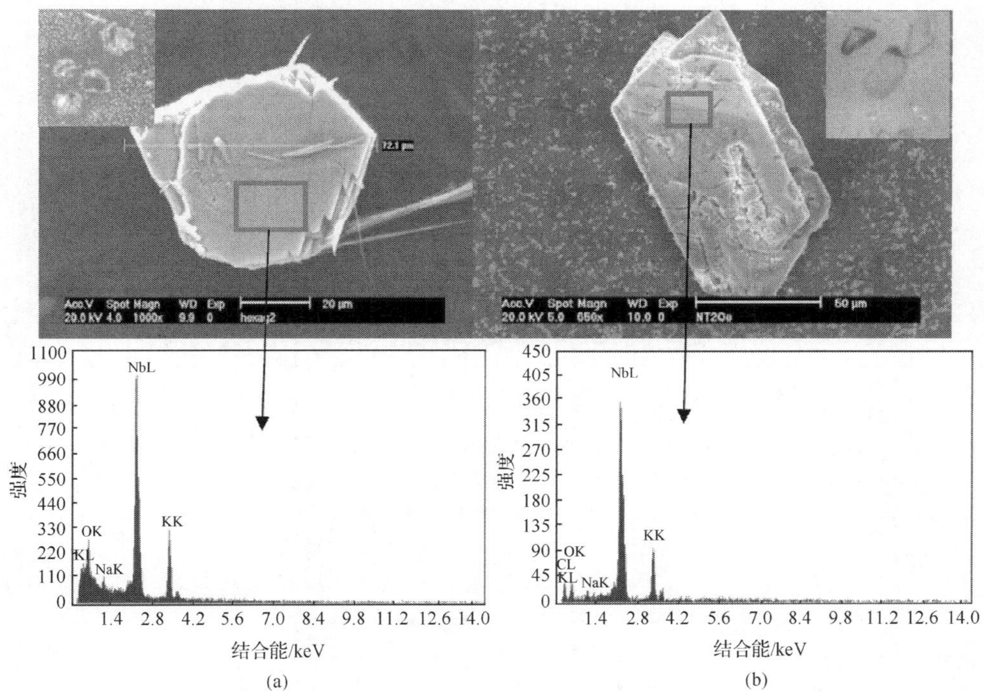

图 7.26　$[HNb_{27}O_{76}]^{16-}$(a)和$[H_{10}Nb_{31}O_{93}(CO_3)]^{23-}$(b)的 SEM 照片（上图）和 EDX 谱（下图）（插图为晶体的照片）[36]

7.3.3.3　电喷雾质谱

2010 年，Cronin 等对$[HNb_{27}O_{76}]^{16-}$的反应前驱体{Nb_6O_{19}}水热反应 20h 后经溴化六癸基三甲基铝处理的反应混合物进行电喷雾质谱（ESI-MS）测试（图 7.27）[36]，研究发现{Nb_6}、{Nb_{10}}、{Nb_{20}}和{Nb_{27}}的存在，虽然{Nb_6}是主要的成分，但是仍然可以确定{Nb_{27}}的存在，ESI-MS 谱中吸收峰的指认情况列于表 7.1中[36]。

$[Nb_{24}O_{72}H_{21}]^{3-}$、{$[Nb_{32}O_{96}H_{28}]$}$^{4-}$和{$[Nb_{24}O_{72}H_{21}]_4$}$^{12-}$的 ESI-MS 研究表明，多阴离子在溶液中是可以稳定存在的。$[Nb_{24}O_{72}H_{21}]^{3-}$的质谱测试对应的 m/z 及相应的离子组成分别为 908.2538（{$K_2Na_7H_{11}[Nb_{24}O_{72}]$}$^{4-}$）、946.2084（{$K_6Na_7H_7[Nb_{24}O_{72}]$}$^{4-}$）、964.2167（{$K_{12}H_8[Nb_{24}O_{72}]$}$^{4-}$）、1002.1733（{$K_{16}H_4[Nb_{24}O_{72}]$}$^{4-}$）和 1020.1815（{$K_{15}Na_5[Nb_{24}O_{72}]$}$^{4-}$）[37a]。

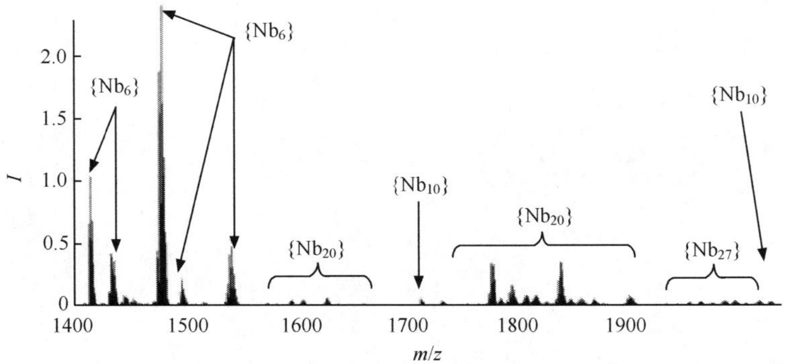

图 7.27　$[HNb_{27}O_{76}]^{16-}$ 反应混合物的 ESI-MS 谱图[36]

表 7.1　$[HNb_{27}O_{76}]^{16-}$ 的 ESI-MS 中吸收峰的指认(L=六癸基三甲基铝)[36]

m/z	分子式	簇
1473.0～1479.0	$Nb_y^{IV}Nb_{(6-y)}^{V}O_{19}L_2KH_{(4+y)}$, $0\leqslant y\leqslant 6$	{Nb_6}
1492.06	$Nb_y^{IV}Nb_{(6-y)}^{V}O_{19}L_2K(H_2O)H_{(4+y)}$, $0\leqslant y\leqslant 6$	{Nb_6}
1532.0～1543.0	$Nb_y^{IV}Nb_{(6-y)}^{V}O_{19}L_2Na_2(H_2O)_3H_{(3+y)}$, $0\leqslant y\leqslant 6$	{Nb_6}
1588.9～1594.8	$Nb_y^{IV}Nb_{(20-y)}^{V}O_{54}K_3Na_3(H_2O)_{15}H_y$, $0\leqslant y\leqslant 12$	{Nb_{20}}
1601.1	$Nb_y^{IV}Nb_{(20-y)}^{V}O_{54}LKNa_3(CH_3CN)(H_2O)_2H_{(1+y)}$, $0\leqslant y\leqslant 10$	{Nb_{20}}
1622.2～1627.2	$Nb_y^{IV}Nb_{(20-y)}^{V}O_{54}LNa_3(CH_3CN)(H_2O)_7H_{(2+y)}$, $0\leqslant y\leqslant 10$	{Nb_{20}}
1633.63～1637.2	$Nb_y^{IV}Nb_{(20-y)}^{V}O_{54}LK_2(H_2O)_{10}H_{(3+y)}$, $0\leqslant y\leqslant 8$	{Nb_{20}}
1655.1～1658.6	$Nb_y^{IV}Nb_{(20-y)}^{V}O_{54}LK_3(CH_3CN)(H_2O)_8H_{(2+y)}$, $0\leqslant y\leqslant 7$	{Nb_{20}}
1727.35～1732.35	$Nb_{(1+y)}^{IV}Nb_{(9-y)}^{V}O_{28}L(CH_3CN)(H_2O)H_{(7+y)}$, $0\leqslant y\leqslant 6$	{Nb_{10}}
1747.8～1754.8	$Nb_y^{IV}Nb_{(20-y)}^{V}O_{54}L_2Na_4(CH_3CN)(H_2O)_4H_y$, $0\leqslant y\leqslant 12$	{Nb_{20}}
1760.31～1764.40	$Nb_y^{IV}Nb_{(20-y)}^{V}O_{54}L_2Na_2(CH_3CN)_4(H_2O)H_{(2+y)}$, $0\leqslant y\leqslant 8$	{Nb_{20}}
1782.2～1786.3	$Nb_y^{IV}Nb_{(20-y)}^{V}O_{54}L_2K_4(CH_3CN)_2(H_2O)_2H_y$, $0\leqslant y\leqslant 8$	{Nb_{20}}
1791.3～1793.3	$Nb_y^{IV}Nb_{(20-y)}^{V}O_{54}L_2K_4(CH_3CN)_2(H_2O)_3H_y$, $0\leqslant y\leqslant 4$	{Nb_{20}}
1815.74～1819.74	$Nb_y^{IV}Nb_{(20-y)}^{V}O_{54}L_2K_4(CH_3CN)(H_2O)_8H_y$, $0\leqslant y\leqslant 8$	{Nb_{20}}
1824.7～1828.8	$Nb_y^{IV}Nb_{(20-y)}^{V}O_{54}L_2K_4(CH_3CN)(H_2O)_9H_y$, $0\leqslant y\leqslant 8$	{Nb_{20}}
1836.2～1842.2	$Nb_y^{IV}Nb_{(20-y)}^{V}O_{54}L_2K_4(CH_3CN)_2(H_2O)_8H_{(2+y)}$, $0\leqslant y\leqslant 10$	{Nb_{20}}
1901.1	$Nb_y^{IV}Nb_{(27-y)}^{V}O_{76}(CH_3CN)(H_2O)H_{(15+y)}$, $0\leqslant y\leqslant 12$	{Nb_{27}}
1952.5～1959.5	$Nb_y^{IV}Nb_{(27-y)}^{V}O_{76}K_2(H_2O)_5H_{(13+y)}$, $0\leqslant y\leqslant 16$	{Nb_{27}}
1998.5	$Nb_y^{IV}Nb_{(27-y)}^{V}O_{76}KNa_{10}H_{(4+y)}$, $0\leqslant y\leqslant 8$	{Nb_{27}}
2007.5	$Nb_y^{IV}Nb_{(27-y)}^{V}O_{76}KNa_{10}H_{(4+y)}$, $0\leqslant y\leqslant 8$	{Nb_{27}}
2017.4～2023.9	$Nb_y^{IV}Nb_{(27-y)}^{V}O_{76}K_2Na_{10}H_{(3+y)}$, $0\leqslant y\leqslant 12$	{Nb_{27}}
2021.90～2023.50	$Nb_y^{IV}Nb_{(27-y)}^{V}O_{76}K_5Na_2H_{(8+y)}(H_2O)_2$, $0\leqslant y\leqslant 4$	{Nb_{27}}
2026.40～2029.90	$Nb_y^{IV}Nb_{(27-y)}^{V}O_{76}K_5Na_4H_{(6+y)}(H_2O)_2$, $0\leqslant y\leqslant 6$	{Nb_{27}}
2030.70～2032.26	$Nb_y^{IV}Nb_{(27-y)}^{V}O_{76}LNaH_{(13+y)}(H_2O)$, $0\leqslant y\leqslant 4$	{Nb_{27}}
2049.24～2052.24	$Nb_y^{IV}Nb_{(27-y)}^{V}O_{76}LK_2H_{(12+y)}$, $0\leqslant y\leqslant 6$	{Nb_{27}}
2052.74～2054.74	$Nb_y^{IV}Nb_{(27-y)}^{V}O_{76}LKNa_2H_{(11+y)}$, $0\leqslant y\leqslant 4$	{Nb_{27}}
2094.6～2098.7	$Nb_y^{IV}Nb_{(10-y)}^{V}O_{28}L_2KNa(CH_3CN)_2H_y$, $0\leqslant y\leqslant 4$	{Nb_{10}}
2169.0～2173.5	$Nb_y^{IV}Nb_{(27-y)}^{V}O_{76}LK_6Na_4H_{(4+y)}$, $0\leqslant y\leqslant 8$	{Nb_{27}}

$\{[Nb_{32}O_{96}H_{28}]\}^{4-}$ 的 ESI-MS 测试对应的 m/z 及相应的离子组成分别为 734.7130 ($\{K_{12}Na_7H_6[Nb_{32}O_{96}]\}^{7-}$)、824.6943 ($\{K_5Na_{10}H_{11}[Nb_{32}O_{96}]\}^{6-}$)、840.6702 ($\{K_7Na_{11}H_8[Nb_{32}O_{96}]\}^{6-}$)、856.6462 ($\{K_{13}Na_5H_8[Nb_{32}O_{96}]\}^{6-}$)、946.6275 ($\{K_4Na_2H_{21}[Nb_{32}O_{96}]\}^{5-}$)和 1052.5894 ($\{K_{15}Na_7H_5[Nb_{32}O_{96}]\}^{5-}$)[37a]。

$\{[Nb_{24}O_{72}H_{21}]_4\}^{12-}$ 的 ESI-MS 测试对应的 m/z 及对应的离子组成分别为 1262.6118 ($\{K_{14}Na_{25}H_{33}[K_{12}Nb_{96}O_{288}]\}^{12-}$)、1275.2650 ($\{K_{18}Na_{25}H_{29}[K_{12}Nb_{96}O_{288}]\}^{12-}$)、1243.9597 ($\{K_{11}Na_{20}H_{41}[K_{12}Nb_{96}O_{288}]\}^{12-}$)、1063.4423 ($\{K_{21}NaH_{49}[K_{12}Nb_{96}O_{288}]\}^{14-}$)、936.7216 ($\{K_{19}Na_9H_{40}[K_{12}Nb_{96}O_{288}]\}^{16-}$)[37a]。

7.3.3.4　魔角旋转核磁共振(MAS NMR)谱

2004 年，Nyman 等通过固态^{1}H MAS NMR、^{17}O MAS NMR 和^{1}H 双量子二维 MAS NMR 等实验来表征单质子化的六铌酸盐 $Na_7[HNb_6O_{19}]\cdot 15H_2O$ 中的氧、水和羟基环境，研究表明$[Nb_6O_{19}]^{8-}$簇中的质子与桥氧相连，也表明 NbOH 质子同其他质子是孤立分开的，但固定在晶格上的水会与之发生质子交换。^{1}H 双量子二维 MAS NMR 实验证明水分子在晶格中振动受限，溶液^{17}O MAS NMR 实验表明羟基质子也与溶液中化合物的桥氧相连[45]。另外，六铌酸盐的溶液^{17}O MAS NMR 动力学研究表明，桥氧、端氧、羟基氧与溶液中的氧之间的交换速率与 pH 和温度有关(图 7.28)[45]。

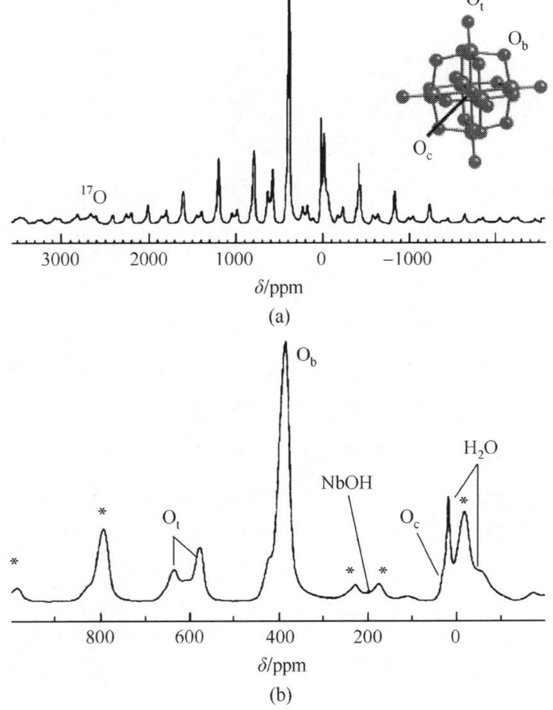

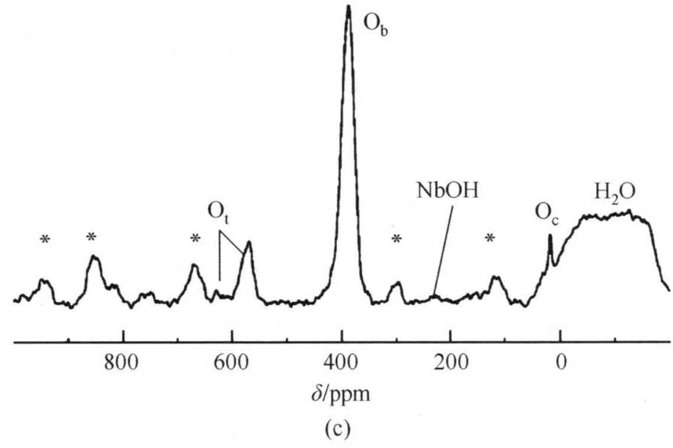

图 7.28 $Na_7[HNb_6O_{19}]\cdot 15H_2O$ 的固态^{17}O MAS NMR 谱：(a) 81.40MHz，35kHz；(b)中心各向同性峰区域的扩展光谱；(c)各向同性^{17}O MAS NMR，54.28MHz，15kHz；各向同性的共振峰被标记，而相关联的自旋边峰用 * 表示[45]

7.3.4 同多铌酸盐的性质研究

7.3.4.1 光催化性质研究

2009 年，胡长文等研究了$[Na_6(H_2O)_{13}][Li(H_2O)_2][HNb_6O_{19}]$的光催化活性，其中，该化合物的光催化活性受到诸多因素的影响：光照时间、pH、染料浓度以及多酸结构类型等[42]。

1) 光照时间和 pH 的影响

在不同光照时间下，pH 为 11.10，以$[Na_6(H_2O)_{13}][Li(H_2O)_2][HNb_6O_{19}]$ ($0.4g\cdot L^{-1}$)为光催化剂光降解亚甲基蓝(MB) ($15mg\cdot L^{-1}$)，UV-Vis 光谱测试表明，主要的吸收峰出现在 664nm，随着光照时间的不同，最大的吸收峰出现蓝移，说明 MB 染料溶液的降解和矿化，pH 是染料水溶液处理的重要因素之一(图 7.29)[42]。

图 7.30 展示了在 80min 的光照下，pH 在含有 $15mg\cdot L^{-1}$ MB、$0.4g\cdot L^{-1}$光催化剂$[Na_6(H_2O)_{13}][Li(H_2O)_2][HNb_6O_{19}]$的溶液中对均相光降解系统的影响。光降解效率是 pH 的函数，随着 pH 的降低，光降解效率逐渐增大(12.10＞11.10＞10.10)。MB 的光降解分数分别为 95.8%、94%和 91.1%。如果 pH＜9，$[HNb_6O_{19}]^{7-}$将会部分分解。因此，初始的 pH 在控制降解反应和提高降解效率等方面起到关键作用[42]。

2) MB 的光降解原理和机制

在低的染料浓度下，降解的反应速率可以简化成一个明显的一阶方程：$\ln(C_0/C_t)=K_{app}t$ (K_{app}是一阶速率常数)[42]。图 7.31 所示为 MB 在$[Nb_6O_{19}]^{8-}$

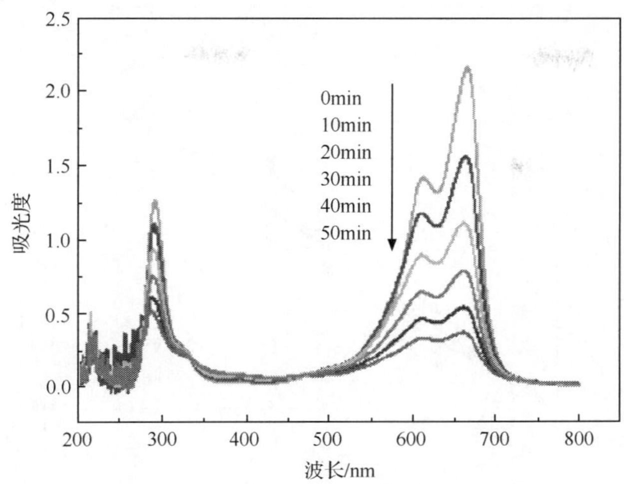

图 7.29　不同光照时间下，光降解 MB 溶液的 UV-Vis 光谱（pH 11.10，MB 浓度为 15mg · L^{-1}，催化剂浓度为 0.4g · L^{-1}）[42]

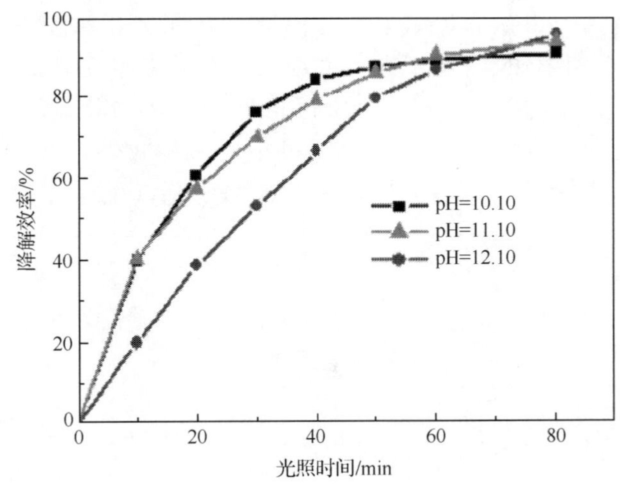

图 7.30　MB 溶液在不同 pH 下的光催化降解率(MB 浓度为 15mg · L^{-1}，催化剂浓度为 0.4g · L^{-1}）[42]

存在下的反应动力学研究，$\ln(C_0/C_t)$与光照时间为近线性关系表明反应为一阶反应，斜率为一阶速率常数，随着 MB 浓度的增加，K_{app}值按照 0.0584＞0.0497＞0.0422＞0.0328 的顺序减小。光降解过程主要发生在 · O_2^- 和 · OH 基团上，生成的 · O_2^- 和 · OH 基团可以有效地氧化污染物[42]。

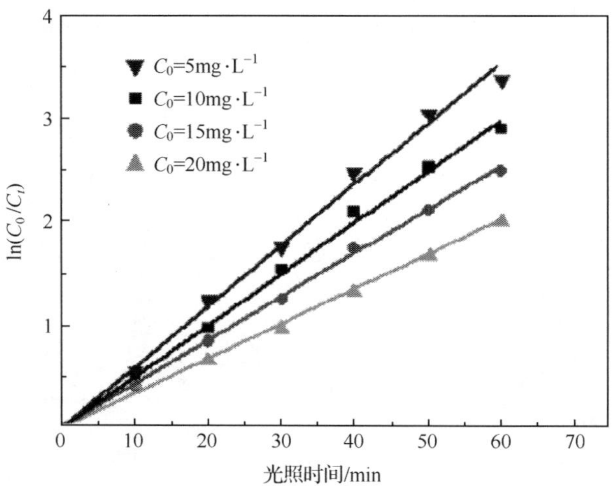

图 7.31 ln(C_0/C_t)和紫外光照时间的关系(pH 11.10,催化剂的浓度=0.4g·L^{-1})[42]

3) MB 浓度的影响

图 7.32 展示了 MB 浓度对染料降解速率的影响,染料的浓度增加至 15mg·L^{-1}以上,染料的降解速率开始下降。可能的原因是在反应体系中固定催化剂的量会导致固定的活性成分的形成,因此,增加染料的浓度不会无限地增加反应速率。另一个可能的原因是过量的 MB 分子开始从催化剂的吸收带吸收紫外光,催化剂的辐射强度降低。因此,由于辐射强度很小,活性成分降低,最终导致速率降低[42]。

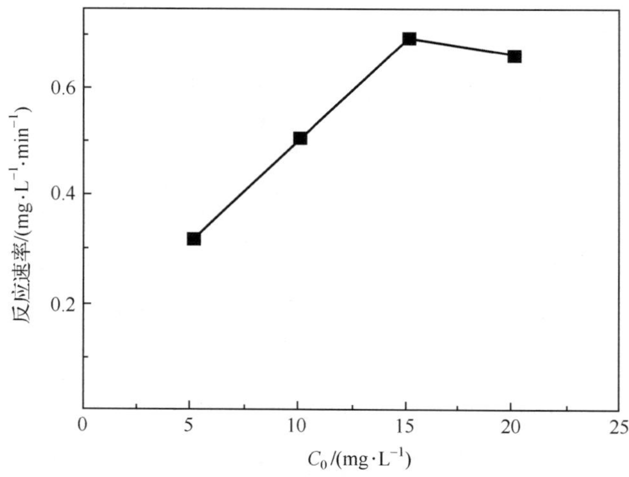

图 7.32 反应速率与 MB 浓度的关系(pH 11.10,催化剂浓度=0.4g·L^{-1})[42]

4）多酸类型的影响

图 7.33 显示了不同类型的多阴离子$[Ta_6O_{19}]^{8-}$和$[Nb_6O_{19}]^{8-}$对染料降解效率的影响，两种催化剂展示出不同的光催化性能，染料的降解效率大小顺序是$[Ta_6O_{19}]^{8-}$>$[Nb_6O_{19}]^{8-}$[42]。

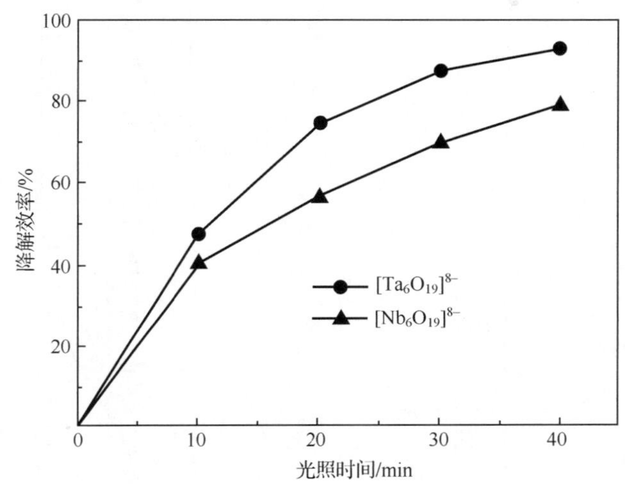

图 7.33　$[Ta_6O_{19}]^{8-}$和$[Nb_6O_{19}]^{8-}$对染料降解效率的影响对比(pH=11.10，MB 的浓度为 15mg · L^{-1}，催化剂浓度为 0.4g · L^{-1})[42]

7.3.4.2　光解水产氢活性研究

2012 年，苏忠民和王新龙等研究了$[Nb_{24}O_{72}H_{21}]^{3-}$、$\{[Nb_{32}O_{96}H_{28}]\}^{4-}$和$\{[Nb_{24}O_{72}H_{21}]_4\}^{12-}$的光解水产氢活性，在水的分解产氢反应中，分别以$[Nb_{24}O_{72}H_{21}]^{3-}$、$\{[Nb_{32}O_{96}H_{28}]\}^{4-}$和$\{[Nb_{24}O_{72}H_{21}]_4\}^{12-}$为光催化剂，以 $Co^{III}(dmgH)_2pyCl$（钴肟，$dmgH^-$为二甲基丁二酮肟单阴离子，py 为吡啶）为助催化剂，TEA 为电子牺牲剂。对于$[Nb_{24}O_{72}H_{21}]^{3-}$，三轮产氢速率分别为 5161.4μmol · h^{-1} · g^{-1}、5233.5μmol · h^{-1} · g^{-1} 和 5186.7μmol · h^{-1} · g^{-1}，12h 的最终产氢量为 6232.7μmol(图 7.34)[37a]。对于$\{[Nb_{32}O_{96}H_{28}]\}^{4-}$，三轮产氢速率分别为 5312.5μmol · h^{-1} · g^{-1}、5032.5μmol · h^{-1} · g^{-1}和 4824.3μmol · h^{-1} · g^{-1}，12h 的最终产氢量为 6069.6μmol(图 7.34)[37a]。$\{[Nb_{24}O_{72}H_{21}]_4\}^{12-}$的三轮产氢速率分别为 4804.1μmol · h^{-1} · g^{-1}、4802.3μmol · h^{-1} · g^{-1}和 4537.7μmol · h^{-1} · g^{-1}，12h 的最终产氢量为 5657.6μmol(图 7.34)[37a]。同时，研究了在没有助催化剂等存在条件下的产氢活性，具体参数见表 7.2[37a]。

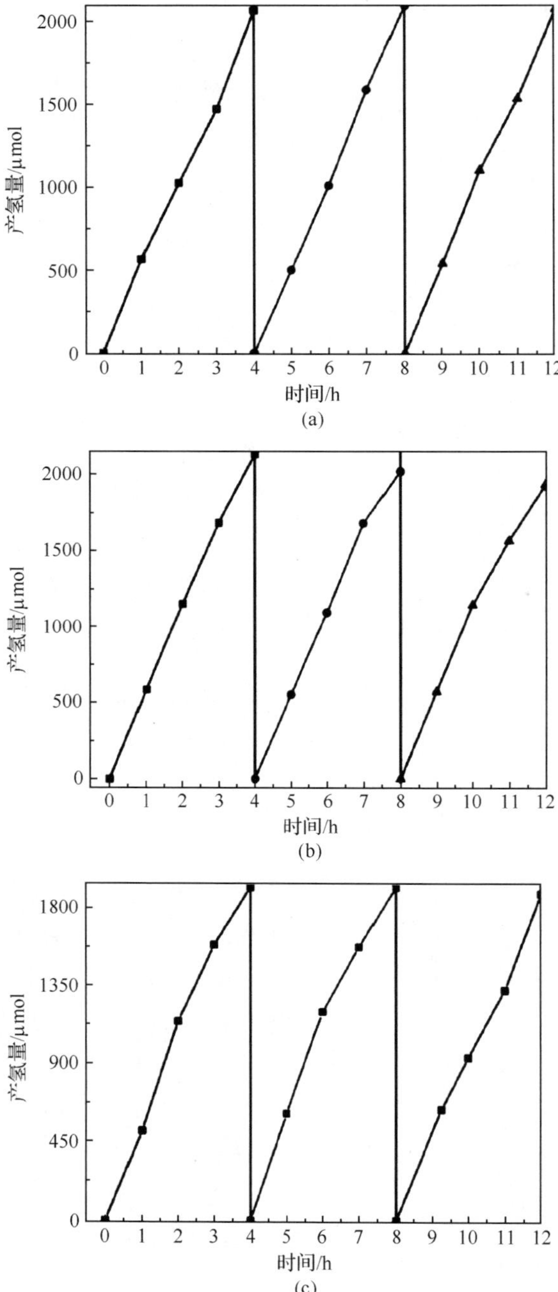

图 7.34　$[Nb_{24}O_{72}H_{21}]^{3-}$(a)、$\{[Nb_{32}O_{96}H_{28}]\}^{4-}$(b)和$\{[Nb_{24}O_{72}H_{21}]_4\}^{12-}$(c)的光解水产氢量与时间的关系曲线[37a]

表 7.2　$[Nb_{24}O_{72}H_{21}]^{3-}$、$\{[Nb_{32}O_{96}H_{28}]\}^{4-}$ 和 $\{[Nb_{24}O_{72}H_{21}]_4\}^{12-}$ 的光解水产氢实验数据[37a]

催化剂 (100mg)	$m(Co(dmgH)_2pyCl)$ /mg	$m(H_2PtCl_6)$ /mg	$V(TEA)$ /mL	产氢速率 /(μmol · h^{-1} · g^{-1})
$\{Nb_{24}\}$	无	无	10	4552.0
$\{Nb_{32}\}$	无	无	10	4689.73
$\{Nb_{96}\}$	无	无	10	1666.48
$\{Nb_{24}\}$	100	无	10	5193.9
$\{Nb_{32}\}$	100	无	10	5056.4
$\{Nb_{96}\}$	100	无	10	4714.7
$\{Nb_{96}\}$	无	100	10	3920.2
$\{Nb_{24}\}$	无	无	无	无
$\{Nb_{32}\}$	无	无	无	无
$\{Nb_{96}\}$	无	无	无	无

7.3.4.3　反应机理研究

2008 年，Casey 等通过^{17}O NMR、电喷雾质谱、密度泛函等手段对 $[H_xNb_{10}O_{28}]^{(6-x)-}$ 的反应机理进行了验证(图 7.35)[46]。

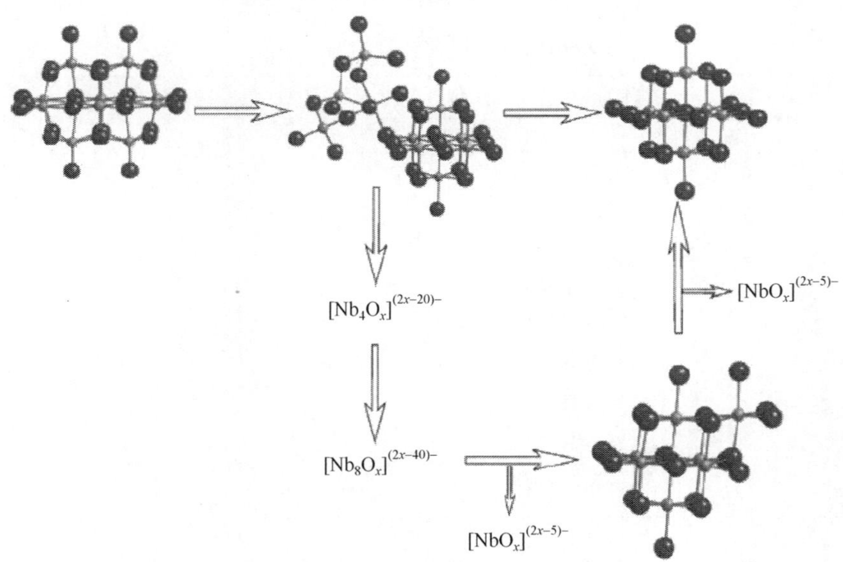

图 7.35　$[H_xNb_{10}O_{28}]^{(6-x)-}$ 的反应机理示意图[46]

7.4 同多钽酸盐及其衍生物化学

7.4.1 同多钽酸盐及其衍生物的结构

目前，同多钽酸盐的报道并不多，只有几例简单同多钽酸盐被报道。$[Ta_6O_{19}]^{8-}$是属于D_{4h}对称性的经典 Lindqvist 型结构，它是由 6 个$\{TaO_6\}$八面体通过共边和共顶点构筑的(图 7.36)。表 7.3 列出了 Lindqvist 型多酸化合物的部分晶体数据。

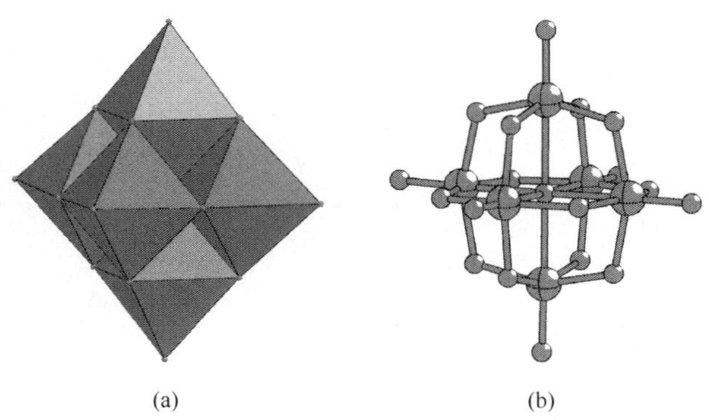

图 7.36 $[Ta_6O_{19}]^{8-}$的多面体(a)和球棍(b)结构图

表 7.3 Lindqvist 型多酸化合物的部分晶体数据对比

	$Na_7[HNb_6O_{19}]\cdot15H_2O$[47]	$Na_8[Ta_6O_{19}]\cdot15H_2O$[1]
晶胞参数	a=10.0632(5)Å	a=10.0215(16)Å
	b=12.1301(7)Å	b=12.007(2)Å
	c=12.6705(7)Å	c=12.761(2)Å
	α=90°	α=90°
	β=90°	β=90°
	γ=90°	γ=90°
	V=1546.66(15)Å^3	V=1535.5(4)Å^3
空间群	$Pnnm$	$Pnnm$
晶系	正交	正交
Z值	2	2

1998 年，$\{Ta_8(\mu\text{-}O)_{12}\}$笼被报道，$\{Ta_8(\mu\text{-}O)_{12}(O_2CNEt_2)_{16}\}$中 8 个钽原子位于 1 个立方体顶点，立方体边缘被 12 个桥氧占据(图 7.37)[48]。2000 年，Abrahams 报道了一系列同多钽酸盐的衍生结构 $Ta_8O_{10}(OEt)_{20}=\{Ta_8O_{30}\}$，$Ta_7O_9$

$(i\text{-PrO})_{17}$＝{Ta_7O_{26}}和[$Ta_5O_7(t\text{-BuO})_{11}$]·$C_6H_5Me$＝{$Ta_5O_{18}$}，结构图如图 7.38 所示[49]，它们的共同结构特征是端位的{$Ta(OR)_2$}存在 Ta—O—C 顺式配位，其中{Ta_8O_{30}}和{Ta_7O_{26}}为 C_2 对称，但{Ta_5O_{18}}为 C_1 对称。2007 年，Francesconi 等报道了 $Ba_{15}Ta_{15}N_{33}Cl_4$ 的晶体结构，它是第一例多 N—Cl 沸石网络结构(图 7.39)[50a]。

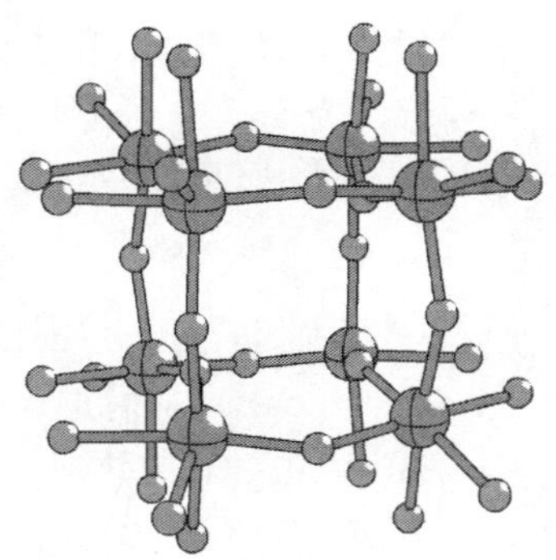

图 7.37 {$Ta_8(\mu\text{-O})_{12}$}笼的结构图[48]

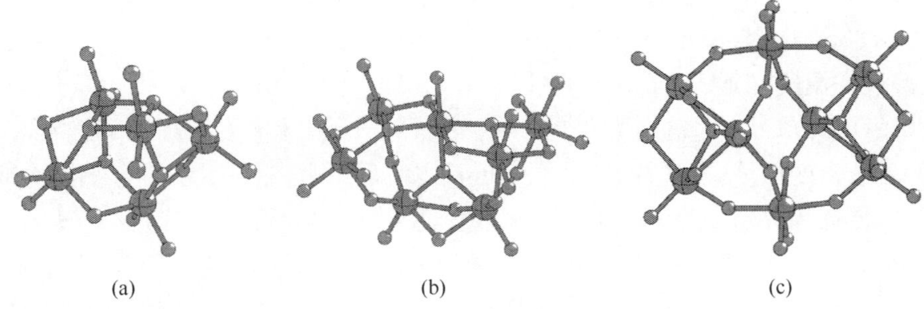

图 7.38 {Ta_5O_{18}}(a)、{Ta_7O_{26}}(b)和{Ta_8O_{30}}(c)的结构图[49]

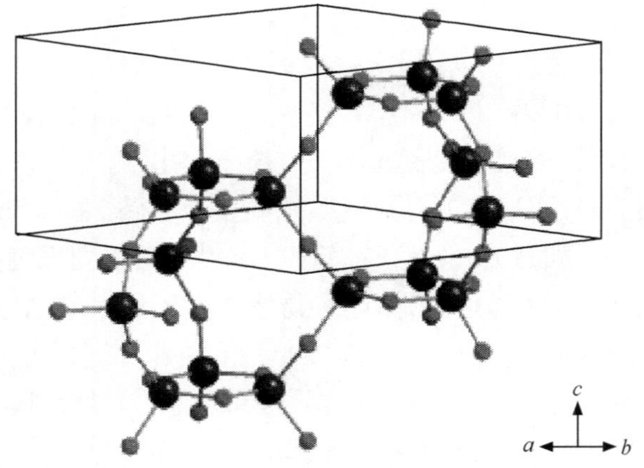

图 7.39 $Ba_{15}Ta_{15}N_{33}Cl_4$ 的结构图[50a]

7.4.2 同多钽酸盐及其衍生物的合成

$K_8[Ta_6O_{19}]\cdot 17H_2O$ 的合成

将 10.00g Ta_2O_5缓慢加到盛有 40g 熔融 KOH 的镍坩埚中，加热 30min 后，冷却到室温，溶解于 100mL 除氧的蒸馏水中，蒸发过滤，至溶液的体积减小到 25mL。保持在 0℃，12h 后，形成针状晶体，过滤，用乙醇/水(体积比为 1∶1)、无水乙醇依次洗涤，真空干燥 12h，产量为 9.3g。$K_8[Ta_6O_{19}]\cdot 17H_2O$ 的元素分析理论值(%)：K 15.57、Ta 54.05；实验值(%)：K 15.68、Ta 53.60[38a]。

$[Na_6(H_2O)_{13}][Li(H_2O)(H_3O)][Ta_6O_{19}]$的合成

将 167mg $K_8[Ta_6O_{19}]\cdot 17H_2O$ (0.083mmol)溶于 4mL 水中，搅拌，再加入 58mg NaCl (1mmol)和 42mg LiCl (1mmol)，最后加入 4mL *n*-丁醇，剧烈搅拌，用稀释的 HCl 溶液将 pH 调至 10.36，在 80℃下加热回流 30min，然后冷却至室温后过滤，在室温下静置几天，产生无色透明块状晶体[42]。

$Na_8[Ta_6O_{19}]\cdot 15H_2O$ 的合成

前驱体 $Rb_3Ta(O_2)_4$ 的合成：将 1.75g $TaCl_5$ (4.9mmol) 溶于 15mL 30% H_2O_2 (132mmol)溶液中(保持在 5～10℃)，整个反应于冰水浴中温和搅拌，过氧化氢溶液的温度在加入 $TaCl_5$前保持在 5～10℃，将约 4mL 50% RbOH (10mol)溶液以每次 1mL 加入其中，在加入 1～2mL RbOH 后溶液变得浑浊，而当全部加入后，溶液会变澄清(起泡沫)。加入 30mL 甲醇后产生白色沉淀，混合物再冷却至 5～8℃，再加入 20mL 甲醇，过滤溶液，用 50mL 甲醇分两次清洗，在空气中干燥 45min～1h，得到产物 $Rb_3Ta(O_2)_4$，产量为 2.40～2.60g。IR(KBr 压片，cm^{-1})：805.7(s)、554.8(sh)、522.3(s)、422.9(s)。$K_3Ta(O_2)_4$ 是换成了约 13mL 的 4mol·L^{-1} KOH 制备的。IR(KBr 压片，cm^{-1})：806.8(s)、551.2(w，sh)、521.9(s)、431.9(s)[47]。

终产物 $Na_8[Ta_6O_{19}]\cdot 15H_2O$ 的合成：将 5g $Rb_3Ta(O_2)_4$(8.8mmol)溶于 50mL 0.2mol·L^{-1} RbOH 溶液中，加热到 80～90℃，温和搅拌下加入 0.007g Na_3VO_4(0.038mmol)，溶液会变黄起沫。搅拌一会儿，约 15～30min 后，溶液会变澄清，将溶液温度加热到 100℃，将溶液体积蒸发减少到 10～15mL。溶液冷却至室温，用 0.45μm 注射器过滤，放置于冰箱中，1～2 天后得到无色晶体产物$Rb_6Na_2[Ta_6O_{19}]\cdot 23H_2O$。将 3.2g 无色晶体产物溶于 78mL 水中，然后滴加入 310mL 0.31mol·L^{-1}的 NaOH 溶液中，加热到 90℃，溶液冷却到室温，在几分钟内形成白色晶体物质。在空气中蒸发 3 天，过滤后得到混合的无色针状和六角形晶体(无色针状的晶体为产物)，将混合物重新溶于 285mL 60℃热水中，滴加质量分数为 50%的 NaOH 溶液，直到无色针状晶体开始重结晶，产量为 2.40g。IR(KBr 压片，cm^{-1}）：833.0(s)、647.3(s)、520.7(s)[47]。

$Ta_8(\mu\text{-}O)_{12}(O_2CNEt_2)_{16}$的合成

将 3.44g $TaCl_2(O_2CNEt_2)_3$(5.7mmol)溶于 50mL 四氢呋喃中得到浅黄色溶液，将该溶液用精细分离的 0.27g Na (11.7mmol) 在室温下处理，浅黄色悬浮液慢慢变为淡绿色，72h 后变为浅棕色。将反应混合物过滤，滤液在室温真空中干燥得到半固体的残渣，用 50mL 庚烷处理后，转换成一种浅棕色固体，通过过滤将其分离出来，在室温下真空干燥，产量为 1.89g，产率为 76%。必须指出，这一进程中必须有钠离子参与，可能是由于四氢呋喃脱水作用需要钠配位[48]。

[$Ta_8O_{10}(OEt)_{20}$]的合成

室温下，将含有 0.16mL 水的 15mL 乙醇溶液缓慢逐滴加入含有 7.0g $Ta_2(OEt)_{10}$的 50mL 乙醇和 20mL 甲苯的溶液中，保存一周，通过 NMR 表征发现水解并不完全，再加入含水的乙醇溶液直到 $h=1.25$(h 为 H_2O 的物质的量与 Ta 原子的物质的量之比)，溶液在室温下保存 10 天，缓慢蒸发使溶液减少至 30mL，冷却至-20℃，得到无色晶体[49]。

[$Ta_7O_9(i\text{-}PrO)_{17}$]的合成

将含有 0.04mL 水的 40mL 异丙基醇缓慢加入含有 1.90g 五异丙醇钽的 40mL *i*-PrOH 和 40mL 甲苯混合溶液，对应的 h 值为 0.5(h 为 H_2O 的物质的量与 Ta 原子的物质的量之比)，室温下保存一周，缓慢蒸发得到无色晶体，产量为 0.71g，熔点为 209～213℃[49]。

[$Ta_5O_7(t\text{-}BuO)_{11}$]·$C_6H_5Me$ 的合成

将 4.45g $Ta(t\text{-}BuO)_5$溶于 35mL *t*-BuOOH 和 35mL 甲苯混合溶液中。室温保存 2 周，逐渐加入 0.16mL 水直至 $h=1.0$，真空中除去挥发物，残留物溶于 5mL 热甲苯中得到无色晶体，产量为 0.84g，熔点为 235℃[49]。

$Ba_{15}Ta_{15}N_{33}Cl_4$的合成

将比例为 1∶1 的多晶 $BaCl_2$和 Ba_2N 混合物放置在钽坩埚中，并通氮气，混合物在 1273K 下加热 36h 后冷却至室温，在钽坩埚壁上得到单晶[50a]。

7.4.3　同多钽酸盐及其衍生物的结构表征

7.4.3.1　红外光谱和 X 射线衍射

[Ta_6O_{19}]$^{8-}$的红外吸收峰在同多铌酸盐部分介绍过，并与[Nb_6O_{19}]$^{8-}$进行了对比[图 7.24(b)]。Na_7[HNb_6O_{19}]·$15H_2O$ 和 Na_8[Ta_6O_{19}]·$15H_2O$ 的 X 射线衍射谱图表明，实验和模拟的峰位基本一致，可以进一步证明化合物是纯相的(图 7.40)[47]。

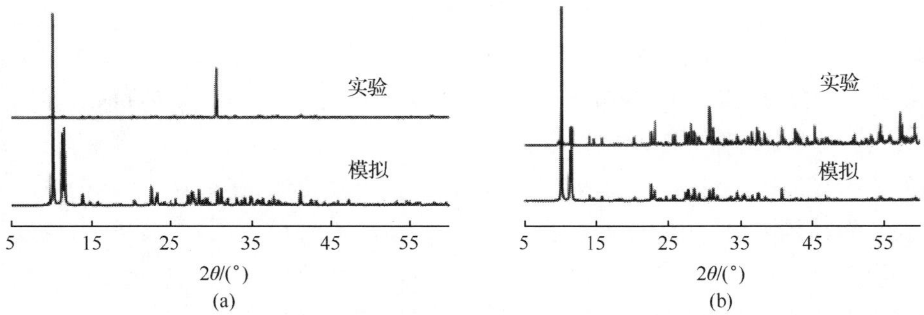

图 7.40 $Na_7[HNb_6O_{19}]\cdot 15H_2O$ (a)和 $Na_8[Ta_6O_{19}]\cdot 15H_2O$ (b)的 X 射线衍射谱图[47]

7.4.3.2 紫外-可见吸收光谱

$[(PhN)_{14}Ta_6O]$、$[(p\text{-}MeC_6H_4N)_{14}Ta_6O]$和$[(p\text{-}MeOC_6H_4N)_{14}Ta_6O]$的 UV-Vis 光谱如图 7.41 所示，它们的 UV-Vis 吸收峰非常相似，在 200～400nm 均有两个吸收峰[51]。

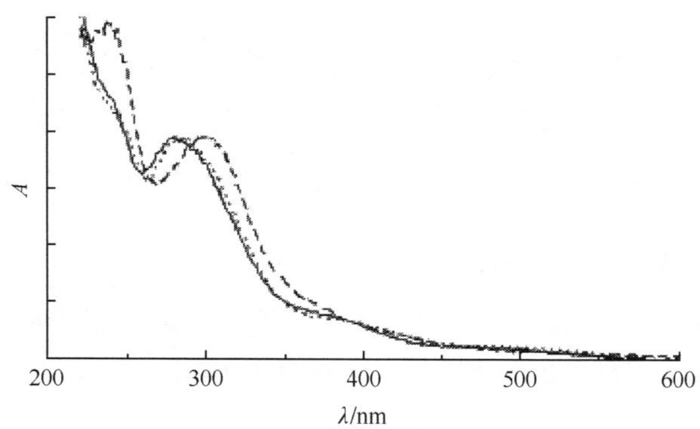

图 7.41 $[(PhN)_{14}Ta_6O]$(实线)、$[(p\text{-}MeC_6H_4N)_{14}Ta_6O]$(点)和 $[(p\text{-}MeOC_6H_4N)_{14}Ta_6O]$(虚线)在四氢呋喃中的 UV-Vis 光谱[51]

7.4.3.3 X 射线光电子能谱

不同波长下 Ta_3O^- 的 X 射线光电子能谱(XPS)如图 7.42 所示[52]，532nm 下 Ta_3O^- 的光电子能谱出现了基态 X 波。355nm 下 Ta_3O^- 的光电子能谱展示出三种电子态 1.99eV、2.06eV 和 2.63eV，部分 D 波在 355nm 出现，A 和 B 波接近 0.1eV，C 波相对更尖更强。266nm 和 193nm 波下 Ta_3O^- 的光电子能谱出现了 D 波(3.10eV)和 E 波(4.40eV)，D 波很宽而且是不对称的，可能包含未分辨的多重跃迁。另外，266nm 和 193nm 下连续的电子信号在更高的能级区域出现[52]。

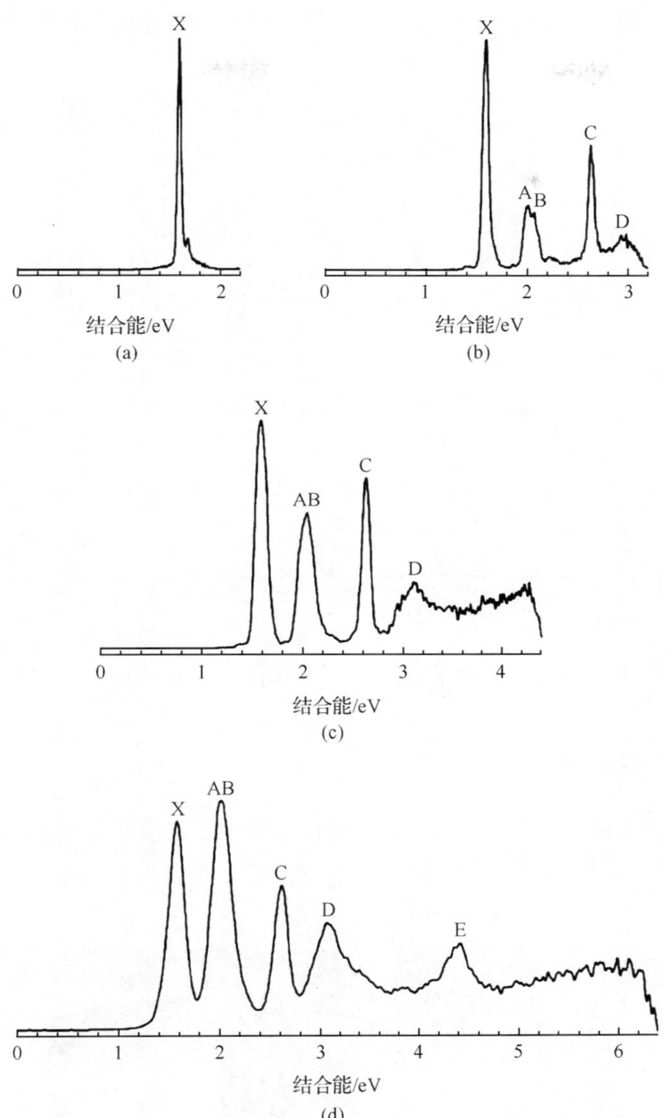

图 7.42　不同波长下 Ta_3O^- 的 XPS 谱图：(a) 532nm (2.331eV)；(b) 355nm (3.496eV)；(c) 266nm (4.661eV)；(d) 193nm (6.424eV)[52]

7.4.4　同多钽酸盐及其衍生物的性质研究

7.4.4.1　稳定性及反应活性研究

2007 年，Casey 和 Nyman 等研究发现$[H_xTa_6O_{19}]^{(8-x)-}$中端氧 η═O 的活性

比 μ_2-O(H)低，虽然活性不相同，μ_2-O(H)和 η =O 都可进行同位素的质子活化(图 7.43)[53]。

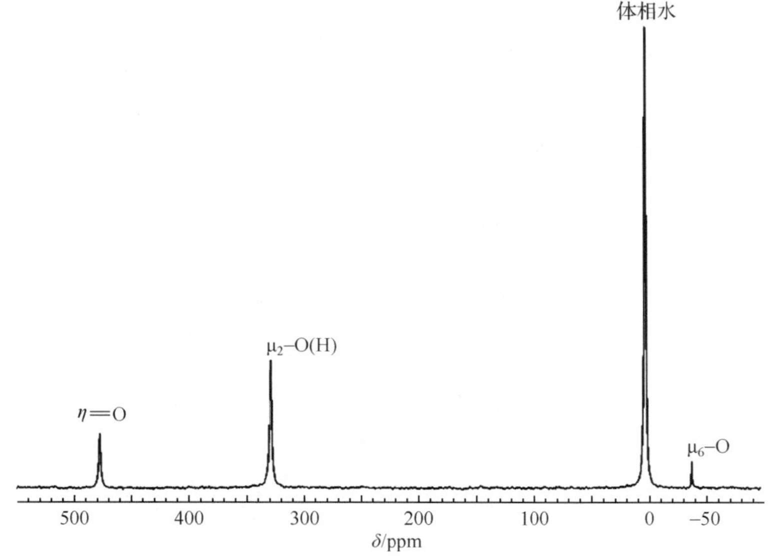

图 7.43　$[H_xTa_6O_{19}]^{(8-x)-}$ 的 ^{17}O NMR 谱[53]

7.4.4.2　形貌研究

$Ba_3Ta_3N_6Cl$ 和 $Ba_{15}Ta_{15}N_{33}C_{14}$ 的扫描电镜照片显示晶体是六角形的片状结构(图 7.44)[50a]。研究表明非晶态合金 $Zr_{45}Cu_{27}Ti_{15}Ta_{13}$、$Zr_{31}Cu_{15}Ti_{10}Ta_{44}$ 和 $Zr_{14}Cu_7Ti_5Ta_{74}$ 为无定形微柱结构(图 7.45)[50b]。

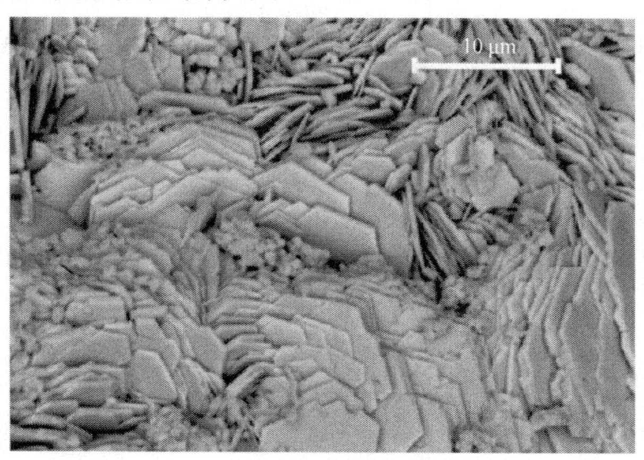

图 7.44　$Ba_3Ta_3N_6Cl$ 和 $Ba_{15}Ta_{15}N_{33}C_{14}$ 的扫描电镜照片[50]

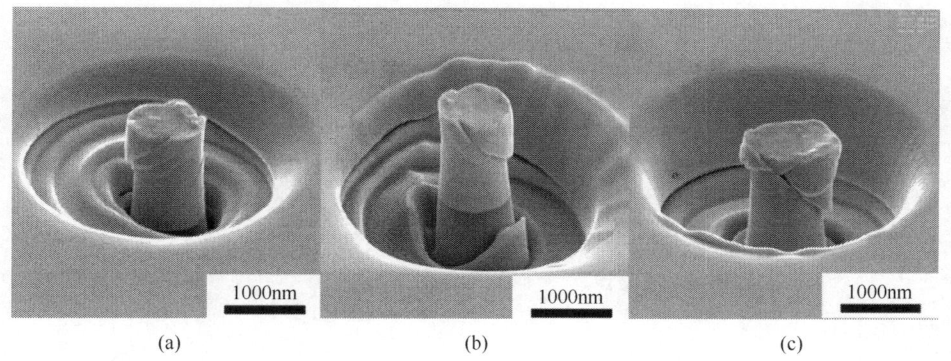

图 7.45　$Zr_{45}Cu_{27}Ti_{15}Ta_{13}$(a)、$Zr_{31}Cu_{15}Ti_{10}Ta_{44}$(b)和 $Zr_{14}Cu_{7}Ti_{5}Ta_{74}$(c)的无定形微柱结构图[50b]

7.5　同多钼酸盐及其衍生物化学

7.5.1　同多钼酸盐及其衍生物的结构化学

由于钼原子数目不同和钼的配位方式不同，同多钼酸盐的结构种类繁多，目前已经报道的同多钼酸盐的结构从简单的{Mo_2}到巨大的{Mo_{368}}笼形结构，展示出同多钼酸盐结构化学的独特魅力。我们选择几例具有代表性的多阴离子来介绍同多钼酸盐的结构[54]。

$[Mo_2O_7]^{2-}$是最简单的同多钼酸盐，它是由两个共顶点的{MoO_4}正四面体构筑的具有 C_2 对称性的结构[54]。$[Mo_5O_{17}H]^{3-}$的结构是由 MoO_4^{2-} 和 OH^- 通过弱的 Mo—O 键(>2.2Å)连接到{Mo_4O_{12}}环的对面构筑的[55]。$[Mo_6O_{19}]^{2-}$是典型的 Lindqvist 结构，它含有六个{MoO_6}八面体，每个 Mo 原子都处于八面体中心，分别与一个端氧、四个桥氧和一个中心原子氧键连，呈八面体 O_h 对称[56]。$[Mo_7O_{24}]^{6-}$是由七个{MoO_6}彼此共边相连构成的，具有 C_{2v} 对称性(图 7.46)[57]。

目前已报道的$[Mo_8O_{26}]^{4-}$的异构体包括 α 体、β 体、γ 体、δ 体、ε 体、ζ 体、ξ 体、η 体和 θ 体，它们的结构参数见表 7.4[38,58,59]。

$[\alpha\text{-}Mo_8O_{26}]^{4-}$结构是由六个{$MoO_6$}八面体通过共边连接构筑的环形结构，两个{$MoO_4$}四面体分别配位在该环形结构的上下两面，这种配位方式使得$[\alpha\text{-}Mo_8O_{26}]^{4-}$结构具有近似 D_{3h} 对称性(图 7.47)[38,58,59]，而$[\beta\text{-}Mo_8O_{26}]^{4-}$异构体结构具有 C_{2h} 对称性，它是由八个{MoO_6}八面体通过共边方式构筑的(图 7.48)[38,58,59]，$[Mo_8O_{26}]^{4-}$的 α 体与 β 体在乙腈溶液中很容易相互转化。

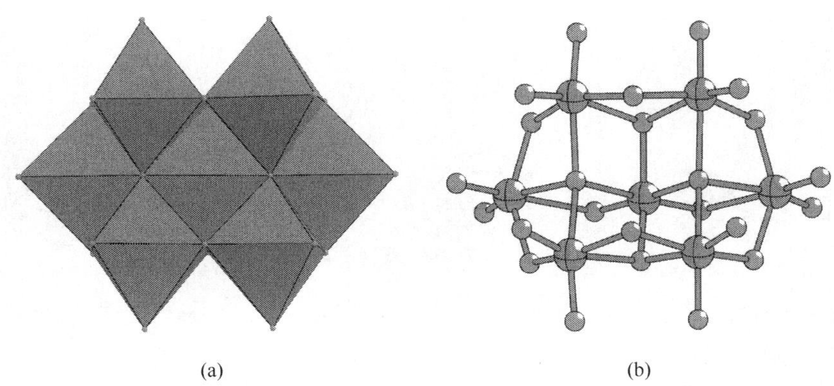

(a) (b)

图 7.46 $[Mo_7O_{24}]^{6-}$结构的多面体图(a)和球棍图(b)[57]

表 7.4 $[Mo_8O_{26}]^{4-}$的异构体的结构参数[38,58,59]

异构体	结构单元			桥氧种类和数目				
	八面体	四面体	四方锥	O_t	μ_2-O	μ_3-O	μ_4-O	μ_5-O
$[\alpha\text{-}Mo_8O_{26}]^{4-}$	6	2	0	14	6	6	0	0
$[\beta\text{-}Mo_8O_{26}]^{4-}$	8	0	0	14	6	4	0	2
$[\gamma\text{-}Mo_8O_{26}]^{4-}$	6	0	2	14	6	4	2	0
$[\delta\text{-}Mo_8O_{26}]^{4-}$	4	4	0	14	10	2	0	0
$[\epsilon\text{-}Mo_8O_{26}]^{4-}$	2	0	6	16	4	6	0	0
$[\zeta\text{-}Mo_8O_{26}]^{4-}$	4	0	4	14	6	6	0	0
$[\xi\text{-}Mo_8O_{26}]^{4-}$	4	0	4	14	6	6	0	0
$[\eta\text{-}Mo_8O_{26}]^{4-}$	6	0	2	14	4	8	0	0
$[\theta\text{-}Mo_8O_{26}]^{4-}$	4	2	2	14	8	4	0	0

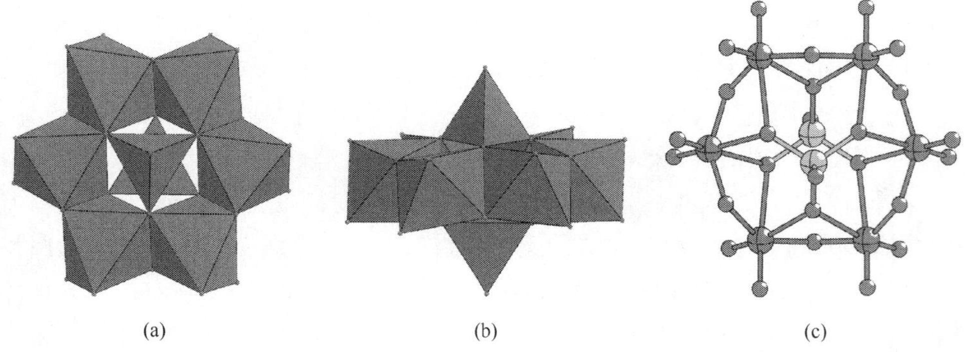

(a) (b) (c)

图 7.47 $[\alpha\text{-}Mo_8O_{26}]^{4-}$的多面体图(a、b 分别为不同方向的结构图)和球棍图(c)[38,58,59]

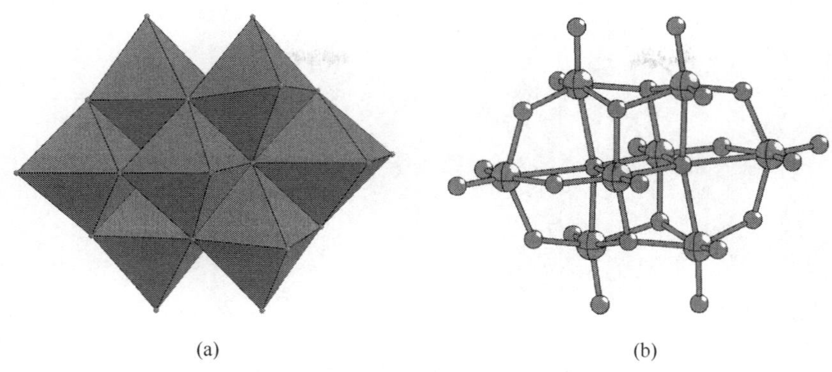

图 7.48　$[\beta\text{-}Mo_8O_{26}]^{4-}$的多面体图(a)和球棍图(b)[38,58,59]

$[\gamma\text{-}Mo_8O_{26}]^{4-}$是$[\alpha\text{-}Mo_8O_{26}]^{4-}$和$[\beta\text{-}Mo_8O_{26}]^{4-}$异构体互相转化的中间体，在水溶液中是不能稳定存在，只能以固态形式存在，它是由六个$\{MoO_6\}$八面体和两个$\{MoO_5\}$四方锥构筑的(图 7.49)[60]。

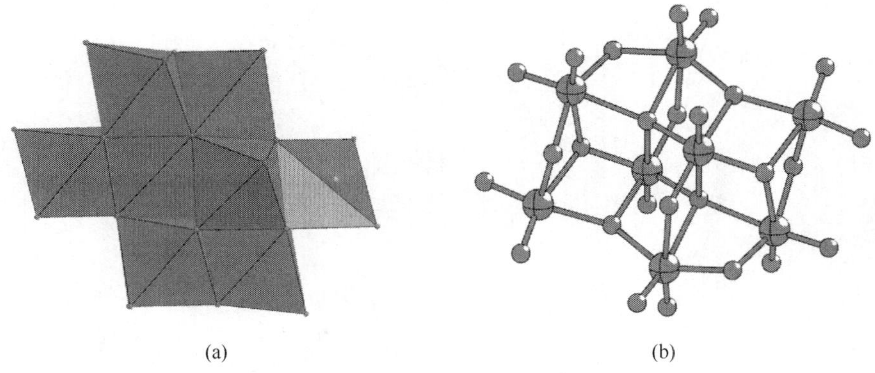

图 7.49　$[\gamma\text{-}Mo_8O_{26}]^{4-}$的多面体图(a)和球棍图(b)[60]

$[\delta\text{-}Mo_8O_{26}]^{4-}$是由四个$\{MoO_6\}$八面体和两个$\{MoO_4\}$四面体以共边和共角的方式构筑形成$\{Mo_6O_6\}$赤道环，另外两个$\{MoO_4\}$四面体填充在这个环形结构上(图 7.50)[61]。$[\varepsilon\text{-}Mo_8O_{26}]^{4-}$是由六个$\{MoO_5\}$四方锥与两个$\{MoO_6\}$八面体构筑的(图 7.51)[62]。

$[\xi\text{-}Mo_8O_{26}]^{4-}$异构体与$\{\zeta\text{-}Mo_8O_{26}\}^{4-}$异构体的结构组成相同，$[\xi\text{-}Mo_8O_{26}]^{4-}$异构体是由四个$\{MoO_5\}$四方锥和两个$\{MoO_6\}$八面体构筑成一个六元环，另外两个$\{MoO_6\}$八面体填充在环的中心[图 7.52(a)][63]。$\{\zeta\text{-}Mo_8O_{26}\}^{4-}$异构体是由四个$\{MoO_6\}$八面体和两个$\{MoO_5\}$四方锥构筑成一个六元环，另外两个$\{MoO_5\}$四方锥填充在环的中心[图 7.52(b)][64]。$[\eta\text{-}Mo_8O_{26}]^{4-}$异构体是由六个$\{MoO_6\}$八面体构筑成一个六元环，两个$\{MoO_5\}$四方锥填充在环的中心(图 7.53)[65]。

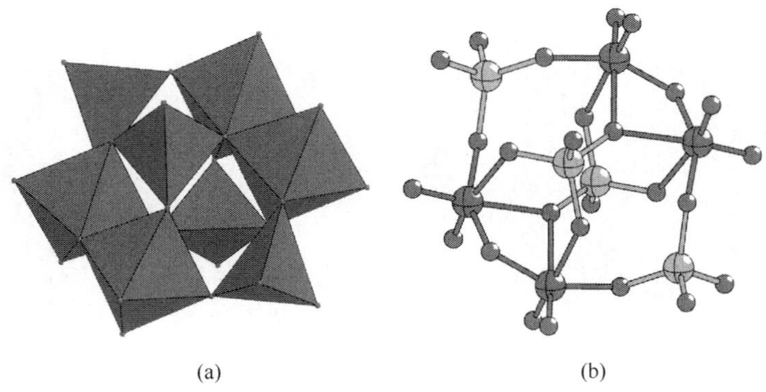

图 7.50　$[\delta\text{-}Mo_8O_{26}]^{4-}$ 的多面体图(a)和球棍图(b)[61]

图 7.51　$[\varepsilon\text{-}Mo_8O_{26}]^{4-}$ 的结构图[62]

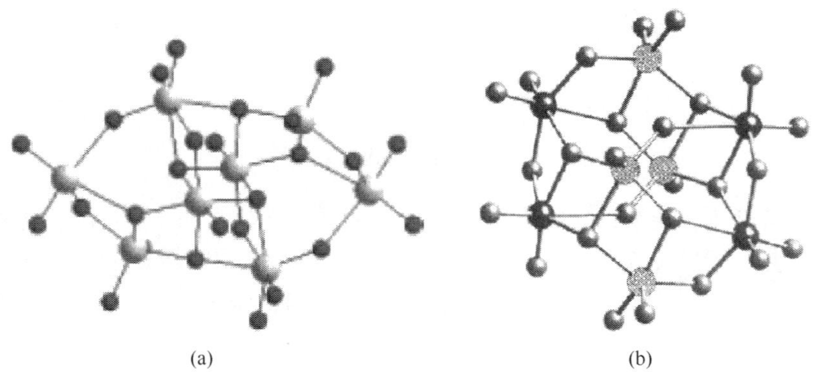

图 7.52　$[\xi\text{-}Mo_8O_{26}]^{4-}$ (a)[63]和$[\zeta\text{-}Mo_8O_{26}]^{4-}$ (b)的结构图[64]

$[\theta\text{-}Mo_8O_{26}]^{4-}$ 异构体首先由四个$\{MoO_6\}$八面体和两个$\{MoO_5\}$四方锥通过共顶点或共边构筑的环形结构，然后两个$\{MoO_4\}$四面体配位在环中心的缺口位置上(图 7.54)[66]。

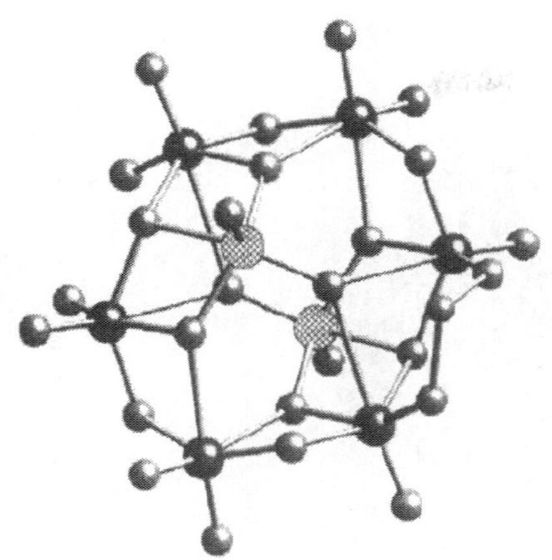

图 7.53　$[\eta\text{-}Mo_8O_{26}]^{4-}$结构的球棍图[65]

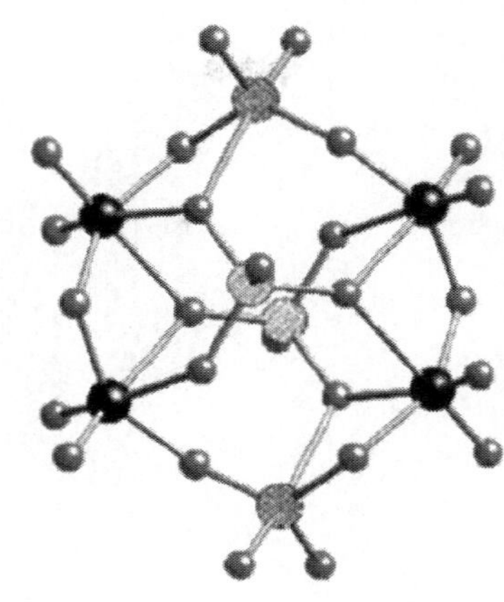

图 7.54　$[\theta\text{-}Mo_8O_{26}]^{4-}$结构的球棍图[66]

$[Mo_{10}O_{32}]^{4-}$的结构类似于$[MnMo_9O_{32}]^{6-}$的结构，中心的 Mn^{2+} 可认为是被 Mo^{6+} 取代[图 7.55(a)]，还可理解为从具有 Anderson 型结构的{Mo_7}簇中移去三个交替的{MoO_6}八面体，然后依次在上层和下层平面排列三个{Mo_6}八面体，所得结构呈 D_3 对称性[图 7.55(b)][67]。

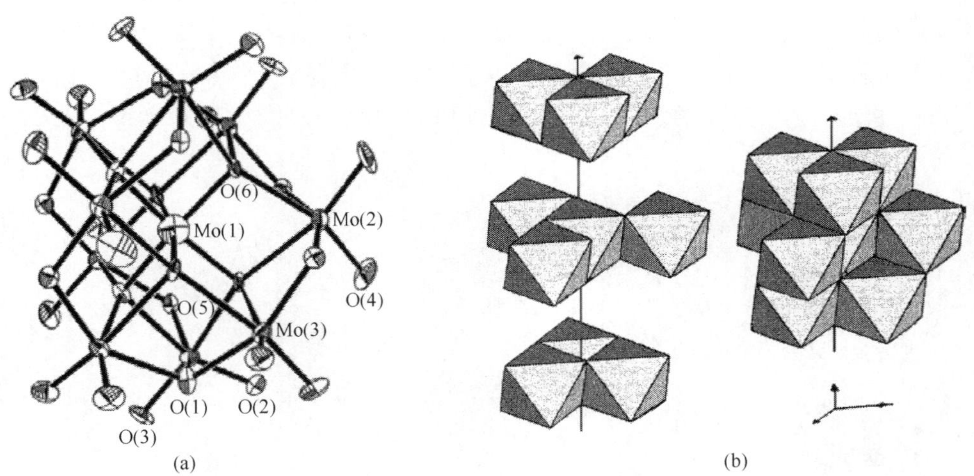

图 7.55　$[Mo_{10}O_{32}]^{4-}$的球棍图(a)和多面体图(b)[67]

$[Mo_{13}O_{40}]^{4-}$具有类似 Keggin 型多阴离子的结构，是由 1 个中心轻微弯曲的{MoO_4}四面体被周围 12 个{MoO_6}八面体围绕构筑的[68]。2003 年，Cronin 等报道的$[H_2Mo_4^{V}Mo_{12}^{VI}O_{52}]^{10-}$结构是由 16 个{$MoO_6$}八面体通过共边和共顶点构筑的[69]。氧化还原滴定、键价计算以及元素分析表明，簇中心含有 4 个 Mo^{V} 和 12 个 Mo^{VI}，4 个 Mo^{V} 中心含有两个中心对称的{Mo_2^{V}}基团(位于$[H_2Mo_4^{V}Mo_{12}^{VI}O_{52}]^{10-}$

簇中心)(图 7.56)[69]。

图 7.56 $[H_2Mo_4^{V}Mo_{12}^{VI}O_{52}]^{10-}$的结构图[69]

2001 年,Müller 等报道了$[Mo_{18}O_{56}(CH_3COO)_2]^{10-}$、$[Mo_{40}O_{128}]^{24-}$和$[H_4Mo_{54}O_{168}(CH_3COO)_4]^{32-}$的结构,这 3 种多阴离子的结构中都含有一种重要的$\{Mo_2^{V}O_4{}^{2+}\}$哑铃型结构。$\{Mo_{18}\}$具有C_{2h}对称性,包括 2 个完全相同的建筑块$\{Mo_9\}$,每个$\{Mo_9\}$单元包含 5 个Mo^{VI}中心和 2 个$\{Mo_2{}^{V}\}$单元[图 7.57(a)][70]。$\{Mo_{40}\}$多阴离子中含有 8 个五价钼,它是由 4 个$\{Mo_{10}\}$单元构筑的,8 个$\{Mo^{VI}O_6\}$和 2 个$\{Mo^{V}O_6\}$八面体构筑成一个$\{Mo_{10}\}$单元,整个多阴离子呈现C_{4v}对称性[图 7.57(b)][70]。皇冠型多阴离子$\{Mo_{54}\}$含有 20 个Mo^{V},它是由 2 个$\{Mo_9\}$单元、4 个$\{Mo_8\}$单元和 2 个$\{Mo_2\}$单元构筑的,具有C_{2v}对称性[图 7.57(c)][70]。

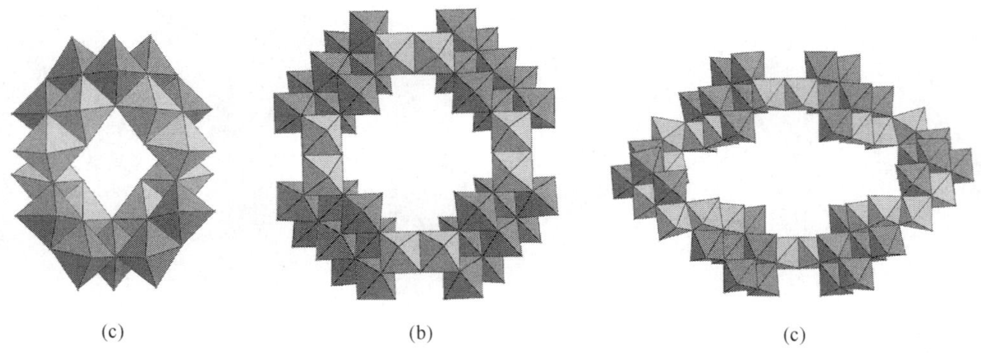

(c) (b) (c)

图 7.57 $[Mo_{18}O_{56}(CH_3COO)_2]^{10-}$(a)、$[Mo_{40}O_{128}]^{24-}$(b)和$[H_4Mo_{54}O_{168}(CH_3COO)_4]^{32-}$(c)的结构图[70]

$[Mo_{36}(NO)_4O_{108}(H_2O)_{16}]^{12-}$是由 2 个$\{Mo_{18}\}$单元组成的,每个$\{Mo_{18}\}$单元是由 16 个$\{MoO_6\}$八面体和 2 个扭曲的$\{MoO_7\}$五角双锥构筑的(图 7.58)[71,72]。

近年来，越来越多的高核钼簇被报道，极大地丰富了同多钼酸盐化学。已报道的部分高核钼簇的结构信息见表 7.5[73]。1998 年，Müller 等报道了$[Mo^{VI}_{72}Mo^{V}_{60}O_{372}(CH_3COO)_{30}(H_2O)_{72}]^{42-}$，它是由组成为 12 个$\{Mo_{11}\}$的片段构筑的，而$\{Mo_{11}\}=\{(Mo)Mo_5\}\{Mo^{V}_1\}_5$的结构是由 1 个以五角双锥为中心的$\{(Mo)Mo_5\}$，周围连有 5 个$\{Mo^{V}_1\}$构筑的。12 个这样的五边形单元构筑成足球形结构(图 7.59)[73]，这类钼簇被称为 Keplerate(开普勒球形)，是由 Kepler 在研究太阳系行星运行轨迹时得来的，Müller 开辟了研究开普勒球形多酸化合物的历史先河。

图 7.58　$\{Mo_{36}\}$的结构图[71,72]

表 7.5　部分高核钼簇的结构组成单元

钼簇	结构组成单元	文献
$Na_{16}[Mo_{152}O_{457}H_{14}(H_2O)_{66.5}]\cdot 300H_2O$	$\{Mo_2\}_{13}\{Mo_8\}_{14}\{Mo_1\}_{14}$	[74]
$(NH_4)_{28}[Mo_{154}(NO)_{14}O_{448}H_{14}(H_2O)_{70}]\cdot 350H_2O$	$\{Mo_2\}_{14}\{Mo_8\}_{14}\{Mo_1\}_{14}$	[75]
$Na_{15}\{0.5[Mo_{154}O_{462}H_{14}(H_2O)_{70}]^{14-}\cdot 0.5[Mo_{152}O_{457}H_{14}(H_2O)_{68}]^{16-}\}\cdot 400H_2O$	$\{Mo_2\}_{14}\{Mo_8\}_{14}\{Mo_1\}_{14}+\{Mo_2\}_{13}\{Mo_8\}_{14}\{Mo_1\}_{14}$	[76]
$Na_{16}[Mo_{176}O_{528}H_{16}(CH_3OH)_{17}(H_2O)_{63}]\cdot 600H_2O\cdot 30CH_3OH$	$\{Mo_2\}_{16}\{Mo_8\}_{16}\{Mo_1\}_{16}$	[77]
$Na_{14}[Mo_{154}O_{462}H_{14}(CH_3OH)_8(H_2O)_{62}]\cdot 400H_2O\cdot 10CH_3OH$	$\{Mo_2\}_{14}\{Mo_8\}_{14}\{Mo_1\}_{14}$	[78]
$Na_{24}\{0.5[Mo_{144}O_{437}H_{14}(H_2O)_{56}]\cdot 0.5[Mo_{144}O_{437}H_{14}(H_2O)_{60}]\}\cdot 350H_2O$	$\{Mo_2\}_9\{Mo_8\}_{14}\{Mo_1\}_{14}+\{Mo_2\}_9\{Mo_8\}_{14}\{Mo_1\}_{14}$	[74]
$Na_{24}[Mo_{144}O_{437}H_{14}(H_2O)_{56}]\cdot 250H_2O$	$\{Mo_2\}_9\{Mo_8\}_{14}\{Mo_1\}_{14}$	[79]
$Na_{22}[Mo_{146}O_{442}H_{14}(H_2O)_{58}]\cdot 250H_2O$	$\{Mo_2\}_{10}\{Mo_8\}_{14}\{Mo_1\}_{14}$	[80]
$Li_{16}[Mo_{176}O_{528}H_{16}(H_2O)_{80}]\cdot 400H_2O$	$\{Mo_2\}_{16}\{Mo_8\}_{16}\{Mo_1\}_{16}$	[81]

1995 年，Müller 等报道的$[Mo_{154}(NO)_{14}O_{420}(OH)_{28}(H_2O)_{70}]^{(25\pm5)-}$具有近似的环形结构，它是由 140 个$\{MoO_6\}$八面体和 14 个$\{Mo(NO)O_6\}$五角双锥构筑的，具有 D_{7d}对称性(图 7.60)[75]。1999 年，Müller 等报道了$[Mo_{142}O_{432}(H_2O)_{58}H_{14}]^{26-}$的结构，它是一种典型的钼蓝$[(\{Mo^{VI}_2O_5(H_2O)_2\}^{2+})_8(\{Mo^{VI/V}_8O_{26}(\mu_3\text{-}O)_2H\cdot(H_2O)_3Mo^{VI/V}\}^{3-})_{14}]^{26-}$，因此簇带有明显的高负电荷，极大地增加了它在水中的溶解性，它的结构中含有三种不同的基本结构单元，即$\{Mo_8\}$、$\{Mo_2\}$和$\{Mo_1\}$单元(图 7.60)[82]。

2010 年，Cronin 等报道了 $Na_{22}[Mo^{VI}_{36}O_{112}(H_2O)_{16}]\subset[Mo^{VI}_{130}Mo^{V}_{20}O_{442}(OH)_{10}(H_2O)_{61}]\cdot 180H_2O\equiv\{Mo_{36}\}\subset\{Mo_{150}\}$，这个钼轮的尺寸为 3.6nm，在环形

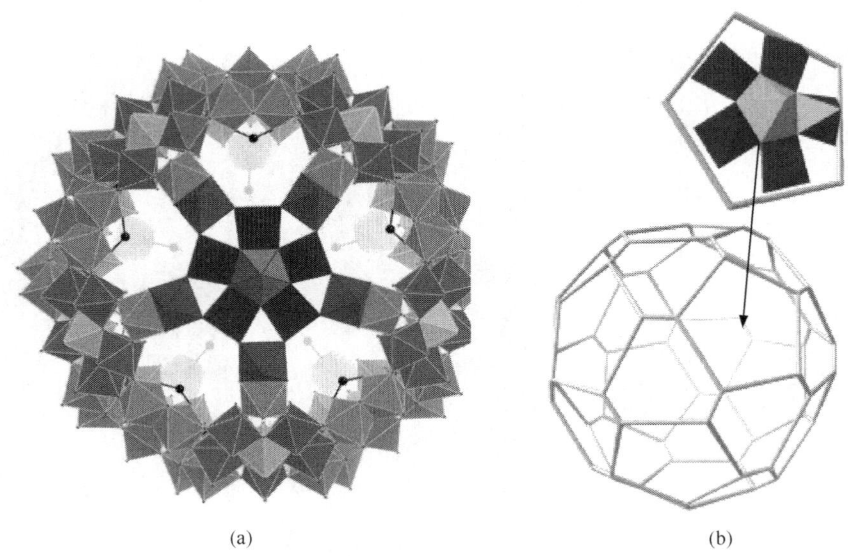

图 7.59 $[Mo^{VI}_{72}Mo^{V}_{60}O_{372}(CH_3COO)_{30}(H_2O)_{72}]^{42-}$的结构图(a)及拓扑图(b)[73]

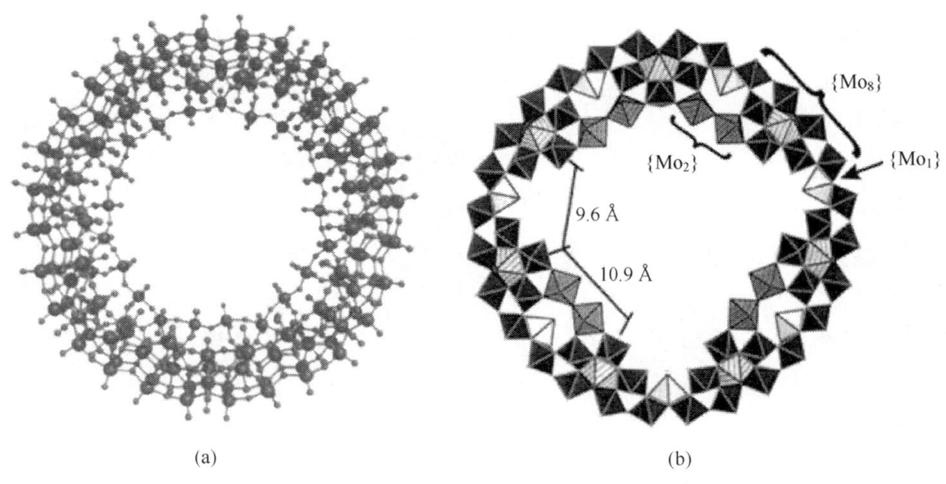

图 7.60 $[Mo_{154}(NO)_{14}O_{420}(OH)_{28}(H_2O)_{70}]^{(25\pm5)-}$(a)
和$[Mo_{142}O_{432}(H_2O)_{58}H_{14}]^{26-}$(b)的结构图[75]

$\{Mo_{150}\}$轮的结构中心嵌入一个$\{Mo_{36}\}$簇,$\{Mo_{36}\}$簇在合成中充当模版,加速了$\{Mo_{150}\}$轮的组装时间和产量(图 7.61)[83]。

2002 年,Müller 等报道了迄今为止最大的钼簇$[H_xMo_{368}O_{1032}(H_2O)_{240}(SO_4)_{48}]^{48-}\cdot 1000H_2O=\{Mo_{368}\}$,由于它的球棍结构非常像刺猬,人们将它称为“纳米刺猬”。还有人认为它的多面体结构类似柠檬同时又含有大量的水,因此有人称之为“蓝色柠檬”。$\{Mo_{368}\}$的结构中含有 368 个 Mo 原子,它的基本结构单元

图 7.61　$\{Mo_{36}\} \subset \{Mo_{150}\}$的结构图[83]

是$\{Mo(Mo_5)\}$五角形单元，它是由 64 个$\{Mo_1\}$、32 个$\{Mo_2\}$和 40 个$\{Mo(Mo_5)\}$单元连接构筑的，可视为由巨型轮簇$\{Mo_{176}\}$和球形簇$\{Mo_{102}\}$杂化构成的(图 7.62)[84]。

图 7.62　$\{Mo_{368}\}$的结构图[84]

7.5.2 同多钼酸盐及其衍生物的合成

7.5.2.1 二钼酸盐{Mo_2}的合成

$[(n\text{-}C_4H_9)_4N]_2[Mo_2O_7]$的合成

方法 1：将 5g $[(n\text{-}C_4H_9)_4N]_4[\alpha\text{-}Mo_8O_{26}]$和 9.5mL 1mol·$L^{-1}$ $(n\text{-}C_4H_9)_4NOH$ 的 CH_3OH 溶液，加入 30mL CH_3CN 中，过滤，缓慢蒸发 24h 得到无色油状物(25℃)。油状物用无水乙醚洗涤，然后溶解在 20mL 无水乙腈中。25℃时向溶液中加入无水乙醚，得到油状物，产物很快结晶，过滤，用乙醚洗涤，得到 5.5g 粗产品[38,54]。粗产品溶解在 20mL 无水 CH_3CN 中，加入 40mL 无水乙醚，搅拌直到出现少量浑浊，混合物在 0℃冷却 12h，形成无色晶体，过滤，产量为 4.2g。$[(n\text{-}C_4H_9)_4N]_2[Mo_2O_7]$的元素分析理论值(%)：C 48.73、H 9.20、N 3.55、Mo 24.32；实验值(%)：C 48.85、H 9.30、N 3.49、Mo 24.48[38,54]。

方法 2：反应方程式为

$$[(n\text{-}C_4H_9)_4N]_4[Mo_8O_{26}]+4(n\text{-}C_4H_9)_4NOH \longrightarrow 4[(n\text{-}C_4H_9)_4N]_2[Mo_2O_7]+2H_2O$$

将 2.58g $[(n\text{-}C_4H_9)_4N]_4[Mo_8O_{26}]$ (1.20mmol)溶于 20mL 含有 4.8mL 1.0mol·L^{-1} $(n\text{-}C_4H_9)_4NOH$ (4.8mmol)的乙腈溶液中，最终的浑浊溶液室温搅拌 20min，过滤，真空下除去溶剂至出现黏稠的油状物，将该油状物用 15mL 乙腈稀释，加入 20mL 乙醚搅拌，得到白色沉淀，搅拌 20min 后，过滤收集白色沉淀，用 20mL 乙醚洗涤，得到 2.98g 粗产品，将其溶于 15mL 乙腈中，最终的溶液过滤除去不溶物，加入乙醚直到溶液达到饱和(大约 45mL)，溶液在−10℃下保存 24h，得到无色块状晶体，室温干燥 12h[16]，产量为 2.61g，产率为 69%。$[(n\text{-}C_4H_9)_4N]_2[Mo_2O_7]$的元素分析理论值(%)：C 48.73、H 9.20、N 3.55、Mo 24.32；实验值(%)：C 48.84、H 9.32、N 3.58、Mo 24.21。IR(KBr 压片，cm^{-1})：735(m，sh)、780(s，br)、880(s，br)、928(m)、975(w)[16]。

7.5.2.2 五钼酸盐{Mo_5}的合成

$[(n\text{-}C_4H_9)_4N]_3[Mo_5O_{17}H]$的合成

离子反应方程式为

$$7[Mo_2O_7]^{2-}+H_2O=\!=\!=2[Mo_5O_{17}H]^{3-}+4MoO_4^{2-}$$

方法 1：已知$[Mo_5O_{17}H]^{3-}$在 $CH_3CN/(C_2H_5)_2O$ 溶液中溶解度低，将 80mL $(C_2H_5)_2O$ 溶液以约 15mL·min^{-1}速度缓慢加入含 1.0g $[(n\text{-}C_4H_9)_4N]_2[Mo_2O_7]$的 10mL CH_3CN 溶液中，然后向溶液中加入 1.0mL 水，快速搅拌产生 190mg 无定形沉淀物，经验式为$[(n\text{-}C_4H_9)_4N]_3[Mo_5O_{17}H]$[55]。

方法 2：已知$[(n\text{-}C_4H_9)_4N]_2[MoO_4]$溶解在水溶液中会重新转为产物$[(n\text{-}C_4H_9)_4N]_2[Mo_2O_7]$和$[(n\text{-}C_4H_9)_4N]_3[Mo_5O_{17}H]$。将 1.0g $[(n\text{-}C_4H_9)_4N]_2[MoO_4]$沉淀溶于 10mL HCl 溶液中，pH 为 5～6，搅拌 1min，过滤，得到无定形粉末化合物$[(n\text{-}C_4H_9)_4N]_3[Mo_5O_{17}H]$，产量为 460mg[55]。

7.5.2.3　六钼酸盐{Mo_6}及其衍生物的合成

$[(n\text{-}C_4H_9)_4N]_2[Mo_6O_{19}]$的合成

方法 1：反应方程式为

$$6\ Na_2MoO_6+10HCl+2(n\text{-}C_4H_9)_4NBr \longrightarrow [(n\text{-}C_4H_9)_4N]_2[Mo_6O_{19}]+10NaCl+2NaBr+5H_2O$$

将 2.50g $Na_2MoO_6 \cdot 2H_2O$ (10.3mmol) 溶于 10mL 水中，用 2.9mL 6mol · L^{-1} HCl (17.4mmol)溶液酸化，剧烈搅拌 1min 以上，加入含 1.21g (3.75mmol) 99% 四丁基溴化铵的 2mL 水溶液，剧烈搅拌，得到白色沉淀，最终的混合物加热至75～80℃，搅拌 45min，白色沉淀变成黄色，过滤得到沉淀，用 20mL 水洗涤沉淀，产品(2.17g)溶于 80mL 热丙酮(60℃)中，冷却至－20℃，24h 后，收集黄色晶体沉淀，用 20mL 乙醚洗涤两次，干燥 12h，产量为 1.98g (1.45mmol)，产率为 84%[16]。IR(KBr 压片，cm^{-1})：742(m)、800(s)、880(w)、890(w，sh)、956(s)、988(w)[16]。

方法 2：将 58g $Na_2MoO_6 \cdot 2H_2O$ 溶解于 100mL DMF 中，搅拌下，缓慢加入48mL 乙酸酐使溶液升温，然后用 33mL 盐酸(12mol · L^{-1})酸化，溶液热过滤，将黄色滤液加入 1mol · L^{-1}四丁基溴化铵的 100mL DMF 溶液中析出沉淀。过滤得到 42g 产物，用乙醇和乙醚洗涤，最后在丙酮中重结晶[56]。$[(n\text{-}C_4H_9)_4N]_2[Mo_6O_{19}]$的元素分析理论值(%)：Mo 42.20、C 28.15、N 2.05、H 5.28；实验值(%)：Mo 41.93、C 27.69、N 2.05、H 5.43。IR(CsBr 压片，cm^{-1})：958、878(TBA)、796、740(TBA)、598、428、352[56]。

方法 3：将 0.40g $[(n\text{-}(C_4H_9)_4N]_2[\alpha\text{-}Mo_8O_{26}]$加入含有 0.4mL H_2O 的 20mL CH_3CN 溶液中，保存 1h，加入 0.05mL 12mol · L^{-1} HCl 水溶液，将溶液体积减少至约 8mL，混合物冷却至 0℃，得到 0.25g 黄色针状晶体。$[(n\text{-}C_4H_9)_4N]_2[Mo_6O_{19}]$的元素分析理论值(%)：C 28.17、H 5.31、N 2.05、Mo 42.19；实验值(%)：C 28.38、H 5.44、N 1.99、Mo 40.96[38a]。

$[Mo_6O_{18}NC(C_2H_5)=C(C_2H_5)NMo_6O_{18}]$的合成

将 2.15g $(Bu_4N)_4[\alpha\text{-}Mo_8O_{26}]$ (1.0mmol)、0.43g N,N'-二环己基二亚胺(DCC) (2.1mmol)和 0.13g 正丙胺卤化物(1.34mmol) 置于 10mL 无水乙腈中，油浴下搅拌，当混合物室温下完全溶解时得到无色溶液，2min 后，形成白色沉淀，当油浴温度达到 80℃时，白色沉淀在乙腈中溶解，随着反应的进行，溶液颜色变为黄色，形成 N,N'-二环己基脲白色沉淀，当油浴温度达到 110℃时，将混合物回流，

2h 后，溶液颜色变成绿色，然后变成黑色，最终变成深红色，反应在 110～160℃的油浴中保存 24h，冷却至室温后，过滤出白色沉淀，最终的深红色溶液蒸发得到红色晶体，产物过滤依次用乙醇和乙醚洗涤几次，然后在 3：1 的乙腈和乙醇溶液中重结晶两次，产率为 62%[38b]。

7.5.2.4 七钼酸盐{Mo_7}的合成

$Na_6[Mo_7O_{24}]\cdot 4H_2O$ 的合成

将 10g MoO_3溶于 2.4g NaOH 的 50mL 水中，加热至 50℃使溶液体积减少至 10mL，溶液冷却至 25℃得到晶体产物 $Na_6[Mo_7O_{24}]\cdot 4H_2O$，将晶体过滤，通过 P_2O_5真空干燥 24h，$Na_6[Mo_7O_{24}]\cdot 4H_2O$ 的元素分析理论值(%)：Na 10.86、Mo 53.07、H 0.64；实验值(%)：Na 10.83、Mo 53.12、H 0.73[38a]。

7.5.2.5 八钼酸盐{Mo_8}的合成

八钼酸盐有多种异构体，这些异构体在合成过程中，根据反应条件的不同会发生不同程度的构型转换。2006 年，Jobic 等研究发现[61]，第一步，室温下，pH 为 5.7 的条件下，$[Mo_7O_{24}]^{6-}$ 会快速转变成 $[\beta\text{-}Mo_8O_{26}]^{4-}$，在 $HDBU^+/NH_4^+$ ($HDBU^+$ 为 1,8-二氮杂双环[5.4.0]十一碳-7-烯阳离子)存在下，$[\beta\text{-}Mo_8O_{26}]^{4-}$ 快速沉淀；第二步，在水热条件下，随着温度升高至 110℃，$[\beta\text{-}Mo_8O_{26}]^{4-}$ 会异构化成 $[\delta\text{-}Mo_8O_{26}]^{4-}$，在升温的过程中，会存在 $[\beta\text{-}Mo_8O_{26}]^{4-}$ 与 $[\gamma\text{-}Mo_8O_{26}]^{4-}$、$[\gamma\text{-}Mo_8O_{26}]^{4-}$ 与 $[\alpha\text{-}Mo_8O_{26}]^{4-}$、$[\alpha\text{-}Mo_8O_{26}]^{4-}$ 与 $[\delta\text{-}Mo_8O_{26}]^{4-}$ 之间构型的相互转变过程；第三步，水热条件下，当温度升高至 180℃，$[\delta\text{-}Mo_8O_{26}]^{4-}$ 会异构化成 $[\beta\text{-}Mo_8O_{26}]^{4-}$；第四步，在水热条件下，温度为 110℃，过量 NH_4^+ (NH_4^+ 与 Mo 的物质的量比为 2.5)存在时，$[\delta\text{-}Mo_8O_{26}]^{4-}$ 也会异构化成 $[\beta\text{-}Mo_8O_{26}]^{4-}$ (图 7.63)[61]。

$[(n\text{-}C_4H_9)_4N]_4[\alpha\text{-}Mo_8O_{26}]$的合成

方法 1：将 1.25g $Na_2MoO_4\cdot 2H_2O$ 溶于 3mL 水中，用 1.0mL 6mol·L^{-1} HCl 溶液酸化调节溶液 pH 约为 4.5，随后加入 0.80g $(n\text{-}C_4H_9)_4NCl$，过滤所得到的沉淀，用水、无水乙醇、丙酮和乙醚彻底清洗。25℃下将所得粗产物 1.05g 溶于 10mL CH_3CN 中，溶液冷却到 0℃，真空干燥得到大量无色块状晶体，产量为 0.78g[38a]。$[(n\text{-}C_4H_9)_4N]_4[\alpha\text{-}Mo_8O_{26}]$的元素分析理论值(%)：C 35.69、H 6.75、N 2.60、Mo 35.64；实验值(%)：C 35.49、H 6.85、N 2.60、Mo 35.31[38a]。

方法 2：反应方程式为

$$8Na_2MoO_4 + 12HCl + 4(n\text{-}C_4H_9)_4NBr \longrightarrow [(n\text{-}C_4H_9)_4N]_4[\alpha\text{-}Mo_8O_{26}] + 12NaCl + 4NaBr + 6H_2O$$

将 5.00g $Na_2MoO_4\cdot 2H_2O$ (20.7mmol) 溶于 12mL 水中，用 5.17mL

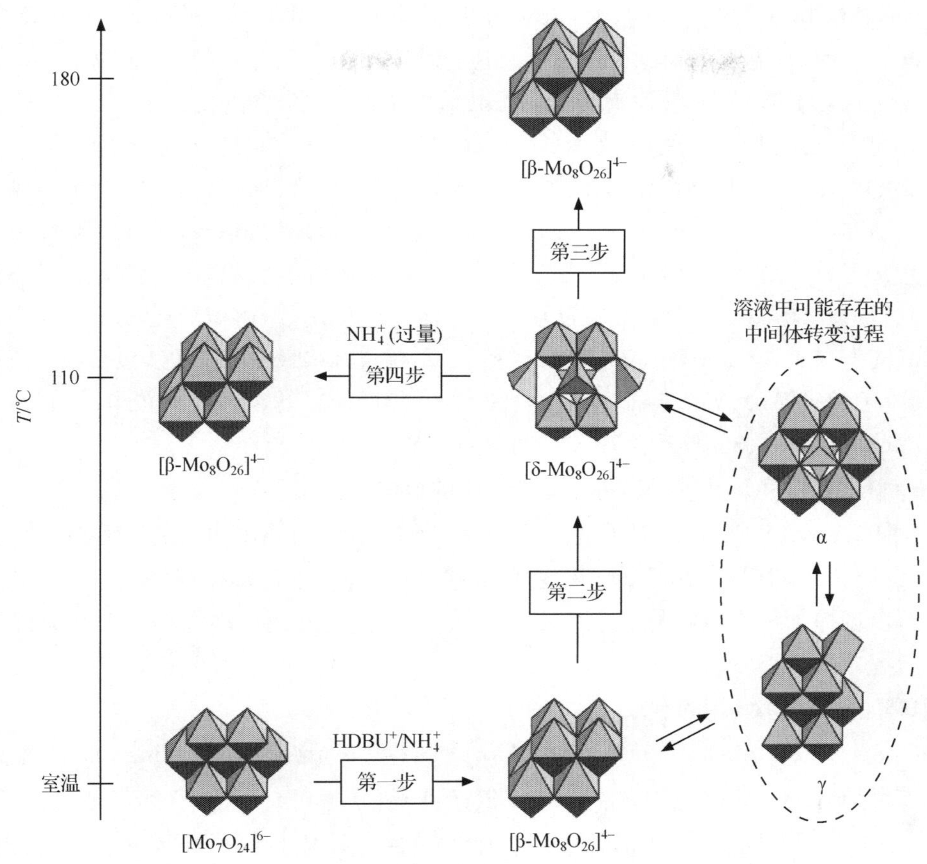

图 7.63　几种八钼酸盐异构体随温度变化的构型转换过程[61]

6.0mol · L^{-1} HCl (31.0mmol)溶液酸化，剧烈搅拌 1～2min，加入含 3.34g 四丁基溴化铵(10.4mmol)的 10mL 水溶液，立即形成白色粉末，搅拌 10min 后，抽滤收集沉淀，依次用 20mL 水、20mL 乙醇、20mL 丙酮和 20mL 乙醚洗涤，得到粗产品 4.78g，溶于 35mL 乙腈中，在－10℃下储存 24h，得到无色块状晶体，干燥 12h，产量为 3.58g (1.66mmol)，产率为 64%[16]。IR(KBr 压片，cm^{-1})：656(s)、722(m)、736(m)、804(s)、852(m)、885(w,sh)、904(s)、920(s)、950(m)[16]。

$[(n\text{-}C_4H_9)_4N]_3K[\beta\text{-}Mo_8O_{26}] \cdot 2H_2O$ 的合成

将 0.1g KBr 和 0.18mL H_2O 加入含有 0.38g $[(n\text{-}C_4H_9)_4N]_4[\alpha\text{-}Mo_8O_{26}]$的 10mL CH_3CN 溶液中，最终的沉淀过滤，0℃下，24h 后澄清的滤液中产生 0.08g 无色针状晶体，元素分析的理论值(%)：C 29.03、H 5.68、N 2.12、K 1.97、Mo 38.65；实验值(%)：C 29.42、H 5.79、N 2.26、K 1.73、Mo 39.43[38a]。

$[Cu(4,4\text{-bipy})(nic)(H_2O)]_2[\beta\text{-}Mo_8O_{26}]$的合成

将 0.25g $Na_2MoO_4 \cdot 2H_2O$(1.0mmol)、0.25g $CuSO_4 \cdot 5H_2O$(1.0mmol)、

0.05g 4,4′-bipy · $2H_2O$(4,4′-bipy 为 4,4′-联吡啶,0.26mmol)和 0.13g 烟酸(nic,1.1mmol)溶于 18mL 水并置于反应釜中,调节 pH 到 2.44,混合物 170℃下加热 2 天,反应液逐渐冷却后分离出蓝色晶体,用水和乙醇洗涤,产率为 36.5%[58]。元素分析理论值(%):C 20.17、H 1.59、N 4.41;实验值(%):C 20.09、H 1.60、N 4.38。IR(KBr 压片,cm^{-1}):1639(m)、1612(s)、1529(m)、1493(m)、1464(m)、1421(m)、1387(s)、1221(m)、1184(w)、1161(w)、1109(w)、1072(m)、1016(w)、958(s)、953(s)、931(m)、914(m)、895(s)、841(m)、829(m)、804(m)、719(s)、677(s)、661(s)、577(sh)、563(m)、525(m)、480(m)、459(m);FT-Raman(固态,λ=1064nm,cm^{-1}):1621(vs)、1521(m)、1384(m)、1290(vs)、1241(m)、1085(m)、1037(s)、967(vs)、948(m)、927(m)、917(s)、894(s)、840(m)、784(m)、655(m)、568(m)、360(m)、254(w)、215(s)、142(s)、123(m)[58]。

$[Me_3N(CH_2)_6NMe_3]_2[\gamma\text{-}Mo_8O_{26}] \cdot 2H_2O$ 的合成

向 0.4mol · L^{-1} $Na_2MoO_4 \cdot 2H_2O$ 和$[Me_3(CH_2)_6NMe_3]Cl_2$的水溶液中滴加 1.0mol · L^{-1} HCl 溶液,立即产生白色雾状沉淀,搅拌下沉淀快速溶解。pH 接近 6 时,出现搅拌下不溶解的细小晶体,一段时间后快速形成许多细小但形状完好的晶体[60]。

$(HDBU)_4[\delta\text{-}Mo_8O_{26}]$的合成

方法 1:将 1.235g $(NH_4)_6[Mo_7O_{24}] \cdot 4H_2O$ (1mmol) 溶于 15mL 水中,加入 0.913g DBU(DBU=$N_2C_9H_{17}$,1,8-二氮杂双环[5.4.0]十一碳-7-烯,6mmol),用 1mol · L^{-1} HCl 溶液调节 pH 到 5.7,得到白色固体化合物$(HDBU)_3(NH_4)[\beta\text{-}Mo_8O_{26}] \cdot H_2O$。混合物室温搅拌几分钟封入 30mL 反应釜中,在 110℃加热 24h,过滤出浅黄色块状晶体$(HDBU)_4[\delta\text{-}Mo_8O_{26}]$,室温下用水、乙醇和乙醚洗涤,干燥,产率为 85%[61]。元素分析理论值(%):C 24.07、H 3.81、N 6.24、Mo 42.72;实验值(%):C 24.22、H 3.78、N 6.26、Mo 41.57。IR(KBr 压片,cm^{-1}):ν(Mo=O),954(s)、927(vs)、914(vs);ν(Mo—O—Mo),864(vs)、815(vs)、790(vs)、723(m)、690(m)、650(s)、536(m)。热重分析得出化合物在 290℃开始分解[61]。

方法 2:将 0.720g MoO_3(5mmol)和 0.380g DBU(2.5mmol)溶于 20mL 水并置于反应釜中,160℃加热 24h,过滤收集得到浅黄色晶体,用水、乙醇和乙醚洗涤,室温空气中干燥,产率为 85%[61]。

$\{Ni(H_2O)_2(4,4'\text{-}bipy)_2\}_2[\varepsilon\text{-}Mo_8O_{26}]$的合成

将 0.040g $NiCl_2 \cdot 6H_2O$、0.122g MoO_3、0.053g 4,4′-联吡啶和 10mL H_2O 按物质的量比 1∶5∶2∶3270 置于反应釜中,在 160℃反应 72h,得到 0.10g 淡蓝色晶体,产率为 60%[62]。

[{Cu_2(tpyrpyz)}$_2${ζ-Mo_8O_{26}}]·7H_2O 的合成

将 0.046g $CuSO_4$·5H_2O (0.19mmol)、0.027g MoO_3 (0.19mmol)、0.108g 四-4-吡啶基吡嗪(tpyrpyz,0.28mmol)和 10.0g H_2O(0.56mol)按物质的量比 1∶1∶1.5∶3000 混合置于反应釜中,在 120℃加热 48h,得到橙色晶体,产率为 30%。IR(KBr 压片,cm^{-1}):3400(m,br)、1380(s)、910(s,br)、850(m)、810(s)[64]。

{Ni(phen)$_2$}$_2$[η-Mo_8O_{26}](phen 为邻二氮杂菲)的合成

将 $NiCl_2$·6H_2O (0.25mmol)、$(NH_4)_6[Mo_7O_{24}]$·4H_2O (0.15mmol)、苯酚(0.5mmol)和 H_2O(9mL)在空气中混合搅拌 15min,然后将混合物密封于 18mL 聚四氟乙烯高压釜中,加热到 200℃反应 6 天,然后将反应釜以 10℃·h^{-1}速率冷却至室温。滤出绿色块状晶体,用二次水清洗,室温干燥,产量约为 80%。元素分析理论值(%):C 28.3、H 1.6、Mo 38.0、N 5.5、Ni 5.8;实验值(%):C 28.3、H 1.7、Mo 37.9、N 5.6、Ni 5.9[65]。

[Fe(tpyryz)$_2$]$_2$[θ-Mo_8O_{26}]·3.7H_2O 的合成

将 0.187g $(NH_4)_6[Mo_7O_{24}]$·4H_2O (0.159mmol)、0.078g $Fe^{II}(CH_3CO_2)$ (0.45mmol)、0.086g(四-2-吡啶)并吡嗪(tpyryz,0.22mmol)、0.083g $H_2O_3P(CH_2)_2PO_3H_2$ (0.44mmol)和 10.053g 水(558mmol)混合,放入反应釜中,在 150℃加热 96h,分离出紫色晶体,产率为 60%。反应初始 pH 为 4.5,终止 pH 为 4.0。IR(KBr 压片,cm^{-1}):3400(m,br)、1380(s)、910(s,br)、850(m)、810(s)[66]。

7.5.2.6　十钼酸盐{Mo_{10}}的合成

$Na_4[Mo_{10}O_{32}]$·8H_2O 的合成

搅拌下向 0.48g Na_2MoO_4·2H_2O 的 10mL 水溶液中加入 0.54g V_2O_5 和 3mL 质量分数为 85%的 H_3PO_4,混合液体积稀释到 50mL,100℃磁力搅拌 1.5h,冷却到室温,过滤,澄清液室温缓慢蒸发,几周后得到橙色晶体。V 不参与反应,但反应体系不能没有 V_2O_5[67]。

7.5.2.7　十三钼酸盐{Mo_{13}}的合成

$[Bu_4N]_6[H_3O]_2[Mo_{13}O_{40}]_2$ 的合成

将 177mg $(NH_4)_6[Mo_7O_{24}]$·4H_2O (0.14mmol)、700mg NH_2OH·HCl (10mmol)和 500mg Bu_4NBr (1.5mmol)充分混合,加热到 90℃,氮气保护下真空管中反应 10h,反应混合物变成深绿色并伴随有气体溢出,产物用丙酮萃取,过滤,真空干燥脱水,溶解于 CH_2Cl_2/MeOH 溶液,重结晶得到稳定的暗绿色晶体$[Bu_4N]_6[H_3O]_2[Mo_{13}O_{40}]_2$(该化合物的一个单胞中含有两个$[Mo_{13}O_{40}]^{2-}$)[68]。元素分析理论值(%):C 21.9、H 4.2、N 1.5、Mo 47.4;实验值(%):C 23.5、H 4.4、N

1.7、Mo 48.0[68]。

7.5.2.8 十六钼酸盐{Mo_{16}}的合成

$(C_6H_{13}N_4)_{10}[H_2Mo_{16}O_{52}]\cdot 34H_2O$ 的合成

将 2.2g 六亚甲基四胺(15.7mmol)室温下溶解于 20mL 水中,用 1.2mL 37% 盐酸酸化该溶液,搅拌下同时向溶液中加入 0.96g $Na_2MoO_4\cdot 2H_2O$ (4.0mmol) 和 0.07g $Na_2S_2O_4$(0.44mmol),溶液颜色先变绿,然后变成黄绿色,最后变为棕色(溶液 pH 为 4.0~4.5),混合液过滤后密封装进小瓶中,两天后析出棕色晶体,产量为 0.2g,产率为 18%。IR(KBr 压片,cm^{-1}):3443、1631、1461、1400、1378、1308、1289、1253、1203、1018、1009、978、926、817、794、658[69]。

7.5.2.9 {Mo_{18}}、{Mo_{40}}和{Mo_{54}}的合成

$[H_4Mo_{18}O_{56}(CH_3COO)_2]\cdot$ ca. $36H_2O\cdot 3CH_3COOH$ 的合成

将 7.70g $Na_2MoO_4\cdot 2H_2O$ (31.8mmol)、50.0g $NaAc\cdot 3H_2O$ (367.4mmol) 和 5.0g NaCl (85.6mmol)溶于 300mL 水中,向溶液中加入 61mL 0.1mol·L^{-1}水合硫酸肼,再加入 75mL HAc (100%),反应加热到 35℃,搅拌 4h (溶液颜色由绿色缓慢变为褐绿色),不断加水保持溶液体积不变,随后将溶液冷却到室温,过滤,将滤液置于广口瓶中缓慢蒸发浓缩到体积为 130mL,一周后滤出化合物,用 $CaCl_2$ 干燥,产量为 2.0g,产率为 30%[70]。IR(KBr 压片,cm^{-1}):3440(s)、3162(s)、1636(m)、1541(m)、712、636、565、498、411。Raman (λ=1064nm,cm^{-1}):966、930、747、774、662、574、507、358、330、286、200、157。UV-Vis (nm):260、340、395、535、1040[70]。

$(NH_4)_{12}Na_{12}[Mo_{40}O_{128}]\cdot$ ca. $70H_2O$ 的合成

将 3.00g $(NH_4)_7[Mo_7O_{24}]\cdot 4H_2O$ (2.4mmol)溶于 25mL 水中,加入 0.8mL HAc(100%)酸化,然后加入 0.20g $Na_2S_2O_4$(1.1mmol),溶液颜色变为深绿色,搅拌 5min 后,将 3.00g NaCl 加入其中,所得溶液陈化结晶 4.5h,滤出红色菱形晶体沉淀(注意:不能超时,因为 5h 后 $(NH_4)_{12}Na_{20}[H_4Mo_{54}O_{168}(CH_3COO)_4]\cdot$ ca. $64H_2O$ 的晶体开始沉淀),用 50%(体积分数)的丙酮洗涤,空气中干燥,产量为 0.28g,产率为 9%[70]。另外,纯的化合物$(NH_4)_{12}Na_{12}[Mo_{40}O_{128}]\cdot$ ca. $70H_2O$ 还可采用盐酸替代乙酸获得,改为加入 3.0mL 1 mol·L^{-1}盐酸酸化。比较两种方法,用盐酸时总产量更高,但所得晶体质量不好不适用于单晶测试。$(NH_4)_{12}Na_{12}[Mo_{40}O_{128}]\cdot$ ca. $70H_2O$ 的 IR(KBr 压片,cm^{-1}):3440(s)、3162(s)、1617(m)、1400(s)、946(s)、903(sh)、869(s)、765(m)、724(s)、652(s)、486(m);Raman (λ_e=1064nm,cm^{-1}):965、973、909、989、842、774、723、489、375、347、276、203、143;UV-

Vis (nm)：285、380。元素分析理论值(%)：H 2.46、N 2.20、Na 3.61；实验值(%)：H 2.08、N 2.22、Na 3.8[70]。

$(NH_4)_{12}Na_{20}[H_4Mo_{54}O_{168}(CH_3COO)_4]\cdot$ ca. $64H_2O$ 的合成

方法1：将3.00g $(NH_4)_7[Mo_7O_{24}]\cdot 4H_2O$ (2.4mmol) 和0.5g NaAc·$3H_2O$ 溶于25mL水中，加入3.0mL 1mol·L^{-1}盐酸酸化，之后加0.30g $Na_2S_2O_4$ (1.7mmol)，溶液颜色变为深绿色，搅拌5min后将3.00g NaCl溶于溶液中，所得溶液陈化结晶15～18h，滤出红色菱形晶体沉淀，用50%(体积分数)的丙酮洗涤后，在空气中干燥，产量为0.67g，产率为20%[70]。

方法2：将3.00g $(NH_4)_7[Mo_7O_{24}]\cdot 4H_2O$ (2.4mmol)溶于25mL水中，加入0.8mL 100% HAc酸化，然后加入0.30g $Na_2S_2O_4$(1.7mmol)，溶液颜色变为深绿色。搅拌5min后，将3.00g NaCl溶于溶液中，所得溶液陈化结晶12～15h，滤出红色菱形晶体沉淀，用50%(体积分数)的丙酮洗涤，最后在空气中干燥，产量为0.3g，产率为8%。

注意：比较两种方法，当用盐酸时总产量更高，但所得晶体不适合测试单晶。IR(KBr压片，cm^{-1})：3459(s)、1624(m)、1540(m)、1436(sh)、1402(s)、962(m)、944(m)、899(m)、860(m)、716(m)、660(m)、624(m)、490(m)；Raman (λ_e = 1064nm，cm^{-1})：969、945、936、765、660、491、380、357、280、242、204；UV-Vis (nm)：270、325、360[70]。

7.5.2.10　$\{Mo_{34}\}$、$\{Mo_{36}\}$、$\{Mo_{37}\}$和$\{Mo_{38}\}$的合成

$(H_3O)_{16}[(H_2O)_2Mo^VO(OH)]_2\{Mo^{VI}_{28}Mo^{II}_4(NO)_4(BuSnO)_2[BuSn(OH)_2]_2O_{102}(H_2O)_{12}\}\cdot 18H_2O$ 的合成

将0.21g *n*-BuSnO(OH) (1.0mmol) 溶于5mL 12mol·L^{-1}浓盐酸中，然后与含0.59g $Na_2MoO_4\cdot 2H_2O$ (2.4mmol)的10mL水溶液混合，然后加入0.12g $NH_2OH\cdot HCl$ (1.8mol) 的3mL水溶液，搅拌，用稀释的NaOH溶液将溶液的pH调至2.50，无色溶液变成黄色，得到红棕色和白色沉淀，过滤，滤液缓慢蒸发得到棕色晶体产物，产量为0.081g，产率为17%。IR(KBr压片，cm^{-1})：3430(s)、3178(ms)、1646(ms)、1406(ms)、949(s)、874(vs)、777(s)、618(vs)、570(vs)、473(s)、431(s)、422(s)、414(w)[71a]。

$(NH_4)_{12}[Mo_{36}(NO)_4O_{108}(H_2O)_{16}]\cdot 33H_2O$ 的合成

将11.92g $Na_2MoO_4\cdot 2H_2O$ (49.3mmol)、7.68g $NH_2OH\cdot HCl$ (110.5mmol)、4.36g NH_4Cl (81.5mmol)、15.2mL 3.5%的HCl和150mL水混合于300mL锥形瓶中(敞口，盖表面皿)，在70～75℃油浴中静置(不搅拌)16h，趁热过滤，于20℃储存冷却得红色滤液，4h后滤液中有红色晶型沉淀析出，产量为82%。元素分析理论值(%)：H 2.30、N 3.50、Mo 53.96；实验值(%)：H 2.27、N 3.46、

Mo 53.3[71b]。

$(NH_4)_{14}[H_{14}Mo_{37}O_{112}]\cdot 35H_2O$ 的合成

将 14g $(NH_4)_6[Mo_7O_{24}]\cdot 4H_2O$ (11.3mmol)、14g NH_4Cl (261.9mmol)和 2g $N_2H_4\cdot H_2SO_4$ (15.4mmol)溶于含有 1.5mL 冰醋酸的 350mL 水中，加热至 100℃，溶液由蓝色变成绿色再变成棕色，溶液在室温下保持 2h，热过滤，滤液冷却至 20℃，滤液室温缓慢蒸发，1～2 周后得到棕色晶体，产量为 5.6g，产率为 42%。IR(KBr 压片，cm^{-1})：1615(m)、1400(s)、960(s)、905(s)、865(m)、780(s)、745(s)、600(m)、505(m)；UV-Vis (固体，nm)：390(br)[85]。

$\{[H_3O]^+_{12}\{(H_2O)MoO_{2.5}[Mo_{36}O_{108}(NO)_4(H_2O)_{16}]O_{2.5}Mo(H_2O)\}^{12-}\}_n$ 的合成

将 0.5g $[H_3O]^+_{12}[Mo_{36}O_{108}(NO)_4(H_2O)_{16}]^{12-}$ 和 0.2g $NH_2OH\cdot HCl$ 溶于 20mL 水中(近似物质的量比为 1∶40)，回流 30min，过滤得到红色溶液，室温缓慢蒸发得到红棕色块状晶体，产率为 80%[72]。

7.5.2.11 $\{Mo_{132}\}$、$\{Mo_{142}\}$、$\{Mo_{144}\}$和$\{Mo_{146}\}$的合成

$(NH_4)_{42}[Mo^{VI}_{72}Mo^{V}_{60}O_{372}(CH_3COO)_{30}(H_2O)_{72}]\cdot ca.\ 300H_2O\cdot ca.\ 10CH_3COONH_4$ 的合成

离子反应方程式为

$$132MoO_4^{2-}+15N_2H_6^{2+}+30CH_3COOH+192H^+\longrightarrow$$
$$[Mo^{VI}_{72}Mo^{V}_{60}O_{372}(CH_3COO)_{30}(H_2O)_{72}]^{42-}+15N_2+84H_2O$$

向含 5.6g $(NH_4)_6[Mo_7O_{24}]\cdot 4H_2O$ (4.5mmol)和 12.5g CH_3COONH_4 (162.2mmol)的 250mL 水溶液中，加入 0.8g $N_2H_4\cdot H_2SO_4$ (4.5mmol)，溶液搅拌 10min (颜色变为蓝绿色)，随后加入 83mL 50%的 CH_3COOH 溶液，溶液变成绿色，储存在 500mL 敞口烧瓶中，20℃下不搅拌，通风橱中溶液颜色缓慢变成深褐色，4 天后在玻璃器皿上滤出红褐色晶体，分别用 90%乙醇、乙醇、乙醚冲洗，空气中干燥，产量为 3.3g，产率为 52%[73]。

$Na_{26}[Mo_{142}O_{432}(H_2O)_{58}H_{14}]\cdot ca.\ 300H_2O$ 的合成

搅拌下向含 3.00g $Na_2MoO_4\cdot 2H_2O$ (12.4mmol)和 1.00g $Na_2SO_4\cdot 10H_2O$ (3.1mmol) 的 20mL 0.5mol · L^{-1} H_2SO_4溶液中加入 5.2mL 0.08mol · L^{-1}硫酸肼 (0.4mmol)溶液，溶液放置于盖有塞子的长颈瓶中，20 天后，加入 1.90g NaCl (32.5mmol)，4 天后得到晶体，过滤，氩气气氛下干燥，产量为 0.8g，产率为 33%[82]。

$Na_{15}\{Mo_{144}O_{409}(OH)_{28}(H_2O)_{56}\}\cdot ca.\ 250H_2O$ 的合成

将 50g $Na_2MoO_4\cdot 2H_2O$ (206.7mmol)溶于 450mL 水中，滴加 32%的盐酸调节溶液 pH 到 0.8，加入 500mg 铁粉(9mmol)，混合物在 20℃置于盖有玻璃表面皿

的细口锥形瓶中，24h 后继续加入 500mg 铁粉到溶液呈现深蓝色，反应混合物不再搅拌，5～6 周后，在氩气气氛下用玻璃砂漏斗分离晶体产物，氩气保护下，用氯化钙脱水干燥，产量为 10.5g，产率为 27.4%。IR(KBr 压片，氩气气氛下，cm^{-1})：1614(m)、995(sh)、972(m)、911(w-m)、810(sh)、746(s)、713(m)、633(s)[79]。

$Na_{22}[Mo^{VI}_{118}Mo^{V}_{28}O_{442}H_{14}(H_2O)_{58}]\cdot 250H_2O$ 的合成

将 3.04g $Na_2MoO_4\cdot 2H_2O$(12.56mmol)溶于 25mL 水中，加入 2.7mL 盐酸(32%)酸化，搅拌下加入 0.15g $Na_2S_2O_4$(0.86mmol)，形成深蓝色反应混合物，5min 后加入 1mL 甲酸，室温下将溶液放于密闭的烧瓶中约 4 天，过滤蓝色晶体沉淀，冷水洗涤，室温通入 $CaCl_2$ 干燥，产量为 0.35g，产率为 15%[76]。

7.5.2.12　$\{Mo_{152}\}$、$\{Mo_{153}\}$和$\{Mo_{154}\}$的合成

$Na_{16}[Mo_{152}O_{429}(\mu_3\text{-}O)_{28}H_{14}(H_2O)_{66.5}]\cdot$ ca. $300H_2O$ 的合成

将 6.00g $Na_2MoO_4\cdot 2H_2O$(2.48mmol)溶解于 40mL 水中，加 15mL 10%的盐酸酸化，搅拌下加入 0.58g $SnCl_2\cdot 2H_2O$ (2.6mmol；理论上有 20% Mo^{VI} 还原为 Mo^{V})，溶液变为深蓝色，形成深蓝色沉淀。将反应混合物立刻放入 100mL 盖有表面皿的锥形瓶中稍振动促进晶体生长。6 周后混合液中沉淀出深蓝色晶体，过滤出晶体，氩气气氛下干燥[74]。IR(KBr 压片，氩气气氛下，cm^{-1})：971、912(m)、810(sh)、750(s)、634(s)、559(s)；Raman(λ_e=1064nm，cm^{-1})：799(vs)、534(m)、463(s)、438(sh)、323(s)、215(s)；UV-Vis (0.1 $mol\cdot L^{-1}$ HCl 溶液，nm)：750、1065[74]。

$Na_{15}[Mo^{VI}_{126}Mo^{V}_{28}O_{462}H_{14}(H_2O)_{70}]_{0.5}\cdot[Mo^{VI}_{124}Mo^{V}_{28}O_{457}H_{14}(H_2O)_{68}]_{0.5}\cdot 400H_2O$ 的合成

将 3.04g $Na_2MoO_4\cdot 2H_2O$(12.56mmol)溶于 25mL 水中，加入 2.7mL 32%的盐酸酸化，搅拌下加入 0.15g $Na_2S_2O_4$(0.86mmol)，形成深蓝色溶液，室温下将溶液置于密闭烧瓶中约 1 天，过滤蓝色晶体沉淀，快速用少量冷水清洗 (溶解度很高)，室温用 $CaCl_2$ 干燥，产量为 1.15g，产率为 45%[76]。元素分析理论值(%)：Na 1.12、Mo 28.0；实验值(%)：Na 1.2、Mo 27.5。Vis-NIR (H_2O/HCl，pH 1，nm)：745、1070；IR(KBr 压片，cm^{-1})：1616、975(m)、913、820(sh)、750(s)、630(s)、555(s)；Raman (λ_e=1064nm，cm^{-1})：802(s)、535(m)、462(s)、326(s)、215(s)[76]。

$(NH_4)_{25\pm5}[Mo_{154}(NO)_{14}O_{420}(OH)_{28}(H_2O)_{70}]\cdot 350H_2O$ 的合成

将 7.46g $Na_2Mo_4\cdot 2H_2O$ (30.8mmol)、1.19g NH_4VO_3(10.2mmol)、12.83g $NH_2OH\cdot HCl$ (184.6mmol)、9.5mL HCl (3.5%)和 200mL 水混合搅拌 1～2min，放置于 300mL 细口瓶(盖上表面皿)中于 65～70℃加热 20h，合成的沉淀物含有蓝黑色菱形晶体，反应液趁热过滤分离后，深绿色滤液用 100mL 70℃的热水

稀释，冷却到 20℃，在盖有玻璃表面皿的 300mL 细口锥形瓶中再次结晶，化合物于 2～3 天内陈化，溶液减压过滤，氩气气氛下通过 $CaCl_2$ 干燥，产量为 0.3g（产率为 5%，基于 Mo）[75]。

7.5.2.13 $\{Mo_{36}^{VI}\}\subset\{Mo_{130}^{VI}Mo_{20}^{V}\}$的合成

$Na_{22}\{[Mo_{36}^{VI}O_{112}(H_2O)_{16}][Mo_{130}^{VI}Mo_{20}^{V}O_{442}(OH)_{10}(H_2O)_{61}]\}\cdot 180H_2O$ 的合成

溶液 A：60mL 2.46 $mol\cdot L^{-1}$ $Na_2MoO_4\cdot 2H_2O$；溶液 B：60mL 5.0 $mol\cdot L^{-1}$ HCl；溶液 C：60mL 0.19$mol\cdot L^{-1}$ $Na_2S_2O_4$；溶液 D：250mL 0.2$mol\cdot L^{-1}$ K_2MoO_4；溶液 E：250mL 0.4 $mol\cdot L^{-1}$ HNO_3。将溶液 A、B、C 混合，以 4～6$mL\cdot h^{-1}$速率缓慢反应，将混合室输出的溶液输入一个 500mL 混有 D 和 E 溶液的反应器中，流动状态下在 24h 内出现微小的蓝色棒状晶体，2 天后形成了用于衍射的晶体，3 天后产量为 5.0g，产率为 28.20%（参见图 1.7）[83]。

7.5.2.14 $\{Mo_{176}\}$和$\{Mo_{368}\}$的合成

$Na_{16}[(MoO_3)_{176}(H_2O)_{63}(CH_3OH)_{17}H_{16}]\cdot 600H_2O\cdot 6CH_3OH$ 的合成

搅拌下向 60mL 0.5 $mol\cdot L^{-1}$ $Na_2MoO_4\cdot 2H_2O$（30mmol）溶液中加入 7.3mL 25%的盐酸溶液酸化，加入 30mL 处理过的甲醇，随后加入 0.14g 盐酸肼（1.3mmol），继续搅拌 5min，然后放入密封的烧瓶中，7 天后沉淀析出蓝色晶体，氩气气氛下干燥，产量为 3.7g，产率为 57%[82]。

$Na_{48}[H_xMo_{368}O_{1032}(H_2O)_{240}(SO_4)_{48}]\cdot$ ca. $1000H_2O$ 的合成

搅拌下将 0.15g $Na_2S_2O_4$（0.86mmol）还原剂加入含 3g $Na_2MoO_4\cdot 2H_2O$（12.4mmol）的 10mL 水溶液中，用 0.5$mol\cdot L^{-1}$ 35mL H_2SO_4溶液酸化（溶液立即变蓝），溶液密闭储存在烧瓶中，2 周后析出深蓝色晶体沉淀，过滤收集，产量为 80mg。IR（KBr 压片，cm^{-1}）：1616（m）、1191（w）、1122（w）、1060、975、954（s）、761（s）、700（sh）、627（w）、555（m）、464（w）；Raman（$\lambda_e=1064nm$，cm^{-1}）：810（m）、680（w）、460（m）[84]。

7.5.3 同多钼酸盐及其衍生物的结构表征

7.5.3.1 红外光谱

$[Mo_2O_7]^{2-}$ 在 CH_3CN 或 DMF 溶液中及其固体样品的 IR 光谱在 880cm^{-1}和 786cm^{-1}处均出现两个吸收峰[54]。$[Mo_5O_{17}H]^{3-}$ 的红外光谱吸收峰出现在 786cm^{-1}和 740cm^{-1}[55]。$[Mo_6O_{19}]^{3-}$ 的红外吸收峰出现在 958cm^{-1}、796cm^{-1}、598cm^{-1}、428cm^{-1}和 352cm^{-1}。$[Mo_7O_{24}]^{6-}$ 的红外吸收峰出现在 934cm^{-1}、

896cm^{-1}和 788cm^{-1}，对应多阴离子中的 Mo－O 伸缩振动和弯曲振动[56]。$[Mo_{36}(NO)_4O_{108}(H_2O)_{16}]^{12-}$的红外光谱的吸收峰出现在 953cm^{-1}、876cm^{-1}、856cm^{-1}，归属于 Mo＝O 和 Mo－O－Mo 振动。$[Mo_{40}O_{128}]^{24-}$的红外吸收峰为 946(s)cm^{-1}、903(sh)cm^{-1}、869(s)cm^{-1}、765(m)cm^{-1}、724(s)cm^{-1}、652(s)cm^{-1}和 486(m)cm^{-1}。$[Mo_8O_{26}]^{4-}$有多种异构体，它们的红外吸收峰的差异见表 7.6[86]。

表 7.6 $[Mo_8O_{26}]^{4-}$的不同异构体的红外吸收峰[86]

异构体	红外吸收峰/cm^{-1}
$[\alpha\text{-}Mo_8O_{26}]^{4-}$	910,806,659
$[\beta\text{-}Mo_8O_{26}]^{4-}$	921,665
$[\gamma\text{-}Mo_8O_{26}]^{4-}$	924,848,675
$[\delta\text{-}Mo_8O_{26}]^{4-}$	914,848,726,655
$[\xi\text{-}Mo_8O_{26}]^{4-}$	960,890,850,720
$[\zeta\text{-}Mo_8O_{26}]^{4-}$	910(s,br),850(m),810(s)
$[\eta\text{-}Mo_8O_{26}]^{4-}$	948(m),919(s),891(s),845(s),810(s),792(s),718(s),655(s)
$[\theta\text{-}Mo_8O_{26}]^{4-}$	910(s,br),850(m),810(s)

7.5.3.2 紫外-可见吸收光谱

简单同多钼酸盐多阴离子与高核钼酸盐的 UV-Vis 光谱的吸收峰位存在很大差异。$[Mo_6O_{19}]^{3-}$及$[W_6O_{19}]^{3-}$的固态 UV-Vis 光谱吸收峰相对于溶液 UV-Vis 光谱吸收峰稍有位移。$[Mo_6O_{19}]^{3-}$在 DMSO 溶液中的 UV-Vis 光谱吸收峰为 275nm、335nm 和 630nm，而它的固态 UV-Vis 光谱吸收峰为 280nm、334nm 和 632nm[87]。$[W_6O_{19}]^{3-}$在 DMSO 溶液中的 UV-Vis 光谱吸收峰为 280nm 和 435nm，而它的固态 UV-Vis 光谱为 305nm 和 445nm[87]。但对于高核同多钼酸盐 $Na_{15}[Mo^{VI}_{126}Mo^{V}_{28}O_{462}H_{14}(H_2O)_{70}]_{0.5}[Mo^{VI}_{124}Mo^{V}_{28}O_{457}H_{14}(H_2O)_{68}]_{0.5}\cdot ca.\ 400H_2O$ ＝$\{Mo_{153}\}$来说，UV-Vis 光谱在 1070nm 和 745nm 处出现两个吸收峰，可归因于 Mo^{V}/Mo^{VI}的荷移跃迁[76]。$\{Mo_{36}\subset Mo_{150}\}$簇与$\{Mo_{150}\}$簇的紫外-可见吸收光谱的吸收峰均为 748nm(图 7.64)，可归因于 Mo^{V}/Mo^{VI}的荷移跃迁[88]。一系列已报道的钼簇的 UV-Vis 光谱的吸收峰见表 7.7。

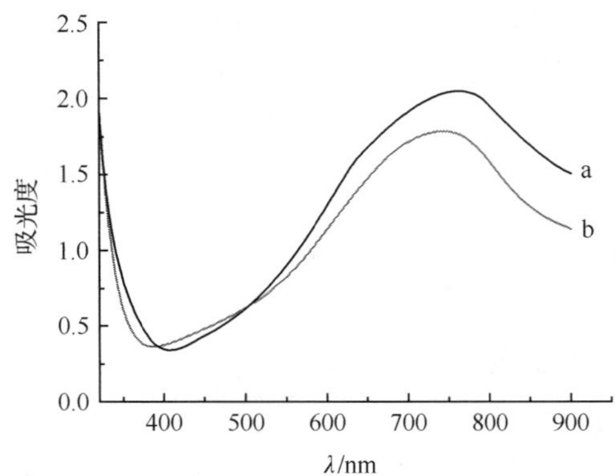

图 7.64 {Mo_{150}}(a 线,吸收强度高)和{Mo_{36}}⊂{Mo_{150}}簇(b 线,吸收强度低)的 UV-Vis 光谱

表 7.7 部分高核钼簇的 UV-Vis 光谱吸收峰

钼簇	吸收峰/nm	文献
$Na_{16}[Mo_{152}O_{457}H_{14}(H_2O)_{66.5}]\cdot 300H_2O$	750	[74]
$(NH_4)_{28}[Mo_{154}(NO)_{14}O_{448}H_{14}(H_2O)_{70}]\cdot 350H_2O$	750	[75]
$Na_{15}\{0.5[Mo_{154}O_{462}H_{14}(H_2O)_{70}]^{14-}\cdot 0.5[Mo_{152}O_{457}H_{14}(H_2O)_{68}]^{16-}\}\cdot 400H_2O$	745	[76]
$Na_{16}[Mo_{176}O_{528}H_{16}(CH_3OH)_{17}(H_2O)_{63}]\cdot 600H_2O\cdot 30CH_3OH$	743	[77]
$Na_{14}[Mo_{154}O_{462}H_{14}(CH_3OH)_8(H_2O)_{62}]\cdot 400H_2O\cdot 10CH_3OH$	750	[78]
$Na_{24}\{0.5[Mo_{144}O_{437}H_{14}(H_2O)_{56}]\cdot 0.5[Mo_{144}O_{437}H_{14}(H_2O)_{60}]\}\cdot 350H_2O$	744	[74]
$Na_{24}[Mo_{144}O_{437}H_{14}(H_2O)_{56}]\cdot 250H_2O$	745	[79]
$Na_{22}[Mo_{146}O_{442}H_{14}(H_2O)_{58}]\cdot 250H_2O$	743	[80]
$Li_{16}[Mo_{176}O_{528}H_{16}(H_2O)_{80}]\cdot 400H_2O$	740	[81]
$Na_{48}[H_xMo_{368}O_{1032}(H_2O)_{240}(SO_4)_{48}]\cdot$ ca. $1000H_2O$	740	[84]

7.5.3.3 电子顺磁共振谱

同多阴离子$[Mo_6O_{19}]^{2-}$在 77K 下的 EPR 谱图中,由于未成对电子和钼同位素原子核自旋($I=5/2$)的超精细作用出现了几个吸收峰,具体参数为:$g_{\perp}=1.930$,$A_{\perp}=34.5G$,$g_{\parallel}=1.919$,$A_{\parallel}=80.5G$,$\Delta g=\pm 0.002$,$\Delta A=\pm 1.5G$(图 7.65)[56]。在 300K 时,溶液的 EPR 谱的信号线宽是 62G$[\langle g\rangle=1/3(2g_{\parallel}+g_{\perp})]$[56]。

7.5.3.4 拉曼光谱

2012 年,Cronin 等研究了{Mo_{36}}⊂{Mo_{150}}簇的固体拉曼光谱,并与{Mo_{36}}和{Mo_{150}}簇的拉曼光谱进行对比(图 7.66)[88],研究三种固体材料的拉曼光谱的相

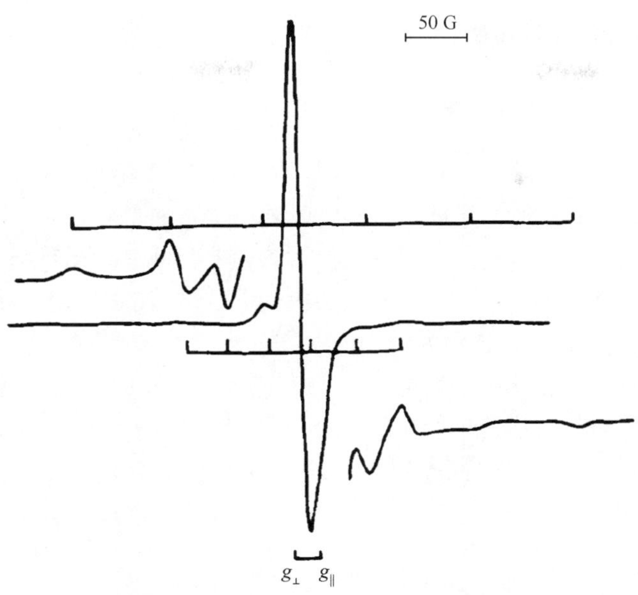

图 7.65　$[Mo_6O_{19}]^{2-}$ 在 77K 下的 EPR 谱图(介质为 0.2mol · L^{-1} 四丁基铵四氟硼酸盐的 DMF 溶液)[56]

似性和区别，$\{Mo_{36}\}\subset\{Mo_{150}\}$ 簇的固体拉曼光谱是独立的 $\{Mo_{36}\}$ 簇和空轮 $\{Mo_{150}\}$ 簇的拉曼光谱的合并。光谱的主要吸收峰出现在 800～1000cm^{-1}，归属于 Mo—O 和 Mo—O—Mo 振动(图 7.66)[88]。由于结构中存在氢键相互作用，光谱的吸收峰稍微变宽。

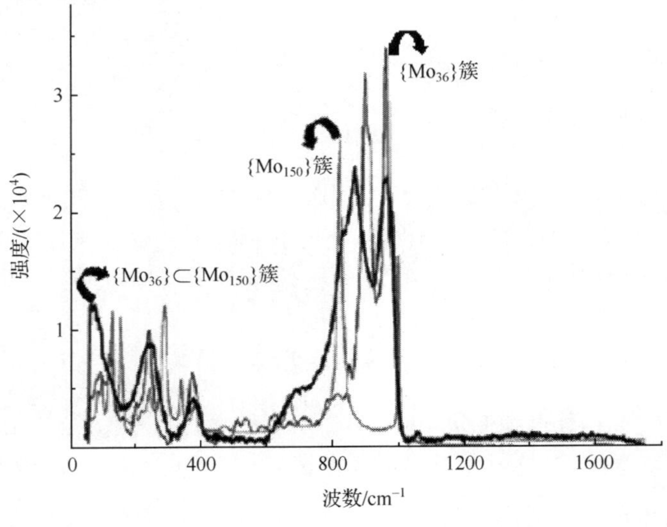

图 7.66　$\{Mo_{36}\}\subset\{Mo_{150}\}$ 簇、$\{Mo_{36}\}$ 簇和空轮 $\{Mo_{150}\}$ 簇的固体拉曼光谱[88]

7.5.4 同多钼酸盐的性质研究

7.5.4.1 电化学性质研究

10^{-3} mol · L^{-1} $[Bu_4N]_2[Mo_6O_{19}]$的 DMSO 溶液的循环伏安曲线的扫描速率为 100mV · s^{-1}，该循环伏安曲线中出现 Mo 的两对吸收峰，半波电位 $E_{1/2}=-0.38V$和$-1.05V$。$\{Mo_{36}\}$簇的电化学行为是在 pH=1 的 H_2SO_4溶液中测定的，扫描速率为 100mV · s^{-1}，在它的循环伏安曲线中，出现三对氧化还原峰，半波电位 $E_{1/2}=(E_{pa}+E_{pc})/2$，分别为 0.406V（Ⅰ-Ⅰ′）、0.124V（Ⅱ-Ⅱ′）和$-0.265V$（Ⅲ-Ⅲ′），三对氧化还原峰可归因于 $Mo^{VI} \rightarrow Mo^{V}$ 的氧化还原过程[图 7.67(a)][89]。在扫描速率低于 350mV · s^{-1}时，峰电流与扫描速率成正比，表明$\{Mo_{36}\}$簇的还原过程是表面控制的[图 7.67(b)][89]。

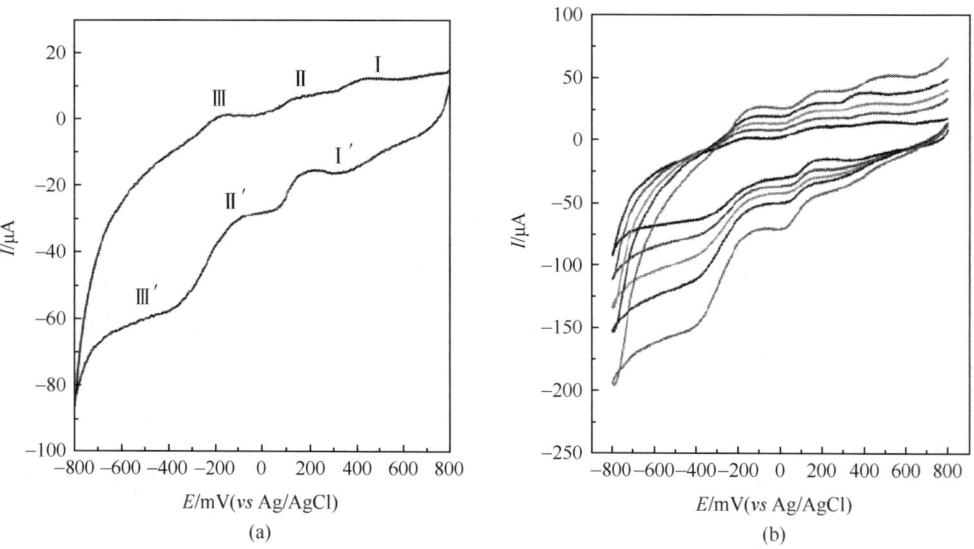

图 7.67 (a) $\{Mo_{36}\}$簇的循环伏安曲线(在 pH=1 的 H_2SO_4溶液中测定的，扫描速率为 100mV · s^{-1})；(b) $\{Mo_{36}\}$簇在不同扫描速率下的循环伏安曲线(从内向外扫描速率分别为 50mV · s^{-1}、100mV · s^{-1}、150mV · s^{-1}、200mV · s^{-1}和 250mV · s^{-1})[89]

7.5.4.2 DLS 和 SLS 法研究高核钼簇的溶液聚集状态

高核钼簇由于具有很高的负电荷，可溶于水和极性有机溶剂中，在溶液中可以自发组装成中空球结构，这就是著名的黑草莓结构，研究黑草莓结构要用到的方法是动态光散射(DLS)和静态光散射(SLS)，这是高分子物理学方法与多酸化学领域的完美结合，刘天波在这方面做出了开创性的工作。2007 年，刘天波等采用

DLS 和 SLS 方法研究发现{Mo_{132}}在溶液中的聚集状态为经典的黑草莓结构，半径为 20～80nm(图 7.68～图 7.70)[90]。2012 年，Cronin 等采用 DLS 方法研究了{Mo_{36}}⊂{Mo_{150}}簇在溶液中的聚集状态，与{Mo_{36}}簇的 DLS 测试对比研究了该簇合物在溶液中尺寸的变化(图 7.71)[88]。

7.5.4.3　量子化学研究

同多钼酸盐的量子化学研究主要集中在不同异构体的结构稳定性上。2002 年，Bridgema 等采用 DFT 方法研究了$[Mo_8O_{26}]^{4-}$不同异构体的稳定性[91]。计算出$[Mo_8O_{26}]^{4-}$不同异构体中键的能量，列于表 7.8 中，其中，$E_B=E_O+E_P+E_E$(E_B为键能，E_O为轨道混合物能级，E_P为泡利排斥能级，E_E为静电相互作用能级)。研究表明 β-异构体的能量是最高的，DFT 计算表明 α-异构体和 δ-异构体的能量是最低的，也是最稳定的[64,91,92]。

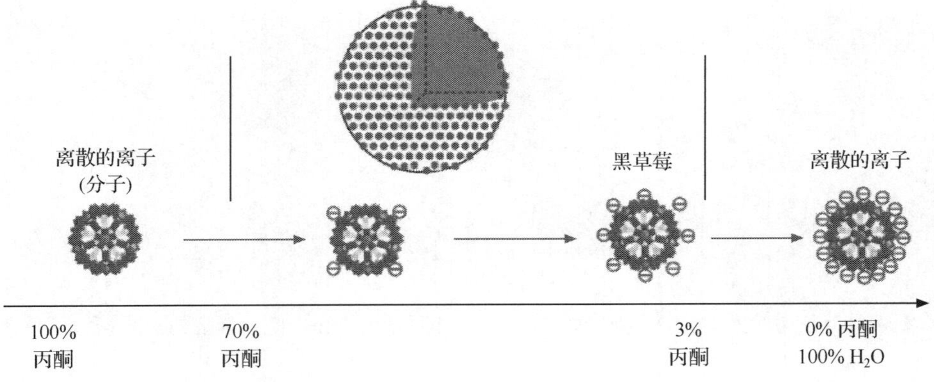

图 7.68　通过调节溶剂比例得到的{Mo_{132}}在溶液中形成的黑草莓与其结构单体之间的转变过程[90]

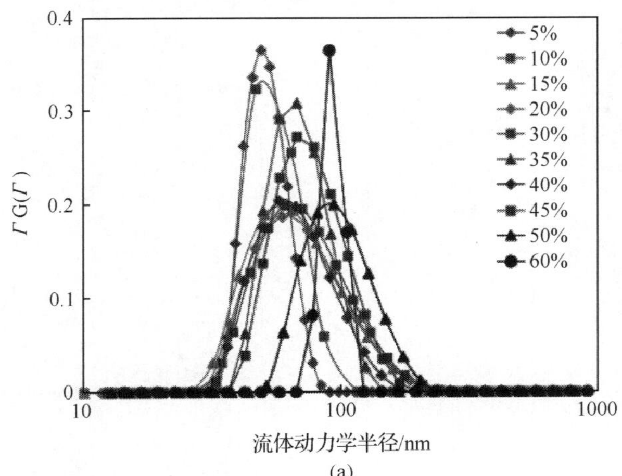

(a)

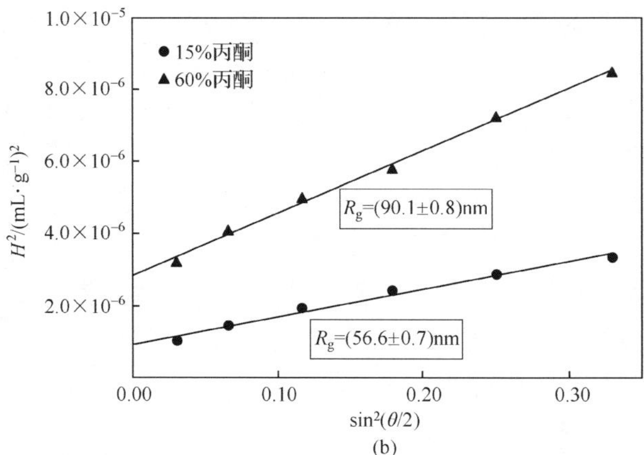

图 7.69　(a) 质量分数为 1.0%的{Mo_{132}}在体积分数为 5%～60%的丙酮溶液中测定的 DLS 曲线(散射角为 90°)；(b) SLS 测试低散射角下{Mo_{132}}黑草莓结构的 $\sin^2(\theta/2)$-H^2 曲线[90]

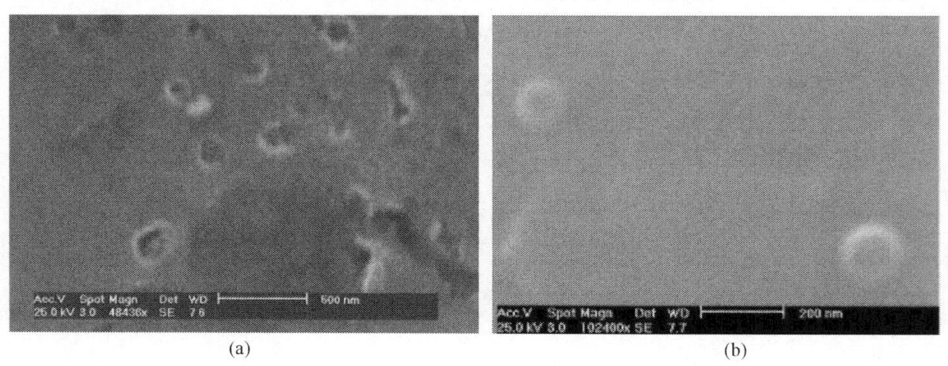

图 7.70　{Mo_{132}}球形簇在溶液中形成的黑草莓结构的 SEM 照片：(a) 体积分数为 30%的丙酮，半径 35～110nm；(b) 体积分数为 45%的丙酮，半径 150nm[88]

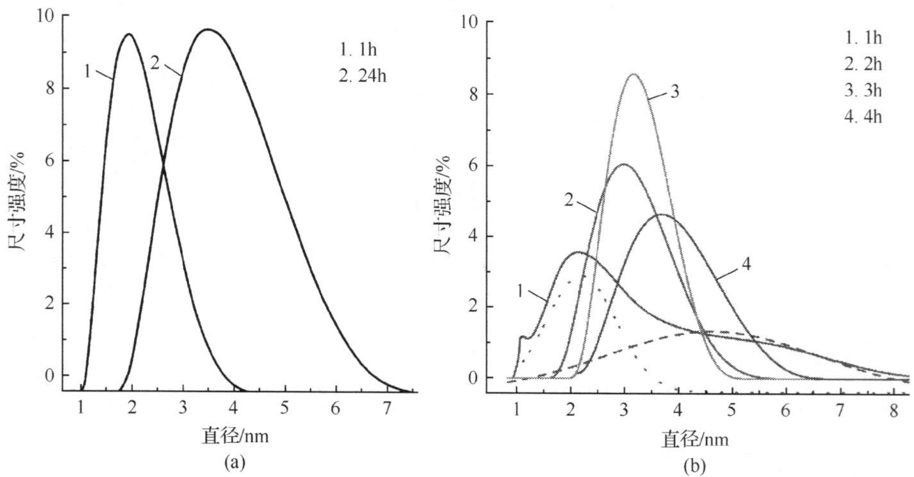

图 7.71　DLS 法测试溶液中{Mo_{36}}⊂{Mo_{150}}簇(a)与{Mo_{36}}簇(b)的直径-尺寸强度的曲线[88]

表 7.8　$[Mo_8O_{26}]^{4-}$ 的不同异构体中键能量和相对能量(eV)[64,91,92]

异构体		E_O	E_E	E_P	E_B	Δ_{rel}
α	实验值	−679.03	−225.72	633.24	−271.52	99
	计算值	−656.72	−215.19	599.39	−272.52	4
β	实验值	−677.77	−229.22	636.29	−270.70	178
	计算值	−662.34	−221.41	612.28	−271.48	112
γ	实验值	−677.92	−227.76	634.49	−271.19	130
	计算值	−657.77	−217.39	602.84	−272.32	21
δ	实验值	−679.04	−226.02	633.67	−271.39	111
	计算值	−654.24	−213.56	595.27	−272.54	0
ε	实验值	−676.08	−226.99	632.01	−271.06	142
	计算值	−660.71	−219.74	608.55	−271.90	62
ζ	实验值	−677.02	−228.03	634.26	−270.80	168
	计算值	−657.39	−217.26	602.42	−272.22	31

7.5.4.4　生物仿生研究

生物仿生研究是通过合成具有类似细胞结构的多酸化合物，以这种化合物为载体研究其功能和特性，进一步应用在生物仿生、医药、材料学等领域。Müller 等在过去的几十年中不但合成出多种多样的巨型钼轮结构，而且不断研究其在生物仿生领域的重要应用，为多酸化学的发展作出了开创性的贡献[93,94]。

Müller 等通过研究发现{Mo_{132}}笼具有类似细胞的特点，具有无机胶囊结构，它在水溶液中可以稳定存在，{Mo_{132}}笼的表面有小的孔洞，可以选择性通过一些尺寸合适的离子(图 7.72 和图 7.73)[93,94]，这一点完全符合细胞膜的选择透过性，而且{Mo_{132}}笼的表面有多个{Mo_9O_9}隧道，使它具有很强的离子识别功能。另外，Müller 等研究发现他们合成的最大钼簇{Mo_{368}}轮具有惊人的含水量，非常类似于水母的结构组成，{Mo_{368}}轮一定会在生物仿生领域发挥巨大的作用[94]。

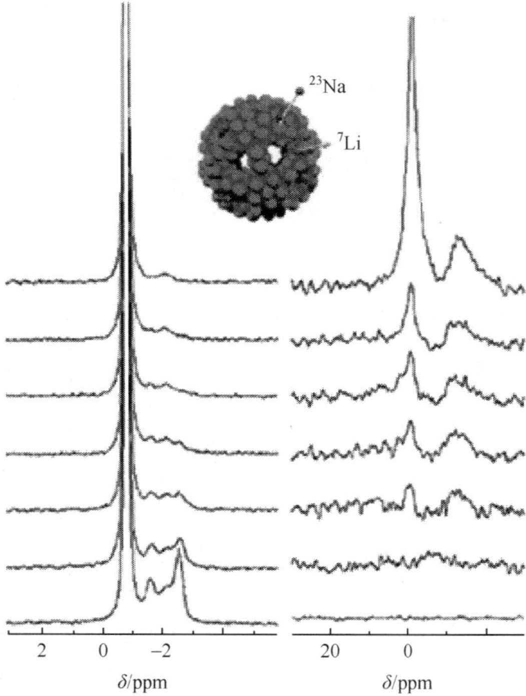

图 7.72　^{23}Na 和^{7}Li 离子在{Mo_{132}}笼中进出过程测定的 NMR 谱图(介质为 DMSO 溶液,Li^+浓度为 28mmol · L^{-1},Na^+从内向外的浓度分别为 0mmol · L^{-1}、10mmol · L^{-1}、13mmol · L^{-1}、17mmol · L^{-1}、20mmol · L^{-1}、23mmol · L^{-1}、30mmol · L^{-1},分别对应 NMR 谱图中自下而上的 7 条谱线)[93]

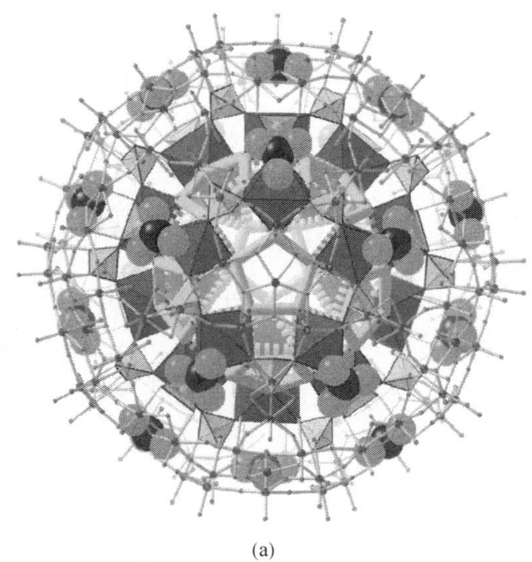

(a)

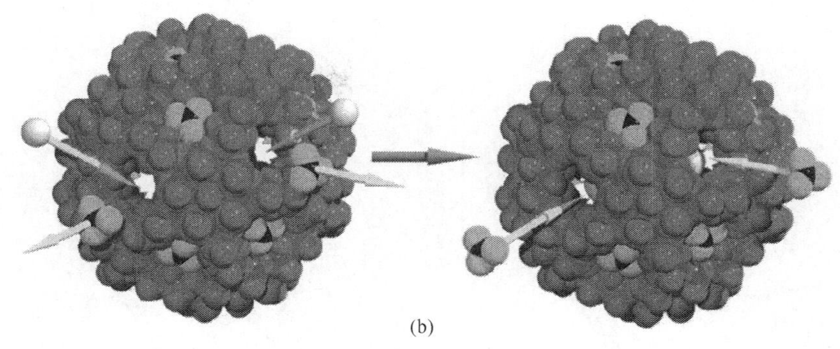

(b)

图 7.73　(a){Mo_{132}}笼的结构图,笼的表面有多个孔洞;(b) Ca^{2+} 可以选择性进出该笼形结构示意图[94]

7.6　同多钨酸盐及其衍生物化学

同多钨酸盐是通过酸化简单钨酸盐水溶液合成的。经典的同多钨酸盐包括[HW_5O_{19}]$^{7-}$、[W_6O_{19}]$^{2-}$(Lindquist 型)、[W_7O_{24}]$^{6-}$、[$W_{10}O_{32}$]$^{4-}$、[$H_4W_{11}O_{38}$]$^{6-}$、[$H_2W_{12}O_{40}$]$^{6-}$(类 Keggin 型)、[$H_2W_{12}O_{42}$]$^{10-}$(仲钨酸盐)及以这些单元构筑的高核同多钨酸盐,如[$H_4W_{19}O_{62}$]$^{6-}$、[$H_4W_{22}O_{74}$]$^{12-}$、[$W_{24}O_{84}$]$^{24-}$、[$H_{10}W_{34}O_{116}$]$^{18-}$和[$H_{12}W_{36}O_{120}$]$^{12-}$等。本节将详细介绍这些同多钨酸盐的结构、合成、表征及性质研究等。

7.6.1　同多钨酸盐的结构化学

最简单的同多钨酸盐阴离子是[HW_5O_{19}]$^{7-}$,它是由 5 个{WO_6}八面体构筑的,其中 2 个八面体共面相连,每个面含有 3 个相邻的端氧,另 2 个八面体共边相连,含有 2 个端氧原子,最后 1 个八面体仅含有 1 个自由角[图 7.74(a)][95]。[W_6O_{19}]$^{2-}$为典型的 Lindquist 结构,是由 6 个共边的{WO_6}八面体组成的,中心的 1 个氧原子与 6 个钨原子共用,这个共用的氧原子位于晶体学反演中心,与 6 个钨原子等距离。[$H_3W_6O_{22}$]$^{5-}$是由 6 个{WO_6}单元共面相连构筑的,3 个质子分别配位到该多阴离子表面的氧原子上[图 7.74(b)]。

[W_7O_{24}]$^{6-}$是由 6 个{WO_6}八面体共面相连构筑的,可以看成[W_6O_{22}]$^{8-}$的缺位位置被 1 个{WO_6}八面体占据构筑的[图 7.75(a)][96]。[$W_{10}O_{32}$]$^{4-}$是由 2 个{W_5O_{18}}单元通过 4 个共用的氧原子共角相连构筑的,在{W_5O_{18}}单元中,5 个变形的{WO_6}八面体通过 1 个共用的氧原子共边相连[图 7.75(b)][97]。

[$H_2W_{12}O_{40}$]$^{6-}$是由四组共边的三金属簇组成的,它类似 α-Keggin 型结构,每个三金属簇共角相连构筑成一个中心穴状体,被内部四个分别来自于三聚体的 μ_3-

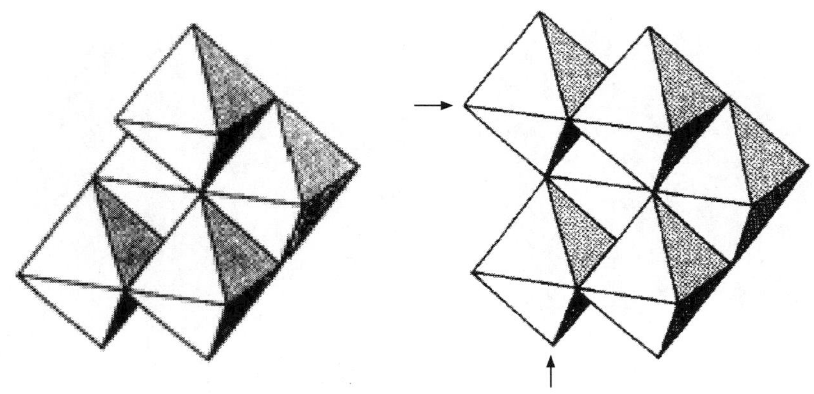

图 7.74 $[HW_5O_{19}]^{7-}$ (a)[95]和$[H_3W_6O_{22}]^{5-}$ (b)[95]的结构图

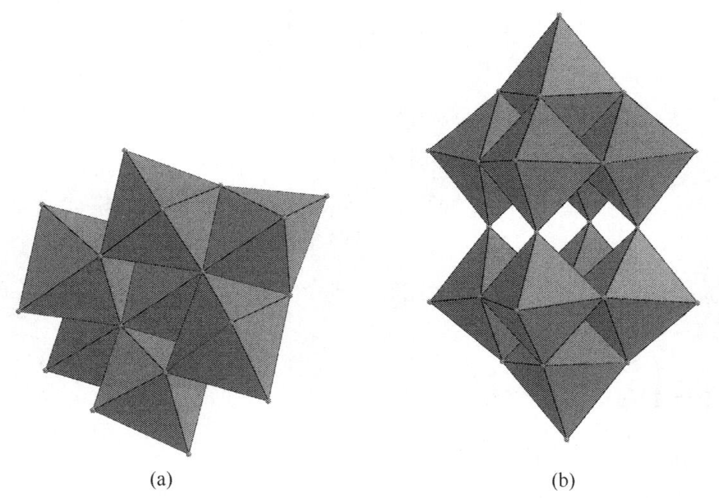

图 7.75 $[W_7O_{24}]^{6-}$ (a)[96]和$[W_{10}O_{32}]^{4-}$ (b)[97]的多面体结构图

桥氧原子固定，四个 μ_3-桥氧原子与阴离子中心以四面体形状排布，同经典的$[\alpha\text{-}W_{12}O_{40}]^{8-}$一样呈现整体的 T_d对称性，两个质子配位到内部氧原子上[图 7.76(a)]。仲钨酸盐多阴离子$[H_2W_{12}O_{42}]^{10-}$是由四组共角的三金属簇构筑的，每组三金属簇含有三个共边的八面体[图 7.76(b)][98]。$[W_{24}O_{84}]^{24-}$是由六个共轴的$\{WO_6\}$八面体构筑的环形结构，六个$\{W_3O_{13}\}$基团配位到这个环上，$\{W_3O_{13}\}$基团是由两个共轴的$\{WO_6\}$八面体和一个$\{WO_5\}$片段组成的，$\{WO_5\}$单元与两个$\{WO_6\}$八面体共用两条相邻的边[图 7.76(c)][99]。

2006 年，Cronin 等报道的$[H_4W_{19}O_{62}]^{6-}$是具有 Dawson 型杂多阴离子框架的同多阴离子，是由一个类 Dawson 型$\{W_{18}\}$笼和位于晶体学 C_2轴上的中心 W 构筑的[图 7.77(a)][100 b]。2004 年，Cronin 等报道的$\{(H_2O)_4K\subset[H_{12}W_{36}O_{120}]\}^{11-}$是

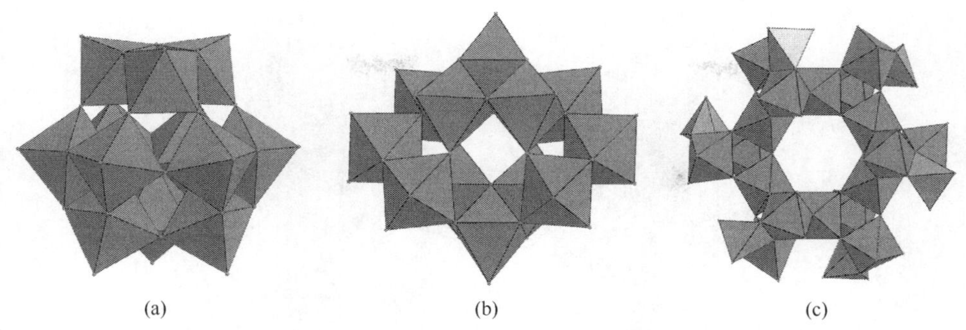

图 7.76　$[H_2W_{12}O_{40}]^{6-}$(a)、$[H_2W_{12}O_{42}]^{10-}$(b)[98]和$[W_{24}O_{84}]^{24-}$(c)[99]的结构图

由 3 个{W_{11}}片段与 3 个{WO_6}单元桥连构筑的三聚簇合物，K^+配位到这个三聚多阴离子簇中{W_6O_6}环的中心，阴离子具有近似 C_{3v}对称性。每个桥连{WO_6}基团是扭曲的{WO_6}八面体，K^+是十配位的，分别与 6 个端氧和 4 个水分子配位[图 7.77(b)][101]。

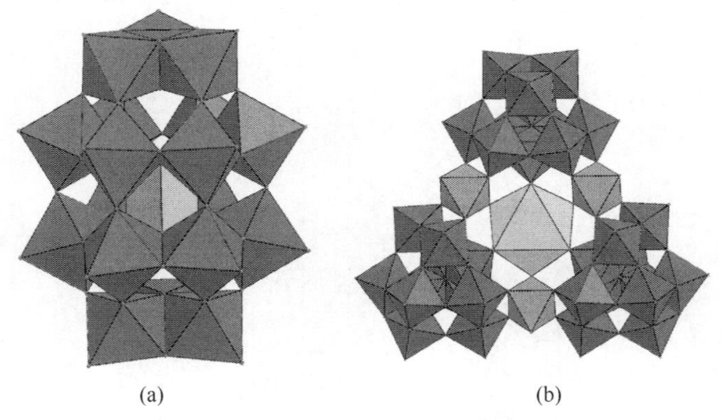

图 7.77　$[H_4W_{19}O_{62}]^{6-}$(a)[100 b]和{$(H_2O)_4K\subset[H_{12}W_{36}O_{120}]$}$^{11-}$(b)的结构图[101]

2008 年，Cronin 等报道的$[H_4W_{22}O_{74}]^{12-}$是由两个{W_{11}}亚单元通过两个 μ_2-桥氧通过反式连接构筑的独特的 S 形结构[图 7.78(a)][102]，在每个{W_{11}}簇中有一个变形的四面体空位，被一个质子占据，而另外两个质子位于外壳上。而$[H_{10}W_{34}O_{116}]^{18-}$是由两个相同的{$W_{11}$}亚单元与一个$[H_2W_{12}O_{42}]^{10-}$={$W_{12}$}单元通过两个 μ_2-桥氧反式相连构筑的扩展 § 形结构，所有的{WO_6}单元具有变形的八面体结构[图 7.78(b)][102]。

7.6.2　同多钨酸盐及其衍生物的合成

在合成上，需要指出的是有些同多钨酸盐的合成过程中，平衡的建立比较缓慢，这就说明反应过程中需要通过加热或者改变其他反应条件来提供较高的能量。

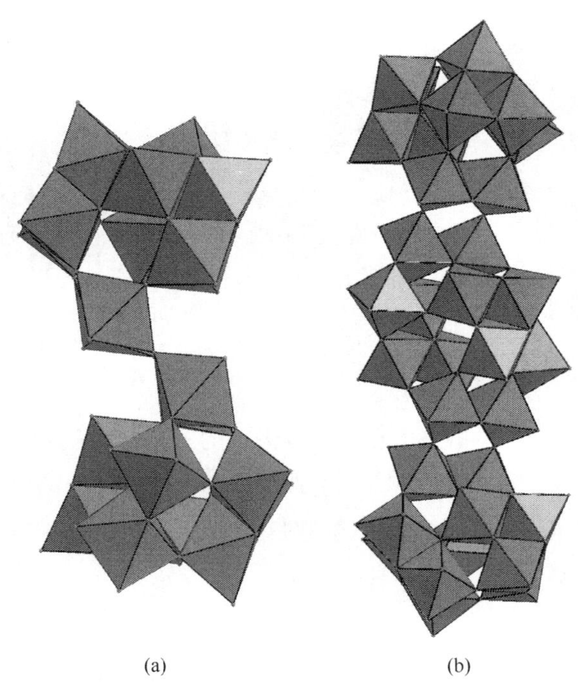

(a) (b)

图 7.78 $[H_4W_{22}O_{74}]^{12-}$(a)和$[H_{10}W_{34}O_{116}]^{18-}$(b)的结构图[102]

7.6.2.1 二钨酸盐{W_2}的合成

$Cs_2[W_2O_7]\cdot 2H_2O$ 和 $Na_2[W_2O_7]\cdot H_2O$ 的合成

离子反应方程式为

$$2WO_4^{2-}+2H^+ \longrightarrow [W_2O_7]^{2-}+H_2O$$

$Cs_2[W_2O_7]\cdot 2H_2O$ 的合成：将 1g Cs_2WO_4(1.9mmol)(Cs_2WO_4是在 1000℃下将 $WO_3\cdot H_2O$ 和 Cs_2CO_3 在陶瓷坩埚中融化制得)和 0.07g $WO_3\cdot H_2O$(0.28mmol)、1.5mL 水在 20℃下(氩气氛围中)搅拌 2h，通过过滤(可能不止一次)将溶液中的固体物质分离，再将溶液静置几小时后(pH≈8)，得到 $Cs_2[W_2O_7]\cdot 2H_2O$ 的晶体产物，化合物溶于水[99]。

$Na_2[W_2O_7]\cdot H_2O$ 的合成：将 10mL 1mol·L^{-1} Na_2WO_4溶液与 0.7g 钨酸(2.8 mmol)混合物在反应釜中加热至 150～180℃，3 周后得到 $Na_2[W_2O_7]\cdot H_2O$ 白色粉末，粉末通过倾析法超声分离出来[99]。

7.6.2.2 五钨酸盐{W_5}的合成

$K_7[HW_5O_{19}]\cdot 10H_2O$ 的合成

离子反应方程式为

$$5WO_4^{2-}+3H^+\longrightarrow[W_5O_{18}(OH)]^{7-}+H_2O$$

在一个封闭的容器中，除去二氧化碳，将 11.2g K_2WO_4(0.0343mol)和 1.25g $WO_3\cdot H_2O$ (0.005mol) 在 12.5mL 水中搅拌(溶液中钨酸根浓度约 2mol · L^{-1})，最初黄色的悬浮液褪色，几乎变成白色，过滤，母液缓慢蒸发，得到空气中稳定的单晶，同时得到主要副产物$[K_{10}H_2W_{12}O_{42}]\cdot 10H_2O$，在母液缓慢蒸发一个月后，通过三次离心可将$[K_{10}H_2W_{12}O_{42}]\cdot 10H_2O$从母液中除去，再继续蒸发可得到纯的$K_7[HW_5O_{19}]\cdot 10H_2O$。或者在母液中加入$K_7[HW_5O_{19}]\cdot 10H_2O$的晶种，然后小心加入一些丙酮，也可以形成 $K_7[HW_5O_{19}]\cdot 10H_2O$ 晶体，两种情况的产率都很低[95]。

7.6.2.3　六钨酸盐{W_6}的合成

$Na_5[H_3W_6O_{22}]$的合成

反应方程式为

$$5Na_2WO_4+7WO_3+3H_2O\longrightarrow 2Na_5[H_3W_6O_{22}]$$

方法 1：在封闭容器中，氩气气氛中，20℃下，将 45g $Na_2WO_4\cdot 2H_2O$ 和 5g $WO_3\cdot H_2O$ 溶于 50mL 水中，搅拌 30min 后，WO_3彻底溶解，之后很快出现无色沉淀物，过滤除去沉淀，在滤液中小心加入丙酮，直到出现浑浊，在大约 15min 后得到 $Na_5[H_3W_6O_{22}]$晶体。$Na_5[H_3W_6O_{22}]$不能从水中重结晶，只能在碱性母液中重结晶，但是在这个环境中，它不是很稳定，静置一段时间后，转化为 $Na_2[W_2O_7]\cdot 4H_2O$[96]。

方法 2：将 0.7g $WO_3\cdot H_2O$ 加入 10mL 1mol · L^{-1} $Na_2WO_4\cdot 2H_2O$ 溶液中，将混合物置于反应釜中，在 150～180℃下加热 24～48h，过滤除去沉淀，在滤液中小心加入丙酮，直到出现浑浊，大约 15min 后得到 $Na_5[H_3W_6O_{22}]$晶体，两种方法产量都很低[96]。

$[(n\text{-}C_4H_9)_4N]_2[W_6O_{19}]$的合成

反应方程式为

$$6Na_2WO_4+10HCl+2(n\text{-}C_4H_9)_4NBr\longrightarrow$$
$$[(n\text{-}C_4H_9)_4N]_2[W_6O_{19}]+10NaCl+2NaBr+5H_2O$$

将 33g $Na_2WO_4\cdot 2H_2O$、40mL 乙酸酐和 30mL DMF 的混合物置于 250mL 锥形瓶中，100℃下搅拌 3h，得到白色液态糊状物，搅拌下加入含有 20mL 乙酸酐和 18mL 12mol · L^{-1}盐酸的 50mL DMF 溶液，过滤，除去不溶的白色固体，澄清滤液冷却至室温，快速搅拌下加入含 15g 四丁基溴化铵(47mmol)的 50mL 甲醇溶液，得白色悬浮液。搅拌该悬浮液 5min，抽滤，分离产品。分别用 20mL 甲醇和 50mL 乙醚洗涤后，空气中干燥粗产品，产量为 22.5g。产品在 8mL 热 DMSO (80℃)中重结晶，室温放置 2 天，得到 18g 透明的无色晶体，抽滤，收集产品。产量为 18g (10mmol)，产率为 60%。如果在 DMF 中重结晶，化合物会缓慢转变成 $[W_{10}O_{32}]^{4-}$。元素分析理论值(%)：C 20.31、H 3.84、N 1.48、W 58.30；实验值(%)：C 20.46、H 3.83、N 1.52、W 58.39[16]。

$(Ph_4P)_2[W_6O_{19}]$和$(PPN)_2[W_6O_{19}]$ 的合成

将 6mol · L^{-1} HCl 溶液逐滴加入含 0.5g $Na_2WO_4 \cdot 2H_2O$ (1.5mmol)的 40mL 水溶液中，直到完全形成 $WO_3 \cdot H_2O$ 沉淀，过滤收集沉淀，用大量蒸馏水洗涤以完全除去氯离子，室温搅拌将其溶解在 20mL 30% 的 H_2O_2中[103]。

$(Ph_4P)_2[W_6O_{19}]$的合成：在上述制备的 $WO_3 \cdot H_2O$ 的 H_2O_2水溶液中，加入 20mL 含 1.10g Ph_4PCl 的水溶液(3.0mmol，Ph_4P＝四苯基膦离子)，搅拌下产生白色沉淀，过滤收集固体，分别用水、95%乙醇和乙醚洗涤，在二氯甲烷/乙醚/戊烷中重结晶，减压抽滤得到无色晶型产物，用 $CaCl_2$ 干燥，产量为 0.32g，产率约为 10%。元素分析理论值(%)：C 27.6、H 1.93、P 2.97、W 52.9；实验值(%)：C 28.1、H 1.96、P 3.01、W 52.4[103]。

$(PPN)_2[W_6O_{19}]$的合成：在上述制备的 $WO_3 \cdot H_2O$ 的 H_2O_2水溶液中，加入 1.7g (PPN)Cl 的水溶液(3.0mmol，PPN＝二(三苯基膦)氮离子)，搅拌下产生白色沉淀，过滤，收集固体，分别用水、95%乙醇和乙醚洗涤，在二氯甲烷/乙醚/戊烷中重结晶，获得无色晶体，产量为 0.52g，产率约为 14%。元素分析理论值(%)：C 34.8、H 2.41、N 1.12、P 2.49、W 44.4；实验值(%)：C 34.5、H 2.36、N 1.10、P 2.46、W 44.1[103]。

$(C_6H_{11}N_2)_4[W_6O_{19}][BF_4]$的合成

离子液体[EMIM][BF_4]的合成：第一步是在搅拌下将 60mmol 1-甲基咪唑和 60mmol 溴乙烷加入圆底烧瓶中，烧瓶置于 140℃硅油的油浴中加热 10min，加热过程的后阶段发生放热反应，混合物变成乳浊液，几分钟后浑浊消失，溶液变成透明的金色黏性溶液，将烧瓶从油浴中拿出来，搅拌冷却至室温 10min，之后再将烧瓶放入 140℃硅油的油浴中加热 10～15min，反应混合物于 100～120℃真空干燥，得到高产量的离子液体溴化 1-乙基-3-甲基咪唑(EMIM)[104]。

第二步是在搅拌下，将 10mmol 溴化 1-乙基-3-甲基咪唑溶于 50mL 丙酮中，加入 10mmol $NaBF_4$，溶液在室温下搅拌 48h 产生大量的白色沉淀 NaBr，过滤除去 NaBr，反应混合物用旋转蒸发仪除去丙酮，得到黄色液体，即为离子液体[EMIM][BF_4][104]。

离子液体中合成$(C_6H_{11}N_2)_4[W_6O_{19}][BF_4]$：将 1g $Na_2WO_4 \cdot 2H_2O$ (3mmol)和 0.11g $Na_2HPO_4 \cdot 12H_2O$ (0.03mmol)溶于 10mL 离子液体[EMIM][BF_4]中，在 150℃搅拌 10h，将混合物缓慢冷却至室温，过滤，滤液室温下缓慢蒸发一个月，得到无色晶体，产率为 54%。$(C_6H_{11}N_2)_4[W_6O_{19}][BF_4]$的元素分析理论值(%)：W 54.40、C 14.25、N 5.61、H 2.10、B 1.05、F 7.60；实验值(%)：W

54.35、C 14.28、N 5.68、H 2.02、B 1.04、F 7.57[104]。

$[(n\text{-}C_4H_9)_4N]_2[W_6O_{19}]$的合成

将1.5g $[(n\text{-}C_4H_9)_4N]_4[W_{10}O_{32}]$溶于8mL CH_3CN和30mL CH_3OH中，回流24h，混合物冷却至0℃，得到白色沉淀，过滤，空气中干燥，沉淀在60℃的饱和丙酮溶液中冷却至25℃，得到0.21g无色块状晶体产物。$[(n\text{-}C_4H_9)_4N]_2[W_6O_{19}]$的元素分析理论值(%)：C 20.31、H 3.84、N 1.48、W 58.30；实验值(%)：C 20.52、H 3.90、N 1.25、W 58.21[38a]。

7.6.2.4　十钨酸盐$\{W_{10}\}$的合成

$[(n\text{-}C_4H_9)_4N]_4[W_{10}O_{32}]$的合成

反应方程式为

$$10Na_2WO_4+16HCl+4(n\text{-}C_4H_9)_4NBr \longrightarrow [(n\text{-}C_4H_9)_4N]_4[W_{10}O_{32}]+16NaCl+4NaBr+8H_2O$$

将16g $Na_2WO_4 \cdot 2H_2O$溶于100mL沸水中，快速搅拌下迅速(10s)加入33.5mL煮沸的3mol·L^{-1} HCl (100.5mmol) 溶液酸化，产生的白色沉淀立即消失。煮沸1～2min后，加入6.4g四丁基溴化铵水溶液(26.4mmol/10mL水)，抽滤，洗涤热溶液中的白色沉淀，用40mL沸水洗三次，60mL乙醇洗两次，100mL乙醚分两次洗涤该白色固体，空气中干燥1h，得到15g粗产品。在10mL热DMF(80℃)中重结晶，1天后得到黄色棱柱状晶体12g，抽滤分离。晶体中含有少量结晶溶剂，可通过真空和研磨除去，或者可在CH_3CN中重结晶，重结晶的具体过程为：将9.0g化合物在80℃下溶于6mL乙腈中，溶液冷却至室温，用乙醚洗涤形成的晶体，空气中干燥1h，得到高纯化合物，产量为8.2g。如果在DMSO中重结晶，化合物缓慢转变成$[W_6O_{19}]^{2-}$[16]。

$(Pr_4N)_4[W_{10}O_{32}] \cdot CH_3CN$的合成

将3.3g $Na_2WO_4 \cdot 2H_2O$(10mmol)溶解在50mL水中。用6mol·L^{-1} HCl溶液调节溶液pH至1.2，加热溶液回流3天。溶液冷却至室温之后，加入1.7g Pr_4NBr的30mL水溶液，收集沉淀产品，用乙醇洗涤，真空干燥，在CH_3CN中重结晶，产量为2.8g，产率为89%。元素分析理论值(%)：C 19.14、H 3.70、N 2.23、W 58.6；实验值(%)：C 19.01、H 3.47、N 2.15、W 57.9。IR(KBr压片，cm^{-1})：2976、1681、1629、1474、1380、1325、1105、1041、961、894、804、589[100b]。

$(C_6H_{11}N_2)_4[W_{10}O_{32}]$的合成

$(C_6H_{11}N_2)_4[W_{10}O_{32}]$是在离子液体中合成的，离子液体的合成方法见$(C_6H_{11}N_2)_4[W_6O_{19}][BF_4]$的合成[104]。

具体合成如下：将1g $Na_2WO_4 \cdot 2H_2O$ (3mmol) 和0.16g $Na_2HPO_4 \cdot 12H_2O$

(0.45mmol) 溶于 10mL 离子液体[EMIM][BF_4]中，在 90℃搅拌 10h，将混合物缓慢冷却至室温，过滤，滤液室温下缓慢蒸发 1～2 天，得到无色晶体，产率为 18%。元素分析理论值(%)：W 65.81、C 10.37、N 4.00、H 1.53；实验值(%)：W 65.76、C 10.31、N 4.01、H 1.57[104]。

[$(n\text{-}C_4H_9)_4N$]$_4$[$W_{10}O_{32}$]的合成

将 1.0g $Na_2WO_4 \cdot 2H_2O$ 溶于 3mL H_2O 中，25℃保存 12h，然后用 1.6mL 3mol·L^{-1}盐酸溶液缓慢酸化，加入 0.40g $(n\text{-}C_4H_9)_4NCl$，得到白色沉淀，过滤，依次用水、乙醇和乙醚洗涤，最终通过 P_2O_5 干燥 24h，将该沉淀的 25℃饱和乙腈溶液冷却至 0℃，并加入冷的丙酮，得到 0.48g 晶体产物。元素分析理论值(%)：C 23.15、H 4.37、N 1.69、W 55.37；实验值(%)：C 23.26、H 4.53、N 1.83、W 54.92[38a]。

7.6.2.5 十二钨酸盐{W_{12}}的合成

Na_6[$H_2W_{12}O_{40}$]的合成

方法 1：合成前驱体 $WO_3 \cdot H_2O$。100℃下，将 50mL 1.0 mol·L^{-1} $Na_2WO_4 \cdot 2H_2O$ 的水溶液注入 450mL 3.0mol·L^{-1} HCl 溶液中，最初的黄色溶液迅速变浑浊，出现黄色沉淀，混合物加热 30min，静置，通过倾析法用 0.1mol·L^{-1} HCl 溶液洗涤三次，过滤得到的泥浆，用 25mL 水洗涤，然后在 100℃下干燥 2h，得到 9.5g 橘黄色的粉末，产率为 78%[105]。

合成 Na_6[$H_2W_{12}O_{40}$]·$29H_2O$。将 100g $WO_3 \cdot H_2O$ 溶解在 40g $Na_2WO_4 \cdot 2H_2O$ 的 2.5L 水溶液中，煮沸 2h，过滤，用水和稀释的盐酸洗涤沉淀，100℃下干燥，得到 9.1g 样品，滤液置于用扎有小孔的塑料膜密封的烧杯中，2 周后得到大的透明晶体，母液转移到滤纸上，吸干晶体表面的水分，产量为 122g(产率为 79%)[105]。

方法 2：将 0.38g Na_2WO_4(1.3mmol)溶于 25mL 水中，加热回流 3h，离心分离除去黄色不溶物(0.01g)，溶液蒸发至干，残留物在 20mL 异丙醇中搅拌，最终的白色固体离心分离，用 15mL 异丙醇洗涤两次，固体在真空下干燥得到 Na_6[$H_2W_{12}O_{40}$]，产量为 1.28g[106]。

[NH_4]$_4H_8$[$H_2W_{12}O_{40}$]的合成

将 2.0g Na_6[$H_2W_{12}O_{40}$] (0.68mmol)的 15mL HCl 溶液(0.5mol·L^{-1}) 在 N_2下 Hg 池中还原，工作电极是 Ag/AgCl (3.5mol·L^{-1} KCl 溶液，−410mV)，直到 390C (每个阴离子带 6e)时，循环伏安显示没有残余的[$H_2W_{12}O_{40}$]$^{6-}$。棕色溶液转移到除氧的烧瓶中(所有后续的操作都是除氧的)，放置过夜，溶液过滤，溶液体积减少至 2mL，快速搅拌下逐滴加入 20mL MeOH，过滤得到沉淀，用 MeOH 洗涤,真空干燥[106]。产量为1.7g,产率为85%。$[NH_4]_4H_8[H_2W_{12}O_{40}]$的元素分析实验值(%):N 1.93、W 75.20;理论值(%):N 1.91、W 75.34。IR(KBr压片,cm^{-1}):935(m)、890(sh)、838(br)、731(br)、649(m);UV-Vis (水,nm):530nm(sh)[106]。

$[n\text{-}Bu_4N]_5H[H_2W_{12}O_{40}]$的合成

将2.5g $Na_6[H_2W_{12}O_{40}]$ (0.83mmol)溶于pH 3的40mL HCl溶液中,然后将其加入含1.6g n-Bu_4NBr (5.0mmol) 的50mL CH_2Cl_2溶液中,剧烈搅拌,静置1h后,溶液分两层,收集下层溶液,上层溶液用0.96g n-Bu_4NBr (3.0mmol)的40mL CH_2Cl_2溶液萃取,再次收集下层溶液,与之前的下层溶液混合,用$MgSO_4$干燥过夜,过滤,溶液体积减少至25mL,剧烈搅拌下逐滴加入乙酸乙酯,直到开始沉淀为止,混合物放入冰箱中保存,得到白色晶体产物,真空抽滤,用CH_2Cl_2/乙酸乙酯(体积比为1∶1)洗涤,在空气中干燥,产量为2.4g,产率为71%[106]。元素分析实验值(%):C 23.28、H 4.48、N 1.74、W 54.05;理论值(%):C 23.66、H 4.54、N 1.72、W 54.32。IR(KBr压片,cm^{-1}):944(s)、879(s)、784(s);UV-Vis (MeCN,nm):263;^{183}W NMR (CD_3CN,ppm):91.3;^{17}O NMR (CD_3CN,ppm):39、417、433和758[106]。

$[Pr_4N]_5H[H_2W_{12}O_{40}]$的合成

将2.7g $Na_6[H_2W_{12}O_{40}]$ (0.91mmol)溶于25mL pH 3的HCl溶液中,然后将其加入含2.4g $(C_6H_{13})_4NBr$ (5.5mmol)的50mL乙酸乙酯溶液中,剧烈振荡,静置半小时后,溶液分两层,收集下层溶液,并用$MgSO_4$干燥过夜,过滤,剧烈搅拌下逐滴加入1.6g Pr_4NBr (6.0mmol)的20mL乙酸乙酯/CH_2Cl_2(体积比为1∶1)溶液,将白色固体过滤,用异丙醇和乙醚洗涤,空气中干燥,粗产品在MeCN/CH_2Cl_2中重结晶,产量为2.2g,产率为64%[106]。元素分析实验值(%):C 18.76、H 3.48、N 1.82、W 58.10;理论值(%):C 19.06、H 3.79、N 1.85、W 58.35。IR(KBr压片,cm^{-1}):942(s)、878(s)、847(m)、781(s)[106]。

$[Bu_4N]_3H_9[H_2W_{12}O_{40}]$的合成

将1.4g $[NH_4]_4H_8[H_2W_{12}O_{40}]$ (0.47mmol)溶于35mL HCl溶液(pH 3)中,然后将其加入含0.93g Bu_4NBr (2.9mmol)的40mL CH_2Cl_2中,剧烈振荡后,溶液静置分两层,收集下层溶液,上层用含0.42g Bu_4NBr (1.5 mmol) 的30mL CH_2Cl_2溶液萃取,再次收集下层溶液并与之前的下层溶液混合,用$MgSO_4$干燥过夜,过滤,溶液体积减少至25mL,剧烈搅拌下逐滴加入乙酸乙酯,−20℃下静置,得到棕色晶体产物,过滤,用乙酸乙酯/CH_2Cl_2(体积比为1∶1)和乙酸乙酯洗涤,真空干燥,产量为1.1g,产率为65%[106]。$[Bu_4N]_3H_9[H_2W_{12}O_{40}]$的元素分析实验值(%):C 16.04、H 3.28、N 1.10、W 61.30;理论值(%):C 16.08、H 3.35、N 1.17、W 61.55。IR(KBr压片,cm^{-1}):943(m)、929(m)、871(sh)、849(s)、801(m)、724 (s)、652(m);UV-Vis (MeCN,nm):550(sh)[106]。

{[K(TEAH)$_4$][K($H_2W_{12}O_{40}$)]}的合成

将5.0g三乙醇胺(TEA)(33.5mmol)和3.3g $Na_2WO_4 \cdot 2H_2O$ (10mmol)溶解在30mL水中,搅拌下逐滴加入37%盐酸调节pH至2.0,然后加热溶液至回流,加入0.66g KCl (8.9mmol)至反应混合物中。溶液进一步回流14天,在冷却和缓慢蒸发过程中得到浅蓝色晶体{[K(TEAH)$_4$][K($H_2W_{12}O_{40}$)]},产量为0.21g,产率为7%。进一步蒸发形成了副产物(TEAH)$_6$[$H_2W_{12}O_{40}$]。元素分析理论值(%):C 8.17、H 1.89、N 1.59;实验值(%):C 8.28、H 1.91、N 1.55。IR (KBr压片,cm^{-1}):3481、1635、1475、1447、1402、1318、1261、1208、1090、1054、1030、1005、941、875、767[101]。

$Na_{10}[H_2W_{12}O_{42}] \cdot 28H_2O$的合成

合成前驱体$WO_3 \cdot 2H_2O$: 25°下,将50mL 1.0mol·L^{-1} $Na_2WO_4 \cdot 2H_2O$的水溶液加入450mL 3.0mol·L^{-1} HCl溶液中,黄色凝胶粒子迅速沉淀,陈化,形成一种硬的凝胶,过滤,用25mL水(不加HCl)洗涤可以避免变成溶胶。洗涤后的凝胶室温干燥,研磨得到12g黄色粉末,产率为90%[105]。

合成$Na_{10}[H_2W_{12}O_{42}] \cdot 28H_2O$: 将20g $WO_3 \cdot 2H_2O$、20g $Na_2WO_4 \cdot 2H_2O$和20mL水混合,室温下搅拌,20min内溶解基本完成,30min后过滤溶液除去少量浑浊,将无色糊状物置于一个小碟内形成一薄层,3h内棱柱状晶体开始形成,结晶在3天内完成,产量为36g,产率为90%[105]。

$Na_{10}[H_2W_{12}O_{42}] \cdot 20H_2O$的合成

向含有50g $Na_2WO_4 \cdot 2H_2O$和5.16g $Al(NO_3)_3 \cdot 9H_2O$的20mL水溶液中,加入6mol·L^{-1} HNO_3溶液调节溶液的pH至7.0,煮沸10~15min后,溶液变澄清,然后过滤,在蒸气浴上蒸发结晶,两次重结晶产物,空气中干燥,得到$Na_{10}[H_2W_{12}O_{42}] \cdot 20H_2O$[107]。$Na_{10}[H_2W_{12}O_{42}] \cdot 20H_2O$的元素分析理论值(%):Na 6.62、W 63.6;实验值(%):Na 6.47、W 61.5[107]。

7.6.2.6 {W_{15}}和{W_{19}}的合成

[$Na_2(H_2O)_2K_5(H_2O)_6$][$H_6Ce_2(H_2O)ClW_{15}O_{54}$]·$6H_2O$的合成

将2.7g $Na_2WO_4 \cdot 2H_2O$ (8.19mmol)溶于20mL水中,用2mol·L^{-1} HCl溶液将溶液的pH调至5.3,向无色溶液中逐滴加入1.26mL 1mol·L^{-1} $Ce(NO_3)_3$水溶液,室温搅拌,煮沸60min,混合物过滤,冷却至室温,用2mol·L^{-1} HCl溶液将滤液的pH调至5.0,加入3.4g KCl,煮沸30min后,混合物过滤,滤液室温下保存几周得到黄色针状晶体,产率为42%,产量为1.02g。[$Na_2(H_2O)_2K_5(H_2O)_6$][$H_6Ce_2(H_2O)ClW_{15}O_{54}$]·$6H_2O$的元素分析理论值(%):H 0.81、K

4.42、Na 1.03、Cl 0.80、Ce 6.29、W 61.90；实验值(%)：H 0.96、K 4.56、Na 0.90、Cl 0.69、Ce 6.38、W 62.11。IR(KBr压片，cm^{-1})：621(s)、951(s)、895(m)、847(m)、797(s)、512(m)[100a]。

$(TEAH)_6[H_4W_{19}O_{62}]$的合成

将14.0g三乙醇胺盐酸盐（TEAHCl)(75.4mmol)和13.0g $Na_2WO_4 \cdot 2H_2O$ (39.4mmol)溶解在80mL水中，搅拌下加入6mol·L^{-1}盐酸将pH调至1.2，加热回流搅拌溶液3天，在溶液冷却到室温后，2天内得到浅绿色的针状晶体，过滤，用乙醇洗涤，真空干燥，产量为3.8g，产率为34%。元素分析理论值(%)：C 8.02、H 1.87、N 1.56、W 64.8；实验值(%)：C 8.04、H 1.84、N 1.54、W 64.5。IR(KBr压片，cm^{-1})：3434、1631、1446、1258、1202、1091、1060、1027、961、767、614[100b]。将产物在水中重结晶得到浅绿色立方晶体$(TEAH)_6[H_4W_{19}O_{62}] \cdot 6H_2O$。在没有有机$TEAH^+$存在，其他反应条件相同时，仅有$[W_{10}O_{32}]^{4-}$形成，说明$TEAH^+$的加入对反应产物的影响很大[100b]。

$(Pr_4N)_6[H_4W_{19}O_{62}] \cdot 6CH_3CN$和$(Pr_4N)_6[H_4W_{19}O_{62}] \cdot 3CH_3CN$的合成

将新制得的2.0g $(TEAH)_6[H_4W_{19}O_{62}]$在搅拌下溶解于80mL水中，加入2.2g Pr_4NBr的50mL水溶液，混合物继续搅拌10min。离心分离沉淀，用水、乙醇和乙醚洗涤，真空干燥，将干燥的样品用140mL乙腈萃取，蒸发提取物得到无色条形晶体$(Pr_4N)_6[H_4W_{19}O_{62}] \cdot 6CH_3CN$(产量为0.68g，产率为33%)和浅奶油黄多面体晶体$(Pr_4N)_6[H_4W_{19}O_{62}] \cdot 3CH_3CN$(产量为0.45g，产率为21%)[100b]。手工分离$(Pr_4N)_6[H_4W_{19}O_{62}] \cdot 6CH_3CN$和$(Pr_4N)_6[H_4W_{19}O_{62}] \cdot 3CH_3CN$。晶体$(Pr_4N)_6[H_4W_{19}O_{62}] \cdot 6CH_3CN$从溶液中取出后数分钟内分解，而$(Pr_4N)_6[H_4W_{19}O_{62}] \cdot 3CH_3CN$脱离母液可以稳定存在。$(Pr_4N)_6[H_4W_{19}O_{62}] \cdot 6CH_3CN$的IR(KBr压片，$cm^{-1}$)：3542、2970、2881、1627、1387、1324、1158、1024、961、876、799；元素分析（失去溶剂乙腈和真空干燥后）理论值(%)：C 15.42、H 3.09、N 1.50、W 62.3，实验值(%)：C 15.30、H 2.95、N 1.50、W 61.8。$(Pr_4N)_6[H_4W_{19}O_{62}] \cdot 3CH_3CN$的IR(KBr压片，$cm^{-1}$)：3410、2975、2881、1484、1385、1013、962、815；元素分析理论值(%)：C 16.35、H 3.18、N 2.20，实验值(%)：C 16.30、H 3.17、N 2.23[100b]。

7.6.2.7 $\{W_{22}\}$，$\{W_{34}\}$和$\{W_{36}\}$的合成

$Na_{12}[H_4W_{22}O_{74}] \cdot 31H_2O$的合成

将0.85g固体Na_2SO_3(6.7mmol)缓慢加入沸腾的20.0g $Na_2WO_4 \cdot 2H_2O$水溶液中(60.6mmol/40mL水)，搅拌，逐滴加入浓盐酸至pH为3.4。在pH为4～7时，有时候形成白色沉淀，进一步加盐酸能够重新溶解，溶液颜色由无色变为浅

黄色,反应混合物在80℃加热1h,然后过滤,滤液置于敞开的锥形瓶中,3天后室温下缓慢结晶,过滤得到六边形无色晶体,空气中干燥,产量为5.0g,产率为29.9%。元素分析理论值(%):Na 4.55、W 66.67;实验值(%):Na 4.22、W 66.39。IR(KBr压片,cm^{-1}):1634、938、874、843、802、715[102]。

$Na_{18}[H_{10}W_{34}O_{116}]\cdot 47H_2O$ 的合成

搅拌下,向40.0g $Na_2WO_4\cdot 2H_2O$ 水溶液中(121.2mmol/40mL水)缓慢加入1.70g固体 Na_2SO_3(13.4mmol),然后逐滴加入4mol·L^{-1} HCl溶液直至pH为2.4。在pH为4~7时,可能形成白色沉淀,进一步加HCl溶液沉淀会重新溶解,溶液颜色由无色变为浅黄色,反应混合物在80℃加热1h,然后过滤,室温下滤液置于敞开的锥形烧瓶中缓慢结晶,5天后过滤得到棒状无色晶体,空气中干燥,产量为12.5g,产率为38%。元素分析理论值(%):Na 4.41、W 66.66;实验值(%):Na 4.25、W 65.76。IR(KBr压片,cm^{-1}):1634、947、888、841、808、678[102]。

$(TEAH)_9Na_2\{(H_2O)_4K\subset[H_{12}W_{36}O_{120}]\}\cdot 17H_2O$ 的合成

将3.0g三乙醇胺(TEA)(20mmol)和1.6g $Na_2WO_4\cdot 2H_2O$(4.9mmol)溶解在25mL水中,搅拌下逐滴加入37%盐酸将溶液的pH调至2.0,随后加入0.11g $Na_2S_2O_4$(0.63mmol),继续搅拌此蓝色溶液10min,然后密封,在4℃下保存一个月,在此期间,蓝色溶液褪色,最终变成无色,得到无色针状晶体 $(TEAH)_9Na_2\{(H_2O)_4K\subset[H_{12}W_{36}O_{120}]\}\cdot 17H_2O$,产量为135mg(0.013mmol),产率为10%[101]。继续缓慢蒸发冷凝母液可得到又一批 $(TEAH)_9Na_2\{(H_2O)_4K\subset[H_{12}W_{36}O_{120}]\}\cdot 17H_2O$ 产物,但同时会得到副产物 $(TEAH)_6[H_2W_{12}O_{40}]$。如果重复上述实验过程,同时向酸化溶液中加入13mg KCl(0.17mmol)也获得了相似产率的产物,然而,室温下加入过量的KCl,溶液中会迅速沉淀出一种未知的白色粉末,加热该体系得到了 $\{[K(TEAH)_4][K(H_2W_{12}O_{40})]\}$[101]。在最初的反应过程中虽然原料中没有钾盐,晶体学数据明确证实钾离子配位到 $[H_{12}W_{36}O_{120}]^{12-}$ 的空穴中。元素分析理论值(%):K 0.38、C 6.26、H 1.93、N 1.22;实验值(%):K 0.40、C 7.06、H 1.69、N 1.30。IR(KBr压片,cm^{-1}):3433、1628、1447、1384、1307、1245、1199、1096、1064、984、947、890、776[101]。

7.6.3 同多钨酸盐及其衍生物的结构表征

7.6.3.1 红外光谱和拉曼光谱

IR光谱非常适于鉴定多阴离子,尽管不同类型的阴离子在指纹区(大约1000~300cm^{-1})出现吸收峰,但是Raman光谱会受到不同阳离子和含水量的强烈影响。

$Na_5[H_3W_6O_{22}]\cdot 18H_2O$、$K_7[HW_5O_{19}]\cdot 10H_2O$ 和 $Na_6[W_7O_{24}]\cdot 18H_2O$

的红外光谱和拉曼光谱如图 7.79 所示[95]，$Na_5[H_3W_6O_{22}]\cdot 18H_2O$ 的 IR 光谱的吸收峰分别为 940cm^{-1}、913cm^{-1}、848cm^{-1}、707cm^{-1}、595cm^{-1}、436cm^{-1} 和 361cm^{-1}[图 7.79(a)右]；$K_7[HW_5O_{19}]\cdot 10H_2O$ 的 IR 光谱的吸收峰分别为 925cm^{-1}、859cm^{-1}、699cm^{-1}、624cm^{-1}、485cm^{-1} 和 362cm^{-1}[图 7.79(b)右]；$Na_6[W_7O_{24}]\cdot 18H_2O$ 的 IR 光谱的吸收峰分别为 959cm^{-1}、945cm^{-1}、926cm^{-1}、911cm^{-1}、895cm^{-1}、848cm^{-1}、668cm^{-1}、581cm^{-1}、488cm^{-1}、412cm^{-1} 和 367cm^{-1}[图 7.79(c)右]。而 $Na_5[H_3W_6O_{22}]\cdot 18H_2O$ 的 Raman 光谱的吸收峰分别为 939cm^{-1}、923cm^{-1}、904cm^{-1}、865cm^{-1}、831cm^{-1}、809cm^{-1}[图 7.79(a)左]；$K_7[HW_5O_{19}]\cdot 10H_2O$ 的 Raman 光谱的吸收峰分别为 951cm^{-1}、943cm^{-1}、891cm^{-1}、837cm^{-1}、801cm^{-1}[图 7.79(b)左]；$Na_6[W_7O_{24}]\cdot 18H_2O$ 的 Raman 光谱的吸收峰分别为 970cm^{-1}、964cm^{-1}、944cm^{-1}、936cm^{-1}、916cm^{-1}、897cm^{-1}

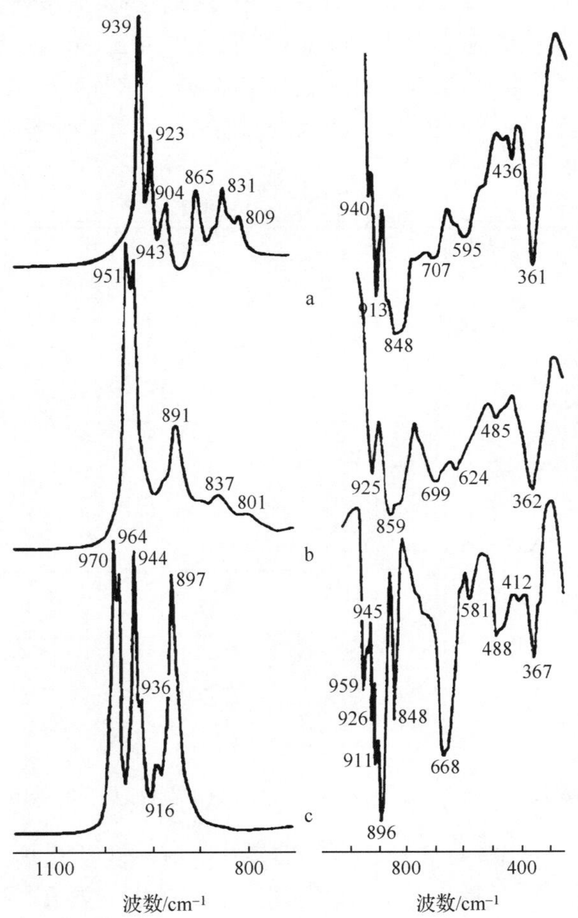

图 7.79　$Na_5[H_3W_6O_{22}]\cdot 18H_2O$ (a)、$K_7[HW_5O_{19}]\cdot 10H_2O$(b)和 $Na_6[W_7O_{24}]\cdot 18H_2O$ (c)的 Raman 光谱(左)和 IR 光谱(右)[95]

[图 7.79(c)左][95]。$Na_5[H_3W_6O_{22}]\cdot 18H_2O$ 和 $Na_6[W_7O_{24}]\cdot 18H_2O$ 的 IR 和 Raman 光谱(图 7.79)的显著区别在于钨原子的增加导致 IR 和 Raman 光谱的谱峰变得更加尖锐[95]。

7.6.3.2 紫外-可见吸收光谱

$[(n\text{-}C_4H_9)_4N]_2[W_6O_{19}]$ 在 CH_3CN 中的 UV-Vis 光谱的吸收峰出现在 265nm 和 244nm 处,可归因于 W—O 的荷移跃迁[108];而 $[(n\text{-}C_4H_9)_4N]_4[W_{10}O_{32}]$ 在 CH_3CN 中的 UV-Vis 光谱的吸收峰出现在 322nm、286nm 和 262nm 处,对应 W—O 的荷移跃迁[109]。

7.6.3.3 热重-差热和差示扫描量热(DSC)分析

$Na_{12}[H_4W_{22}O_{74}]\cdot 31H_2O$ 的 TG 曲线中存在两步质量损失,第一步质量损失是 50~182℃,质量损失为 9.34%,归因于结晶水的失去;第二步质量损失是182~1000℃,质量损失为 1.03%,归因于结晶水分子的失去(图 7.80)[102]。$Na_{12}[H_4W_{22}O_{74}]\cdot 31H_2O$ 的 DTA 曲线表明,在 195.58℃时多阴离子的骨架结构开始塌陷(图 7.80)[102]。

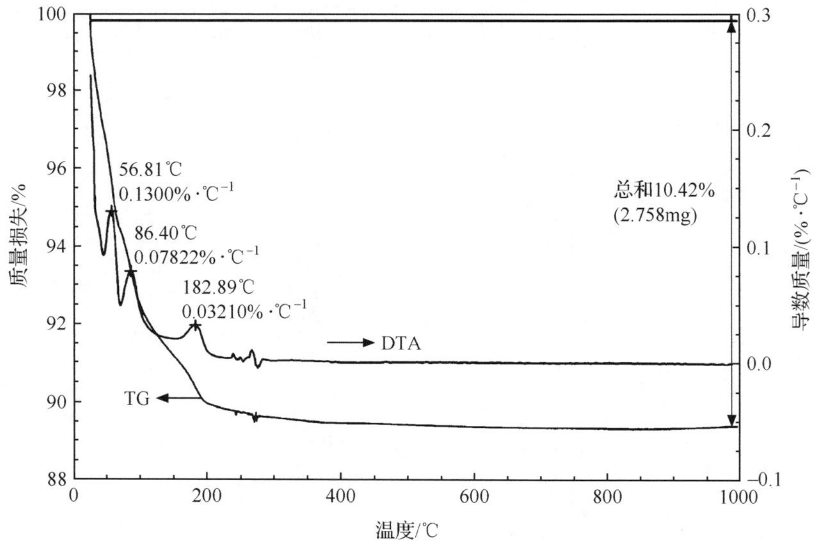

图 7.80 $Na_{12}[H_4W_{22}O_{74}]\cdot 31H_2O$ 的 TG-DTA 曲线[102]

$Na_{18}[H_{10}W_{34}O_{116}]\cdot 47H_2O$ 的 TG 曲线中存在两步质量损失,第一步质量损失是 50~152.5℃,质量损失为 9.01%,归因于结晶水的失去;第二步质量损失是 152.5~1000℃,质量损失为 1.52%,归因于结晶水分子的失去(图 7.81)[102]。$Na_{18}[H_{10}W_{34}O_{116}]\cdot 47H_2O$ 的 DTA 曲线表明在 150.64℃时多阴离子的骨架结构

开始塌陷(图 7.81)[102]。

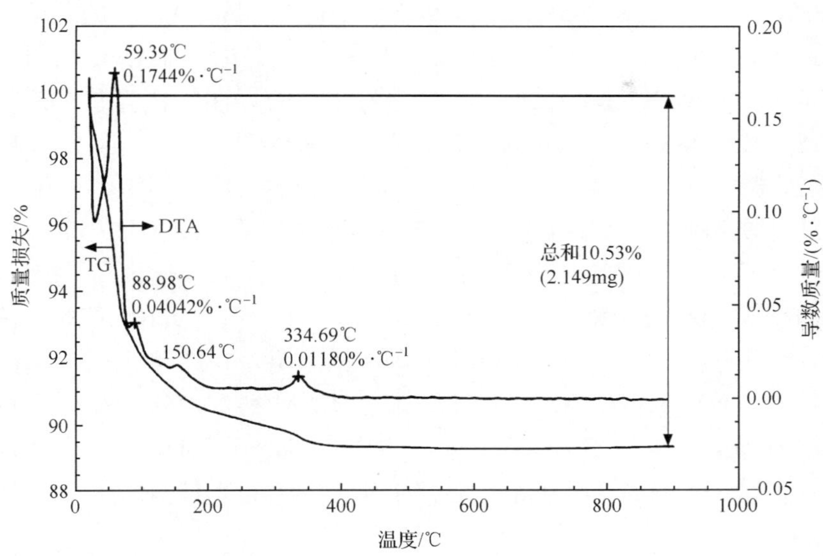

图 7.81　$Na_{18}[H_{10}W_{34}O_{116}]\cdot 47H_2O$ 的 TG-DTA 曲线[102]

化合物$(Pr_4N)_6[H_4W_{19}O_{62}]\cdot 6CH_3CN$ 的 DSC 曲线表明,从 315℃开始出现一个宽峰,对应一个吸热过程,可能由于有机阳离子对簇的还原,可以由在这个温度时化合物的颜色变为蓝色来证实[图 7.82(a)][100b]。化合物$(Pr_4N)_6[H_4W_{19}O_{62}]\cdot 3CH_3CN$ 的 DSC 曲线同样表现出这个特征,但是它在 291～298℃显示另一个特征,包含两个紧密相关的过程:低能吸热过程($8kJ\cdot mol^{-1}$)和一个放热过程($16kJ\cdot mol^{-1}$)[图 7.82(b)][100b]。

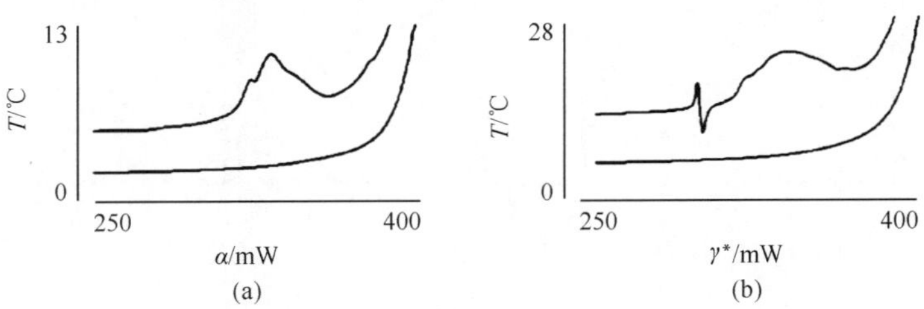

图 7.82　$(Pr_4N)_6[H_4W_{19}O_{62}]\cdot 6CH_3CN$(a) 和$(Pr_4N)_6[H_4W_{19}O_{62}]\cdot 3CH_3CN$ (b)的 DSC 曲线[100b]

7.6.3.4　核磁共振谱

2006 年,Cronin 等报道了$(TEAH)_6[H_4W_{19}O_{62}]$的结构并研究了它的核磁共振[100b]。$(TEAH)_6[H_4W_{19}O_{62}]$的$^1H$ NMR (400MHz) 测试是在 DMSO 溶液中

进行的，$TEAH^+$ 的化学位移分别为 8.48ppm，NH(6H)；5.27ppm，OH(18H)；3.79ppm，CH_2(36H)；3.4ppm，CH_2(36H)[100b]。$[H_4W_{19}O_{62}]^{6-}$ 的化学位移为 8.01ppm、7.23ppm、5.74ppm、5.27ppm、4.66ppm、4.45ppm、4.0ppm。$(TEAH)_6[H_4W_{19}O_{62}]$ 的 ^{183}W NMR (16.668MHz)是在 Na_2WO_4 的 D_2O 溶液中测定的，在 $\delta=-115$ppm、-143ppm、-165ppm 处出现的三条谱线表明多个同分异构体的存在，根据密度泛函理论计算得到的 Lowdin 电荷分析，可将其归结为$\{W_1\}$、$\{W_{12}\}$和$\{W_6\}$片段的吸收峰[100b]。但是如果改变阳离子的组成，NMR 将发生很大变化，研究表明$(Pr_4N)_6[H_4W_{19}O_{62}]\cdot 6CH_3CN$ 的 ^1H NMR (400MHz，在 CD_3CN 溶液中测定的)的化学位移分别为 1.00ppm，$-CH_3$(72H)；1.7ppm，$-CH_2-$(48H)；3.1ppm，$-CH_2-$(48H)，4.5ppm，H(0.8H)；7.6ppm，H(0.7H)；8.1ppm，H(2.5H)。$(Pr_4N)_6[H_4W_{19}O_{62}]\cdot 3CH_3CN$ 的 ^1H NMR (400MHz)是在 CD_3CN 溶液中测定的，化学位移分别为 1.00ppm，$-CH_3$(72H)；1.7ppm，$-CH_2-$(48H)；3.1ppm，$-CH_2-$(48H)；4.7ppm，H (2.2H)；6.7ppm，H(0.5H)；7.6ppm，H(0.8H)；8.1ppm，H(0.5H)[100b]。

2006 年，Duncan 等研究了$[\alpha\text{-}(H_2)W_{12}O_{40}]^{6-}$ 的 ^1H NMR 和 ^{183}W NMR 谱。研究表明在不同的测试条件下，CD_3CN 中 (水相的初始 pH 为 5.17) ^1H NMR 谱的化学位移分别为 6.81ppm 和 6.01ppm；^{183}W NMR 谱的化学位移分别为 -87.6ppm和-99ppm[110]。向上述体系中加入 HBr，^1H NMR 谱的化学位移为 6.81ppm，^{183}W NMR 谱的化学位移为-88ppm；如果向体系中加入 MeOH，^1H NMR谱的化学位移为 6.01ppm，^{183}W NMR 谱的化学位移为-99ppm (图 7.83)[110]。

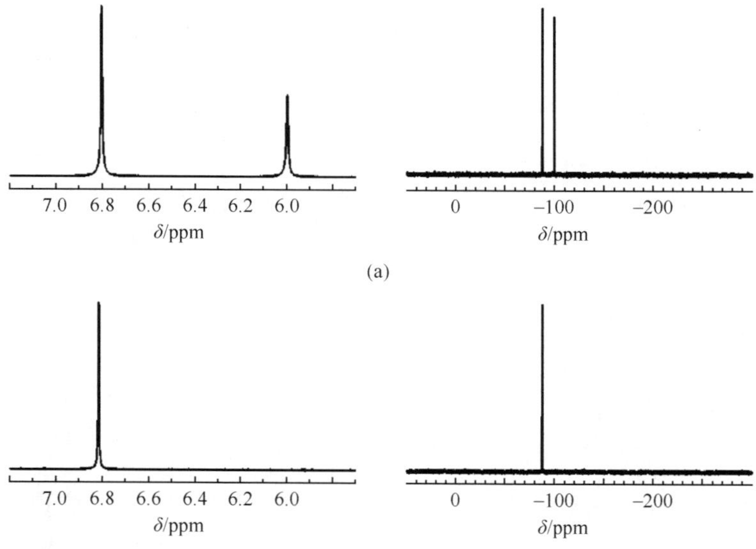

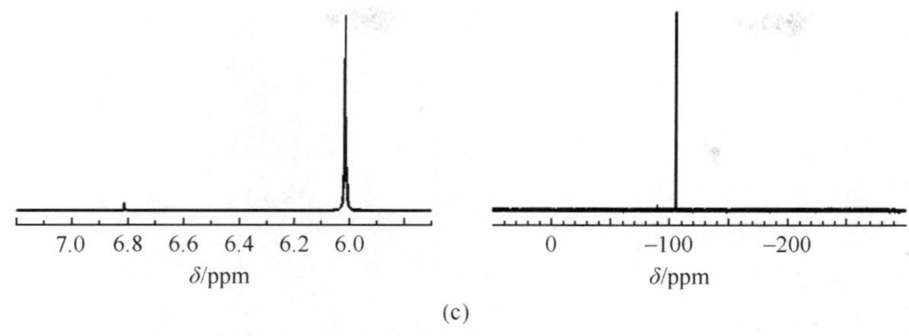

图 7.83　$[\alpha\text{-}(H_2)W_{12}O_{40}]^{6-}$ 的^{1}H NMR 谱（500MHz,左图）和^{183}W NMR 谱(20.8MHz,右图)。(a) 为 CD_3CN 中测定(水相的初始 pH 为 5.17);(b)为向 0.0802mol · L^{-1} CD_3CN 溶液中加入 HBr;(c)为向无水 CH_3CN 溶液中加入 1mol · L^{-1} MeOH 溶液[110]

7.6.4　同多钨酸盐的性质研究

7.6.4.1　电化学性质研究

$[(n\text{-}C_4H_9)_4N]_2[W_6O_{19}]$的循环伏安曲线是在 0.2mol · L^{-1} $[Bu_4N][BF_4]$的 CH_3CN 溶液中测定的,$[(n\text{-}C_4H_9)_4N]_2[W_6O_{19}]$的浓度为 5×10^{-2}mol · L^{-1},参比电极为饱和甘汞电极,$[W_6O_{19}]^{2-}$ 在 −0.940V 处出现一对可逆的单电子峰[108];$[(n\text{-}C_4H_9)_4N]_4[W_{10}O_{32}]$的循环伏安曲线是在 0.2mol · L^{-1} $[Bu_4N][BF_4]$的 DMF 溶液中测定的,参比电极为饱和甘汞电极,$[W_{10}O_{32}]^{4-}$ 在 −1.02V 和 −1.60V处出现两对可逆的单电子峰[109]。

$[\alpha\text{-}(H_2)W_{12}O_{40}]^{5-}$ 和$[\alpha\text{-}(H_3)W_{12}O_{40}]^{6-}$ 的电化学行为是在 CH_3CN 溶液中测定的,$[\alpha\text{-}(H_2)W_{12}O_{40}]^{5-}$ 的循环伏安曲线中出现两个一电子还原过程,半波电位 $E_{1/2}$=−1.486V 和−1.970V[图 7.84(a)][110];$[\alpha\text{-}(H_3)W_{12}O_{40}]^{6-}$ 的循环伏安曲线中出现一对准可逆的氧化还原峰,半波电位 $E_{1/2}$ = −1.934V[图 7.84(b)][110]。

7.6.4.2　电喷雾质谱研究多阴离子的稳定性

Cronin 等将电喷雾质谱技术灵活应用于多酸化学的研究中,对多酸化学的发展作出了重要的贡献,电喷雾质谱的一个重要应用就是研究多酸簇合物在溶液中的稳定性。2008 年,他们用电喷雾质谱研究了$\{W_{22}\}$和$\{W_{34}\}$在溶液中的稳定性。$Na_{12}[H_4W_{22}O_{74}]\cdot31H_2O$ 的电喷雾质谱是在 180℃氮气氛围下的水溶液中测定的,稀释样品溶液使得簇离子的最大浓度达到 10^{-5}mol · L^{-1},将其以 180μL · h^{-1} 注入源处,以负离子方式收集数据(图 7.85 和图 7.86)[102]。从化合物 $Na_{12}[H_4W_{22}O_{74}]\cdot31H_2O$ 的电喷雾质谱可以确定,水溶液中多阴离子以$\{(Na_x)(H_y)[H_4W_{22}O_{74}]\}^{3-}$的形式存在(其中 $x=0,y=9;x=6,y=3;x=9,y=0,x+y=9$),

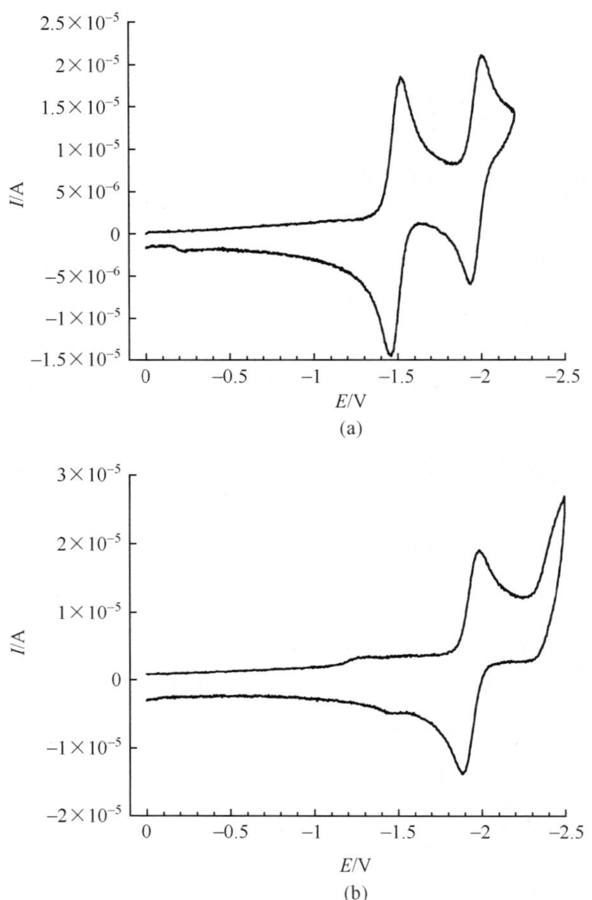

图 7.84 $[\alpha\text{-}(H_2)W_{12}O_{40}]^{5-}$(a)和$[\alpha\text{-}(H_3)W_{12}O_{40}]^{6-}$(b)的循环伏安曲线(在 1mmol·L^{-1}乙腈溶液中测定,100mmol·L^{-1}四丁基铵六氟代磷酸盐作为辅助电解质,工作电极为玻碳电极,Ag/$AgNO_3$(0.01mol·L^{-1})为参比电极)[110]

簇的框架能够清楚地被指认,但是这个宽峰表明一些重叠组分的存在,所有组分都是含有不同量钠离子和质子的$\{(Na_x)(H_y)[H_4W_{22}O_{74}]\}^{3-}$(图 7.85 和图 7.86)[102]。

化合物 $Na_{18}[H_{10}W_{34}O_{116}]\cdot 47H_2O$ 的电喷雾质谱是在 180℃的氮气氛围下的水溶液中测定的,稀释样品溶液使得簇离子的最大浓度到达 10^{-5} mol·L^{-1}数量级,从质谱中可以确定,该簇合物以$\{(Na_x)(H_y)[H_{10}W_{34}O_{116}]\}^{4-}$形式存在(其中 $x=5,y=9;x=8,y=3;x=12,y=2,x+y=14$),簇的框架能够被清楚地指认存在,但是这个宽峰表明一些重叠组分的存在,所有组分都是含有不同量的钠离子和质子的$\{(Na_x)(H_y)[H_{10}W_{34}O_{116}]\}^{4-}$(其中 $x=5,y=9;x=8,y=3;x=12,y=2,x+y=14$)[102],电喷雾质谱的研究表明$\{W_{22}\}$和$\{W_{34}\}$簇均能够在气相中观察到,

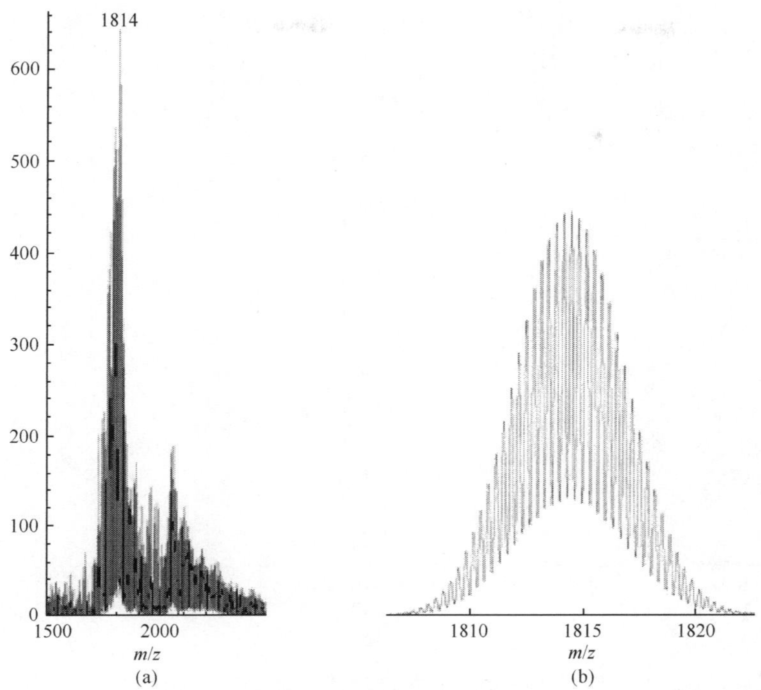

图 7.85　(a) $Na_{12}[H_4W_{22}O_{74}]\cdot 31H_2O$ 水溶液的电喷雾质谱；(b) $\{(Na_9)[H_4W_{22}O_{74}]\}^{3-}$ 在质荷比为 1814 处的模拟峰[102]

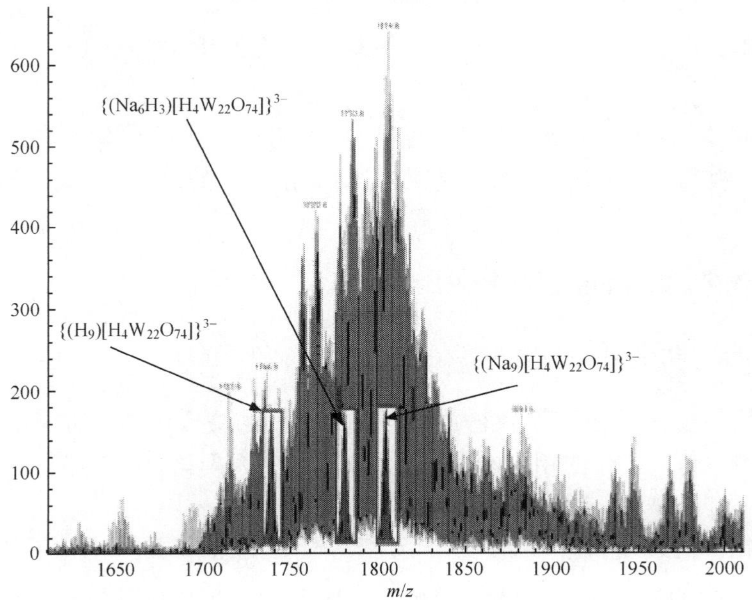

图 7.86　$Na_{12}[H_4W_{22}O_{74}]\cdot 31H_2O$ 水溶液在 $m/z=1650\sim2000$ 的电喷雾质谱，三个箭头所指的宽峰分别对应三种多阴离子 $\{(Na_x)(H_y)[H_4W_{22}O_{74}]\}^{3-}$，其中 $x=0$、$y=9$(左)，$x=6$、$y=3$(中)，$x=9$、$y=0$(右)，$x+y=9$[102]

$\{W_{22}\}$ 在 $m/z=1814$ 和 $\{W_{34}\}$ 在 $m/z=2077$ 处出现吸收峰(图 7.86 和图 7.87)[102]。2006 年,他们测定了$(Pr_4N)_6[H_4W_{19}O_{62}]\cdot 6CH_3CN$ 在乙腈溶液中的电喷雾质谱,研究表明多阴离子以$[H_4W_{19}O_{62}]^{6-}$形式存在,证明$\{W_{19}\}$在溶液中是稳定存在的[100b]。

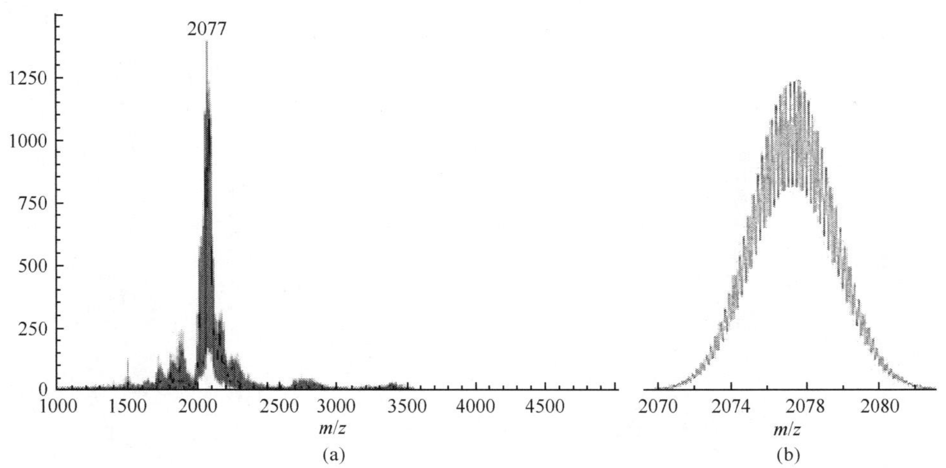

图 7.87 (a) $Na_{18}[H_{10}W_{34}O_{116}]\cdot 47H_2O$ 的电喷雾质谱;(b) $\{(Na_8)(H_6)[H_{10}W_{34}O_{116}]\}^{4-}$ 在质荷比为 2077 处的模拟峰[102]

7.7 混配同多化合物及其衍生物化学

混配同多化合物包括钼钒同多化合物、钨钒同多化合物、铌钒同多化合物和钼钨同多化合物等,本节详细介绍这些混配同多化合物的结构、合成、表征及性质研究。

7.7.1 钼钒同多化合物及其衍生物化学

7.7.1.1 钼钒同多化合物及其衍生物的结构化学

由于钒有多种配位方式,使得钼钒同多化合物的结构化学异常丰富多彩。这里选择几例具有代表性的钼钒同多化合物来介绍该系列化合物的结构。表 7.9 列出了两例不同类型的钼钒同多化合物的部分晶体数据。

简单钼钒同多阴离子中,常见的几个多阴离子是$[Mo_4V_8O_{36}]^{8-}$、$[Mo_8V_5O_{40}]^{7-}$和$[Mo_4V_5O_{27}]^{5-}$。$[Mo_4V_8O_{36}]^{8-}$是由 4 个$\{MoO_6\}$八面体,4 个$\{VO_6\}$八面体,2 个$\{VO_5\}$四方锥和 2 个$\{VO_5\}$三角双锥共边相连构筑的[图 7.88(a)][113]。

表 7.9　不同类型的钼钒同多化合物的部分晶体数据

	$Na_6Mo_6V_2O_{26}(H_2O)_{16}$[111]	$H_{422}O_{542}K_{26}Na_8S_{12}V_{31}Mo_{72}$[112]
晶胞参数	a=10.176 (2)Å	a=47.177(3)Å
	b=10.416(4)Å	b=42.460(3)Å
	c=10.292(2)Å	c=26.497(2)Å
	α=113.19(2)°	α=90°
	β=95.54(2)°	β=90.134(2)°
	γ=101.73(2)°	γ=90°
	V=962.68Å³	V= 53078(6)Å³
空间群	$P\bar{1}$	$C2/c$
晶系	三斜	单斜
Z 值	1	4

而$[Mo_8V_5O_{40}]^{7-}$的结构是由 8 个{MoO_6}八面体形成了一个八元环，5 个{VO_5}四方锥分别扣在八元环的 5 个方位上，填充了每对{MoO_6}八面体形成的缺位位置[图 7.88(b)][114]。$[Mo_4V_5O_{27}]^{5-}$的结构是由 4 个{MoO_6}和 5 个{VO_6}八面体通过共边连接构筑的，已报道的结构中在两个位置存在Mo/V 无序[图 7.88(c)][115]。

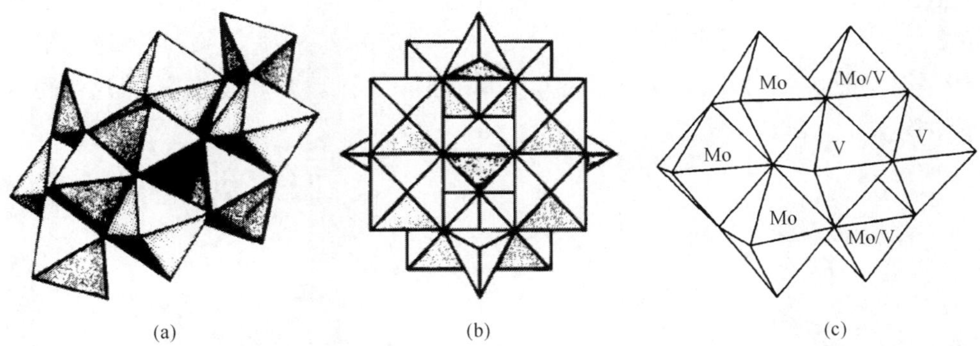

图 7.88　$[Mo_4V_8O_{36}]^{8-}$ (a)[113]、$[Mo_8V_5O_{40}]^{7-}$ (b)[114]和$[Mo_4V_5O_{27}]^{5-}$ (c)[115]的结构图

$[\alpha\text{-}Mo_6V_2O_{26}]^{6-}$有两种不同的异构体 α 体和 β 体，它们分别具有类似$[Mo_8O_{26}]^{6-}$的结构，α 体是由 6 个{MoO_6}八面体共顶点连接形成的环形结构，2 个{VO_5}四方锥分别扣在环的上下两侧[图 7.89(a)][111]。β 体是 6 个{MoO_6}八面体和 2 个{VO_6}八面体共边配位形成的结构，{MoO_6}八面体有 2 个端氧暴露在外面，而{VO_6}八面体只有一个端氧暴露在外面[图 7.89(b)][116,117]。

近年来，越来越多的高核钼簇被报道，而且人们试图通过钒的取代从而改进高核钼簇的结构与性能。1999 年，Müller 等报道了{$Mo_{75}V_{20}$}的结构，其主要结构特

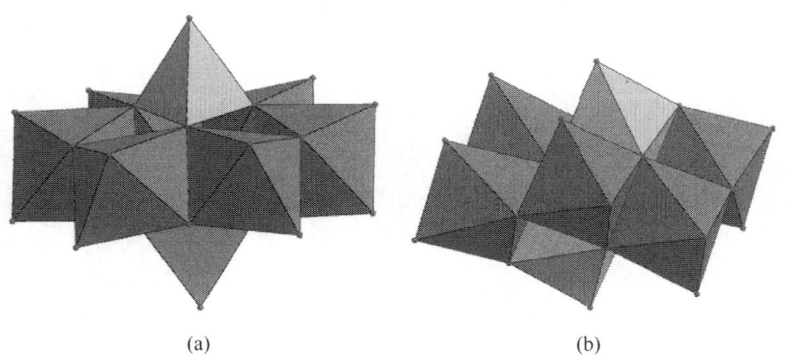

图 7.89　$[\alpha\text{-}Mo_6V_2O_{26}]^{6-}$(a)和$[\beta\text{-}Mo_6V_2O_{26}]^{6-}$(b)的结构图

点是:①含有 10 个$\{Mo^{VI}/Mo_5^{VI}\}$五角形结构单元;②结构中含有一个磁性环,是由$\{V_3^{IV}\}$三角形单元共角相连构筑的;③两个$\{NaSO_4\}_5$环嵌入轮型簇的孔道中(图 7.90)[118]。2005 年,Müller 等报道了$\{Mo_{72}V_{30}\}$轮型簇合物的结构,它是由 12 个$\{Mo(Mo)_5\}$五角形结构单元与 12 个$\{VO_6\}$和 8 个$\{VO_5\}$共同连接构筑的轮型结构(图 7.91)[119]。2002 年,Müller 等报道了$\{Mo_{80}V_{22}\}$的结构,它的结构特点是含有 30 个开放的核壳中心,是由 80 个 Mo^V 和 22 个 V^{IV} 构筑的三十二面体(由二十个三角形面和十二个五角形面组成的),另外还有 20 个 K^+ 覆盖在这个轮型簇的 20 个$\{Mo_6O_6\}$孔洞或环中[图 7.92(a)][120]。2005 年,他们又报道了$\{Mo_{72}V_{30}\}$的结构,它是由 12 个$\{(Mo)Mo_5\}$五角形单元与 30 个 VO^{2+} 片段构筑的开普勒球形结构[图 7.92(b)][112]。

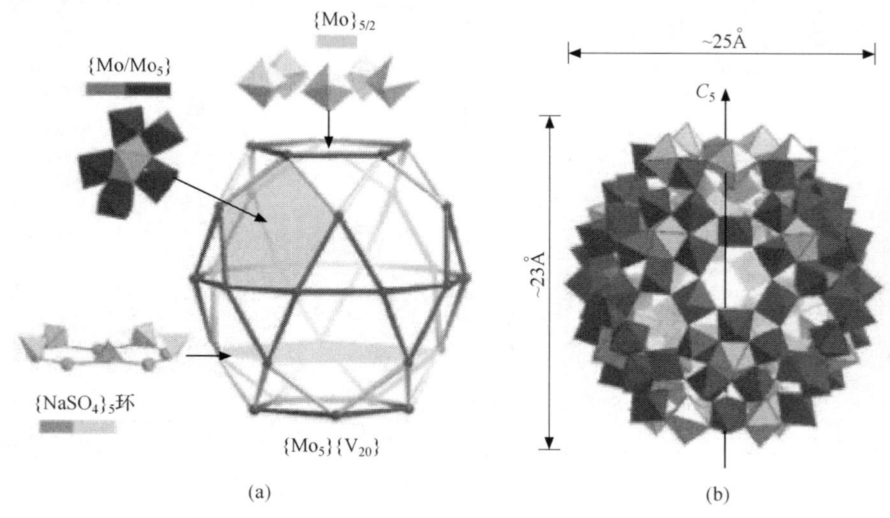

图 7.90　$\{Mo_{75}V_{20}\}$的拓扑结构图(a)和多面体结构图(b)[118]

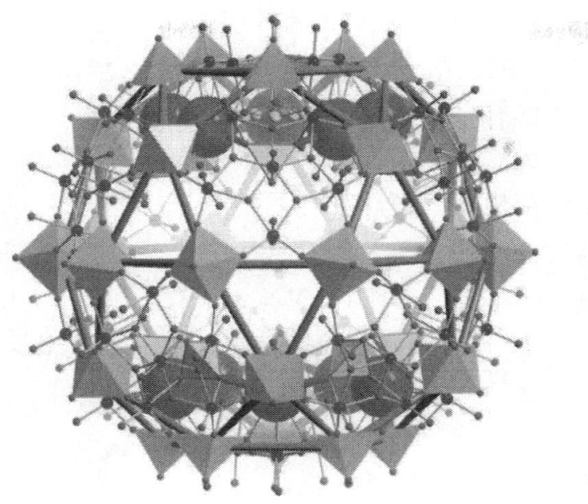

图 7.91 $\{Mo_{72}V_{30}\}$的结构图[119]

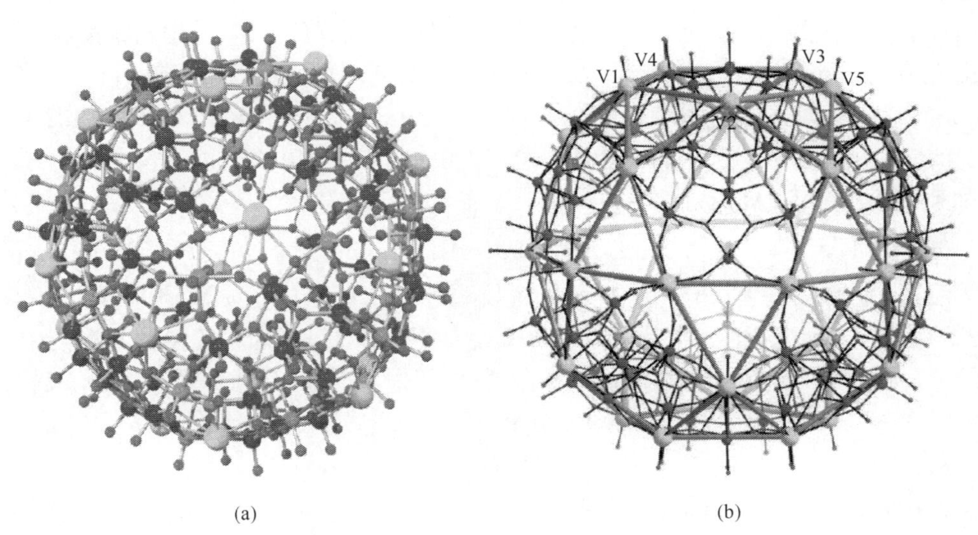

图 7.92 $\{Mo_{80}V_{22}\}$(a)[120]和$\{Mo_{72}V_{30}\}$(b)[112]的结构图

7.7.1.2 钼钒同多化合物及其衍生物的合成

$K_8[Mo_4V_8O_{36}]\cdot 12H_2O$ 的合成

将 3.60g MoO_3溶解在 50mL 0.50mol · L^{-1} KOH 的热溶液中，然后将 5.85g NH_4VO_3溶解在 60mL 热水中，将钒酸盐溶液加入钼酸盐溶液中，并加入 12.5mL 2.0mol · L^{-1} HCl 溶液，将 7.46g KCl 溶解在该溶液中，313K 时过滤，陈化过夜，得到针状晶体产物，重新溶解于水中，几天后，溶液中出现黄色针状晶体[113]。

$[(CH_3)_4N]_4[H_2MoV_9O_{28}]Cl \cdot 6H_2O$ 的合成

将 25mL 含有 1.80g MoO_3 的 2mol · L^{-1} 铵盐溶液与 25mL 含有 2.9g NH_4VO_3 的热水溶液混合，向该溶液中加入 13mL 2mol · L^{-1} 盐酸溶液，颜色变成橙色，不溶解的 NH_4VO_3 过滤除掉，加入 5.49g 固体 $(CH_3)_4NCl$，室温陈化 10 天，过滤得到橙色晶状产物（产量为 0.15g，产率为 0.83%），水溶液重结晶得到 $[(CH_3)_4N]_4[H_2MoV_9O_{28}]Cl \cdot 6H_2O$[121]。$[(CH_3)_4N]_4[H_2MoV_9O_{28}]Cl \cdot 6H_2O$ 的元素分析理论值(%)：C 13.3、H 4.3、N 3.9、Mo 6.6、V 31.7、Cl 2.5；实验值(%)：C 12.8、H 3.5、N 4.0、Mo 6.3、V 30.9、Cl 2.0。IR(KBr 压片，cm^{-1})：3501(m)、3144(m)、3034(m)、1485(s)、1461(m)、1448(m)、962(s)、848(s)、751(s)、543(s)[121]。

$(Hmorph)_6[Mo_4V_5O_{27}]Cl \cdot H_2O$ 的合成

将 10mL 2mol · L^{-1} 盐酸、0.2g NH_4VO_3 和 10mL 含 0.41g $Na_2MoO_4 \cdot 2H_2O$ 的水溶液混合，向得到的浅黄色溶液中加入 0.06g 甲硫氨酸和 20mL 乙腈，然后滴加吗啉将溶液的 pH 调至 5.0，室温陈化 8h，过滤得到黄色晶体，并用乙腈洗涤，产量为 0.15g，产率为 26.6%[115]。$(Hmorph)_6[Mo_4V_5O_{27}]Cl \cdot H_2O$(morph=morpholine，吗啉)的元素分析理论值(%)：C 17.4、H 3.8、N 5.1、V 15.4、Mo 23.2、Cl 2.2；实验值(%)：C 18.4、H 4.2、N 5.0、V 14.80、Mo 23.0、Cl 2.6[115]。

$[(n\text{-}C_4H_9)_4N]_3[VMo_5O_{19}]$ 的合成

将 0.11g V_2O_5 和 0.08mL 水加入 30mL 0.1mol · L^{-1} $(n\text{-}C_4H_9)_4NOH$ 的甲醇溶液中，25℃搅拌 24h，然后加入含有 1.5g $[(n\text{-}C_4H_9)_4N]_4[\alpha\text{-}Mo_8O_{26}]$ 的 20mL 乙腈溶液中，回流 6h，将乙腈溶液从 60℃冷却至 25℃，缓慢加入乙醚饱和溶液中，结晶出大约 0.5g 粗产品，得到 0.38g 橙色晶体[38a]。$[(n\text{-}C_4H_9)_4N]_3[VMo_5O_{19}]$ 的元素分析理论值(%)：C 36.91、H 6.97、N 2.69、V 3.26、Mo 30.71；实验值(%)：C 37.01、H 6.90 N 2.80、V 3.38、Mo 30.92[38a]。

$Na_6[\alpha\text{-}Mo_6V_2O_{26}] \cdot 16H_2O$ 的合成

将 1.94g $NaVO_3 \cdot 4H_2O$ 溶解在 30mL 热水中，7.26g $Na_2MoO_4 \cdot 2H_2O$ 溶解在 30mL 水中，将两种溶液混合，剧烈搅拌下，向混合溶液中逐滴加入 13.33mL 3mol · L^{-1} HCl 溶液，然后加入 5g NaCl，溶解后在 313K 过滤，大约在室温下缓慢蒸发 10 天，得到黄色菱形晶体。$Na_6[\alpha\text{-}Mo_6V_2O_{26}] \cdot 16H_2O$ 的元素分析理论值(%)：Mo 37.5、V 6.7；实验值(%)：Mo 37.5、V 7.0[111]。

$K_5Na[\beta\text{-}Mo_6V_2O_{26}] \cdot 4H_2O$ 的合成

将 7.26g $Na_2MoO_4 \cdot 2H_2O$(0.03mol)、1.40g $NaVO_3 \cdot H_2O$ (0.01mol)、5.22g KCl (0.07mol)分别溶解于 50mL 水中，其中，$NaVO_3 \cdot H_2O$ 溶解在 50mL 热水中。搅拌下，将钼酸盐溶液加入钒酸盐溶液中，同时逐滴加 13.33mL 3mol · L^{-1}

(0.04mol)盐酸溶液，加入 KCl 溶液后，过滤，置于室温下蒸发，1～2 周后，得到黄色菱形晶体[116]。

β-$V^{IV}V_8^{V}Mo_6^{VI}O_{40}$的固相合成

方法 1：将物质的量比分别为 1∶1 和 6∶9 的 V_2O_5(550℃降解 NH_4VO_3得到)和 MoO_3混合物分别置于密闭的硅试管和铝坩埚中，空气中 600～700℃加热24h，静置产物并重新加热到相同温度保持 24h 得到产物[122]。

方法 2：β-$V^{IV}V_8^{V}Mo_6^{VI}O_{40}$是通过合适比例的 MoO_3(降解分析纯的七钼酸铵)和V_2O_5(降解分析纯的偏钒酸铵)固相还原法制得的，将纯的氧化物混合物加热到923K，从 573K 到 923K 每升温 50K 研磨一次，并且在 923K 处理 24h，得到产物[123]。

$K_7[Mo_8V_5O_{40}]\cdot 8H_2O$ 的合成

将 3.60g MoO_3 溶解在 50mL 热的 0.5mol · L^{-1} KOH 溶液中，5.85g NH_4VO_3溶解在 60mL 热水中，将钒酸盐溶液加入钼酸盐溶液中，然后加入12.5mL 2mol · L^{-1}盐酸，再将 7.46g KCl 溶解在该溶液中，313K 时过滤，陈化过夜，出现黄色针状晶体产物[114]。

$(VO)_2\{Mo_{72}V_{30}\}$的合成

$(VO)_2\{Mo_{72}V_{30}\}=Na_8K_{14}(VO)_2[\{(Mo^{VI})Mo_5^{VI}O_{21}(H_2O)_3\}_{10}\{(Mo^{VI})Mo_5^{VI}O_{21}(H_2O)_3(SO_4)\}_2\{V^{IV}O(H_2O)\}_{20}\{V^{IV}O\}_{10}(\{KSO_4\}_5)_2]\cdot 150H_2O$。

将 2.42g $Na_2MoO_4\cdot 2H_2O$ (10mmol) 溶于 8mL 0.5mol · L^{-1} H_2SO_4溶液，置于圆底烧瓶中，搅拌，然后将含 2.53g $VOSO_4\cdot 5H_2O$ (10mmol)的 35mL H_2O溶液加入其中，最终的深紫色混合物室温下(烧瓶封口)搅拌 30min，然后加入0.65g KCl (8.72mmol)，搅拌 30min，溶液储存在烧瓶中密封保存 5 天，得到紫黑色晶体，过滤，用冷水洗涤，产量为 1g[119]。元素分析理论值(%)：Na 0.96、K 4.92、V 8.55、S 2.02；实验值(%)：Na 1.0、K 5.1、V 8.5、S 2.1。IR(KBr 压片，cm^{-1})：1622(m)、1198(w)、1130(w)、1055(w)、964(s)、791(vs)、631(w)、575(s)、449(w)；FT-Raman (固体，cm^{-1})：941、872；UV-Vis(nm)：510(vs)、689(w)、845(w)[119]。

$\{Mo_{80}V_{22}\}$的合成

$\{Mo_{80}V_{22}\}$即 $K_2Na_6[K_{20}\subset Mo_{80}V_{22}O_{282}(SO_4)_{12}(H_2O)_{66}]\cdot\sim 140H_2O$。

用 5mL 2mol · L^{-1} H_2SO_4(pH 2)溶液酸化含有 3g $Na_2MoO_4\cdot 2H_2O$(12.4mmol)的 30mL 水溶液，然后加入 2g $VOSO_4\cdot 5H_2O$ (7.9mmol)，再加入0.1g $Na_2S_2O_4$(0.57mmol)，得到深紫罗兰色混合物，室温搅拌 2～3h，然后加入0.7g KCl (9.4mmol)，继续搅拌 10min，过滤溶液，放置在锥形烧瓶中并用石蜡膜封好。几小时后出现深蓝黑色锥形晶体，24h 后过滤得到晶体，用 10mL 冷水洗涤，空气中干燥，产量为 1.1g，产率为 37%[120]。$Na_2MoO_4.2H_2O/VOSO_4\cdot 5H_2O$

的值接近 1/2 时,仍然可以得到相同的化合物,但是产量变低了。UV-Vis(水中,cm^{-1}):1100(br)、850(sh)、540。IR(KBr 压片,cm^{-1}):1620、1202(w)、1107(w)、1057(w)、964(m)、783(vs)、687(m-s)、629(m-s)、567(vs)、448(m)。元素分析理论值(%):S 2.00、K 4.48、Na 0.72;实验值(%):S 2.1、K 4.4、Na 0.6。氧化还原滴定表明有两个明显的滴定终点,第一个对应 $Mo^{V} \rightarrow Mo^{VI}$ ($8e^- \pm 1e^-$),第二个对应 $V^{IV} \rightarrow V^{V}$ ($22e^- \pm 1e^-$),用摩尔盐反滴定可以验证上述滴定结果[120]。

$\{Mo_{75}V_{20}\}$的合成

$\{Mo_{75}V_{20}\} = Na_{20}[\{Mo^{VI}O_3(H_2O)\}_{10}\{V^{IV}O(H_2O)\}_{20}\{(Mo^{VI}/Mo_5^{VI}O_{21})(H_2O)_3\}_{10}(\{Mo^{VI}O_2(H_2O)_2\}_{5/2})_2(\{NaSO_4\}_5)_2] \cdot 170H_2O$。

将 2.53g $VOSO_4 \cdot 5H_2O$ (10mmol)加入溶有 2.42g Na_2MoO_4(10mmol)的 1.0mol · L^{-1}的 16.4mL 盐酸溶液中,搅拌,立即向得到的红棕色溶液中加入 1.16g NaCl (19.8mmol)(加速沉淀),通氩气 10min,除掉空气。7 天后过滤沉淀得到黑红色菱形晶体,用 50mL 水洗涤,氮气流下干燥,产量为 0.65g,产率为 28.6%。元素分析理论值(%):Na 3.7、S 1.72、V 5.5;实验值(%):Na 3.59、S 1.85、V 5.29[118]。

$(VO)\{Mo_{72}V_{30}\}$的合成

$(VO)\{Mo_{72}V_{30}\} = Na_8K_{16}(VO)(H_2O)_5[K_{10} \subset \{(Mo)Mo_5O_{21}(H_2O)_3(SO_4)\}_{12}(VO)_{30}(H_2O)_{20}] \cdot 150H_2O$。

将 2.6g $NaVO_3$(21.3mmol)溶解在 55mL 70℃水中,冷却至室温,加入 6g $Na_2MoO_4 \cdot 2H_2O$ (24.8mmol)的 75mL 水溶液,用 14mL 2mol · L^{-1}硫酸酸化调整溶液的 pH 为 2.0,然后加入 0.9g $N_2H_6SO_4$(6.9mmol),溶液变成深紫罗兰色,pH 升到 2.8。搅拌 3h 后,向该混合物中加入 3g KCl (40.2mmol)的 20mL 水溶液,最后过滤,滤液在室温下静置陈化,隔夜形成紫黑色六角形片状晶体,产量为 2.2g,产率为 35%。元素分析理论值(%):K 5.30、Na 0.96、V 8.24;实验值(%):K 5.19、Na 0.83、V 8.06。IR(KBr 压片,cm^{-1}):1621(m)、1198(w)、1128(w)、1054(w)、966(m-s)、791(vs)、631(m)、575(s)、449(m)。UV-Vis (水溶液,pH 2.5,nm):690 和 510nm[112]。

7.7.1.3 钼钒同多化合物及其衍生物的结构表征

这里以$\{V_9Mo_6\}$为例,介绍钼钒同多化合物的结构表征手段[123]。

1) 红外光谱

在钼钒同多化合物的红外光谱中可同时出现 Mo—O 和 V—O 振动峰。如 β-$V_9Mo_6O_{40}$的红外光谱中,在 987cm^{-1}、962~925cm^{-1}处出现的吸收峰可归属于 Mo—O 和 V—O 振动。在 797cm^{-1}处出现的宽峰可归属于 Mo—O—V 的振动,与 V_2O_5和 MoO_3的红外光谱相比,并不是二者红外光谱的叠加(图 7.93)[123]。

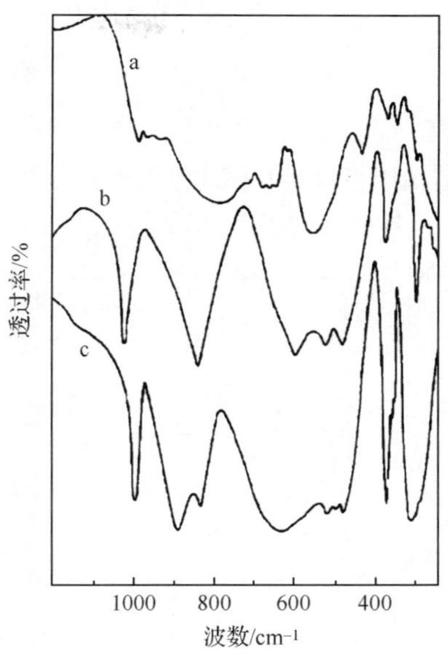

图 7.93 β-$V_9Mo_6O_{40}$(a)、V_2O_5(b)和 MoO_3(c)的红外光谱[123]

2) 电子顺磁共振谱

由于钒的引入,钼钒同多化合物具有非常典型的 EPR 谱。β-$V_9Mo_6O_{40}$ 在室温下的 EPR 谱中出现不对称的线性吸收峰,峰宽 $\Delta H_{pp}=140G$,g 的平均值 $g_{av}=(g_{\parallel}+2g_{\perp})/3=1.94$,是 V^{4+} 的吸收峰。在 77K 下,线宽变得更加锋利,$g_{\parallel}=1.875$,$g_{\perp}=1.969$($\Delta H_{pp\parallel}=140G$,$\Delta H_{pp\perp}=140G$),$g_{av}=1.938$,与室温下的 g_{av} 值是一致的。TPR(程序升温还原)后停在 823K,与未处理的 EPR 非常类似,$g_{av}=1.94$,但是如果 TPR 后停在 950K,EPR 的峰强度显著降低(图 7.94)[123]。

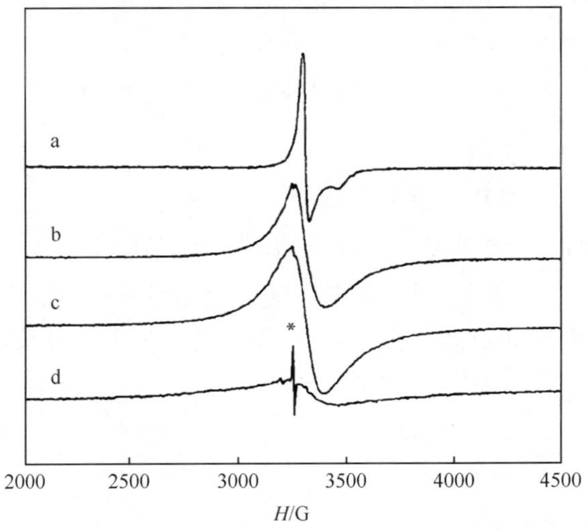

图 7.94 β-$V_9Mo_6O_{40}$ 在 77 K(a)、室温(b)、TPR 后 823K (c)、TPR 后 950K(d)的 EPR 谱[123]

3）X 射线衍射

β-$V_9Mo_6O_{40}$在室温与 773K 下的 XRD 谱的吸收峰峰位基本没有发生变化，进一步证明了化合物的纯相（图 7.95）[123]。由 β-$V_9Mo_6O_{40}$ 经过程序升温还原（TPR）后在 823K 的 XRD 谱图对比可得出随着升温速度的降低，虽然峰位没有发生变化，但是峰强逐渐降低（图 7.95）[123]。

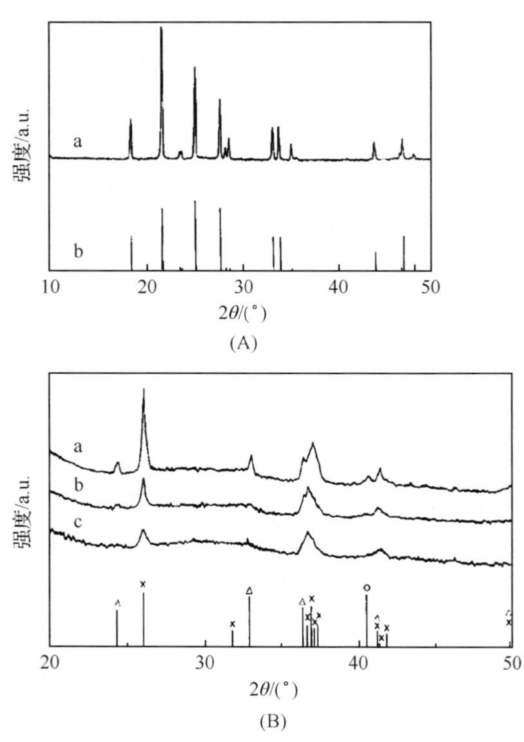

图 7.95 （A）β-$V_9Mo_6O_{40}$的 XRD 谱图：(a)室温，(b) 773K；(B) β-$V_9Mo_6O_{40}$经过 TPR（程序升温还原）后停在 823K 的 XRD 谱图，升温速度为(a) 5K · min^{-1}，(b) 2.5K · min^{-1}，(c) 1K · min^{-1}[123]

4）扫描电镜和 X 射线能量色散谱

β-$V_9Mo_6O_{40}$的氧化态和还原态的 SEM 照片如图 7.96 所示[123]，可以看到 β-$V_9Mo_6O_{40}$经过 TPR 还原后，形貌受多酸是否被还原影响不是很大，只是样品经过加热以后，晶体表面向非晶态转化。EDX 分析表明在 TPR 后，样品中的 Mo 和 V 的含量发生变化，具体的含量见表 7.10[123]。

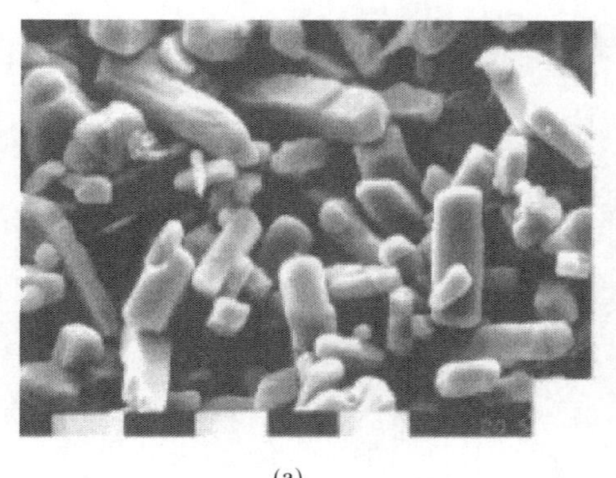

(a)

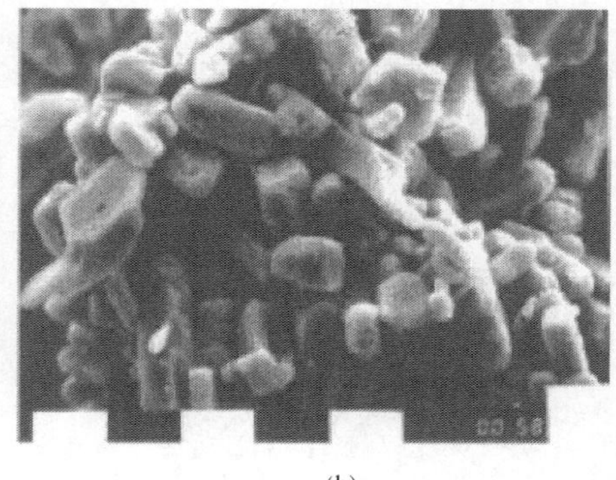

(b)

图 7.96　{β-$V_9Mo_6O_{40}$}的 SEM 照片：(a)室温；(b)经程序升温还原，升温速度 υ 为 2.5K · min^{-1}[123]

表 7.10　还原态和氧化态{β-$V_9Mo_6O_{40}$}的 EDX 含量分析[123]

元素	理论含量	实验含量	TPR 至 973K			TPR 至 1273K
			υ=5K · min^{-1}	υ=2.5K · min^{-1}	υ=1K · min^{-1}	υ=5K · min^{-1}
V	44%	44%	38%	39%	43%	42%
Mo	56%	56%	62%	61%	57%	58%

注：TPR 为程序升温还原；υ 为升温速度。

7.7.1.4　钼钒同多化合物及其衍生物的性质研究

由于钒的取代，钼钒同多化合物极大地改善了多酸化合物的磁性，因此钼钒同多化合物的性质研究最广泛的一个方面是磁性研究。2005 年，Müller 等研究了{$Mo_{72}V_{30}^{IV}$}轮型簇合物的磁性，研究表明在这个簇的体系中，存在很强的反铁磁性耦合相互作用，$\chi_m T$-T 曲线测试的磁场强度 H 为 0.1T，{$Mo_{72}V_{30}$}轮型簇合物的钒中心是磁性独立的(图 7.97)[119]。同年，Hill 等报道了{$Mo_{72}^{VI}Mo_8^{V}V_{22}^{IV}$}的结构和磁性，磁性研究表明在{$Mo_{72}^{VI}Mo_8^{V}V_{22}^{IV}$}轮型簇中 $S=1/2$ 的 V^{IV} 中心存在反铁磁性相互作用，室温下 $\chi_m T$ 值为 6.12emu · K · mol^{-1}，与理论值相符，280K 以上，磁化率数据遵循 Curie-Weiss 定律(图 7.98)[112]。

7.7.2　钨钒同多化合物及其衍生物化学

7.7.2.1　钨钒同多化合物及其衍生物的结构化学

钨钒同多化合物报道比较少，这里选出其中几例，详细介绍钨钒同多化合物的结构。表 7.11 列出了几种不同钨钒同多化合物的部分晶体数据[124-126]。{V_xW_{6-x}} (x=1～3)是典型的 Linqvist 结构，单取代的[VW_5O_{19}]$^{3-}$ 只有一种结

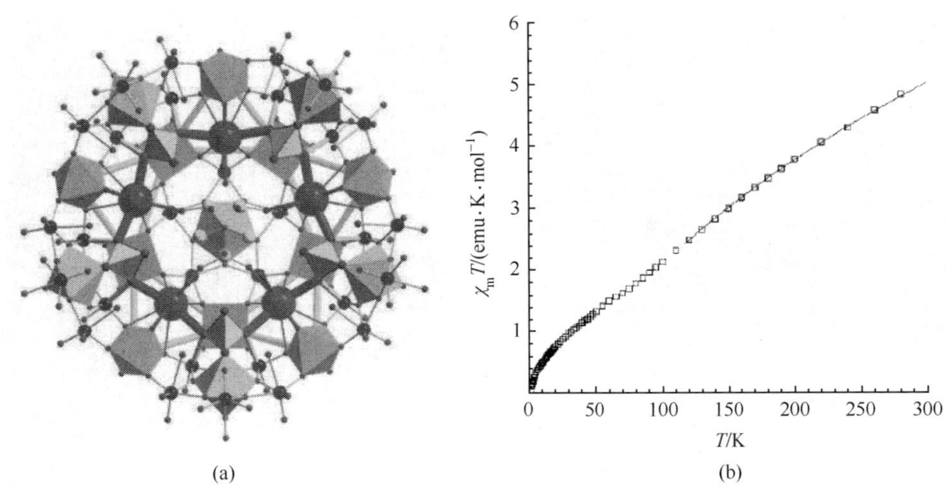

图 7.97　$\{Mo_{72}V_{30}\}$轮型簇合物的结构图(a)和 $\chi_m T$-T 曲线(b)[119]

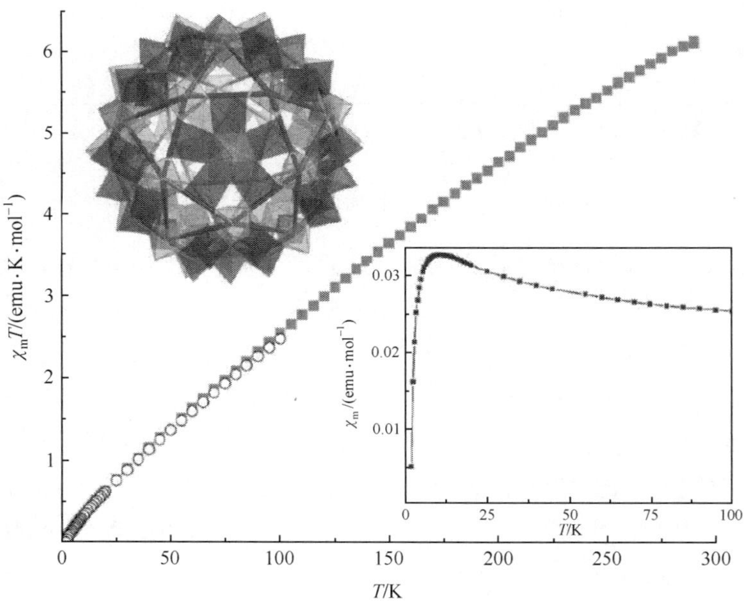

图 7.98　$\{Mo_{72}^{VI}Mo_8^{V}V_{22}^{IV}\}$轮型簇合物的 $\chi_m T$-T 曲线(插图分别为该轮型簇的结构和 χ_m-T 曲线)[112]

构，$[W_6O_{19}]^{2-}$中的 1 个$\{WO_6\}$八面体被 1 个$\{VO_6\}$八面体取代[图 7.99(a)]，而二取代的$[V_2W_4O_{19}]^{4-}$有两种同分异构体，$[W_6O_{19}]^{2-}$中的 2 个共边$\{WO_6\}$八面体被 2 个$\{VO_6\}$八面体取代得到一种异构体[图 7.99(b)]，或者 2 个共顶点的

$\{WO_6\}$八面体被2个$\{VO_6\}$八面体取代得到另一种异构体[图7.99(c)]；三取代的$[V_3W_3O_{19}]^{5-}$也有两种异构体，3个共边的$\{WO_6\}$八面体被3个$\{VO_6\}$八面体取代得到一种异构体[图7.99(d)]，2个共顶点与1个共边的$\{WO_6\}$八面体被3个$\{VO_6\}$八面体取代得到另一种异构体[图7.99(e)]；$[VW_{12}O_{40}]^{4-}$具有类似Keggin型$[SiW_{12}O_{40}]^{4-}$的结构，其中Si的位置被V取代，V是四配位的[图7.99(f)]。

表7.11　几种不同钨钒同多化合物的部分晶体数据[124-126]

	$[(n\text{-}C_4H_9)_4N]_3[VW_5O_{19}]$[125]	$Na_2Cs_2[V_2W_4O_{19}]\cdot 6H_2O$[125]
晶胞参数	a=30.090(6)Å	a=8.546(1)Å
	b=18.390(3)Å	b=8.550(1)Å
	c=31.967(6)Å	c=11.194(1)Å
	α=90°	α=67.59(1)°
	β=128.10(2)°	β=67.63(1)°
	γ=90°	γ=59.99(1)°
	V=13919.8(55)Å³	V= 636.0(2)Å³
空间群	$C2/c$	$P\bar{1}$
晶系	单斜	三斜
Z值	8	1

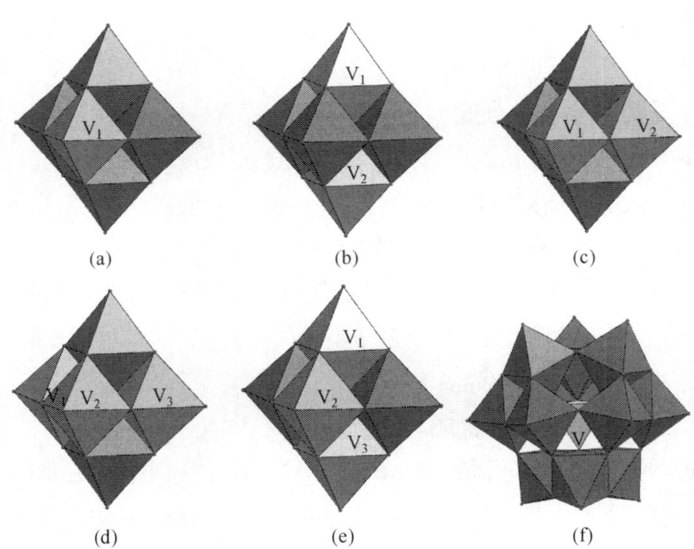

图7.99　几种典型的钨钒同多化合物的结构图：(a)为$[VW_5O_{19}]^{3-}$的结构图；(b)和(c)为$[V_2W_4O_{19}]^{4-}$异构体的结构图；(d)和(e)为$[V_3W_3O_{19}]^{5-}$异构体的结构图；(f)为$[VW_{12}O_{40}]^{4-}$的结构图

7.7.2.2 钨钒同多化合物及其衍生物的合成

$Na_5[V_3W_3O_{19}]\cdot 12H_2O$ 的合成

将 300mL 1mol · L^{-1} Na_2WO_4溶液加入 300mL 1mol · L^{-1}的 $NaVO_3$溶液中，然后将溶液加热到 70～80℃，再逐滴加入稀盐酸，调整 pH 在 7～8，溶液的颜色从黄色变成橙红色，溶液在 70～80℃，pH＝7～8 保持 3～8h，然后降至室温保持 1～2 天，溶液沉淀出混有一些黄色粉末的橙色晶体，过滤产品并且用冷水洗涤，在 3mL 热水中重结晶得到 5g 橙色晶体，产率约为 20％[127]。

$K_4[V_2^{V}W_4O_{19}]\cdot 8H_2O$ 的合成

将 5.5g K_2CO_3（40mmol）按照少量多次的原则加入溶有 3.6g V_2O_5（20mmol）和 20.0g $WO_3\cdot H_2O$（80mmol）的 100mL 水中，然后加入约 5mmol H_2O_2促进 V_2O_5的溶解，搅拌，溶液反应 2～3h 过程中水溶液会不断蒸发，最后向溶液中加入适量的水使溶液的体积大约为 50mL，3h 后混合物中仍存在一些固体，过滤，得到橙色溶液，将 20mmol KAc 和 HAc 加入该溶液中，数天后得到晶体产物，同时又有少量细小的白色片状（可能是同多钨酸钾盐）和细小的深橙色方形薄片或块形成，分离产品，并将产品溶于 20mmol 的 KAc 和 HAc 中，室温蒸发溶剂重结晶产品，得到大块晶体，用乙醇和水的混合物洗涤（体积分数不能超过 50％），然后用滤纸吸干，除非在湿度非常大的条件下否则产品非常容易风干，所以将产品保存在盛有 $Na_2SO_4\cdot 2H_2O$ 的密闭容器中，产率约为 90％[128]。

$[(n\text{-}C_4H_9)_4N]_3[VW_5O_{19}]$的合成

将 0.08g V_2O_5和 0.06mL H_2O 加入 20mL 0.1mol · L^{-1} $(n\text{-}C_4H_9)_4NOH$ 的 CH_3OH 溶液中，混合物在 25℃下搅拌 24h，将该溶液加入含 1.3g $[(n\text{-}C_4H_9)_4N]_4[W_{10}O_{32}]$的 8mL CH_3CN 溶液中，最终的溶液回流 24h，缓慢加入乙醚得到粗产品，产物溶于 80℃饱和 CH_3CN 中，冷却至 25℃，得到 0.47g 亮黄色晶体[38a]。$[(n\text{-}C_4H_9)_4N]_3[VW_5O_{19}]$的元素分析理论值（％）：C 28.80、H 5.44、N 2.10、V 2.55、W 45.93；实验值（％）：C 28.94、H 5.47、N 2.17、V 2.63、W 45.70[38a]。

$K_8[H_2W_{11}V^{IV}O_{40}]\cdot 13H_2O$ 的合成

将 8mmol 的 $HVOCl_3$（过量）、8mmol 草酸和 4mmol N_2H_5Cl 溶解在约 10mL 水中，将得到的溶液加入含有 40mmol K_2WO_4和 60mmol 蚁酸的 200mL 水中，形成紫棕色混合物，加热到 80～90℃，搅拌 4h，搅拌过程中溶液变成澄清的粉紫色，蒸发至体积大约为 100mL，冷却陈化一夜，分离出黑色的晶体和棕色的沉淀，洗涤除去棕色的沉淀得到晶状固体，晶状产物含有少量黑色的方形块状物，剩余的反应溶液加热到 80～90℃，保持 4h，蒸发至体积约为 80mL，冷却陈化一夜后得到第二批晶体，洗涤除去棕色沉淀[129]。

$(n\text{-}Pr_4N)_5[H_4VW_{11}O_{40}]$的合成

向含有 8.25g $Na_2WO_4 \cdot 2H_2O$ 的 300mL 溶液中滴加 200mL 2.6mL 浓盐酸，将混合溶液加热到 80℃ 保持 3 天，然后加入 5mL 0.5mol · L^{-1} V^V 溶液和 1mol · L^{-1} NaOH 溶液，然后将溶液加热到 80℃，保持一天，加入 n-Pr_4NBr，将溶液加热蒸发浓缩至体积约为 200mL，如果出现白色沉淀，过滤除去，过滤得到黄色固体分别用水和乙醇洗涤，空气中干燥，产量为 0.61g，产率为 5.9%[130]。$(n\text{-}Pr_4N)_5[H_4VW_{11}O_{40}]$的元素分析理论值(%)：W 55.42、V 1.40、C 19.75、H 3.98、N 1.92；实验值(%)：W 55.72、V 1.17、C 9.71、H 3.74、N 1.91[130]。

$K_7[H_2W_{11}V^VO_{40}] \cdot 14H_2O$ 的合成

将 $K_8[H_2W_{11}V^{IV}O_{40}] \cdot 13H_2O$ 溶解在 50～60mL 0.02mol · L^{-1} KAc/0.04mol · L^{-1} HAc 的缓冲溶液中，溶液冷却到 25～40℃，然后立即用稍过量的 Cl_2/CCl_4溶液处理上述溶液，并且振荡，溶液迅速变成柠檬黄色，将溶液和四氯化碳溶液分离，将 5g (50mmol) KAc 溶解到 5mL 水中并加入由 6mL (100mmol)冰醋酸和 40mL 95%的乙醇配成的混合溶液中，搅拌下将其缓慢加入钨钒酸盐的溶液中，得到黄色粉末，几分钟后过滤分离(用乙醇和水分别洗涤，然后再用 95%乙醇洗涤)，淡柠檬黄色产品产量为 6.1g，产率为 90%～95%。$K_7[H_2W_{11}V^VO_{40}] \cdot 14H_2O$ 的元素分析理论值(%)：V 1.57、W 62.40、K 8.44；实验值(%)：V 1.54、W 62.40、K 8.61[131]。

$[Me_4N]_7[VW_{12}O_{40}] \cdot 15H_2O$ 的合成

将 $NaVO_3$(0.3mmol)、NaCl (5mmol)和 Me_4NCl (4mmol) 溶于 60～70℃溶有 $Na_2WO_4 \cdot 2H_2O$ 和 $NH_2NH_2 \cdot 2HCl$ 的 6mL 水溶液中，混合物回流 24h 得到棕色溶液，过滤，室温下缓慢蒸发，两个月后得到棕色晶体。IR(KBr 压片，cm^{-1})：1635(s)、1489(s)、998(m)、949(s)、901(s)、887(s)、781(s)、545(m)[126]。

7.7.2.3　钨钒同多化合物及其衍生物的表征及性质研究

1) 红外光谱

由于钒的引入，钨钒同多化合物的红外光谱的吸收峰有一定的差异，常见的一些钨钒同多化合物的红外光谱吸收峰见表 7.12，对应 W—O 和 V—O 振动[129]。

2) 电子顺磁共振谱

由于钒的取代，钨钒同多化合物的 EPR 谱尤为突出。$[VW_5O_{19}]^{4-}$ 和 $[H_nV_2W_4O_{19}]^{-(6-n)}$ 的 EPR 谱如图 7.100 所示[129]，均为四价 V 的八线谱。$[Me_4N]_7[VW_{12}O_{40}] \cdot 15H_2O$在 77K 下的固态 EPR 谱(图 7.101)研究可确定 V 的氧化态为四价，V 的超精细相互作用为$(2nI+1)$的多重线态(对于 V，$I=7/2$，$n=1$)，研究表明 $g_{\parallel}=1.897$，$g_{\perp}=1.923$，$A_{\parallel}=159.6\times10^{-4}cm^{-1}$，$A_{\perp}=64.7\times10^{-4}cm^{-1}$[126]。

表 7.12 常见的一些钨钒同多化合物的红外光谱吸收峰[129]

化合物	红外光谱吸收峰/cm^{-1}
$[V^{IV}W_5O_{19}]^{4-}$	
四甲铵阳离子	983,967,799,630,576,569,400
二甲胺阳离子	990,974,959,795,630,580,561,400
$[V_2^{IV}W_4O_{19}]^{6-}$	
胍盐阳离子	964,920,793,735,593,553,522,400
$[V_2^{V}W_4O_{19}]^{4-}$	991～936,784～781,589～578,435～425
$[V^{V}W_5O_{19}]^{3-}$	997～947,797～785,582～579,442～420
$[V_4W_9O_{40}]^{6-}$	976～950,892～878,764～749,515～497

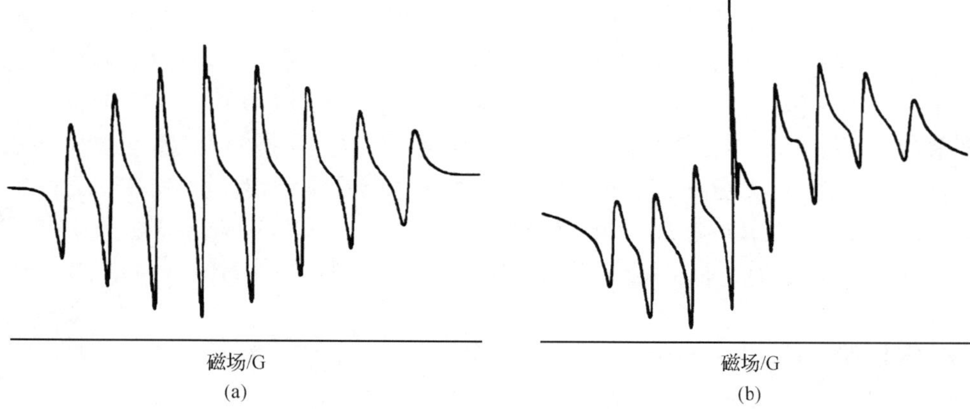

图 7.100 $[VW_5O_{19}]^{4-}$ (pH 5) (a)和$[H_nV_2W_4O_{19}]^{-(6-n)}$(溶于 pH＝8 的 WO_4^{2-} 浓度为 0.01mol · L^{-1}的水溶液中，水溶液中$[H_nV_2W_4O_{19}]^{-(6-n)}$浓度为 0.01mol · L^{-1})(b)的 EPR 谱[129]

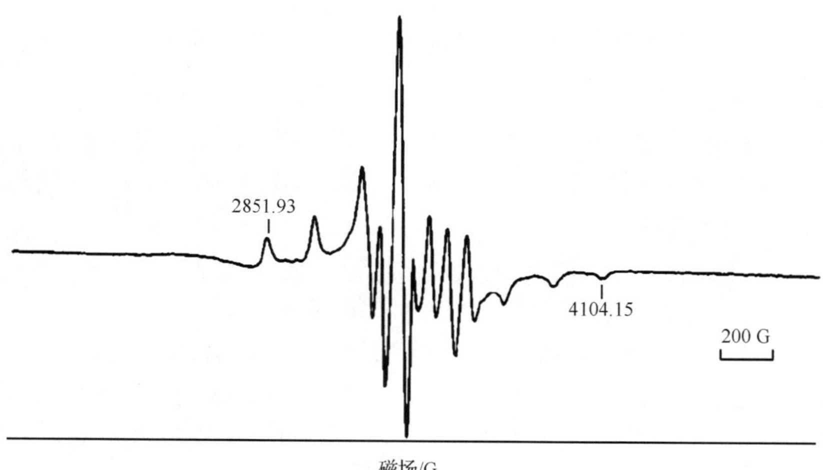

图 7.101 $[Me_4N]_7[VW_{12}O_{40}]$ · $15H_2O$ 在 77 K 下的固态 EPR 谱[126]

3）电化学性质

$[H_2W_{11}V^{V}O_{40}]^{7-}$和$[H_2W_{11}V^{V}O_{40}]^{8-}$的循环伏安曲线是在 0.2mol·$L^{-1}$ H_2SO_4溶液或 HAc 溶液中测定的，扫描速率为 0.5V·min^{-1}，随着 pH 的变化，峰位发生明显变化，具体峰位的变化见表 7.13[131]。根据阴极峰值和阳极峰值，当 pH=4.0 时，$[H_2W_{11}V^{V}O_{40}]^{7-}$的氧化态和还原态的分解趋势是最小的。

表 7.13　$[H_2W_{11}V^{V}O_{40}]^{7-}$和$[H_2W_{11}V^{V}O_{40}]^{8-}$的电化学数据[131]

pH	E_{pc}	E_{pa}
	$[H_2W_{11}V^{V}O_{40}]^{7-}$（0.41mmol·$L^{-1}$）	
2.0	0.37	—
2.6	0.33	0.44
4.0	0.23	0.30
5.0	0.14	0.29
	$[H_2W_{11}V^{V}O_{40}]^{8-}$（0.20mmol·$L^{-1}$）	
4.80	0.13	0.30

注：E_{pc}为阴极峰电势；E_{pa}为阳极峰电势。

4）核磁共振和魔角旋转核磁共振谱

$[(n\text{-}C_4H_9)_4N]_3[VW_5O_{19}]$、$Cs_3[VW_5O_{19}]$、$[(n\text{-}C_4H_9)_4N]_3H[V_2W_4O_{19}]$和$Na_2Cs_2[V_2W_4O_{19}]\cdot 6H_2O$的固态$^{51}V$ MAS NMR 谱（8kHz）展示出一组吸收峰（图 7.102）[125]。同时，钨钒同多化合物的核磁共振谱受到反荷离子和溶液 pH 的影响，具体数据见表 7.14[127]。

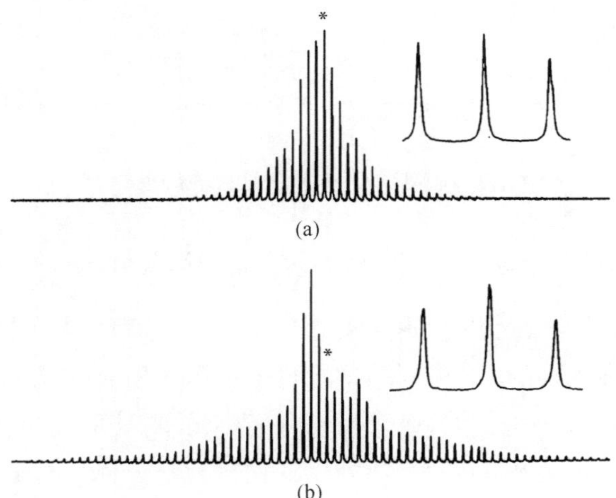

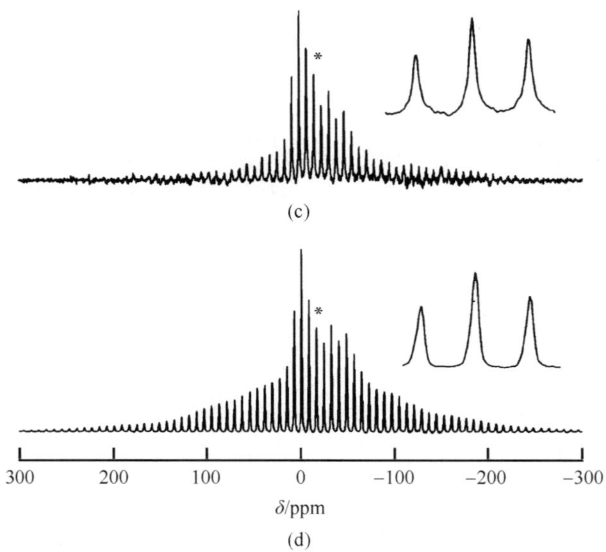

图 7.102　$[(n\text{-}C_4H_9)_4N]_3[VW_5O_{19}]$(a)、$Cs_3[VW_5O_{19}]$(b)、$[(n\text{-}C_4H_9)_4N]_3H[V_2W_4O_{19}]$(c)和 $Na_2Cs_2[V_2W_4O_{19}]\cdot 6H_2O$(d)的固态^{51}V MAS NMR 谱(8kHz)[125](各图中的小插图表示星号所示的中心峰及其自旋边峰的扩展图)

表 7.14　部分钒取代同多化合物的^{51}V NMR 谱数据[127]

化合物	介质	δ/ppm
$(Bu_4N)_3[VMo_5O_{19}]$	CD_3CN	−487.0
$(Bu_4N)_3[VW_5O_{19}]$	CD_3CN	−507.1
$[(CH_3)_4N]_3[VW_5O_{19}]$	pH 2.5	−522.9
$K_2[V_2W_4O_{19}]$	pH 4.7	−508.3
$Na_5[V_3W_3O_{19}]$	pH 8.5	−496.7

7.7.3　铌钒同多化合物和钼钨同多化合物及其衍生物化学

7.7.3.1　铌钒同多化合物和钼钨同多化合物及其衍生物的结构化学

铌钒同多化合物和钼钨同多化合物报道的并不多,但也有几例报道,这些化合物的结构都是非常新颖的。2011 年,胡长文等报道了一种结构新颖的$[VNb_{12}O_{40}(VO)_2]^{10-}$的结构,它是一种类 Keggin 结构,杂原子被 V 取代,其他的两个$\{VO_4\}$四方锥扣在 Keggin 结构的两个相反的位置,形成一个二盖帽的 Keggin 结构(图 7.103)[132]。2012 年,苏忠民和王新龙等报道了一例结构新颖的铌钒同多阴离子$[Nb_{10}V_4O_{40}(OH)_2]^{12-}$,它是由$\{Nb_{10}O_{32}\}$簇和 4 个$\{VO_4\}$四面体构筑的,而

$\{Nb_{10}O_{32}\}$簇是由$\{Nb_6O_{20}\}$单元和四个$\{NbO_6\}$八面体构筑的十核簇结构(图7.104)[133]。

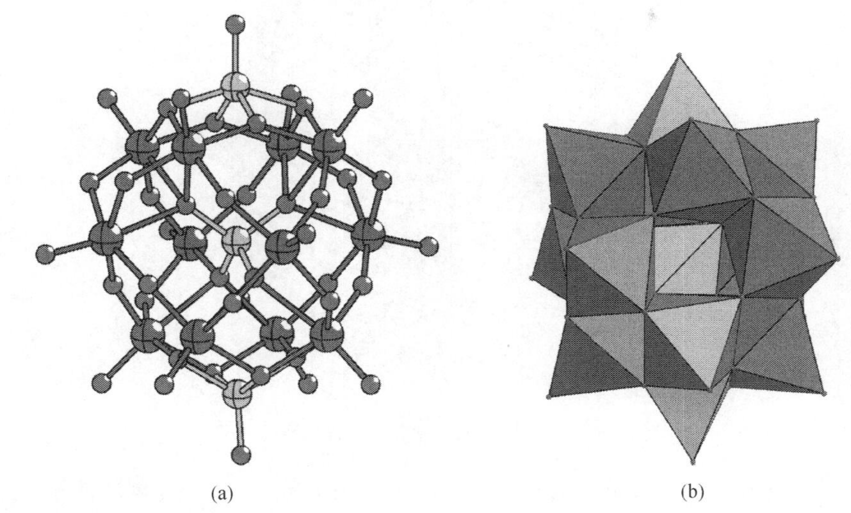

(a)　(b)

图7.103　$[VNb_{12}O_{40}(VO)_2]^{10-}$的球棍图(a)和多面体结构图(b)[132]

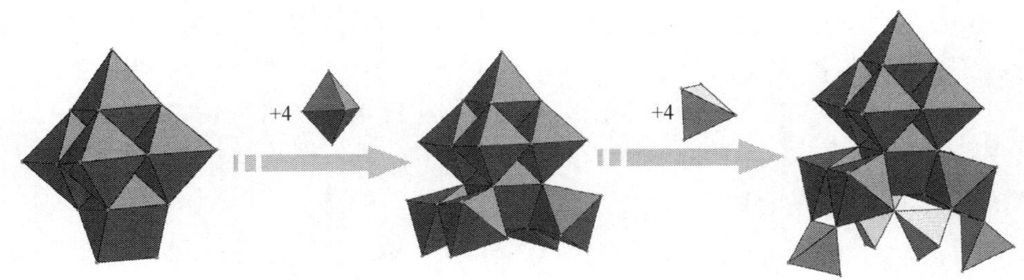

图7.104　$[Nb_{10}V_4O_{40}(OH)_2]^{12-}$的结构演变图[133]

早在1982年，最简单的单取代的$[MoW_5O_{19}]^{8-}$被报道，它具有典型的Lindqvist结构，其中一个W被Mo取代[134]。2009年，Müller等报道了一种新颖的高核钼钨同多化合物$\{(W)W_5\}_{12}\{Mo_2\}_{30}$，它是由12个$\{(W)W_5\}$五角形单元与30个$\{Mo_2^V O_4(OOCCH_3)\}^+$单元构筑的开普勒球形结构，每个五边形都位于二十面体的顶点(图7.105)[135]。

7.7.3.2　铌钒同多化合物和钼钨同多化合物及其衍生物的合成

$\{Nb_{10}V_4O_{40}(OH)_2\}_2$的合成

$\{[Cu_6L_6(H_2O)_3][Nb_{10}V_4O_{40}(OH)_2]\}_2\cdot 13H_2O$(L=1,10-phenanthroline，1,10-邻二氮杂菲)的合成：搅拌下，将0.099g(0.50mmol)1,10-邻二氮杂菲加入

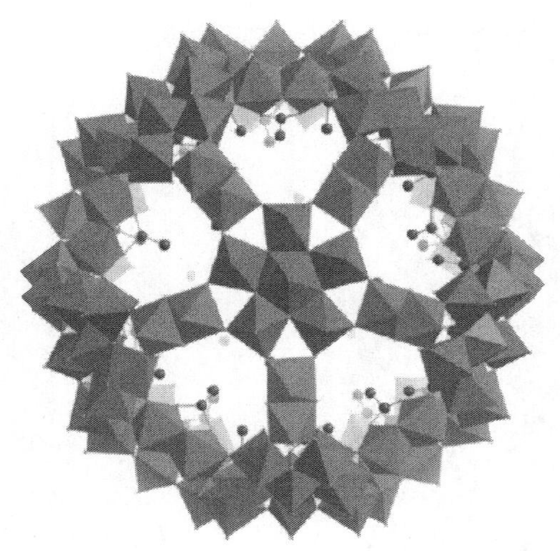

图 7.105 $\{(W)W_5\}_{12}\{Mo_2\}_{30}$的结构图[135]

溶有 0.242g $Cu(Ac)_2 \cdot 3H_2O$ (1.00mmol)的 10mL 水中，搅拌，将该溶液滴加入含有 1.370g $K_7[HNb_6O_{19}] \cdot 13H_2O$ 和 0.3159g $NaVO_3 \cdot 2H_2O$ 的 80mL 水中，然后用1mol · L^{-1} NaOH 溶液将溶液的 pH 调至 11.2，58℃浓缩 8h 至溶液体积为 50mL，过滤，然后转移到玻璃试管中，6 周后，得到淡蓝色块状晶体，用蒸馏水洗涤，空气中干燥，产率为 57%[133]。元素分析理论值(%)：H 2.01、Nb 27.00、V 5.92、Cu 11.08、C 25.11、N 4.88；实验值(%)：H 1.92、Nb 27.53、V 5.88、Cu 11.76、C 25.04、N 5.21[133]。

$\{VNb_{12}O_{40}(VO)_2\}$的合成

$[Cu(en)_2]_{3.5}[Cu(en)_2(H_2O)]\{[VNb_{12}O_{40}(VO)_2][Cu(en)_2]\} \cdot 17H_2O$ 的合成：将 0.15g $K_7[HNb_6O_{19}] \cdot 13H_2O$、0.05g $NaVO_3$、0.1g $CuSO_4 \cdot H_2O$ 溶解在 8mL 水中，然后加入 10 滴乙二胺(en)，并不断搅拌，混合物的 pH 约为 12.3，将混合物转移到 23mL 不锈钢反应釜中，加热到 110℃保持 90h，冷却至室温，过滤，得到紫色块状晶体，产量为 26mg，产率为 14.5%。元素分析理论值(%)：Cu 10.63、V 4.65；实验值(%)：Cu 10.25、V 4.51[132]。

$[Cu(en)_2]_{0.5}[Cu(en)_2(H_2O)]_2\{[VNb_{12}O_{40}(VO)_2][Cu(en)_2][Cu(2,2'\text{-}bipy)_2]\} \cdot 7H_2O$ 的合成：合成流程类似上述化合物，将乙二胺的量变成 1 滴，加入 0.045g 2,2'-联吡啶，用 NH_4VO_3取代 $NaVO_3$，混合物的 pH 约为 9.94，缓慢冷却到室温，过滤，得到深紫色晶体，用二次水洗涤，空气中干燥，产量为 30mg，产率为 17.51%。元素分析理论值(%)：Cu 9.16、V 4.90；实验值(%)：Cu 8.72、V 4.58[132]。

$(Bu_4N)_3[MoW_5O_{19}]$的合成

将 150g $Na_2WO_4 \cdot 2H_2O$ 溶于 250mL 水中，加热至 100℃，加入 75g $CaCl_2$ ·

$2H_2O$的100mL水溶液，产生大量白色沉淀，将得到的$CaWO_4$沉淀用水洗涤几次，70℃下加入1L 2mol·L^{-1} HCl溶液，剧烈搅拌，产生黄色$WO_3 \cdot H_2O$沉淀，用水洗涤数次直到所有的氯离子被除掉，然后在80℃下缓慢加入50mL 1mol·L^{-1} Na_2MoO_4溶液中，开始加入时少量不溶物很快消失，但是接近最后时溶液仍保持浑浊，然后加入固态Na_2CO_3，溶液的pH保持在6以上，最后将所有的$WO_3 \cdot H_2O$都加入，pH调至7～8，混合物煮沸30min，待溶液冷却后，过滤，稀释到200mL，加入45g Bu_4NBr沉淀产物，将混合物加热到90℃保持30min，然后过滤，沉淀用沸水洗涤，空气中干燥，在丙酮中重结晶，得到浅黄色晶体，极谱法和拉曼光谱法研究表明晶体的主要组成是$(Bu_4N)_2[W_6O_{19}]$(约80%)和$(Bu_4N)_2[MoW_5O_{19}]$(约20%)，需要用电化学还原法除掉不需要的六钨酸盐杂质[134]。重结晶的产品(14g)溶解在0.4mol·L^{-1} Bu_4NBF_4的70mL DMF溶液中，将该溶液在−0.5V(*vs* SCE)电解，在这个电位条件下只有$[MoW_5O_{19}]^{2-}$被还原，真空条件下用液氮蒸发干燥得到蓝色溶液，数天后，出现蓝色还原态产物$(Bu_4N)_3[MoW_5O_{19}]$，有时候也会出现还原的$(Bu_4N)_2[W_6O_{19}]$晶体，但是很容易就可以将这些晶体挑出去，最后用丙酮洗涤蓝色晶体，含有Bu_4NBF_4的DMF溶液的极谱表明，蓝色晶体是$(Bu_4N)_3[MoW_5O_{19}]$(阴极峰在−0.3V，阳极峰在−1.9V)和大约7%的$(Bu_4N)_3[Mo_2W_4O_{19}]$(吸收峰在−1.32V)混合物。IR(KBr压片，cm^{-1})：978(sh)、953(vs)、884(m)、798(vs)、790(sh)、735(sh)、608(sh)、583(m)、573(sh)、444(s)、433(s)、368(vw)、352(w)[134]。

$\{W_{72}Mo_{60}\}$的合成

$[(CH_3)_2NH_2]_{48}[\{(W^{VI})W^{VI}_5O_{21}(H_2O)_5(CH_3COO)_{0.5}\}_{12}\{Mo^{V}_2O_4(OOCCH_3)\}_{30}]\cdot$ ca. $\{270H_2O+7CH_3COO^-+7(CH_3)_2NH_2^+\}$的合成：

将8.0g $Na_2WO_4 \cdot 2H_2O$ (24.25mmol)和36.0g $NaCH_3COO \cdot 3H_2O$ (264.6mmol)溶于100mL水中，用60mL 100%的HAc将反应混合物的pH调至约为4，快速加入9.0g $(NH_4)_2[Mo_2O_4(C_2O_4)_2(H_2O)_2]\cdot 3H_2O$(16.13mmol)，反应混合物在氩气保护下120℃油浴中加热90min，并且不断搅拌，溶液颜色变为深棕色。溶液冷却至室温，过滤出红棕色微晶粉末，用乙醇彻底洗涤，用乙醚干燥，产量为1.8g，产率为15%。然后将已获得的200mg微晶产物(0.0056mmol)溶于10mL水中，加入200mg $(CH_3)_2NH_2Cl$ (2.45mmol)。2～3天后，过滤出红棕色晶体，用乙醇洗涤，用乙醚干燥[135]。

7.7.3.3　铌钒同多化合物和钼钨同多化合物及其衍生物的结构表征及性质研究

1) 红外光谱、紫外-可见吸收光谱和X射线衍射

$\{[Cu_6L_6(H_2O)_3][Nb_{10}V_4O_{40}(OH)_2]\}_2 \cdot 13H_2O$ (L=1,10-邻二氮杂菲)的

红外光谱中，在 903cm^{-1}、715cm^{-1}、622cm^{-1}和 442cm^{-1}处出现的吸收峰可归属于多阴离子的 Nb—O$_b$、Nb—O—Cu 和 V—O 振动；1423～1514cm^{-1}处出现的吸收峰归属于 1,10-邻二氮杂菲的吸收峰振动；3423cm^{-1}处出现的吸收峰为水的吸收峰[图 7.106(a)][133]。它的固体 UV-Vis 吸收峰出现在 320nm 处，可归因于配体到 Nb→O$_b$键和 V→O 键的荷移跃迁[图 7.106(b)][133]。{[$Cu_6L_6(H_2O)_3$][$Nb_{10}V_4O_{40}(OH)_2$]}$_2$ · 13H_2O 的 XRD 谱与理论值峰位基本一致，表明化合物是纯相的(图 7.107)[133]。

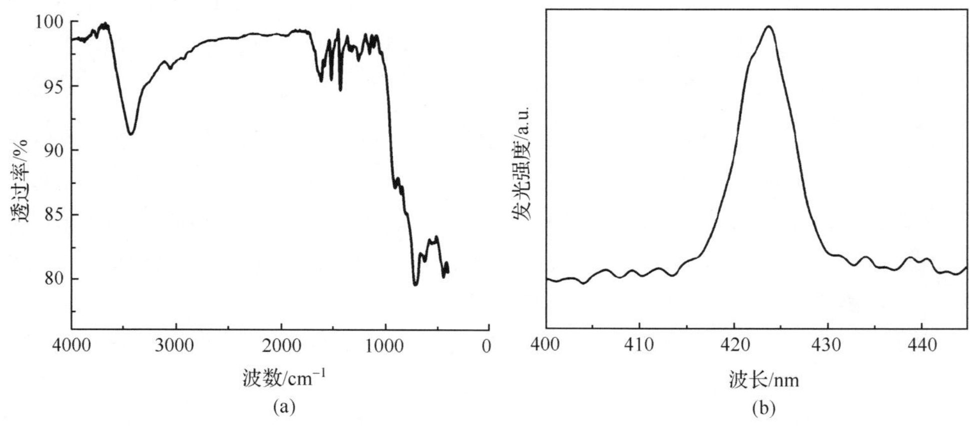

图 7.106 {[$Cu_6L_6(H_2O)_3$][$Nb_{10}V_4O_{40}(OH)_2$]}$_2$ · 13H_2O 的红外光谱(a)和固体 UV-Vis 光谱(b)[133]

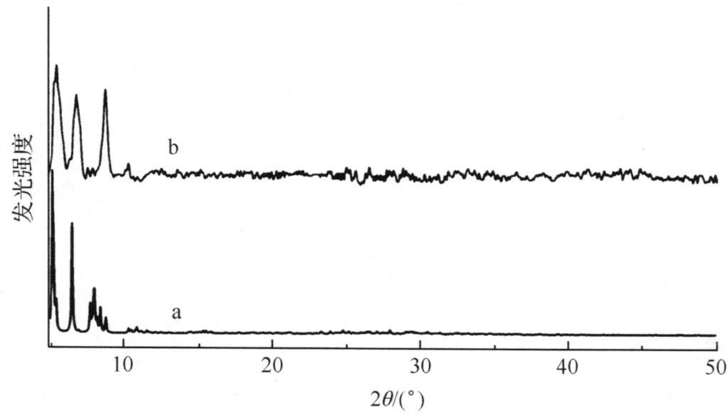

图 7.107 {[$Cu_6L_6(H_2O)_3$][$Nb_{10}V_4O_{40}(OH)_2$]}$_2$ · 13H_2O 的模拟(a)和实验(b)XRD 谱图[133]

2) 拉曼光谱

Müller 等研究了{(W)W_5}$_{12}${Mo_2}$_{30}$的固体拉曼和溶液拉曼光谱，峰位基本没有发生变化，证明轮型结构在溶液中是稳定存在的[图 7.108(A)][135]。

$\{(W)W_5\}_{12}\{Mo_2\}_{30}$ 的固体拉曼光谱的吸收峰为 976cm^{-1}、897cm^{-1}、383cm^{-1} 和 308cm^{-1}，而它的溶液拉曼光谱的吸收峰为 978cm^{-1}、957cm^{-1}、895cm^{-1}、379cm^{-1} 和 310cm^{-1}，与 $\{Mo_{132}\}$ 的固体拉曼光谱对比，在 976cm^{-1} 处出现的吸收峰显著增强，表明 W＝O$_t$ 振动比 Mo＝O$_t$ 振动强，这是由 W＝O$_t$ 键的极性较高导致的[图 7.108(B)][135]。

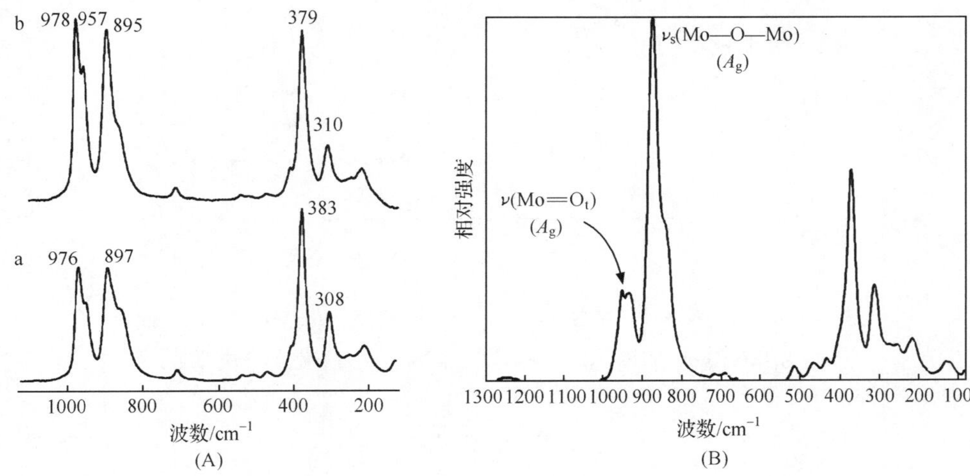

图 7.108　(A) $\{(W)W_5\}_{12}\{Mo_2\}_{30}$ 的拉曼光谱(激发波长 λ_{exc} 为 765nm)：(a)为固态，(b)为溶液；(B) $\{Mo_{132}\}$ 的固体拉曼光谱[135]

3）黑草莓结构的研究

Müller 与刘天波等采用高分子物理方法研究了 $\{(W)W_5\}_{12}\{Mo_2\}_{30} = \{W_{72}Mo_{60}\}$ 簇在溶液中的行为。当溶剂中含有体积分数为 30%～75%的丙酮时，$\{(W)W_5\}_{12}\{Mo_2\}_{30}$ 的大阴离子形成球形、单层、中空、类似囊泡的黑草莓结构，并通过动态激光散射(DLS)和静态光散射(SLS)研究得以证实(图 7.109)[135]。

研究表明 $\{W_{72}Mo_{60}\}$ 簇的尺寸随着丙酮浓度的增加而增加，然而，我们可以观察到聚集体的流体动力学半径 R_h 和 ε^{-1} 之间存在线性关系(ε 是溶剂的介电常数)，这种关系与研究大阴离子 $\{Mo_{132}\}$ 在水/丙酮混合溶剂中的性质获得的结果相同，当大阴离子带有不是很高的负电荷时，主要表现为对阳离子的吸引作用；但是当大阴离子的电荷太高时，强的静电排斥作用阻止它们向近距离移动；如果簇几乎不带电荷，由于缺少电荷作用，这种组装将不能发生，这就是“类电聚集”理论。非常重要的一点是在相同条件下，由于 $\{W_{72}Mo_{60}\}$ 簇有较高的电荷密度，$\{W_{72}Mo_{60}\}$ 簇比 $\{Mo_{132}\}$ 簇形成的黑草莓结构的尺寸要小一些(图 7.109)[135]。

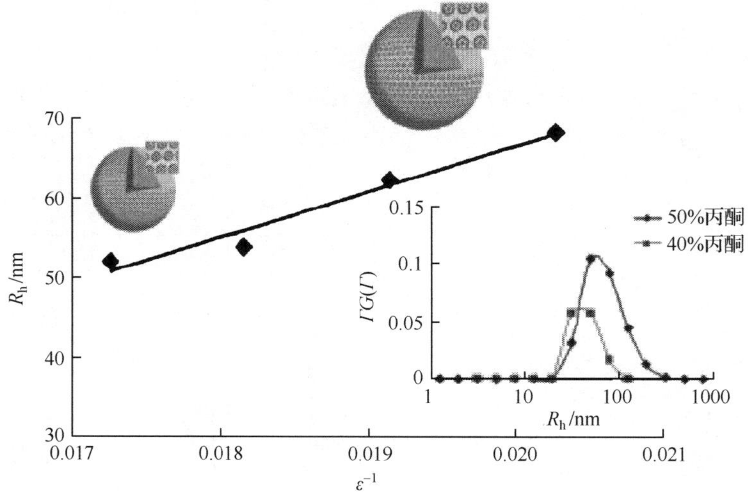

图 7.109 $\{W_{72}Mo_{60}\}$簇在混合溶剂中自组装成黑草莓结构的 R_h-ε^{-1} 曲线（插图为 $\Gamma G(\Gamma)$-R_h 曲线，R_h 为流体动力学半径，ε 为溶剂的介电常数）[135]

参 考 文 献

[1] 徐家宁，杨国昱，孙浩然，等. $NaKV_2O_6$ 的水热合成与结构. 结构化学，1996，15：458-461.

[2] Day V W, Klemperer W G, Yaghi O M. A new structure type in polyoxoanion chemistry: synthesis and structure of the $V_5O_{14}^{3-}$ anion. J Am Chem Soc, 1989, 111: 4518-4519.

[3] Karet G B, Sun Z M, Streib W E, et al. Stepwise assembly of a polyoxovanadate from mononuclear units in an organic solvent: carboxylate-stabilised fragments in the conversion of $[VOCl_4]^{2-}$ to $[V_{15}O_{36}]^{5-}$. Chem Commun, 1999: 2249-2250.

[4] Lee U, Joo H C, Park K M, et al. Facile incorporation of platinum(IV) into polyoxometalate frameworks: preparation of $[H_2Pt^{IV}V_9O_{28}]^{5-}$ and characterization by ^{195}Pt NMR spectroscopy. Angew Chem Int Ed, 2008, 47: 793-796.

[5] Evans H T. The molecular structure of the isopoly complex ion, decavanadate $(V_{10}O_{28})^{6-}$. Inorg Chem, 1966, 5: 967-977.

[6] Hou D, Hagen K S, Hill C L. Tridecavanadate, $[V_{13}O_{34}]^{3-}$, a new high-potential isopolyvanadate. J Am Chem Soc, 1992, 114: 5866-5867.

[7] Basler R, Chaboussant G, Sieber A, et al. Inelastic neutron scattering on three mixed-valence dodecanuclear polyoxovanadate clusters. Inorg Chem, 2002, 41: 5675-5685.

[8] Kiebach R, Nather C, Kögerler P, et al. $[V_{15}^{IV}Sb_6^{III}O_{42}]^{6-}$: an antimony analogue of the molecular magnet $[V_{15}As_6O_{42}(H_2O)]^{6-}$. Dalton Trans, 2007: 3221-3223.

[9] Chen L, Jiang F L, Lin Z Z, et al. A basket tetradecavanadate cluster with blue luminescence. J Am Chem Soc, 2005, 127: 8588-8589.

[10] Müller A, Penk M, Rohljing R, et al. Topologically interesting cages for negative ions with extremely high "coordination number": an unusual property of V-O clusters. Angew Chem Int Ed Eng, 1990, 29:

926-927.

[11] Long D L, Orr D, Seeber G, et al. The missing link in low nuclearity pure polyoxovanadate clusters: preliminary synthesis and structural analysis of a new {V_{16}} cluster and related products. J Clust Sci, 2003, 14: 312-324.

[12] Zhang L, Schmitt W. From platonic templates to archimedean solids: successive construction of nanoscopic {$V_{16}As_8$}, {$V_{16}As_{10}$}, {$V_{20}As_8$}, and {$V_{24}As_8$} polyoxovanadate cages. J Am Chem Soc, 2011, 133: 11240-11248.

[13] Suber L, Bonamico M, Fares V. Synthesis, Magnetism, and X-ray molecular structure of the mixed-valence vanadium(Ⅳ/Ⅴ)-oxygen cluster [VO_4-($V_{18}O_{45}$)]$^{9-}$. Inorg Chem, 1997, 36: 2030-2033.

[14] Müller A, Rohlfing R, Doring J, et al. Formation of a cluster sheath around a central cluster by a "self-organization process": the mixed valence polyoxovanadate [$V_{34}O_{82}$]$^{10-}$. Angew Chem Int Ed Engl, 1991, 30: 588-590.

[15] Queen W L, West J P, Hwu S J, et al. The versatile chemistry and noncentrosymmetric crystal structures of salt-inclusion vanadate hybrids. Angew Chem Int Ed, 2008, 47: 3791-3974.

[16] Klemperer W G. Tetrabutylammonium isopolyoxometalates. Inorg Synth, 1992, 27: 74-85.

[17] 徐家宁, 杨国星, 孙皓然, 等. $Na_6V_{10}O_{28}\cdot 12H_2O$ 的合成与结构. 结构化学, 1996, 15: 253-256.

[18] 徐家宁, 杨国星, 孙皓然, 等. 十钒酸盐 $K_6V_{10}O_{28}\cdot 9H_2O$ 的合成与结构. 结构化学, 1997, 9: 576-581.

[19] Kumagai H, Arishima M, Kitagawa S, et al. New hydrogen bond-supported 3-D molecular assembly from polyoxovanadate and tetramethylbiimidazole. Inorg Chem, 2002, 41: 1989-1992.

[20] (a) Pvani K, Upreti S, Ramanan A. Two new polyoxovanadate clusters templated through cysteamine. J Chem Sci, 2006, 118: 159-164.

(b) Lan Y Q, Li S L, Su Z M, et al. Spontaneous resolution of a 3D chiral polyoxometalate-based polythreaded framework consisting of an achiral ligand. Chem Commun, 2008: 58-60.

[21] Flynn C M, Pope M T. Heteropolyvanadomanganates (Ⅳ) with Mn : V=1 : 11 and 1 : 4. Inorg Chem, 1970, 9: 2009-2014.

[22] Day V W, Klemperer W G, Yaghi O M. Synthesis and characterization of a soluble oxide inclusion complex, [$CH_3CN\subset(V_{12}O_{32}^{4-})$]. J Am Chem Soc, 1989, 111: 5959-5961.

[23] Müller A, Penk M, Doring J. [$H_3KV_{12}As_3O_{39}(AsO_4)$]$^{6-}$ and related topological and/or structural aspects of polyoxometalate chemistry. Inorg Chem, 1991, 30: 4935-4939.

[24] Huan G H, Greaney M A, Jacobson A J. The synthesis and crystal structure of a new polyoxovandium cluster anion: [$As^{Ⅲ}V_{14}^{Ⅳ}O_{42}(0.5H_2O)$]$^{4-}$. J Chem Soc Chem Commun, 1991: 261-262.

[25] Khan M I, Ayesh S, Doedens R J, et al. Synthesis and characterization of a polyoxovanadate cluster representing a new topology. Chem Commun, 2005: 4658-4660.

[26] Müller A, Krickemeyer E, Penk M, et al. Template-controlled formation of cluster shells or a type of molecular recognition: synthesis of [$HV_{22}O_{54}(ClO_4)^{6-}$] and [$H_2V_{18}O_{44}(N_3)$]$^{5-}$. Angew Chem Int Ed Engl, 1991, 30: 1674-1677.

[27] Khan M I, Yohannes E, Doedens R J. [$M_3V_{18}O_{42}(H_2O)_{12}(XO_4)$]$\cdot 24H_2O$ (M=Fe, Co; X=V, S): Metal oxide based framework materials composed of polyoxovanadate clusters. Angew Chem Int Ed, 1999, 38: 1292-1294.

[28] Khan M I, Yohannes E, Powell D. Vanadium oxide clusters as building blocks for the synthesis of metal oxide surfaces and framework materials: synthesis and X-ray crystal structure of [$H_6Mn_3V_{15}^{Ⅳ}V_4^{Ⅴ}O_{46}$($H_2$

O)$_{12}$] · $30H_2O$. Inorg Chem,1999,38:212-213.

[29] Müller A,Penk M,Krickemeyer E,et al. $[V_{19}O_{41}(OH)_9]^{8-}$,An ellipsoid-shaped cluster anion belonging to the unusual family of V^{IV}/V^{V} oxygen clusters. Angew Chem Int Ed Engl,1988,27:1719-1721.

[30] Yamase T,Suzuki M,Ohtaka K. Structures of photochemically prepared mixed-valence polyoxovanadate clusters:oblong $[V_{18}O_{44}(N_3)]_{14}^{-}$, superkeggin $[V_{18}O_{42}(PO_4)]^{11-}$ and doughnut-shaped $[V_{12}B_{32}O_{84}Na_4]^{15-}$ anions. J Chem Soc Dalton Trans,1997:2463-2472.

[31] Yamase T,Ohtaka K. Photochemistry of polyoxovanadates. Part 1. Formation of the anion-encapsulated polyoxovanadate $[V_{15}O_{36}(CO_3)]^{7-}$ and electron-spin polarization of α-hydroxyalkyl radicals in the presence of alcohols. J Chem Soc Dalton Trans,1994:2599-2608.

[32] Yamase T,Ohtaka K,Suzuki M. Structural characterization of spherical octadecavanadates encapsulating Cl^- and H_2O. J Chem Soc Dalton Trans,1996:283-289.

[33] Yamase T. Photo- and electrochrornism of polyoxometalates and related materials. Chem Rev,1998,98:307-325.

[34] Maekawa M,Ozawa Y,Yagasaki A. Icosaniobate:a new member of the isoniobate family. Inorg Chem,2006,45:9608-9609.

[35] Bontchev R P,Nyman M. Evolution of polyoxoniobate cluster anions. Angew Chem Int Ed,2006,45:6670-6672.

[36] Tsunashima R,Long D L,Miras H N,et al. The construction of high-nuclearity isopolyoxoniobates with pentagonal building blocks:$[HNb_{27}O_{76}]^{16-}$ and $[H_{10}Nb_{31}O_{93}(CO_3)]^{23-}$. Angew Chem Int Ed,2010,49:113-116.

[37] (a) Huang P,Qin C,Su Z M,et al. Self-assembly and photocatalytic properties of polyoxoniobates:$\{Nb_{24}O_{72}\}$,$\{Nb_{32}O_{96}\}$ and $\{K_{12}Nb_{96}O_{288}\}$ clusters. J Am Chem Soc,2012,134:14004-14010.
(b) Niu J Y,Ma P T,Niu H Y,et al. Giant polyniobate clusters based on $[Nb_7O_{22}]^{9-}$ units derived from a Nb_9O_{19} Precursor. Chem Eur J,2007,13:8739-8748.

[38] (a) Filowitz M,Ho R K C,Klemperer W G,et al. ^{17}O nuclear magnetic resonance spectroscopy of polyoxometalates. 1. sensitivity and resolution. Inorg Chem,1979,18:93-103.
(b)Li Q,Wei Y G,Hao J,et al. Unexpected C═C bond formation via doubly dehydrogenative coupling of two saturated sp^3 C—H bonds activated with a polymolybdate. J Am Chem Soc, 2007, 129:5810-5811.

[39] Flynn C M Jr, Stucky G D. Heteropolyniobate complexes of manganese(Ⅳ) and nickel(Ⅳ). Inorg Chem,1969,8:332-334.

[40] Anderson T M,Thoma S G,Bonhomme F,et al. Lithium polyniobates. A Lindqvist-supported lithium-water adamantane cluster and conversion of hexaniobate to a discrete Keggin complex. Cryst Growth Des,2007,7:719-723.

[41] Nyman M,Alam T M,Bonhomme F,et al. Solid-state structures and solution behavior of alkali salts of the $[Nb_6O_{19}]^{8-}$ Lindqvist ion. J Clust Sci,2006,17:197-219.

[42] Shen L,Xu Y Q,Gao Y Z,et al. 3D extended polyoxoniobates/tantalates solid structure:preparation,characterization and photocatalytic properties. J Mole Struct,2009,934:37-43.

[43] Graeber E J,Morosin B. The molecular configuration of the decaniobate ion $[Nb_{10}O_{28}]^{6-}$. Acta Cryst,1977,B33:2137-2143.

[44] Ohlin C A,Villa E M,Casey W H. One-pot synthesis of the decaniobate salt $[N(CH_3)_4]_6[Nb_{10}O_{28}]$ ·

$6H_2O$ from hydrous niobium oxide. Inorg Chim Acta, 2009, 362: 1391-1392.

[45] Alam T M, Nyman M, Cherry B R, et al. Multinuclear NMR investigations of the oxygen, water, and hydroxyl environments in sodium hexaniobate. J Am Chem Soc, 2004, 126: 5610-5620.

[46] Villa E M, Casey W H. Reaction dynamics of the decaniobate ion $[H_xNb_{10}O_{28}]^{(6-x)-}$ in water. Angew Chem Int Ed, 2008, 47: 4844-4846.

[47] Anderson T M, Rodriguez M A, Bonhomme F, et al. An aqueous route to $[Ta_6O_{19}]^{8-}$ and solid-state studies of isostructural niobium and tantalum oxide complexes. Dalton Trans, 2007: 4517-4522.

[48] Arimondo P B, Calderazzo F, Hiemeyer R, et al. Synthesis and crystal structure of a self-assembled, octanuclear oxo-tantalum(Ⅴ) derivative containing the first example of a transition metal $M_8(\mu\text{-}O)_{12}$ cage. Inorg Chem, 1998, 37: 5507-5511.

[49] Abrahams I, Bradley D C, Chudzynska H, et al. Polynuclear tantalum oxoalkoxides. Crystal structures of $[Ta_8O_{10}(OEt)_{20}]$, $[Ta_7O_9(OPri)_{17}]$ and $[Ta_5O_7(OBut)_{11}]\cdot C_6H_5Me$. J Chem Soc Dalton Trans, 2000: 2685-2691.

[50] (a) Barnes A J D, Prior T J, Francesconi M G. Zeolite-like nitride-chlorides with a predicted topology. Chem Commun, 2007: 4638-4640.
(b) Chou H S, Liu M C, Kuan S Y, et al. Mechanical behavior of Zr-based and Ta-based micropillars. Intermetallics, 2012, 21: 26-30.

[51] Krinsky J L, Anderson L L, Arnold J, et al. Synthesis and properties of oxygen-centered tetradecaimido hexatantalum clusters. Angew Chem Int Ed, 2007, 46: 369-372.

[52] Zhai H J, Wang B, Huang X, et al. Structural evolution, sequential oxidation, and chemical bonding in tritantalum oxide clusters: $Ta_3O_n^-$ and Ta_3O_n (n=1-8). J Phys Chem A, 2009, 113: 9804-9813.

[53] Balogh E, Anderson T M, Rustad J R, et al. Rates of oxygen-isotope exchange between sites in the $[H_xTa_6O_{19}]^{(8-x)-}$(aq) Lindqvist ion and aqueous solutions: comparisons to $[H_xNb_6O_{19}]^{(8-x)-}$(aq). Inorg Chem, 2007, 46: 7032-7039.

[54] Day V W, Fredrich M F, Klemperer W C, et al. Synthesis and characterization of the dimolybdate ion, $Mo_2O_7^{2-}$. J Am Chem Soc, 1977, 99: 6146-6148.

[55] Filowitz M, Klemperer W G, Shum W. Synthesis and characterization of the pentamolybdate ion, $Mo_5O_{17}H^{3-}$. J Am Chem Soc, 1978, 100: 2580-2581.

[56] Che M, Fournier M, Launay J P. The analog of surface molybdenyl ion in Mo/SiO_2 supported catalysts: the isopolyanion $Mo_6O_{19}^{3-}$ studied by EPR and UV-visible spectroscopy. Comparison with other molybdenyl compounds. J Chem Phys, 1979, 71: 1954-1960.

[57] Gili P, Lorenzo-Luis P A, Mederos A, et al. Crystal structures of two new heptamolybdates and of a pyrazole incorporating a γ-octamolybdate anion. Inorg Chim Acta, 1999, 295: 106-114.

[58] Lu C Z, Wu C D, Zhuang H H, et al. Three polymeric frameworks constructed from discrete molybdenum oxide anions and 4,4′-bpy-bridged linear polymeric copper cations. Chem Mater, 2002, 14: 2649-2655.

[59] (a) 臧宏瑛. 基于钼八阴离子构筑的无机有机杂化材料的合成、结构和性质研究. 长春: 东北师范大学, 2010.
(b) 赵燚. 基于同多八钼氧酸盐异构体化合物的合成、晶体结构及催化性质研究. 大连: 辽宁师范大学, 2009.

[60] Niven M L, Cruywagen J J, Heyns J B B. The first observation of γ-octamolybdate: synthesis, crystal and molecular structure of $[Me_3N(CH_2)_6NMe_3]_2[Mo_8O_{26}]\cdot 2H_2O$. J Chem Soc Dalton Trans, 1991: 2007-

2011.

[61] Coue V, Dessapt R, Bujoli-Doeuff M, et al. Synthesis and characterization of two new photochromic organic-inorganic hybrid materials based on isopolyoxomolybdate: $(HDBU)_3(NH_4)[\beta\text{-}Mo_8O_{26}]\cdot H_2O$ and $(HDBU)_4[\delta\text{-}Mo_8O_{26}]$. J Solid State Chem, 2006, 179: 3615-3627.

[62] Hagrman D, Zubieta C, Rose D J, et al. Composite solids constructed from one-dimensional coordination polymer matrices and molybdenum oxide subunits: polyoxomolybdate clusters within $[\{Cu(4,4'\text{-bpy})\}_4Mo_8O_{26}]$ and $[\{Ni(H_2O)_2(4,4'\text{-bpy})_2\}_2Mo_8O_{26}]$ and one-dimensional oxide chains in $[\{Cu(4,4'\text{-bpy})\}_4Mo_{15}O_{47}]\cdot 8H_2O$. Angew Chem Int Ed Engl, 1997: 873-876.

[63] Xu J Q, Wang R Z, Yang G Y, et al. Metal-oxo cluster-supported transition metal complexes: hydrothermal synthesis and characterization of $[\{M(phen)_2\}_2(Mo_8O_{26})]$ (M=Ni or Co). Chem Commun, 1999: 983-984.

[64] Allis D G, Rarig R S, Burkholder E, et al. A three-dimensional bimetallic oxide constructed from octamolybdate clusters and copper-ligand cation polymer subunits. A comment on the stability of the octamolybdate isomers. J Mole Struct, 2004, 688: 11-31.

[65] Xiao D R, Hou Y, Wang E B, et al. Hydrothermal synthesis and characterization of an unprecedented g-type octamolybdate: $[\{Ni(phen)_2\}_2(Mo_8O_{26})]$. Inorg Chim Acta, 2004, 357: 2525-2531.

[66] Allis D G, Burkholder E, Zubieta J. A new octamolybdate: observation of the θ-isomer in $[Fe(tpyprz)_2]_2[Mo_8O_{26}]\cdot 3.7H_2O$ (tpyprz=etra-2-pyridylpyrazine). Polyhedron, 2004, 23: 1145-1152.

[67] Feng LY, Wang Y H, Qi Y J, et al. Synthesis and crystal structure of the first Waugh-type isopolyoxomolybdate $Na_4Mo_{10}O_{32}\cdot 8H_2O$. J Mole Struct, 2003, 645: 231-234.

[68] Jin X L, Tang K L, Ni H H, et al. Synthesis and crystal structure of a novel Keggin-type Isopolyoxomolybate $[Bu_4N]_6[H_3O]_2[Mo_{13}O_{40}]_2$. Perganon, 1994. 2439-2441.

[69] Long D L, Kögerler P, Farrugia L J, et al. Restraining symmetry in the formation of small polyoxomolybdates: building blocks of unprecedented topology resulting from "shrink-wrapping" $[H_2Mo_{16}O_{52}]^{10-}$-type clusters. Angew Chem Int Ed, 2003, 42: 4180-4183.

[70] Müller A, Kuhlmann C, Bögge H, et al. $Mo_2^VO_4^{2+}$ Directs the formation and subsequent linking of potential building blocks under different boundary conditions: a related set of novel cyclic polyoxomolybdates. Eur J Inorg Chem, 2001: 2271-2277.

[71] (a) Li S L, Zhang Y M, Ma J F, et al. A novel organotin-substituted polyoxomolybdate cluster. Dalton Trans, 2008: 1000-1002.

(b) Müller A, Krickemeyer E, Dillinger S, et al. New perspectives in polyxoxmetalate chemistry by isolation of compounds containing very large moieties as transferable building blocks: $(NMe_4)_5[As_2Mo_8V_4AsO_{40}]\cdot 2H_2O$, $(NH_4)_{21}[H_3Mo_{57}V_6(NO)_6O_{183}(H_2O)_{18}]\cdot 65H_2O$, $(NH_2Me_2)_{18}(NH_4)_6[Mo_{57}V_6(NO)_6O_{183}(H_2O)_{18}]\cdot 14H_2O$, and $(NH_4)_{12}[Mo_{36}(NO)_4O_{108}(H_2O)_{16}]\cdot 33H_2O$. Z Anorg Allg Chem, 1994, 620: 599-619.

[72] Zhang S W, Wei Y G, Yu Q, et al. Toward quantum line-self-assembly process of nanomolecular building blocks leading to a novel one-dimensional nanomolecular polymer: single-crystal X-ray structure of $\{[H_3O]_{12}^+\{(H_2O)MoO_{2.5}[Mo_{36}O_{108}(NO)_4(H_2O)_{16}]O_{2.5}Mo(H_2O)\}^{12-}\}_n$. J Am Chem Soc, 1997, 119: 6440-6441.

[73] Müller A, Krickemeyer E, Bögge H, et al. Organizational forms of matter: an inorganic super fullerene and Keplerate based on molybdenum oxide. Angew Chem Int Ed, 1998, 37: 3360-3363.

[74] Müller A,Krickemeyer E,Bögge H,et al. Giant ring-shaped building blocks linked to form a layered cluster network with nanosized channels: $[Mo^{VI}_{124}Mo^{V}_{28}O_{429}(\mu_3\text{-}O)_{28}H_{14}(H_2O)_{66.5}]^{16-}$. Chem Eur J, 1999,5:1496-1502.

[75] Müller A,Krickemeyer E,Meyer J,et al. $[Mo_{154}(NO)_{14}O_{420}(OH)_{28}(H_2O)_{70}]^{(25\pm5)-}$: A water-soluble big wheel with more than 700 atoms and a relative molecular mass of about 24 000. Angew Chem Int Ed Engl,1995,34:2122-2124.

[76] Müller A,Das S K,Fedin V P,et al. Rapid and simple isolation of the crystalline molybdenum-blue compounds with discrete and linked nanosized ring-shaped anions: $Na_{15}[Mo^{VI}_{126}Mo^{V}_{28}O_{462}H_{14}(H_2O)_{70}]_{0.5}$. $[Mo^{VI}_{124}Mo^{V}_{28}O_{457}H_{14}(H_2O)_{68}]_{0.5}$ • ca. $400H_2O \equiv Na_{15}[1a]_{0.5}[1b]_{0.5}$. ca. $400H_2O$ and $Na_{22}[Mo^{VI}_{118}Mo^{V}_{28}O_{442}H_{14}(H_2O)_{58}]$ • ca. $250H_2O$. Z Anorg Allg Chem,1999,625:1187-1192.

[77] Müller A,Koop M,Bögge H,et al. Exchanged ligands on the surface of a giant cluster: $[(MoO_3)_{176}(H_2O)_{63}(CH_3OH)_{17}H_n]^{(32-n)-}$. Chem Commun,1998:1501-1502.

[78] Müller A,Serain C. Soluble molybdenum blues "des Pudels Kern". Acc Chem Res,2000,33:2-10.

[79] Müller A,Krickemeyer E,Bögge H,et al. An unusual polyoxomolybdate: giant wheels linked to chains. Angew Chem,1997,109:500-502.

[80] Müller A,Das S K,Fedin V P,et al. Rapid and simple isolation of the crystalline molybdenum-blue compounds with discrete and linked nanosized ring-shaped anions: $Na_{15}[MoMoO_{462}H_{14}(H_2O)_{70}]_{0.5}$ $[MoMoO_{457}H_{14}(H_2O)_{68}]_{0.5}$ • ca. $400H_2O$ and $Na_{22}[MoMoO_{442}H_{14}(H_2O)_{58}]$ • ca. $250H_2O$. Z Anorg Allg Chem,1999,625:1187-1192.

[81] Müller A,Krickemeyer E,Bögge H,et al. Formation of a ring-shaped reduced "metal oxide" with the simple composition $[(MoO_3)_{176}(H_2O)_{80}H_{32}]$. Angew Chem Int Ed,1998,37:1220-1223.

[82] Müller A,Beugholt C,Koop M,et al. Facile and optimized syntheses and structures of crystalline molybdenum blue compounds including one with an interesting high degree of defects: $Na_{26}[Mo_{142}O_{432}(H_2O)_{58}H_{14}]$ • ca. 300 H_2O and $Na_{16}[(MoO_3)_{176}(H_2O)_{63}(CH_3OH)_{17}H_{16}]$ • ca. $600H_2O$ • ca. $6CH_3OH$. Z Anorg Allg Chem,1999,625:1960-1962.

[83] Miras H N,Cooper G J T,Long D L,et al. Unveiling the transient template in the self-assembly of a molecular oxide nanowheel. Science,2010,327:72-74.

[84] Müller A,Beckmann E,Bögge H,et al. Inorganic chemistry goes protein size: A Mo_{368} nano-hedgehog initiating nanochemistry by symmetry breaking. Angew Chem Int Ed,2002,41:1162-1167.

[85] Müller A,Meyer J,Krickemeyer E,et al. Unusual stepwise assembly and molecular growth: $[H_{14}Mo_{37}O_{112}]^{14-}$ and $[H_3Mo_{57}V_6(NO)_6O_{189}(H_2O)_{12}(MoO)_6]^{21-}$. Chem Eur J,1998,4:1000-1006.

[86] Meng J X,Lu Y,Li Y G,et al. Base-directed self-assembly of octamolybdate-based frameworks decorated by flexible N-containing ligands. Cryst Growth Des,2009,9:4116-4126.

[87] Sarma M,Chatterjee T,Das S K. Bringing an important macrocycle into a polyoxometalate matrix: synthesis,crystal structure, spectroscopy and electrochemistry of $[Co^{III}(\text{transdiene})(Cl)_2]_2[Mo_6O_{19}]$, $[Ni^{II}(\text{transdiene})][W_6O_{19}]$ • DMSO • DCM and $[Zn^{II}(\text{transdsiene})(Cl)]_2[W_6O_{19}]$. Dalton Trans, 2011,40:2954-2966.

[88] Miras H N,Richmond C J,Long D L,et al. Solution-phase monitoring of the structural evolution of a molybdenum blue nanoring. J Am Chem Soc,2012,134:3816-3824.

[89] Ma J,Li Y G,Zhang Z M,et al. A polyethylene-glycol-functionalized ring-like isopolymolybdate cluster. Inorg Chim Acta,2009,362:2413-2417.

[90] Kistler M L, Bhatt A, Liu G, et al. A complete macroion-"blackberry" assembly-macroion transition with continuously adjustable assembly sizes in $\{Mo_{132}\}$ water/acetone systems. J Am Chem Soc, 2007, 129: 6453-6460.

[91] Bridgema A J. The electronic structure and stability of the isomers of octamolybdate. J Phys Chem A, 2002, 106: 12151-12160.

[92] Bridgeman A J, Cavigliasso G. Electronic structure of the α and β isomers of $[Mo_8O_{26}]^{4-}$. Inorg Chem, 2002, 41: 3500-3507.

[93] Müller A, Toma L, Bögge H, et al. Porous capsules allow pore opening and closing that results in cation uptake. Angew Chem Int Ed, 2005, 44: 7757-7761.

[94] Rehder D, Haupt E T K, Bögge H, et al. Countercation transport modeled by porous spherical molybdenum oxide based nanocapsules. Chem Asian J, 2006, 1-2: 76-81.

[95] Fuchs J, Palm R, Hartl H. $K_7HW_5O_{19}\cdot 10H_2O$-A novel isopolyoxotungstate(Ⅵ). Angem Chem Int Ed Engl, 1996, 35: 2651-2653.

[96] Hartl H, Palm R, Fuchs J. A new type of paratungstate. Angew Chem Int Ed Engl, 1993, 32: 1492-1494.

[97] Fuchs V J, Hartl H, Schiller W, et al. Die kristallstruktur des tributylammoniumdekawolframats $[(C_4H_9)_3NH]_4W_{10}O_{32}$. Acta Cryst, 1976, B32: 740-749.

[98] Allmann V R. Die Struktur des Ammoniumparawofframates $(NH_4)_{10}[H_2W_{12}O_{42}]\cdot 10H_2O$. Acta Cryst, 1971, B27: 1393-1404.

[99] Brüdgam I, Fuchs J, Hartl H, et al. Two new isopolyoxotungstates(vi) with the empirical composition $Cs_2W_2O_7\cdot 2H_2O$ and $Na_2W_2O_7\cdot H_2O$: An icosatetratungstate and a polymeric compound. Angew Chem Int Ed, 1998, 37: 2668-2671.

[100] (a) Li T H, Li F, Lü J, et al. Pentadecatungstate with dinuclear cerium(Ⅲ) unit: synthesis, crystal structure and properties. Inorg Chem, 2008, 47: 5612-5615.

(b) Long D L, Kögerler P, Parenty A D C, et al. Discovery of a family of isopolyoxotungstates $[H_4W_{19}O_{62}]^{6-}$ encapsulating a $\{WO_6\}$ moiety within a $\{W_{18}\}$ Dawson-like cluster cage. Angew Chem Int Ed, 2006, 45: 4798-4803.

[101] Long D L, Abbas H, Kögerler P, et al. A high-nuclearity "celtic-ring" isopolyoxotungstate, $[H_{12}W_{36}O_{120}]^{12-}$, that captures trace potassium ions. J Am Chem Soc, 2004, 126: 13880-13881.

[102] Miras H N, Yan J, Long D L, et al. Structural evolution of "S"-shaped $[H_4W_{22}O_{74}]^{12-}$ and "§"-shaped $[H_{10}W_{34}O_{116}]^{18-}$ isopolyoxotungstate clusters. Angew Chem Int Ed, 2008, 47: 8420-8423.

[103] Bhattacharyya R, Biswas S, Arrnstrong J, et al. New and general route to the synthesis of oxopolymetalates via peroxometalates in aqueous medium: synthesis and crystal and molecular structure of $(PPN)_2[W_6O_{19}]$ (PPN=Bis(triphenylphosphine)nitrogen(1+) cation). Inorg Chem, 1989, 28: 4297-4300.

[104] Zou N, Chen W L, Li Y G, et al. Two new polyoxometalates-based hybrids firstly synthesized in the ionic liquids. Inorg Chem Commun, 2008, 11: 1367-1370.

[105] Freedman M L. The tungstic acids. J Am Chem Soc, 1959, 81: 3834-3839.

[106] Boskovic C, Sadek M, Brownlee R T C, et al. Electrosynthesis and solution structure of six-electron reduced forms of metatungstate, $[H_2W_{12}O_{40}]^{6-}$. J Chem Soc Dalton Trans, 2001, 187-196.

[107] Howard T. Sodium paradodecatungstate 20-hydrate. Acta Cryst, 1976, B32: 1565-1567.

[108] Klemperer W G. Tetraabutylammonium isopolyoxometalates. Inorg Synth, 1992, 27: 80-81.

[109] Klemperer W G. Tetraabutylammonium isopolyoxometalates. Inorg Synth, 1992, 27: 81-83.

[110] Sprangers C R, Marmon J K, Duncan D C. Where are the protons in α-$[H_xW_{12}O_{40}]^{(8-x)-}$ (x=2-4)? Inorg Chem, 2006, 45: 9628-9630.

[111] Björnberg A. Multicomponent polyanions. 26. the crystal structure of $Na_6Mo_6V_2O_{26}(H_2O)_{16}$, a compound containing sodium-coordinated hexamolybdodivanadate anions. Acta Cryst, 1979, B35: 1995-1999.

[112] Botar B, Kögerler P, Hill C L. $[\{(Mo)Mo_5O_{21}(H_2O)_3(SO_4)\}_{12}(VO)_{30}(H_2O)_{20}]^{36-}$: a molecular quantum spin icosidodecahedron. Chem Commun, 2005: 3138-3140.

[113] Björnberg A. Multicomponent polyanions. 22. the molecular and crystal structure of $K_8Mo_4V_8O_{36}$ · $12H_2O$, a compound containing a structurally new heteropolyanion. Acta Cryst, 1979, B35: 1989-1995.

[114] Björnberg A. Multicomponent Polyanions. 28. The structure of $K_7Mo_8V_5O_{40}$ · $8H_2O$, a compound containing a structurally new potassium-coordinated octamolybdopentavanadate. Acta Cryst, 1980, B36: 1530-1536.

[115] Kamenar B, Cindric M, Strukan N. Synthesis and structure of a molybdovanadate with the asymmetric $[Mo_4V_5O_{27}]^{5-}$ anion. Polyhedron, 1994, 13: 2271-2275.

[116] Nenner A M. Multicomponent polyanions. 38. structure of $K_5NaMo_6V_2O_{26}$ · $4H_2O$, a compound containing a new configuration of the hexamolybdodivanadate anion. Acta Cryst, 1985, C41: 1703-1707.

[117] Himeno S, Kawasaki K, Hashimoto M. Preparation and characterization of an α-Wells-Dawson-type $[V_2Mo_{18}O_{62}]^{6-}$ complex. Bull Chem Soc Jpn, 2008, 81: 1465-1471.

[118] Müller A, Koop M, Bögge H, et al. Building blocks as disposition in solution: $[\{Mo^{VI}O_3(H_2O)\}_{10}\{V^{IV}O(H_2O)\}_{20}\{(Mo^{VI}/Mo_5^{VI}O_{21})(H_2O)_3\}_{10}(\{Mo^{VI}O_2(H_2O)_2\}_{5/2})_2(\{NaSO_4\}_5)_2]^{20-}$ a giant spherical cluster with unusualstructural features of interest for supramolecular and magneto chemistry. Chem Commun, 1999: 1885-1886.

[119] Müller A, Todea A M, Slageren J van, et al. Triangular geometrical and magnetic motifs uniquely linked on a spherical capsule surface. Angew Chem Int Ed, 2005, 44: 3857-3861.

[120] Müller A, Botar B, Bögge H, et al. A potassium selective "nanosponge" with well defined pores. Chem Commun, 2002: 2944-2945.

[121] Strukan N, Cindric M, Kamenar B. Synthesis and structure of $[(CH_3)_4N]_4[H_2MoV_9O_{28}]Cl$ · $6H_2O$. Polyhedron, 1997, 16: 629-634.

[122] Jarman R H, Dickens P G, Jacobson A J, et al. Preparation and characterization of the mixed oxide $V_9Mo_6O_{40}$. Mat Res Bull, 1982, 17: 325-328.

[123] Jarman R H, Dickens P G. Some aspects of β-$V_9Mo_6O_{40}$ reduction: TPR, XRD, SEM, IR and EPR spectroscopic studies. J Mater Chem, 1997, 7: 2279-2286.

[124] Andersson I, Hastings J J, Howarth O W, et al. Aqueous tungstovanadate equilibria. J Chem Soc Dalton Trans, 1996: 2705-2711.

[125] Huang W L, Todaro L, Francesconi L C, et al. ^{51}V Magic angle spinning NMR spectroscopy of six-coordinate lindqvist oxoanions: a sensitive probe for the electronic environment in vanadium-containing polyoxometalates. Counterions dictate the ^{51}V fine structure constants in polyoxometalate solids. J Am Chem Soc, 2003, 125: 5928-5938.

[126] Khan M I, Cevik S, Hayashi R. First 12-tungstovanadate Keggin compound: synthesis and crystal structure of $[Me_4N]_7[VW_{12}O_{40}]$ · $15H_2O$. J Chem Soc Dalton Trans, 1999: 1651-1654.

[127] Leparulo-Loftus M A, Pope M T. Vanadium-51 NMR spectroscopy of tungstovanadate polyanions.

Chemical shift and line-width patterns for the identification of stereoisomers. Inorg Chem, 1987, 26: 2112-2120.

[128] Flynn C M, Pope M T. Tungstovanadate heteropoly complexes. I. Vanadium (V) complexes with the constitution $M_6O_{19}^{n-}$ and V : W≤1 : 2. Inorg Chem, 1971, 10: 2524-2529.

[129] Flynn C M, Pope M T. Tungstovanadate heteropoly complexes. IV. Vanadium(Ⅳ) complexes. Inorg Chem, 1973, 12: 1626-1634.

[130] Ueda T, Yokota H, Hojo M. Synthesis and characterization of a Keggin-type V(Ⅴ)-substituted isopolytungstate, $(n\text{-}Pr_4N)_5[H_4VW_{11}O_{40}]$. Inorg Chem Commun, 2003, 6: 1048-1050.

[131] Flynn C M, Pope M T, O'Donnell S. Tungstovanadate heteropoly complexes. Ⅴ. The ion $H_2W_{11}V^VO_{40}^{7-}$ and the oxidation and reduction of tungstovanadates. Inorg Chem, 1974, 13: 831-833.

[132] Guo G L, Xu Y Q, Cao J, et al. An unprecedented vanadoniobate cluster with 'trans-vanadium' bicapped Keggin-type $\{VNb_{12}O_{40}(VO)_2\}$. Chem Commun, 2011, 47: 9411-9413.

[133] Huang P, Qin C, Wang X L, et al. An unprecedented organic-inorganic hybrid based on the first $\{Nb_{10}V_4O_{40}(OH)_2\}^{12-}$ clusters and copper cations. Chem Commun, 2012, 48: 103-105.

[134] Sanchez C, Livage J, Launay J P, et al. Electron delocalization in mixed-valence Molybdenum polyanions. J Am Chem Soc, 1982, 104: 3194-3202.

[135] Schäfferl C, Merca A, Bögge H, et al. Unprecedented and differently applicable pentagonal units in a dynamic library: a Keplerate of the type $\{(W)W_5\}_{12}\{Mo_2\}_{30}$. Angew Chem Int Ed, 2009, 48: 149-153.

第 8 章　其他多酸化合物及其衍生物化学

除了前面介绍的几种基本类型的多酸及其衍生物化学以外，事实上随着近代多酸化学的飞速发展，取代型杂多化合物和夹心型杂多化合物成为最重要的组成部分之一。此外，还有其他类型的多酸化合物及其衍生物被报道。本章介绍几种其他类型的多酸化合物，包括取代型、1∶11 双系列、2∶17 双系列、夹心型、反 Keggin 型杂多化合物和杂多蓝等。

8.1　取代型杂多化合物及其衍生物化学

取代型杂多化合物化学是多酸化学的一个重要组成部分，Pope 在这一领域作出了重要贡献。几种经典的多酸结构类型均有其相应的取代型杂多化合物，但报道最多的主要是基于缺位的 Keggin 型和 Dawson 型杂多化合物，较常见的是它们的一取代、二取代和三取代多酸化合物。目前，更高核数的金属簇取代型多酸化合物被陆续报道，取代的基团可以是过渡金属、稀土离子及 3d-4f 混金属，甚至是金属有机配合物、多核金属簇等，由于这些片段的引入，取代型多酸化合物拥有一些新的功能特性，在磁性、催化、光电材料等领域有重要的应用前景。本节以取代型 Keggin 型和 Dawson 型杂多化合物为例，详细阐述取代型杂多化合物的结构、合成、表征及在多个领域的性质研究。

8.1.1　取代型杂多化合物及其衍生物的结构描述

取代型杂多化合物的报道很多，这里我们选择比较有代表性的取代型杂多化合物进行介绍。α-Keggin 型杂多化合物的一取代、二取代、三取代化合物的结构如图 8.1 所示（只是对一个三金属簇）。2005 年，Hill 等报道的多阴离子[β-$SiFe_2W_{10}O_{36}(OH)_2(H_2O)Cl]^{5-}$，是由两个铁二取代的 β-Keggin 型杂多化合物，两个取代位置并不相邻，这在多酸化学中非常罕见[图 8.2(a)][1]。2008 年，Mialane 等报道了二取代的 γ-Keggin 型多阴离子[γ-$H_2SiW_{10}O_{36}Cu_2(\mu$-1,1-$N_3)_2]^{4-}$，两个 Cu^{2+} 通过两个 N_3^- 桥连成二核铜簇配位在{γ-SiW_{10}}的两个缺位位置上[图 8.2(b)][2]。

2004 年，Mialane 等报道了二取代的[$(PW_{10}O_{37})(Ni(H_2O))_2(\mu$-$N_3)]^{6-}$，它是一个由 N_3^- 桥连的二核镍簇取代的[$PW_{10}O_{37}]^{9-}$ 单元构筑的(图 8.3)[3]。2008 年，Mizuno 等报道了有机铝取代的多阴离子[γ-$SiW_{10}O_{36}\{Al(C_5H_5N)\}_2$

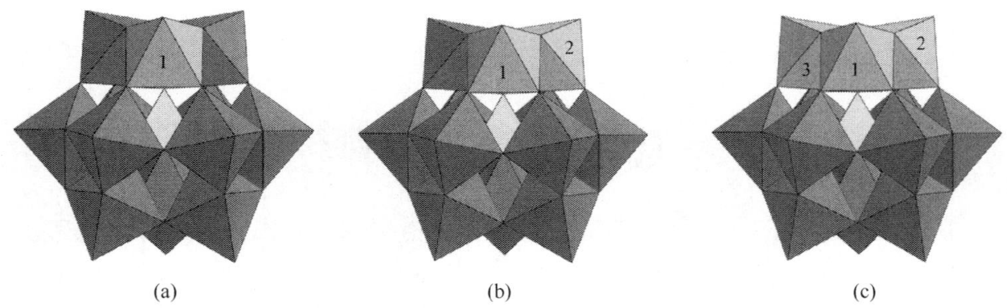

图 8.1　一取代(a)、二取代(b)和三取代(c)的 α-Keggin 型杂多化合物的结构图

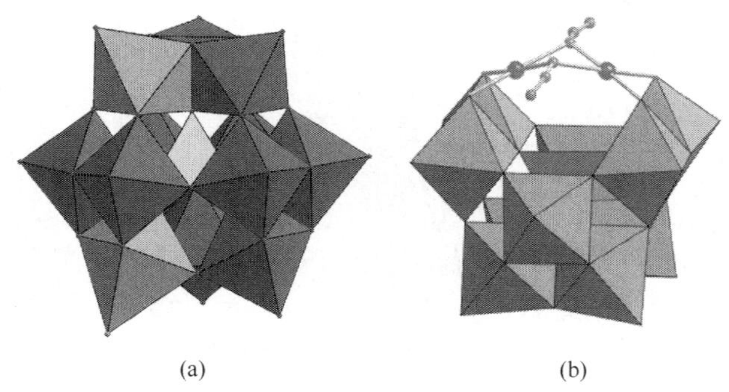

图 8.2　$[\beta\text{-}SiFe_2W_{10}O_{36}(OH)_2(H_2O)Cl]^{5-}$ (a)[1]和$[\gamma\text{-}H_2SiW_{10}O_{36}Cu_2(\mu\text{-}1,1\text{-}N_3)_2]^{4-}$ (b)[2]的结构图

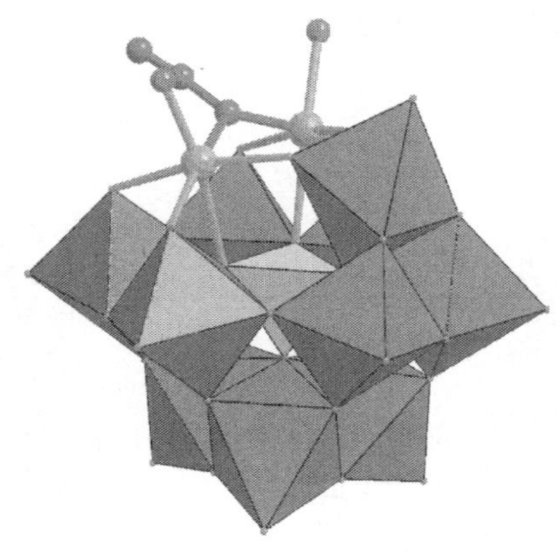

图 8.3　$[(PW_{10}O_{37})(Ni(H_2O))_2(\mu\text{-}N_3)]^{6-}$的结构图[3]

$(\mu\text{-}OH)_2]^{4-}$，它是由两个$\{Al(C_5H_5N)\}$单元取代$\{\gamma\text{-}SiW_{10}\}$的两个缺位位置，得到有机配体功能化的二取代的 Keggin 结构[图 8.4(a)][4]。Kortz 等报道了由有机锡三取代的多阴离子$[\{(C_6H_5)Sn(OH)\}_3(A\text{-}\alpha\text{-}GeW_9O_{34})]^{4-}$，它的结构中含有一个三缺位的 Keggin型多阴离子$[A\text{-}\alpha\text{-}XW_9O_{34}]^{10-}$，该多阴离子的缺位位置捕获了三个有机锡阳离子$[(C_6H_5)Sn]^{3+}$构筑成一个三取代的 Keggin 型多酸化合物[图 8.4(b)][5]。

1999 年，Kortz 等报道了由四核镍簇取代的 Keggin 型多阴离子$[H_2PW_9Ni_4O_{34}(OH)_3(H_2O)_6]^{2-}$，在该结构含有一个三缺位的$\{B\text{-}\alpha\text{-}PW_9\}$多酸片段，一个具有立方烷结构的$\{Ni_4O_4\}$簇占据该缺位位置进而构筑成取代型杂多化合物(图 8.5)[6]。2008 年，杨国昱等报道了一系列基于

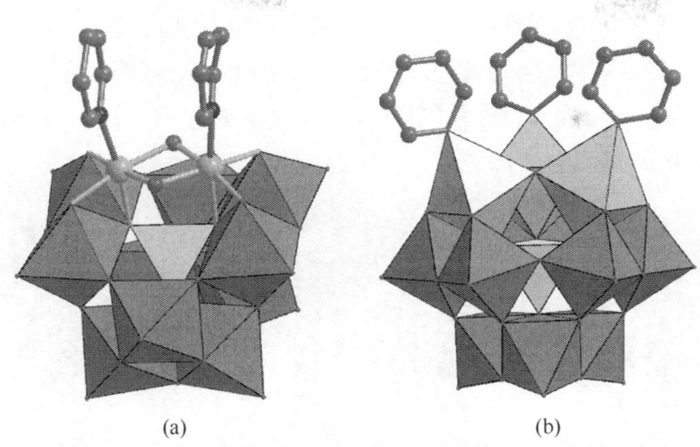

图 8.4　$[\gamma\text{-}SiW_{10}O_{36}\{Al(C_5H_5N)\}_2(\mu\text{-}OH)_2]^{4-}$ (a)[4] 和 $[\{(C_6H_5)Sn(OH)\}_3(A\text{-}\alpha\text{-}GeW_9O_{34})]^{4-}$ (b)[5] 的结构图

$\{[Ni_6(OH)_3(H_2O)(enMe)_3(PW_9O_{34})]\}$ 单元的高维金属有机骨架结构。$\{[Ni_6(OH)_3(H_2O)(enMe)_3(PW_9O_{34})]\}$ 是由甲基乙二胺修饰的六核镍簇 $\{Ni_6O_{10}(enMe)_3\}$ 构筑的(图 8.6)[7a]。

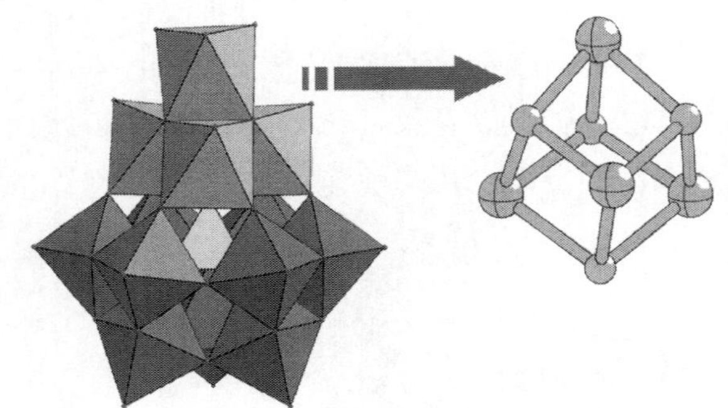

图 8.5　$[H_2PW_9Ni_4O_{34}(OH)_3(H_2O)_6]^{2-}$ 的结构图，箭头所指的结构为 $\{Ni_4O_4\}$ 簇的结构图[6]

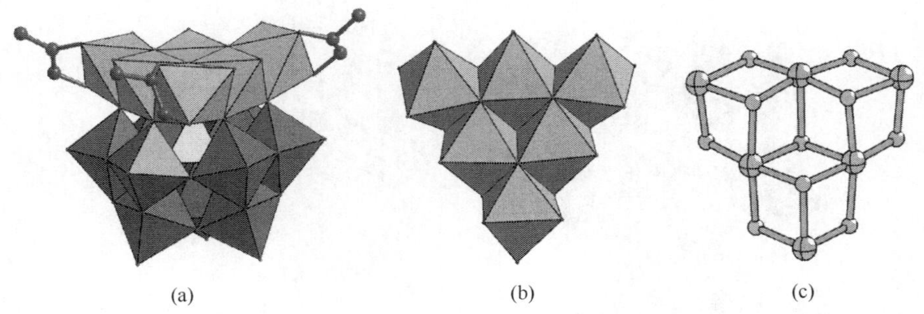

图 8.6　$\{[Ni_6(OH)_3(H_2O)(enMe)_3(PW_9O_{34})]\}$ 的结构图(a)，$\{Ni_6O_{10}\}$ 簇的多面体结构图(b)，以及球棍结构图(c)[7a]

Dawson 型杂多化合物的一取代、二取代、三取代的结构如图 8.7 所示(基于极位三金属簇)。基于 Dawson 型多酸的取代型多酸化合物的结构有多种异构体,取代基团可以是简单金属离子、金属簇、3d-4f 混金属簇,甚至是功能化的金属簇合物等,下面列举几例经典的结构。

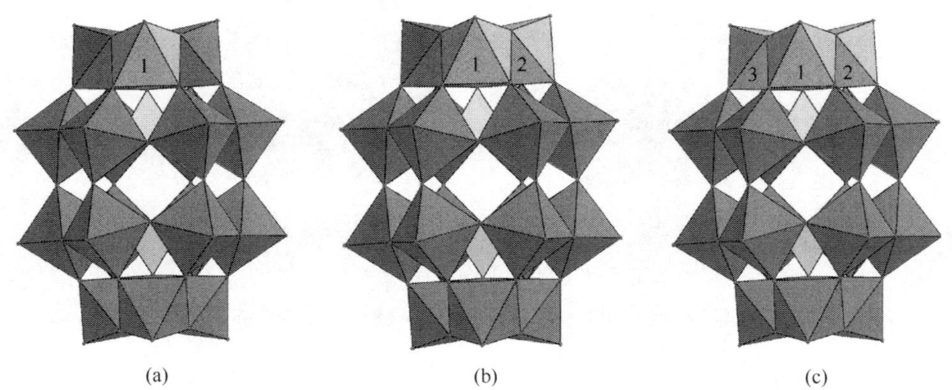

图 8.7 一取代(a)、二取代(b)和三取代(c)的 α-Dawson 型杂多化合物的结构图

2008 年,Kögerler 等报道了由 3d-4f 混金属簇取代的 Dawson 型多酸阴离子 $[\{\alpha\text{-}P_2W_{16}O_{57}(OH)_2\}\{CeMn_6O_9(O_2CCH_3)_8\}]^{8-}$,它是由 $\{CeMn_6O_9(O_2CCH_3)_8\}$ 簇与 $\{\alpha\text{-}P_2W_{16}O_{57}(OH)_2\}$ 构筑的。在 $\{CeMn_6O_9(O_2CCH_3)_8\}$ 簇中,Ce 是四价的,Mn 是四价的,每两个 Mn^{4+} 通过 Ac^- 桥连形成环形簇,Ce^{4+} 配位在簇的中心(图 8.8)[8]。

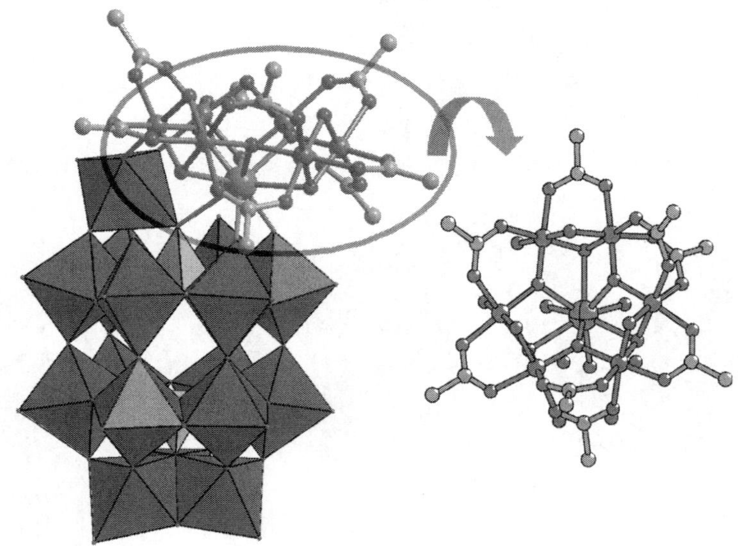

图 8.8 $[\{\alpha\text{-}P_2W_{16}O_{57}(OH)_2\}\{CeMn_6O_9(O_2CCH_3)_8\}]^{8-}$ 的结构图,箭头所指的为 $\{CeMn_6O_9(O_2CCH_3)_8\}$ 簇的结构图[8]

2005 年，Malacria 等报道了一系列由有机锡单取代的 α_1/α_2-Dawson 型多酸化合物(图 8.9)，但是很遗憾没有得到其晶体结构[9]。

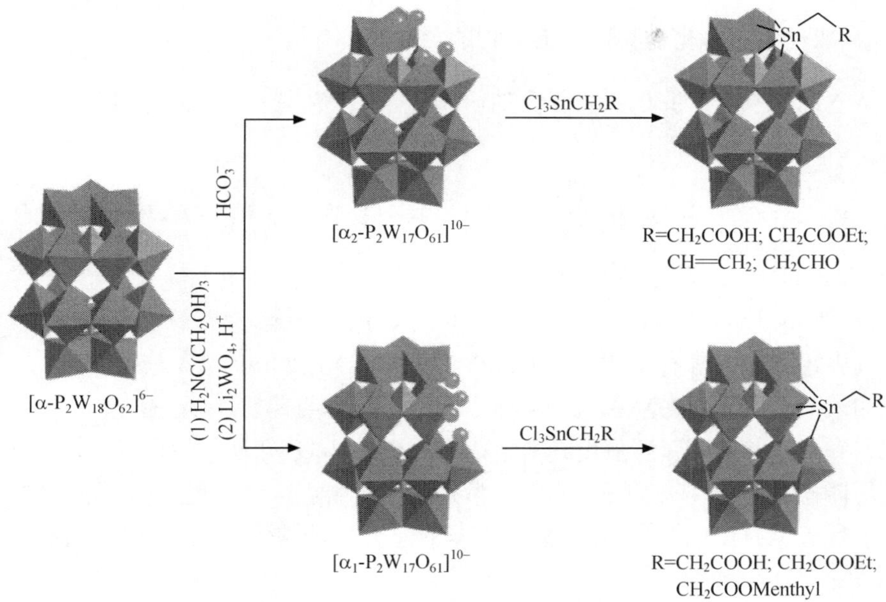

图 8.9　一系列由有机锡单取代的 Dawson 型多酸化合物的结构图[9]

2011 年，Nomiya 等报道了 $[\alpha_2\text{-}P_2W_{17}O_{61}(HOOC(CH_2)_2Ge)]^{7-}$ 和 $[\alpha_2\text{-}P_2W_{17}O_{61}\{(H_2C{=}CHCH_2Si)_2O\}]^{6-}$ 的结构。$[\alpha_2\text{-}P_2W_{17}O_{61}(HOOC(CH_2)_2Ge)]^{7-}$ 是由有机锗$\{HOOC(CH_2)_2Ge\}$单取代$\{\alpha_2\text{-}P_2W_{17}\}$构筑的[图 8.10(a)]，$[\alpha_2\text{-}P_2W_{17}$

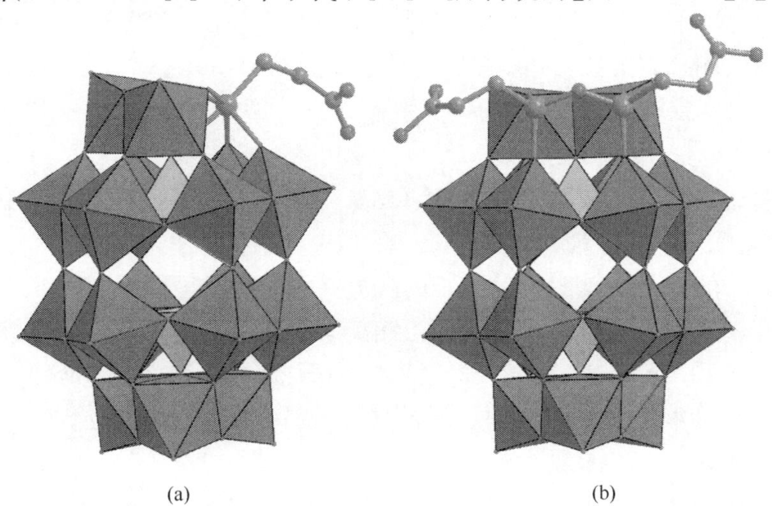

图 8.10　$[\alpha_2\text{-}P_2W_{17}O_{61}(HOOC(CH_2)_2Ge)]^{7-}$(a)和$[\alpha_2\text{-}P_2W_{17}O_{61}\{(H_2C{=}CHCH_2Si)_2O\}]^{6-}$(b)的结构图[10]

$O_{61}\{(H_2C{=}CHCH_2Si)_2O\}]^{6-}$是由二核有机硅$\{(H_2C{=}CHCH_2Si)_2O\}$单取代$\{\alpha_2\text{-}P_2W_{17}\}$构筑的[图 8.10(b)][10]。

8.1.2 取代型杂多化合物及其衍生物的合成

V、Nb、Ta 取代的杂多化合物的合成在第 2 章中有详细的论述，这里不再赘述。

8.1.2.1 基于缺位 Keggin 型杂多化合物的取代型多酸的合成

$K_5[SiGaW_{11}O_{39}]\cdot 15H_2O$ 的合成

将 32.0g $K_8[SiW_{11}O_{39}]\cdot 13H_2O$ (0.0100mol)溶解于 60mL 90℃热水中，然后向其中逐滴加入溶有 1.78g $GaCl_3$(0.0101 mol)的 20mL 水溶液，待沉淀完全消失再加入下一滴，滴加完毕后加热 5～10min。冷却到室温后，过滤除去多余的未溶解的 $Ga(OH)_3$沉淀，滤液用其两倍体积的甲醇(5℃)处理。最终过滤沉淀物，将沉淀用体积比为 1∶1 的甲醇/水混合溶剂清洗，再溶于 50℃温水中，完全溶解后，加入甲醇直至有白色沉淀物出现，待冷却到 2℃时，过滤，并用同样的方法重结晶两次，在空气中干燥[11]。

$K_5[SiInW_{11}O_{39}]\cdot 10H_2O$ 的合成

将 32.0g $K_8[SiW_{11}O_{39}]\cdot 13H_2O$ (0.0100mol) 溶于 60mL 90℃热水中，然后将 2.23g $InCl_3$(0.0101mol)溶于 20mL 水中，将后者逐滴加入前者溶液中，待沉淀完全溶解再加入下一滴，滴加完毕后，将混合溶液加热 10 min，冷却后，过滤除去可能的氯化物沉淀，向滤液中加入两倍体积的甲醇(5℃)。冷却至 2℃，当还未固化时将其过滤，用体积比为 1∶1 的甲醇/水混合溶剂清洗，室温下将产品重新溶解在水中，蒸发剩余的溶液直到多酸阴离子浓度为 0.15mol · L^{-1}，添加其两倍体积的甲醇，过滤得到沉淀[11]。

$K_5[SiTlW_{11}O_{39}]\cdot 10H_2O$ 的合成

将 32.0g 的 $K_8[SiW_{11}O_{39}]\cdot 13H_2O$ (0.0100mol)溶于几乎煮沸的 100mL 热水中，用 HAc 调节溶液 pH 为 3.2，将其逐滴加入溶有 3.98g $Tl(NO_3)_3$ (0.0102mol)的 15mL 溶液中，待出现的沉淀完全溶解时再慢慢加入下一滴，滴加到最后，有一部分 Tl(Ⅲ)由于水解未全部溶解，全部滴加完后，整个溶液的 pH 应为 2.5～3.0，用 1mol · L^{-1} NaOH 溶液调至 pH 为 4.5，然后快速冷却，过滤除去过量的 Tl，向滤液中加入其体积两倍的甲醇，出现淡黄色晶状沉淀[11]。

$K_5[SiAlW_{11}O_{39}]\cdot 15H_2O$ 的合成

将 64.0g $K_8[SiW_{11}O_{39}]\cdot 13H_2O$ (0.0200mol)溶于 125 mL 90℃的热水中，充分搅拌，然后慢慢加入 7.58g $Al(NO_3)_3\cdot 9H_2O$ (0.0202mol)，完毕后将溶液加

热10min,然后冷却并过滤,直至温度为5℃时,向滤液中加入其体积两倍的甲醇。滤出白色沉淀,用体积比为2∶1的甲醇/水混合溶剂冲洗,在用50~60℃的温水洗涤3次,再加入甲醇直到有盐析出,然后过滤蒸干[11]。

$Na_6[H_2SiW_{11}ZnO_{40}]\cdot 12H_2O$ 的合成

将28g $H_4[SiW_{12}O_{40}]\cdot 7H_2O$ (0.009mol) 溶于100mL水中加热至95℃,加入7.2g $NaHCO_3$(0.085mol)将溶液的pH调至6,然后加入3.1g $Zn(NO_3)_2\cdot 6H_2O$ (0.013mol)的10mL热水溶液,10min后,在95℃快速搅拌,过滤,干燥2h,得到白色粉末[12]。

$K_5[SiMn^{III}W_{11}O_{39}]\cdot nH_2O$ 的合成

将20.0g $K_8[SiW_{11}O_{39}]\cdot 13H_2O$ (6.2mmol) 溶解在40mL水中,搅拌下加热至90~95℃得到溶液A,将0.196g $KMnO_4$(1.24mmol) 溶解在20mL水中,再加入1.8mL 6.0mol·L^{-1} HCl溶液得溶液B;将1.22g $Mn(CH_3COO)_2\cdot 4H_2O$ (4.96mmol)溶于20 mL水中得溶液C。将溶液B和C同时逐滴加入A中,所得混合溶液保持在90~95℃约30min,冷却至室温后,过滤分离得到不溶的棕色固体(MnO_2),浓缩滤液至10℃约为12mL,置于冰水浴中3h,得到针状晶体,滤出并重结晶。将晶体于70℃溶解在极少量的水中(17g/10mL),过滤除去不溶的棕色固体,紫色溶液再置于冰水浴中2h,在真空条件下分离得到产物,产率为60%[13a]。

$K_7[SiW_{11}O_{39}Co(H_3P_2O_7)]$的合成

将0.3g $Na_4P_2O_7$(1mmol) 溶于30mL水中,加入H^+型树脂将溶液的pH调至3.0,加入0.2g $Co(NO_3)_2\cdot 6H_2O$ (1mmol),搅拌,在85℃的水浴中加热8 min,溶液颜色由粉色变成紫色,向最终的溶液中,加入3.2g $K_8[SiW_{11}O_{39}]\cdot 13H_2O$ (1mmol),加热10min后,过滤,向滤液中加入0.5g KCl,最终的溶液用体积比为1∶1的水/丙酮混合试剂处理,得到红色沉淀,产量为3g。样品溶于含有少量乙腈的水(体积分数为30%)中重结晶,三周后得到粉色晶体。IR(KBr压片,cm^{-1}):1000.0(sh)、963.5(s)、901.1(s)、801.0(s)、760.0(sh)、695.6(s)、531.9(s)[13b]。

$K_7[SiW_{11}O_{39}Mn(H_3P_2O_7)]$的合成

合成方法与$K_7[SiW_{11}O_{39}Co(H_3P_2O_7)]$类似,将$Co(NO_3)_2\cdot 6H_2O$换成0.16g $MnSO_4$(1mmol),产物为棕色晶体。IR(KBr压片,cm^{-1}):993.1(sh)、959.8(s)、898.2(s)、801.3(s)、760.7(sh)、704.0(s)、533.7(s)[13b]。

$K_7[SiW_{11}O_{39}Ni(H_3P_2O_7)]$的合成

合成方法与$K_7[SiW_{11}O_{39}Co(H_3P_2O_7)]$类似,将$Co(NO_3)_2\cdot 6H_2O$换成0.14g $Ni(NO_3)_2$(1mmol),得到绿色晶体。IR(KBr压片,cm^{-1}):1006.8(sh)、961.7(s)、903.2(s)、792.2、760(sh)、699.7(s)、532.1(s)[13b]。

$K_7[SiW_{11}O_{39}Zn(H_3P_2O_7)]$的合成

合成方法与 $K_7[SiW_{11}O_{39}Co(H_3P_2O_7)]$类似，将 $Co(NO_3)_2 \cdot 6H_2O$ 换成 0.13g $ZnCl_2$(1mmol)，得到无色晶体。IR(KBr 压片，cm^{-1})：1000.0(sh)、958.5(s)、912.3(s)、792.7(s)、760(sh)、672.4(s)、520.6(s)[13b]。

$Cs_5[\gamma\text{-}SiO_4W_{10}O_{32}(OH)Cr_2(OOCCH_3)_2(OH_2)_2] \cdot 13H_2O$ 的合成

将 5g $K_8[\gamma\text{-}SiO_4W_{10}O_{32}] \cdot 12H_2O$ (1.67mmol) 溶于 50mL 含有 570mg CsCl 的 80℃ 1mol·L^{-1} KAc/HAc 的缓冲溶液中，然后加入 7.5mL 0.5mol·L^{-1}含有 Cr^{3+}的溶液 (由 1.6g $Cr(NO_3)_3 \cdot 9H_2O$ 溶于 7.5mL 水中得到)，8～10min 后，溶液的颜色从蓝绿色变为绿色，溶液继续快速搅拌 20min，然后冷却至室温。加入 4.0g CsCl 得到白色沉淀(<0.5g，{γ-SiW_{10}}的铯盐)。然后在－16℃加入 6.0g CsCl 得到淡蓝色沉淀，该沉淀在 20mL 40℃温水中重结晶，将得到的沉淀在 10mL 水中溶解，过滤，在 10mL pH 4.7 的 40℃水中重结晶，得到蓝绿色晶体，产量为 1.0g，产率为 18%[14]。

$(Bu_4N)_3H_2[\gamma\text{-}SiO_4W_{10}O_{32}(OH)Cr_2(OOCCH_3)_2(OH_2)_2] \cdot 3H_2O$ 的合成

将 5g $K_8[\gamma\text{-}SiO_4W_{10}O_{32}] \cdot 12H_2O$ (1.67mmol) 溶解于 50mL 含有 570mg CsCl 的 80℃ 1mol·L^{-1} KAc/HAc 缓冲溶液中，然后加入 7.5mL 0.5mol·L^{-1} $Cr(NO_3)_3$ 水溶液。溶液快速搅拌 30min 冷却至室温，逐滴加入 40mL 0.27mol·L^{-1} Bu_4NCl 溶液，过滤得到黄绿色沉淀。经过鉴定该沉淀为{α-$SiW_{11}Cr$}的四丁基铵盐。接着用 6mol·L^{-1} HCl 溶液将 pH 调至 3.0，得到蓝白色沉淀{α-SiW_{12-x}}(x＝0～2)；进一步加入 6mol·L^{-1} HCl 溶液分别将 pH 调至 2.5、2.0 和 1.5，得到蓝色沉淀，然后将它们在温水中进行重结晶几次直到滤液没有颜色。空气中干燥后溶于 15mL CH_3CN，然后加入几滴 Bu_4NOH 水溶液直到出现絮状物，第二天可得到蓝色针状物，产量为 1.2g，产率为 24%[14]。

$[(CH_3)_2NH_2]_5[\beta\text{-}SiFe_2W_{10}O_{36}(OH)_2(H_2O)Cl] \cdot 7H_2O$ 的合成

将 0.55g $Fe(NO_3)_3 \cdot 9H_2O$ 溶于 30mL 含有 2g $K_8[\gamma\text{-}SiW_{10}O_{36}] \cdot 12H_2O$ 水溶液中，几秒钟溶液就变为浅黄色，pH 降为约 1.7。继续在室温下搅拌 5min，然后加入 2g $(CH_3)_2NH_2Cl$，溶液过滤，4～5 天后得到棱柱状黄绿色晶体，产量为 1.3g，产率为 65%[1]。元素分析理论值(%)：C 4.01、N 2.34、Cl 1.18、Si 0.94、W 61.32、Fe 3.73；实验值(%)：C 4.24、N 2.35、Cl 1.22、Si 0.85、W 61.2、Fe 3.56。UV-Vis (0.1mol·L^{-1} Na_2SO_4/H_2SO_4 缓冲溶液，pH 2，nm)：430(sh)、264(br)；IR (KBr 压片，cm^{-1})：1602(m-w)、1465(m)、1412(w)、1020(m)、993(m)、959(s)、903(vs)、857(s)、792(vs)、704(s)、540(m)、526(m)、503(m)[1]。

$(TBA)_4[\gamma\text{-}H_2SiW_{10}O_{36}Cu_2(\mu\text{-}1,1\text{-}N_3)_2]$的合成(TBA＝四丁基铵阳离子)

将 0.090g $CuCl_2$ 溶于 20mL 水中，然后加入含有 1.0g $K_8[\gamma\text{-}SiW_{10}O_{36}] \cdot$

$12H_2O$ 的 20mL 溶液中，1min 后，将 0.114g NaN_3 的 20mL 溶液加入其中，立即加入含有 2.0g $[(C_4H_9)_4N]Br$ 的 20mL 水溶液，用 1mol · L^{-1} 硝酸保持溶液的 pH =6 大约 20min。过滤收集绿色沉淀，水洗后产量为 0.78g，将绿色沉淀 0.20g 溶解于 1.5mL 1,2-二氯乙烷中，然后再加入 1.5mL 1,2-二氯乙烷，在乙醚中真空扩散得到绿色晶体 0.08g。IR(KBr 压片，cm^{-1})：3433、2961、2934、2872、2078、1485、1463、1421、1381、1365、1347、1274、1152、1100、1064、1026、994、977、957、914、895、873、847、809、769、734、697、552、511、477、461、387、363、352、316、305；UV-Vis (nm)：255、360、700；^{29}Si NMR (CD_3CN, ppm)：−122.8；^{183}W NMR (CD_3CN, ppm)：−130.6、−136.3[2]。

$(TBA)_3H[\gamma\text{-}SiW_{10}O_{36}\{Al(OH_2)\}_2(\mu\text{-}OH)_2] \cdot 4H_2O$ 的合成

将 10.0g $K_8[\gamma\text{-}SiW_{10}O_{36}] \cdot 12H_2O$ (3.4mmol)溶于 100mL 去离子水中，然后加入 2.6g $Al(NO_3)_3 \cdot 9H_2O$，用 2mol · L^{-1} K_2CO_3 溶液调节 pH 至 3.8。15min 后加入 4.8g $[(CH_3)_4N]Cl$，在室温搅拌半小时，过滤得到白色沉淀，进一步溶于 250mL 去离子水中，然后加入 28.0g $[(C_4H_9)_4N]Br$，用 1mol · L^{-1} 硝酸调节 pH 至 2.6，得到沉淀，过滤并洗涤[4]。

$[(n\text{-}C_4H_9)_4N]_3[(C_5H_5N)H][\gamma\text{-}SiW_{10}O_{36}\{Al(C_5H_5N)\}_2(\mu\text{-}OH)_2] \cdot 2H_2O$ 的合成

将 0.20g $(TBA)_3H[\gamma\text{-}SiW_{10}O_{36}\{Al(OH_2)\}_2(\mu\text{-}OH)_2] \cdot 4H_2O$ 溶于乙腈和吡啶(0.4mL/4.8mL)的混合溶液中，该溶液在室温保持 1 周，得到无色晶体[4]。

$[(CH_3)_3(C_6H_5)N]_4[(SiO_4)W_{10}Mn_2^{III}O_{36}H_6] \cdot 2CH_3CN \cdot H_2O$ 的合成

将 6.0g $K_8[\gamma\text{-}SiW_{10}O_{36}] \cdot 12H_2O$ 溶于 15mL 去离子水中，然后迅速用浓硝酸调节溶液的 pH 至 3.9，该溶液用硝酸保持溶液的 pH 在 3.8～4.5。然后加入下面两种溶液 A 和 B。溶液 A 为含有 0.784g $Mn(Ac)_2 \cdot 2H_2O$ 的 10mL 水溶液，向多酸溶液中加入溶液 A 后得到橘色溶液。搅拌 2min，向混合溶液中逐滴加入溶液 B(溶液 B 为含 0.126g 高锰酸钾的 10mL 水溶液)，溶液的颜色从橘色变为棕色，5min 后，加入 3.0g TBA，得到棕色沉淀。该沉淀溶于 CH_3CN 中纯化，然后加入水沉淀产物，约得到 6.0g 纯化产品[15]。

$Cs_{4.25}H_{2.75}[(PhSn)_3(\beta\text{-}SiW_9O_{37})] \cdot 12.5H_2O$ 的合成

将 2.7g $Na_{10}[\beta\text{-}SiW_9O_{34}] \cdot xH_2O$ (1mmol)加入含有 0.6mL $PhSnCl_3$ 的 40mL 溶液中，10min 后，剧烈搅拌，将不溶物过滤掉，然后加入 CsCl 直到没有多余的沉淀产生为止，得到产物，用温水重结晶得到针状的晶体，产量为 2.7g[16a]。

$Rb_2Na_4[(RuC_6H_6)_2SiW_9O_{34}] \cdot 21H_2O$ 的合成

将 0.09g $[RuC_6H_6Cl_2]_2$ (0.18mmol) 溶于 20mL 0.5mol · L^{-1} pH 6.0 的 HAc/NaAc 缓冲溶液中，然后加入 0.5g $Na_{10}[\alpha\text{-}SiW_9O_{34}] \cdot 18H_2O$ (0.18mmol)，溶液在 80℃加热 1h，然后冷却至室温，过滤，加入 1.0mL 1.0mol · L^{-1} RbCl 溶

液，将溶液在室温下缓慢蒸发，得到黄色晶体，产量为 0.23g，产率为 40%。IR（KBr 压片，cm^{-1}）：1434(m)、1146(w)、1000(m)、968(w)、951(sh)、928(m)、865(s)、837(sh)、743(w)、689(m)、658(sh)、621(w)、554(w)、522(w)、437(w)[16b]。

$Cs_3Na[\{(C_6H_5)Sn(OH)\}_3(A\text{-}\alpha\text{-}GeW_9O_{34})]\cdot 9H_2O$ 和 $Cs_3[\{(C_6H_5)Sn(OH)\}_3(A\text{-}\alpha\text{-}HGeW_9O_{34})]\cdot 8H_2O$ 的合成

将 1.35g $Na_{10}[A\text{-}\alpha\text{-}GeW_9O_{34}]\cdot 18H_2O$ 加入 20mL 含有 0.30mL 的 $(C_6H_5)SnCl_3$ 水溶液中，搅拌反应半小时，过滤除去白色沉淀，向滤液中加入几滴 $1mol\cdot L^{-1}$ CsCl 溶液得到化合物 $Cs_3Na[\{(C_6H_5)Sn(OH)\}_3(A\text{-}\alpha\text{-}GeW_9O_{34})]\cdot 9H_2O$，接着加入过量的 CsCl 可得到化合物 $Cs_3[\{(C_6H_5)Sn(OH)\}_3(A\text{-}\alpha\text{-}HGeW_9O_{34})]\cdot 8H_2O$[5]。

$Cs_2Na_4[(RuC_6H_6)_2GeW_9O_{34}]\cdot 19.5H_2O$ 的合成

将 0.09g $[RuC_6H_6Cl_2]_2$ (0.18mmol) 溶于 20mL $0.5mol\cdot L^{-1}$ pH 6.0 的 HAc/NaAc 缓冲溶液中，然后加入 0.5g $Na_{10}[\alpha\text{-}GeW_9O_{34}]\cdot 18H_2O$ (0.17mmol)，溶液在 80℃下加热 1h，冷却至室温，溶液过滤，加入 1.0mL $1.0mol\cdot L^{-1}$ CsCl，溶液在室温下缓慢蒸发，得到黄色晶体，产量为 0.24g，产率为 42%。IR（KBr 压片，cm^{-1}）：1432(m)、1145(w)、972(w)、927(m)、843(s)、764(m)、669(w)、620(w)、558(w)、535(w)、504(w)[16b]。

$(Bu_4N)_4[PW_{11}O_{39}Ir(H_2O)]$的合成

将含有 200mg $K_7[PW_{11}O_{39}]\cdot 7H_2O$ 和 200mg $LiNO_3$ (2.9mmol) 的溶液加入水热釜中，用硝酸调 pH 至 4.8，然后加入 27mg K_2IrF_6，将水热釜在 120℃ 加热 48h，冷却至室温，将得到的棕色溶液过滤，向滤液中加入过量四丁基硝酸铵，1h 后，过滤得到沉淀并用水洗涤，真空干燥，产率为 90%[17]。

$KRb_5[(PW_{10}O_{37})(Ni(H_2O))_2(\mu\text{-}N_3)]\cdot 19H_2O$ 的合成

将 0.220g $Ni(CH_3COO)_2\cdot 4H_2O$ 溶于 10mL 60℃水中，加入 1.07g $K_9[A\text{-}\alpha\text{-}PW_9O_{34}]\cdot 16H_2O$，然后逐滴加入含有 0.087g NaN_3 的 10mL 水溶液得到黄色溶液。溶液搅拌 10min，冷却至室温，加入 0.750g RbCl，30min 后过滤除去沉淀，滤液蒸发过夜得到绿色晶体，产量为 0.4g，产率为 34%。IR（KBr 压片，cm^{-1}）：2088(s)、1620(s)、1301(w)、1053(s)、950(s)、905(s)、877(s)、809(s)、692(s)、509(m)、365(m)[3]。

$Cs_2[H_2PW_9Ni_4O_{34}(OH)_3(H_2O)_6]\cdot 5H_2O$ 的合成

将 2.42g $Na_8H[B\text{-}PW_9O_{34}]$加入含有 1.16g $NiSO_4\cdot 6H_2O$ 的 pH 为 4.8 的 $0.5mol\cdot L^{-1}$的 NaAc 溶液中，该溶液在 80℃加热 20min，冷却至室温，加入 CsCl 得到绿色沉淀。纯化通过多次热水洗涤来实现。剩余的浅绿色晶体在空气中干燥，得到 1.16g 固体，产率为 35%。将其中一些溶于热水中，加入额外的 $NaClO_4$，过滤后保存浅绿色滤液。几天后得到适合于单晶测试的针状晶体[6]。

{[$Ni_6(OH)_3(H_2O)(enMe)_3(PW_9O_{34})$](1,3-BDC)}[$Ni(enMe)_2$]·$4H_2O$ 的合成

将 0.30g Na_9[A-α-PW_9O_{34}]·nH_2O 和 0.80g $NiCl_2$·$6H_2O$ 加入 10mL pH 4.8 的 0.5mol·L^{-1} NaAc/HAc 的缓冲溶液中，搅拌 5min 得到绿色澄清溶液。然后剧烈搅拌逐滴加入 0.30mL 1,2-丙二胺(enMe)，在该溶液中加入 0.20g 1,3-间苯二甲酸(1,3-H_2BDC)，然后搅拌 120min，将所得溶液加入 35mL 水热釜中，在 170℃加热 5 天，冷却至室温得到绿色晶体[7a]。

[$Co_6(\mu_3\text{-}OH)_3(H_2O)_9L(PW_9O_{34})$] (L＝4,4′-反(1,2,4-三唑-1-甲基)联苯)的合成

将 0.58g H_3[$PW_{12}O_{40}$](0.2mmol)、0.18g $Co(CH_3COO)_2$(1mmol)、0.06g 4,4′-反(1,2,4-三唑-1-甲基)联苯 (0.2mmol)溶于 10mL 水中，搅拌半小时后，用 1.0mol·L^{-1} HCl 溶液将溶液的 pH 调至 5.8，混合溶液转移至反应釜中，120℃加热 3 天，冷却至室温后，得到红色块状晶体。IR(KBr 压片，cm^{-1})：3398(s)、2361(s)、1650(w)、1533(m)、1454(m)、1390(m)、1031(s)、940(m)、790(w)、666(w)[7b]。

K_6[$BTlW_{11}O_{39}$]·$12H_2O$ 的合成

将 3.98g $Tl(NO_3)_3$(0.0102mol)溶解在 100mL 50℃温水中，再加入 32.0g K_9[$BW_{11}O_{39}$]·$10H_2O$ (0.0100mol)，缓慢溶解且部分与 Tl(Ⅲ)发生反应，部分在酸性溶液中发生分解，待反应完全后用 1mol·L^{-1} NaOH 溶液将溶液的 pH 快速调为 5.0，并将其冷却至 2℃，过滤除去大量的不溶物，慢慢蒸发滤液至产生白色结晶物，除去结晶物，清洗[11]。

8.1.2.2　基于缺位 Dawson 型杂多化合物的取代型多酸的合成

V 和 Nb 取代的 Dawson 型杂多化合物在第 3 章已阐述，这里不再赘述。

K_8[α_1-$P_2W_{17}ZnO_{61}$]·$16H_2O$ 的合成

将 10g K_9[α_1-$LiP_2W_{17}O_{61}$]·$18H_2O$ 溶解在 100mL 0.5mol·L^{-1} pH 4.7 的 HAc/LiAc 缓冲溶液中，溶液略微浑浊，取 3mL 1mol·L^{-1} $Zn(NO_3)_2$ 水溶液，加入上述溶液中。过滤去除沉淀得到 70mL 澄清溶液，加入 7g KCl，得到沉淀并过滤出来，用乙醇和乙醚冲洗并在空气中干燥，产率为 75%[18]。

K_8[α_1-$P_2W_{17}MgO_{61}$]·$17H_2O$ 的合成

与上述合成类似，将 5mL $Mg(NO_3)_2$(1mol·L^{-1})溶于 100mL 水中，加入 10g K_9[α_1-$LiP_2W_{17}O_{61}$]·$18H_2O$，搅拌。将滤液过滤至澄清，加入 10g KCl 得到沉淀，用乙醇和乙醚冲洗涤沉淀并在空气中干燥，产率为 80%[18]。

K_8[α_1-$P_2W_{17}CaO_{61}$]·$19H_2O$ 的合成

实验同上，将镁盐换成钙盐[18]。

K_8[α_1-$P_2W_{17}CoO_{61}$]·$16H_2O$ 的合成

实验同上，将锌盐换成钴盐[18]。

$K_8[\alpha_1\text{-}P_2W_{17}NiO_{61}]\cdot 16H_2O$ 的合成

将 2mL 1mol · L^{-1}硝酸镍溶液加入 50mL 0.2mol · L^{-1}的 LiCl 溶液中，然后加入 5g $K_9Li[\alpha_1\text{-}P_2W_{17}O_{61}]\cdot 18H_2O$，搅拌，必要时可过滤，得到澄清溶液后加入 30mL 饱和 KCl 溶液得到沉淀，用乙醇和乙醚冲洗沉淀并在空气中干燥，产率为 75%[18]。

$K_8[\alpha_1\text{-}P_2W_{17}MnO_{61}]\cdot 15H_2O$ 的合成

将 10g $K_9Li[\alpha_1\text{-}P_2W_{17}O_{61}]\cdot 18H_2O$ 溶解在 100mL pH 4.7、0.5mol · L^{-1}的 HAc/LiAc 缓冲溶液中，溶液略微浑浊。将 1.87mL 1.6mol · L^{-1}的 Mn^{2+}溶液加入上述溶液中。过滤去除沉淀得到 70mL 澄清溶液，加入 10g KCl，得到沉淀并过滤出来，用乙醇和乙醚冲洗并在空气中干燥，产率为 75%[18]。

$K_8[\alpha_1\text{-}P_2W_{17}CuO_{61}]\cdot 19H_2O$ 的合成

实验同上，将锌盐换成铜盐，产率为 75%[18]。

$K_7[Fe(OH_2)P_2Mo_2W_{15}O_{61}]\cdot 19H_2O$ 的合成

将 2.43g $Fe(NO_3)_3\cdot 9H_2O$ (6mmol)溶解在 65mL 水中，加入 23g $K_{10}[P_2Mo_2W_{15}O_{61}]\cdot 21H_2O$ (4.9mmol)，35℃下均匀搅拌，然后得到澄清溶液，在 5℃静置一夜，得到黄色晶体，过滤，在空气中干燥，产量为 18g[19]。

$K_7[Fe(OH_2)(\alpha_1\text{-}P_2W_{17}O_{61})]\cdot 19H_2O$ 的合成

将 2.43g $Fe(NO_3)_3\cdot 9H_2O$ (6mmol) 溶解于 90mL 水中，并加入 23g $K_9Li[\alpha_1\text{-}P_2W_{17}O_{61}]\cdot 20H_2O$ (4.9mmol)，均匀搅拌。向溶液中加入 90mL 饱和 KCl 溶液，得到淡黄色晶体，产量为 16.5g[19]。

$K_7[Fe(OH_2)(\alpha_2\text{-}P_2W_{17}O_{61})]\cdot 19H_2O$ 的合成

将 2.43g $Fe(NO_3)_3\cdot 9H_2O$ (6mmol) 溶解于 65mL 水中，然后加入 23g $K_9Li[\alpha_2\text{-}P_2W_{17}O_{61}]\cdot 20H_2O$ (4.7mmol)，在 30℃下均匀搅拌得到澄清溶液，在 6℃静置一夜，得到黄色晶体，过滤，在空气中干燥，产量为 17g[19]。

$K_7[\alpha_2\text{-}Re^{V}OP_2W_{17}O_{61}]$的合成

将 0.839g K_2ReCl_6 (1.76mmol)和 6.67g $K_{10}[\alpha\text{-}P_2W_{17}O_{61}]$ (1.47mmol) 溶于 80mL 去离子水中，得到蓝色浑浊溶液。将混合物回流 30min 后颜色变成深黑色，50℃将溶液旋转蒸发，去除杂质，将样品溶解在 9mL 80℃热水中，置于冰箱中得到沉淀，将沉淀过滤并用 CH_3CN (2×5mL)和 Et_2O (3×50mL)清洗[20]。

$(n\text{-}Bu_4N)_5H_2[\alpha_1\text{-}Yb(H_2O)_4P_2W_{17}O_{61}]$的合成

室温下将 1.0g $K_9Li[\alpha_1\text{-}P_2W_{17}O_{61}]$(0.2mmol)溶于 25mL 水中，得到澄清溶液后加入 89.6mg $YbCl_3$(0.22mmol)的 2mL 水溶液，用 1mol · L^{-1} HCl 溶液调节溶液的 pH 为 4.5 左右，2min 后逐滴加入 750mg (TBA)Br (2.3mmol) 的 10mL 水溶液，反应完全后加入 0.1mL 1mol · L^{-1}HAc 溶液，将白色沉淀过滤出来，产量

为 1.03g，产率为 93%[21]。

$[(CH_3)_2NH_2]_6H_2[\{\alpha\text{-}P_2W_{16}O_{57}(OH)_2\}\{CeMn_6O_9(O_2CCH_3)_8\}]\cdot 20H_2O$ 的合成

$CeMn_6O_9(O_2CCH_3)_9(NO_3)(H_2O)_2$ 的合成：将 6.78g $(NH_4)_2[Ce(NO_3)_6]$（12.4mmol）溶于 H_2O/CH_3COOH(7mL/7mL)溶液中，得到橙色溶液，搅拌下，加入 2.02g $Mn(O_2CCH_3)_2\cdot 4H_2O$（8.2mmol）的 H_2O/CH_3COOH(4mL/4mL)溶液，得到深红色溶液，室温缓慢蒸发，两天后，得到黑色晶体，过滤，用 10 mL 冷的丙酮和乙醚洗涤，真空干燥，产量为 0.98g，产率为 54%。IR(KBr 压片，cm^{-1})：3423(s,br)、1715(w)、1627(m)、1555(s)、1495(m)、1421(s)、1384(s)、1352(m)、1046(m)、1030(m)、951(m)、839(w)、746(m)、693(m)、668(m)、628(s)、500(m)、434(w)[22]。

将 0.20g $CeMn_6O_9(O_2CCH_3)_9(NO_3)(H_2O)_2$（0.13mmol）溶于 20mL 体积比为 1∶3 的 HAc/H_2O 溶液。剧烈搅拌，加入 0.56g $Na_{12}[\alpha\text{-}P_2W_{15}O_{56}]\cdot 18H_2O$（0.13mmol），搅拌 12h 后，加入 0.20g 盐酸二甲胺，混合物在 70℃下加热 15min，热过滤，室温缓慢蒸发，两天后得到块状晶体，用冰水洗涤，真空干燥，产量为 0.15g，产率为 21.7%。IR(KBr 压片，cm^{-1})：1713(w)、1624(m)、1549(s)、1492(m)、1466(s)、1415(vs)、1350(m)、1250(br、w)、1090(s)、1038(m)、1018(sh)、955(sh)、920(br、vs)、784(br、vs)、691(s)、670(s)、617(s)、600(sh)、524(m)[8]。

$Cl_3Ge(CH_2)_2COOH$ 和 $(Me_2NH_2)_7[\alpha_2\text{-}P_2W_{17}O_{61}(HOOC(CH_2)_2Ge)]\cdot H_2O$ 的合成

$Cl_3Ge(CH_2)_2COOH$ 的合成：将 10.46g GeO_2（0.10mol）溶于 120mL 12mol·L^{-1} HCl 水溶液中，向其中加入 16mL 50%次磷酸($d=1.20\sim1.23g\cdot mL^{-1}$，0.15mol)，得到白色沉淀，90℃水浴搅拌 3h，冷却至室温，缓慢加入置于冰浴中冷却的 7.2g 丙烯酸($H_2C=CHCOOH$，$d=1.050\sim1.060g\cdot mL^{-1}$，0.10mol)，溶液在室温下搅拌 1h，再置于冰浴中冷却半小时，抽滤出白色粉末，将其溶解于 150mL 正己烷(置于 70℃水浴中)。溶液分两层，用滴管移走下层溶液，上层溶液冷却至室温，置于 4℃冰箱中冷却过夜，得到白色晶体，用 50mL 正己烷洗涤 3 次，烘箱中干燥 2h，产量为 18.34g，产率为 72.8%[10]。

$(Me_2NH_2)_7[\alpha_2\text{-}P_2W_{17}O_{61}(HOOC(CH_2)_2Ge)]\cdot H_2O$ 的合成：将 0.25g $Cl_3Ge(CH_2)_2COOH$（1.0 mmol）溶于 30mL 水中，加入 5.0g $K_{10}[\alpha_2\text{-}P_2W_{17}O_{61}]\cdot 24H_2O$（1.0mmol），搅拌半小时，加入 5.5g Me_2NH_2Cl（67.5mmol），过滤出白色粉末，用 30mL EtOH 洗涤 3 次，50mL Et_2O 洗涤 3 次，真空干燥 2h，产量为 4.16g，产率为 88.8%。将 1.5g 产物溶于 4mL 水中，置于 80℃水浴中加热，冷却至室温，缓慢蒸发，一天后，得到无色晶体，用 30mL EtOH 洗涤 3 次，用 50mL Et_2O洗涤 3 次，真空干燥 2h，产量为 0.34g，产率为 22.8%[10]。

$(Me_2NH_2)_6[\alpha_2\text{-}P_2W_{17}O_{61}\{(H_2C{=}CHCH_2Si)_2O\}]\cdot 6H_2O$ 的合成

将 453μL 烯丙基三乙氧基硅烷(2.0mmol)溶于 60mL 乙腈中，然后加入 100mL 水和 5.0g $K_{10}[\alpha_2\text{-}P_2W_{17}O_{61}]\cdot 23H_2O$ (1.0mmol)，用 1mol·L^{-1} HCl 溶液将溶液的 pH 调至 1.5，室温下搅拌半小时，最终的黄色溶液 30℃旋转蒸发浓缩至 20mL，加入 5.5g Me_2NH_2Cl (67.5mmol)，冰浴中搅拌 1h，抽滤得到黄色粉末，用 30mL MeOH 洗涤 2 次，50mL Et_2O 洗涤 2 次，真空干燥 2h，得到产量为 3.58g，将该黄色粉末溶于 15mL 水中，用 1mol·L^{-1} HCl 溶液将溶液 pH 调至 2.0，溶液室温下缓慢蒸发，3 天后，得到黄色晶体。用 30mL EtOH 洗涤 3 次，用 50mL Et_2O 洗涤 3 次，真空干燥 2h，产量为 0.63g，产率为 63.5%[10]。

8.1.3 取代型杂多化合物及其衍生物的表征

关于取代型杂多化合物的表征，不赞成用元素分析方法，而提倡用核磁共振谱来进行表征。

8.1.3.1 红外光谱

取代型杂多化合物与缺位杂多化合物的红外光谱相比，由于取代基团的引入，对称性有所恢复，更接近 Keggin 结构的 IR 光谱，除了有少许位移外，会同时出现取代基团的吸收峰。$Cs_5[\gamma\text{-}SiO_4W_{10}O_{32}(OH)Cr_2(OOCCH_3)_2(OH_2)_2]\cdot 13H_2O$ $=\{\gamma\text{-}SiW_{10}\text{-}Cr_2Ac_2\}$ 和 $Cs_5[\gamma\text{-}SiO_4W_{10}O_{32}(OH)Cr_2(OOCH)_2(OH_2)_2]\cdot 10H_2O$ $=\{\gamma\text{-}SiW_{10}\text{-}Cr_2Fo_2\}$ 的 IR 光谱如图 8.11 所示[14]。与反应前驱体$[Cr_3O(OOCCH_3)_6(OH_2)_3]Cl\cdot nH_2O=\{Cr_3\}$ 和 $K_8[\gamma\text{-}SiO_4W_{10}O_{32}]\cdot 12H_2O=\{\gamma\text{-}SiW_{10}\}$ 的 IR 光谱相比[图 8.11(a)和图 8.11(b)]，$\{\gamma\text{-}SiW_{10}\text{-}Cr_2Ac_2\}$ 的 IR 光谱可以看成反应前驱体$\{Cr_3\}$和$\{\gamma\text{-}SiW_{10}\}$[14]的 IR 光谱的复合，由于 Cr 的取代，$W-O_c-W$ 振动峰向更高波数移动。$\{\gamma\text{-}SiW_{10}\text{-}Cr_2Ac_2\}$ 的 IR 光谱[图 8.11(c)][14]中的部分吸收峰可指认为：1621cm^{-1}对应 ν_{O-H}，1572cm^{-1} 和 1444cm^{-1} 对应 ν_{COO}，1423cm^{-1} 和 1350cm^{-1} 对应 ν_{CH_3}，1035cm^{-1} 对应 $W-O_d$ 键的振动，1000cm^{-1} 和 953cm^{-1} 对应 $W-O_d$ 键的振动，921cm^{-1} 对应 Si—O 键的振动，891cm^{-1} 对应 $W-O_b-W$ 键的振动，802cm^{-1} 对应 $W-O_b-W$ 键的振动，717cm^{-1} 对应 Cr—O 键振动[14]。$Cs_2[H_2PW_9Ni_4O_{34}(OH)_3(H_2O)_6]\cdot 5H_2O$ 的 IR 光谱如图 8.12 所示[6]，除了 W—O 键和 P—O 键的吸收峰外，谱图中出现一个宽的 Ni—O 键的振动吸收峰[6]。另外，单取代 Dawson 型杂多化合物的 IR 光谱也有类似的吸收振动，表 8.1 列出了一系列稀土单取代 Dawson 型杂多化合物的 IR 光谱特征吸收峰[23]。

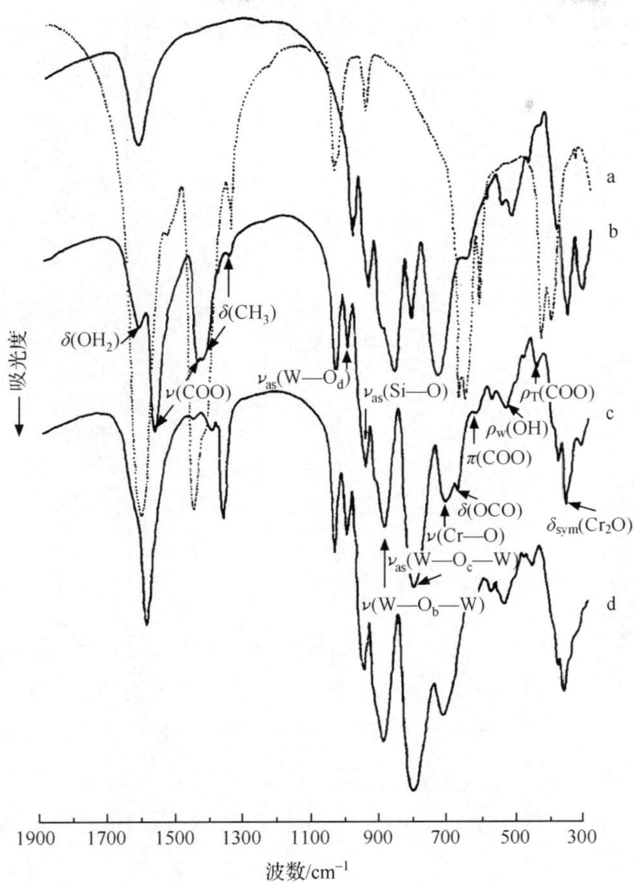

图 8.11　$[Cr_3O(OOCCH_3)_6(OH_2)_3]Cl\cdot nH_2O$ (a)、$K_8[\gamma\text{-}SiO_4W_{10}O_{32}]\cdot 12H_2O$ (b)、$Cs_5[\gamma\text{-}SiO_4W_{10}O_{32}(OH)Cr_2(OOCCH_3)_2(OH_2)_2]\cdot 13H_2O$ (c)和 $Cs_5[\gamma\text{-}SiO_4W_{10}O_{32}(OH)Cr_2(OOCH)_2(OH_2)_2]\cdot 10H_2O$(d)的 IR 光谱[14]

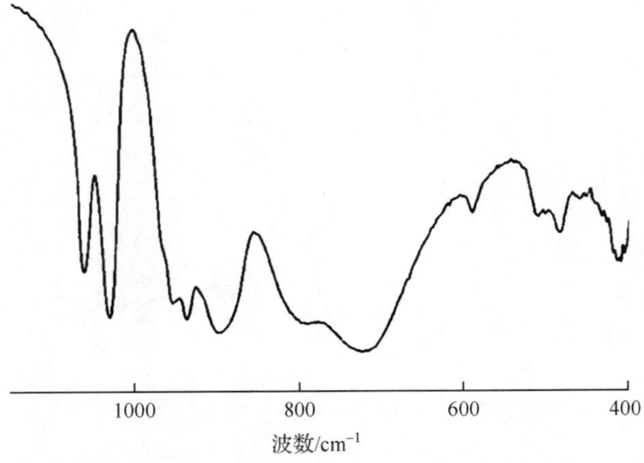

图 8.12　$Cs_2[H_2PW_9Ni_4O_{34}(OH)_3(H_2O)_6]\cdot 5H_2O$ 的 IR 光谱[6]

表 8.1 一系列稀土单取代 Dawson 型杂多化合物的红外光谱吸收峰(cm^{-1})[23]

	ν_{P-O}	$\nu_{W=O}$	ν_{W-O-W}
$K_7[\alpha_2\text{-}P_2W_{17}LaO_{61}]\cdot 22H_2O$	1083(s),1054(m), 1018(m),1017(vw)	941 (vs), 976(vs)	885(s),819(vs),784(vs), 884(m),809(vw)
$K_7[\alpha_2\text{-}P_2W_{17}CeO_{61}]\cdot 22H_2O$	1079(s),1052(m), 1018(w)	933(s), 975(vs)	881(s),808(vs),763(vs), 1018 (vw),875 (m),825 (sh)
$K_7[\alpha_2\text{-}P_2W_{17}SmO_{61}]\cdot 18H_2O$	1083(s),1056(m), 1018(m)	941(vs), 976(vs)	889(m),816(sh),777(vs), 1021(w),891(m),825(vw)
$K_7[\alpha_2\text{-}P_2W_{17}EuO_{61}]\cdot 18H_2O$	1085(vs),1056(m), 1024(m)	942(vs), 967(vs)	890(s),816(sh),779(vs), 1023(w) 882(m),768(vs)
$K_7[\alpha_2\text{-}P_2Mo_{17}EuO_{61}]\cdot 8H_2O$	1080(sh),1051(s), 1022(m)	937(vs), 947(m)	860(s),784(sh),728(vs), 867(m),810(w)
$K_7[\alpha_2\text{-}P_2W_{17}TbO_{61}]\cdot 18H_2O$	1083(vs),1056(m), 1022(m)	941(vs), 966(s)	890(sh),819(vs),779(vs), 1019(w),90(m),826(w)
$K_7[\alpha_2\text{-}P_2W_{17}ErO_{61}]\cdot 20H_2O$	1085(vs),1056(m), 1016(m)	943(vs), 966(vs)	889(sh),805(vs),779(vs), 1024(w),891(m),803(m)

8.1.3.2 紫外-可见吸收光谱

取代型杂多化合物由于过渡金属的引入，在可见光区可能会出现较强的吸收峰，以 $K_6[(SiO_4)W_{10}Mn_2^{II}O_{36}H_6]\cdot 23H_2O$、$[(n\text{-}Bu)_4N]_4[(SiO_4)W_{10}Mn_2^{III}O_{36}H_6]\cdot 1.5CH_3CN\cdot 2H_2O$和$[(n\text{-}Bu)_4N]_{3.5}H_{5.5}[(SiO_4)W_{10}Mn^{III}Mn^{IV}O_{36}]\cdot 0.5CH_3CN\cdot 10H_2O$在乙腈中的 UV-Vis 光谱为例(图 8.13)[15]，$K_6[(SiO_4)W_{10}Mn_2^{II}O_{36}H_6]\cdot 23H_2O$ 的 d-d 跃迁出现在 460nm 处，与$[(n\text{-}Bu)_4N]_4[(SiO_4)W_{10}Mn_2^{III}O_{36}H_6]\cdot$

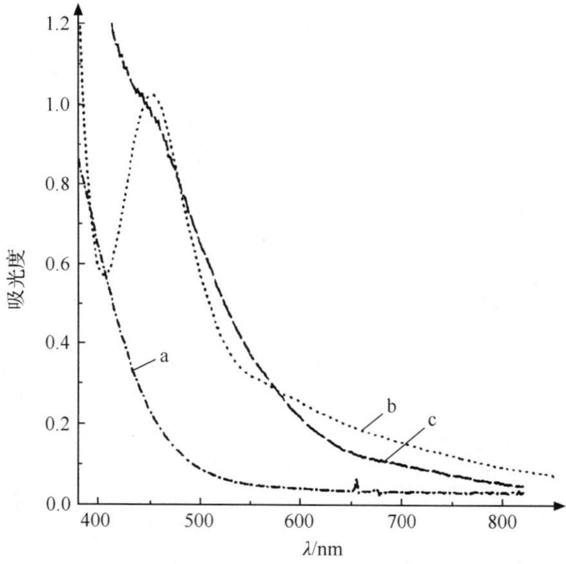

图 8.13 1.0mmol · L^{-1} 乙腈溶液中测定的 $K_6[(SiO_4)W_{10}Mn_2^{II}O_{36}H_6]\cdot 23H_2O$(a)，$[(n\text{-}Bu)_4N]_4[(SiO_4)W_{10}Mn_2^{III}O_{36}H_6]\cdot 1.5CH_3CN\cdot 2H_2O$(b)和$[(n\text{-}Bu)_4N]_{3.5}H_{5.5}[(SiO_4)W_{10}Mn^{III}Mn^{IV}O_{36}]\cdot 0.5CH_3CN\cdot 10H_2O$(c)的 UV-Vis 光谱[15]

$1.5CH_3CN \cdot 2H_2O$ 在 550nm 处出现一个宽峰，对应于 O→Mn^{III} 的荷移跃迁。$[(n\text{-}Bu)_4N]_{3.5}H_{5.5}[(SiO_4)W_{10}Mn^{III}Mn^{IV}O_{36}] \cdot 0.5CH_3CN \cdot 10H_2O$ 在 440nm 出现 d-d 跃迁，与 O→Mn^{IV} 荷移跃迁重叠[15]。

8.1.3.3　差热分析

以$[(CH_3)_2NH_2]_5[\beta\text{-}SiFe_2W_{10}O_{36}(OH)_2(H_2O)Cl] \cdot 7H_2O$ 的差热研究为例，它的 DTA 曲线中在 350℃以下出现三个吸热过程，在 510～540℃出现一个放热过程。50～120℃的吸热过程对应结晶水分子的失去，160～220℃的吸热过程对应铁的配位水分子的失去，270～350℃的吸热过程对应有机阳离子的失去；在 510～540℃的放热过程对应多阴离子骨架的分解（图 8.14）[1]。

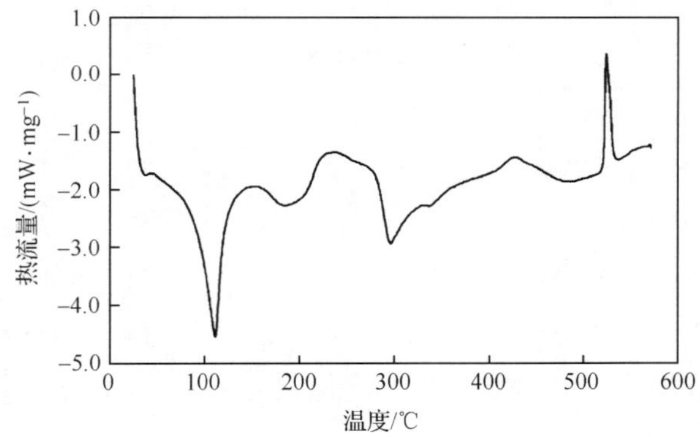

图 8.14　$[(CH_3)_2NH_2]_5[\beta\text{-}SiFe_2W_{10}O_{36}(OH)_2(H_2O)Cl] \cdot 7H_2O$ 的 DTA 曲线[1]

8.1.3.4　核磁共振谱

取代型杂多化合物中由于取代基团的引入，导致多阴离子的对称性发生变化，因此它们的 ^{183}W 核磁共振(NMR)会出现不同的吸收谱线。表 8.2 中列出了一系列一取代 Keggin 型杂多化合物的 ^{183}W NMR 谱的吸收峰。表 8.3 中列出了一系列三取代的 Keggin 型杂多化合物的 ^{183}W NMR 谱的吸收峰[16a]。

表 8.2　一系列一取代 Keggin 型杂多化合物的 ^{183}W NMR 谱的吸收峰(ppm)

取代型多酸	化学位移	重心
$Li_6[BVW_{11}O_{40}]$(D_2O,30℃)	−154.8,−113.2,−142.8,−126.4,−144.5,−140.7	−136.7
$Li_5[SiVW_{11}O_{40}]$(D_2O,30℃)	−128.0,−81.1,−114.6,−104.3,−121.0,−114.6	−110.2
$Li_5[PVW_{11}O_{40}]$(D_2O,30℃)	−106.7,−72.2,−101.2,−98.6,−108.7,−103.7	−98.1
$Li_7[PW_{11}O_{39}]$(D_2O,30℃)	−98.8,−98.1,−132.4,−103.6,−152.2,−121.4	
$Na_8[SiW_{11}O_{39}]$(D_2O,30℃)	−127.9,−116.1,−143.2,−100.8,−176.1,−121.3	

续表

取代型多酸	化学位移	重心
$Na_5[PPbW_{11}O_{40}]$(D_2O,30℃)	−82.7,−74.4,−127.4,−102.8,−146.3,−111.5	−107.2
$(TBA)_5[PTiW_{11}O_{40}]$(CD_3CN,30℃)	−109.2,−57.2,−106.7,−92.6,−118.0,−101.9	−97.2
$Li_6[\alpha\text{-}1,2\text{-}SiV_2W_{10}O_{40}]$($D_2O$,30℃)	−111.7,−86.0,−83.5,−111.7,−142.5,−122.7	−106.2
$Li_5[\alpha\text{-}1,2\text{-}PV_2W_{10}O_{40}]$($D_2O$,30℃)	−91.9,−80.8,−82.2,−106.7,−128.8,−116.7	−99.4
$Li_7[\alpha\text{-}1,2,3\text{-}SiV_3W_9O_{40}]$($D_2O$,30℃)	−91.5,−136.7	−106.6
$Li_6[\alpha\text{-}1,2,3\text{-}PV_3W_9O_{40}]$($D_2O$,30℃)	−86.6,−130.1	−101.1
$[(n\text{-}C_4H_9)_4N]_3[VW_5O_{19}]$($CD_3CN$,25℃)	76.4,75.9	76.3
$Li_4[V_2W_4O_{19}]$(D_2O,30℃)	70.3,69.4	69.9

表 8.3 一系列三取代 Keggin 型杂多化合物的^{183}W NMR 谱的吸收峰(ppm)[16a]

取代型多阴离子	化学位移
$[\alpha\text{-}(AlOH_2)_3GeW_9O_{37}]^{7-}$	−78.2,−142.9,64.7
$[\beta\text{-}(AlOH_2)_3GeW_9O_{37}]^{7-}$	−90.4,−140.8,50.4
$[\alpha\text{-}(InOH_2)_3GeW_9O_{37}]^{7-}$	−68.3,−158.9,90.6
$[\beta\text{-}(InOH_2)_3GeW_9O_{37}]^{7-}$	−84.0,−126.3,42.3
$[\beta\text{-}(GaOH_2)_3GeW_9O_{37}]^{7-}$	−81.6,−112.4,30.8
$[\alpha\text{-}(AlOH_2)_3SiW_9O_{37}]^{7-}$	−97.4,−162.1,64.7,19
$[\beta\text{-}(AlOH_2)_3SiW_9O_{37}]^{7-}$	−109.6,−122.8,23.2
$[\alpha\text{-}(GaOH_2)_3SiW_9O_{37}]^{7-}$	−80.4,−159.7,79.3
$[\beta\text{-}(GaOH_2)_3SiW_9O_{37}]^{7-}$	−97.3,−124.3,27.0
$[\beta\text{-}Nb_3SiW_9O_{40}]^{7-}$	−97.9,−114.5,16.6,20
$[\beta\text{-}HV_3SiW_9O_{40}]^{6-}$	−100,−105,5,21
$[\alpha\text{-}V_3PW_9O_{40}]^{6-}$	−86.6,−130.1,43.5,22
$[\beta\text{-}V_3SiW_9O_{40}]^{7-}$	−115.4,−120,−4.6,21
$[\alpha\text{-}Mo_3PW_9O_{40}]^{3-}$	−91.4,−101.5,−10.1,23

$(Bu_4N)_4[PW_{11}O_{39}Ir(H_2O)]$的^{31}P NMR 是在 CD_3CN 溶液中测定的，在−7.17ppm处出现一个强的吸收峰。而它的^{183}W NMR (20.805MHz)谱中出现 6 个吸收谱线，峰位分别为−76.0ppm、−82.4ppm、−90.0ppm、−99.5ppm、−118.4ppm和−136.4ppm，对应的峰强比是 2∶2∶2∶1∶2∶2，对应于对阴离子的 C_s对称性(图 8.15)[17]。

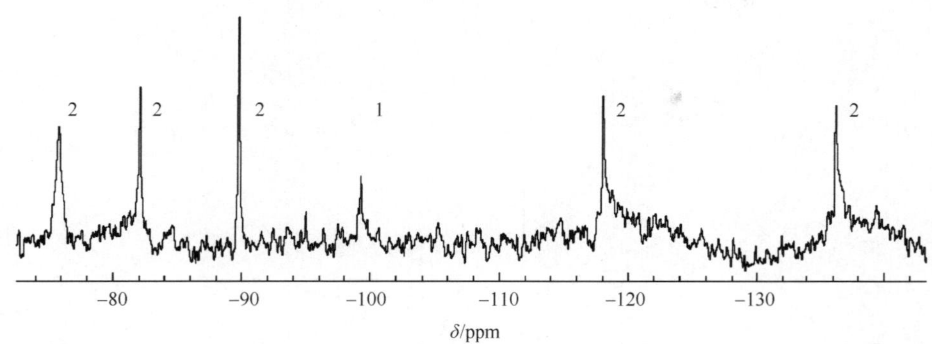

图 8.15　$(Bu_4N)_4[PW_{11}O_{39}Ir(H_2O)]$的$^{183}W$ NMR 谱图(CD_3CN,20.805MHz)[17]

8.1.3.5　电喷雾质谱

电喷雾质谱(ESI-MS)研究是证明多阴离子在溶液中稳定性的一种有效手段。$(Bu_4N)_4[PW_{11}O_{39}Ir(H_2O)]$的电喷雾质谱研究表明,$[PW_{11}O_{39}Ir(H_2O)]^{4-}$在溶液中是稳定存在的。电喷雾质谱中出现的多电荷峰,根据 m/z=1686.9 和 m/z=1564.2 及同位素分布特征,可分别归属于$(Bu_4N)_{4-n}[PW_{11}O_{39}(IrOH_2)(H_n)]^{3-}$ (n=3～4)和$(Bu_4N)_{4-n}[PW_{11}O_{39}(IrOH_2)(H_n)]^{2-}$ (n=2～3)的吸收峰(图 8.16)[17]。$(Bu_4N)_4[PW_{11}O_{39}Ir(H_2O)]$在丙酮和乙腈混合溶液中的电喷雾质谱进一步证实了$[PW_{11}O_{39}Ir(H_2O)]^{4-}$在溶液中是稳定存在的(图 8.17)[17]。表 8.4中列出了$[Tc^VO(\alpha_1\text{-}P_2W_{17}O_{61})]^{7-}$和$[Tc^VO(\alpha_2\text{-}P_2W_{17}O_{61})]^{7-}$的 m/z[24]。

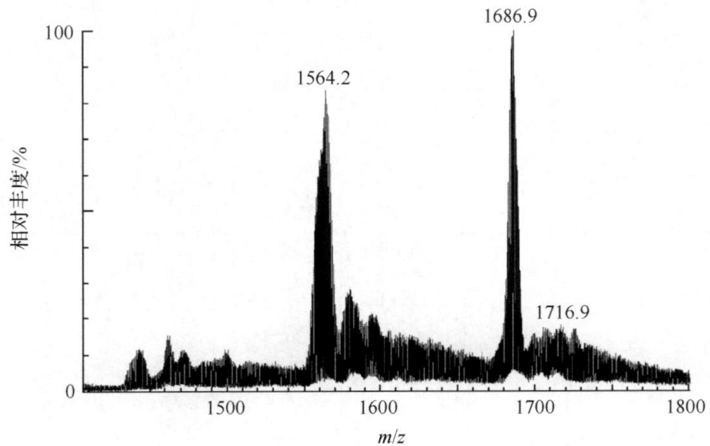

图 8.16　$(Bu_4N)_4[PW_{11}O_{39}Ir(H_2O)]$在 m/z=1400～1800 的电喷雾质谱[17]

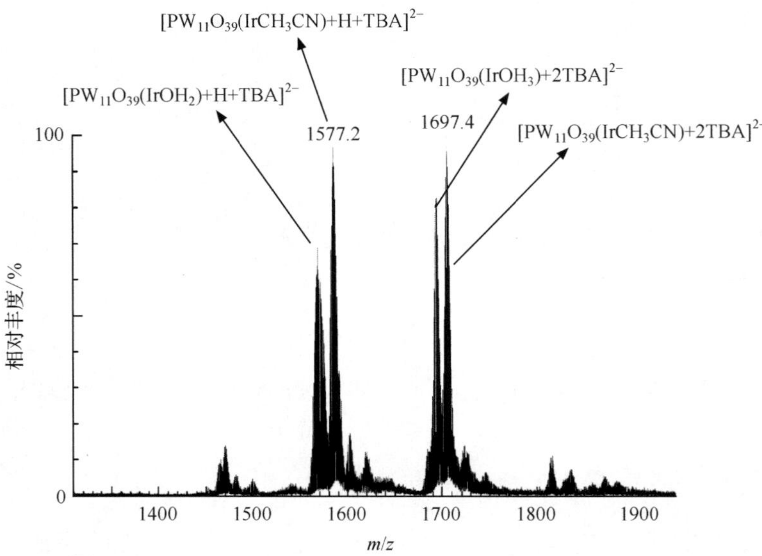

图 8.17 $(Bu_4N)_4[PW_{11}O_{39}Ir(H_2O)]$在丙酮和乙腈混合溶液中的电喷雾质谱[17]

表 8.4 ESI-MS 中$[Tc^{V}O(\alpha_1\text{-}P_2W_{17}O_{61})]^{7-}$和$[Tc^{V}O(\alpha_2\text{-}P_2W_{17}O_{61})]^{7-}$的 m/z[24]

	阴离子	m/z
$[Tc^{V}O(\alpha_1\text{-}P_2W_{17}O_{61})]^{7-}$	$[K_4HTcO(\alpha_1\text{-}P_2W_{17}O_{61})]^{2-}$	2217.9
	$[K_4TcO(\alpha_1\text{-}P_2W_{17}O_{61})]^{3-}$	1478.5
	$[K_3HTcO(\alpha_1\text{-}P_2W_{17}O_{61})]^{3-}$	1465
	$[K_2H_2TcO(\alpha_1\text{-}P_2W_{17}O_{61})]^{3-}$	1453
	$[KH_3TcO(\alpha_1\text{-}P_2W_{17}O_{61})]^{3-}$	1440
	$[H_4TcO(\alpha_1\text{-}P_2W_{17}O_{61})]^{3-}$	1427
	$[K_2HTcO(\alpha_1\text{-}P_2W_{17}O_{61})]^{4-}$	1089.6
	$[KH_2TcO(\alpha_1\text{-}P_2W_{17}O_{61})]^{4-}$	1080.2
	$[H_3TcO(\alpha_1\text{-}P_2W_{17}O_{61})]^{4-}$	1070.7
$[Tc^{V}O(\alpha_2\text{-}P_2W_{17}O_{61})]^{7-}$	$[K_4HTcO(\alpha_2\text{-}P_2W_{17}O_{61})]^{2-}$	2217.8
	$[K_4TcO(\alpha_2\text{-}P_2W_{17}O_{61})]^{3-}$	1477.6
	$[K_3HTcO(\alpha_2\text{-}P_2W_{17}O_{61})]^{3-}$	1465
	$[K_3TcO(\alpha_2\text{-}P_2W_{17}O_{61})]^{4-}$	1099
	$[K_2HTcO(\alpha_2\text{-}P_2W_{17}O_{61})]^{4-}$	1089.8
	$[KH_2TcO(\alpha_2\text{-}P_2W_{17}O_{61})]^{4-}$	1079.1
	$[H_3TcO(\alpha_2\text{-}P_2W_{17}O_{61})]^{4-}$	1070.3

8.1.4　取代型杂多化合物及其衍生物的性质研究

8.1.4.1　电化学性质研究

取代型杂多化合物中由于不同取代基团的引入，多阴离子会呈现不同的氧化还原活性。$[\beta\text{-SiFe}_2W_{10}O_{36}(OH)_2(H_2O)Cl]^{5-}$的循环伏安曲线是在 pH 为 1.7 的 5mmol · L^{-1}酸性溶液中测定的[1]，循环伏安曲线中[图 8.18(b)]在－90mV 处出现一个阴极波对应 Fe(Ⅲ)的还原，控制电位库仑(－250mV)研究表明，这个阴极波对应两个 Fe(Ⅲ)中心的两电子还原过程，铁的第一电子还原是伴随着质子化，铁的第二电子还原发生在相同的电位。在它的循环伏安曲线中出现两个准可逆的一电子波，$E_{1/2}=(E_{pa}+E_{pc})/2$ 分别为－490mV 和－620mV，对应 W(Ⅵ)/W(Ⅴ)的还原过程，Keggin 型多钨酸盐的还原电势取决于它们的电荷，但中心杂原子影响不大。在 pH 3.3 下，$[\beta\text{-SiFe}_2W_{10}O_{36}(OH)_2(H_2O)Cl]^{5-}$的循环伏安曲线在－190mV和－400mV 出现两个一电子的阴极波，表明两个 Fe(Ⅲ)→Fe(Ⅱ)的还原，但是在该 pH 下没有钨波出现[图 8.18(a)][1]。

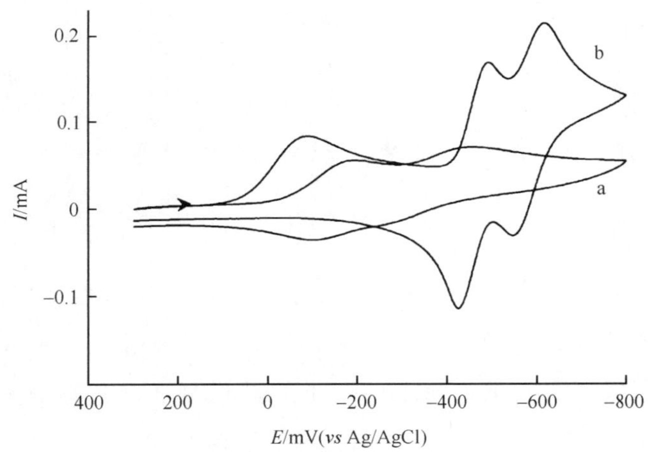

图 8.18　$[\beta\text{-SiFe}_2W_{10}O_{36}(OH)_2(H_2O)Cl]^{5-}$在不同 pH 下的循环伏安曲线(玻碳电极，扫描速率为 100mV · s^{-1}，0.2mol · L^{-1} NaCl 溶液)[1]：(a) pH=3.3；(b) pH=1.7

循环伏安测试是区分 Dawson 型多酸的 α_1 异构体和 α_2 异构体的有效方法，以含 Tc 的$[Tc^{V}O(\alpha_1\text{-}P_2W_{17}O_{61})]^{7-}$和$[Tc^{V}O(\alpha_2\text{-}P_2W_{17}O_{61})]^{7-}$为例，其循环伏安曲线是在含有 0.5mol · L^{-1}硫酸钠的 0.1mol · L^{-1} NaAc/HAc 缓冲溶液(pH 5)中测试的(图 8.19)[24]。与未取代的缺位单体相比，在其循环伏安曲线中出现一些新的氧化还原峰，可以归结为 Tc^{3+}/Tc^{4+}、Tc^{4+}/Tc^{5+} 和 Tc^{5+}/Tc^{6+} 的氧化还原峰。在－33mV 和－175mV 处出现的峰分别是 α_1 异构体和 α_2 异构体的 Tc^{4+}/Tc^{5+} 的

氧化还原电对，$[Tc^{V}O(\alpha_1\text{-}P_2W_{17}O_{61})]^{7-}$ 和 $[Tc^{V}O(\alpha_2\text{-}P_2W_{17}O_{61})]^{7-}$ 的氧化还原电势分别为 990mV 和 813mV，可见 Tc^{5+}/Tc^{6+} 的氧化还原电势更正。与 α_1 异构体相比，在 −386mV 处出现的峰是 α_2 异构体的 Tc^{3+}/Tc^{4+} 的氧化还原峰。与 α_2 异构体相比，α_1 异构体的还原主要与 Tc—W 之间的相互作用有关，在 α_1 异构体中低氧化态的 Tc 更稳定[24]。

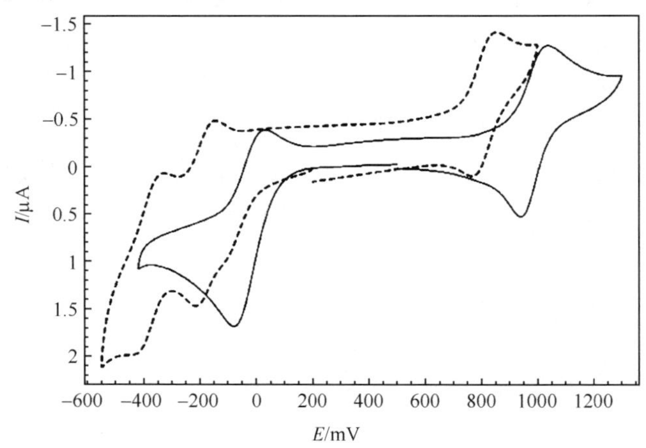

图 8.19　$[Tc^{V}O(\alpha_1\text{-}P_2W_{17}O_{61})]^{7-}$（实线）和 $[Tc^{V}O(\alpha_2\text{-}P_2W_{17}O_{61})]^{7-}$（虚线）的循环伏安曲线（测试条件为：0.1mol · L^{-1} CH_3COONa/CH_3COOH 溶液，含有 0.5mol · L^{-1} Na_2SO_4，pH 5.00，工作电极为玻碳电极，对电极为 Pt，参比电极为 Ag/AgCl，扫描速率为 10mV · s^{-1}）[24]

8.1.4.2　磁性研究

取代型多酸中由于过渡金属离子的引入使得化合物呈现优秀的磁性质。以 $KRb_5[(PW_{10}O_{37})(Ni(H_2O))_2(\mu\text{-}N_3)]\cdot 19H_2O$ 的磁性研究为例，由 2～160K 的 $\chi_m T\text{-}T$ 曲线可得出，160～31K 内，随着温度的降低，$\chi_m T$ 值逐渐增大；31～2K 内，随着温度的降低，$\chi_m T$ 值迅速减小。这表明化合物中呈现铁磁性相互作用，$\chi_m T$ 值的突然降低是由分子内部的相互作用以及 $S=2$ 基态的零场分裂导致的（图 8.20）[3]。拟合参数 $J=36.4\text{cm}^{-1}$、$g=2.13$、$D=5.1\text{cm}^{-1}$（$R=3.4\times10^{-5}$）。$M\text{-}(H/T)$ 曲线是在 0～5.5T 下，8K、6K、4K、3K 和 2K 测定的，根据拟合曲线 $M=f(H/T)$（$1.5\text{T}<H<5\text{T}$），计算得出 $D=5.9\text{cm}^{-1}$、$g=2.16$（图 8.20）[3]。

2008 年，Kögerler 等研究了 3d-4f 混金属簇构筑的取代型杂多化合物 $[(CH_3)_2NH_2]_6H_2[\{\alpha\text{-}P_2W_{16}O_{57}(OH)_2\}\{CeMn_6O_9(O_2CCH_3)_8\}]\cdot 20H_2O$ 的磁性，在 2～290K 的磁性研究表明，$S=3/2$ 的 Mn(Ⅳ)中心之间存在反铁磁性耦合，当温度降至 50K，磁化率数据遵循 Curie-Weiss 定律，Weiss 温度为 −38K[8]。在 $\{CeMn_6O_9(O_2CCH_3)_8\}$ 簇中，两个 Mn—Mn 桥连模式相互交替，导致结构中存在

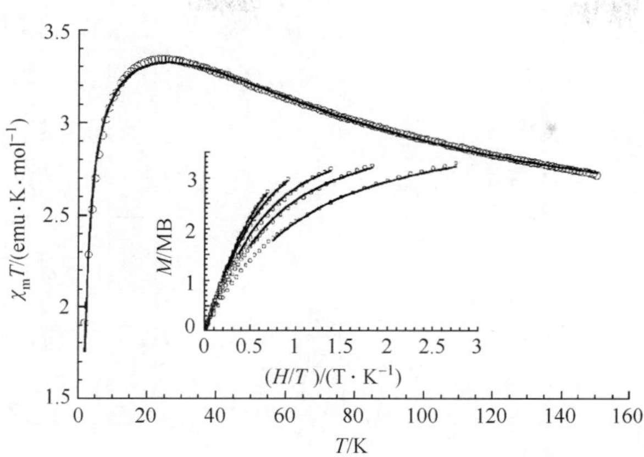

图 8.20　$KRb_5[(PW_{10}O_{37})(Ni(H_2O))_2(\mu\text{-}N_3)]\cdot 19H_2O$ 的 $\chi_m T$-T 曲线（插图为 M-(H/T)曲线，从左至右温度分别为 8K、6K、4K、3K 和 2K）[3]

两种交换能量 J_1 和 J_2，由于{Mn_6}环与 W 的连接，形成第三种 Mn—Mn 相互作用交换能为 J_3，以及一个小的次近邻耦合常数 J_4，拟合的结果是 $J_1=-4.2cm^{-1}$、$J_2=-4.6cm^{-1}$、$J_3=0.4cm^{-1}$、$J_4=-0.5cm^{-1}$（图 8.21）[8]。

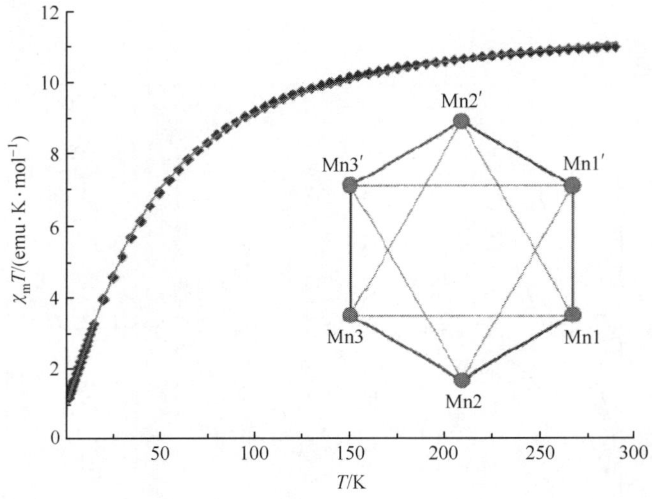

图 8.21　$[(CH_3)_2NH_2]_6H_2[\{\alpha\text{-}P_2W_{16}O_{57}(OH)_2\}\{CeMn_6O_9(O_2CCH_3)_8\}]\cdot 20H_2O$ 的 $\chi_m T$-T 曲线（2～290K）（插图为六核锰之间相互作用示意图）[8]

8.1.4.3　光致变色性质研究

稀土取代的杂多化合物的结构中由于镧系元素的存在，使得多酸具有荧光和光致发光性能。{EuP_2W_{17}}、{EuP_2Mo_{17}}及{TbP_2W_{17}}的荧光光谱如图 8.22(a)

所示[23]。这组光谱显示了一系列 Eu 的由基态$^7F_0$激发跃迁到$^5D_4$、$^5G_{2\text{-}6}$、$^5D_3$、$^5D_2$、$^5D_1$及 Tb 的$^7F_6 \rightarrow {}^5F_{5,4}$、$^7F_6 \rightarrow {}^5F_{3,2}$、$^5L_{10}$等一系列谱线。图 8.22(b)为 $K_{11}[Eu_2(\alpha_2\text{-}P_2W_{17}O_{61})(picOH)_7]\cdot 20H_2O$(picOH 为 3-羟基吡啶)、$K_{11}[Eu_2(\alpha_2\text{-}P_2Mo_{17}O_{61})(picOH)_7]\cdot 10H_2O$ 和 $K_{11}[Tb_2(\alpha_2\text{-}P_2W_{17}O_{61})(picOH)_7]\cdot 20H_2O$ 在

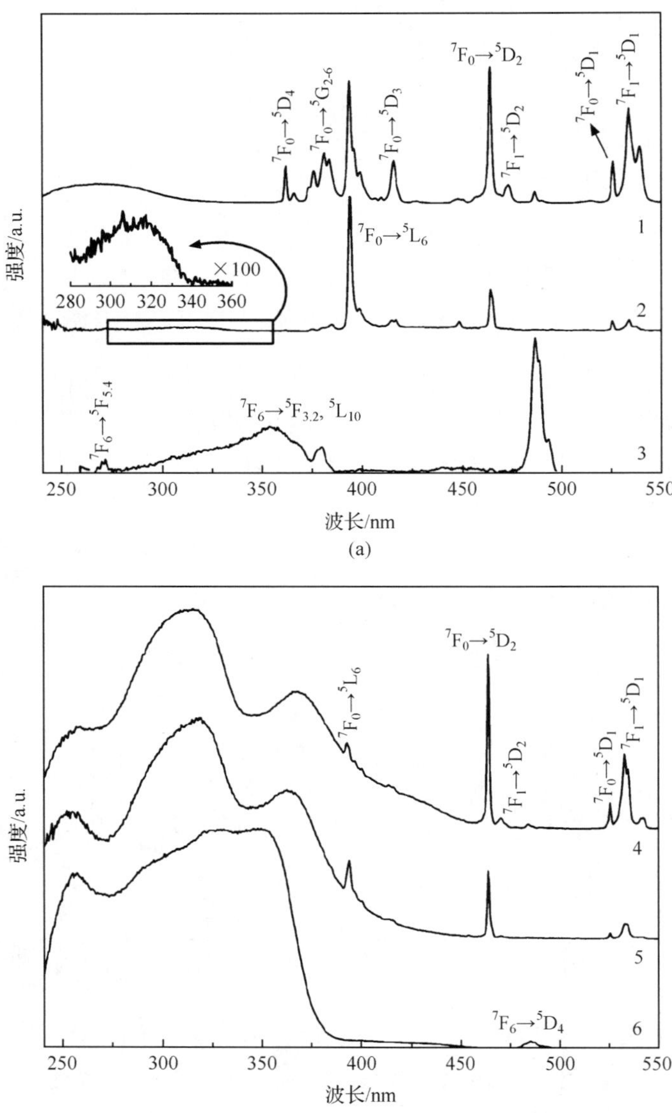

图 8.22 (a) {EuP_2W_{17}} (1)、{EuP_2Mo_{17}} (2)、{TbP_2W_{17}} (3) 的荧光光谱;(b) 为 $K_{11}[Eu_2(\alpha_2\text{-}P_2W_{17}O_{61})(picOH)_7]\cdot 20H_2O$(4)、$K_{11}[Eu_2(\alpha_2\text{-}P_2Mo_{17}O_{61})(picOH)_7]\cdot 10H_2O$(5)和 $K_{11}[Tb_2(\alpha_2\text{-}P_2W_{17}O_{61})(picOH)_7]\cdot 20H_2O$(6)的荧光光谱(激发波长分别为 612nm(Eu)和 544nm (Tb);箭头所指为曲线的放大图)[23]

紫外辐射下被激发的{LnP_2M_{17}}的发射光谱，这组光谱包含一系列 Eu 的 $^7F_0 \rightarrow {}^5L_6$、$^7F_0 \rightarrow {}^5D_2$、$^7F_1 \rightarrow {}^5D_2$、$^7F_0 \rightarrow {}^5D_1$、$^7F_1 \rightarrow {}^5D_1$跃迁和 Tb 的$^7F_6 \rightarrow {}^5D_6$跃迁[23]。在 366nm 光激发下，{$EuP_2W_{17}$}、$K_{11}[Eu_2(\alpha_2\text{-}P_2W_{17}O_{61})(picOH)_7]\cdot 20H_2O$ 和 $K_{11}[Tb_2(\alpha_2\text{-}P_2W_{17}O_{61})(picOH)_7]\cdot 20H_2O$ 表现出光致变色性质[23]。

8.1.4.4　催化活性研究

2009 年，Burns 等报道了一系列过渡金属单取代的 2∶17 系列多酸化合物在环氧化反应中的催化活性[25]。所有的反应都是在 1，2-二氯乙烷/H_2O_2两相中进行，10μmol 的催化剂溶解在含有 80μmol 季铵氯化物的 5mL 1，2-二氯乙烷中，确保催化剂完全溶解，然后加入 10mmol 有机基质和 5mmol 叔丁基苯作为气相色谱标准，加入过氧化氢，混合物在 30～35℃下，搅拌 6h 后静置分层，通过气相色谱测定所产生的有机相[25]。表 8.5 列出各种不同单取代 Dawson 型多酸化合物在相同条件下的催化结果[25]。2008 年，Mizuno 等报道了$(TBA)_4[\gamma\text{-}H_2SiW_{10}O_{36}Cu_2(\mu\text{-}1,1\text{-}N_3)_2]$(即{$SiW_{10}Cu_2(N_3)_2$})对苯乙炔的氧化耦合催化反应[式(8-1)]，与不同种类的催化剂相比，在苯腈中的最高反应转化率达到 91%，表明它具有很高的催化活性(表 8.6)[2]。

$$2\ \text{PhC}\equiv\text{CH} + 1/2\ O_2 \xrightarrow{\{SiW_{10}Cu_2(N_3)_2\}} \text{PhC}\equiv\text{C}-\text{C}\equiv\text{CPh} + H_2O \tag{8-1}$$

表 8.5　一系列单取代 Dawson 型多酸化合物在相同条件下对丙烯醇与 30% H_2O_2的环氧化催化反应结果[25]

	M^{n+}的转化率/% (H_2O_2的转化率/%) (M=Pd(Ⅱ)，Co(Ⅱ)，Ni(Ⅱ)，Zn(Ⅱ)，Cr(Ⅲ)，Mn(Ⅲ)，Fe(Ⅲ)和 Ir(Ⅳ))							
基质	Pd^{2+}①	Co^{2+}①	Ni^{2+}①	Zn^{2+}①	Cr^{3+}②	Mn^{3+}②	Fe^{3+}②	Ir^{4+}②
丙烯醇	29(65)	0(22)	0(15)	<5(35)	0(20)	<5(55)	0(19)	<5(27)
2-甲基-2-丙烯-1- 醇	55(78)	17(32)	8(21)	25(40)	11(12)	26(91)	10(16)	26(48)
反式-巴豆醇	59(82)	18(25)	13(23)	25(46)	9(16)	39(90)	12(16)	33(46)
3-甲基-2-丁烯-1-醇	85(97)	44(70)	31(45)	61(82)	20(31)	77(97)	34(44)	75(88)
2-环己烯-1-醇	—	—	—	—	—	12(64)	—	—
香叶醇	77(87)	31(48)	25(33)	45(63)	14(19)	56(98)	26(31)	60(75)
橙花醇	82(95)	—	21(32)	—	—	58(96)	23(27)	65(81)
(*R*)-(—)-桃金娘烯醇	62(94)	9(28)	<5(15)	15(25)	7(11)	43(90)	16(20)	32(52)
(*R*)-(—)-诺卜醇	25(48)	0(31)	0(25)	<5(43)	0(5)	5(82)	0(10)	7(31)

① 反应条件：30℃，10mmol 丙烯醇、5mmol *t*-丁基苯、10μmol 催化剂和 $10H_2O_2$，反应 6h；

② 反应条件：35℃，催化剂分别为$[(n\text{-}C_4H_9)_4N]_9[P_2W_{17}O_{61}M(Br)]$($M^{n+}=Co^{2+}, Ni^{2+}, Cu^{2+}, Zn^{2+}$)、$[(n\text{-}C_4H_9)_4N]_7[HP_2W_{17}O_{61}M(Br)]$($M^{n+}=Cr^{3+}, Mn^{3+}, Fe^{3+}$) 和$[(n\text{-}C_4H_9)_4N]_{10-n}[P_2W_{17}O_{61}M(H_2O)]$($M^{n+}=Ir^{4+}, Ru^{3+}, Pd^{2+}$)。

表 8.6 $(TBA)_4[\gamma\text{-}H_2SiW_{10}O_{36}Cu_2(\mu\text{-}1,1\text{-}N_3)_2]=\{SiW_{10}Cu_2(N_3)_2\}$的苯乙炔氧化耦合催化反应结果[2]

	催化剂	溶剂	产率/%
1	$\{SiW_{10}Cu_2(N_3)_2\}$	苯腈	91
2①	$\{SiW_{10}Cu_2(N_3)_2\}$	苯腈	86
3	$\{SiW_{10}Cu_2(N_3)_2\}$	DMSO	39
4	$\{SiW_{10}Cu_2(N_3)_2\}$	DMF	39
5	$\{SiW_{10}Cu_2(N_3)_2\}$	乙腈	15
6	$\{SiW_{10}Cu_2(N_3)_2\}$	1,2-DCE	4
7	$\{SiW_{10}Cu_2(N_3)_2\}$	甲苯	2
8	$(TBA)_4[\alpha\text{-}H_2SiW_{11}CuO_{39}]$	苯腈	2
9②	$(TBA)_4[\gamma\text{-}SiW_{10}O_{34}(H_2O)_2]$	苯腈	<1
10③	$(TBA)_4[\gamma\text{-}SiW_{10}O_{34}(H_2O)_2]+CuCl_2$	苯腈	5
11	$Cu(Ac)_2$	苯腈	10
12	$CuCl_2$	苯腈	4
13	CuCl	苯腈	7
14	CuI	苯腈	2
15	CuI	苯基乙炔苯腈	<1
16	无	苯腈	<1

注：反应条件 1mmol$\{SiW_{10}Cu_2(N_3)_2\}$，溶剂 1mL，373K，3h，1atm* O_2；

① 反应在 1atm，6h 条件下进行；② 2.2mol% $(TBA)_4[\gamma\text{-}SiW_{10}O_{34}(H_2O)_2]$；③2.2mol% $(TBA)_4[\gamma\text{-}SiW_{10}O_{34}(H_2O)_2]$和 4.4mol% $CuCl_2$。

8.1.4.5 抗病毒活性研究

2001 年，Hill 等根据动力学和分子模拟研究了 Nb 取代的 2∶17 系列 $K_7[\alpha_1\text{-}P_2W_{17}(NbO_2)O_{61}]$在细胞培养中对 HIV-1（$EC_{50}$值为 0.17～0.83μmol · L^{-1}）具有高效的抑制性，毒性低（IC_{50}值为 50～100μmol · L^{-1}），选择性低，抑制纯化的 HIV-1 蛋白酶，$K_7[\alpha_1\text{-}P_2W_{17}(NbO_2)O_{61}]$、$K_7[\alpha_2\text{-}P_2W_{17}(NbO_2)O_{61}]$、$K_7[\alpha_1\text{-}P_2W_{17}NbO_{62}]$ 和 $K_7[\alpha_2\text{-}P_2W_{17}NbO_{62}]$的 IC_{50}值分别为 2.0μmol · L^{-1}、1.2μmol · L^{-1}、1.5μmol · L^{-1}和 1.8μmol · L^{-1}[26]。理论计算结果表明，多酸的功能不仅是与 HIV-1P 的活性点键连，作为抑制其他 HIV-1P 蛋白酶的抑制剂，而且是通过与阳离子的键连覆盖活性领域。根据动力学性质和键连研究及分子模拟，结果证实多酸具有上述功能（表 8.7）[26]。

* 1atm=1.013 25×10^5Pa

表 8.7　多酸的 HIV-1P 抑制、抗病毒活性及细胞毒性研究结果[26]

多酸	分子质量 /(g · mol^{-1})	IC$_{50}$(HIV-1P) /(μmol · L^{-1})①	PBMC 中抑制 HIV-1 活性 EC$_{50}$ /(μmol · L^{-1})②	PBMC 中的细胞毒性 IC$_{50}$ /(μmol · L^{-1})③
$(NH_4)_{14}[NaP_5W_{30}O_{110}]$	7706	5.5	0.32	ND③
$(TMA)K_2[W_5NbO_{19}]$④	1468	无⑤	>100	>100
$(NH_4)_6[\alpha\text{-}P_2W_{18}O_{62}]$	4471	1.5	0.91	3.8
$K_{10}[\alpha_2\text{-}P_2W_{17}O_{61}]$	4554	86	0.14	66
$K_7[\alpha_1\text{-}P_2W_{17}(NbO_2)O_{61}]$	4562	2.0	0.78	46
$K_7[\alpha_2\text{-}P_2W_{17}(NbO_2)O_{61}]$	4562	1.2	0.81	74
$K_7[\alpha_1\text{-}P_2W_{17}NbO_{62}]$	4546	1.5	0.83	>100
$K_7[\alpha_2\text{-}P_2W_{17}NbO_{62}]$	4546	1.8	0.17	50

① 没有化合物能在 100μmol · L^{-1}抑制胃蛋白酶；② PBMC 指外周血单核细胞；③ 未确定；④ TMA 代表四甲基铵；⑤ 由于溶解度限制太低而无法测量。

8.2　1∶11 双系列杂多化合物及其衍生物化学

对于单缺位的 1∶11 系列 Keggin 型杂多化合物来说，当单取代的金属离子半径较大(如稀土离子)时会趋向于形成 1∶11 双系列杂多化合物。本节介绍部分 1∶11双系列杂多化合物的研究进展。

8.2.1　1∶11 双系列杂多化合物及其衍生物的结构描述

1∶11 双系列杂多化合物的结构通式是{$Z(XM_{11})_2$}(Z 一般是指镧系和锕系元素，包括 Ce^{4+}、Ce^{3+}、Pr^{3+}、Nd^{3+}、Sm^{3+}、Eu^{3+}、Ho^{3+}、Th^{4+}、U^{5+}、U^{4+}、Pr^{4+}、Tb^{3+}、Pu^{3+}、Pu^{4+}、Am^{4+}、Am^{3+}、Cm^{3+}、Cf^{4+}、Cf^{3+}、La^{3+}、In^{3+}、Sr^{2+}、Ba^{2+}等)，由于 Z 离子半径较大，缺位位置不能完全容纳 Z 离子，多阴离子形成二聚结构。它是由两个{XM_{11}}通过一个 Z 离子桥连构筑的。单缺位的 Keggin 型杂多阴离子{XM_{11}}主要是基于 α 体和 β 体，有四种不同的异构体{$\alpha\text{-}XM_{11}$}、{$\beta_1\text{-}XM_{11}$}、{$\beta_2\text{-}XM_{11}$}和{$\beta_3\text{-}XM_{11}$}(参见第 2 章图 2.35)。图 8.23 为已报道的{$Z(XM_{11})_2$}双系列的两种异构体{$Z(\alpha_1\text{-}XM_{11})_2$}和{$Z(\beta_2\text{-}XM_{11})_2$}的结构。{$Z(\alpha_1\text{-}XM_{11})_2$}是由两个{$\alpha_1\text{-}XM_{11}$}单元通过一个八配位的 Z 离子桥连构筑的[图 8.23(a)][27]，而{$Z(\beta_2\text{-}XM_{11})_2$}是由两个{$\beta_2\text{-}XM_{11}$}单元与一个 Z 离子桥连构筑的，Z 离子与 8 个氧原子配位，8 个氧原子均来自{XM_{11}}的缺位氧原子[图 8.23(b)][28]。

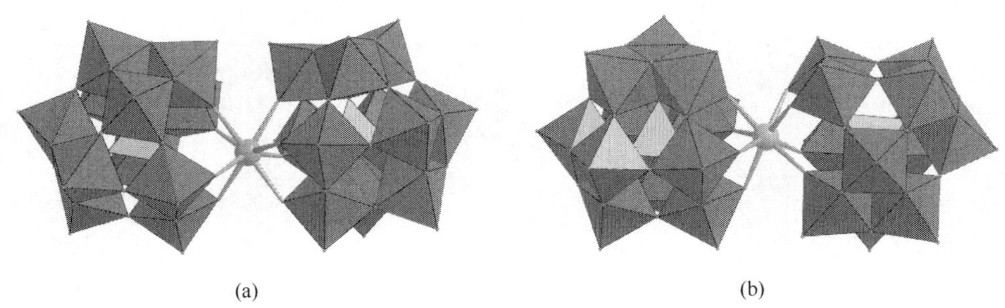

(a) (b)

图 8.23 $\{Z(\alpha_1\text{-}XM_{11})_2\}$(a)[27]和$\{Z(\beta_2\text{-}XM_{11})_2\}$(b)[28]的结构图

8.2.2 1∶11 双系列杂多化合物及其衍生物的合成

8.2.2.1 合成策略

1∶11 双系列杂多化合物的合成主要有两种策略。一种策略是建筑块法，即以$\{XM_{11}\}$为前驱体，在一定的 pH 和温度下与金属离子反应；另一种策略是一步法，即以简单钨酸钠或钼酸钠盐类为前驱体，加入杂原子的盐类经过酸化等处理，再与金属离子反应，调节溶液的 pH 制备得到的。

8.2.2.2 具体的合成方法

$[Ln(\beta_2\text{-}SiW_{11}O_{39})_2]^{13-}$ (Ln=La, Ce, Sm, Eu, Gd, Tb, Yb, Lu)的合成

$K_{13}[La(\beta_2\text{-}SiW_{11}O_{39})_2]\cdot 22H_2O$ 合成：向 20mL 1mol·L^{-1} KCl 溶液中加入 0.032g $LaCl_3\cdot 7H_2O$ (0.085mmol)和 0.5g $K_8[\beta_2\text{-}SiW_{11}O_{39}]$ (0.155mmol)，逐滴加入 0.1mol·L^{-1} HCl 溶液使溶液的 pH 为 5.0，然后在 50℃下搅拌 30min，冷却至室温，过滤，室温下敞口缓慢蒸发，一周后得到无色的晶体，产量为 0.45g，产率为 91%。IR(KBr 压片，cm^{-1})：997(m)、970(m)、953 (m)、940 (m)、904 (s)、893 (s)、862(s)、832(m)、789(s)、762(sh)、722(s)、530(w)[27]。

$K_{13}[Ce(\beta_2\text{-}SiW_{11}O_{39})_2]\cdot 25.5H_2O$ 合成：合成方法与 $K_{13}[La(\beta_2\text{-}SiW_{11}O_{39})_2]\cdot 22H_2O$ 类似，但是用 0.032g $CeCl_3\cdot 7H_2O$ 代替 0.032g $LaCl_3\cdot 7H_2O$ (0.085mmol)。产量为 0.44g，产率为 88%。IR(KBr 压片，cm^{-1})：998(m)、969 (m)、952(m)、939(sh)、904(s)、884(s)、864(s)、832(m)、788(s)、723(s)、530 (w)[27]。

$K_{13}[Sm(\beta_2\text{-}SiW_{11}O_{39})_2]\cdot 29.5H_2O$ 合成：合成方法与 $K_{13}[La(\beta_2\text{-}SiW_{11}O_{39})_2]\cdot 22H_2O$ 类似，但是用 0.031g $SmCl_3\cdot 6H_2O$ 代替 0.032g $LaCl_3\cdot 7H_2O$ (0.085mmol)。产量为 0.46g，产率为 91%。IR(KBr 压片，cm^{-1})：1001(m)、969 (m)、953(m)、939(sh)、908(s)、886(s)、867(s)、835(m)、793(s)、762(sh)、725(s)、

532(w)[27]。

$K_{13}[Eu(\beta_2\text{-}SiW_{11}O_{39})_2]\cdot 27H_2O$ 合成：合成方法与 $K_{13}[La(\beta_2\text{-}SiW_{11}O_{39})_2]\cdot 22H_2O$ 类似，但是用 0.032g $EuCl_3\cdot 6H_2O$ 代替 0.032g $LaCl_3\cdot 7H_2O$ (0.085mmol)。产量为 0.46g，产率为 91%。IR(KBr 压片，cm^{-1})：1002(m)、976(m)、953(m)、940(m)、908(s)、885(s)、868(s)、834(s)、793(s)、761(sh)、721(s)、530(w)、469(sh)[27]。

$K_{13}[Gd(\beta_2\text{-}SiW_{11}O_{39})_2]\cdot 27H_2O$ 合成：合成方法与 $K_{13}[La(\beta_2\text{-}SiW_{11}O_{39})_2]\cdot 22H_2O$ 类似，但是用 0.032g $GdCl_3\cdot 6H_2O$ 代替 0.032g $LaCl_3\cdot 7H_2O$ (0.085mmol)。产量为 0.46g，产率为 91%。IR(KBr 压片，cm^{-1})：1002(m)、976(sh)、953(m)、941(sh)、908(s)、885(s)、869(s)、836(m)、789(s)、764(sh)、723(s)、530(w)、467(sh)[27]。

$K_{13}[Tb(\beta_2\text{-}SiW_{11}O_{39})_2]\cdot 29.5H_2O$、$K_{13}[Yb(\beta_2\text{-}SiW_{11}O_{39})_2]\cdot 26H_2O$ 和 $K_{13}[Lu(\beta_2\text{-}SiW_{11}O_{39})_2]\cdot 27H_2O$ 的合成方法均与 $K_{13}[La(\beta_2\text{-}SiW_{11}O_{39})_2]\cdot 22H_2O$ 类似，但是分别使用了 0.030g $Tb(CH_3COO)_3\cdot H_2O$、0.038g $Yb(NO_3)_3\cdot 5H_2O$ 和 0.031g $LuCl_3\cdot 6H_2O$。$K_{13}[Tb(\beta_2\text{-}SiW_{11}O_{39})_2]\cdot 29.5H_2O$ 的 IR(KBr 压片，cm^{-1})：1006(m)、969(sh)、954(m)、943(sh)、910(s)、886(s)、869(s)、836(m)、793(s)、764(sh)、724(s)、530(w)、472(sh)；$K_{13}[Yb(\beta_2\text{-}SiW_{11}O_{39})_2]\cdot 26H_2O$ 的 IR(KBr 压片，cm^{-1})：1005(m)、993(sh)、957(m)、906(sh)、887(s)、874(sh)、838(m)、791(s)、724(s)、532(w)、477(sh)；$K_{13}[Lu(\beta_2\text{-}SiW_{11}O_{39})_2]\cdot 27H_2O$ 的 IR(KBr 压片，cm^{-1})：1006(m)、992(sh)、956(m)、906(sh)、887(s)、875(sh)、839(m)、791(s)、768(sh)、726(s)、532(w)、475(sh)[27]。

$K_{11}[Ln(GaW_{11}O_{39}H_2)_2]\cdot xH_2O$ (Ln ＝La, Ce, Pr, Nd, Sm, Eu, Gd, Tb, Dy, Tm, Yb)的合成

将 16.24g $K_8[GaW_{11}O_{39}]\cdot xH_2O$ (0.005mol)溶解在 100mL 水中，加热至 80℃，剧烈搅拌下向其中逐滴加入 1.1g $Ln(NO_3)_3$(0.0025mol)的 5mL 水溶液，溶液冷却到室温，加入 2.5g KCl。在 0℃时锥形瓶底部有油状物出现，然后变成晶体，在温水中重结晶 3 次，在 P_2O_5 干燥器中干燥，产率为 50%[29]。

$(NH_4)_{11}[Ln(PMo_{11}O_{39})_2]\cdot 16H_2O$ (Ln＝Ce^{III}, Sm^{III}, Dy^{III}, Lu^{III})的合成

$(NH_4)_{11}[Ce^{III}(PMo_{11}O_{39})_2]\cdot xH_2O$ 的合成：将 4.68g $H_3[PMo_{12}O_{40}]$ (2.00mmol) (78%)溶解在 20mL 水中，用 Li_2CO_3 调节 pH 至 4.3。将 0.434g $Ce^{III}(NO_3)_3\cdot H_2O$ (1.00mmol)直接加入上述溶液中，溶液由黄绿色立刻转变为深棕色，进一步加入 Li_2CO_3 固体将溶液的 pH 调节至 4.3。然后加入 2.94g NH_4Cl (54.9mmol)，搅拌 1h，再加入几滴 EtOH 直到摇动溶液时溶液缓慢混溶，溶液在 5℃保持几天有棕色晶体产生，产量为 0.17g[28]。

$(NH_4)_{11}[Sm^{III}(PMo_{11}O_{39})_2]\cdot xH_2O$ 的合成：合成方法与 $(NH_4)_{11}[Ce^{III}$

$(PMo_{11}O_{39})_2]\cdot xH_2O$ 类似，使用 0.445g $Sm(NO_3)_3\cdot 6H_2O$ (1.00mmol) 代替 $Ce^{III}(NO_3)_3\cdot H_2O$，使得 Sm 与 P 的计量比为 1∶2，将 EtOH 改成几滴 CH_3CN 加入溶液中，5℃放置几天后产生黄色盘形晶体，产量为 0.41g[28]。

$(NH_4)_{11}[Dy(PMo_{11}O_{39})_2]\cdot xH_2O$ 的合成：合成方法与 $(NH_4)_{11}[Ce^{III}(PMo_{11}O_{39})_2]\cdot xH_2O$ 类似，用 0.457g $Dy(NO_3)_3\cdot 6H_2O$ (1.0mmol) 代替 $Ce^{III}(NO_3)_3\cdot H_2O$，使得 Dy 与 P 的计量比为 1∶2，溶液于 5℃下放置，几天后得到黄色片状晶体，产量为 0.32g[28]。

$(NH_4)_{11}[Lu(PMo_{11}O_{39})_2]\cdot xH_2O$ 的合成：合成方法与 $(NH_4)_{11}[Ce^{III}(PMo_{11}O_{39})_2]\cdot xH_2O$ 类似，用 0.469g $Lu(NO_3)_3\cdot 6H_2O$ (1.0mmol) 代替 $Ce^{III}(NO_3)_3\cdot H_2O$，使得 Lu 与 P 的计量比为 1∶2。溶液于 5℃下几天后得到黄色片状晶体，产量为 3.31g，产率为 78%[28]。

$[(CH_3)_2NH_2]_{10}[Hf(PW_{11}O_{39})_2]\cdot 8H_2O$ 的合成

将 0.143g $HfCl_2O\cdot 8H_2O$ (0.35mmol) 溶于 20mL 水中，用 1mol·L^{-1} HCl 溶液将溶液的 pH 调至 1.5，剧烈搅拌下，加入 1.00g 固体 $Na_9[A\text{-}\alpha\text{-}PW_9O_{34}]\cdot 16H_2O$ (0.39mmol)，溶液在 50℃加热 30min，冷却至室温，加入 0.25g 盐酸二甲胺 (3.125mmol)，然后溶液在 50℃加热 5min，溶液最终的 pH 调至 5.0，溶液缓慢蒸发得到晶体产物，产量为 0.48g，产率为 49.5%。IR(KBr 压片，cm^{-1})：3452(m)、3149(m)、2923(w)、2852(w)、600(w)、1464(s)、1122(s)、1056(s)、1018(w)、957(s)、886(s)、816(s)、746(s)、514(s)[30]。

8.2.3 1∶11 双系列杂多化合物的表征及性质研究

8.2.3.1 红外光谱

1∶11 双系列杂多化合物的红外光谱拥有与 1∶11 系列 Keggin 型杂多化合物的红外光谱类似的吸收峰，但是由于稀土离子的引入，多阴离子的对称性发生变化，峰位会发生一定程度的位移。$H_3[PMo_{12}O_{40}]$、$(n\text{-}Bu_4N)_4[H_3PMo_{11}O_{39}]$ 和 $(NH_4)_{11}[Lu(PMo_{11}O_{39})_2]\cdot 16H_2O$ 的 IR 光谱如图 8.24 所示[28]，红外光谱的对比进一步证明了 1∶11 双系列杂多化合物的 W—O—W 振动会发生分裂，而且振动峰会发生位移[28]。表 8.8 中列出了一系列 1∶11 双系列杂多化合物的 IR 光谱吸收峰[28,29,31-33]。$K_{15}H_2[Ln(BW_{11}O_{39})_2]\cdot nH_2O$ 与 $K_5[BW_{12}O_{40}]$ 相比，W—O—W 振动发生分裂是由 $[Ln(BW_{11}O_{39})_2]^{n-}$ 的对称性降低导致的。另外，1∶11 双系列杂多化合物的两电子杂多蓝与其母体杂多化合物相比，峰形及频率变化不大，但是峰位也发生了不同程度的位移[28,29,31-33]。

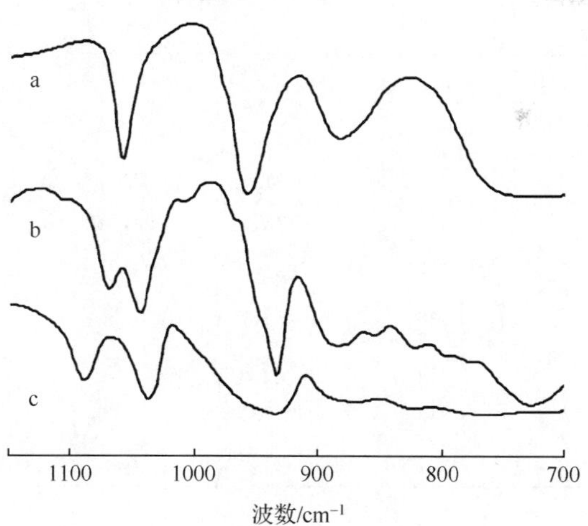

图 8.24　$H_3[PMo_{12}O_{40}]$(a)、$(n\text{-}Bu_4N)_4[H_3PMo_{11}O_{39}]$(b)和 $(NH_4)_{11}[Lu(PMo_{11}O_{39})_2]\cdot 16H_2O$(c)的 IR 光谱[28]

表 8.8　一系列 1∶11 双系列杂多化合物的 IR 光谱吸收峰(cm^{-1})[28,29,31-33]

	ν_{W-O_d}	ν_{W-O_b-W}	ν_{W-O_c-W}	ν_{X-O}	ν_{O-X-O}
$H_5[GaW_{12}O_{40}]$	970	890	780	560	450
$K_{11}[La(GaW_{11}O_{39}H_2)_2]$	935	875,810	760,690	535	440
$K_{11}[Ce(GaW_{11}O_{39}H_2)_2]$	935	875,815	755,690	535	440
$K_{11}[Pr(GaW_{11}O_{39}H_2)_2]$	935	875,790	760,690	535	440
$K_{11}[Nd(GaW_{11}O_{39}H_2)_2]$	932	875,815	760,690	530	440
$K_{11}[Sm(GaW_{11}O_{39}H_2)_2]$	935	875,805	760,690	535	440
$K_{11}[Eu(GaW_{11}O_{39}H_2)_2]$	937	879,786	749,711	545	448
$K_{11}[Gd(GaW_{11}O_{39}H_2)_2]$	935	875,810	765,690	540	440
$K_{11}[Tb(GaW_{11}O_{39}H_2)_2]$	937	876,791	754,711	540	446
$K_{11}[Dy(GaW_{11}O_{39}H_2)_2]$	935	870,800	760,690	540	445
$K_{11}[Tm(GaW_{11}O_{39}H_2)_2]$	936	876,786	757,706	547	448
$K_{11}[Yb(GaW_{11}O_{39}H_2)_2]$	937	879,786	750,710	545	448
$H_5[BW_{12}O_{40}]$	961	813		904	
$K_{15}[La(BW_{11}O_{39})_2]$	937	788	704	840	
$K_{15}H_2[La(BW_{11}O_{39})_2]$	930	784	700	832	
$K_{15}[Ce(BW_{11}O_{39})_2]$	936	789	705	841	
$K_{15}H_2[Ce(BW_{11}O_{39})_2]$	931	784	703	836	
$K_{15}H_2[Pr(BW_{11}O_{39})_2]$	930	781	702	834	

续表

	ν_{W-O_d}	ν_{W-O_b-W}	ν_{W-O_c-W}	ν_{X-O}	ν_{O-X-O}
$K_{15}H_2[Nd(BW_{11}O_{39})_2]$	932	782	701	831	
$K_{15}H_2[Sm(BW_{11}O_{39})_2]$	933	784	699	828	
$K_8[SiW_{11}O_{39}]\cdot 13H_2O$	962	896	798,728	920	
$[Pr(SiW_{11}O_{39})_2]^{13-}$	945	832	786,711	882	
$(NH_4)_{11}[Ce(PMo_{11}O_{39})_2]$	936	884,852,774	1072	1034	
$(NH_4)_{11}[Sm(PMo_{11}O_{39})_2]$	936	866,819	1078	1034	
$(NH_4)_{11}[Dy(PMo_{11}O_{39})_2]$	937	887,781	1082	1035	
$(NH_4)_{11}[Lu(PMo_{11}O_{39})_2]$	934	870,824,725	1088	1036	

注：X 指杂原子。

8.2.3.2 紫外-可见吸收光谱

1∶11 双系列杂多化合物的 UV-Vis 光谱与 1∶11 系列 Keggin 型杂多化合物类似，但是由于稀土离子的引入，峰位会发生一定程度的微小位移。$\{GaW_{11}\}$、$\{Ce(GaW_{11})_2\}$和 $Ga(NO_3)_3$ 水溶液的 UV-Vis 光谱图如图 8.25 所示[29]，可以看到$\{Ce(GaW_{11})_2\}$的吸收峰与$\{GaW_{11}\}$相比，发生很小的位移，该吸收峰可归因于 O→Mo 的荷移跃迁[29]。

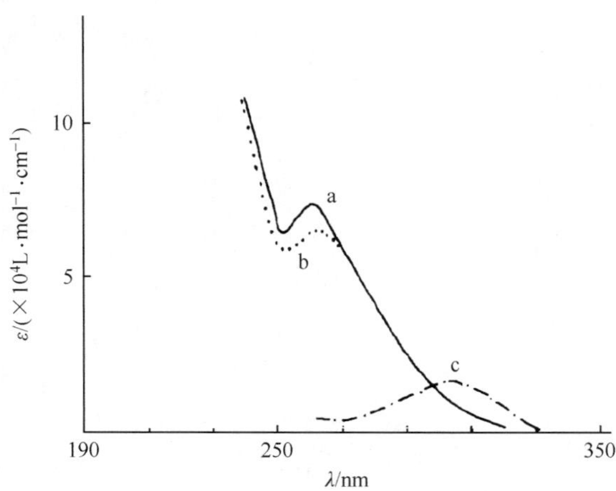

图 8.25 $\{GaW_{11}\}$(a)、$\{Ce(GaW_{11})_2\}$ (b)和$\{Ga(NO_3)_3\}$(c)水溶液中的 UV-Vis 光谱图[29]

8.2.3.3 核磁共振谱

以 $K_{13}[Ln(\beta_2\text{-}SiW_{11}O_{39})_2]$ (Ln＝La，Ce^{III} 和 Ce^{IV})的 ^{183}W NMR 谱为例，该 NMR 谱是在 pH 5.5、$2mol\cdot L^{-1}$ NaCl 溶液中测定的，$K_{13}[La(\beta_2\text{-}SiW_{11}O_{39})_2]\cdot$

$22H_2O$ 的[183] W NMR 谱中出现的吸收谱线峰位分别为－89.4ppm、－103.3ppm、－105.4ppm、－114.5ppm、－136.3ppm、－147.1ppm、－164.5ppm、－173.6ppm、－178.5ppm、－189.4ppm、－196.7ppm(图 8.26)[27]，表明$[La(\beta_2\text{-}SiW_{11}O_{39})_2]^{13-}$具有 C_2对称性，在溶液中是稳定存在的。另外，$[Ce^{III}(PW_{11}O_{39})_2]^{11-}$在重水中的吸收峰分别为 349ppm、193ppm、－114.8ppm、－116.7ppm、－141.5ppm；而$[Ce^{IV}(PW_{11}O_{39})_2]^{10-}$在重水中的吸收峰分别为－105.8ppm、－110.3ppm、－116.6ppm、－120.5ppm、－138ppm、－142.3ppm、－152.3ppm、－175.7ppm[27]。

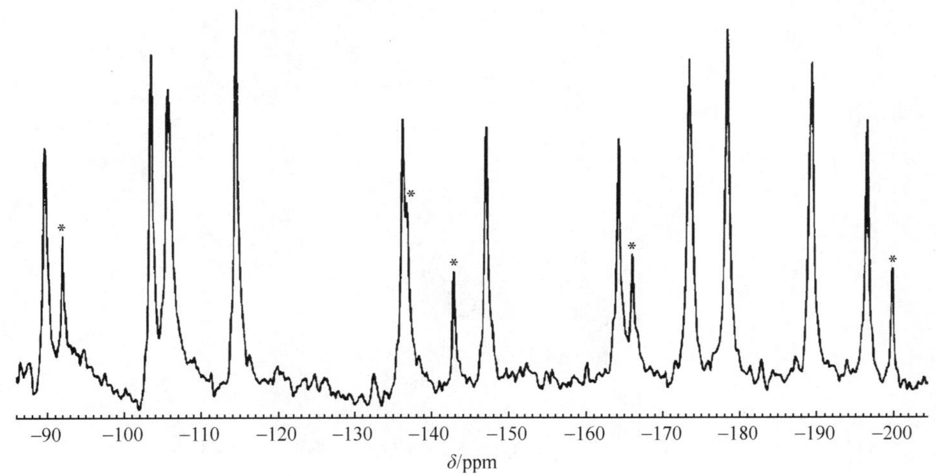

图 8.26　$K_{13}[La(\beta_2\text{-}SiW_{11}O_{39})_2]\cdot 22H_2O$ 的[183] W NMR 谱
(293K，$2mol\cdot L^{-1}$ NaCl 溶液，pH 5.5)[27]

8.3　2∶17 双系列杂多化合物及其衍生物化学

对于单缺位的 2∶17 系列 Dawson 型杂多化合物，当单取代的金属离子半径较大(如稀土离子)时，就很容易形成 2∶17 双系列的衍生结构。本节介绍部分已报道的 2∶17 双系列杂多化合物的研究进展。

8.3.1　2∶17 双系列杂多化合物及其衍生物的结构描述

2∶17 双系列杂多化合物是由 Peacock 和 Weakley 首次报道的[32]。2∶17 双系列杂多化合物的结构通式是$\{Z(X_2M_{17})_2\}$(Z 一般是指镧系和锕系元素)，它是由两个$\{X_2M_{17}\}$单元通过一个 Z^{n+} 桥连构筑的，形成这种结构的主要原因是 Z^{n+} 的半径较大，$\{X_2M_{17}\}$的缺位位置不能完全容纳该 Z^{n+} 得到单取代的$\{ZX_2W_{17}\}$结构，而作为桥连单元形成$\{Z(X_2M_{17})_2\}$双系列结构[32]。$\{Z(X_2M_{17})_2\}$双系列的结构有三种不同的异构体，分别是{$Z(\alpha_1\text{-}X_2M_{17})_2$}[图 8.27(a)]、{$Z(\alpha_2\text{-}X_2M_{17})_2$}[图 8.27(b)]和{$Z(\alpha_1\text{-}X_2M_{17})(\alpha_2\text{-}X_2M_{17})$}[图 8.27(c)][33]。{$Z(\alpha_1\text{-}X_2M_{17})_2$}中两个{$\alpha_1\text{-}X_2M_{17}$}单元的赤道位的缺位位置共用一个金属离子 Z^{n+}；{$Z(\alpha_2\text{-}X_2M_{17})_2$}中两个{$\alpha_2\text{-}X_2M_{17}$}单元的极位的缺位位置共用一个金属离子 Z^{n+}；{$Z(\alpha_1\text{-}X_2M_{17})(\alpha_2\text{-}X_2M_{17})$}中{$\alpha_1\text{-}X_2M_{17}$}单元的赤道位的缺位位置与{$\alpha_2\text{-}X_2M_{17}$}单元的极位的缺位位置共用一个金属离子 Z^{n+}。在异构体中，Z^{n+}一般是八配位的[33]。

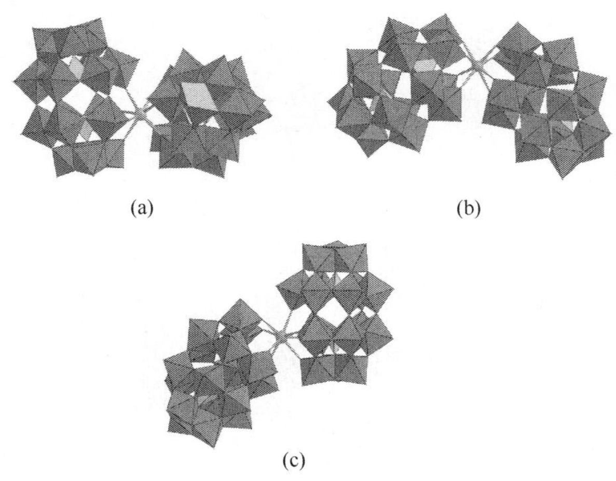

(a) (b)

(c)

图 8.27 {$Z(\alpha_1\text{-}X_2M_{17})_2$}(a)、{$Z(\alpha_2\text{-}X_2M_{17})_2$}(b)和{$Z(\alpha_1\text{-}X_2M_{17})(\alpha_2\text{-}X_2M_{17})$}(c)的结构图[33]

由于稀土离子的高配位数，2∶17 双系列杂多化合物有一系列的衍生结构。2001 年，Pope 报道了手性多阴离子[$Ce_2(H_2O)_8(\alpha_1\text{-}P_2W_{17}O_{61})_2$]$^{14-}$的结构，两个 Ce^{3+}配位在{$\alpha_1\text{-}P_2W_{17}O_{61}$}的赤道位的缺位位置上，同时两个 Ce^{3+} 又与{$\alpha_1\text{-}P_2W_{17}O_{61}$}的赤道位的端氧配位形成二聚结构，两个 Ce^{3+} 均为八配位的，配位氧分别来源于 3 个赤道位的缺位氧原子，1 个邻近的非缺位的赤道位端氧原子和 4 个水分子氧[图 8.28(a)][34]。2006 年，鹿颖和王恩波等报道了 2∶17 双系列杂多化合物的衍生结构多阴离子[$Nd_2(H_2O)_{10}(\alpha_2\text{-}P_2W_{17}O_{61})$]$^{4-}$，在这个阴离子中，两个 Ce^{3+}配位在{$\alpha_2\text{-}P_2W_{17}O_{61}$}的极位的缺位位置上，同时两个 Ce^{3+} 又与{$\alpha_2\text{-}P_2W_{17}O_{61}$}的赤道位的端氧配位形成二聚结构[图 8.28(b)][35]。2008 年，Nomiya 等报道的[$(\alpha_2\text{-}P_2W_{17}TiO_{61})(\alpha_2\text{-}P_2W_{17}TiO_{61}H)(\mu\text{-}O)$]$^{13-}$的结构是由两个 Ti 取代的 [$\alpha_2\text{-}P_2W_{17}TiO_{61}$]$^{8-}$构筑的，两个 Ti 共用一个桥氧原子(图 8.29)[36]。

8.3.2 2∶17 双系列杂多化合物及其衍生物的合成

2∶17 双系列杂多化合物的合成主要有两种策略。一种策略是以 Dawson 型杂多化合物为反应前驱体，加碱使其降解成 2∶17 系列，再加入稀土离子反应得到

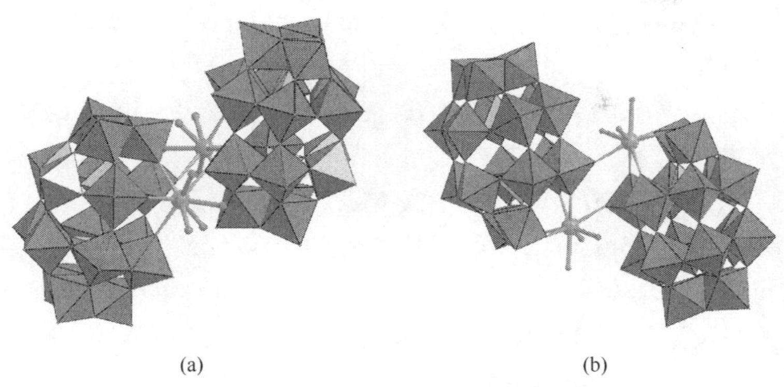

(a)　(b)

图 8.28　$[Ce_2(H_2O)_8(\alpha_1\text{-}P_2W_{17}O_{61})_2]^{14-}$(a)[34]和 $[Nd_2(H_2O)_{10}(\alpha_2\text{-}P_2W_{17}O_{61})]^{4-}$(b)[35]的结构图

图 8.29　$[(\alpha_2\text{-}P_2W_{17}TiO_{61})(\alpha_2\text{-}P_2W_{17}TiO_{61}H)(\mu\text{-}O)]^{13-}$的结构图[36]

产物;另一种策略是直接以 2∶17 系列杂多化合物为前驱体,直接与稀土离子反应得到产物,反应过程中要采用有机片段等控制稀土离子的反应活性。

8.3.2.1　基于$\{\alpha_1\text{-}X_2M_{17}\}$的 2∶17 双系列杂多化合物的合成

$(NH_4)_5KLi[\alpha_1\text{-}Ce(P_2W_{17}O_{61})]\cdot 9H_2O$ 的合成

向 20mL 1mol · L^{-1} LiAc (pH 4.75)溶液中加入 2.0g $K_9Li[\alpha_1\text{-}P_2W_{17}O_{61}]\cdot xH_2O$ (0.44mmol),再加入 0.72g $Ce(NO_3)_3\cdot 6H_2O$ (1.66mmol)的 3mL 水溶液,室温下搅拌 5min 后得到白色粉末,离心分离除去沉淀得到澄清溶液,向滤液中加入 10mL 4mol · L^{-1} NH_4Cl 溶液,溶液在冰箱中冷冻 3 天,除去白色沉淀,得到橘黄色滤液,重新放入冰箱中冷冻,两周后得到橘黄色晶体,过滤,在空气中干燥。元素分析理论值(%):N 1.81、H 0.91、Ce 3.01、P 1.33、W 67.14、Cl 0.76、K 0.84、Li 0.15;实验值(%):N 1.81、H 0.77、Ce 2.59、P 1.36、W 67.40、Cl 0.80、K 0.70、Li 0.12。IR(KBr 压片,cm^{-1}):1132(m)、1082(s)、1056(m)、1014(m)、958(vs)、945(vs)、904(vs)、827(vs)、783(vs)、729(vs)(注:该化合物的结构为$[\alpha_1\text{-}Ce(P_2W_{17}O_{61})]^{7-}$的二聚结构[图 8.28(a)],分子式并没有体现该结构特征)[34]。

$K_{14}(H_3O)_3[Ln\text{-}(\alpha_1\text{-}P_2W_{17}O_{61})_2]\cdot 4KCl\cdot 64H_2O$($Ln=La^{3+}$, Eu^{3+}, Nd^{3+}, Dy^{3+}, Ho^{3+}, Er^{3+})的合成

室温下,将 1g $K_9Li[\alpha_1\text{-}P_2W_{17}O_{61}]$ (0.20mmol)溶于 12mL LiAc (0.285mol · L^{-1}, pH 4.75)水溶液中,再加入 0.115mL 0.90mol · L^{-1} $LnCl_3$(0.10mmol) 水溶液,混合溶液剧烈搅拌 15min 后,加入 0.32g KCl (4.29mmol)得到白色沉淀,过滤,将沉淀重新溶解到 0.285mol · L^{-1} LiAc/HAc 缓冲溶液(pH 4.75)中,然后于 4℃冷藏,3 天后得到无色晶体[37]。

$K_{16}[U(\alpha_1\text{-}P_2W_{17}O_{61})_2]\cdot 22H_2O$ 和 $K_{16}[U(\alpha_1\text{-}P_2W_{17}O_{61})(\alpha_2\text{-}P_2W_{17}O_{61})]\cdot 32H_2O$ 的合成

剧烈搅拌下,向含有 0.5mmol UCl_4 的 50mL 1mol · L^{-1} HCl,深绿色溶液中加入 4.88g (1.0mmol) $K_9Li[\alpha_1\text{-}P_2W_{17}O_{61}]\cdot 20H_2O$,溶液颜色转变成深紫色,溶液搅拌 5min,过滤除去不溶物,向滤液中加入 25g 固体 KCl 或 110mL 3mol · L^{-1} 饱和 KCl 溶液,得到紫色粉末,过滤,得到产物。在热水中(70～80℃)重结晶两次,两天后得到晶体产物,过滤得到 $K_{16}[U(\alpha_1\text{-}P_2W_{17}O_{61})_2]\cdot 22H_2O$,产量为 1.51g,产率为 30%[33]。IR(KBr 压片,cm^{-1}):1139(m)、1083(s)、1060(sh)、1014(m)、964(vs)、945(vs,b)、900(vs);^{31}P NMR (ppm):7.2、2.9、−9.1、−12.1。滤液再接着缓慢蒸发会得到另一种化合物 $K_{16}[U(\alpha_1\text{-}P_2W_{17}O_{61})(\alpha_2\text{-}P_2W_{17}O_{61})]\cdot 32H_2O$,产量为 0.45g,产率为 9.1%。IR(KBr 压片,cm^{-1}):1137(m)、1085(s)、1058(m)、1016(m)、943(s)、904(s);^{31}P NMR (ppm):10.4、8.3、6.5、4.9、−8.9、−9.7、−10.4、−11.4[33]。

$K_{16}[Th(\alpha_1\text{-}P_2W_{17}O_{61})_2]\cdot H_2O$ 的合成

将 0.55g (1.0mmol) $Th(NO_3)_4\cdot 4H_2O$ 溶于 50mL 1mol · L^{-1} LiAc/HAc (pH 4.75) 缓冲溶液中,溶液剧烈搅拌,加入 9.76g (2.0mmol) $K_9Li[\alpha_1\text{-}P_2W_{17}O_{61}]\cdot 20H_2O$,使其完全溶解,将溶液(pH 5.0)加热至 85℃直到溶液澄清,溶液缓慢冷却至室温,置于 4℃ 冰箱中,一周后得到白色晶体,产量为 6.0g,产率为 62.9%。IR(KBr 压片,cm^{-1}):1132(s)、1085(vs)、1058(m)、1014(m)、943(vs)、904(vs)、814(vs)、750(vs)、561(s)、526(s);^{31}P NMR (ppm):−10.12、−10.27、−12.79、−12.86[33]。

8.3.2.2 基于{$\alpha_2\text{-}X_2M_{17}$}的 2∶17 双系列杂多化合物的合成

$H[Yb(\alpha_2\text{-}P_2W_{17}O_{61})_2]\cdot 44H_2O$ 的合成

将 1.8g (0.005mol) $Yb(NO_3)_3$ 加入 47.8g (0.01mol) $K_6[P_2W_{18}O_{62}]\cdot 10H_2O$ 的热水溶液中,缓慢加入含 40.0g KAc 的 50mL 水溶液(用 HAc 将 pH 调至 7.0),剧烈搅拌,溶液冷却至 5℃,得到无色晶体沉淀,在水溶液中重结晶几次[38]。

$K_{10}H_6[Th(\alpha_2\text{-}P_2W_{17}O_{61})_2]_3 \cdot 26H_2O$ 的合成

将0.051g $Th(C_2O_4)_2 \cdot 6H_2O$ (0.099mmol) 和 1g $K_{10}[\alpha_2\text{-}P_2W_{17}O_{61}]$ (0.21mmol)溶于25mL水中，加热至80℃，搅拌，混合物完全溶解，溶液在一个敞口烧杯中置于5℃冰箱中储存，4天后，得到无色晶体[39]。

$K_{12}H_4[U(\alpha_2\text{-}P_2W_{17}O_{61})_2] \cdot 32H_2O$ 的合成

将0.068g $U(C_2O_4)_2 \cdot 6H_2O$ (0.130mmol) 和 1.42g $K_{10}[\alpha_2\text{-}P_2W_{17}O_{61}]$ (0.29mmol)溶于25mL水中，加热至80℃，搅拌，混合物完全溶解，溶液变成深紫色，溶液室温保存，5天后，得到深紫色晶体[39]。

$K_{16}[Np(\alpha_2\text{-}P_2W_{17}O_{61})_2] \cdot 42H_2O$ 的合成

将0.02g $Np(C_2O_4)_2 \cdot 6H_2O$ (0.0383mmol) 和 0.377g $K_{10}[\alpha_2\text{-}P_2W_{17}O_{61}]$ (0.077mmol)溶于30mL水中，加热至80℃，搅拌，混合物完全溶解，溶液变成橙色，溶液室温保存，14天后，得到深橙色晶体[39]。

$K_{16}[Pu(\alpha_2\text{-}P_2W_{17}O_{61})_2] \cdot 19H_2O$ 的合成

将0.016mmol·L^{-1} Pu^{4+}用草酸沉淀，并将过量的草酸洗掉，得到$Pu(C_2O_4)_2 \cdot 6H_2O$，按照$K_{10}P_2W_{17}O_{61}$/Pu物质的量比为2∶1，将0.146g $K_{10}[\alpha_2\text{-}P_2W_{17}O_{61}]$ (0.032mmol)与$Pu(C_2O_4)_2 \cdot 6H_2O$(0.016mmol)混合溶于5mL水，加热至90～95℃，搅拌至完全溶解，溶液变成灰玫瑰色，溶液室温保存，5天后，得到灰玫瑰色晶体[39]。

$K_{14}[(\alpha_2\text{-}P_2W_{17}TiO_{61})_2(\mu\text{-}O)] \cdot 17H_2O$ 的合成

将0.625g $Ti(SO_4)_2 \cdot 4H_2O$ (2.00mmol) 溶于10mL温水中(注意：不能长时间加热，会导致溶液变浑浊)，滴加到40mL水中，然后加入10.0g $K_{10}[\alpha_2\text{-}P_2W_{17}O_{61}] \cdot 23H_2O$ (2.01mmol)，60℃下搅拌，得到淡黄色澄清溶液，冷却至室温，加入20.0g (0.26mol) KCl。搅拌30 min后，将白色沉淀过滤，用20mL EtOH和20mL Et_2O洗涤，再将粉末重新溶解到pH为1.0的HCl溶液中，水浴加热到90℃，得到淡黄色澄清溶液，冷却到室温，在冰箱中4℃置放一夜，得到白色晶体，收集，并用20mL EtOH和20mL Et_2O洗涤，真空干燥2h，产量为7.03g，产率为75.0%[36]。$K_{14}[(\alpha_2\text{-}P_2W_{17}TiO_{61})_2(\mu\text{-}O)] \cdot 17H_2O$溶于水、$CH_3CN$和DMSO，部分溶于丙酮中，不溶于MeOH、EtOH、CH_2Cl_2、$CHCl_3$和Et_2O。IR(KBr压片，cm^{-1})：1086(s)、1020(m)、952(m)、895(w)、791(s)、647(m)、598(w)、531(w)；^{31}P NMR (21.6℃，D_2O，3mmol·L^{-1}，ppm)：−10.7、−13.5；^{31}P NMR (22.6℃，DMSO，3mmol·L^{-1}，ppm)：−11.1、−13.3；^{183}W NMR (22.2℃，D_2O，0.03mol·L^{-1}，ppm)：−126.8(4W)、−129.8 (4W)、−157.3(2W)、−169.9(4W)、−174.9(4W)、−185.5(4W)、−189.4(4W)、−190.5(4W)、−202.1(4W)[36]。

$K_{16}[Th(\alpha_2\text{-}P_2W_{17}O_{61})_2]\cdot H_2O$ 的合成

将 0.55g $Th(NO_3)_4\cdot 4H_2O$ (1.0mmol)溶于 15mL pH=5.9 的 1mol·L^{-1} LiAc/HAc 缓冲溶液中，搅拌下，加入含 9.82g $K_{10}[\alpha_2\text{-}P_2W_{17}O_{61}]\cdot 20H_2O$ (2.0mmol)的 50mL 热水溶液(pH 6.1)，混合物在 80℃热水浴中加热 5min，热过滤，再重新加热 2min，溶液冷却至室温，置于 4℃冰箱中，一周后得到晶体产物，产量为 4.2g，产率为 44%。IR(KBr 压片，cm^{-1})：1082(s)、1049(m)、1012(m)、939(vs)、916(vs)。^{31}P NMR (ppm)：−8.18、−13.35[33]。

$(NH_4)_{17}[Ce(\alpha_1\text{-}P_2W_{17}O_{61})(\alpha_2\text{-}P_2W_{17}O_{61})]\cdot H_2O$ 的合成

将 9.76g $K_9Li[\alpha_1\text{-}P_2W_{17}O_{61}]\cdot 20H_2O$ (2.0mmol)溶于 50mL 1mol·L^{-1} pH 为 4.8 的 LiAc/HAc 缓冲溶液中，稍微加热(<50℃)，逐滴加入含 0.43g $Ce(NO_3)_3\cdot 6H_2O$ (1.0mmol)的 10mL 缓冲溶液，反应混合物的颜色逐渐变成深橙色，混合物在 75℃水浴中加热 5min，加入 25mL 饱和氯化铵溶液，溶液变成深橙色，溶液冷却至室温，过夜得到晶体产物，产量为 8.75g，产率为 92%[33]。

$(NH_4)_{17}[Ce(\alpha_2\text{-}P_2W_{17}O_{61})_2]\cdot H_2O$ 的合成

将 9.82g $K_{10}[\alpha_2\text{-}P_2W_{17}O_{61}]\cdot 20H_2O$ (2.0mmol)溶于 50mL pH=6.1 的 1mol·L^{-1} LiAc/HAc 缓冲溶液中，加入含 0.43g (1.0mmol) $Ce(NO_3)_3\cdot 6H_2O$ 的 15mL 热水溶液(pH 5.9)，混合物在 80℃水浴中加热 5min，热过滤，再加热 2min，溶液冷却至室温，放置过夜，得到深红棕色固体。IR(KBr 压片，cm^{-1})：1085(s)、1058(m)、1018(m)、943(s)、927(s,b)。^{31}P NMR (ppm)：−13.0、−13.5[33]。

$KNa_3[Nd_2(H_2O)_{10}(\alpha_2\text{-}P_2W_{17}O_{61})]\cdot 11H_2O$ 的合成

将 0.592g $K_6[\alpha\text{-}P_2W_{18}O_{62}]\cdot 19H_2O$ (0.12mmol) 和 0.96g $LiClO_4\cdot 3H_2O$ (6mmol)溶于 20mL 80℃热水中，用 1mL Na_2CO_3(0.005g，0.05 mmol)溶液将 pH 调至 6.2，然后加入含 0.258g $NdCl_3\cdot 6H_2O$ (0.72mmol) 的 10mL 水溶液，最终的溶液加热至 80℃，搅拌半小时，过滤，滤液保存两天，得到深粉色块状晶体。IR(KBr 压片，cm^{-1})：3392(m)、1086(s)、943(s)、781(s)、709(s)、525(m)[35]。

$K_{17}[Ln(P_2Mo_{17}O_{61})_2]$ ($Ln=La^{3+}, Ce^{3+}, Pr^{3+}, Nd^{3+}, Sm^{3+}, Tb^{3+}, Yb^{3+}, Gd^{3+}, Eu^{3+}$)的合成

将 100g $Na_2MoO_4\cdot 2H_2O$ 溶于 450mL 水中，加入 15mL 85% H_3PO_4溶液和 80mL 浓 HCl 溶液，将混合溶液回流 8h，冷却，加入 100g NH_4Cl，抽滤得到沉淀，将沉淀溶于水中，加入浓 HCl 溶液和乙醚萃取，得到 $H_6[P_2Mo_{18}O_{62}]$的醚合物，向醚合物中加入少量水后，除去乙醚，分别加入化学计量比值为 1.5～2.0 的相应镧系化合物水溶液，边搅拌边加入 50%的 NaAc 水溶液，将溶液的 pH 调至 4.0，放置 2h，再向溶液中加入 25g KCl，冰浴冷却 20min 后，过滤得到沉淀，将沉淀在 pH 3.7 的硫酸水溶液中重结晶 3 次，真空干燥后得到产物[40,41]。

$(NH_4)_{17}[Re(As_2Mo_{17}O_{61})_2]$ ($Re=Y^{3+}$, La^{3+}, Ce^{3+}, Pr^{3+}, Nd^{3+}, Sm^{3+}, Tb^{3+}, Yb^{3+}, Gd^{3+}, Eu^{3+}, Er^{3+}, Dy^{3+}, Ho^{3+})的合成

将 20g $H_6[AsMo_{18}O_{62}]\cdot 28H_2O$ 溶于 20mL 水中，再加入两倍于化学计量比的 $Re(NO_3)_3\cdot H_2O$，边搅拌边滴加饱和 NaAc 溶液，调节溶液的 pH 至 3.70 左右，搅拌 1.5h 后，加入 10g 固体氯化铵或其饱和溶液至有沉淀产生，冰浴中冷却 20min，过滤，将沉淀在硫酸水溶液(pH 3.7)中重结晶 3 次，得到产物 $(NH_4)_{17}[Re(As_2Mo_{17}O_{61})_2]$，含 Ce^{3+} 的化合物为棕黑色，其他稀土化合物大多为黄色或浅黄色固体[42]。

8.3.3　2∶17 双系列杂多化合物的结构表征

8.3.3.1　红外光谱和紫外-可见吸收光谱

2∶17 双系列 Dawson 型杂多化合物的红外光谱与 2∶17 系列 Dawson 型杂多化合物的红外光谱相比，峰位发生了一定的红移[38]。表 8.9 列出了一系列 2∶17 双系列与 2∶17 系列 Dawson 型杂多化合物的红外光谱吸收峰[38]。$[(\alpha_2\text{-}P_2W_{17}TiO_{61})_2(\mu\text{-}O)]^{14-}$ 的 IR 光谱在 $1090cm^{-1}$、$957cm^{-1}$、$916cm^{-1}$ 和 $789cm^{-1}$ 处出现多酸的 4 个吸收峰，Ti—O—Ti 的吸收峰出现在 $667cm^{-1}$(图 8.30)[36]。

表 8.9　2∶17 双系列与 2∶17 系列 Dawson 型杂多化合物的 IR 光谱吸收峰[38](cm^{-1})

多阴离子	ν_{P-O_a}	$\nu_{W=O_d}$	ν_{W-O_b-W}	ν_{W-O_c-W}
$[P_2W_{18}O_{62}]^{6-}$	1020,1090	959	911	776
$[P_2W_{17}O_{61}]^{10-}$	1016,1052,1089	941	889	734,807
$[Eu(P_2W_{17}O_{61})_2]^{17-}$	1057,1085	941	889,919	734,769
$[Yb(P_2W_{17}O_{61})_2]^{17-}$	1055,1084	941,958,980	866,890	773,833

2∶17 双系列 Dawson 型杂多化合物的结构中由于稀土离子的引入，它的 UV-Vis 光谱吸收峰位发生了蓝移[36]。以 $K_{16}H[Yb(\alpha_2\text{-}P_2W_{17}O_{61})_2]\cdot 44H_2O$ 为例，它的 UV-Vis 光谱在 195nm 和 280nm 处出现两个吸收峰，与饱和 Dawson 型化合物的吸收峰相似，高能带是 O_d—W 键 $d_\pi-p_\pi$ 电荷转移吸收峰，低能带是 $O_{b(c)}$—W 键 $d_\pi-p_\pi$ 电荷转移吸收峰[36]，阴离子通过 Yb—O—W 键嫁接了 Yb^{3+}，从而形成了局部饱和结构，两个吸收峰蓝移是因为整体结构中的对称性降低[36]。

8.3.3.2　核磁共振谱

$(NH_4)_5KLi[\alpha_1\text{-}Ce(P_2W_{17}O_{61})]\cdot 9H_2O$ 溶液的 ^{183}W NMR 谱中出现具有相似强度的 17 条谱线，表明多阴离子的 C_1 对称性(图 8.31)[34]。其中，13 条谱线出现在 −110 ～ −215ppm，另外 4 条谱线出现在 100～340ppm，这 4 条谱线可归因

于与 Ce 相连的 W 的吸收峰[34]。

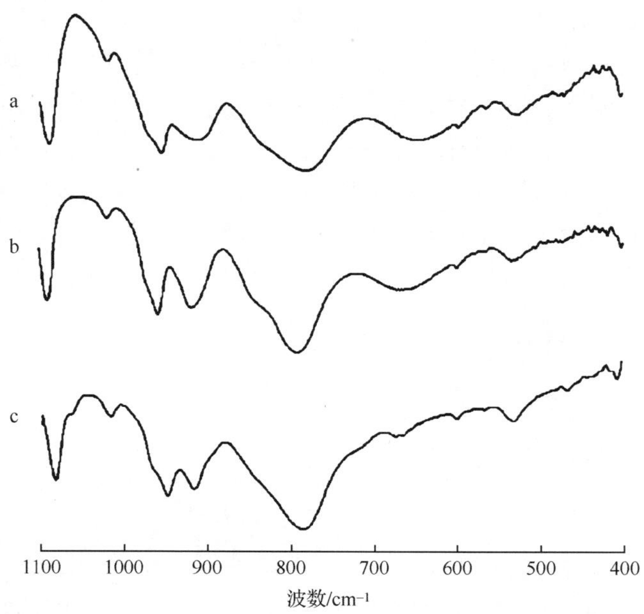

图 8.30 $K_{14}[(\alpha_2\text{-}P_2W_{17}TiO_{61})_2(\mu\text{-}O)]\cdot 17H_2O$(a)、$H_{13}[(\alpha_2\text{-}P_2W_{17}TiO_{61})(\alpha_2\text{-}P_2W_{17}TiO_{61}H)(\mu\text{-}O)]\cdot 55H_2O$ (b)和 $K_8[\alpha_2\text{-}P_2W_{17}TiO_{62}]\cdot 18H_2O$(c)的 IR 光谱[36]

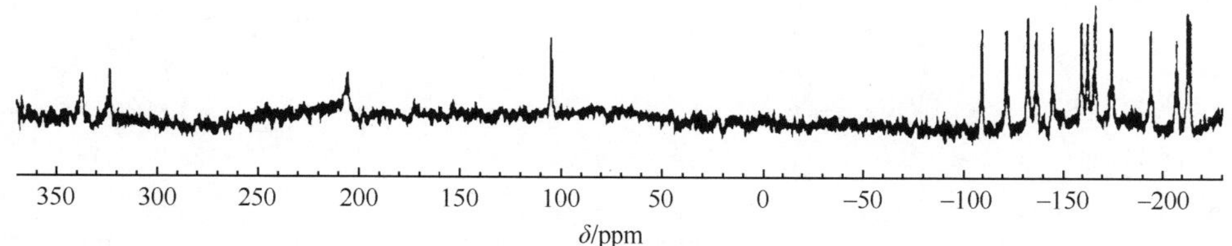

图 8.31 $(NH_4)_5KLi[\alpha_1\text{-}Ce(P_2W_{17}O_{61})]\cdot 9H_2O$ 在 D_2O (1.0g 3.0mL)溶液中的 ^{183}W NMR 谱[34]

$K_{14}[(\alpha_2\text{-}P_2W_{17}TiO_{61})_2(\mu\text{-}O)]\cdot 17H_2O$ 在 D_2O 中的 ^{183}W NMR 谱[图 8.32(a)]中在 −126.8ppm、−129.8ppm、−157.3ppm、−169.9ppm、−174.9ppm、−185.5ppm、−189.4ppm、−190.5ppm、−202.1ppm 处出现 9 条谱线，与多阴离子的 C_2 对称性一致，表明多阴离子在水溶液中是稳定的[36]。而 $H_{13}[(\alpha_2\text{-}P_2W_{17}TiO_{61})(\alpha_2\text{-}P_2W_{17}TiO_{61}H)(\mu\text{-}O)]\cdot 55H_2O$ 的 ^{183}W NMR 谱[图 8.32(b)]显示出 14 条谱线，分别为 −128.7ppm、−129.6ppm、−130.1ppm、−130.8ppm、−160.3ppm、−170.2ppm、−172.6ppm、−176.0ppm、−176.8ppm、−185.3ppm、−190.0ppm、−191.0ppm、−203.5ppm、−204.0ppm[36]。二者的 ^{183}W NMR 谱化学

位移的不同之处是由 $H_{13}[(\alpha_2\text{-}P_2W_{17}TiO_{61})(\alpha_2\text{-}P_2W_{17}TiO_{61}H)(\mu\text{-}O)]\cdot 55H_2O$ 的表面氧的质子化导致的。另外，$K_8[\alpha_2\text{-}P_2W_{17}TiO_{62}]\cdot 18H_2O$ 的 ^{183}W NMR 谱[图 8.32(c)]出现 8 条谱线，分别对应－130.7ppm、－169.4ppm、－170.1ppm、－180.4ppm、－193.4ppm、－197.8ppm、－198.3ppm 和－219.2ppm[36]。

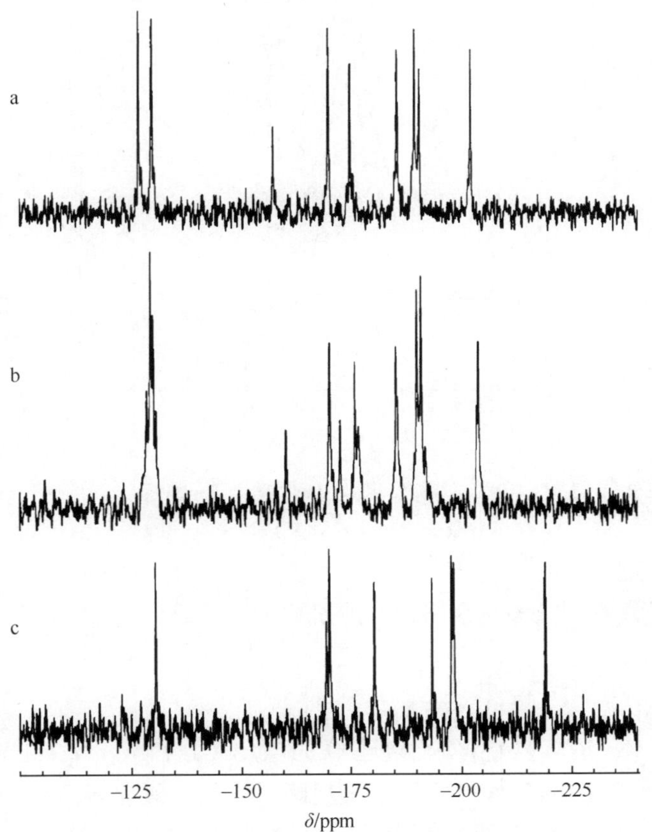

图 8.32　$K_{14}[(\alpha_2\text{-}P_2W_{17}TiO_{61})_2(\mu\text{-}O)]\cdot 17H_2O$ (a)、$H_{13}[(\alpha_2\text{-}P_2W_{17}TiO_{61})(\alpha_2\text{-}P_2W_{17}TiO_{61}H)(\mu\text{-}O)]\cdot 55H_2O$ (b) 和 $K_8[\alpha_2\text{-}P_2W_{17}TiO_{62}]\cdot 18H_2O$ (c) 在 D_2O 中的 ^{183}W NMR 谱[36]

8.3.3.3　X 射线近边吸收谱

X 射线近边吸收谱(XANES)可以测定稀土元素在化合物中的价态。$[Ln(\alpha_2\text{-}P_2W_{17}O_{61})_2]^{17-}$ 的固体盐中 Ln 离子在 17K 下的 XANES 如图 8.33 所示[43]，在 2.4eV 出现强的边峰证明$[Ln(\alpha_2\text{-}P_2W_{17}O_{61})_2]^{17-}$ 的固体盐中 Ln 离子是三价的，这可能归因于 Ln 的 $2p_{3/2}$ 轨道电子向 5d 空轨道跃迁。在 17eV 和 35eV 处出现的两个弱的宽峰来源于光电子的后向散射，第一个峰表明稀土离子与邻近氧的配位环境,XANES 结果表明 Ln 离子在$[Ln(\alpha_2\text{-}P_2W_{17}O_{61})_2]^{17-}$中是八配位的[43]。

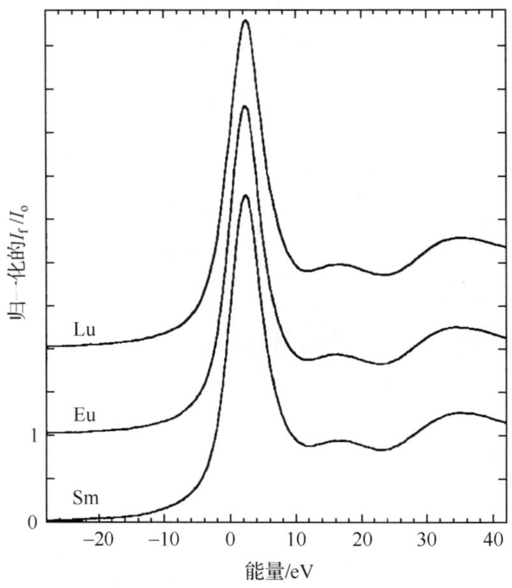

图 8.33　$[Ln(\alpha_2\text{-}P_2W_{17}O_{61})_2]^{17-}$的固体盐中 Ln 离子(Ln:Lu、Eu、Sm)在 17K 下的 XANES

8.3.4　2∶17 双系列杂多化合物的性质研究

8.3.4.1　电化学性质研究

$K_{16}H[Yb(\alpha_2\text{-}P_2W_{17}O_{61})_2]\cdot 44H_2O$ 的电化学是在 pH 6.1 的 0.5mol · L^{-1} NaCl 溶液中测定的,循环伏安曲线中出现两对完整的氧化还原峰,其半波电位为 −1.104V 和 −0.913V,其后一对氧化还原峰的半波电位为 −0.575V[图 8.34(a)][38]。在相同条件下,$H_6[\alpha\text{-}P_2W_{18}O_{62}]$的半波电位分别为 −1.233V、−0.956V、−0.658V、−0.478V、−0.088V 和 −0.037V。与其相比,$[Yb(\alpha_2\text{-}P_2W_{17}O_{61})_2]^{17-}$的氧化还原波的数目减少到 3 个,分别对应 $H_6[\alpha\text{-}P_2W_{18}O_{62}]$的前三对氧化还原波,但是它们的峰电势向更正的方向移动[图 8.34(b)][38]。

2001 年,Pope 等报道的$(NH_4)_5KLi[Ce(\alpha_1\text{-}P_2W_{17}O_{61})]\cdot 9H_2O$ 的电化学是在 0.1mol · L^{-1} Na_2SO_4(pH 4.50)溶液中测定的,它的循环伏安曲线中出现三对准可逆的氧化还原峰,包括 Ce(Ⅳ/Ⅲ)的一电子氧化还原过程和两个 W 的两电子还原过程(图 8.35)[34]。表 8.10 中列出了 Ce(Ⅳ/Ⅲ)在不同多阴离子中的氧化还原电势[34]。

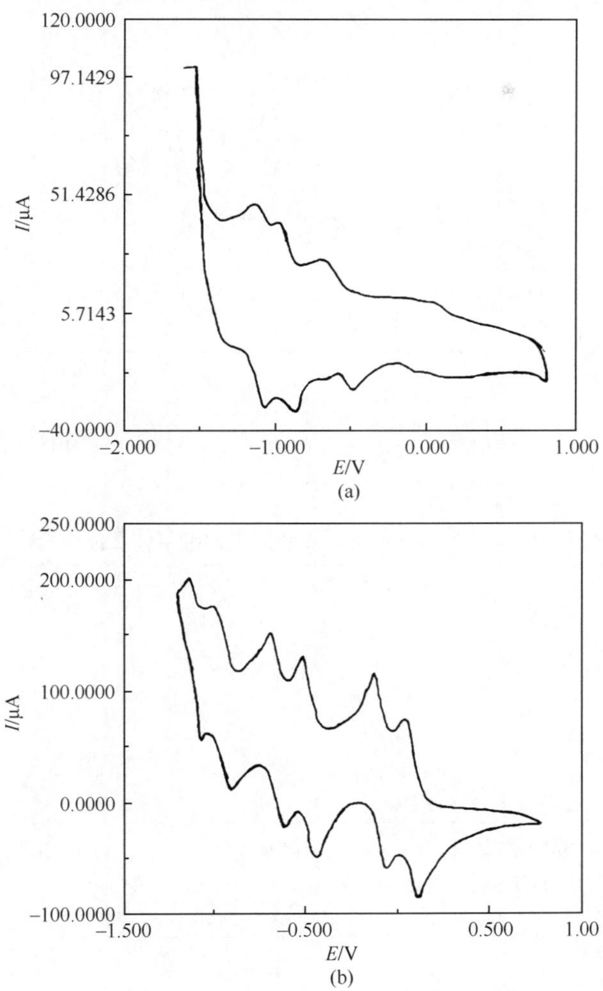

图 8.34　$K_{16}H[Yb(\alpha_2\text{-}P_2W_{17}O_{61})_2]\cdot 44H_2O$(a)和 $H_6[\alpha\text{-}P_2W_{18}O_{62}]$(b)的循环伏安曲线(测试条件:pH 6.10,0.5mol · L^{-1} NaCl 溶液,扫描速率为 50mV · s^{-1},参比电极为 Ag/AgCl)[38]

8.3.4.2　荧光性质研究

2∶17 双系列多阴离子中由于稀土离子的引入,使得多阴离子具有较好的荧光活性。例如,$(H_2bpy)_2[Eu_2(H_2O)_9(\alpha_2\text{-}P_2W_{17}O_{61})]\cdot 5H_2O$ 的荧光光谱展示出 Eu^{3+} 的特征跃迁,峰位分别为 578nm、591nm、613nm、648nm 和 696nm,可分别归因于${}^5D_0\rightarrow{}^7F_0$、${}^5D_0\rightarrow{}^7F_1$、${}^5D_0\rightarrow{}^7F_2$、${}^5D_0\rightarrow{}^7F_3$和${}^5D_0\rightarrow{}^7F_4$的跃迁(图 8.36)[35]。

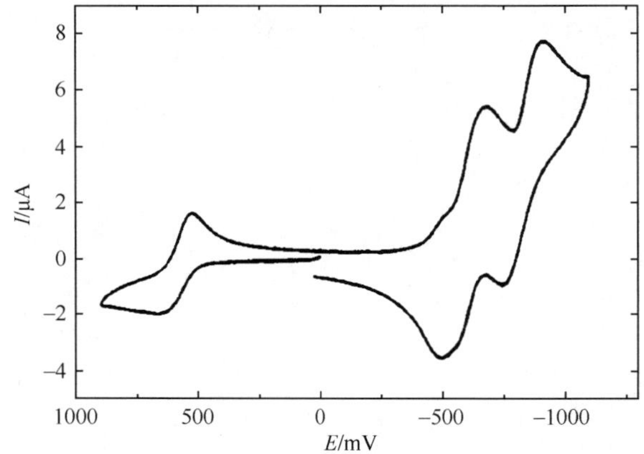

图 8.35　$(NH_4)_5KLi[Ce(\alpha_1\text{-}P_2W_{17}O_{61})]\cdot 9H_2O$ 的循环伏安曲线
(0.1mol · L^{-1} Na_2SO_4溶液,pH 4.50)[34]

表 8.10　Ce(Ⅳ/Ⅲ)在不同多阴离子中的氧化还原电势[34]

多阴离子	氧化还原电势/mV
$[Ce(\alpha\text{-}SiW_{11}O_{39})]^{4-/5-}$	581 (590)
$[Ce(\alpha_1\text{-}P_2W_{17}O_{61})]^{6-/7-}$	600
$[Ce(\alpha\text{-}GeW_{11}O_{39})]^{4-/5-}$	639 (632)
$[Ce(\alpha_2\text{-}P_2W_{17}O_{61})]^{6-/7-}$	654 (651)
$[Ce(\alpha\text{-}PW_{11}O_{39})]^{3-/4-}$	747 (740)

注：测试条件为多阴离子浓度 1.0mmol · L^{-1},溶剂为 0.1mol · L^{-1} Na_2SO_4溶液(pH 4.50),工作电极为玻碳电极,扫描速率为 10mV · s^{-1},参比电极为 Ag/AgCl。

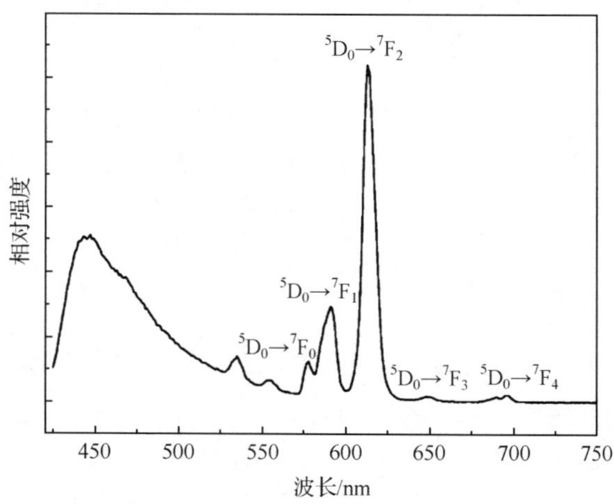

图 8.36　$(H_2bpy)_2[Eu_2(H_2O)_9(\alpha_2\text{-}P_2W_{17}O_{61})]\cdot 5H_2O$ 的荧光光谱[35]

8.3.4.3　多层膜的组装与应用研究

近年来，具有不同尺寸的无机和有机结构单元组装成的多层膜引起了人们的广泛关注。2005 年，蒋敏和王恩波等利用层接层自组装技术将 2∶17 双系列杂多化合物 $K_{17}[Ce(P_2Mo_{17}O_{61})_2]$沉积到多层膜中，制备出具有电化学活性的纳米多层复合膜修饰电极，合理控制多层膜的厚度可以调节修饰电极的电化学性能。图 8.37 为多层膜结构和原理[44]。

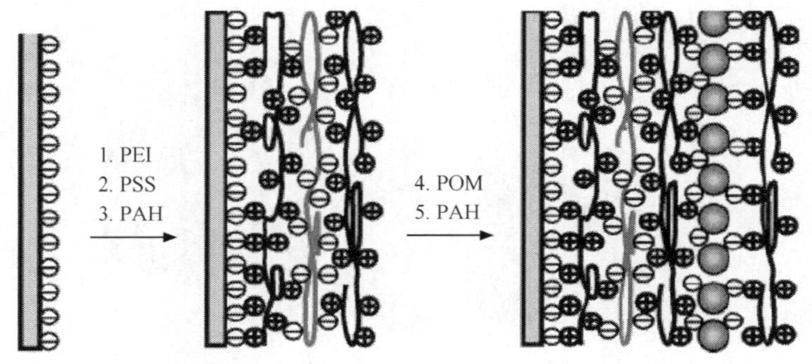

图 8.37　采用层接层方法将聚合电解质和 $K_{17}[Ce(P_2Mo_{17}O_{61})_2]$组装成多层膜的结构示意图(PEI 为聚乙烯亚胺，PSS 为聚苯乙烯磺酸盐，PAH 为聚烯丙基胺盐酸盐，POM 为多酸 $K_{17}[Ce(P_2Mo_{17}O_{61})_2]$)[44]

8.4　夹心型杂多化合物及其衍生物化学

饱和多阴离子的端氧和桥氧很难活化，不利于功能化，但多缺位的杂多阴离子拥有较多的活性点可对其进行功能化，这就为多酸的功能化开辟了新路。夹心型杂多化合物是目前研究比较广泛的一类功能化的多酸化合物，该类化合物已经应用于磁性、催化等多个领域，是一类非常有应用前景的多酸化合物。夹心型杂多化合物主要是由两个缺位杂多阴离子和金属离子构筑的类似“汉堡”的夹心结构，夹心部分可以是过渡金属离子或稀土离子，也可以同时含有过渡金属离子和稀土离子。Finke 型杂多化合物也属于夹心型多酸化合物(参见第 6 章)。本节将系统总结夹心型多酸化合物的结构、合成、表征及应用研究。

8.4.1　夹心型杂多化合物的结构描述

夹心型杂多化合物是由两个缺位杂多阴离子构筑的，按照夹心部分金属离子的个数可分为一夹心、二夹心、三夹心、四夹心、五夹心、六夹心和七夹心杂多化合物等多酸化合物。这里以部分已报道的夹心型多阴离子为例，详细介绍夹心型多阴离子的结构。

一夹心多阴离子结构是由两个缺位多阴离子与一个金属离子构筑的夹心型结构。2006 年，Kortz 等报道了一夹心多阴离子$[M(H_2O)_2(\gamma\text{-}SiW_{10}O_{35})_2]^{10-}$($M=Mn^{2+}, Co^{2+}, Ni^{2+}$)，它是由两个$[\gamma\text{-}SiW_{10}O_{35}]^{6-}$与一个$\{MO_6\}$八面体桥连构筑的[图 8.38(a)][45]。而二夹心多阴离子结构是由两个缺位多阴离子与两个金属离子构筑的夹心型结构，杂原子种类的不同会导致两个金属离子的配位方式不同。2003 年，Kortz 等报道了二夹心多阴离子$[(TiP_2W_{15}O_{55}OH)_2]^{14-}$，它是由两个$[P_2W_{15}O_{56}]^{12-}$通过两个共边的$\{TiO_6\}$八面体桥连构筑的[图 8.38(b)][46]。

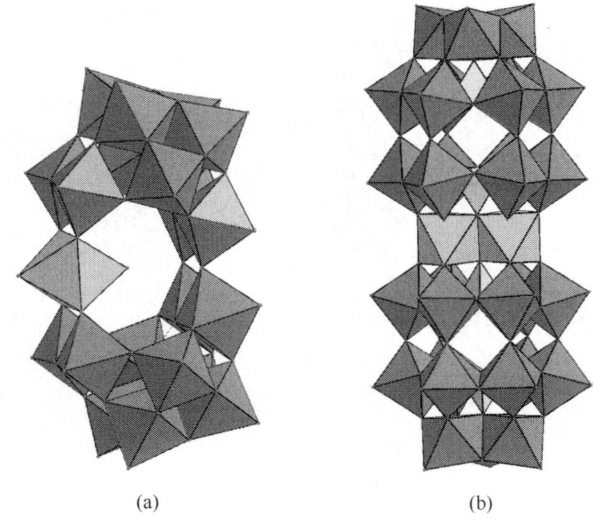

图 8.38　$[M(H_2O)_2(\gamma\text{-}SiW_{10}O_{35})_2]^{10-}$($M=Mn^{2+}, Co^{2+}, Ni^{2+}$) (a)[45]和$[(TiP_2W_{15}O_{55}OH)_2]^{14-}$(b)[46]的结构图

2007 年，许林等报道了新颖的二夹心钼砷杂多阴离子$[\{M(H_2O)_5\}_2(MAs^VMo_9O_{33})_2]^{6-}$($M=Co^{2+}, Mn^{2+}$)，它是由两个$[As^VMo_9O_{33}]^{7-}$单元与两个共边的$\{MO_6\}$八面体桥连构筑的[图 8.39(a)][47]。2003 年，Pope 等报道了$[(UO_2)_2(H_2O)_2(SbW_9O_{33})_2]^{14-}$的结构，它是由两个$[SbW_9O_{33}]^{9-}$单元通过两个独立的$[UO_2]^{2-}$片段桥连构筑的[图 8.39(b)][48]。

2003 年，Kortz 等报道了三夹心的多阴离子$[Ni_3Na(H_2O)_2(PW_9O_{34})_2]^{11-}$，它是由两个$[B\text{-}\alpha\text{-}PW_9O_{34}]^{9-}$单元与一个三核镍簇桥连构筑的[图 8.40(a)][49]。四夹心多阴离子除了第 6 章介绍的 Finke 型杂多阴离子，还有一些衍生结构，缺位多阴离子可以是 1∶10 系列或 1∶8 系列多阴离子等。2008 年，Sartorel 等报道的$[Ru_4(\mu\text{-}O)_4(\mu\text{-}OH)_2(H_2O)_4(\gamma\text{-}SiW_{10}O_{36})_2]^{10-}$是由两个$[\gamma\text{-}SiW_{10}O_{36}]^{8-}$单元与一个四核共顶点的$\{Ru_4\}$簇桥连构筑的[图 8.40(b)][50]。

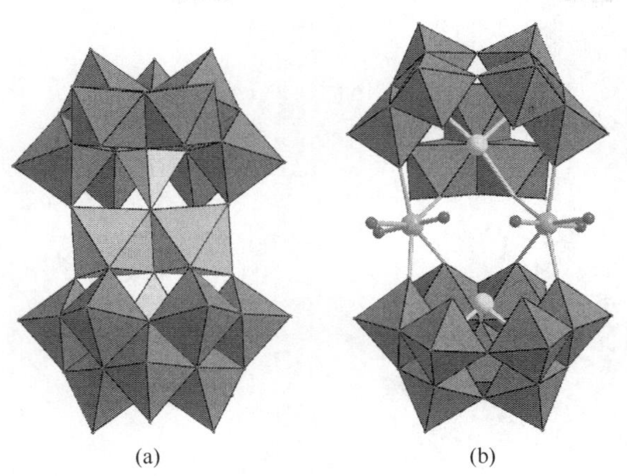

图 8.39　$[\{M(H_2O)_5\}_2(MAs^{V}Mo_9O_{33})_2]^{6-}$ ($M=Co^{2+}, Mn^{2+}$) (a)[47] 和$[(UO_2)_2(H_2O)_2(SbW_9O_{33})_2]^{14-}$ (b)[48]的结构图

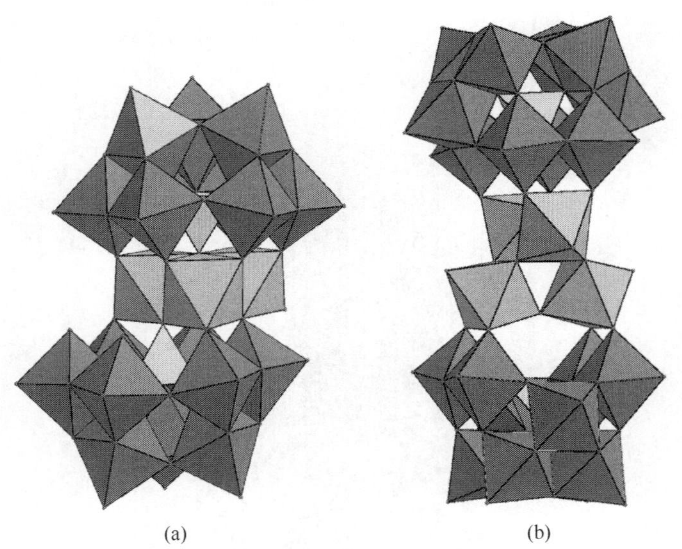

图 8.40　$[Ni_3Na(H_2O)_2(PW_9O_{34})_2]^{11-}$ (a)[49]和$[Ru_4(\mu\text{-}O)_4(\mu\text{-}OH)_2(H_2O)_4(\gamma\text{-}SiW_{10}O_{36})_2]^{10-}$ (b)[50]的结构图

2010 年，Reinoso 等报道了嵌入了 3d-4f 混金属簇$\{Ce_2^{III}Mn_2^{III}O_{20}\}$的夹心型多阴离子$[\{Ce^{III}(H_2O)_2\}_2Mn_2^{III}(B\text{-}\alpha\text{-}GeW_9O_{34})_2]^{8-}$，它是由两个$[B\text{-}\alpha\text{-}GeW_9O_{34}]^{10-}$单元通过一个四核 3d-4f 混金属簇$\{Ce_2^{III}Mn_2^{III}O_{20}\}$桥连构筑的夹心型结构(图 8.41)[51]。

近年来，一些高核夹心型多阴离子被报道，具有代表性的是五夹心、六夹心和七夹心多阴离子等。2004 年，Kortz 等报道了五夹心多阴离子$[Cu_5(OH)_4(H_2O)_2$

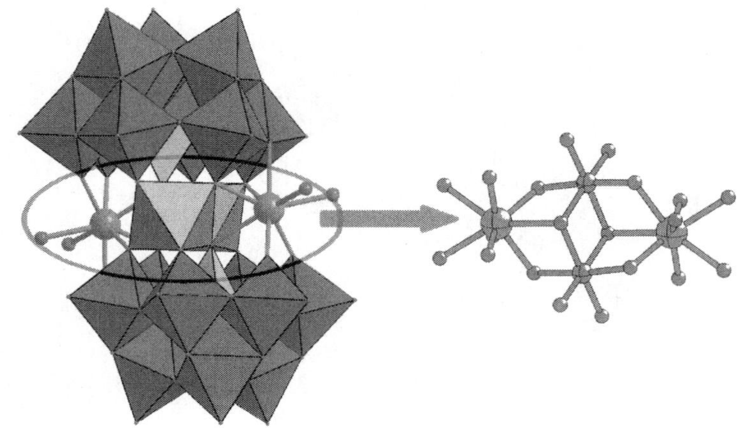

图 8.41 $[\{Ce^{III}(H_2O)_2\}_2Mn_2^{III}(B\text{-}\alpha\text{-}GeW_9O_{34})_2]^{8-}$的结构图
(箭头所指的是$\{Ce_2^{III}(H_2O)_4Mn_2^{III}\}$的结构图)[51]

$(A\text{-}\alpha\text{-}SiW_9O_{33})_2]^{10-}$，它是由两个$[A\text{-}\alpha\text{-}SiW_9O_{34}]^{10-}$单元通过一个共边的五核铜簇构筑的夹心型结构(图 8.42)[52]。

图 8.42 $[Cu_5(OH)_4(H_2O)_2(A\text{-}\alpha\text{-}SiW_9O_{33})_2]^{10-}$的结构图[52]

2006 年，Yamase 等报道了六夹心多阴离子$[(CuCl)_6(AsW_9O_{33})_2]^{12-}$的结构，它是由两个$[B\text{-}\alpha\text{-}AsW_9O_{33}]^{9-}$单元通过一个共边的环形六核铜簇构筑的夹心型结构，而且每个 Cu 均与一个 Cl 配位[图 8.43(a)][53]。2005 年，Kortz 等报道了六夹心多阴离子$[Fe_6(OH)_3(A\text{-}\alpha\text{-}GeW_9O_{34}(OH)_3)_2]^{11-}$的结构，它是由两个$[A\text{-}\alpha\text{-}GeW_9O_{34}]^{10-}$与一个共顶点的六核铁簇桥连构筑的，$Fe^{2+}$分别配位在$[A\text{-}\alpha\text{-}GeW_9$

$O_{34}]^{10-}$的缺位位置上[图 8.43(b)][54]。2003 年，Hill 等报道了六夹心多阴离子 $[A\text{-}\alpha\text{-}Si_2Nb_6W_{18}O_{77}]^{8-}$的结构，它是由两个三取代的 $[A\text{-}\alpha\text{-}SiNb_3W_9O_{40}]^{7-}$构筑的(图 8.44)[55]。

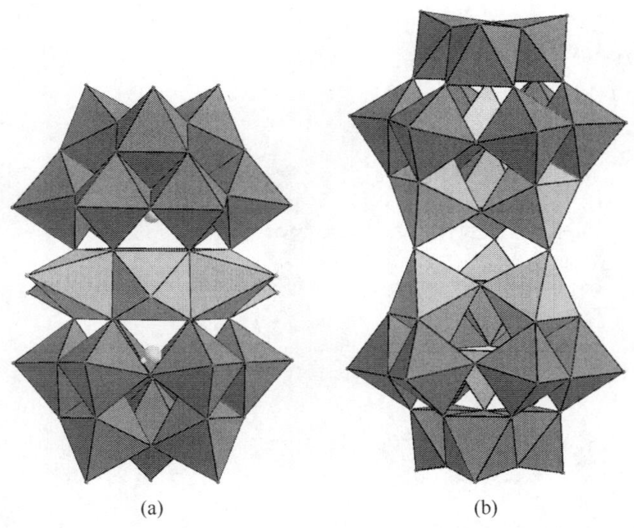

图 8.43　$[(CuCl)_6(AsW_9O_{33})_2]^{12-}$(a)[53]和$[Fe_6(OH)_3(A\text{-}\alpha\text{-}GeW_9O_{34}(OH)_3)_2]^{11-}$(b)[54]的结构图

图 8.44　$[A\text{-}\alpha\text{-}Si_2Nb_6W_{18}O_{77}]^{8-}$的结构图[55]

2006 年，张志明和王恩波等报道了两例新颖的六夹心和七夹心的多阴离子结

构 $[\{Ni_6(H_2O)_4(\mu_2\text{-}H_2O)_4(\mu_3\text{-}OH)_2\}(SiW_9O_{34})_2]^{10-}$ 和 $[Ni_7(OH)_4(H_2O)(CO_3)_2(HCO_3)(A\text{-}\alpha\text{-}SiW_9O_{34})(\beta\text{-}SiW_{10}O_{37})]^{15-}$，$[\{Ni_6(H_2O)_4(\mu_2\text{-}H_2O)_4(\mu_3\text{-}OH)_2\}(SiW_9O_{34})_2]^{10-}$ 是由两个 $[SiW_9O_{34}]^{10-}$ 单元与六核镍簇构筑的夹心结构[图 8.45(a)][56]，而 $[Ni_7(OH)_4(H_2O)(CO_3)_2(HCO_3)(A\text{-}\alpha\text{-}SiW_9O_{34})(\beta\text{-}SiW_{10}O_{37})]^{15-}$ 是由 $[A\text{-}\alpha\text{-}SiW_9O_{34}]^{10-}$ 和 $[\beta\text{-}SiW_{10}O_{37}]^{10-}$ 两种多阴离子与七核镍簇构筑的夹心型结构，七核镍簇与两个 CO_3^{2-} 配位[图 8.45(b)][56]。

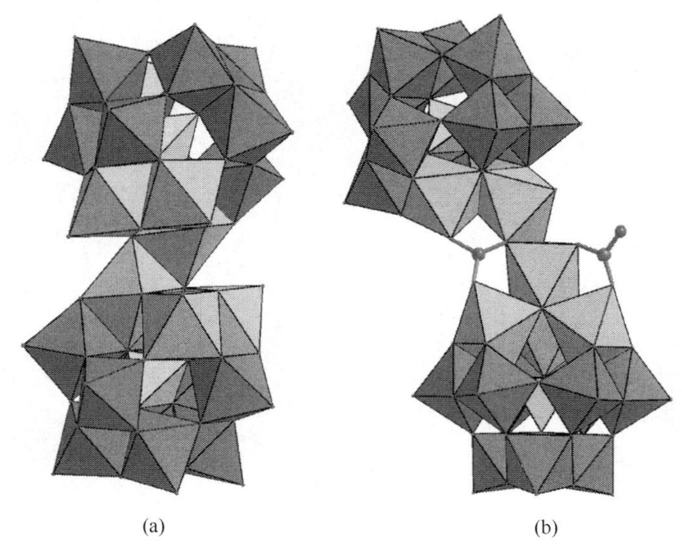

图 8.45　$[\{Ni_6(H_2O)_4(\mu_2\text{-}H_2O)_4(\mu_3\text{-}OH)_2\}(SiW_9O_{34})_2]^{10-}$(a) 和 $[Ni_7(OH)_4(H_2O)(CO_3)_2(HCO_3)(A\text{-}\alpha\text{-}SiW_9O_{34})(\beta\text{-}SiW_{10}O_{37})]^{15-}$(b)的结构图[56]

8.4.2　夹心型杂多化合物的合成

8.4.2.1　一夹心多酸化合物的合成

$K_{10}[Mn(H_2O)_2(\gamma\text{-}SiW_{10}O_{35})_2]\cdot 8.25H_2O$ 的合成

将 0.078g $MnCl_2\cdot 4H_2O$ (0.40mmol) 和 1.0g $K_8[\gamma\text{-}SiW_{10}O_{36}]$ (0.36mmol) 溶于 20mL 1mol·L^{-1} KCl 溶液中，然后逐滴加入 0.1mol·L^{-1} HCl 溶液将溶液的 pH 调至 4.5，混合物加热至 50℃半小时，然后冷却至室温，缓慢蒸发滤液，得到深棕色晶体，产量为 0.40g，产率为 41%。IR(KBr 压片，cm^{-1})：998(m)、950(m)、891(sh)、864(s)、773(s)、730(s)、614(w)、553(w)、530(w)[45]。

$K_{10}[Co(H_2O)_2(\gamma\text{-}SiW_{10}O_{35})_2]\cdot 8.25H_2O$ 的合成

与 $K_{10}[Mn(H_2O)_2(\gamma\text{-}SiW_{10}O_{35})_2]\cdot 8.25H_2O$ 的合成方法类似，用 0.095g $CoCl_2\cdot 6H_2O$ (0.40mmol) 代替 $MnCl_2\cdot 4H_2O$，缓慢蒸发得到深紫色晶体，产量

为 0.40g，产率为 40%。IR(KBr 压片，cm^{-1})：999(m)、948(m)、897(sh)、866(s)、766(s)、730(s)、618(w)、552(w)、530(w)[45]。

$K_{10}[Ni(H_2O)_2(\gamma\text{-}SiW_{10}O_{35})_2]\cdot 13.25H_2O$ 的合成

与 $K_{10}[Mn(H_2O)_2(\gamma\text{-}SiW_{10}O_{35})_2]\cdot 8.25H_2O$ 的合成方法类似，用 0.095g $NiCl_2\cdot 6H_2O$ (0.40mmol)代替 $MnCl_2\cdot 4H_2O$，缓慢蒸发得到深紫色晶体，产量为 0.45g，产率为 45%。IR(KBr 压片，cm^{-1})：1000(m)、948(m)、896(sh)、869(s)、793(s)、735(s)、619(w)、557(w)、534(w)[45]。

$K_{10}Na_3[Pd^{IV}O(OH)WO(OH_2)(PW_9O_{34})_2]$的合成

室温下，将 1.0g $PdSO_4$ (4.2mmol) 分散在 50mL HAc/NaAc 缓冲溶液(0.25mol · L^{-1} NaAc 和 0.25mol · L^{-1} HAc，pH 4.9)中，然后快速以每次 1g，分 7 次将 7g $Na_9[A\text{-}PW_9O_{34}]$(2.8mmol) 加入混合物中，剧烈搅拌，0.5～1min 后，向棕色澄清溶液(pH 3)中加入 20g KCl，溶液在 5℃再搅拌两分钟，过滤，得到淡棕色固体，干燥 10min，重新溶解在 50mL 55℃水中，加热，溶液变成红棕色，逐滴加入 6mol · L^{-1} HCl 溶液使溶液的 pH 由 7.5 降至 6.5，冷却至室温，过滤，滤液放置24～48h，得到棕色晶体，产量为 5g，产率为 73%[57]。IR(KBr 压片，cm^{-1})：1089(m，sh)、1076(s)、1018(s)、945(m)、921(m)、783(m)、700(m)、594(m)、521(m)、445(w)、413(w)[57]。

$[(CH_3)_2NH_2]_{14}[\{P_2W_{15}O_{54}(H_2O)_2\}Zr\{P_2W_{17}O_{61}\}]\cdot 27H_2O$ 的合成

将 0.16g $ZrO(NO_3)_2\cdot 6H_2O$ (0.47mmol)溶于 15mL 水中，然后加入 0.25g (+)-二甲基-L-酒石酸 (1.4mmol)，混合物加热回流 2h，冷却至室温，加入 0.4g $(CH_3)_2NH_2Cl$ (4.9mmol)，剧烈搅拌下，加入 1.0g $Na_{12}[P_2W_{15}O_{56}]\cdot 18H_2O$ (0.23mmol)，搅拌 5min 后，溶液在 70℃ 加热 20min，缓慢蒸发溶液得到针状晶体[58a]。

$Na_{16}[K_2Na_2\{Sn(CH_2)_2COO\}_4(H_2O)_2\{WO_5(H_2O)\}(P_2W_{15}O_{56})_2]\cdot 37H_2O$ 的合成

将 1.50g $K_{12}[H_2P_2W_{12}O_{48}]\cdot 24H_2O$ (0.38mmol) 溶于 70mL 0.4mol · L^{-1} (pH 4) NaAc/HAc 缓冲溶液，在 70～80℃搅拌，然后加入 0.62g $Cl_3SnCH_2CH_2COOCH_3$(2.00mmol)和 0.13g $Na_2WO_4\cdot 2H_2O$ (0.39mmol)，溶液搅拌 2h，冷却至室温，过滤，滤液在室温下缓慢蒸发，两周后得到黄色块状晶体，产率为 61%。IR(KBr 压片，cm^{-1})：3454(s)、1618(s)、1416(w)、1358(w)、1279(w)、1128(m)、1086(s)、1020(w)、952～914(s)、795(s)、714(s)、621(m)、526(m)、474(m)[58b]。

$K_7[YbAs_2W_{20}O_{68}(H_2O)_3]\cdot 18H_2O$ 的合成

将 0.19g $Yb(NO_3)_3\cdot 5H_2O$ (0.42mmol) 溶于 40mL 水中，搅拌，然后加入 2.0g $K_{10}[As_2W_{20}O_{68}(H_2O)]$ (0.38mmol)，混合物在 60℃下加热 20min，冷却，加入 10g KCl，15min 后，过滤出白色沉淀，干燥，产量为 1.6g，产率为 73%。IR(KBr

压片，cm^{-1})：963(s)、878(vs)、773(sh)、738(vs)、644(s)、483(w)、429(w)[59]。

8.4.2.2 二夹心多酸化合物的合成

$[(CH_3)_4N]_{8n}[M(H_2O)_5]_{2n}(H_3O)_{2n}[\{M(H_2O)_5\}_2(MAsVMo_9O_{33})_2]_n[M(H_2O)_4(MAs^VMo_9O_{33})_2]_n \cdot 20nH_2O$(M=Mn,Co)的合成

将 1.78g $H_3[\alpha\text{-}As^VMo_{12}O_{40}] \cdot 30H_2O$ (1mmol) 溶于 40mL 水中，加入 8mL $1mol \cdot L^{-1}$ $MnSO_4$溶液，溶液在热水浴中加热至 60℃，通过加入饱和 $NaHCO_3$溶液将溶液的 pH 调至 4.2，溶液颜色由黄色变成橙色，2h 后，溶液冷却至室温，加入 4mL $1mol \cdot L^{-1}$ $(CH_3)_4NBr$ 溶液，48h 后，得到黄色块状晶体。IR（KBr 压片，cm^{-1}）：3419、2359、1635、1483、946、860、787、703、508[47]。$[(CH_3)_4N]_{8n}[Co(H_2O)_5]_{2n}(H_3O)_{2n}[\{Co(H_2O)_5\}_2(CoAs^VMo_9O_{33})_2]_n[Co(H_2O)_4(CoAs^VMo_9O_{33})_2]_n \cdot 20nH_2O$ 的合成与含 Mn 化合物类似，只是将 8mL $1mol \cdot L^{-1}$ $MnSO_4$溶液换成 $CoSO_4$ 溶液，IR（KBr 压片，cm^{-1}）：3419、2360、1616、1483、946、861、702、508[47]。

$(NH_4)_{12}[(UO_2)_2(H_2O)_2(TeW_9O_{33})_2] \cdot 25H_2O$ 的合成

方法 1：将 1.13g $Na_8[TeW_9O_{33}] \cdot 19.5H_2O$ (0.40mmol)溶于 100mL 水中，搅拌，依次加入 0.2g $UO_2(NO_3)_2 \cdot 6H_2O$ (0.40mmol) 和 0.13g $Na_2WO_4 \cdot 2H_2O$ (0.40mmol)，得到黄绿色溶液，溶液加热回流 2h，向 70～80℃溶液中加入 5.5g 氯化铵 (102.8mmol)，过滤，几天后得到黄绿色晶体[48]。

方法 2：将 2.00g $Na_2WO_4 \cdot 2H_2O$ (6.06mmol) 溶于 80mL 水中，加热至沸，然后将 0.107g TeO_2(0.67mmol) 溶于 0.5mL 浓盐酸中，逐滴加入沸腾的钨酸钠溶液中，最终的无色溶液回流 1h，将 0.34g $UO_2(NO_3)_2 \cdot 6H_2O$ (0.68mmol) 和 0.221g $Na_2WO_4 \cdot 2H_2O$ (0.67mmol) 依次加入热溶液中，溶液变浑浊，回流 3h，冷却至室温，过滤出沉淀，向滤液中加入 3.62g 氯化铵 (67.7mmol)，黄色溶液缓慢蒸发，6 天后得到黄色粉末。产量为 1.21g，产率为 63%[48]。

$(NH_4)_{14}[(TiP_2W_{15}O_{55}OH)_2] \cdot 12H_2O$ 的合成

将 0.200g $TiOSO_4$(1.25mmol)溶于 40mL 水中，搅拌，然后加入 1.4mL $6mol \cdot L^{-1}$ HCl 溶液，少量多次加入 5.00g $Na_{12}[P_2W_{15}O_{56}] \cdot 24H_2O$ (1.13mmol)，溶液室温搅拌 4h，然后回流 1h，混合物冷却至室温，加入 10.0g NH_4Cl，10min 后得到沉淀，过滤，室温干燥，固体产物溶于 40mL 水中，用 $6mol \cdot L^{-1}$ HCl 溶液将溶液 pH 调至 2，溶液室温下缓慢蒸发，3～4 周后得到白色晶体。产量为 1.60 g，产率为 35%。IR(KBr 压片，cm^{-1})：1090(s)、1017(sh)、972(sh)、954(s)、908(s)、819(s)、739(sh)、639(s)、560(m)、526(m)、480(sh)[46]。

$K_8Na_4[Na_2Co_2(PW_9O_{34})_2] \cdot 28H_2O$ 的合成

将 5g $Na_2WO_4 \cdot 2H_2O$ (15.2mmol) 和 0.24g Na_2HPO_4 (1.7mmol) 溶解在

100mL 水中，然后加入 0.31g $Co(NO_3)_2 \cdot 6H_2O$ (1.1mmol) 得到悬浊液，用 6mol · L^{-1} HCl 溶液将溶液的 pH 调至 7.5，得到紫色溶液，90℃加热 1h，冷却到室温，加入 0.6g KCl (8.0mmol)，溶液室温下缓慢蒸发，几天后得到紫色针状晶体，产量为 0.2g，产率为 7%[60]。

$K_8Na_4[Na_2Ni_2(PW_9O_{34})_2] \cdot 30H_2O$ 的合成

与 $K_8Na_4[Na_2Co_2(PW_9O_{34})_2] \cdot 28H_2O$ 的合成类似，只是用 0.31g $Ni(NO_3)_2 \cdot 6H_2O$ (1.1mmol) 代替 $Co(NO_3)_2 \cdot 6H_2O$[60]。

$Na_{12}[Na_2Mn_2(PW_9O_{34})_2] \cdot 36H_2O$ 的合成

与 $K_8Na_4[Na_2Co_2(PW_9O_{34})_2] \cdot 28H_2O$ 的合成类似，只是用 0.266g $Mn(CH_3COO)_2 \cdot 4H_2O$ (1.1mmol) 代替 $Co(NO_3)_2 \cdot 6H_2O$[60]。

$K_8Na_4[Na_2Zn_2(PW_9O_{34})_2] \cdot 31H_2O$ 的合成

与 $K_8Na_4[Na_2Co_2(PW_9O_{34})_2] \cdot 28H_2O$ 的合成类似，只是用 0.31g $Zn(NO_3)_2 \cdot 6H_2O$ (1.1mmol) 代替 $Co(NO_3)_2 \cdot 6H_2O$[60]。

$K_6Li_6[Li_2Co_2(PW_9O_{34})_2] \cdot 38H_2O$ 的合成

将 1.3g $K_8Na_4[Na_2Co_2(PW_9O_{34})_2] \cdot 28H_2O$ 溶解在少量 1mol · L^{-1} LiCl 溶液中，缓慢蒸发几天后得到紫色晶体，产量为 0.7g，产率为 54%[60]。

$K_6Li_6[Li_2Ni_2(PW_9O_{34})_2] \cdot 28H_2O$ 的合成

将 1.0g $K_8Na_4[Na_2Ni_2(PW_9O_{34})_2] \cdot 30H_2O$ 溶解在少量 1mol · L^{-1} LiCl 溶液中，缓慢蒸发几天后得到晶体。产量为 0.44g，产率为 44%[60]。

$K_3Na_3Li_6[Li_2Mn_2(PW_9O_{34})_2] \cdot 40H_2O$ 的合成

将 1.5g $K_6Li_6[Li_2Mn_2(PW_9O_{34})_2] \cdot 36H_2O$ 溶解在少量 1mol · L^{-1} LiCl 溶液中，缓慢蒸发几天后得到黄色晶体，产量为 0.42g，产率为 27%[60]。

$K_6Na_2Li_4[Li_2Zn_2(PW_9O_{34})_2] \cdot 25H_2O$ 的合成

将 0.8g$K_8Na_4[Na_2Zn_2(PW_9O_{34})_2] \cdot 31H_2O$ 溶解在少量 1mol · L^{-1} LiCl 溶液中，缓慢蒸发几天后得到晶体产物，产量为 0.31g，产率为 38%[60]。

$Cs_3K_2Na_4[Cs_2K(H_2O)_7Pd_2WO(H_2O)(A\text{-}\alpha\text{-}SiW_9O_{34})_2] \cdot 5H_2O$ 的合成

将 0.11g $Pd(CH_3COO)_2$ (0.49mmol) 溶于 20mL 0.5mol · L^{-1} NaAc/HAc (pH 4.8) 缓冲溶液中，然后加入 1.0g $K_{10}[A\text{-}\alpha\text{-}SiW_9O_{34}] \cdot 24H_2O$ (0.33mmol)，溶液在 80℃下加热 1h，冷却后过滤，向红色滤液中加入 1.5mL 1.0mol · L^{-1} CsCl 溶液，一个月后缓慢蒸发得到红色晶体产物，产量为 0.39 g，产率为 40%。IR (KBr 压片，cm^{-1})：1001(m)、957(sh)、939(m)、892(s)、777(vs)、710(sh)、685(sh)、587(sh)、551(w)、533(w)、441(w)[61]。

8.4.2.3 三夹心多酸化合物的合成

$Na_{11}[Ni_3Na(H_2O)_2(PW_9O_{34})_2]\cdot 14H_2O$ 的合成

将 0.31g $NiCl_2\cdot 6H_2O$ (1.30mmol) 加入 1mol·L^{-1} NaCl 溶液中,搅拌,5 min内缓慢加入 2.00g $Na_9[A\text{-}PW_9O_{34}]\cdot 5H_2O$ (0.79mmol),60℃水浴加热30min 后过滤,绿色滤液 pH 为 6.9,放在 4℃冰箱中冷却,几个月后得到绿色和黄色两种晶体,绿色晶体是 $Na_{16}[Ni_9(OH)_3(H_2O)_6(HPO_4)_2(PW_9O_{34})_3]$(产量为 0.12g),黄色晶体是 $Na_{11}[Ni_3Na(H_2O)_2(PW_9O_{34})_2]\cdot 14H_2O$(产量为 0.14g,产率为 7%)[49]。

$Na_{17}[(NaOH_2)Co_3(H_2O)(P_2W_{15}O_{56})_2]$的合成

将 0.68g $Co(NO_3)_2\cdot 6H_2O$ (2.34mmol)溶于 500mL 2mol·L^{-1} NaCl 溶液中,加热至 90℃,加入 10.00g $Na_{12}[\alpha\text{-}P_2W_{15}O_{56}]\cdot 24H_2O$ (2.26mmol),剧烈搅拌,溶液在 90℃保持 20min 直到反应物完全溶解,滤液缓慢蒸发 5~10h 后,出现 $[(NaOH_2)Co_3(H_2O)(P_2W_{15}O_{56})_2]^{17-}$ 和 $[(NaOH_2)_2Co_2(H_2O)(P_2W_{15}O_{56})_2]^{17-}$ 的混合物,过滤分离,2~3 天后从最终的溶液中得到棕色针状晶体 $Na_{17}[(NaOH_2)Co_3(H_2O)(P_2W_{15}O_{56})_2]$,产率为 30%[62a]。

$K_{11}Na[As_2W_{18}\{Mn(H_2O)\}_3O_{66}]\cdot 27H_2O$ 的合成

将 2.84g $Na_9[\alpha\text{-}AsW_9O_{33}]\cdot 19.5H_2O$ 溶于 5mL 水中,加入 0.255g $MnSO_4\cdot H_2O$ 的 5mL 水溶液,混合物室温搅拌 15min,然后加入氯化钾,直到不再有沉淀生成为止,过滤得到橙色粉末,用水、乙醇和乙醚洗涤,产量为 2.0 g,产率为 72%[63]。

$K_{11}[As_2W_{18}(VO)_3O_{66}]\cdot 23H_2O$ 的合成

将 2.84g $Na_9[\alpha\text{-}AsW_9O_{33}]\cdot 19.5H_2O$ 溶于 5mL 水中,然后加入含 0.380g $VOSO_4\cdot 5H_2O$ 的 5mL 水溶液,再立即加入 1mol·L^{-1} Na_2CO_3 溶液将溶液的 pH 保持在 8~8.5,混合物在 50℃下加热 15min,溶液冷却至室温,加入 0.780g KCl,室温保存 1h,得到棕色粉末,用 2mol·L^{-1} KCl 溶液、乙醇和乙醚洗涤,产量为 1.65g,产率为 60%。粉末在 3℃下以 300mg/5mL H_2O 的比例重结晶,得到棕色针状晶体[63]。

$Cs_3KNa_5[Cs_2Na(H_2O)_{10}Pd_3(SbW_9O_{33})_2]\cdot 16.5H_2O$ 的合成

将 0.14g $Pd(CH_3COO)_2$ (0.62mmol) 溶于 20mL 0.5mol·L^{-1} pH 4.8 的 HAc/NaAc 缓冲溶液中,然后加入 0.50g $Na_9[\alpha\text{-}SbW_9O_{33}]$ (0.20mmol),溶液在 80℃下加热 1h,冷却,过滤,然后分别加入 0.5mL 1.0mol·L^{-1} CsCl 溶液和 KCl 溶液,室温缓慢蒸发得到 0.39g 晶体产物。IR(KBr 压片,cm^{-1}):937(m)、884(m)、851(m)、765(s)、672(m)、518(w)、472(w)、444(w)[62b]。

8.4.2.4 四夹心多酸化合物的合成

$Cs_{10}[Ru_4(\mu\text{-}O)_4(\mu\text{-}OH)_2(H_2O)_4(\gamma\text{-}SiW_{10}O_{36})_2]$的合成

将262mg $K_4Ru_2OCl_{10}$ (0.359mmol)溶于30mL水中，加入1g $K_8[\gamma\text{-}SiW_{10}O_{36}]\cdot 12H_2O$ (0.336mmol)，深棕色溶液的pH为6.2，溶液在70℃保持1h，加热后pH为1.8，溶液过滤，加入过量的4.4g CsCl (26.1mmol)，用2～3mL冷水洗涤3次，产量为980mg，产率为85%[50]。

$K_9Na_2Cu_{0.5}[Cu_2(H_2O)SiW_8O_{31}]_2\cdot 38H_2O$的合成

将0.5g $CuBr_2$(2.24mmol)的5mL乙腈溶液溶于20 mL水中，3min后溶液的pH变成2.7，搅拌，加入2.0g $K_8[\gamma\text{-}SiW_{10}O_{36}]\cdot 12H_2O$ (0.67mmol)，溶液再搅拌20min，溶液的pH稳定在4.2，过滤，收集20mL滤液，其中的10mL滤液转移至50mL烧杯中，加入0.225g NaAc和1.5mL冰醋酸（形成0.5mol · L^{-1} HAc/NaAc缓冲溶液，pH 4.2)，搅拌溶液5min，加入10mL乙二醇，溶液再搅拌5min，然后置于30mL烧杯中，放在黑盒子里，得到淡蓝色针状晶体。IR(KBr压片，cm^{-1})：1081(w)、1037(w)、998(w)、950(m)、876(s、sh)、797(w)、735(s)、670(w)、517(w)[64]。

$Cs_6K_2[\{Ce^{III}(H_2O)_2\}_2Mn_2^{III}(B\text{-}\alpha\text{-}GeW_9O_{34})_2]\cdot 10H_2O$的合成

将0.28g $K_{12}[Mn_4(H_2O)_2(B\text{-}\alpha\text{-}GeW_9O_{34})_2]$ (0.05mmol)溶于20mL水中，加入1mL 0.1mol · L^{-1} $Ce(NH_4)_2(NO_3)_6$ (0.10mmol)，得到深棕色溶液，pH为1.1，加入0.5mL 1mol · L^{-1} CsCl，溶液室温下缓慢蒸发，几周后得到棕色块状晶体，产量为0.08g，产率为26%。IR(KBr压片，cm^{-1})：961(m)、882(s)、820(m)、776(vs)、699(s)、514(w)、456(m)[51]。

8.4.2.5 五夹心、六夹心和七夹心多酸化合物的合成

$K_{10}[Cu_5(OH)_4(H_2O)_2(A\text{-}\alpha\text{-}SiW_9O_{33})_2]\cdot 18.5H_2O$的合成

将0.076g $CuCl_2\cdot 2H_2O$ (0.44mmol)和0.50g $K_{10}[A\text{-}\alpha\text{-}SiW_9O_{34}]$ (0.16mmol)溶于20mL 0.5mol · L^{-1} HAc/NaAc (pH 4.8)缓冲溶液中，在80℃反应1h，室温缓慢蒸发得到绿色晶体，产量为0.28g，产率为63%[52]。

$Na_9K[Ni_7(OH)_4(H_2O)(CO_3)_2(HCO_3)(A\text{-}\alpha\text{-}SiW_9O_{34})(\beta\text{-}SiW_{10}O_{37})]\cdot 5H_3O\cdot 18H_2O$和$K_6Na_4[\{Ni_6(H_2O)_4(\mu_2\text{-}H_2O)_4(\mu_3\text{-}OH)_2\}(SiW_9O_{34})_2]\cdot 17.5H_2O$的合成

将0.5g $K_8[\gamma\text{-}SiW_{10}O_{36}]$溶于10mL水中，搅拌，不溶物过滤，剧烈搅拌下加入1mL 1mol · L^{-1} $NiCl_2$溶液，然后向绿色溶液中加入3g KCl，用2mol · L^{-1} Na_2CO_3溶液将溶液的pH调至8.2，最终的溶液在95℃下加热1h，混合物冷却至

室温，过滤，滤液缓慢蒸发，几周后得到淡绿色晶体 $Na_9K[Ni_7(OH)_4(H_2O)(CO_3)_2(HCO_3)(A\text{-}\alpha\text{-}SiW_9O_{34})(\beta\text{-}SiW_{10}O_{37})] \cdot 5H_3O \cdot 18H_2O$。IR(KBr 压片，$cm^{-1}$)：1502、1904、1422、1371、985、937、885、800、678。$K_6Na_4[\{Ni_6(H_2O)_4(\mu_2\text{-}H_2O)_4(\mu_3\text{-}OH)_2\}(SiW_9O_{34})_2] \cdot 17.5H_2O$ 的合成与上述方法相似，只是将温度加热至 80℃。IR(KBr 压片，cm^{-1})：980、944、879、798[56]。

$Cs_7H[A\text{-}\alpha\text{-}Si_2Nb_6W_{18}O_{77}] \cdot 9H_2O$ 的合成

将 3.80g $Cs_7[SiNb_3W_9O_{40}] \cdot 10H_2O$ (1.02mmol) 溶于 160mL 2.0mol · L^{-1} HCl 水溶液中，加热至 80℃，过滤，室温下缓慢蒸发，5 天后得到无色晶体。产量为 1.98g，产率为 60.8%。IR(KBr 压片，cm^{-1})：1002(sh)、977(sh)、968(w)、924(s)、907(sh)、787(vs)、693(s)、536(w)。Raman (cm^{-1})：998(vs)、965(sh)、940(w)、910(w)[55]。

$Cs_8H_2[A\text{-}\alpha\text{-}Si_2Nb_6W_{18}O_{78}] \cdot 18H_2O$ 的合成

将 0.42g $Cs_6H[A\text{-}\alpha\text{-}Si(NbO_2)_3W_9O_{37}] \cdot 8H_2O$ (0.12mmol) 溶于 10mL 0.5mol · L^{-1} HCl 水溶液中，过滤除去少量不溶物，黄色溶液回流直至黄色消失，最终的无色溶液在室温下缓慢蒸发 3 天，得到晶体产物，产量为 0.20g，产率为 52.8%。IR(KBr 压片，cm^{-1})：1005(w)、967(m)、917(s)、783(vs)、679(s)、529(w)、450(vw)、423 (vw)。Raman (cm^{-1})：997(s)、982(s)、934(vw)、906(vw)、861(vs)[55]。

$Cs_4Na_7[Fe_6(OH)_3(A\text{-}\alpha\text{-}GeW_9O_{34}(OH)_3)_2] \cdot 30H_2O$ 的合成

将 0.15g $FeCl_3 \cdot 6H_2O$ (0.56mmol) 溶于 20mL 0.5mol · L^{-1} HAc/NaAc (pH 4.8) 缓冲溶液中，然后加入 0.52g $K_8Na_2[A\text{-}\alpha\text{-}GeW_9O_{34}] \cdot 25H_2O$ (0.17mmol)，搅拌，溶液在 50℃加热 1h，过滤，冷却至室温，然后加入 0.5mL 1.0mol · L^{-1} CsCl 溶液，缓慢蒸发，一周后得到红色晶体，产量为 0.31g，产率为 58%。IR(KBr 压片，cm^{-1})：1132(w)、945(m)、876(m)、805(s)、765(s)、723(s)、527(w)、461(w)[54]。

$(n\text{-}BuNH_3)_{12}[(CuCl)_6(AsW_9O_{33})_2] \cdot 6H_2O$ 的合成

$(n\text{-}BuNH_3)_{12}[(CuCl)_6(AsW_9O_{33})_2] \cdot 6H_2O$ 的合成需要首先合成反应前驱体 $(n\text{-}BuNH_3)_{12}[\{Eu(H_2O)\}_2(AsW_9O_{33})_2] \cdot 8H_2O$[53]，它是将 1.4g $Na_9[AsW_9O_{33}] \cdot 19.5H_2O$ (0.5mmol)溶于 40mL 水中，然后加入 0.23g $Eu(NO_3)_3 \cdot 6H_2O$ (0.5mmol)的 10mL 水溶液，加热至 80℃，再加入 0.55g $n\text{-}BuNH_3Cl$ (5mmol)，溶液保存在室温，几天后得到无色晶体，产量为 0.73g，产率为 49%[53]。

将 0.6g $(n\text{-}BuNH_3)_{12}[\{Eu(H_2O)\}_2(AsW_9O_{33})_2] \cdot 8H_2O$ (0.1mmol) 和 1.0g $CuCl_2$ (7.4mmol)溶于 30mL 水中，滤液室温保存一个月，得到橙色晶体 $(n\text{-}BuNH_3)_{12}[(CuCl)_6(AsW_9O_{33})_2] \cdot 6H_2O$，产量为 0.18g，产率为 29%。IR

(KBr 压片,cm^{-1}):948(m)、901(m)、870(m)、836(s)、810(m)、763(s)、733(s)、699(s)[53]。

8.4.3　夹心型杂多化合物的表征

8.4.3.1　红外光谱

夹心型杂多化合物的红外光谱中由于金属离子的引入,会出现其特征振动峰。2003 年,Pope 等报道的$(NH_4)_{14}[(UO_2)_2(H_2O)_2(SbW_9O_{33})_2]\cdot 24H_2O$ 在 935cm^{-1}、881cm^{-1}、773cm^{-1} 和 681cm^{-1},935cm^{-1} 处的吸收峰对应 ν_{W-O},而 881cm^{-1}处的吸收峰对应 ν_{W-O_b-W},773cm^{-1}和 681cm^{-1}处的吸收峰对应 ν_{W-O_c-W} [图 8.46(a)][48]。$(NH_4)_{12}[(UO_2)_2(H_2O)_2(TeW_9O_{33})_2]\cdot 25H_2O$ 的红外光谱的吸收峰分别为 948cm^{-1}、877cm^{-1}、783cm^{-1}和 700cm^{-1},但是在红外光谱中 U—O 振动被 W—O 伸缩振动所覆盖[图 8.46(b)][48]。

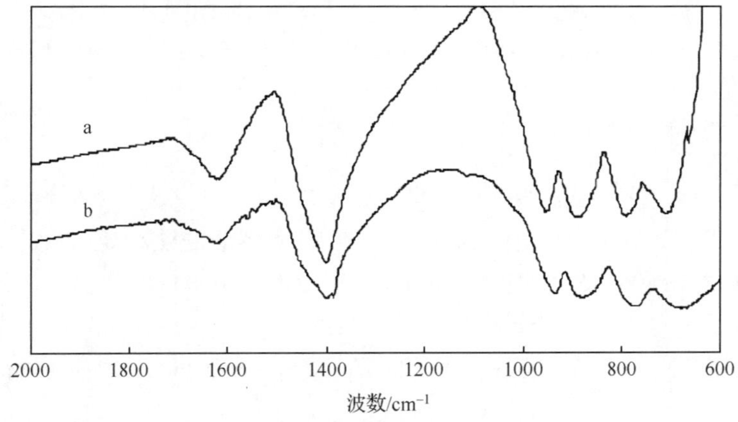

图 8.46　$(NH_4)_{14}[(UO_2)_2(H_2O)_2(SbW_9O_{33})_2]\cdot 24H_2O$ (a) 和$(NH_4)_{12}[(UO_2)_2(H_2O)_2(TeW_9O_{33})_2]\cdot 25H_2O$(b)的 IR 光谱[48]

2006 年,Kortz 等报道的$K_{10}[Mn(H_2O)_2(\gamma\text{-}SiW_{10}O_{35})_2]\cdot 8.25H_2O$ 的 IR 吸收峰为 998cm^{-1}、950cm^{-1}、891cm^{-1}、864cm^{-1}、773cm^{-1}、730(s)cm^{-1}、614cm^{-1}、553cm^{-1}、530cm^{-1}[45][图 8.47(a)]。$K_{10}[Co(H_2O)_2(\gamma\text{-}SiW_{10}O_{35})_2]\cdot 8.25H_2O$ 的 IR 吸收峰为 999(m)cm^{-1}、948(m)cm^{-1}、897(sh)cm^{-1}、866(s)cm^{-1}、766(s)cm^{-1}、730(s)cm^{-1}、618(w)cm^{-1}、552(w)cm^{-1}、530(w)cm^{-1}[45][图 8.47(b)]。而$K_{10}[Ni(H_2O)_2(\gamma\text{-}SiW_{10}O_{35})_2]\cdot 13.25H_2O$ IR 吸收峰为 1000(m)cm^{-1}、948(m)cm^{-1}、896(sh)cm^{-1}、869(s)cm^{-1}、793(s)cm^{-1}、735(s)cm^{-1}、619(w)cm^{-1}、557(w)cm^{-1}、534(w)cm^{-1}[图 8.47(c)][45]。由于夹心位置过渡金属离子的不同,导致它们的 IR 光谱有一定的位移。

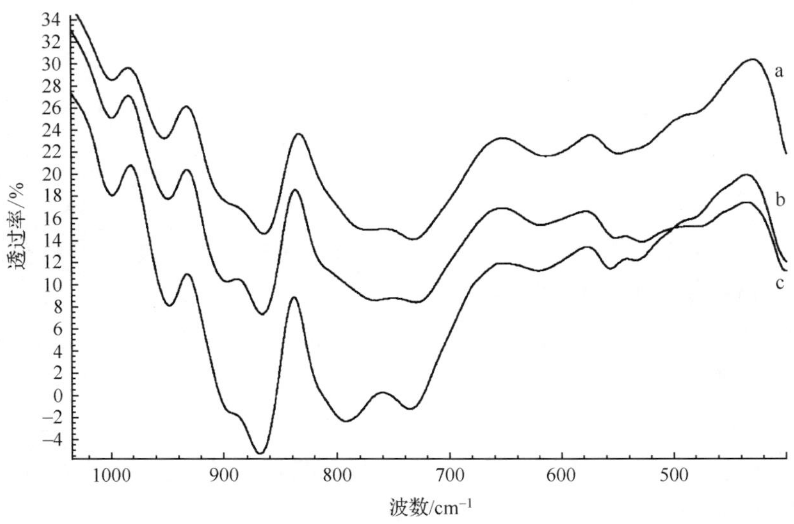

图 8.47 $K_{10}[Mn(H_2O)_2(\gamma\text{-}SiW_{10}O_{35})_2]\cdot 8.25H_2O$ (a)、$K_{10}[Co(H_2O)_2(\gamma\text{-}SiW_{10}O_{35})_2]\cdot 8.25H_2O$(b)和 $K_{10}[Ni(H_2O)_2(\gamma\text{-}SiW_{10}O_{35})_2]\cdot 13.25H_2O$(c)的 IR 光谱[45]

8.4.3.2 热重分析

以$(NH_4)_{14}[(UO_2)_2(H_2O)_2(SbW_9O_{33})_2]\cdot 24H_2O$ 和$(NH_4)_{12}[(UO_2)_2(H_2O)_2(TeW_9O_{33})_2]\cdot 25H_2O$ 为例，研究夹心型多酸的热稳定性[48]。在它们的热重曲线中 25～500℃出现连续质量损失，在 600～1000℃出现很小的质量损失。$(NH_4)_{14}[(UO_2)_2(H_2O)_2(SbW_9O_{33})_2]\cdot 24H_2O$ 在 25～500℃的质量损失总量为 11.31%，$(NH_4)_{12}[(UO_2)_2(H_2O)_2(TeW_9O_{33})_2]\cdot 25H_2O$ 的质量损失总量为 16.36%。25～350℃的质量损失对应于结晶水的失去，与理论值是一致的。400～500℃的质量损失对应 NH_4^+ 在结构中的分解，分解产物是 NH_3，这两个化合物在该温度范围内的质量损失为 1.20%和 2.37%，比理论值(3.54%和 3.67%)稍低[48]。

8.4.3.3 拉曼光谱

Pope 等于 2003 年报道的$(NH_4)_{14}[(UO_2)_2(H_2O)_2(SbW_9O_{33})_2]\cdot 24H_2O$ 和$(NH_4)_{12}[(UO_2)_2(H_2O)_2(TeW_9O_{33})_2]\cdot 25H_2O$ 的拉曼(Raman)光谱如图 8.48 所示[48]，两个化合物的拉曼光谱中的最强峰分别为 955cm^{-1} 和 965cm^{-1}，对应 $\nu_{W=O}$，与独立的$[SbW_9O_{33}]^{9-}$(941cm^{-1})和$[TeW_9O_{33}]^{8-}$(961cm^{-1})相比，振动发生了红移。化合物中 UO_2^{2+} 的对称伸缩振动峰分别为 796cm^{-1} 和 804cm^{-1}。另外，它们分别在 685cm^{-1} 和 750cm^{-1} 处出现一个吸收峰，对应$W-O_b-W$振动[48]。

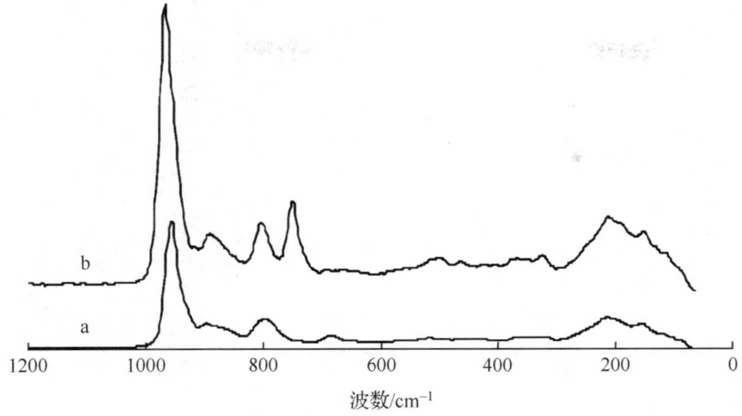

图 8.48　$(NH_4)_{14}[(UO_2)_2(H_2O)_2(SbW_9O_{33})_2]\cdot 24H_2O$(a)和 $(NH_4)_{12}[(UO_2)_2(H_2O)_2(TeW_9O_{33})_2]\cdot 25H_2O$(b)的 Raman 光谱[48]

8.4.4　夹心型杂多化合物的性质研究

8.4.4.1　电化学与电催化性质研究

夹心型杂多化合物中过渡金属离子种类的不同导致它们具有不同的电化学行为。2006 年，Kortz 等报道的$[Ni(H_2O)_2(\gamma\text{-}SiW_{10}O_{35})_2]^{10-}$ $\{Ni(\gamma\text{-}SiW_{10})_2\}$在 0.4mol · L^{-1} pH 5 的 NaAc/HAc 缓冲溶液中的电化学行为与$[\gamma\text{-}SiW_{10}O_{35}]^{6-}$的电化学行为相比，它的峰电流会显著增强，但峰位几乎没有发生变化(图 8.49)[45]。但是随着 pH 的增大，$[Ni(H_2O)_2(\gamma\text{-}SiW_{10}O_{35})_2]^{10-}$相应的氧化还原峰向负电势方向移动，pH 5 溶液中 W 波的阴极峰电势 E_{pc}为－0.936V(图 8.49)[45]，Ni^{2+}由于不能被还原，所以循环伏安曲线中监测不到 Ni^{2+}的氧化还原峰。$[Mn(H_2O)_2(\gamma\text{-}SiW_{10}O_{35})_2]^{10-}$的电化学行为中会出现 Mn^{2+}的氧化还原峰，W 波的 E_{pc}为－0.800V和－0.928V，Mn^{2+}的阳极峰电势 E_{pa}和阴极峰电势 E_{pc}分别为 0.910V 和 0.600V(图 8.50)[45]。

$[Fe_6(OH)_3(A\text{-}\alpha\text{-}GeW_9O_{34}(OH)_3)_2]^{11-}$在 pH 为 3 的 0.2mol · L^{-1} Na_2SO_4/H_2SO_4溶液中的循环伏安曲线中出现 Fe^{III} 和 W^{VI} 的氧化还原峰(图 8.51)[54]，$[Fe_6(OH)_3(A\text{-}\alpha\text{-}GeW_9O_{34}(OH)_3)_2]^{11-}$中 Fe^{3+}的 E_{pc}＝－0.248V，而相同条件下，游离的 Fe^{3+}的 E_{pc}=0.074V，$[Fe_4(H_2O)_{10}(\alpha\text{-}AsW_9O_{33})_2]^{6-}$中 Fe^{3+}的 E_{pc}＝－0.126V，可见在不同的阴离子中 Fe^{3+}的氧化还原电势会发生一定程度的位移，扫描速率从 1000mV · s^{-1} 下降至 2mV · s^{-1}，Fe^{3+} 的峰没有发生劈裂(图 8.51)[54]。

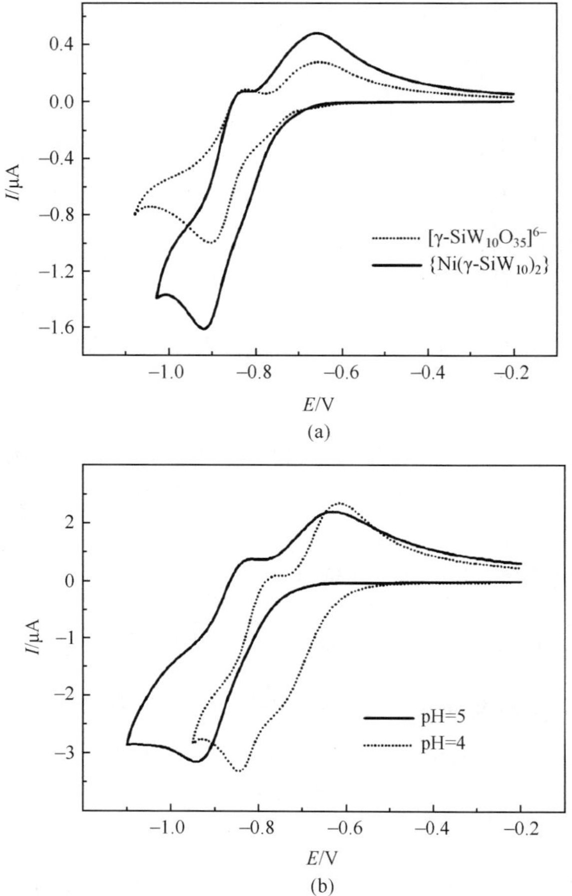

图 8.49 (a) $[Ni(H_2O)_2(\gamma\text{-}SiW_{10}O_{35})_2]^{10-}$ 与 $[\gamma\text{-}SiW_{10}O_{35}]^{6-}$ 在 pH=5 的 0.4mol · L^{-1} NaAc/HAc 缓冲溶液中的循环伏安曲线;(b) 不同 pH 下,$[Ni(H_2O)_2(\gamma\text{-}SiW_{10}O_{35})_2]^{10-}$ 的循环伏安曲线(溶液浓度为 2×10^{-4}mol · L^{-1};工作电极为玻碳电极;参比电极为饱和甘汞电极;扫描速率为 10mV · s^{-1})[45]

Kortz 等研究发现,$[Cu_5(OH)_4(H_2O)_2(A\text{-}\alpha\text{-}SiW_9O_{33})_2]^{10-}$ 在 pH 为 5 的 0.4mol · L^{-1} NaAc/HAc 缓冲溶液中,对 $NaNO_2$ 表现出很好的电催化还原活性(图 8.52)[52]。

8.4.4.2 磁性研究

夹心型杂多化合物中由于磁性金属中心的引入,使多酸在磁性领域有很重要的应用。$K_{11}[As_2W_{18}(V_2^{IV}V^{V}O)_3O_{66}]\cdot 23H_2O$ 的磁性研究表明,化合物呈现反铁磁性相互作用,高温下的 $\chi_m T$ 值(0.70emu · K · mol^{-1})与未成对电子数目相一

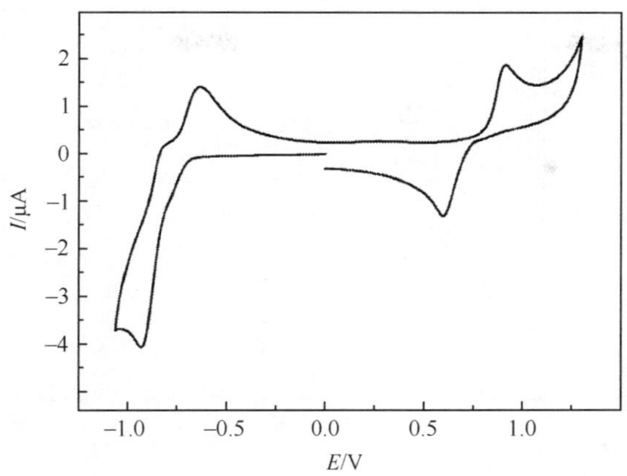

图 8.50 $[Mn(H_2O)_2(\gamma\text{-}SiW_{10}O_{35})_2]^{10-}$ 在 pH=5 的 0.4mol · L^{-1} NaAc/HAc 缓冲溶液中的循环伏安曲线(参比电极为 SCE)[45]

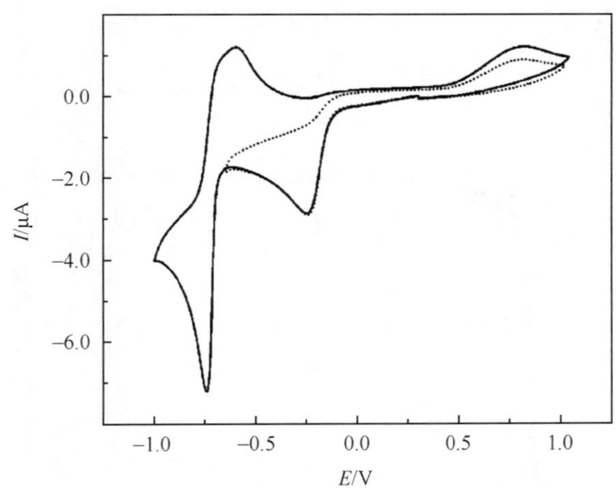

图 8.51 $[Fe_6(OH)_3(A\text{-}\alpha\text{-}GeW_9O_{34}(OH)_3)_2]^{11-}$ 在 pH=3 的 0.2mol · L^{-1} Na_2SO_4/H_2SO_4溶液中的循环伏安曲线:虚线为测试过程中只扫描−0.75~1.0V 的 Fe 波所得到的循环伏安曲线;实线为−1.0~1.0V 的循环伏安曲线(溶液浓度为 2×10^{-4}mol · L^{-1}, pH 3;工作电极为玻碳电极;参比电极为 SCE;扫描速率为 10mV · s^{-1})[54]

致。$\chi_m T$ 值的计算公式如式(8-2)所示

$$\chi_m T = (2N\beta^2 g^2/k)/(3 + x^{-1}) \qquad (x = \exp(J/kT)) \tag{8-2}$$

拟合的参数 $J=-2.9\text{cm}^{-1}$和 $g=1.93$($R=1\times10^{-4}$),这是已报道的多钒酸盐中 J 值最小的,但可与 μ_2-(PO_4)($J=-9\text{cm}^{-1}$)以及 μ_2-(AsO_4)($J=-10\text{cm}^{-1}$)进行对比,这个结果与 O—W—O—W—O 桥和两个 V^{IV} 离子相连的方式是合理的(图 8.53)[63]。

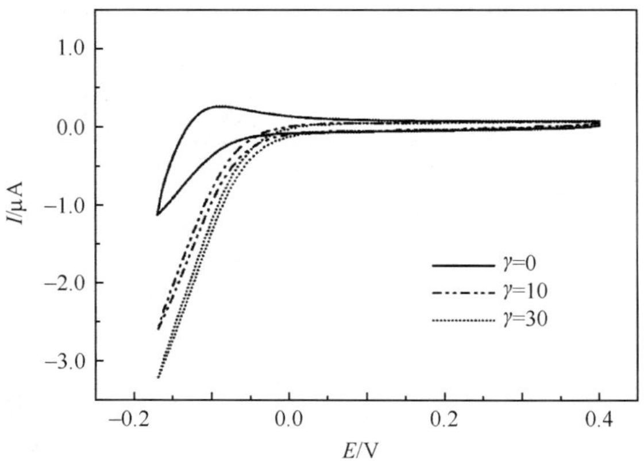

图 8.52　$[Cu_5(OH)_4(H_2O)_2(A\text{-}\alpha\text{-}SiW_9O_{33})_2]^{10-}$ 对 NO_2^- 的电催化还原测得的循环伏安曲线($[Cu_5(OH)_4(H_2O)_2(A\text{-}\alpha\text{-}SiW_9O_{33})_2]^{10-}$ 溶液浓度为 $2\times10^{-4}mol\cdot L^{-1}$，pH=5 的 $0.4mol\cdot L^{-1}$ NaAc/HAc 缓冲溶液，扫描速率为 $2mV\cdot s^{-1}$，工作电极为玻碳电极，参比电极为 SCE)。γ 为 NO_2^- 浓度与$[Cu_5(OH)_4(H_2O)_2(A\text{-}\alpha\text{-}SiW_9O_{33})_2]^{10-}$浓度之比)[52]

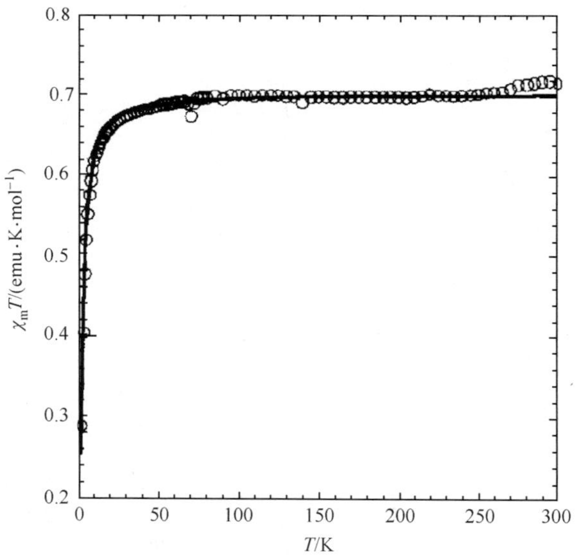

图 8.53　$K_{11}[As_2W_{18}(V_2^{IV}V^{V}O)_3O_{66}]\cdot 23H_2O$ 的 $\chi_m T$-T 曲线[63]

$Na_8[Ni(H_2O)_6]_2[As_2W_{18}\{Ni(H_2O)\}_3O_{66}]\cdot 20H_2O$ 的 $\chi_m T$ 值的计算公式如式(8-3)所示：

$$\chi_m T = T/(T-\theta)[(2N\beta^2 g^2/k)(3x+10x^3+14x^6)/(1+9x+10x^3+7x^6)+g^2/2] \quad (x=\exp(J/kT)) \tag{8-3}$$

拟合的参数 $J=-1.7cm^{-1}$、$g=2.27$ 和 $\theta=-1.5K(R=3\times10^{-5})$，表明

Ni—Ni 相互作用是反铁磁性的(图 8.54)[63]。Hill 等于 2008 年报道的 $K_9Na_2Cu_{0.5}[\gamma\text{-}Cu_2(H_2O)SiW_8O_{31}]_2 \cdot 38H_2O$ 的磁性研究表明,化合物的 $S=1/2$ 的 Cu(Ⅱ)中心存在很强的铁磁性相互作用(图 8.55)[64]。

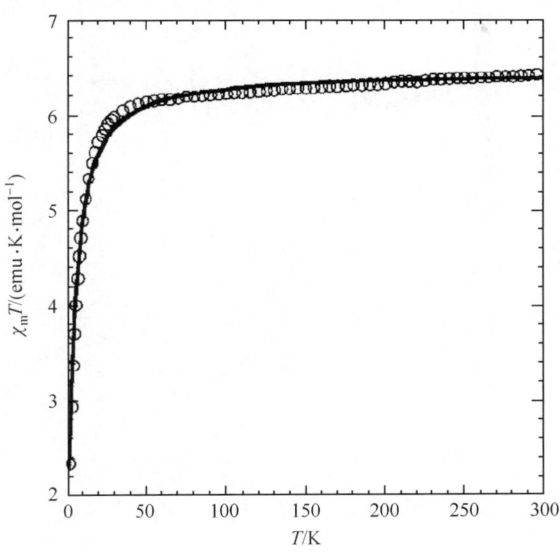

图 8.54　$Na_8[Ni(H_2O)_6]_2[As_2W_{18}\{Ni(H_2O)\}_3O_{66}] \cdot 20H_2O$ 的 $\chi_m T$-T 曲线[63]

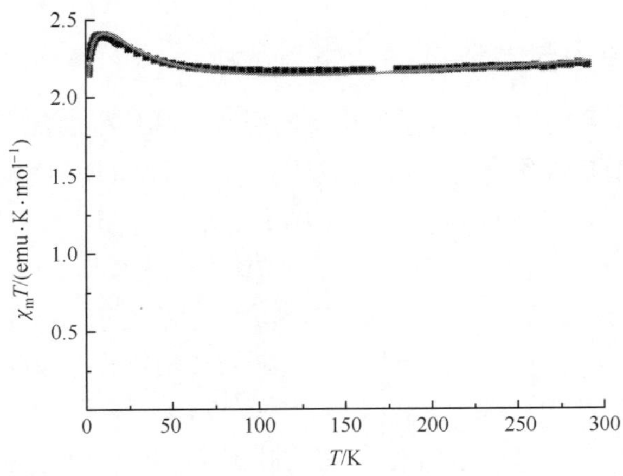

图 8.55　$K_9Na_2Cu_{0.5}[\gamma\text{-}Cu_2(H_2O)SiW_8O_{31}]_2 \cdot 38H_2O$ 的 $\chi_m T$-T 曲线[64]

2010 年,Reinoso 等报道了由 3d-4f 混金属簇构筑的夹心型多酸 $Cs_6K_2[\{Ce^{III}(H_2O)_2\}_2Mn_2^{III}(B\text{-}\alpha\text{-}GeW_9O_{34})_2] \cdot 10H_2O$,由于 3d-4f 混金属簇 $Ce_2^{III}Mn_2^{III}O_{20}$ 的引入,化合物呈现铁磁性相互作用。室温下的 $\chi_m T$ 值为 8.2emu·K·mol^{-1},与含有两个高自旋 Mn^{III} 离子和两个 Ce^{III} 离子的磁稀释样品的理论值是一致的。60K

时，$\chi_m T$ 值为 7.4emu·K·mol^{-1}，随着温度降低至 15K，$\chi_m T$ 值增加至 7.9emu·K·mol^{-1}(图 8.56)[51]。

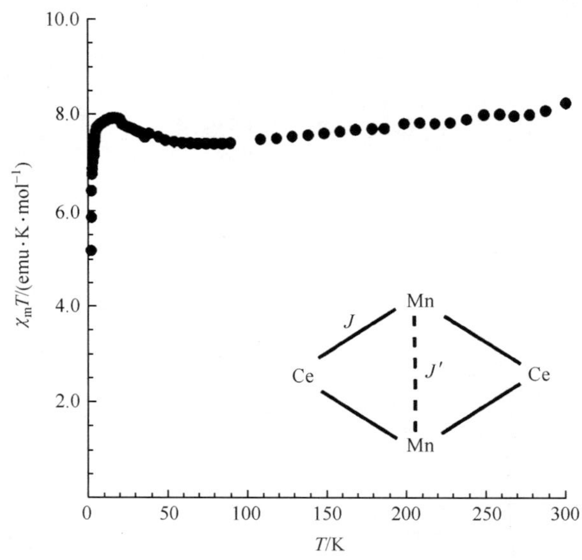

图 8.56　$Cs_6K_2[\{Ce^{III}(H_2O)_2\}_2Mn_2^{III}(B\text{-}\alpha\text{-}GeW_9O_{34})_2]\cdot 10H_2O$ 的 $\chi_m T$-T 曲线

(插图为$\{Ce_2^{III}Mn_2^{III}\}$簇相互作用的示意图)[51]

8.4.4.3　催化活性研究

夹心型杂多化合物由于过渡金属中心的引入表现出很高的催化活性，Mizuno 等报道了四夹心型多酸化合物 $Cs_8[(\gamma\text{-}SiW_{10}O_{36})_2\{Hf(H_2O)\}_4(\mu_4\text{-}O)(\mu\text{-}OH)_6]\cdot 23H_2O$ 在香茅醛的分子内环化催化反应中的重要应用[65]，该催化剂在反应中的转化率是 97%，产率为 92%。同时，为了与该多酸化合物的催化活性进行对比，Mizuno 等研究了其他多种类型的多酸化合物对该反应的催化活性。香茅醛的分子内环化反应有四种不同结构的产物[反应方程式(8-4)]，不同催化剂的催化结果见表 8.11[65]。从表中可以得出，$Cs_8[(\gamma\text{-}SiW_{10}O_{36})_2\{Hf(H_2O)\}_4(\mu_4\text{-}O)(\mu\text{-}OH)_6]\cdot 23H_2O$ 与其他多酸化合物对比，转化率、产率以及选择性都是很高的。

1a (CHO) —催化剂→ 1b (OH) + 1c (OH) + 1d (OH) + 1e (OH)　　(8-4)

表 8.11　一系列催化剂对香茅醛的分子内环化反应的催化反应数据①[65]

催化剂(摩尔分数)	时间/h	转化率/%	产率/%	异构体产率/%			
				1b	**1c**	**1d**	**1e**
Zr_4(1.25%)	24	92	70	70	27	1	2
Hf_4(1.25%)	24	97	91	79	16	1	4
Zr_2(1.25%)	24	不反应					
Hf_2(1.25%)	24	18	6	75	20	<1	5
$[(n\text{-}C_4H_9)_4N]_4[\gamma\text{-}SiW_{10}O_{34}(H_2O)_2]$ (2.5%)	24	不反应					
$ZrOCl_2 \cdot 8H_2O$ (5%)	4	>99	92	37	60	1	2
$HfOCl_2 \cdot 8H_2O$ (5%)	4	83	79	32	66	1	1
$4mol \cdot L^{-1}$ HCl (5%)	1	>99	77	48	49	1	2
无	24	不反应					

① 催化反应条件：香茅醛(**1a**,0.26mmol),催化剂(1.25%～5%,摩尔分数),硝基甲烷(0.8mL),348K,24h。$Zr_4 = Cs_8[(\gamma\text{-}SiW_{10}O_{36})_2\{Zr(H_2O)\}_4(\mu_4\text{-}O)(\mu\text{-}OH)_6] \cdot 26H_2O$；$Hf_4 = Cs_8[(\gamma\text{-}SiW_{10}O_{36})_2\{Hf(H_2O)\}_4(\mu_4\text{-}O)(\mu\text{-}OH)_6] \cdot 23H_2O$；$Zr_2 = Cs_{10}[(\gamma\text{-}SiW_{10}O_{36})_2\{Zr(H_2O)\}_2(\mu\text{-}OH)_2] \cdot 18H_2O$；$Hf_2 = Cs_{10}[(\gamma\text{-}SiW_{10}O_{36})_2\{Hf(H_2O)\}_2(\mu\text{-}OH)_2] \cdot 17H_2O$。

8.5　杂多蓝化学

杂多蓝化学是多酸化学中非常重要的一个方面。杂多蓝是多酸化合物的还原产物，一般呈现蓝色，因此称为杂多蓝。还原剂通常是金属如 Al、Pb、Mo、Cu、Zn、Cd、Hg、B_2H_6、$NaBH_4$、N_2H_4、NH_2OH、H_2S、SO_2、SO_3^{2-}、$S_2O_4^{2-}$、$S_2O_3^{2-}$、$SnCl_2$、$MoCl_5$、$MoOCl_5^{2-}$ 等。当然可以不使用化学试剂，也可采用物理的方法生成杂多蓝。由于杂多蓝中还原态 W^{V}、Mo^{V} 和 V^{IV} 等元素的引入，杂多蓝多阴离子呈现一些新的特性，尤其是结构稳定的杂多蓝化合物具有优异的氧化还原活性，使得它们在催化、光电材料等领域有非常广阔的应用前景。杂多蓝最早于 1863 年 Marignac 首次发现的，他发现了钨磷酸的还原现象，但当时并没有确定这种物质的名称，杂多蓝的名称是 Berzelius 于 1887 年确定的。1920 年吴宪首次确定了 2∶18 系列 Dawson 型钨磷酸和钼磷酸对应的杂多蓝的结构，由此开始了杂多蓝的系统制备和研究。

8.5.1　杂多蓝的结构

大多数杂多阴离子被还原成杂多蓝后，它们的还原态会保持原来的结构，只是化合物的颜色变成了深蓝色。杂多蓝的电子在多阴离子的结构中通常是离域的，杂多蓝已经应用在催化、医药、能源材料等领域。很多类型的多阴离子均有其相应的还原态，一些基本类型的杂多化合物结构在前面几章均有详细报道，这里不再赘述。几种常见的还原态多阴离子$[H_2W_6^{V}W_6^{VI}O_{40}]^{12-}$[66]、$[P_2Mo_2^{V}Mo^{VI}W_{15}O_{62}]^{8-}$[67]、$[PMo_6^{V}Mo_6^{VI}O_{40}(V^{IV}O)_2]^{5-}$[68]和$[V^{IV}W_5O_{19}]^{4-}$[69]的结构如图 8.57 所示，它们的结构与其氧化态的结构是一致的，但是多阴离子中的 Mo、W 和 V 部分被还原导致杂多蓝的形成。

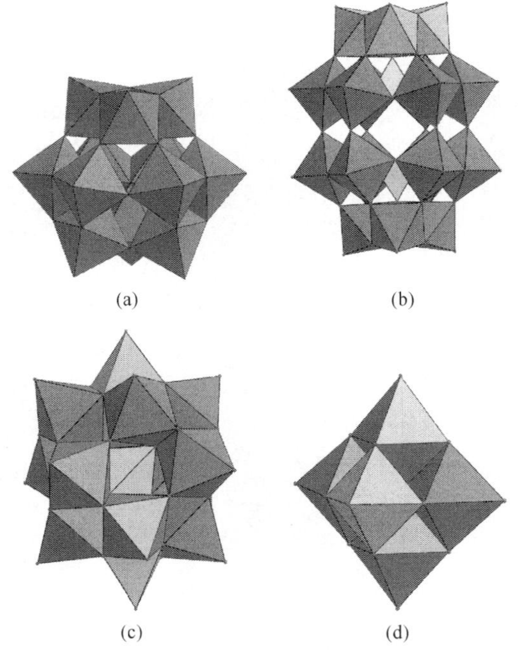

图 8.57 $[H_2W_6^{V}W_6^{VI}O_{40}]^{12-}$(a)[66]、$[P_2Mo_2^{V}Mo^{VI}W_{15}O_{62}]^{8-}$(b)[67]、$[PMo_6^{V}Mo_6^{VI}O_{40}(V^{IV}O)_2]^{5-}$(c)[68]和$[V^{IV}W_5O_{19}]^{4-}$(d)[69]的结构图

8.5.2 杂多蓝的合成

8.5.2.1 合成方法总结

杂多蓝的合成方法主要有四种。第一种方法是恒电位电解法，该方法是采用恒电位仪控制多酸的电位，通入相应的电流电解还原多酸化合物，进而得到其杂多蓝化合物，杂多蓝的还原程度通过库仑计指示。第二种方法是采用合适的还原剂直接将多酸还原成杂多蓝，这种方法的优点是反应快速，目的性很强。缺点是合成产物不易控制，杂多蓝中容易引入其他杂质。第三种方法是直接采用还原态的 W^{V}、Mo^{V} 和 V^{IV} 为原料来合成新型杂多蓝化合物，这种方法得到的杂多蓝化合物不是很稳定，反应过程中极易被氧化。第四种方法是水热、溶剂热或离子热合成，通过高温、高压为反应提供足够的能量，在这种特殊的反应条件下将多酸还原成杂多蓝。离子热合成是目前一种非常有前景的合成方法，离子液体具有零蒸气压、很

好的溶解性、稳定性、适宜的酸度等诸多优势，获得结构和性质稳定的杂多蓝化合物是可行的。

8.5.2.2　具体的合成方法

$Rb_4H_8[H_2W_6^{V}W_6^{VI}O_{40}]\cdot 18H_2O$ 的合成

将 0.0124mol · L^{-1}偏钨酸钠在 0.5mol · L^{-1} HCl 溶液中，−0.53V 下，汞阴极上电解还原(参比电极为 SCE)，当偏钨酸盐以 6F · mol^{-1}通过电路时，停止电解，向 1 体积的深棕色溶液中加入 0.6 体积的 1mol · L^{-1}NaAc 溶液以及 0.2 体积的 0.4mol · L^{-1}氯化铷溶液，最终溶液的 pH 为 4，溶液缓慢蒸发过夜，得到深棕色晶体。快速用水洗涤，用丙酮干燥[66]。

$(Et_3NH)_5[PMo_6^{V}Mo_6^{VI}O_{40}(V^{IV}O)_2]$的合成

将 0.968g $Na_2MoO_4\cdot 2H_2O$、0.184g $V^{IV}OSO_4\cdot 3H_2O$、0.12mL 85%磷酸、0.275g 盐酸三乙胺$(C_2H_5)_3N\cdot HCl$ 和 7.0mL 水混合，置于 23mL 反应釜中，在 180℃反应 72h，冷却至室温，反应釜室温下放置 4～10 天，得到深蓝色晶体。过滤，用干燥的丙酮洗涤，真空干燥，产率为 30%。IR(KBr 压片，cm^{-1})：3417(m)、2969(m)、1460(m)、1396(w)、1260(m)、1090(w)、1061(w)、1026(m)、947.8(vs)、869.5(w)、791.2(vs)、705.8(m)、648.9(w)；UV-Vis (H_2O, nm)：214、308、708[68]。

$K_5[PVW_{11}O_{40}]\cdot 6H_2O$ 的合成

方法 1：将 30g $Na_3[PW_{12}O_{40}]$溶于 25mL 0.1 mol · L^{-1} pH 4.5 的 HAc/NaAc 缓冲溶液，向溶液中加入 1mol · L^{-1} $VOSO_4$溶液，最终的溶液加热至近沸直到没有白色沉淀，加入 1g KAc，溶液置于冰箱中过夜，得到晶体产物，过滤，在沸腾的 pH4.5 的 HAc/KAc 缓冲溶液中重结晶[70]。

方法 2：将 $K_5[PVW_{11}O_{40}]$在 1mol · L^{-1} pH 2 硫酸钠溶液中，0.4V 下进行恒电位电解得到[71]。

$(NH_4)_{15}[Mo_{51}^{V/VI}(Mo^{VI}O)_2Fe_6^{III}(MoNO)_6O_{176}(OH)_3(H_2O)_{22}]\cdot 36H_2O$ 的合成

将 4.00g $(NH_4)_{12}[Mo_{36}(NO)_4O_{108}(H_2O)_{16}]\cdot 33H_2O$ (0.62mmol)和 8.82g $(NH_4)_2SO_4\cdot FeSO_4\cdot 6H_2O$ (22.5mmol)溶于 100mL 水中，抽真空并充入氩气，加入 40mL 氮气饱和的蒸馏水，加入 0.08g $N_2H_4\cdot H_2SO_4$(0.62mmol)在氮气氛围下 70℃ 搅拌 18h，得到深蓝黑色溶液，快速过滤到 125mL 烧瓶中，通入氩气，烧瓶密封，冷却至室温得到深蓝色晶体，产量为 0.944g，产率为 24 %。IR(KBr 压片，cm^{-1})：3426(m)、3133(s)、1602(s)、1400(s)、947(w)、879(vs)、821(w)、768(m)、665(w)、620(m)、591(m)、545(m)、421(w)；UV-Vis (nm)：766[72]。

$(NH_4)_{25\pm 5}[Mo_{154}(NO)_{14}O_{420}(OH)_{28}(H_2O)_{70}]\cdot nH_2O$ 的合成

方法 1：室温下，将 1.12g $(NH_4)_6[Mo_7O_{24}]\cdot 4H_2O$ (0.9mmol)溶于含有

50% 0.24mL 冰醋酸的 12mL 水溶液中，加入含 0.16g $(N_2H_6)SO_4$(1.2mmol) 的 8mL 水溶液，最终的溶液室温下缓慢蒸发，两个月后得到晶体产物[71]。

方法 2：将 6.66mL 0.025mol·L^{-1} pH=1.4 的 $SnCl_2$溶液（用盐酸调节）加入 10mL 0.014mol·L^{-1} pH=1.4 的$(NH_4)_6[Mo_7O_{24}]\cdot 4H_2O$ 水溶液中，最终的蓝色溶液室温下缓慢蒸发，两个月后得到晶体[71]。

方法 3：将 5g 铁粉（89mmol)加入含 20g $(NH_4)_6[Mo_7O_{24}]\cdot 4H_2O$ (16mmol) 的 250mL 水溶液中，搅拌下，用 25%的盐酸将溶液的 pH 调至 1.0。室温下保存 18h，过滤后溶液置于一个密封的试管中 3 天，蓝色沉淀缓慢形成，过滤，干燥[71]。

$(NH_4)_8[P_2Mo_2^{V}Mo_{16}^{VI}O_{62}]$的合成

将 10g$(NH_4)_8[P_2Mo_{18}^{VI}O_{62}]$和 25g $FeSO_4$溶于 60mL 10%的 H_2SO_4溶液中，搅拌下，加入 12g NH_4Cl，得到蓝色沉淀，过滤，用 20%的氯化铵洗涤，得到产物[73]。

$H_6[SiMo_2^{V}Mo_{16}^{VI}O_{40}]\cdot 15H_2O$ 的合成

将 1g $H_4[SiMo_{12}O_{40}]\cdot 15H_2O$ 溶于 40mL 0.5mol·L^{-1} HCl(含 50%二噁烷)溶液中，在 Pt 电极上电解，阴极电解液用氮气流除氧，并引入盐桥分离阳极和阴极电解液，阳极和阴极的电解液相同，控制合适的阴极电位，采用库仑计指示还原程度，当达到还原程度时，加入氯化钾固体，搅拌，将混合溶液置于真空干燥，用 0.5mol·L^{-1} HCl 溶液和 50%的二噁烷混合溶剂重结晶，得到深蓝色晶体[73]。

$[(C_5Me_5Rh^{III})_8(Mo_{12}^{V}O_{36})(Mo^{VI}O_4)]Cl_2$的合成

将 83mg $MoO_3\cdot 2H_2O$ (0.46mmol) 和 0.10g $[(C_5Me_5Rh)_2(OH)_3]Cl$ (0.16mmol)溶于 2mL 水中，在石英管中于 190°加热两天，过滤得到晶态产物 50mg。粗产品在 20mL 丙酮中萃取，最终的黑红色溶液过滤，真空中蒸发溶剂得到棕色粉末，将其溶于 3mL 乙腈中，过滤，再加入 15mL 甲苯，0℃缓慢蒸发得到 37mg 晶体产物[74]。

$Na_{0.5}H_{4.5}[As_2^{III}As^{V}Mo_8^{V}Mo_{12}^{VI}O_{40}]\cdot 4H_2O$ 的合成

将 As_2O_3、MoO_3、NaCl 和水以物质的量比 5∶10∶10∶380(0.99g∶1.44g∶0.595g∶6.84g)置于 23mL 反应釜中，150℃加热 50h，冷却至室温，最终的黑蓝色溶液室温下放置 2～7 天，得到深蓝色块状晶体，过滤，用冷水洗涤，空气中干燥。IR(KBr 压片，cm^{-1})：959(vs)、942(sh)、843(vs)[75]。

$[C(NH_2)_3]_5H[V_2^{IV}W_4O_{19}]\cdot H_2O$ 的合成

将 16.5g $Na_2WO_4\cdot 2H_2O$ (50mmol)、40mmol $C(NH_2)_3Cl$(盐酸胍)、20mmol N_2H_5Cl 和 10mmol NaOH 溶解在 600mL 水中(置于圆底烧瓶中)，加热至沸腾，同时通氮气。将含有 20mmol $VOSO_4$和 40mmol 草酸钠的溶液逐滴加入沸腾的溶液中，得到澄清的深红棕色溶液，继续通氮气将溶液缓慢冷却，将烧瓶用胶塞塞好，移走氮气流，陈化 2～3 天，产生黑色晶体，氮气保护下将晶体和溶液分离，在空气中洗涤干燥[69]。

$K_8[H_2W_{11}V^{IV}O_{40}]\cdot 13H_2O$ 的合成

将 8mmol $HVOCl_3$、8mmol 草酸和 4mmol N_2H_5Cl 溶于 10mL 水中，将其加入 40mmol K_2WO_4 和 60mmol 甲酸的 200mL 水溶液中，最终的紫棕色加热至80～90℃搅拌 4h，溶液变为澄清的粉紫色，蒸发至 100mL，得到黑色晶体。过滤，最终的反应溶液 80～90℃加热 4h，缓慢蒸发至 80mL，得到第二批产物，同样方法可以得到第三批产物[69]。

8.5.3　杂多蓝的表征与性质研究

8.5.3.1　红外光谱和紫外-可见吸收光谱

杂多蓝的红外光谱与其氧化态的红外光谱非常相似，峰位基本没有发生位移，只是峰强度随着还原程度的增加而增加。同时，含有不同阳离子的同种多阴离子的红外吸收峰会发生不同程度的位移，表 8.12 列出了一系列还原态钒取代多阴离子的 IR 光谱吸收峰[69]。钼蓝是杂多蓝中一类重要的化合物，采用不同还原剂得到的杂多蓝与其氧化态的 IR 光谱类似，峰强度稍有不同，$(NH_4)_{25\pm5}[Mo_{154}(NO)_{14}O_{420}(OH)_{28}(H_2O)_{70}]\cdot nH_2O=\{Mo_{154}\}$及其钼蓝的 IR 光谱如图 8.58 所示[72]，在 $728cm^{-1}$处出现的吸收峰对应 ν_{Mo-O-N}。图 8.59 为$\{Mo_{154}\}$钼蓝溶液的 UV-Vis 光谱，在可见区 748nm 和 1093nm 出现两个吸收峰[76]。

表 8.12　一系列还原态钒取代多阴离子的 IR 光谱吸收峰(cm^{-1})[69]

多阴离子	吸收峰
$[V^{IV}W_5O_{19}]^{4-}$	
甲胺钠盐	983(sh),967,799,630,576,569,～400
二甲胺钠盐	990(sh),974(sh),959,795,630,580,561,～400
四甲铵钠盐	981(sh),954,807,645(sh),574,560,～400
乙二胺盐	984(sh),955,800,615,575,560,～400
胍盐	982(sh),947,794,635,572,560,～400
$[V_2^{IV}W_4O_{19}]^{6-}$	
胍盐	964(sh),920,793,735,593,553,522,～400
$[V_2^{V}W_4O_{19}]^{4-}$	991～936,784～781,589～578,435～425
$[V^{V}W_5O_{19}]^{3-}$	997～947,797～785,582～579,442～420
$[HW_{11}V^{IV}O_{40}]^{8-}$	
钾盐	944(sh),930,875,778～620,～400
铵盐	945(sh),929,882,778,～610,～400
$((CH_3)_4N)_5H_3$盐	944,873,787,670,～400
$[V_4W_9O_{40}]^{6-}$,$[V_3W_{10}O_{40}]^{5-}$,$[V_5W_8O_{40}]^{7-}$	976～950,892～878,764～749,515～497
$[H_2W_{12}O_{40}]^{6-}$	960～925,886～874,768～760,600～570,～400

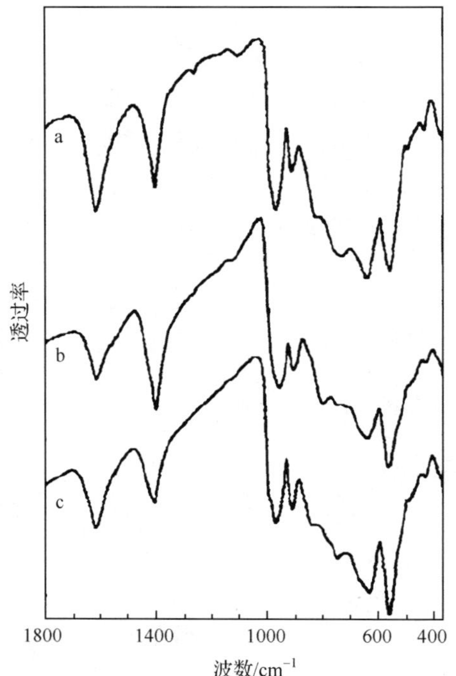

图 8.58　{Mo_{154}}(a)、(N_2H_6)SO_4还原得到的{Mo_{154}}钼蓝(b)、$SnCl_2$还原得到的{Mo_{154}}钼蓝(c)的 IR 光谱[72]

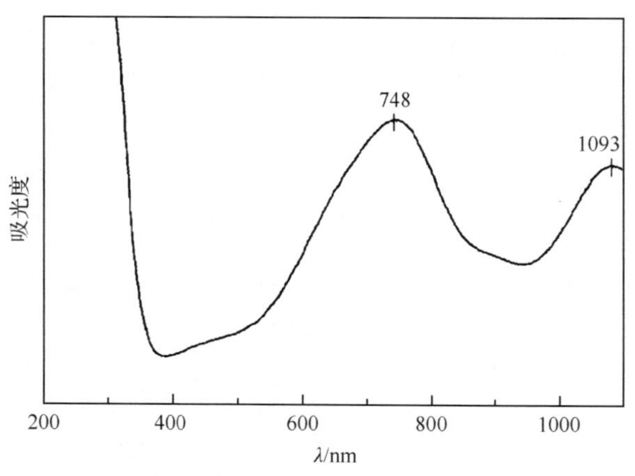

图 8.59　{Mo_{154}}钼蓝溶液的 UV-Vis 光谱[76]

8.5.3.2　拉曼光谱

杂多蓝的拉曼光谱与其氧化态的拉曼光谱非常相似，峰位基本没有发生位移，图 8.60 和图 8.61 分别为{Mo_{154}}及其钼蓝的固体和溶液拉曼光谱，激发波长为

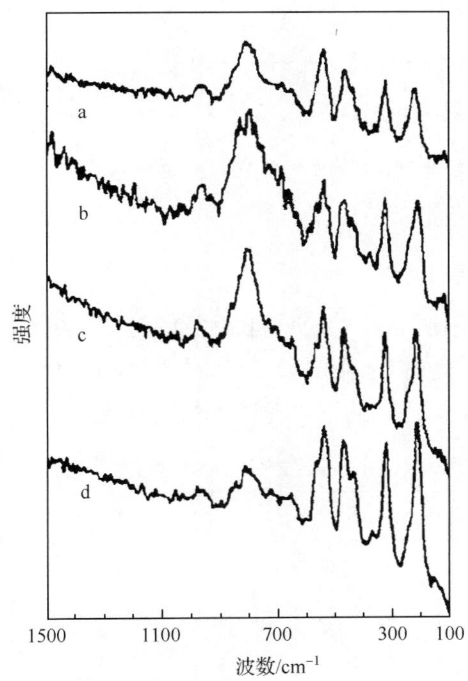

图 8.60　{Mo_{154}}及其钼蓝的固体拉曼光谱(λ_e=1064nm)：(a){Mo_{154}}；(b)(N_2H_6)SO_4还原得到的{Mo_{154}}钼蓝；(c) $SnCl_2$还原得到的{Mo_{154}}钼蓝；(d) Fe还原得到的{Mo_{154}}钼蓝[72]

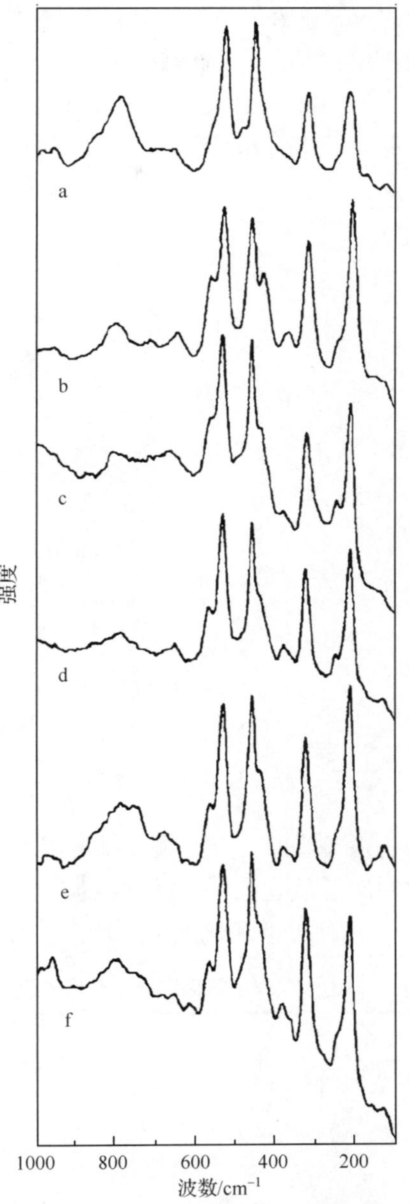

图 8.61　{Mo_{154}}及其钼蓝的溶液拉曼光谱(λ_e=1064nm)：(a){Mo_{154}}；(b)(N_2H_6)SO_4还原得到的{Mo_{154}}钼蓝；(c) $SnCl_2$还原得到的{Mo_{154}}钼蓝；(d) Fe还原的{Mo_{154}}钼蓝；(e) Zn还原的{Mo_{154}}钼蓝(pH 1.4)；(f) 紫外光照射下，甲酸存在下的{Mo_{154}}钼蓝 (pH 1.4)[72]

1064nm,还原剂的不同并没有导致峰位的位移,只是峰强稍有不同[72]。图 8.62 为 $Na_{24}[Mo_{144}O_{437}H_{14}(H_2O)_{56}]\cdot 250H_2O=\{Mo_{144}\}$的钼蓝溶液的拉曼光谱,在 100～900nm 出现 10 个吸收峰,峰位分别为 795cm^{-1}、657cm^{-1}、571cm^{-1}、532cm^{-1}、459cm^{-1}、381cm^{-1}、326cm^{-1}、250cm^{-1}、214cm^{-1}、132cm^{-1}[76]。

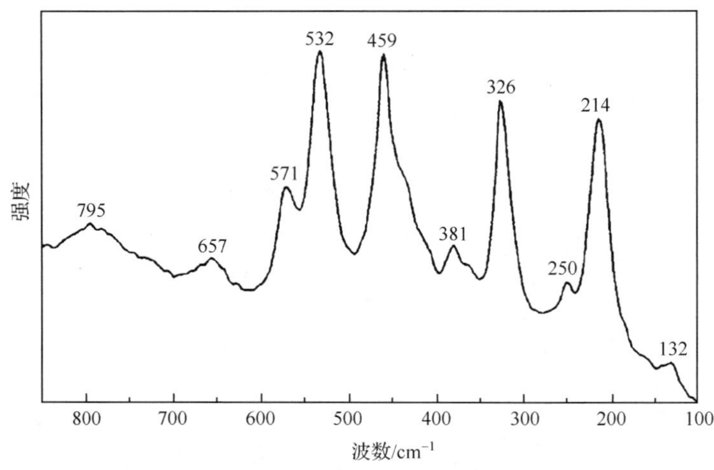

图 8.62　$\{Mo_{144}\}$的钼蓝溶液的拉曼光谱(激发波长为 1064nm)[76]

8.5.3.3　核磁共振谱

杂多蓝的^{183}W核磁共振与其氧化态相比,化学位移有了更负的位移,表 8.13 中列出了氧化态杂多化合物及其两电子还原的杂多蓝的^{183}W NMR 数据[67],表 8.14列出了氧化态杂多化合物及其两电子还原的杂多蓝的^{31}P NMR 数据[77]。

表 8.13　氧化态杂多化合物及其两电子还原的杂多蓝的^{183}W NMR 数据[67]

	化学位移/ppm			峰面积比
$[\alpha\text{-}P_2Mo_3^{VI}W_{15}O_{62}]^{6-}$	−134	−180	−179	1∶2∶2
$[\alpha\text{-}P_2Mo_2^{V}Mo^{VI}W_{15}O_{62}]^{8-}$	−149	−226	−239	1∶2∶2
$[\alpha\text{-}P_2W_{18}O_{62}]^{6-}$	−173	−127	—	2∶1
$[\alpha\text{-}P_2W_{18}O_{62}]^{8-}$	−51	−299	—	2∶1
$[\alpha\text{-}SiW_{12}O_{40}]^{4-}$	−103	—	—	—
$[\alpha\text{-}SiW_{12}O_{40}]^{6-}$	−43	—	—	—

表 8.14　氧化态杂多化合物及其两电子还原的杂多蓝的^{31}P NMR 数据[77]

	化学位移/ppm	线宽/(mm·s^{-1})	化学位移/ppm	线宽/(mm·s^{-1})
$[\alpha\text{-}PW_{12}O_{40}]^{3-}$	−14.6	0.5	—	—
$[\alpha\text{-}PW_{12}O_{40}]^{4-}$	−10.4	1.0	—	—
$[\alpha\text{-}P_2W_{18}O_{62}]^{6-}$	−12.7	0.6	—	—
$[\alpha\text{-}P_2W_{18}O_{62}]^{8-}$	−12.7	41	—	—
$[\alpha\text{-}P_2Mo_3W_{15}O_{62}]^{6-}$	−10.4	1	−12.9	1
$[\alpha\text{-}P_2Mo_3W_{15}O_{62}]^{7-}$	4.5	177	−13.5	7.0
$[\alpha_1\text{-}P_2MoW_{17}O_{62}]^{6-}$	−11.4	1.5	−12.3	1.5
$[\alpha_1\text{-}P_2MoW_{17}O_{62}]^{7-}$	6.3	900	−3.4	80
$[\alpha_2\text{-}P_2MoW_{17}O_{62}]^{6-}$	−11.5	1.5	−12.3	1.5
$[\alpha_2\text{-}P_2MoW_{17}O_{62}]^{7-}$	−3.8	360～410	−13.4	8.6

8.5.3.4　电子顺磁共振谱

杂多蓝有特征的电子顺磁共振(EPR)谱，大多数的混价杂多蓝中电子是离域的。还原态的$[W_6O_{19}]^{3-}$的 EPR 谱是在 10K 下冷冻的 Me_2SO(二甲基亚砜)溶液中测定的(图 8.63)[78]，谱图中展示了平行和垂直的 W^V 在轴向配位场的典型吸收

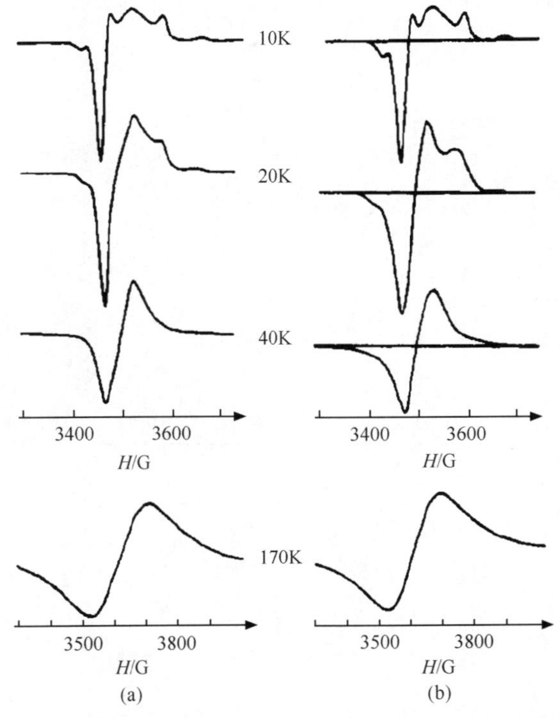

图 8.63　还原态$[W_6O_{19}]^{3-}$的 EPR 谱：(a)实验值；(b)模拟值[78]

谱线，强的中心线是由^{182}W，^{184}W 和^{186}W($I=0$)同位素导致的，而弱线是由^{183}W($I=1/2$)同位素的超精细耦合导致的，EPR 谱是由 Hamilton 公式确定的[式(8-5)]：

$$H = g_{\parallel}\beta H_z S_z + g_{\perp}\beta(H_x S_x + H_y S_y) + A_{\parallel} S_z I_z + A_{\perp}(S_x I_x + S_y I_y) \tag{8-5}$$

图 8.64 和图 8.65 所示为还原态$[W_6O_{19}]^{3-}$和$[W_5NbO_{19}]^{4-}$的 EPR 谱的线

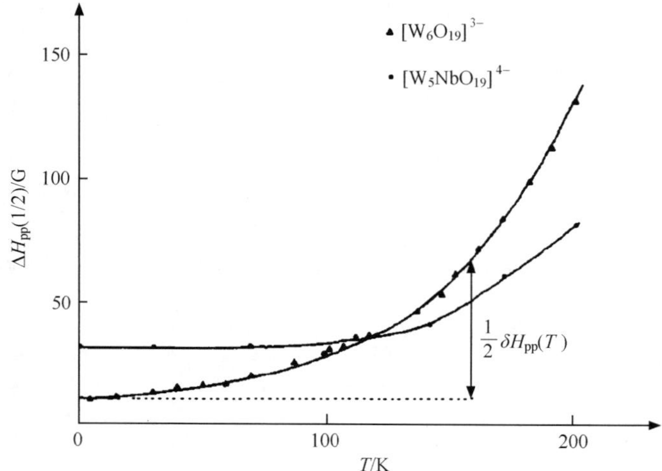

图 8.64　还原态$[W_6O_{19}]^{3-}$和$[W_5NbO_{19}]^{4-}$的 EPR 谱的线宽与温度的关系曲线[78]

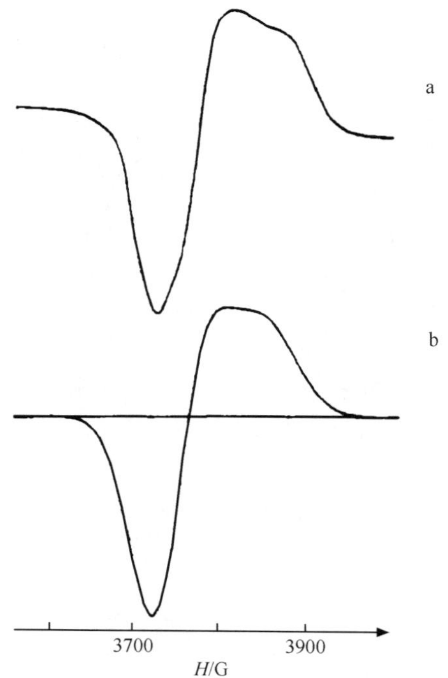

图 8.65　4K 下还原态$[W_5NbO_{19}]^{4-}$的 EPR 谱：(a)实验值；(b)模拟值[78]

宽与温度的关系曲线[78]。一系列研究表明，随着温度的升高，线宽不断增加，在 25K 超精细成分消失，但 EPR 谱峰仍是各向异性的，40K 以上谱峰完全是各向同性的，温度达到 200K 时谱峰开始持续扩大。$[W_5NbO_{19}]^{4-}$ 的 EPR 谱是在 DMF 溶液中测定的，4K 下冷冻溶液没有展示出任何超精细结构（图 8.65）[78]，可能是由更大的线宽（$\Delta H_{pp}\approx$60G）所导致的，通常计算的线宽只有 30G，属于典型的 W^V 的斜方晶系配位场，由 Zeeman Hamilton 公式[式(8-6)]确定[78]，一系列还原态杂多蓝的 EPR 参数见表 8.15[78]。

$$H = g_x\beta H_x S_x + g_y\beta H_y S_y + g_z\beta H_z S_z \tag{8-6}$$

$[H_2W_{12}O_{40}]^{7-}$ 的 EPR 谱是在 10K 下的冷冻水溶液中测定的（图 8.66）[78]，属于典型的 W^V 的斜方晶系配位场，可由 Zeeman Hamilton 公式计算[式(8-6)]，参数见表 8.15[78]。EPR 谱研究表明，35K 以上谱线扩大，在 85K 以上完全为各向同性之前，第一次出现轴向为 75K，两个低磁场成分首先坍塌，表明 g_x 和 g_y 值比 g_z 值更大，125K 时谱峰变宽。还原态$[H_2W_{12}O_{40}]^{7-}$和$[SiW_{12}O_{40}]^{5-}$的 EPR 谱的线宽与温度的关系如图 8.67 所示[78]。

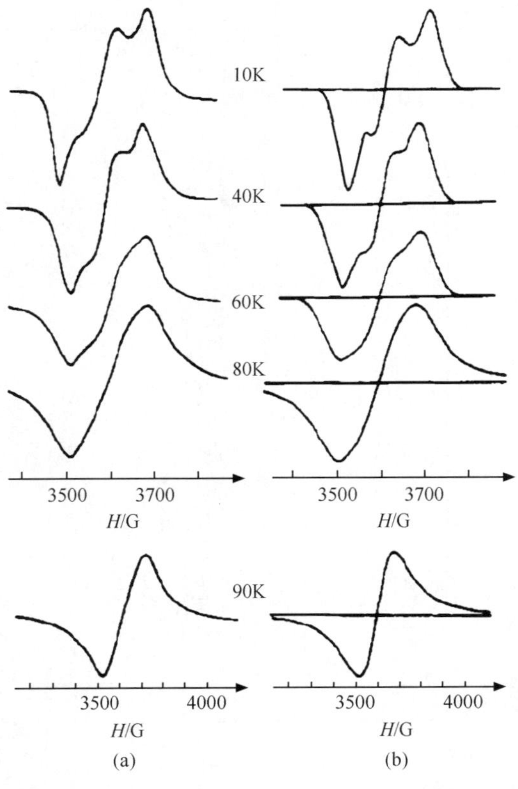

图 8.66　还原态$[H_2W_{12}O_{40}]^{7-}$的 EPR 谱：(a)实验值；(b)模拟值[78]

表 8.15 一系列还原态杂多蓝的 EPR 参数[78]

杂多蓝	ΔH_{pp}/G(T=10K)					
	g_x	g_y	g_z	Δx	Δy	Δz
$[W_6O_{19}]^{3-}$	1.76	1.76	1.703	20	20	20
$[W_5NbO_{19}]^{4-}$	1.742	1.722	1.684	64	64	72
$[SiW_{12}O_{40}]^{5-}$	1.854	1.826	1.784	30	32	40
$[H_2W_{12}O_{40}]^{7-}$	1.854	1.803	1.755	40	45	44
$[HF_3W_{12}O_{37}]^{5-}$	1.853	1.821	1.778	30	30	40
$[GeW_{12}O_{40}]^{6-}$	1.848	1.816	1.779			
$[BW_{12}O_{40}]^{6-}$	1.854	1.823	1.773			
$[As_2W_{18}O_{62}]^{7-}$	1.812	1.849	1.907	30	30	30
$[H_2W_{18}F_6O_{56}]^{9-}$	1.811	1.852	1.917	38	35	30
$[P_2W_{18}O_{62}]^{7-}$	1.814	1.854	1.906			
$[AsH_2W_{18}O_{60}]^{8-}$	1.743 1.809	1.775 1.775	1.809 1.743	34	30	20

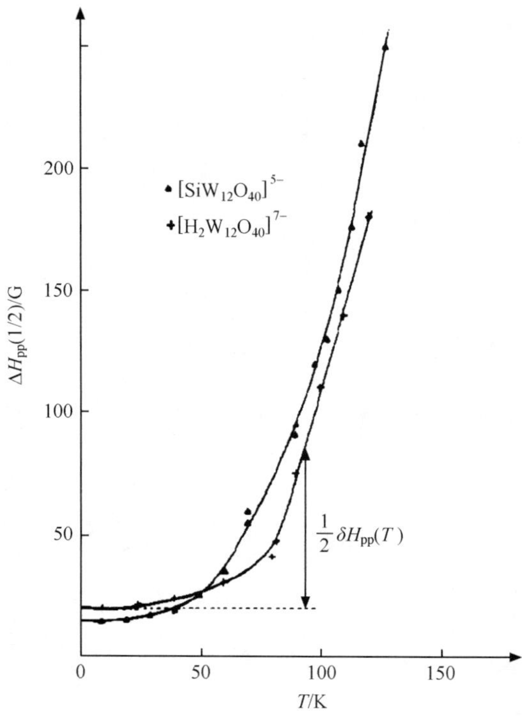

图 8.67 还原态$[H_2W_{12}O_{40}]^{7-}$和$[SiW_{12}O_{40}]^{5-}$的 EPR 谱的线宽与温度的关系[78]

$[SiW_{12}O_{40}]^{5-}$ 的 EPR 谱与 $[H_2W_{12}O_{40}]^{7-}$ 非常相似，最终的结果见表 8.15[78]。$[As_2W_{18}O_{62}]^{7-}$ 的 EPR 谱(图 8.68)是在 10K 下冷冻水溶液中测定的，没有得到超精细结构[78]，相应的数据见表 8.15[78]。随着温度的增加，线宽增大，100K 时 EPR 谱呈现轴向特征，115K 以上为各向同性。还原态 $[As_2W_{18}O_{62}]^{7-}$ 和 $[AsH_2W_{18}O_{62}]^{8-}$ 的 EPR 谱的线宽与温度的关系如图 8.69 所示。$[AsH_2W_{18}O_{62}]^{8-}$ 的 EPR 谱(图 8.70)是在 10K 冷冻溶液中测定的，属于 W^V 的斜方晶系配位场[78]。EPR 参数见表 8.15[78]，线宽增加导致两个高场组分的坍塌，没有检测到轴向谱，但是光谱在 110K 以上变成各向同性。图 8.69 为还原态 $[As_2W_{18}O_{62}]^{7-}$ 和 $[AsH_2W_{18}O_{62}]^{8-}$ 的 EPR 谱的线宽与温度的关系曲线[78]。图 8.71 为 $[PW^VW_{11}O_{40}]^{4-}$、$[H_2W^VW_{11}O_{40}]^{7-}$、$[SiW^VW_{11}O_{40}]^{5-}$ 和 $[GeW^VW_{11}O_{40}]^{5-}$ 的 EPR 谱[79]。

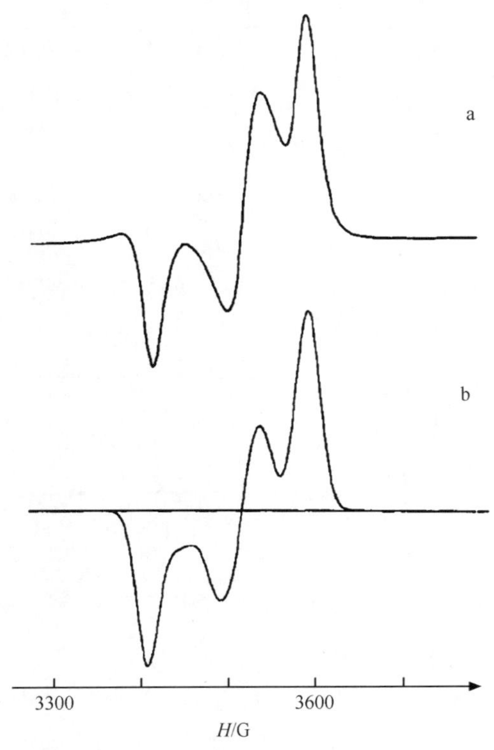

图 8.68 10K 下 $[As_2W_{18}O_{62}]^{7-}$ 的 EPR 谱：实验值(a)；模拟值(b)[78]

8.5.3.5 电化学性质研究

杂多蓝的电化学行为与其氧化态的电化学行为在峰位上有较大差别。以 $Na_{0.5}H_{4.5}[As_2^{III}As^VMo_8^VMo_{12}^{VI}O_{40}]\cdot 4H_2O$ 的电化学为例，$Na_{0.5}H_{4.5}[As_2^{III}As^VMo_8^VMo_{12}^{VI}O_{40}]\cdot 4H_2O$ 的循环伏安曲线是在乙腈中测定的[图 8.72(a)][75]，在谱图中出现两对连续可逆的单电子氧化还原峰，电势分别为 0.51V 和 0.62V。在

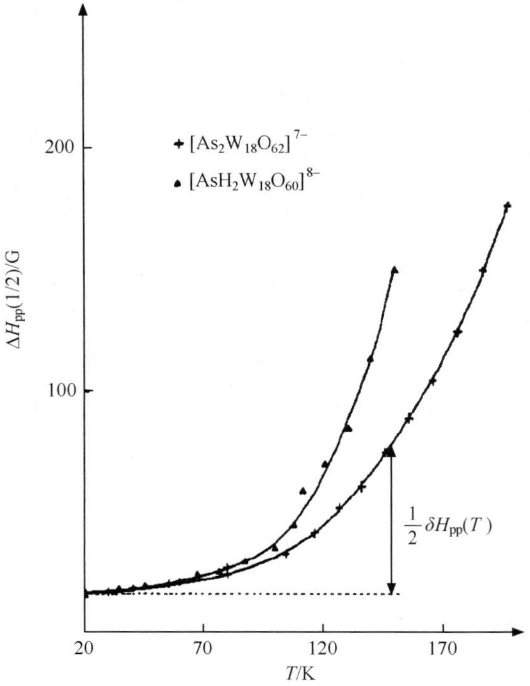

图 8.69　还原态$[As_2W_{18}O_{62}]^{7-}$和$[AsH_2W_{18}O_{62}]^{8-}$的 EPR 谱的线宽与温度的关系曲线[78]

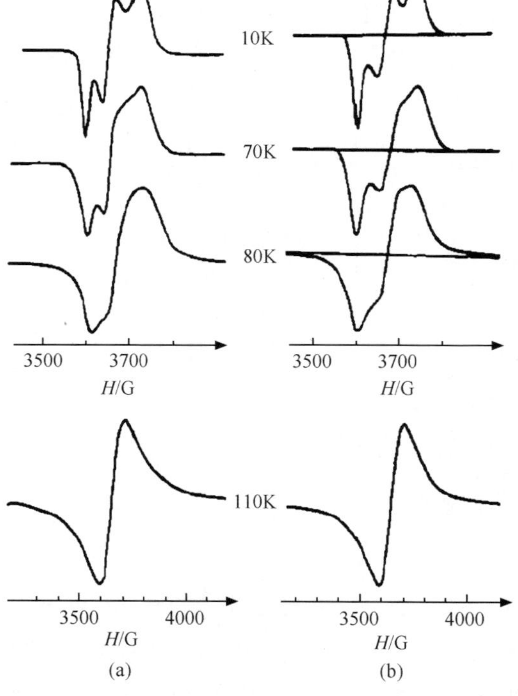

图 8.70　$[AsH_2W_{18}O_{62}]^{8-}$的 EPR 谱:实验值(a);模拟值(b)[78]

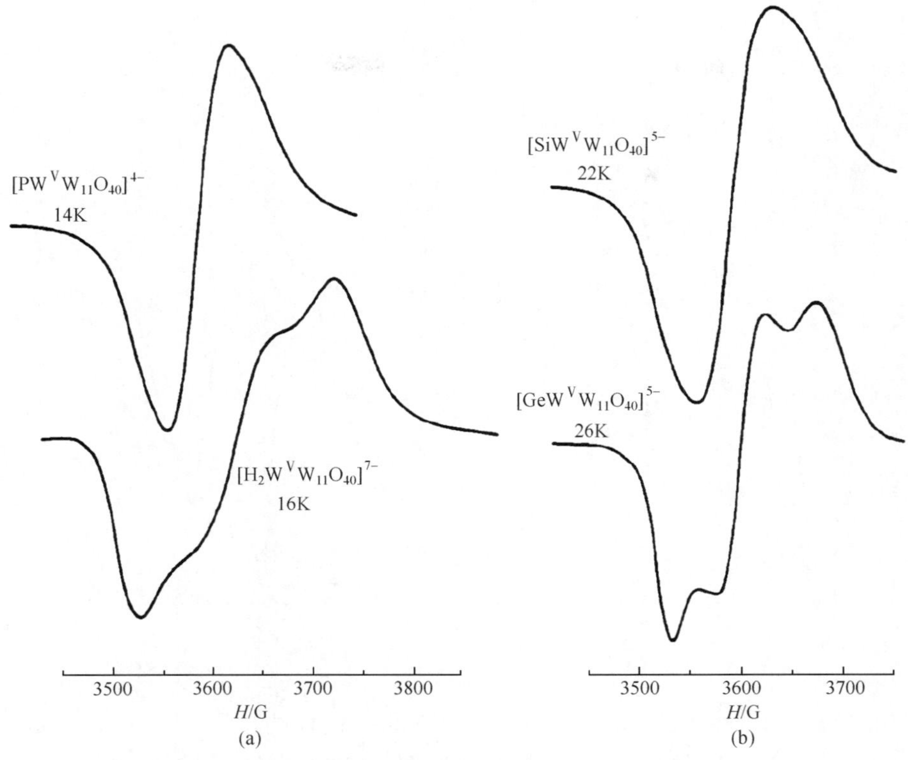

图 8.71　(a)$[PW^{V}W_{11}O_{40}]^{4-}$和$[H_2W^{V}W_{11}O_{40}]^{7-}$的 EPR 谱;(b)$[SiW^{V}W_{11}O_{40}]^{5-}$和$[GeW^{V}W_{11}O_{40}]^{5-}$的 EPR 谱[79]

0.70V 2F · mol^{-1}下对 $Na_{0.5}H_{4.5}[As_2^{III}As^{V}Mo_8^{V}Mo_{12}^{VI}O_{40}]\cdot 4H_2O$ 进行控制电位电解,颜色由蓝色变成灰绿色,两电子氧化后检测阴极液的循环伏安曲线表明,在 0.62V 和 0.51V 出现连续的一电子还原过程。循环伏安负向电位扫描表明,在 −1.37V出现一个不可逆的多电子还原。在 −1.45V 的控制电位电解表明,一个四电子的氧化还原过程,所有的 12 个 Mo 中心都已经被还原成 Mo^{V}。反向扫描的循环伏安曲线表明,一个与多电子还原有关的氧化过程以及在 −0.65V 处的第二阳极过程[图 8.72(b)][75]。在 −1.45V 下乙腈中对 $Na_{0.5}H_{4.5}[As_2^{III}As^{V}Mo_8^{V}Mo_{12}^{VI}O_{40}]\cdot 4H_2O$ 的控制电位电解得到的循环伏安曲线与 $H_3[AsMo_{12}O_{40}]\cdot xH_2O$ 类似,不同的是在 −0.65V 出现一个峰,研究表明 −1.37V 的多电子还原导致 As(Ⅲ)从簇中释放,而且随后在 −0.65V 产生吸附在电极上的多电子氧化波[75]。

8.5.3.6　抗病毒活性研究

王恩波和刘术侠等采用控制电位电解法合成了一系列稀土杂多蓝化合物如 $Pr[PW_{12}O_{40}]\cdot 18H_2O$、$PrH_2[PW_{12}O_{40}]\cdot 20H_2O$ 和 $PrH_4[PW_{12}O_{40}]\cdot 20H_2O$,

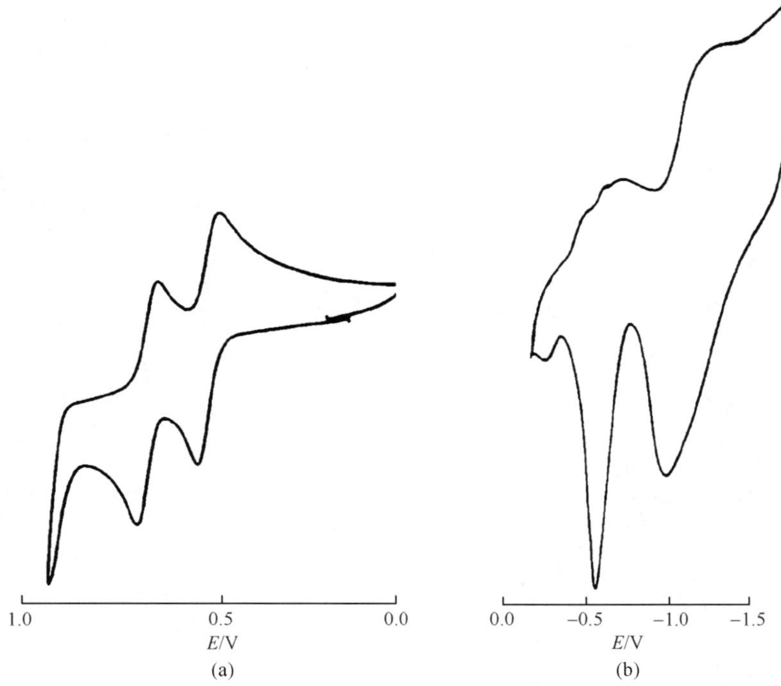

图 8.72 (a) $Na_{0.5}H_{4.5}[As_2^{III}As^{V}Mo_8^{V}Mo_{12}^{VI}O_{40}]\cdot 4H_2O$ 在 0～1V(a)及 $Na_{0.5}H_{4.5}[As_2^{III}As^{V}Mo_8^{V}Mo_{12}^{VI}O_{40}]\cdot 4H_2O$ 在−1.5～0V(b)的循环伏安曲线[75]（测试条件：0.1mol·L^{-1} $(n\text{-}C_4H_9)_4NPF_6$ 乙腈溶液，阴离子浓度 1.0×10^{-3}mol·L^{-1}，扫描速率为 200mV·s^{-1}，对电极为 Pt，参比电极为二茂铁电对）

其抑制淋巴 MT-4 细胞增殖实验及抗艾滋病病毒活性实验研究表明它们具有很好的抗病毒活性。由艾滋病病毒 HIV-1 引起的细胞病变作用的半数抑制浓度 EC_{50} 及对 MT-4 细胞增殖的半数抑制浓度 CC_{50} 见表 8.16，研究表明它们的抗病毒活性要比 $K_7[PTi_2W_{10}O_{40}]\cdot 6H_2O$ (PM-19)更好[80]。

表 8.16 杂多化合物的抗病毒活性[80]

多酸化合物	MT-4 $CC_{50}/(\mu g\cdot mL^{-1})$	MT-4/HIV-1 $EC_{50}/(\mu g\cdot mL^{-1})$	TI_{50}
$Pr[PW_{12}O_{40}]\cdot 18H_2O$	289	6.6	44
$PrH_2[PW_{12}O_{40}]\cdot 20H_2O$	318	4.8	66
$PrH_4[PW_{12}O_{40}]\cdot 20H_2O$	320	4.6	70
$K_7[PTi_2W_{10}O_{40}]\cdot 6H_2O$(PM-19)	280	5.5	51

注：TI_{50} 为 CC_{50} 与 EC_{50} 的比值。

8.6　反 Keggin 型杂多化合物及其衍生物化学

Keggin 型杂多阴离子的杂原子 X 一般为 p 区元素，与周围的 4 个四面体氧配位位于多阴离子的中心，而 12 个配原子 M 一般为 d 区元素。如果杂原子 X 的位置换成 d 区元素，配原子 M 的位置换成 p 区元素，得到的多阴离子称为反 Keggin 型多阴离子，这类多阴离子是 Winpenny 等于 2007 年报道的。本节介绍反 Keggin 型杂多化合物的结构、合成及其表征等。

8.6.1　反 Keggin 型杂多化合物及其衍生物的结构描述

反 Keggin 型杂多阴离子的通式是$[XM_{12}O_{40}]^{n-}$，其中杂原子 X 为 d 区元素，配原子 M 为 p 区元素，一般在该结构中 d 区元素为四配位的，而 p 区元素是六配位的。2007 年，Winpenny 等报道了反 Keggin 型多酸化合物$[Mn(PhSb)_{12}O_{28}\{Mn(H_2O)_3\}_2\{Mn(H_2O)_2(AcOH)\}_2]$，在它的结构中，Mn 为四配位的杂原子，具有四面体的几何构型，而 Sb 为配原子，为六配位的八面体构型，构筑的反 Keggin 型多阴离子为 ε 型(图 8.73)，这个 ε-反 Keggin 型多阴离子的笼形簇$\{MnSb_{12}\}$表面与四个 Mn^{2+} 配位[81]。

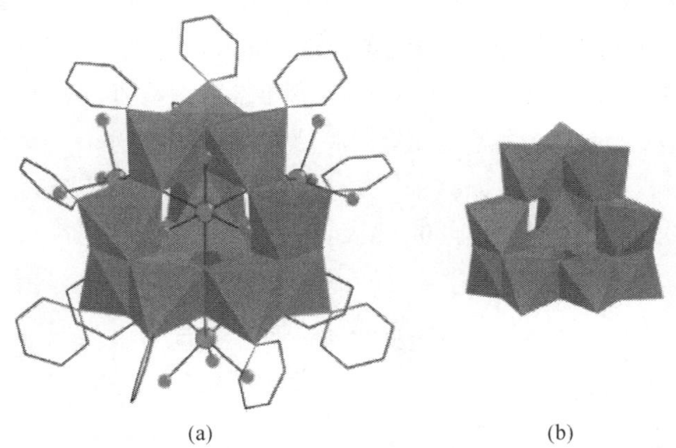

图 8.73　$[Mn(PhSb)_{12}O_{28}\{Mn(H_2O)_3\}_2\{Mn(H_2O)_2(AcOH)\}_2]$ (a) 和$\{MnSb_{12}\}$(b)的结构图[81]

在此前，Lippard 等于 2002 年报道了一种反 Keggin 型多阴离子的类似物$[Fe_{13}O_4F_{24}(OMe)_{12}]^{5-}$，它的结构中配原子是 12 个六配位的 Fe 原子，杂原子是 1 个四配位的 Fe 原子，构筑成第一例开壳层 α-类反 Keggin 型多阴离子(图 8.74)[82]。

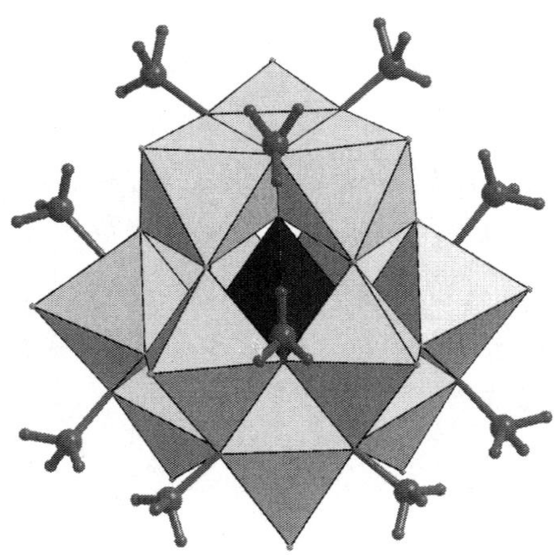

图 8.74 $[Fe_{13}O_4F_{24}(OMe)_{12}]^{5-}$ 的结构图[82]

8.6.2 反 Keggin 型杂多化合物及其衍生物的合成

$[Mn(PhSb)_{12}O_{28}\{Mn(H_2O)_3\}_2\{Mn(H_2O)_2(AcOH)\}_2]$的合成

将 0.29g $Mn(Ac)_2 \cdot 4H_2O$ (1.20mmol)、0.30g 苯锑酸(1.20mmol)和 15mL 乙腈置于反应釜中，然后加入 0.33mL 三甲胺 (2.40mmol)，反应釜在 100℃溶剂热条件下加热。缓慢冷却反应釜得到黄色块状晶体，产量为 0.13g，产率为 39 %。元素分析理论值(%)：C 26.29、H 2.48；实验值(%)：C 26.45、H 2.72。IR(KBr 压片，cm^{-1})：3306(br)、3049(m)、1733(s)、1717(s)、1699(s)、1695(s)、1683(s)、1652(s)、1635(s)、1616(s)、1558(s)、1480(s)、1433(s)、1411(m)、1183(m)、1074(s)、1022(m)、998(s)、733(s)、690(s)、662(m)、630(s)、577(m)、494(s)、454(s)[81]。

$[Mn(PhSb)_{12}O_{28}\{Mn_4(H_2O)_6(C_5H_5N)_2CH_3CN\}]$的合成

将 0.24g $Mn(Ac)_2 \cdot 4H_2O$ (1.00mmol)和 0.25g 苯锑酸(1.00mmol)置于 100mL 圆底烧瓶中，加入 15mL 乙腈，再向反应混合物中加入 0.21g NaOMe (4.00mmol)，接着加入 0.10mL 吡啶，混合物室温搅拌 12h，然后过滤，缓慢蒸发，两天后得到黄色晶体。产量为 0.10g，产率为 35%。元素分析理论值(%)：C 29.53、H 2.50、N 1.23；实验值(%)：C 26.85、H 2.65、N 1.45。IR(KBr 压片，cm^{-1})：3349(br)、3050(m)、1733(s)、1699(s)、1683(s)、1653(s)、1635(s)、1576(s)、1559(s)、1479(s)、1433(s)、1182(m)、1073(s)、1023(s)、999(s)、734(s)、690(s)、583(m)、493(s)、455(s)[81]。

$[Zn(4\text{-}Cl\text{-}C_6H_4Sb)_{12}O_{28}\{Zn(H_2O)\}_4]$的合成

将 0.76g $Zn(Ac)_2 \cdot 2H_2O$ (3.46mmol)、1.00g $4\text{-}Cl\text{-}C_6H_4\text{-}SbO_3H_2$ (3.53mmol)

和 15mL 乙腈置于反应釜中，加入 0.96mL 三乙胺(6.92mmol)，反应釜在 100℃溶剂热条件下加热。缓慢冷却至室温，混合物过滤，滤液缓慢蒸发一个月，得到无色晶体产物，产量为 0.55g，产率为 38%。IR(KBr 压片，cm^{-1})：3407(br)、2983(m)、2692(m)、2344(s)、1733(s)、1700(s)、1653(s)、1575(m)、1477(s)、1383(m)、1337(s)、1182(s)、1088(s)、1070(s)、1013(s)、935(m)、812(s)、740(s)、710、679(m)、627(s)、599(s)、505(s)[81]。

$(PyH)_5[Fe_{13}O_4F_{24}(OMe)_{12}]\cdot 4H_2O\cdot CH_3OH$ 合成

将 $FeF_3\cdot 3H_2O$ (3.0g，18mmol)溶于 90mL MeOH 中得到悬浮液，再加入 3mL 吡啶，反应混合物加热直到大部分固体溶解，过滤掉少量不溶物，得到黄绿色滤液，将滤液浓缩至 60mL，溶液室温保存 24h，得到黄绿色晶体，过滤，用甲醇、丙酮、乙醚洗涤，干燥，产量为 473mg，产率为 16%。$(PyH)_5[Fe_{13}O_4F_{24}(OMe)_{12}]\cdot 4H_2O\cdot CH_3OH$ 的元素分析理论值(%)：C 21.50、H 3.70、N 3.30、F 21.48、Fe 34.20；实验值(%)：C 21.49、H 3.54、N 3.30、F 21.51、Fe 34.34[82]。

8.6.3　反 Keggin 型杂多化合物及其衍生物的性质研究

$(PyH)_5[Fe_{13}O_4F_{24}(OMe)_{12}]\cdot 4H_2O\cdot CH_3OH$ 在 77K 下的固体穆斯堡尔谱中出现一个宽的四极双线态特征峰(线宽 $\Gamma\approx 0.5mm\cdot s^{-1}$)，与 $\delta=0.52mm\cdot s^{-1}$ 一致(图 8.75)[82]，对应典型的高自旋 Fe^{III} 中心。磁性研究表明，该化合物中存在很强的铁磁性相互作用，300K 下实际测量的有效磁矩 $\mu_{eff}=19.3\mu_B$，比预期值要小，根据 13 个未成对的 Fe 中心($S=5/2$、$g=2$)，有效磁矩值的计算值为 $\mu_{eff}=21.3\mu_B$，随着温度的下降，μ_{eff}逐渐增加，至 100K 时的 μ_{eff}达 $20.9\mu_B$，当温度降至 4K 时，μ_{eff}值降至 $16.7\mu_B$[82](图 8.76)。

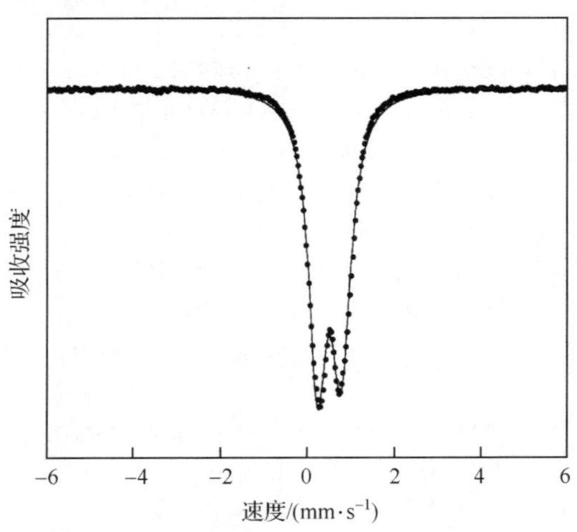

图 8.75　$(PyH)_5[Fe_{13}O_4F_{24}(OMe)_{12}]\cdot 4H_2O\cdot CH_3OH$ 的固体穆斯堡尔谱(77K，实验数据(·)，理论值(—))[82]

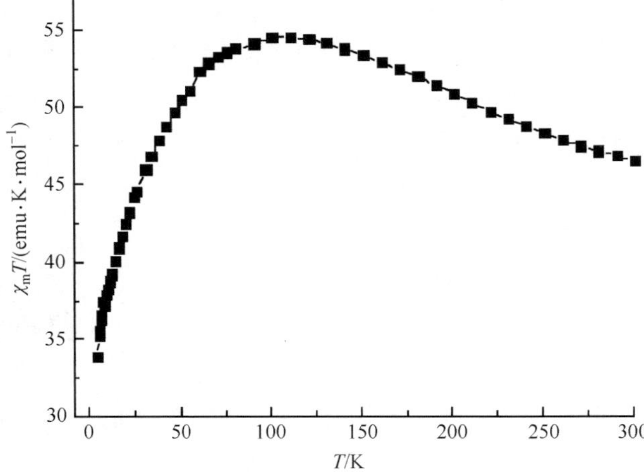

图 8.76 $(PyH)_5[Fe_{13}O_4F_{24}(OMe)_{12}]\cdot 4H_2O\cdot CH_3OH$ 的 $\chi_m T$-T 曲线[82]

参考文献

[1] Botar B, Geletii Y V, Kögerler P, et al. Asymmetric terminal ligation on substituted sites in a disorder-free Keggin anion, $[\beta\text{-}SiFe_2W_{10}O_{36}(OH)_2(H_2O)Cl]^{5-}$. Dalton Trans, 2005: 2017-2021.

[2] Kamata K, Yamaguchi S, Kotani M, et al. Efficient oxidative alkyne homocoupling catalyzed by a monomeric dicopper-substituted silicotungstate. Angew Chem Int Ed, 2008, 120: 2441-2444.

[3] Mialane P, Dolbecq A, Rivière E, et al. A polyoxometalate containing the $\{Ni_2N_3\}$ fragment: ferromagnetic coupling in a Ni^{II} μ-1,1 azido complex with a large bridging. Angle Angew Chem Int Ed, 2004, 43: 2274-2277.

[4] Kikukawa Y, Yamaguchi S, Nakagawa Y, et al. Synthesis of a dialuminum-substituted silicotungstate and the diastereoselective cyclization of citronellal derivatives. J Am Chem Soc, 2008, 130: 15872-15878.

[5] Reinoso S, Dickman M H, Praetorius A, et al. Phenyltin-substituted 9-tungstogermanate and comparison with its tungstosilicate analogue. Inorg Chem, 2008, 47: 8798-8806.

[6] Kortz U, Tézé A, Hervé G. A cubane-substituted polyoxoanion: structure and magnetic properties of $Cs_2[H_2PW_9Ni_4O_{34}(OH)_3(H_2O)_6]\cdot 5H_2O$. Inorg Chem, 1999, 38: 2038-2042.

[7] (a) Zheng S T, Zhang J, Yang G Y. Designed synthesis of POM-organic frameworks from $\{Ni_6PW_9\}$ building blocks under hydrothermal conditions. Angew Chem Int Ed, 2008, 47: 3909-3913.
(b) Wang X L, Liu X J, Tian A X, et al. A novel 2D→3D $\{Co_6PW_9\}$-based framework extended by semi-rigid bis(triazole) ligand. Dalton Trans, 2012, 41: 9587-9589.

[8] Fang X K, Kögerler P. A polyoxometalate-based manganese carboxylate cluster. Chem Commun, 2008: 3396-3398.

[9] Malacria M. Efficient Preparation of functionalized hybrid organic/inorganic Wells-Dawson-type polyoxotungstates. J Am Chem Soc, 2005, 127: 6788-6794.

[10] Nomiya K, Togashi Y, Kasahara Y, et al. Synthesis and structure of Dawson polyoxometalate-based, multifunctional, inorganic-organic hybrid compounds: organogermyl complexes with one terminal functional group and organosilyl analogues with two terminal functional groups. Inorg Chem, 2011, 50: 9606-

9619.

[11] Zonnevijlle F, Tourne C M, Tourne G F. Preparation and characterization of heteropolytungstates containing group 3a elements. Inorg Chem, 1982, 21: 2742-2750.

[12] Wang J M, Yan L, Li G X, et al. Mono-substituted Keggin-polyoxometalate complexes as effective and recyclable catalyst for the oxidation of alcohols with hydrogen peroxide in biphasic system. Tetrahedron Lett, 2005, 46: 7023-7027.

[13] (a) Galli C, Gentili P, Pontes A S N, et al. Oxidation of phenols employing polyoxometalates as biomimetic models of the activity of phenoloxidase enzymes. New J Chem, 2007, 31: 1461-1467.

(b) Peng J, Li W Z, Wang E B, et al. Polyoxometalates with pendant surface ligands. Synthesis and characterization of $[SiW_{11}O_{39}M(H_3P_2O_7)]^{7-}$. J Chem Soc Dalton Trans, 2001: 3668-3671.

[14] Wassermann K, Lunk H J, Palm R, et al. Polyoxoanions derived from $[\gamma\text{-}SiO_4W_{10}O_{32}]^{8-}$-containing oxo-centered dinuclear chromium(Ⅲ) carboxylato complexes: synthesis and single-crystal structural determination of $[\gamma\text{-}SiO_4W_{10}O_{32}(OH)Cr_2(OOCCH_3)_2(OH_2)_2]^{5-}$. Inorg Chem, 1996, 35: 3273-3279.

[15] Zhang X Y, O'Connor C J, Jameson G B, et al. High-valent manganese in polyoxotungstates. 3. Dimanganese complexes of γ-Keggin anions. Inorg Chem, 1996, 35: 30-34.

[16] (a) Xin F B, Pope M T, Long G J, et al. Polyoxometalate derivatives with multiple organic groups. 2. Synthesis and structures of tris (organotin) α, β-Keggin tungstosilicates. Inorg Chem, 1996, 35: 1207-1213.

(b) Bi L H, Kortz U, Dickman M H, et al. Trilacunary heteropolytungstates functionalized by organometallic Ruthenium(Ⅱ), $[(RuC_6H_6)_2XW_9O_{34}]^{6-}$ (X=Si, Ge). Inorg Chem, 2005, 44: 7485-7493.

[17] Sokolov M N, Adonin S A, Mainichev D A, et al. Synthesis and characterization of $[PW_{11}O_{39}Ir(H_2O)]^{4-}$: successful incorporation of Ir into polyoxometalate framework and study of the substitutional lability at the Ir(Ⅲ) site. Chem Commun, 2011, 47: 7833-7835.

[18] Nadjo L. Isomerically pure α_1-Monosubstituted tungstodiphosphates: synthesis, characterization and stability in aqueous solutions. Eur J Inorg Chem, 2002: 2587-2593.

[19] Contant R. Iron-substituted Dawson-type tungstodiphosphates: synthesis, characterization, and single or multiple initial electronation due to the substituent nature or position. Inorg Chem, 1997, 36: 4961-4967.

[20] Francesconi L C. Synthesis and characterization of Re^{V}, Re^{VI} and Re^{VII} complexes of the $[\alpha_2\text{-}P_2W_{17}O_{61}]^{10-}$ isomer. J Chem Soc Dalton Trans, 1999: 301-310.

[21] Francesconi L C. Production and reactions of organic-soluble lanthanide complexes of the monolacunary Dawson $[\alpha_1\text{-}P_2W_{17}O_{61}]^{10-}$ polyoxotungstate. Inorg Chem, 2006, 45: 1389-1398.

[22] Tasiopoulos A J, Milligan P L, Abboud K A, et al. Mixed transition metal-lanthanide complexes at high oxidation states: heteronuclear $Ce^{IV}Mn^{IV}$ clusters. Inorg Chem, 2007, 46: 9678-9691.

[23] Granadeiro C M, Ferreira R A S, Soares-Santos P C R, et al. Lanthanopolyoxometalates as building blocks for multiwavelength photoluminescent organic-inorganic hybrid materials. Eur J Inorg Chem, 2009: 5088-5095.

[24] Francesconi L C. Synthesis, structure elucidation, and redox properties of ^{99}Tc complexes of lacunary Wells-Dawson polyoxometalates: insights into molecular ^{99}Tc-metal oxide interactions. Inorg Chem, 2011, 50: 1670-1681.

[25] Stapleton A J, Sloan M E, Napper N J, et al. Transition metal-substituted Dawson anions as chemo- and regio-selective oxygen transfer catalysts for H_2O_2 in the epoxidation of allylic alcohols. Dalton Trans,

2009:9603-9615.

[26] Hill C L. Polyoxometalate HIV-1 protease inhibitors. A new mode of protease inhibition. J Am Chem Soc,2001,123:886-897.

[27] Bassil B S,Dickman M H,von der Kammer B,et al. The monolanthanide-containing silicotungstates [Ln $(\beta_2\text{-}SiW_{11}O_{39})_2]^{13-}$ (Ln=La,Ce,Sm,Eu,Gd,Tb,Yb,Lu):a synthetic and structural investigation. Inorg Chem,2007,46:2452-2458.

[28] Gaunt A J,May I,Sarsfield M J,et al. A rare structural characterisation of the phosphomolybdate lacunary anion,$[PMo_{11}O_{39}]^{7-}$. Crystal structures of the Ln(Ⅲ) complexes,$(NH_4)_{11}[Ln(PMo_{11}O_{39})_2]\cdot 16H_2O$ (Ln=$Ce^{Ⅲ}$,$Sm^{Ⅲ}$,$Dy^{Ⅲ}$ or $Lu^{Ⅲ}$). Dalton Trans,2003:2767-2771.

[29] Liu J F,Zu Z P,Zhao B L,et al. Synthesis and characterization of bis(undeca tungstogallate) of potassium. Inorg Chim Acta,1989,164:179-183.

[30] Hou Y,Fang X K,Hill C L. Breaking symmetry:spontaneous resolution of a polyoxometalate. Chem Eur J,2007,13:9442-9447.

[31] 王子梁,刘锦,魏林恒,等. 化合物$[H_3DETA]_3[H_2DETA]_2[Pr(SiW_{11}O_{39})_2]\cdot 2H_2O$的水热合成及晶体结构. 化学研究,2005,16:24-26.

[32] Peacock R D,Weakley T J R. Heteropolytungstate complexes of the lanthanide elements. Part I. Preparation and reactions. J Chem Soc A,1971,12:1836-1839.

[33] Ostuni A,Bachman R E,Pope M T. Multiple diastereomers of $[M^{n+}(\alpha_m\text{-}P_2W_{17}O_{61})_2]^{(20-n)-}$ (M=$U^{Ⅳ}$,$Th^{Ⅳ}$,$Ce^{Ⅲ}$;m=1,2). Syn- and anti-conformations of the polytungstate ligands in $\alpha_1\alpha_1$,$\alpha_1\alpha_2$,and $\alpha_2\alpha_2$ complexes. J Clust Sci,2003,14:431-446.

[34] Sadakane M,Dickman M H,Pope M T. Chiral polyoxotungstates. 1. Stereoselective interaction of amino acids with enantiomers of $[Ce^{Ⅲ}(\alpha_1\text{-}P_2W_{17}O_{61})(H_2O)_x]^{7-}$. The structure of DL-$[Ce_2(H_2O)_8(P_2W_{17}O_{61})_2]^{14-}$. Inorg Chem,2001,40:2715-2719.

[35] Lu Y,Xu Y,Li Y G,et al. New polyoxometalate compounds built up of lacunary Wells-Dawson anions and trivalent lanthanide cations. Inorg Chem,2006,45:2055-2060.

[36] Yoshida S,Murakami H,Sakai Y,et al. Syntheses,molecular structures and pH-dependent monomer-dimer equilibria of Dawson α_2-monotitanium(Ⅳ)-substituted polyoxometalates. Dalton Trans,2008,4630-4638.

[37] Francesconi L C. Influence of steric and electronic properties of the defect site,lanthanide ionic radii,and solution conditions on the composition of lanthanide(Ⅲ) $[\alpha_1\text{-}P_2W_{17}O_{61}]^{10-}$ polyoxometalates. Inorg Chem,2005,44:3569-3578.

[38] Niu J Y,Zhao J W,Guo D J,et al. Preparation,electrochemistry and crystal structure of a derivative of 18-tungstophosphate with Dawson structure:$H[Yb(\alpha_2\text{-}P_2W_{17}O_{61})_2]\cdot 44H_2O$. J Mole Struct,2004,692:223-229.

[39] Sokolova M N,Fedosseev A M,Andreev G B,et al. Synthesis and structural examination of complexes of Am(Ⅳ) and other tetravalent actinides with lacunary heteropolyanion $\alpha_2\text{-}P_2W_{17}O_{61}{}^{10-}$. Inorg Chem,2009,48:9185-9190.

[40] Haraguchi N,Okaue Y,Isobe T. Stabilization of tetravalent Cerium upon coordination of unsaturated heteropolytungstate anions. Inorg Chem,1994,33:1015-1020.

[41] 王力,黄炳强,谢兆雄. 多金属氧酸盐$K_{17}[Ce(P_2Mo_{17}O_{61})_2]$多层膜修饰电极的组装及其电化学行为. 高等学校化学学报,2006,27:543-545.

[42] 王恩波，由万胜，刘景福，等. 稀土元素相砷杂多配合物的合成与性质研究. 高等学校化学学报，1990，11：340-344.

[43] Luo Q H，Howell R C，Dankova M，et al. Coordination of rare-earth elements in complexes with monovacant Wells-Dawson polyoxoanions. Inorg Chem，2001，40：1894-1901.

[44] Jiang M，Wang E B，Wang X L，et al. Self-assembly of lacunary Dawson type polyoxometalates and poly (allylamine hydrochloride) multilayer films：photoluminescent and electrochemical behavior. Appl Surf Sci，2005，242：199-206.

[45] Bassil B S，Dickman M H，Reicke M，et al. Transition metal containing decatungstosilicate dimer $[M(H_2O)_2(\gamma\text{-}SiW_{10}O_{35})_2]^{10-}$ ($M=Mn^{2+}$，Co^{2+}，Ni^{2+}). Dalton Trans，2006，4253-4259.

[46] Kortz U，Hamzeh S S，Nasser N A. Supramolecular structures of titanium(Ⅳ)-substituted Wells-Dawson polyoxotungstates. Chem Eur J，2003，9：2945-2952.

[47] Yang Y Y，Xu L，Gao G G，et al. Transition-metal (Mn^{II} and Co^{II}) complexes with the heteropolymolybdate fragment $[As^{V}Mo_9O_{33}]^{7-}$：crystal structures，electrochemical and magnetic properties. Eur J Inorg Chem，2007，2500-2505.

[48] Gaunt A J，May I，Copping R，et al. A new structural family of heteropolytungstate lacunary complexes with the uranyl，UO_2^{2-}，cation. Dalton Trans，2003：3009-3014.

[49] Kortz U，Mbomekalle I M，Keita B，et al. Sandwich-type phosphotungstates：structure，electrochemistry，and magnetism of the trinickel-substituted polyoxoanion $[Ni_3Na(H_2O)_2(PW_9O_{34})_2]^{11-}$. Inorg Chem，2002，41：6412-6416.

[50] Sartorel A，Carraro M，Scorrano G，et al. Polyoxometalate embedding of a tetraruthenium(Ⅳ)-oxo-core by template-directed metalation of $[\gamma\text{-}SiW_{10}O_{36}]^{8-}$：a totally inorganic oxygen-evolving catalyst. J Am Chem Soc，2008，130：5006-5007.

[51] Reinoso S，Galán-Mascarós J R. Heterometallic 3d-4f polyoxometalate derived from the Weakley-type dimeric structure. Inorg Chem，2010，49：377-379.

[52] Bi L H，Kortz U. Synthesis and structure of the pentacopper(Ⅱ) substituted tungstosilicate $[Cu_5(OH)_4(H_2O)_2(A\text{-}\alpha\text{-}SiW_9O_{33})_2]^{10-}$. Inorg Chem，2004，43：7961-7962.

[53] Yamase T，Fukaya K，Nojiri H，et al. Ferromagnetic exchange interactions for $Cu_6{}^{12+}$ and $Mn_6{}^{12+}$ hexagons sandwiched by two $B\text{-}\alpha\text{-}[XW_9O_{33}]^{9-}$ ($X=As^{III}$ and Sb^{III}) ligands in D_{3d}-symmetric polyoxotungstates. Inorg Chem，2006，45：7698-7704.

[54] Bi L H，Kortz U，Nellutla S，et al. Structure，electrochemistry，and magnetism of the iron(Ⅲ)-substituted Keggin dimer，$[Fe_6(OH)_3(A\text{-}\alpha\text{-}GeW_9O_{34}(OH)_3)_2]^{11-}$. Inorg Chem，2005，44：896-903.

[55] Kim G S，Zeng H D，Neiwert W A，et al. Dimerization of $A\text{-}\alpha\text{-}[SiNb_3W_9O_{40}]^{7-}$ by pH-controlled formation of individual Nb-μ-O-Nb linkages. Inorg Chem，2003，42：5537-5544.

[56] Zhang Z M，Li Y G，Wang E B，et al. Synthesis，characterization，and crystal structures of two novel high-nuclear nickel-substituted dimeric polyoxometalates. Inorg Chem，2006，45：4313-4315.

[57] Anderson T M，Cao R，Slonkina E，et al. A palladium-oxo complex. stabilization of this proposed catalytic intermediate by an encapsulating polytungstate ligand. J Am Chem Soc，2005，127：11948-11949.

[58] (a) Fang X K，Hill C L. Multiple reversible protonation of polyoxoanion surfaces：direct observation of dynamic structural effects from proton transfer. Angew Chem Int Ed，2007，46：3877-3880.

(b) Zhang L C，Zheng S L，Xue H，et al. New tetra(organotin)-decorated boat-like polyoxometalate. Dalton Trans，2010，39：3369-3371.

[59] Kortz U, Holzapfel C, Reicke M. Selective incorporation of lanthanide ions: the ytterbium substituted tungstoarsenate $[YbAs_2W_{20}O_{68}(H_2O)_3]^{7-}$. J Mole Struct, 2003, 656: 93-100.

[60] Hou Y, Xu L, Cichon M J, et al. A new family of sandwich-type polytungstophosphates containing two types of metals in the central belt: $M'_2M_2(PW_9O_{34})_2{}^{12-}$ (M' = Na or Li, M = Mn^{2+}, Co^{2+}, Ni^{2+}, Zn^{2+}). Inorg Chem, 2010, 49: 4125-4132.

[61] Bi L H, Kortz U, Keita B, et al. Palladium(Ⅱ)-substituted tungstosilicate $[Cs_2K(H_2O)_7Pd_2WO(H_2O)(A\text{-}\alpha\text{-}SiW_9O_{34})_2]^{9-}$. Inorg Chem, 2004, 43: 8367-8372.

[62] (a) Clemente-Juan J M, Coronado E, Gaita-Ariño A, et al. Magnetic polyoxometalates: anisotropic exchange interactions in the Co_3^{II} moiety of $[(NaOH_2)Co_3(H_2O)(P_2W_{15}O_{56})_2]^{17-}$. Inorg Chem, 2005, 44: 3389-3395.

(b) Bi L H, Reicke M, Kortz U, et al. First structurally characterized Palladium(Ⅱ)-substituted polyoxoanion: $[Cs_2Na(H_2O)_{10}Pd_3(\alpha\text{-}Sb^{III}W_9O_{33})_2]^{9-}$. Inorg Chem, 2004, 43: 3915-3920.

[63] Mialane P, Marrot J, Rivière E, et al. Structural characterization and magnetic properties of sandwich-type tungstoarsenate complexes. Study of a mixed-valent V_2^{IV}/V^V heteropolyanion. Inorg Chem, 2001, 40: 44-48.

[64] Luo Z, Kögerler P, Cao R, et al. Synthesis, structure and magnetism of a new dimeric silicotungstate: $K_9Na_2Cu_{0.5}[\gamma\text{-}Cu_2(H_2O)SiW_8O_{31}]_2 \cdot 38H_2O$. Dalton Trans, 2008: 54-58.

[65] Kikukawa Y, Yamaguchi S, Tsuchida K, et al. Synthesis and catalysis of di- and tetranuclear metal sandwich-type silicotungstates $[(\gamma\text{-}SiW_{10}O_{36})_2M_2(\mu\text{-}OH)_2]^{10-}$ and $[(\gamma\text{-}SiW_{10}O_{36})_2M_4(\mu_4\text{-}O)(\mu\text{-}OH)_6]^{8-}$ (M=Zr or Hf). J Am Chem Soc, 2008, 130: 5472-5478.

[66] Jeannin Y, Launay J P, Sedjadi M A S. Crystal and molecular structure of the six-electron-reduced form of metatungstate $Rb_4H_8[H_2W_{12}O_{40}] \cdot 18H_2O$: occurrence of a metal-metal bonded subcluster in a heteropolyanion framework. Inorg Chem, 1980, 19: 2933-2935.

[67] Kozik M, Hammer C F, Baker L C W. Direct determination by ^{183}W NMR of the locations of added electrons in ESR-silent heteropoly blues. Chemical shifts and relaxation times in polysite mixed-valence transition-metal species. J Am Chem Soc, 1986, 108: 2748-2749.

[68] Chen Q, Hill C L. A bivanadyl capped, highly reduced Keggin polyanion, $[PMo_6^VMo_6^{VI}O_{40}(V^{IV}O)_2]^{5-}$. Inorg Chem, 1996, 35: 2403-2405.

[69] Flynn Jr C M, Pope M T. Tungstovanadate heteropoly complexes. Ⅳ. Vanadium(Ⅳ) complexes. Inorg Chem, 1973, 12: 1626-1634.

[70] Smith D P, So H, Bender J, et al. Optical and electron spin resonance spectra of the 11-tungstovanado(Ⅳ)phosphate anion. A heteropoly blue analog. Inorg Chem, 1973, 12: 685-688.

[71] Müller A, Meyer J, Krickemeyer E, et al. Molybdenum blue: a 200 year old mystery unveiled. Angew Chem Int Ed Engl, 1996, 35: 1206-1208.

[72] Fielden J, Malaestean Y L, Ellern A, et al. Inducing molecular growth in an $\{Mo_{57}Fe_6\}$-type nanocluster: synthesis, structure, and properties of $\{Mo_{57}(Mo)_2Fe^{III}\}$. J Clust Sci, 2006, 17: 291-302.

[73] 王恩波，胡长文，许林. 多酸化学导论. 北京：化学工业出版社，1997.

[74] Chae H K, Klemperer W C, Loyo D E P, et al. Synthesis and structure of a high-nuclearity oxomolybdenum(Ⅴ) complex, $[(C_5Me_5Rh^{III})_8(Mo_{12}^VO_{36})(Mo^{VI}O_4)]^{2+}$. Inorg Chem, 1992, 31: 3187-3189.

[75] Khan M I, Chen Q, Zubieta J. Hydrothermal synthesis and structure of $[H_4As_2^{III}As^VMo_8^VMo_{12}^{VI}O_{40}]^-$, reduced Keggin species. Inorg Chem, 1993, 32: 2924-2928.

[76] Müller A,Serain C. Soluble molybdenum bluess "des Pudels Kern". Acc Chem Res,2000,33:2-10.

[77] Kozik M,Hammer C F,Baker L C W. NMR of ^{31}P heteroatoms in paramagnetic one-electron heteropoly blues. Rates of intra- and intercomplex electron transfers. Factors affecting line widths. J Am Chem Soc, 1986,108:7627-7630.

[78] Sanchez C,Livage J,Launay J P,et al. Electron delocalization in mixed-valence tungsten polyanions. J Am Chem Soc,1983,105:6817-6823.

[79] Prados R A,Pope M T. Low-temperature electron spin resonance spectra of heteropoly blues derived from some 1∶12 and 2∶18 molybdates and tungstates. Inorg Chem,1976,15:2547-2553.

[80] 刘术侠,刘彦勇,王恩波,等. Keggin结构钨磷酸稀土错杂多蓝的合成及抗艾滋病病毒(HIV-1)活性的研究. 高等学校化学学报,1996,17:1188-1190.

[81] Baskar V,Shanmugam M,Helliwell M,et al. Reverse-Keggin ions:polycondensation of antimonate ligands give inorganic cryptand. J Am Chem Soc,2007,129:3042-3043.

[82] Bino A,Ardon M,Lee D,et al. Synthesis and structure of $[Fe_{13}O_4F_{24}(OMe)_{12}]^{5-}$:the first open-shell Keggin ion. J Am Chem Soc,2002,124:4578-4579.

多酸化合物的合成索引

第1类　Keggin型杂多化合物及其衍生物的合成

(1) 钨系饱和 Keggin 型

(5) 钼系缺位 Keggin 型及其衍生物

第 3 类 Silverton 型杂多化合物及其衍生物的合成

第4类 Anderson型杂多化合物及其衍生物的合成

第5类 Waugh型杂多化合物及其衍生物的合成

第 6 类 Standberg 型杂多化合物及其衍生物的合成

第 7 类 Weakley 型杂多化合物及其衍生物的合成

第 8 类 Finke 型杂多化合物及其衍生物的合成

第 9 类 同多化合物及其衍生物的合成

(1) 同多钒酸盐

第 11 类　取代型杂多化合物及其衍生物的合成

第12类 双系列杂多化合物及其衍生物的合成

(1) 1∶11双系列杂多化合物

(2) 2∶17双系列杂多化合物

第 13 类 夹心型杂多化合物及其衍生物的合成

第 14 类 杂多蓝的合成

第 15 类 反 Keggin 型杂多化合物及其衍生物的合成